REKTORYS

VARIATIONSMETHODEN IN MATHEMATIK, PHYSIK UND TECHNIK

MATHEMATISCHE GRUNDLAGEN
für Mathematiker, Physiker und Ingenieure

Herausgeber: Prof. Dr. J. Heinhold, München

CARL HANSER VERLAG MÜNCHEN WIEN

Variationsmethoden in Mathematik, Physik und Technik

von

PROF. RNDr. KAREL REKTORYS, DrSc.

CARL HANSER VERLAG MÜNCHEN WIEN

CIP-Kurztitelaufnahme der Deutschen Bibliothek

Rektorys, Karel:

Variationsmethoden in Mathematik, Physik und Technik/
von Karel Rektorys. [Übers.: Alois Kufner]. —
München ; Wien : Hanser, 1984.
(Mathematische Grundlagen für Mathematiker,
Physiker und Ingenieure)

ISBN 3-446-13690-8

Einheitssacht.: Variační metody v inženýrských
problémech a v problémech matematické fyziky ⟨dt.⟩

Titel der tschechischen Originalausgabe:
Variační metody v inženýrských problémech
a v problémech matematické fyziky
Gemeinschaftsausgabe:
Carl Hanser Verlag München
SNTL Verlag technischer Literatur Prag

Gedruckt in der Tschechoslowakei

Meiner Frau

Vorwort

Es waren hauptsächlich die folgenden drei Gründe, die mich zum Verfassen des vorliegenden Buches bewegt haben: Meine langjährige pädagogische Tätigkeit bei Spezialvorlesungen für ausgewählte Studenten und Doktoranden in den Ingenieurwissenschaften an der Fakultät für Bauwesen der Technischen Universität Prag, zahlreiche Konsultationen mit Technikern und Physikern, von denen ich um Hinweise gebeten wurde, die ihnen bei der Überwindung der in ihren Problemen auftretenden Schwierigkeiten helfen sollten, und endlich viele Diskussionen mit Mathematikern, „reinen" sowie „angewandten". Deshalb soll auch das Buch einen verhältnismäßig breiten Leserkreis ansprechen.

Die erste Hälfte des Buches (Teile I–III) ist der auf dem Satz vom Minimum des Energiefunktionals basierenden Theorie gewidmet und enthält die geläufigen Variationsmethoden sowie Beispiele für deren Anwendung. Mit diesem Zugang sind die Ingenieure und Physiker verhältnismäßig gut vertraut. Der zweiten Hälfte (Teile IV–VI) liegt der wesentlich abstraktere Satz von Lax und Milgram zugrunde und sie ist – grob gesagt – „mehr" für Mathematiker geschrieben, während die erste Hälfte „mehr" für Konsumenten der Mathematik geschrieben ist. Nichtsdestoweniger habe ich mich sehr darum bemüht, das ganze Buch so zu gestalten, daß es für beide Kategorien von Lesern von Nutzen und Interesse ist.

Die Verwirklichung eines solchen Konzeptes ist alles andere als einfach. Die erwähnten Lesergruppen haben nämlich oft ziemlich entgegengesetzte Vorstellungen bezüglich eines solchen Buches, und folglich auch verschiedene Forderungen, die man nicht gleichzeitig erfüllen kann. So kann man z.B. den Mathematikern in ihrem Wunsch, das Buch in einer konzisen mathematischen Form mit einem genügend raschen Aufbau zu schreiben, nicht ganz entgegenkommen. Für einen Leser nämlich, der kein professioneller Mathematiker ist und der alle einzelnen Verbindungen und Folgerungen verstehen soll (oder der sich vorgenommen hat, sich an der schöpferischen Entwicklung der Theorie zu beteiligen), ist es notwendig, sich mit den modernen mathematischen Mitteln – und zumindest mit den Grundlagen der Funktionalanalysis – bekannt zu machen. Dieser – dem Mathematiker gut bekannte – Zweig der Mathematik präsentiert dem Nichtmathematiker eine Reihe abstrakter Begriffe, die man nicht in Hast aufnehmen sollte. Deshalb bin ich sehr vorsichtig vorgegangen. So habe ich das Skalarprodukt, die Norm und die Metrik zunächst auf der Menge genügend glatter Funktionen definiert, wo diese Begriffe – die später in allgemeineren

Funktionenräumen eingeführt und untersucht werden – verhältnismäßig anschaulich sind. Eine Reihe von Begriffen wurde im Raum L_2 erarbeitet, der zu den einfachsten Hilbert-Räumen gehört; erst dann bin ich zur Definition des abstrakten Hilbert-Raumes übergegangen. Dieser mehr induktive als deduktive Zugang wurde auch an vielen anderen Stellen des Buches angewandt, auch in seiner (mehr abstrakt gefaßten) zweiten Hälfte.

Was die Mathematiker betrifft, so habe ich mich sehr bemüht, das Buch auch für sie interessant zu gestalten. Einerseits werden sie im Buch genügend allgemeine Existenzsätze vorfinden, andererseits habe ich auch meine eigenen Ergebnisse eingereiht, von denen einige hier das erste Mal veröffentlicht werden (z.B. die in den Kapiteln 43 und 45 diskutierten neuen Methoden). Einige meiner Resultate sind nur hier publiziert worden; es sei wenigstens eine Auswahl erwähnt: verfeinerte Abschätzungen in Ungleichungen vom Friedrichsschen Typ (Kapitel 18), neue Ergebnisse in Eigenwertproblemen und Abschätzungen für Eigenwerte bei elliptischen Gleichungen der Form $Au - \lambda Bu = 0$ (Kapitel 39, 40). Siehe auch den nichtkonventionellen Zugang zu den Problemen der Kapitel 19, 34, 35, 44 usw.

Große Aufmerksamkeit wurde der praktischen Seite der Methoden gewidmet (siehe die vollständige numerische Lösung der Beispiele in Kapiteln 21, 26 und 41) sowie den Fragen der numerischen Stabilität und der entsprechenden Auswahl einer Basis. In diesem Zusammenhang habe ich die praktischen Vor- und Nachteile der einzelnen Methoden hervorgehoben, die Methode der finiten Elemente inbegriffen.

Ein ziemlich kompliziertes Problem stellt die Frage der Fehlerabschätzung bei der approximativen Lösung dar. Eine von den Möglichkeiten der Herleitung solcher Abschätzungen ist durch die Methode der orthogonalen Projektionen oder durch das Trefftzsche Verfahren gegeben (Kapitel 44). Hier tritt aber eine Reihe von Schwierigkeiten praktischer Art auf. Deshalb habe ich mich bemüht, eine verhältnismäßig einfache Abschätzung herzuleiten – (11.21) – und ihre Nützlichkeit vor allem durch effektivere Abschätzungen der Konstanten C der positiven Definitheit zu steigern (Kapitel 18).

Wie schon oben erwähnt wurde, ist die zweite Hälfte des Buches und vor allem Teil IV in einem gewissen Grad abstrakter. Ich habe mich vor allem um eine gründliche Analyse von (im allgemeinen nichtsymmetrischen) Problemen für Differentialgleichungen mit nichthomogenen Randbedingungen bemüht, inklusive des Neumannschen Problems für Gleichungen höherer Ordnung. Dies ist ein Problemkreis, der in der auf dem Satz vom Minimum des Energiefunktionals begründeten Theorie ziemlich unübersichtlich wirkt. Dabei habe ich gleichzeitig versucht, diese Problematik ohne Einführung der sogenannten Faktor-Räume zu bearbeiten, die für den technisch orientierten Leser begriffsmäßig schwierig sind.

Wenn Teil IV als verhältnismäßig mehr abstrakt hervorgehoben wird, soll das nicht bedeuten, daß er sich nur an Mathematiker wendet. Im Gegenteil, mein Vorhaben war es, diese Probleme genügend ausführlich darzustellen, so daß sie auch Technikern und Physikern – denen dieser Teil meiner Meinung nach genau das bringen sollte, was sie in der „klassischen“ Theorie der Variationsmethoden nicht vorfinden – verständlich sind.

Teil V ist Eigenwertproblemen für elliptische Gleichungen der Form $Au - \lambda u = 0$ oder allgemeiner der Form $Au - \lambda Bu = 0$ gewidmet.

In Teil VI wurden einige spezielle Methoden dargestellt. Es war mein Vorhaben diese Methoden so zu beschreiben, daß sie dem Leser, der an ihrer Anwendung interessiert ist, auch ohne das Studium des wesentlich schwierigeren Teiles IV zugänglich sind.

Im abschließenden Kapitel 47 habe ich versucht, den Leser mit Informationen über verschiedene weitere Gebiete zu versorgen, die mit dem diskutierten Problemkreis zusammenhängen (nichtlineare Probleme, Probleme auf unendlichen Gebieten usw.).

Um dem Leser die Arbeit mit dem Buch zu erleichtern, ist am Ende des Buches eine Tabelle von Funktionalen beigefügt. Sie enthält die geläufigsten Typen von Problemen der Theorie der Differentialgleichungen mit Randbedingungen, samt dem entsprechenden Ritzschen Gleichungssystem.

Und schließlich noch eine kurze Bemerkung zur Terminologie. In der Literatur herrscht eine ausgeprägte Uneinheitlichkeit bei der Verwendung von Begriffen wie lineare Menge, linearer Raum usw. Einige Autoren verstehen unter einem „linearen Raum“ eine Menge von Elementen, die gewisse Linearitätseigenschaften haben, während andere Verfasser mit dem gleichen Terminus eine Menge bezeichnen, in der schon eine gewisse (lineare) Metrik oder Topologie eingeführt ist. In diesem Buch fassen wir einen linearen Raum als einen linearen metrischen Raum auf. Unter einem Teilraum eines vollständigen linearen metrischen Raumes verstehen wir stets einen vollständigen linearen Teilraum.

Zum Abschluß des Vorwortes möchte ich gerne allen denen meinen aufrichtigen Dank aussprechen, die durch ihre Mitwirkung und durch ihre Ratschläge zur Verbesserung dieses Buches beigetragen haben.

Prag, 1974 KAREL REKTORYS

Vorwort zur deutschen Ausgabe

Jeder Verfasser ist sicher erfreut, wenn sein Werk Erfolg hat. Auch mir war es eine Freude, zu verfolgen, wie meine Variationsmethoden nicht nur bis zu den wissenschatlichen Mitarbeitern und Forschern vordrangen, für die sie in erster Linie bestimmt waren, sondern daß sie auch von begabten Studenten, Forschungsstundenten und Doktoranden – und zwar sowohl aus ingenieur-technischen als auch aus mathematisch-physikalischen Fächern – bei ihrem Studium benutz wurden.

Im Jahre 1977 erschien die englische Übersetzung der Variationsmethoden. Sie war sehr schnell vergriffen, und so erschien im Jahre 1979 die zweite englische Auflage. Im gleichen Jahr wurde das Buch in der Tschechoslowakei mit dem Nationalpreis ausgezeichnet und gegenwärtig wird es ins Russische übersetzt. Selbstverständlich schätze ich sehr, daß die Variationsmethoden nun auch in deutscher Übersetzung erscheinen, und hoffe, daß auch in diesem Sprachgebiet das Buch einem breiten Leserkreis von Nutzen sein wird – von wissenschaftlichen Mitarbeitern in der Forschung und in Hochschulen bis zu begabten Studenten.

Schon bei der Übersetzung ins Englische wurde im Vergleich mit der ursprünglichen tschechischen Fassung eine ganze Reihe von Änderungen vorgenommen, und dasselbe trifft auch auf die soeben erscheinende deutsche Fassung zu. Einige von den Änderungen wurden vom Übersetzer des Buches vorgeschlagen (nebenbei erwähnt, handelt es sich um den Hauptautor der Monographie *Nonlinear Differential Equations* [14]), der für mich bei der Übersetzung mehr einen Partner darstellte als nur einen Übersetzer. Ihm gilt mein aufrichtiger Dank.

Ich möchte auch – und ebenfalls mit Freude – die Tatsache erwähnen, wie erfolgreich sich in den letzten Jahren diejenigen Methoden entwickelt haben, die ich in den Kapiteln 43 und 45 angeführt habe. Die erste von ihnen betrifft die sogenannte Methode der kleinsten Quadrate am Rand. Diese Methode wurde in der umfangreichen Arbeit *Solution of the First Problem of Plane Elasticity for Multiply Connected Regions by the Method of Least Squares on the Boundary* [52] auf den Fall mehrfach zusammenhängender Gebiete ausgedehnt und vorteilhaft zur Lösung von Problemen der Tragwände mit Öffnungen benutzt.

Die zweite betrifft die sogenannte Methode der zeitlichen Diskretisierung, die – grob gesagt – eine „verbesserte" Rothe-Methode darstellt. Es hat sich gezeigt, daß diese Methode ein genügend universelles numerisches Verfahren zur Lösung von verschiedensten Problemen in zeitabhängigen partiellen Differentialgleichungen darstellt (es handelt sich bei weitem nicht nur um parabolische Gleichungen). Ergebnisse, die in den letzten Jahren mit Hilfe dieser Methode in meinem Seminar erzielt wurden, waren von einer solchen Anzahl, daß es sich gelohnt hat, sie zusammenzufassen. Dies wurde in meiner Monographie *The Method of Discretization in Time and Partial Differential Equations* [37] verwirklicht, deren erster Teil für „Verbraucher" der Mathematik geschrieben ist und sich vor allem den numerischen Aspekten dieser Methode widmet. Das Verfahren stellt jedoch – wie es sich zeigte – auch ein wirksames Mittel zur Herleitung wichtiger theoretischer Ergebnisse dar, und so kann der Leser im zweiten Teil genügend allgemeine Existenz- und Konvergenzsätze finden, Aussagen über die Regularität schwacher bzw. sehr schwacher Lösungen, Fehlerabschätzungen usw. Die im Kapitel 45 angedeutete Problematik hat sich also als sehr zukunftsträchtig erwiesen.

Prag, 1985 KAREL REKTORYS

Inhaltsverzeichnis

Oft benutzte Bezeichnungen

$a \doteq b$	a ist näherungsweise gleich b.
$M \subset N$	die Menge M ist eine Teilmenge der Menge N.
$M \subset N,\ M \neq N$	M ist eine echte Teilmenge von N.
$u \in M$	u gehört zur Menge M.
$u \notin M$	u gehört nicht zur Menge M.
E_N	der N-dimensionale euklidische Raum mit der üblichen Definition des Abstandes $\varrho(A, B)$ zweier Punkte $A(a_1, \ldots, a_N)$, $B(b_1, \ldots, b_N)$, $\varrho(A, B) = \sqrt{(b_1 - a_1)^2 + \ldots + (b_N - a_N)^2}$.
G	Gebiet in E_N, d.h. eine offene zusammenhängende Menge in E_N. In diesem Buch werden nur beschränkte Gebiete mit einem sogenannten Lipschitz-Rand betrachtet (Kapitel 2, S. 7; Kapitel 28, S. 325). Im Falle $N = 1$ ist das Gebiet G ein offenes Intervall (a, b).
Γ	Rand des Gebietes G.
$\bar{G}$	Abschließung der Menge G im Raum E_N (also $\bar{G} = G + \Gamma$). Statt von der Abschließung des Gebietes G im Raum E_N sprechen wir kurz vom abgeschlossenen Gebiet $\bar{G}$.
$u(x)$	Kurzfassung für $u(x_1, \ldots, x_N)$.
$\int_G u(x)\,\mathrm{d}x$	Kurzfassung für $\int \ldots \int_G u(x_1, \ldots, x_N)\,\mathrm{d}x_1 \ldots \mathrm{d}x_N$. Wenn $N = 1$ ist, dann ist $\int_G u(x)\,\mathrm{d}x = \int_a^b u(x)\,\mathrm{d}x$.
$C^{(k)}(G)$	die Menge der Funktionen $u(x)$, deren (partielle) Ableitungen bis einschließlich k-ter Ordnung stetig in G sind. Unter der Ableitung nullter Ordnung verstehen wir die Funktion $u(x)$ selbst. Statt $C^{(0)}(G)$ schreiben wir $C(G)$. Die Schreibweise $u \in C(G)$ bedeutet, daß die Funktion $u(x)$ in G stetig ist; $u \in C^{(1)}(G)$ bedeutet, daß die Funktionen $u(x)$, $\partial u/\partial x_1, \ldots, \partial u/\partial x_N$ in G stetig sind.
$C^{(k)}(\bar{G})$	die Menge der Funktionen $u(x)$, deren (partielle) Ableitungen bis einschließlich k-ter Ordnung stetig in $\bar{G}$ sind. Statt $C^{(0)}(\bar{G})$ schreiben wir $C(\bar{G})$.

$C^{(\infty)}(\bar{G})$ [oder $\mathscr{E}(\bar{G})$]	die Menge der Funktionen $u(x)$, deren (partielle) Ableitungen aller Ordnungen stetig in $\bar{G}$ sind.
$C_0^{(\infty)}(G)$ [oder $\mathscr{D}(G)$]	die Menge der Funktionen mit kompaktem Träger in G. Siehe Kapitel 8, S. 87.
H	Hilbert-Raum, Kapitel 6, S. 61.
(u, v)	Skalarprodukt der Elemente u, v im Hilbert-Raum (oder im unitären Raum).
$u \perp v$	die Elemente u, v eines Hilbert-Raumes sind orthogonal; $u \perp v \Leftrightarrow (u, v) = 0$.
$H = H_1 \oplus H_2$	Zerlegung des Hilbert-Raumes H in die Orthogonalsumme der Teilräume H_1, H_2, S. 66.
$H_2 = H \ominus H_1$	das orthogonale Komplement des Teilraumes H_1 im Hilbert-Raum H.
$\|u\|$	die Norm des Elementes u, S. 10, 20, 57, 71.
$\varrho(u, v)$	der Abstand der Elemente u, v, S. 13, 20, 57, 69.
$L_2(G)$	der Hilbert-Raum der im Gebiet G quadratisch integrierbaren Funktionen, Kapitel 3.
$W_2^{(k)}(G)$	der Hilbert-Raum, dessen Elemente alle diejenigen Funktionen aus $L_2(G)$ sind, die im Gebiet G quadratisch integrierbare verallgemeinerte Ableitungen bis einschließlich k-ter Ordnung haben, Kapitel 29.
$\mathring{W}_2^{(k)}(G)$	Abschließung der Menge $C_0^{(\infty)}(G)$ in der Metrik des Raumes $W_2^{(k)}(G)$, Kapitel 30.
$H^k(G) = W_2^{(k)}(G)$	S. 337, 338.
$L_2(\Gamma)$	S. 329.
$W_2^{(k)}(\Gamma)$	S. 344.
V	Definition 32.1, 32.2. Siehe auch S. 364.
D_A	Definitionsbereich des Operators A.
$(u, v)_A$	das in Kapitel 10, S. 110, definierte Skalarprodukt.
H_A	der Hilbert-Raum mit dem Skalarprodukt $(u, v)_A$, Kapitel 10.
$A(v, u)$	die dem Operator A entsprechende Bilinearform, Kapitel 32, S. 375.
$((v, u)) = A(v, u) + a(v, u)$	Kapitel 32, S. 381.
$\{v; P\}$	die Menge aller Elemente v, die die Eigenschaft P haben. Z.B. ist $M = \{v; v \in C^{(2)}(\bar{G}), v = 0$ auf $\Gamma\}$ so zu lesen: M ist die Menge aller Funktionen v, die zu $C^{(2)}(\bar{G})$ gehören und auf dem Rand Γ verschwinden. Wenn die Elemente v zu einem metrischen Raum gehören, soll man

das obige Symbol so verstehen, daß die Menge M *mit der Metrik dieses Raumes versehen* (und folglich selbst ein metrischer Raum) ist. Z.B. ist

$$\left\{v;\ v \in L_2(G),\ \int_G v(x)\,\mathrm{d}x = 0\right\}$$

der Teilraum des Raumes $L_2(G)$, dessen Elemente alle diejenigen Funktionen aus $L_2(G)$ sind, für die $\int_G v(x)\,\mathrm{d}x = 0$ ist.

Kapitel 1. Einführung

Die Theorie der Differentialgleichungen ist auch noch in unserer Zeit eine der für Ingenieure und Naturwissenschaftler attraktivsten mathematischen Disziplinen, obwohl sie nicht mehr die jüngste ist. Der Grund liegt darin, daß die meisten Phänomene in der Physik durch Differentialgleichungen beschrieben werden, und deshalb auch in Gebieten, die der Physik nahestehen oder die sich direkt von der Physik als selbstständige wissenschaftliche Zweige abgetrennt haben (Elastizitätstheorie u.ä.), Differentialgleichungen eine große Rolle spielen.

Verhältnismäßig große theoretische und praktische Schwierigkeiten machen dabei den Fachleuten in den angewandten Wissensgebieten (aber auch den Mathematikern) diejenigen Aufgaben, die auf die Lösung von Differentialgleichungen mit Randbedingungen führen, insbesondere dann, wenn partielle Differentialgleichungen auftreten. In gewissen Fällen – z.B. wenn die gegebene Gleichung und das betrachtete Gebiet sehr einfach sind – kann man die Lösung des gegebenen Problems in einer sogenannten geschlossenen Form gewinnen, meistens in der Form einer unendlichen Reihe. Zu solchen Ergebnissen führt z.B. die Fourier-Methode (vgl. S. 454) und die Methode der Laplace-Transformation. Die Bestrebungen der Mathematiker im vorigen Jahrhundert und am Anfang dieses Jahrhunderts waren darauf gerichtet, durch geeignete Modifizierung solcher Lösungsmethoden bzw. durch das Auffinden neuer Verfahren auch in allgemeineren Fällen eine Lösung in geschlossener Form zu erhalten. Im Grunde genommen kann man sagen, daß diese Bestrebungen mit einem Mißerfolg endeten und man deshalb begann verschiedene neue Methoden zur Bestimmung einer geeigneten Näherungslösung zu entwickeln. Von diesen Verfahren haben sich vor allem die Gitterpunktmethode und die Variationsmethoden bewährt, wobei von den letzteren das Ritzsche und Galerkinsche Verfahren sowie in letzter Zeit die Methode der finiten Elemente sehr populär geworden sind.

Der Vorteil der Gitterpunktmethode liegt in der Einfachheit ihrer Grundideen, in ihrer Universalität und darin, daß sie verhältnismäßig leicht auf Computern realisiert werden kann. Diese Methode ist aber nicht sehr geeignet, wenn aufgrund der konstruierten Gitterlösung die Ableitungen der gesuchten Funktion näherungsweise bestimmt werden sollen. So suchen wir z.B. in Problemen der ebenen Elastizitätstheorie (Tragwände u.ä.) die Airysche Funktion $U(x, y)$ als Lösung der biharmonischen Gleichung mit Randbedingungen, und aus dieser Funktion bestimmen wir dann die Komponenten des Spannungstensors

$$v_x = \frac{\partial^2 U}{\partial y^2}, \quad v_y = \frac{\partial^2 U}{\partial x^2}, \quad \tau_{xy} = -\frac{\partial^2 U}{\partial x\, \partial y}.$$

Wenn wir dieses Problem mit Hilfe der Gitterpunktmethode lösen, sind die Näherungswerte der Funktionen v_x, v_y, τ_{xy} – als Differenzenquotienten der Gitterlösung bestimmt – sehr unzuverlässig, vor allem in der Umgebung des Randes des betrachteten Gebietes.[1])

Wie schon erwähnt, haben die Variationsmethoden bei der Lösung theoretischer Probleme in ingenieurtechnischen und naturwissenschaftlichen Anwendungen einen großen Anklang gefunden. Diese Methoden enstanden zu der Zeit, als das sogenannte *Dirichletsche Prinzip* entdeckt wurde: Wir betrachten das Dirichletsche Problem für die Laplacesche Gleichung in der Ebene,

$$\frac{\partial^2 u}{\partial x^2} + \frac{\partial^2 u}{\partial y^2} = 0 \quad \text{in } G, \tag{1.1}$$

$$u = g(s) \quad \text{auf } \Gamma, \tag{1.2}$$

wobei G ein beschränktes ebenes Gebiet mit dem Rand Γ ist (an dieser Stelle werden wir die Daten nicht weiter präzisieren).

Es sei M die Menge derjenigen Funktionen, die auf $\bar{G} = G + \Gamma$ stetig sind, auf $\bar{G}$ stetige partielle Ableitungen erster Ordnung besitzen und die Bedingung (1.2) erfüllen. Das Dirichletsche Prinzip behauptet, daß diejenige Funktion, die unter allen Funktionen aus der Menge M das sogenannte *Dirichletsche Integral*

$$I(u) = \iint_G \left[\left(\frac{\partial u}{\partial x}\right)^2 + \left(\frac{\partial u}{\partial y}\right)^2\right] \mathrm{d}x\, \mathrm{d}y \tag{1.3}$$

minimiert, in G harmonisch ist und folglich eine Lösung des Problems (1.1), (1.2) darstellt.

Dieses Prinzip wurde von B. Riemann zur Lösung einer ganzen Reihe von Problemen (vor allem der Funktionentheorie) benutzt. Für Riemann war es dabei selbstverständlich, daß für jede auf Γ stetige Funktion $g(s)$ eine Funktion aus der betrachteten Menge M existiert, für die das Integral (1.3) auf dieser Menge auch tatsächlich sein Minimum annimmt. Erst der deutsche Mathematiker K. Weierstrass zeigte, daß die Existenz einer solchen minimierenden Funktion nicht selbstverständlich ist. Er konstruierte ein dem Integral (1.3) ähnliches Integral[2]), das seinen Minimalwert für keine Funktion aus einer gegebenen Menge (und zwar von Funktionen mit sehr „vernünftigen" Eigenschaften) annimmt. Etwas später hat dann J. Hadamard ein Beispiel einer Funktion angegeben, die eine Lösung des Problems (1.1), (1.2) (im klassischen Sinn) ist und für die das Integral (1.3) divergiert, so daß man in diesem Fall zur Lösung des Problems (1.1), (1.2) das Dirichletsche Prinzip nicht benutzen kann.

---

[1]) Deshalb haben wir zur Konstruktion einer Näherungslösung dieses Problems die sogenannte Methode der kleinsten Quadrate am Rand angegeben (siehe Kapitel 43), die unserer Ansicht nach für diesen Fall wesentlich vorteilhafter ist.

[2]) Genauer: Weierstrass hat den Fall von Funktionen einer Veränderlichen betrachtet.

Diese Beispiele hatten zur Folge, daß das Dirichletsche Prinzip für lange Zeit in den Hintergrund trat. Erst D. Hilbert, einer der bedeutendsten Mathematiker, hat in seinen Arbeiten diesem Prinzip wieder zu neuem Leben verholfen: Hilbert zeigte, daß es sich bei der mit der Rechtfertigung der Anwendung des Dirichletschen Prinzips zusammenhängenden Problematik nicht nur um einen „kleinen Fehler“ in der Formulierung handelte, sondern daß die Ursache viel tiefer lag und mit dem zusammenhängt, was wir heute die Vollständigkeit eines metrischen Raumes nennen (ausführlich siehe dazu Kapitel 10 und 11 und den vierten Teil dieses Buches). Ein weiterer wichtiger Faktor, der die Theoretiker und Praktiker auf die Anwendung des Dirichletschen Prinzips bzw. gewisser seiner Verallgemeinerungen aufmerksam machte, war die im Jahre 1913 von dem deutschen Ingenieur W. Ritz vorgeschlagene Lösungsmethode für Differentialgleichungen mit Randbedingungen. Wir stellen die Grundidee seiner Methode an einer der ersten Aufgaben dar, bei deren Lösung Ritz diese Methode angewandt hatte.

Das Dirichletsche Problem für die Poissonsche Gleichung

$$\frac{\partial^2 u}{\partial x^2} + \frac{\partial^2 u}{\partial y^2} = f(x, y) \quad \text{im Gebiet } G\,, \tag{1.4}$$

$$u = 0 \qquad \text{am Rande } \Gamma\,, \tag{1.5}$$

führt zur Aufgabe, das Minimum des Funktionals

$$F(u) = \iint_G \left[\left(\frac{\partial u}{\partial x}\right)^2 + \left(\frac{\partial u}{\partial y}\right)^2\right] \mathrm{d}x\, \mathrm{d}y - 2 \iint_G f u \,\mathrm{d}x\, \mathrm{d}y \tag{1.6}$$

auf der Menge N [1]) zu finden, deren Elemente genügend glatte[2]) Funktionen sind, die die Bedingung (1.5) erfüllen. Wir wählen in dieser Menge n linear unabhängige Funktionen

$$\varphi_1(x, y), \ldots, \varphi_n(x, y) \tag{1.7}$$

und suchen die Näherungslösung des betrachteten Problems als diejenige Funktion, die das Funktional (1.6) nicht auf der Menge N minimiert, sondern auf der „n-dimensionalen“ Teilmenge P, deren Elemente alle Linearkombinationen der Funktionen (1.7) bilden, d.h. alle Funktionen der Form

$$b_1\, \varphi_1(x, y) + \ldots + b_n\, \varphi_n(x, y) \tag{1.8}$$

mit beliebigen reellen Koeffizienten $b_1, \ldots, b_n$.

Wenn wir (1.8) statt der Funktion $u(x, y)$ in (1.6) einsetzen, wird das Funktional (1.6) zu einer Funktion $h(b_1, \ldots, b_n)$ dieser Koeffizienten. Nimmt nun das Funktional (1.6) für irgendeine Funktion

$$u_n(x, y) = c_1\, \varphi_1(x, y) + \ldots + c_n\, \varphi_n(x, y) \tag{1.9}$$

---

[1]) Durch die Vorschrift (1.6) ist jeder Funktion $u(x, y) \in N$ eine gewisse (reelle) Zahl $F(u)$ zugeordnet. Eine solche Zuordnung nennen wir ein (auf der Menge N definiertes) Funktional. Auch (1.3) ist ein auf der Menge M definiertes Funktional. Ausführlich vgl. man dazu Kapitel 8, S. 97.

[2]) In diesem Kapitel haben wir nicht die Möglichkeit, uns auf die im weiteren Text eingeführten Begriffe zu stützen, so daß wir uns an einigen Stellen etwas ungenau ausdrücken werden.

auf der Menge P sein Minimum an, so müssen in diesem Fall die Gleichungen

$$\frac{\partial h}{\partial b_1}(c_1, \ldots, c_n) = 0, \ldots, \frac{\partial h}{\partial b_n}(c_1, \ldots, c_n) = 0 \tag{1.10}$$

erfüllt sein. Aus der Form (1.6) des betrachteten Funktionals geht offensichtlich hervor, daß $h(b_1, \ldots, b_n)$ eine quadratische Funktion der Veränderlichen $b_1, \ldots, b_n$ ist, so daß das System (1.10) füı die Unbekannten $c_1, \ldots, c_n$ linear ist. Wenn wir eine Lösung dieses Systems finden, wird die Funktion (1.9) in einem gewissen Sinne eine Approximation der gesuchten Lösung des Problems (1.4), (1.5) sein.

Das Ritzsche Verfahren – ideenmäßig sehr einfach, wie aus dem erwähnten Beispiel hervorgeht – wurde zur Grundlage der sogenannten *direkten Variationsmethoden*. Ein Spezialfall dieser Methode – bei spezieller Wahl der sogenannten Basis – ist im Grunde genommen auch die Methode der finiten Elemente (Kapitel 42). Sehr verwandt ist im linearen Fall auch das Galerkin-Verfahren.

Ingenieure und Naturwissenschaftler haben Variationsmethoden als wirkungsvolles Mittel zur Lösung ihrer Probleme benutzt. Gleichzeitig trat aber auch eine Reihe theoretischer und praktischer Fragen auf. Es zeigte sich, daß in vielen Fällen nicht einmal die Frage der richtigen bzw. geeigneten Formulierung des Problems und eines geeigneten Lösungsbegriffes klar ist. Die Aufmerksamkeit konzentrierte sich auf Fragen der Konvergenz, vor allem auf Fragen, unter welchen Voraussetzungen, in welchem Sinne und wie schnell die Näherungslösungen gegen die „genaue" Lösung konvergieren. Neue Methoden entstanden und es wurde die Frage untersucht, wann und für welche Klassen von Problemen diese Methoden geeignet sind. Zum Entstehen neuer Verfahren (z.B. der Methode der finiten Elemente) sowie zur Modifizierung „klassischer" Methoden hat auch die schnelle Entwicklung der Computer beigetragen, deren Anwendung es ermöglichte, in verhältnismäßig kurzer Zeit Gleichungssysteme mit einer großen Anzahl von Unbekannten zu lösen. Es zeigte sich aber bald, daß Ungenauigkeiten, die durch Rundungsfehler bei der Berechnung der Koeffizienten dieser Systeme sowie bei ihrer Auflösung entstehen, die Genauigkeit der gesamten Rechnung wesentlich beeinflussen können. Überraschende und sehr oft offensichtlich sinnlose Ergebnisse, die bei der Realisierung der numerischen Verfahren auftraten, haben ein intensives Studium der Stabilität dieser Verfahren hervorgerufen, das mit Fragen der Auswahl einer geeigneten Basis u.ä. verbunden war (siehe Kapitel 20).

Es zeigte sich, daß die Lösung vieler dieser Fragen, die theoretisch interessant und von der praktischen Anwendung her dringend zu lösen waren, nicht leicht war. Eine entscheidende Rolle spielte bei der Lösung dieser Fragen die Funktionalanalysis, deren Apparat – wie sich zeigte – ein wirksames Mittel war, um dıese Fragen zu beantworten. Und vice versa hat auch die Problematik der Variationsmethoden zur Entwicklung gewisser Zweige der Funktionalanalysis fruchtbar beigetragen.

Die Variationsmethoden entwickelten sich von ihrer Entstehung an sehr stürmisch. Von den Arbeiten grundlegender Bedeutung seien wenigstens die klassischen Werke

Hilberts und Courants erwähnt, weiter die (in gewissem Maß an die vorhergehenden anknüpfenden) Arbeiten von Sobolev und Michlin, die eine auf dem Satz über das Minimum eines quadratischen Funktionals (des „Energiefunktionals") begründete Theorie entwickelten, und die Arbeiten von Browder, Lions und Nečas, die vom Begriff der schwachen Lösung und vom Satz von Lax und Milgram ausgingen. Diese Arbeiten sind sowohl von praktischer Bedeutung (neue Methoden, Konvergenzsätze u.ä.) als auch theoretisch wichtig (Existenzsätze). Ein großer Teil moderner Arbeiten beschäftigt sich mit der Methode der finiten Elemente.

Wie wir schon erwähnt hatten, kann man sich heutzutage das Studium der Variationsmethoden nur schwer ohne die Kenntnis mindestens gewisser Grundbegriffe und -ergebnisse aus der Funktionalanalysis vorstellen, vor allem nicht ohne die Kenntnis der Theorie des Hilbert-Raumes. Diese Theorie werden wir im ersten Teil des Buches untersuchen.

TEIL I. HILBERT-RAUM

Kapitel 2. Skalarprodukt von Funktionen. Norm, Metrik

Zunächst einige Bemerkungen zu den benutzten Bezeichnungen.

Das Symbol G bezeichnet im ganzen Buch ein N-dimensionales Gebiet, d.h. eine offene zusammenhängende Menge im euklidischen Raum E_N. In diesem Buch werden wir nur beschränkte Gebiete betrachten, und zwar Gebiete mit einem sogenannten *Lipschitz-Rand*. Eine präzise Beschreibung dieses Begriffes ist etwas kompliziert und würde dem Leser am Anfang nur Schwierigkeiten bereiten, deshalb wird sie erst im Kapitel 28 angegeben. Hier wollen wir nur bemerken, daß es sich um eine Klasse genügend allgemeiner Gebiete handelt, in die gerade diejenigen Gebiete fallen, auf die wir bei Anwendungen im Ingenieurwesen – wenn es sich um die Lösung von Differentialgleichungen elliptischen Typs mit Randbedingungen auf beschränkten Gebieten handelt – am häufigsten stoßen. In der Ebene gehören zu diesen Gebieten – grob gesagt – Gebiete mit glattem, bzw. stückweise glattem Rand, ohne Spitzen (im Englischen *cusps*). Im dreidimensionalen Raum handelt es sich ebenfalls um Gebiete, deren Rand glatt bzw. stückweise glatt ist und keine Singularitäten hat, die in gewissem Sinn den Spitzen bei ebenen Kurven entsprechen würden (Rückkehrkanten u.ä.). Beispiele ebener bzw. räumlicher Gebiete (d.h. für $N = 2$ bzw. $N = 3$) mit Lipschitz-Rand sind der Kreis, der Kreisring, das Quadrat, das Dreieck, bzw. die Kugel, der Würfel u.ä. Für $N = 1$ ist das Intervall (a, b) ein Gebiet. Falls wir gleichzeitig mehrere Gebiete betrachten, unterscheiden wir sie durch Indizes, also G_1, G_2 usw.

Den Rand des Gebietes G bezeichnen wir mit Γ, bzw. mit $\Gamma_1, \Gamma_2, \ldots$, falls es sich um die Gebiete $G_1, G_2, \ldots$ handelt. Die Abschließung des Gebietes G im Raum E_N, d.h. die Menge $G + \Gamma$, bezeichnen wir mit $\bar{G}$. Statt „Abschließung des Gebietes im Raum E_N" sagen wir kurz *abgeschlossenes Gebiet*.

Die Koordinaten eines Punktes in E_N bezeichnen wir meist mit $x_1, \ldots, x_N$. Statt vom Punkt $(x_1, \ldots, x_N)$ sprechen wir oft kurz vom Punkt x. Statt

$$\int \cdots \int_G u(x_1, \ldots, x_N) \, dx_1 \ldots dx_N$$

schreiben wir kurz

$$\int_G u(x) \, dx .$$

Im Fall $N = 1$ schreiben wir natürlich

$$\int_a^b u(x)\,\mathrm{d}x\,.$$

In der Ebene bzw. im dreidimensionalen Raum benutzen wir oft die Bezeichnung x, y bzw. x, y, z statt x_1, x_2 bzw. x_1, x_2, x_3.

Es sei ein Gebiet G gegeben. Wir wenden uns nun der Untersuchung von Funktionen zu, die auf diesem Gebiet definiert sind, insbesondere der Definition des Skalarproduktes zweier Funktionen. *Überall in diesem Buch betrachten wir* (falls nicht ausdrücklich das Gegenteil angeführt wird) *reelle Funktionen; auch die Konstanten, die im Text und insbesondere in den Definitionen auftreten, sind reelle Zahlen.*

Definition 2.1. Eine Menge M, deren Elemente Funktionen[1]) sind, die auf einer Menge[2]) S definiert sind, nennen wir **lineare Menge (lineares System, linearer Raum),** falls mit je zwei Funktionen $u_1(x)$, $u_2(x)$ aus M auch die Funktion

$$a_1\, u_1(x) + a_2\, u_2(x)\,, \tag{2.1}$$

mit beliebigen (reellen) Konstanten a_1, a_2 zur Menge M gehört. Dabei ist die Summe zweier Funktionen und die Multiplikation einer Funktion mit einer Konstanten im üblichen, aus der klassischen Analysis bekannten Sinn definiert.

Insbesondere gehört mit der Funktion u_1 auch jedes Vielfache zu M (wie aus (2.1) für $a_2 = 0$ ersichtlich), und mit den Funktionen u_1, u_2 gehört auch ihre Summe zu M (wie mit $a_1 = 1$, $a_2 = 1$ wiederum aus (2.1) folgt).

Beispiel 2.1. Wir bezeichnen mit L die Menge aller Funktionen, die auf dem abgeschlossenen Gebiet $\overline{G}$ stetig sind, und definieren auf die übliche Weise die Summe und das Vielfache solcher Funktionen. Dann ist L eine lineare Menge: Bekanntlich ist für zwei Funktionen $u_1(x)$, $u_2(x)$, die auf $\overline{G}$ stetig sind und also zu L gehören, auch die Funktion $a_1\, u_1(x) + a_2\, u_2(x)$ stetig in $\overline{G}$ und folglich ein Element aus L.

Aus Definition 2.1 folgt (und der Leser wird es leicht an dem eben angeführten Beispiel verifizieren): Ist M eine lineare Menge, dann gehört mit n Funktionen $u_1(x)$, $u_2(x), \ldots, u_n(x)$ aus M auch jede Linearkombination

$$a_1\, u_1(x) + a_2\, u_2(x) + \ldots + a_n\, u_n(x)$$

zu M.

Beispiel 2.2. Aus der linearen Menge L in Beispiel 2.1 wähle man alle diejenigen Funktionen aus, für die gilt: $|u(x)| \leqq 7$ für jedes $x \in \overline{G}$. Diese neue Menge bezeichne man mit $\tilde{L}$. Die Menge $\tilde{L}$ ist keine lineare Menge, denn es gilt nicht, daß für jede Funktion $u(x) \in \tilde{L}$ und für eine beliebige Konstante a auch $a\,u(x) \in \tilde{L}$ ist. Z.B. gehört die durch die Vorschrift $u(x) \equiv 4$ im Gebiet $\overline{G}$ gegebene (d.h. in diesem Gebiet konstante) Funktion zu $\tilde{L}$, denn sie ist stetig in $\overline{G}$ und es gilt $|u(x)| \leqq 7$, während die Funktion $2u(x)$ nicht mehr zu $\tilde{L}$ gehört, denn es ist $2u(x) \equiv 8$, d.h. $|2u(x)| > 7$.

---

[1]) An dieser Stelle beschränken wir uns auf diesen Spezialfall, um die Darlegung übersichtlich zu gestalten. In der Definition der linearen Menge ist nicht wichtig, ob die Elemente der Menge Funktionen sind oder nicht. Vgl. Definition 6.1 auf S. 53.

[2]) Üblicherweise auf einem Gebiet.

Wir betrachten nun die lineare Menge L aus Beispiel 2.1. Für zwei beliebige Funktionen $u(x) \in L$, $v(x) \in L$ definieren wir:

Definition 2.2. Unter dem **Skalarprodukt der Funktionen** $u(x)$, $v(x)$ aus der linearen Menge L, i.Z. (u, v), verstehen wir das Integral

$$(u, v) = \int_G u(x)\, v(x)\, \mathrm{d}x\,. \tag{2.2}$$

Das Skalarprodukt zweier Funktionen $u(x)$, $v(x)$ ist also eine reelle Zahl, die durch den Wert des Integrals (2.2) gegeben ist.

Beispiel 2.3. Es sei $\overline{G}$ das Quadrat $0 \leqq x \leqq 1$, $0 \leqq y \leqq 1$, ferner sei $u(x, y) = x^2 + y^2$, $v(x, y) \equiv \equiv 2$. Dann ist

$$(u, v) = \int_0^1 \int_0^1 (x^2 + y^2) \cdot 2\, \mathrm{d}x\, \mathrm{d}y = \frac{4}{3}\,.$$

Aus den bekannten Eigenschaften des Integrals ergeben sich sogleich die folgenden grundlegenden Eigenschaften des Skalarproduktes:

Satz 2.1. *Für das Skalarprodukt aus Definition 2.2 gilt mit beliebigen Funktionen $u(x)$, $v(x)$, $u_1(x)$, $u_2(x)$ aus der linearen Menge L und beliebigen reellen Zahlen a_1, a_2:*

$$(u, v) = (v, u)\,, \tag{2.3}$$

$$(a_1 u_1 + a_2 u_2, v) = a_1 (u_1, v) + a_2 (u_2, v)\,, \tag{2.4}$$

$$(u, u) \geqq 0\,, \tag{2.5}$$

$$(u, u) = 0 \Leftrightarrow u(x) \equiv 0 \quad in\ G\,. \tag{2.6}$$

Die Beziehung (2.3) drückt die *Symmetrie* des Skalarproduktes aus, die Beziehung (2.4) seine *Additivität* und *Homogenität.* Die Beziehungen (2.5) und (2.6) bedeuten, daß beim skalaren Multiplizieren einer Funktion $u(x)$ mit sich selbst dieses Skalarprodukt stets nichtnegativ ist, wobei es genau dann gleich Null ist, wenn $u(x) \equiv 0$ ist.

Der **Beweis** von Satz 2.1 ist leicht. Die Eigenschaft (2.3) folgt aus der Gleichheit

$$\int_G u(x)\, v(x)\, \mathrm{d}x = \int_G v(x)\, u(x)\, \mathrm{d}x\,,$$

die Eigenschaft (2.4) aus der Gleichheit

$$\int_G [a_1\, u_1(x) + a_2\, u_2(x)]\, v(x)\, \mathrm{d}x = a_1 \int_G u_1(x)\, v(x)\, \mathrm{d}x + a_2 \int_G u_2(x)\, v(x)\, \mathrm{d}x\,.$$

Weiter ist

$$(u, u) = \int_G u^2(x)\, \mathrm{d}x \geqq 0\,;$$

für $u(x) \equiv 0$ ist offensichtlich $(u, u) = 0$; gilt

$$\int_G u^2(x)\, \mathrm{d}x = 0\,,$$

dann ist $u(x) \equiv 0$, wie aus der Integralrechnung bekannt ist, denn die Funktion $u(x)$ ist laut Voraussetzung stetig in $\bar{G}$ [1]).

Es sei bemerkt, daß aus (2.4) und (2.3) sogleich

$$(u, a_1 v_1 + a_2 v_2) = a_1(u, v_1) + a_2(u, v_2) \tag{2.7}$$

folgt, wobei $u(x)$, $v_1(x)$, $v_2(x)$ Funktionen aus der linearen Menge L und a_1, a_2 reelle Konstanten sind, denn es ist

$$(u, a_1 v_1 + a_2 v_2) = (a_1 v_1 + a_2 v_2, u) = a_1(v_1, u) + a_2(v_2, u) = \\ = a_1(u, v_1) + a_2(u, v_2)\,.$$

Auch diese Beziehungen werden wir oft benutzen. Aus (2.4) und (2.7) folgt leicht

$$(a_1 u_1 + a_2 u_2, a_3 u_3 + a_4 u_4) = a_1 a_3(u_1, u_3) + a_2 a_3(u_2, u_3) + \\ + a_1 a_4(u_1, u_4) + a_2 a_4(u_2, u_4) \tag{2.8}$$

(d.h. das Vorgehen beim skalaren Multiplizieren ist formal das gleiche wie beim Multiplizieren von Polynomen). Insbesondere gilt für beliebige Funktionen $u(x)$, $v(x)$ aus der linearen Menge L und für beliebige reelle Konstanten a, b

$$(au, bv) = ab(u, v)\,. \tag{2.9}$$

Das Skalarprodukt und seine Eigenschaften ermöglichen es, einen weiteren für uns sehr nützlichen Begriff einzuführen, den der Norm einer Funktion.

Definition 2.3. Unter der **Norm einer Funktion** $u(x)$ aus der linearen Menge L verstehen wir die nichtnegative Zahl

$$\|u\| = \sqrt{(u, u)} = \sqrt{\int_G u^2(x)\,dx}\,. \tag{2.10}$$

So erhalten wir beispielsweise für die Norm der Funktion $u(x, y) = \sin \pi x \sin \pi y$ auf dem Quadrat $0 \leqq x \leqq 1$, $0 \leqq y \leqq 1$:

$$\|u\| = \sqrt{\int_0^1 \int_0^1 \sin^2 \pi x \sin^2 \pi y \,dx\,dy} = \sqrt{\int_0^1 \sin^2 \pi x\,dx\,.\int_0^1 \sin^2 \pi y\,dy} = \\ = \sqrt{\tfrac{1}{2}\cdot\tfrac{1}{2}} = \tfrac{1}{2}\,.$$

Satz 2.2. *Die Norm aus Definition* 2.3 *hat für beliebige Funktionen* $u(x)$, $v(x)$ *aus der linearen Menge* L *und eine beliebige reelle Konstante* a *die folgenden Eigenschaften:*

$$\|u\| \geqq 0\,, \tag{2.11}$$

---

[1]) Der Leser hat sicher bemerkt, daß wir mit Ausnahme dieses letzten Schrittes nirgends von der Voraussetzung der Stetigkeit der Funktionen $u(x)$ und $v(x)$ in $\bar{G}$ Gebrauch gemacht haben; es genügte, wenn die entsprechenden Integrale sinnvoll waren. Im nächsten Kapitel, in dem wir den Begriff des Skalarproduktes auf eine allgemeinere Funktionenklasse erweitern, wird das Übertragen der grundlegenden Eigenschaften des Skalarproduktes auf diesen allgemeineren Fall deshalb sehr leicht sein.

$$\|u\| = 0 \Leftrightarrow u(x) \equiv 0 \quad in\ G\,, \tag{2.12}$$

$$\|au\| = |a| \,.\, \|u\| \tag{2.13}$$

$$|(u, v)| \leqq \|u\| \,.\, \|v\|\,, \tag{2.14}$$

$$\|u + v\| \leqq \|u\| + \|v\| \quad \text{(die sogenannte } \textit{Dreiecksungleichung}\text{)}\,, \tag{2.15}$$

$$\big|\, \|u\| - \|v\| \,\big| \leqq \|u - v\|\,. \tag{2.16}$$

Beweis:[1]) Die Eigenschaften (2.11) und (2.12) folgen direkt aus der Definition der Norm und aus den Eigenschaften (2.5), (2.6) des Skalarproduktes.

Aus der Definition der Norm und aus (2.9) folgt weiter $\|au\|^2 = (au, au) = a^2(u, u)$, und hieraus ergibt sich sogleich (2.13).

Beweis der Ungleichung (2.14): Es sei $u \in L$, $v \in L$. Für jede reelle Zahl λ gilt nach (2.5)

$$(u + \lambda v,\ u + \lambda v) \geqq 0\,,$$

d.h. nach (2.8)

$$(u, u) + \lambda(v, u) + \lambda(u, v) + \lambda^2(v, v) \geqq 0$$

und, da $(u, v) = (v, u)$ ist,

$$(u, u) + 2(u, v)\,\lambda + (v, v)\,\lambda^2 \geqq 0\,. \tag{2.17}$$

Die Funktionen u und v sind zwar beliebige, aber fest vorgegebene Funktionen aus der linearen Menge L, so daß (u, u), (u, v) und (v, v) feste Zahlen sind. Der quadratische Ausdruck in λ auf der linken Seite der Ungleichung (2.17) soll für alle reellen λ nichtnegativ sein, was nur dann möglich ist, wenn seine Diskriminante nichtpositiv ist, d.h. wenn gilt

$$(u, v)^2 - (u, u)\,(v, v) \leqq 0\,,$$

oder

$$(u, v)^2 \leqq (u, u)\,(v, v)\,.$$

Wenn wir in Betracht ziehen, daß nach Definition der Norm $(u, u) = \|u\|^2$ und $(v, v) = \|v\|^2$ ist, folgt die Ungleichung (2.14) sofort aus der vorhergehenden Ungleichung.

Beweis der Ungleichung (2.15): Es ist

$$\begin{aligned}\|u + v\|^2 &= (u + v,\ u + v) = (u, u) + 2(u, v) + (v, v) = \\ &= \|u\|^2 + 2(u, v) + \|v\|^2\,.\end{aligned} \tag{2.18}$$

Aus (2.14) folgt $(u, v) \leqq \|u\| \,.\, \|v\|$. Wenn wir in (2.18) den Ausdruck $2(u, v)$ durch

---

[1]) Wie aus dem Beweis folgt, sind die Eigenschaften der Norm unmittelbare Folgerungen der Eigenschaften (2.3) bis (2.6) des Skalarproduktes. In den nächsten Kapiteln verallgemeinern wir den Begriff des Skalarproduktes, und zwar so, daß seine grundlegenden Eigenschaften aufrecht erhalten bleiben. Deshlab bleiben auch die Eigenschaften der entsprechenden Norm, die durch eine der Beziehung (2.10) analoge Beziehung definiert wird, ohne Änderung. Dasselbe betrifft auch die Eigenschaften der Metrik, die in Satz 2.3 angeführt werden.

den größeren (oder gleich großen) Ausdruck $2\|u\| \cdot \|v\|$ ersetzen, haben wir

$$\|u + v\|^2 \leqq \|u\|^2 + 2\|u\| \cdot \|v\| + \|v\|^2 = (\|u\| + \|v\|)^2 ,$$

woraus sogleich (2.15) folgt.

Um die Ungleichung (2.16) zu beweisen, betrachten wir mit den Elementen u, v gleichzeitig die Elemente $u - v$ und v. Für diese Elemente gilt nach (2.15)

$$\|(u - v) + v\| \leqq \|u - v\| + \|v\| ,$$

d.h.

$$\|u\| \leqq \|u - v\| + \|v\| ,$$

somit

$$\|u\| - \|v\| \leqq \|u - v\| .$$

Wenn wir analog die Elemente $v - u$ und u betrachten, haben wir

$$\|v\| - \|u\| \leqq \|u - v\| .$$

Aus den beiden letzten Ungleichungen erhält man die Ungleichung (2.16).

Beispiel 2.4. Wir betrachten auf dem Intervall $[0, \pi]$ die Funktionen $u(x) = \cos x$, $v(x) = x$. Es ist

$$\|u\|^2 = \int_0^\pi \cos^2 x \, dx = \frac{\pi}{2} ,$$

$$\|v\|^2 = \int_0^\pi x^2 \, dx = \frac{\pi^3}{3} ,$$

$$(u, v) = \int_0^\pi x \cos x \, dx = -2 ,$$

$$\|u + v\|^2 = \int_0^\pi (\cos x + x)^2 \, dx = \frac{\pi^3}{3} + \frac{\pi}{2} - 4 .$$

Offensichtlich ist

$$2 = |(u, v)| \leqq \|u\| \cdot \|v\| = \sqrt{\frac{\pi}{2}} \cdot \sqrt{\frac{\pi^3}{3}} = \frac{\pi^2}{\sqrt{6}} \doteq 4{,}04 ,$$

$$\underbrace{\sqrt{\frac{\pi^3}{3} + \frac{\pi}{2} - 4}}_{\doteq 2{,}82} = \|u + v\| \leqq \|u\| + \|v\| = \underbrace{\sqrt{\frac{\pi}{2}} + \sqrt{\frac{\pi^3}{3}}}_{\doteq 4{,}47}$$

in Übereinstimmung mit (2.14) und (2.15).

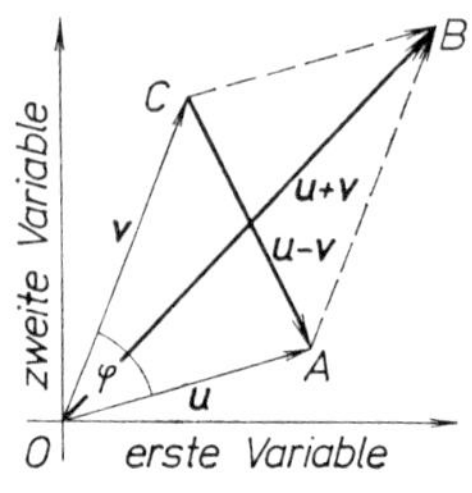

Figur 2.1

Bemerkung 2.1. Die Begriffe des Skalarproduktes und der Norm von Funktionen sind direkte Analoga bekannter Begriffe aus der elementaren Vektoralgebra. Vor allem die Eigenschaften der Norm entsprechen den sehr anschaulichen Eigenschaften der Vektorlänge: Man betrachte in der Ebene die Vektoren $\mathbf{u}$ und $\mathbf{v}$ mit Anfangspunkten im Koordinatenursprung (Figur 2.1). Ihr Skalarprodukt ist bekanntlich durch die Beziehung

$$\mathbf{u} \cdot \mathbf{v} = uv \cos \varphi$$

definiert, wobei u bzw. v die Länge des Vektors $\mathbf{u}$ bzw. $\mathbf{v}$ ist und φ der Winkel, den beide Vektoren einschließen. Für die Länge eines Vektors gelten offensichtlich Beziehungen, die den Aussagen (2.11) bis (2.16) über die Norm einer Funktion analog sind:

a) $u \geqq 0$, wobei $u = 0$ genau dann gilt, wenn $\mathbf{u}$ der Nullvektor ist (vgl. (2.11) und (2.12));

b) die Länge des Vektors $a\mathbf{u}$ ist das $|a|$-Vielfache der Länge des Vektors $\mathbf{u}$ (vgl. (2.13));

c) es gilt $|\mathbf{u} \cdot \mathbf{v}| \leqq uv$ (vgl. (2.14)), denn es ist $|\cos \varphi| \leqq 1$;

d) die Länge des Vektors $\mathbf{u} + \mathbf{v}$ kann nicht größer sein als die Summe der Längen der Vektoren $\mathbf{u}$ und $\mathbf{v}$ (vgl. (2.15)); man vergleiche das Dreieck OAB in Figur 2.1;

e) die Differenz der Längen zweier Vektoren (bzw. der Absolutbetrag dieser Differenz) kann nicht größer sein als die Länge der Differenz dieser Vektoren (vgl. (2.16)); vgl. das Dreieck OAC in Figur 2.1.

Wir sehen also, daß das Skalarprodukt von Funktionen sowie die Norm einer Funktion auf eine sehr natürliche Weise definiert sind, die den elementaren geometrischen Vorstellungen entspricht, woraus sie ursprünglich in der Tat entstanden sind.

Ein weiterer, geometrisch sehr anschaulicher Begriff ist der Begriff des Abstandes zweier Funktionen:

Definition 2.4. Unter dem **Abstand zweier Funktionen** $u(x)$, $v(x)$ aus der linearen Menge L verstehen wir die Zahl

$$\varrho(u, v) = \|u - v\|, \tag{2.19}$$

d.h. die Norm der Differenz dieser Funktionen.

Beispiel 2.5. Für den Abstand der Funktionen u, v aus Beispiel 2.4 haben wir

$$\varrho^2(u, v) = \|u - v\|^2 = \int_0^\pi (\cos x - x)^2 \, dx = \frac{\pi^3}{3} + \frac{\pi}{2} + 4,$$

d.h. es ist

$$\varrho(u, v) = \sqrt{\frac{\pi^3}{3} + \frac{\pi}{2} + 4} \doteq 3{,}99.$$

Aus der Definition des Abstandes zweier Funktionen und aus den in Satz 2.2 angeführten Eigenschaften (2.11), (2.12), (2.13) und (2.15) der Norm folgen sofort die folgenden grundlegenden Eigenschaften des Abstandes von Funktionen:

Satz 2.3. *Für beliebige Funktionen $u(x)$, $v(x)$, $z(x)$ aus L gilt*

$$\varrho(u, v) \geqq 0\,, \tag{2.20}$$

$$\varrho(u, v) = 0 \Leftrightarrow u = v\,, \tag{2.21}$$

$$\varrho(u, v) = \varrho(v, u), \tag{2.22}$$

$$\varrho(u, z) \leqq \varrho(u, v) + \varrho(v, z)\,. \tag{2.23}$$

Beweis: Die Eigenschaften (2.20) und (2.21) folgen direkt aus der Definition des Abstandes (2.19) und aus (2.11) und (2.12). Aus der Definition des Abstandes und aus der Beziehung (2.13) für $a = -1$ erhält man weiter

$$\varrho(u, v) = \|u - v\|\,,$$

$$\varrho(v, u) = \|v - u\| = \|-(u - v)\| = |-1|\;\|u - v\| = \|u - v\|$$

und hieraus sogleich (2.22). Weiter ist nach (2.15)

$$\varrho(u, z) = \|u - z\| = \|(u - v) + (v - z)\| \leqq \|u - v\| + \|v - z\|\,, \tag{2.24}$$

woraus sich (2.23) ergibt, denn die Summe der beiden letzten Glieder in (2.24) ist nach Definition des Abstandes gleich der Zahl $\varrho(u, v) + \varrho(v, z)$.

Bemerkung 2.2. Auch die Eigenschaften (2.20) bis (2.23) des Abstandes von Funktionen haben eine einfache geometrische Analogie (siehe Figur 2.2): Bezeichnen wir mit $\varrho(\mathbf{u}, \mathbf{v})$ den Abstand der Endpunkte der Vektoren $\mathbf{u}, \mathbf{v}$ mit Anfangspunkten im Koordinatenursprung, dann ist erstens $\varrho(\mathbf{u}, \mathbf{v}) = \varrho(\mathbf{v}, \mathbf{u})$ (vgl. (2.22)), denn $\varrho(\mathbf{u}, \mathbf{v})$ ist durch die Länge des Vektors $\mathbf{u} - \mathbf{v}$ bzw. $\mathbf{v} - \mathbf{u}$ (was das gleiche ist) gegeben. Zweitens ist offensichtlich $\varrho(\mathbf{u}, \mathbf{v}) \geqq 0$, wobei $\varrho(\mathbf{u}, \mathbf{v}) = 0$ genau dann gilt, wenn die Vektoren $\mathbf{u}$ und $\mathbf{v}$ übereinstimmen (vgl. (2.20) und (2.21)). Eine Analogie der Ungleichung (2.23) ist die Ungleichung $\varrho(\mathbf{u}, \mathbf{z}) \leqq \varrho(\mathbf{u}, \mathbf{v}) + \varrho(\mathbf{v}, \mathbf{z})$, deren geometrische Deutung aus Figur 2.2 klar hervorgeht. Auch der Abstand zweier Funktionen steht also in enger Beziehung zu elementaren geometrischen Begriffen und ihren Eigenschaften.

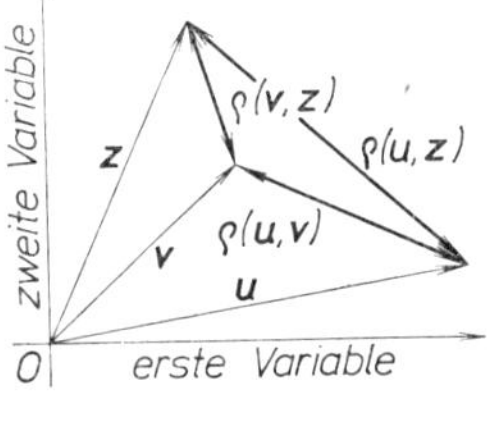

Figur 2.2

Bemerkung 2.3. Definition 2.4 ermöglicht es den Abstand zweier Funktionen, die zur linearen Menge L gehören, zu „messen“. Wir sagen: Auf der linearen Menge L ist durch die Formel (2.19) eine Metrik gegeben, und nennen die lineare Menge L (oder eine andere Menge, auf der eine Metrik gegeben ist) einen metrischen Raum. Allgemein definieren wir:

Definition 2.5. Eine Menge M wird **metrischer Raum** genannt, falls für jedes Paar u, v ihrer Elemente eine Zahl $\varrho(u, v)$ – der **Abstand der Elemente** u, v – definiert ist mit den Eigenschaften (2.20) bis (2.23).

Man beachte: In dieser Definition wird nicht gefordert, daß die Elemente der Menge M Funktionen sind; wie wir sehen werden, ist es oft vorteilhaft, metrische Räume zur Verfügung zu haben, deren Elemente von anderer Art sind. In Definition 2.5 wird auch die Linearität der Menge M nicht vorausgesetzt.

Wenn wir im folgenden sagen, auf einer Menge M ist eine Metrik eingeführt, so heißt das: Für alle Paare von Elementen dieser Menge definieren wir auf geeignete Weise einen Abstand, der die Forderungen (2.20) bis (2.23) erfüllt. Dadurch wird die Menge M zum metrischen Raum.

Die an den Abstand $\varrho(u, v)$ gestellten Forderungen (2.20) bis (2.23) werden **Axiome der Metrik** genannt. Ähnlich nennen wir die Forderungen (2.11), (2.12), (2.13) und (2.15), die die Norm charakterisieren, **Axiome der Norm.** Ist der Abstand mit Hilfe der Norm durch die Beziehung (2.19) definiert, dann erfüllt er – wie wir in Satz 2.3 bewiesen haben – mit den Axiomen der Norm auch die Axiome der Metrik.

In der bisher betrachteten linearen Menge L haben wir die Metrik durch die Vorschrift (2.19) eingeführt, wobei die Norm $\| \;\|$ durch die Beziehung (2.10) definiert ist[1]. Auf dieser linearen Menge kann man einen Abstand auch auf andere Weise einführen, wobei die Axiome der Metrik wieder erfüllt sind. Es wird z.B. eine Norm auf der linearen Menge L durch die Vorschrift

$$\|u\|_C = \max_{x \in \bar{G}} |u(x)| \tag{2.25}$$

definiert. (Aus dem weiteren Text geht hervor, warum wir diese Norm gerade durch das Hinzufügen des Index C von der vorhergehenden Norm unterscheiden wollen.) Die Norm $\|u\|_C$ einer Funktion $u \in L$ erhalten wir also, indem wir die Funktion $|u(x)|$ konstruieren, die auf dem abgeschlossenen Gebiet $\bar{G}$ stetig ist (denn $u(x)$ ist nach Voraussetzung stetig), und ihren Maximalwert in $\bar{G}$ betrachten. Es läßt sich ohne Schwierigkeiten zeigen (was wir hier nicht beweisen), daß $\|u\|_C$ alle vier Axiome der Norm erfüllt, so daß wir tatsächlich berechtigt sind, diese Zahl eine Norm zu nennen. Wenn wir nun den Abstand zweier Funktionen $u(x)$, $v(x)$ aus der linearen Menge L durch die Vorschrift

$$\varrho_C(u, v) = \|u - v\|_C, \tag{2.26}$$

d.h.

$$\varrho_C(u, v) = \max_{x \in \bar{G}} |u(x) - v(x)| \tag{2.27}$$

definieren, erfüllt – wie schon bemerkt – auch der auf diese Weise definierte Abstand die Axiome (2.20) bis (2.23) der Metrik. Die mit der Metrik (2.27) versehene lineare Menge L ist ein *metrischer Raum*; wir bezeichnen ihn mit C.

---

[1]) In einem solchen Fall sagen wir oft, die Norm ist durch das Skalarprodukt *induziert*.

Beispiel 2.6. Für den Abstand ϱ_C der Funktionen $u(x) = \cos x$, $v(x) = x$ aus den Beispielen 2.4 und 2.5 im Raum C auf dem Intervall $[0, \pi]$ haben wir

$$\varrho_C(u, v) = 1 + \pi \doteq 4{,}14\,,$$

denn die Funktion $u(x) = \cos x$ ist in Intervall $[0, \pi]$ fallend, die Funktion $v(x) = x$ wachsend und die Funktion $|u(x) - v(x)| = |\cos x - x|$ nimmt im Intervall $[0, \pi]$ ihr Maximum offensichtlich im Punkt $x = \pi$ an, wo $|u(\pi) - v(\pi)| = |\cos \pi - \pi| = 1 + \pi$ ist.

Man beachte, daß die betrachteten Funktionen im Raum C einen anderen Abstand haben als im Raum mit der Metrik (2.19) (siehe Beispiel 2.5). Dasselbe gilt natürlich auch für die Norm; wir empfehlen dem Leser, sich am Beispiel der Funktionen $u(x) = \cos x$, $v(x) = x$, $x \in [0, \pi]$ davon zu überzeugen, daß die Norm $\|\;\|_C$ die Eigenschaften (2.11), (2.12), (2.13) und (2.15) hat.

Bemerkung 2.4. Sind die Funktionen $u(x)$, $v(x)$ einander „nah" in allen Punkten des abgeschlossenen Gebietes $\bar{G}$, dann ist im metrischen Raum C auch ihr Abstand klein, denn wenn in $\bar{G}$ gilt $|u(x) - v(x)| \leqq \varepsilon$, dann ist nach (2.27) auch $\varrho_C(u, v) \leqq \varepsilon$. Ist umgekehrt der Abstand der Funktionen $u(x)$ und $v(x)$ im Raum C klein, so ist in $\bar{G}$ die Differenz der Funktionen $u(x)$ und $v(x)$ im Absolutbetrag klein, denn aus der Beziehung $\varrho_C(u, v) \leqq \varepsilon$ folgt nach (2.27), daß überall in $\bar{G}$ gilt: $|u(x) - v(x)| \leqq \varepsilon$. Im Raum mit der Metrik (2.19) haben wir eine andere Situation: Ist die Differenz der Funktionen $u(x)$ und $v(x)$ überall in $\bar{G}$ klein (im Absolutbetrag), dann ist auch der Abstand $\varrho(u, v)$ klein, denn wenn überall in $\bar{G}$ gilt $|u(x) - v(x)| \leqq \varepsilon$, ist nach (2.19)

$$\varrho(u, v) = \|u - v\| = \sqrt{\int_G [u(x) - v(x)]^2\,dx} \leqq \sqrt{\int_G \varepsilon^2\,dx} =$$
$$= \sqrt{\varepsilon^2 P} = \varepsilon\sqrt{P}\,. \tag{2.28}$$

Dabei ist $P = \int_G dx$ das (N-dimensionale) Volumen des Gebietes G.

Ist jedoch $\varrho(u, v)$ klein, so kann man hieraus nicht schließen, daß auch die Differenz $|u(x) - v(x)|$ überall in $\bar{G}$ klein ist.

Als Beispiel betrachten wir das Funktionenpaar

$$u(x) = \begin{cases} 10 \sin(1\,000\,\pi x) & \text{für} \quad 0 \leqq x \leqq 0{,}001\,, \\ 0 & \text{für} \quad 0{,}001 \leqq x \leqq 1\,, \end{cases}$$
$$v(x) = \quad 0 \qquad\qquad \text{für} \quad 0 \leqq x \leqq 1\,.$$

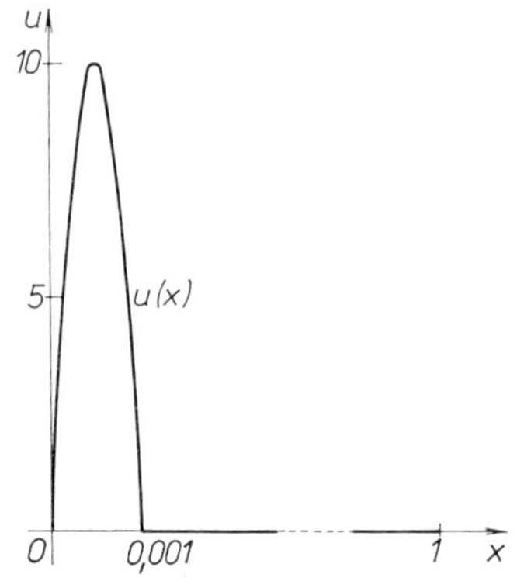

Figur 2.3

Die Funktion $u(x)$ – offensichtlich stetig im Intervall $[0, 1]$ – ist in Figur 2.3 dargestellt. Nach (2.19) und (2.10) ist

$$\varrho(u, v) = \|u(x) - v(x)\| = \sqrt{\int_0^1 [u(x) - v(x)]^2 \, dx} =$$

$$= \sqrt{\int_0^{0,001} 100 \sin^2(1\,000\,\pi x) \, dx} = \sqrt{0,05} \doteq 0,224 \, .$$

Der Abstand der Funktionen $u(x)$ und $v(x)$ nach Definition 2.4 ist hier klein, während die Differenz der Funktionswerte im Punkt $x = 0,0005$ gleich zehn ist, so daß $\varrho_C(u, v) = 10$ ist. Falls wir statt der eben betrachteten Funktion $u(x)$ die Funktion

$$u(x) = \begin{cases} 10 \sin(100\,000\,\pi x) & \text{für} \quad 0 \leqq x \leqq 0,00001 \, , \\ 0 & \text{für} \quad 0,00001 \leqq x \leqq 1 \end{cases}$$

wählen, erhalten wir $\varrho(u, v) = 0,0224$, während die Differenz der Funktionswerte im Punkt $x = 0,000005$ wieder gleich zehn ist. Durch geeignete Kürzung des Intervalls, auf dem Funktionen $u(x)$ des eben betrachteten Typs von Null verschieden sind, und durch entsprechende Erhöhung der Frequenz der Sinusfunktion können wir das Verhältnis zwischen dem Maximum der Werte $|u(x) - v(x)|$ und dem Abstand $\varrho(u, v)$ der Funktionen $u(x)$ und $v(x)$ beliebig groß machen.

Es ensteht gewiß die Frage, warum wir auf der linearen Menge L die Metrik (2.19) eingeführt haben, wenn die Metrik (2.27) doch, wir wir eben gezeigt haben, in gewissem Sinn natürlicher ist: ist nämlich überall in $\bar{G}$ die Differenz der Funktionen $u(x,$ und $v(x)$ klein, so ist auch der Abstand der Funktionen nach der Metrik (2.27) klein) und umgekehrt. Trotzdem werden wir im ganzen Buch überwiegend gerade mit der Metrik (2.19) bzw. mit verwandten Metriken arbeiten. Es gibt zwei Hauptgründe, warum wir das tun: Die Metrik (2.19) wurde mit Hilfe der Norm (2.10) eingeführt, die durch das Skalarprodukt (2.2) „induziert" wurde; das Skalarprodukt – in verschiedenen Modifikationen – wird für uns in diesem Buch einen Grundstein darstellen und es wird für uns immer wichtig sein, mit einer Metrik arbeiten zu können, die durch ein Skalarprodukt mit den Eigenschaften (2.3) bis (2.6) induziert wurde. Im Raum C mit der Metrik (2.27) kann man kein Skalarprodukt mit „vernünftigen" Eigenschaften definieren (siehe z.B. [26]). Das ist der erste wesentliche Grund, warum wir die Metrik (2.19) bevorzugen. Weiter werden wir im folgenden auf eine Reihe von Aufgaben stoßen – und zwar bei theoretischen Problemen wie auch bei ingenieurtechnischen Anwendungen – bei denen wir nicht mehr nur mit stetigen Funktionen auskommen. Es zeigt sich, daß es schwierig ist, die Metrik (2.27) in geeigneter Weise auf eine allgemeinere Klasse von Funktionen zu erweitern als es die stetigen Funktionen sind, während eine Erweiterung der Metrik (2.19) auf eine genügend allgemeine Klasse von Funktionen sehr einfach ist und auf eine natürliche Weise zur Bildung des sogenanten L_2-Raumes führt. Zu dieser Erweiterung gehen wir nun über. Später wird die Metrik (2.19) auch bei der Konstruktion allgemeinerer Räume von Nutzen sein.

Kapitel 3. Der Raum L_2

Das Skalarprodukt, die Norm und den Abstand von Funktionen, die wir im vorhergehenden Kapitel für Funktionen aus der linearen Menge L eingeführt haben, erweitern wir nun auf die lineare Menge der auf dem (beschränkten) Gebiet G quadratisch integrierbaren Funktionen.

Definition 3.1. Wir sagen, daß die reelle Funktion $u(x)$ im Gebiet G **quadratisch integrierbar** ist, falls die Integrale

$$\int_G u(x)\,\mathrm{d}x\,, \quad \int_G u^2(x)\,\mathrm{d}x \tag{3.1}$$

konvergieren (d.h. falls sie existieren[1]) und endlich sind).

Bemerkung 3.1. Aus der Definition folgt, daß jede im abgeschlossenen (beschränkten) Gebiet $\bar{G}$ stetige Funktion quadratisch integrierbar ist, denn für eine stetige Funktion $u(x)$ sind offensichtlich beide Integrale in (3.1) konvergent. Jede Funktion aus der in Kapitel 2 betrachteten linearen Menge L ist also quadratisch integrierbar. Zur Klasse der quadratisch integrierbaren Funktionen gehören jedoch noch viel allgemeinere Funktionen (siehe auch Beispiel 3.1). Wir wollen hier den Leser darauf aufmerksam machen, daß für die Gültigkeit gewisser Aussagen, die wir unter Benutzung des eben eingeführten Begriffes erhalten, insbesondere derjenigen Aussagen, die auf dem Begriff der Vollständigkeit des Raumes L_2 (siehe Kap. 4) begründet sind, die Integrale (3.1) im sogenannten Lebesgueschen Sinn betrachtet werden müssen. Die Lebesguesche Definition des Integrals und die grundlegenden Eigenschaften dieses Integrals werden kurz in Kapitel 28 behandelt. Der Leser braucht sich aber nicht gleich an dieser Stelle mit der Lebesgueschen Theorie bekannt zu machen, wenn er den weiteren Text verfolgen will: Funktionen, die in ingenieur- oder naturwissenschaftlichen Problemen auftreten und die im Falle nichtbeschränkter Funktionen nicht „allzu große“ Singularitäten haben (vgl. Beispiel 3.1), sind auf dem betrachteten Gebiet quadratisch integrierbar im Lebesgueschen wie auch im klassischen Riemannschen Sinn und die Werte der Integrale sowie die grundlegenden Methoden ihrer Berechnung sind in beiden Fällen die gleichen. Vom theoretischen Standpunkt aus muß man jedoch die Integrale im folgenden (und insbesondere auch die in (3.1)) als Integrale im Lebesgueschen Sinn auffassen. *Unter Funktionen, die in einem gegebenen Gebiet quadratisch integrierbar sind, verstehen wir stets Funktionen, die im Lebesgueschen Sinn quadratisch integrierbar sind.*

---

[1]) Im Lebesgueschen Sinn, siehe Bemerkung 3.1. Vgl. auch Bemerkung 28.4, S. 324.

Von den beschränkten Funktionen gehören zu den quadratisch integrierbaren vor allem die stetigen und die stückweise stetigen Funktionen auf dem Gebiet G. Zu unbeschränkten Funktionen geben wir zwei einfache Beispiele für den Fall $N = 1$ an, d.h. für Funktionen einer Veränderlichen:

Beispiel 3.1. Die Funktion

$$u(x) = \frac{1}{\sqrt[3]{x}}$$

ist im Intervall (0, 1) quadratisch integrierbar, denn beide Integrale (3.1) sind konvergent:

$$\int_0^1 u(x)\,dx = \int_0^1 \frac{dx}{\sqrt[3]{x}} = \frac{3}{2}, \quad \int_0^1 u^2(x)\,dx = \int_0^1 \frac{dx}{\sqrt[3]{x^2}} = 3 .$$

Andererseits ist die Funktion

$$u(x) = \frac{1}{\sqrt{x}}$$

im Intervall (0, 1) nicht quadratisch integrierbar, denn das erste Integral in (3.1) ist zwar konvergent, das zweite jedoch nicht:

$$\int_0^1 u(x)\,dx = \int_0^1 \frac{dx}{\sqrt{x}} = 2, \quad \int_0^1 u^2(x)\,dx = \int_0^1 \frac{dx}{x} = +\infty .$$

Aus der Theorie des Lebesgueschen Integrals ist bekannt (siehe Kap. 28):

a) Sind die Funktionen $u(x)$ und $v(x)$ im Gebiet G quadratisch integrierbar, so ist auch die Funktion

$$a_1\,u(x) + a_2\,v(x)$$

mit beliebigen reellen Konstanten a_1, a_2 quadratisch integrierbar.

b) Sind $u(x)$, $v(x)$ quadratisch integrierbar, dann konvergiert das Integral

$$\int_G u(x)\,v(x)\,dx .$$

Dabei gelten die üblichen Regeln:

$$\int_G u(x)\,v(x)\,dx = \int_G v(x)\,u(x)\,dx ,$$

$$\int_G [a_1\,u_1(x) + a_2\,u_2(x)]\,v(x)\,dx = a_1 \int_G u_1(x)\,v(x)\,dx + a_2 \int_G u_2(x)\,v(x)\,dx .$$

Eigenschaft a) zeigt, daß die Menge aller auf dem Gebiet G quadratisch integrierbaren Funktionen eine lineare Menge ist.[1]

Eigenschaft b) ermöglicht es, auf dieser linearen Menge das folgende Skalarprodukt einzuführen:

---

[1]) Später (siehe S. 21) werden wir die Frage der Gleichheit zweier Elemente dieser linearen Menge noch ausführlicher behandeln.

Definition 3.2. Es seien $u(x)$, $v(x)$ zwei quadratisch integrierbare Funktionen auf dem Gebiet G. Unter ihrem **Skalarprodukt** verstehen wir die Zahl

$$(u, v) = \int_G u(x)\, v(x)\, \mathrm{d}x\,. \tag{3.2}$$

Auf ähnliche Weise wie in Kapitel 2 definieren wir für quadratisch integrierbare Funktionen auch die Norm und den Abstand:

Definition 3.3. Unter der **Norm** einer im Gebiet G quadratisch integrierbaren Funktion $u(x)$ verstehen wir die nichtnegative Zahl

$$\|u\| = \sqrt{(u, u)} = \sqrt{\int_G u^2(x)\, \mathrm{d}x}\,. \tag{3.3}$$

Definition 3.4. Unter dem **Abstand** zweier im Gebiet G quadratisch integrierbaren Funktionen $u(x)$, $v(x)$ verstehen wir die Norm ihrer Differenz,

$$\varrho(u, v) = \|u - v\| = \sqrt{\int_G [u(x) - v(x)]^2\, \mathrm{d}x}\,. \tag{3.4}$$

In den eben angegebenen Definitionen des Skalarproduktes, der Norm und des Abstandes quadratisch integrierbarer Funktionen im Gebiet G zeigt sich, daß diese Begriffe eine Verallgemeinerung der entsprechenden Begriffe darstellen, die wir im vorhergehenden Kapitel für eine verhältnismäßig spezielle Funktionenklasse – nämlich für Funktionen aus der linearen Menge L – definiert hatten. Man kann erwarten – und Satz 3.1 wird es bestätigen – daß diese Begriffe ähnliche Eigenschaften haben werden, wie die des vorhergehenden Kapitels. Insbesondere werden wir sehen, daß der Abstand (3.4) die Axiome (2.20) bis (2.23) der Metrik erfüllt. Dies berechtigt uns zu folgender Definition:

Definition 3.5. Die lineare Menge der im Gebiet G quadratisch integrierbaren Funktionen mit der durch die Formel (3.4) gegebenen Metrik wird **metrischer Raum** $L_2(G)$ genannt. Wir werden kurz vom **Raum** $L_2(G)$ sprechen.

Das Skalarprodukt und die Norm sind in diesem Raum durch die Beziehungen (3.2) und (3.3) gegeben.

Im Spezialfall $N = 1$, wenn es sich also um das Intervall (a, b) handelt, schreiben wir $L_2(a, b)$ statt $L_2(G)$. Falls aus dem Text klar hervorgeht, um welches Gebiet es sich handelt, werden wir oft nur vom Raum L_2 sprechen.

Der Raum $L_2(G)$ ist also ein metrischer Raum (Definition 2.5, S. 15). Seine Elemente[1]) sind in G quadratisch integrierbare Funktionen. Das Skalarprodukt, die Norm und der Abstand sind in $L_2(G)$ durch die Formeln (3.2), (3.3) und (3.4) gegeben.

Zum Raum $L_2(G)$ gehören insbesondere alle Funktionen, die auf dem abgeschlossenem Gebiet $\overline{G}$ stetig sind, d.h. Funktionen aus der linearen Menge L, von der wir in Kapitel 2 gesprochen haben.

[1]) Siehe jedoch Definition 3.6 und den Text, der ihr vorangeht.

Wie schon erwähnt, lassen sich die Eigenschaften des Skalarproduktes, der Norm sowie des Abstandes, die in Kapitel 2 für Funktionen aus der linearen Menge L abgeleitet wurden, fast unverändert auf Funktionen aus dem Raum $L_2(G)$ übertragen. Nur die Beziehungen entsprechend (2.12) (bzw. (2.6) und (2.21)) erfordern für diesen Fall eine ausführlichere Diskussion:

Ist die Funktion $u(x)$ stetig in $\bar{G}$, dann folgt aus der Beziehung

$$\int_G u^2(x)\,\mathrm{d}x = 0\,, \tag{3.5}$$

daß $u(x) \equiv 0$ in $\bar{G}$, und folglich auch in G. Wenn nur $u \in L_2(G)$, kann man aus der Beziehung (3.5) nicht schließen, daß $u(x)$ überall in G gleich Null ist. Man betrachte z.B. den Fall $N = 1$ und $(a, b) = (0, 1)$. Die Funktion $u_1(x)$ aus Figur 3.1, die im

Figur 3.1

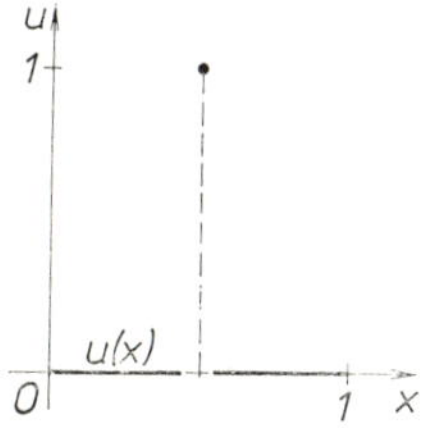

Intervall (0, 1) gleich Null ist mit Ausnahme des Punktes $x = 0{,}5$, wo $u_1(0{,}5) = 1$ gilt, ist offensichtlich im Intervall (0,1) quadratisch integrierbar und erfüllt die Gleichung (3.5). Diese Gleichung ist z.B. auch für die Funktion $u_2(x)$ erfüllt, die im Intervall (0, 1) gleich Null ist mit Ausnahme der abzählbaren Punktmenge

$$x_1 = 1,\ x_2 = \tfrac{1}{2},\ x_3 = \tfrac{1}{3},\ x_4 = \tfrac{1}{4},\ \ldots,$$

wo sie beliebige endliche Werte annehmen kann oder auch in irgendwelchen dieser Punkte überhaupt nicht definiert zu sein braucht. Dasselbe gilt auch für eine Funktion, die im Intervall (0, 1) verschwindet mit Ausnahme einer Punktmenge vom (Lebesgueschen) Maß Null: In diesen Punkten kann sie beliebige Werte annehmen, oder sie braucht in allen (oder in einigen von ihnen) nicht definiert zu sein.[1])

Um diese und auch weitere Schwierigkeiten zu vermeiden, die auftreten können, wenn wir die folgende Vereinbarung nicht treffen würden, definieren wir:

Definition 3.6. Die Funktionen $u(x)$, $v(x)$ seien im Gebiet G quadratisch integrierbar und **fast überall** im Gebiet G gleich, d.h. sie unterscheiden sich im Gebiet G höchstens in Punkten, die eine Menge vom Maß Null bilden (in gewissen dieser Punkte braucht die eine oder die andere dieser Funktionen eventuell nicht definiert zu sein). Dann sagen wir, daß diese Funktionen im Raum $L_2(G)$ **äquivalent** sind, und schreiben $u \dot{=} v$ in $L_2(G)$.

[1]) Der Leser braucht den Begriff einer Menge vom Maß Null nicht zu scheuen. In den Anwendungen, in denen er auf diese Mengen stoßen wird, handelt es sich im eindimensionalen Fall in der Regel um eine Menge, die aus endlich vielen Punkten besteht, oder im Fall $N = 2$ bzw. $N = 3$ um sehr einfache Mengen (glatte oder stückweise glatte Kurven bzw. Flächen) im zwei- bzw. dreidimensionalen Raum. Näheres zu diesem Begriff findet der Leser im Kapitel 28.

Solche Funktionen $u(x)$, $v(x)$ werden also in diesem Raum als gleich betrachtet. Wir werden auch sagen, daß alle zueinander äquivalenten Funktionen im Raum $L_2(G)$ ein einziges Element darstellen.

Zwei im Raum $L_2(G)$ äquivalente Funktionen $u(x)$, $v(x)$ sind durch die Eigenschaft

$$\int_G [u(x) - v(x)]^2 \, dx = 0$$

charakterisiert. Funktionen $u(x)$, $v(x)$, die im Raum $L_2(G)$ nicht äquivalent sind (wir schreiben $u \neq v$ in $L_2(G)$), sind durch die Eigenschaft

$$\int_G [u(x) - v(x)]^2 \, dx \neq 0$$

charakterisiert.

Unter allen Funktionen, die in $L_2(G)$ zueinander äquivalent sind, kann es nur eine einzige in G *stetige* Funktion geben. So ist z.B. unter den mit der Nullfunktion äquivalenten Funktionen (wir schreiben $u = 0$ in $L_2(G)$) nur eine einzige in G stetig, und zwar die in G identisch verschwindende Funktion.

Wenn wir sagen, daß aus der Beziehung

$$\int_G u^2(x) \, dx = 0 \tag{3.6}$$

die Beziehung

$$u = 0 \quad \text{in } L_2(G)$$

folgt, heißt dies also, daß die Funktion $u(x)$ im Raum $L_2(G)$ mit der Nullfunktion äquivalent ist (kurz, *$u(x)$ ist in $L_2(G)$ der Null äquivalent*), d.h. daß $u(x) \equiv 0$ in G ist, eventuell mit Ausnahme von Punkten, die im Gebiet G eine Menge vom Maß Null bilden.

Nach dieser Einführung können wir den folgenden Satz aussprechen:

Satz 3.1. *Für das Skalarprodukt* (3.2), *die Norm* (3.3) *und den Abstand* (3.4) *gelten folgende Beziehungen mit beliebigen reellen Zahlen a, a_1, a_2 und beliebigen Elementen u, v, z, u_1, u_2 aus $L_2(G)$:*

$$(u, v) = (v, u)\,, \tag{3.7}$$

$$(a_1 u_1 + a_2 u_2, v) = a_1(u_1, v) + a_2(u_2, v)\,, \tag{3.8}$$

$$(u, u) \geqq 0\,, \tag{3.9}$$

$$(u, u) = 0 \Leftrightarrow u = 0 \quad \textit{in } L_2(G)\,, \tag{3.10}$$

$$\|u\| \geqq 0\,, \tag{3.11}$$

$$\|u\| = 0 \Leftrightarrow u = 0 \quad \textit{in } L_2(G)\,, \tag{3.12}$$

$$\|au\| = |a| \, \|u\|\,, \tag{3.13}$$

$$|(u, v)| \leqq \|u\| \cdot \|v\|\,, \tag{3.14}$$

$$\|u + v\| \leqq \|u\| + \|v\|, \tag{3.15}$$

$$\big|\, \|u\| - \|v\| \,\big| \leqq \|u - v\|, \tag{3.16}$$

$$\varrho(u, v) \geqq 0, \tag{3.17}$$

$$\varrho(u, v) = 0 \Leftrightarrow u = v \quad in\ L_2(G), \tag{3.18}$$

$$\varrho(u, v) = \varrho(v, u), \tag{3.19}$$

$$\varrho(u, z) \leqq \varrho(u, v) + \varrho(v, z). \tag{3.20}$$

Die **Beweise** aller Behauptungen entsprechen völlig den Beweisen der entsprechenden Behauptungen, die in Kapitel 2 ausführlich durchgeführt wurden (vgl. auch die Fußnoten auf S. 10 und 11). Wir werden sie hier nicht wiederholen. Die Bedeutung der Beziehungen (3.10), (3.12) und (3.18) wurde vor dem eben formulierten Satz erklärt.

Auch die in Kapitel 2 hergeleitete einfache Regel für das Rechnen mit dem Skalarprodukt

$$\begin{aligned}&(a_1u_1 + a_2u_2,\ a_3u_3 + a_4u_4) = \\ &= a_1a_3(u_1, u_3) + a_2a_3(u_2, u_3) + a_1a_4(u_1, u_4) + a_2a_4(u_2, u_4)\end{aligned} \tag{3.21}$$

bleibt erhalten. Die Ungleichung (3.14) ist in der Literatur als **Schwarzsche (Höldersche) Ungleichung** (oder auch als die **Ungleichung von Cauchy-Buniakowski**) bekannt. Ausführlich geschrieben lautet sie für den Raum $L_2(G)$:

$$\left|\int_G u(x)\, v(x)\, \mathrm{d}x\right| \leqq \sqrt{\int_G u^2(x)\, \mathrm{d}x} \cdot \sqrt{\int_G v^2(x)\, \mathrm{d}x}\,.$$

Im weiteren Text werden wir das Skalarprodukt bzw. die Norm bzw. den Abstand von Funktionen aus dem Raum $L_2(G)$ so bezeichnen, wie wir es in den entsprechenden Definitionen angegeben haben, d.h. durch die Symbole

$$(u, v), \quad \text{bzw.} \quad \|u\| \quad \text{bzw.} \quad \varrho(u, v).$$

Nur dort, wo es zu einer Verwechslung mit ähnlichen Begriffen bzw. Symbolen in anderen metrischen Räumen kommen könnte, werden wir ausführlicher

$$(u, v)_{L_2(G)}, \quad \|u\|_{L_2(G)}, \quad \varrho(u, v)_{L_2(G)}$$

schreiben.

Nun werden wir einen weiteren wichtigen Begriff, und zwar den Begriff der Konvergenz im Raum $L_2(G)$, einführen.

Kapitel 4. Konvergenz im Raum $L_2(G)$ (Konvergenz im Mittel). Vollständiger Raum. Separabler Raum

a) Konvergenz im Raum $L_2(G)$

Der Raum $L_2(G)$ ist – wie wir aus dem vorhergehenden Kapitel wissen – ein metrischer Raum mit der Metrik

$$\varrho(u, v) = \|u - v\| = \sqrt{\int_G [u(x) - v(x)]^2 \, dx} . \tag{4.1}$$

Nach (4.1) können wir also in diesem Raum den Abstand seiner Elemente „messen". Dieser Umstand erlaubt es, den Begriff der Konvergenz in diesem Raum einzuführen. Die Konvergenz im Raum $L_2(G)$ wird üblicherweise Konvergenz im Mittel (ausführlicher Konvergenz im Mittel im Gebiet G) genannt:

Definition 4.1. Wir sagen, die Folge der Funktionen $u_n \in L_2(G)$ **konvergiert im Raum $L_2(G)$ gegen die Funktion** $u \in L_2(G)$ (oder sie **konvergiert im Mittel**[1]) gegen diese Funktion), falls

$$\lim_{n \to \infty} \varrho(u_n, u) = 0 \tag{4.2}$$

ist, d.h. falls

$$\lim_{n \to \infty} \sqrt{\int_G [u_n(x) - u(x)]^2 \, dx} = 0 \tag{4.3}$$

gilt. Wir schreiben

$$\lim_{n \to \infty} u_n(x) = u(x) \quad \text{in } L_2(G)$$

oder kurz

$$u_n \to u \quad \text{in } L_2(G) .$$

Die Funktion $u(x)$ nennen wir den **Grenzwert** (die **Grenzfunktion**) der Folge $\{u_n(x)\}$ im Raum $L_2(G)$.

Die Definition 4.1 kann man noch in der offensichtlich äquivalenten Form aussprechen:

Definition 4.2. Die Folge der Funktionen $u_n \in L_2(G)$ **konvergiert im Raum $L_2(G)$ (im**

---

[1]) Wir werden in diesem Buch den Begriff „Konvergenz in $L_2(G)$" öfter benutzen als den Begriff „Konvergenz im Mittel", da zum letzteren noch das Gebiet, in dem die Konvergenz im Mittel untersucht wird, angegeben werden muß, falls es natürlich nicht schon aus dem Zusammenhang klar ist.

Mittel) gegen die Funktion $u \in L_2(G)$, wenn es zu jedem $\varepsilon > 0$ eine Zahl n_0 gibt, so daß für alle Funktionen $u_n(x)$, deren Indizes n größer als n_0 sind, gilt:

$$\varrho(u_n, u) < \varepsilon\,, \tag{4.4}$$

d.h.

$$\sqrt{\int_G [u_n(x) - u(x)]^2 \,dx} < \varepsilon\,.$$

Beispiel 4.1. Man betrachte im Intervall $(a, b) = (-1, 1)$ die Folge der Funktionen

$$u_n(x) = x^{1/(2n-1)}\,, \tag{4.5}$$

d.h. die Folge der Funktionen

$$x,\ \sqrt[3]{x},\ \sqrt[5]{x},\ \sqrt[7]{x},\ \ldots\,. \tag{4.6}$$

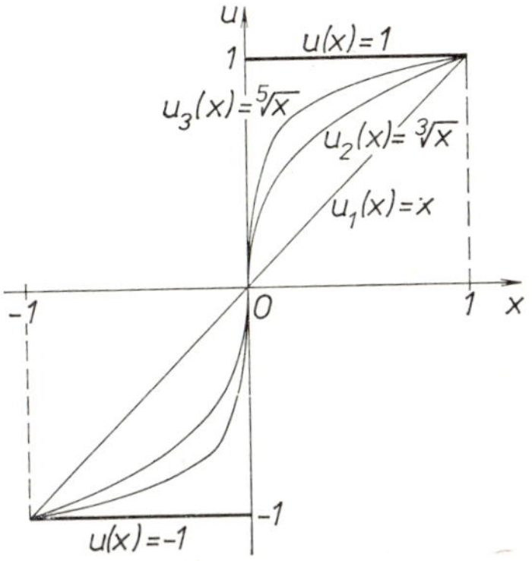

Figur 4.1

Jede der Funktionen (4.5) ist stetig im Intervall $[-1, 1]$, und folglich ist $u_n \in L_2(-1, 1)$ für jedes n. Nach der Anschauung ist zu erwarten (siehe Figur 4.1), daß die Funktion

$$u(x) = \begin{cases} -1 & \text{für} \quad -1 \leqq x < 0\,, \\ 0 & \text{für} \quad x = 0\,, \\ 1 & \text{für} \quad 0 < x \leqq 1 \end{cases} \tag{4.7}$$

(für die offensichtlich auch $u \in L_2(-1, 1)$ gilt) im Raum $L_2(-1, 1)$ den Grenzwert der Folge (4.5) darstellen wird. Wir werden zeigen, daß dies auch wirklich gilt: Dazu müssen wir nachweisen (siehe Definition 4.1), daß

$$\lim_{n\to\infty} \varrho(u_n, u) = 0$$

ist, oder, was dasselbe ist, daß

$$\lim_{n\to\infty} \varrho^2(u_n, u) = 0$$

gilt. Aus (4.1) und aus der Tatsache, daß die Funktionen $u_n(x)$ und $u(x)$ ungerade sind, folgt

$$\varrho^2(u_n, u) = \int_{-1}^{1} [x^{1/(2n-1)} - u(x)]^2 \,dx = 2\int_0^1 (x^{1/(2n-1)} - 1)^2 \,dx =$$

$$= 2\left(\frac{2n-1}{2n+1} - 2\,\frac{2n-1}{2n} + 1\right) = \frac{2}{n(2n+1)}\,.$$

Offensichtlich ist

$$\lim_{n\to\infty} \varrho^2(u_n, u) = \lim_{n\to\infty} \frac{2}{n(2n+1)} = 0 ,$$

so daß tatsächlich

$$\lim_{n\to\infty} u_n(x) = u(x) \quad \text{in } L_2(-1, 1)$$

ist, was zu beweisen war.

Man beachte, daß die Funktionen $u_n(x)$ im Intervall $[-1, 1]$ stetig sind, während die Grenzfunktion in diesem Intervall unstetig ist.

Bemerkung 4.1. Die am Anfang dieses Kapitels angegebene Definition der Konvergenz kann man völlig analog auch für einen allgemeinen metrischen Raum übernehmen, d.h. für einen Raum mit einer Metrik, die im allgemeinen von der Metrik des Raumes $L_2(G)$ verschieden ist:

Wir sagen, die Folge $\{u_n\}$ von Elementen des metrischen Raumes P mit der Metrik ϱ_P **konvergiert in diesem Raum gegen das Element** $u \in P$, falls $\lim_{n\to\infty} \varrho_P(u_n, u) = 0$ ist. (Vgl. mit Definition 7.2, S. 70.)

Dasselbe gilt natürlich auch für gewisse weitere Begriffe und Ergebnisse, die in diesem Kapitel noch auftreten werden. Wir haben die Konvergenz vorerst nur für den Raum $L_2(G)$ definiert, um den Begriff der Konvergenz im metrischen Raum, der dem Nichtmathematiker gewöhnlich Schwierigkeiten bereitet, an einem möglichst einfachen Beispiel zu erläutern.

Im obigen Beispiel haben wir bewiesen, daß die Funktion (4.7) im Raum $L_2(-1, 1)$ den Grenzwert der Folge (4.5) darstellt. Es tritt nun die Frage auf, ob die Folge (4.5) in diesem Raum nicht noch einen anderen Grenzwert hat. Auf diese Frage gibt der folgende Satz Antwort:

Satz 4.1. *Eine Folge von Funktionen $u_n \in L_2(G)$ kann im Raum $L_2(G)$ höchstens einen Grenzwert besitzen.*

Beweis: Es sei vorausgesetzt, die Folge der Funktionen $u_n \in L_2(G)$ besitze zwei Grenzwerte $u \in L_2(G)$, $v \in L_2(G)$ und es sei $u \neq v$ in $L_2(G)$, so daß

$$\varrho(u, v) = a > 0 \tag{4.8}$$

ist. Wir setzen $\frac{1}{2}a = \varepsilon > 0$. Nach Definition 4.2 gibt es zu diesem ε eine Zahl n_0, so daß für alle $n > n_0$

$$\varrho(u_n, u) < \varepsilon \quad \text{und gleichzeitig} \quad \varrho(u_n, v) < \varepsilon \tag{4.9}$$

gilt. Wenn wir (3.20) and (3.19) benutzen, haben wir nach (4.9)

$$\varrho(u, v) \leqq \varrho(u, u_n) + \varrho(u_n, v) = \varrho(u_n, u) + \varrho(u_n, v) < 2\varepsilon ,$$

was im Widerspruch mit (4.8) steht, denn es ist $2\varepsilon = a$.

Bemerkung 4.2. Satz 4.1 behauptet – und aus seinem Beweis ist ersichtlich –, daß die Folge $\{u_n(x)\}$ im Raum $L_2(G)$ höchstens einen Grenzwert in dem Sinn besitzt –

wie im vorhergehenden Kapitel dargelegt –, daß zwei Funktionen, die sich im Gebiet G höchstens auf einer Menge vom Maß Null unterscheiden, gleich sind. Ein Grenzwert der Folge (4.5) in der Metrik des Raumes $L_2(G)$ ist offensichtlich auch die Funktion

$$v(x) = \begin{cases} -1 & \text{für} \quad -1 \leqq x < 0\,, \\ \ \ 1 & \text{für} \quad \ \ 0 \leqq x \leqq 1 \end{cases}$$

oder allgemein jede Funktion, die sich von der Funktion (4.7) auf einer Menge von Punkten vom Maß Null unterscheidet. Alle diese Funktionen sind jedoch im Raum $L_2(G)$ äquivalent.

Beispiel 4.2 Zurückkommend auf das Beispiel von S. 16 betrachten wir im Intervall [0, 1] die Folge der Funktionen

$$u_n(x) = \begin{cases} 10 \sin(10^{2n+1}\pi x) & \text{für} \quad 0 \leqq x \leqq 10^{-(2n+1)}\,, \\ 0 & \text{für} \quad 10^{-(2n+1)} \leqq x \leqq 1\,. \end{cases} \tag{4.10}$$

Wir behaupten, daß

$$\lim_{n\to\infty} u_n(x) = 0 \quad \text{in} \quad L_2(0, 1) \tag{4.11}$$

ist. Wenn wir mit $u(x)$ die im Intervall [0, 1] identisch verschwindende Funktion bezeichnen, dann ist

$$\varrho^2(u_n, u) = \int_0^1 [u_n(x) - 0]^2 \, dx = \int_0^1 u_n^2(x) \, dx =$$

$$= \int_0^{10^{-(2n+1)}} 100 \sin^2(10^{2n+1}\pi x) \, dx = 50 \cdot 10^{-(2n+1)}\,,$$

woraus

$$\lim_{n\to\infty} \varrho^2(u_n, u) = 0$$

und also auch

$$\lim_{n\to\infty} \varrho(u_n, u) = 0$$

folgt. Dies ist jedoch die Behauptung (4.11).

An diesem Beispiel kann man gut sehen (vgl. Figur 2.3 auf S. 16), daß selbst wenn eine Folge $\{u_n(x)\}$ im Raum $L_2(G)$ – d.h. im Mittel – gegen die Funktion $u(x)$ konvergiert, dies keineswegs bedeutet, daß sich die Werte der Funktionen $u_n(x)$ und $u(x)$ für genügend große n im Gebiet G überall „wenig" unterscheiden. In unserem Beispiel ist

$$\max_{x\in[0,1]} |u_n(x) - u(x)| = 10$$

sogar für jedes n. Gleichzeitig aber unterscheiden sich die Funktionen $u_n(x)$ und $u(x)$ aus diesem Beispiel bei wachsendem n auf einer Menge von immer kleinerem Maß. Zur Information des Lesers sei noch die folgende Behauptung angeführt, auch wenn wir sie in den folgenden Kapiteln nicht brauchen werden: *Konvergiert die Folge $\{u_n(x)\}$ gegen die Funktion $u(x)$ gleichmäßig in G, so konvergiert sie gegen diese Funktion auch im Raum $L_2(G)$, d.h. im Mittel.* Der Beweis ist leicht und folgt fast unmittelbar aus der Definition der Konvergenz im Mittel. Aus der gewöhnlichen punktweisen (im allgemeinen Fall nicht gleichmäßigen) Konvergenz folgt jedoch die Konvergenz im Mittel nicht. Auch umgekehrt folgt aus der Konvergenz im Mittel keineswegs die punktweise (und um so weniger die gleichmäßige) Konvergenz. Vgl. Beispiele in [36], S. 597.

b) Vollständigkeit

Wir werden uns nun einer tieferen Untersuchung des Konvergenzbegriffes und gewisser seiner Eigenschaften zuwenden.

Aus der klassichen Analysis ist das Bolzano-Cauchysche Kriterium der Konvergenz einer Zahlenfolge gut bekannt: Eine Folge $\{a_n\}$ reeller Zahlen ist genau dann konvergent, wenn gilt:

$$\lim_{\substack{m\to\infty\\ n\to\infty}} |a_m - a_n| = 0\,. \tag{4.12}$$

Das Symbol (4.12) bedeutet dabei, daß es zu jedem $\varepsilon > 0$ eine Zahl n_0 gibt, so daß $|a_n - a_m| < \varepsilon$ ist, wenn gleichzeitig $n > n_0$ und $m > n_0$ ist.

Definition 4.3. Eine Folge von Funktionen $u_n \in L_2(G)$ wird **Cauchy-Folge (Fundamentalfolge) im Raum** $L_2(G)$ genannt, falls gilt:

$$\lim_{\substack{m\to\infty\\ n\to\infty}} \varrho(u_m, u_n) = 0\,. \tag{4.13}$$

Das Symbol (4.13) hat wiederum den Sinn, daß es zu jedem $\varepsilon > 0$ ein n_0 gibt, so daß $\varrho(u_m, u_n) < \varepsilon$ ist, wenn gleichzeitig $m > n_0$ und $n > n_0$ ist.

Die Definition einer Cauchy-Folge bleibt auch in metrischen Räumen mit einer anderen, von der Metrik des Raumes $L_2(G)$ verschiedenen Metrik unverändert:

Definition 4.4. Eine Folge von Elementen u_n des metrischen Raumes P mit der Metrik ϱ_P wird **Cauchy-Folge (Fundamentalfolge) im Raum** P genannt, falls gilt:

$$\lim_{\substack{m\to\infty\\ n\to\infty}} \varrho_P(u_m, u_n) = 0\,. \tag{4.14}$$

Insbesondere ist eine Cauchy-Folge im euklidischen Raum E_1, in dem die Metrik durch die Beziehung $\varrho_{E_1}(a_m, a_n) = |a_m - a_n|$ (d.h. durch die Entfernung der Punkte a_m und a_n auf der Zahlengeraden) gegeben ist, durch die Beziehung (4.12) charakterisiert.

In einem beliebigen metrischen Raum gilt der folgende Satz (dessen Beweis ganz ähnlich wie in der klassischen Analysis verläuft):

Satz 4.2. *Jede im vorgegebenen metrischen Raum P konvergente Folge*[1]) *ist in diesem Raum eine Cauchy-Folge.*

Eine Cauchy-Folge muß jedoch im Raum P nicht konvergent sein.

[1]) Siehe Bemerkung 4.1.

Definition 4.5. Ein metrischer Raum P wird **vollständig** genannt, wenn jede Cauchy-Folge in diesem Raum konvergiert, d.h. wenn es zu jeder Cauchy-Folge $\{u_n\}$ ein Element u gibt, das im Raum P liegt und in diesem Raum den Grenzwert dieser Folge darstellt.

Aus dem oben erwähnten Bolzano-Cauchyschen Kriterium folgt, daß der euklidische Raum E_1 ein vollständiger Raum ist. Man kann zeigen, daß dies für einen beliebigen euklidischen Raum E_N gilt.

Für unsere späteren Überlegungen ist der folgende Satz von fundamentaler Bedeutung:

Satz 4.3. *Der Raum $L_2(G)$ ist ein vollständiger Raum.*

Der Beweis dieses Satzes ist verhältnismäßig schwierig und ist ausführlich z.B. in [29] dargestellt. Es sei bemerkt, daß bei dem Beweis des Satzes 4.3 wesentlich die Tatsache benutzt wird, daß die Elemente des Raumes $L_2(G)$ Funktionen sind, die im *Lebesgueschen Sinn* quadratisch integrierbar sind.

Bemerkung 4.3. Nicht jeder metrische Raum ist vollständig. Dazu ein einfaches Beispiel:

Es sei M irgendeine lineare Teilmenge von Elementen des Raumes $L_2(G)$. Auf dieser Menge definieren wir das Skalarprodukt durch die gleiche Vorschrift wie bei Elementen des Raumes $L_2(G)$, d.h. durch die Beziehung

$$(u, v) = \int_G u(x)\, v(x)\, dx\,, \quad u \in M\,, \quad v \in M\,.$$

Aufgrund dieses Produktes definieren wir auf M in der üblichen Weise Norm und Abstand. Dadurch erhalten wir einen gewissen metrischen Raum – wir bezeichnen ihn mit $M_{L_2(G)}$ –, in dem eine mit der Metrik des Raumes $L_2(G)$ übereinstimmende Metrik definiert ist. Falls der Raum $M_{L_2(G)}$ vollständig ist, wird er gewöhnlich als *linearer Teilraum* des Raumes $L_2(G)$ bezeichnet, vgl. Definition 5.11, S. 48.

Im Unterschied zum Raum $L_2(G)$ muß der Raum $M_{L_2(G)}$ nicht vollständig sein. Als Beispiel betrachten wir die lineare Menge M aller im abgeschlossenen Intervall $[-1, 1]$ stetigen Funktionen. Wir werden zeigen, daß der entsprechende Raum $M_{L_2(-1,1)}$ nicht vollständig ist. Die Folge (4.5) der Funktionen $u_n(x)$ aus Beispiel 4.1 gehört offensichtlich zu diesem Raum, denn die Funktionen (4.5) sind im Intervall $[-1, 1]$ stetig. Die Folge (4.5) ist im Raum $M_{L_2(-1,1)}$ eine Cauchy-Folge, denn sie konvergiert (siehe Beispiel 4.1) und ist folglich eine Cauchy-Folge im Raum $L_2(-1, 1)$ und auch im Raum $M_{L_2(-1,1)}$, da die Metriken der Räume $L_2(-1, 1)$ und $M_{L_2(-1,1)}$ übereinstimmen. Trotzdem konvergiert die Folge (4.5) im Raum $M_{L_2(-1,1)}$ nicht. Wenn wir nämlich voraussetzen, daß sie in diesem Raum gegen eine Funktion $v \in M_{L_2(-1,1)}$ konvergiert, die (als Element dieses Raumes) im Intervall $[-1, 1]$ stetig ist, erhalten wir einen Widerspruch. Gegen diese Funktion müßte nämlich die Folge (4.5) auch im Raum $L_2(-1, 1)$ konvergieren, da dieser Raum eine übereinstimmende Metrik mit dem Raum $M_{L_2(-1,1)}$ hat. In Beispiel 4.1 haben wir jedoch gesehen, daß die Folge (4.5) in $L_2(-1, 1)$ gegen die durch die Formel (4.7) gegebene Funktion $u(x)$ konvergiert, die im Intervall $[-1, 1]$ nicht stetig ist; sie ist auch mit keiner stetigen Funktion in $L_2(-1, 1)$ äquivalent, denn man kann sie nicht zu einer im Intervall $[-1, 1]$ stetigen Funktion umformen, indem man ihre Werte auf einer Menge vom Maß Null ändern würde. Folglich ist $u \neq v$ in $L_2(-1, 1)$, so daß wir von der Voraussetzung, die Funktion $v(x)$ sei im Raum $M_{L_2(-1,1)}$ ein Grenzwert der Folge (4.5), zur Folgerung gekommen sind, die Folge besitze im Raum $L_2(-1, 1)$ zwei verschiedene Grenzwerte; dies steht aber im Widerspruch mit Satz 4.1, S. 26.

Die Folge (4.5), die im Raum $M_{L_2(-1,1)}$ eine Cauchy-Folge ist, hat also in diesem Raum keinen Grenzwert, so daß dieser Raum nicht vollständig ist (und so auch keinen linearen Teilraum des Raumes $L_2(-1, 1)$ darstellt).

Bemerkung 4.4. In weiteren Kapiteln werden wir sehen, daß die Eigenschaft der Vollständigkeit der betrachteten Räume in vielen Überlegungen eine entscheidende Bedeutung haben wird. Ein Raum, der nicht vollständig ist, kann durch Hinzunahme sogenannter idealer Elemente so ergänzt werden, daß der auf diese Weise ergänzte Raum vollständig ist. Dieses Verfahren ähnelt dem Verfahren der „Vervollständigung" des Raumes der rationalen Zahlen durch irrationale und ist ausführlich in [29] beschrieben. Im allgemeinen Fall ist es jedoch schwierig, den Charakter der erwähnten idealen Elemente zu bestimmen. Mit einer verhältnismäßig einfachen und anschaulichen „Vervollständigung" eines metrischen Raumes werden wir uns im Kapitel 10 bekannt machen.

c) Dichte. Separabilität

Dem Leser ist sicher der Begriff der Umgebung eines Punktes in den euklidischen Räumen E_1 (auf der Geraden), E_2 (in der Ebene) usw. gut bekannt. Die Einführung der Metrik im Raum $L_2(G)$ erlaubt es, Umgebungen auch in diesem Raum zu definieren und aufgrund des Umgebungsbegriffes auch weitere Begriffe, die den aus der klassischen Analysis bekannten Begriffen entsprechen, einzuführen und anzuwenden.

Definition 4.6. Es sei $\delta > 0$. Unter der **δ-Umgebung einer Funktion** $u(x)$ (**δ-Kugel**) **im Raum** $L_2(G)$ verstehen wir die Menge aller Funktionen $v \in L_2(G)$, für die gilt

$$\varrho(u, v) < \delta. \tag{4.15}$$

Beispiel 4.3. Im Raum $L_2(0, 1)$ liegen in der δ-Umgebung der Funktion $u(x) = 0$ offensichtlich alle Funktionen der Form $v(x) \equiv k$, wo für die Konstante k $|k| < \delta$ gilt, denn für diese Funktionen ist

$$\varrho(u, v) = \sqrt{\int_0^1 (0 - k)^2 \,\mathrm{d}x} = \sqrt{\int_0^1 k^2 \,\mathrm{d}x} = |k| < \delta.$$

In dieser Umgebung liegt jedoch z.B. auch die Funktion (4.10) aus Beispiel 4.2, falls n so groß ist, daß $\sqrt{50 \,.\, 10^{-(2n+1)}} < \delta$ ist, usw.

Definition 4.7. Es sei M irgendeine Menge von Funktionen aus dem Raum $L_2(G)$. Wir sagen, die Funktion $u \in L_2(G)$ ist im Raum $L_2(G)$ ein **Häufungspunkt** dieser

Menge, falls in jeder beliebig kleinen δ-Umgebung der Funktion $u(x)$ unendlich viele Funktionen aus der Menge M liegen.

Beispiel 4.4. Die Menge M sei die Menge aller Funktionen (4.10) ($n = 1, 2, \ldots$). Dann ist die Funktion $u(x) \equiv 0$ in $L_2(0, 1)$ ein Häufungspunkt der Menge M, was sofort aus der Definition des Grenzwertes und aus den Ergebnissen des Beispiels 4.2 folgt (vgl. auch den Schluß von Beispiel 4.3).

Auf die gleiche Weise wie in der klassischen Analysis beweist man

Satz 4.4. *Die Funktion $u(x)$ ist im Raum $L_2(G)$ genau dann ein Häufungspunkt der Menge M, wenn es eine Folge von Funktionen $u_n(x) \in M$ gibt, die in $L_2(G)$ gegen die Funktion $u(x)$ konvergiert.*

Die im Beispiel 4.4 angeführte Behauptung folgt also auch direkt aus diesem Satz.

Beispiel 4.5. Es sei L die lineare Menge aller im Intervall $[-1, 1]$ stetigen Funktionen. Dann ist die Funktion (4.7) aus Beispiel 4.1 in $L_2(-1, 1)$ ein Häufungspunkt dieser Menge, denn sie ist der Grenzwert der Folge von Funktionen (4.5) aus dieser Menge.

Laut Definition muß ein Häufungspunkt der Menge M nicht notwendig ein Element dieser Menge sein. In den beiden erwähnten Beispielen ist der Häufungspunkt kein Element der betrachteten Menge.

Definition 4.8. Die Menge $\overline{M}$, die durch die Vereinigung der Menge M und aller ihrer Häufungspunkte entsteht, wird **Abschließung der Menge** M im Raum $L_2(G)$ genannt. Falls $M = \overline{M}$ ist, wird die Menge M **abgeschlossen** in $L_2(G)$ genannt.

Die Abschließung der Menge M erhalten wir also, indem wir zu dieser Menge alle ihre Häufungspunkte „hinzufügen“. Abgeschlossen ist diejenige Menge, die alle ihre Häufungspunkte enthält.

Beispiel 4.6. Die lineare Menge L aller im Intervall $[-1, 1]$ stetigen Funktionen ist keine abgeschlossene Menge in $L_2(-1, 1)$. Nach Beispiel 4.1 ist nämlich die Funktion (4.7) im Raum $L_2(-1, 1)$ ein Häufungspunkt dieser Menge und ist dabei keine stetige Funktion, so daß sie der Menge L nicht angehört.

Definition 4.9. Eine Menge M von Funktionen aus dem Raum $L_2(G)$ wird **dicht im Raum** $L_2(G)$ genannt, falls jede Funktion aus dem Raum $L_2(G)$ einen Häufungspunkt der Menge M darstellt (d.h. – siehe Definition 4.8 – falls $\overline{M} = L_2(G)$ ist).

Falls wir das Ergebnis des Satzes 4.4 benutzen, können wir die Definition 4.9 in folgender äquivalenter Form ausdrücken:

Definition 4.10. Eine Menge M wird **dicht im Raum** $L_2(G)$ genannt, falls es zu jeder Funktion $u \in L_2(G)$ eine Folge von Funktionen $u_n \in M$ gibt, die in $L_2(G)$ gegen die Funktion $u(x)$ konvergiert.

Da die Konvergenz im Raum $L_2(G)$ nach Definition bedeutet, daß die Funktionen $u(x)$ und $u_n(x)$ in der Metrik des Raumes $L_2(G)$ beliebig nah beieinander sind, falls n genügend groß ist (vgl. (4.4)), ist die Menge M genau dann dicht im Raum $L_2(G)$, wenn man jede Funktion aus dem Raum $L_2(G)$ in der Metrik dieses Raumes mit beliebiger Genauigkeit durch Funktionen aus der Menge M approximieren kann; d.h., wenn es zu jeder Funktion $u \in L_2(G)$ und zu jedem $\varepsilon > 0$ eine Funktion $v \in M$ gibt, so daß gilt:

$$\|u - v\|_{L_2(G)} < \varepsilon .$$

Dem Leser ist sicher der Weierstrasssche Satz bekannt, in dem behauptet wird, daß man jede im abgeschlossenen Intervall $[a, b]$ stetige Funktion mit beliebiger Genauigkeit durch Polynome approximieren kann; diese Approximation kann gleichmäßig in $[a, b]$, und daher auch im Mittel erfolgen. Diese Aussage gilt (siehe z.B. [34]) auch für Funktionen aus $L_2(a, b)$: Zu jeder Funktion $u \in L_2(a, b)$ und zu jedem $\varepsilon > 0$ gibt es ein Polynom $P(x)$, so daß $\varrho(u, P) < \varepsilon$ ist. Man kann zeigen, daß unter den Voraussetzungen über das Gebiet G (siehe Kap. 2; vgl. auch Kap. 28) diese Behauptung auch für $N > 1$ gilt, d.h. daß der folgende Satz richtig ist, den wir hier ohne Beweis anführen (siehe z.B. [47]):

Satz 4.5. *Die Menge aller Polynome ist dicht im Raum $L_2(G)$.*

Es ist klar, daß es sich im Fall $N > 1$ um Polynome in N Veränderlichen handelt, für $N = 2$ z.B. also um Funktionen der Form

$$\sum_{i=0}^{p} \sum_{k=0}^{q} a_{ik} x_1^i x_2^k ,$$

wo a_{ik} Koeffizienten des Polynoms und p, q ganze nichtnegative Zahlen sind.

Jedes Polynom ist eine in dem abgeschlossenen Gebiet $\bar{G}$ stetige Funktion (natürlich nicht umgekehrt, denn eine in $\bar{G}$ stetige Funktion braucht kein Polynom zu sein). Da Satz 4.5 gilt, ist umsomehr richtig:

Satz 4.6. *Die lineare Menge aller im abgeschlossenen Gebiet $\bar{G}$ stetigen Funktionen ist dicht in $L_2(G)$.*

In Kapitel 8 werden wir einige weitere nützliche Beispiele von in $L_2(G)$ dichten Mengen anführen.

Zum Schluß werden wir noch einen wichtigen Begriff anführen. Eine Menge M wird bekanntlich **abzählbar** genannt, falls man ihre Elemente in einer Folge aufschreiben kann, d.h. falls man sie eindeutig den natürlichen Zahlen zuordnen kann. So kann man z.B. zeigen, daß die Menge aller rationalen Zahlen abzählbar ist, während die Menge aller reellen Zahlen nicht abzählbar ist.

Eine Menge M wird **höchstens abzählbar** genannt, falls sie abzählbar ist oder nur eine endliche Anzahl von Elementen enthält.

Definition 4.11. Ein metrischer Raum wird **separabel** genannt, falls es in ihm eine höchstens abzählbare Menge gibt, die dicht in diesem Raum ist.

Mann kann zeigen – was wir hier nicht beweisen werden[1]) –, daß im Raum $L_2(G)$ die Menge aller Polynome mit rationalen Koeffizienten eine solche abzählbare und dichte Menge darstellt. Es gilt also:

Satz 4.7. *Der Raum $L_2(G)$ ist separabel.*

---

[1]) Diese Behauptung ist eine einfache Folgerung des Satzes 4.5 und des nach Definition 4.10 folgenden Textes.

Kapitel 5. Orthogonalsysteme im Raum $L_2(G)$

a) Lineare Abhängigkeit und Unabhängigkeit in $L_2(G)$

Zunächst führen wir einige grundlegende Begriffe und Ergebnisse an, die die lineare Abhängigkeit und Unabhängigkeit von Funktionen betreffen. Wenn wir in diesem Kapitel von Funktionen sprechen, werden wir damit stets Funktionen aus $L_2(G)$ meinen und auch in diesem Sinn die Gleichheit zwischen Funktionen auffassen (d.h., es ist $u(x) = v(x)$ in $L_2(G)$ genau dann, wenn $u(x)$ und $v(x)$ äquivalente Funktionen in $L_2(G)$ sind).

Definition 5.1. Wir sagen, die Funktion $u(x)$ ist im Raum $L_2(G)$ eine **Linearkombination**[1]) der Funktionen

$$v_1(x), \ldots, v_r(x) \quad \text{mit} \quad v_i \in L_2(G)\,, \quad i = 1, \ldots, r\,, \tag{5.1}$$

falls man sie in diesem Raum in der Form

$$u(x) = a_1\, v_1(x) + \ldots + a_r\, v_r(x) \tag{5.2}$$

mit geeigneten reellen Konstanten $a_1, \ldots, a_r$ ausdrücken kann.

Die Funktion $u(x)$ ist also in $L_2(G)$ eine Linearkombination der Funktionen (5.1), falls man sie als die Summe dieser mit geeigneten Konstanten multiplizierten Funktionen schreiben kann.

Definition 5.2. Die Funktionen

$$u_1(x), \ldots, u_k(x)\,, \quad u_i \in L_2(G)\,, \quad i = 1, \ldots, k\,, \tag{5.3}$$

werden im Raum $L_2(G)$ **linear abhängig** genannt, falls man mindestens eine von ihnen in diesem Raum als Linearkombination der übrigen $k - 1$ Funktionen ausdrücken kann. Falls man keine von diesen Funktionen im Raum $L_2(G)$ als Linearkombination der übrigen Funktionen ausdrücken kann, sagen wir, daß die Funktionen (5.3) im Raum $L_2(G)$ **linear unabhängig** sind.

---

[1]) Die Elemente des Raumes $L_2(G)$ bilden die — mit M bezeichnete — lineare Menge der im Gebiet G quadratisch integrierbaren Funktionen, wobei die Gleichheit zweier Funktionen in dem oben erwähnten Sinn definiert ist. In der Definition der Linearkombination und später der linearen Abhängigkeit von Funktionen würde es völlig genügen, von der Menge M zu sprechen — also von der Linearkombination bzw. linearen Abhängigkeit von Elementen der Menge M und nicht des Raumes $L_2(G)$ —, denn die Eigenschaften dieses Raumes (die Metrik usw.) brauchen wir in diesen Definitionen nicht. Trotzdem bevorzugen wir die erwähnte Terminologie, da sie uns eine einfache Formulierung gewisser Ergebnisse ermöglicht (siehe z.B. Satz 5.2).

Wir sagen kurz, *das Funktionensystem* (5.3) *ist im Raum* $L_2(G)$ *linear abhängig* bzw. *linear unabhängig.*

Fast direkt aus der Definition ergibt sich der folgende Satz, der die Analogie eines bekannten Satzes aus dem Analysiskurs darstellt:

Satz 5.1. *Die Funktionen* (5.3) *sind im Raum* $L_2(G)$ *genau dann linear abhängig, wenn es Konstanten* $b_1, \ldots, b_k$, *von denen mindestens eine von Null verschieden ist, gibt, so daß in* $L_2(G)$ *gilt:*

$$b_1 u_1(x) + \ldots + b_k u_k(x) = 0 . \tag{5.4}$$

Die Funktionen (5.3) *sind in* $L_2(G)$ *genau dann linear unabhängig, wenn die Gleichheit* (5.4) *nur dann erfüllt ist, wenn alle Konstanten* $b_1, \ldots, b_k$ *gleich Null sind.*

Wir bemerken wiederum, daß wir stets Funktionen im Sinne haben, die im Gebiet G quadratisch integrierbar sind, und daß wir die Gleichungen (5.2), (5.4) als Gleichheiten in $L_2(G)$ auffassen, d.h. als Gleichheit der entsprechenden Funktionswerte im Gebiet G mit eventueller Ausnahme von Punkten, die eine Menge vom Maß Null bilden. Wenn natürlich in diesen Gleichungen nur stetige Funktionen auftreten (siehe das folgende Beispiel; eine mit der Null äquivalente Funktion kann man stets als stetig betrachten, wenn wir $u(x) \equiv 0$ in G setzen), handelt es sich um Gleichheiten im üblichen Sinn, d.h. sie sind dann überall in G erfüllt.

Beispiel 5.1. Die Funktionen

$$u_1(x, y) = \sin^2 xy , \quad u_2(x, y) = \cos^2 xy , \quad u_3(x) \equiv 4$$

sind in $L_2(G)$, wo G ein beliebiges Gebiet der xy-Ebene ist, linear abhängig, denn in $L_2(G)$ gilt:

$$4u_1 + 4u_2 - u_3 = 0 .$$

Als Konstanten b_1, b_2, b_3 in (5.4) kann man hier also die Zahlen 4, 4, -1 wählen.

Die Funktionen

$$u_1(x) = x^2 , \quad u_2(x) = x , \quad u_3(x) \equiv 1$$

sind in $L_2(a, b)$, wobei a, b beliebige reelle Zahlen mit $a < b$ sind, linear unabhängig, denn wie aus der Algebra bekannt ist, kann die Gleichung

$$b_1 x^2 + b_2 x + b_3 \,.\, 1 = 0$$

für *alle* x aus irgendeinem Intervall nur dann gelten, wenn $b_1 = b_2 = b_3 = 0$ ist.

Es ist im allgemeinen Fall schwierig, direkt aufgrund von Definition 5.2 oder Satz 5.1 zu entscheiden, ob vorgegebene Funktionen in $L_2(G)$ linear abhängig oder linear unabhängig sind. Ein verhältnismäßig einfaches Kriterium der linearen Abhängigkeit bzw. Unabhängigkeit von Funktionen im Raum $L_2(G)$ gibt der folgende Satz an:

Satz 5.2. *Die Funktionen*

$$u_1(x), \ldots, u_k(x) , \quad u_i(x) \in L_2(G) , \quad i = 1, \ldots, k , \tag{5.5}$$

sind in $L_2(G)$ *genau dann linear abhängig, wenn die sogenannte Gramsche Determinante*

$$D(u_1, \ldots, u_k) = \begin{vmatrix} (u_1, u_1), (u_1, u_2), \ldots, (u_1, u_k) \\ (u_2, u_1), (u_2, u_2), \ldots, (u_2, u_k) \\ \dots\dots\dots\dots\dots\dots \\ (u_k, u_1), (u_k, u_2), \ldots, (u_k, u_k) \end{vmatrix},$$

die aus den Skalarprodukten dieser Funktionen gebildet ist, verschwindet.

Beweis: 1. Die Funktionen (5.5) seien in $L_2(G)$ linear abhängig. Nach Satz 5.1 gibt es Konstanten $b_1, b_2, \ldots, b_k$, nicht alle gleich Null, so daß in $L_2(G)$ gilt:

$$b_1 u_1 + b_2 u_2 + \ldots + b_k u_k = 0\,. \tag{5.6}$$

Nun nehmen wir das skalare Multiplizieren dieser Gleichung mit den Funktionen $u_1, u_2, \ldots, u_k$ „von links" vor.[1]) Wir erhalten die Gleichungen

$$\begin{aligned} (u_1, u_1)\, b_1 + (u_1, u_2)\, b_2 + \ldots + (u_1, u_k)\, b_k &= 0\,, \\ (u_2, u_1)\, b_1 + (u_2, u_2)\, b_2 + \ldots + (u_2, u_k)\, b_k &= 0\,, \\ \dots\dots\dots\dots\dots\dots\dots\dots\dots\dots \\ (u_k, u_1)\, b_1 + (u_k, u_2)\, b_2 + \ldots + (u_k, u_k)\, b_k &= 0\,. \end{aligned} \tag{5.7}$$

Das System (5.7) können wir als ein System von k Gleichungen für die k Unbekannten $b_1, \ldots, b_k$ auffassen. Dieses System soll eine nichtverschwindende Lösung haben, denn nach Voraussetzung sind nicht alle von den Zahlen $b_1, \ldots, b_k$ gleich Null. Dies ist bekanntlich nur dann möglich, wenn die Determinante dieses Systems verschwindet. Das ist aber gerade die Gramsche Determinante D. Hiermit ist die erste Behauptung von Satz 5.2 bewiesen.

2. Wir betrachten das System (5.7). Es sei $D = 0$. Dann hat dieses System eine nichtverschwindende Lösung (es hat sogar unendlich viele solche Lösungen). Wir wählen eine von diesen Lösungen, bezeichnen sie mit $b_1, \ldots, b_k$ und bilden die Funktion

$$v(x) = b_1\, u_1(x) + \ldots + b_k\, u_k(x)\,. \tag{5.8}$$

Wir werden zeigen, daß $(v, v) = 0$ gilt, so daß $v = 0$ in $L_2(G)$ ist. Damit folgt (nach Satz 5.1), daß die Funktionen $u_1(x), \ldots, u_k(x)$ in $L_2(G)$ linear abhängig sind, denn nach (5.8) gilt in $L_2(G)$ die Gleichung

$$0 = b_1\, u_1(x) + \ldots + b_k\, u_k(x)$$

mit Konstanten $b_1, \ldots, b_k$, die nicht alle gleich Null sind.

---

[1]) Ausführlicher: Wir multiplizieren die Gleichung (5.6) mit der Funktion $u_1(x)$ und erhalten

$$b_1\, u_1(x)\, u_1(x) + b_2\, u_1(x)\, u_2(x) + \ldots + b_k\, u_1(x)\, u_k(x) = 0\,.$$

Wenn wir diese Gleichung über das Gebiet G integrieren und nach Definition des Skalarproduktes schreiben

$$\textstyle\int_G u_1(x)\, u_1(x)\, dx = (u_1, u_1)\,, \quad \int_G u_1(x)\, u_2(x)\, dx = (u_1, u_2)$$

usw., erhalten wir die erste der Gleichungen (5.7). Formell entsteht also diese Gleichung aus der Gleichung (5.6) durch „skalare Multiplikation von links mit der Funktion $u_1(x)$". Die übrigen Gleichungen (5.7) entstehen ähnlich durch „skalare Multiplikation von links mit den Funktionen $u_2, \ldots, u_k$".

Es bleibt also zu beweisen, daß $(v, v) = 0$ ist. Dazu multiplizieren wir (5.8) sukzessiv von links mit den Funktionen $u_1, \ldots, u_k$ skalar. Wir erhalten

$$\begin{aligned}(u_1, v) &= b_1(u_1, u_1) + b_2(u_1, u_2) + \ldots + b_k(u_1, u_k),\\ (u_2, v) &= b_1(u_2, u_1) + b_2(u_2, u_2) + \ldots + b_k(u_2, u_k),\\ &\ldots\ldots\ldots\ldots\ldots\ldots\ldots\ldots\\ (u_k, v) &= b_1(u_k, u_1) + b_2(u_k, u_2) + \ldots + b_k(u_k, u_k).\end{aligned} \tag{5.9}$$

Da die Zahlen $b_1, \ldots, b_k$ nach Voraussetzung das System (5.7) lösen, sind in (5.9) alle rechten Seiten gleich Null, und also ist

$$(u_1, v) = 0,\ (u_2, v) = 0, \ldots, (u_k, v) = 0. \tag{5.10}$$

Wenn wir die einzelnen Gleichungen in (5.10) sukzessiv mit den Zahlen $b_1, \ldots, b_k$ multiplizieren und die so entstandenen Gleichungen addieren, erhalten wir (nach Eigenschaft (3.8) des Skalarproduktes)

$$(b_1u_1 + b_2u_2 + \ldots + b_ku_k, v) = 0$$

oder nach (5.8)

$$(v, v) = 0,$$

was zu beweisen war.

Aus Satz 5.2 folgt sofort

Satz 5.3. *Die Funktionen*

$$u_1(x), \ldots, u_k(x), \quad u_i \in L_2(G), \quad i = 1, \ldots, k,$$

sind in $L_2(G)$ genau dann linear unabhängig, wenn ihre Gramsche Determinante von Null verschieden ist.

Beispiel 5.2. Die Funktionen

$$u_1(x) = \sin x, \quad u_2(x) = \cos x, \quad u_3(x) = 1$$

sind in $L_2(0, \pi)$ linear unabhängig, denn es ist

$$D = \begin{vmatrix}(u_1, u_1), & (u_1, u_2), & (u_1, u_3)\\ (u_2, u_1), & (u_2, u_2), & (u_2, u_3)\\ (u_3, u_1), & (u_3, u_2), & (u_3, u_3)\end{vmatrix} = \begin{vmatrix}\pi/2, & 0, & 2\\ 0, & \pi/2, & 0\\ 2, & 0, & \pi\end{vmatrix} = \pi^3/4 - 2\pi \neq 0.$$ [1])

b) Orthogonal- und Orthonormalsysteme in $L_2(G)$

Definition 5.3. Zwei Funktionen $u \in L_2(G)$, $v \in L_2(G)$ werden **orthogonal im Raum** $L_2(G)$ genannt, wenn ihr Skalarprodukt gleich Null ist, d.h. wenn

$$(u, v) = 0 \tag{5.11}$$

ist. Wir schreiben $u \perp v$ in $L_2(G)$.

---

[1])
$$(u_1, u_1) = \int_0^\pi \sin x \,.\, \sin x \, dx = \frac{\pi}{2} \quad \text{usw.}$$

Definition 5.4. Eine Funktion $u \in L_2(G)$, deren Norm gleich Eins ist,

$$\|u\| = 1\,, \tag{5.12}$$

wird **normiert im Raum** $L_2(G)$ genannt.

Definition 5.5. Das System (die Folge) der Funktionen

$$\varphi_1(x),\ \varphi_2(x),\ \ldots,\ \varphi_n(x),\ \ldots\,, \quad \varphi_i \in L_2(G)\,, \quad i = 1, 2, \ldots\,, \tag{5.13}$$

heißt **orthogonal** (oder **Orthogonalsystem**) **im Raum** $L_2(G)$, wenn je zwei verschiedene Funktionen aus diesem System orthogonal im Raum $L_2(G)$ sind. Wenn die Funktionen (5.13) zusätzlich noch normiert sind, wird das System **orthonormiert** oder **orthonormal** (oder **Orthonormalsystem**) **im Raum** $L_2(G)$ genannt.

Im weiteren werden gerade Orthonormalsysteme eine wichtige Rolle spielen.

Beispiel 5.3. Das Funktionensystem

$$\sqrt{\frac{2}{\pi}}\sin x,\quad \sqrt{\frac{2}{\pi}}\sin 2x,\ \ldots,\quad \sqrt{\frac{2}{\pi}}\sin nx,\ \ldots \tag{5.14}$$

ist orthonormal in $L_2(0, \pi)$, denn bekanntlich gilt für beliebige ganze Zahlen $j \neq k$

$$(\varphi_j, \varphi_k) = \frac{2}{\pi}\int_0^\pi \sin jx \sin kx \,\mathrm{d}x = 0$$

und

$$\|\varphi_k\|^2 = (\varphi_k, \varphi_k) = \frac{2}{\pi}\int_0^\pi \sin^2 kx \,\mathrm{d}x = \frac{2}{\pi}\cdot\frac{\pi}{2} = 1\,.$$

Bemerkung 5.1. Wir sagen, das System von Funktionen

$$\varphi_1(x),\ \varphi_2(x),\ \ldots,\ \varphi_n(x),\ \ldots$$

ist im Raum $L_2(G)$ **linear unabhängig**, wenn jedes aus einer endlichen Anzahl dieser Funktionen gebildete System im Sinne der Definition 5.2 linear unabhängig ist.

Wenn wir aus dem Orthonormalsystem (5.13) beliebige j Funktionen auswählen, dann werden diese Funktionen im Raum $L_2(G)$ linear unabhängig sein, denn aus ihrer Orthonormalität folgt, daß die entsprechende Gramsche Determinante in der Hauptdiagonale lauter Einsen und an allen anderen Stellen Nullen haben wird, so daß sie selbst gleich Eins ist. *Also ist jedes Orthonormalsystem in $L_2(G)$ linear unabhängig in diesem Raum.*

Bemerkung 5.2. Ist die Funktion $u(x)$ eine Linearkombination von Funktionen des Orthonormalsystems (5.13),

$$u(x) = \sum_{k=1}^{r} a_k\, \varphi_k(x)\,,$$

dann können wir leicht ihre Norm ausrechnen. Aus der Voraussetzung der Orthonormalität

$$(\varphi_i, \varphi_j) = \begin{cases} 1 & \text{für} \quad i = j\,, \\ 0 & \text{für} \quad i \neq j\,, \end{cases}$$

folgt nämlich für die Norm $\|u\|$ der betrachteten Funktion $u(x)$ sogleich

$$\|u\|^2 = (u, u) = \left(\sum_{k=1}^{r} a_k\varphi_k, \sum_{l=1}^{r} a_l\varphi_l\right) = \sum_{k=1}^{r} \sum_{l=1}^{r} a_k a_l(\varphi_k, \varphi_l) = \sum_{k=1}^{r} a_k^2 . \quad (5.15)$$

Dieses Ergebnis werden wir oft mit Vorteil ausnutzen.

Im folgenden sprechen wir von unendlichen Reihen im Raum $L_2(G)$, d.h. von Reihen der Form

$$\sum_{k=1}^{\infty} u_k(x) , \quad (5.16)$$

wo $u_k \in L_2(G)$ ist, $k = 1, 2, \ldots$.

In Definition 4.1 auf S. 24 haben wir den Begriff der Konvergenz einer Folge $\{v_n(x)\}$ gegen die Funktion $v(x)$ eingeführt und den Sinn der Schreibweise

$$\lim_{n\to\infty} v_n(x) = v(x) \quad \text{in } L_2(G)$$

erklärt. Diese Schreibweise bedeutet, daß

$$\lim_{n\to\infty} \varrho(v_n, v) = 0 \quad \text{in } L_2(G)$$

ist.

Was die Reihe (5.16) betrifft, führen wir, wie es bei Reihen üblich ist, die sogenannten **Partialsummen** $s_n(x)$ dieser Reihe ein:

$$s_n(x) = \sum_{k=1}^{n} u_k(x) .$$

Definition 5.6. Wir sagen, die Reihe (5.16) ist **konvergent im Raum** $L_2(G)$ (oder sie **konvergiert im Gebiet** G **im Mittel**) und hat die **Summe** $s(x)$, falls die Folge $\{s_n(x)\}$ ihrer Partialsummen konvergent im Raum $L_2(G)$ ist und den Grenzwert $s(x)$ besitzt.

Eine der weiteren Fragen, mit denen wir uns in diesem Kapitel befassen, ist die Frage der Entwicklung einer beliebigen Funktion $u \in L_2(G)$ in eine Reihe nach dem Orthonormalsystem (5.13). Zu diesem Zweck beweisen wir zunächst den folgenden Satz:

Satz 5.4. *Ist das System (5.13) orthonormal im Raum $L_2(G)$, dann konvergiert die Reihe*

$$\sum_{k=1}^{\infty} a_k \varphi_k(x) \quad (a_k \textit{ sind reelle Konstanten}) \quad (5.17)$$

im Raum $L_2(G)$ genau dann, wenn die Zahlenreihe

$$\sum_{k=1}^{\infty} a_k^2 \quad (5.18)$$

konvergiert.

Beweis: Nach Definition ist die Reihe (5.17) genau dann in $L_2(G)$ konvergent, wenn die Folge ihrer Partialsummen $s_n(x)$ in $L_2(G)$ konvergiert. Da der Raum $L_2(G)$ vollständig ist, konvergiert diese Folge genau dann, wenn sie eine Cauchy-Folge ist (siehe das vorhergehende Kapitel), d.h. genau dann, wenn gilt:

$$\lim_{\substack{m\to\infty \\ n\to\infty}} \varrho(s_m, s_n) = 0 . \tag{5.19}$$

Dasselbe gilt für die Zahlenreihe (5.18); diese Reihe ist genau dann konvergent, wenn die Folge ihrer Partialsummen

$$\sigma_i = \sum_{k=1}^{i} a_k^2$$

eine Cauchy-Folge ist, d.h. genau dann, wenn gilt:

$$\lim_{\substack{m\to\infty \\ n\to\infty}} |\sigma_m - \sigma_n| = 0 .$$

Wenn wir also beweisen, daß die Folge $\{s_n(x)\}$ genau dann eine Cauchy-Folge ist, wenn die Zahlenfolge $\{\sigma_n\}$ eine Cauchy-Folge ist, so ist der Beweis von Satz 5.4 durchgeführt. Es ist jedoch (wir können $m > n$ voraussetzen, andernfalls vertauschen wir die Reihenfolge der Summanden)

$$\varrho^2(s_m, s_n) = \|s_m - s_n\|^2 = \Big\|\sum_{k=1}^{m} a_k\varphi_k - \sum_{k=1}^{n} a_k\varphi_k\Big\|^2 = \Big\|\sum_{k=n+1}^{m} a_k\varphi_k\Big\|^2 = \sum_{k=n+1}^{m} a_k^2$$

(vgl. (5.15)), so daß

$$\varrho^2(s_m, s_n) = \sigma_m - \sigma_n$$

ist. Ähnlich erhalten wir für $n > m$

$$\varrho^2(s_m, s_n) = \sigma_n - \sigma_m .$$

Im jedem Fall ist also

$$\varrho^2(s_m, s_n) = |\sigma_m - \sigma_n| , \tag{5.20}$$

woraus folgt, daß die Folge $\{s_n(x)\}$ eine Cauchy-Folge in $L_2(G)$ genau dann ist, wenn die Zahlenfolge $\{\sigma_n\}$ eine Cauchy-Folge ist.

Damit ist der Satz 5.4 bewiesen.

Der Leser sei darauf aufmerksam gemacht, daß es sich bei der Konvergenz der Reihe (5.17) um die Konvergenz im Raum $L_2(G)$, d.h. um die Konvergenz im Mittel, und nicht um die punktweise Konvergenz handelt.

c) Fourier-Reihen. Vollständige Systeme. Das Schmidtsche Orthonormalisierungsverfahren

Definition 5.7. Es seien das Orthonormalsystem (5.13) und eine Funktion $u \in L_2(G)$ gegeben. Die Zahlen

$$\alpha_k = (u, \varphi_k) = \int_G u(x)\,\varphi_k(x)\,\mathrm{d}x , \quad k = 1, 2, \ldots , \tag{5.21}$$

werden **Fourier-Koeffizienten der Funktion $u(x)$ bezüglich des Systems** (5.13) genannt.

Die Reihe

$$\sum_{k=1}^{\infty} \alpha_k \varphi_k(x)$$

wird **Fourier-Reihe der Funktion $u(x)$ bezüglich des Systems** (5.13) genannt.

Beispiel 5.4. In $L_2(0, \pi)$ sind die Fourier-Koeffizienten der Funktion $u(x)$ bezüglich des Systems (5.14) durch die Integrale

$$\alpha_k = \sqrt{\frac{2}{\pi}} \int_0^{\pi} u(x) \sin kx \, dx$$

gegeben. Die entsprechende Fourier-Reihe hat die Form

$$\sum_{k=1}^{\infty} \alpha_k \cdot \sqrt{\frac{2}{\pi}} \sin kx = \sum_{k=1}^{\infty} \beta_k \sin kx ,$$

wobei

$$\beta_k = \sqrt{\frac{2}{\pi}}\, \alpha_k = \frac{2}{\pi} \int_0^{\pi} u(x) \sin kx \, dx$$

ist.

Die Fourier-Koeffizienten der Funktion $u(x)$ sowie die entsprechende Fourier-Reihe haben viele interessante und, wie wir sehen werden, für Anwendungen sehr nützliche Eigenschaften. Die erste von ihnen ist die, daß von allen Reihen der Form $\sum_{k=1}^{\infty} a_k \varphi_k(x)$ gerade die Partialsummen der Reihe $\sum_{k=1}^{\infty} \alpha_k \varphi_k(x)$ die Funktion $u(x)$ am besten im Mittel approximieren:

Satz 5.5. *Das System (5.13) sei orthonormal, $u(x)$ eine Funktion aus $L_2(G)$ und n eine beliebige, aber feste natürliche Zahl. Es sei*

$$u_n(x) = \sum_{k=1}^{n} \alpha_k \varphi_k(x) , \tag{5.22}$$

wobei α_k die Fourier-Koeffizienten der Funktion $u(x)$ bezüglich des Systems (5.13) *sind, und*

$$s_n(x) = \sum_{k=1}^{n} a_k \varphi_k(x) \tag{5.23}$$

mit beliebigen (reellen) Zahlen a_k. Dann gilt

$$\varrho(u_n, u) \leqq \varrho(s_n, u) . \tag{5.24}$$

Dabei gilt in (5.24) das Zeichen $<$, falls mindestens eine der Zahlen a_k von α_k verschieden ist, $k = 1, \ldots, n$.

Beweis: Nach Voraussetzung ist $(\varphi_i, \varphi_k) = 0$ für $i \neq k$, $(\varphi_k, \varphi_k) = \|\varphi_k\|^2 = 1$ und weiter $(u, \varphi_k) = \alpha_k$. Man kann also schreiben (vgl. auch (5.15))

$$\varrho^2(s_n, u) = \|u - s_n\|^2 = \Big(u - \sum_{k=1}^{n} a_k\varphi_k,\ u - \sum_{k=1}^{n} a_k\varphi_k\Big) =$$

$$= (u, u) - 2\sum_{k=1}^{n} a_k(u, \varphi_k) + \sum_{k=1}^{n}\sum_{l=1}^{n} a_k a_l(\varphi_k, \varphi_l) = \|u\|^2 - 2\sum_{k=1}^{n} a_k\alpha_k + \sum_{k=1}^{n} a_k^2 =$$

$$= \|u\|^2 - \sum_{k=1}^{n}\alpha_k^2 + \sum_{k=1}^{n}\alpha_k^2 - 2\sum_{k=1}^{n} a_k\alpha_k + \sum_{k=1}^{n} a_k^2 = \|u\|^2 - \sum_{k=1}^{n}\alpha_k^2 + \sum_{k=1}^{n}(a_k - \alpha_k)^2 . \tag{5.25}$$

Da die Zahl $\sum_{k=1}^{n}(a_k - \alpha_k)^2$ nichtnegativ ist (und sogar positiv, wenn in dieser Summe mindestens ein a_k von α_k verschieden ist), folgt aus (5.25) sogleich, daß $\varrho(s_n, u)$ genau dann minimal ist, wenn $a_k = \alpha_k$ ist für $k = 1, \ldots, n$. Damit ist der Satz bewiesen.

Ist $a_k = \alpha_k$ für alle $k = 1, \ldots, n$, dann ist $\sum_{k=1}^{n}(a_k - \alpha_k)^2 = 0$ und aus (5.25) folgt

$$\varrho^2(u_n, u) = \|u\|^2 - \sum_{k=1}^{n}\alpha_k^2$$

(was der Leser auch durch direkte Berechnung verifizieren kann, indem er vom Ausdruck $\|u - u_n\|^2$ für $\varrho^2(u_n, u)$ ausgeht). Da $\varrho^2(u_n, u) \geqq 0$ ist, folgt hieraus

$$\sum_{k=1}^{n}\alpha_k^2 \leqq \|u\|^2 \tag{5.26}$$

für eine beliebige natürliche Zahl n. Alle Partialsummen der Reihe $\sum_{k=1}^{n}\alpha_k^2$ sind von oben durch die Zahl $\|u\|^2$ beschränkt. Da die betrachtete Reihe eine Reihe mit nichtnegativen Gliedern ist, folgt hieraus, daß sie konvergiert, und aus (5.26) folgt gleichzeitig, daß ihre Summe nicht größer als $\|u\|^2$ ist. Es gilt also:

Satz 5.6. *Für jede Funktion $u \in L_2(G)$ ist die Reihe $\sum_{k=1}^{\infty}\alpha_k^2$ der Quadrate der Fourier-Koeffizienten dieser Funktion bezüglich eines beliebigen Orthonormalsystems aus dem Raum $L_2(G)$ konvergent. Dabei gilt*

$$\sum_{k=1}^{\infty}\alpha_k^2 \leqq \|u\|^2 . \tag{5.27}$$

Die Ungleichung (5.27) wird **Besselsche Ungleichung** genannt.

Aus dem eben angeführten Satz folgt nach Satz 5.4 sofort

Satz 5.7. *Es sei (5.13) ein Orthonormalsystem in $L_2(G)$ und $u \in L_2(G)$. Dann ist die Fourier-Reihe $\sum_{k=1}^{\infty}\alpha_k\,\varphi(x)$, die dieser Funktion zugeordnet ist, konvergent im Raum $L_2(G)$.*

Wir erinnern an dieser Stelle den Leser, daß es sich um die Konvergenz der Reihe $\sum_{k=1}^{\infty}\alpha_k\,\varphi_k(x)$ im Mittel handelt und nicht um die punktweise Konvergenz.

Bemerkung 5.3. Aus der Gleichheit

$$\varrho^2(s_n, u) = \|u\|^2 - \sum_{k=1}^{n}\alpha_k^2 + \sum_{k=1}^{n}(a_k - \alpha_k)^2 , \tag{5.28}$$

die für jede natürliche Zahl n gilt, erhalten wir auch die Folgerung: Die Reihe $\sum_{k=1}^{\infty} a_k \varphi_k(x)$, deren Partialsummen die Summen (5.23) sind, konvergiere in $L_2(G)$ gegen die Funktion $u(x)$. Das heißt, daß

$$\lim_{n\to\infty} \varrho(s_n, u) = 0$$

ist, oder nach (5.28), daß

$$\lim_{n\to\infty} \Big[\|u\|^2 - \sum_{k=1}^{n} \alpha_k^2 + \sum_{k=1}^{n} (a_k - \alpha_k)^2\Big] = 0 \tag{5.29}$$

ist. Dabei sind die Zahlen α_k die Fourier-Koeffizienten der Funktion $u(x)$ bezüglich des Systems (5.13). Nach (5.26) ist die Differenz $\|u\|^2 - \sum_{k=1}^{n} \alpha_k^2$ für jedes n nichtnegativ, so daß (5.29) nur dann erfüllt sein kann, wenn keiner von den Summanden der Reihe $\sum_{k=1}^{\infty} (a_k - \alpha_k)^2$ positiv ist, d.h. wenn $a_k = \alpha_k$ für jedes k gilt. Wir haben also:

Satz 5.8. *Das System (5.13) sei orthonormal in $L_2(G)$. Konvergiert die Reihe $\sum_{k=1}^{\infty} a_k \varphi_k(x)$ in $L_2(G)$ gegen die Funktion $u(x)$, dann sind die Koeffizienten a_k notwendigerweise die Fourier-Koeffizienten der Funktion $u(x)$ bezüglich des Systems (5.13).*

Nach Satz 5.7 ist die Fourier-Reihe einer beliebigen Funktion $u \in L_2(G)$ im Raum $L_2(G)$ konvergent. Hieraus folgt aber keineswegs, daß diese Reihe in $L_2(G)$ gerade gegen die Funktion $u(x)$ konvergiert. Man betrachte z.B. das System

$$\varphi_1 = \sqrt{\frac{2}{\pi}} \sin x\,, \quad \varphi_2 = \sqrt{\frac{2}{\pi}} \sin 3x\,, \quad \varphi_3 = \sqrt{\frac{2}{\pi}} \sin 5x\,,$$

$$\varphi_4 = \sqrt{\frac{2}{\pi}} \sin 7x\,, \ \ldots\,, \tag{5.30}$$

das im Raum $L_2(0, \pi)$ offensichtlich orthonormal ist, und es sei $u(x) = \sin 2x$. Da diese Funktion im Raum $L_2(0, \pi)$ zu allen Funktionen des Systems (5.30) orthogonal ist (vgl. S. 37), sind alle ihre Fourier-Koeffizienten $\alpha_1, \alpha_2, \alpha_3, \ldots$ bezüglich des Systems (5.30) gleich Null. Die entsprechende Fourier-Reihe

$$0 \,.\, \sin x + 0 \,.\, \sin 3x + 0 \,.\, \sin 5x + \ldots$$

ist natürlich nach Satz 5.7 konvergent, konvergiert aber in $L_2(0, \pi)$ nicht gegen die Funktion $u(x) = \sin 2x$, sondern gegen die Funktion $u(x) \equiv 0$.

Dieser Umstand würde nicht auftreten können, wenn das System (5.30) auch die Funktion $\sqrt{2/\pi} \sin 2x$ enthalten würde. In dem System (5.30) „fehlt also etwas“, es ist „unvollständig“.

Definition 5.8. Das Orthonormalsystem (5.13) wird **vollständig im Raum** $L_2(G)$ genannt, wenn für jede Funktion $u \in L_2(G)$ die entsprechende Fourier-Reihe gegen diese Funktion im Mittel konvergiert.

Wir finden leicht eine Bedingung für die Vollständigkeit eines gegebenen Orthonormalsystems im Raum $L_2(G)$:

Nach Definition 5.6 konvergiert die Folge der Partialsummen (5.22) der Fourier-Reihe einer Funktion $u(x)$ in $L_2(G)$ genau gegen die Funktion $u(x)$, wenn

$$\lim_{n\to\infty} \varrho(u_n, u) = 0$$

ist, oder, wie aus der Gleichheit $\varrho^2(u_n, u) = \|u\|^2 - \sum_{k=1}^{n} \alpha_k^2$ (S. 41) folgt, genau dann, wenn

$$\lim_{n\to\infty} \left(\|u\|^2 - \sum_{k=1}^{n} \alpha_k^2\right) = 0$$

ist, d.h. wenn gilt:

$$\sum_{k=1}^{\infty} \alpha_k^2 = \|u\|^2 . \tag{5.31}$$

Diese Gleichheit, die die notwendige und hinreichende Bedingung der Konvergenz der Fourier-Reihe einer Funktion $u(x)$ in $L_2(G)$ gegen diese Funktion ausdrückt, wird **Parsevalsche Identität (Parsevalsche Gleichung)**, oft auch *Vollständigkeitsgleichung* oder *Abgeschlossenheitsgleichung* genannt.

Wir werden gleich noch ein anderes einfaches Kriterium der Vollständigkeit eines gegebenen Systems finden.

Definition 5.9. Das Orthonormalsystem (5.13) wird **abgeschlossen im Raum** $L_2(G)$ genannt, falls es keine Funktion $v \in L_2(G)$ gibt, die zu allen Funktionen dieses Systems orthogonal ist, mit Ausnahme der Nullfunktion in $L_2(G)$ (d.h. der fast überall im Gebiet G verschwindenden Funktion).

Satz 5.9. *Ein Orthonormalsystem ist in $L_2(G)$ genau dann vollständig, wenn es in $L_2(G)$ abgeschlossen ist.*

Beweis: 1. Das System (5.13) sei vollständig. Das bedeutet, daß die einer beliebigen Funktion aus $L_2(G)$ zugeordnete Fourier-Reihe im Mittel gegen diese Funktion konvergiert. Wir müssen beweisen, daß das System (5.13) abgeschlossen ist, d.h. daß es keine Funktion $u \neq 0$ in $L_2(G)$ gibt, die zu allen Funktionen des Systems (5.13) orthogonal ist. Dies beweisen wir indirekt. Es sei also vorausgesetzt, daß in $L_2(G)$ eine Funktion $u \neq 0$ existiert, die zu allen Funktionen des Systems (5.13) orthogonal ist. Das heißt, daß alle ihre Fourier-Koeffizienten gleich Null sind. Ihre Fourier-Reihe konvergiert also in $L_2(G)$ gegen die Funktion $v = 0$, und nicht gegen die Funktion $u \neq 0$. Das steht im Widerspruch mit der Voraussetzung, das System (5.13) sei vollständig. Ist also das System (5.13) vollständig, so ist es auch abgeschlossen.

2. Das System (5.13) sei abgeschlossen, d.h. es existiere mit Ausnahme der Funktion $u = 0$ in $L_2(G)$ keine zu allen Funktionen des Systems (5.13) orthogonale Funktion.

Wir müssen beweisen, daß das System (5.13) vollständig ist, d.h. daß die Fourier-Reihe, die einer beliebigen Funktion aus $L_2(G)$ entspricht, im Mittel gegen diese Funktion konvergiert. Den Beweis führen wir wieder indirekt. Es sei $v \in L_2(G)$ und ihre Fourier-Reihe $\sum_{k=1}^{\infty} \alpha_k \varphi_k(x)$ konvergiere[1]) gegen die Funktion $w(x) \neq v(x)$ in $L_2(G)$. Aus Satz 5.8 folgt, daß α_k auch die Fourier-Koeffizienten der Funktion $w(x)$ sind. Für die Funktion $z(x) = v(x) - w(x)$ sind also alle ihre Fourier-Koeffizienten gleich Null, so daß sie zu allen Funktionen des Systems (5.13) orthogonal ist. Dabei ist jedoch $z \neq 0$ in $L_2(G)$ (denn in $L_2(G)$ ist $v(x) \neq w(x)$), was im Widerspruch zur Voraussetzung steht, das System (5.13) sei abgeschlossen. Ist also das System (5.13) abgeschlossen, so ist es auch vollständig, womit der Satz 5.9 bewiesen ist.

Beispiel 5.5. Die (uns schon bekannte) Tatsache, daß das System (5.30) in $L_2(0, \pi)$ nicht vollständig ist, ist nun eine direkte Folgerung von Satz 5.9, denn die Funktion $u(x) = \sin 2x$ ist in $L_2(0, \pi)$ zu allen Funktionen des System (5.30) orthogonal und ist dabei in $L_2(0, \pi)$ keine Nullfunktion.

Im allgemeinen Fall ist es schwierig zu entscheiden, ob ein vorgegebenes Orthonormalsystem vollständig ist. Man kann jedoch zeigen (siehe z.B. [34]), daß das System (5.14) ein vollständiges Orthonormalsystem im Raum $L_2(0, \pi)$ ist, und allgemeiner, daß das System

$$\sqrt{\frac{2}{b-a}} \sin \frac{n\pi(x-a)}{b-a}, \quad n = 1, 2, \ldots, \tag{5.32}$$

ein vollständiges Orthonormalsystem in $L_2(a, b)$ ist. Analoge Behauptungen gelten auch in speziellen N-dimensionalen Gebieten ($N > 1$). Ist z.B. G das Rechteck $0 < x_1 < a$, $0 < x_2 < b$, dann ist das System der Funktionen

$$\frac{2}{\sqrt{ab}} \sin \frac{m\pi x_1}{a} \sin \frac{n\pi x_2}{b}, \quad m = 1, 2, \ldots, \quad n = 1, 2, \ldots, \tag{5.33}$$

ein vollständiges Orthonormalsystem in $L_2(G)$.

Ist (5.13) ein vollständiges Orthonormalsystem in $L_2(G)$, so kann man gemäß der vorhergehenden Ausführungen eine Funktion $u \in L_2(G)$ durch die ihr entsprechende Fourier-Reihe ausdrücken:

$$u(x) = \sum_{k=1}^{\infty} \alpha_k \varphi_k(x), \quad \alpha_k = (u, \varphi_k), \quad k = 1, 2, \ldots. \tag{5.34}$$

Deshalb wird ein vollständiges Orthonormalsystem in $L_2(G)$ auch **Orthonormalbasis** in diesem Raum genannt. Im allgemeineren Fall definieren wir:

Definition 5.10. Das System (die Folge) der Funktionen

$$\psi_1, \psi_2, \ldots, \psi_n, \ldots \tag{5.35}$$

aus $L_2(G)$ (die weder paarweise orthogonal noch normiert sein müssen) wird **vollständig in** $L_2(G)$ genannt, wenn die Menge aller Linearkombinationen von Elementen

[1]) Nach Satz 5.7 ist garantiert, daß diese Reihe in $L_2(G)$ tatsächlich konvergent ist.

dieses Systems dicht in $L_2(G)$ ist, d.h. wenn es zu jeder Funktion $u \in L_2(G)$ und zu jedem $\varepsilon > 0$ eine natürliche Zahl n und Zahlen $a_1^{(n)}, \ldots, a_n^{(n)}$ gibt, so daß gilt

$$\varrho(u, \sum_{k=1}^{n} a_k^{(n)} \psi_k) < \varepsilon .$$

Ist das System (5.35) außerdem in $L_2(G)$ linear unabhängig (Bemerkung 5.1), so sagen wir, daß es in $L_2(G)$ eine **Basis** bildet.

Bemerkung 5.4. Unter einer Basis im Raum $L_2(G)$ verstehen wir also eine linear unabhängige Folge von Elementen aus $L_2(G)$, die in diesem Raum vollständig ist. Es sei erwähnt, daß der Leser – was den Begriff der Basis betrifft – in der Literatur auch auf andere Definition stoßen kann. Wichtig ist vor allem der Begriff der **Schauder-Basis**: Vom System (5.35) sagen wir, daß es im Raum $L_2(G)$ eine **Schauder-Basis** (oder *Basis im Schauderschen Sinn*) bildet, falls man jedes Element $u \in L_2(G)$ in diesem Raum, und zwar eindeutig, in der Form

$$u(x) = \sum_{k=1}^{\infty} a_k \psi_k(x) \tag{5.36}$$

ausdrücken kann.

Ist das System (5.35) eine Schauder-Basis in $L_2(G)$, dann ist es offensichtlich in $L_2(G)$ auch eine Basis im Sinne von Definition 5.10 (denn aus der Eindeutigkeit des Ausdruckes (5.36) folgt die lineare Unabhängigkeit des System (5.35)), während jedoch eine Basis im Sinne von Definition 5.10 nicht immer eine Schauder-Basis sein muß. Der Begriff der Basis nach unserer Definition ist also „schwächer“ (er stellt an das System (5.35) schwächere Forderungen als die Schaudersche Definition). Deshalb haben wir in unserem Buch auch diese Definition gewählt, denn wie wir sehen werden, werden wir weder in der Theorie noch in den Anwendungen der Variationsmethoden die Eigenschaften der Schauder-Basis brauchen und werden völlig mit den Eigenschaften einer Basis nach unserer Definition auskommen, d.h. mit ihrer Vollständigkeit und mit der linearen Unabhängigkeit ihrer Elemente.

Im weiteren Text werden wir also unter einer Basis stets eine Basis nach Definition 5.10 verstehen.

Bemerkung 5.5. Ist das System (5.35) in $L_2(G)$ orthonormal (und dann natürlich auch linear unabhängig), dann stimmt der Begriff der Vollständigkeit nach Definition 5.8 mit dem Begriff der Vollständigkeit nach Definition 5.10 überein: Das System (5.35) sei vollständig nach Definition 5.8. Das heißt, daß man jede Funktion $u \in L_2(G)$ in $L_2(G)$ als die Summe der entsprechenden Fourier-Reihe ausdrücken kann (und zwar eindeutig, siehe Satz 5.8). Dann ist also das System (5.35) eine Schauder-Basis, und umsomehr eine Basis nach Definition 5.10, und es ist also im Sinn dieser Definition vollständig. Ist umgekehrt das System (5.35) vollständig im Sinn von Definition 5.10, dann läßt sich jede Funktion $u \in L_2(G)$ in diesem Raum mit beliebiger Genauigkeit durch eine geeignete Linearkombination

$$\sum_{k=1}^{n} a_k^{(n)} \psi_k(x)$$

von Elementen dieses Systems approximieren, und nach Satz 5.5 also umsomehr durch die Linearkombination

$$\sum_{k=1}^{n} \alpha_k \psi_k(x),$$

wobei α_k die Fourier-Koeffizienten der Funktion $u(x)$ bezüglich des Systems (5.35) sind. Die Fourier-Reihe jeder Funktion $u \in L_2(G)$ konvergiert also in $L_2(G)$ gegen diese Funktion, so daß das System (5.35) nach Definition 5.8 vollständig ist.

Gleichzeitig sieht man auch, daß für ein System (5.35), das in $L_2(G)$ orthonormal ist, der Begriff der Schauder-Basis mit dem in Definition 5.10 eingeführten Begriff der Basis übereinstimmt. Wie schon erwähnt, werden wir in diesem Fall von einer *Orthonormalbasis* in $L_2(G)$ sprechen.

Ein Beispiel einer nichtorthonormalen Basis im Raum $L_2(a, b)$ liefert, wie man zeigen kann, die Funktionenfolge

$$1, x, x^2, \ldots, x^n, \ldots; \tag{5.37}$$

ähnlich bildet im Raum $L_2(G)$ das entsprechende System von Polynomen eine (nicht-orthonormale) Basis, z.B. für $N = 2$ das System der Funktionen

$$1, x, y, x^2, xy, y^2, \ldots. \tag{5.38}$$

Bemerkung 5.6. Aus einem vollständigen System (5.35), das im allgemeinen Fall durch Funktionen gebildet ist, die weder orthogonal noch normiert sind, kann man eine Orthonormalbasis durch das sogenannte **Schmidtsche Orthogonalisierungs-** oder genauer **Orthonormalisierungsverfahren** gewinnen:

Es sei in $L_2(G)$ ein vollständiges System (5.35) gegeben. Ist irgendeine von den Funktionen (5.25) eine Linearkombination der übrigen, kann man sie aus dem System (5.35) auslassen, ohne damit die Vollständigkeit dieses Systems zu verletzen. Deshalb können wir voraussetzen, daß das System (5.35) in $L_2(G)$ eine Basis bildet. Insbesondere ist also keine von den Funktionen dieses Systems eine Nullfunktion, so daß jede von ihnen eine positive Norm hat.

Aus dem betrachteten System bilden wir eine Orthonormalbasis folgenderweise:

Zuerst setzen wir

$$\varphi_1(x) = \frac{\psi_1(x)}{\|\psi_1\|}.$$

Offensichtlich ist

$$\|\varphi_1\| = \left\|\frac{\psi_1}{\|\psi_1\|}\right\| = \frac{\|\psi_1\|}{\|\psi_1\|} = 1, \tag{5.39}$$

so daß die Funktion $\varphi_1(x)$ normiert ist. Wir setzen weiter

$$g_2(x) = \psi_2(x) + a\,\varphi_1(x) \tag{5.40}$$

und bestimmen die Konstante a aus der Bedingung, die Funktionen φ_1 und g_2

mögen orthogonal sein, d.h. es soll gelten

$$(\varphi_1, g_2) = 0. \tag{5.41}$$

Hieraus folgt nach (5.40)

$$(\varphi_1, \psi_2) + a(\varphi_1, \varphi_1) = 0$$

oder, da (5.39) gilt,

$$a = -(\varphi_1, \psi_2).$$

Wir bemerken, daß $\|g_2\| \neq 0$ ist. Wäre nämlich $g_2 = 0$ in $L_2(G)$, hätten wir nach (5.40)

$$0 = \psi_2(x) + \frac{a}{\|\psi_1\|} \psi_1(x),$$

was bedeuten würde, daß die Funktionen ψ_1 und ψ_2 in $L_2(G)$ linear abhängig sind, und das ist ein Widerspruch zu der Voraussetzung, daß (5.35) in $L_2(G)$ eine Basis darstellt. Wir können also

$$\varphi_2(x) = \frac{g_2(x)}{\|g_2\|}$$

setzen. Die Funktion $\varphi_2(x)$ ist normiert und nach (5.41) in $L_2(G)$ zur Funktion $\varphi_1(x)$ orthogonal.

Wir setzen weiter

$$g_3(x) = \psi_3(x) + b\,\varphi_1(x) + c\,\varphi_2(x) \tag{5.42}$$

und bestimmen die Konstanten b und c, so daß

$$(\varphi_1, g_3) = 0, \quad (\varphi_2, g_3) = 0 \tag{5.43}$$

gilt, d.h. wir bestimmen sie aus den Gleichungen

$$(\varphi_1, \psi_3) + b(\varphi_1, \varphi_1) + c(\varphi_1, \varphi_2) = 0, \tag{5.44}$$

$$(\varphi_2, \psi_3) + b(\varphi_2, \varphi_1) + c(\varphi_2, \varphi_2) = 0. \tag{5.45}$$

Da $(\varphi_1, \varphi_1) = 1$, $(\varphi_2, \varphi_2) = 1$ und $(\varphi_1, \varphi_2) = (\varphi_2, \varphi_1) = 0$ ist, folgt aus (5.44) $b = -(\varphi_1, \psi_3)$ und aus (5.45) $c = -(\varphi_2, \psi_3)$. Auf die gleiche Weise wie im vorhergehenden Fall stellen wir fest, daß $\|g_3\| \neq 0$ ist, und setzen

$$\varphi_3(x) = \frac{g_3(x)}{\|g_3\|}.$$

Die Funktion $\varphi_3(x)$ ist normiert und nach (5.43) ist sie zu den Funktionen $\varphi_1(x)$ und $\varphi_2(x)$ orthogonal. Wir setzen das Verfahren fort, bis wir zum Orthonormalsystem

$$\varphi_1(x), \varphi_2(x), \ldots, \varphi_n(x), \ldots \tag{5.46}$$

kommen.

Wir können uns nun leicht überzeugen, daß das System (5.46) in $L_2(G)$ eine Orthonormalbasis bildet. Die Orthonormalität dieses Systems ist aus seiner Konstruktion ersichtlich, und es genügt also, seine Vollständigkeit zu beweisen. Aus dem angeführten Orthonormalisierungsverfahren ist jedoch ersichtlich, daß das n-te Glied des Systems (5.46) eine Linearkombination der ersten n Glieder des Systems (5.35) ist, und umgekehrt. Falls man also jede Funktion $u \in L_2(G)$ mit beliebiger Genauigkeit in $L_2(G)$ durch eine geeignete Linearkombination von Funktionen des Systems (5.35) approximieren kann, kann man dies auch mit Hilfe der Funktionen des Systems (5.46) tun, woraus nach einfachen Überlegungen folgt (siehe Bemerkung 5.5), daß das System (5.46) in $L_2(G)$ vollständig ist.

Durch das angeführte Orthonormalisierungsverfahren erhalten wir also tatsächlich eine Orthonormalbasis in $L_2(G)$.

Beispiel 5.6. Wir empfehlen dem Leser, das soeben beschriebene Orthonormalisierungsverfahren für den Fall des Intervalls $(-1, 1)$ und der Basis (5.37) anzuwenden. Wir erhalten in $L_2(-1, 1)$ ein vollständiges Orthonormalsystem von Polynomen

$$\frac{\sqrt{2}}{2}, \quad \sqrt{\frac{3}{2}}\, x, \quad \sqrt{\frac{5}{8}}\,(3x^2 - 1), \quad \ldots,$$

die sich nur durch Konstanten von den Legendreschen Polynomen unterscheiden.

d) Zerlegung des Raumes $L_2(G)$ in orthogonale Teilräume

Schon in Bemerkung 4.3 auf S. 29 haben wir den Begriff eines sogenannten Teilraumes erwähnt: Es sei M die lineare Menge gewisser Elemente aus $L_2(G)$. Wir führen auf dieser linearen Menge das Skalarprodukt und damit auch die Metrik des Raumes $L_2(G)$ ein, wodurch die lineare Menge M zu einem metrischen Raum wird. Diesen Raum werden wir mit dem Symbol $M_{L_2(G)}$ oder einfach mit dem Symbol M bezeichnen.

Definition 5.11. Falls der Raum M vollständig ist, wird er linearer **Teilraum des Raumes $L_2(G)$ genannt.**

Beispiel 5.7. Man betrachte im Raum $L_2(0, 1)$ die Menge M aller im Intervall $(0, 1)$ konstanten Funktionen. M ist offensichtlich eine lineare Menge, denn eine Linearkombination konstanter Funktionen ist wiederum eine konstante Funktion. Mit dem gleichen Symbol M bezeichnen wir den entsprechenden metrischen Raum mit der Metrik des Raumes $L_2(0, 1)$. Wir behaupten, daß M ein vollständiger Raum ist: Nach Definition müssen wir beweisen, daß jede Cauchy-Folge in M einen Grenzwert besitzt, d.h. daß es ein in M liegendes Element gibt, das in M den Grenzwert dieser Folge darstellt. Es sei

$$v_1(x) \equiv k_1,\ v_2(x) \equiv k_2,\ \ldots,\ v_n(x) \equiv k_n,\ \ldots, \tag{5.47}$$

wobei $k_1, k_2, \ldots$ reelle Konstanten sind, eine Cauchy-Folge von Funktionen in diesem Raum. Es ist

$$\varrho(v_m, v_n) = \sqrt{\int_0^1 (k_m - k_n)^2\, \mathrm{d}x} = |k_m - k_n| = \varrho_{E_1}(k_m, k_n),$$

so daß (5.47) genau dann eine Cauchy-Folge im Raum M ist, wenn $\{k_n\}$ eine Cauchy-Zahlenfolge im euklidischen Raum E_1 (wo bekanntlich der Abstand $\varrho_{E_1}(a, b)$ der Elemente a, b durch die Zahl

$|a - b|$ gegeben ist) darstellt. Nach dem Kriterium von Bolzano und Cauchy hat die Cauchy-Folge $\{k_n\}$ im Raum E_1 einen Grenzwert; wir bezeichnen ihn mit k. Hiervon folgt sogleich, daß die Folge (5.47) im Raum M die Funktion $v(x) \equiv k$ als Grenzwert hat, denn es ist

$$\lim_{n\to\infty} \varrho(v, v_n) = \lim_{n\to\infty} \sqrt{\int_0^1 (k - k_n)^2 \, dx} = \lim_{n\to\infty} |k - k_n| = 0 .$$

Jede Cauchy-Folge hat also im Raum M einen Grenzwert. Der Raum M ist vollständig und also ein linearer Teilraum des Raumes $L_2(0, 1)$.

Beispiel 5.8. Es sei $u \neq 0$ ein beliebiges Element aus $L_2(G)$. Wir bezeichnen mit M die lineare Menge aller Funktionen der Form $a\,u(x)$, wobei a eine beliebige reelle Zahl ist. Aus dem Satz von Bolzano und Cauchy folgt nach leichten Überlegungen, daß M — versehen mit der Metrik des Raumes $L_2(G)$ — einen vollständigen Raum darstellt. Folglich ist M ein linearer Teilraum des Raumes $L_2(G)$.

Dasselbe gilt auch für den Raum N, dessen Elemente alle Linearkombinationen einer endlichen Anzahl von Funktionen $u_1 \in L_2(G), \ldots, u_n \in L_2(G)$ bilden.

Beispiel 5.9. Wir betrachten die lineare Menge L aller im abgeschlossenen Intervall $[-1, 1]$ stetigen Funktionen. Der metrische Raum, der entsteht, wenn wir in dieser linearen Menge die Metrik des Raumes $L_2(-1, 1)$ einführen, bezeichnen wir mit $M_{L_2(-1,1)}$. Der Raum $M_{L_2(-1,1)}$ ist kein linearer Teilraum des Raumes $L_2(-1, 1)$, denn er ist nicht vollständig (siehe Bemerkung 4.3, S. 29).

Zur Information des Lesers sei noch der folgende Satz angeführt, obwohl wir ihn im weiteren Text nicht brauchen werden (zur Bezeichnung siehe den Text vor Definition 5.11, S. 48):

Satz 5.10. *Der Raum* $M_{L_2(G)}$ *ist genau dann ein linearer Teilraum des Raumes* $L_2(G)$, *wenn die lineare Menge* M *eine abgeschlossene Menge in* $L_2(G)$ *ist.*

Der **Beweis** ist verhältnismäßig einfach und wird dem Leser überlassen. Er kann dabei auf eine nützliche Weise die Benutzung aller eingeführten Begriffe üben.

Nun betrachten wir im Raum $L_2(G)$ einen gewissen linearen Teilraum, den wir kurz mit N bezeichnen werden. Es gilt der folgende wichtige Satz:

Satz 5.11. *Es sei* $u(x)$ *eine beliebige Funktion aus dem Raum* $L_2(G)$. *Dann kann man* $u(x)$ *— und zwar eindeutig — in die Summe*

$$u(x) = v(x) + w(x) \tag{5.48}$$

zerlegen, wobei $v \in N$ *ist und* $w(x)$ *zu jeder Funktion aus* N *orthogonal ist.*

Die Funktion $v(x)$ wird die **orthogonale Projektion der Funktion** $u(x)$ **in den Teilraum** N genannt. Der Umstand, daß die Funktion $w(x)$ zu jeder Funktion aus dem Teilraum N orthogonal ist, wird kurz mit dem Symbol $w \perp N$ bezeichnet. Wir sagen auch kurz, dic Funktion $w(x)$ ist **zum Teilraum** N **orthogonal.**

Den **Beweis** von Satz 5.11 findet der Leser z.B. in [29]. Er beruht darauf, daß wir die Funktion $v(x)$ als diejenige Funktion bestimmen, die das Minimum der Entfernung $\varrho(u, z)$ der Funktion $u(x)$ von allen Funktionen $z(x)$ des Teilraumes N verwirklicht. Dabei wird wesentlich die Vollständigkeit der Räume $L_2(G)$ und N ausgenutzt.

Beispiel 5.10. Wir betrachten im Raum $L_2(0, 1)$ den linearen Teilraum M aus Beispiel 5.7. Es handelt sich also um den Teilraum aller auf dem Intervall [0, 1] konstanten Funktionen. Wir zerlegen die Funktion

$$u(x) = x^2, \quad x \in [0, 1] \tag{5.49}$$

in die Summe (5.48). Die Funktion $v(x)$ ist gleich einer vorläufig unbekannten Konstante, die wir mit a bezeichnen. Die Zerlegung (5.48) wird also die folgende Form haben:

$$x^2 = a + (x^2 - a).$$

Die Konstante a bestimmen wir aus der Bedingung, die Funktion $w(x)$ — in unserem Fall die Funktion $w(x) = x^2 - a$ — solle in $L_2(0, 1)$ zum Teilraum M orthogonal sein, d.h. zu jeder Funktion der Form $z(x) \equiv k$, wo k eine Konstante ist. Wenn wir die Orthogonalitätsbedingung aufschreiben, haben wir

$$(z, w) = \int_0^1 k(x^2 - a)\,\mathrm{d}x = 0,$$

d.h.

$$k(\tfrac{1}{3} - a) = 0,$$

und da die Konstante k beliebig ist, folgt hieraus $a = 1/3$. Die Projektion der Funktion (5.49) in den Teilraum M liefert also die Funktion $v(x) \equiv 1/3$. Gleichzeitig ist

$$x^2 - \tfrac{1}{3} \perp M.$$

Es läßt sich zeigen, daß die Menge K aller zu dem gegebenen Teilraum N orthogonalen Funktionen (genauer: der Raum K aller dieser Funktionen, mit der Metrik des Raumes $L_2(G)$ versehen) wiederum ein linearer Teilraum in $L_2(G)$ ist. Wir sagen, daß der Raum $L_2(G)$ die **orthogonale Summe der** (orthogonalen) **Teilräume** N **und** K ist, und schreiben

$$L_2(G) = N \oplus K. \tag{5.50}$$

Die Bedeutung dieses Symbols erklärt Satz 5.11: Jede Funktion $u \in L_2(G)$ kann eindeutig als Summe zweier Funktionen $v(x) \in N$ und $w(x) \in K$ dargestellt werden, wobei $v \perp K$ und $w \perp N$ ist.

Der Teilraum K wird **orthogonales Komplement des Teilraumes** N **im Raum** $L_2(G)$ genannt. Wir schreiben

$$K = L_2(G) \ominus N.$$

Bemerkung 5.7. Dem Leser wird sicher die folgende einfache geometrische Interpretation des Satzes 5.11 einfallen: Man betrachte den euklidischen Raum E_3 und in ihm eine Ebene σ, die den Koordinatenursprung enthält. Dann kann man einen beliebigen Vektor $\boldsymbol{r}$ dieses Raumes eindeutig in die Summe zweier orthogonalen Vektoren $\boldsymbol{r}_1$ und $\boldsymbol{r}_2$ zerlegen, wobei der erste die orthogonale Projektion des Vektors $\boldsymbol{r}$ in die Ebene σ darstellt und der zweite auf der Geraden p liegt, die durch den Koordinatenursprung verläuft und zur Ebene σ senkrecht ist. Dem Teilraum N bzw. K aus Satz 5.11 entspricht hier also die Menge aller in der Ebene σ bzw. auf der Geraden p liegenden Vektoren.

e) Einige Eigenschaften des Skalarproduktes

Zum Schluß dieses Kapitels werden wir noch einige Eigenschaften des Skalarproduktes anführen, die uns in weiteren Kapiteln von Nutzen sein werden.

Satz 5.12. *Die Folge $\{u_n(x)\}$ konvergiere im Raum $L_2(G)$ gegen die Funktion $u(x)$, die Folge $\{v_n(x)\}$ gegen die Funktion $v(x)$. Dann konvergiert die Folge der Skalarprodukte (u_n, v_n) gegen die Zahl (u, v).*
Kurz geschrieben

$$u_n \to u\,, \quad v_n \to v \quad \text{in } L_2(G) \Rightarrow (u_n, v_n) \to (u, v)\,. \tag{5.51}$$

Beweis: Wir sollen beweisen, daß

$$\lim_{n\to\infty} (u_n, v_n) = (u, v)$$

ist, d.h. daß

$$\lim_{n\to\infty} [(u_n, v_n) - (u, v)] = 0$$

gilt, oder, was das gleiche ist, daß

$$\lim_{n\to\infty} |(u_n, v_n) - (u, v)| = 0 \tag{5.52}$$

ist. Nach Voraussetzung gilt

$$u_n \to u\,, \quad v_n \to v \quad \text{in} \quad L_2(G)\,,$$

d.h.

$$\lim_{n\to\infty} \|u_n - u\| = 0\,, \quad \lim_{n\to\infty} \|v_n - v\| = 0\,. \tag{5.53}$$

Weiter ist

$$\begin{aligned} |(u_n, v_n) - (u, v)| &= |(u_n - u,\ v_n - v) + (u, v_n - v) + (v, u_n - u)| \leqq \\ &\leqq |(u_n - u,\ v_n - v)| + |(u, v_n - v)| + |(v, u_n - u)| \leqq \\ &\leqq \|u_n - u\|\ \|v_n - v\| + \|u\|\ \|v_n - v\| + \|v\|\ \|u_n - u\| \end{aligned}$$

(gemäß der Schwarzschen Ungleichung (3.14), S. 22), woraus nach (5.53) augenblicklich (5.52) folgt.

Satz 5.12 hat einige einfache Folgerungen:

Satz 5.13. (Wir benutzen nur die abgekürzte Schreibweise.)

Ist $u_n \to u$ in $L_2(G)$ und $v \in L_2(G)$, dann ist

$$(u_n, v) \to (u, v)\,. \tag{5.54}$$

Der **Beweis** ist einfach: Es genügt in (5.51) $v_n = v$ für jedes n zu setzen.

Satz 5.14.

Ist $u_n \to u$ in $L_2(G)$, dann ist $\|u_n\| \to \|u\|$. (5.55)

Beweis: Es genügt in (5.51) $v_n = u_n$ und $v = u$ zu setzen; nach (5.51) folgt dann $\|u_n\|^2 \to \|u\|^2$, was (5.55) nach sich zieht.

Satz 5.15. *Es sei M eine dichte Menge in $L_2(G)$ und $u(x)$ orthogonal zu jeder Funktion aus der Menge M. Dann ist $u = 0$ in $L_2(G)$.*

Beweis: Die Menge M ist nach Vogaussetzung dicht in $L_2(G)$. Insbesondere kann man also eine Folge von Funktionen $u_n(x) \in M$ finden, so daß gilt:

$$\lim_{n\to\infty} u_n(x) = u(x) \quad \text{in } L_2(G).$$

Für jede Funktion $u_n(x)$ gilt jedoch nach Voraussetzung

$$(u_n, u) = 0. \tag{5.56}$$

Nach (5.54) ist, wenn wir $v(x) = u(x)$ setzen und (5.56) benutzen,

$$\lim_{n\to\infty} (u_n, u) = (u, u) = 0,$$

woraus $u = 0$ in $L_2(G)$ folgt.

Satz 5.15 wird in unseren weiteren Überlegungen sehr nützlich sein.

Kapitel 6. Hilbert-Raum

Wir führen nun den Begriff des Hilbert-Raumes ein; ein Beispiel dafür ist, wie wir sehen werden, der uns schon gut bekannte Raum $L_2(G)$ der im Gebiet G quadratisch integrierbaren Funktionen, mit der in Kapitel 3 eingeführten Metrik. Wir hätten schon früher mit den Axiomen des Hilbert-Raumes und mit der Untersuchung seiner Eigenschaften unabhängig von der Kenntnis des Raumes $L_2(G)$ beginnen können, haben jedoch einen anderen Weg gewählt, der unserer Meinung nach für einen Leser, der kein Berufsmathematiker ist, viel zugänglicher ist. Die in den vorhergehenden Kapiteln eingeführten Begriffe sind nämlich im Raum $L_2(G)$ viel anschaulicher als im abstrakten Hilbert-Raum, und wurden dabei auf eine Weise eingeführt, die man fast ohne Änderung auch im allgemeinen Fall benutzen kann. Dieses Kapitel wird also dem Leser eine Verallgemeinerung der früher eingeführten Begriffe sowie der abgeleiteten Ergebnisse bringen, aber für ihn gleichzeitig auch eine gewisse Übersicht darstellen und eine Wiederholung des vorhergehenden Textes sein.

a) Unitärer Raum. Hilbert-Raum

Wir betrachten eine Menge M, deren Elemente einen sehr allgemeinen Charakter haben können. M kann z.B. aus den auf dem Gebiet G vorgegebenen Funktionen bestehen, wie es in den vorhergehenden Kapiteln der Fall war. M kann aber auch die Menge aller n-dimensionalen Vektoren sein oder eine Menge von Zahlenfolgen, Funktionenfoleng u.ä.

Definition 6.1. Wir sagen, M ist eine **lineare Menge** (genauer *lineare Menge über dem Körper der reellen Zahlen*), ein **linearer Raum,** ein **Vektorraum** oder auch ein **lineares System**, falls M folgende Eigenschaften hat:

1. Für beliebige Elemente u, v aus M ist ihre Summe $u + v$ und für jedes Element $u \in M$ und jede reelle Zahl a ist das Produkt au definiert, wobei $u + v$ und au ebenfalls Elemente der Menge M sind.[1])

2. Für die auf diese Weise eingeführten Operationen des Addierens und des Multiplizierens mit einer reellen Zahl gelten folgende Axiome (die den bekannten Axiomen

---

[1]) Hieraus folgt natürlich sofort, daß auch eine beliebige Linearkombination

$$a_1u_1 + \ldots + a_nu_n \tag{6.1}$$

von Elementen $u_1, \ldots, u_n$ aus M, wobei $a_1, \ldots, a_n$ reelle Zahlen sind, zu M gehört.

aus der Vektoralgebra ähnlich sind; daher auch die Bezeichnung *Vektorraum*):

$$u + v = v + u\,, \qquad u + (v + z) = (u + v) + z\,,$$
$$a(u + v) = au + av\,, \qquad (a + b)\,u = au + bu\,,$$
$$a(bu) = (ab)\,u\,, \qquad 1\,.\,u = u\,.$$

3. Es existiert ein Element $O \in M$, so daß $u + O = u$ ist für jedes $u \in M$. Das Element O wird **Nullelement der linearen Menge** M genannt.

4. Zu jedem $u \in M$ existiert ein $v \in M$, so daß $u + v = O$ ist. Dieses v wird das **zu** u **inverse Element** genannt.

Aus diesen Axiomen geht eine Reihe von Folgerungen und „Regeln" hervor, die den bekannten Regeln aus der Algebra entsprechen; wir werden sie hier nicht ausführlicher erwähnen. Es sei nur bemerkt, daß z.B. die Elemente O und v durch die Axiome 3 und 4 eindeutig bestimmt sind, und daß $0 \cdot u = O$ für jedes u gilt, usw.

Das Nullelement des linearen Raumes M werden wir oft einfach mit dem Symbol 0 bezeichnen, falls keine Gefahr von Mißverständnissen (Verwechslung mit der Zahl Null) besteht. Ausführlicher werden wir „$u = 0$ in M" schreiben.

Ein klassisches Beispiel einer linearen Menge liefert die Menge aller n-dimensionalen algebraischen Vektoren $\boldsymbol{u} = (u_1, \ldots, u_n)$ mit der üblichen Definition der Summe zweier Vektoren, $\boldsymbol{u} + \boldsymbol{v} = (u_1 + v_1, \ldots, u_n + v_n)$, und der Multiplikation eines Vektors mit einer Zahl, $c\boldsymbol{u} = (cu_1, \ldots, cu_n)$. Das Nullelement dieser linearen Menge ist der Nullvektor $\boldsymbol{o} = (0, \ldots, 0)$. Die Eigenschaften dieser linearen Menge dienten als Modell für die allgemeine Definition eines linearen Raumes.

Ein weiteres einfaches Beispiel einer linearen Menge liefert die Menge L aller auf dem abgeschlossenen Gebiet G stetigen reellen Funktionen mit der üblichen Definition der Summe zweier Funktionen und der Multiplikation einer Funktion mit einer reellen Zahl. Die Schreibweise $u = 0$ in L bedeutet hier, daß $u(x) \equiv 0$ in G ist. Ein Beispiel einer Funktionenmenge, die keine lineare Menge ist, wurde auf. S. 8, Beispiel 2.2, angeführt.

Bemerkung 6.1. Für unsere Anwendungen genügt es, die Theorie des „reellen" Hilbert-Raumes aufzubauen; deshalb wurden in (6.1) (siehe Fußnote auf S. 53) reelle Konstanten $a_1, \ldots, a_n$ betrachtet. Zum allgemeineren Fall siehe Bemerkung 6.11, S. 67.

Definition 6.2. Wir sagen, daß auf der linearen Menge M ein **Skalarprodukt** definiert ist, falls jedem Paar von Elementen u, v dieser Menge eine reelle Zahl

$$(u, v) \tag{6.2}$$

zugeordnet ist, so daß folgende Eigenschaften erfüllt sind (u, v, u_1, u_2 sind beliebige Elemente der Menge M, a_1, a_2 beliebige reelle Zahlen):

$$(u, v) = (v, u)\,, \tag{6.3}$$

$$(a_1u_1 + a_2u_2, v) = a_1(u_1, v) + a_2(u_2, v)\,, \tag{6.4}$$

$$(u, u) \geqq 0, \tag{6.5}$$

$$(u, u) = 0 \Leftrightarrow u = 0 \quad \text{in } M. \tag{6.6}$$

Bemerkung 6.2. Für das Skalarprodukt (6.2) benutzen wir hier das gleiche Symbol wie für das Skalarprodukt von Funktionen im Raum $L_2(G)$. Schon zum Abschluß des Kapitels 3 haben wir erwähnt, daß wir überall dort, wo es zur Verwechslung mit dem Skalarprodukt in einem anderen Raum kommen könnte, das Skalarprodukt im Raum $L_2(G)$ mit dem Symbol $(u, v)_{L_2(G)}$ bezeichnen werden. Auch im weiteren Text werden wir – wenn wir auf das Skalarprodukt in verschiedenen Räumen stoßen – stets durch einen entsprechenden Index hervorheben, um welches Skalarprodukt es sich handelt, falls dies natürlich nicht schon aus dem Zusammenhang hervorgeht. Diese Bemerkung betrifft auch die im weiteren eingeführten Begriffe der Norm und des Abstandes von Elementen.

Ein klassisches Beispiel für ein Skalarprodukt liefert das Skalarprodukt

$$(\boldsymbol{u}, \boldsymbol{v}) = u_1 v_1 + \ldots + u_n v_n \tag{6.7}$$

zweier reeller n-dimensionaler algebraischer Vektoren $\boldsymbol{u} = (u_1, \ldots, u_n)$, $\boldsymbol{v} = (v_1, \ldots \ldots, v_n)$, das auf der im vorhergehenden Text (S. 54) betrachteten linearen Menge dieser Vektoren definiert ist. Ähnlich wie die Eigenschaften dieser Menge als ein gewisses Vorbild für die allgemeine Definition der linearen Menge dienten, stellen auch die Eigenschaften des Produktes (6.7) ein gewisses Vorbild für die allgemeine Definition des Skalarproduktes dar.

Wir führen einige weitere Beispiele an.

Beispiel 6.1. Wir betrachten die lineare Menge M, deren Elemente alle im Gebiet G quadratisch integrierbaren Funktionen sind, wobei zwei Funktionen, die fast überall in G übereinstimmen, als gleich betrachtet werden. Durch die Beziehung

$$(u, v) = \int_G u(x)\, v(x)\, \mathrm{d}x \tag{6.8}$$

ist auf dieser linearen Menge ein Skalarprodukt definiert, denn wie wir uns in Kapitel 3 überzeugt hatten (Satz 3.1; ein Teil der Beweise wurde ausführlich schon in Kapitel 2 durchgeführt), hat die Beziehung (6.8) alle vorgeschriebenen Eigenschaften (6.3) bis (6.6) des Skalarproduktes.

Beispiel 6.2. Die lineare Menge M sei die Menge aller Vektorfunktionen der Form

$$\boldsymbol{u}(x) = u_1(x)\, \boldsymbol{i} + u_2(x)\, \boldsymbol{j},$$

deren Koordinaten $u_1(x)$, $u_2(x)$ im Gebiet G quadratisch integrierbare Funktionen sind. Ist a eine beliebige reelle Zahl und sind $\boldsymbol{u}(x) = u_1(x)\, \boldsymbol{i} + u_2(x)\, \boldsymbol{j}$, $\boldsymbol{v}(x) = v_1(x)\, \boldsymbol{i} + v_2(x)\, \boldsymbol{j}$ beliebige Elemente aus M, dann definieren wir

$$\boldsymbol{u}(x) + \boldsymbol{v}(x) = [u_1(x) + v_1(x)]\, \boldsymbol{i} + [u_2(x) + v_2(x)]\, \boldsymbol{j},$$

$$a\, \boldsymbol{u}(x) = a\, u_1(x)\, \boldsymbol{i} + a\, u_2(x)\, \boldsymbol{j}.$$

Der Leser kann leicht feststellen, daß es sich um eine lineare Menge handelt. Das Nullelement dieser Menge ist die Funktion $\boldsymbol{u}$, deren beide Koordinaten gleichzeitig gleich Null in $L_2(G)$ sind. Durch die Beziehung

$$(\boldsymbol{u}, \boldsymbol{v}) = (u_1, v_1) + (u_2, v_2),$$

wobei (u_k, v_k), $k = 1, 2$, die Skalarprodukte (6.8) sind, ist auf der linearen Menge M ein Skalarprodukt definiert. Die Eigenschaften (6.3) und (6.4) sind offensichtlich erfüllt. Weiter ist

$$(\boldsymbol{u}, \boldsymbol{u}) = (u_1, u_1) + (u_2, u_2),$$

woraus sogleich folgt: $(\boldsymbol{u}, \boldsymbol{u}) \geqq 0$ und $(\boldsymbol{u}, \boldsymbol{u}) = 0$ für $\boldsymbol{u} = 0$ in M. Weiter ist $(u_1, u_1) \geqq 0$, $(u_2, u_2) \geqq \geqq 0$. Aus der Gleichheit

$$(u_1, u_1) + (u_2, u_2) = 0$$

folgt also $(u_1, u_1) = 0$ und $(u_2, u_2) = 0$ und folglich $u_1 = 0$ und $u_2 = 0$ in $L_2(G)$, woraus tatsächlich folgt: $(\boldsymbol{u}, \boldsymbol{u}) = 0 \Rightarrow \boldsymbol{u} = 0$ in M; damit ist auch die zweite Implikation in (6.6) bewiesen. Ganz ähnlich kann man auch das Skalarprodukt auf der linearen Menge von Vektorfunktionen mit mehr als zwei Koordinaten einführen.

Beispiel 6.3. Wir betrachten die Menge aller im abgeschlossenen Gebiet $\overline{G}$ stetigen Funktionen, für die in $\overline{G}$ $|u(x)| \leqq 10$ gilt. Auf dieser Menge kann man kein Skalarprodukt mit den Eigenschaften (6.3) bis (6.6) einführen, denn die betrachtete Menge ist keine lineare Menge. (An welchem von den Axiomen (6.3) bis (6.6) des Skalarproduktes würden wir scheitern?)

Beispiel 6.4. Wir betrachten die lineare Menge, deren Elemente alle samt ihrer ersten Ableitung im Intervall $[0, 1]$ stetigen Funktionen sind, mit der üblichen Definition der Addition von Funktionen und der Multiplikation einer Funktion mit einer reellen Zahl und mit dem Nullelement $u(x) \equiv 0$ in $[0, 1]$. Wir werden zeigen, daß durch die Beziehung

$$(u, v) = \int_0^1 u(x)\, v(x)\, \mathrm{d}x + \int_0^1 u'(x)\, v'(x)\, \mathrm{d}x \tag{6.9}$$

auf dieser linearen Menge ein Skalarprodukt definiert ist. Die Eigenschaften (6.3) und (6.4) sind für die Beziehung (6.9) offensichtlich erfüllt. Weiter ist

$$(u, u) = \int_0^1 u^2(x)\, \mathrm{d}x + \int_0^1 u'^2(x)\, \mathrm{d}x, \tag{6.10}$$

so daß $(u, u) \geqq 0$ ist; gilt $u(x) \equiv 0$ im Intervall $[0, 1]$, ist $(u, u) = 0$; gilt andererseits $(u, u) = 0$, so folgt aus (6.10) $u(x) \equiv 0$ im Intervall $[0, 1]$. Die Beziehung (6.9) hat also alle Eigenschaften des Skalarproduktes.

Beispiel 6.5. Wir betrachten die gleiche lineare Menge wie im vorhergehenden Beispiel. Durch die Beziehung

$$(u, v) = \int_0^1 u'(x)\, v'(x)\, \mathrm{d}x \tag{6.11}$$

ist auf M kein Skalarprodukt gegeben. Alle Axiome des Skalarproduktes sind erfüllt mit Ausnahme des letzten: Nach (6.11) ist

$$(u, u) = \int_0^1 u'^2(x)\, \mathrm{d}x .$$

Aus $(u, u) = 0$ folgt hier $u'(x) \equiv 0$ im Intervall $[0, 1]$, aber nicht $u(x) \equiv 0$ in diesem Intervall. Die Funktion $u(x) \equiv 3$ im Intervall $[0, 1]$ gehört z.B. zu der linearen Menge M, erfüllt die Beziehung $(u, u) = 0$ und ist kein Nullelement von M.

Bemerkung 6.3. Da die Eigenschaften (6.3) bis (6.6) des Skalarproduktes (6.2) und die Eigenschaften (3.7) bis (3.10) des Skalarproduktes (3.2), S. 20, ähnlich sind, führen sie zu ähnlichen Folgerungen. Insbesondere gilt die Multiplikationsregel

$$(a_1u_1 + a_2u_2,\ a_3u_3 + a_4u_4) = a_1a_3(u_1, u_3) + a_2a_3(u_2, u_3) +$$
$$+ a_1a_4(u_1, u_4) + a_2a_4(u_2, u_4)\,,$$

die der Regel (3.21) entspricht.

Definition 6.3. Es sei auf der linearen Menge M das Skalarprodukt (6.2) mit den Eigenschaften (6.3) bis (6.6) definiert. Die Zahl

$$\|u\| = \sqrt{(u, u)} \tag{6.12}$$

nennen wir **Norm des Elementes** u dieser linearen Menge und die Zahl

$$\varrho(u, v) = \|u - v\| \tag{6.13}$$

nennen wir **Abstand der Elemente** u, v dieser linearen Menge.

Dem Leser ist sicher aufgefallen, daß im Kapitel 3 die Norm sowie der Abstand im Raum $L_2(G)$ auf eine völlig ähnliche Weise eingeführt wurden, und zwar auf der Grundlage des Skalarproduktes (3.2), S. 20. Da die in Kapitel 3 (oder schon in Kapitel 2) abgeleiteten Eigenschaften (3.11) bis (3.20) der Norm und des Abstandes im Raum $L_2(G)$ nur aus den Eigenschaften (3.7) bis (3.10) des Skalarproduktes hergeleitet wurden, die den Eigenschaften (6.3) bis (6.6) des Skalarproduktes (6.2) völlig analog sind, werden auch die Norm (6.12) sowie der Abstand (6.13) wiederum Eigenschaften haben, die den Eiengschaften (3.11) bis (3.20) völlig analog sind. Wir fassen sie in dem folgenden Satz zusammen (der Leser kann nach den Ideen der entsprechenden Beweise aus Kapitel 2 und 3 die speziellen Behauptungen von Satz 6.1 im einzelnen beweisen):

Satz 6.1. *Für die Norm* (6.12) *und für den Abstand* (6.13) *gilt* (u, v, z *sind beliebige Elemente der linearen Menge* M, a *ist eine beliebige reelle Zahl*):

$$\|u\| \geqq 0\,, \tag{6.14}$$

$$\|u\| = 0 \Leftrightarrow u = 0 \quad \text{in } M\,,^{1)} \tag{6.15}$$

$$\|au\| = |a|\,\|u\|\,, \tag{6.16}$$

$$|(u, v)| \leqq \|u\| \cdot \|v\|\,, \tag{6.17}$$

$$\|u + v\| \leqq \|u\| + \|v\|\,, \tag{6.18}$$

$$|\,\|u\| - \|v\|\,| \leqq \|u - v\|\,, \tag{6.19}$$

$$\varrho(u, v) \geqq 0\,, \tag{6.20}$$

$$\varrho(u, v) = 0 \Leftrightarrow u = v \quad \text{in } M\,,^{2)} \tag{6.21}$$

$$\varrho(u, v) = \varrho(v, u)\,, \tag{6.22}$$

$$\varrho(u, z) \leqq \varrho(u, v) + \varrho(v, z)\,. \tag{6.23}$$

Definition 6.4. Die lineare Menge M mit der Metrik (6.13), wobei die Norm durch die Beziehung (6.12) gegeben ist, bezeichnen wir als **unitären Raum** (*Raum mit Skalarprodukt, Raum mit quadratischer Metrik*).

---

[1]) D.h., daß u das Nullelement der linearen Menge M ist.

[2]) D.h. $u - v = 0$ in M.

Diesen Raum werden wir in diesem Kapitel mit dem Symbol S_2 bezeichnen. In einzelnen Spezialfällen werden wir natürlich eine spezielle Symbolik benutzen, wie wir es bei dem uns schon gut bekannten Raum $L_2(G)$ gemacht haben.

Die Metrik (6.13) des Raumes S_2 ist durch die Norm (6.12) auf der Grundlage des Skalarproduktes (6.2) mit den Eigenschaften (6.3) bis (6.6) gegeben. Wir sagen auch, daß diese Metrik durch das Skalarprodukt (6.2) **induziert (erzeugt)** wird.

In Kapitel 4 haben wir auf der Grundlage der Metrik (3.4) mit den Eigenschaften (3.17) bis (3.20) einige wichtige Begriffe eingeführt (den Begriff der Konvergenz im Raum $L_2(G)$, des Häufungspunktes, der Dichte, der Vollständigkeit usw.) und einige Aussagen über ihre Eigenschaften abgeleitet. Da die Metrik (6.13) die Eigenschaften (6.20) bis (6.23) hat, die den Eigenschaften (3.17) bis (3.20) der Metrik (3.4) völlig analog sind, kann man auch für den Raum S_2 völlig analoge Begriffe definieren und die Beweise der entsprechenden Sätze fast wörtlich übertragen. Deshalb werden wir die in Kapitel 4 ausführlich durchgeführten Überlegungen hier nicht wiederholen und die entsprechenden Definitionen und Sätze nur in einer Übersicht anführen. Nur an den Stellen, wo es notwendig ist, werden wir den Leser auf gewisse Unterschiede aufmerksam machen und den Text mit notwendigen Bemerkungen ergänzen bzw. einige weitere Ergebnisse anführen. Dem Leser wird empfohlen, die eingeführten Begriffe für sich zu erläutern und die entsprechenden Sätze für die in Beispielen 6.1, 6.2 und 6.4 angeführten Räume anzuwenden.

Definition 6.5. Wir sagen, die Folge von Elementen $u_n \in S_2$ **konvergiert in S_2 gegen das Element** $u \in S_2$, falls

$$\lim_{n\to\infty} \varrho(u_n, u) = 0$$

ist, i.Z.

$$\lim_{n\to\infty} u_n = u \quad \text{in } S_2 ,$$

und nennen das Element u den **Grenzwert** oder das **Grenzelement** der Folge $\{u_n\}$.

Beispiel 6.6. Im Raum aus Beispiel 6.4 (wir bezeichnen diesen Raum mit W) haben wir

$$\begin{aligned}\varrho_W^2(u, v) &= \|u - v\|_W^2 = (u - v, u - v)_W = \\ &= \|u - v\|_{L_2(0,1)}^2 + \|u' - v'\|_{L_2(0,1)}^2 = \varrho_{L_2(0,1)}^2(u, v) + \varrho_{L_2(0,1)}^2(u', v') . \quad (6.24)\end{aligned}$$

Die Konvergenz in diesem Raum bedeutet also, daß die Folge der Funktionen $u_n(x)$ in $L_2(0, 1)$ gegen die Grenzfunktion konvergiert und daß gleichzeitig die Folge der Ableitungen $u_n'(x)$ in $L_2(0, 1)$ gegen die Ableitung dieser Grenzfunktion konvergiert.

Bemerkung 6.4. Auf der Grundlage des Begriffes der Konvergenz einer Folge definieren wir die Konvergenz einer unendlichen Reihe: Wir sagen, daß die Reihe

$$\sum_{k=1}^{\infty} u_k$$

im Raum S_2 **konvergent ist** und die **Summe** $s \in S_2$ hat, falls die Folge $\{s_n\}$ ihrer Partialsummen,

$$s_n = \sum_{k=1}^{n} u_k ,$$

in S_2 gegen das Element $s \in S_2$ konvergiert.

Satz 6.2. *Die Folge $\{u_n\}$ kann in S_2 höchstens einen Grenzwert haben.*

Die Folge hat also entweder in S_2 einen Grenzwert, und zwar einen einzigen, oder sie hat in S_2 keinen Grenzwert.

Definition 6.6. Die Folge von Elementen $u_n \in S_2$ wird **Cauchy-Folge** (*Fundamentalfolge*) in Raum S_2 genannt, falls gilt

$$\lim_{\substack{m \to \infty \\ n \to \infty}} \varrho(u_m, u_n) = 0 ,$$

oder ausführlicher, falls es zu jedem $\varepsilon > 0$ eine Zahl n_0 gibt, so daß – wenn gleichzeitig $m > n_0$, $n > n_0$ ist –

$$\varrho(u_m, u_n) < \varepsilon$$

gilt.

Satz 6.3. *Jede Folge $\{u_n\}$, die in S_2 gegen irgendein Element $u \in S_2$ konvergiert, ist in S_2 eine Cauchy-Folge.*

Nicht jede Cauchy-Folge muß jedoch im Raum S_2 einen Grenzwert haben.

Definition 6.7. Der Raum S_2 wird **vollständig** genannt, falls jede Cauchy-Folge $\{u_n\}$ in S_2 im Raum S_2 gegen ein Element $u \in S_2$ konvergiert.

Beispiel 6.7. Der Raum $L_2(G)$ aus Beispiel 6.1 ist vollständig (siehe Satz 4.3, S. 29).

Beispiel 6.8. Auch der Raum aus Beispiel 6.2, S. 55 (wir bezeichnen ihn mit $\mathbf{L}_2(G)$) ist vollständig. Für zwei beliebige Elemente $\mathbf{u} \in \mathbf{L}_2(G)$, $\mathbf{v} \in \mathbf{L}_2(G)$ gilt vor allem

$$\begin{aligned}\varrho^2_{\mathbf{L}_2(G)}(\mathbf{u}, \mathbf{v}) &= \|\mathbf{u} - \mathbf{v}\|^2_{\mathbf{L}_2(G)} = (\mathbf{u} - \mathbf{v}, \mathbf{u} - \mathbf{v})_{\mathbf{L}_2(G)} = \\ &= (u_1 - v_1, u_1 - v_1)_{L_2(G)} + (u_2 - v_2, u_2 - v_2)_{L_2(G)} = \\ &= \|u_1 - v_1\|^2_{L_2(G)} + \|u_2 - v_2\|^2_{L_2(G)} = \varrho^2_{L_2(G)}(u_1, v_1) + \varrho^2_{L_2(G)}(u_2, v_2) ,\end{aligned}$$

so daß wir für die Folge $\{{}^n\mathbf{u}\}$ von Elementen aus $\mathbf{L}_2(G)$ haben:

$$\varrho^2_{\mathbf{L}_2(G)}({}^m\mathbf{u} - {}^n\mathbf{u}) = \varrho^2_{L_2(G)}({}^m u_1 - {}^n u_1) + \varrho^2_{L_2(G)}({}^m u_2 - {}^n u_2) .$$

Hieraus folgt, daß die Folge $\{{}^n\mathbf{u}\}$ eine Cauchy-Folge in $\mathbf{L}_2(G)$ genau dann ist, wenn die Folgen $\{{}^n u_1\}$ und $\{{}^n u_2\}$ Cauchy-Folgen in $L_2(G)$ sind. Es sei also $\{{}^n\mathbf{u}\}$ eine Cauchy-Folge in $\mathbf{L}_2(G)$, so daß $\{{}^n u_1\}$ und $\{{}^n u_2\}$ Cauchy-Folgen in $L_2(G)$ sind. Der Raum $L_2(G)$ ist jedoch vollständig, so daß die Folge $\{{}^n u_1\}$ bzw. $\{{}^n u_2\}$ in $L_2(G)$ einen Grenzwert besitzt, wir bezeichnen ihn mit u_1 bzw. u_2. Die Funktion $\mathbf{u} = u_1\mathbf{i} + u_2\mathbf{j}$ ist offensichtlich in $\mathbf{L}_2(G)$ der einzige Grenzwert der Folge $\{{}^n\mathbf{u}\}$ und liegt in $\mathbf{L}_2(G)$, so daß der Raum $\mathbf{L}_2(G)$ vollständig ist. ∎

Beispiel 6.9. Man kann zeigen, daß der Raum W aus Beispiel 6.4 nicht vollständig ist. (Nach (6.24) ist eine Folge $\{u_n\}$ genau dann eine Cauchy-Folge in W, wenn die Folgen $\{u_n\}$, $\{u'_n\}$ gleichzeitig Cauchy-Folgen in $L_2(0, 1)$ sind; es genügt nun eine solche Cauchy-Folge $\{u_n\}$ im Raum W zu betrachten, für die die entsprechende Folge $\{u'_n\}$ – die eine Cauchy-Folge in $L_2(G)$ ist – in $L_2(G)$ gegen eine Funktion konvergiert, die im Intervall $[0, 1]$ nicht stetig ist.)

Den Raum S_2, der nicht vollständig ist, kann man „vervollständigen", indem man ihm neue Elemente, sogenannte *ideale Elemente*, hinzufügt (siehe z.B. [29], siehe auch Kapitel 10). Man kann zeigen, daß z.B. der Raum W aus Beispiel 6.4 vollständig wird, wenn wir ihm gewisse Elemente aus dem Raum $L_2(0, 1)$ hinzufügen, die wir hier nicht näher angeben werden. Es handelt sich um diejenigen Funktionen aus $L_2(0, 1)$, die eine sogenannte erste verallgemeinerte Ableitung besitzen, die im Intervall $(0, 1)$ quadratisch integrierbar (im Lebesgueschen Sinn) ist. Siehe die Definition des Raumes $W_2^{(1)}$ in Kapitel 29, S. 337. Im allgemeinen Fall ist es jedoch schwierig, den Charakter dieser idealen Elemente näher zu bestimmen.

Definition 6.8. Es sei $\delta > 0$. Unter einer **δ-Umgebung** des Elementes u im Raum S_2 verstehen wir die Menge aller Elemente v in S_2, für die gilt:

$$\varrho(u, v) < \delta\,.$$

Definition 6.9. Es sei N eine Menge von Elementen aus dem Raum S_2. Wir sagen, das Element $u \in S_2$ ist im Raum S_2 ein **Häufungspunkt der Menge** N, falls in jeder beliebig kleinen δ-Umgebung des Punktes u unendlich viele Elemente aus der Menge N liegen.

Ein Häufungspunkt der Menge N im Raum S_2 kann, aber muß nicht, zur Menge N gehören.

Satz 6.4. *Das Element $u \in S_2$ ist im Raum S_2 genau dann ein Häufungspunkt der Menge N, wenn es eine Folge von Elementen $u_n \in N$ $(u_n \neq u)$ gibt, die in S_2 gegen das Element u konvergiert.*

Definition 6.10. Die Menge $\overline{N}$, die die Vereinigung der Elemente der Menge N und aller ihrer Häufungspunkte im Raum S_2 ist, wird **Abschließung der Menge** N im Raum S_2 genannt. Ist $\overline{N} = N$ (d.h. gehört jeder Häufungspunkt der Menge N zu dieser Menge), so sagen wir, daß die Menge N im Raum S_2 **abgeschlossen** ist.

Definition 6.11. Die Menge N wird **dicht** im Raum S_2 genannt, wenn gilt: $\overline{N} = S_2$, d.h. wenn jeder Punkt des Raumes S_2 einen Häufungspunkt der Menge N in diesem Raum darstellt.

Bemerkung 6.5. Nach Satz 6.4 ist die Menge N genau dann dicht im Raum S_2, wenn es zu jedem Element u des Raumes S_2 eine Folge $\{u_n\}$ von Elementen der Menge N gibt, die in S_2 gegen das Element u konvergiert. Oder auch: Die Menge N ist dicht im Raum S_2, wenn man jedes Element $u \in S_2$ mit beliebiger Genauigkeit durch Elemente der Menge N approximieren kann; oder ausführlicher, wenn es zu jedem $u \in S_2$ und $\varepsilon > 0$ ein Element $v \in N$ gibt, so daß $\varrho(u, v) < \varepsilon$ ist.

Definition 6.12. Falls in S_2 eine höchstens abzählbare Menge existiert, die in S_2 dicht ist, nennen wir den Raum S_2 **separabel**.

Bemerkung 6.6. Ein Beispiel eines separablen Raumes ist der Raum $L_2(G)$ (siehe Satz 4.7). Aufgrund dieser Tatsache kann man zeigen (der Leser kann es leicht selbst durchführen), daß auch der Raum $\mathbf{L}_2(G)$ aus Beispiel 6.2 separabel ist.

Definition 6.13. Ist der unitäre Raum S_2 vollständig, nennen wir ihn einen **Hilbert-Raum.**

Im weiteren Text dieses Buches werden wir zur Bezeichnung des Hilbert-Raumes überwiegend das Symbol H benutzen, gegebenenfalls mit verschiedenen Indizes, wenn es notwendig sein wird, zwei oder mehrere Hilbert-Räume zu unterscheiden.

Wir möchten den Leser darauf aufmerksam machen, daß die Definitionen des Hilbert-Raumes, die in der Literatur auftreten, ziemlich uneinheitlich sind. Nicht überall wird die Vollständigkeit des Hilbert-Raumes gefordert. In einigen Fällen wird dagegen nicht nur die Vollständigkeit, sondern auch die Separabilität gefordert, manchmal wird auch die Forderung ausgesprochen, zu jeder natürlichen Zahl n solle es im Raum H n linear unabhängige Elemente geben. Wenn wir in diesem Buch von einem Hilbert-Raum sprechen, werden wir damit stets einen Raum nach Definition 6.13 verstehen, d.h. einen vollständigen unitären Raum.

Beispiel 6.10. Die Räume $L_2(G)$ und $\boldsymbol{L}_2(G)$ aus Beispielen 6.1 und 6.2 sind Hilbert-Räume. Der Raum $L_2(G)$ ist nach Satz 4.3 vollständig, die Vollständigkeit des Raumes $\boldsymbol{L}_2(G)$ wurde in Beispiel 6.8 bewiesen. Nach Bemerkung 6.6 sind beide Räume zusätzlich auch separabel.

Der Raum W aus Beispiel 6.4 ist kein Hilbert-Raum, denn er ist nicht vollständig (Beispiel 6.9).

Unsere weiteren Überlegungen werden wir überwiegend im Hilbert-Raum durchführen, obwohl in vielen Definitionen und Sätzen die Forderung der Vollständigkeit offensichtlich überflüssig ist. (An einigen wichtigeren Stellen heben wir diese Tatsache hervor, indem wir den entsprechenden Satz für den Raum S_2 formulieren. Umsomehr gilt dann dieser Satz im Hilbert-Raum.) Da die ganze Thematik dieses Kapitels analog zu der des Kapitels 5 ist und auch die Beweise der entsprechenden Sätze völlig analog zu denen in Kapitel 5 ausführlich durchgeführten sind, werden wir in der gleichen übersichtlichen Form wie im ersten Teil dieses Kapitels vorgehen.

b) Lineare Abhängigkeit und Unabhängigkeit im Hilbert-Raum. Orthogonalsysteme, Fourier-Reihen

Definition 6.14. Wir sagen, $u \in S_2$ ist im Raum S_2 eine **Linearkombination** der Elemente $v_1, \ldots, v_r$ dieses Raumes, falls man u in S_2 in der Form

$$u = a_1 v_1 + \ldots + a_r v_r \tag{6.25}$$

darstellen kann, wobei $a_1, \ldots, a_r$ geeignete reelle Konstanten sind.

Definition 6.15. Wir sagen, die Elemente $u_1, \ldots, u_k$ aus S_2 sind im Raum S_2 **linear abhängig,** falls mindestens eines von ihnen eine Linearkombination der übrigen ist. Anderenfalls heißen sie im Raum S_2 **linear unabhängig.**

Wir sprechen auch von einem **linear abhängigen** bzw. **linear unabhängigen System von Elementen** $u_1, \ldots, u_k$ (im Raum S_2).

Satz 6.5. *Die Elemente $u_1 \in S_2, \ldots, u_k \in S_2$ sind im Raum S_2 genau dann linear abhängig, wenn ihre Gramsche Determinante*

$$D(u_1, \ldots, u_k) = \begin{vmatrix} (u_1, u_1), & (u_1, u_2), & \ldots, & (u_1, u_k) \\ (u_2, u_1), & (u_2, u_2), & \ldots, & (u_2, u_k) \\ \ldots & \ldots & \ldots & \ldots \\ (u_k, u_1), & (u_k, u_2), & \ldots, & (u_k, u_k) \end{vmatrix}$$

verschwindet.

Folgerung: Die Elemente $u_1, \ldots, u_k$ des Raumes S_2 sind in diesem Raum genau dann linear unabhängig, wenn $D \neq 0$ ist.

Bemerkung 6.7. Wenn im Raum S_2 n linear unabhängige Elemente existieren, aber jede Gruppe von $n + 1$ Elementen dieses Raumes schon linear abhängig ist, sagen wir, der Raum S_2 hat die **endliche Dimension** n. Als Beispiel eines solchen Raumes dient der Raum der n-dimensionalen algebraischen Vektoren mit den üblichen Operationen der Addition zweier Vektoren und der Multiplikation von Vektoren mit Zahlen und mit der üblichen Definition des Skalarproduktes (S. 55). Wenn es zu *jeder* natürlichen Zahl n in S_2 n linear unabhängige Elemente gibt, so nennen wir den Raum S_2 von **unendlicher Dimension**. Ein Beispiel eines solchen Raumes ist der Raum $L_2(G)$.

Definition 6.16. Die Elemente u, v des Raumes S_2 werden **orthogonal** in diesem Raum genannt, wenn ihr Skalarprodukt in diesem Raum gleich Null ist,

$$(u, v) = 0 . \tag{6.26}$$

Wir schreiben

$$u \perp v . \tag{6.27}$$

Definition 6.17. Wir nennen das Element $u \in S_2$ **normiert**, falls gilt:

$$\|u\| = 1 .$$

Definition 6.18. Falls für je zwei verschiedene Elemente des Systems

$$\varphi_1, \varphi_2, \ldots, \varphi_n, \ldots, \quad \varphi_i \in S_2 , \quad i = 1, 2, \ldots , \tag{6.28}$$

gilt

$$(\varphi_i, \varphi_k) = 0$$

(d.h. wenn die Elemente dieses Systems paarweise orthogonal sind), wird das System (6.28) **orthogonal im Raum** S_2 genannt. Sind außerdem seine Elemente in S_2 normiert, so heißt es **orthonormiert** oder **orthonormal in** S_2.

Beispiele für Orthogonalsysteme im Raum $L_2(G)$ haben wir in Kapitel 5 angeführt.

Wir sagen, das System von Elementen

$$\psi_1, \psi_2, \ldots, \psi_n, \ldots , \quad \psi_i \in S_2 , \quad i = 1, 2, \ldots ,$$

ist im Raum S_2 **linear unabhängig**, falls jedes durch eine endliche Anzahl dieser Elemente gebildete System in S_2 linear unabhängig ist im Sinn von Definition 6.15.

Wenn wir aus dem Orthonormalsystem (6.28) j Elemente beliebig auswählen, sind diese Elemente nach Satz 6.5 in S_2 linear unabhängig, denn aus der Eigenschaft der

Orthonormalität folgt, daß ihre Gramsche Determinante in der Hauptdiagonale lauter Einsen und an jeder anderen Stelle eine Null hat, so daß sie gleich Eins ist. *Jedes Orthonormalsystem in S_2 ist also in S_2 linear unabhängig.*

Satz 6.6. *Es sei (6.28) ein Orthonormalsystem im Hilbert-Raum H. Dann ist die Reihe*

$$\sum_{k=1}^{\infty} a_k \varphi_k , \tag{6.29}$$

wobei a_k reelle Konstanten sind, im Raum H genau dann konvergent, wenn die Reihe

$$\sum_{k=1}^{\infty} a_k^2 \tag{6.30}$$

konvergent ist.

Der Leser hat sicher bemerkt, daß wir Satz 6.6 für einen Hilbert-Raum formuliert haben, und nicht für den Raum S_2. Aus dem Beweis des entsprechenden Satzes 5.4, S. 38, sieht man nämlich, daß man die Vollständigkeit des entsprechenden Raumes fordern muß, wenn die Behauptung des Satzes richtig sein soll. (Wo brauchten wir im Beweis von Satz 5.4 diese Vollständigkeit?)

Definition 6.19. Es sei (6.28) ein Orthonormalsystem in S_2 und es sei $u \in S_2$. Die Zahlen

$$\alpha_k = (u, \varphi_k), \quad k = 1, 2, \ldots , \tag{6.31}$$

werden **Fourier-Koeffizienten des Elementes *u* bezüglich des Systems** (6.28) genannt. Die Reihe

$$\sum_{k=1}^{\infty} \alpha_k \varphi_k \tag{6.32}$$

wird die **dem Element *u* zugeordnete Fourier-Reihe** (bezüglich des Systems (6.28)) genannt.

Die Fourier-Reihe liefert die beste Approximation des Elementes u im Raum S_2 unter allen Reihen der Form (6.29), und zwar in folgendem Sinn:

Satz 6.7. *Es sei (6.28) ein Orthonormalsystem in S_2, u ein beliebiges Element des Raumes S_2. Weiter sei n eine beliebige, aber fest gewählte natürliche Zahl. Wenn wir mit*

$$u_n = \sum_{k=1}^{n} \alpha_k \varphi_k$$

die n-te Partialsumme der der Funktion u zugeordneten Fourier-Reihe bezeichnen und mit

$$s_n = \sum_{k=1}^{n} a_k \varphi_k$$

die Partialsumme der Reihe (6.29), dann gilt

$$\varrho(u, u_n) \leqq \varrho(u, s_n) ,$$

wobei das Zeichen $<$ gilt, wenn für mindestens einen der Indizes $k = 1, \dots, n$ $a_k \neq \alpha_k$ ist.

Satz 6.8. *Die Reihe der Quadrate der Fourier-Koeffizienten eines beliebigen Elementes $u \in S_2$ ist konvergent und es gilt die* **Besselsche Ungleichung**

$$\sum_{k=1}^{\infty} \alpha_k^2 \leqq \|u\|^2 . \tag{6.33}$$

Satz 6.9. *Es sei (6.28) ein Orthonormalsystem im Hilbert-Raum H und u sei ein beliebiges Element dieses Raumes. Dann ist die dem Element u zugeordnete Fourier-Reihe*

$$\sum_{k=1}^{\infty} \alpha_k \varphi_k \tag{6.34}$$

im Raum H konvergent. Eine notwendige und hinreichende Bedingung ihrer Konvergenz gegen das Element u ist dabei die Erfüllung der sogenannten **Parsevalschen Gleichung** (auch *Vollständigkeits-* oder *Abgeschlossenheitsbedingung* genannt)

$$\sum_{k=1}^{\infty} \alpha_k^2 = \|u\|^2 . \tag{6.35}$$

Definition 6.20. Das Orthonormalsystem (6.28) wird **vollständig im Hilbert-Raum** H genannt, wenn für jedes $u \in H$ die entsprechende Fourier-Reihe in H gegen dieses Element konvergiert, d.h. wenn für jedes $u \in H$ die Gleichheit (6.35) erfüllt ist.

Definition 6.21. Das System (6.28) wird **abgeschlossen im Raum** H genannt, wenn das einzige Element, das zu allen Elementen dieses Systems orthogonal ist, das Nullelement ist.

Satz 6.10. *Das Orthonormalsystem (6.28) ist im Hilbert-Raum genau dann vollständig, wenn es in ihm abgeschlossen ist.*

Einige Beispiele vollständiger Orthonormalsysteme in $L_2(G)$ wurden im vorhergehenden Kapitel angeführt.

Definition 6.22. Das System (die Folge)

$$\psi_1, \psi_2, \dots, \psi_n, \dots \text{ [1]} \tag{6.36}$$

(nicht notwendig orthogonaler) Elemente des Hilbert-Raumes H wird **vollständig** in diesem Raum genannt, wenn die Menge aller Linearkombinationen von Elementen dieses Systems dicht in H ist, d.h. wenn es zu jedem Element $u \in H$ und zu jedem $\varepsilon > 0$ eine natürliche Zahl n und Zahlen $a_1^{(n)}, \dots, a_n^{(n)}$ gibt, so daß gilt

$$\varrho\left(u, \sum_{k=1}^{n} a_k^{(n)} \psi_k\right) < \varepsilon . \tag{6.37}$$

[1]) In dieser Definition ist auch ein endliches System (6.36) zulässig. Z.B. in jedem Raum, dessen Dimension k ist (vgl. Bemerkung 6.7, S. 62), bildet jedes k-Tupel von linear unabhängigen Elementen eine Basis.

Ist außerdem das System (6.36) in H linear unabhängig (S. 61), so sagen wir, daß es im Raum H eine **Basis** bildet.

Eine Basis im Raum H ist also ein höchst abzählbares, linear unabhängiges, vollständiges System in H. Ist dabei dieses System orthonormal, wird es **Orthonormalbasis** in diesem Raum genannt.

Bemerkung 6.8. Der Definition 6.22 könnten wir Bemerkungen (über den Begriff der sogenannten *Schauderschen Basis* usw.) beifügen, die den Bemerkungen 5.4 und 5.5, S. 45, völlig analog wären.

Bemerkung 6.9. Aus der Forderung der linearen Unabhängigkeit der Basis (6.36) folgt, daß bei einer beliebigen Auswahl von endlich vielen Elementen dieses Systems die diesen Elementen entsprechende Gramsche Determinante von Null verschieden ist.

Beispiele von Basen, orthonormalen sowie nicht orthonormalen, haben wir im vorhergehenden Kapitel angegeben (die Systeme (5.14), (5.32), (5.33), (5.37), (5.38)).

Ist das System (6.36) nicht orthogonal, kann man es durch das in Bemerkung 5.6, S. 46, angegebene Verfahren orthonormalisieren. Das so entstandene Orthonormalsystem ist in H genau dann vollständig, wenn das System (6.36) in H vollständig ist. Man kann zeigen, daß gilt (siehe z.B. [30]):

Satz 6.11. *In jedem separablen Hilbert-Raum existiert eine Basis.*[1])

Aufgrund dessen, was gerade über die Möglichkeit der Orthonormalisierung dieser Basis gesagt wurde, gilt sogar:

Satz 6.12. *In jedem separablen Hilbert-Raum existiert eine orthonormale Basis.*[2])

Es läßt sich leicht zeigen (fast direkt aus der Definition der Dichtheit), daß der Raum S_2 separabel ist, wenn wir in diesem Raum eine (höchst abzählbare) Basis finden.

c) Orthogonale Teilräume. Einige Eigenschaften des Skalarproduktes

Definition 6.23. Wir betrachten eine lineare Menge gewisser Elemente des Hilbert-Raumes H. Wenn wir in dieser Menge die gleiche Metrik wie in H einführen, wird N zu einem metrischen Raum. Ist N ein vollständiger Raum, nennen wir ihn einen **(linearen) Teilraum des Raumes** H.

Eine Analogie des Satzes 5.10, S. 49, stellt der folgende Satz dar:

---

[1]) Die Beweisidee ist sehr einfach: Ist H separabel, existiert eine höchst abzählbare Teilmenge, die in H dicht ist. Diese Menge ordnen wir zu einer Folge und streichen dort diejenigen Glieder, die Linearkombinationen der vorhergehenden Glieder sind.

[2]) Wie man erwarten kann, gilt sogar noch mehr (siehe z.B. [30], [32]): Ist M eine dichte Menge im separablen Hilbert-Raum H, kann man eine Basis (bzw. Orthonormalbasis) in H aus den Elementen dieser Menge konstruieren.

Satz 6.13. *Der Raum N ist genau dann ein linearer Teilraum des Raumes H, wenn die Menge N in H abgeschlossen ist.*

Definition 6.24. Wir sagen, daß das Element $u \in H$ **zum Teilraum** N des Hilbert-Raumes H **orthogonal** ist, und schreiben

$$u \perp N ,$$

wenn es zu allen Elementen dieses Teilraumes orthogonal ist.

Satz 6.14. *Es sei N ein linearer Teilraum des Hilbert-Raumes H. Dann kann man jedes Element $u \in H$ eindeutig in die Summe*

$$u = v + w \tag{6.38}$$

zerlegen, wobei $v \in N$ und $w \perp N$ ist.

Das Element v wird **Orthogonalprojektion des Elementes u in den Teilraum N** genannt Siehe auch Beispiel 5.10, S. 50.

Bemerkung 6.10. Man kann zeigen, daß die Menge K aller Elemente $w \in H$, die zum linearen Teilraum N des Hilbert-Raumes orthogonal sind, wieder einen linearen Teilraum bildet. Wir bezeichnen ihn wieder mit K und sagen, der **Teilraum K ist zum Teilraum N orthogonal**, i. Z. $K \perp N$. Das Ergebnis von Satz 6.14 kann man dann kurz durch die Bezeichnung

$$H = N \oplus K \tag{6.39}$$

charakterisieren; wir sagen, daß der gegebene Hilbert-Raum eine **Orthogonalsumme der Teilräume** N und K ist. Der Raum K wird das **orthogonale Komplement des Teilraumes** N im Raum H genannt. Wir schreiben

$$K = H \ominus N . \tag{6.40}$$

Ist $N = H$ (dieser Fall wird in Definition 6.23 nicht ausgeschlossen), dann enthält K nur ein einziges Element, und zwar das Nullelement des Raumes H.

Wir führen noch die Analoga der Sätze 5.12 bis 5.15 aus Kapitel 5 an. Bei ihrer Formulierung benutzen wir die verkürzte Schreibweise $u_n \to u$, $v_n \to v$ bzw. $a_n \to a$, die ausdrückt, daß die Folge $\{u_n\}$ im Hilbert-Raum H gegen das Element u konvergiert und die Folge $\{v_n\}$ gegen das Element v bzw. daß die Zahlenfolge $\{a_n\}$ gegen die (reelle) Zahl a konvergiert.

Satz 6.15. *Gilt $u_n \to u$, $v_n \to v$, dann ist $(u_n, v_n) \to (u, v)$.*

Wenn wir insbesondere in diesem Satz $v_n = v$ für jedes n bzw. $v_n = u_n$ und $v = u$ setzen, erhalten wir diese Folgerungen aus Satz 6.15:

Satz 6.16. *Gilt $u_n \to u$, dann ist $(u_n, v) \to (u, v)$ für jedes $v \in H$.*

Satz 6.17. *Gilt $u_n \to u$, dann ist $\|u_n\| \to \|u\|$.*

Wichtig ist auch das Analogon von Satz 5.15:

Satz 6.18. *Es sei $u \in H$ orthogonal zu allen Elementen der im Hilbert-Raum H dichten Menge N; dann ist u das Nullelement des Raumes H.*

d) Komplexer Hilbert-Raum

Bemerkung 6.11. In diesem Kapitel haben wir die Theorie des sogenannten *reellen Hilbert-Raumes* dargestellt. In gewissen Fällen ist es nützlich, einen Hilbert-Raum mit „komplexen" Elementen zu betrachten, wobei diese Elemente eine lineare Menge M über dem Körper der komplexen Zahlen bilden, d.h., daß die Zahlen $a_1, \ldots, a_n$ in (6.1) (siehe die Fußnote auf S. 53) komplexe Zahlen sind. Ein typisches Beispiel solcher „komplexer" Elemente liefern komplexe Funktionen reeller Veränderlichen, d.h. Funktionen der Form

$$u(x) = u_1(x) + \mathrm{i}\, u_2(x)\,, \tag{6.41}$$

wobei $u_1(x)$ und $u_2(x)$ reelle Funktionen in irgendeinem Gebiet G sind und i die imaginäre Einheit ist.

Hier entstehen gewisse Probleme. Wenn wir einen metrischen Raum konstruieren wollen, dessen Metrik durch das Skalarprodukt induziert ist (siehe (6.12), (6.13)), muß die Zahl (u, u) nichtnegativ sein. Deshalb muß man auf der linearen Menge M auf geeignete Weise das Skalarprodukt definieren. Wenn wir z.B. für Funktionen (6.41) das Skalarprodukt auf die gleiche Weise wie früher definieren würden, d.h. durch die Vorschrift

$$(u, v) = \int_G u(x)\, v(x)\, \mathrm{d}x$$

(wobei $v(x) = v_1(x) + \mathrm{i}\, v_2(x)$ ist), wäre die Nichtnegativität der Zahl

$$(u, u) = \int_G u^2(x)\, \mathrm{d}x$$

im allgemeinen Fall nicht garantiert (die Zahl wäre im allgemeinen Fall nicht einmal reell). Definieren wir aber

$$(u, v) = \int_G u(x)\, \overline{v(x)}\, \mathrm{d}x\,, \tag{6.42}$$

wobei

$$\overline{v(x)} = v_1(x) - \mathrm{i}\, v_2(x)$$

die zur Funktion $v(x)$ konjungierte komplexe Funktion ist, so ist $u(x)\,\overline{u(x)} = u_1^2(x) + u_2^2(x)$ und die Zahl

$$(u, u) = \int_G [u_1^2(x) + u_2^2(x)]\, \mathrm{d}x$$

ist nichtnegativ. Der Leser wird sogleich einwenden, daß dann das Axiom (6.3),

$$(u, v) = (v, u)\,,$$

nicht erfüllt sein wird, denn nach (6.42) ist

$$(v, u) = \int_G v(x)\, \overline{u(x)}\, \mathrm{d}x = \int_G \overline{u(x)\, \overline{v(x)}}\, \mathrm{d}x = \overline{(u, v)}\,,$$

wobei – wie üblich – der Querstrich den konjungierten komplexen Wert bezeichnet. Man kann zeigen, daß sich alle damit verbundenen Schwierigkeiten leicht überwinden lassen, wenn wir fordern, das Skalarprodukt (u, v) sei auf der linearen Menge M (im allgemeinen Fall mit komplexen Koeffizienten in (6.1)) als eine (im allgemeinen Fall komplexe) Zahl definiert, die die folgenden Forderungen (Axiome) erfüllt:

$$(u, v) = \overline{(v, u)}, \tag{6.43}$$

$$(a_1u_1 + a_2u_2, v) = a_1(u_1, v) + a_2(u_2, v), \tag{6.44}$$

$$(u, u) \geqq 0, \tag{6.45}$$

$$(u, u) = 0 \Leftrightarrow u = 0 \quad \text{in } M. \tag{6.46}$$

Das erste dieser Axiome unterscheidet sich also von den Axiomen des reellen Hilbert-Raumes. Damit hängen auch einige Änderungen der algebraischen Eigenschaften des Skalarproduktes zusammen, denn aus (6.43) und (6.44) folgt z.B.

$$(u, av) = \overline{(av, u)} = \overline{a(v, u)} = \bar{a}\overline{(v, u)} = \bar{a}(u, v). \tag{6.47}$$

Die Formel für die skalare Multiplikation aus Bemerkung 6.3 muß man dann durch die Formel

$$(a_1u_1 + a_2u_2,\ a_3u_3 + a_4u_4) = a_1\bar{a}_3(u_1, u_3) + a_2\bar{a}_3(u_2, u_3) +$$
$$+ a_1\bar{a}_4(u_1, u_4) + a_2\bar{a}_4(u_2, u_4)$$

ersetzen.

Wenn die Norm und der Abstand durch die Beziehungen (6.12) und (6.13) definiert werden, bleiben die Eigenschaften (6.14) bis (6.23) der Norm und des Abstandes unverändert, und auch die Theorie des unitären Raumes und des Hilbert-Raumes, die auf diesen Beziehungen aufgebaut ist und in diesem Kapitel dargestellt wurde, bleibt im komplexen Fall ohne Veränderung richtig.

Falls wir im weiteren Text dieses Buches auf einen komplexen Hilbert-Raum stoßen, werden wir den Leser darauf aufmerksam machen, da dieser Umstand an gewissen Stellen ein vorsichtigeres Vorgehen notwendig macht.

Kapitel 7. Einige Bemerkungen zu den vorhergehenden Kapiteln. Normierter Raum, Banach-Raum

Das Hauptziel der vorhergehenden Kapitel war der Aufbau der Theorie des Hilbert-Raumes, dem wir im weiteren Text immer wieder in verschiedenen Formen begegnen werden. Wir sind von dem Begriff der linearen Menge ausgegangen und haben auf einer solchen Menge ein Skalarprodukt, die entsprechende Norm und den Abstand eingeführt; eine Reihe von Begriffen und Ergebnissen, die die metrischen Räume betreffen, haben wir nur für diesen linearen Fall angeführt. In diesem Kapitel wollen wir wenigstens kurz die Aufmerksamkeit des Lesers auf die Frage lenken, welche Begriffe bzw. Ergebnisse man auch auf Räume erweitern kann, die nicht linear sind, bzw. bei welchen Begriffen und Ergebnissen dies nicht möglich ist. Derjenige Leser, der sich möglichst schnell mit den in den nächsten Kapiteln entwickelten Variationsmethoden bekannt machen will, kann dieses Kapitel vorläufig auslassen.

Bei der Definition des Skalarproduktes in Kapitel 6 haben wir darauf aufmerksam gemacht, daß es für die Erfüllung aller angeführten Axiome des Skalarproduktes wesentlich ist, daß die Menge, auf der das Skalarprodukt erklärt wird, eine lineare Menge ist. In diesen Axiomen wird nämlich von der Summe von Elementen der Menge M und von ihrer Multiplikation mit beliebigen reellen Zahlen (und damit auch von einer beliebigen Linearkombination dieser Elemente) gesprochen. Was die Definition der Metrik betrifft, so ist es keinesfalls notwendig, daß die Metrik durch ein Skalarprodukt „induziert“ wird. Ferner haben wir schon auf S. 15 gesehen, daß wir, um auf einer Menge M eine Metrik einführen zu können, die Linearität der Menge M nicht brauchen. Dasselbe betrifft auch viele weitere Begriffe (die Konvergenz im metrischen Raum, die Vollständigkeit, die Dichtheit, die Separabilität usw.).

Die Definitionen, die wir nun für diesen allgemeineren Fall anführen werden, gleichen fast wörtlich den Definitionen, die wir für den Fall linearer Räume angeführt haben, und es würde genügen, den Leser auf diese Definitionen zu verweisen, mit dem Hinweis, in ihnen nur einige formale Änderungen vorzunehmen (z.B. in einigen Definitionen des Kapitels 6 den Raum S_2 durch einen allgemeinen metrischen Raum zu ersetzen). Wir halten es jedoch für zweckmäßiger hier diese Definitionen und die entsprechenden Grundergebnisse in einer Übersicht anzuführen, und zwar direkt in der Form, in der wir uns später auf sie berufen werden.

Definition 7.1. Die Menge M wird **metrischer Raum** genannt, wenn für jedes Paar $\boldsymbol{u}, \boldsymbol{v}$ ihrer Elemente der Abstand $\varrho(u, v)$ definiert ist, der die sogenannten **Axiome einer**

Metrik erfüllt (u, v, z sind beliebige Elemente der Menge M):

$$\varrho(u, v) \geqq 0\,, \tag{7.1}$$

$$\varrho(u, v) = 0 \Leftrightarrow u = v \quad \text{in } M\,, \tag{7.2}$$

$$\varrho(u, v) = \varrho(v, u)\,, \tag{7.3}$$

$$\varrho(u, z) \leqq \varrho(u, v) + \varrho(v, z)\,. \tag{7.4}$$

Definition 7.2. Wir sagen, die Folge der Elemente u_n des metrischen Raumes P **konvergiert in diesem Raum gegen das Element** $u \in P$, falls

$$\lim_{n\to\infty} \varrho(u_n, u) = 0 \tag{7.5}$$

ist. Wir schreiben

$$\lim_{n\to\infty} u_n = u \quad \text{in } P \tag{7.6}$$

und nennen das Element u den **Grenzwert** oder das **Grenzelement der Folge** $\{u_n\}$ im Raum P.

Satz 7.1. *Die Folge* $\{u_n\}$ *kann im metrischen Raum* P *höchstens einen Grenzwert haben.*

Definition 7.3. Die Folge der Elemente u_n des metrischen Raumes P wird **Cauchy-Folge** (*Fundamentalfolge*) in diesem Raum genannt, wenn gilt

$$\lim_{\substack{m\to\infty \\ n\to\infty}} \varrho(u_m, u_n) = 0\,;$$

oder ausführlich: wenn es zu jedem $\varepsilon > 0$ eine Zahl n_0 gibt, so daß gilt

$$\varrho(u_m, u_n) < \varepsilon\,,$$

falls gleichzeitig $m > n_0$ und $n > n_0$ ist.

Satz 7.2. *Jede Folge* $\{u_n\}$, *die im metrischen Raum* P *gegen ein Element* $u \in P$ *konvergiert, ist in diesem Raum eine Cauchy-Folge.*

Wie wir in den vorhergehenden Kapiteln gesehen haben, ist nicht jede Cauchy-Folge in einem allgemeinen metrischen Raum P konvergent.

Definition 7.4. Der metrische Raum P wird **vollständig** genannt, wenn jede Folge $\{u_n\}$, die im Raum P eine Cauchy-Folge ist, in diesem Raum gegen ein Element $u \in P$ konvergiert.

Bemerkung 7.1. Zu einem metrischen Raum, der nicht vollständig ist, kann man einen vollständigen Raum, die sogenannte **vollständige Hülle** des gegebenen Raumes, konstruieren, indem man ihm sogenannte **ideale Elemente** hinzufügt. Für einen Spezialfall ist eine verhältnismäßig einfache Konstruktion in Kapitel 10 zu finden.

Definition 7.5. Es sei $\delta > 0$. Unter einer **δ-Umgebung** des Elementes u im metrischen Raum P verstehen wir die Menge aller Elemente $v \in P$, für die gilt

$$\varrho(u, v) < \delta\,. \tag{7.7}$$

Definition 7.6. Es sei N irgendeine Menge von Elementen des metrischen Raumes P. Wir sagen, daß das Element $u \in P$ ein **Häufungspunkt** der Menge N in diesem Raum ist, falls in jeder beliebig kleinen δ-Umgebung des Elementes u unendlich viele Elemente aus der Menge N liegen.

Ein Häufungspunkt der Menge N im Raum P kann, muß aber nicht in N liegen.

Satz 7.3. *Das Element u des metrischen Raumes P ist genau dann ein Häufungspunkt der Menge N in diesem Raum, wenn es eine Folge von Elementen $u_n \in N$ gibt, $u_n \neq u$, die in P gegen das Element u konvergiert.*

Definition 7.7. Die Menge $\overline{N}$, die als die Vereinigung der Elemente der Menge N und aller ihrer Häufungspunkte im Raum P erklärt ist, wird **Abschließung der Menge** N in diesem Raum genannt. Ist $\overline{N} = N$ (d.h. gehört jeder Häufungspunkt der Menge N zu dieser Menge), so sagen wir, daß die Menge N im Raum P **abgeschlossen** ist.

Satz 7.4. *Es sei P ein vollständiger metrischer Raum. Die Menge $N \subset P$ ausgestattet mit Metrik des Raumes P ist genau dann selbst ein vollständiger metrischer Raum, wenn sie im Raum P abgeschlossen ist.*

Vgl. auch Satz 6.13, S. 66.

Definition 7.8. Eine Menge N wird **dicht** im metrischen Raum P genannt, wenn $\overline{N} = P$ ist, d.h. wenn jedes Element des Raumes P einen Häufungspunkt der Menge N in diesem Raum darstellt.

Bemerkung 7.2. Aus dieser Definition und aus der Definition des Häufungspunktes folgt: *Die Menge N ist genau dann dicht in P, wenn man jedes Element $u \in P$ mit beliebiger Genauigkeit durch Elemente der Menge N approximieren kann,* d.h. *wenn es zu jedem Element $u \in P$ und zu jedem $\varepsilon > 0$ ein Element $v \in N$ gibt, so daß $\varrho(u, v) < \varepsilon$ ist.*

Aus Definition 7.8 und Satz 7.3 folgt weiter:

Satz 7.5. *Die Menge N ist genau dann dicht im metrischen Raum P, wenn es zu jedem Element $u \in P$ eine Folge $\{u_n\}$ von Elementen der Menge N gibt, $u_n \neq u$, die im Raum P gegen das Element u konvergiert.*

Definition 7.9. Der metrische Raum P wird **separabel** genannt, wenn es eine höchstens abzählbare[1]) Teilmenge $N \subset P$ gibt, die in diesem Raum dicht ist.

Zum Abschluß dieses Kapitels führen wir noch die folgende Definition an:

Definition 7.10. Es sei M eine lineare Menge. Wir ordnen jedem Element $u \in M$ eine reelle Zahl $\|u\|$, die sogenannte **Norm des Elementes** u, zu. Dabei seien die folgenden Eigenschaften (die sogenannten **Axiome einer Norm**) erfüllt:

$$\|u\| \geqq 0\,, \tag{7.8}$$

$$\|u\| = 0 \Leftrightarrow u = 0 \quad \text{in } M\,, \text{ }^{2)} \tag{7.9}$$

[1]) D.h. eine abzählbare Menge oder eine Menge, die nur eine endliche Anzahl von Elementen enthält.

[2]) D.h. u ist das Nullelement der linearen Menge M.

$$\|au\| = |a|\,\|u\| \qquad \text{für jedes} \quad a\,,\ ^{1)} \tag{7.10}$$

$$\|u + v\| \leqq \|u\| + \|v\| \quad \text{für je zwei Elemente } u, v \in M\,. \tag{7.11}$$

Eine lineare Menge M, auf der eine Norm mit den Eigenschaften (7.8) bis (7.11) definiert ist, wird **linearer normierter Raum** genannt.

Setzen wir in diesem Raum

$$\varrho(u, v) = \|u - v\|\,, \tag{7.12}$$

so können wir leicht feststellen (für einen Spezialfall haben wir dies schon in Kapitel 2 durchgeführt), daß $\varrho(u, v)$ alle Axiome der Metrik erfüllt. Der Raum M mit der Metrik (7.12) ist also ein linearer normierter metrischer Raum.

Definition 7.11. Ein linearer normierter metrischer Raum, der bezüglich der Metrik (7.12) vollständig ist, wird **Banach-Raum** oder *B-Raum* oder *Raum vom Typ B genannt.*

Als Beispiel für einen Banach-Raum kann der Raum $L_2(G)$ und allgemeiner jeder Hilbert-Raum mit der Norm $\|u\| = \sqrt{(u, u)}$ dienen.

Bemerkung 7.3. Aus (7.11) folgt leicht (man vergleiche den Beweis von Satz 2.2, S. 12) die Ungleichung

$$|\,\|u\| - \|v\|\,| \leqq \|u - v\|\,. \tag{7.13}$$

Weiter wollen wir den Leser darauf aufmerksam machen, daß im Raum mit der Metrik (7.12) die Konvergenz einer Folge $\{u_n\}$ gegen das Element u_0 durch die Beziehung

$$\lim_{n\to\infty} \|u_n - u_0\| = 0\,, \tag{7.14}$$

und eine Cauchy-Folge durch die Beziehung

$$\lim_{\substack{m\to\infty\\ n\to\infty}} \|u_m - u_n\| = 0 \tag{7.15}$$

charakterisiert ist. Hieraus folgt sogleich:

Satz 7.6. *Gilt in einem Raum mit der Metrik* (7.12)

$$\lim_{n\to\infty} u_n = u_0\,, \tag{7.16}$$

dann ist

$$\lim_{n\to\infty} \|u_n\| = \|u_0\|\,. \tag{7.17}$$

Beweis: Nach (7.13) haben wir

$$|\,\|u_n\| - \|u_0\|\,| \leqq \|u_n - u_0\|\,,$$

[1]) Die Zahl a ist reell bzw. komplex je nachdem, ob es sich um einen reellen bzw. komplexen normierten Raum handelt.

und hieraus folgt nach (7.14)

$$\lim_{n\to\infty} \big| \|u_n\| - \|u_0\| \big| = 0\,,$$

was (7.17) zur Folge hat.

Satz 7.7. *Ist* $\{u_n\}$ *eine Cauchy-Folge in einem Raum mit der Metrik* (7.12), *dann ist die Folge* $\{\|u_n\|\}$ *der entsprechenden Normen konvergent.*

Beweis: Nach dem Satz von Cauchy-Bolzano (vgl. (4.12), S. 28) genügt es zu beweisen, daß die Zahlenfolge $\{\|u_n\|\}$ eine Cauchy-Folge ist. Aber aus der Ungleichung

$$\big| \|u_m\| - \|u_n\| \big| \leqq \|u_m - u_n\|$$

und aus (7.15) folgt sofort

$$\lim_{\substack{m\to\infty,\\ n\to\infty}} \big| \|u_m\| - \|u_n\| \big| = 0\,,$$

was bedeutet, daß $\{\|u_n\|\}$ tatsächlich eine Cauchy-Folge ist.

Da bekanntlich jede konvergente Zahlenfolge beschränkt ist, erhalten wir als Folgerung aus den Sätzen 7.6 und 7.7 den Satz:

Satz 7.8. *Ist die Folge* $\{u_n\}$ *konvergent oder ist sie wenigstens eine Cauchy-Folge in einem Raum mit der Metrik* (7.12), *dann ist sie beschränkt.* Ausführlicher: *Es existiert eine Zahl K, so daß gilt:*

$$\|u_n\| \leqq K \quad \textit{für alle} \quad n\,. \tag{7.18}$$

Kapitel 8. Operatoren und Funktionale, insbesondere im Hilbert-Raum

Im folgenden werden wir unser Interesse auf Gleichungen der Form

$$Au = f \tag{8.1}$$

konzentrieren, wobei A ein gewisser Operator, in den Anwendungen am häufigsten ein Differentialoperator, f ein vorgegebenes Element (üblicherweise eine als Element irgendeines Hilbert-Raumes, z.B. des Raumes $L_2(G)$, betrachtete Funktion) und u die gesuchte Lösung ist. Um den Sinn der Gleichung (8.1) besser zu erklären, führen wir ein einfaches Beispiel an.

Beispiel 8.1. Wir betrachten ein ebenes Gebiet G mit dem Rand Γ.[1] Wie früher bezeichnen wir mit $\overline{G} = G + \Gamma$ das entsprechende abgeschlossene Gebiet und lösen auf dem Gebiet G das Dirichletsche Problem für die Poissonsche Gleichung,

$$\Delta u \equiv \frac{\partial^2 u}{\partial x^2} + \frac{\partial^2 u}{\partial y^2} = f(x, y) \tag{8.2}$$

(Δ ist der Laplace-Operator),

$$u = 0 \quad \text{auf } \Gamma\,. \tag{8.3}$$

Von der Funktion $f(x, y)$ wird vorläufig vorausgesetzt, daß sie im abgeschlossenen Gebiet $\overline{G}$ stetig ist.

Eine sogenannte *klassische Lösung* des Problems (8.2), (8.3) zu finden heißt, eine Funktion $u(x, y)$ zu bestimmen, die im abgeschlossenen Gebiet $\overline{G}$ stetig ist, im offenen Gebiet G die Gleichung (8.2) erfüllt und auf dem Rand Γ verschwindet. Da die Funktion $f(x, y)$ nach Voraussetzung stetig in G ist, ist es natürlich,[2] die Lösung des Problems (8.2), (8.3) unter denjenigen Funktionen zu suchen, die zu $C^{(2)}(\overline{G})$ gehören (d.h. samt ihren Ableitungen bis zur zweiten Ordnung in $\overline{G}$ stetig sind, siehe S. XVII) und auf Γ verschwinden. Die Menge solcher Funktionen bildet (mit der üblichen Definition der Summe zweier Funktionen und der Multiplikation einer Funktion mit einer Konstanten) eine lineare Menge, wir bezeichnen sie mit M_1; denn wenn u_1, u_2 zwei beliebige Funktionen aus M_1 und a_1, a_2 beliebige (reelle) Zahlen sind, dann ist die Funktion $u = a_1 u_1 + a_2 u_2$ ebenfalls aus $C^{(2)}(\overline{G})$ und erfüllt die Bedingung $u = 0$ auf Γ, d.h. gehört also auch zu M_1. Die angegebene Aufgabe formulieren wir dann folgendermaßen: Gesucht ist eine solche Funktion u aus der linearen Menge M_1, welche die Gleichung

$$\Delta u = f$$

---

[1]) Nach dem, was in Kapitel 2 gesagt wurde, werden wir in diesem Buch unter einem Gebiet ein beschränktes Gebiet mit einem Rand verstehen, wie es in Kapitel 2 beschrieben wurde und in Kapitel 28 genau charakterisiert wird (ein sogenanntes *Gebiet mit Lipschitz-Rand*).

[2]) Über diese Fragen werden wir ausführlicher in den nächsten Kapiteln sprechen.

erfüllt. Oder noch kürzer: Man löse die Gleichung

$$\Delta u = f \tag{8.4}$$

auf der linearen Menge M_1.

In diesem Zusammenhang sprechen wir von der linearen Menge M_1 als von der Menge, auf der der Operator Δ betrachtet wird, kurz vom *Definitionsbereich* des gegebenen Operators. Auf die Elemente dieses Bereiches wenden wir dann die Operation

$$\Delta u = \frac{\partial^2 u}{\partial x^2} + \frac{\partial^2 u}{\partial y^2}$$

an, die jeder Funktion $u \in M_1$ die in $\overline{G}$ stetige Funktion

$$v = \Delta u \tag{8.5}$$

zuordnet. Die Menge aller Funktionen v, die wir nach (8.5) für alle Funktionen $u \in M_1$ erhalten, bildet offensichtlich wiederum eine lineare Menge, die wir mit N bezeichnen. Die lineare Menge N wird *Wertebereich* des gegebenen Operators genannt.

Bemerkung 8.1. Ist der Definitionsbereich eines gegebenen Differentialoperators schon festgelegt, kann man das gegebene Randwertproblem als eine einzige Gleichung

$$Au = f$$

schreiben, in unserem Fall als die Gleichung (8.4). Diese Schreibweise enthält auch die Randbedingungen, die gerade durch eine geeignete Wahl des Definitionsbereiches des gegebenen Operators einbezogen wurden. In unserem Beispiel, in dem es um die Lösung der Gleichung (8.2) mit der Randbedingung (8.3) ging, haben wir als Definitionsbereich des Operators Δ die lineare Menge M_1 gewählt. Die Funktionen aus dieser Menge sind auf dem Rand Γ gleich Null, d.h. sie erfüllen schon die Randbedingung (8.3). Es bleibt also übrig, unter allen diesen Funktionen diejenige zu bestimmen, welche die Gleichung (8.4) erfüllt.

Nach dieser kurzen Einleitung können wir nun zur allgemeinen Definition eines Operators übergehen.

a) Operatoren im Hilbert-Raum

Definition 8.1. Es seien zwei Mengen M_1 und M_2 gegeben. Wir sagen, auf der Menge M_1 ist der **Operator** A definiert, *der die Menge* M_1 *in die Menge* M_2 *abbildet*, falls eine Vorschrift gegeben ist, die jedem Element $u \in M_1$ eindeutig ein gewisses Element $v \in M_2$ zuordnet. Wir schreiben

$$v = Au\,.\,[1] \tag{8.6}$$

Die Menge M_1 nennen wir den **Definitionsbereich des Operators** A. Die Menge N aller $v \in M_2$, die wir nach (8.6) für alle $u \in M_1$ erhalten, nennen wir den **Wertebereich des Operators** A und bezeichnen sie mit R_A.

Definition 8.2. Ist $R_A = M_2$, dann sagen wir, daß der Operator A die Menge M_1 **auf** die Menge M_2 abbildet.[2]

---

[1]) In dem eben erklärten Sinn sprechen wir auch oft von einer **Abbildung** der Menge M_1 **in** die Menge M_2. Das Element u wird dann **Urbild** des Elementes v, das Element $v = Au$ **Bild** des Elementes u genannt.

[2]) Wir sagen auch, daß A eine *surjektive Abbildung* ist.

Eine Abbildung der Menge M_1 *auf* die Menge M_2 (für die also $R_A = M_2$ gilt) ist offensichtlich ein Spezialfall einer Abbildung der Menge M_1 *in* die Menge M_2 (für die wir nur $R_A \subset M_2$ fordern).

Definition 8.2 kann man offenbar in der folgenden äquivalenten Form ausdrücken:

Definition 8.3. Wir sagen, daß der Operator A die Menge M_1 **auf** die Menge M_2 abbildet, wenn er sie in die Menge M_2 abbildet und wenn es zu jedem Element $v \in M_2$ mindestens ein Element $u \in M_1$ gibt, so daß $Au = v$ ist.

Da es eines der Hauptziele dieses Buches ist, den Leser mit der Anwendung von Variationsmethoden bei der Lösung von Differentialgleichungen mit Randbedingungen bekanntzumachen, werden im Mittelpunkt unseres Interesses Differentialoperatoren stehen. Ein klassisches Beispiel eines Operators, der kein Differentialoperator ist, liefert die quadratische Matrix $\boldsymbol{A}$ n-ten Grades, die gemäß der Vorschrift

$$\boldsymbol{v} = \boldsymbol{A}\boldsymbol{u}$$

jedem Vektor

$$\boldsymbol{u} = \begin{pmatrix} u_1 \\ \vdots \\ u_n \end{pmatrix}$$

aus der linearen Menge V aller n-dimensionalen Vektoren den Vektor

$$\boldsymbol{v} = \begin{pmatrix} v_1 \\ \vdots \\ v_n \end{pmatrix}$$

aus derselben Menge zuordnet. (Dabei ist $\boldsymbol{A}\boldsymbol{u}$ das übliche Produkt von Matrizen, siehe z.B. [36], S. 87, wenn wir den Vektor $\boldsymbol{u}$ als eine Matrix vom Typ $(n, 1)$ auffassen.)

Ist $\boldsymbol{A}$ eine reguläre Matrix, so ist durch die Beziehung $\boldsymbol{v} = \boldsymbol{A}\boldsymbol{u}$ eine Abbildung der linearen Menge V *auf* die Menge V gegeben. Zu jeder regulären Matrix $\boldsymbol{A}$ gibt es nämlich eine inverse Matrix $\boldsymbol{A}^{-1}$ (siehe z.B. Satz 6 in [36], S. 88), so daß zu jedem $\boldsymbol{v} \in V$ ein $\boldsymbol{u} \in V$ existiert, für das $\boldsymbol{A}\boldsymbol{u} = \boldsymbol{v}$ gilt (es ist $\boldsymbol{u} = \boldsymbol{A}^{-1}\boldsymbol{v}$).

Beispiel 8.2. Der Definitionbereich des Operators Δ in Beispiel 8.1 ist die lineare Menge M_1 aller Funktionen, die zu $C^{(2)}(\overline{G})$ gehören und auf Γ verschwinden. Der Operator Δ bildet die lineare Menge M_1 *in* die lineare Menge M_2 der in $\overline{G}$ stetigen Funktionen ab, denn ist $u \in M_1$, so ist

$$v = \Delta u = \frac{\partial^2 u}{\partial x^2} + \frac{\partial^2 u}{\partial y^2}$$

eine in $\overline{G}$ stetige Funktion. An dieser Stelle können wir nicht entscheiden, ob es sich gleichzeitig um eine Abbildung *auf* die Menge M_2 handelt, denn wir wissen bisher nicht, ob man zu jeder stetigen Funktion $v \in M_2$ eine Funktion $u \in M_1$ finden kann, so daß $\Delta u = v$ ist. (Der Leser kann sich leicht überzeugen, daß diese Frage mit der Frage äquivalent ist, ob das Dirichletsche Problem (8.2), (8.3) für jede stetige rechte Seite $f \in M_2$ eine Lösung $u \in M_1$ besitzt.)

Definition 8.4. Wir sagen, zwei Operatoren A, B sind **gleich**, und schreiben $A = B$, wenn ihr Definitionsbereich die gleiche Menge M und gleichzeitig $Au = Bu$ für jedes $u \in M$ ist.[1])

Zu dieser Definition bemerken wir folgendes: Als Definitionsbereich des Laplace-Operators aus Beispiel 8.1 haben wir die lineare Menge M_1 aller Funktionen gewählt, die zu $C^{(2)}(\bar{G})$ gehören und am Rand Γ verschwinden. Die Wahl dieses Definitionsbereiches war zweckmäßig im Hinblick auf das Ziel, das wir verfolgt haben, nämlich die Lösung des betrachteten Dirichletschen Problems zu finden. Was den Operator selbst betrifft, so ist es sinnvoll ihn auch auf anderen Mengen zu definieren. Man wähle z.B. als seinen Definitionsbereich die lineare Menge N_1 derjenigen Funktionen, die zu $C^{(2)}(\bar{G})$ gehören, aber nicht notwendig die Bedingung $u = 0$ auf Γ erfüllen müssen. Offensichtlich gehört jede Funktion $u \in M_1$ auch zu N_1, aber nicht jede Funktion $u \in N_1$ muß zu M_1 gehören, denn sie braucht auf Γ nicht zu verschwinden (z.B. eine nichtverschwindende konstante Funktion in $\bar{G}$). Die lineare Menge N_1 umfaßt also die lineare Menge M_1, d.h. es ist $M_1 \subset N_1$ und dabei $M_1 \neq N_1$. Wir bezeichnen mit A den Operator Δ mit dem Definitionsbereich M_1, mit B den Operator Δ mit dem Definitionsbereich N_1. Nach Definition 8.4 ist $A \neq B$, denn die erwähnten Definitionsbereiche sind verschieden. Später, bei der Betrachtung der Begriffe Symmetrie, Positivität usw. werden wir sehen, daß diese Operatoren A, B tatsächlich wesentlich verschiedene Eigenschaften haben.

Wir haben schon bemerkt, daß für die soeben betrachteten Definitionsbereiche M_1 bzw. N_1 der Operatoren A bzw. B die Beziehung $M_1 \subset N_1$ gilt, wobei diese Inklusion *echt* ist, d.h. es ist $M_1 \neq N_1$. Gleichzeitig gilt für jedes $u \in M_1$

$$Au = Bu \ (=\Delta u) .$$

In einem solchen Fall sagen wir, daß der Operator B eine Fortsetzung des Operators A ist. Wir führen nun die Definition für den allgemeinen Fall an. In dieser Definition werden wir für die Definitionsbereiche der Operatoren A bzw. B die Bezeichnung D_A bzw. D_B benutzen; diese Bezeichnung ist in der Literatur üblich und wir werden sie auch im weiteren Text ständig benutzen.

Definition 8.5. Es seien A bzw. B Operatoren mit Definitionsbereichen D_A bzw. D_B. Ist $D_A \subset D_B$ $(D_A \neq D_B)$ und gilt gleichzeitig

$$Au = Bu \quad \text{für jedes} \quad u \in D_A ,$$

dann sagen wir, daß der Operator B eine **Fortsetzung des Operators** A ist.

Im Zusammenhang mit dieser Problematik möchten wir an dieser Stelle noch folgendes bemerken: Nach Definition 8.1 ist der Operator erstens durch seinen Definitionsbereich bestimmt, den wir in der erwähnten Definition mit M_1 bezeichnet haben, und weiter durch die Operation $v = Au$, durch die die Abbildung der Menge M_1 in die Menge M_2 gegeben ist. Falls aus dem Text klar hervorgeht, um welchen

[1]) Unter der Gleichheit $Au = Bu$ verstehen wir natürlich die Gleichheit der Elemente Au und Bu in der Menge M_2, in die die Operatoren A, B die Menge M abbilden. Ist z.B. $M_2 = L_2(G)$, können sich die Funktionen Au und Bu auf G in einer Menge vom Maß Null unterscheiden.

Definitionsbereich des Operators es sich handelt, werden wir uns oft kürzer, wenn auch ungenau, ausdrücken. So sprechen wir z.B. vom Operator Δ, statt vom Operator A, dessen Definitionsbereich die betrachtete Funktionenmenge ist und der auf dieser Menge durch die Vorschrift $v = \Delta u$ gegeben ist. Diese Kurzform der Beschreibung eines Operators werden wir oft benutzen, natürlich nur wenn aus dem vorhergehenden Text klar ist, welchen Definitionsbereich wir meinen, damit es nicht zu Mißverständnissen kommen kann.

In Definition 8.4 haben wir die Gleichheit zweier Operatoren definiert, und zwar auf eine ähnliche Weise, wie man die Gleichheit zweier Funktionen in der klassischen Analysis einführt. Ähnlich kann man auch die Summe zweier Operatoren einführen. Eine gewisse Modifizierung erfordert die Definition des Produktes:

Definition 8.6. Die **Summe** $A + B$ und das **Produkt** AB von Operatoren A, B mit Definitionsbereichen D_A, D_B sind durch die Beziehungen

$$(A + B)\, u = Au + Bu\,, \tag{8.7}$$

$$(AB)\, u = A(Bu) \tag{8.8}$$

definiert. Dabei ist der Operator $A + B$ auf dem Durchschnitt der Bereiche D_A und D_B definiert und der Operator AB auf der Menge D_{AB} derjenigen Elemente $u \in D_B$, für die $Bu \in D_A$ ist.

Die an die Definitionsbereiche der Operatoren $A + B$ und AB gestellten Forderungen sind ganz natürlich: Im Falle des Operators $A + B$ ist der Definitionsbereich der Durchschnitt der Definitionsbereiche D_A und D_B beider Operatoren, d.h. die Menge der Elemente, die sowohl zu D_A als auch zu D_B gehören, denn beide Operationen Au und Bu auf der rechten Seite der Gleichung (8.7) müssen sinnvoll sein. Im Falle des Produktes AB ist der Definitionsbereich D_{AB} die Menge aller $u \in D_B$, für die Bu im Definitionsbereich D_A des Operators A liegt, denn nach Formel (8.8) muß man auf das Element Bu den Operator A anwenden.

Bemerkung 8.2. Im allgemeinen Fall ist $BA \neq AB$, was schon aus dem folgt, was wir über den Definitionsbereich des Produktes zweier Operatoren gesagt haben. Aber auch dann, wenn $D_{BA} = D_{AB}$ ist, muß nicht $BA = AB$ gelten; dies ist aus dem folgenden Beispiel ersichtlich:

Es sei V die lineare Menge aller zweidimensianalen Vektoren (vgl. S. 76) und es seien

$$\mathbf{A} = \begin{Vmatrix} 1, & 1 \\ 2, & -1 \end{Vmatrix}, \quad \mathbf{B} = \begin{Vmatrix} 1, & 1 \\ -1, & 1 \end{Vmatrix}$$

Matrizen, die V in V abbilden. Offensichtlich ist $D_{\mathbf{A}} = V$, $D_{\mathbf{B}} = V$ und auch $D_{\mathbf{AB}} = V$, $D_{\mathbf{BA}} = V$. Dabei ist (vgl. z.B. [36], S. 87)

$$\mathbf{AB} = \begin{Vmatrix} 1, & 1 \\ 2, & -1 \end{Vmatrix} \cdot \begin{Vmatrix} 1, & 1 \\ -1, & 1 \end{Vmatrix} = \begin{Vmatrix} 0, & 2 \\ 3, & 1 \end{Vmatrix},$$

$$\mathbf{BA} = \begin{Vmatrix} 1, & 1 \\ -1, & 1 \end{Vmatrix} \cdot \begin{Vmatrix} 1, & 1 \\ 2, & -1 \end{Vmatrix} = \begin{Vmatrix} 3, & 0 \\ 1, & -2 \end{Vmatrix},$$

d.h. $\boldsymbol{AB} \neq \boldsymbol{BA}$. (So ist z.B. für den Vektor

$$\boldsymbol{u} = \begin{Vmatrix} 1 \\ 1 \end{Vmatrix}$$

$$\boldsymbol{ABu} = \begin{Vmatrix} 0, & 2 \\ 3, & 1 \end{Vmatrix} \cdot \begin{Vmatrix} 1 \\ 1 \end{Vmatrix} = \begin{Vmatrix} 2 \\ 4 \end{Vmatrix},$$

$$\boldsymbol{BAu} = \begin{Vmatrix} 3, & 0 \\ 1, & -2 \end{Vmatrix} \cdot \begin{Vmatrix} 1 \\ 1 \end{Vmatrix} = \begin{Vmatrix} 3 \\ -1 \end{Vmatrix}.)$$

Operatoren A, B, für die $AB = BA$ ist, werden **kommutativ** genannt.

Definition 8.7. Der Operator A wird (auf seinem Definitionsbereich) **eineindeutig** (oder **injektiv**) genannt, wenn für je zwei Elemente $u_1 \neq u_2$ aus D_A

$$Au_1 \neq Au_2 \tag{8.9}$$

ist. Vgl. aber die Fußnote auf S. 77.

Bemerkung 8.3. Wir betrachten einen Operator A, der die Menge M_1 **auf** die Menge M_2 abbildet und dabei auf der Menge M_1 eineindeutig ist. Aus der Definition der Abbildung der Menge M_1 **auf** die Menge M_2 (siehe Definition 8.3) folgt, daß jedem Element $v \in M_2$ mindestens ein Element $u \in M_1$ entspricht, so daß $Au = v$ ist. Aus der Voraussetzung, der Operator A sei eineindeutig auf der Menge M_1, folgt, daß jedem $v \in M_2$ sogar genau ein Element $u \in M_1$ entspricht, so daß $Au = v$ ist. Wenn diesem v nämlich zwei verschiedene Elemente[1]) u_1, u_2 entsprechen würden, müßte

$$v = Au_1 = Au_2$$

gelten, im Widerspruch zur Voraussetzung (8.9). Diese Eigenschaft einer eineindeutigen Abbildung auf eine Menge führt zur folgenden wichtigen Definition:

Definition 8.8. Der Operator A bilde die Menge M_1 *auf* die Menge M_2 ab und sei eineindeutig. Der Operator B, der jedem Element $v \in M_2$ genau das Element $u \in M_1$ zuordnet, für das $v = Au$ gilt, wird **inverser Operator** zum Operator A genannt; wir bezeichnen ihn mit A^{-1}.

Aus der Definition folgt offensichtlich, daß für alle $u \in M_1$ und für alle $v \in M_2$ gilt

$$A^{-1}Au = u\,, \quad AA^{-1}v = v\,. \tag{8.10}$$

Beispiel 8.3. Wir betrachten den Operator A aus Beispiel 8.1, d.h. den Operator Δ mit dem Definitionsbereich M_1, dessen Elemente die Funktionen aus $C^{(2)}(\overline{G})$ sind, die auf Γ verschwinden. Wie im zitierten Beispiel bezeichnen wir den Wertebereich des Operators A mit dem Symbol N. Direkt aus der Definition des Wertebereiches des Operators A folgt, daß der Operator A die lineare Menge M_1 auf die lineare Menge N abbildet. Wir behaupten, daß diese Abbildung eineindeutig ist. Diese Behauptung folgt aus dem Satz über die Eindeutigkeit der Lösung des Dirichletschen Problems (8.2), (8.3) (siehe [36], S. 887).[2]) Wenn nämlich zu irgendeinem $v \in N$ zwei verschiedene

[1]) Oder mehrere solche Elemente.

[2]) Später (siehe Satz 9.1, S. 102) werden wir die Eindeutigkeit der Lösung auf eine andere Art beweisen, ohne daß wir uns auf die Sätze der klassischen Theorie der partiellen Differentialgleichungen stützen.

Elemente u_1, u_2 aus M_1 existieren würden, so daß $Au_1 = v$, $Au_2 = v$ gilt, würde das Dirichletsche Problem

$$\Delta u = v\,, \quad u = 0 \quad \text{auf } \Gamma \tag{8.11}$$

zwei verschiedene Lösungen u_1, u_2 aus M haben, was im Widerspruch zum zitierten Satz steht. Der betrachtete Operator ist also eineindeutig. Nach Bemerkung 8.3 entspricht also jedem $v \in N$ genau ein $u \in M_1$, so daß $\Delta u = v$ ist. Es existiert also der inverse Operator A^{-1}, der jedem $v \in N$ die entsprechende Lösung u des Dirichletschen Problems (8.11) zuordnet. Wie schon in Beispiel 8.2 erwähnt wurde, können wir an dieser Stelle nicht entscheiden, ob alle in dem abgeschlossenen Gebiet $\overline{G}$ stetigen Funktionen zu N gehören, d.h. ob das Dirichletsche Problem (8.11) für jede in $\overline{G}$ stetige rechte Seite v eine Lösung $u \in M_1$ besitzt.

Definition 8.9. Der Operator A wird **linear** genannt, wenn sein Definitionsbereich D_A eine lineare Menge ist und wenn für beliebige Elemente $u_1, \ldots, u_n$ aus D_A und für beliebige (reelle) Zahlen $a_1, \ldots, a_n$ gilt

$$A(a_1u_1 + \ldots + a_nu_n) = a_1Au_1 + \ldots + a_nAu_n\,. \tag{8.12}$$

Definition 8.9 kann man auch in folgender offensichtlich äquivalenter Form ausdrücken:

Definition 8.10. Der Operator A wird **linear** genannt, wenn sein Definitionsbereich D_A eine lineare Menge ist und wenn gilt:

$$1.\ A(au) = aAu \text{ für jedes } u \in D_A \text{ und für jede (reelle) Zahl } a\,, \tag{8.13}$$

$$2.\ A(u_1 + u_2) = Au_1 + Au_2 \text{ für alle } u_1 \in D_A,\ u_2 \in D_A\,. \tag{8.14}$$

Aus (8.12) folgen nämlich (8.13) und (8.14) als Spezialfälle. Wenn umgekehrt (8.13) und (8.14) gilt, dann ist für jedes $u_1 \in D_A$, $u_2 \in D_A$ und für beliebige reelle Zahlen a_1, a_2

$$A(a_1u_1 + a_2u_2) = A(a_1u_1) + A(a_2u_2) = a_1Au_1 + a_2Au_2\,,$$

woraus sogleich (z.B. durch vollständige Induktion) die Beziehung (8.12) folgt.

Ein Beispiel eines linearen Operators ist der Operator A, der auf der linearen Menge $C^{(1)}(a, b)$ (siehe S. XVII) durch die Vorschrift

$$Au = \frac{\mathrm{d}u}{\mathrm{d}x}$$

gegeben ist, denn erstens ist die Menge $C^{(1)}(a, b)$ offensichtlich eine lineare Menge, und zweitens folgt aus den bekannten Differentiationsregeln

$$A(au) = \frac{\mathrm{d}(au)}{\mathrm{d}x} = a\frac{\mathrm{d}u}{\mathrm{d}x} = aAu\,,$$

$$A(u_1 + u_2) = \frac{\mathrm{d}(u_1 + u_2)}{\mathrm{d}x} = \frac{\mathrm{d}u_1}{\mathrm{d}x} + \frac{\mathrm{d}u_2}{\mathrm{d}x} = Au_1 + Au_2\,.$$

Lineare Operatoren sind – wie wir sehen werden – in den Anwendungen von großer Wichtigkeit.

Bemerkung 8.4. Aufgrund der Eigenschaften (8.13), (8.14) eines linearen Operators A kann man leicht zeigen, daß sein Wertebereich R_A wieder eine lineare Menge ist.

Außerdem ist klar (es genügt, in (8.13) $a = 0$ zu setzen), daß dem Nullelement der linearen Menge D_A das Nullelement der linearen Menge R_A entspricht, d.h. daß $A0 = 0$ in R_A ist. Wenn weiter für den linearen Operator A der (auf der linearen Menge R_A definierte) inverse Operator A^{-1} existiert, dann ist A^{-1} in R_A auch ein linearer Operator. Sind nämlich a eine beliebige reelle Zahl und v_1, v_2 beliebige Elemente aus R_A, so gilt $A^{-1}(av_1) = aA^{-1}v_1$, $A^{-1}(v_1 + v_2) = A^{-1}v_1 + A^{-1}v_2$, wie wir im weiteren zeigen. Aus der Definition des inversen Operators folgt

$$A^{-1}v_1 = u_1\,, \quad A^{-1}v_2 = u_2\,,$$

wobei u_1, u_2 die durch die gegebenen Elemente $v_1, v_2 \in R_A$ eindeutig bestimmten Elemente aus D_A sind, d.h.

$$Au_1 = v_1\,, \quad Au_2 = v_2\,.$$

Da A ein linearer Operator ist, gilt

$$A(au_1) = aAu_1 = av_1\,, \quad A(u_1 + u_2) = Au_1 + Au_2 = v_1 + v_2\,.$$

Hieraus und aus (8.10) folgt

$$A^{-1}(av_1) = A^{-1}A(au_1) = au_1 = aA^{-1}v_1\,,$$

$$A^{-1}(v_1 + v_2) = A^{-1}A(u_1 + u_2) = u_1 + u_2 = A^{-1}v_1 + A^{-1}v_2\,,$$

womit die Linearität des Operators A^{-1} auf der linearen Menge R_A bewiesen ist.

Aus der Linearität des Operators A^{-1} folgt außerdem: Wenn zu einem linearen Operator der inverse Operator A^{-1} existiert, dann entspricht dem Nullelement der linearen Menge R_A das Nullelement der linearen Menge D_A, d.h. es gilt $A^{-1}0 = 0$ in D_A.

Oft ist der folgende Satz von Nutzen:

Satz 8.1. *Der Operator A sei linear auf der linearen Menge D_A und R_A sei sein Wertebereich. Dann existiert zum Operator A genau dann ein inverser Operator A^{-1}, wenn gilt:*

$$Au = 0 \quad in\ R_A \Rightarrow u = 0 \quad in\ D_A\,. \tag{8.15}$$

Beweis: 1. Es existiere der zum Operator A inverse Operator A^{-1}, dessen Definitionsbereich also die lineare Menge R_A ist. Weiter sei u irgendein Element deg linearen Menge D_A, für das gilt:

$$Au = 0 \quad \text{in } R_A\,. \tag{8.16}$$

Aus (8.16) folgt $A^{-1}Au = A^{-1}0 = 0$ in D_A (vgl. mit der vorhergehenden Bemerkung), woraus sich nach (8.10) $u = 0$ in D_A ergibt.

2. Es gelte umgekehrt (8.15). Wir müssen nun beweisen, daß zum Operator A auf R_A ein inverser Operator A^{-1} existiert. Dazu genügt es zu beweisen, daß die Abbildung der linearen Menge D_A auf die lineare Menge R_A eineindeutig ist, d.h. daß gilt:

$$u_1 \neq u_2 \Rightarrow Au_1 \neq Au_2\,.$$

Wenn $Au_1 = Au_2$ für $u_1 \neq u_2$ wäre, würde aus der Linearität des Operators A folgen

$$A(u_1 - u_2) = 0 \quad \text{und} \quad u_1 - u_2 \neq 0\,,$$

was im Widerspruch zu (8.15) steht. Damit ist Satz 8.1 bewiesen.

Die Forderung, die Abbildung der linearen Menge D_A *auf* die lineare Menge R_A soll eineindeutig sein, die eine hinreichende Bedingung für die Existenz des inversen Operators darstellt, kann man also im Fall eines linearen Operators durch die Forderung (8.15) „ersetzen". Diese Tatsache vereinfacht viele Überlegungen oft wesentlich.

Im weiteren Text werden wir uns vor allem mit linearen Operatoren befassen, hauptsächlich in Hilbert-Räumen. Auf diese Operatoren werden wir nämlich in unserem Buch am häufigsten stoßen. Es sei aber wenigstens ein Beispiel eines vor allem in der Problematik der numerischen Methoden wichtigen Operators angeführt, der im allgemeinen Fall nicht linear ist.

Es sei P ein metrischer Raum mit der Metrik ϱ. Ein Operator A, der Elemente dieses Raumes wieder in den Raum P abbildet (d.h. der die Menge der Elemente des Raumes P in die gleiche Menge abbildet) wird **kontrahierend (Kontraktionsoperator)** in diesem Raum genannt, wenn es eine Zahl α, $0 < \alpha < 1$, gibt, so daß für jedes Paar von Elementen $x, y \in P$ gilt

$$\varrho(Ax, Ay) \leqq \alpha\varrho(x, y)\,.$$

Ein Kontraktionsoperator „verkürzt also den Abstand", daher seine Bezeichnung: Der Abstand der Bilder Ax, Ay ist kleiner, und zwar höchstens α-mal größer, als der Abstand der Urbilder x, y.

Für Kontraktionsoperatoren gilt der folgende Satz, den wir ohne Beweis anführen, da wir ihn in unserem Buch nirgends benutzen werden. Den Beweis kann der Leser z.B. in [29] finden.

Satz 8.2 (Banachscher Fixpunktsatz, Satz über kontrahierende Abbildungen). *Es sei A ein Kontraktionsoperator im vollständigen metrischen Raum P. Dann hat die Gleichung*

$$x = Ax$$

im Raum P genau eine Lösung, d.h. es existiert genau ein Element $u \in P$, für das $u = Au$ ist. Dieses Element kann man als Grenzwert einer Folge von Elementen $x_n \in P$ gewinnen,

$$u = \lim_{n \to \infty} x_n\,,$$

wobei

$$x_{n+1} = Ax_n\,, \quad n = 1, 2, \ldots\,,$$

und das Element $x_1 \in P$ beliebig wählbar ist.

Unter der Voraussetzung, der Operator A sei in P kontrahierend, folgt also aus Satz 8.2 einerseits die Existenz und Eindeutigkeit der Lösung der Gleichung $x = Ax$.

Andererseits gibt Satz 8.2 aber gleichzeitig eine Methode an, wie man die Lösung dieser Gleichung durch ein Iterationsverfahren, d.h. als den Grenzwert der „schrittweisen Näherungen" x_n, gewinnen kann. Das ist bei numerischen Verfahren in den verschiedensten Zweigen der Mathematik wichtig. Eine der einfachsten Anwendungen findet der Banachsche Satz in der linearen Algebra bei der Lösung eines linearen Gleichungssystems der Form

$$\mathbf{x} = \mathbf{B}\mathbf{x} + \mathbf{C}$$

mit „kleiner" Matrix $\mathbf{B}$. Dann ist nämlich der durch die Beziehung

$$\mathbf{A}\mathbf{x} = \mathbf{B}\mathbf{x} + \mathbf{C}$$

gegebene Operator $\mathbf{A}$ kontrahierend auf der Menge der betrachteten n-dimensionalen Vektoren, auf der wir nach den üblichen Standarddefinitionen eine Metrik eingeführt haben (für die Kontraktivität des Operators $\mathbf{A}$ genügt es, wenn die entsprechende Norm der Matrix $\mathbf{B}$ die Beziehung $\|\mathbf{B}\| < 1$ erfüllt), und man kann das beschriebene Iterationsverfahren benutzen, das in diesem Fall als die *einfache Ritzsche Iteration* bekannt ist. Siehe z.B. [36], S. 1152. Ein weiteres Beispiel der Anwendung von Satz 8.2 ist die Lösung nichtlinearer Integralgleichungen in [36], S. 1008.

In den weiteren Kapiteln werden wir am häufigsten Operatoren in einem Hilbert-Raum H begegnen. Es wird sich um Operatoren $A, B, \ldots$ handeln, deren Definitionsbereiche gewisse Teilmengen des Raumes H sein werden (im Spezialfall der ganze Raum H) und die diese Teilmengen in denselben Hilbert-Raum abbilden. Die Definitionsbereiche dieser Operatoren werden wir, wie schon erwähnt, mit den Symbolen $D_A, D_B, \ldots$, die Wertebereiche dieser Operatoren mit den Symbolen $R_A, R_B, \ldots$ bezeichnen. Da es sich um Abbildungen der Mengen $D_A, D_B, \ldots$ in den Raum H handelt, liegen die Mengen $R_A, R_B, \ldots$ in H. Wir bemerken, daß man viele der Definitionen und Sätze, die wir in diesem Kapitel für den Spezialfall des Hilbert-Raumes formulieren werden, auch auf allgemeinere Fälle übertragen kann, z.B. auf den Fall, in dem der betrachtete Operator einen gewissen metrischen (bzw. normierten) Raum in einen anderen metrischen (bzw. normierten) Raum abbildet, u.ä.

Im weiteren Text wird es sich also um einen fest vorgegebenen Hilbert-Raum H handeln und um die Untersuchung von Operatoren $A, B, \ldots$ mit Definitionsbereichen $D_A, D_B, \ldots$ in H und mit Wertebereichen $R_A, R_B, \ldots$, die im gleichen Raum H liegen. Wir werden kurz von **Operatoren im Hilbert-Raum** sprechen.

Wir erinnern daran, daß die Norm im Hilbert-Raum H durch die Beziehung

$$\|u\| = \sqrt{(u, u)}$$

und die Metrik durch die Beziehung

$$\varrho(u, v) = \|u - v\|$$

gegeben ist. Durch die Einführung der Metrik ist, wie wir wissen, auch die Konvergenz in diesem Raum gegeben und das Symbol

$$\lim_{n\to\infty} u_n = u \quad \text{in } H$$

bedeutet das gleiche wie

$$\lim_{n\to\infty} \varrho(u_n, u) = 0\,,$$

d.h. das gleiche wie

$$\lim_{n\to\infty} \|u_n - u\| = 0\,.$$

Die Gleichung

$$u = 0 \quad \text{in } H$$

drückt aus, daß u das Nullelement des Raumes H ist.

Definition 8.11. Der Operator I wird **Einheitsoperator** genannt, wenn er jedem Element $u \in D_I$ dasselbe Element u als Bild zuordnet. Der Operator O wird **Nulloperator** genannt, wenn er jedem $u \in D_O$ das Nullelement des Raumes H zuordnet.

Der Einheitsoperator ist also durch die Beziehung

$$Iu = u \quad \text{für alle} \quad u \in D_I$$

charakterisiert, der Nulloperator durch die Beziehung

$$Ou = 0 \quad \text{in } H \quad \text{für alle} \quad u \in D_O\,.$$

Definition 8.12. Der Operator A wird **stetig im Punkt** $u_0 \in D_A$ genannt, wenn für jede Folge von Elementen $u_n \in D_A$, für die

$$\lim_{n\to\infty} u_n = u_0 \quad \text{in } H$$

ist,

$$\lim_{n\to\infty} Au_n = Au_0 \quad \text{in } H$$

gilt (d.h. $\lim\limits_{n\to\infty} \|Au_n - Au_0\| = 0$). Ist der Operator A stetig in jedem Punkt seines Definitionsbereiches D_A, sagen wir, daß er **stetig in** D_A ist.

Ein triviales Beispiel eines stetigen Operators stellt der Einheitsoperator in H dar (siehe Definition 8.11), denn in diesem Fall folgt aus der Beziehung

$$\lim_{n\to\infty} u_n = u_0 \quad \text{in } H$$

die Beziehung

$$\lim_{n\to\infty} Iu_n = \lim_{n\to\infty} u_n = u_0 = Iu_0 \quad \text{in } H\,.$$

Ein einfaches Kriterium der Stetigkeit linearer Operatoren werden wir in Satz 8.3 angeben.

Definition 8.13. Der Operator A wird **beschränkt** auf seinem Definitionsbereich D_A genannt, wenn es eine Zahl $K \geqq 0$ gibt, so daß für alle $u \in D_A$ gilt:

$$\|Au\| \leqq K\|u\|\,. \tag{8.17}$$

Die kleinste von allen Zahlen K [1]), für die die Beziehung (8.17) gilt, wird die **Norm des Operators** A genannt. Wir bezeichnen sie mit $\|A\|$.
Offensichtlich gilt

$$\|Au\| \leqq \|A\| \cdot \|u\| \quad \text{für jedes} \quad u \in D_A .$$

Beispiel 8.4. Es sei $K(s, x)$ eine im Quadrat Q $(0 \leqq x \leqq 1, 0 \leqq s \leqq 1)$ quadratisch integrierbare (reelle) Funktion. Wir setzen:

$$\int_0^1 \int_0^1 K^2(s, x)\, \mathrm{d}s\, \mathrm{d}x = C^2 \quad (C > 0)$$

und betrachten im Hilbert-Raum $L_2(0, 1)$ den durch die Vorschrift

$$Au = v(s) = \int_0^1 K(s, x)\, u(x)\, \mathrm{d}x \tag{8.18}$$

gegebenen Operator A. Aus der Theorie des Lebesgueschen Integrals ist bekannt, daß unter diesen Voraussetzungen ($K \in L_2(Q)$, $u \in L_2(0, 1)$) die Funktion $K(s, x)\, u(x)$ für fast alle $s \in [0, 1]$ eine bezüglich der Variablen x quadratisch integrierbare Funktion darstellt (so daß das Integral (8.18) im Intervall $[0, 1]$ für fast alle s existiert) und daß ferner $v(s) \in L_2(0, 1)$ ist. Weiter gilt für jedess, für das $K(s, x) \in L_2(0, 1)$ ist, nach der Schwarzschen Ungleichung (S. 23)

$$v^2(s) = \left(\int_0^1 K(s, x)\, u(x)\, \mathrm{d}x \right)^2 \leqq \int_0^1 K^2(s, x)\, \mathrm{d}x \cdot \int_0^1 u^2(x)\, \mathrm{d}x .$$

Hieraus folgt

$$\int_0^1 v^2(s)\, \mathrm{d}s \leqq \int_0^1 \left(\int_0^1 K^2(s, x)\, \mathrm{d}x \cdot \int_0^1 u^2(x)\, \mathrm{d}x \right) \mathrm{d}s =$$

$$= \int_0^1 \int_0^1 K^2(s, x)\, \mathrm{d}x\, \mathrm{d}s \cdot \int_0^1 u^2(x)\, \mathrm{d}x ,$$

d.h.

$$\|v\|^2_{L_2(0,1)} \leqq C^2 \|u\|^2_{L_2(0,1)} ,$$

d.h.

$$\|Au\|_{L_2(0,1)} \leqq C \|u\|_{L_2(0,1)} .$$

Der Operator (8.18) ist also im Hilbert-Raum $L_2(0, 1)$ beschränkt. Da wir in (8.17) als Konstante K die Zahl C wählen können, haben wir für die Norm $\|A\|$ des Operators A die Abschätzung

$$\|A\| \leqq C .$$

Beispiel 8.5. Wir betrachten im Hilbert-Raum $L_2(0, 1)$ die lineare Menge $D_A = C^{(1)}(0, 1)$ (S. XVII) und definieren auf dieser Menge den Operator A durch die Beziehung

$$Au = \frac{\mathrm{d}u}{\mathrm{d}x} .$$

Dieser Operator ist auf der linearen Menge D_A nicht beschränkt. Um diese Behauptung zu beweisen, genügt es zu zeigen, daß es keine Konstante K gibt, so daß

$$\|Au\|_{L_2(0,1)} \leqq K \|u\|_{L_2(0,1)} \quad \text{für alle} \quad u \in D_A \tag{8.19}$$

[1]) Es läßt sich zeigen, daß eine solche kleinste Zahl tatsächlich existiert.

gilt. Nehmen wir an, daß eine solche Konstante existiert, so kommen wir zu einem Widerspruch. Dazu betrachten wir die Funktion

$$v(x) = \sin n\pi x \quad (n \text{ natürlich}) . \tag{8.20}$$

Offensichtlich ist $v \in D_A$. Weiter ist

$$Av = n\pi \cos n\pi x .$$

Nach der Definition der Norm ist weiterhin

$$\|v\|_{L_2(0,1)} = \sqrt{\int_0^1 \sin^2 n\pi x \, dx} = \sqrt{\frac{1}{2}},$$

$$\|Av\|_{L_2(0,1)} = \sqrt{\int_0^1 n^2\pi^2 \cos^2 n\pi x \, dx} = n\pi \sqrt{\frac{1}{2}}.$$

Falls wir also die Funktion (8.20) so wählen daß $n\pi > K$ ist, erhalten wir einen Widerspruch zur Annahme, daß (8.19) für alle Funktionen aus der linearen Menge D_A gilt.

Die Unbeschränktheit ist nicht nur eine Eigenschaft des Operators A aus dem eben erwähnten Beispiel, sie ist eine typische Eigenschaft der Differentialoperatoren. Diese Tatsache führt bekanntlich in der Theorie der (gewöhnlichen, hauptsächlich aber partiellen) Differentialgleichungen mit Randbedingungen zu wesentlichen Schwierigkeiten. In den weiteren Kapiteln werden wir sehen, wie diese Schwierigkeiten zu überwinden sind.

Ist A ein linearer Operator, so besteht zwischen der Stetigkeit und der Beschränktheit des Operators eine einfache Beziehung:

Satz 8.3. *Es sei A ein linearer Operator im Hilbert-Raum H, der die lineare Menge $D_A \subset H$ in H abbildet. Ist der Operator A beschränkt in D_A, dann ist er in D_A auch stetig.*

Beweis: Wir zeigen, daß A in einem beliebigen Punkt u_0 seines Definitionsbereiches D_A stetig ist. Damit ist dann der Beweis für die Aussage vollständig erbracht. Nach Definition 8.12 müssen wir beweisen, daß für eine beliebige Folge von Elementen $u_n \in D_A$, die in H gegen das Element $u_0 \in D_A$ konvergiert,

$$\lim_{n\to\infty} Au_n = Au_0$$

ist, oder, was das gleiche ist, daß

$$\lim_{n\to\infty} \|Au_n - Au_0\| = 0 \tag{8.21}$$

gilt. Der Operator A ist aber laut Voraussetzung linear, so daß

$$Au_n - Au_0 = A(u_n - u_0) \tag{8.22}$$

ist, und außerdem beschränkt, so daß (siehe S. 85)

$$\|A(u_n - u_0)\| \leq \|A\| \cdot \|u_n - u_0\| \tag{8.23}$$

ist, wobei $\|A\|$ die Norm des betrachteten Operators ist (siehe Definition 8.13). Da die Folge $\{u_n\}$ nach Voraussetzung gegen das Element u_0 konvergiert, d.h.

$$\lim_{n\to\infty} \|u_n - u_0\| = 0$$

gilt, folgt aus (8.23)

$$\lim_{n\to\infty} \|A(u_n - u_0)\| = 0\,,$$

woraus nach (8.22) folgt:

$$\lim_{n\to\infty} \|Au_n - Au_0\| = \lim_{n\to\infty} \|A(u_n - u_0)\| = 0\,,$$

was zu beweisen wag.

Es gilt auch die folgende Umkehrung zu Satz 8.2; wir werden diesen Satz ohne Beweis anführen, da wir ihn im weiteren nicht benötigen werden:

Ein linearer Operator A, der seinen Definitionsbereich $D_A \subset H$ in H abbildet und stetig in D_A ist, ist in D_A beschränkt.

b) Symmetrische, positive und positiv definite Operatoren. Dichte Mengen

Im weiteren Text werden symmetrische, positive und positiv definite Operatoren von großer Bedeutung sein. Bevor wir uns mit diesen Begriffen bekannt machen, werden wir einige Sätze anführen, die wir einerseits direkt in diesem Kapitel benutzen, die uns andererseits aber auch in den weiteren Kapiteln von Nutzen sind. Es handelt sich um Sätze über dichte Mengen in $L_2(G)$ (Sätze 8.5 und 8.6) und um den Greenschen Satz für Funktionen mehrerer Veränderlicher.

Wir erinnern daran, daß wir (siehe S. XVIII) mit dem Symbol $C^{(\infty)}(\bar{G})$ die lineare Menge aller reellen Funktionen bezeichnen, die samt ihren Ableitungen aller Ordnungen in $\bar{G}$ stetig sind. Das Symbol $C_0^{(\infty)}(G)$ (in der Literatur wird auch oft die Bezeichnung $\mathscr{D}(G)$ benutzt) bezeichnet die lineare Menge aller derjenigen Funktionen aus $C^{(\infty)}(\bar{G})$, die in einer gewissen Umgebung des Randes des Gebietes G verschwinden (diese Umgebungen können für verschiedene Funktionen aus $C_0^{(\infty)}(G)$ unterschiedlich sein). Die Funktionen aus der linearen Menge $C_0^{(\infty)}(G)$ werden in der Literatur als *Funktionen mit kompaktem Träger* in G bezeichnet. Unter dem **Träger** der Funktion $\varphi(x)$ im Gebiet G – wir bezeichnen ihn mit supp φ [1]) – verstehen wir die Abschließung (im Raum E_N) der Menge aller derjenigen Punkte $x \in \bar{G}$, für die $\varphi(x) \neq 0$ ist. Also bedeutet $\varphi \in C_0^{(\infty)}(G)$, daß $\varphi \in C^{(\infty)}(\bar{G})$ und

$$\operatorname{supp} \varphi \subset G$$

ist. Da supp φ nach Definition eine abgeschlossene Menge ist und nach Voraussetzung im offenen Gebiet G liegt, hat diese Menge vom Rand Γ des Gebietes eine positive Entfernung. Diesen Umstand haben wir kurz dadurch charakterisiert, indem wir sagten, die Funktion $\varphi(x)$ sei in einer gewissen Umgebung des Randes gleich Null.

[1]) Aus dem Englischen *support*.

Für $N = 1$ dient als Beispiel einer Funktion mit kompaktem Träger im Intervall $(-3, 3)$ die Funktion, die auf diesem Intervall durch die Formel

$$u(x) = \begin{cases} e^{-1/(4-x^2)} & \text{für} \quad x \in (-2, 2)\,, \\ 0 & \text{außerhalb des Intervalls} \quad (-2, 2) \end{cases}$$

gegeben und in Figur 8.1 dargestellt ist. Diese Funktion hat im Intervall $(-2, 2)$ offensichtlich stetige Ableitungen aller Ordnungen. (Dies gilt natürlich auch für die Intervalle $(2, 3)$ und $(-3, -2)$, wo sie identisch verschwindet.) Außerdem kann man

Figur 8.1

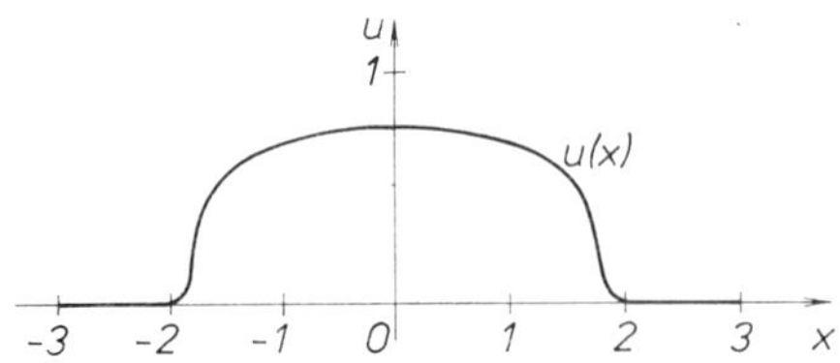

durch direkte Berechnung leicht nachweisen, daß die rechts- bzw. linksseitigen Grenzwerte der Funktion $u(x)$ und aller ihrer Ableitungen im Punkt $x = -2$ bzw. $x = 2$ verschwinden (was natürlich auch für die linksseitigen bzw. rechtsseitigen Grenzwerte im Punkt $x = -2$ bzw. $x = 2$ gilt). Die Funktion $u(x)$ hat also im Intervall $(-3, 3)$ tatsächlich Ableitungen aller Ordnungen. Außerdem ist offensichtlich $\operatorname{supp} u = [-2, 2]$, so daß $\operatorname{supp} u \subset (-3, 3)$ ist. Die Funktion $u(x)$ ist also tatsächlich eine Funktion mit kompaktem Träger im Intervall $(-3, 3)$.

Wir betrachten nun den Fall $N = 1$ ausführlicher.

Zunächst untersuchen wir die Funktion $\psi(\varrho, x, t)$, die durch die Vorschrift

$$\psi(\varrho, x, t) = \begin{cases} e^{-1/(\varrho^2-(x-t)^2)} & \text{für} \quad |x - t| < \varrho\,, \\ 0 & \text{für} \quad |x - t| \geqq \varrho \end{cases}$$

definiert ist, wobei ϱ eine fest vorgegebene positive Zahl ist. Ähnlich wie im Fall der soeben betrachteten Funktion $u(x)$ läßt sich zeigen, daß die Funktion $\psi(\varrho, x, t)$ für jedes feste $x \in (-\infty, \infty)$ als Funktion der Veränderlichen t im Intervall $(-\infty, \infty)$ Ableitungen aller Ordnungen besitzt, wobei nur im Intervall $(x - \varrho, x + \varrho)$ $\psi(\varrho, x, t) \neq 0$ ist. (Dasselbe gilt natürlich auch für die Funktion ψ als Funktion der Veränderlichen x für jedes feste t.)

Wir bezeichnen (immer bei festem x)

$$\int_{-\infty}^{\infty} \psi(\varrho, x, t)\,dt = \int_{x-\varrho}^{x+\varrho} e^{-1/(\varrho^2-(x-t)^2)}\,dt = \int_{-\varrho}^{\varrho} e^{-1/(\varrho^2-z^2)}\,dz = h(\varrho)\,. \quad (8.24)$$

(Dabei haben wir die Substitution $t - x = z$ benutzt.) Aus dem Ergebnis ist ersichtlich, daß das Integral nicht von x abhängt. Die Funktion

$$\varphi(\varrho, x, t) = \frac{\psi(\varrho, x, t)}{h(\varrho)}\,,$$

für die aufgrund von (8.24) offensichtlich gilt

$$\int_{-\infty}^{+\infty} \varphi(\varrho, x, t)\,\mathrm{d}t = 1\,, \tag{8.25}$$

wirg **Glättungskern** genannt. Der Grund für diese Bezeichnung geht aus dem folgenden Text hervor:

Wir betrachten eine beliebige Funktion $u \in L_2(a, b)$, setzen diese Funktion mit Null auf das ganze Intervall $(-\infty, \infty)$ fort (so daß in den Intervallen $(-\infty, a)$, (b, ∞) $u(x) \equiv 0$ ist) und untersuchen das Integral

$$\mu(\varrho, x) = \int_{-\infty}^{\infty} u(t)\,\varphi(\varrho, x, t)\,\mathrm{d}t\,,$$

wobei ϱ eine gegebene positive Zahl ist.

Aus der Definition der Funktion $u(t)$ und aus den Eigenschaften der Funktion $\varphi(\varrho, x, t)$ geht klar hervor, daß die Funktion $\mu(\varrho, x)$ für alle x identisch verschwindet, die außerhalb des Intervalls $(a - \varrho, b + \varrho)$ liegen. Da die Funktion $\varphi(\varrho, x, t)$ ferner sehr glatt ist, kann man erwarten, daß auch die Funktion $\mu(\varrho, x)$ sehr glatt sein wird. Im Hinblick auf (8.25) kann man weiter erwarten, daß – falls die Zahl $\varrho > 0$ sehr klein ist – sich auch die Funktion $\mu(\varrho, x)$ im Intervall $[a, b]$ „wenig" von der Funktion $u(x)$ unterscheiden wird. Diese erwarteten Eigenschaften der Funktion $\mu(\varrho, x)$ präzisiert der folgende Satz (siehe [42], S. 219 und 222):

Satz 8.4. *Die Funktion $\mu(\varrho, x)$ hat im Intervall $(-\infty, \infty)$ Ableitungen aller Ordnungen, wobei außerhalb des Intervalls $(a - \varrho, b + \varrho)$ $\mu(\varrho, x) \equiv 0$ ist.*[1]) *Außerdem gilt*

$$\lim_{\varrho \to 0} \mu(\varrho, x) = u(x) \quad \text{in } L_2(a, b)\,. \tag{8.26}$$

Wir beweisen nun den folgenden „Dichtheitssatz", den wir im weiteren Text oft benutzen werden. Zunächst sei aber eine bekannte Behauptung über Funktionen aus $L_2(a, b)$ angeführt (siehe z.B. [34]):

Es sei $u \in L_2(a, b)$. Dann gibt es zu jedem $\eta > 0$ ein $\delta > 0$, so daß

$$\int_c^d u^2(x)\,\mathrm{d}x < \eta \tag{8.27}$$

gilt, wenn das Intervall $[c, d]$ im Intervall $[a, b]$ liegt und wenn

$$|d - c| \leqq \delta$$

ist.

Satz 8.5. *Die lineare Menge $C_0^{(\infty)}(a, b)$ ist dicht in $L_2(a, b)$.*

Beweis: Wir müssen zeigen, daß man jede Funktion $u \in L_2(a, b)$ im Raum $L_2(a, b)$ mit beliebiger Genauigkeit durch Funktionen aus der Menge $C_0^{(\infty)}(a, b)$ approxi-

---

[1]) So daß $\mu(\varrho, x)$ eine Funktion mit kompaktem Träger z.B. im Intervall $(a - 2\varrho, b + 2\varrho)$ ist.

mieren kann; genauer: daß es zu jeder Funktion $u \in L_2(a, b)$ und zu jedem $\varepsilon > 0$ eine Funktion $v \in C_0^{(\infty)}(a, b)$ gibt, so daß gilt:

$$\|u - v\|_{L_2(a,b)} < \varepsilon\,.$$

Es sei also u eine Funktion aus $L_2(a, b)$ und $\varepsilon > 0$ eine gegebene Zahl. Wir setzen:

$$\eta = \frac{\varepsilon^2}{8}\,.$$

Zu diesem η kann man nach (8.27) ein solches $\delta > 0$ finden $(\delta < (b - a)/2)$, daß

$$\int_a^{a+\delta} u^2(x)\,\mathrm{d}x + \int_{b-\delta}^{b} u^2(x)\,\mathrm{d}x < 2\eta = \frac{\varepsilon^2}{4} \tag{8.28}$$

gilt. Es sei ferner $z(x)$ die auf dem Intervall $[a, b]$ durch die Formel

$$z(x) = \begin{cases} u(x) & \text{für} \quad x \in [a + \delta,\ b - \delta]\,, \\ 0 & \text{für} \quad x \in [a, a + \delta) \quad \text{und} \quad x \in (b - \delta, b] \end{cases}$$

definierte Funktion. (Diese Funktion stimmt also im Intervall $[a, b]$ mit der Funktion $u(x)$ überein – mit Ausnahme der δ-Umgebungen der Punkte a, b, wo sie identisch verschwindet.) Offensichtlich ist $z \in L_2(a, b)$ und

$$\|u(x) - z(x)\|^2_{L_2(a,b)} = \int_a^b [u(x) - z(x)]^2\,\mathrm{d}x =$$

$$= \int_a^{a+\delta} u^2(x)\,\mathrm{d}x + \int_{b-\delta}^{b} u^2(x)\,\mathrm{d}x < \frac{\varepsilon^2}{4}$$

nach (8.28), so daß

$$\|u(x) - z(x)\|_{L_2(a,b)} < \frac{\varepsilon}{2}$$

ist. Wir wählen nun $\varrho > 0$ und konstruieren zur Funktion $z(x)$ die Funktion $v(\varrho, x)$,

$$v(\varrho, x) = \int_{-\infty}^{\infty} z(t)\,\varphi(\varrho, x, t)\,\mathrm{d}t\,,$$

ähnlich wie wir auf S. 89 zur Funktion $u(x)$ die Funktion $\mu(\varrho, x)$ konstruiert haben. Diese Funktion hat – wie die erwähnte Funktion $\mu(\varrho, x)$ aus Satz 8.4 – für alle

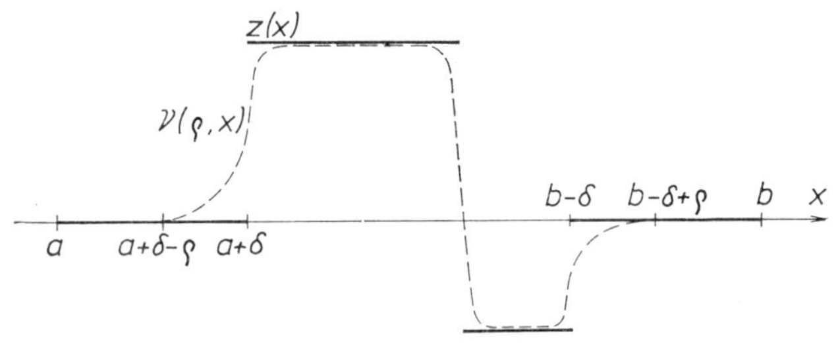

Figur 8.2

$x \in (-\infty, \infty)$ Ableitungen aller Ordnungen. Da die Funktion $z(x)$ in den Intervallen $[a, a + \delta)$, $(b - \delta, b]$ identisch verschwindet, ist außerdem für jedes $\varrho < \delta$ die Funktion $v(\varrho, x)$ eine Funktion mit kompaktem Träger im Intervall (a, b) (Figur 8.2).

Nach (8.26) gibt es zur Zahl $\varepsilon/2$ ein $\varrho_0 > 0$, so daß für jedes positive $\varrho < \varrho_0$ gilt

$$\|v(\varrho, x) - z(x)\|_{L_2(a,b)} < \frac{\varepsilon}{2}\,.$$

Ist gleichzeitig $\varrho_0 < \delta$, so ist – wie wir eben gesagt haben – die Funktion

$$v(\varrho, x)\,, \quad \varrho < \varrho_0\,, \tag{8.29}$$

eine Funktion mit kompaktem Träger im Intervall (a, b), d.h. es ist

$$v(\varrho, x) \in C_0^{(\infty)}(a, b)\,. \tag{8.30}$$

Gleichzeitig gilt jedoch

$$\|u(x) - v(\varrho, x)\|_{L_2(a,b)} \leqq \|u(x) - z(x)\|_{L_2(a,b)} + \\ + \|z(x) - v(\varrho, x)\|_{L_2(a,b)} < \frac{\varepsilon}{2} + \frac{\varepsilon}{2} = \varepsilon\,.$$

Als die gesuchte Funktion $v \in C_0^{(\infty)}(a, b)$ kann man also die Funktion (8.29) wählen.

Damit ist der Beweis von Satz 8.5 durchgeführt.

Auf ähnliche Weise kann man den analogen Satz für Funktionen mehrerer Veränderlicher beweisen:

Satz 8.6. *Es sei G ein Gebiet mit Lipschitz-Rand. Dann ist die lineare Menge $C_0^{(\infty)}(G)$ aller Funktionen mit kompaktem Träger in G dicht in $L_2(G)$.*

Bemerkung 8.5. Aus Satz 8.5 folgt z.B., daß die lineare Menge N aller Funktionen $u(x)$, die im Intervall $[a, b]$ samt ihren Ableitungen erster und zweiter Ordnung stetig sind und die Bedingungen $u(a) = 0$, $u(b) = 0$ erfüllen, eine dichte Menge in $L_2(a, b)$ ist, denn die Menge N enthält offensichtlich alle Funktionen aus der Menge $C_0^{(\infty)}(a, b)$. Falls man also jede Funktion $f \in L_2(a, b)$ mit beliebiger Genauigkeit (in der Metrik des Raumes $L_2(a, b)$) durch Funktionen aus der Menge $C_0^{(\infty)}(a, b)$ approximieren kann, kann man sie umsomehr mit beliebiger Genauigkeit durch Funktionen aus der Menge N (die „mehr" Funktionen enthält als die Menge $C_0^{(\infty)}(a, b)$) approximieren. Dasselbe gilt natürlich auch für die lineare Menge P aller Funktionen, die die Eigenschaften der Funktionen aus der Menge N haben und die allgemeineren Bedingungen

$$c_1\, u'(a) + c_2\, u(a) = 0\,, \quad c_3\, u'(b) + c_4\, u(b) = 0$$

erfüllen, wobei mindestens eine Zahl in jedem der Paare (c_1, c_2), (c_3, c_4) von Null verschieden ist (also z.B. die Bedingungen

$$u'(a) - 2\,u(a) = 0\,, \quad u(b) = 0)\,.$$

Auch diese Menge enthält alle Funktionen aus der Menge $C_0^{(\infty)}(a, b)$, denn jede der Funktionen $u \in C_0^{(\infty)}(a, b)$ hat im Intervall $[a, b]$ stetige Ableitungen sogar aller Ordnungen und verschwindet in der Umgebung der Punkte a, b identisch, so daß gilt

$$u'(a) = 0\,, \quad u(a) = 0\,, \quad u'(b) = 0\,, \quad u(b) = 0\,.$$

Ähnliche Folgerungen ergeben sich auch aus Satz 8.6. So ist z.B. die lineare Menge Q aller Funktionen, die samt ihren Ableitungen bis zur zweiten Ordnung stetig in $\overline{G}$

sind und auf dem Rand Γ die Bedingung

$$u = 0$$

erfüllen, eine dichte Menge in $L_2(G)$. Dasselbe gilt für die lineare Menge R der Funktionen mit ähnlichen Eigenschaften in $\bar{G}$, die auf Γ die Bedingung

$$\frac{\partial u}{\partial \nu} + cu = 0$$

erfüllen, wobei ν die äußere Normale des Randes Γ ist; c ist hier entweder eine Konstante, die eventuell auch verschwinden kann, oder eine auf dem Rand Γ erklärte Funktion. Die Mengen Q und R enthalten nämlich die Menge $C_0^{(\infty)}(G)$, deren Elemente $u(x)$ die vorgegebenen Bedingungen offensichtlich erfüllen.

Bemerkung 8.6. An die betrachteten Funktionen kann man auch andere Forderungen stellen. So ist z.B. die lineare Menge aller Funktionen $u(x)$ mit kompaktem Träger im Intervall (a, b), für die noch zusätzlich

$$\int_a^b u(x) \, \mathrm{d}x = 0$$

ist, eine dichte Menge im Raum $\tilde{L}_2(a, b)$ (mit der Metrik des Raumes $L_2(a, b)$) derjenigen Funktionen $f \in L_2(a, b)$, die die Bedingung

$$\int_a^b f(x) \, \mathrm{d}x = 0$$

erfüllen.

Für unsere weiteren Überlegungen wird noch der folgende Satz gebraucht, der aus der klassischen Analysis bekannt ist (*Greenscher Satz* oder *Satz über partielle Integration von Funktionen mehrerer Veränderlicher*):

Satz 8.7. *Es sei G ein Gebiet mit Lipschitz-Rand; die Funktionen* $f(x) = f(x_1, \ldots, x_N)$ *und* $g(x) = g(x_1, \ldots, x_N)$ *seien samt der partiellen Ableitungen* $\partial f/\partial x_i$, $\partial g/\partial x_i$ *(i ist eine der Zahlen* $1, \ldots, N$*) stetig in* $\bar{G} = G + \Gamma$. *Dann gilt*

$$\int_G \frac{\partial f}{\partial x_i} g \, \mathrm{d}x = \int_\Gamma f g \nu_i \, \mathrm{d}S - \int_G f \frac{\partial g}{\partial x_i} \, \mathrm{d}x \,, \tag{8.31}$$

wobei ν_i *die i-te Komponente des Einheitsvektors der äußeren Normale ist.*[1])

Nun werden wir die symmetrischen, positiven und positiv definiten Operatoren definieren und typische Beispiele solcher Operatoren angeben.

Definition 8.14. Es sei D_A eine in H dichte lineare Menge.[2]) Der in D_A lineare Operator A wird **symmetrisch auf** D_A genannt, wenn für jedes Paar von Elementen u, v aus D_A gilt

$$(Au, v) = (u, Av) \,. \tag{8.32}$$

---

[1]) Man kann zeigen, daß für ein Gebiet G mit Lipschitz-Rand Γ der Vektor der äußeren Normale fast überall auf Γ existiert und daß das Integral über Γ in (8.31) existiert. Siehe Kapitel 28.

[2]) Der Sinn dieser Voraussetzung wird aus dem Beweis von Satz 9.2 auf S. 102 hervorgehen.

Beispiel 8.6. Wir bezeichnen mit D_A die lineare Menge aller Funktionen $u(x)$, die samt ihren Ableitungen erster und zweiter Ordnung im abgeschlossenen Intervall $[a, b]$ stetig sind und die Bedingungen

$$u(a) = 0\,, \quad u(b) = 0 \tag{8.33}$$

erfüllen. Nach Satz 8.5 und Bemerkung 8.5 ist diese Menge dicht im Hilbert-Raum $L_2(a, b)$ (in dem das Skalarprodukt bekanntlich durch die Beziehung

$$(u, v) = \int_b^b u(x)\, v(x)\, \mathrm{d}x$$

gegeben ist). Auf der Menge D_A definieren wir den Operator A durch die Beziehung

$$Au = -u''\,. \tag{8.34}$$

Wir behaupten, daß der Operator A auf D_A symmetrisch ist.

Die Linearität des Operators A ist offensichtlich. Weiter sollen wir nach Definition 8.14 beweisen, daß für jedes Paar von Funktionen $u(x)$, $v(x)$ aus D_A gilt

$$(Au, v) = (u, Av)\,. \tag{8.35}$$

Es ist aber

$$(Au, v) = -\int_a^b u''v\, \mathrm{d}x = -[u'v]_a^b + \int_a^b u'v'\, \mathrm{d}x = \int_a^b u'v'\, \mathrm{d}x\,, \tag{8.36}$$

denn $v \in D_A$, so daß nach den Bedingungen (8.33)

$$[u'v]_a^b = u'(b)\, v(b) - u'(a)\, v(a) = 0$$

ist. Wenn wir diese Bedingungen noch einmal benutzen, erhalten wir

$$\int_a^b u'v'\, \mathrm{d}x = [uv']_a^b - \int_a^b uv''\, \mathrm{d}x = \int_a^b u(-v'')\, \mathrm{d}x = (u, Av)\,. \tag{8.37}$$

Aus (8.36) und (8.37) folgt (8.35), was zu beweisen war.

Beispiel 8.7. Wir betrachten im Hilbert-Raum $L_2(a, b)$ die lineare Menge D_B aller Funktionen, die samt ihren Ableitungen erster und zweiter Ordnung im abgeschlossenen Intervall $[a, b]$ stetig sind, aber nicht an die Bedingungen (8.33) gebunden sind. Da die Menge D_A aus Beispiel 8.6 in $L_2(a, b)$ dicht ist, ist umsomehr die Menge D_B dicht in $L_2(a, b)$. Auf D_B definieren wir den Operator B durch die Beziehung

$$Bu = -u''\,, \tag{8.38}$$

die mit der Beziehung (8.34) für den Operator A übereinstimmt. Der Operator B ist auf D_B nicht symmetrisch. Dazu genügt es zu zeigen, daß mindestens für ein Paar von Funktionen $u(x)$, $v(x)$ aus D_B die Gleichheit

$$(Bu, v) = (u, Bv) \tag{8.39}$$

nicht erfüllt ist. Wir betrachten die Funktionen

$$u(x) = x - a\,, \quad v(x) = (x - a)(x - b)\,, \tag{8.40}$$

die offensichtlich zu D_B gehören. Es ist

$$(Bu, v) = -\int_a^b u''v\, \mathrm{d}x = 0\,, \quad (u, Bv) = -\int_a^b 2(x - a)\, \mathrm{d}x = -(b - a)^2 \neq 0\,.$$

D.h. für die Funktionen (8.40) ist also die Gleichheit (8.39) nicht erfüllt, so daß der Operator B auf D_B nicht symmetrisch ist.

Aus den Beispielen 8.6 und 8.7 ist gut zu sehen, daß zwei Operatoren, die durch dieselben Beziehungen definiert sind (in unseren Fällen handelte es sich um die Beziehungen (8.34) und (8.38)), verschiedene Eigenschaften haben können, falls ihre Definitionsbereiche verschieden sind.

Beispiel 8.8. Wir betrachten im Hilbert-Raum $L_2(G)$ die lineare Menge D_A aller Funktionen, die zu $C^{(2)}(\overline{G})$ gehören, die also samt ihren partiellen Ableitungen bis zur zweiten Ordnung im abgeschlossenen Gebiet $\overline{G} = G + \Gamma$ (mit Lipschitz-Rand) stetig sind, und die noch die Randbedingung

$$u = 0 \quad \text{auf} \quad \Gamma \tag{8.41}$$

erfüllen. Nach Satz 8.6 und Bemerkung 8.5 ist die Menge D_A dicht in $L_2(G)$. Wir definieren auf D_A den Operator A durch

$$Au = -\Delta u\,, \tag{8.42}$$

wobei Δ der Laplace-Operator ist. (Aus Beispiel 8.10 wird ersichtlich, warum wir hier das Vorzeichen Minus wählen.) Wir beweisen, daß der Operator A auf D_A symmetrisch ist.

Die Linearität des Operators A ist offensichtlich. Wir wählen nun beliebige Funktionen $u(x)$, $v(x)$ aus D_A. Es ist

$$(Au, v) = -\int_G \Delta u\,.\,v\,\mathrm{d}x = -\int_G \left(\frac{\partial^2 u}{\partial x_1^2} + \ldots + \frac{\partial^2 u}{\partial x_N^2}\right) v\,\mathrm{d}x\,. \tag{8.43}$$

Setzen wir in (8.31) $f = \partial u/\partial x_i$ und $g = v$, erhalten wir

$$-\int_G \frac{\partial^2 u}{\partial x_i^2}\, v\,\mathrm{d}x = -\int_\Gamma \frac{\partial u}{\partial x_i}\, v\nu_i\,\mathrm{d}S + \int_G \frac{\partial u}{\partial x_i}\frac{\partial v}{\partial x_i}\,\mathrm{d}x\,. \tag{8.44}$$

Wenn wir nun die Gleichungen (8.44) sukzessiv für $i = 1$ bis $i = N$ aufschreiben und alle diese Gleichheiten addieren, und noch in Betracht ziehen, daß

$$\nu_1 \frac{\partial u}{\partial x_1} + \ldots + \nu_N \frac{\partial u}{\partial x_N} = \frac{\partial u}{\partial \nu}$$

ist, wobei $\partial u/\partial \nu$ die Ableitung der Funktion $u(x)$ nach der äußeren Normale ist, so erhalten wir

$$\begin{aligned}(Au, v) &= -\int_G \left(\frac{\partial^2 u}{\partial x_1^2} + \ldots + \frac{\partial^2 u}{\partial x_N^2}\right) v\,\mathrm{d}x = \\ &= -\int_\Gamma \frac{\partial u}{\partial \nu}\, v\,\mathrm{d}S + \sum_{i=1}^N \int_G \frac{\partial u}{\partial x_i}\frac{\partial v}{\partial x_i}\,\mathrm{d}x = \sum_{i=1}^N \int_G \frac{\partial u}{\partial x_i}\frac{\partial v}{\partial x_i}\,\mathrm{d}x\,,\end{aligned} \tag{8.45}$$

denn es ist $v \in D_A$ und folglich $v = 0$ auf Γ. Ganz ähnlich ergibt sich

$$(u, Av) = -\int_G \Delta v\,.\,u\,\mathrm{d}x = \sum_{i=1}^N \int_G \frac{\partial v}{\partial x_i}\frac{\partial u}{\partial x_i}\,\mathrm{d}x\,. \tag{8.46}$$

Wenn wir die Gleichungen (8.45) und (8.46) vergleichen, erhalten wir die gewünschte Beziehung

$$(Au, v) = (u, Av) \quad \text{für alle} \quad u \in D_A\,,\ v \in D_A\,,$$

womit unsere Behauptung bewiesen ist.

Ähnlich wie in Beispiel 8.7 könnten wir feststellen, daß der Operator B, der durch die Vorschrift (8.42) auf der linearen Menge D_B derjenigen Funktionen definiert ist, die ähnliche Eigenschaften wie die Funktionen aus der Menge D_A haben, die aber nicht an die Bedingung (8.41) gebunden sind, nicht symmetrisch ist.

Definition 8.15. Der Operator A wird **positiv auf seinem Definitionsbereich** D_A genannt, wenn er symmetrisch ist[1]) und wenn für alle $u \in D_A$ gilt:

$$(Au, u) \geqq 0 \tag{8.47}$$

und

$$(Au, u) = 0 \Rightarrow u = 0 \quad \text{in } D_A . \tag{8.48}$$

Falls sogar eine Konstante $C > 0$ existiert, so daß für alle $u \in D_A$

$$(Au, u) \geqq C^2 \|u\|^2 \tag{8.49}$$

ist, wird der Operator A **positiv definit auf** D_A genannt.

Aus Definition 8.15 folgt, daß jeder positiv definite Operator auf D_A positiv ist. Die umgekehrte Behauptung gilt nicht.

Aus den folgenden Beispielen wird klar hervorgehen, daß die Überprüfung der Bedingung (8.48) den wesentlichen Schritt darstellt, wenn wir zeigen wollen, daß der Operator A auf D_A positiv ist. Die „umgekehrte" Eigenschaft,

$$u = 0 \quad \text{in } D_A \Rightarrow (Au, u) = 0$$

ist natürlich offensichtlich.

Beispiel 8.9. Der Operator A aus Beispiel 8.6, S. 93, ist positiv: In Beispiel 8.6 haben wir bewiesen, daß er symmetrisch ist. Aus der Gleichheit (8.36), d.h. aus der Gleichheit

$$(Au, v) = \int_a^b u'v' \, dx \quad \text{für alle } u \in D_A , \ v \in D_A \tag{8.50}$$

folgt zunächst

$$(Au, u) = \int_a^b u'^2 \, dx \geqq 0 \quad \text{für alle } u \in D_A , \tag{8.51}$$

denn es ist $u'^2(x) \geqq 0$ in $[a, b]$. Es bleibt (8.48) zu beweisen, d.h. die Gültigkeit der Implikation

$$(Au, u) = 0 \Rightarrow u(x) \equiv 0 \quad \text{in} \quad [a, b] . \tag{8.52}$$

Es sei also $(Au, u) = 0$, d.h. es sei nach (8.51)

$$\int_a^b u'^2 \, dx = 0 . \tag{8.53}$$

Die Funktion $u'(x)$ ist nach Voraussetzung stetig in $[a, b]$, denn es ist $u \in D_A$; aus (8.53) folgt also

$$u'(x) \equiv 0 , \quad \text{d.h.} \quad u(x) = \text{const in } [a, b] .$$

Da $u \in D_A$ ist, gilt $u(a) = u(b) = 0$, und folglich

$$u(x) \equiv 0 \quad \text{in } [a, b] ,$$

was zu beweisen war.

Wir zeigen nun, daß der Operator A auf D_A sogar positiv definit ist. Dazu müssen wir beweisen,

---

[1]) Man kann zeigen, daß im Fall eines komplexen Hilbert-Raumes die Symmetrie des Operators A direkt aus der Forderung (8.47) folgt. Bei einem reellen Hilbert-Raum muß man die Forderung der Symmetrie ausdrücklich betonen.

daß es eine Konstante $C > 0$ gibt, so daß für jedes $u \in D_A$

$$(Au, u) \geqq C^2 \|u\|^2 \tag{8.54}$$

gilt, d.h. nach (8.51),

$$\int_a^b u'^2(x)\,\mathrm{d}x \geqq C^2 \int_a^b u^2(x)\,\mathrm{d}x\,.$$

Da $u \in D_A$ ist, ist $u(a) = 0$, und folglich ist

$$u(x) = \int_a^x u'(t)\,\mathrm{d}t\,.$$

Nach der Schwarzschen Ungleichung (6.17) (siehe auch S. 23) ist

$$u^2(x) = \left(\int_a^x u'(t)\,\mathrm{d}t\right)^2 \leqq \int_a^x 1^2\,\mathrm{d}t\,.\int_a^x u'^2(t)\,\mathrm{d}t = (x - a)\,.\int_a^x u'^2(t)\,\mathrm{d}t\,.$$

Weil $x - a \geqq 0$ und $u'^2(t) \geqq 0$ in $[a, b]$ ist, gilt umsomehr

$$u^2(x) \leqq (x - a) \cdot \int_a^b u'^2(t)\,\mathrm{d}t\,,$$

und also auch

$$\int_a^b u^2(x)\,\mathrm{d}x \leqq \int_a^b u'^2(t)\,\mathrm{d}t\,.\int_a^b (x - a)\,\mathrm{d}x = \int_a^b u'^2(t)\,\mathrm{d}t\,.\frac{(b-a)^2}{2}\,. \tag{8.55}$$

Wenn wir nun im Integral $\int_a^b u'^2(t)\,\mathrm{d}t$ zur üblichen Bezeichnung x für die Integrationsveränderliche zurückkehren, können wir (8.55) in der folgenden Form schreiben:

$$\frac{(b-a)^2}{2} \int_a^b u'^2(x)\,\mathrm{d}x \geqq \int_a^b u^2(x)\,\mathrm{d}x\,,$$

d.h. — mit (8.51) — in der Form

$$(Au, u) \geqq C^2 \|u\|^2$$

mit

$$C = \frac{\sqrt{2}}{b - a}\,,$$

was zu beweisen war.

Beispiel 8.10. Wir weisen nach, daß der Operator A aus Beispiel 8.8 in D_A positiv ist. In dem erwähnten Beispiel haben wir gezeigt, daß er in D_A symmetrisch ist. Es genügt also zu beweisen, daß für jedes $u \in D_A$ (8.47), (8.48) gilt, d.h. daß für jedes $u \in D_A$ gilt:

$$(-\Delta u, u) \geqq 0 \tag{8.56}$$

und

$$(-\Delta u, u) = 0 \Rightarrow u(x) \equiv 0 \quad \text{in } \bar{G}\,. \tag{8.57}$$

Aus (8.45) folgt für jedes $u \in D_A$

$$(Au, u) = (-\Delta u, u) = \sum_{i=1}^N \int_G \left(\frac{\partial u}{\partial x_i}\right)^2 \mathrm{d}x \geqq 0\,, \tag{8.58}$$

denn es ist $(\partial u/\partial x_i)^2 \geqq 0$ in $\bar{G}$ für jedes $i = 1, \ldots, N$. Damit ist nachgewiesen, daß die Ungleichung (8.56) für jedes $u \in D_A$ erfüllt ist. Es genügt nun die Gültigkeit der Implikation

$$(-\Delta u, u) = 0 \Rightarrow u(x) \equiv 0 \quad \text{in } \bar{G} \tag{8.59}$$

zu beweisen. Aus der Beziehung $(-\Delta u, u) = 0$, d.h. aus

$$\sum_{i=1}^{N} \int_G \left(\frac{\partial u}{\partial x_i}\right)^2 \mathrm{d}x = 0$$

folgt

$$\frac{\partial u}{\partial x_1} \equiv 0, \ldots, \frac{\partial u}{\partial x_N} \equiv 0 \quad \text{in } \bar{G}, \tag{8.60}$$

denn es ist $u \in D_A$. Aus demselben Grund sind die Ableitungen $\partial u/\partial x_1, \ldots, \partial u/\partial x_N$ stetig in $\bar{G}$ und (8.60) liefert

$$u(x) = \text{const} \quad \text{in } \bar{G}.$$

Zusammen mit der Bedingung (8.41), d.h.

$$u = 0 \quad \text{auf } \Gamma,$$

folgt dann

$$u(x) \equiv 0 \quad \text{in } \bar{G},$$

was zu beweisen war.

Der Operator A aus Beispiel 8.8 ist also in D_A positiv. Ähnlich wie im vorhergehenden Beispiel kann man zeigen, daß er in D_A sogar positiv definit ist. Den Beweis werden wir hier nicht durchführen, denn dieses Ergebnis wird als Spezialfall aus späteren Überlegungen folgen (S. 256).

c) Funktionale. Der Satz von Riesz

In diesem Kapitel, das sich mit Operatoren beschäftigt, haben wir eine Reihe von Begriffen eingeführt. Zunächst (siehe Definitionen 8.1 bis 8.10) haben wir einen Operator als Abbildung einer Menge M_1 *in* die Menge M_2 definiert (als Spezialfall haben wir die Abbildung der Menge M_1 *auf* die Menge M_2 betrachtet), wir haben die Gleichheit, die Summe und das Produkt zweier Operatoren eingeführt (dabei haben wir auch erwähnt, was wir unter der Fortsetzung eines gegebenen Operators verstehen), den eineindeutigen Operator, den zu einem gegebenen Operator inversen Operator und den linearen Operator definiert. Im zweiten Teil dieses Kapitels haben wir uns einem etwas spezielleren Fall von Operatoren gewidmet, und zwar Operatoren im Hilbert-Raum. Wir haben den Einheits- und Nulloperator, und dann den stetigen Operator und den beschränkten Operator definiert, wobei wir die einfache Beziehung zwischen diesen beiden letzten Begriffen erwähnt haben. Zum Ende haben wir uns auf symmetrische, positive und positiv definite Operatoren konzentriert, die in den Problemen der partiellen Differentialgleichungen von besonderer Bedeutung sind.

Zum Abschluß dieses Kapitel werden wir einen Spezialfall von Operatoren, die sogenannten Funktionale, betrachten.

Definition 8.16. Ein Operator F, der seinen Definitionsbereich D_F in die Menge der reellen bzw. komplexen Zahlen abbildet, wird **Funktional (reelles** bzw. **komplexes)** genannt.

Ein Funktional ordnet also jedem Element $u \in D_F$ eine gewisse Zahl Fu (oft schreibt man auch $F(u)$) zu, die reell oder komplex ist.

Falls nicht ausdrücklich das Gegenteil betont wird, werden wir im weiteren Text reelle Funktionale betrachten.

Da ein Funktional ein Spezialfall eines Operators ist, bleiben fast alle im vorhergehenden Text erwähnten Begriffe und Ergebnisse ohne Änderung, falls sie nicht für andere Fälle formuliert wurden (z.B. für Operatoren, die eine Menge eines Hilbert-Raumes in demselben Hilbert-Raum abbilden). Insbesondere bleibt also die Definition 8.9 unverändert:

Definition 8.17. Das reelle Funktional F wird **linear** genannt, wenn sein Definitionsbereich D_F eine lineare Menge ist und wenn für alle reellen Zahlen $a_1, \ldots, a_n$ und für alle Elemente $u_1, \ldots, u_n$ aus der Menge D_F gilt:

$$F(a_1 u_1 + \ldots + a_n u_n) = a_1 F u_1 + \ldots + a_n F u_n . \tag{8.61}$$

Auch die Definitionen der Stetigkeit und der Beschränktheit des Funktionals sind den Definitionen 8.12 und 8.13 völlig ähnlich. Wir führen sie für den Fall an, wenn der Definitionsbereich D_F des gegebenen Funktionals in irgendeinem Hilbert-Raum liegt. Man beachte, daß Fu bzw. Fu_n reelle Zahlen sind und das Symbol

$$\lim_{n \to \infty} F u_n = F u$$

also die Konvergenz einer Folge reeller Zahlen Fu_n gegen die Zahl Fu bedeutet. Die Norm $\|Au\|$ aus Definition 8.13 ist hier der Absolutbetrag $|Fu|$ der Zahl Fu.

Definition 8.18. Das Funktional F wird **stetig im Punkt** $u_0 \in D_F$ genannt, wenn für jede Folge von Elementen u_n aus D_F, für die

$$\lim_{n \to \infty} u_n = u_0 \quad \text{in } H \tag{8.62}$$

ist, die Beziehung

$$\lim_{n \to \infty} F u_n = F u_0 \tag{8.63}$$

gilt. Ist das Funktional F stetig in jedem Punkt $u_0 \in D_F$, sagen wir, daß es **stetig auf** D_F ist.

Definition 8.19. Das Funktional F wird **beschränkt** auf D_F genannt, wenn es eine Zahl K gibt, so daß für alle Elemente $u \in D_F$ gilt

$$|Fu| \leqq K \|u\| . \tag{8.64}$$

Die kleinste von den Zahlen K, für die die Bedingung (8.64) erfüllt ist, wird die **Norm des Funktionals** F genannt. Wie bezeichnen sie mit $\|F\|$.

Beispiel 8.11. Es sei v ein gewisses festes Element des (reellen) Hilbert-Raumes H. Dann ist durch die Beziehung

$$Fu = (u, v) \quad \text{für alle} \quad u \in H \tag{8.65}$$

ein beschränktes lineares Funktional auf H gegeben und seine Norm ist gleich der Norm des Elementes v.

Zunächst ist klar, daß F ein Funktional ist, denn für jedes $u \in H$ ist (u, v) eine gewisse (reelle) Zahl. Weiter ist H nach Definition des Hilbert-Raumes eine lineare Menge; man kann leicht nachweisen, daß die Bedingung (8.61) erfüllt ist, denn aus den Eigenschaften des Skalarproduktes folgt

$$F(a_1 u_1 + \ldots + a_n u_n) = (a_1 u_1 + \ldots + a_n u_n, v) =$$
$$= a_1(u_1, v) + \ldots + a_n(u_n, v) = a_1 F u_1 + \ldots + a_n F u_n \,. \tag{8.66}$$

Das Funktional (8.65) ist also linear. Aus der bekannten Ungleichung für das Skalarprodukt

$$|(u, v)| \leqq \|u\| \cdot \|v\|$$

folgt, daß das Funktional beschränkt ist, wobei man als die Zahl K in der Ungleichung (8.64) die Zahl $\|v\|$ wählen kann. Es läßt sich aber leicht zeigen, daß $\|v\|$ die kleinste von den Zahlen K ist, die die Bedingung (8.64) erfüllen: Für das Element $u = v$ ist nämlich

$$Fv = (v, v) = \|v\| \cdot \|v\| \,,$$

so daß die Zahl $K = \|v\|$ in (8.64) nicht verkleinert werden kann. Folglich ist die Norm des Funktionals (8.65) gleich der Zahl $\|v\|$.

Einen Spezialfall des Funktionals (8.65) für $H = L_2(0, 1)$ und $v(x) \equiv 1$ im Intervall $[0, 1]$ stellt das durch die Formel

$$Gu = \int_0^1 u(x)\,\mathrm{d}x \tag{8.67}$$

gegebene Funktional dar. Das Funktional G ist nach Beispiel 8.11 ein lineares beschränktes Funktional mit der Norm $\|G\| = 1$.

Nach Beispiel 8.11 ist klar, daß bei fest gewähltem $v \in H$ das Skalarprodukt (u, v) ein lineares beschränktes Funktional mit der Norm $\|F\| = \|v\|$ darstellt. Es gilt aber auch der folgende sehr wichtige Satz:

Satz 8.8. (Satz von Riesz.) *Jedes beschränkte lineare Funktional F im Hilbert-Raum H kann man in der Form*

$$Fu = (u, v) \tag{8.68}$$

ausdrücken, wobei v ein gewisses, durch das Funktional F eindeutig bestimmtes Element des Raumes H ist. Dabei gilt $\|v\| = \|F\|$.

Wir bemerken, daß durch Satz 8.8 die Existenz eines Elementes $v \in H$ garantiert ist, so daß für alle $u \in H$ (8.68) gilt, daß es aber im allgemeinen Fall nicht leicht ist, zu einem gegebenen Funktional F dieses Element auch wirklich anzugeben.

Die Idee des **Beweises** von Satz 8.8 ist die folgende: Ist $Fu = 0$ für jedes $u \in H$, dann genügt es, $v = 0$ zu setzen. Es sei also F nicht das Nullfunktional. Wir bezeichnen mit L die mit der Metrik des Raumes H versehene lineare Menge aller derjenigen Elemente $z \in H$, für die $Fz = 0$ gilt. Da das Funktional beschränkt ist, kann man leicht zeigen, daß L ein Teilraum des Raumes H ist. Wir bezeichnen mit K sein orthogonales Komplement in H, so daß $H = L \oplus K$ ist. Da weiter F nicht das Nullfunktional ist, gibt es ein $x \in K$, so daß $Fx = \alpha \neq 0$ ist. Für das Element $y = x/\alpha$ gilt dann $y \in K$ und $Fy = 1$. Sei u ein beliebiges Element aus H und $Fu = \beta$, so läßt sich leicht zeigen, daß

$$u = (u - \beta y) + \beta y$$

gilt, wobei $u - \beta y \in L$, $\beta y \in K$ ist. Hieraus folgt nach einfachen Rechnungen (denn es ist $u - \beta y \perp y$)

$$(u, y) = ((u - \beta y) + \beta y, y) = \beta \|y\|^2 = \|y\|^2 \,.\, Fu\,,$$

so daß

$$Fu = \left(u, \frac{y}{\|y\|^2}\right)$$

ist. In Satz 8.8 genügt es also $v = y/\|y\|^2$ zu setzen.

Ist v' ein anderes Element, so daß für alle $u \in H$ gilt $Fu = (u, v')$, dann ist (nach Subtraktion) $(u, v' - v) = 0$. Wenn wir hier $u = v' - v$ setzen, foglt $v' = v$; d.h., daß das Element v mit den angeführten Eigenschaften eindeutig bestimmt ist.

Weiter ist $|Fu| = |(v, u)| \leqq \|v\| \,.\, \|u\|$, so daß $\|F\| \leqq \|v\|$ ist. Es kann aber nicht $\|F\| < \|v\|$ sein, denn es ist $Fv = (v, v) = \|v\|^2$, so daß tatsächlich $\|F\| = \|v\|$ ist. Ähnlich wie auf S. 86, 87 kann man zeigen:

Satz 8.9. *Das lineare Funktional F ist auf D_F genau dann stetig, wenn es beschränkt ist.*

Bemerkung 8.7. Im folgenden Kapitel werden wir mit dem Funktional F arbeiten, das durch die Formel

$$Fu = (Au, u) - 2(f, u)$$

gegeben ist, wobei A ein positiv definiter Operator auf einer im Hilbert-Raum H dichten linearen Menge D_A und $f \in H$ ist. Da (wegen der Linearität des Operators A)

$$(A(au), au) = a^2(Au, u)$$

für jedes reelle a gilt, sprechen wir beim Term (Au, u) vom quadratischen Glied des Funktionals F und das Funktional F selbst nennen wir **quadratisches Funktional.**

Die in diesem Kapitel eingeführten Begriffe sowie auch die erzielten Ergebnisse erlauben uns nun, zur Formulierung der grundlegenden Sätze überzugehen, die es ermöglichen, die Variationsmethoden direkt zur Lösung von Operatorgleichungen der Form $Au = f$ anzuwenden, vor allem zur Lösung eines Spezialfalles dieser Gleichungen, nämlich der Differentialgleichungen mit Randbedingungen.

TEIL II. VARIATIONSMETHODEN

Kapitel 9. Satz vom Minimum eines quadratischen Funktionals und seine Konsequenzen

Schon in der Einführung zum vorhergehenden Kapitel haben wir erwähnt, daß in diesem Buch Gleichungen der Form

$$Au = f \tag{9.1}$$

im Mittelpunkt unseres Interesses stehen werden, wobei A ein gewisser Operator (in den Anwendungen meistens ein Differentialoperator), f die gegebene rechte Seite der Gleichung (9.1) (üblicherweise ein Element eines gewissen Hilbert-Raumes) und u die gesuchte Lösung ist. An dem Beispiel des Dirichletschen Problems für die Poissonsche Gleichung, d.h. des Problems

$$-\Delta u = f(x, y)\,^{1)} \quad \text{in } G, \tag{9.2}$$

$$u = 0 \quad \text{auf } \Gamma, \tag{9.3}$$

wobei Γ der Rand des Gebietes G ist, haben wir gezeigt, wie wir zu Gleichungen der Form (9.1) kommen. Dabei haben wir den Operator $-\Delta$ auf der linearen Menge M_1 derjenigen Funktionen betrachtet, die zu $C^{(2)}(\overline{G})$ gehören und auf Γ die Bedingung (9.3) erfüllen. Wir haben gezeigt (vgl. Satz 8.6, bzw. Bemerkung 8.5 und Beispiele 8.8 und 8.10), daß die Menge M_1 dicht im Hilbert-Raum $L_2(G)$ ist und daß der Operator $-\Delta$ auf dieser Menge symmetrisch und positiv ist. Außerdem haben wir angekündigt, daß wir später zeigen werden, daß er sogar positiv definit ist.

Auf ähnliche Fälle werden wir im weiteren sehr oft stoßen: Es ist ein gewisser Hilbert-Raum H gegeben (es muß nicht immer der Raum $L_2(G)$ sein, wie es im betrachteten Beispiel der Fall war; bei der Lösung gewisser Probleme ist es oft vorteilhaft, allgemeinere Räume oder Räume anderen Charakters zu betrachten). In diesem Raum ist eine gewisse in H dichte lineare Menge D_A definiert und auf ihr ein positiver (bzw. positiv definiter) Operator A, der die Menge D_A in den Raum H abbildet. Weiter ist ein gewisses Element $f \in H$ gegeben und wir suchen ein Element $u \in D_A$, das die Gleichung

$$Au = f \quad \text{in } H \tag{9.4}$$

erfüllt.

---

[1]) Statt des Operators Δ, den wir in dem erwähnten Beispiel betrachtet haben, betrachten wir hier den Operator $-\Delta$, der gegenüber dem Operator Δ den im weiteren sehr wesentlichen Vorteil hat, daß er auf der linearen Menge M_1 positiv ist. Ansonsten ist es gleich, ob wir die Poissonsche Gleichung in der Form $\Delta u = g(x, y)$ oder in der Form $-\Delta u = f(x, y)$ mit $f(x, y) = -g(x, y)$ schreiben.

Die Schreibweise (9.4) ist so zu verstehen, daß die Gleichung $Au = f$ im betrachteten Hilbert-Raum H erfüllt ist, d.h. daß $Au - f$ das Nullelement des Raumes H ist. Ist z.B. $H = L_2(G)$, dann bedeutet (9.4), daß die Gleichung $Au = f$ im Gebiet G fast überall erfüllt ist, d.h. eventuell mit Ausnahme von Punkten, die eine Menge vom Maß Null bilden.

Wir werden zeigen: wenn der Operator A positiv auf D_A ist, dann kann die Gleichung (9.4) in H höchstens eine Lösung $u \in D_A$ besitzen. Bevor wir den Beweis durchführen, wiederholen wir einige im vorhergehenden Kapitel eingeführte Begriffe.

Die lineare Menge D_A sei *dicht* im Hilbert-Raum H. Der Operator A, der die Menge D_A in den Raum H abbildet, wird *symmetrisch* auf D_A genannt, wenn er auf D_A linear ist und

$$(Au, v) = (u, Av) \quad \text{für zwei beliebige Elemente } u \in D_A,\ v \in D_A \tag{9.5}$$

gilt. A wird *positiv* auf D_A genannt, wenn er auf D_A symmetrisch ist und

$$(Au, u) \geqq 0 \quad \text{für jedes} \quad u \in D_A \tag{9.6}$$

erfüllt ist, wobei gilt

$$(Au, u) = 0 \Rightarrow u = 0 \quad \text{in } D_A\,. \tag{9.7}$$

Satz 9.1. *Ist A ein positiver Operator auf D_A, dann hat die Gleichung* (9.4) *mit $f \in H$ in H höchstens eine Lösung $u \in D_A$.*

Beweis: Wir setzen voraus, daß zwei solche Lösungen existieren : $u_1 \in D_A$, $u_2 \in D_A$. Das bedeutet, daß in H die Gleichungen

$$Au_1 = f\,, \tag{9.8}$$

$$Au_2 = f \tag{9.9}$$

erfüllt sind. Wenn wir die Gleichung (9.8) von Gleichung (9.9) subtrahieren und in Betracht ziehen, daß A positiv ist – und folglich linear, so daß $Au_2 - Au_1 = A(u_2 - u_1)$ ist –, so erhalten wir

$$A(u_2 - u_1) = 0 \quad \text{in } H\,.$$

Durch skalares Multiplizieren dieser Gleichung von rechts mit dem Element $u_2 - u_1 \in D_A$ erhalten wir

$$(A(u_2 - u_1),\ u_2 - u_1) = 0$$

und hieraus folgt nach (9.7)

$$u_2 - u_1 = 0 \quad \text{in } D_A\,,$$

d.h. $u_2 = u_1$ in D_A, was zu beweisen war.

Von grundlegender Bedeutung wird für uns der folgende Satz sein:

Satz 9.2. (Satz vom Minimum eines quadratischen Funktionals.) *Es sei A ein positiver Operator auf D_A, $f \in H$. Weiter sei vorausgesetzt, daß die Gleichung* (9.4) *eine Lösung $u_0 \in D_A$ hat, d.h. es gelte*

$$Au_0 = f \quad \text{in } H\,, \quad u_0 \in D_A\,. \tag{9.10}$$

Dann nimmt das quadratische[1]) *Funktional*

$$Fu = (Au, u) - 2(f, u) \tag{9.11}$$

seinen Minimalwert auf D_A genau für das Element u_0 an, d.h. für alle $u \in D_A$ gilt $Fu \geqq Fu_0$, wobei $Fu = Fu_0$ nur für $u = u_0$ ist.

Wenn umgekehrt das Funktional (9.11) für ein Element u_0 seinen Minimalwert im Vergleich mit allen Elementen $u \in D_A$ annimmt, dann ist u_0 die Lösung der Gleichung (9.4) in H, d.h. es gilt (9.10).

Beweis: Es ist klar, daß das Funktional Fu für alle $u \in D_A$ definiert ist.

1. Es sei für u_0 die Gleichung (9.10) in H erfüllt, so daß $f = Au_0$ ist. Wenn wir dieses für f in (9.11) einsetzen, erhalten wir für $u \in D_A$

$$Fu = (Au, u) - 2(Au_0, u)\,.$$

Man kann jedoch leicht feststellen, daß

$$\begin{aligned} Fu &= (Au, u) - 2(Au_0, u) = \\ &= (Au, u) - (Au_0, u) - (u, Au_0) = \\ &= (Au, u) - (Au_0, u) - (Au, u_0) = \\ &= (Au, u) - (Au_0, u) - (Au, u_0) + (Au_0, u_0) - (Au_0, u_0) = \\ &= (A(u - u_0), u - u_0) - (Au_0, u_0) \end{aligned}$$

ist. (Hier haben wir einerseits die Symmetrie des Skalarproduktes benutzt, aus der $(Au_0, u) = (u, Au_0)$ folgt, andererseits die Symmetrie des Operators A, aufgrund der $(u, Au_0) = (Au, u_0)$ ist.)
Weiter ist

$$Fu_0 = (Au_0, u_0) - 2(f, u_0) = (Au_0, u_0) - 2(Au_0, u_0) = -(Au_0, u_0)\,.$$

Gilt also $Au_0 = f$, dann ist

$$Fu = (A(u - u_0), u - u_0) + Fu_0\,. \tag{9.12}$$

Da der Operator A nach Voraussetzung positiv ist, gilt für das erste Glied auf der rechten Seite von (9.12)

$$(A(u - u_0), u - u_0) \geqq 0 \quad \text{für jedes } u \in D_A\,,$$

wobei

$$(A(u - u_0), u - u_0) = 0 \quad \text{genau dann ist, wenn } u - u_0 = 0 \text{ in } D_A \text{ ist.}$$

Aus (9.12) folgt also

$$Fu \geqq Fu_0 \quad \text{für jedes } u \in D_A\,,$$

und

$$Fu = Fu_0$$

---

[1]) Siehe Bemerkung 8.7, S. 100.

genau dann, wenn $u = u_0$ in D_A ist. D.h., falls die Gleichung $Au_0 = f$ erfüllt ist, nimmt das Funktional Fu seinen kleinsten Wert auf D_A genau für das Element $u = u_0$ an. Damit ist die erste Behauptung von Satz 9.2 bewiesen.

2. Das Funktional Fu nehme nun auf D_A seinen kleinsten Wert für das Element u_0 an. Dies bedeutet, daß für ein beliebig gewähltes Element $v \in D_A$ und für eine beliebige reelle Zahl t (dann ist offensichtlich auch $u_0 + tv \in D_A$)

$$F(u_0 + tv) \geqq Fu_0 \tag{9.13}$$

gelten wird. Wenn wir wieder die Symmetrie des Operators A und die Symmetrie des Skalarproduktes benutzen, erhalten wir

$$\begin{aligned} &F(u_0 + tv) = \\ &= (A(u_0 + tv), u_0 + tv) - 2(f, u_0 + tv) = \\ &= (Au_0 + tAv, u_0 + tv) - 2(f, u_0) - 2t(f, v) = \\ &= (Au_0, u_0) + t(Av, u_0) + t(Au_0, v) + t^2(Av, v) - 2t(f, v) - 2(f, u_0) = \\ &= (Au_0, u_0) + 2t(Au_0, v) + t^2(Av, v) - 2t(f, v) - 2(f, u_0)\,. \end{aligned}$$

Also ist

$$F(u_0 + tv) = (Au_0, u_0) + 2t(Au_0, v) + t^2(Av, v) - 2t(f, v) - 2(f, u_0)\,. \tag{9.14}$$

Da $u_0 \in D_A$ und $f \in H$ feste Elemente sind, folgt aus (9.14), daß für ein fest gewähltes $v \in D_A$ der Ausdruck $F(u_0 + tv)$ eine quadratische Funktion der Veränderlichen t ist. Aus (9.13) folgt, daß diese Funktion für $t = 0$ ein lokales Minimum annimmt, was bedeutet, daß ihre erste Ableitung für $t = 0$ notwendig verschwindet,

$$\frac{\mathrm{d}}{\mathrm{d}t} F(u_0 + tv)\bigg|_{t=0} = 0\,, \tag{9.15}$$

d.h. nach (9.14)

$$2(Au_0, v) - 2(f, v) = 0\,. \tag{9.16}$$

Die Bedingung (9.16) können wir leicht in die folgende Form bringen:

$$(Au_0 - f, v) = 0\,.\text{[1]} \tag{9.17}$$

Das Element $v \in D_A$ war zwar fest, aber beliebig gewählt, so daß wir für jede Wahl des Elementes $v \in D_A$ zur Bedingung (9.17) kommen. Da die lineare Menge D_A nach Voraussetzung dicht in H ist, folgt also aus (9.17), daß das Element $Au_0 - f$ im Raum H zu allen Elementen v aus der in H dichten linearen Menge D_A orthogonal ist, woraus nach Satz 6.18 folgt, daß

$$Au_0 - f = 0 \quad \text{in } H \tag{9.18}$$

gilt, d.h. daß u_0 in H die Lösung der Gleichung $Au_0 = f$ ist, was zu beweisen war.

---

[1]) Das Funktional $(\mathrm{d}/\mathrm{d}t)\, F(u + tv)|_{t=0}$ wird in der Variationsrechnung *erste Variation des Funktionals F* genannt. Das Element u_0, für das die erste Variation verschwindet, wird oft *stationärer Punkt* des Funktionals F genannt. In unserem Fall hat die erste Variation des Funktionals F die Form $(Au - f, v)$ und im stationären Punkt nimmt das Funktional F seinen Minimalwert an.

Beispiel 9.1. Wir betrachten die Differentialgleichung

$$(EIu'')'' = q \tag{9.19}$$

mit den Randbedingungen

$$u(0) = u(l) = 0\,, \quad u'(0) = u'(l) = 0\,. \tag{9.20}$$

Dabei setzen wir voraus, daß die Funktionen $E(x)$, $I(x)$ und ihre Ableitungen bis zur zweiten Ordnung sowie auch die Funktion $q(x)$ stetig im Intervall $[0, l]$ sind und daß

$$E(x) > 0\,, \quad I(x) > 0 \quad \text{auf } [0, l] \tag{9.21}$$

ist.

Die Gleichung (9.19) können wir als die Differentialgleichung für die Durchbiegung der neutralen Faser (Biegelinie) eines Stabes der Länge l mit dem Elastizitätsmodul $E(x)$, dem Trägheitsmoment $I(x)$ des Querschnittes und mit der Querbelastung $q(x)$ deuten. Die Bedingungen (9.20) bedeuten, daß der Stab an beiden Enden eingespannt ist.

Sind E und I im Intervall $[0, l]$ konstant, können wir die Gleichung (9.19) in der Form

$$EIu^{(4)} = q$$

schreiben.

Wir wählen nun $H = L_2(0, l)$ und in H die lineare Menge D_A aller Funktionen $u(x)$, die samt ihren Ableitungen bis zur vierten Ordnung stetig auf dem Intervall $[0, l]$ sind und die Bedingungen (9.20) erfüllen. Nach Satz 8.5 bzw. Bemerkung 8.5 ist diese Menge dicht in $L_2(0, l)$. Auf der Menge D_A definieren wir den Operator A durch die Vorschrift

$$Au = (EIu'')''\,. \tag{9.22}$$

Das Problem (9.19), (9.20) kann man jetzt durch eine einzige Gleichung

$$Au = q \tag{9.23}$$

beschreiben.

Es läßt sich nun leicht zeigen, daß der Operator A auf der Menge D_A positiv ist. Zunächst beweisen wir, daß er auf D_A symmetrisch ist: Für jedes $u \in D_A$, $v \in D_A$ gilt nämlich

$$\begin{aligned}(Au, v) &= \int_0^l (EIu'')''\, v\, \mathrm{d}x = [(EIu'')'\, v]_0^l - \int_0^l (EIu'')'\, v'\, \mathrm{d}x = \\ &= -\int_0^l (EIu'')'\, v'\, \mathrm{d}x = -[EIu''v']_0^l + \int_0^l EIu''v''\, \mathrm{d}x = \int_0^l EIu''v''\, \mathrm{d}x\,.\end{aligned} \tag{9.24}$$

(Der Ausdruck $[(EIu'')'\, v]_0^l$ bzw. $[EIu''v']_0^l$ ist gleich Null, denn nach (9.20) ist $v(0) = v(l) = 0$ bzw. $v'(0) = v'(l) = 0$.) Auf eine ähnliche Weise erhalten wir

$$(u, Av) = \int_0^l u(EIv'')''\, \mathrm{d}x = \int_0^l EIu''v''\, \mathrm{d}x\,. \tag{9.25}$$

Aus (9.24) und (9.25) folgt die Symmetrie des Operators A auf der Menge D_A.

Aus (9.24) erhalten wir weiter für jedes $u \in D_A$

$$(Au, u) = \int_0^l EIu''^2\, \mathrm{d}x\,. \tag{9.26}$$

Mit (9.21) folgt aus (9.26)

$$(Au, u) \geqq 0 \quad \text{für jedes} \quad u \in D_A .$$

Ist dabei $(Au, u) = 0$, so folgt aus (9.26) und (9.21), daß

$$u''(x) \equiv 0 \quad \text{in } [0, l]$$

ist, woraus

$$u(x) = ax + b \quad \text{in } [0, l]$$

und aufgrund von (9.20)

$$u(x) \equiv 0 \quad \text{in } [0, l]$$

folgt. Damit ist die Positivität des Operators A auf der Menge D_A bewiesen.

Das Funktional $Fu = (Au, u) - 2(q, u)$ hat in unserem Fall die Form

$$Fu = \int_0^l EIu''^2 \, dx - 2 \int_0^l qu \, dx \tag{9.27}$$

und beschreibt — physikalisch ausgedrückt — das Zweifache der gesamten potentiellen Energie Lu des betrachteten Stabes bei gegebener Durchbiegung $u \in D_A$:

$$Fu = 2Lu = 2\left(\frac{1}{2}\int_0^l EIu''^2 \, dx - \int_0^l qu \, dx\right). \tag{9.28}$$

Bekanntlich ist durch die Integrale

$$\frac{1}{2}\int_0^l EIu''^2 \, dx , \quad \text{bzw.} \quad -\int_0^l qu \, dx \tag{9.29}$$

die elastische potentielle Energie des Stabes bzw. die potentielle Energie der äußeren Kräfte, d.h. der vorgegebenen Belastung q, gegeben.

Es sei $u_0(x)$ die Lösung der Gleichung (9.23), d.h. es sei $u_0 \in D_A$ und

$$(EIu_0'')'' = q . \tag{9.30}$$

Wenn wir für q (9.30) in (9.27) einsetzen, erhalten wir

$$Fu = \int_0^l EIu''^2 \, dx - 2 \int_0^l (EIu_0'')'' \, u \, dx .$$

Durch partielle Integration, die ähnlich wie in (9.24) verläuft, folgt (für das gegebene $u_0 \in D_A$ und für jedes $u \in D_A$)

$$\int_0^l (EIu_0'')'' \, u \, dx = \int_0^l EIu_0''u'' \, dx ,$$

so daß gilt

$$Fu = \int_0^l EIu''^2 \, dx - 2 \int_0^l EIu_0''u'' \, dx = \int_0^l EI(u'' - u_0'')^2 \, dx - \int_0^l EIu_0''^2 \, dx . \tag{9.31}$$

Da $(u'' - u_0'')^2 \geqq 0$ ist und gleichzeitig (9.21) gilt, ersieht man aus (9.31) sofort, daß das Funktional Fu auf D_A seinen Minimalwert genau dann annimmt, wenn $u'' = u_0''$ ist, d. h. (siehe (9.20)) genau dann, wenn $u = u_0$ in D_A ist. Wir können also in unserem Fall die erste Aussage formulieren, die mit der ersten Aussage von Satz 9.2 im Einklang steht: *Ist* $u_0 \in D_A$ *eine Lösung der Gleichung* (9.23), *dann nimmt das Funktional Fu für dieses* u_0 *seinen Minimalwert auf* D_A *an.*

Es sei umgekehrt $u_0 \in D_A$ das Element, das auf D_A das Funktional (9.27) minimiert. Weiter sei $v \in D_A$ ein beliebiges Element aus D_A und t eine beliebige reelle Zahl. Die Bedingung für das Minimum

$$\frac{\mathrm{d}}{\mathrm{d}t} F(u_0 + tv)\bigg|_{t=0} = 0$$

(vgl. (9.15)) hat in unserem Fall die Form

$$\frac{\mathrm{d}}{\mathrm{d}t}\left[\int_0^l EI(u_0'' + tv'')^2\,\mathrm{d}x - 2\int_0^l q(u_0 + tv)\,\mathrm{d}x\right]\bigg|_{t=0} = 0\,,$$

oder

$$2\int_0^l EIu_0''v''\,\mathrm{d}x - 2\int_0^l qv\,\mathrm{d}x = 0\,. \tag{9.32}$$

Wenn wir diese Gleichheit durch 2 dividieren und das erste Glied partiell integrieren, erhält die betrachtete Bedingung die Form

$$\int_0^l [(EIu_0'')'' - q]\,v\,\mathrm{d}x = 0\,.$$

Diese Gleichung muß für jedes $v \in D_A$ gelten. Da die lineare Menge D_A dicht in $L_2(0, l)$ ist, folgt hieraus ähnlich wie in (9.18)

$$(EIu_0'')'' - q = 0 \tag{9.33}$$

in $L_2(0, l)$. Die in (9.33) auftretenden Funktionen und ihre Ableitungen sind jedoch nach Voraussetzung stetig in $[0, l]$, so daß die Gleichung (9.33) sogar im gewöhnlichen Sinn erfüllt ist. So kommen wir zur zweiten Aussage, die wieder im Einklang mit der entsprechenden Aussage von Satz 9.2 steht: *Falls die zu* D_A *gehörende* (also die Bedingungen (9.20) erfüllende) *Funktion* $u_0(x)$ *in* D_A *das Funktional* (9.27)[1]) *minimiert, dann erfüllt sie die Bedingung* (9.33), *d.h. sie ist eine Lösung der Differentialgleichung* (9.19) *für die Durchbiegung der neutralen Faser des betrachteten Stabes.*

Beide eben bewiesenen Aussagen sind nichts anderes als das aus der Elastizitätstheorie bekannte Prinzip der kleinsten potentiellen Energie, angewandt auf den betrachteten Stab; beide Aussagen zeigen den engen Zusammenhang des Satzes 9.2 mit den Variationsprinzipien der Mechanik. In Satz 9.2 wird die Gleichung $Au = f$ natürlich ohne Rücksicht auf ihre physikalische Deutung bzw. auf die Deutung des entsprechenden Funktionals betrachtet.

Bemerkung 9.1. Wir haben ein sehr einfaches Beispiel angeführt, um den Zusammenhang zwischen Satz 9.2 und den mechanischen Prinzipien zu illustrieren. Der Leser kann in diesem Fall einwenden, daß es genügt hätte, die Gleichung (9.19) sukzessiv zu integrieren, und daß es nicht notwendig war, sie über ihren Zusammenhang mit dem „Energiefunktional" zu betrachten. Im weiteren werden wir aber Satz 9.2 zur Lösung wesentlich allgemeinerer Probleme anwenden.

---

[1]) Oder das Funktional *Lu*, denn es ist klar, daß das Funktional *Lu* auf D_A sein Minimum genau dann annimmt, wenn auf dieser Menge das Funktional *Fu* sein Minimum annimmt.

Satz 9.2 ist deshalb von Wichtigkeit, weil er die Aufgabe, die Gleichung $Au = f$ zu lösen, auf die Aufgabe zurückführt, das Element $u_0 \in D_A$ zu finden, das auf der linearen Menge D_A das Funktional (9.11) minimiert. In den weiteren Kapiteln werden wir wirksame Methoden zur Bestimmung des Elementes u_0, das das Funktional (9.11) minimiert (oder wenigstens einer genügend guten Approximation dieses Elementes), angeben.

Zunächst machen wir aber noch eine Bemerkung von grundlegender Bedeutung. Satz 9.2 ist von *bedingtem Charakter*: Er drückt die Äquivalenz der Aufgabe aus, auf der linearen Menge D_A die Gleichung $Au = f$ zu lösen, und der Aufgabe, in D_A das Minimum des quadratischen Funktionals (9.11) zu finden, unter der Voraussetzung, daß entweder die Lösung der Gleichung $Au = f$ existiert (ausführlicher, daß es ein $u_0 \in D_A$ gibt, so daß $Au_0 = f$ ist), oder daß das Funktional (9.11) auf der linearen Menge D_A sein Minimum annimmt. Es ist aber a priori überhaupt nicht klar, ob mindestens eine von diesen Voraussetzungen erfüllt ist, und zwar sogar in sehr einfachen Fällen. Wenn wir z.B. die Lösung der Gleichung (9.2) für Funktionen aus der linearen Menge M_1 suchen, von der wir am Anfang dieses Kapitels gesprochen haben, und die Funktion f auf der rechten Seite dieser Gleichung „genügend" unstetig ist (wenn sie z.B. auf einem Teilgebiet des Gebietes G verschwindet und auf dem restlichen Teil des Gebietes gleich Eins ist), so daß man sie nicht durch eine geeignete Änderung der Funktionenwerte auf einer Menge vom Maß Null zur stetigen Funktion umformen kann, dann hat die Gleichung (9.2) auf der Menge M_1 offensichtlich keine Lösung, denn für jedes $u \in M_1$ ist Δu eine in $\bar{G}$ stetige Funktion. In Übereinstimmung mit Satz 9.2 kann auch das Funktional (9.11) in einem solchen Fall sein Minimum auf der Menge M_1 nicht annehmen. (Sonst würde nämlich nach Satz 9.2 eine Lösung $u_0 \in M_1$ der Gleichung (9.2) existieren.)[1]) Zum Überwinden dieser Schwierigkeiten scheint es sehr natürlich zu sein, den Definitionsbereich des Operators $-\Delta u$ auf geeignete Weise zu erweitern (oder ihn geeignet abzuändern). Auf ähnliche Probleme, die die Erweiterung des ursprünglichen Definitionsbereiches des betrachteten Operators betreffen, werden wir auch in allgemeineren Fällen stoßen. Die Frage, wie man die zugrunde liegende lineare Menge D_A geeignet erweitern soll, ist nicht einfach. Diese Erweiterung muß wenigstens so beschaffen sein, daß das Funktional (9.11) in irgendeinem Sinn auf diesem erweiterten Bereich sein Minimum annimmt; das Element, das dieses Minimum realisiert, wird dann zur „verallgemeinerten" Lösung der Gleichung $Au = f$ erklärt. Dabei muß dieser erweiterte Bereich noch so eng sein, daß die Eindeutigkeit dieser verallgemeinerten Lösung garantiert ist. Falls weiter eine „klassische" Lösung u_0 der Gleichung (9.10) im Sinn von Satz 9.2 existiert, muß die verallgemeinerte Lösung gerade mit dieser „klassischen" Lösung übereinstimmen. Ein gewissermaßen einheitliches Verfahren werden wir in Kapitel 34 angeben. Hier werden wir zunächst die Konstruktion des sogenann-

[1]) Wenn die Belastung $f(x)$ des in Beispiel 9.1 betrachteten Stabes unstetig ist (und das ist in Anwendungen sehr oft der Fall), dann kann die Gleichung (9.23) keine Lösung $u_0 \in D_A$ haben (denn die linke Seite dieser Gleichung würde eine stetige Funktion im Intervall $[0, l]$ sein), und folglich kann auch das Funktional (9.27) nicht sein Minimum auf der Menge D_A annehmen.

ten Raumes H_A angeben. Dieser Raum ist für unsere nächsten Ziele genügend allgemein und in ihm wird es, wie wir sehen werden, möglich sein, die Existenz und Eindeutigkeit eines Minimums des geeignet erweiterten Funktionals (9.11) zu beweisen, und damit auch die Existenz und Eindeutigkeit der verallgemeinerten Lösung unserer Aufgabe zu zeigen. Diese Konstruktion werden wir unter der Voraussetzung durchführen, daß der betrachtete Operator A in D_A positiv definit ist.

Kapitel 10. Der Raum H_A

Im Hilbert-Raum H sei eine in H dichte lineare Menge D_A gegeben und auf dieser Menge ein Operator A, der die Menge D_A in den Raum H abbildet und auf dieser Menge positiv definit ist; der Operator A ist also symmetrisch, und es existiert eine Konstante $C > 0$, so daß

$$(Au, u) \geqq C^2 \|u\|^2 \quad \text{für jedes } u \in D_A \tag{10.1}$$

gilt. Auf der Menge D_A definieren wir ein neues Skalarprodukt $(u, v)_A$ auf folgende Weise:

$$(u, v)_A = (Au, v) \quad \text{für alle } u \in D_A\,, \; v \in D_A\,. \tag{10.2}$$

Man kann leicht feststellen, daß $(u, v)_A$ tatsächlich ein Skalarprodukt ist, d.h. daß es alle auf S. 54 angeführten Axiome (6.3) bis (6.6) eines Skalarproduktes erfüllt: Da der Operator A laut Voraussetzung positiv definit ist, folgt schon aus seiner Definition, daß er symmetrisch (und also auch linear) ist. Es gilt also für beliebige Elemente u, v, u_1, u_2 aus D_A und für beliebige reelle Zahlen a_1, a_2

$$\begin{aligned}
&(u, v)_A = (Au, v) = (u, Av) = (Av, u) = (v, u)_A\,,\\
&(a_1u_1 + a_2u_2, v)_A = (A(a_1u_1 + a_2u_2), v) = (a_1Au_1 + a_2Au_2, v) =\\
&= a_1(Au_1, v) + a_2(Au_2, v) = a_1(u_1, v)_A + a_2(u_2, v)_A\,,
\end{aligned}$$

womit bewiesen ist, daß die ersten zwei Axiome (6.3) und (6.4) eines Skalarproduktes erfüllt sind. Aber auch die restlichen Axiome (6.5) und (6.6) sind offensichtlich erfüllt, denn aus (10.1) folgt

$$\begin{aligned}
&(u, u)_A = (Au, u) \geqq 0\,, \text{ wobei } (u, u)_A = 0 \text{ genau dann ist}\,,\\
&\text{wenn } u = 0 \text{ in } D_A \text{ ist}\,.
\end{aligned}$$

Durch die Beziehung (10.2) ist also auf der linearen Menge D_A tatsächlich ein Skalarprodukt gegeben.

Beispiel 10.1. Im Raum $L_2(a, b)$ mit dem Skalarprodukt

$$(u, v) = \int_a^b u(x)\, v(x)\, \mathrm{d}x$$

betrachten wir die lineare Menge D_A aller Funktionen $u(x)$, die samt ihren Ableitungen $u'(x)$ und $u''(x)$ im abgeschlossenen Intervall $[a, b]$ stetig sind und die Bedingungen

$$u(a) = 0\,, \quad u(b) = 0 \tag{10.3}$$

erfüllen. Auf dieser linearen Menge definieren wir den Operator A durch

$$Au = -u''. \tag{10.4}$$

Wie wir schon in Beispiel 8.9 auf S. 95 gezeigt haben, ist der Operator A auf der Menge D_A positiv definit, wobei — wie wir durch einfache Rechnung festgestellt haben — gilt:

$$(u, v)_A = (u', v'). \tag{10.5}$$

In diesem Fall ist also das neue Skalarprodukt $(u, v)_A$ der Funktionen $u(x)$, $v(x)$ aus D_A durch das ursprüngliche Skalarprodukt (d.h. durch das Skalarprodukt in $L_2(a, b)$) ihrer Ableitungen $u'(x)$, $v'(x)$ gegeben.

Da $(u, v)_A$ alle Eigenschaften eines Skalarproduktes hat, folgt hieraus, wie wir eigentlich schon in Kapitel 2 gezeigt haben, daß die Größen

$$\|u\|_A = \sqrt{(u, u)_A}, \tag{10.6}$$

bzw.

$$\varrho_A(u, v) = \|u - v\|_A \tag{10.7}$$

alle Axiome einer Norm bzw. eines Abstandes erfüllen, daß also durch die Beziehungen (10.6), (10.7) auf der linearen Menge D_A eine neue Norm bzw. Metrik definiert ist. Die Menge D_A mit der Metrik (10.7) bildet also einen linearen metrischen Raum, und zwar einen unitären Raum (S. 57) mit dem Skalarprodukt (10.2). Diesen Raum werden wir den Raum S_A nennen. Es sei bemerkt, daß aus (10.6), (10.2) und (10.1) folgt, daß für jedes Element $u \in D_A$ gilt:

$$\|u\|_A^2 \geqq C^2 \|u\|^2, \tag{10.8}$$

d.h.

$$\|u\| \leqq \frac{1}{C} \|u\|_A \tag{10.9}$$

mit derselben Konstante $C > 0$ wie in (10.1).

So gilt z.B. für den Operator (10.4) aus Beispiel 10.1 für jedes $u \in D_A$

$$\|u\|_A^2 = \|u'\|^2 \geqq C^2 \|u\|^2, \tag{10.10}$$

d.h.

$$\|u\| \leqq \frac{1}{C} \|u\|_A, \tag{10.11}$$

wobei man (siehe Beispiel 8.9, S. 95) $C = \sqrt{2}/(b - a)$ setzen kann.

Aus (10.9) ergibt sich insbesondere: Falls für eine Folge $\{u_n\}$ von Elementen aus D_A

$$\lim_{n \to \infty} \|u_n - u_0\|_A = 0 \tag{10.12}$$

bzw.

$$\lim_{\substack{m \to \infty \\ n \to \infty}} \|u_m - u_n\|_A = 0 \tag{10.13}$$

ist, dann gilt auch

$$\lim_{n \to \infty} \|u_n - u_0\| = 0 \tag{10.14}$$

bzw.

$$\lim_{\substack{m \to \infty \\ n \to \infty}} \|u_m - u_n\| = 0\,, \tag{10.15}$$

d.h. *wenn die Folge* $\{u_n\}$ *gegen das Element* u_0 *in* S_A *konvergiert, dann konvergiert sie gegen dieses Element auch in* H; *ist sie eine Cauchy-Folge in* S_A, *so ist sie auch eine Cauchy-Folge in* H. Die umgekehrte Behauptung gilt natürlich nicht.

Der Raum S_A muß im allgemeinen Fall *nicht* vollständig sein (dabei ist die Vollständigkeit bezüglich der Metrik (10.7) gemeint). Ist er vollständig, dann ist er ein Hilbert-Raum (Definition 6.13, S. 61) und man muß ihn für unsere Zwecke nicht weiter ausdehnen. Es sei also S_A kein vollständiger Raum. Wie wir in Kapitel 7 bemerkt haben, kann man in einem solchen Fall durch „Hinzufügen" sogenannter idealer Elemente zu den Elementen des Raumes S_A einen vollständigen Raum, die sogenannte *vollständige Hülle* des Raumes S_A, konstruieren. Wir bezeichnen diesen vollständigen Raum mit H_A. In diesem Kapitel werden wir zeigen, wie man diesen Raum konstruieren kann. Gleichzeitig zeigen wir, daß unter den am Anfang dieses Kapitels angeführten Voraussetzungen, d.h. unter der Voraussetzung, der Operator A sei auf D_A positiv definit, alle idealen Elemente aus den Elementen des ursprünglichen Raumes H gewählt werden können.[1])

Zu diesem Zweck betrachten wir die Menge M aller Folgen, die Cauchy-Folgen im Raum S_A sind. Da der Raum S_A nach Voraussetzung nicht vollständig ist, konvergieren einige von diesen Folgen gegen Elemente, die in S_A liegen (die Menge solcher Folgen bezeichnen wir mit M_1), und andere haben keinen Grenzwert in S_A (die Menge dieser Folgen bezeichnen wir mit M_2). Zunächst beweisen wir: Wenn in der Menge M zwei beliebige Folgen $\{u_n\} \in M$, $\{v_n\} \in M$ gewählt werden, dann existiert stets ein endlicher Grenzwert

$$\lim_{n \to \infty} \|u_n - v_n\|_A \tag{10.16}$$

unabhängig davon, ob es sich um Folgen aus der Menge M_1 oder aus der Menge M_2 handelt. Nach der Bolzano-Cauchyschen Bedingung (S. 59) genügt es zu zeigen, daß die entsprechende Folge $\{\|u_n - v_n\|_A\}$ eine Cauchy-Folge ist, d.h. daß gilt:

$$\lim_{\substack{m \to \infty \\ n \to \infty}} (\|u_m - v_m\|_A - \|u_n - v_n\|_A) = 0\,. \tag{10.17}$$

Nach (6.19) und (6.18), S. 57, ist

$$\begin{aligned} \big|\, \|u_m - v_m\|_A - \|u_n - v_n\|_A \big| &\leqq \|(u_m - v_m) - (u_n - v_n)\|_A = \\ = \|(u_m - u_n) - (v_m - v_n)\|_A &\leqq \|u_m - u_n\|_A + \|v_m - v_n\|_A\,. \end{aligned} \tag{10.18}$$

Da die Folgen $\{u_n\}$ und $\{v_n\}$ nach Voraussetzung Cauchy-Folgen im Raum S_A sind,

---

[1]) Derjenige Leser, der schneller vorgehen möchte, braucht an dieser Stelle die ausführliche Konstruktion des Raumes H_A nicht zu verfolgen und kann sich mit der erwähnten Behauptung zufrieden geben. Siehe auch die kurze Übersicht auf S. 172 und 173.

gilt für sie

$$\lim_{\substack{m\to\infty\\ n\to\infty}} \|u_m - u_n\|_A = 0\,, \tag{10.19}$$

$$\lim_{\substack{m\to\infty\\ n\to\infty}} \|v_m - v_n\|_A = 0\,. \tag{10.20}$$

Hieraus folgt mit (10.18) die Aussage (10.17), und der Beweis ist gegeben.

Da die Zahlen $\|u_n - v_n\|_A$ nichtnegativ sind, kann ihr Grenzwert nicht negativ sein. Für zwei beliebige Folgen $\{u_n\} \in M$, $\{v_n\} \in M$ gilt also entweder

$$\lim_{n\to\infty} \|u_n - v_n\|_A = 0\,, \tag{10.21}$$

oder

$$\lim_{n\to\infty} \|u_n - v_n\|_A = a > 0 \tag{10.22}$$

(wobei die Zahl a natürlich im allgemeinen Fall für verschiedene Folgenpaare verschiedene Werte hat).

Wir betrachten nun Folgen aus der Menge M_1, d.h. Cauchy-Folgen, die in S_A einen Grenzwert besitzen. Dazu bezeichnen wir mit M_{u_0} die Menge aller Folgen aus M_1, die in S_A gegen das Element u_0 konvergieren, und beweisen, daß alle diese Folgen die Beziehung (10.21) erfüllen und daß umgekehrt auch gilt: Ist $\{u_n\}$ eine von diesen Folgen, dann gehört jede andere Folge $\{v_n\}$, die (10.21) erfüllt, auch zu M_{u_0} (d.h. sie konvergiert in S_A gegen das gleiche Element u_0 wie die Folge $\{u_n\}$).

Der erste Teil dieser Behauptung folgt aus der Ungleichung

$$\begin{aligned}\|u_n - v_n\|_A &= \|(u_n - u_0) - (v_n - u_0)\|_A \leqq \\ &\leqq \|u_n - u_0\|_A + \|v_n - u_0\|_A\,.\end{aligned} \tag{10.23}$$

Wenn nämlich beide Folgen $\{u_n\}$ und $\{v_n\}$ zu M_{u_0} gehören, dann ist

$$\lim_{n\to\infty} \|u_n - u_0\|_A = 0\,, \tag{10.24}$$

$$\lim_{n\to\infty} \|v_n - u_0\|_A = 0\,, \tag{10.25}$$

und hieraus ergibt sich mit (10.23) die Aussage (10.21).

Der zweite Teil der Behauptung, d.h. die Gültigkeit der Beziehung

$$\lim_{n\to\infty} \|v_n - u_0\|_A = 0 \tag{10.26}$$

unter der Voraussetzung, daß (10.24) und (10.21) gelten, folgt sofort aus der Ungleichung

$$\begin{aligned}\|v_n - u_0\|_A &= \|(v_n - u_n) + (u_n - u_0)\|_A \leqq \\ &\leqq \|v_n - u_n\|_A + \|u_n - u_0\|_A\,.\end{aligned} \tag{10.27}$$

Hieraus erhalten wir nun die Folgerung: Ist $\{u_n\} \in M_{u_0}$ und gilt für die Folge $\{v_n\}$ (10.22), dann kann nicht $\{v_n\} \in M_{u_0}$ sein, denn nach dem, was wir eben bewiesen haben, müßte in diesem Fall die Beziehung (10.21) erfüllt sein, was im Widerspruch mit (10.22) steht.

Aus den soeben abgeleiteten Ergebnissen folgt: Wenn wir die Folgen aus der Menge M_1 in Klassen einteilen, so daß zwei Folgen $\{u_n\}$ und $\{v_n\}$ aus M_1 genau dann zur gleichen Klasse gehören, wenn für sie (10.21) gilt, dann sind diese Klassen eineindeutig den Elementen des Raumes S_A zugeordnet. *Jedem Element $u_0 \in S_A$ ist die Klasse M_{u_0} derjenigen Folgen aus M_1 zugeordnet, die in S_A zu diesem Element konvergieren, und jeder von den betrachteten Klassen ist genau ein Element u_0 des Raumes S_A zugeordnet, nämlich das Element, gegen das eine (beliebige) Folge $\{u_n\}$ aus dieser Klasse in S_A konvergiert* (wie wir soeben gezeigt haben, konvergieren gegen dieses Element auch alle anderen Folgen aus dieser Klasse).

Nun betrachten wir die Folgen aus der Menge M_2, d.h. Cauchy-Folgen in S_A, die in S_A keinen Grenzwert haben. Ähnlich wie im vorhergehenden Fall teilen wir die Folgen in Klassen ein, so daß zwei Folgen $\{u_n\} \in M_2$, $\{v_n\} \in M_2$ genau dann zur gleichen Klasse gehören, wenn gilt:

$$\lim_{n \to \infty} \|u_n - v_n\|_A = 0 . \tag{10.28}$$

Diesen Klassen werden nun keine Elemente u_0 aus dem Raum S_A in dem vorher beschriebenen Sinn entsprechen, denn Folgen aus der Menge M_2 haben im Raum S_A keinen Grenzwert. Wir werden jedoch sehen, daß es möglich sein wird, ihnen eineindeutig gewisse Elemente aus dem Raum H zuzuordnen, die nicht zu S_A gehören. Die Menge dieser Elemente bezeichnen wir mit D_I. Auf diese Elemente werden wir dann in natürlicher Weise das bisher nur für Elemente aus dem Raum S_A definierte Skalarprodukt $(u, v)_A$ fortsetzen und damit – wie wir sehen werden – gerade den gesuchten vollständigen Raum H_A konstruieren. Die Elemente der Menge D_I sind dann die „idealen Elemente" des Raumes H_A (deshalb haben wir für die Menge dieser Elemente die Bezeichnung D mit dem Index I gewählt), von denen im vorhergehenden Text die Rede war (vgl. den nach (10.15) folgenden Text).

Die Elemente aus der Menge D_I erhalten wir folgendermaßen: Wir nehmen eine gewisse Folge $\{u_n\}$ aus der Menge M_2. Diese Folge ist nach Voraussetzung eine Cauchy-Folge in S_A, so daß sie auch eine Cauchy-Folge in H ist (vgl. (10.15)). Da H ein vollständiger Raum ist, konvergiert die Folge $\{u_n\}$ in H gegen ein gewisses (durch diese Folge eindeutig bestimmtes) Element, das wir mit u_0 bezeichnen. Es ist also

$$\lim_{n \to \infty} u_n = u_0 \quad \text{in } H . \tag{10.29}$$

Nun betrachten wir eine Folge $\{v_n\} \in M_2$, die zur gleichen Klasse wie die Folge $\{u_n\}$ gehört, so daß (10.28) gilt. Wir beweisen, daß diese Folge im Raum H denselben Grenzwert u_0 wie die Folge $\{u_n\}$ hat, d.h. daß

$$\lim_{n \to \infty} v_n = u_0 \quad \text{in } H \tag{10.30}$$

gilt. Wir müssen dazu beweisen, daß aus (10.29) und (10.28) folgt:

$$\lim_{n \to \infty} \|v_n - u_0\| = 0 . \tag{10.31}$$

Nach (10.9) ist

$$\|u_n - v_n\| \leqq \frac{1}{C} \|u_n - v_n\|_A ,$$

so daß nach (10.28) gilt:

$$\lim_{n \to \infty} \|u_n - v_n\| = 0 . \tag{10.32}$$

Ähnlich wie in (10.27) haben wir

$$\|v_n - u_0\| = \|(v_n - u_n) + (u_n - u_0)\| \leqq \|v_n - u_n\| + \|u_n - u_0\| ,$$

woraus mit (10.32) und (10.29) die Aussage (10.31) folgt, was zu beweisen war.

Jeder Klasse von Folgen aus der Menge M_2 entspricht also im Sinne der Konstruktion (10.29) ein gewisses Element aus H, das nicht zu S_A gehört und durch die Folgenklasse eindeutig bestimmt ist. Die Menge aller dieser (den betrachteten Klassen entsprechender) Elemente werden wir, wie schon erwähnt, mit dem Symbol D_I bezeichnen. Nun zeigen wir, daß auch umgekehrt jedem $u_0 \in D_I$ genau eine Klasse von Folgen aus M_2 entspricht. Dazu genügt es zu beweisen, daß zwei beliebigen verschiedenen Klassen von Folgen aus M_2 verschiedene Elemente aus D_I im Sinne der Konstruktion (10.29) entsprechen.[1])

Zwei Folgen $\{u_n\}$, $\{v_n\}$ aus M_2 gehören bzw. gehören nicht zur gleichen Klasse, wenn sie (10.21) bzw. (10.22) erfüllen. Wir betrachten zwei Folgen $\{u_n\}$, $\{v_n\}$ aus verschiedenen Klassen, so daß gilt:

$$\lim_{n \to \infty} \|u_n - v_n\|_A = a > 0 . \tag{10.33}$$

Es sei dabei vorausgesetzt, daß diese Folgen im Raum H denselben Grenzwert haben, d.h. daß gilt:

$$\lim_{n \to \infty} u_n = u_0 , \quad \lim_{n \to \infty} v_n = u_0 \quad \text{in } H . \tag{10.34}$$

Wir werden zeigen, daß diese Voraussetzung zum Widerspruch führt, womit bewiesen sein wird, daß zwei verschiedenen Klassen von Folgen aus der Menge M_2 nicht die gleichen Elemente aus H entsprechen können (im Sinne der Konstruktion (10.29)). Wir bezeichnen $z_n = u_n - v_n$. Da die Folgen $\{u_n\}$ und $\{v_n\}$ Cauchy-Folgen in S_A sind, ist auch $\{z_n\}$ eine Cauchy-Folge in S_A und nach (10.33) gilt:

$$\lim_{n \to \infty} \|z_n\|_A = a > 0 , \tag{10.35}$$

so daß auch

$$\lim_{n \to \infty} (z_n, z_n)_A = a^2 > 0 \tag{10.36}$$

---

[1]) Dies ist nicht so selbstverständlich, wie der Leser vielleicht denken könnte. Es folgt nämlich aus (10.9), daß zwei Folgen $\{u_n\}$ und $\{v_n\}$, die in der Metrik des Raumes S_A einander „nahe" sind, auch in der Metrik des Raumes H „nahe" sind. Hieraus folgt aber nicht, daß zwei in der Metrik des Raumes H „nahe" beieinander liegende Folgen auch im Raum S_A „nahe" beieinander liegen. Es könnte also vorkommen, daß zwei Folgen aus bezüglich der Metrik des Raumes S_A verschiedenen Klassen denselben Grenzwert in H hätten.

ist, denn es ist $(z_n, z_n)_A = \|z_n\|_A^2$. Nach (10.34) ist gleichzeitig

$$\lim_{n\to\infty} z_n = 0 \quad \text{in } H , \tag{10.37}$$

und nach Satz 6.17, S. 66, ist also

$$\lim_{n\to\infty} \|z_n\| = 0 . \tag{10.38}$$

Da $\{z_n\}$ eine Cauchy-Folge in S_A ist, existiert nach Satz 7.8, S. 73, eine Konstante $K > 0$, so daß für alle n

$$\|z_n\|_A \leqq K \tag{10.39}$$

gilt. Wir bezeichnen

$$\varepsilon = \frac{a^2}{2(K+1)}, \tag{10.40}$$

wobei a die Konstante aus (10.35) ist. Da $\varepsilon > 0$ ist und $\{z_n\}$ eine Cauchy-Folge in S_A darstellt, kann man zu diesem ε eine Zahl n_0 finden, so daß

$$\|z_m - z_n\|_A < \varepsilon \tag{10.41}$$

für jedes Paar natürlicher Zahlen $m > n_0$, $n > n_0$ gilt. Man wähle $m > n_0$ fest. Offensichtlich haben wir

$$(z_n, z_n)_A = (z_n - z_m, z_n)_A + (z_m, z_n)_A . \tag{10.42}$$

Weiter ist

$$|(z_m, z_n)_A| = |(Az_m, z_n)| \leqq \|Az_m\| \cdot \|z_n\| . \tag{10.43}$$

Da m fixiert ist und folglich Az_m ein festes Element aus dem Raum H ist, folgt aus (10.43) und aus (10.38), daß es zu der durch die Beziehung (10.40) gegebenen Zahl ε eine Zahl n_0' gibt, so daß für alle $n > n_0'$

$$|(z_m, z_n)_A| < \varepsilon \tag{10.44}$$

ist. Gleichzeitig gilt für alle $n > n_0$ nach (10.39) und (10.41)

$$|(z_n - z_m, z_n)_A| \leqq \|z_m - z_n\|_A \cdot \|z_n\|_A < K\varepsilon . \tag{10.45}$$

Wählen wir $N = \max(n_0, n_0')$, so gilt für alle $n > N$ also gleichzeitig (10.44) sowie (10.45), und nach (10.42) auch

$$(z_n, z_n)_A < K\varepsilon + \varepsilon = (K+1)\,\varepsilon = \frac{a^2}{2} \;{}^{1)} \tag{10.46}$$

laut (10.40). Es kann also nicht

$$\lim_{n\to\infty} (z_n, z_n)_A = a^2$$

sein, was im Widerspıuch zu (10.36) steht.

Bezüglich der Folgen aus der Menge M_2 können wir also ähnliche Aussagen machen,

[1]) Hier braucht man nicht den Absolutbetrag zu schreiben, denn es ist $(z_n, z_n)_A \geqq 0$.

wie wir bezüglich der eineindeutigen Zuordnung der Klassen von Folgen aus der Menge M_1 und der Elemente aus der linearen Menge D_A gemacht haben:

Jedem Element $u_0 \in D_I$ entspricht genau eine Klasse von Folgen aus der Menge M_2, und zwar die Klasse derjenigen Folgen aus der Klasse M_2, die im Raum H gegen das Element u_0 konvergieren. Umgekehrt entspricht jeder von diesen Klassen in D_I genau ein Element u_0, und zwar das, welches im Raum H Grenzwert einer (beliebigen) Folge aus dieser Klasse ist.

Wir bezeichnen mit D die Vereinigung der Mengen D_A und D_I,

$$D = D_A \cup D_I \,. \tag{10.47}$$

Nach den eben angegebenen Feststellungen gibt es also eine eineindeutige Zuordnung zwischen den Elementen der Menge D und den einzelnen Klassen aller Folgen, die Cauchy-Folgen im Raum S_A sind. Dabei sind, wie wir wissen, diese Klassen dadurch charakterisiert, daß zwei Cauchy-Folgen in S_A – $\{u_n\}$ und $\{v_n\}$ – genau dann zur gleichen Klasse gehören, wenn (10.21) gilt. Diese Zuordnung ist offensichtlich linear (wenn der Folge $\{u_n\}$ das Element u_0 entspricht, entspricht der Folge $\{au_n\}$ das Element au_0 usw.), und hieraus folgt nach leichten Überlegungen, daß die Menge D eine lineare Menge ist. Dies ermöglicht es, auf D ein Skalarprodukt zu definieren. Dieses Produkt bezeichnen wir mit dem gleichen Symbol $(u, v)_A$ wie das durch die Beziehung (10.2) auf der linearen Menge D_A definierte Skalarprodukt. (Aus den folgenden Zeilen wird hervorgehen, daß wir dazu tatsächlich berechtigt sind.) Wir definieren

$$(u_0, v_0)_A = \lim_{n\to\infty} (u_n, v_n)_A \quad \text{für jedes Paar von Elementen } u_0 \in D\,, \quad v_0 \in D\,, \tag{10.48}$$

wobei $\{u_n\}$ bzw. $\{v_n\}$ ($u_n \in D_A$, $v_n \in D_A$) irgendeine Folge aus der Klasse ist, welche nach dem vorhergehenden Text dem Element u_0 bzw. v_0 entspricht.

Um zu zeigen, daß die Definition (10.48) (sowie die gewählte Bezeichnung) sinnvoll ist, muß man zeigen, daß

1. der Grenzwert (10.48) stets existiert und endlich ist;

2. dieser Grenzwert nicht von der Wahl der Folge $\{u_n\}$ bzw. $\{v_n\}$ aus der dem Element u_0 bzw. v_0 entsprechenden Klasse abhängt;

3. (10.48) alle Eigenschaften des Skalarproduktes hat;

4. für $u_0 \in D_A$, $v_0 \in D_A$ das Produkt (10.48) dem Produkt (10.2) gleich ist (so daß das Skalarprodukt (10.48) eine Fortsetzung des Skalarproduktes (10.2) von der linearen Menge D_A auf die Menge D darstellt).

Zu den einzelnen Punkten:

1. Es genügt zu zeigen, daß die Folge $(u_n, v_n)_A$ eine Cauchy-Folge ist, d.h. daß gilt:

$$\lim_{\substack{m\to\infty\\ n\to\infty}} \left|(u_m, v_m)_A - (u_n, v_n)_A\right| = 0\,. \tag{10.49}$$

Die Folgen $\{u_n\}$, $\{v_n\}$ sind Cauchy-Folgen in S_A, so daß gilt:

$$\lim_{\substack{m\to\infty\\ n\to\infty}} \|u_m - u_n\|_A = 0\,, \tag{10.50}$$

$$\lim_{\substack{m\to\infty\\ n\to\infty}} \|v_m - v_n\|_A = 0\,; \tag{10.51}$$

außerdem gibt es nach Satz 7.8, S. 73, eine Konstante K, so daß für alle n

$$\|u_n\|_A \leqq K\,, \quad \|v_n\|_A \leqq K \tag{10.52}$$

ist. Da die Elemente der Folgen $\{u_n\}$, $\{v_n\}$ zu S_A gehören, gilt weiter:

$$\begin{aligned} |(u_m, v_m)_A - (u_n, v_n)_A| &= |(u_m - u_n, v_m)_A + (u_n, v_m - v_n)_A| \leqq \\ &\leqq |(u_m - u_n, v_m)_A| + |(u_n, v_m - v_n)_A| \leqq \|u_m - u_n\|_A \cdot \|v_m\|_A + \\ &+ \|u_n\|_A \cdot \|v_m - v_n\|_A \leqq K(\|u_m - u_n\|_A + \|v_m - v_n\|_A)\,, \end{aligned} \tag{10.53}$$

und hieraus folgt (10.49), da (10.50) und (10.51) gilt.

2. Es sei $\{\tilde{u}_n\}$ bzw. $\{\tilde{v}_n\}$ eine andere Cauchy-Folge aus der Klasse, die nach dem vorhergehenden Text dem in (10.48) betrachteten Element u_0 bzw. v_0 entspricht. Das heißt also, daß

$$\lim_{n\to\infty} \|u_n - \tilde{u}_n\|_A = 0\,, \tag{10.54}$$

$$\lim_{n\to\infty} \|v_n - \tilde{v}_n\|_A = 0 \tag{10.55}$$

ist. Weiter sei die Konstante K in (10.52) schon so groß gewählt, daß außer (10.52) auch noch

$$\|\tilde{u}_n\|_A \leqq K \tag{10.56}$$

gilt. Wir haben

$$\begin{aligned} |(u_n, v_n)_A - (\tilde{u}_n, \tilde{v}_n)_A| &= |(u_n - \tilde{u}_n, v_n)_A + (\tilde{u}_n, v_n - \tilde{v}_n)_A| \leqq \\ &\leqq |(u_n - \tilde{u}_n, v_n)_A| + |(\tilde{u}_n, v_n - \tilde{v}_n)_A| \leqq \|u_n - \tilde{u}_n\|_A \cdot \|v_n\|_A + \\ &+ \|\tilde{u}_n\|_A \cdot \|v_n - \tilde{v}_n\|_A \leqq K(\|u_n - \tilde{u}_n\|_A + \|v_n - \tilde{v}_n\|_A)\,, \end{aligned} \tag{10.57}$$

und hieraus folgt in Hinsicht auf (10.54) und (10.55)

$$\lim_{n\to\infty} |(u_n, v_n)_A - (\tilde{u}_n, \tilde{v}_n)_A| = 0\,,$$

d.h.

$$\lim_{n\to\infty} (u_n, v_n)_A = \lim_{n\to\infty} (\tilde{u}_n, \tilde{v}_n)_A\,.$$

Dies bestätigt die Unabhängigkeit des Grenzwertes (10.48) von der Auswahl der Folge aus der Klasse, die dem Element u_0 bzw. v_0 entspricht.

3. Die Eigenschaften (6.3) bis (6.6), S. 54, ergeben sich direkt durch den Grenzübergang (10.48) aus den Eigenschaften des Skalarproduktes (10.2), deshalb werden wir auf einen ausführlichen Beweis verzichten. Es ist z.B.

$$(u_0, v_0)_A = \lim_{n\to\infty} (u_n, v_n)_A = \lim_{n\to\infty} (v_n, u_n)_A = (v_0, u_0)_A$$

usw.

4. Ist $u_0 \in D_A$ und $v_0 \in D_A$, dann genügt es, die stationären Folgen $\{u_0\}$, $\{v_0\}$ als die Folgen $\{u_n\}$, $\{v_n\}$ in (10.48) zu wählen, denn wie wir schon in Punkt 2 bewiesen haben, hängt der Wert des Skalarproduktes (10.48) nicht von der Wahl der Folgen aus den entsprechenden Klassen ab.

Durch die Beziehung (10.48) ist also auf der linearen Menge D tatsächlich ein Skalarprodukt definiert, wobei dieses Skalarprodukt eine Fortsetzung des für Elemente aus der Menge D_A definierten Skalarproduktes (10.2) auf die ganze Menge D darstellt. Da nun (10.48) ein Skalarprodukt ist, ist durch die Beziehungen

$$\|u\|_A = \sqrt{(u, u)_A}\,, \quad u \in D\,, \tag{10.58}$$

bzw.

$$\varrho_A(u, v) = \|u - v\|_A\,, \quad u \in D\,, \quad v \in D\,, \tag{10.59}$$

auf der linearen Menge D eine Norm bzw. Metrik definiert, wobei man wiederum leicht zeigen kann, daß (10.58) bzw. (10.59) eine Fortsetzung der Norm (10.6) bzw. der Metrik (10.7) auf die ganze Menge D darstellt. Außerdem folgen aus (10.48) leicht die „üblichen Regeln" wie z.B.

$$\|u\|_A = \lim_{n\to\infty} \|u_n\|_A\,, \tag{10.60}$$

falls $u \in D$ und $\{u_n\}$ irgendeine aus der dem Element u entsprechenden Klasse von Cauchy-Folgen in S_A ist.

Definition 10.1. Der durch die Elemente der linearen Menge D gebildete unitäre Raum mit dem Skalarprodukt (10.48) und der Metrik (10.59) wird **Raum** H_A genannt.

Satz 10.1. *Der Raum H_A ist bezüglich der Metrik* (10.59) *vollständig und ist also ein Hilbert-Raum. Die lineare Menge D_A ist dicht in H_A.*

Beweis: a) *Dichtheit.* Es sei u ein beliebiges Element aus H_A. Wir müssen zeigen, daß es zu jedem $\varepsilon > 0$ ein Element $v \in D_A$ gibt, so daß

$$\varrho_A(u, v) = \|u - v\|_A \leqq \varepsilon \tag{10.61}$$

gilt.

Nach Voraussetzung ist $u \in D$. Dem Element u ist also eindeutig eine gewisse Klasse von Cauchy-Folgen in S_A (und folglich auch in H_A) zugeordnet. Wir wählen eine von diesen Folgen und bezeichnen sie mit $\{u_n\}$. Es sei $\varepsilon > 0$ vorgegeben. Da $\{u_n\}$ eine Cauchy-Folge in H_A ist, gibt es ein n_0, so daß für jedes Zahlenpaar m, n, für das $m > n_0$, $n > n_0$ ist, gilt

$$\|u_m - u_n\|_A \leqq \varepsilon\,. \tag{10.62}$$

Es sei u_n ein fest gewähltes Element der betrachteten Folge, für das $n > n_0$ ist. Da $\{u_m\}$ eine von den Folgen von Elementen aus dem Raume S_A ist, die dem Element u entsprechen, ist die Folge $\{u_m - u_n\}$ (bei festem u_n) eine von den Folgen (von Elementen aus dem Raum S_A), die dem Element $u - u_n$ entsprechen. Nach (10.60) ist

$$\|u - u_n\|_A = \lim_{m\to\infty} \|u_m - u_n\|_A\,.$$

Es ist aber $n > n_0$, so daß für jedes $m > n_0$ (10.62) gilt. Der betrachtete Grenzwert kann also nicht größer als ε sein, d.h. es ist

$$\|u - u_n\|_A \leqq \varepsilon . \tag{10.63}$$

Als das gesuchte Element v in (10.61) kann man also das Element u_n wählen.

Damit ist bewiesen, daß die lineare Menge D_A im Raum H_A dicht ist.

Wir möchten noch auf folgenden Umstand aufmerksam machen: Die Zahl $\varepsilon > 0$ wurde beliebig gewählt, so daß aus (10.63) folgt, daß die Folge $\{u_n\}$ im Raum H_A gegen das Element u konvergiert. Ist also u ein beliebiges Element aus H_A und ist $\{u_n\}$ irgendeine Folge aus der diesem Element entsprechenden Klasse von Cauchy-Folgen in S_A, dann ist

$$\lim_{n\to\infty} u_n = u \quad \text{in } H_A . \tag{10.64}$$

b) *Vollständigkeit.* Es sei $\{v_n\}$ eine beliebige Cauchy-Folge in H_A. Wir müssen zeigen, daß diese Folge in H_A einen Grenzwert besitzt.

Da die lineare Menge D_A dicht in H_A ist, kann man jedes Element der Folge $\{v_n\}$ in diesem Raum mit beliebiger Genauigkeit durch irgendein Element z_n aus D_A approximieren. Insbesondere kann man also eine Folge $\{z_n\}$ von Elementen aus D_A wählen, daß für $n = 1, 2, \ldots$ gilt

$$\|z_n - v_n\|_A < \frac{1}{n}. \tag{10.65}$$

Wir behaupten, daß nicht nur die Folge $\{v_n\}$ eine Cauchy-Folge in H_A ist, sondern daß dies auch für die Folge $\{z_n\}$ zutrifft. Aus der Dreiecksungleichung schließt man nämlich

$$\begin{aligned} \|z_m - z_n\|_A &= \|(z_m - v_m) + (v_n - z_n) + (v_m - v_n)\|_A \leqq \\ &\leqq \|z_m - v_m\|_A + \|z_n - v_n\|_A + \|v_m - v_n\|_A . \end{aligned} \tag{10.66}$$

Aus (10.66), (10.65) und aus der Tatsache, daß $\{v_n\}$ eine Cauchy-Folge ist, folgt sogleich die aufgestellte Behauptung.

Da also die Folge $\{z_n\}$ eine Cauchy-Folge in H_A und folglich auch in S_A ist, denn die Elemente z_n gehören zu D_A, entspricht ihr in D ein gewisses (durch diese Folge eindeutig bestimmtes) Element z. Nach (10.64) ist

$$\lim_{n\to\infty} z_n = z \quad \text{in } H_A ,$$

d.h.

$$\lim_{n\to\infty} \|z - z_n\|_A = 0 . \tag{10.67}$$

Man zeigt leicht, daß auch

$$\lim_{n\to\infty} v_n = z \quad \text{in } H_A \tag{10.68}$$

gilt. Es ist nämlich

$$\|z - v_n\|_A \leqq \|z - z_n\|_A + \|z_n - v_n\|_A ;$$

hieraus und aus (10.67) sowie (10.65) folgt sogleich

$$\lim_{n\to\infty} \|z - v_n\|_A = 0 ,$$

d.h. (10.68).

Damit ist der Beweis für die Vollständigkeit des Raumes H_A durchgeführt.

Bemerkung 10.1. Aus (10.48) folgt leicht durch Grenzübergang, daß die Beziehungen (10.8) bzw. (10.9), d.h. die Beziehungen

$$\|u\|_A^2 \geqq C^2 \|u\|^2 , \quad C > 0 , \tag{10.69}$$

bzw.

$$\|u\| \leqq \frac{1}{C} \|u\|_A , \quad C > 0 , \tag{10.70}$$

die im Raum S_A gelten, auch im Raum H_A gültig bleiben.

Bemerkung 10.2. Am Anfang dieses Kapitels haben wir den Fall, daß S_A ein vollständiger Raum ist, nicht ausgeschlossen. In einem solchen Fall braucht man ihn nicht zu erweitern und es ist $D = D_A$ und $H_A = S_A$. Dieser Fall tritt z.B. auf, wenn $D_A = H$ ist und A der identische Operator ist (Definition 8.11, S. 84), d.h. wenn $A = I$ ist. Dieser Operator ist offensichtlich in H positiv definit, denn er ist linear und symmetrisch und für jedes $u \in H$ ist $(Iu, u) = (u, u)$, so daß man in (10.1) $C = 1$ setzen kann. Dieser Fall ist natürlich von sehr kleinem Interesse, denn die Gleichung $Au = f$ reduziert sich hier auf die Gleichung $u = f$ und ihre Lösung ist offensichtlich das Element f. Wichtig sind gerade diejenigen Fälle, wenn der Raum S_A nicht vollständig ist und wenn also $H_A \neq S_A$ ist. Dieser Fall ist z.B. für Differentialoperatoren typisch, die in ingenieur- und naturwissenschaftlichen Problemen auftreten.

Bemerkung 10.3. Im nächsten Kapitel werden wir zeigen, daß der Raum H_A schon genügend umfassend ist, um beweisen zu können, daß in ihm das Minimum des (auf geeignete Weise modifizierten) Funktionals F aus Kapitel 9 und damit auch die „verallgemeinerte Lösung“ des gegebenen Problems $Au = f$ existiert. Den Raum H_A haben wir – wenn der Raum S_A nicht vollständig war – so konstruiert, daß wir zu den Elementen der linearen Menge D_A gewisse Elemente des Raumes H „hinzugefügt“ haben (die Menge dieser Elemente wurde mit D_I bezeichnet); damit haben wir die lineare Menge D gebildet und auf diese Menge das Skalarprodukt und die Metrik des Raumes S_A erweitert. Der Leser wird sich sicher die Frage nach der Struktur der Menge D_I stellen, d.h. nach einer „anschaulichen“ Charakterisierung derjenigen Elemente des Raumes H, die zu D_I gehören. An dieser Stelle haben wir noch nicht die Möglichkeit, auf diese Frage eine allgemeinere Antwort zu geben. Für Spezialfälle kann das Beispiel 10.1, S. 110, eine gewisse Vorstellung liefern: In diesem Fall ist $H = L_2(a, b)$ und die Menge D_A wird durch Funktionen $u(x)$ gebildet, die samt ihren Ableitungen erster und zweiter Ordnung im abgeschlossenen Intervall $[a, b]$ stetig sind und die Randbedingungen

$$u(a) = u(b) = 0 \tag{10.71}$$

erfüllen. Aus (10.5) folgt, daß das Skalarprodukt $(u, v)_A$ im Raum S_A durch die Beziehung

$$(u, v)_A = \int_a^b u'v' \, \mathrm{d}x \tag{10.72}$$

gegeben ist. Man kann also – grob gesagt – erwarten, daß die Menge D_I durch diejenigen Funktionen aus dem Raum $H = L_2(a, b)$ gebildet wird, die nicht zu D_A gehören, für die aber das Integral (10.72) noch sinnvoll ist. (Dazu genügt es z.B., wenn die ersten Ableitungen dieser Funktionen im Intervall (a, b) quadratisch integrierbar sind.) Außerdem müssen diese Funktionen noch – wenigstens in irgendeinem „vernünftigen" Sinne – die Randbedingungen (10.71) erfüllen.

Im Fall (gewöhnlicher oder partieller) Differentialoperatoren zweiter Ordnung, der in den Anwendungen sehr häufig vorkommt, wählen wir als den Raum H üblicherweise den Raum $L_2(a, b)$ bzw. $L_2(G)$ und als die Menge D_A dann in der Regel die Menge aller Funktionen, die samt ihren gewöhnlichen bzw. partiellen Ableitungen erster und zweiter Ordnung im abgeschlossenen Intervall $[a, b]$ bzw. im abgeschlossenen Gebiet $\bar{G}$ stetig sind und vorgegebene Bedingungen in den Punkten a, b bzw. auf dem Rand Γ des Gebietes G erfüllen. Die Funktionen aus der Menge D_I haben dann (mindestens in den Fällen, auf die wir in diesem Buch stoßen werden) sogenannte *verallgemeinerte Ableitungen* (gewöhnliche bzw. partielle) erster Ordnung, die im betrachteten Bereich (Intervall bzw. Gebiet) quadratisch integrierbar sind, besitzen aber im allgemeinen Fall keine Ableitungen zweiter Ordnung. Ausführlicher wird dies in Kapitel 32 behandelt. Da – wie wir sehen werden – das schon erwähnte Funktional F auf der linearen Menge D sein Minimum annehmen wird, so daß die „verallgemeinerte Lösung" des Problems $Au = f$ ein Element dieser linearen Menge sein wird, entsteht die Frage, in welchem Sinn diese verallgemeinerte Lösung auch wirklich eine Lösung des betrachteten Problems darstellt, wenn das Funktional F sein Minimum nicht gerade auf der Menge D_A annimmt. Eine gewisse, einigermaßen befriedigende Antwort auf diese Frage werden wir schon zum Abschluß des folgenden Kapitels geben können.

Kapitel 11. Existenz des Minimums des Funktionals F im Raum H_A. Verallgemeinerte Lösungen

Wir betrachten das Funktional

$$Fu = (Au, u) - 2(f, u), \quad u \in D_A, \tag{11.1}$$

aus Kapitel 9 (S. 103). Unter der Voraussetzung, daß der Operator A auf der linearen Menge D_A positiv ist, wissen wir nach Satz 9.2: Hat die Gleichung $Au = f$ eine Lösung[1]) $u_0 \in D_A$, dann nimmt das Funktional F für dieses Element u_0 seinen kleinsten Wert bezogen auf alle Elemente $u \in D_A$ an, und umgekehrt, nimmt das Funktional F seinen Minimalwert auf der linearen Menge D_A für ein gewisses Element u_0 an, dann ist dieses Element eine Lösung der Gleichung $Au = f$. Am Ende von Kapitel 9 haben wir darauf aufmerksam gemacht, daß Satz 9.2 einen bedingten Charakter hat, denn er setzt entweder die Existenz einer Lösung $u_0 \in D_A$ der gegebenen Gleichung oder die Existenz des das Funktional F auf der Menge D_A minimierenden Elementes $u_0 \in D_A$ voraus. Dabei ist die Existenz eines solchen Elementes u_0 nicht von vornherein garantiert – weder im ersten noch im zweiten Fall.

Ist der Operator A zusätzlich noch positiv definit, kann man – wie wir im vorhergehenden Kapitel gesehen haben – einen Hilbert-Raum H_A mit dem Skalarprodukt $(u, v)_A$ konstruieren, das eine Fortsetzung des auf der ursprünglichen linearen Menge D_A durch die Beziehung

$$(u, v)_A = (Au, v), \quad u \in D_A, \quad v \in D_A, \tag{11.2}$$

gegebenen Skalarproduktes ist. Das Funktional (11.1) kann man dann in der folgenden Form darstellen:

$$Fu = (u, u)_A - 2(f, u), \quad u \in D_A. \tag{11.3}$$

Das Skalarprodukt $(u, u)_A$ ist jedoch für alle Elemente des Raumes H_A (nicht nur für Elemente der Menge D_A) sinnvoll. Dasselbe gilt (bei festem $f \in H$) für das Skalarprodukt (f, u), denn für $u \in H_A$ ist auch $u \in H$. Daher kann man das Funktional f durch die Formel (11.3) auf den ganzen Raum H_A fortsetzen:

$$Fu = (u, u)_A - 2(f, u), \quad u \in H_A. \tag{11.4}$$

Wir werden zeigen, daß dieses so fortgesetzte Funktional im Raum H_A sein Minimum annimmt und daß das Element u_0, für welches das Minimum in H_A erreicht wird, eindeutig durch das gegebene Element $f \in H$ bestimmt ist.

---

[1]) Es ist eine Lösung im betrachteten Hilbert-Raum H mit dem Skalarprodukt (u, v) gemeint.

Das Funktional (f, u) ist ein lineares[1]) und dabei (für ein festes $f \in H$) beschränktes (Definition 8.19, S. 98) Funktional auf H, denn nach der Schwarzschen Ungleichung (6.17) ist

$$|(f, u)| \leqq \|f\| \cdot \|u\| , \tag{11.5}$$

so daß man als Konstante K in Definition 8.19 die Zahl $\|f\|$, d.h. die Norm der Funktion f im Raum H, wählen kann. Das Funktional (f, u) ist jedoch (bei festem $f \in H$) ein lineares beschränktes Funktional auch im Raum H_A. Nach (10.70) ist nämlich für jedes $u \in H_A$

$$\|u\| \leqq \frac{1}{C} \|u\|_A , \tag{11.6}$$

und hieraus folgt nach (11.5)

$$|(f, u)| \leqq \frac{\|f\|}{C} \|u\|_A$$

für jedes $f \in H$ und $u \in H_A$.

In diesem Fall kann man also als Konstante K in Definition 8.19 die Zahl $\|f\|/C$ wählen. Da weiter H_A ein Hilbert-Raum ist, existiert nach dem Rieszschen Satz (Satz 8.8, S. 99) ein durch das Element $f \in H$ eindeutig bestimmtes Element $u_0 \in H$, so daß

$$(u_0, u)_A = (f, u) \quad \text{für alle } u \in H_A \tag{11.7}$$

gilt. Wenn wir nun entsprechend (11.7) in (11.4) $(u_0, u)_A$ statt (f, u) schreiben, erhalten wir

$$\begin{aligned} Fu &= (u, u)_A - 2(u_0, u)_A = (u, u)_A - 2(u_0, u)_A + (u_0, u_0)_A - (u_0, u_0)_A = \\ &= (u - u_0, u - u_0)_A - (u_0, u_0)_A = \|u - u_0\|_A^2 - \|u_0\|_A^2 . \end{aligned} \tag{11.8}$$

Da aber $\|u\|_A$ die Norm im Raum H_A ist, gilt

$$\begin{aligned} \|u - u_0\|_A = 0 , \quad &\text{falls} \quad u - u_0 = 0 \quad \text{in } H_A , \\ &\text{d.h.} \quad u = u_0 \text{ in } H_A \text{ ist} , \end{aligned} \tag{11.9}$$

und

$$\|u - u_0\|_A > 0 \quad \text{für } u \neq u_0 \text{ in } H_A . \tag{11.10}$$

Aus (11.8), (11.9) und (11.10) geht hervor, daß das Funktional F sein Minimum in H_A genau dann annimmt, wenn $u = u_0$ in H_A ist, d.h. genau für das Element u_0, das (eindeutig) durch die Beziehung (11.7) bestimmt ist. Wir haben also folgenden Satz bewiesen:

Satz 11.1. *Der Operator A sei positiv definit auf der im Hilbert-Raum H dichten linearen Menge D_A. Es sei H_A der in Kapitel 10 konstruierte Hilbert-Raum. Dann nimmt das Funktional F, das in H_A durch die Formel (11.4) gegeben ist, seinen Minimalwert auf H_A an. Das Element u_0, das in H_A dieses Minimum realisiert, ist eindeutig durch die Beziehung (11.7) bestimmt.*

---

[1]) Die Linearität des Funktionals (f, u) ist klar, denn es ist $(f, a_1 u_1 + a_2 u_2) = a_1(f, u_1) + a_2(f, u_2)$.

Wie wir schon in Kapitel 9 angedeutet hatten, definieren wir:

Definition 11.1. Das Element u_0, das im Raum H_A das Funktional (11.4) minimiert und eindeutig durch die Beziehung (11.7) bestimmt ist, wird **verallgemeinerte Lösung der Gleichung** $Au = f$ genannt.

Ein Spezialfall einer verallgemeinerten Lösung liegt vor, wenn das Element u_0, welches in H_A das Minimum des Funktionals F realisiert, ein Element der Menge D_A ist. Dieser Fall entspricht – vor allem wenn es sich um Differentialoperatoren handelt – in gewissem Sinne der klassischen Lösung des gegebenen Problems. Ausführlicher dazu siehe Bemerkung 11.4.

Satz 11.1 und Definition 11.1 verdienen einige Bemerkungen:

Bemerkung 11.1. Wie aus dem vorhergehenden Text hervorgeht, ist die verallgemeinerte Lösung u_0 der Gleichung $Au = f$ eindeutig durch die Beziehung (11.7) bestimmt. Diese Beziehung gibt uns aber vom praktischen Standpunkt aus keinen Hinweis, wie diese Lösung effektiv zu konstruieren ist. Ein Weg dazu führt über die Minimierung (im Raume H_A) des Funktionals F. Die folgenden Kapitel werden also als Ziel haben, sich mit wirkungsvollen Methoden zur Bestimmung desjenigen Elements, das dieses Minimum realisiert, bzw. einer genügend guten Approximation dieses Elements, bekannt zu machen.

Bemerkung 11.2. Aus (11.7) folgt weiter nach (11.6)

$$|(u_0, u)_A| = |(f, u)| \leqq \|f\| \cdot \|u\| \leqq \frac{\|f\|}{C} \|u\|_A \quad \text{für jedes } u \in H_A . \tag{11.11}$$

Für $u = u_0$ erhalten wir hieraus

$$\|u_0\|_A^2 = (u_0, u_0)_A \leqq \frac{\|f\|}{C} \|u_0\|_A ,$$

und aus dieser Ungleichung folgt[1]) die wichtige Abschätzung

$$\|u_0\|_A \leqq \frac{\|f\|}{C} . \tag{11.12}$$

Diese Ungleichung drückt die *stetige Abhängigkeit der verallgemeinerten Lösung* u_0 *von der rechten Seite* f *der gegebenen Gleichung* $Au = f$ *aus.* Das heißt zunächst: Wenn f „klein" ist in der Norm des Raumes H, so ist auch die verallgemeinerte Lösung „klein" in der Norm des Raumes H_A (und folglich nach (11.6) auch „klein" in der Norm des Raumes H). Sind weiter u_0 bzw. v_0 verallgemeinerte Lösungen der Gleichungen

$$Au = f \tag{11.13}$$

bzw.

$$Av = g , \tag{11.14}$$

d.h. gilt

$$(u_0, u)_A = (f, u) \quad \text{für alle } u \in H_A , \tag{11.15}$$

---

[1]) Für $u_0 \neq 0$; für $u_0 = 0$ gilt Ungleichung (11.12) natürlich auch.

bzw.

$$(v_0, u)_A = (g, u) \quad \text{für alle } u \in H_A\,, \tag{11.16}$$

dann ist $z_0 = v_0 - u_0$ eine verallgemeinerte Lösung der Gleichung

$$Az = g - f\,, \text{ [1]} \tag{11.17}$$

denn aus (11.15) und (11.16) folgt

$$(z_0, u)_A = (g - f, u) \quad \text{für alle } u \in H_A\,. \tag{11.18}$$

Aus (11.18) erhalten wir dann auf die gleiche Weise, wie wir aus (11.7) die Ungleichung (11.12) abgeleitet haben,

$$\|z_0\|_A \leqq \frac{\|g - f\|}{C}\,. \tag{11.19}$$

D.h., wenn sich die rechten Seiten der Gleichungen (11.13), (11.14) in der Norm des Raumes H „wenig" unterscheiden, unterscheiden sich die entsprechenden Lösungen „wenig" in der Norm des Raumes H_A (und damit nach (11.6) „wenig" in der Norm des Raumes H). Dies kann man bei der Fehlerabschätzung benutzen, wenn wir die verallgemeinerte Lösung (genauer: ihre Approximation) mit Hilfe einer der in den folgenden Kapiteln beschriebenen Methoden suchen. Ist nämlich die n-te Approximation $u_n \in D_A$ der verallgemeinerten Lösung u_0 so beschaffen, daß sich das Element

$$f_n = Au_n \tag{11.20}$$

„wenig" vom Element f in der Norm des Raumes H unterscheidet, dann unterscheidet sich u_n „wenig" von u_0 in der Norm des Raumes H_A; genauer, nach (11.19) ist

$$\|u_n - u_0\|_A \leqq \frac{\|f_n - f\|}{C} = \frac{\|Au_n - f\|}{C}\,. \tag{11.21}$$

Wenn wir also die Konstante C kennen (dazu mehr im weiteren Teil dieses Buches, insbesondere in Kapiteln 18, 19 und 22; vgl. auch Beispiel 8.9, S. 95), können wir nach (11.21) den Fehler – im Raum H_A, und damit nach (11.6) auch im Raum H – abschätzen, den wir machen, wenn wir die verallgemeinerte Lösung u_0 durch ihre Approximation u_n ersetzen. Dabei hat die rechte Seite der gegebenen Gleichung in Anwendungen in der Regel eine einfache physikalische Deutung; z.B. im Fall der Plattengleichung (siehe Kapitel 23) ist die rechte Seite dieser Gleichung durch eine Funktion $f \in L_2(G)$ gegeben, die die Belastung der betrachteten Platte charakterisiert. Wenn wir (11.20) in Betracht nehmen, sehen wir, daß in diesem Fall die Approximation u_n eine „genaue" Lösung des gleichen Problems mit einer anderen Belastung darstellt, die durch die Funktion f_n statt der Funktion f gegeben ist. Die „Nähe" der Funktionen f_n und f in der Norm des Raumes $L_2(G)$ ermöglicht zunächst nach

---

[1]) Formal folgt natürlich dieses Ergebnis durch Subtraktion der Gleichung $Au_0 = f$ von der Gleichung $Av_0 = g$; formal deshalb, weil die Symbole Au_0, Av_0 keinen Sinn haben müssen, wenn u_0 und v_0 nicht zu D_A gehören. Deshalb ist es notwendig zu zeigen, daß z_0 die Beziehung (11.18) erfüllt, denn durch diese Beziehung ist – im Sinne von (11.7) – die verallgemeinerte Lösung der Gleichung (11.17) definiert.

(11.21) auf die „Nähe" der Lösung u_0 und ihrer Approximation u_n (in der Norm des Raumes H_A) zu schließen. Dem Techniker genügt aber oft sogar nur ein einfacher Vergleich der Funktionen f_n und f, um zu entscheiden, ob die Approximation u_n für die Zwecke, die er verfolgt, schon eine genügend gute Näherung der Lösung seines Problems ist. Die Funktion f ist nämlich oft als Ergebnis von fehlerbehafteten Messungen gegeben. Dabei können diese Meßfehler sogar einen größeren Fehler bei der Lösung des betrachteten Problems verursachen als den, der mit dem Ersetzen der Lösung u_0 durch ihre Approximation u_n entsteht.

Bei dieser Gelegenheit wollen wir den Leser darauf aufmerksam machen, daß bei den Methoden, mit denen wir uns in den folgenden Kapiteln bekannt machen werden, nicht immer garantiert ist, daß mit wachsendem n die Funktionen $f_n = Au_n$ gegen die Funktion f im Raum H konvergieren. Diese Frage hängt eng mit der Wahl einer geeigneten Basis zusammen, durch deren Elemente (genauer: durch Linearkombinationen dieser Elemente) wir die Lösung approximieren. Dazu vgl. man insbesondere Kapitel 20, sowie auch Kapitel 44, wo eine Methode zur Fehlerabschätzung angeführt ist, die auf einer völlig anderen Idee begründet ist.

Bemerkung 11.3. Wie wir schon früher angedeutet haben, beruht die Mehrzahl der Methoden, die wir im weiteren anführen werden, auf der Konstruktion einer gewissen Folge von Elementen $u_n \in H_A$ (in der Regel handelt es sich um Elemente der Menge D_A), von der wir zeigen, daß sie im Raum H_A gegen die gesuchte verallgemeinerte Lösung u_0 konvergiert, d.h. für die gilt:

$$\lim_{n\to\infty} \|u_n - u_0\|_A = 0 . \tag{11.22}$$

Im Zusammenhang damit möchten wir zunächst auf die folgende Tatsache aufmerksam machen: Wie wir wissen, nimmt das Funktional F im Raum H_A seinen Minimalwert für das durch die Gleichung (11.7) auf S. 124 definierte Element u_0 an. Aus (11.8) folgt dann, daß dieser Minimalwert gleich der Zahl $-\|u_0\|_A^2$ ist, d.h. daß gilt:

$$\min_{u\in H_A} Fu = -\|u_0\|_A^2 .$$

Definition 11.2. Von einer Folge $\{u_n\}$ von Elementen aus H_A sagen wir, daß sie **minimierend** für das Funktional (11.4) (und damit auch für das Funktional (11.8)) ist oder daß $\{u_n\}$ eine μ-**Folge** ist, wenn

$$\lim_{n\to\infty} Fu_n = -\|u_0\|_A^2 \tag{11.23}$$

gilt.

Eine μ-Folge ist also eine solche Folge $\{u_n\}$ von Elementen aus H_A, für die der Grenzwert der entsprechenden Werte Fu_n des Funktionals F gleich dem Minimum dieses Funktionals im Raum H_A ist. Aus (11.22), (11.23) und aus der Beziehung (11.8), d.h. aus

$$Fu = \|u - u_0\|_A^2 - \|u_0\|_A^2 \tag{11.24}$$

folgt unmittelbar:

Satz 11.2. *Ist $\{u_n\}$ eine μ-Folge, dann gilt* (11.22). *Gilt umgekehrt* (11.22), *dann ist $\{u_n\}$ eine μ-Folge.*

Beweis:

1. Ist $\{u_n\}$ eine μ-Folge, dann gilt (11.23) und aus (11.24) folgt

$$\lim_{n\to\infty} \|u_n - u_0\|_A^2 = \lim_{n\to\infty} (Fu_n + \|u_0\|_A^2) =$$

$$= \lim_{n\to\infty} Fu_n + \|u_0\|_A^2 = -\|u_0\|_A^2 + \|u_0\|_A^2 = 0\,,$$

d.h.

$$\lim_{n\to\infty} \|u_n - u_0\|_A = 0\,,$$

was die Beziehung (11.22) ist.

2. Falls (11.22) gilt, folgt aus (11.24)

$$\lim_{n\to\infty} Fu_n = \lim_{n\to\infty} \|u_n - u_n\|_A^2 - \|u_0\|_A^2 = -\|u_0\|_A^2\,,$$

was die Beziehung (11.23) ist.

Wenn wir also von einer Folge $\{u_n\}$ beweisen, daß sie eine μ-Folge ist, folgt daraus nach dem erwähnten Satz, daß $\{u_n\}$ im Raum H_A gegen die verallgemeinerte Lösung u_0 der Gleichung $Au = f$ konvergiert. Diese Tatsache wird für uns bei dei Untersuchung der Konvergenz einiger in den folgenden Kapiteln angeführter Methoden von Nutzen sein.

Bemerkung 11.4. In diesem Kapitel haben wir den Begriff der verallgemeinerten Lösung der Gleichung $Au = f$ eingeführt. Als einen Spezialfall dieser Lösung haben wir in dem nach Definition 11.1 folgenden Text die Lösung aus der Menge D_A erwähnt, die insbesondere im Fall von Differentialoperatoren ein gewisses Analogon des dem Leser z.B. aus der klassischen Theorie partieller Diffeıentialgleichungen bekannten Begriffes der klassischen Lösung einer gegebenen Gleichung darstellt. Ob das Element $u_0 \in H_A$ zu D_A gehört oder nicht, das hängt vor allem davon ab, wie der Operator A und das Element f auf der rechten Seite der Gleichung $Au = f$ beschaffen sind. Ausführlicheres findet man dazu in Kapitel 46.

Wir werden nun dıe erwähnten Lösungsbegriffe näher betrachten, insbesondere in dem Fall, der für uns am interessantesten ist, nämlich im Fall von Differentialoperatoıen.

Zunächst möchten wir bemerken, daß die Begriffe „klassische Lösung" und „Lösung aus der Menge D_A" nicht immeı das gleiche bedeuten müssen, obwohl sie in diesen Fällen sehr verwandt sind. Man betrachte das uns schon gut bekannte Dirichletsche Problem für die Poissonsche Gleichung in einem ebenen Gebiet G mit Rand Γ,

$$-\Delta u = f \quad \text{in } G\,, \tag{11.25}$$

$$u = 0 \quad \text{auf } \Gamma\,. \tag{11.26}$$

Unter einer klassischen Lösung dieses Problems verstehen wir eine Funktion u, die stetig in $\bar{G} = G + \Gamma$ ist, auf Γ verschwindet und in G die Ableitungen $\partial^2 u/\partial x^2$,

$\partial^2 u/\partial y^2$ besitzt, die die Gleichung (11.25) in G erfüllen. Als lineare Menge $D_A = D_{-\Delta}$ haben wir jedoch die Menge aller Funktionen gewählt, die samt ihren partiellen Ableitungen erster und zweiter Ordnung in $\bar{G} = G + \Gamma$ stetig sind und die Bedingung (11.26) erfüllen. Wenn die Funktion u eine Lösung unseres Problems sein und zu D_A gehören soll, dann muß sie alle soeben erwähnten Eigenschaften der Funktionen aus D_A haben. An die Glattheit der Funktionen aus der Menge D_A (und damit auch an die Glattheit der betrachteten Lösung aus D_A) stellen wir hier also größere Forderungen als an die Glattheit der klassischen Lösung. Der Grund (der nicht allzu wesentlich ist; es handelt sich um die Möglichkeit, gewisse Überlegungen zu vereinfachen, z.B. darum, sich leicht überzeugen zu können, daß die Voraussetzungen des Greenschen Satzes 8.7 erfüllt sind u.ä.) liegt darin, daß man auf der auf diese Weise definierten linearen Menge leicht die charakteristischen Eigenschaften des gegebenen Operators wie Symmetrie, Positivität usw. beweisen kann. Man kann an die Glattheit der Funktionen aus D_A sogar noch höhere Forderungen stellen, es läßt sich z.B. zeigen, daß die in Kapitel 10 beschriebene Konstruktion zum gleichen Raum H_A führt, wenn wir für unser Problem (11.25), (11.26) statt der linearen Menge der Funktionen mit den soeben erwähnten Eigenschaften die Menge von Funktionen wählen, die samt *allen* partiellen Ableitungen in $\bar{G} = G + \Gamma$ stetig sind und die Bedingung (11.26) erfüllen.

Anhand des Problems (11.25), (11.26) ist klar zu sehen, daß sich der Begriff der klassischen Lösung einer gegebenen Aufgabe im allgemeinen Fall vom Begriff der Lösung aus der Menge D_A unterscheidet. Trotzdem sind beide Begriffe verwandt und der Leser kann sich unter dem Begriff „Lösung aus D_A“ eine etwas modifizierte Form der klassischen Lösung vorstellen. Die verallgemeinerte Lösung hat – falls sie nicht in D_A liegt – im allgemeinen Fall wesentlich andere Eigenschaften im Vergleich mit der klassischen Lösung. Wie wir schon am Ende des vorhergehenden Kapitels erwähnt hatten, haben die Funktionen aus D_I – im Fall einer Differentialgleichung zweiter Ordnung mit Randbedingungen – auf dem betrachteten Gebiet im allgemeinen nur Ableitungen erster Ordnung, und dazu nur sogenannte verallgemeinerte Ableitungen. Eine verallgemeinerte Lösung muß also im allgemeinen Fall (wenn wir keine genügende Glattheit der Koeffizienten der gegebenen Gleichung u.ä. beanspruchen) nicht einmal Ableitungen von der Ordnung der gegebenen Differentialgleichung haben. Der Leser kann einwenden, daß es sich dann entweder um „unvernünftige Probleme“ oder um eine schlecht konzipierte Definition der Lösung handelt. Dies ist nicht der Fall. Differentialgleichungen, die gewisse physikalische Phänomene beschreiben, werden oft aus verschiedenen physikalischen Prinzipien (Prinzip der kleinsten potentiellen Energie u.ä.; vgl. S. 107) unter Benutzung der Variationsrechnung hergeleitet. Mathematisch ausgedrückt handelt es sich also um das Minimieren gewisser Funktionale. Wenn man die aus der Variationsrechnung bekannten Eulerschen Gleichungen benutzt, die die notwendigen Bedingungen für Extrema dieser Funktionale ausdrücken, kommt man zu Differentialgleichungen, die sozusagen „überflüssig“ höhere Ableitungen enthalten als die, die im gegebenen Funktional vorkommen. (Ein typisches Beispiel ist die Gleichung für die Durchbiegung einer

Membran.) Da das Funktional F in diesen Fällen gerade den erwähnten Funktionalen (der elastischen Energie, der potentiellen Energie[1]) u.ä.) entspricht, ist die verallgemeinerte Lösung eines gegebenen Problems aus physikalischen Gesichtspunkten natürlicher als die klassische Lösung.[2]) Im Fall von Differentialgleichungen mit (grob ausgedrückt) genügend glatten Koeffizienten und genügend glatter rechter Seite f ist die verallgemeinerte Lösung genügend glatt. (So hat z.B. die verallgemeinerte Lösung des Problems (11.25), (11.26) im (offenen) Gebiet G stetige Ableitungen aller Ordnungen, falls die Funktion f in G stetige Ableitungen aller Ordnungen besitzt). An dieser Stelle haben wir keine Möglichkeit, die Bedeutung des Wortes „genügend" zu präzisieren, wir werden zu dieser Problematik in Kapitel 46 zurückkehren.

Bemerkung 11.5. Wenn $u_0 \in D_A$ ist und u_0 das Funktional (11.4) in H_A minimiert, dann minimiert es umsomehr in D_A das Funktional (11.3) und ist nach Satz 9.2 eine Lösung der Gleichung $Au = f$ in H. Wenn jedoch das Element u_0, das in H_A das Funktional (11.4) minimiert, nicht zu D_A gehört, dann kann die Gleichung $Au = f$ keine Lösung in D_A besitzen. Diese Behauptung beweisen wir indirekt. Das Element $u_0 \notin D_A$ minimiere in H_A das Funktional (11.4), d.h. das Funktional (11.8), so daß gilt:

$$Fu_0 = \min_{u \in H_A} (\|u - u_0\|_A^2 - \|u_0\|_A^2) = -\|u_0\|_A^2 . \tag{11.27}$$

Weiter sei $u_1 \in D_A$ die Lösung der Gleichung $Au = f$ in H. Nach Satz 9.2 minimiert das Element u_1 auf der Menge D_A das Funktional $(Au, u) - 2(f, u)$, das für $u \in D_A$ mit dem Funktional F übereinstimmt. Es ist also

$$Fu_1 = \min_{u \in D_A} (\|u - u_0\|_A^2 - \|u_0\|_A^2) = \|u_1 - u_0\|_A^2 - \|u_0\|_A^2 . \tag{11.28}$$

Da $u_1 \neq u_0$ ist (denn es ist $u_1 \in D_A$ und $u_0 \notin D_A$), ist $\|u_1 - u_0\|_A^2 > 0$, und nach (11.27) und (11.28) ist also

$$Fu_1 > Fu_0 . \tag{11.29}$$

Wir bezeichnen

$$Fu_1 - Fu_0 = \|u_1 - u_0\|_A^2 = a > 0 . \tag{11.30}$$

Die Menge D_A ist dicht in H_A, deshalb existiert eine Folge $\{u_n\}$ von Elementen aus D_A, die in H_A gegen das Element u_0 konvergiert, d.h. es ist

$$\lim_{n \to \infty} \|u_n - u_0\|_A = 0 .$$

Es existiert also ein Element $u_n \in D_A$ mit genügend großem Index n, so daß

$$\|u_n - u_0\|_A < \sqrt{\frac{a}{2}}$$

[1]) Deshalb werden das Funktional F oft auch in der mathematischen Literatur *Energiefunktional* und die auf seinem Minimieren begründeten Variationsmethoden *energetische Methoden* genannt. Damit hängt auch zusammen, daß man das Skalarprodukt $(u, v)_A$ oft *energetisches Produkt*, die Norm $\|u\|_A$ *energetische Norm* und den Raum H_A *energetischer Raum* nennt.

[2]) Bekannt ist die Äußerung von D. Hilbert, daß man physikalische Gesetze nicht mit Hilfe von Differential-, sondern mit Hilfe von Integralbeziehungen formulieren sollte.

ist. Dann ist natürlich

$$Fu_n = \|u_n - u_0\|_A^2 - \|u_0\|_A^2 < -\|u_0\|_A^2 + \frac{a}{2} < -\|u_0\|_A^2 + a =$$

$$= Fu_0 + a = Fu_1 \tag{11.31}$$

nach (11.30). Das Funktional F nimmt also für das Element $u_n \in D_A$ einen kleineren Wert an als für das Element u_1, was im Widerspruch mit der Voraussetzung steht, daß das Element u_1 das Funktional F auf der Menge D_A minimiert.

Wenn also das Element u_0, das in H_A das Funktional F minimiert, nicht in D_A liegt, hat die Gleichung $Au = f$ keine Lösung aus D_A. Die verallgemeinerte Lösung u_0 fassen wir dann als eine Lösung des gegebenen Problems in dem in Bemerkung 11.4 diskutierten Sinne auf.

Bemerkung 11.6. (*Nichthomogene Randbedingungen.*) Die in den Kapiteln 9 bis 11 entwickelte Theorie setzt voraus, daß der Definitionsbereich des Operators A eine lineare Menge ist. Auch Näherungsmethoden, die wir in den folgenden Kapiteln behandeln werden, setzen voraus, daß die Approximation der Lösung des gegebenen Problems, d.h. die Approximation der verallgemeinerten Lösung u_0, die Form einer Linearkombination von Elementen aus dieser linearen Menge oder wenigstens aus dem Raum H_A hat, also wiederum von Elementen aus einer gewissen linearen Menge.

Im Falle des uns schon gut bekannten Dirichletschen Problems für die Poissonsche Gleichung, d.h. des Problems

$$-\Delta u = f \quad \text{in } G\,, \tag{11.32}$$

$$u = 0 \quad \text{auf } \Gamma\,, \tag{11.33}$$

konnten wir – und wir haben es auch gemacht – als Ausgangsmenge D_A die lineare Menge aller Funktionen wählen, die samt ihren partiellen Ableitungen erster und zweiter Ordnung in $\bar{G} = G + \Gamma$ stetig sind und die Bedingung (11.33) erfüllen. Dagegen ist die Menge M, deren Elemente die Funktionen bilden, die die gleichen Glattheitsbedingungen wie Funktionen aus der Menge D_A erfüllen, für die jedoch

$$u = 2 \quad \text{auf } \Gamma \tag{11.34}$$

gilt, keine lineare Menge mehr. Sind nämlich u und v zwei Funktionen aus der Menge M, dann gilt auf Γ $u + v = 4$, so daß die Funktion $u + v$ die Bedingung $u + v = 2$ auf Γ nicht erfüllt und infolgedessen nicht zur Menge M gehört.

Analog ist die Menge aller Funktionen, die die gleichen Glattheitsbedingungen wie die Funktionen aus der Menge D_A erfüllen und der Bedingung

$$\frac{\partial u}{\partial \nu} = -u \quad \text{auf } \Gamma \tag{11.35}$$

genügen ($\partial u/\partial \nu$ ist die Ableitung der Funktion u nach der äußeren Normale), eine lineare Menge, während die Menge aller Funktionen, die genau so glatt sind, aber die Bedingung

$$\frac{\partial u}{\partial \nu} = -(u - 3) \quad \text{auf } \Gamma \tag{11.36}$$

erfüllen, keine lineare Menge bildet.

Es ensteht also die Frage, wie man in unsere Theorie die Lösung von Differentialgleichungen mit nichthomogenen Randbedingungen einschließen kann, bzw. wie man dieses Problem in einer ähnlichen Weise formulieren kann, wie wir es in diesem Kapitel für den Fall gemacht haben, in dem der Definitionsbereich des gegebenen Operators eine lineare Menge war, und was man unter einer Lösung bzw. verallgemeinerter Lösung des gegebenen Problems verstehen soll.

Eine von den möglichen Lösungen dieser Frage ist völlig elementar: Man führt das Problem mit nichthomogenen Randbedingungen in ein Problem mit homogenen Randbedingungen über. Als Beispiel betrachten wir das Dirichletsche Problem für die Poissonsche Gleichung mit einer vorgegebenen stetigen Funktion g auf dem Rand Γ,

$$-\Delta u = f \quad \text{in } G\,, \tag{11.37}$$

$$u = g \quad \text{auf } \Gamma\,. \tag{11.38}$$

Wir setzen voraus, daß es uns gelungen ist, eine Funktion w zu finden, die stetig in $\bar{G} = G + \Gamma$ ist, die Bedingung (11.38) erfüllt und dabei so beschaffen ist, daß gilt:

$$-\Delta w \in L_2(G)\,. \tag{11.39}$$

Wenn wir die Lösung des Problems (11.37), (11.38) in der Form

$$u = w + z \tag{11.40}$$

suchen, dann erhalten wir für die Funktion z folgende Bedingungen:

$$-\Delta z = f + \Delta w \quad \text{in } G\,, \tag{11.41}$$

$$z = 0 \quad \text{auf } \Gamma\,. \tag{11.42}$$

In (11.37) setzen wir $f \in L_2(G)$ voraus, nach (11.39) ist $\Delta w \in L_2(G)$, so daß für die bekannte Funktion $h = f + \Delta w$ auch $h \in L_2(G)$ gilt. Das Problem

$$-\Delta z = h \quad \text{in } G\,, \tag{11.43}$$

$$z = 0 \quad \text{auf } \Gamma \tag{11.44}$$

ist schon eine Aufgabe der Form (11.32), (11.33), also der Form, über die wir ausführlich im vorhergehenden Text gesprochen haben.

Im allgemeineren Fall handelt es sich also um folgendes Problem: Es ist die lineare Differentialgleichung

$$Au = f \tag{11.45}$$

mit linearen, aber nichthomogenen Randbedingungen gegeben. Diese Bedingungen können verschiedener Form sein, z.B. der Form (11.38), (11.36) u.ä., im allgemeinen

Fall sind auf dem Rand Γ mehrere solcher Bedingungen vorgeschrieben – in Abhängigkeit von der Ordnung der gegebenen Differentialgleichung. Wir werden der Einfachheit halber den Fall betrachten, in dem als grundlegender Hilbert-Raum der Raum $L_2(G)$ gewählt wurde, so daß wir $f \in L_2(G)$ voraussetzen. Weiter setzen wir voraus, daß es uns gelungen ist, eine Funktion w zu finden, die die vorgegebenen Randbedingungen erfüllt und dabei genügend glatt ist, so daß wir auf sie den Operator A anwenden können und daß dabei auch noch $Aw \in L_2(G)$ ist. Für die Funktion $h = f - Aw$ gilt dann $h \in L_2(G)$. Wenn wir noch voraussetzen, daß die Lösung des gegebenen Problems die Form $u = w + z$ hat, erhalten wir die Gleichung

$$Az = h$$

mit homogenen Randbedingungen. Ist der Operator A weiter positiv definit auf der linearen Menge D_A aller genügend glatten Funktionen, die vorgegebene homogene Randbedingungen erfüllen, dann hat nach dem vorhergehenden Text dieses Problem eine verallgemeinerte Lösung z_0; unter einer verallgemeinerten Lösung des ursprünglichen Problems mit nichthomogenen Randbedingungen werden wir dann die Funktion $u_0 = w + z_0$ verstehen.

Zu diesen Überlegungen sei noch bemerkt, daß es im allgemeinen Fall nicht einfach ist, eine Funktion w mit den oben erwähnten Eigenschaften zu finden, die es ermöglicht, das Problem mit nichthomogenen Randbedingungen auf ein Problem mit homogenen Randbedingungen zurückzuführen. Es ist sogar nicht einfach, ihre Existenz zu beweisen, und zwar auch dann nicht, wenn wir eine gewisse Verallgemeinerung der an diese Funktion gestellten Forderungen betrachten, die wir im folgenden Text besprechen werden. Diese Fragen werden wir ausführlich in den Kapiteln 32 und 46 behandeln.

In praktischen Aufgaben, die ihren Ursprung in technischen oder naturwissenschaftlichen Problemen haben, ist jedoch die Lösung der betrachteten Frage in der Regel einfach und oft kann man die Form der gesuchten Funktion w direkt angeben. Wir führen ein einfaches Beispiel an: Man löse das Dirichletsche Problem für die Laplacesche Gleichung auf dem Rechteck $G(0 < x < a,\ 0 < y < b)$, wobei die Randbedingung g auf dem Rand Γ durch die folgende Vorschrift gegeben sei:

$$\begin{aligned} g &= \sin\frac{\pi x}{a} \quad \text{für} \quad 0 < x < a\,, \quad y = 0\,, \\ g &= 0 \qquad \text{auf dem übrigen Teil des Randes } \Gamma\,. \end{aligned} \tag{11.46}$$

Offensichtlich genügt es hier als Funktion w die Funktion

$$w = \left(1 - \frac{y}{b}\right)\sin\frac{\pi x}{a}$$

zu wählen, die die Bedingungen (11.46) erfüllt und das gegebene Problem auf das Problem

$$-\Delta z = -\frac{\pi^2}{a^2}\left(1 - \frac{y}{b}\right)\sin\frac{\pi x}{a} \quad \text{in } G\,, \tag{11.47}$$

$$z = 0 \quad \text{auf } \Gamma \tag{11.48}$$

zurückführt, das uns schon gut bekannt ist. Ist z_0 seine (verallgemeinerte) Lösung, dann hat das ursprüngliche Problem die Lösung $u_0 = w + z_0$.

Bemerkung 11.7. (*Nichthomogene Randbedingungen, zweite Formulierung.*) Wir führen noch eine zweite Formulierung des Problems mit nichthomogenen Randbedingungen an, die durch ihre Konzeption dem Begriff der verallgemeinerten Lösung für den Fall homogener Randbedingungen näher steht. Wir beschränken uns auf ein einfaches Beispiel, denn wir haben an dieser Stelle nicht die Möglichkeit zu präzisieren, welche Eigenschaften die in der vorhergehenden Bemerkung erwähnte Funktion $w(x)$ haben soll und in welchem Sinn sie die vorgegebenen nichthomogenen Randbedingungen erfüllen soll. Die mit dieser Problematik verbundenen Fragen werden wir – und zwar wesentlich allgemeiner – im vierten Teil unseres Buches lösen (siehe hauptsächlich die Kapitel 34 und 35), wenn wir den Begriff des Raumes $W_2^{(k)}(G)$ und den Begriff der Spur zur Verfügung haben werden. In dieser Bemerkung werden wir uns also an einigen Stellen etwas ungenau ausdrücken.

Wir betrachten wiederum das Dirichletsche Problem für die Poissonsche Gleichung

$$-\Delta u = f \quad \text{in } G\,, \tag{11.49}$$

$$u = g \quad \text{auf } \Gamma\,, \tag{11.50}$$

es sei $w(x)$ eine genügend glatte Funktion, die in G die Bedingung $\Delta w \in L_2(G)$ und auf Γ die Bedingung $w = g$ erfüllt. Wenn wir wie in der vorhergehenden Bemerkung

$$u = w + z \tag{11.51}$$

setzen, erhalten wir für die Funktion z die Bedingungen

$$-\Delta z = f + \Delta w \quad \text{in } G\,, \tag{11.52}$$

$$z = 0 \quad \text{auf } \Gamma\,. \tag{11.53}$$

Hier handelt es sich also um eine homogene Randbedingung. Wir bezeichnen wie üblich mit D_A die lineare Menge aller Funktionen $z(x)$, die samt ihren partiellen Ableitungen bis zur zweiten Ordnung stetig in $\overline{G}$ sind und auf Γ verschwinden, und mit $A = -\Delta$ den auf dieser Menge betrachteten Operator. Wie wir schon in den Beispielen 8.8 und 8.10 gezeigt haben, ist der Operator A auf der Menge D_A positiv, wobei

$$(Au, v) = \int_G \sum_{i=1}^N \frac{\partial u}{\partial x_i} \frac{\partial v}{\partial x_i}\, dx \tag{11.54}$$

ist, so daß

$$(Au, u) = \int_G \sum_{i=1}^N \left(\frac{\partial u}{\partial x_i}\right)^2 dx \tag{11.55}$$

ist. In Kapitel 22 werden wir zeigen, daß dieser Operator auf D_A sogar positiv definit ist. Der entsprechende Raum H_A aus Kapitel 10 wird, grob gesagt (wir haben schon gesagt, daß wir gewisse Begriffe und Ergebnisse erst im vierten Teil unseres Buches werden präzisieren können), durch Funktionen gebildet, die auf Γ verschwinden und in G quadratisch integrierbare partielle Ableitungen erster Ordnung besitzen. Das Funktional

$$Gz = (z, z)_A - 2(f + \Delta w, z)\,, \tag{11.56}$$

d.h. das Funktional

$$Gz = \int_G \sum_{i=1}^{N} \left(\frac{\partial z}{\partial x_i}\right)^2 \mathrm{d}x - 2 \int_G (f + \Delta w)\, z \,\mathrm{d}x\,, \tag{11.57}$$

nimmt im Raum H_A sein Minimum an, und das Element $z_0 \in H_A$, das dieses Minimum realisiert, ist eine verallgemeinerte Lösung des Problems (11.52), (11.53). Die Funktion $u_0 = w + z_0$ ist dann die verallgemeinerte Lösung des Problems (11.49), (11.50).

Da für $z \in H_A$ $z = 0$ auf Γ ist, erhalten wir durch formelle Benutzung des Greenschen Satzes ähnlich wie im erwähnten Beispiel 8.8

$$\int_G \Delta w \,.\, z \,\mathrm{d}x = - \int_G \sum_{i=1}^{N} \frac{\partial w}{\partial x_i} \frac{\partial z}{\partial x_i} \,\mathrm{d}x\,,$$

so daß wir das Funktional (11.57) in der Form

$$Gz = \int_G \sum_{i=1}^{N} \left(\frac{\partial z}{\partial x_i}\right)^2 \mathrm{d}x - 2 \int_G fz \,\mathrm{d}x + 2 \int_G \sum_{i=1}^{N} \frac{\partial w}{\partial x_i} \frac{\partial z}{\partial x_i} \,\mathrm{d}x \tag{11.58}$$

schreiben können.

Diese Schreibweise ermöglicht es zunächst, die bisher an die Funktion $w(x)$ gestellten Forderungen zu verallgemeinern. Aus (11.58) sieht man, daß es genügt, die Funktion $w(x)$ so zu wählen, daß sie die Bedingung $w = g$ auf Γ erfüllt und quadratisch integrierbare partielle Ableitungen erster Ordnung in G besitzt.[1]) Zweitens ist folgendes ersichtlich: Das Skalarprodukt

$$(v, z)_A = \int_G \sum_{i=1}^{N} \frac{\partial v}{\partial x_i} \frac{\partial z}{\partial x_i} \,\mathrm{d}x \tag{11.59}$$

ist für Funktionen v, z aus dem Raum H_A definiert, also für Funktionen, die die Bedingungen $v = 0$ und $z = 0$ auf Γ erfüllen. Das Integral in (11.59) ist aber für eine viel größere Klasse von Funktionen, die die erwähnte Randbedingung keineswegs erfüllen müssen, sinnvoll. Wir betrachten für einen Augenblick dieses Integral für diese allgemeinere Funktionenklasse und bezeichnen es mit dem Symbol $((v, z))$,

$$((v, z)) = \int_G \sum_{i=1}^{N} \frac{\partial v}{\partial x_i} \frac{\partial z}{\partial x_i} \,\mathrm{d}x\,. \tag{11.60}$$

---

[1]) Genauer, im Sinne von Kapitel 30 genügt es, daß $u \in W_2^{(1)}(G)$ und $w = g$ auf Γ im Sinne der Spuren ist.

Unter Benutzung dieser Symbolik kann man das Funktional Gz in der Form

$$Gz = ((z, z)) - 2(f, z) + 2((w, z)), \quad z \in H_A, \tag{11.61}$$

schreiben, die schon viel besser unserer Konzeption entspricht als die Form (11.57) (vgl. auch das Funktional (34.58), S. 419; das Funktional (11.61) ist ein Spezialfall davon).

Das an diesem einfachen Beispiel durchgeführte Verfahren kann man leicht auf allgemeinere Fälle ausdehnen. Dabei ist aber eine gewisse Vorsicht bei der Formulierung der sogenannten instabilen Randbedingungen (Neumannsche Randbedingungen u.ä.) notwendig und man muß auch gewisse Begriffe einführen, um die etwas ungenaue Ausdrucksweise, die wir in dieser Bemerkung benutzt haben, zu vermeiden. Deshalb werden wir die Lösung dieser Fragen in den vierten Teil des Buches verschieben; in diesem Teil und im dritten Teil des Buches werden wir nur einige Ergebnisse anführen, und zwar unter Berufung auf die später entwickelte Theorie.

Bemerkung 11.8. Wenn wir z aus (11.51) in (11.61) einsetzen, erhalten wir das Funktional

$$\begin{aligned} G(u - w) = H(u) &= ((u - w, u - w)) - 2(f, u - w) + 2((w, u - w)) = \\ &= ((u, u)) - 2((w, u)) + ((w, w)) - 2(f, u) + 2(f, w) + \\ &+ 2((w, u)) - 2((w, w)) = ((u, u)) - 2(f, u) - ((w, w)) + 2(f, w). \end{aligned} \tag{11.62}$$

Statt die verallgemeinerte Lösung des Problems (11.49), (11.50) in der Form $u_0 = w + z_0$ zu suchen und die Funktion z_0 als das Element zu finden, welches das Funktional (11.61) im Raum H_A minimiert, kann man also auch so vorgehen: man sucht u_0 als das Element, welches das Funktional (11.62) minimiert bzw., was das gleiche ist, das Funktional

$$Fu = ((u, u)) - 2(f, u) \tag{11.63}$$

minimiert (denn die Glieder $((w, w))$ und (f, w) bleiben bei der Änderung von u konstant); dieses Funktional hat also die gleiche Form wie das im Fall homogener Randbedingungen betrachtete Funktional (11.4). Der wesentliche Unterschied liegt hier darin, daß wir das Funktional (11.63) nicht im Raum H_A minimieren, sondern (wie aus (11.51) folgt) im Raum der (genügend glatten) Funktionen, die die Bedingung $u = g$ auf Γ erfüllen.

Bei dieser Gelegenheit möchten wir bemerken (wir haben es schon im Vorwort erwähnt), daß — historisch gesehen — diese Aufgabe eigentlich als erste untersucht wurde, und zwar für die Laplacesche Gleichung, also für den Fall $f = 0$: Die Lösung des Dirichletschen Problems für die Laplacesche Gleichung

$$\begin{aligned} -\Delta u &= 0 \quad \text{in } G, \\ u &= g \quad \text{auf } \Gamma, \end{aligned}$$

als das Element zu suchen, das das Dirichletsche Integral

$$((u, u)) = \int_G \sum_{i=1}^{N} \left(\frac{\partial u}{\partial x_i}\right)^2 \mathrm{d}x \tag{11.64}$$

auf der Menge genügend glatter Funktionen, die die Bedingung $u = g$ auf Γ erfüllen, minimiert. Hier traten auch die ersten Schwierigkeiten bei der Frage auf, wie man die Klasse „genügend glatter Funktionen, die die Bedingung $u = g$ auf Γ erfüllen" präzisieren soll und wie man das Funktional (11.64) auf geeignete Weise erweitern soll, damit es auf dieser Klasse auch wirklich sein Minimum annimmt. Dieses Problem hat zunächst intensive Untersuchungen der Probleme nichthomogener Differentialgleichungen mit homogenen Randbedingungen hervorgerufen, die zur Konstruktion des Raumes H_A und zum Begriff der verallgemeinerten Lösung führten, und später dann zum Aufbau einer allgemeineren Theorie, mit der wir uns im vierten Teil dieses Buches vertraut machen werden.

Nach einer ausführlichen Diskussion, die dem Begriff der verallgemeinerten Lösung galt, werden wir uns nun den Methoden zuwenden, die es ermöglichen, diese verallgemeinerte Lösung oder wenigstens eine genügend gute Approximation zu finden.

Kapitel 12. Die Methode der Orthonormalreihen. Ein Beispiel

Wir werden wie üblich einen Hilbert-Raum H betrachten und einen Operator A, der auf einer in H dichten linearen Menge D_A positiv definit ist. Es sei H_A der in Kapitel 10 konstruierte Raum mit dem Skalarprodukt $(u, v)_A$, das, wie wir wissen, eine Erweiterung des füı Elemente aus der ursprünglichen Menge D_A durch die Beziehung

$$(u, v)_A = (Au, v), \quad u \in D_A, \quad v \in D_A \tag{12.1}$$

definierten Skalarproduktes $(u, v)_A$ auf den ganzen Raum H_A ist. Im vorhergehenden Kapitel haben wir gezeigt, daß das Funktional

$$Fu = (u, u)_A - 2(f, u), \quad u \in H_A \tag{12.2}$$

sein Minimum in H_A für ein gewisses Element u_0 annimmt, das durch das Element f eindeutig aus der Bedingung

$$(u_0, u)_A = (f, u) \quad \text{für jedes } u \in H_A \tag{12.3}$$

bestimmt werden kann. Das Element u_0, das in H_A das Funktional (12.2) minimiert, haben wir verallgemeinerte Lösung der Gleichung $Au = f$ genannt. Einige Eigenschaften dieser Lösung haben wir im vorhergehenden Kapitel hergeleitet. In diesem Kapitel sowie auch in den folgenden Kapiteln werden wir einige Methoden der effektiven Bestimmung bzw. Approximation dieser verallgemeinerten Lösung der gegebenen Gleichung angeben.

Dazu werden wir voraussetzen, daß der Raum H_A *separabel* ist. Eine hinreichende Bedingung dafür ist – wie man erwarten kann und wie ausführlich z.B. in [32] bewiesen ist –, *daß der Raum H separabel ist.* Wenn wir speziell für den Raum H den Raum $L_2(G)$ wählen, was sehr oft der Fall sein wird, dann ist damit auch die Separabilität des Raumes H_A garantiert, denn der Raum $L_2(G)$ ist (siehe Satz 4.7, S. 32) separabel.

Wir möchten daran erinnern, daß ein metrischer Raum P separabel genannt wird, wenn man eine höchstens abzählbare Menge von Elementen aus P finden kann die in diesem Raum dicht ist. Nach Satz 6.11, S. 65, existiert in jedem separablen Hilbert-Raum eine sogenannte Basis, d.h. ein höchstens abzählbares linear unabhängiges System

$$\varphi_1, \varphi_2, \ldots, \varphi_n, \ldots, \tag{12.4}$$

das in diesem Raum vollständig ist (also ein solches System, für das es zu jedem $u \in H$

und zu jedem $\varepsilon > 0$ Zahlen $a_k^{(i)}$ gibt, so daß gilt:

$$\varrho(u, \sum_{k=1}^{i} a_k^{(i)} \varphi_k) < \varepsilon) . \tag{12.5}$$

Ist außerdem M irgendeine in diesem Raum dichte Menge von Elementen, dann kann man die Basis genau aus Elementen dieser Menge bilden (siehe S. 65). Nach Satz 6.12 kann man zusätzlich noch erreichen, daß die Basis (12.4) im betrachteten Raum orthonormal ist.

Es sei also (12.4) eine *orthonormale Basis in* H_A, die, wenn wir wollen, aus Elementen der linearen Menge D_A gebildet ist. Für Elemente dieser Basis gilt also

$$(\varphi_i, \varphi_k)_A = \begin{cases} 0 & \text{für} \quad k \neq i , \\ 1 & \text{für} \quad k = i . \end{cases} \tag{12.6}$$

Wir werden die gesuchte verallgemeinerte Lösung u_0 unseres Problems in H_A durch die entsprechende Fourier-Reihe ausdrücken (Definition 6.19, S. 63),

$$u_0 = \sum_{k=1}^{\infty} a_k \varphi_k , \; ^1) \tag{12.7}$$

wobei

$$a_k = (u_0, \varphi_k)_A , \quad k = 1, 2, \dots \tag{12.8}$$

ist; dies ist möglich, denn das System (12.4) ist nach Voraussetzung vollständig in H_A. Für jedes $u \in H_A$ und folglich auch für jedes φ_k ($k = 1, 2, \dots$) gilt jedoch (12.3), so daß

$$a_k = (u_0, \varphi_k)_A = (f, \varphi_k) \tag{12.9}$$

ist. Die Koeffizienten der Fourier-Reihe (12.7) sind also in einer sehr einfachen Weise als Skalarprodukte (im Raum H) der rechten Seite f der gegebenen Gleichung und der Basisfunktionen φ_k gegeben.

Damit ist das Problem gelöst.

Wir bemerken, daß aus der Konvergenz der Reihe (12.7) im Raum H_A auch ihre Konvergenz im Raum H folgt. Ist nämlich s_n die n-te Partialsumme der Reihe (12.7), dann folgt aus (10.70), S. 121,

$$\|s_n - u_0\| \leqq \frac{1}{C} \|s_n - u_0\|_A . \tag{12.10}$$

Da $\{\varphi_k\}$ in H_A eine Basis bildet, gilt

$$\lim_{n \to \infty} s_n = u_0 \quad \text{in } H_A ,$$

und hieraus folgt nach (12.10)

$$\lim_{n \to \infty} s_n = u_0 \quad \text{in } H . \tag{12.11}$$

(Vgl. auch den Text nach Gleichung (10.15), S. 112.)

---

[1]) Falls das System (12.4) nur aus einer endlichen Anzahl von Elementen besteht, tritt in der Summe (12.7) und im weiteren immer nur eine endliche Anzahl von Gliedern auf.

Das erreichte Ergebnis fassen wir im folgenden Satz zusammen:

Satz 12.1. *Es sei A ein positiv definiter Operator auf der im separablen Hilbert-Raum H dichten linearen Menge D_A, und es sei $f \in H$. Weiter sei $\varphi_1, \varphi_2, \ldots$ eine orthonormale Basis in dem in Kapitel 10 konstruierten Raum H_A. Dann ist die verallgemeinerte Lösung u_0 der Gleichung $Au = f$ durch die Reihe*

$$u_0 = \sum_{k=1}^{\infty} a_k \varphi_k \tag{12.12}$$

gegeben, wobei

$$a_k = (f, \varphi_k) \tag{12.13}$$

ist ((f, φ_k) ist das Skalaıprodukt im Raum H). *Diese Reihe konvergiert gegen die verallgemeinerte Lösung u_0 im Raum H_A und auch im Raum H.*

Nach (12.12) ist also die Lösung unseres Problems sehr einfach: Es genügt, die Koeffizienten

$$a_k = (f, \varphi_k)$$

der Fourier-Reihe (12.12) auszurechnen. Ist insbesondere $H = L_2(G)$, dann reduziert sich die gegebene Aufgabe auf die Berechnung von Integralen der Form

$$\int_G f(x)\, \varphi_k(x)\, \mathrm{d}x\,. \tag{12.14}$$

Der Leser wird nun vielleicht denken, daß wir damit die Aufgabe, die verallgemeinerte Lösung der betrachteten Gleichung $Au = f$ auf eine effektive Weise zu finden, gelöst haben und daß es überflüssig ist, dazu noch eine weitere Theorie zu entwickeln. Das Problem besteht darin, daß es im allgemeinen Fall keineswegs leicht ist, eine orthonormale Basis in H_A zu konstruieren. Diese Aufgabe ist auch dann nicht leicht, wenn wir von der Forderung der Orthonormalität ablassen. (Es ist vor allem schwierig, die Forderung der Vollständigkeit, die in der Definition der Basis enthalten ist, zu erfüllen; diesen Fragen sind vor allem die Kapitel 20 und 25 gewidmet.) Aber auch wenn eine Basis gefunden ist, ist im allgemeinen Fall das Verfahren ihrer Orthogonalisierung bzw. Orthonormalisierung (vgl. S. 46 und 65) sehr mühsam und vom Standpunkt der numerischen Berechnung in der Regel unzumutbar. Deshalb wurden weitere Methoden ausgearbeitet, die ohne die Orthonormalität der Basis auskommen und die wir in den weiteren Kapiteln behandeln werden.

Bei einigen einfachen Operatoren (z.B. im Fall sehr einfacher gewöhnlicher Differentialgleichungen bzw. partieller Differentialgleichungen auf einfachen Gebieten) ist das Bestimmen einer Orthonormalbasis verhältnismäßig leicht.

Wir führen ein Beispiel an.

Beispiel 12.1. Man löse das Dirichletsche Problem für die Poissonsche Gleichung auf dem Rechteck $G(0 < x < a,\ 0 < y < b)$,

$$-\Delta u = f \quad \text{in} \quad G\,, \tag{12.15}$$

$$u = 0 \quad \text{auf } \Gamma\,. \tag{12.16}$$

Wir wählen $H = L_2(G)$ und weiter, wie üblich, als die lineare Menge $D_A = D_{-\Delta}$ die Menge aller Funktionen, die samt ihren partiellen Ableitungen erster und zweiter Ordnung in $\bar{G} = G + \Gamma$ stetig sind und die Bedingung (12.16) erfüllen. Wie wir wissen, ist diese Menge dicht in $L_2(G)$ (Bemerkung 8.5, S. 91). Später werden wir sehen (Kapitel 22, S. 256), daß der auf dieser Menge D_A durch die Vorschrift $A = -\Delta$ gegebene Operator A positiv definit ist, so daß man auf die übliche Weise (siehe Kapitel 10) den Hilbert-Raum $H_A = H_{-\Delta}$ konstruieren kann. In diesem Fall kann man (siehe Kapitel 20, Text nach Gleichung (20.20), S. 224) als Basis in diesem Raum das System der Funktionen

$$\sin\frac{m\pi x}{a}\sin\frac{n\pi y}{b}, \quad m = 1, 2, \ldots, \quad n = 1, 2, \ldots \tag{12.17}$$

wählen. Wir bezeichnen diese Funktionen wie folgt:

$$\begin{aligned}
&\psi_1 = \sin\frac{\pi x}{a}\sin\frac{\pi y}{b},\\
&\psi_2 = \sin\frac{2\pi x}{a}\sin\frac{\pi y}{b}, \quad \psi_3 = \sin\frac{\pi x}{a}\sin\frac{2\pi y}{b},\\
&\psi_4 = \sin\frac{3\pi x}{a}\sin\frac{\pi y}{b}, \quad \psi_5 = \sin\frac{2\pi x}{a}\sin\frac{2\pi y}{b}, \quad \psi_6 = \sin\frac{\pi x}{a}\sin\frac{3\pi y}{b},\\
&\ldots\ldots\ldots\ldots\ldots\ldots\ldots\ldots\ldots\ldots\ldots\ldots\ldots\ldots
\end{aligned} \tag{12.18}$$

Der Vorgang bei der Numerierung der Funktionen des Systems (12.18) ist offensichtlich: Aus den Funktionen (12.17) bilden wir Gruppen, für die $m + n = i$ ist, wobei i sukzessiv die Werte 2, 3, ... annimmt, und in jeder Gruppe ordnen wir die Funktionen nach fallenden Werten des ersten Indexes m, der also in jeder Gruppe sukzessiv die Werte $i - 1$, $i - 2$, ..., 1 annimmt. Auf diese Weise erhalten wir das System der Funktionen $\psi_s(x, y)$, $s = 1, 2, \ldots$.

Bekanntlich ist

$$\int_0^a \sin\frac{j\pi x}{a}\sin\frac{m\pi x}{a}\,dx = \begin{cases} 0 & \text{für} \quad m \neq j,\\ \dfrac{a}{2} & \text{für} \quad m = j, \end{cases} \tag{12.19}$$

und ähnlich ist

$$\int_0^b \sin\frac{k\pi y}{b}\sin\frac{n\pi y}{b}\,dy = \begin{cases} 0 & \text{für} \quad n \neq k,\\ \dfrac{b}{2} & \text{für} \quad n = k. \end{cases} \tag{12.20}$$

Deshalb ist auch

$$\begin{aligned}
&\left(\sin\frac{j\pi x}{a}\sin\frac{k\pi y}{b},\ \sin\frac{m\pi x}{a}\sin\frac{n\pi y}{b}\right) =\\
&= \int_0^a\int_0^b \sin\frac{j\pi x}{a}\sin\frac{k\pi y}{b}\sin\frac{m\pi x}{a}\sin\frac{n\pi y}{b}\,dx\,dy =\\
&= \int_0^a \sin\frac{j\pi x}{a}\sin\frac{m\pi x}{a}\,dx \cdot \int_0^b \sin\frac{k\pi y}{b}\sin\frac{n\pi y}{b}\,dy =\\
&= \begin{cases} \dfrac{ab}{4}, & \text{wenn gleichzeitig } m = j \text{ und } n = k \text{ ist},\\ 0 & \text{in allen anderen Fällen.} \end{cases}
\end{aligned} \tag{12.21}$$

Die Funktionen ψ_s gehören offensichtlich zur Menge $D_{-\Delta}$, so daß

$$(\psi_s, \psi_t)_{-\Delta} = (-\Delta\psi_s, \psi_t) = \left(-\frac{\partial^2\psi_s}{\partial x^2} - \frac{\partial^2\psi_s}{\partial y^2}, \psi_t\right)$$

ist. Da

$$-\frac{\partial^2}{\partial x^2}\left(\sin\frac{j\pi x}{a}\sin\frac{k\pi y}{b}\right) = \frac{j^2\pi^2}{a^2}\sin\frac{j\pi x}{a}\sin\frac{k\pi y}{b},$$

$$-\frac{\partial^2}{\partial y^2}\left(\sin\frac{j\pi x}{a}\sin\frac{k\pi y}{b}\right) = \frac{k^2\pi^2}{b^2}\sin\frac{j\pi x}{a}\sin\frac{k\pi y}{b}$$

gilt, ist

$$\left(\sin\frac{j\pi x}{a}\sin\frac{k\pi y}{b},\ \sin\frac{m\pi x}{a}\sin\frac{n\pi y}{b}\right)_{-\Delta} =$$

$$= \int_0^a\int_0^b\left(\frac{j^2\pi^2}{a^2} + \frac{k^2\pi^2}{b^2}\right)\sin\frac{j\pi x}{a}\sin\frac{k\pi y}{b}\sin\frac{m\pi x}{a}\sin\frac{n\pi y}{b}\,dx\,dy =$$

$$= \begin{cases} \dfrac{ab}{4}\left(\dfrac{j^2\pi^2}{a^2} + \dfrac{k^2\pi^2}{b^2}\right), & \text{wenn gleichzeitig } m = j \text{ und } n = k \text{ ist,} \\ 0 & \text{in allen anderen Fällen.} \end{cases} \tag{12.22}$$

Die Funktionen (12.18) sind also im Raum $H_{-\Delta}$ orthogonal, denn für zwei verschiedene Funktionen aus diesem System ist mindestens eine der Beziehungen $j \neq m$, $n \neq k$ erfüllt. Nach (12.22) sind also die Funktionen

$$\varphi_1 = \frac{1}{\sqrt{\dfrac{ab}{4}\left(\dfrac{\pi^2}{a^2} + \dfrac{\pi^2}{b^2}\right)}}\sin\frac{\pi x}{a}\sin\frac{\pi y}{b},$$

$$\varphi_2 = \frac{1}{\sqrt{\dfrac{ab}{4}\left(\dfrac{4\pi^2}{a^2} + \dfrac{\pi^2}{b^2}\right)}}\sin\frac{2\pi x}{a}\sin\frac{\pi y}{b},$$

$$\varphi_3 = \frac{1}{\sqrt{\dfrac{ab}{4}\left(\dfrac{\pi^2}{a^2} + \dfrac{4\pi^2}{b^2}\right)}}\sin\frac{\pi x}{a}\sin\frac{2\pi y}{b},$$

$$\varphi_4 = \frac{1}{\sqrt{\dfrac{ab}{4}\left(\dfrac{9\pi^2}{a^2} + \dfrac{\pi^2}{b^2}\right)}}\sin\frac{3\pi x}{a}\sin\frac{\pi y}{b},$$

$$\varphi_5 = \frac{1}{\sqrt{\dfrac{ab}{4}\left(\dfrac{4\pi^2}{a^2} + \dfrac{4\pi^2}{b^2}\right)}}\sin\frac{2\pi x}{a}\sin\frac{2\pi y}{b},$$

$$\varphi_6 = \frac{1}{\sqrt{\dfrac{ab}{4}\left(\dfrac{\pi^2}{a^2} + \dfrac{9\pi^2}{b^2}\right)}}\sin\frac{\pi x}{a}\sin\frac{3\pi y}{b},$$

$$\cdots\cdots\cdots\cdots\cdots\cdots\cdots\cdots\cdots\cdots \tag{12.23}$$

im Raum $H_{-\Delta}$ orthonormal und das System (12.23) bildet im Raum $H_{-\Delta}$ eine Orthonormalbasis. Nach (12.12) und (12.13) ist die Lösung des Problems (12.15), (12.16) durch die Reihe

$$u = \sum_{s=1}^{\infty} a_s \varphi_s \tag{12.24}$$

gegeben, wobei (siehe (12.23)) gilt:

$$a_1 = (f, \varphi_1) = \frac{1}{\sqrt{\frac{ab}{4}\left(\frac{\pi^2}{a^2} + \frac{\pi^2}{b^2}\right)}} \int_0^a \int_0^b f(x, y) \sin \frac{\pi x}{a} \sin \frac{\pi y}{b} \, dx \, dy \,,$$

$$a_2 = (f, \varphi_2) = \frac{1}{\sqrt{\frac{ab}{4}\left(\frac{4\pi^2}{a^2} + \frac{\pi^2}{b^2}\right)}} \int_0^a \int_0^b f(x, y) \sin \frac{2\pi x}{a} \sin \frac{\pi y}{b} \, dx \, dy \tag{12.25}$$

usw.; in Hinsicht auf die Form der Funktionen (12.18) und (12.23) können wir also schreiben

$$u = \sum_{s=1}^{\infty} b_s \psi_s \,, \tag{12.26}$$

wobei gilt:

$$b_1 = \frac{1}{\frac{ab}{4}\left(\frac{\pi^2}{a^2} + \frac{\pi^2}{b^2}\right)} \int_0^a \int_0^b f(x, y) \sin \frac{\pi x}{a} \sin \frac{\pi y}{b} \, dx \, dy \,,$$

$$b_2 = \frac{1}{\frac{ab}{4}\left(\frac{4\pi^2}{a^2} + \frac{\pi^2}{b^2}\right)} \int_0^a \int_0^b f(x, y) \sin \frac{2\pi x}{a} \sin \frac{\pi y}{b} \, dx \, dy \tag{12.27}$$

usw. Dieses Ergebnis kann man auch (vgl. die Darstellung der Funktionen (12.17)) in der Form

$$u = \sum_{m,n=1}^{\infty} c_{mn} \sin \frac{m\pi x}{a} \sin \frac{n\pi y}{b} \tag{12.28}$$

schreiben, wobei gilt:

$$c_{mn} = \frac{1}{\frac{ab}{4}\left(\frac{m^2\pi^2}{a^2} + \frac{n^2\pi^2}{b^2}\right)} \int_0^a \int_0^b f(x, y) \sin \frac{m\pi x}{a} \sin \frac{n\pi y}{b} \, dx \, dy =$$

$$= \frac{4}{ab\pi^2\left(\frac{m^2}{a^2} + \frac{n^2}{b^2}\right)} \int_0^a \int_0^b f(x, y) \sin \frac{m\pi x}{a} \sin \frac{n\pi y}{b} \, dx \, dy \,.$$

Nach Satz 12.1 konvergiert die Reihe (12.28) für $f \in L_2(G)$ im Raum $H_{-\Delta}$ und auch im Raum $L_2(G)$. Damit ist das Problem (12.15), (12.16) gelöst.

Ist speziell $f(x, y) = k =$ konstant, dann gilt

$$c_{mn} = \frac{1}{\dfrac{ab}{4}\left(\dfrac{m^2\pi^2}{a^2} + \dfrac{n^2\pi^2}{b^2}\right)} \int_0^a \int_0^b k \sin\frac{m\pi x}{a} \sin\frac{n\pi y}{b}\, dx\, dy =$$

$$= \frac{1}{\dfrac{ab}{4}\left(\dfrac{m^2\pi^2}{a^2} + \dfrac{n^2\pi^2}{b^2}\right)} \frac{kab}{mn\pi^2} \left[\cos\frac{m\pi x}{a}\right]_0^a \left[\cos\frac{n\pi y}{b}\right]_0^b =$$

$$= \begin{cases} \dfrac{1}{\dfrac{ab}{4}\left(\dfrac{m^2\pi^2}{a^2} + \dfrac{n^2\pi^2}{b^2}\right)} \dfrac{4kab}{mn\pi^2} = \dfrac{16a^2b^2k}{\pi^4 mn(b^2m^2 + a^2n^2)} & \text{für } m \text{ und } n \text{ ungerade}, \\ 0 \quad \text{in allen anderen Fällen.} \end{cases}$$

Die Lösung hat also in diesem Fall die Form

$$u = \frac{16a^2b^2k}{\pi^4} \sum_{\substack{m=1,3,\ldots \\ n=1,3,\ldots}} \frac{1}{mn(b^2m^2 + a^2n^2)} \sin\frac{m\pi x}{a} \sin\frac{n\pi y}{b}. \tag{12.29}$$

Auf die Lösung des Problems (12.15), (12.16) führt eine Reihe von Aufgaben, z.B. gewisse Aufgaben der Bestimmung eines *Potentials*, die Aufgabe der Bestimmung der *stationären Wärmeverteilung in einem unendlichen Quader* mit vorgeschriebener Nulltemperatur am Rand und mit einer durch die Funktion $f(x, y)$ charakterisierten Intensität der inneren Wärmequellen, die Aufgabe der Bestimmung *der Torsion eines Stabes mit rechteckigem Querschnitt* u.ä.

Kapitel 13. Das Ritzsche Verfahren

Wie früher sei A ein positiv definiter Operator auf der im separablen Hilbert-Raum H dichten linearen Menge D_A, es sei $f \in H$. Weiter sei H_A der Hilbert-Raum aus Kapitel 10 (der auch separabel ist, denn H ist separabel, siehe S. 138). Wir betrachten im Raum H_A die Basis (d.h. ein höchstens abzählbares linear unabhängiges vollständiges System)

$$\varphi_1, \varphi_2, \dots . \tag{13.1}$$

Im Unterschied zum vorhergehenden Kapitel werden wir jedoch nicht voraussetzen, daß diese Basis in H_A orthogonal (und umsoweniger orthonormal) ist.

Im vorhergehenden Kapitel haben wir bemerkt, daß die Orthogonalisierung der Basis (13.1) und die Normierung der so entstandenen Orthogonalbasis, durch die wir eine Orthonormalbasis gewinnen, ein im allgemeinen Fall sehr umständliches Verfahren darstellt, so daß man die in Kapitel 12 angeführte Methode der Orthonormalreihen nur in sehr speziellen Fällen zur Bestimmung bzw. zur Approximation der verallgemeinerten Lösung unseres Problems benutzen kann, obwohl die Einfachheit der Idee dieses Verfahrens bestimmt zu seinen großen Vorteilen zählt. In diesem Kapitel werden wir deshalb eine weitere Methode anführen, das sogenannte **Ritzsche Verfahren**, das insbesondere in technischen Anwendungen eines der am meisten benutzten ist. Das Ritzsche Verfahren beruht auf der folgenden Idee:

Eine verallgemeinerte Lösung der betrachteten Gleichung $Au = f$ ist laut Definition das Element $u_0 \in H_A$, das in H_A das Funktional

$$Fu = (u, u)_A - 2(f, u) \tag{13.2}$$

minimiert, d.h. für das gilt:

$$Fu_0 = \min_{u \in H_A} Fu . \tag{13.3}$$

Wir wählen eine natürliche Zahl n und suchen eine Approximation u_n des Elementes u_0 in der Form

$$u_n = \sum_{k=1}^{n} a_k \varphi_k , \tag{13.4}$$

wobei φ_k Elemente der Basis (13.1) sind; die Koeffizienten a_k sind vorläufig unbekannte reelle Konstanten, die wir aus der Bedingung

$$Fu_n = \min \tag{13.5}$$

bestimmen, genauer aus der Bedingung, daß unter allen Approximationen der Form

$$v_n = \sum_{k=1}^{n} b_k \varphi_k \tag{13.6}$$

mit beliebigen reellen Konstanten b_k (d.h. auf dem n-dimensionalen Teilraum, der durch die Elemente $\varphi_1, \ldots, \varphi_n$ erzeugt wird) das Funktional F seinen kleinsten Wert genau für die Approximation (13.4) annimmt. Nach Voraussetzung ist (13.1) eine Basis in H_A, so daß man die verallgemeinerte Lösung u_0 mit einer beliebigen Genauigkeit durch geeignete Linearkombinationen ihrer Elemente approximieren kann. Außerdem ist die Bedingung (13.5) der Bedingung (13.3) analog. Man kann also intuitiv erwarten (und in Satz 13.1 werden wir es bestätigen), daß sich die Funktion (13.4) für ein genügend großes n und mit nach (13.5) bestimmten Koeffizienten beliebig wenig in H_A von der gesuchten Lösung u_0 unterscheiden wird.

Die Bestimmung der Konstanten a_k in (13.4) ist verhältnismäßig leicht (dies ist auch ein wesentlicher Vorteil des Ritzschen Verfahrens), siehe das System (13.11). Wenn wir nämlich (13.6) für u in (13.2) einsetzen, erhalten wir zunächst

$$\begin{aligned} Fv_n = {} & (b_1\varphi_1 + \ldots + b_n\varphi_n,\ b_1\varphi_1 + \ldots + b_n\varphi_n)_A - \\ & - 2(f,\ b_1\varphi_1 + \ldots + b_n\varphi_n) = \\ & = (\varphi_1, \varphi_1)_A\, b_1^2 + (\varphi_1, \varphi_2)_A\, b_1 b_2 + \ldots + (\varphi_1, \varphi_n)_A\, b_1 b_n + \\ & + (\varphi_2, \varphi_1)_A\, b_2 b_1 + (\varphi_2, \varphi_2)_A\, b_2^2 + \ldots + (\varphi_2, \varphi_n)_A\, b_2 b_n + \\ & \cdots\cdots\cdots\cdots\cdots\cdots\cdots\cdots\cdots\cdots \\ & + (\varphi_n, \varphi_1)_A\, b_n b_1 + (\varphi_n, \varphi_2)_A\, b_n b_2 + \ldots + (\varphi_n, \varphi_n)_A\, b_n^2 - \\ & - 2(f, \varphi_1)\, b_1 - 2(f, \varphi_2)\, b_2 - \ldots - 2(f, \varphi_n)\, b_n\,, \end{aligned} \tag{13.7}$$

oder – wenn wir in Betracht ziehen, daß aufgrund der Symmetrie des Skalarproduktes gilt:

$$(\varphi_2, \varphi_1)_A\, b_2 b_1 = (\varphi_1, \varphi_2)_A\, b_1 b_2 \quad \text{usw.} -$$

$$\begin{aligned} Fv_n = {} & (\varphi_1, \varphi_1)_A\, b_1^2 + 2(\varphi_1, \varphi_2)_A\, b_1 b_2 + \ldots + 2(\varphi_1, \varphi_n)_A\, b_1 b_n + \\ & + (\varphi_2, \varphi_2)_A\, b_2^2 + \ldots + 2(\varphi_2, \varphi_n)_A\, b_2 b_n + \\ & \cdots\cdots\cdots\cdots\cdots\cdots\cdots\cdots\cdots\cdots \\ & + (\varphi_n, \varphi_n)_A\, b_n^2 - \\ & - 2(f, \varphi_1)\, b_1 - 2(f, \varphi_2)\, b_2 - \ldots - 2(f, \varphi_n)\, b_n\,. \end{aligned} \tag{13.8}$$

Da die Skalarprodukte $(\varphi_i, \varphi_k)_A$ feste Zahlen sind, die durch die Elemente der gegebenen Basis bestimmt sind, ist das Funktional F nach dem Einsetzen von (13.6) für u in (13.2) eine quadratische Funktion der Veränderlichen $b_1, \ldots, b_n$. Wenn diese Funktion im Punkte $(a_1, \ldots, a_n)$ ihr Minimum annehmen soll, müssen notwendigerweise die Gleichungen

$$\left.\frac{\partial Fv_n}{\partial b_1}\right|_{b_1 = a_1, \ldots, b_n = a_n} = 0, \ \ldots, \ \left.\frac{\partial Fv_n}{\partial b_n}\right|_{b_1 = a_1, \ldots, b_n = a_n} = 0 \tag{13.9}$$

erfüllt sein, d.h. die Gleichungen

$$
\begin{aligned}
&2(\varphi_1, \varphi_1)_A a_1 + 2(\varphi_1, \varphi_2)_A a_2 + \dots + 2(\varphi_1, \varphi_n)_A a_n - 2(f, \varphi_1) = 0\,,\\
&2(\varphi_1, \varphi_2)_A a_1 + 2(\varphi_2, \varphi_2)_A a_2 + \dots + 2(\varphi_2, \varphi_n)_A a_n - 2(f, \varphi_2) = 0\,,\\
&\dots\dots\dots\dots\dots\dots\dots\dots\dots\dots\dots\dots\dots\dots\\
&2(\varphi_1, \varphi_n)_A a_1 + 2(\varphi_2, \varphi_n)_A a_2 + \dots + 2(\varphi_n, \varphi_n)_A a_n - 2(f, \varphi_n) = 0\,,
\end{aligned}
\tag{13.10}
$$

und nach einer Umformung

$$
\begin{aligned}
&(\varphi_1, \varphi_1)_A a_1 + (\varphi_1, \varphi_2)_A a_2 + \dots + (\varphi_1, \varphi_n)_A a_n = (f, \varphi_1)\,,\\
&(\varphi_1, \varphi_2)_A a_1 + (\varphi_2, \varphi_2)_A a_2 + \dots + (\varphi_2, \varphi_n)_A a_n = (f, \varphi_2)\,,\\
&\dots\dots\dots\dots\dots\dots\dots\dots\dots\dots\dots\dots\\
&(\varphi_1, \varphi_n)_A a_1 + (\varphi_2, \varphi_n)_A a_2 + \dots + (\varphi_n, \varphi_n)_A a_n = (f, \varphi_n)\,.
\end{aligned}
\tag{13.11}
$$

Das System (13.11) ist ein System von n Gleichungen für n gesuchte Koeffizienten $a_1, \dots, a_n$ [1]). Da die Elemente $\varphi_1, \dots, \varphi_n$ nach Voraussetzung linear unabhängig sind, ist die Determinante des Systems (13.11), die die Gramsche Determinante dieser Funktionen ist, von Null verschieden (Satz 6.5, S. 61). Das System (13.11) ist also eindeutig lösbar. Es ist nicht schwierig zu zeigen (die Form

$$\sum_{i,j=1}^{n} (\varphi_i, \varphi_j)_A b_i b_j$$

ist nämlich unter unseren Voraussetzungen positiv definit), daß das auf diese Weise (d.h. aufgrund der Gleichungen (13.9)) bestimmte Extremum ein scharfes Minimum ist. (Intuitiv ist diese Schlußfolgerung geometrisch anschaulich, denn man kann (13.8) als die Gleichung eines Paraboloides im $(n + 1)$-dimensionalen Raum deuten, wobei $(\varphi_1, \varphi_1)_A > 0$ ist, usw.)

Bemerkung 13.1. Ist die Basis (13.1) orthonormal in H_A – in diesem Fall bezeichnen wir ihre Elemente mit

$$\tilde{\varphi}_1, \tilde{\varphi}_2, \dots \;-, \tag{13.12}$$

dann ist

$$(\tilde{\varphi}_i, \tilde{\varphi}_k)_A = \begin{cases} 0 & \text{für} \quad i \neq k\,,\\ 1 & \text{für} \quad i = k \end{cases}$$

und das System (13.11) hat die Form

$$
\begin{aligned}
a_1 &= (f, \tilde{\varphi}_1)\,,\\
a_2 &= (f, \tilde{\varphi}_2)\,,\\
&\dots\dots\dots\\
a_n &= (f, \tilde{\varphi}_n)\,.
\end{aligned}
\tag{13.13}
$$

---

[1]) Der Leser wird sich dieses Gleichungssystem wahrscheinlich besser in einer Form merken, in der die Symmetrie des Skalarproduktes nicht ausgenutzt wird, d.h. in der „ursprünglichen" Form

$$
\begin{aligned}
&(\varphi_1, \varphi_1)_A a_1 + (\varphi_1, \varphi_2)_A a_2 + \dots + (\varphi_1, \varphi_n)_A a_n = (f, \varphi_1)\,,\\
&(\varphi_2, \varphi_1)_A a_1 + (\varphi_2, \varphi_2)_A a_2 + \dots + (\varphi_2, \varphi_n)_A a_n = (f, \varphi_2)\,,\\
&\dots\dots\dots\dots\dots\dots\dots\dots\dots\dots\dots\dots\\
&(\varphi_n, \varphi_1)_A a_1 + (\varphi_n, \varphi_2)_A a_2 + \dots + (\varphi_n, \varphi_n)_A a_n = (f, \varphi_n)\,.
\end{aligned}
$$

In diesem Fall liefert also das Ritzsche Verfahren die Approximation u_n in der Form der Summe

$$u_n = \sum_{k=1}^{n} (f, \tilde{\varphi}_k)\, \tilde{\varphi}_k \tag{13.14}$$

der ersten n Glieder der Reihe (12.12) (mit den Koeffizienten (12.13)), die wir bei der Methode der Orthonormalreihen im vorhergehenden Kapitel kennengelernt haben. Diese Tatsache kann man ausnutzen, um auf einfache Weise zu beweisen, daß die sogenannte **Ritzsche Folge**, d.h. die Folge der durch die Beziehung (13.4) gegebenen Approximationen u_n mit Koeffizienten a_k, die durch das System (13.11) bestimmt sind, im Raum H_A (und damit auch im Raum H) gegen die verallgemeinerte Lösung u_0 der Gleichung $Au = f$ konvergiert:

Wir setzen voraus, daß wir auf die Basis (13.1) im Raum H_A das in Kapitel 5 beschriebene Orthonormalisierungsverfahren anwenden, so daß wir eine orthonormale Basis erhalten, die wir wie früher mit

$$\tilde{\varphi}_1, \tilde{\varphi}_2, \ldots \tag{13.15}$$

bezeichnen. Aus dem im erwähnten Kapitel beschriebenen Orthonormalisierungsverfahren folgt, daß die Elemente der Basis (13.15) eindeutig bestimmte Linearkombinationen der Elemente der Basis (13.1) sind und umgekehrt, ausführlicher, daß gilt:

$$\begin{aligned}
\tilde{\varphi}_1 &= d_{11}\varphi_1\,, \\
\tilde{\varphi}_2 &= d_{21}\varphi_1 + d_{22}\varphi_2\,, \\
&\cdots\cdots\cdots\cdots\cdots\cdots \\
\tilde{\varphi}_n &= d_{n1}\varphi_1 + d_{n2}\varphi_2 + \ldots + d_{nn}\varphi_n\,, \\
&\cdots\cdots\cdots\cdots\cdots\cdots
\end{aligned} \tag{13.16}$$

und

$$\begin{aligned}
\varphi_1 &= d'_{11}\tilde{\varphi}_1\,, \\
\varphi_2 &= d'_{21}\tilde{\varphi}_1 + d'_{22}\tilde{\varphi}_2\,, \\
&\cdots\cdots\cdots\cdots\cdots\cdots \\
\varphi_n &= d'_{n1}\tilde{\varphi}_1 + d'_{n2}\tilde{\varphi}_2 + \ldots + d'_{nn}\tilde{\varphi}_n\,,
\end{aligned} \tag{13.17}$$

wobei d_{kk} und d'_{kk} ($k = 1, \ldots, n$) von Null verschiedene Zahlen sind. Wenn wir in (13.2) für u die Linearkombinationen (13.6) einsetzen und die Bedingung (13.5) stellen, erhalten wir die durch den Ausdruck (13.4) gegebene Approximation u_n, mit Konstanten, die durch das System (13.11) bestimmt sind. Wenn wir ähnlicherweise in (13.2) für u die Linearkombination

$$w_n = \sum_{k=1}^{n} \beta_k \tilde{\varphi}_k \tag{13.18}$$

der Elemente der Orthonormalbasis (13.15) einsetzen und die Bedingung stellen, es sei

$$Fw_n = \min \tag{13.19}$$

auf der Menge aller Linearkombinationen vom Typ (13.18) (mit reellen Koeffizienten β_k), erhalten wir die Approximation

$$z_n = \sum_{k=1}^{n} \alpha_k \tilde{\varphi}_k \tag{13.20}$$

mit Konstanten (siehe (13.13))

$$\begin{aligned} \alpha_1 &= (f, \tilde{\varphi}_1)\,, \\ \alpha_2 &= (f, \tilde{\varphi}_2)\,, \\ &\ldots\ldots\ldots\ldots \\ \alpha_n &= (f, \tilde{\varphi}_n)\,. \end{aligned} \tag{13.21}$$

Wir können aber leicht zeigen, daß gilt:

$$u_n = \sum_{k=1}^{n} a_k \varphi_k = \sum_{k=1}^{n} \alpha_k \tilde{\varphi}_k = z_n\,. \tag{13.22}$$

Alle Linearkombinationen der Elemente $\varphi_1, \ldots, \varphi_n$, d.h. alle Elemente der Form (13.6), wo b_k beliebige reelle Konstanten sind, bilden eine gewisse lineare Menge – wir bezeichnen sie mit M. Da die Elemente $\tilde{\varphi}_1, \ldots, \tilde{\varphi}_n$ eineindeutig nach (13.16) bzw. (13.17) den Elementen $\varphi_1, \ldots, \varphi_n$ zugeordnet sind, bilden jedoch die gleiche lineare Menge auch alle Linearkombinationen der Elemente $\tilde{\varphi}_1, \ldots, \tilde{\varphi}_n$, d.h. alle Elemente der Form (13.18), wo β_k beliebige reelle Konstanten sind. Durch die Bedingung (13.5) ist die Aufgabe gegeben, das Element u_n aus der linearen Menge M so zu bestimmen, daß das Funktional F auf dieser Menge in u_n sein Minimum annimmt. Diese Aufgabe hat, wie wir gesehen haben, eine einzige Lösung – die Koeffizienten a_k aus (13.4) sind durch das System (13.11) eindeutig bestimmt. Auch durch die Bedingung (13.19) ist die Aufgabe gegeben, das Element z_n zu finden, das das Funktional F auf der Menge M minimiert. Da auch diese Aufgabe eine einzige Lösung besitzt, kann nicht $z_n \neq u_n$ sein. Es gilt also (13.22). Die Folge (13.20) ist aber die Folge der Partialsummen der Reihe

$$u_0 = \sum_{n=1}^{\infty} \alpha_k \tilde{\varphi}_k\,, \tag{13.23}$$

die wir (mit einer etwas unterschiedlichen Bezeichnung) aus dem vorhergehenden Kapitel kennen und die in H_A die Summe u_0 besitzt, so daß auch die Folge (13.4) mit durch das System (13.11) bestimmten Koeffizienten im Raum H_A gegen das Element u_0 konvergiert. Es gilt also:

Satz 13.1. *Es sei A ein positiv definiter Operator auf der im separablen Hilbert-Raum H dichten linearen Menge D_A und es sei $f \in H$. Weiter sei $\varphi_1, \varphi_2, \ldots$ eine* (nicht notwendig orthogonale) *Basis in H_A. Dann konvergiert die Ritzsche Folge $\{u_n\}$ mit Koeffizienten $a_1, \ldots, a_n$, die für jedes feste n eindeutig durch das System* (13.11) *bestimmt sind*[1]), *in H_A* (und folglich auch in H) *gegen die verallgemeinerte Lösung u_0 der Gleichung $Au = f$.*

[1]) Die Koeffizienten in (13.4) hängen im allgemeinen Fall von n ab, wir sollten sie also mit $a_1^{(n)}, \ldots, a_n^{(n)}$ bezeichnen. Falls es nicht zu Mißverständnissen führen kann, schreiben wir $a_1, \ldots$ .., a_n, um die Schreibweise nicht zu komplizieren.

Bemerkung 13.2. Aus der Bemerkung 13.1 folgt, daß das Ritzsche Verfahren zum gleichen Ergebnis führt wie die Methode der Orthonormalreihen; das Verfahren vermeidet die mühsame Orthonormierung der gegebenen Basis, erfordert aber die Zusammenstellung und Lösung eines gewissen Systems von n linearen Gleichungen für n unbekannte Zahlen $a_1, \ldots, a_n$. Zur Lösung dieses Systems kann man geläufige numerische Verfahren benutzen, man kann dabei auch die Symmetrie der Matrix des Systems u.ä. ausnutzen. Man vergleiche die numerischen Beispiele in Kapiteln 21 und 26.

Bemerkung 13.3. Es läßt sich zeigen: Wenn auch für die Ritzsche Folge $\{u_n\}$ gilt $u_n \to u_0$ in H_A, muß im allgemeinen Fall die Beziehung $Au_n \to f$ in H *nicht* gelten. Das heißt, im allgemeinen Fall kann man also das in Bemerkung 11.2, S. 125, angeführte Verfahren zur Abschätzung des Fehlers nicht benutzen. In Kapiteln 20 und 25 werden wir zeigen, wie wichtig bei der Ritzschen Methode die Wahl der Basis ist, und unter anderem auch, wie man durch ihre geeignete Wahl erreichen kann, daß nicht nur $u_n \to u_0$ in H_A, sondern auch $Au_n \to f$ in H gilt, was die eben erwähnte Fehlerabschätzung ermöglicht. Zu einer Fehlerabschätzung für das Ritzsche Verfahren, die auf einer anderen Idee basiert als die in Bemerkung 11.2 erwähnte, siehe Kapitel 44, S. 548.

Bemerkung 13.4. Aus Bemerkung 13.1 geht auch diese Folgerung hervor: Mit wachsendem n liefern die Ritzschen Approximationen u_n eine immer bessere (im Raume H_A) Näherung der verallgemeinerten Lösung u_0. Ausführlicher: Ist $n > m$, dann gilt

$$\|u_n - u_0\|_A \leqq \|u_m - u_0\|_A . \tag{13.24}$$

Wie wir nämlich in Bemerkung 13.1 gezeigt haben, ist $u_n = z_n$ (siehe (13.22)). Aber nach Kapitel 12 ist (mit der in Bemerkung 13.1 benutzten Bezeichnung)

$$u_0 = \sum_{k=1}^{\infty} \alpha_k \tilde{\varphi}_k \tag{13.25}$$

und nach (13.22) ist

$$u_n = z_n = \sum_{k=1}^{n} \alpha_k \tilde{\varphi}_k , \tag{13.26}$$

mit $\alpha_k = (f, \tilde{\varphi}_k)$. Aus (13.25) und (13.26) ergibt sich

$$u_0 - u_n = \sum_{k=n+1}^{\infty} \alpha_k \tilde{\varphi}_k . \tag{13.27}$$

Da $\tilde{\varphi}_1, \tilde{\varphi}_2, \ldots$ ein Orthonormalsystem in H_A ist, d.h.

$$(\tilde{\varphi}_i, \tilde{\varphi}_k)_A = \begin{cases} 0 & \text{für} \quad i \neq k , \\ 1 & \text{für} \quad i = k \end{cases}$$

gilt, folgt aus (13.27)

$$\|u_0 - u_n\|_A^2 = \sum_{k=n+1}^{\infty} \alpha_k^2 . \tag{13.28}$$

Mit wachsendem n fällt also die Norm $\|u_0 - u_n\|_A$, oder sie wächst zumindest nicht, woraus sogleich (13.24) für $n > m$ folgt.

Wenn wir also beim Ritzschen Verfahren das n vergrößern, verbessern wir dadurch, oder verschlechtern zumindest nicht, die Näherung der verallgemeinerten Lösung u_0 der betrachteten Gleichung in der Metrik des Raumes H_A durch die Approximationen (13.4). Es sei darauf aufmerksam gemacht, daß bei der Wahl eines größeren n das System (13.11) nur erweitert wird, daß die vorher berechneten Skalarprodukte auf den linken und rechten Seiten auch bei dem erweiterten System benutzt werden können, bei dem man also nur in der Matrix des Systems weitere Zeilen und Spalten hinzufügt und auf der rechten Seite weitere Skalarprodukte ausrechnet. Und wenn wir uns aus irgendwelchen Gründen mit einer Approximation niedrigerer Ordnung als ursprünglich geplant zufriedenstellen, genügt es, im System (13.11) nur die entsprechenden Unbekannten und die entsprechenden Gleichungen zu streichen. Das ist eine weitere, vom numerischen Standpunkt aus wichtige Eigenschaft des Ritzschen Verfahrens.

Bemerkung 13.5. Wie wir schon im vorhergehenden Kapitel erwähnt hatten, kann man als Basiselemente des Raumes H_A Elemente aus der linearen Menge D_A wählen, denn diese Menge ist dicht in H_A. Dann ist aber $(\varphi_i, \varphi_k)_A = (A\varphi_i, \varphi_k)$ für alle $i, k = 1, \ldots, n$, und das System (13.11) kann dann in der folgenden Form geschrieben werden:

$$\begin{aligned}
(A\varphi_1, \varphi_1)\, a_1 + (A\varphi_1, \varphi_2)\, a_2 + \ldots + (A\varphi_1, \varphi_n)\, a_n &= (f, \varphi_1)\,,\\
(A\varphi_1, \varphi_2)\, a_1 + (A\varphi_2, \varphi_2)\, a_2 + \ldots + (A\varphi_2, \varphi_n)\, a_n &= (f, \varphi_2)\,,\\
\ldots\ldots\ldots\ldots\ldots\ldots\ldots\ldots\ldots\ldots\ldots\ldots\ldots\ldots\ldots\ldots\\
(A\varphi_1, \varphi_n)\, a_1 + (A\varphi_2, \varphi_n)\, a_2 + \ldots + (A\varphi_n, \varphi_n)\, a_n &= (f, \varphi_n)\,.
\end{aligned} \tag{13.29}$$

Bemerkung 13.6. (*Nichthomogene Randbedingungen.*) Die Anwendung des Ritzschen Verfahrens für den allgemeinen Fall nichthomogener Randbedingungen werden wir ausführlich in Kapitel 34 erläutern. An dieser Stelle beschränken wir uns auf das einfache, in Bemerkung 11.7, S. 134, betrachtete Problem. Wenn wir die verallgemeinerte Lösung u_0 dieses Problems in der Form

$$u_0 = w + z_0 \tag{13.30}$$

suchen, wobei $w(x)$ eine Funktion ist, die die vorgegebene nichthomogene Randbedingung erfüllt, dann minimiert die Funktion z_0 im Raum H_A das Funktional (Bezeichnungen wie in Bemerkung 11.7)

$$\begin{aligned}
Gz &= ((z, z)) - 2(f, z) + 2((w, z)) = \\
&= (z, z)_A - 2(f, z) + 2((w, z)) = \\
&= \int_G \sum_{i=1}^{N} \left(\frac{\partial z}{\partial x_i}\right)^2 \mathrm{d}x - 2\int_G fz\, \mathrm{d}x + 2\int_G \sum_{i=1}^{N} \frac{\partial w}{\partial x_i}\frac{\partial z}{\partial x_i}\, \mathrm{d}x\,.
\end{aligned} \tag{13.31}$$

Wenn wir dieses Funktional nach dem Ritzschen Verfahren minimieren, indem wir wiederum die Approximation $z_n(x)$ der Funktion $z_0(x)$ in der Form

$$z_n = \sum_{k=1}^{n} a_k \varphi_k$$

ansetzen, wobei $\varphi_1, \varphi_2, \ldots$ eine Basis im Raum H_A ist, dann erhalten wir für die unbekannten Koeffizienten a_k nach leichten Rechnungen das System

$$\begin{aligned}
(\varphi_1, \varphi_1)_A a_1 + (\varphi_1, \varphi_2)_A a_2 + \ldots + (\varphi_1, \varphi_n)_A a_n &= (f, \varphi_1) - ((w, \varphi_1)), \\
(\varphi_1, \varphi_2)_A a_1 + (\varphi_2, \varphi_2)_A a_2 + \ldots + (\varphi_2, \varphi_n)_A a_n &= (f, \varphi_2) - ((w, \varphi_2)), \\
&\ldots\ldots\ldots\ldots\ldots \\
(\varphi_1, \varphi_n)_A a_1 + (\varphi_2, \varphi_n)_A a_2 + \ldots + (\varphi_n, \varphi_n)_A a_n &= (f, \varphi_n) - ((w, \varphi_n)),
\end{aligned} \tag{13.32}$$

das sich vom System (13.11) nur durch die Glieder $((w, \varphi_k))$ auf den rechten Seiten der Gleichungen unterscheidet.

Das gleiche System erhalten wir, wenn wir das Funktional (11.63) auf der Menge aller Funktionen der Form

$$u_n = w + \sum_{k=1}^{n} a_k \varphi_k$$

minimieren.

Bemerkung 13.7. Die Vollständigkeit der Folge (13.1) im Raum H_A ist bei der betrachteten Methode nicht immer eine unvermeidbare Forderung. Zur Illustration betrachten wir das folgende Problem

$$-u'' + u = f(x), \tag{13.33}$$

$$u(-1) = 0, \quad u(1) = 0, \tag{13.34}$$

$f \in L_2(-1, 1)$. Der entsprechende Operator A, der auf der (offensichtlich in $L_2(-1, 1)$ dichten) linearen Menge D_A aller Funktionen, die samt ihren Ableitungen erster und zweiter Ordnung im abgeschlossenen Intervall $[-1, 1]$ stetig sind und die Bedingungen (13.34) erfüllen, durch die Formel $Au = -u'' + u$ erklärt wird, ist auf dieser Menge positiv definit. Nach Kapitel 20, S. 223 und 225, kann man als Basiselemente die Funktionen

$$\begin{aligned}
&\varphi_1 = 1 - x^2, \ \varphi_2 = x(1 - x^2), \ \varphi_3 = x^2(1 - x^2), \ldots, \\
&\quad \varphi_n = x^{n-1}(1 - x^2), \ \ldots
\end{aligned} \tag{13.35}$$

wählen. Ist $f(x)$ eine gerade Funktion der Veränderlichen x, dann ist das Problem symmetrisch bezüglich des Koordinatenursprungs und seine (verallgemeinerte) Lösung wird eine gerade[1]) Funktion sein. (Anderenfalls wäre nämlich die Funktion $v(x) = u_0(-x)$ verschieden von der Funktion $u_0(x)$ und wäre dabei, wie wir uns leicht überzeugen können, auch eine Lösung des Problems (13.33), (13.34); das stünde im Widerspruch zum Satz über die Eindeutigkeit der Lösung.) In diesem Fall genügt es, in (13.35) nur die geraden Funktionen zu behalten, d.h. die Funktionen

$$1 - x^2, \ x^2(1 - x^2), \ x^4(1 - x^2), \ \ldots. \tag{13.36}$$

---

[1]) Damit meinen wir gerade im Intervall $[-1, 1]$ mit eventueller Ausnahme einer Menge von Punkten vom Maß Null.

Jede Linearkombination

$$u(x) = \sum_{k=1}^{n} b_k \varphi_k(x) \tag{13.37}$$

von Funktionen (13.35) kann man nämlich in der Form

$$u(x) = t(x) + z(x) \tag{13.38}$$

ausdrücken, wobei $t(x)$ bzw. $z(x)$ nur ungerade bzw. gerade Funktionen aus (13.35) enthält. Im gegebenen Fall ist es überflüssig, in der Ritzschen Folge $\{u_n(x)\}$ Glieder mit einem von Null verschiedenen ungeraden Teil $t_n(x)$ zu betrachten, denn wir wissen schon von vornherein, daß der Grenzwert der Folge $\{t_n(x)\}$ im Raum H_A (und damit auch im Raum $L_2(-1, 1)$) gleich Null sein wird, denn die Lösung ist eine gerade Funktion.[1]) In diesem Fall benötigen wir also nur eine „Basis bezüglich der geraden Funktionen".

Eine ähnliche Überlegung können wir auch bei Problemen mit partiellen Differentialgleichungen durchführen. Wenn es sich z.B. um ein ebenes Problem handelt und klar ist, daß die Lösung eine gerade Funktion bezüglich der Veränderlichen x und eine ungerade bezüglich der Veränderlichen y sein wird, genügt es, die Basis nur aus Funktionen mit diesen Eigenschaften zu bilden.

Numerische Beispiele zur Anwendung des Ritzschen Verfahrens werden wir vor allem in den Kapiteln 21 und 26 angeben. Anwendungen dieses Verfahrens zur Lösung von Eigenwertproblemen bzw. zur Lösung parabolischer Probleme sind in den Kapiteln 40 und 41 bzw. in Kapitel 45 angeführt.

Zur Methode der finiten Elemente, die mit dem Ritzschen Verfahren eng zusammenhängt, siehe Kapitel 42.

---

[1]) Eine direkte Rechnung führt natürlich zum gleichen Ergebnis: Die Koeffizienten bei den ungeraden Funktionen in der Ritzschen Approximation $u_n(x)$ sind gleich Null.

Kapitel 14. Das Galerkin-Verfahren

Wir betrachten einen separablen Hilbert-Raum H und eine in H dichte Menge M von Elementen aus H. Nach Satz 6.18, S. 66, wissen wir: Wenn für irgendein Element $u \in H$

$$(u, v) = 0 \quad \text{für jedes } v \in M \tag{14.1}$$

gilt, dann folgt hieraus, daß $u = 0$ in H ist. Es sei nun

$$\varphi_1, \varphi_2, \ldots \tag{14.2}$$

irgendeine Basis in H. Wir behaupten: Wenn $(u, \varphi_k) = 0$ für jedes $k = 1, 2, \ldots$ gilt, dann folgt hieraus ebenfalls $u = 0$ in H. In kurzer Schreibweise:

$$(u, \varphi_k) = 0 \quad \text{für } k = 1, 2, \ldots \Rightarrow u = 0 \text{ in } H\,. \tag{14.3}$$

Laut Voraussetzung ist nämlich (14.2) eine Basis in H, so daß die Menge N aller Elemente der Form

$$\sum_{k=1}^{n} a_k \varphi_k\,, \tag{14.4}$$

wobei n eine beliebige natürliche Zahl ist und a_k beliebige reelle Zahlen sind, dicht in H ist. Da $(u, \varphi_k) = 0$ für jedes k ist, gilt auch für jedes Element (14.4) der Menge N

$$\left(u, \sum_{k=1}^{n} a_k \varphi_k\right) = 0\,,$$

woraus (14.3) folgt.

Es sei in H die Gleichung

$$Au = f \tag{14.5}$$

gegeben. Wenn wir ein $u_0 \in D_A$ finden, so daß

$$(Au_0 - f, \varphi_k) = 0 \quad \text{für jedes} \quad k = 1, 2, \ldots \tag{14.6}$$

gilt, dann ist nach (14.3)

$$Au_0 - f = 0 \quad \text{in } H\,, \tag{14.7}$$

so daß $u_0 \in D_A$ eine Lösung der Gleichung (14.5) in H darstellt.

Diese einfache Überlegung, nach der aus (14.6) die Beziehung (14.7) folgt, bildet die Grundidee des **Galerkin-Verfahrens:**

Wir setzen voraus, daß die Basis (14.2) und der Definitionsbereich D_A des Operators A so beschaffen sind, daß jede Linearkombination (14.4) von Elementen dieser Basis zu D_A gehört, und suchen die Näherungslösung u_n der Gleichung (14.5) in der Form

$$u_n = \sum_{k=1}^{n} a_k \varphi_k \,, \tag{14.8}$$

wobei n eine beliebige, aber fest gewählte natürliche Zahl ist und a_k vorläufig unbekannte Konstanten sind, die wir aus der Bedingung

$$(Au_n - f, \varphi_k) = 0 \,, \quad k = 1, \ldots, n \tag{14.9}$$

bestimmen, die der Forderung (14.6) analog ist. Die Bedingung (14.9) stellt n Gleichungen für n unbekannte Konstanten $a_1, \ldots, a_n$ dar.[1])

Wenn der Operator A linear ist, nimmt die Bedingung (14.9) die folgende Form an:

$$(a_1 A\varphi_1 + \ldots + a_n A\varphi_n - f, \varphi_k) = 0 \,, \quad k = 1, \ldots, n \,, \tag{14.10}$$

oder ausführlicher

$$\begin{aligned}
&(A\varphi_1, \varphi_1)\, a_1 + (A\varphi_2, \varphi_1)\, a_2 + \ldots + (A\varphi_n, \varphi_1)\, a_n = (f, \varphi_1)\,,\\
&(A\varphi_1, \varphi_2)\, a_1 + (A\varphi_2, \varphi_2)\, a_2 + \ldots + (A\varphi_n, \varphi_2)\, a_n = (f, \varphi_2)\,,\\
&\ldots\ldots\ldots\ldots\ldots\ldots\ldots\ldots\ldots\ldots\ldots\ldots\ldots\ldots\\
&(A\varphi_1, \varphi_n)\, a_1 + (A\varphi_2, \varphi_n)\, a_2 + \ldots + (A\varphi_n, \varphi_n)\, a_n = (f, \varphi_n)\,.
\end{aligned} \tag{14.11}$$

Ist der Operator A zusätzlich noch positiv (und folglich auch symmetrisch, so daß $(A\varphi_i, \varphi_j) = (A\varphi_j, \varphi_i)$ ist) und benutzen wir das schon früher eingeführte Skalarprodukt $(u, v)_A = (Au, v)$, so können wir das System (14.11) in der Form

$$\begin{aligned}
&(\varphi_1, \varphi_1)_A\, a_1 + (\varphi_1, \varphi_2)_A\, a_2 + \ldots + (\varphi_1, \varphi_n)_A\, a_n = (f, \varphi_1)\,,\\
&(\varphi_1, \varphi_2)_A\, a_1 + (\varphi_2, \varphi_2)_A\, a_2 + \ldots + (\varphi_2, \varphi_n)_A\, a_n = (f, \varphi_2)\,,\\
&\ldots\ldots\ldots\ldots\ldots\ldots\ldots\ldots\ldots\ldots\ldots\ldots\ldots\ldots\\
&(\varphi_1, \varphi_n)_A\, a_1 + (\varphi_2, \varphi_n)_A\, a_2 + \ldots + (\varphi_n, \varphi_n)_A\, a_n = (f, \varphi_n)
\end{aligned} \tag{14.12}$$

schreiben, die mit dem System (13.11), S. 147, zu dem wir durch das Ritzsche Verfahren gekommen sind, übereinstimmt.[2]) Falls also die in Satz 13.1, S. 149, angeführten Voraussetzungen für die Konvergenz der Ritzschen Folge erfüllt sind, sind auch die Voraussetzungen für die Konvergenz der Galerkin-Folge (14.8) erfüllt. Wir können damit den folgenden Satz formulieren:

Satz 14.1. *Es sei A ein positiv definiter Operator auf der im separablen Hilbert-Raum H dichten Menge D_A und es sei $f \in H$. Wenn die Elemente $\varphi_1 \in D_A$, $\varphi_2 \in D_A$, … eine Basis in H_A bilden, dann konvergiert die Galerkin-Folge* (14.8) *mit Koeffizienten $a_1, \ldots, a_n$, die eindeutig durch die Bedingung* (14.9) *bestimmt sind, in H_A* (und damit auch in H) *gegen die verallgemeinerte Lösung u_0 der Gleichung $Au = f$.*

Numerische Beispiele findet man in den Kapiteln 21 und 26.

---

[1]) Vgl. die Fußnote auf S. 149; auch hier müßten wir eigentlich $a_1^{(n)}, \ldots, a_n^{(n)}$ schreiben.

[2]) Vgl. wiederum die Fußnote auf S. 149.

Bemerkung 14.1. Im Falle positiv definiter Operatoren bringt das Galerkin-Verfahren im Vergleich mit dem Ritzschen Verfahren nichts Neues; beide Methoden führen zur Lösung der gleichen Systeme linearer Gleichungen und zu gleichen Folgen von Näherungslösungen. Das Galerkin-Verfahren hat aber viel breitere Anwendungsmöglichkeiten als das Ritzsche Verfahren. Das durch die Bedingung (14.9) charakterisierte Galerkin-Verfahren stellt von vornherein keine wesentlich einschränkende Forderungen an den Operator A: Der Operator muß nicht positiv definit sein, er muß nicht einmal symmetrisch sein, er muß sogar nicht linear sein. Das Galerkin-Verfahren kann man also *formal* auch im Fall sehr allgemeiner Operatoren anwenden. Wie man natürlich erwarten kann, sind die entsprechenden Überlegungen, die die Lösbarkeit des Systems (14.9) (das dann eventuell nicht einmal linear ist) und die Konvergenz der Galerkin-Folge (in einem geeigneten Raum) betreffen, im allgemeinen Fall schwierig. (Man vergleiche auch das Buch [30] von Michlin.)

Bemerkung 14.2. Obwohl das Ritzsche und das Galerkin-Verfahren im Fall linearer positiv definiter Operatoren zu den gleichen Ergebnissen führen, sind die Grundideen dieser Methoden völlig verschieden und formal auch die Gleichungssysteme (13.11) und (14.11), auf die diese Methoden führen. Ganz klar tritt der Unterschied in den Konzeptionen z.B. bei dem üblichen ingenieurmäßigen Zugang zur Lösung der Probleme der klassischer Elastizitätstheorie hervor. Wir führen ein einfaches Beispiel an:

Wir lösen die Aufgabe der *Durchbiegung* $u(x)$ *eines nichthomogenen Stabes* mit veränderlichem Querschnitt, der Länge l, der an beiden Enden eingespannt und durch die Querbelastung $q(x)$ durchgebogen wird (siehe auch Beispiel 9.1, S. 105). Zur Lösung dieser Aufgabe beschreiten die Ingenieure gewöhnlich zweierlei Wege. Entweder gehen sie von der entsprechenden Differentialgleichung

$$[E(x)\,I(x)\,u'']'' = q(x) \tag{14.13}$$

mit den Randbedingungen

$$u(0) = u'(0) = 0\,, \quad u(l) = u'(l) = 0 \tag{14.14}$$

aus, oder sie minimieren auf der Klasse genügend glatter Funktionen, die die Bedingungen (14.14) erfüllen, das „Energiefunktional“

$$\frac{1}{2}\int_0^l EIu''^2\,\mathrm{d}x - \int_0^l qu\,\mathrm{d}x\,, \tag{14.15}$$

das die gesamte potentielle Energie der Deformation des gebogenen Stabes ausdrückt (vgl. das zitierte Beispiel 9.1).

Wenn wir die Näherungslösung des gegebenen Problems in der Form

$$u_n = \sum_{k=1}^{n} a_k \varphi_k \tag{14.16}$$

suchen, wobei die Funktionen $\varphi_k(x)$ die Bedingungen (14.14) erfüllen, und zur Lösung des Problems (14.13), (14.14) das Galerkin-Verfahren benutzen, erhalten wir das Gleichungssystem (14.11), d.h. das System

$$\begin{aligned}
&a_1 \int_0^l (EI\varphi_1'')'' \varphi_1 \,\mathrm{d}x + a_2 \int_0^l (EI\varphi_2'')'' \varphi_1 \,\mathrm{d}x + \ldots + a_n \int_0^l (EI\varphi_n'')'' \varphi_1 \,\mathrm{d}x = \int_0^l q\varphi_1 \,\mathrm{d}x\,,\\
&a_1 \int_0^l (EI\varphi_1'')'' \varphi_2 \,\mathrm{d}x + a_2 \int_0^l (EI\varphi_2'')'' \varphi_2 \,\mathrm{d}x + \ldots + a_n \int_0^l (EI\varphi_n'')'' \varphi_2 \,\mathrm{d}x = \int_0^l q\varphi_2 \,\mathrm{d}x\,,\\
&\cdots\cdots\cdots\cdots\cdots\cdots\cdots\cdots\cdots\cdots\cdots\cdots\\
&a_1 \int_0^l (EI\varphi_1'')'' \varphi_n \,\mathrm{d}x + a_2 \int_0^l (EI\varphi_2'')'' \varphi_n \,\mathrm{d}x + \ldots + a_n \int_0^l (EI\varphi_n'')'' \varphi_n \,\mathrm{d}x = \int_0^l q\varphi_n \,\mathrm{d}x\,.
\end{aligned} \tag{14.17}$$

Wenn wir das Funktional (14.15), in das wir für u den Ausdruck (14.16) einsetzen, nach dem Ritzschen Verfahren minimieren, erhalten wir das System

$$\begin{aligned}
&a_1 \int_0^l EI\varphi_1''^2 \,\mathrm{d}x + a_2 \int_0^l EI\varphi_1''\varphi_2'' \,\mathrm{d}x + \ldots + a_n \int_0^l EI\varphi_1''\varphi_n'' \,\mathrm{d}x = \int_0^l q\varphi_1 \,\mathrm{d}x\,,\\
&a_1 \int_0^l EI\varphi_1''\varphi_2'' \,\mathrm{d}x + a_2 \int_0^l EI\varphi_2''^2 \,\mathrm{d}x + \ldots + a_n \int_0^l EI\varphi_2''\varphi_n'' \,\mathrm{d}x = \int_0^l q\varphi_2 \,\mathrm{d}x\,,\\
&\cdots\cdots\cdots\cdots\cdots\cdots\cdots\cdots\cdots\cdots\cdots\cdots\\
&a_1 \int_0^l EI\varphi_1''\varphi_n'' \,\mathrm{d}x + a_2 \int_0^l EI\varphi_2''\varphi_n'' \,\mathrm{d}x + \ldots + a_n \int_0^l EI\varphi_n''^2 \,\mathrm{d}x = \int_0^l q\varphi_n \,\mathrm{d}x\,.
\end{aligned} \tag{14.18}$$

Der erste Unterschied zwischen dem Galerkin- und dem Ritz-Verfahren ist hier ersichtlich – die Systeme (14.17) und (14.18) sind formal verschieden. (In Wirklichkeit sind sie gleich, siehe den Schluß dieser Bemerkung.)

Der Grundunterschied liegt jedoch in der völlig unterschiedlichen Auffassung der Lösung dieses Problems. Wenn der Ingenieur das Ritzsche Verfahren anwendet, geht er üblicherweise direkt von dem Energiefunktional aus, ohne vorher die entsprechende Differentialgleichung und die Eigenschaften des zugehörigen Differentialoperators zu untersuchen. Hier ist also eine gewisse Vorsicht notwendig. In der Regel sind aber die damit verbundenen Fragen sehr einfach. Gerade im eben erwähnten Beispiel läßt sich unter einfachen Voraussetzungen über die Funktionen $E(x)$, $I(x)$ leicht zeigen (siehe Kapitel 19, S. 216), daß der entsprechende Operator A auf der zugehörigen linearen Menge positiv definit ist, so daß wir berechtigt sind, eine Näherungslösung des Problems (14.13), (14.14) entweder durch das Ritzsche oder das Galerkinsche Verfahren zu bestimmen. Das entsprechende Funktional

$$Fu = (u, u)_A - 2(q, u) = \int_0^l EIu''^2 \,\mathrm{d}x - 2\int_0^l qu \,\mathrm{d}x \tag{14.19}$$

das man mit Hilfe des Ritzschen Verfahrens minimieren soll, stellt hier das Zweifache des „Energiefunktionals" (14.15) dar. Beide Wege zur Lösung des gegebenen Problems sind also in Ordnung, falls natürlich die gewählte Basis die in diesem bzw. im vorhergehenden Kapitel angeführten Voraussetzungen erfüllt. (Zur Wahl einer geeigneten Basis siehe Kapitel 20, S. 235.)

Da die Funktionen φ_i nach Voraussetzung die Bedingungen (14.14) erfüllen, führt partielle Integration

$$\int_0^l (EI\varphi_i'')'' \varphi_k \,\mathrm{d}x = [(EI\varphi_i'')' \varphi_k]_0^l - \int_0^l (EI\varphi_i'')' \varphi_k' \,\mathrm{d}x = -[EI\varphi_i''\varphi_k']_0^l + $$

$$+ \int_0^l EI\varphi_i''\varphi_k'' \,\mathrm{d}x = \int_0^l EI\varphi_i''\varphi_k'' \,\mathrm{d}x$$

zur Folgerung, daß die Koeffizienten der Systeme (14.17) und (14.18) übereinstimmen. Das ganze Beispiel dient natürlich nur zur Illustration, denn die Aufgabe (14.13), (14.14) kann leicht durch sukzessive Integration der Gleichung (14.13) gelöst werden.

Bemerkung 14.3. Zur Modifikation des Galerkin-Verfahrens für den Fall, daß gewisse Basiselemente nicht zu D_A gehören (d.h. für den Fall, daß wir irgendeine Randbedingung nicht berücksichtigen u.ä.), siehe Bemerkung 19.5, S. 211, Beispiel 21.2 S. 241, und Bemerkung 34.3, S. 416.

Bemerkung 14.4. Bei der Formulierung des Galerkin-Verfahrens haben wir zur Konstruktion der Näherungslösung (14.8) und zur Formulierung der Bedingung (14.9) die gleiche Basis (14.2) benutzt. In dem modifizierten Galerkin-Verfahren, **Galerkin-Petrov-Verfahren** genannt, werden zwei, im allgemeinen unterschiedliche Basen benutzt. Zur Konstruktion der Näherungslösung benutzen wir die Basis (14.2), und zur Formulierung der Bedingung (14.9) eine andere Basis

$$\psi_1, \psi_2, \ldots .$$

Die Bedingungen (14.9) haben dann die Form

$$(Au_n - f, \psi_k) = 0\,, \quad k = 1, \ldots, n\,.$$

Diese Modifikation des Galerkin-Verfahrens und ihre Vorteile werden ausführlich z.B. in [12] dargestellt.

Wir weisen noch auf den folgenden Unterschied hin: Während die Gleichungen (13.11) des Ritzschen Verfahrens die Bedingung des stationären Wertes des Funktionals auf dem durch die Elemente $\varphi_1, \ldots, \varphi_k$ gebildeten Teilraum ausdrücken, können die Gleichungen, auf die das Galerkin-Verfahren führt, nur eine ganz formale Bedeutung haben. Dort, wo man ihnen eine gewisse physikalische Deutung zuordnen kann, stimmen sie mit den Gleichungen des Ritzschen Verfahrens für ein gewisses Funktional – das Energiefunktional u.ä. – überein.

Kapitel 15. Methode der kleinsten Quadrate. Courantsche Methode

Wie in den vorhergehenden Kapiteln betrachten wir einen Operator A, der auf einer im separablen Hilbert-Raum H dichten linearen Menge D_A positiv definit ist, und die Gleichung

$$Au = f \tag{15.1}$$

mit $f \in H$. Es sei

$$\varphi_1, \varphi_2, \ldots, \quad \varphi_k \in D_A\,, \quad k = 1, 2, \ldots \tag{15.2}$$

eine sogenannte A-**Basis** im Raum H, d.h. eine solche Folge (evtl. endliche, wenn es sich um einen Raum endlicher Dimension handelt), für die

$$A\varphi_1, A\varphi_2, \ldots \tag{15.3}$$

eine Basis in H bildet. Zu jedem $f \in H$ und zu jedem $\eta > 0$ kann man also eine natürliche Zahl m und Konstanten $c_1, \ldots, c_m$ finden, so daß gilt:

$$\left\| \sum_{k=1}^{m} c_k A\varphi_k - f \right\| < \eta\,, \tag{15.4}$$

oder, da der Operator linear ist,

$$\left\| A\left(\sum_{k=1}^{m} c_k \varphi_k \right) - f \right\| < \eta\,. \text{ [1]} \tag{15.5}$$

Die **Methode der kleinsten Quadrate** besteht darin, daß wir die Näherungslösung (d.h. die Approximation der verallgemeinerten Lösung) der Gleichung $Au = f$ in der Form

$$u_n = \sum_{k=1}^{n} a_k \varphi_k \tag{15.6}$$

suchen, wobei die Konstanten a_k [2] durch die Bedingung

$$\|Au_n - f\|^2 = \min \tag{15.7}$$

bestimmt sind. D.h. sie beruht darauf, daß auf dem durch Elemente der Form

$$v_n = \sum_{k=1}^{n} b_k \varphi_k \tag{15.8}$$

---

[1]) Vgl. die Fußnote auf S. 149. Auch hier müßten wir eigentlich die Konstanten c_k mit $c_1^{(m)}, \ldots, c_m^{(m)}$ bezeichnen.

[2]) Vgl. die vorhergehende Fußnote.

gebildeten n-dimensionalen Teilraum (wobei b_k beliebige Konstanten sind) der Ausdruck $\|Av_n - f\|^2$ genau für das Element (15.6) sein Minimum annimmt.

Wenn wir in den Ausdruck $\|Av_n - f\|^2$ für v_n nach (15.8) einsetzen, wird dieser Ausdruck zu einer quadratischen Funktion der Veränderlichen b_k. Wenn die Bedingung (15.7) erfüllt sein soll, muß notwendigerweise im Punkt $(a_1, \ldots, a_n)$ gelten:

$$\frac{\partial \|Av_n - f\|^2}{\partial b_1} = 0, \ \ldots, \ \frac{\partial \|Av_n - f\|^2}{\partial b_n} = 0 .$$

Auf eine ähnliche Weise, wie wir im Fall des Ritzschen Verfahrens aus den Bedingungen (13.9), S. 146, zum System (13.11) gekommen sind, kommen wir in unserem Fall zu folgendem System (die ausführliche Herleitung werden wir hier nicht mehr durchführen):

$$\begin{aligned}
&(A\varphi_1, A\varphi_1)\, a_1 + (A\varphi_1, A\varphi_2)\, a_2 + \ldots + (A\varphi_1, A\varphi_n)\, a_n = (f, A\varphi_1)\,,\\
&(A\varphi_1, A\varphi_2)\, a_1 + (A\varphi_2, A\varphi_2)\, a_2 + \ldots + (A\varphi_2, A\varphi_n)\, a_n = (f, A\varphi_2)\,,\\
&\ldots\ldots\ldots\ldots\ldots\ldots\ldots\ldots\ldots\ldots\ldots\ldots\ldots\ldots\ldots\ldots\\
&(A\varphi_1, A\varphi_n)\, a_1 + (A\varphi_2, A\varphi_n)\, a_2 + \ldots + (A\varphi_n, A\varphi_n)\, a_n = (f, A\varphi_n)\,.
\end{aligned} \tag{15.9}$$

Das System (15.9) ist eindeutig lösbar, denn seine Determinante ist die aus den ersten n Elementen der Folge (15.3) gebildete Gramsche Determinante, und die erwähnten Elemente bilden nach Voraussetzung eine Basis im Raum H, so daß sie in H linear unabhängig sind.

Wir beweisen, daß die Folge der Näherungslösungen (15.6) mit den durch die Bedingung (15.7) bestimmten Konstanten im Raum H_A [1]) (und damit auch im Raum H) gegen die verallgemeinerte Lösung u_0 der Gleichung $Au = f$ konvergiert. Dazu müssen wir zeigen, daß es zu jedem $\varepsilon > 0$ eine natürliche Zahl m gibt, so daß für alle $n > m$ gilt:

$$\|u_n - u_0\|_A < \varepsilon .$$

Wir wählen also ein $\varepsilon > 0$. Da der Operator A nach Voraussetzung auf der linearen Menge D_A positiv definit ist, gibt es eine Konstante $C > 0$, so daß

$$\|u\|_A \geqq C\|u\| \quad \text{für jedes } u \in H_A \tag{15.10}$$

gilt. Für jede Approximation $u_n \in D_A$ der verallgemeinerten Lösung u_0 der Gleichung $Au = f$ gilt dabei nach (11.21), S. 126,

$$\|u_n - u_0\|_A \leqq \frac{\|Au_n - f\|}{C} . \tag{15.11}$$

Es genügt also zu zeigen, daß man den Ausdruck $\|Au_n - f\|$ beliebig klein machen kann, wenn n genügend groß ist.

Wir bezeichnen

$$\eta = C\varepsilon . \tag{15.12}$$

---

[1]) H_A ist der in Kapitel 10 konstruierte Raum.

Zu diesem η kann man eine Zahl m und Konstanten $c_1, \ldots, c_m$ finden, so daß (15.5) gilt. In der Linearkombination

$$u_m = \sum_{k=1}^{m} b_k \varphi_k \tag{15.13}$$

bestimmen wir die Konstanten b_k so, daß

$$\|Au_m - f\| = \min$$

ist, oder, was das gleiche ist, daß

$$\|A(\sum_{k=1}^{m} b_k \varphi_k) - f\| = \min \tag{15.14}$$

ist. Da für das betrachtete m Konstanten $c_1, \ldots, c_m$ existieren, so daß (15.5) gilt, wird für die durch die Bedingung (15.14) bestimmten Konstanten b_k umsomehr gelten:

$$\|A(\sum_{k=1}^{m} b_k \varphi_k) - f\| < \eta\,. \tag{15.15}$$

Falls aber $n > m$ ist und wir die Konstanten a_k in (15.6) so bestimmen, daß (15.7) erfüllt ist, dann wird auch gelten:

$$\|A(\sum_{k=1}^{n} a_k \varphi_k) - f\| < \eta\,. \tag{15.16}$$

Für $a_1 = b_1, \ldots, a_m = b_m$ und $a_{m+1} = \ldots = a_n = 0$ ist nämlich der Ausdruck (15.16) gleich dem Ausdruck auf der linken Seite der Ungleichung (15.15); sind aber die Konstanten a_k $(k = 1, \ldots, n)$ zusätzlich so bestimmt, daß die Bedingung (15.7) erfüllt ist, dann kann die Norm in (15.16) nur kleiner werden. Zu einem gewählten $\varepsilon > 0$ existiert also ein m, so daß für jedes $n > m$ für das Element u_n aus (15.6) mit durch die Bedingung (15.7) bestimmten Konstanten gilt:

$$\|Au_n - f\| < \eta = C\varepsilon\,, \tag{15.17}$$

und folglich nach (15.11):

$$\|u_n - u_0\|_A < \varepsilon\,,$$

was zu beweisen war. Außerdem folgt aus (15.17):

$$\lim_{n\to\infty} Au_n = f \quad \text{in } H\,.$$

Damit haben wir den folgenden Satz bewiesen:

Satz 15.1. *Es sei A ein auf der im separablen Hilbert-Raum H dichten linearen Menge D_A positiv definiter Operator und $f \in H$. Die Folge (15.3) bilde eine Basis in H. Dann konvergiert die Folge der durch die Formel (15.6) gegebenen Elemente u_n, mit Konstanten a_k, die eindeutig durch die Bedingung (15.7) bestimmt sind* (siehe das System (15.9)), *in H_A, und damit auch in H, gegen die verallgemeinerte Lösung u_0 der Gleichung $Au = f$. Außerdem gilt*

$$\lim_{n\to\infty} Au_n = f \quad \text{in } H\,.$$

Bemerkung 15.1. Wir führen kurz einige Vor- und Nachteile der Methode der kleinsten Quadrate an, insbesondere im Vergleich mit dem Ritzschen Verfahren.

Da die durch die Methode der kleinsten Quadrate konstruierte Folge $\{u_n\}$ in H_A gegen die verallgemeinerte Lösung u_0 der Gleichung $Au = f$ konvergiert, ist sie nach Satz 11.2, S. 128, eine μ-Folge für das Funktional

$$Fu = (u, u)_A - 2(f, u)\,, \tag{15.18}$$

d.h. es gilt:

$$\lim_{n\to\infty} Fu_n = \min_{u\in H_A} Fu = -\|u_0\|_A^2\,.$$

Wir bezeichnen mit $\{v_n\}$ diejenige Ritzsche Folge (Kapitel 13), die auf der Grundlage der gleichen Basis (15.2) konstruiert wurde wie die obige Folge $\{u_n\}$. (Nach Satz 20.1 ist (15.2) eine Basis auch in H_A.) Wie wir wissen, ist die Ritzsche Folge $\{v_n\}$ auch eine Folge von Elementen der Form (15.6), aber zum Unterschied von der durch die Methode der kleinsten Quadrate bestimmten Folge $\{u_n\}$ sind die entsprechenden Koeffizienten durch die Bedingung

$$Fv_n = \min$$

gegeben (vgl. Kapitel 13). Hieraus folgt unmittelbar, daß für jedes n

$$Fv_n \leqq Fu_n$$

ist, oder wenn wir das Funktional (15.18) in der Form

$$Fu = \|u - u_0\|_A^2 - \|u_0\|^2$$

schreiben – siehe (11.8), S. 124 –, daß gilt

$$\|v_n - u_n\|_A \leqq \|u_n - u_0\|_A\,. \tag{15.19}$$

Aus (15.19) ergibt sich, daß die Ritzsche Folge im Raum H_A bei gleicher Basiswahl schneller (oder zumindest nicht langsamer) gegen die verallgemeinerte Lösung u_0 der Gleichung $Au = f$ konvergiert als die durch die Methode der kleinsten Quadrate bestimmte Folge $\{u_n\}$. Außerdem muß man im Fall der Ritzschen Methode die Basiselemente nicht aus D_A wählen.

Andererseits hat die Methode der kleinsten Quadrate den Vorteil, daß für sie neben

$$u_n \to u_0 \quad \text{in } H_A$$

auch

$$Au_n \to f \quad \text{in } H \tag{15.20}$$

gilt, was es ermöglicht (wenn wir die Konstante C aus (15.10) kennen), den Fehler der Näherung nach (15.11) verhältnismäßig leicht abzuschätzen. Ist $H = L_2(G)$, dann läßt sich außerdem in einigen einfachen Fällen aufgrund von (15.20) die gleichmäßige Konvergenz der Folge $\{u_n\}$ in $\overline{G}$ gegen die gesuchte Lösung beweisen. Siehe z.B. [32], wo unter Benutzung der Greenschen Funktion die gleichmäßige Konvergenz (in $\overline{G}$) der Folge $\{u_n\}$ für den Fall des Dirichletschen Problems mit homogenen Randbedingungen für die Poissonsche Gleichung $-\Delta u = f$ mit $f \in L_2(G)$ bewiesen wird.

Bemerkung 15.2. Die **Courantsche Methode** stellt eine gewisse Kombination des Ritzschen Verfahrens und der Methode der kleinsten Quadrate dar. Es sei von vornherein bekannt, daß die verallgemeinerte Lösung u_0 der Gleichung $Au = f$ zu D_A gehört. Wir konstruieren das Funktional

$$\tilde{F}u = Fu + \|Au - f\|^2 , \quad u \in D_A , \tag{15.21}$$

wobei F das Funktional (15.18) ist. Das Funktional $\tilde{F}$ nimmt auf D_A sein Minimum genau für $u = u_0$ an, denn für $u = u_0$ ist Fu auf D_A minimal nach Satz 9.2, S. 102, und auch $\|Au - f\|^2$ ist für $u = u_0$ minimal, da $\|Au_0 - f\| = 0$ ist. Die Aufgabe, eine Lösung u_0 der Gleichung $Au = f$ zu finden, ist also der Aufgabe äquivalent, in D_A das Element zu finden, welches das Funktional (15.21) minimiert. Aus der Form des Funktionals $\tilde{F}$ ist ersichtlich, daß sein Minimieren in D_A (z.B. mit Hilfe des Ritzschen Verfahrens) aufwendiger sein wird als das Minimieren des Funktionals F bzw. des Ausdruckes $\|Au - f\|^2$. Gleichzeitig aber vereinigt die Courantsche Methode in sich die Vorteile des Ritzschen Verfahrens und der Methode der kleinsten Quadrate, was, wie man zeigen kann, die Konvergenzgeschwindigkeit, evtl. den Konvergenztyp günstig beeinflußen kann. Wenn wir für das Funktional $\tilde{F}$ die minimierende Folge konstruieren, z.B. durch das Ritzsche Verfahren, wird offensichtlich wieder gelten

$$Au_n \to f \quad \text{in } H \text{ für } n \to \infty , \tag{15.22}$$

was es ermöglicht, in einigen einfachen Fällen ähnliche Überlegungen über die gleichmäßige Konvergenz durchzuführen, wie sie in Bemerkung 15.1 erwähnt wurden.

Ist $H = L_2(G)$ und ist bekannt, daß u_0 und auch f genügend glatte Funktionen in $\bar{G}$ sind, kann man statt des Funktionals (15.21) das Funktional

$$Fu + \sum_{k=0}^{m} \sum_{i_1 + \ldots + i_N = k} \left\| \frac{\partial^k (Au - f)}{\partial x_1^{i_1} \ldots \partial x_N^{i_N}} \right\|^2 \tag{15.23}$$

betrachten. In diesem Fall wird die zur Approximation u_n führende numerische Berechnung (z.B. unter Benutzung des Ritzschen Verfahrens) offensichtlich sehr aufwendig sein, aber dafür wird die Folge $\{u_n\}$ sehr schnell konvergieren. Insbesondere aus den der Beziehung (15.22) analogen Beziehungen

$$\frac{\partial^k (Au_n - f)}{\partial x_1^{i_1} \ldots \partial x_N^{i_N}} \to 0 \quad \text{in } H \text{ für } n \to \infty \tag{15.24}$$

kann man entsprechende Schlüsse bezüglich der gleichmäßigen Konvergenz der Ableitungen der gesuchten Lösung im betrachteten Gebiet ziehen. Für Details vgl. man z.B. [30].

Bemerkung 15.3. Um die Methode der kleinsten Quadrate formal benutzen zu können, ist die positive Definitheit des Operators A auf D_A offensichtlich nicht notwendig. Eine ähnliche Bemerkung wurde schon bei dem Galerkin-Verfahren gemacht. Wenn der Operator A allgemeiner ist, ist natürlich auch die Problematik wesentlich schwieriger, die die Fragen der eindeutigen Bestimmung der Konstanten a_k in (15.6) durch die Bedingung (15.7) und der Konvergenz der entsprechenden Folge $\{u_n\}$ (in einem geeigneten Raum) betrifft. Man kann zeigen – siehe z.B. [30] –, daß man beide Fragen positiv beantworten kann (wobei unter der Konvergenz der Folge $\{u_n\}$ die Konvergenz im Raum H gemeint ist), wenn die folgenden Voraussetzungen erfüllt sind:

1. Der Operator A ist linear und die lineare Menge D_A ist dicht in H.
2. Die Folge (15.3) bildet eine Basis in H.
3. Die Gleichung $Au = f, f \in H$, hat in H eine Lösung $u_0 \in D_A$.
4. Es gibt eine positive Konstante K, so daß für jedes $u \in D_A$ gilt

$$\|Au\| \geqq K\|u\| . \tag{15.25}$$

Bemerkung 15.4. Aus (15.25) folgt auch gleichzeitig die Eindeutigkeit der Lösung. Die Gleichung

$$Au = 0$$

hat nämlich infolge von (15.25) nur eine einizige Lösung $u = 0$ in H. (Wäre $Au = 0$ für $u \neq 0$ in H, dann wäıe $\|Au\| = 0$ und $\|u\| \neq 0$, was im Widerspruch zu (15.25) steht.)

Kapitel 16. Die Gradientenmethode. Ein Beispiel

Wir führen noch eine Methode der approximativen Lösung der Gleichung $Au = f$ an, die sogenannte **Gradientenmethode** (*Methode des steilsten Abstiegs*). Diese Methode setzt voraus, daß A ein positiv definiter Operator ist. Außerdem ist diese Methode nur für beschränkte Operatoren (Definition 8.13, S. 84) anwendbar, folglich nicht für Differentialoperatoren. Ein typisches Beispiel von Gleichungen, bei deren Lösung man dieses Verfahren mit Vorteil anwenden kann, liefern die Integralgleichungen.

Es sei A ein positiv definiter Operator im Hilbert-Raum H. [1])

Es sei $f \in H$ und u_0 sei in H die Lösung der Gleichung

$$Au = f. \tag{16.1}$$

Wie wir aus Satz 9.2, S. 102, wissen, minimiert das Element u_0 in H das Funktional

$$Fu = (Au, u) - 2(f, u). \tag{16.2}$$

Diese Tatsache ermöglicht es, sich die folgende geometrische Vorstellung zu machen, die auch die Grundlage der in diesem Kapitel beschriebenen Methode ist:

Das Funktional F nimmt für jedes $u \in H$ einen gewissen Wert an. Geometrisch können wir uns also dieses Funktional als eine gewisse „Fläche" über dem Raum H vorstellen, die ihre „kleinste Koordinate" gerade für $u = u_0$ annimmt. Unser Vorhaben ist es, sich auf dieser Fläche von einem Ausgangspunkt möglichst schnell – d.h. „in der Richtung des steilsten Abstieges" – dem Punkt zu nähern, der diese „kleinste" Koordinate besitzt.

Wir wählen ein gewisses Element $u_1 \in H$. Ist $Au_1 = f$, dann ist das gegebene Problem gelöst. Ist $Au_1 - f \neq 0$ in H, so betrachten wir das Element u_1 als Approximation der gesuchten Lösung. Nun suchen wir in H ein Element v_1, für das gilt:

$$\|v_1\| = \|Au_1 - f\| \tag{16.3}$$

---

[1]) Ist der Operator A nur auf einer in H dichten linearen Menge D_A beschränkt und positiv definit, kann man ihn leicht auf den ganzen Raum H unter Erhaltung seiner Norm und der positiven Definitheit fortsetzen (siehe z.B. [29]).

und

$$\frac{\mathrm{d}}{\mathrm{d}t} F(u_1 + tv_1)\bigg|_{t=0} = \max\,.\ ^{1}) \tag{16.4}$$

Es ist aber

$$\begin{aligned} F(u_1 + tv_1) &= (A(u_1 + tv_1),\ u_1 + tv_1) - 2(f, u_1 + tv_1) = \\ &= (Au_1, u_1) + 2t(Au_1, v_1) + t^2(Av_1, v_1) - 2(f, u_1) - 2t(f, v_1) = \\ &= Fu_1 + 2t(Au_1 - f, v_1) + t^2(Av_1, v_1) \end{aligned} \tag{16.6}$$

und

$$\frac{\mathrm{d}}{\mathrm{d}t} F(u_1 + tv_1) = 2(Au_1 - f, v_1) + 2t(Av_1, v_1)\,. \tag{16.7}$$

Für $t = 0$ ist

$$\frac{\mathrm{d}}{\mathrm{d}t} F(u_1 + tv_1)\bigg|_{t=0} = 2(Au_1 - f, v_1)\,. \tag{16.8}$$

Aus den Forderungen (16.3) und (16.4) folgt nun offensichtlich

$$v_1 = Au_1 - f \tag{16.9}$$

(denn bei vorgeschriebener Norm (15.3) des Elementes v_1 wird das Skalarprodukt auf der rechten Seite von (16.8) gerade für $v_1 = Au_1 - f$ seinen größten Wert annehmen). Gleichzeitig sieht man aus (15.6) und (16.7), daß bei dieser Wahl des Elementes v_1 das Funktional F seinen Minimalwert auf der Geraden $u = u_1 + tv_1$ für

$$t = t_1 = -\frac{(Au_1 - f, v_1)}{(Av_1, v_1)} = -\frac{(v_1, v_1)}{(Av_1, v_1)} \tag{16.10}$$

annehmen wird. Als zweite Approximation der Lösung wählen wir das Element

$$u_2 = u_1 + t_1 v_1\,. \tag{16.11}$$

Ist $Au_2 \neq f$, gehen wir auf die gleiche Weise weiter vor, d.h. wir konstruieren ähnlich wie in (16.9) und (16.11) die Elemente

$$v_2 = Au_2 - f \tag{16.12}$$

und

$$u_3 = u_2 + t_2 v_2\,, \tag{16.13}$$

---

[1]) Geometrische Deutung: Elemente der Form

$$u = u_1 + tv_1\,, \tag{16.5}$$

wobei t die Menge aller reellen Zahlen durchläuft, bilden in H eine „die Punkte u_1 und $u_1 + v_1$ verbindende Gerade". Wenn wir zur Vorstellung des Funktionals F als einer Fläche über dem Raum H zurückkehren, dann können wir das Funktional F über der Geraden (16.5) als eine „Kurve" auf dieser Fläche deuten. Wir suchen nun ein solches Element $v_1 \in H$, und damit eine solche „Richtung", in der die Tangente dieser Kurve im Punkt $u = u_1$ am schnellsten abfällt. Das ist die geometrische Deutung der Bedingung (16.4). Zur Bestimmung des Elementes v_1 muß man noch seine Norm kennen; um das Resultat möglichst einfach zu gestalten, wird sie durch die Bedingung (16.3) vorgeschrieben.

wobei

$$t_2 = -\frac{(v_2, v_2)}{(Av_2, v_2)} \tag{16.14}$$

ist, usw. Auf diese Weise erhalten wir die Folge der Elemente $u_1, u_2, u_3, \ldots$.

Es seien m und M solche positive Konstanten, daß

$$m\|u^2\| \leqq (Au, u) \leqq M\|u\|^2 \quad \text{für jedes } u \in H \tag{16.15}$$

gilt. Dann läßt sich zeigen (siehe z.B. [30]), daß die Folge $\{u_n\}$ gegen die Lösung u_0 der gegebenen Gleichung konvergiert, und zwar sowohl im Raum H, als auch im Raum H_A mit dem Skalarprodukt $(u, v)_A = (Au, v)$, und daß die folgende Abschätzung richtig ist:

$$\|u_{n+1} - u_0\|_A \leqq \|u_1 - u_0\|_A \left(\frac{M - m}{M + m}\right)^n. \tag{16.16}$$

Beispiel 16.1. Wir betrachten im Raum $H = L_2(0, \pi)$ die Integralgleichung

$$u(x) - 0{,}1 \int_0^\pi \sin(x + s)\, u(s)\, \mathrm{d}s = h(x) \tag{16.17}$$

mit $h \in L_2(0, \pi)$. Der Operator

$$Au = u(x) - 0{,}1 \int_0^\pi \sin(x + s)\, u(s)\, \mathrm{d}s \tag{16.18}$$

ist offensichtlich symmetrisch in $L_2(0, \pi)$, denn es gilt

$$(Au, v) = \int_0^\pi \left[u(x) - 0{,}1 \int_0^\pi \sin(x + s)\, u(s)\, \mathrm{d}s\right] v(x)\, \mathrm{d}x =$$

$$= \int_0^\pi u(x)\, v(x)\, \mathrm{d}x - 0{,}1 \int_0^\pi \int_0^\pi \sin(x + s)\, u(s)\, v(x)\, \mathrm{d}s\, \mathrm{d}x =$$

$$= \int_0^\pi u(x)\, v(x)\, \mathrm{d}x - 0{,}1 \int_0^\pi \int_0^\pi \sin(x + s)\, v(s)\, u(x)\, \mathrm{d}s\, \mathrm{d}x =$$

$$= \int_0^\pi \left[v(x) - 0{,}1 \int_0^\pi \sin(x + s)\, v(s)\, \mathrm{d}s\right] u(x)\, \mathrm{d}x = (Av, u). \tag{16.19}$$

Weiter ist nach (16.19)

$$(Au, u) = \int_0^\pi u^2(x)\, \mathrm{d}x - 0{,}1 \int_0^\pi \int_0^\pi \sin(x + s)\, u(s)\, u(x)\, \mathrm{d}s\, \mathrm{d}x. \tag{16.20}$$

Die Schwarzsche Ungleichung (siehe S. 23) liefert für je zwei Funktionen $f \in L_2(0, \pi)$, $g \in$ $\in L_2(0, \pi)$

$$\left[\int_0^\pi f(x)\, g(x)\, \mathrm{d}x\right]^2 \leqq \int_0^\pi f^2(x)\, \mathrm{d}x \,.\, \int_0^\pi g^2(x)\, \mathrm{d}x. \tag{16.21}$$

Wenn wir hier

$$f(x) = \int_0^\pi \sin(x + s)\, u(s)\, \mathrm{d}s, \quad g(x) = u(x)$$

setzen, so erhalten wir

$$\left(\int_0^\pi \left[\int_0^\pi \sin(x+s)\,u(s)\,ds\right].\,u(x)\,dx\right)^2 \leqq$$

$$\leqq \int_0^\pi \left[\int_0^\pi \sin(x+s)\,u(s)\,ds\right]^2 dx\,.\int_0^\pi u^2(x)\,dx\,, \tag{16.22}$$

und wenn wir wiederum die Schwarzsche Ungleichung benutzen, folgt

$$\left[\int_0^\pi \sin(x+s)\,u(s)\,ds\right]^2 \leqq \int_0^\pi \sin^2(x+s)\,ds\,.\int_0^\pi u^2(s)\,ds =$$

$$= \int_0^\pi \frac{1}{2}\left[1-\cos 2(x+s)\right]\,ds\,.\int_0^\pi u^2(s)\,ds = \frac{\pi}{2}\int_0^\pi u^2(x)\,dx\,. \tag{16.23}$$

Setzen wir dieses in (16.22) ein, ergibt sich

$$\left[\int_0^\pi \int_0^\pi \sin(x+s)\,u(s)\,u(x)\,ds\,dx\right]^2 \leqq \frac{\pi^2}{2}\left[\int_0^\pi u^2(x)\,dx\right]^2,$$

d.h.

$$\left|\int_0^\pi \int_0^\pi \sin(x+s)\,u(s)\,u(x)\,ds\,dx\right| \leqq \frac{\pi}{\sqrt{2}}\int_0^\pi u^2(x)\,dx\,. \tag{16.24}$$

Aus (16.24) und aus (16.20) folgt

$$\left(1-\frac{0{,}1\pi}{\sqrt{2}}\right)\|u\|^2 \leqq (Au, u) \leqq \left(1+\frac{0{,}1\pi}{\sqrt{2}}\right)\|u\|^2\,. \tag{16.25}$$

Hieraus folgt die positive Definitheit des Operators (16.18) im Raum $L_2(0, \pi)$, denn es ist offensichtlich $1 - 0{,}1\pi/\sqrt{2} > 0$. Weiter sind die Ungleichungen (16.25) vom Typ (16.15). Wenn wir also zur Lösung der Gleichung (16.17) die Gradientenmethode benutzen, erhalten wir ein konvergierendes Verfahren.

Als Beispiel wählen wir $h(x) \equiv 1$. Wir lösen also die Gleichung

$$u(x) - 0{,}1\int_0^\pi \sin(x+s)\,u(s)\,ds = 1\,. \tag{16.26}$$

Da der Koeffizient 0,1 beim zweiten Glied dieser Gleichung „klein" ist, ist es offensichtlich vorteilhaft, als erste Approximation der Lösung die rechte Seite der gegebenen Gleichung zu wählen, d.h. die Funktion

$$u_1(x) \equiv 1 \quad \text{in } [0, \pi]\,. \tag{16.27}$$

Nach (16.9) bestimmen wir zunächst

$$v_1 = Au_1 - f = 1 - 0{,}1\int_0^\pi \sin(x+s)\,.\,1\,.\,ds - 1 =$$

$$= 0{,}1\left[\cos(x+s)\right]_0^\pi = -0{,}2\cos x\,. \tag{16.28}$$

Weiter ist nach (16.10)

$$t_1 = -\frac{(v_1, v_1)}{(Av_1, v_1)}\,. \tag{16.29}$$

Es ist nun

$$(v_1, v_1) = 0{,}04 \int_0^\pi \cos^2 x \, dx = 0{,}04 \, . \frac{\pi}{2} = 0{,}02\pi \, , \tag{16.30}$$

$$(Av_1, v_1) = \int_0^\pi \left[-0{,}2 \cos x + 0{,}02 \int_0^\pi \sin (x + s) \cos s \, ds \right] (-0{,}2) \cos x \, dx =$$

$$= 0{,}04 \int_0^\pi \cos^2 x \, dx - 0{,}004 \int_0^\pi \left(\int_0^\pi \tfrac{1}{2} [\sin x + \sin (x + 2s)] \, ds \right) \cos x \, dx =$$

$$= 0{,}04 \, . \frac{\pi}{2} - 0{,}004 \, . \frac{\pi}{2} \int_0^\pi \sin x \cos x \, dx = 0{,}02\pi \, , \tag{16.31}$$

da

$$\int_0^\pi \sin (x + 2s) \, ds = 0$$

ist. Wenn wir (16.30) und (16.31) in (16.29) einsetzen, erhalten wir

$$t_1 = - \frac{0{,}02\pi}{0{,}02\pi} = -1 \, .$$

Nach (16.11) ist also die zweite Approximation der Lösung die Funktion

$$u_2 = u_1 + t_1 v_1 = 1 + 0{,}2 \cos x \, . \tag{16.32}$$

Diese Approximation ist nach (16.16) im Raum H_A mindestens $[(M + m)/(M - m)]^{-1}$-mal, d.h. mindestens viermal[1]) besser als die Approximation u_1.

Das ganze Beispiel dient natürlich nur zur Illustration. Wir haben es gewählt, um die Effektivität der Methode beurteilen zu können. Da $\sin (x + s) = \sin x \cos s + \cos x \sin s$ gilt, ist der Kern der Gleichung (16.17) ausgeartet, so daß man ihre Lösung in der Form

$$u(x) = h(x) + c_1 \sin x + c_2 \cos x$$

suchen kann. Wenn wir voraussetzen, daß die Lösung der Gleichung (16.26) die Form

$$u(x) = 1 + c_1 \sin x + c_2 \cos x \tag{16.33}$$

hat, erhalten wir nach Einsetzen in (16.26) die Bedingung

$$c_1 \sin x + c_2 \cos x - 0{,}1 \int_0^\pi (\sin x \cos s + \cos x \sin s) \, .$$
$$. (1 + c_1 \sin s + c_2 \cos s) \, ds = 0 \, .$$

Führen wir die Integration aus und vergleichen die Koeffizienten der linear unabhängigen Funktionen $\sin x$ und $\cos x$, so erhalten wir

$$c_1 - 0{,}1 \, . \frac{\pi}{2} \, . c_2 = 0 \, ,$$

---

[1]) Es ist nämlich

$$\frac{M + m}{M - m} = \frac{2}{2 \, . \dfrac{0{,}1\pi}{\sqrt{2}}} = \frac{\sqrt{2}}{0{,}1\pi} \doteq \frac{1{,}41}{0{,}31} > 4 \, .$$

$$c_2 - 0{,}1\left(2 + \frac{\pi}{2} \cdot c_1\right) = 0 .$$

Hieraus folgt, daß die unbekannten Koeffizienten c_1 und c_2 die Werte

$$c_1 = \frac{0{,}01\pi}{1 - 0{,}002\,5\pi^2}, \quad c_2 = \frac{0{,}2}{1 - 0{,}002\,5\pi^2}$$

haben.

Nach (16.33) ist also die Lösung der Gleichung (16.26) die Funktion

$$u(x) = 1 + \frac{0{,}01\pi}{1 - 0{,}002\,5\pi^2} \sin x + \frac{0{,}2}{1 - 0{,}002\,5\pi^2} \cos x . \tag{16.34}$$

Da die Zahlen $0{,}0025\pi^2$ bzw. $0{,}01\pi$ klein sind im Vergleich mit den Zahlen 1 bzw. 0,2, stimmt die Approximation (16.32) mit der Lösung (16.34) offensichtlich sehr gut überein.

Kapitel 17. Zusammenfassung der Kapitel 9 bis 16

Der Inhalt des zweiten Teiles dieses Buches, d.h. der Kapitel 9 bis 16, ist verhältnismäßig umfangreich. Wir halten es deshalb für zweckmäßig, in diesem Kapitel die Hauptresultate des zweiten Teiles zusammenzufassen und dadurch dem Leser eine schnellere Orientierung in dieser Problematik zu ermöglichen.

In Ingenieurproblemen und in Problemen der mathematischen Physik stoßen wir sehr oft auf Gleichungen vom Typ

$$Au = f, \tag{17.1}$$

wobei f ein Element irgendeines Hilbert-Raumes H ist und A ein gewisser Operator, der meistens auf einer in H dichten linearen Menge D_A positiv bzw. positiv definit ist. Wenn es sich um Probleme der Differentialgleichungen mit Randbedingungen handelt (der Lösung von solchen Problemen ist unser Buch hauptsächlich, wenn auch nicht ausschließlich, gewidmet), wählen wir meistens $H = L_2(G)$; D_A ist dann eine lineare Menge gewisser genügend glatter Funktionen, die die Anwendung des betrachteten Differentialoperators zulassen und die gegebenen Randbedingungen (oder eventuell andere Forderungen) erfüllen. Unter einer Lösung der Gleichung $Au = f$ im Raum H verstehen wir dann ein solches Element $u_0 \in D_A$, für das

$$Au_0 = f \quad \text{in } H \tag{17.2}$$

gilt. Ist z.B. $H = L_2(G)$, so heißt

$$Au_0 = f \quad \text{in } L_2(G)\,,$$

daß diese Gleichheit fast überall in G erfüllt ist.

Wenn A ein positiver Operator auf der linearen Menge D_A ist, dann hat die Gleichung $Au = f$ in H höchstens eine Lösung, d.h. es existieren keine zwei verschiedenen Elemente u_1, u_2 aus D_A, so daß die Gleichungen

$$Au_1 = f \text{ in } H \text{ und } Au_2 = f \text{ in } H$$

erfüllt sind. Dies bildet den Inhalt von Satz 9.1. Den Hauptinhalt von Kapitel 9 stellt der Satz über das Minimum eines quadratischen Funktionals dar (Satz 9.2). Nach diesem Satz ist die Aufgabe, eine Lösung $u_0 \in D_A$ der Gleichung $Au = f$ zu finden, für einen positiven Operator A mit der Aufgabe äquivalent, in D_A ein Element u_0 zu finden, das in D_A das Funktional

$$Fu = (Au, u) - 2(f, u) \tag{17.3}$$

minimiert. Satz 9.2 ist von grundlegender Bedeutung, denn er führt die Aufgabe, eine gegebene Gleichung zu lösen, in die Aufgabe über, ein Element u_0 zu finden, das in D_A das Funktional (17.3) minimiert, also in eine Aufgabe, für deren Lösung (bzw. approximative Lösung) verhältnismäßig einfache numerische Methoden zur Verfügung stehen. Satz 9.2 sagt aber nichts über die Existenz der Lösung u_0 der gegebenen Gleichung aus, bzw. über die Existenz des Elementes u_0, das in D_A das Funktional (17.3) minimiert. Man kann auch tatsächlich eine Reihe einfacher Beispiele anführen, in denen die Gleichung $Au = f$ keine Lösung $u_0 \in D_A$ besitzt und in denen also auch das Problem, das das Funktional (17.3) in D_A minimierende Element u_0 zu finden, nicht lösbar ist. In solchen Fällen verliert natürlich die Aufgabe, diese nichtexistierende Lösung z.B. mit Hilfe des Ritzschen Verfahrens zu approximieren, ihren Sinn. Eine einfache Idee zur Überwindung dieser Schwierigkeit besteht darin, das Funktional F auf einem größeren Definitionsbereich als die Menge D_A zu betrachten. Deshalb haben wir unter der Voraussetzung, daß der Operator A auf der linearen Menge D_A positiv definit ist, in Kapitel 10 die Definition des Funktionals auf den sogenannten Raum H_A ausgedehnt. Das auf diese Weise erweiterte Funktional nimmt nun auf diesem Raum tatsächlich für ein bestimmtes Element u_0 sein Minimum an. Dieses durch die rechte Seite der Gleichung $Au = f$ eindeutig bestimmte Element $u_0 \in H_A$ haben wir die verallgemeinerte Lösung dieser Gleichung genannt. In Spezialfällen kann es natürlich vorkommen, daß $u_0 \in D_A$ ist, so daß wir dann eine Lösung der Gleichung $Au = f$ im üblichen, früher angegebenen Sinn erhalten.

Den Raum H_A haben wir folgendermaßen konstruiert: Auf der linearen Menge D_A haben wir ein neues Skalarprodukt

$$(u, v)_A = (Au, v)\,, \quad u, v \in D_A\,, \tag{17.4}$$

definiert und auf der Grundlage dieses Skalarproduktes wie üblich die Norm $\|u\|_A$ und den Abstand $\varrho_A(u, v)$ eingeführt. Damit haben wir einen metrischen Raum (sogar unitären Raum) konstruiert, den wir mit S_A bezeichnet haben. Wenn S_A ein vollständiger Raum bezüglich der Metrik ϱ_A war, setzten wir $H_A = S_A$. Anderenfalls haben wir die Menge M aller Cauchy-Folgen in S_A betrachtet. Diese Folgen (also Elemente der Menge M) haben wir in Klassen eingeteilt, so daß zwei Folgen $\{u_n\}$, $\{v_n\}$ aus M genau dann zur gleichen Klasse gehören, wenn

$$\lim_{n\to\infty} \|u_n - v_n\|_A = 0 \tag{17.5}$$

gilt. Jeder von diesen Klassen haben wir (und zwar eineindeutig) ein gewisses Element des Raumes H zugeordnet.[1]) Die Menge dieser Elemente wurde mit D bezeichnet. Diese lineare Menge D ist die Vereinigung der Elemente der ursprünglichen linearen

---

[1]) Die eineindeutige Zuordnung zwischen gewissen Elementen und den Klassen von Cauchy-Folgen ist die grundlegende Idee der „Vervollständigung" auch im Fall eines allgemeinen metrischen Raumes, siehe z.B. [29]. Im allgemeinen Fall ist es aber nicht einfach, den Charakter der „idealen" Elemente, d.h. der Elemente, die wir den Elementen des ursprünglichen Raumes „hinzufügen", näher zu bestimmen.

Menge D_A und der Menge D_I der ,,neuen" Elemente. Diese neuen Elemente entsprechen den Klassen derjenigen Cauchy-Folgen im Raum S_A, die in S_A keinen Grenzwert besitzen.

Auf der linearen Menge D haben wir das Skalarprodukt $(u, v)_A$ der Elemente $u_0, v_0 \in \in D$ durch die Beziehung

$$(u_0, v_0)_A = \lim_{n\to\infty} (u_n, v_n)_A \tag{17.6}$$

definiert, wobei $\{u_n\}$ und $\{v_n\}$ gewisse Folgen von Elementen aus D_A sind, und zwar aus den Klassen, die nach der beschriebenen Zuordnung den Elementen u_0 bzw. v_0 entsprechen. Der Grenzwert (17.6) existiert und hängt nicht von der Wahl der Folge $\{u_n\}$ bzw. $\{v_n\}$ aus der dem Element u_0 bzw. v_0 entsprechenden Klasse ab. Das Produkt (17.6) hat alle Eigenschaften des Skalarproduktes und ist eine Fortsetzung des für Elemente der linearen Menge D_A definierten Skalarproduktes (17.4) auf die ganze Menge D.

Auf der Grundlage des Skalarproduktes (17.6) haben wir dann auf der linearen Menge D in üblicher Weise die Norm und den Abstand definiert. Diese Begriffe stellen wiederum eine Fortsetzung der Norm $\|u\|_A$ und des Abstandes $\varrho_A(u, v)$, die auf der linearen Menge D_A mit Hilfe des Skalarproduktes (17.4) definiert wurden, auf die ganze Menge D dar. Die lineare Menge D mit der Metrik ϱ_A haben wir als Raum H_A bezeichnet. Dieser Raum ist in der Metrik ϱ_A vollständig, also ein Hilbert-Raum. Seine Elemente sind, wie wir schon ausführten, einerseits die Elemente der Menge D_A (diese Menge ist dicht im Raum H_A), andererseits die Elemente der Menge D_I. Die Elemente aus D_I kann man nach der oben angeführten Konstruktion folgendermaßen charakterisieren: Jedes Element $u \in D_I$ ist ein solches Element des Raumes H, das nicht zu D_A gehört und Grenzwert (in H) einer Folge $\{u_n\}$ ist, die eine Cauchy-Folge im Raum S_A ist. Der Charakter der Elemente aus D_I kann verschiedenartig sein. Z.B. im Fall der bekannten Differentialoperatoren zweiter Ordnung, wo wir als den Hilbert-Raum H in der Regel den Raum $L_2(G)$ [1]) und als die lineare Menge D_A die Menge aller Funktionen wählen, die samt ihren partiellen Ableitungen erster und zweiter Ordnung im abgeschlossenen Gebiet $\overline{G}$ stetig sind und die betrachteten Randbedingungen erfüllen, können wir über die Elemente der linearen Menge D_I im allgemeinen nur soviel aussagen, daß sie sogenannte verallgemeinerte partielle Ableitungen erster Ordnung besitzen, die im Gebiet G quadratisch integrierbar sind. Später, wenn wir den Begriff des Raumes $W_2^{(k)}(G)$ zur Verfügung haben werden, wird es möglich sein, die Elemente des Raumes H_A genauer zu charakterisieren.

Die Beziehung

$$\|u\|_A \geqq C\|u\|,$$

die die positive Definitheit des Operators A auf der Menge D_A charakterisiert, bleibt auch im Raum H_A richtig.

---

[1]) Im Falle gewöhnlicher Differentialoperatoren ist natürlich $G = (a, b)$ und wir sprechen von gewöhnlichen Ableitungen anstatt von partiellen.

Das Funktional F, das auf der linearen Menge D_A durch die Formel

$$Fu = (Au, u) - 2(f, u)\,,$$

d.h. durch die Formel

$$Fu = (u, u)_A - 2(f, u) \tag{17.7}$$

definiert ist, kann man ausgehend von der oben beschriebenen Fortsetzung des Skalarproduktes $(u, u)_A$ auf H_A mit Hilfe der Formel (17.7) ebenfalls auf den ganzen Raum H_A erweitern. Auf diesem Raum nimmt das Funktional (17.7) sein Minimum an, und zwar für das Element u_0, das durch die folgende Bedingung bestimmt ist: Für alle $u \in H_A$ soll die Gleichheit

$$(u_0, u)_A = (f, u) \tag{17.8}$$

erfüllt sein. Nach dem Rieszschen Satz ist das Element u_0 durch diese Bedingung (d.h. durch die rechte Seite der Gleichung $Au = f$) eindeutig bestimmt. Das Element u_0 wird verallgemeinerte Lösung der gegebenen Gleichung genannt. Damit ist also für den Fall, in dem A ein auf der linearen Menge D_A positiv definiter Operator ist, die Existenz des Minimums des Funktionals F im Raum H_A und damit auch (nach Definition) die Existenz der Lösung der Gleichung $Au = f$ bewiesen. Dabei kann es sich im allgemeinen Fall um eine verallgemeinerte Lösung handeln (denn das Element u_0 muß im allgemeinen Fall kein Element der Menge D_A sein; wir wissen nur, daß $u_0 \in H_A$ ist und daß man u_0 mit beliebiger Genauigkeit in der Metrik des Raumes H_A durch Elemente der Menge D_A approximieren kann).

Wenn wir entsprechend (17.8) für (f, u) in (17.7) einsetzen, können wir das Funktional F in der folgenden Form schreiben:

$$Fu = (u - u_0, u - u_0)_A - (u_0, u_0)_A = \|u - u_0\|_A^2 - \|u_0\|^2\,; \tag{17.9}$$

hieraus sieht man, daß

$$\min_{u \in H_A} Fu = -\|u_0\|^2 \tag{17.10}$$

gilt. Im Zusammenhang mit der Formel (17.10) haben wir für das Funktional F den Begriff der minimierenden Folge (μ-Folge) eingeführt, und zwar als solcher Folge von Elementen u_n aus H_A, für die

$$\lim_{n \to \infty} Fu_n = \min_{u \in H_A} Fu = -\|u_0\|^2 \tag{17.11}$$

gilt. Aus (17.9) folgt, daß die Folge $\{u_n\}$ genau dann eine μ-Folge ist, wenn sie in H_A gegen das Element u_0 (d.h. gegen die verallgemeinerte Lösung der Gleichung $Au = f$) konvergiert.

Die verallgemeinerte Lösung u_0 der Gleichung $Au = f$ hängt stetig von der rechten Seite $f \in H$ dieser Gleichung ab. Genauer bedeutet das: Es gilt

$$\|u_0\|_A \leqq \frac{\|f\|}{C}\,. \tag{17.12}$$

Sind u_0 bzw. v_0 verallgemeinerte Lösungen der Gleichungen $Au = f$ bzw. $Au = g$, dann folgt aus (17.12)

$$\|v_0 - u_0\|_A \leqq \frac{\|g - f\|}{C}. \tag{17.13}$$

Ist $u_n \in D_A$ eine Approximation des Elementes u_0 im Raum H_A, die wir z.B. durch irgendeine der Methoden aus den Kapiteln 12 bis 15 gewonnen haben, dann ist

$$\|u_n - u_0\|_A \leqq \frac{\|Au_n - f\|}{C}, \tag{17.14}$$

was eine einfache Fehlerabschätzung ermöglicht, d.h. eine Abschätzung der Differenz der Approximation u_n und der verallgemeinerten Lösung u_0 im Raum H_A.

In Kapitel 11 haben wir noch einige Bemerkungen bezüglich der Lösung von Differentialgleichungen – gewöhnlichen oder partiellen – mit Randbedingungen gemacht: Wenn die verallgemeinerte Lösung u_0 der Gleichung $Au = f$, d.h. das Element, das in H_A das Funktional (17.7) minimiert, zu D_A gehört (dies ist – grob gesagt – dann der Fall, wenn die Koeffizienten des Differentialoperators und die rechte Seite der gegebenen Gleichung genügend glatte Funktionen sind), dann entspricht diese Lösung dem Begriff der klassischen Lösung, den wir aus der Theorie der gewöhnlichen bzw. partiellen Differentialgleichungen kennen (wenn auch in einem etwas modifizierten Sinn, siehe Bemerkung 11.4, S. 128). Wenn u_0 nicht zu D_A gehört, so gehört es zu D_I und ist eine verallgemeinerte Lösung des gegebenen Problems, die im allgemeinen Fall im betrachteten Gebiet nicht einmal so viele Ableitungen besitzt, wie die gegebene Differentialgleichung erfordert. Trotzdem beschreibt diese verallgemeinerte Lösung in der Regel vom physikalischen Standpunkt aus sehr gut die Lösung des gegebenen Problems, denn sie minimiert das Funktional, aus dem man die gegebene Differentialgleichung üblicherweise durch Methoden der Variationsrechnung herleitet. Diese Herleitung führt dazu, daß in der Differentialgleichung eine höhere Anzahl von Ableitungen auftritt, als es die gegebene Aufgabe erfordert. Siehe auch Kapitel 46, das die Fragen der Glattheit der verallgemeinerten Lösung der Gleichung $Au = f$ behandelt.

Der Umstand, daß der Ausgangsdefinitionsbereich des Operators A eine lineare Menge ist (und auch die Tatsache, daß wir die Näherungslösung des Problems – z.B. mit Hilfe des Ritzschen Verfahrens – unter den Elementen einer gewissen linearen Menge suchen), führt zu der Forderung, Probleme mit homogenen Randbedingungen zu betrachten. In den Bemerkungen 11.6 bis 11.8 wurde gezeigt, wie ein gegebenes Problem mit nichthomogenen Randbedingungen in ein Problem mit homogenen Bedingungen überführt werden kann, wenn es uns gelingt, eine geeignete Funktion w zu finden, die die gegebenen Randbedingungen erfüllt. Wir haben ein Beispiel angeführt, das zeigt, wie in einigen einfachen Fällen diese Funktion zu suchen ist, aber wir haben auch darauf aufmerksam gemacht, daß es vom theoretischen Standpunkt aus im allgemeinen Fall nicht leicht ist, sogar nur die Existenz einer solchen

Funktion zu beweisen. Wir werden uns mit dieser Problematik später in den Kapiteln 32, 34 und 46 befassen.

Aufgabe der Kapitel 9 bis 11 war es einerseits zu zeigen, wie man die Aufgabe, die Gleichung $Au = f$ zu lösen, im Fall eines positiven Operators in die Aufgabe überführen kann, in D_A das Element zu finden, das das Funktional F in D_A minimiert, andererseits für den Fall eines positiv definiten Operators die Existenz (und Eindeutigkeit) des Elementes $u_0 \in H_A$ zu beweisen, das das auf den ganzen Raum H_A erweiterte Funktional F in H_A minimiert, und damit auch die Existenz (und Eindeutigkeit) der verallgemeinerten Lösung der Gleichung $Au = f$ zu zeigen. Aufgabe der Kapitel 12 bis 16 war es, wirksame Verfahren zur Konstruktion dieser verallgemeinerten Lösung bzw. einer genügend genauen Approximation anzugeben. Die grundlegende Voraussetzung in Kapiteln 12 bis 16 war dabei die positive Definitheit des Operators A auf D_A. In Kapiteln 12 bis 15 haben wir weiter vorausgesetzt, daß der Raum H_A separabel ist (dazu genügt die Separabilität des Raumes H), so daß in diesem Raum eine (höchstens abzählbare) Basis

$$\varphi_1, \varphi_2, \ldots \tag{17.15}$$

existiert. Im Falle der Methode der kleinsten Quadrate haben wir vorausgesetzt, daß (17.15) eine sogenannte A-Basis in H ist, siehe (17.25); in diesem Fall bildet (17.15) auch eine Basis in H_A. Ist die Basis (17.15) orthonormal in H_A, dann (siehe Kapitel 12) ist die verallgemeinerte Lösung u_0 durch die Reihe

$$u_0 = \sum_{k=1}^{\infty} a_k \varphi_k \quad \text{mit} \quad a_k = (f, \varphi_k) \tag{17.16}$$

gegeben, die sowohl im Raum H_A als auch im Raum H konvergiert. Als einfaches Beispiel der Anwendung dieses Verfahrens (der sogenannten Methode der Orthonormalreihen) haben wir die Lösung des Dirichletschen Problems für die Poissonsche Gleichung auf dem Rechteck angegeben. Auf die Lösung dieser Aufgabe führt eine Reihe von technischen und naturwissenschaftlichen Problemen.

Ist die Basis (17.15) in H_A nicht orthonormal, so kann man sie auf bekannte Weise (S. 46) orthonormalisieren. Dieses Verfahren ist jedoch im allgemeinen Fall sehr mühsam. Deshalb haben wir weitere Verfahren angeführt. Wenn wir eine gewisse Zahl n wählen, dann bildet die Menge aller Linearkombinationen

$$\sum_{k=1}^{n} b_k \varphi_k \,, \tag{17.17}$$

wobei φ_k die Elemente der Basis (17.15) sind, im Raum H_A einen n-dimensionalen Teilraum, den wir mit M bezeichnen. Die angenäherte Lösung u_n unseres Problems suchen wir in der Form

$$u_n = \sum_{k=1}^{n} a_k \varphi_k \,, \tag{17.18}$$

wobei wir die Konstanten a_k folgendermaßen bestimmen:

a) im Fall des Ritzschen Verfahrens aus der Bedingung

$$Fu_n = \min \quad \text{auf } M\,, \tag{17.19}$$

b) im Fall des Galerkin-Verfahrens aus der Bedingung, $Au_n - f$ sei in H orthogonal zu den Elementen $\varphi_1, \ldots, \varphi_n$, d.h. aus den Bedingungen

$$(Au_n - f, \varphi_1) = 0, \ldots, \quad (Au_n - f, \varphi_n) = 0\,, \tag{17.20}$$

c) im Fall der Methode der kleinsten Quadrate aus der Bedingung

$$\|Au_n - f\|^2 = \min \quad \text{auf } M\,. \tag{17.21}$$

Die Bestimmung der Koeffizienten a_k führt beim Ritzschen Verfahren zur Lösung des Systems

$$\begin{aligned}
&(\varphi_1, \varphi_1)_A\, a_1 + (\varphi_1, \varphi_2)_A\, a_2 + \ldots + (\varphi_1, \varphi_n)_A\, a_n = (f, \varphi_1)\,,\\
&(\varphi_1, \varphi_2)_A\, a_1 + (\varphi_2, \varphi_2)_A\, a_2 + \ldots + (\varphi_2, \varphi_n)_A\, a_n = (f, \varphi_2)\,,\\
&\ldots\ldots\ldots\ldots\ldots\ldots\ldots\ldots\ldots\ldots\ldots\ldots\ldots\\
&(\varphi_1, \varphi_n)_A\, a_1 + (\varphi_2, \varphi_n)_A\, a_2 + \ldots + (\varphi_n, \varphi_n)_A\, a_n = (f, \varphi_n)\,,
\end{aligned} \tag{17.22}$$

bzw. – wenn die Elemente φ_k aus D_A gewählt wurden – zur Lösung des Systems

$$\begin{aligned}
&(A\varphi_1, \varphi_1)\, a_1 + (A\varphi_1, \varphi_2)\, a_2 + \ldots + (A\varphi_1, \varphi_n)\, a_n = (f, \varphi_1)\,,\\
&(A\varphi_1, \varphi_2)\, a_1 + (A\varphi_2, \varphi_2)\, a_2 + \ldots + (A\varphi_2, \varphi_n)\, a_n = (f, \varphi_2)\,,\\
&\ldots\ldots\ldots\ldots\ldots\ldots\ldots\ldots\ldots\ldots\ldots\ldots\ldots\\
&(A\varphi_1, \varphi_n)\, a_1 + (A\varphi_2, \varphi_n)\, a_2 + \ldots + (A\varphi_n, \varphi_n)\, a_n = (f, \varphi_n)\,,
\end{aligned} \tag{17.23}$$

beim Galerkin-Verfahren zur Lösung des Systems (17.23) und bei der Methode der kleinsten Quadrate zur Lösung des Systems

$$\begin{aligned}
&(A\varphi_1, A\varphi_1)\, a_1 + (A\varphi_1, A\varphi_2)\, a_2 + \ldots + (A\varphi_1, A\varphi_n)\, a_n = (f, A\varphi_1)\,,\\
&(A\varphi_1, A\varphi_2)\, a_1 + (A\varphi_2, A\varphi_2)\, a_2 + \ldots + (A\varphi_2, A\varphi_n)\, a_n = (f, A\varphi_2)\,,\\
&\ldots\ldots\ldots\ldots\ldots\ldots\ldots\ldots\ldots\ldots\ldots\ldots\ldots\\
&(A\varphi_1, A\varphi_n)\, a_1 + (A\varphi_2, A\varphi_n)\, a_2 + \ldots + (A\varphi_n, A\varphi_n)\, a_n = (f, A\varphi_n)\,.
\end{aligned} \tag{17.24}$$

Unter den früher angeführten Voraussetzungen (positive Definitheit des Operators A, Separabilität des Raumes H_A) sind diese Systeme eindeutig lösbar und die entsprechenden Folgen $\{u_n\}$ konvergieren in H_A (und folglich auch in H) gegen die verallgemeinerte Lösung u_0 der Gleichung $Au = f$, wenn

a) im Fall des Ritzschen Verfahrens (17.15) eine Basis in H_A ist, die im Fall der Benutzung des Systems (17.23) aus Elementen der linearen Menge D_A gebildet ist;

b) im Fall des Galerkin-Verfahrens (17.15) eine durch Elemente der linearen Menge D_A gebildete Basis in H_A ist;

c) im Fall der Methode der kleinsten Quadrate

$$A\varphi_1, A\varphi_2, \ldots \tag{17.25}$$

eine Basis in H ist.

Zum Abschluß von Kapitel 13 haben wir kurz die Form des Ritzschen Systems im Fall nichthomogener Randbedingungen erwähnt.

Vom formalen Standpunkt aus – also nicht vom Standpunkt der Lösbarkeit des entsprechenden Systems und der Konvergenz der entsprechenden Folgen $\{u_n\}$ – ist bei dem Ritzschen Verfahren die Voraussetzung der positiven Definitheit des Operators A ganz natürlich, denn wie aus (17.19) ersichtlich ist, ist das Ritzsche Verfahren eigentlich auf dem Satz über das Minimum eines quadratischen Funktionals begründet, der für einen positiven Operator formuliert wurde. Beim Galerkin-Verfahren und bei der Methode der kleinsten Quadrate ist die Voraussetzung der positiven Definitheit des Operators A vom formalen Standpunkt aus völlig überflüssig. Um von den Bedingungen (17.20) bzw. (17.21) zu den Systemen (17.23) bzw. (17.24) zu gelangen, genügt nur die Linearität des Operators A. Die Bedingungen (17.20) und (17.21) sind selbst auch dann sinnvoll, wenn der Operator A nichtlinear ist. Die Fragen der Lösbarkeit der entsprechenden Systeme sowie der Konvergenz der entsprechenden Folgen sind allerdings wesentlich schwieriger als im betrachteten Fall. Man vergleiche das Ende von Kapitel 15, wo gewisse Voraussetzungen genannt wurden, die die Konvergenz der Methode der kleinsten Quadrate für den Fall linearer Operatoren garantieren.

Bei der Methode der kleinsten Quadrate haben wir weiter darauf aufmerksam gemacht, daß gleichzeitig mit $u_n \to u_0$ in H auch

$$Au_n \to f \quad \text{in } H \tag{17.26}$$

gilt. (Beim Ritzschen Verfahren z.B. ist diese Schlußfolgerung nur für gewisse speziellen Basen richtig, siehe Kapitel 20 und 25.) Aus (17.26) folgt, daß man zur Fehlerabschätzung die Formel (17.14) benutzen kann. Weiter kann man in gewissen einfachen Fällen, wenn $H = L_2(G)$ ist, aufgrund von (17.26) einige Schlüsse bezüglich der gleichmäßigen Konvergenz der Folge $\{u_n\}$ auf $\bar{G}$ ziehen. Um eine solche Verbesserung der Konvergenz handelt es sich auch beim sogenannten Courantschen Verfahren: Bei diesem Verfahren wird auf einer geeigneten linearen Menge M das Funktional

$$Fu_n + \|Au_n - f\|^2 , \tag{17.27}$$

bzw. im allgemeineren Fall das Funktional

$$Fu_n + \sum_{k=0}^{m} \sum_{i_1+\ldots+i_N=k} \left\| \frac{\partial^k (Au_n - f)}{\partial x_1^{i_1} \ldots \partial x_N^{i_N}} \right\|^2 \tag{17.28}$$

minimiert. Die Bedingung der Minimierung des Funktionals (17.27) auf M ist also eine „Kombination" der Bedingungen (17.19) und (17.21).

In Kapitel 16 haben wir noch eine Methode angeführt, die für den Fall positiv definiter beschränkter Operatoren (also nicht für den Fall von Differentialoperatoren) anwendbar ist, wobei die betrachteten Operatoren auf dem ganzen Raum H definiert bzw. auf diesen ganzen Raum fortgesetzt sind. Diese Methode ist auf der Idee begründet, „sich auf einer Fläche, die das Funktional F über dem Raum H repräsentiert, in der Richtung des steilsten Abstieges dieser Fläche ihrem Minimum zu nähern". Wenn wir diese geometrische Deutung außer acht lassen, konstruieren wir eine Folge der Näherungslösungen $u_1, u_2, \ldots$, wobei u_1 die gewählte erste Approximation ist und

$$u_{n+1} = u_n + t_n v_n$$

ist, mit

$$v_n = Au_n - f, \quad t_n = -\frac{(v_n, v_n)}{(Av_n, v_n)}$$

für $n = 1, 2, \ldots$. Ist $0 < m \leqq M$ und gilt

$$m\|u\|^2 \leqq (Au, u) \leqq \|Mu\|^2$$

für jedes $u \in H$, dann erhalten wir für die Konvergenzgeschwindigkeit die folgende Abschätzung:

$$\|u_{n+1} - u_0\|_A \leqq \|u_1 - u_0\|_A \left(\frac{M - m}{M + m}\right)^n.$$

Als typisches (wenn auch nur illustrierendes) Beispiel der Anwendung dieser Methode haben wir die Lösung der Integralgleichung (16.17) dargestellt.

TEIL III. ANWENDUNG DER VARIATIONSMETHODEN ZUR LÖSUNG GEWÖHNLICHER UND PARTIELLER DIFFERENTIALGLEICHUNGEN MIT RANDBEDINGUNGEN

In den vorhergehenden Kapiteln haben wir uns mit den geläufigsten Variationsmethoden bekannt gemacht, die zur Lösung linearer Operatorengleichungen des Typs $Au = f$ mit positiv definiten Operatoren geeignet sind. Obwohl wir die Ergebnisse für den allgemeinen Fall positiv definiter Operatoren formuliert haben, sind vom Standpunkt der Anwendungen der Variationsmethoden in ingenieurtechnischen und naturwissenschaftlichen Problemen jene Gleichungen die wichtigsten, die Differentialoperatoren enthalten. Diesen Operatoren werden wir in diesem Buch besondere Aufmerksamkeit schenken; wir zeigen, daß jene Differentialoperatoren, auf die wir in Problemen gewöhnlicher und partieller Differentialgleichungen mit Randbedingungen am häufigsten stoßen, auf geeignet gewählten Definitionsbereichen positiv definit sind, und daß man zur Lösung dieser Probleme gerade die angegebenen Variationsmethoden verwenden kann. Dabei zeigt sich, wie wichtig die Wahl einer geeigneten Basis für die Stabilität des numerischen Verfahrens sowie für die Herleitung gewisser nützlicher Eigenschaften der gesuchten Folge der Näherungslösungen u_n ist. Gleichzeitig stellen wir anhand wichtiger Anwendungsbeispiele die numerische Behandlung der betrachteten Probleme (in der Regel samt der numerischen Fehlerabschätzung) dar. Die gegebenen Probleme werden wir mit verschiedenen Methoden lösen, um den Arbeitsaufwand und den Wirkungsgrad der einzelnen Methoden vergleichen zu können.

Ein unerläßliches Mittel bei der Verifizierung des Ausgangspunktes dieser Theorie – der positiven Definitheit der untersuchten Differentialoperatoren, d.h. beim Beweis der Ungleichung $(Au, u) > C\|u\|^2$, wird die sogenannte *Friedrichssche* bzw. *Poincarésche Ungleichung* sein; diesen Ungleichungen ist deshalb das erste Kapitel dieses Teiles des Buches gewidmet.[1]) Große Aufmerksamkeit schenken wir dabei auch numerischen Aspekten dieser Ungleichungen, denn ihre Anwendung liefert, wie wir schon an mehreren Stellen im vorhergehenden Text erwähnt haben, eine Möglichkeit der numerischen Fehlerabschätzung bei den angegebenen Variationsmethoden. Deshalb haben wir auch versucht, einige feinere Ungleichungen als die üblicherweise in der Literatur angegebenen abzuleiten. Derjenige Leser, der schneller vorgehen will, braucht nicht alle angegebenen Herleitungen ausführlich zu verfolgen und kann diejenigen Ergebnisse auswählen, die er unmittelbar braucht. Diese Bemerkung ist im Grunde genommen für alle Kapitel dieses Teiles des Buches gültig.

Ähnlich wie in den vorhergehenden Kapiteln verstehen wir im weiteren Text unter einem Hilbert-Raum einen reellen Hilbert-Raum. *Alle Funktionen und Konstanten, auf die wir in diesem Teil des Buches stoßen, sind reell.*

---

[1]) Zu gewissen Verallgemeinerungen dieser Ungleichungen siehe Kapitel 30, S. 344 und 345.

Kapitel 18. Friedrichssche Ungleichung. Poincarésche Ungleichung

Wie üblich bezeichnen wir mit G ein beschränktes Gebiet im N-dimensionalen euklidischen Raum mit Lipschitz-Rand Γ (siehe Kapitel 2, S. 7). (Für $N = 1$ handelt es sich um ein Intervall (a, b).) Alle Überlegungen dieses Kapitels werden im reellen Hilbert-Raum $L_2(G)$ durchgeführt, in dem, wie wir wissen, das Skalarprodukt bzw. die Norm bzw. die Metrik durch die folgenden Beziehungen gegeben sind:

$$(u, v) = \int_G u(x)\, v(x)\, \mathrm{d}x\,, \quad \text{bzw.} \quad \|u\| = \sqrt{\int_G u^2(x)\, \mathrm{d}x}\,,$$

$$\text{bzw.} \quad \varrho(u, v) = \sqrt{\int_G [u(x) - v(x)]^2\, \mathrm{d}x}\,.$$

Mit M bezeichnen wir kurz die lineare Menge aller Funktionen $u(x)$, die samt ihren partiellen Ableitungen erster Ordnung in $\bar{G}$ stetig sind (d.h. M ist die Menge $C^{(1)}(\bar{G})$ – siehe S. XVII).

Satz 18.1. (Friedrichssche Ungleichung.) *Es sei G ein beschränktes Gebiet mit Lipschitz-Rand. Dann existieren nichtnegative Konstanten c_1, c_2, die von dem betrachteten Gebiet abhängen, aber von den Funktionen aus der linearen Menge M unanhängig sind, so daß*

$$\int_G u^2(x)\, \mathrm{d}x \leqq c_1 \sum_{k=1}^{N} \int_G \left(\frac{\partial u}{\partial x_k}\right)^2 \mathrm{d}x + c_2 \int_\Gamma u^2(S)\, \mathrm{d}S \tag{18.1}$$

für jede Funktion $u \in M$ gilt.

Insbesondere erhalten wir für $N = 2$ bei der üblichen Bezeichnung der Variablen

$$\iint_G u^2(x, y)\, \mathrm{d}x\, \mathrm{d}y \leqq c_1 \iint_G \left[\left(\frac{\partial u}{\partial x}\right)^2 + \left(\frac{\partial u}{\partial y}\right)^2\right] \mathrm{d}x\, \mathrm{d}y + c_2 \int_\Gamma u^2(s)\, \mathrm{d}s\,. \tag{18.2}$$

Im Fall $N = 1$, wenn M die lineare Menge aller samt der ersten Ableitung im abgeschlossenen Intervall $[a, b]$ stetigen Funktionen ist, kann man die Friedrichssche Ungleichung in einer der folgenden Formen ausdrücken:

$$\int_a^b u^2(x)\, \mathrm{d}x \leqq c_1 \int_a^b u'^2(x)\, \mathrm{d}x + c_2\, u^2(a)\,, \tag{18.3}$$

$$\int_a^b u^2(x)\,\mathrm{d}x \leqq c_1 \int_a^b u'^2(x)\,\mathrm{d}x + c_2\, u^2(b)\,, \tag{18.4}$$

$$\int_a^b u^2(x)\,\mathrm{d}x \leqq c_1 \int_a^b u'^2(x)\,\mathrm{d}x + c_2[u^2(a) + u^2(b)]\,. \tag{18.5}$$

Die Konstanten in diesen Ungleichungen bezeichnen wir mit den gleichen Symbolen c_1 und c_2 (im Unterschied zu den Bezeichnungen c_3 und c_4, die wir für Konstanten in der Poincaréschen Ungleichung (18.50) benutzen werden), die Werte der Konstanten c_1, c_2 können allerdings in jeder der fünf angeführten Ungleichungen verschieden sein (siehe speziell (18.17), (18.19), (18.21), (18.28), (18.37), (18.39), (18.46) und (18.48)).

Den **Beweis** führen wir zunächst für die Ungleichung (18.4) durch, und zwar so, daß ersichtlich ist, wie man beim Beweis in den übrigen Fällen vorgehen kann.

Wir bezeichnen

$$g(x) = \cos \frac{\pi(x-a)}{4(b-a)} \tag{18.6}$$

und

$$v = \frac{u}{g}, \quad \text{d.h.} \quad u = gv\,. \tag{18.7}$$

Offensichtlich gilt

$$u'^2 = (gv)'^2 = g^2v'^2 + 2vv'gg' + v^2g'^2 = \\ = g^2v'^2 + (v^2gg')' - v^2gg''\,, \tag{18.8}$$

so daß

$$(v^2gg')' - v^2gg'' \leqq u'^2 \tag{18.9}$$

ist. Wenn wir (18.9) von a bis b integrieren, erhalten wir

$$[v^2gg']_a^b - \int_a^b v^2gg''\,\mathrm{d}x \leqq \int_a^b u'^2\,\mathrm{d}x\,. \tag{18.10}$$

Da nach (18.6)

$$g'' = -\frac{\pi^2}{16(b-a)^2}\,g \tag{18.11}$$

ist, gilt

$$v^2gg'' = -\frac{\pi^2}{16(b-a)^2}\,v^2g^2 = -\frac{\pi^2}{16(b-a)^2}\,u^2 \tag{18.12}$$

und weiter

$$[v^2gg']_a^b = \left[v^2g^2\frac{g'}{g}\right]_a^b = \left[u^2\frac{g'}{g}\right]_a^b = -\frac{\pi}{4(b-a)}\,u^2(b)\,, \tag{18.13}$$

denn es ist

$$\frac{g'}{g} = -\frac{\pi}{4(b-a)} \operatorname{tg} \frac{\pi(x-a)}{4(b-a)} \tag{18.14}$$

und

$$\frac{g'(a)}{g(a)} = 0\,, \quad \frac{g'(b)}{g(b)} = -\frac{\pi}{4(b-a)} \operatorname{tg} \frac{\pi}{4} = -\frac{\pi}{4(b-a)}\,. \tag{18.15}$$

Aus (18.10), (18.12) und (18.13) folgt

$$\frac{\pi^2}{16(b-a)^2} \int_a^b u^2 \, dx \leqq \int_a^b u'^2 \, dx + \frac{\pi}{4(b-a)} u^2(b)\,,$$

d.h.

$$\int_a^b u^2 \, dx \leqq \frac{16(b-a)^2}{\pi^2} \int_a^b u'^2 \, dx + \frac{4(b-a)}{\pi} u^2(b)\,. \tag{18.16}$$

Es genügt also in (18.4)

$$c_1 = \frac{16(b-a)^2}{\pi^2}\,, \quad c_2 = \frac{4(b-a)}{\pi} \tag{18.17}$$

zu setzen.

Ganz analog wird auch der Beweis der Ungleichung (18.3) durchgeführt. Statt der Funktion (18.6) betrachtet man die Funktion

$$g(x) = \cos \frac{\pi(x-b)}{4(b-a)}\,;$$

bezüglich der Konstanten c_1, c_2 erhält man auf diese Weise das gleiche Resultat (18.17) wie im vorhergehenden Fall.

Die Ungleichung (18.5) ist eine Folgerung aus der Ungleichung (18.4) bzw. (18.3), für die Konstanten c_1, c_2 kann man wieder die Werte aus (18.17) wählen. Diese Abschätzungen lassen sich aber in diesem Fall auf eine einfache Weise verbessern[1]), indem wir den eben beschriebenen Beweis mit der Funktion

$$g(x) = \cos \frac{\pi\left(x - \dfrac{a+b}{2}\right)}{2(b-a)}$$

---

[1]) Verbessern im folgenden Sinne: Ein positiv definiter Operator ist durch die Ungleichung $(Au, u) \geqq C^2 \|u\|^2$ charakterisiert. Aus verschiedenen Gründen ist es günstig, wenn die Konstante C in dieser Ungleichung möglichst groß ist. So tritt z.B. in der Fehlerabschätzung in (11.21), S. 126, diese Konstante im Nenner auf. In den Fällen, auf die wir im weiteren Text stoßen werden, erhalten wir für C^2 Abschätzungen der Form

$$C^2 = \frac{p}{c_1}\,, \quad C^2 = \min\left(\frac{p}{c_1}\,, \frac{\sigma}{c_2}\right) \tag{18.18}$$

u.ä. (vgl. z.B. (19.77), S. 207, und (19.43), S. 203), wobei p und σ positive, durch die betrachtete Differentialgleichung und die Randbedingungen bestimmte Konstanten sind. Wenn C so groß wie möglich sein soll, müssen wir für c_1 und c_2 die kleinstmöglichen Werte herleiten.

durchführen. Man rechnet dann leicht aus, daß in (18.5) die Konstanten folgendermaßen gewählt werden können:

$$c_1 = \frac{4(b-a)^2}{\pi^2}, \quad c_2 = \frac{2(b-a)}{\pi}. \tag{18.19}$$

Bemerkung 18.1. Ist $b - a$ sehr groß im Vergleich zu Eins, symbolisch $b - a \gg 1$, dann ist in (18.19) $c_1 \gg c_2$. Ist umgekehrt $b - a \ll 1$, dann ist $c_1 \ll c_2$. Dieser Umstand kann sich in Abschätzungen des Typs (18.18) (siehe Fußnote [1]) auf S. 184) unangenehm auswirken, vor allem in der zweiten Abschätzung. Deshalb ist es vorteilhaft, die Möglichkeit einer gewissen „Steuerung" des Verhältnisses der Zahlen c_1 und c_2 zu haben, um dadurch z.B. zu erreichen, daß die Zahlen p/c_1 und σ/c_2 in (18.18) annähernd gleich groß sind. Dies kann man so erreichen:

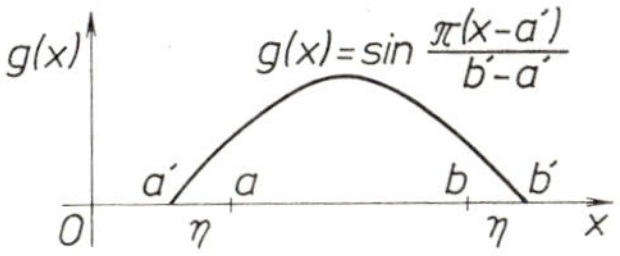

Figur 18.1

Wir wählen $\eta > 0$, bezeichnen $a' = a - \eta$, $b' = b + \eta$ (Figur 18.1), so daß das Intervall $[a, b]$ in das Intervall $[a', b']$ „eingebettet" ist, und setzen im erwähnten Beweis

$$g(x) = \sin \frac{\pi(x-a')}{b'-a'} \tag{18.20}$$

(siehe das Diagramm dieser Funktion in Figur 18.1). In diesem Fall erhalten wir für c_1 und c_2 aus der Ungleichung (18.5) auf die gleiche Weise wie vorher (der Leser kann die ausführliche Rechnung selbst durchführen) die Abschätzungen

$$c_1 = \frac{(b'-a')^2}{\pi^2} = \frac{(b-a+2\eta)^2}{\pi^2},$$

$$c_2 = \frac{b'-a'}{\pi} \frac{\cos \dfrac{\pi(a-a')}{b'-a'}}{\sin \dfrac{\pi(a-a')}{b'-a'}} = \frac{b-a+2\eta}{\pi} \operatorname{cotg} \frac{\pi\eta}{b-a+2\eta}. \tag{18.21}$$

Damit erhalten wir die für alle $u \in M$ geltende Ungleichung

$$\int_a^b u^2(x)\,dx \leqq \frac{(b-a+2\eta)^2}{\pi^2} \int_a^b u'^2(x)\,dx + \\ + \frac{b-a+2\eta}{\pi} \operatorname{cotg} \frac{\pi\eta}{b-a+2\eta} \left[u^2(a) + u^2(b)\right]. \tag{18.22}$$

Durch geeignete Wahl der Zahlen a', b', d.h. der Zahl η, kann man nun erreichen, daß auch das Verhältnis der Zahlen c_1 und c_2 günstig ist.

Beispiel 18.1. Es sei $b - a = 5$, $p = 1$, $\sigma = 8$. Wir sollen $\eta > 0$ so bestimmen, daß die Zahlen

$$\frac{p}{c_1}, \quad \frac{\sigma}{c_2}$$

annähernd gleich groß sind.

Nach (18.21) müssen wir $\eta > 0$ so wählen, daß die Zahlen

$$\frac{\pi^2}{(5 + 2\eta)^2} \quad \text{und} \quad \frac{8\pi}{5 + 2\eta} \operatorname{tg} \frac{\pi\eta}{5 + 2\eta} \tag{18.23}$$

annähernd gleich groß sind (es ist $b' - a' = b - a + 2\eta = 5 + 2\eta$). Da $\pi^2/(5 + 2\eta)^2$ wesentlich kleiner ist als $8\pi/(5 + 2\eta)$, wählen wir η klein; dann können wir annähernd

$$\operatorname{tg} \frac{\pi\eta}{5 + 2\eta} \approx \frac{\pi\eta}{5 + 2\eta}$$

setzen. Die erwähnte Bedingung hat dann die Form

$$\frac{\pi^2}{(5 + 2\eta)^2} \doteq \frac{8\pi}{5 + 2\eta} \cdot \frac{\pi\eta}{5 + 2\eta} \tag{18.24}$$

und offensichtlich genügt es, $\eta = 1/8$ zu wählen.

Bemerkung 18.2. Wenn die Funktionen aus der linearen Menge M noch weitere Bedingungen erfüllen, z.B. die Bedingungen $u(a) = 0$ oder $u(b) = 0$ oder $u(a) = 0$ und $u(b) = 0$, erhalten wir für diese Spezialfälle auch entsprechende Spezialfälle der soeben gewonnenen Abschätzungen. Wenn wir insbesondere mit M_1 die lineare Menge derjenigen Funktionen aus M bezeichnen, für die

$$u(a) = 0\,, \quad u(b) = 0 \tag{18.25}$$

gilt, erhalten wir nach (18.5) die Abschätzung

$$\int_a^b u^2(x)\, dx \leqq c_1 \int_a^b u'^2(x)\, dx\,, \quad u \in M_1\,, \tag{18.26}$$

in der wir für c_1 irgendeinen der entsprechenden Werte aus (18.19) oder (18.21) wählen können. Wenn wir den Wert aus (18.21) wählen, erhalten wir

$$\int_a^b u^2(x)\, dx \leqq \frac{(b' - a')^2}{\pi^2} \int_a^b u'^2(x)\, dx = \frac{(b - a + 2\eta)^2}{\pi^2} \int_a^b u'^2(x)\, dx\,. \tag{18.27}$$

Da nun die Ungleichung (18.27) für jedes positive η gilt, erhalten wir hieraus durch eine einfache Überlegung die Ungleichung

$$\int_a^b u^2(x)\, dx \leqq \frac{(b - a)^2}{\pi^2} \int_a^b u'^2(x)\, dx\,, \tag{18.28}$$

die für jedes $u \in M_1$ gilt, d.h. für jedes $u \in M$, das die Bedingungen (18.25) erfüllt.

Bemerkung 18.3. Ungleichungen vom Typ (18.26) können wir für Funktionen aus der linearen Menge M_1 auch auf die folgende einfache Weise herleiten (vgl. S. 96):

Da die erste von den Bedingungen (18.25) gilt, haben wir

$$u(x) = \int_a^x u'(t)\,\mathrm{d}t\,,$$

so daß

$$u^2(x) = \left[\int_a^x u'(t)\,\mathrm{d}t\right]^2$$

ist. Wenn wir die rechte Seite dieser Gleichung mit Hilfe der Schwarzschen Ungleichung (S. 23) abschätzen, erhalten wir

$$u^2(x) \leqq \int_a^x 1^2\,\mathrm{d}t\,.\int_a^x u'^2(t)\,\mathrm{d}t\,.$$

Da $u'^2(t)$ im Intervall $[a, b]$ nichtnegativ ist, ist umsomehr

$$u^2(x) \leqq \int_a^x 1^2\,\mathrm{d}t\,.\int_a^b u'^2(t)\,\mathrm{d}t = (x - a)\int_a^b u'^2(t)\,\mathrm{d}t\,.$$

Wenn wir diese Ungleichung von a bis b integrieren und wieder zur Bezeichnung x statt t für die Integrationsveränderliche zurückkehren, erhalten wir

$$\int_a^b u^2(x)\,\mathrm{d}x \leqq \frac{(b-a)^2}{2}\int_a^b u'^2(x)\,\mathrm{d}x\,, \tag{18.29}$$

d.h. die Ungleichung (18.26) mit

$$c_1 = \frac{(b-a)^2}{2}\,. \tag{18.30}$$

Dies ist eine in der Literatur gewöhnlich auftretende Abschätzung.

Wenn wir dieses Ergebnis mit der Ungleichung (18.28) vergleichen, sehen wir, daß die Abschätzung (18.28) ungefähr fünfmal besser ist als die Abschätzung (18.29).

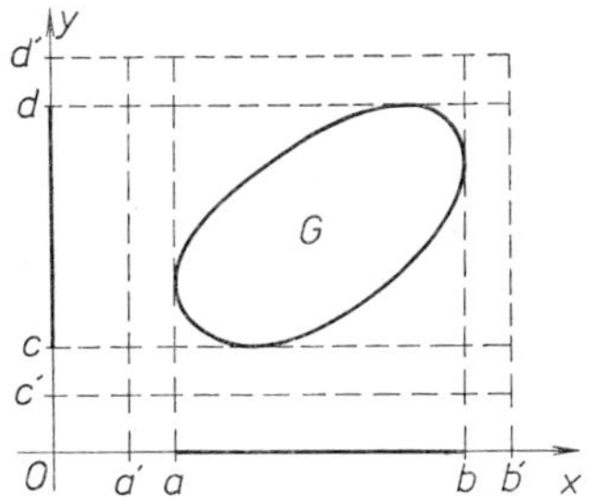

Figur 18.2

Die Ideen der Beweise der Ungleichungen (18.3) bis (18.5) kann man auch im mehrdimensionalen Fall benutzen. Ist z.B. $N = 2$ und ist das Intervall $[a, b]$ bzw. $[c, d]$ die Projektion des abgeschlossenen Gebietes $\bar{G}$ auf die x- bzw. y-Achse, so daß $\bar{G}$ im Rechteck $\bar{O} = [a, b] \times [c, d]$ liegt (Figur 18.2), kann man z.B.

$$g(x, y) = \cos\frac{\pi\left(x - \dfrac{a+b}{2}\right)}{2(b-a)}\cos\frac{\pi\left(y - \dfrac{c+d}{2}\right)}{2(d-c)} \tag{18.31}$$

setzen und den Beweis der Ungleichung (18.4) fast wörtlich übertragen. Statt der Identität (18.8) benutzen wir die Identität (es ist wieder $u = gv$; statt $\partial^2 g/\partial x^2 + \partial^2 g/\partial y^2$ schreiben wir kurz Δg)

$$\left(\frac{\partial u}{\partial x}\right)^2 + \left(\frac{\partial u}{\partial y}\right)^2 =$$
$$= g^2\left[\left(\frac{\partial v}{\partial x}\right)^2 + \left(\frac{\partial v}{\partial y}\right)^2\right] + \frac{\partial}{\partial x}\left(v^2 g\,\frac{\partial g}{\partial x}\right) + \frac{\partial}{\partial y}\left(v^2 g\,\frac{\partial g}{\partial y}\right) - v^2 g\,\Delta g\,. \quad (18.32)$$

Wenn wir auf der rechten Seite dieser Identität das erste – offensichtlich nichtnegative – Glied weglassen, erhalten wir eine der Ungleichung (18.9) analoge Ungleichung, und durch deren Integration über das Gebiet G die Ungleichung

$$-\iint_G v^2 g\,\Delta g\,\mathrm{d}x\,\mathrm{d}y \leqq \iint_G \left[\left(\frac{\partial u}{\partial x}\right)^2 + \left(\frac{\partial u}{\partial y}\right)^2\right]\mathrm{d}x\,\mathrm{d}y - \int_\Gamma v^2 g\,\frac{\partial g}{\partial \nu}\,\mathrm{d}s\,; \quad (18.33)$$

im letzten Glied ist ν die äußere Normale zum Rand Γ; wir haben (8.31), S. 92, benutzt, wobei wir

$$v^2 g\,\frac{\partial g}{\partial x} \quad \text{bzw.} \quad v^2 g\,\frac{\partial g}{\partial y}$$

für f und eine Eins für g gesetzt und vorausgesetzt haben, daß

$$\frac{\partial g}{\partial x}\,\nu_x + \frac{\partial g}{\partial y}\,\nu_y = \frac{\partial g}{\partial x}\cos\alpha + \frac{\partial g}{\partial y}\cos\beta = \frac{\partial g}{\partial \nu}$$

ist. Nach (18.31) ist jedoch

$$\Delta g = -\left(\frac{\pi^2}{4(b-a)^2} + \frac{\pi^2}{4(d-c)^2}\right) g\,,$$

so daß gilt:

$$-\iint_G v^2 g\,\Delta g\,\mathrm{d}x\,\mathrm{d}y = \frac{\pi^2}{4}\left[\frac{1}{(b-a)^2} + \frac{1}{(d-c)^2}\right]\iint_G v^2 g^2\,\mathrm{d}x\,\mathrm{d}y =$$
$$= \frac{\pi^2}{4}\left[\frac{1}{(b-a)^2} + \frac{1}{(d-c)^2}\right]\iint_G u^2\,\mathrm{d}x\,\mathrm{d}y\,. \quad (18.34)$$

Weiter ist

$$\left|\frac{1}{g}\frac{\partial g}{\partial \nu}\right|_\Gamma = \left|\frac{1}{g}\left(\frac{\partial g}{\partial x}\cos\alpha + \frac{\partial g}{\partial y}\cos\beta\right)\right|_\Gamma \leqq \left|\frac{1}{g}\frac{\partial g}{\partial x}\right|_\Gamma + \left|\frac{1}{g}\frac{\partial g}{\partial y}\right|_\Gamma \leqq$$

$$\leqq \frac{\pi}{2(b-a)}\cdot\frac{\max\limits_{[a,b]}\left|\sin\dfrac{\pi\left(x-\dfrac{a+b}{2}\right)}{2(b-a)}\right|}{\min\limits_{[a,b]}\left|\cos\dfrac{\pi\left(x-\dfrac{a+b}{2}\right)}{2(b-a)}\right|} + \frac{\pi}{2(d-c)}\cdot\frac{\max\limits_{[c,d]}\left|\sin\dfrac{\pi\left(y-\dfrac{c+d}{2}\right)}{2(d-c)}\right|}{\min\limits_{[c,d]}\left|\cos\dfrac{\pi\left(y-\dfrac{c+d}{2}\right)}{2(d-c)}\right|} =$$

$$= \frac{\pi}{2(b-a)} \frac{\sin\frac{\pi}{4}}{\cos\frac{\pi}{4}} + \frac{\pi}{2(d-c)} \frac{\sin\frac{\pi}{4}}{\cos\frac{\pi}{4}} = \frac{\pi}{2(b-a)} + \frac{\pi}{2(d-c)},$$

und folglich

$$\left| - \int_\Gamma v^2 g \frac{\partial g}{\partial v} \, ds \right| \leqq \left| \int_\Gamma v^2 g^2 \frac{\frac{\partial g}{\partial v}}{g} \, ds \right| \leqq \int_\Gamma u^2 \left| \frac{1}{g} \frac{\partial g}{\partial v} \right| ds \leqq$$

$$\leqq \left[\frac{\pi}{2(b-a)} + \frac{\pi}{2(d-c)} \right] \int_\Gamma u^2 \, ds \,. \tag{18.35}$$

Aus (18.33), (18.34) und (18.35) folgt dann

$$\frac{\pi^2}{4} \left[\frac{1}{(b-a)^2} + \frac{1}{(d-c)^2} \right] \iint_G u^2 \, dx \, dy \leqq$$

$$\leqq \iint_G \left[\left(\frac{\partial u}{\partial x} \right)^2 + \left(\frac{\partial u}{\partial y} \right)^2 \right] dx \, dy + \frac{\pi}{2} \left(\frac{1}{b-a} + \frac{1}{d-c} \right) \int_\Gamma u^2 \, ds$$

oder, wenn wir die Bezeichnungen

$$A = \frac{1}{(b-a)^2} + \frac{1}{(d-c)^2}, \quad B = \frac{1}{b-a} + \frac{1}{d-c}$$

benutzen,

$$\int_G u^2(x, y) \, dx \, dy \leqq \frac{4}{\pi^2 A} \iint_G \left[\left(\frac{\partial u}{\partial x} \right)^2 + \left(\frac{\partial u}{\partial y} \right)^2 \right] dx \, dy + \frac{2B}{\pi A} \iint_\Gamma u^2(s) \, ds \,. \tag{18.36}$$

Es genügt also, in (18.2)

$$c_1 = \frac{4}{\pi^2 A}, \quad c_2 = \frac{2B}{\pi A} \tag{18.37}$$

zu setzen.

Wenn wir wiederum eine Möglichkeit zur Beeinflussung des Verhältnisses der Zahlen c_1 und c_2 haben wollen, können wir ähnlich wie in Bemerkung 18.1 vorgehen: Wir wählen wiederum $\eta > 0$, bezeichnen

$$a' = a - \eta \,, \quad b' = b + \eta \,, \quad c' = c - \eta \,, \quad d' = d + \eta$$

und benutzen statt der Funktion (18.31) die Funktion

$$g(x, y) = \sin \frac{\pi(x - a')}{b' - a'} \sin \frac{\pi(y - c')}{d' - c'} \,. \tag{18.38}$$

Für c_1 und c_2 erhalten wir so durch ein völlig analoges Vorgehen die Werte

$$c_1 = \frac{1}{\pi^2 A'}, \quad c_2 = \frac{B'}{\pi A'}, \tag{18.39}$$

wobei

$$A' = \frac{1}{(b' - a')^2} + \frac{1}{(d' - c')^2} = \frac{1}{(b - a + 2\eta)^2} + \frac{1}{(d - c + 2\eta)^2},$$

$$B' = \frac{1}{(b' - a') \sin \dfrac{\pi(a - a')}{b' - a'}} + \frac{1}{(d' - c') \sin \dfrac{\pi(c - c')}{d' - c'}} =$$

$$= \frac{1}{(b - a + 2\eta) \sin \dfrac{\pi\eta}{b - a + 2\eta}} + \frac{1}{(d - c + 2\eta) \sin \dfrac{\pi\eta}{d - c + 2\eta}}$$

ist, so daß wii die Ungleichung

$$\iint_G u^2(x, y) \,\mathrm{d}x \,\mathrm{d}y \leqq \frac{1}{\pi^2 A'} \iint_G \left[\left(\frac{\partial u}{\partial x}\right)^2 + \left(\frac{\partial u}{\partial y}\right)^2\right] \mathrm{d}x \,\mathrm{d}y + \frac{B'}{\pi A'} \int_\Gamma u^2(s) \,\mathrm{d}s \tag{18.40}$$

haben.

Durch geeignete Wahl der Zahl η kann man die gewünschten Werte der Zahlen c_1 und c_2 erhalten, ähnlich wie in Beispiel 18.1.

Ist das Gebiet G von spezieller Form, kann man die Abschätzungen durch das erwähnte Verfahren weiter verbessern. Analog gehen wir auch im Fall $N > 2$ vor.

Bemerkung 18.4. Wenn die Funktionen aus der Menge M zusätzlich noch die Bedingung

$$u = 0 \quad \text{auf } \Gamma \tag{18.41}$$

erfüllen, folgen aus (18.1) bzw. (18.2) die Ungleichungen

$$\int_G u^2(x) \,\mathrm{d}x \leqq c_1 \sum_{k=1}^{N} \int_G \left(\frac{\partial u}{\partial x_k}\right)^2 \mathrm{d}x \tag{18.42}$$

bzw.

$$\iint_G u^2(x, y) \,\mathrm{d}x \,\mathrm{d}y \leqq c_1 \iint_G \left[\left(\frac{\partial u}{\partial x}\right)^2 + \left(\frac{\partial u}{\partial y}\right)^2\right] \mathrm{d}x \,\mathrm{d}y \,. \tag{18.43}$$

Wenn wir insbesondere die Konstante c_1 aus (18.39) benutzen, folgt aus (18.40)

$$\iint_G u^2(x, y) \,\mathrm{d}x \,\mathrm{d}y \leqq \frac{1}{\pi^2 A'} \iint_G \left[\left(\frac{\partial u}{\partial x}\right)^2 + \left(\frac{\partial u}{\partial y}\right)^2\right] \mathrm{d}x \,\mathrm{d}y \,, \tag{18.44}$$

wobei

$$A' = \frac{1}{(b' - a')^2} + \frac{1}{(d' - c')^2} = \frac{1}{(b - a + 2\eta)^2} + \frac{1}{(d - c + 2\eta)^2} \tag{18.45}$$

ist. Da die Ungleichung (18.44) für jedes $\eta > 0$ richtig ist, kommen wir analog wie in Bemerkung 18.2 zum Schluß, daß

$$\iint_G u^2(x, y) \,\mathrm{d}x \,\mathrm{d}y \leqq \frac{1}{\pi^2 A} \iint_G \left[\left(\frac{\partial u}{\partial x}\right)^2 + \left(\frac{\partial u}{\partial y}\right)^2\right] \mathrm{d}x \,\mathrm{d}y \tag{18.46}$$

ist, wobei

$$A = \frac{1}{(b-a)^2} + \frac{1}{(d-c)^2} \tag{18.47}$$

gewählt werden kann.

Ist G speziell ein Quadrat mit der Seitenlänge l, so daß

$$A = \frac{2}{l^2}$$

ist, folgt aus (18.46) die Abschätzung

$$\iint_G u^2(x, y)\,\mathrm{d}x\,\mathrm{d}y \leqq \frac{l^2}{2\pi^2} \iint_G \left[\left(\frac{\partial u}{\partial x}\right)^2 + \left(\frac{\partial u}{\partial y}\right)^2\right] \mathrm{d}x\,\mathrm{d}y\,, \tag{18.48}$$

die ungefähr zwanzigmal besser ist als die in der Literatur gewöhnlich angegebene Abschätzung (siehe z.B. [30], S. 129)

$$\iint_G u^2(x, y)\,\mathrm{d}x\,\mathrm{d}y \leqq l^2 \iint_G \left[\left(\frac{\partial u}{\partial x}\right)^2 + \left(\frac{\partial u}{\partial y}\right)^2\right] \mathrm{d}x\,\mathrm{d}y\,. \tag{18.49}$$

Ein weiterer wichtiger Ungleichungstyp ist im folgenden Satz angeführt:

Satz 18.2. (Poincarésche Ungleichung.) *Es sei G ein Gebiet mit Lipschitz-Rand Γ und M die lineare Menge aller samt ihren partiellen Ableitungen erster Ordnung in $\overline{G}$ stetigen Funktionen* (wenn $N = 1$ ist, handelt es sich um ein Intervall $[a, b]$ und um die gewöhnliche Ableitung). *Dann existieren Konstanten c_3 und c_4, die von dem gegebenen Gebiet abhängen, aber von den Funktionen $u(x)$ aus der linearen Menge M unabhängig sind, so daß*

$$\int_G u^2(x)\,\mathrm{d}x \leqq c_3 \sum_{k=1}^{N} \int_G \left(\frac{\partial u}{\partial x_k}\right)^2 \mathrm{d}x + c_4 \left[\int_G u(x)\,\mathrm{d}x\right]^2 \tag{18.50}$$

für jedes $u \in M$ gilt.

Als Spezialfälle dieser Ungleichung erhalten wir für $N = 2$ die Ungleichung

$$\iint_G u^2(x, y)\,\mathrm{d}x\,\mathrm{d}y \leqq$$

$$\leqq c_3 \iint_G \left[\left(\frac{\partial u}{\partial x}\right)^2 + \left(\frac{\partial u}{\partial y}\right)^2\right] \mathrm{d}x\,\mathrm{d}y + c_4 \left[\iint_G u(x, y)\,\mathrm{d}x\,\mathrm{d}y\right]^2, \tag{18.51}$$

für $N = 1$ die Ungleichung

$$\int_a^b u^2(x)\,\mathrm{d}x \leqq c_3 \int_a^b u'^2(x)\,\mathrm{d}x + c_4 \left[\int_a^b u(x)\,\mathrm{d}x\right]^2. \tag{18.52}$$

Die Werte der Konstanten c_3 und c_4 können natürlich in jeder der Ungleichungen (18.50) bis (18.52) verschieden sein, obwohl wir für sie die gleiche Bezeichnung benutzen (siehe die entsprechende Bemerkung zu den Ungleichungen (18.1) bis (18.5)).

Den **Beweis** werden wir ausführlich für den Fall $N = 1$, d.h. für die Ungleichung (18.52) durchführen. Für $N > 1$ ist die Beweisidee ähnlich.

Es sei $u(x)$ eine beliebige Funktion, die auf dem Intervall $[a, b]$ definiert ist und zu M gehört (so daß $u(x)$ und $u'(x)$ stetige Funktionen auf $[a, b]$ sind). Für zwei beliebige Punkte x_1, x_2 aus dem Intervall $[a, b]$ gilt

$$u(x_2) - u(x_1) = \int_{x_1}^{x_2} u'(x)\,\mathrm{d}x\,,$$

und folglich

$$u^2(x_2) + u^2(x_1) - 2u(x_1)\,u(x_2) = \left[\int_{x_1}^{x_2} u'(x)\,\mathrm{d}x\right]^2. \tag{18.53}$$

Nach der Schwarzschen Ungleichung (S. 23) ist

$$\left[\int_{x_1}^{x_2} u'(x)\,\mathrm{d}x\right]^2 \leqq \left|\int_{x_1}^{x_2} 1^2\,\mathrm{d}x\right| \cdot \left|\int_{x_1}^{x_2} u'^2(x)\,\mathrm{d}x\right| \tag{18.54}$$

(wobei die Zeichen des Absolutbetrages überflüssig sind, wenn $x_2 > x_1$ ist). Aus (18.53) und (18.54) folgt

$$u^2(x_2) + u^2(x_1) - 2u(x_1)\,u(x_2) \leqq (b - a)\int_a^b u'^2(x)\,\mathrm{d}x\,. \tag{18.55}$$

Wenn wir diese Ungleichung über das Intervall $[a, b]$ integrieren – zunächst nach x_1 bei konstantem x_2 und dann nach x_2 –, erhalten wir

$$(b-a)\int_a^b u^2(x_1)\,\mathrm{d}x_1 + (b-a)\int_a^b u^2(x_2)\,\mathrm{d}x_2 - 2\int_a^b u(x_1)\,\mathrm{d}x_1 \cdot \int_a^b u(x_2)\,\mathrm{d}x_2 \leqq$$

$$\leqq (b - a)^3 \int_a^b u'^2(x)\,\mathrm{d}x$$

oder

$$\int_a^b u^2(x)\,\mathrm{d}x \leqq \frac{(b-a)^2}{2}\int_a^b u'^2(x)\,\mathrm{d}x + \frac{1}{b-a}\left(\int_a^b u(x)\,\mathrm{d}x\right)^2, \tag{18.56}$$

d.h. die Ungleichung (18.52) mit

$$c_3 = \frac{(b-a)^2}{2}\,, \quad c_4 = \frac{1}{b-a}\,. \tag{18.57}$$

Den Beweis der Ungleichung (18.50) bzw. (18.51) kann man auf eine ähnliche Weise durchführen. Ist insbesondere das Gebiet G ein Rechteck mit den Seiten l_1 und l_2, kann man durch fast wörtliche Übertragung der soeben durchgeführten Überlegungen zur Ungleichung (18.51) mit den Konstanten

$$c_3 = \max\,(l_1^2, l_2^2)\,, \quad c_4 = \frac{1}{l_1 l_2} \tag{18.58}$$

gelangen.

Auch im Fall der Poincaréschen Ungleichung kann man durch spezielle Kunstgriffe bessere Abschätzungen als die hier angegebenen herleiten; dabei geht man ähnlich wie im Fall der Friedrichsschen Ungleichung vor. Hier sind jedoch diese feineren Abschätzungen für numerische Zwecke bei weitem nicht so wertvoll wie im vorhergehenden Fall.

Zu gewissen Verallgemeinerungen der in diesem Kapitel angeführten Ungleichungen siehe Kapitel 30, S. 344 und 345.

Kapitel 19. Gewöhnliche Differentialgleichungen mit Randbedingungen

a) Gleichungen zweiter Ordnung

Wir betrachten zunächst eine gewöhnliche Differentialgleichung zweiter Ordnung

$$-(pu')' + ru = f\,, \tag{19.1}$$

wobei

$$f \in L_2(a, b)$$

ist, $p(x)$, $p'(x)$ und $r(x)$ sind stetige Funktionen[1]) auf $[a, b]$,

$$p(x) \geqq p_0 > 0\,, \quad r(x) \geqq 0 \quad \text{in} \quad [a, b]\,; \tag{19.2}$$

p_0 ist eine Konstante.

Randbedingungen für die Gleichung (19.1) betrachten wir in der Form

$$\alpha\, u'(a) - \beta\, u(a) = 0\,, \quad \gamma\, u'(b) + \delta\, u(b) = 0\,, \tag{19.3}$$

wo α, β, γ, δ *nichtnegative* Zahlen sind, wobei in den Paaren α, β; γ, δ nicht beide Zahlen gleichzeitig verschwinden, so daß für sie

$$\alpha + \beta > 0\,, \quad \gamma + \delta > 0 \tag{19.4}$$

gilt.

Als Beispiel für Randbedingungen (19.3) können Bedingungen der Form

$$u(a) = 0\,, \qquad u(b) = 0\,, \tag{19.5}$$

$$u'(a) = 0\,, \qquad u'(b) = 0\,, \tag{19.6}$$

$$u'(a) - \beta\, u(a) = 0\,, \quad u'(b) + \delta\, u(b) = 0\,, \quad \beta > 0\,, \quad \delta > 0\,, \tag{19.7}$$

$$u(a) = 0\,, \qquad u'(b) = 0 \tag{19.8}$$

u.ä. dienen.

---

[1]) Zur Verallgemeinerung der an die Koeffizienten der Gleichung (19.1) und Gleichungen höherer Ordnung gestellten Forderungen siehe Kapitel 31, S. 357.
In Fällen, in denen die Funktion $p(x)$ in gewissen Punkten des Intervalls $[a, b]$ verschwinden kann, vgl. Kapitel 47, S. 572. Ein Beispiel für eine solche Gleichung ist die Gleichung $-(xu')' + u = f$ im Intervall $[0, 1]$.

Bemerkung 19.1. Die Randbedingungen (19.3) werden also als homogene Bedingungen vorausgesetzt. Wenn die vorgegebenen Randbedingungen nichthomogen sind, kann das gegebene Problem leicht auf ein Problem mit homogenen Randbedingungen zurückgeführt werden (vgl. Bemerkung 11.6, S. 131). Es genügt, eine genügend glatte Funktion $w(x)$ zu finden, die die vorgegebenen nichthomogenen Randbedingungen erfüllt, und die Lösung in der Form

$$u(x) = w(x) + z(x) \tag{19.9}$$

zu suchen. Die Funktion $z(x)$ ist dann Lösung der Gleichung (19.1) mit der rechten Seite

$$g = f + (pw')' - rw$$

(statt der ursprünglichen rechten Seite f) und mit entsprechenden homogenen Randbedingungen.

Beispiel 19.1. Wir betrachten die Gleichung

$$-[(1 + x^2)\, u']' + u = \sin \pi x$$

mit den Randbedingungen

$$u(0) = 1\,, \quad u'(1) = 3\,. \tag{19.10}$$

Durch die Substitution (19.9), wobei es genügt, $w(x) = 1 + 3x$ zu wählen (diese Funktion erfüllt offensichtlich die Bedingungen (19.10)), erhalten wir für die Funktion $z(x)$ die Gleichung

$$-[(1 + x^2)\, z']' + z = \sin \pi x + 3x - 1$$

mit den homogenen Randbedingungen

$$z(0) = 0\,, \quad z'(1) = 0\,.$$

Bemerkung 19.2. Im weiteren Text zeigen wir, daß der durch die Gleichung (19.1) vorgegebene und auf einer geeignet gewählten linearen Menge (bzw. auf geeignet gewählten linearen Mengen) von Funktionen, die die Bedingungen (19.3) erfüllen, erklärte Differentialoperator positiv definit ist. Zunächst aber untersuchen wir Spezialfälle der Randbedingungen (19.3), und zwar die Fälle (19.5) bis (19.8). Einer der Hauptgründe dafür liegt darin, daß jede von den Randbedingungen (19.5) bis (19.8) einen spezifischen Charakter besitzt, der, wie wir sehen werden, auch im Falle von partiellen Differentialgleichungen eine Analogie hat. (Die Bedingungen (19.5) bis (19.8) entsprechen der Reihe nach den Dirichletschen, Neumannschen, Newtonschen und gemischten Randbedingungen für partielle Differentialgleichungen zweiter Ordnung.) Dabei ist hier, d.h. im Falle gewöhnlicher Differentialgleichungen, die ganze Problematik viel durchsichtiger.

Die entsprechenden Überlegungen führen wir im reellen Hilbert-Raum $L_2(a, b)$ der im Intervall $[a, b]$ quadratisch integrierbaren Funktionen durch, d.h. im Raum mit dem Skalarprodukt bzw. mit der Norm

$$(u, v) = \int_a^b u(x)\, v(x)\, dx \quad \text{bzw.} \quad \|u\| = \sqrt{\int_a^b u^2(x)\, dx}\,.$$

Nur im Falle der Randbedingungen $u'(a) = 0$, $u'(b) = 0$ werden wir mit dem Raum $\tilde{L}_2(a, b)$ arbeiten, der aus allen Funktionen $u \in L_2(a, b)$ besteht, die die Bedingung $\int_a^b u(x)\,dx = 0$ erfüllen, und ein Teilraum des Raumes $L_2(a, b)$ ist. Aus Satz 8.5, S. 89, und aus den Bemerkungen 8.5 und 8.6, S. 91 und 92, geht hervor, daß alle linearen Mengen, auf denen wir in diesem Kapitel den betrachteten Operator untersuchen, dicht in $L_2(a, b)$ bzw. $\tilde{L}_2(a, b)$ sind. *Diese Tatsache werden wir im weiteren Text nicht weiter hervorheben.* Wenn wir z.B. die Symmetrie des Operators A_1 auf der linearen Menge M_1 beweisen, weisen wir nur die Gültigkeit der Beziehung $(A_1u, v) = (A_1v, u)$ für $u, v \in M_1$ nach, ohne ausdrücklich die aus Satz 8.5 folgende Dichtheit der linearen Menge M_1 in $L_2(a, b)$ zu erwähnen.

Wir wenden uns nun der Untersuchung der oben angegebenen Probleme zu.

1. *Randbedingungen* $u(a) = 0$, $u(b) = 0$.

Wir bezeichnen mit M_1 die lineare Menge aller Funktionen, die samt ihren Ableitungen erster und zweiter Ordnung auf dem abgeschlossenen Intervall $[a, b]$ stetig sind und die Randbedingungen

$$u(a) = 0\,, \quad u(b) = 0 \tag{19.11}$$

erfüllen, und mit A_1 den Operator, der auf dieser linearen Menge erklärt ist und jeder Funktion $u \in M_1$ die Funktion

$$A_1u = -(pu')' + ru \tag{19.12}$$

zuordnet; dabei sind $p(x)$ und $r(x)$ die Funktionen aus der Gleichung (19.1). Sie haben also die dort im Text angeführten Eigenschaften.

Wir zeigen nun, daß der Operator A_1 auf der Menge M_1 positiv definit ist. Dazu genügt es, zu zeigen, daß A_1 auf M_1 symmetrisch ist und daß eine Konstante $C > 0$ existiert, so daß

$$(A_1u, u) \geqq C^2\|u\|^2 \quad \text{für jedes } u \in M_1$$

gilt. Offensichtlich ist für beliebige $u \in M_1$, $v \in M_1$

$$(A_1u, v) = \int_a^b [-(pu')' + ru]\,v\,dx = -\int_a^b (pu')'\,v\,dx + \int_a^b ruv\,dx =$$
$$= -[pu'v]_b^a + \int_a^b pu'v'\,dx + \int_a^b ruv\,dx = \int_a^b pu'v'\,dx + \int_a^b ruv\,dx\,, \tag{19.13}$$

denn es ist $v \in M_1$, und folglich

$$[pu'v]_a^b = 0 \tag{19.14}$$

aufgrund von (19.11). Damit ist die Symmetrie des Operators A_1 auf der linearen

Menge M_1 bewiesen, denn die rechte Seite der Gleichheit (19.13) ist symmetrisch bezüglich u und v. Aus (19.13) folgt weiter

$$(A_1 u, u) = \int_a^b p u'^2 \, dx + \int_a^b r u^2 \, dx ,$$

woraus unter Verwendung der Voraussetzungen (19.2) folgt:

$$(A_1 u, u) \geqq p_0 \int_a^b u'^2 \, dx .$$

Da $u \in M_1$ ist, gilt $u(a) = 0$, $u(b) = 0$. Benutzen wir nun die Ungleichung (18.28), S. 186,

$$\int_a^b u'^2 \, dx \geqq \frac{\pi^2}{(b-a)^2} \int_a^b u^2 \, dx = \frac{\pi^2}{(b-a)^2} \|u\|^2 , \quad u \in M_1 ,$$

so folgt

$$(A_1 u, u) \geqq C^2 \|u\|^2 , \quad u \in M_1 , \tag{19.15}$$

mit

$$C = \frac{\pi \sqrt{p_0}}{b-a} . \tag{19.16}$$

Damit ist bewiesen, daß der Operator A_1 auf der linearen Menge M_1 positiv definit ist.

2. *Randbedingungen* $u'(a) = 0$, $u'(b) = 0$.

Dieser Fall ist im Vergleich mit den übrigen Fällen etwas schwieriger. Wir bezeichnen mit M_2 die lineare Menge aller Funktionen, die samt ihren Ableitungen erster und zweiter Ordnung auf dem abgeschlossenen Intervall $[a, b]$ stetig sind und die Randbedingungen

$$u'(a) = 0 , \quad u'(b) = 0 \tag{19.17}$$

erfüllen; A_2 sei der Operatoı, der auf dieser linearen Menge erklärt ist und jeder Funktion $u \in M_2$ die Funktion

$$A_2 u = -(pu')' + ru \tag{19.18}$$

zuordnet. Dabei sind $p(x)$ und $r(x)$ die schon früher betrachteten Funktionen aus der linken Seite von Gleichung (19.1).

Auf die gleiche Weise wie in (19.13) zeigen wir, daß der Operator A_2 auf der linearen Menge M_2 symmetrisch ist, denn aus (19.17) folgt für $u \in M_2$, $v \in M_2$ wiederum (19.14). Wie jedoch aus dem weiteren Text folgt, ist der Operator A_2 unter den erwähnten Voraussetzungen über die Funktionen $p(x)$ und $r(x)$ auf der linearen Menge M_2 im allgemeinen nicht positiv definit. (Es sei darauf aufmerksam gemacht, daß die Funktionen aus der Menge M_2 die Bedingung (19.17) erfüllen, aber man nicht die Abschätzung (18.28) benutzen kann, wie wir es im vorhergehenden Fall getan haben, und auch keine von den Abschätzungen (18.3) bis (18.5), denn diese Abschätzungen enthalten die Werte $u(a)$, $u(b)$ der Funktion $u(x)$ in den Randpunkten des Intervalls $[a, b]$, und bezüglich dieser Werte geben uns die Bedingungen (19.17) keine Auskunft.)

Wir machen zunächst die zusätzliche Voraussetzung, daß eine positive Zahl r_0 existiert, so daß auf dem Intervall $[a, b]$

$$r(x) \geqq r_0 > 0 \tag{19.19}$$

gilt. Aus der Gleichheit

$$(A_2u, u) = \int_a^b pu'^2 \, dx + \int_a^b ru^2 \, dx$$

(die wir aus (19.13) für $u = v$ erhalten) folgt dann (denn es ist $p(x) \geqq 0$)

$$(A_2u, u) \geqq r_0 \int_a^b u^2 \, dx ,$$

was bedeutet, daß der Operator A_2 unter der Voraussetzung (19.19) auf der Menge M_2 positiv definit ist; dabei kann man $C = \sqrt{r_0}$ setzen.

Bemerkung 19.3. Die positive Definitheit des Operators A_2 auf der Menge M_2 kann man auch unter schwächeren Voraussetzungen über den Koeffizienten $r(x)$ beweisen, als es die Voraussetzung (19.19) ist. Es genügt vorauszusetzen, daß die Funktion $r(x)$ stetig und nichtnegativ auf $[a, b]$ ist und daß mindestens in einem Punkt $x_1 \in [a, b]$ $r(x_1) > 0$ ist. Ist nämlich $[c, d]$ ein beliebiges, aber festes Intervall positiver Länge, das in $[a, b]$ liegt, kann man zeigen (dieses Ergebnis ist ein Spezialfall einer allgemeineren Ungleichung, die in [35], S. 22, angeführt ist), daß es eine von den Funktionen aus der Menge M_2 unabhängige Zahl $\varkappa > 0$ gibt, so daß für jedes $u \in M_2$ gilt:

$$\|u\|^2 \leqq \varkappa \left(\int_a^b u'^2 \, dx + \int_c^d u^2 \, dx \right) . \tag{19.20}$$

Es sei also $r(x_1) > 0$. Da die Funktion $r(x)$ nach Voraussetzung auf $[a, b]$ stetig ist, ist sie auf irgendeinem Intervall $[c, d]$, das in $[a, b]$ liegt und den Punkt x_1 enthält, größer als eine gewisse positive Konstante m,

$$r(x) \geqq m > 0 \quad \text{in} \quad [c, d] .$$

Aus (19.20) und aus der Gleichheit

$$(A_2u, u) = \int_a^b pu'^2 \, dx + \int_a^b ru^2 \, dx$$

folgt dann (denn es ist $p(x) \geqq p_0 > 0$ auf $[a, b]$)

$$(A_2u, u) \geqq p_0 \int_a^b u'^2 \, dx + m \int_c^d u^2 \, dx \geqq C^2 \|u\|^2 ,$$

wobei es offensichtlich genügt,

$$C^2 = \min\left(\frac{p_0}{\varkappa}, \frac{m}{\varkappa}\right)$$

zu setzen.

Auch in diesem Fall ist also der Operator A_2 auf der linearen Menge M_2 positiv definit.

Im weiteren Text zeigen wir, daß für $r(x) \equiv 0$ der Operator A_2 auf der Menge M_2 nicht positiv (und umsoweniger positiv definit) ist.

Es sei also $r(x) \equiv 0$, d.h. wir betrachten die Gleichung

$$-(pu')' = f(x) \tag{19.21}$$

mit den Randbedingungen

$$u'(a) = 0\,, \quad u'(b) = 0\,. \tag{19.22}$$ [1]

In unserem Fall ist also

$$(A_2u, u) = \int_a^b pu'^2 \,\mathrm{d}x \quad \text{für jedes } u \in M_2\,. \tag{19.23}$$

Nach Definition ist der symmetrische Operator A_2 auf M_2 positiv, wenn die folgenden Bedingungen erfüllt sind:

$$(A_2u, u) \geqq 0 \quad \text{für jedes} \quad u \in M_2\,, \tag{19.24}$$

$$(A_2u, u) = 0 \Rightarrow u = 0 \text{ in } M_2\,, \text{ d.h. } u(x) \equiv 0 \text{ auf } [a, b]\,. \tag{19.25}$$

Hinsichtlich der Voraussetzungen über die Funktion $p(x)$ folgt aus (19.23) die Ungleichung (19.24). Die Bedingung (19.25) ist jedoch nicht erfüllt: Wie aus (19.23) ersichtlich ist, kann (A_2u, u) auch für eine Funktion $u \neq 0$ in M_2 verschwinden, z.B. für die Funktion $u(x) \equiv 7$ auf $[a, b]$, für die der Ausdruck $(A_2u, u) = \int_a^b pu'^2 \,\mathrm{d}x$ verschwindet und die zu M_2 gehört, denn sie erfüllt die Bedingungen (19.22). Der Operator A_2 ist also im Fall $r(x) \equiv 0$ auf der linearen Menge M_2 nicht positiv (und umsoweniger positiv definit).

Wir wollen noch auf einen interessanten Umstand aufmerksam machen: Es sei vorausgesetzt, daß das Problem (19.21), (19.22) eine Lösung $u \in M_2$ hat. Durch Integration der Gleichung (19.21) von a bis b erhalten wir

$$-\int_a^b (pu')' \,\mathrm{d}x = \int_a^b f(x) \,\mathrm{d}x\,.$$

---

[1]) Die Gleichung (19.21) kann man natürlich direkt integrieren und so zu den erwähnten Schlußfolgerungen auf eine viel einfachere Weise gelangen. Aber wir wollen hier die ganze Problematik, die — wie wir sehen werden — der Problematik der elliptischen partiellen Differentialgleichungen zweiter Ordnung vollkommen analog ist, von einem allgemeineren Standpunkt aus betrachten.

Nach (19.22) ist jedoch

$$-\int_a^b (pu')'\,\mathrm{d}x = -[pu']_a^b = 0\,,$$

so daß – wenn das gegebene Problem eine Lösung hat – notwendigerweise

$$\int_a^b f(x)\,\mathrm{d}x = 0 \tag{19.26}$$

sein muß. In unserem Fall ist also (19.26) eine notwendige Bedingung für die Existenz einer Lösung.

Wenn also $r(x) \equiv 0$ auf $[a, b]$ ist, ist der Operator A_2 auf der linearen Menge M_2 nicht positiv definit, und man kann nicht sagen, daß die Gleichung $A_2 u = f$ (im Sinne von Kapitel 11) für jede rechte Seite $f \in L_2(a, b)$ lösbar ist. Das ist auch an dem eben erzielten Ergebnis sehr gut zu sehen. Die Bedingung (19.26) gibt uns aber auch eine gewisse Vorstellung, wie vorzugehen ist, wenn wir gewisse positive Aussagen erreichen wollen:

Wir bezeichnen mit $\tilde{L}_2(a, b)$ den Raum aller Funktionen $u \in L_2(a, b)$, die die Bedingung

$$\int_a^b u(x)\,\mathrm{d}x = 0 \tag{19.27}$$

erfüllen; diesen Raum statten wir mit dem Skalarprodukt des Raumes $L_2(a, b)$ aus, d.h.

$$(u, v)_{\tilde{L}_2(a,b)} = \int_a^b u(x)\,v(x)\,\mathrm{d}x\,, \quad u \in \tilde{L}_2(a, b)\,, \quad v \in \tilde{L}_2(a, b)\,. \tag{19.28}$$

Es ist nicht schwer zu beweisen, daß $\tilde{L}_2(a, b)$ ein linearer Teilraum in $L_2(a, b)$ ist,[1]) so daß er selbst ein Hilbert-Raum ist. Weiter sei $\tilde{M}_2$ die lineare Menge aller Funktionen $u(x)$ aus M_2, die die Bedingung (19.27) erfüllen. Diese Menge ist nach Bemerkung 8.6, S. 92, dicht in $\tilde{L}_2(a, b)$. Wir bezeichnen mit $\tilde{A}_2$ den Operator mit dem Definitionsbereich $\tilde{M}_2$, der durch die Vorschrift

$$\tilde{A}_2 u = -(pu')'\,, \quad u \in \tilde{M}_2 \tag{19.29}$$

gegeben ist, und zeigen, daß der Operator $\tilde{A}_2$ auf der linearen Menge $\tilde{M}_2$ positiv definit ist:

Zunächst erhalten wir durch das gleiche Verfahren wie in (19.13), daß der Operator $\tilde{A}_2$ auf der Menge $\tilde{M}_2$ symmetrisch ist. Wie wir nämlich schon im Fall des Operators (19.18) gezeigt haben, gilt (19.13) für jedes Paar von Funktionen u, v aus M_2, und umsomehr also für jedes Paar von Funktionen u, v aus $\tilde{M}_2$. Weiter folgt aus (19.13)

$$(\tilde{A}_2 u, u)_{\tilde{L}_2(a,b)} = (\tilde{A}_2 u, u) = \int_a^b pu'^2\,\mathrm{d}x \quad \text{für jedes } u \in \tilde{M}_2\,,$$

---

[1]) $\tilde{L}_2(a, b)$ ist nämlich das orthogonale Komplement im Raum $L_2(a, b)$ zum Teilraum, dessen Elemente alle auf $[a, b]$ konstanten Funktionen (oder mit ihnen äquivalente Funktionen) bilden, so daß er (vgl. S. 66) ein vollständiger Raum ist.

und folglich ist, da (19.2) gilt,

$$(\tilde{A}_2 u, u) \geqq p_0 \int_a^b u'^2(x)\,\mathrm{d}x\,, \quad u \in \tilde{M}_2\,. \tag{19.30}$$

Aber für Funktionen $u(x)$ aus der Menge $\tilde{M}_2$, die also die Bedingung (19.27) erfüllen, gilt nach der Poincaréschen Ungleichung (18.52), S. 191,

$$\int_a^b u^2\,\mathrm{d}x \leqq c_3 \int_a^b u'^2\,\mathrm{d}x\,,$$

d.h.

$$\|u\|^2_{\tilde{L}_2(a,b)} \leqq c_3 \int_a^b u'^2\,\mathrm{d}x\,, \tag{19.31}$$

wobei man nach (18.57)

$$c_3 = \frac{(b-a)^2}{2} \tag{19.32}$$

setzen kann. Aus (19.30) und (19.31) folgt

$$(\tilde{A}_2 u, u)_{\tilde{L}_2(a,b)} \geqq C^2 \|u\|^2_{\tilde{L}_2(a,b)}\,. \tag{19.33}$$

Damit ist die positive Definitheit des Operators $\tilde{A}_2$ auf der linearen Menge $\tilde{M}_2$ bewiesen. Aus (19.32) folgt dabei, daß man die Konstante C wie folgt wählen kann:

$$C = \frac{\sqrt{2p_0}}{b-a}\,. \tag{19.34}$$

Wir möchten den Leser nochmals darauf aufmerksam machen, daß wir im Fall $r(x) \equiv 0$ stets den Operator $\tilde{A}_2$ auf der linearen Menge $\tilde{M}_2$ betrachten, also stets im Hilbert-Raum $H = \tilde{L}_2(a, b)$. Aus der soeben bewiesenen positiven Definitheit des Operators $\tilde{A}_2$ auf der Menge $\tilde{M}_2$ folgt die Existenz einer verallgemeinerten Lösung $u_0(x)$ der Gleichung $\tilde{A}_2 u = f$ (im Sinne von Kapitel 11), d.h. der Gleichung (19.21) mit Randbedingungen (19.22), nur für rechte Seiten $f \in \tilde{L}_2(a, b)$, d.h. nur für solche $f \in L_2(a, b)$, die die Bedingung (19.26) erfüllen.

Aus (19.21), (19.22) sieht man weiter, daß – wenn dabei $u_0 \in \tilde{M}_2$ ist – auch jede Funktion der Form $u_0(x) + k$, wo k eine beliebige Konstante ist, eine Lösung des Problems (19.21), (19.22) darstellt. Wenn u_0 nicht zu $\tilde{M}_2$ gehört, können wir die Funktion $u_0(x) + k$ als eine Lösung in einem gewissen verallgemeinerten Sinn auffassen.

3. *Randbedingungen* $u'(a) - \beta\, u(a) = 0$, $u'(b) + \delta\, u(b) = 0$. $\beta > 0$, $\delta > 0$.

In $L_2(a, b)$ betrachten wir die lineare Menge M_3 aller Funktionen, die samt ihren Ableitungen erster und zweiter Ordnung auf dem abgeschlossenen Intervall $[a, b]$ stetig sind und die Randbedingungen

$$u'(a) - \beta\, u(a) = 0\,, \quad u'(b) + \delta\, u(b) = 0\,, \quad \beta > 0\,, \quad \delta > 0\,, \tag{19.35}$$

erfüllen, sowie den Operator A_3, der auf M_3 durch die Vorschrift

$$A_3 u = -(pu')' + ru \tag{19.36}$$

erklärt ist, wobei $p(x)$ und $r(x)$ die Funktionen aus Gleichung (19.1) sind.

Für jedes Paar von Funktionen $u(x)$, $v(x)$ aus der Menge M_3 gilt

$$\begin{aligned}(A_3 u, v) &= \int_a^b [-(pu')' + ru]\, v\, \mathrm{d}x = -\int_a^b (pu')'\, v\, \mathrm{d}x + \int_a^b ruv\, \mathrm{d}x = \\ &= -[pu'v]_a^b + \int_a^b pu'v'\, \mathrm{d}x + \int_a^b ruv\, \mathrm{d}x = \\ &= \int_a^b pu'v'\, \mathrm{d}x + \int_a^b ruv\, \mathrm{d}x + \delta\, p(b)\, u(b)\, v(b) + \beta\, p(a)\, u(a)\, v(a)\,,\end{aligned} \tag{19.37}$$

was zeigt, daß der Operator A_3 auf der Menge M_3 symmetrisch ist. Nach (19.37) ist weiter

$$(A_3 u, u) = \int_a^b pu'^2\, \mathrm{d}x + \int_a^b ru^2\, \mathrm{d}x + \delta\, p(b)\, u^2(b) + \beta\, p(a)\, u^2(a)\,.$$

Wenn wir (19.2) in Betracht ziehen und

$$k = \min(\beta, \delta)$$

setzen, können wir schreiben

$$(A_3 u, u) \geqq p_0 \left\{\int_a^b u'^2\, \mathrm{d}x + k[u^2(a) + u^2(b)]\right\}. \tag{19.38}$$

Nach der Friedrichsschen Ungleichung (18.5), S. 183, ist

$$\|u^2\| = \int_a^b u^2\, \mathrm{d}x \leqq c_1 \int_a^b u'^2\, \mathrm{d}x + c_2[u^2(a) + u^2(b)]\,, \tag{19.39}$$

wobei man nach (18.19) oder (18.21)

$$c_1 = \frac{4(b-a)^2}{\pi^2}\,, \quad c_2 = \frac{2(b-a)}{\pi} \tag{19.40}$$

oder

$$c_1 = \frac{(b-a+2\eta)^2}{\pi^2}\,, \quad c_2 = \frac{b-a+2\eta}{\pi} \operatorname{cotg} \frac{\pi\eta}{b-a+2\eta} \tag{19.41}$$

mit $\eta > 0$ wählen kann. Aus (19.38) und (19.39) folgt dann

$$\begin{aligned}(A_3 u, u) &\geqq \frac{p_0}{c_1} c_1 \int_a^b u'^2\, \mathrm{d}x + \frac{p_0 k}{c_2} c_2[u^2(a) + u^2(b)] \geqq \\ &\geqq C^2 \left\{c_1 \int_a^b u'^2\, \mathrm{d}x + c_2[u^2(a) + u^2(b)]\right\}\end{aligned}$$

und zusammen mit (19.39)

$$(A_3u, u) \geqq C^2\|u\|^2 , \tag{19.42}$$

wobei

$$C^2 = \min\left(\frac{p_0}{c_1}, \frac{p_0k}{c_2}\right) \tag{19.43}$$

ist.

Damit ist die positive Definitheit des Operators A_3 auf der Menge M_3 bewiesen.

Wenn wir für c_1 und c_2 die Abschätzungen (19.41) benutzen, kann man durch eine geeignete Wahl der Zahl η erreichen, daß die Werte c_1 und c_2 „optimal" sind, d.h. daß die Zahlen p_0/c_1 und p_0k/c_2 wenigstens annähernd gleich groß sind. (Vgl. Beispiel 18.1, S. 186.)

4. *Randbedingungen* $u(a) = 0, u'(b) = 0$.

Wir bezeichnen mit M_4 die lineare Menge aller Funktionen, die samt ihren Ableitungen erster und zweiter Ordnung auf $[a, b]$ stetig sind und die Bedingungen

$$u(a) = 0\,, \quad u'(b) = 0 \tag{19.44}$$

erfüllen. A_4 sei der Operator, der auf M_4 durch die Vorschrift

$$A_4u = -(pu')' + ru \tag{19.45}$$

erklärt ist, wobei $p(x)$ und $r(x)$ die Funktionen aus Gleichung (19.1) sind. Auf die gleiche Weise wie in den vorhergehenden Fällen stellen wir fest, daß der Operator A_4 auf der Menge M_4 symmetrisch ist und daß

$$(A_4u, u) = \int_a^b pu'^2\,dx + \int_a^b ru^2\,dx \geqq p_0\int_a^b u'^2\,dx \quad \text{für alle } u \in M_4 \tag{19.46}$$

gilt, wobei $p_0 > 0$ die Konstante aus den Bedingungen (19.2) ist. Wegen der ersten der Bedingungen (19.44), denen die Funktionen aus der Menge M_4 genügen, können wir schreiben

$$u(x) = \int_a^x u'(t)\,dt \tag{19.47}$$

und erhalten fast auf die gleiche Weise, auf die wir in Kapitel 18 die Ungleichung (18.29), S. 187, bekommen haben,

$$\|u\|^2 = \int_a^b u^2\,dx \leqq \frac{(b-a)^2}{2}\int_a^b u'^2\,dx\,, \quad u \in M_4\,. \tag{19.48}$$

Aus (19.46) und (19.48) folgt dann

$$(A_4u, u) \geqq C^2\|u\|^2 \quad \text{für alle } u \in M_4 \tag{19.49}$$

mit

$$C = \frac{\sqrt{2p_0}}{b-a}\,. \tag{19.50}$$

Damit ist die positive Definitheit des Operators A_4 auf der linearen Menge M_4 bewiesen.

Die Abschätzung (19.48) ist besser als die Abschätzung

$$\|u\|^2 \leqq \frac{16(b-a)^2}{\pi^2} \int_a^b u'^2 \, \mathrm{d}x ,$$

die aus (18.3) und (18.17) folgt, wenn wir die erste von den Bedingungen (19.44) benutzen: es ist nämlich $1/2 < 16/\pi^2$.

Zum Ergebnis (19.49), (19.50) kommen wir auch im Fall der Randbedingungen

$$u'(a) = 0 , \quad u(b) = 0 ; \tag{19.51}$$

es genügt dazu, statt (19.47) das folgende Integral zu betrachten:

$$u(x) = -\int_x^b u'(t) \, \mathrm{d}t . \tag{19.52}$$

Wie schon früher erwähnt wurde, werden wir im Falle der Dirichletschen, Neumannschen, Newtonschen und gemischten Randbedingungen bei partiellen Differentialgleichungen (vgl. Kapitel 22) auf eine fast vollständige Analogie der für die Randbedingungen (19.5) bis (19.8) hergeleiteten Ergebnisse stoßen. Im Fall gewöhnlicher Differentialgleichungen ist das Studium dieser Probleme natürlich viel einfacher; deshalb waren wir bestrebt, diese Problematik schon an dieser Stelle vorzubereiten.

Wir widmen uns nun dem Fall der allgemeinen Randbedingungen (19.3).

5. *Randbedingungen* (19.3)

$$\alpha \, u'(a) - \beta \, u(a) = 0 , \quad \gamma \, u'(b) + \delta \, u(b) = 0 . \tag{19.53}$$

Dabei sind α, β, γ, δ nichtnegative Zahlen, für die

$$\alpha + \beta > 0 , \quad \gamma + \delta > 0 \tag{19.54}$$

gilt, so daß in keinem der Paare α, β; γ, δ beide Zahlen gleichzeitig verschwinden.

Es sei M die lineare Menge aller Funktionen, die samt ihren Ableitungen erster und zweiter Ordnung auf $[a, b]$ stetig sind und die Bedingungen (19.53) erfüllen. Wir zeigen, daß der Differentialoperator A, der auf der Menge M durch die Vorschrift

$$Au = -(pu')' + ru , \quad u \in M , \tag{19.55}$$

erklärt ist, unter den angegebenen Voraussetzungen über die Funktionen $p(x)$ und $r(x)$ positiv definit ist – mit Ausnahme des Falles, in dem die Bedingungen (19.53) mit den Bedingungen (19.17) zusammenfallen und gleichzeitig $r(x) \equiv 0$ ist. Beim Beweis dieser Behauptung werden wir wesentlich die vorhergehenden Ergebnisse nutzen.

Zunächst zeigen wir ähnlich wie früher, daß der Operator A auf der Menge M symmetrisch ist, und zwar auch im Falle der Randbedingungen (19.17): Für jedes

Paar von Funktionen $u(x)$, $v(x)$ aus der linearen Menge M gilt nämlich

$$(Au, v) = -\int_a^b (pu')' v \, dx + \int_a^b ruv \, dx =$$

$$= -p(b) u'(b) v(b) + p(a) u'(a) v(a) + \int_a^b pu'v' \, dx + \int_a^b ruv \, dx . \tag{19.56}$$

Wir betrachten nun die folgenden vier Fälle, die offensichtlich alle Möglichkeiten ausschöpfen:

a) $\alpha = 0 , \quad \gamma = 0 ;$ (19.57)

b) $\alpha = 0 , \quad \gamma > 0 ;$ (19.58)

c) $\alpha > 0 , \quad \gamma = 0 ,$ (19.59)

d) $\alpha > 0 , \quad \gamma > 0 .$ (19.60)

Wenn wir davon ausgehen, daß aus den Bedingungen (19.54)

$$\alpha = 0 \Rightarrow \beta > 0 , \quad \text{und daher} \quad u(a) = 0 \quad \text{bzw.} \quad v(a) = 0 ,$$

$$\gamma = 0 \Rightarrow \delta > 0 , \quad \text{und daher} \quad u(b) = 0 \quad \text{bzw.} \quad v(b) = 0 \tag{19.61}$$

folgt, erhalten wir aus (19.56) (eventuell noch mit Benutzung der Bedingungen (19.53)) in den einzelnen Fällen

a) $(Au, v) = \int_a^b pu'v' \, dx + \int_a^b ruv \, dx ;$ (19.62)

b) $(Au, v) = \int_a^b pu'v' \, dx + \int_a^b ruv \, dx + \frac{\delta}{\gamma} p(b) u(b) v(b) ;$ (19.63)

c) $(Au, v) = \int_a^b pu'v' \, dx + \int_a^b ruv \, dx + \frac{\beta}{\alpha} p(a) u(a) v(a) ;$ (19.64)

d) $(Au, v) = \int_a^b pu'v' \, dx + \int_a^b ruv \, dx + \frac{\beta}{\alpha} p(a) u(a) v(a) + \frac{\delta}{\gamma} p(b) u(b) v(b) .$ (19.65)

In allen diesen vier Formeln treten die Funktionen $u(x)$ und $v(x)$ symmetrisch auf (wenn wir sie gegenseitig vertauschen, erhalten wir das gleiche Ergebnis), und daraus folgt die Symmetrie des Operators A auf der Menge M.

Aus (19.62) bis (19.65) ergibt sich – wenn wir $v(x) = u(x)$ setzen und die Voraussetzungen (19.2) (d.h. $r(x) \geqq 0$, $p(x) \geqq p_0 > 0$ auf $[a, b]$) in Betracht ziehen –

a) $(Au, u) \geqq p_0 \int_a^b u'^2 \, dx ;$ (19.66)

b) $(Au, u) \geqq p_0 \int_a^b u'^2 \, dx ;$ (19.67)

c) $$(Au, u) \geqq p_0 \int_a^b u'^2 \, dx \, ; \tag{19.68}$$

d) $$(Au, u) \geqq p_0 \left\{ \int_a^b u'^2 \, dx + k[u^2(a) + u^2(b)] \right\}, \tag{19.69}$$

wobei

$$k = \min\left(\frac{\beta}{\alpha}, \frac{\delta}{\gamma}\right)$$

ist.

Im Fall a) folgt aus (19.54) und (19.57)

$$u(a) = 0 \, , \quad u(b) = 0 \, ,$$

so daß nach (19.66) und Kapitel 18

a) $$(Au, u) \geqq \frac{p_C}{c_1} \|u\|^2 \tag{19.70}$$

gilt, wobei man für c_1 nach (18.28), S. 186, die Zahl $(b - a)^2/\pi^2$ wählen kann (vgl. (19.15), (19.16), S. 197).

In den Fällen b) und c) kann man die Abschätzungen (19.48) benutzen, denn im Hinblick auf (19.54) und (19.58) bzw. (19.59) ist $u(a) = 0$ bzw. $u(b) = 0$, so daß (19.47) bzw.(19.52) gilt. Es ist also

b), c) $$(Au, u) \geqq \frac{p_0}{c_1} \|u\|^2 \tag{19.71}$$

mit

$$c_1 = \frac{(b - a)^2}{2} \, . \tag{19.72}$$

Ist dabei $\delta > 0$ bzw. $\beta > 0$, kann man auch die Abschätzungen (18.4) bzw. (18.3) mit den Konstanten

$$c_1 = \frac{16(b - a)^2}{\pi^2}, \quad c_2 = \frac{4(b - a)}{\pi} \tag{19.73}$$

(nach (18.17), S. 184) benutzen, denn aus (19.63) bzw. (19.64) folgt

b) $$(Au, u) \geqq p_0 \left[\int_a^b u'^2 \, dx + \frac{\delta}{\gamma} u^2(b) \right] \tag{19.74}$$

bzw.

c) $$(Au, u) \geqq p_0 \left[\int_a^b u'^2 \, dx + \frac{\beta}{\alpha} u^2(a) \right]. \tag{19.75}$$

So erhalten wir

$$(Au, u) \geqq C^2 \|u\|^2 \, , \tag{19.76}$$

wobei gilt:

b) $$C^2 = \min\left(\frac{p_0}{c_1}, \frac{p_0\delta}{c_2\gamma}\right) \qquad (19.77)$$

bzw.

c) $$C^2 = \min\left(\frac{p_0}{c_1}, \frac{p_0\beta}{c_2\alpha}\right). \qquad (19.78)$$

Die Abschätzung (19.71), (19.72) ist natürlich besser, denn sie ergibt größere Werte der Konstanten C^2 (vgl. die Fußnote auf S. 184).

Ist im Fall d) $\beta > 0$ und $\delta > 0$, kann man die Ungleichung (18.5), S. 183, verwenden, wobei man

$$c_1 = \frac{4(b-a)^2}{\pi^2}, \quad c_2 = \frac{2(b-a)}{\pi} \qquad (19.79)$$

oder

$$c_1 = \frac{(b-a+2\eta)^2}{\pi}, \quad c_2 = \frac{b-a+2\eta}{\pi}\operatorname{cotg}\frac{\pi\eta}{b-a+2\eta} \qquad (19.80)$$

wählen kann (siehe (18.19) und (18.21), S. 185). Aus (19.69) folgt dann

d) $$(Au, u) \geqq C^2\|u\|^2, \qquad (19.81)$$

wobei

$$C^2 = \min\left(\frac{p_0}{c_1}, \frac{p_0 k}{c_2}\right) \qquad (19.82)$$

ist. Ist im Fall d) $\beta = 0$, aber $\delta > 0$ bzw. $\delta = 0$, aber $\beta > 0$, dann erhalten wir für (Au, u) die Ungleichungen (19.74) bzw. (19.75) und hieraus die Ungleichung (19.76),

$$(Au, u) \geqq C^2\|u\|^2, \qquad (19.83)$$

wobei C^2 durch den Ausdruck (19.77) bzw. (19.78) gegeben ist. (Es sei darauf aufmerksam gemacht, daß man in keinem der drei letzten Fälle die Analogie mit der Abschätzung (19.71), (19.72) benutzen kann: hier ist nämlich im allgemeinen Fall weder $u(a) = 0$ noch $u(b) = 0$, so daß weder (19.47) und (19.52) noch die Abschätzung (19.48) gilt.)

Für $\beta = 0$ und $\delta = 0$ gehen die Bedingungen (19.53) in die Bedingungen (19.17) über,

$$u'(a) = 0, \quad u'(b) = 0, \qquad (19.84)$$

die wir in Punkt 2 (S. 197) untersucht haben. Unter der Voraussetzung $r(x) \geqq r_0 > 0$ auf $[a, b]$ (oder wenn wenigstens $r(x) > 0$ in einem Punkt $x_1 \in [a, b]$, siehe Bemerkung 19.3) haben wir dort die positive Definitheit des gegebenen Operators bewiesen; wenn $r(x) \equiv 0$ auf $[a, b]$ war, haben wir die positive Definitheit des betrachteten Operators auf der linearen Menge $\tilde{M}_2$ jener Funktionen bewiesen, die die Bedingung (19.27) erfüllen.

Lassen wii den Fall der Randbedingungen (19.84), der einen speziellen Charakter hat, außer Acht (wir werden später zu diesem Fall zurückkehren), so können wir abschließend sagen, daß der durch die Vorschrift (19.55) erklärte Operator A auf der linearen Menge M aller Funktionen, die samt ihren Ableitungen erster und zweiter Ordnung auf dem abgeschlossenen Intervall $[a, b]$ stetig sind und die Bedingungen (19.53) erfüllen, positiv definit ist. Die Eigenschaften der linearen Menge M und damit auch die Eigenschaften des Operators A hängen natürlich von den Konstanten $\alpha, \beta, \gamma, \delta$ aus den Bedingungen (19.53) ab; deshalb hat auch die ,,Konstante der positiven Definitheit“ C in den verschiedenen Fällen unterschiedliche Werte (siehe die entsprechenden Ungleichungen (19.70), (19.71), (19.76), (19.81), (19.83)). Man kann also stets den entsprechenden Raum H_A konstruieren (siehe Kapitel 10) und die verallgemeinerte Lösung der Gleichung $Au = f$ (d.h. der gegebenen Differentialgleichung (19.1) mit den Randbedingungen (19.2)) als dasjenige Element u_0 erhalten, das in H_A das entsprechende Funktional F minimiert, in den einzelnen Fällen a), b), c), d) also das Funktional

$$F_1 u = \int_a^b pu'^2 \, dx + \int_a^b ru^2 \, dx - 2 \int_a^b fu \, dx \,, \tag{19.85}$$

$$F_2 u = \int_a^b pu'^2 \, dx + \int_a^b ru^2 \, dx - 2 \int_a^b fu \, dx + \frac{\delta}{\gamma} \, p(b) \, u^2(b) \,, \tag{19.86}$$

$$F_3 u = \int_a^b pu'^2 \, dx + \int_a^b ru^2 \, dx - 2 \int_a^b fu \, dx + \frac{\beta}{\alpha} \, p(a) \, u^2(a) \,, \tag{19.87}$$

$$F_4 u = \int_a^b pu'^2 \, dx + \int_a^b ru^2 \, dx - 2 \int_a^b fu \, dx + \frac{\beta}{\alpha} \, p(a) \, u^2(a) + \frac{\delta}{\gamma} \, p(b) \, u^2(b) \,. \tag{19.88}$$

(Im Fall $r(x) \equiv 0$ und $\beta = \delta = 0$ minimiert die verallgemeinerte Lösung u_0 das Funktional (19.88), in dem natürlich $r(x) \equiv 0$, $\beta = 0$, $\delta = 0$ zu setzen ist, d.h. das Funktional

$$\tilde{F}_4 u = \int_a^b pu'^2 \, dx - 2 \int_a^b fu \, dx \,,$$

im Raum $H_{\tilde{A}_2}$; siehe auch Bemerkung 19.5 über stabile und instabile Randbedingungen.)

Bemerkung 19.4. Zur Bestimmung der verallgemeinerten Lösung $u_0(x)$ der betrachteten Probleme kann man die in Kapiteln 12 bis 15 angeführten Methoden benutzen. Wir wählen eine von diesen Methoden aus, z.B. das Ritzsche Verfahren, und bezeichnen mit $\{\varphi_n(x)\}$ die entsprechende Basis, die die in den erwähnten Kapiteln angeführten Voraussetzungen erfüllt. Da die lineare Menge M in H_A dicht ist, kann man die Elemente $\varphi_n(x)$ dieser Basis aus M wählen. Weiter bezeichnen wir mit $\{u_n(x)\}$ die Folge der mit Hilfe des gewählten Verfahrens konstruierten Näherungslösungen;

wie wir wissen, konvergiert diese Folge in H_A gegen die verallgemeinerte Lösung $u_0(x)$ der gegebenen Aufgabe,

$$\lim_{n\to\infty} \|u_n - u_0\|_A = 0 . \tag{19.89}$$

Wenn wir als Basiselemente Elemente der linearen Menge M gewählt haben, ist auch $u_n \in M$ für jedes n.

Wir zeigen nun, daß die Folge $\{u_n(x)\}$ in diesem Fall gleichmäßig auf dem Intervall $[a, b]$ gegen die verallgemeinerte Lösung $u_0(x)$ konvergiert und daß außerdem die Grenzfunktion $u_0(x)$ fast überall im Intervall $[a, b]$ eine Ableitung $u_0' \in L_2(a, b)$ besitzt, wobei die Folge $\{u_n'(x)\}$ gegen diese Funktion in $L_2(a, b)$ (d.h. im Mittel) konvergiert.

Diese Behauptungen beweisen wir für den einfachsten der betrachteten Fälle, d.h. für den Fall des Funktionals (19.85), das den Randbedingungen

$$u(a) = 0 , \quad u(b) = 0 \tag{19.90}$$

entspricht. In den übrigen Fällen läßt sich der Beweis leicht übertragen. (Siehe [30].)

Im Falle der Bedingungen (19.90) ist (vgl. (19.62))

$$\|u\|_A^2 = (Au, u) = \int_a^b pu'^2 \, dx + \int_a^b ru^2 \, dx ,$$

und folglich

$$\|u_m - u_n\|_A^2 = \int_a^b p(u_m' - u_n')^2 \, dx + \int_a^b r(u_m - u_n)^2 \, dx . \tag{19.91}$$

Da die Folge $\{u_n(x)\}$ in H_A konvergiert (siehe (19.89)), ist sie in H_A eine Cauchy-Folge, und deshalb gilt:

$$\lim_{\substack{m\to\infty \\ n\to\infty}} \|u_m - u_n\|_A = 0 . \tag{19.92}$$

Aus (19.92) und (19.91) folgt hinsichtlich der Nichtnegativität der Integranden

$$\lim_{\substack{m\to\infty \\ n\to\infty}} \int_a^b p(u_m' - u_n')^2 \, dx = 0$$

und weiter – da $p(x) \geqq p_0 > 0$ auf $[a, b]$ ist –

$$\lim_{\substack{m\to\infty \\ n\to\infty}} \int_a^b (u_m' - u_n')^2 \, dx = 0 . \tag{19.93}$$

Dies bedeutet aber, daß die Folge $\{u_n'(x)\}$ eine Cauchy-Folge in $L_2(a, b)$ ist. Der Raum $L_2(a, b)$ ist jedoch vollständig, so daß die Folge in diesem Raum gegen eine gewisse Funktion konvergiert, die wir mit $v_0(x)$ bezeichnen werden,

$$\lim_{n\to\infty} u_n'(x) = v_0(x) \quad \text{in } L_2(a, b) . \tag{19.94}$$

Weiter ist im Hinblick auf die erste der Bedingungen (19.90)

$$u_n(x) = \int_a^x u_n'(t)\,\mathrm{d}t \qquad \text{für jedes } n = 1, 2, \ldots,$$

woraus wir mit Hilfe der Schwarzschen Ungleichung erhalten:

$$[u_m(x) - u_n(x)]^2 = \left[\int_a^x (u_m' - u_n')\,\mathrm{d}t\right]^2 \leqq$$

$$\leqq \int_a^x 1^2\,\mathrm{d}t \cdot \int_a^x (u_m' - u_n')^2\,\mathrm{d}t \leqq (b-a)\int_a^b (u_m' - u_n')^2\,\mathrm{d}x\,. \tag{19.95}$$

Da (19.93) gilt, ist (19.95) nichts anderes als die bekannte Bolzano-Cauchysche Bedingung der gleichmäßigen Konvergenz der Folge $\{u_n(x)\}$ auf dem Intervall $[a, b]$. (Die Abschätzung der Differenz $|u_m(x) - u_n(x)|$ hängt nach (19.95) nicht von x ab und man kann sie nach (19.93) beliebig klein machen, indem man m und n genügend groß wählt.) Damit ist bewiesen, daß die Folge $\{u_n(x)\}$ auf dem Intervall $[a, b]$ gleichmäßig konvergiert. Die Grenzfunktion $u(x)$ ist also auf $[a, b]$ stetig ($u_n(x)$ sind Funktionen aus M und die Konvergenz ist gleichmäßig). In $L_2(a, b)$ gilt außerdem $u(x) = u_0(x)$, wo $u_0(x)$ die gesuchte verallgemeinerte Lösung unseres Problems ist. Die Folge $\{u_n(x)\}$ konvergiert nämlich in $[a, b]$ gleichmäßig gegen die Funktion $u(x)$, und deshalb konvergiert sie in $[a, b]$ gegen dieselbe Funktion auch im Mittel, vgl. S. 27; da jedoch nach (19.89) $\{u_n(x)\}$ gegen $u_0(x)$ in H_A – und daher auch in $L_2(a, b)$ – konvergiert, kann in $L_2(a, b)$ nicht $u \neq u_0$ gelten, denn dann hätte die Folge $\{u_n(x)\}$ in $L_2(a, b)$ zwei verschiedene Grenzwerte, und das wäre ein Widerspruch zu Satz 4.1, S. 26. Da die Funktion $u(x)$ auf dem Intervall $[a, b]$ stetig ist und $u_0(x) = u(x)$ in $L_2(a, b)$ gilt, können wir auch die Funktion $u_0(x)$ als stetig auf $[a, b]$ betrachten (anderenfalls würden wir ihre Werte auf einer Menge vom Maß Null so ändern, daß die resultierende Funktion auf $[a, b]$ stetig wäre). In diesem Fall folgt also aus der gleichmäßigen Konvergenz der Folge $\{u_n(x)\}$ gegen die Funktion $u(x)$ auch die gleichmäßige Konvergenz dieser Folge gegen die Funktion $u_0(x)$,

$$\lim_{n\to\infty} u_n(x) = u_0(x) \quad \text{gleichmäßig in } [a, b]\,. \tag{19.96}$$

Wir bezeichnen weiter

$$V_0(x) = \int_a^x v_0(t)\,\mathrm{d}t\,, \tag{19.97}$$

wobei $v_0(x)$ die Grenzfunktion der Folge $\{u_n'(x)\}$ in $L_2(a, b)$ ist (siehe (19.94)); es ist also $V_0'(x) = v_0(x)$ fast überall in $[a, b]$. Da nun

$$u_n(x) = \int_a^x u_n'(t)\,\mathrm{d}t$$

ist, gilt auch

$$u_n(x) - V_0(x) = \int_a^x [u_n'(t) - v_0(t)]\,\mathrm{d}t\,,$$

woraus wir mit Hilfe der Schwarzschen Ungleichung folgern:

$$[u_n(x) - V_0(x)]^2 \leqq (b - a)\int_a^b [u_n'(t) - v_0(t)]^2\,\mathrm{d}t$$

für jedes $x \in [a, b]$. Aus (19.94) ergibt sich dann

$$\lim_{n\to\infty} u_n(x) = V_0(x)$$

gleichmäßig auf $[a, b]$, so daß $V_0(x) = u_0(x)$ auf $[a, b]$ ist. Nach (19.97) ist also fast überall in $[a, b]$

$$u_0'(x) = v_0(x)\,.$$

Wenn wir die vorhergehenden Ergebnisse bezüglich der betrachteten Probleme für die Gleichung (19.1) zusammenfassen, können wir folgendes aussagen: *Die verallgemeinerte Lösung $u_0(x)$ ist eine auf $[a, b]$ stetige Funktion, die fast überall in $[a, b]$ eine Ableitung $u_0'(x)$ besitzt. Die mit Hilfe irgendeiner der in Kapiteln* 12 *bis* 15 *angeführten Methoden konstruierte minimierende Folge $\{u_n(x)\}$, wobei $u_n \in M$ ist, konvergiert gegen $u_0(x)$ gleichmäßig auf $[a, b]$, und die Folge $\{u_n'(x)\}$ konvergiert gegen $u_0'(x)$ auf $[a, b]$ im Mittel.*

Man kann zeigen: Wenn man an die Glattheit der Funktionen $p(x)$, $r(x)$ in Gleichung (19.1) weitere Forderungen stellt, folgen hieraus weitere Eigenschaften bezüglich der Glattheit der Funktion $u_0(x)$. Vgl. Kapitel 46, S. 564.

Bemerkung 19.5. (*Stabile und instabile Randbedingungen; einige Bemerkungen zur Struktur des Raumes H_A.*) Wie wir in diesem Kapitel gesehen haben, sind die Randbedingungen

$$u(a) = 0\,, \quad u(b) = 0 \tag{19.98}$$

und

$$u'(a) = 0\,, \quad u'(b) = 0 \tag{19.99}$$

von völlig unterschiedlichem Charakter. Während die Bedingungen (19.98) in unseren Überlegungen „keine Schwierigkeiten bereiteten", war es im Falle der Bedingungen (19.99) notwendig, entweder weitere Voraussetzungen bezüglich der Positivität der Funktion $r(x)$ zu machen, oder für $r(x) \equiv 0$ einen speziellen Raum $\tilde{L}_2(a, b)$ einzuführen, der aus denjenigen Funktionen aus $L_2(a, b)$ besteht, für die gilt

$$\int_a^b u(x)\,\mathrm{d}x = 0\,, \tag{19.100}$$

und das vorgegebene Problem in diesem Raum zu untersuchen. Wir werden den Leser auf einen weiteren wichtigen Unterschied zwischen den Bedingungen vom Typ (19.98) und (19.99) aufmerksam machen, der auch für die numerische Lösung der betrachteten Probleme sehr wichtig ist. Der Einfachheit halber b trachten wir den Fall $r(x) \equiv 0$ in $[a, b]$.

Im Falle der Bedingungen (19.98) ist der auf der linearen Menge M_1 (d.h. auf der linearen Menge aller Funktionen, die samt ihren Ableitungen erster und zweiter Ordnung auf $[a, b]$ stetig sind und die Bedingungen (19.98) erfüllen) durch die Beziehung

$$A_1 u = -(pu')' \tag{19.101}$$

erklärte Operator A_1 auf dieser Menge positiv definit, siehe Ungleichung (19.15), S. 197. Wir können also den entsprechenden Raum H_{A_1} konstruieren, dessen Elemente – wie wir in Kapitel 10 gesehen haben – zu $L_2(a, b)$ gehören. Aber nicht jedes Element aus $L_2(a, b)$ gehört zu H_{A_1}. Wie wir im vierten Teil unseres Buches sehen werden, gehören die Elemente des Raumes H_{A_1} zum sogenannten Raum $\mathring{W}_2^{(1)}(a, b)$. Die Räume dieses Typs werden ausführlich in Kapiteln 29 und 30 behandelt; es handelt sich – grob gesagt – um den Raum derjenigen Funktionen aus $L_2(a, b)$, die auf dem Intervall $[a, b]$ quadratisch integrierbare erste Ableitungen (in einem gewissen verallgemeinerten Sinne) besitzen und die (ebenfalls in einem gewissen verallgemeinerten Sinne, im Sinne von sogenannten Spuren) die Bedingungen (19.98) erfüllen.[1] Die Bedingungen (19.98) werden **stabil** genannt, weil alle Funktionen aus dem Raum H_{A_1} (in dem erwähnten verallgemeinerten Sinne) diese Bedingungen in gleicher Weise erfüllen, wie die Funktionen aus der ursprünglichen linearen Menge M_1.

Im Falle des Operators

$$\tilde{A}_2 u = -(pu')', \tag{19.102}$$

der auf der linearen Menge $\tilde{M}_2$ aller Funktionen erklärt ist, die samt ihren Ableitungen erster und zweiter Ordnung auf $[a, b]$ stetig sind und die Bedingung (19.100) sowie die Randbedingungen (19.99) erfüllen, tritt eine völlig andere Erscheinung auf. Wie wir zeigten, ist der Operator $\tilde{A}_2$ auf der Menge $\tilde{M}_2$ positiv definit. Aber bei weitem nicht alle Funktionen aus dem entsprechenden Raum $H_{\tilde{A}_2}$ erfüllen die Bedingungen (19.99) (auch in keinem verallgemeinerten Sinne). (Vgl. das Beispiel der Funktionen (32.3), (32.4) auf S. 361.) Deshalb werden die Bedingungen (19.99) **instabil** genannt.[2] (Die Bedingungen (19.99) sind instabil auch in dem Fall, wenn der entsprechende Differentialoperator schon auf der linearen Menge M_2 der Funktionen positiv definit ist, die im allgemeinen Fall die Bedingung (19.100) nicht erfüllen; dies tritt z.B. auf, wenn $r(x) \geqq r_0 > 0$ auf $[a, b]$ ist.)

---

[1]) Das Skalarprodukt ist in diesem Raum durch die Beziehung

$$(u, v)_{\mathring{W}_2^{(1)}(a,b)} = \int_a^b uv \, dx + \int_a^b u'v' \, dx$$

gegeben.

[2]) Statt **stabile** bzw. **instabile** Randbedingungen kann man in der Literatur oft die Bezeichnung **Hauptbedingungen** bzw. **natürliche Bedingungen** finden.

Aus diesem Sachverhalt der stabilen bzw. instabilen Randbedingungen werden die folgenden für praktische Anwendungen wichtigen Schlußfolgerungen abgeleitet (ausführlich dazu siehe Kapitel 34, S. 415):

Als verallgemeinerte Lösung der Gleichung

$$A_1 u = f$$

mit den Bedingungen (19.98) bezeichnen wir bekanntlich eine Funktion u_0, die im Raum H_{A_1} das Funktiona l

$$F_1 u = \int_a^b p u^{\prime 2} \, \mathrm{d}x - 2 \int_a^b f u \, \mathrm{d}x$$

minimiert. Zur Minimierung dieses Funktionals benutzen wir meistens das Ritzsche Verfahren. D.h. wir wählen im Raum H_{A_1} eine gewisse Basis und konstruieren eine Folge $\{u_n(x)\}$ von Linearkombinationen der Funktionen dieser Basis, indem wir fordern, daß das Funktional $F_1 u_n$ bei gegebenem festem n minimal wird. Da wir die Basis im Raum H_{A_1} wählen und alle Elemente dieses Raumes die Bedingungen (19.98) (in einem verallgemeinerten Sinne) erfüllen, erfüllen die Basiselemente automatisch die stabilen Randbedingungen (19.98).

Auch im Fall des Problems

$$\tilde{A}_2 u = f$$

mit den Bedingungen (19.99) ist die gesuchte verallgemeinerte Lösung diejenige Funktion, die das Funktional

$$\tilde{F}_2 u = \int_a^b p u'^2 \, \mathrm{d}x - 2 \int_a^b f u \, \mathrm{d}x$$

(das hier — was die Form betrifft — mit dem Funktional $F_1 u$ übereinstimmt) im Raum $H_{\tilde{A}_2}$ minimiert. Die Funktionen aus diesem Raum genügen jedoch im allgemeinen nicht den Bedingungen (19.99) (auch nicht in einem verallgemeinerten Sinn). Bei der Wahl einer Basis $\{\varphi_i(x)\}$ in diesem Raum muß man darauf achten, daß die Elemente der Basis die Bedingung (19.100) erfüllen, es ist aber nicht notwendig danach zu fragen, ob diese Elemente die Bedingungen (19.99) erfüllen oder nicht erfüllen. Der Konvergenzsatz garantiert nämlich die Konvergenz der Ritzschen Folge gegen die gesuchte Lösung $u_0(x)$ [1]) unter der einzigen Voraussetzung, daß $\{\varphi_i(x)\}$ eine Basis in $H_{\tilde{A}_2}$ ist,[2]) und dies ohne jegliche weitere Forderungen bezüglich der Rand-

---

[1]) Die — als verallgemeinerte Lösung — den stabilen sowie instabilen Randbedingungen genügt (in einem verallgemeinerten Sinne); siehe Teil IV und Teil VI dieses Buches.

[2]) Dasselbe betrifft natürlich auch die Methode der Orthonormalreihen, die, wie wir gesehen haben, eigentlich einen Spezialfall des Ritzschen Verfahrens darstellt, bei dem die Basis $\{\varphi_i(x)\}$ orthonormal in H_A ist.

bedingungen. Es ist natürlich *vorteilhaft*, die Basis in $H_{\tilde{A}_2}$ so zu wählen, daß die Basiselemente auch den Bedingungen (19.99) genügen; dann genügt nämlich diesen Bedingungen auch jede Linearkombination von Basiselementen, und damit auch jede der Ritzschen Approximationen $u_n(x)$, so daß nur die vorgegebene Differentialgleichung näherungsweise erfüllt ist.

Diese einfachen Überlegungen, die wir an einem Spezialfall durchgeführt haben, kann man leicht auf den Fall gewöhnlicher Differentialgleichungen höherer Ordnung und auf partielle Differentialgleichungen übertragen. Auch in diesen Fällen muß man bei der Wahl einer Basis auf die Erfüllung der instabilen Randbedingungen keine Rücksicht nehmen,[1]) d.h. der Bedingungen, die Ableitungen höherer als $(k-1)$-ster Ordnung bei einer Gleichung der Ordnung $2k$ enthalten.[2]) In diesem Kapitel stehen uns die Mittel zu einer tieferen Analyse dieser Problematik noch nicht zur Verfügung, deshalb haben wir auch die Aussagen nicht ganz scharf formuliert und ohne Beweis dargestellt. Ausführlich werden wir uns mit diesen Fragen in Kapiteln 34 und 35 befassen. Außerdem werden wir in Kapitel 21, S. 241, ein sehr einfaches, aber lehrreiches Beispiel behandeln, an dem wir diese Problematik sehr gut verfolgen können.

Es sei bemerkt, daß Fragen, die mit dem eventuellen Nichterfülltsein der instabilen Randbedingungen zusammenhängen, Methoden betreffen, die auf der Minimierung eines entsprechenden Funktionals begründet sind, also vor allem das *Ritzsche Verfahren*. Bei dem Galerkin-Verfahren ist die Situation etwas anders. Bei der Beschreibung des Galerkin-Verfahrens (Kapitel 14, S. 155) haben wir vorausgesetzt, daß die Funktionen φ_i zum Definitionsbereich D_A des gegebenen Operators gehören, so daß sie a priori alle (auch die instabilen) vorgegebenen (homogenen) Randbedingungen erfüllen. Unter dieser Voraussetzung haben wir ein Gleichungssystem für die unbekannten Koeffizienten erhalten, das mit dem durch das Ritzsche Verfahren gewonnenen System übereinstimmt, wenn wir auch beim Ritzschen Verfahren die Basis aus dem Definitionsbereich D_A des gegebenen Operators wählen (so daß die Koeffizienten des betrachteten Systems in beiden Fällen die Form $(A\varphi_i, \varphi_j)$ haben, vgl. (14.11), S. 155, und (13.29), S. 151). Aus der schon früher bewiesenen Konvergenz des Ritzschen Verfahrens und aus der Identität der so konstruierten Galerkin- und Ritz-Folge haben wir auf die Konvergenz des Galerkin-Verfahrens geschlossen. Wenn irgendeine der vorgegebenen Randbedingungen instabil ist, enthält der entsprechende Raum H_A, wie wir schon bemerkt haben, auch Funktionen, die diese Bedingungen nicht erfüllen. Wenn wir dann im Fall des Ritzschen Verfahrens das erwähnte Gleichungssystem in der Form (13.11), S. 147, und nicht in der Form (13.29), S. 151, schreiben (also mit den Koeffizienten $(\varphi_i, \varphi_j)_A$ statt $(A\varphi_i, \varphi_j)$), brauchen wir die Basis nicht aus D_A zu nehmen, sondern können sie aus H_A wählen, so daß die Basis-

---

[1]) Zur Wahl einer geeigneten Basis vgl. insbesondere Kapitel 20 und 25.

[2]) In unserem Beispiel handelt es sich um eine Gleichung zweiter Ordnung, so daß $2k = 2$ und also $k - 1 = 0$ war. Die Bedingungen (19.98), die Ableitungen der Ordnung Null enthalten, sind stabil, die Bedingungen (19.99), die Ableitungen erster Ordnung enthalten, sind instabil.

elemente die instabilen Randbedingungen nicht notwendig erfüllen müssen.[1]) Wenn wir auch beim Galerkin-Verfahren mit einer Basis arbeiten wollen, die die instabilen Randbedingungen nicht berücksichtigt, muß man ebenfalls das Gleichungssystem für die unbekannten Konstanten mit Koeffizienten der Form $(\varphi_i, \varphi_j)_A$ schreiben, d.h. man muß *zuerst die partielle Integration* vornehmen, die das Produkt (Au, v) in die Form $(u, v)_A$ „überführt", *und dies für Funktionen* $u \in D_A$, $v \in D_A$, d.h. unter Benutzung aller Randbedingungen. (Dadurch erreichen wir, daß solche Glieder wie z.B. das Glied $(\delta/\gamma)\, p(b)\, u^2(b)$ im Fall der Randbedingungen (19.103) nicht „verloren gehen".) Wir erhalten so das eigentliche Ritzsche System in der Form (13.11), S. 147. Wenn wir das Galerkin-Verfahren in der klassischen Formulierung benutzen und dabei als Basisfunktionen $\varphi_i(x)$ Funktionen wählen würden, die die vorgegebenen instabilen Randbedingungen nicht erfüllen, dann würden diese Bedingungen aus dem betrachteten Problem tatsächlich „verlorengehen" und wir lösen eigentlich ein etwas anderes Problem. Die ganze Problematik ist sehr durchsichtig in dem schon zitierten Beispiel 21.2, S. 241, dargestellt.

Bemerkung 19.6. (*Nichthomogene Randbedingungen.*) Wenn statt der homogenen Randbedingungen (19.3) nichthomogene Randbedingungen

$$\alpha u'(a) - \beta u(a) = K_1\,, \quad \gamma u'(b) + \delta u(b) = K_2 \tag{19.104}$$

vorgegeben sind, wobei K_1, K_2 reelle Zahlen sind, und wenn wir das gegebene Problem nicht schon von vornherein auf ein Problem mit homogenen Randbedingungen zurückführen wollen (siehe Bemerkung 19.1 und Beispiel 19.1), dann (vgl. Bemerkung 11.8, S. 136) minimieren wir statt der Funktionale (19.85) bis (19.88) die Funktionale

$$F_1 u = \int_a^b pu'^2\, dx + \int_a^b ru^2\, dx - 2\int_a^b fu\, dx\,, \tag{19.105}$$

$$F_2 u = \int_a^b pu'^2\, dx + \int_a^b ru^2\, dx - 2\int_a^b fu\, dx + \frac{\delta}{\gamma}\, p(b)\, u^2(b) - \frac{2K_2}{\gamma}\, p(b)\, u(b), \tag{19.106}$$

---

[1]) Der Leser hat vielleicht den Eindruck bekommen, daß uns auf diese Weise diese instabilen Randbedingungen aus unserem Problem „verlorengegangen sind". Diese Bedingungen tauchen im allgemeinen Fall in der Form des Skalarproduktes $(u, v)_A$ und damit auch in der Form des zu minimierenden Funktionals auf. Z.B. ist für die Gleichung (19.1) mit Randbedingungen

$$u(a) = 0\,, \quad \gamma u'(b) + \delta u(b) = 0 \quad (\gamma \neq 0,\ \delta \neq 0)\,, \tag{19.103}$$

von denen die zweite Ableitungen erster Ordnung enthält und somit instabil ist,

$$(u, v)_A = \int_a^b pu'^2\, dx + \int_a^b ru^2\, dx + \frac{\delta}{\gamma}\, p(b)\, u^2(b)\,,$$

so daß hier das Glied $(\delta/\gamma)\, p(b)\, u^2(b)$ auftritt, das im Fall der stabilen Randbedingung $u(b) = 0$ nicht auftreten würde. Außerdem wirkt sich der Einfluß der instabilen Randbedingungen bei der Konstruktion des Raumes H_A aus.

$$F_3 u = \int_a^b pu'^2 \, dx + \int_a^b ru^2 \, dx - 2 \int_a^b fu \, dx + \frac{\beta}{\alpha} p(a) u^2(a) + \frac{2K_1}{\alpha} p(a) u(a) \tag{19.107}$$

$$F_4 u = \int_a^b pu'^2 \, dx + \int_a^b ru^2 \, dx - 2 \int_a^b fu \, dx + \frac{\beta}{\alpha} p(a) u^2(a) + \\ + \frac{\delta}{\gamma} p(b) u^2(b) + \frac{2K_1}{\alpha} p(a) u(a) - \frac{2K_2}{\gamma} p(b) u(b) \tag{19.108}$$

auf einer Menge genügend glatter Funktionen,[1]) die die gegebenen stabilen nichthomogenen Randbedingungen erfüllen (und die Bedingung $\int_b^a f(x) \, dx = 0$, falls $r(x) \equiv 0$ und $\beta = \delta = 0$ ist). So suchen wir z.B. im Fall der Bedingungen $u(a) = 2$, $u(b) = 3$ das Minimum des Funktionals (19.105) auf der Menge derjenigen Funktionen, die beide Bedingungen $u(a) = 2$, $u(b) = 3$ erfüllen, während wir im Falle der Bedingungen $u(a) = 2, u'(b) - 4\,u(b) = 3$ das Minimum des Funktionals (19.106) auf der Menge der Funktionen suchen, die nur die erste dieser Bedingungen erfüllen, usw. Ausführlich werden diese Fragen und auch die Konstruktion der Funktionale (19.105) bis (19.108) in Kapiteln 34 und 35 behandelt. Siehe auch die Tabelle der Funktionale am Ende des Buches.

Wir zeigen noch, wie die Lösbarkeitsbedingung des Problems

$$-(pu')' = f, \tag{19.109}$$

$$u'(a) = K_1, \quad u'(b) = K_2 \tag{19.110}$$

aussieht. Wir setzen voraus, daß eine Lösung dieses Problems existiert, und integrieren die Gleichung (19.109) auf dem Intervall $[a, b]$. Wir erhalten

$$\int_a^b f(x) \, dx = -\int_a^b (pu')' \, dx = -[pu']_a^b = -p(b) u'(b) + p(a) u'(a) = \\ = -K_2 \, p(b) + K_1 \, p(a).$$

Eine notwendige – und, wie wir später sehen werden, auch hinreichende – Bedingung für die Existenz einer Lösung ist also von der Form

$$\int_a^b f(x) \, dx + K_2 \, p(b) - K_1 \, p(a) = 0. \tag{19.111}$$

b) Gleichungen höherer Ordnung

Wir betrachten eine Differentialgleichung der Ordnung $2k$

$$(-1)^k (p_k u^{(k)})^{(k)} + (-1)^{k-1} (p_{k-1} u^{(k-1)})^{(k-1)} + \ldots + p_0 u = f, \tag{19.112}$$

in kurzer Schreibweise

$$\sum_{i=0}^{k} (-1)^i (p_i u^{(i)})^{(i)} = f, \tag{19.113}$$

[1]) Im Sinne des vierten Teiles unseres Buches handelt es sich um Funktionen aus dem Raum $W_2^{(1)}(a, b)$.

wobei $f \in L_2(a, b)$ ist und $p_i(x)$, $i = 0, 1, \ldots, k$, Funktionen sind, die samt ihren Ableitungen bis einschließlich i-ter Ordnung auf dem abgeschlossenen Intervall $[a, b]$ stetig sind und für die

$$p_i(x) \geqq 0 \quad \text{auf} \quad [a, b], \quad i = 0, 1, \ldots, k - 1, \tag{19.114}$$

$$p_k(x) \geqq p > 0 \quad \text{auf} \quad [a, b], \quad p = \text{const.}, \tag{19.115}$$

gilt. Die Differentialgleichung betrachten wir mit den Randbedingungen

$$u(a) = u'(a) = \ldots = u^{(k-1)}(a) = 0, \tag{19.116}$$

$$u(b) = u'(b) = \ldots = u^{(k-1)}(b) = 0. \tag{19.117}$$

Weiter sei M die (in $L_2(a, b)$ dichte, siehe Satz 8.5 und Bemerkung 8.5, S. 89 und 91) Menge aller Funktionen, die samt ihren Ableitungen bis einschließlich k-ter Ordnung auf $[a, b]$ stetig sind und die Bedingungen (19.116) und (19.117) erfüllen, und A der Operator mit dem Definitionsbereich M, der durch die Vorschrift

$$Au = \sum_{i=0}^{k} (-1)^i \, (p_i u^{(i)})^{(i)}, \quad u \in M, \tag{19.118}$$

definiert wird. Durch wiederholte partielle Integration und Benutzung der Bedingungen (19.116), (19.117) erhalten wir

$$(Au, v) = \sum_{i=0}^{k} \int_a^b p_i u^{(i)} v^{(i)} \, dx, \tag{19.119}$$

woraus unmittelbar die Symmetrie des Operators A folgt. Weiter ergibt sich aus (19.119)

$$(Au, u) = \sum_{i=0}^{k} \int_a^b p_i (u^{(i)})^2 \, dx \geqq p \int_a^b (u^{(k)})^2 \, dx \tag{19.120}$$

als Folgerung der Voraussetzungen (19.114) und (19.115). Nach (19.116), (19.117) ist jedoch $u(a) = u(b) = 0$, so daß (siehe (18.28), S. 186) gilt:

$$\int_a^b u^2 \, dx \leqq c_1 \int_a^b u'^2 \, dx, \tag{19.121}$$

wobei man für c_1 den Wert

$$c_1 = \frac{(b - a)^2}{\pi^2} \tag{19.122}$$

wählen kann; da $u'(a) = u'(b) = 0$ ist, gilt analog

$$\int_a^b u'^2 \, dx \leqq c_1 \int_a^b u''^2 \, dx \tag{19.123}$$

usw. bis

$$\int_a^b (u^{(k-1)})^2 \, dx \leqq c_1 \int_a^b (u^{(k)})^2 \, dx. \tag{19.124}$$

Aus (19.120), (19.121), (19.123) und (19.124) folgt

$$(Au, u) \geqq \frac{p}{c_1^k} \|u\|^2 , \tag{19.125}$$

wobei wir für c_1 den Wert (19.122) wählen können. Ungleichung (19.125) zeigt, daß der Operator A auf der linearen Menge M positiv definit ist. Die verallgemeinerte Lösung u_0 der gegebenen Aufgabe kann man also als das Element suchen, das in dem in Kapitel 10 beschriebenen Raum H_A das Funktional

$$Fu = \sum_{i=0}^{k} \int_a^b p_i(u^{(i)})^2 \, dx - 2 \int_a^b fu \, dx \tag{19.126}$$

minimiert. Wenn wir zur Bestimmung dieser verallgemeinerten Lösung irgendeine der im vorhergehenden Teil des Buches angeführten Methoden benutzen und die Basis aus Elementen der Menge M wählen, können wir ähnlich wie in Bemerkung 19.4 zeigen, daß die Folge $\{u_n^{(k)}(x)\}$ in $L_2(a, b)$ und die Folge $\{u_n^{(k-1)}(x)\}$ gleichmäßig auf $[a, b]$ konvergiert. Hieraus folgert man leicht, daß die verallgemeinerte Lösung $u_0(x)$ auf $[a, b]$ stetige Ableitungen bis einschließlich $(k-1)$-ster Ordnung besitzt und daß fast überall in $[a, b]$ die Ableitung $u_0^{(k)} \in L_2(a, b)$ existiert; die Folgen $\{u_n^{(i)}(x)\}$, $i = 0, 1, \ldots, k-1$, konvergieren auf $[a, b]$ gleichmäßig gegen die Funktionen $u_0(x)$, $u_0'(x), \ldots, u_0^{(k-1)}(x)$ und die Folge $\{u_n^{(k)}(x)\}$ konvergiert im Mittel gegen die Funktion $u_0^{(k)}(x)$.

Bemerkung 19.7. Eine vollständige Analyse, wie wir sie in diesem Kapitel für die Differentialgleichung (19.1) mit Randbedingungen (19.3) vorgenommen haben, ist im analogen Fall der Gleichung (19.113) sehr mühsam. Wir wollen aber wenigstens an einem Beispiel zeigen, wie man im Falle anderer Randbedingungen als die Bedingungen (19.116) und (19.117) vorgehen kann.

Wir betrachten eine Gleichung vierter Ordnung

$$(p_2 u'')'' - (p_1 u')' + p_0 u = f , \tag{19.127}$$

mit Koeffizienten, die den früher angegebenen Forderungen genügen (d.h. p_0, p_1, p_1', p_2, p_2', p_2'' sind stetige Funktionen auf $[a, b]$ und es ist

$$p_0(x) \geqq 0 , \quad p_1(x) \geqq 0 , \quad p_2(x) \geqq p > 0 \quad \text{auf} \quad [a, b]) . \tag{19.128}$$

Die Differentialgleichung (19.127) wird ergänzt durch die Randbedingungen

$$u(a) = 0 , \quad u(b) = 0 , \tag{19.129}$$

$$u''(a) = 0 , \quad u''(b) = 0 . \tag{19.130}$$

Wie früher sei M die lineare Menge aller Funktionen, die samt ihren Ableitungen bis einschließlich vierter Ordnung stetig auf $[a, b]$ sind und die Bedingungen (19.129), (19.130) erfüllen, A sei der auf dieser Menge durch die Vorschrift

$$Au = (p_2 u'')'' - (p_1 u')' + p_0 u \tag{19.131}$$

erklärte Operator. Durch partielle Integration und unter Anwendung der Bedingungen (19.129), (19.130) erhalten wir

$$(Au, v) = [(p_2 u'')' v]_a^b - \int_a^b (p_2 u'')' v' \, dx - [p_1 u' v]_a^b + \int_a^b p_1 u' v' \, dx +$$

$$+ \int_a^b p_0 uv \, dx = -[p_2 u'' v']_a^b + \int_a^b p_2 u'' v'' \, dx + \int_a^b p_1 u' v' \, dx +$$

$$+ \int_a^b p_0 uv \, dx = \int_a^b p_2 u'' v'' \, dx + \int_a^b p_1 u' v' \, dx + \int_a^b p_0 uv \, dx \,, \qquad (19.132)$$

woraus die Symmetrie des Operators A auf der Menge M folgt. Weiter ist nach (19.132) und (19.128)

$$(Au, u) = \int_a^b p_2 u''^2 \, dx + \int_a^b p_1 u'^2 \, dx + \int_a^b p_0 u^2 \, dx \geqq p \int_a^b u''^2 \, dx \,. \qquad (19.133)$$

Wenn wir nun die Poincarésche Ungleichung (18.52), S. 191, für die Funktion $u'(x)$ aufschreiben ($u \in M$), erhalten wir

$$\int_a^b u'^2 \, dx \leqq c_3 \int_a^b u''^2 \, dx + c_4 \left(\int_a^b u' \, dx \right)^2 = c_3 \int_a^b u''^2 \, dx \,, \qquad (19.134)$$

denn es ist

$$\int_a^b u' \, dx = u(b) - u(a) = 0$$

infolge der Bedingungen (19.129). Aufgrund der gleichen Bedingungen gilt die Ungleichung (18.28), S. 186,

$$\|u\|^2 = \int_a^b u^2 \, dx \leqq c_1 \int_a^b u'^2 \, dx \,. \qquad (19.135)$$

Aus (19.133), (19.134) und (19.135) folgt

$$(Au, u) \geqq \frac{p}{c_1 c_3} \|u\|^2 \,, \qquad (19.136)$$

wobei man für c_1 und c_3 die folgenden Werte benutzen kann:

$$c_1 = \frac{(b-a)^2}{\pi^2} \,, \quad c_3 = \frac{(b-a)^2}{2} \,. \qquad (19.137)$$

Damit ist die positive Definitheit des Operators A bewiesen. Die Aufgabe (19.127), (19.129), (19.130) reduziert sich also auf das Auffinden des Minimums des Funktionals

$$Fu = \int_a^b p_2 u''^2 \, dx + \int_a^b p_1 u'^2 \, dx + \int_a^b p_0 u^2 \, dx - 2 \int_a^b fu \, dx \qquad (19.138)$$

im entsprechenden Raum H_A. Ein numerisches Beispiel befindet sich auf S. 247.

Kapitel 20. Probleme bei der Auswahl einer Basis

a) Allgemeine Grundsätze

Die in diesem Kapitel dargestellten Überlegungen betreffen überwiegend – wenn auch nicht ausschließlich – das Ritzsche Verfahren, das die am häufigsten benutzte Variationsmethode ist. Deshalb werden wir uns auch meistens direkt auf das Ritzsche Verfahren beziehen und nur an einigen Stellen auf die Möglichkeit bzw. Zweckmäßigkeit der Anwendung der angegebenen Ergebnisse bei den anderen Verfahren aufmerksam machen. Übrigens wird der Leser selbst imstande sein zu beurteilen, welches von den Ergebnissen im entsprechenden Fall von Nutzen ist.

Wenn wir zur Minimierung des Funktionals

$$Fu = (u, u)_A - 2(f, u),$$

das einem gegebenen positiv definiten Operator A entspricht und für $u \in H_A$ definiert ist (H_A ist dabei der Raum, den wir ausführlich in Kapitel 10 behandelt haben), das Ritzsche Verfahren benutzen, müssen wir zunächst eine geeignete Folge von Funktionen[1])

$$\varphi_1(x), \ldots, \varphi_n(x), \ldots \tag{20.1}$$

konstruieren, aus denen wir dann die Ritzsche Folge

$$u_1(x), \ldots, u_n(x), \ldots \tag{20.2}$$

bilden. Dabei ist das n-te Glied der Ritzschen Folge eine Linearkombination der Funktionen (20.1),

$$u_n = a_1\varphi_1 + \ldots + a_n\varphi_n .$$

Die Koeffizienten a_n in dieser Linearkombination sind durch das Gleichungssystem (13.11) bestimmt, d.h. durch das System

$$\begin{gathered}(\varphi_1, \varphi_1)_A\, a_1 + (\varphi_1, \varphi_2)_A\, a_2 + \ldots + (\varphi_1, \varphi_n)_A\, a_n = (f, \varphi_1),\\ \ldots\ldots\ldots\ldots\ldots\ldots\ldots\ldots\ldots\ldots\ldots\ldots\\ (\varphi_1, \varphi_n)_A\, a_1 + (\varphi_2, \varphi_n)_A\, a_2 + \ldots + (\varphi_n, \varphi_n)_A\, a_n = (f, \varphi_n).\end{gathered} \tag{20.3}$$

Die Folge (20.1) muß gewisse Eigenschaften haben – vgl. Kapitel 13; vor allem muß sie in H_A eine Basis bilden, d.h.

[1]) Da wir uns in diesem Teil des Buches mit Differentialgleichungen befassen, sind für uns nur solche Räume von Interesse, deren Elemente Funktionen sind.

a) sie muß in diesem Raum vollständig sein;
b) sie muß in H_A linear unabhängig sein.

Die Eigenschaft b) garantiert bekanntlich die eindeutige Lösbarkeit des Systems (20.3). Die Eigenschaft a) garantiert die Konvergenz der Ritzschen Folge $\{u_n\}$ im Raum H_A – und damit auch im Raum $L_2(G)$ – gegen die verallgemeinerte Lösung u_0 des betrachteten Problems, kurz gesagt, die Konvergenz des Ritzschen Verfahrens.

Während die Aufgabe die Folge (20.1) so zu bestimmen, daß sie in H_A vollständig ist, im allgemeinen Fall nicht leicht ist – die Frage der Auswahl einer vollständigen Folge ist eine der Hauptfragen dieses Kapitels –, ist die Forderung b) in der Regel schon automatisch erfüllt oder es ist nicht schwer sie nachzuweisen.

Wie wir schon festgestellt haben, garantiert die Eigenschaft b) die eindeutige Lösbarkeit des Systems (20.3) und die Eigenschaft a) die Konvergenz des Ritzschen Verfahrens. Vom theoretischen Standpunkt aus ist also alles in Ordnung. Trotzdem können bei numerischen Berechnungen leicht unvorhergesehene Schwierigkeiten auftreten. Sind nämlich die erwähnten Forderungen erfüllt, so folgt aus der Konvergenz des Verfahrens, daß das n-te Glied u_n der Ritzschen Folge beliebig gut (in der Metrik des Raumes H_A) die gesuchte verallgemeinerte Lösung u_0 des gegebenen Problems approximiert, wenn n genügend groß ist. Bei dieser Approximation ergibt sich die Aufgabe, das System (20.3) mit einer großen Anzahl von Unbekannten zu lösen. Hierbei spielen die Rundungsfehler – und zwar sowohl bei der Berechnung der Koeffizienten des Systems (20.3) als auch bei der Lösung des Systems selbst – eine wesentliche Rolle. Es kann nämlich vorkommen, daß die Funktionen (20.1) im Raum H_A „wenig" linear unabhängig sind – in dem Sinne, daß sich die Determinante des Systems (20.3) „wenig" von Null unterscheidet. Einen anschaulichen Beweis dafür, zu welch sinnlosen Ergebnissen man gelangen kann, obwohl die Folge (20.1) die Forderungen a) und b) erfüllt, liefert das in [31] angegebene Beispiel. Vgl. auch das Buch [5]. Aus diesen Überlegungen folgen, wie wir gleich sehen werden, weitere Forderungen an die Auswahl der Basis, die das numerische Verfahren bei der Ritzschen Methode betreffen.

Wie bezeichnen mit $\boldsymbol{R}_n$ die Matrix des System (20.3), mit

$$\boldsymbol{a}_n = \begin{pmatrix} a_1 \\ \vdots \\ a_n \end{pmatrix}^{1)} \tag{20.4}$$

[1]) Oder genauer

$$\boldsymbol{a}_n = \begin{pmatrix} a_1^{(n)} \\ \vdots \\ a_n^{(n)} \end{pmatrix},$$

wenn wir hervorheben wollen, daß die Koeffizienten der Funktionen φ_k in der Ritzschen Folge von n abhängen; siehe Fußnote auf S. 149.

den Lösungsvektor des Systems (20.3) und mit $\mathbf{f}_n$ den Vektor der rechten Seiten dieses Systems. Bei dieser Bezeichnung hat das System (20.3) die Form

$$\mathbf{R}_n \mathbf{a}_n = \mathbf{f}_n \,. \tag{20.5}$$

Nun sei vorausgesetzt, daß wir infolge von Rundungsfehlern statt der Matrix $\mathbf{R}_n$ eine Matrix erhalten, die wir mit $\mathbf{R}_n + \mathbf{Q}_n$ bezeichnen, und statt des Vektors $\mathbf{f}_n$ den Vektor $\mathbf{f}_n + \mathbf{g}_n$. Anstelle des Systems (20.5) haben wir also das System

$$(\mathbf{R}_n + \mathbf{Q}_n)\, \mathbf{b}_n = (\mathbf{f}_n + \mathbf{g}_n)\,, \tag{20.6}$$

dessen Lösung der Vektor

$$\mathbf{b}_n = \begin{pmatrix} b_1 \\ \vdots \\ b_n \end{pmatrix} \tag{20.7}$$

sei. Wir bezeichnen

$$v_n = b_1\varphi_1 + \ldots + b_n\varphi_n$$

und nennen das numerische Verfahren bei der Ritzschen Methode **stabil**, wenn es von n unabhängige Zahlen p, q und r gibt, so daß für $\|\mathbf{Q}_n\| \leqq r$ folgt:

$$\|v_n - u_n\|_A \leqq p\|\mathbf{Q}_n\| + q\|\mathbf{g}_n\| \,.\text{[1]} \tag{20.8}$$

Wenn also ein $\varepsilon > 0$ gegeben ist, so genügt es, die Elemente der Matrix $\mathbf{R}_n$ und des Vektors $\mathbf{f}_n$ mit genügender Genauigkeit zu berechnen, um $\|v_n - u_n\|_A < \varepsilon$ zu erhalten. Bei der Frage der numerischen Stabilität, die eben behandelt wurde, haben wir die bei der Lösung des Systems (20.3) – z.B. durch Iterations-, aber auch durch andere Verfahren – entstehenden Rundungsfehler nicht mit in Betracht gezogen. Der Einfluß dieser Fehler ist bekanntlich desto kleiner, je kleiner die sogenannte **Konditionszahl** (kurz die **Kondition**) der Matrix des vorgegebenen Systems ist, d.h. das Verhältnis des größten und des kleinsten Eigenwertes dieser Matrix. Die Forderung, diese Zahl soll gleichmäßig bezüglich n beschränkt sein, ist sicher natürlich.

Aus dem voranstehenden Text geht hervor, daß es zweckmäßig sein wird, an die Basis (20.1) noch folgende Forderungen zu stellen:

Die Basis (20.1) soll so beschaffen sein, daß

c) das numerische Verfahren stabil ist;

d) die Konditionszahl der Matrix $\mathbf{R}_n$ gleichmäßig beschränkt bezüglich n ist.

Wenn diese Forderungen erfüllt sind, werden verschiedene „Überraschungen" bei der numerischen Berechnung ausgeschlossen.

In Kapitel 11 haben wir die Möglichkeit der Abschätzung des Fehlers aufgrund der Formel (11.21), d.h. der Formel

---

[1]) Unter der Norm einer Matrix verstehen wir hier die euklidische Norm: Ist $\mathbf{C} = (c_{ij})$, so ist $\|\mathbf{C}\| = (\sum_{i,j=1}^{n} c_{ij}^2)^{1/2}$. Den Vektor $\mathbf{g}_n$ fassen wir als eine einspaltige Matrix auf.

$$\|u_n - u\|_A \leqq \frac{\|Au_n - f\|}{C} \tag{20.9}$$

erwähnt, wobei $\|Au_n - f\|$ die Norm der Differenz $Au_n - f$ im Raum $L_2(G)$ ist und C die Konstante der positiven Definitheit aus Formel (10.1), d.h.

$$\|u\|_A^2 \geqq C^2\|u\|^2 . \tag{20.10}$$

Schon als wir über die Vor- und Nachteile des Ritzschen Verfahrens diskutierten, haben wir erwähnt, daß man die Abschätzung (20.9) nicht immer mit Erfolg benutzen kann, denn nicht immer gilt

$$Au_n \to f \quad \text{für } n \to \infty , \tag{20.11}$$

und daß die Gültigkeit bzw. Ungültigkeit der Beziehung (20.11) von der geeigneten Wahl der Basis abhängt. Eine weitere, an die Basis (20.1) zu stellende Forderung lautet also:

e) Die Basis (20.1) soll so beschaffen sein, daß im Falle des Ritzschen Verfahrens (20.11) gilt.[1])

Nach dieser Einleitung geben wir nun einige Kriterien und Anweisungen zur Konstruktion einer Basis, die die Eigenschaften a) bis e) besitzt, bzw. wenigstens einige von ihnen. Dabei werden wir im wesentlichen Ergebnisse von Michlin benutzen, vor allem aus seiner Monographie [31]. Siehe auch [5].

Wir erinnern zunächst an einige klassische Beispiele vollständiger Systeme in $L_2(G)$. Schon in Kapitel 4 haben wir uns mit den Systemen einfacher Polynome bekannt gemacht: So ist im Raum $L_2(a, b)$ das System

$$1, x, x^2, x^3, \ldots \tag{20.12}$$

vollständig, im Raum $L_2(G)$ ist das das entsprechende System einfacher Polynome in N Veränderlichen, z.B im ebenen Fall ($N = 2$) das System

$$1, x, y, x^2, xy, y^2, \ldots . \;^{2)} \tag{20.13}$$

In den Fällen, die uns am meisten interessieren, wo nämlich gewisse homogene Randbedingungen erfüllt sein sollen, sind Systeme vom Typ (20.12), (20.13) als Basen nicht geeignet. Im Falle von Funktionen einer Veränderlichen werden die homogenen Randbedingungen $u(a) = 0$, $u(b) = 0$ z.B. von den Funktionen

$$\varphi_n(x) = \sin \frac{n\pi(x - a)}{b - a}, \quad n = 1, 2, \ldots \tag{20.14}$$

---

[1]) Wir bemerken, daß bei gewissen Methoden, z.B. bei der Methode der kleinsten Quadrate, die Beziehung (20.11) eine direkte Folgerung des benutzten Verfahrens ist.

[2]) Wir erinnern daran (vgl. Kapitel 4), daß der Raum $L_2(G)$ separabel ist: Eine abzählbare, in der Metrik dieses Raumes dichte Menge ist die Menge aller Polynome (in N Veränderlichen) mit rationalen Koeffizienten. Wir bemerken, daß diese Menge in den entsprechenden Metriken auch in allen Räumen dicht ist, auf die wir in diesem Buch stoßen werden, d.h. in den Räumen H_A und auch in den Räumen $W_2^{(k)}(G)$, die wir im vierten Teil dieses Buches einführen werden; alle diese Räume sind also separabel. Diese Erkenntnis wird uns im weiteren Text von Nutzen sein.

erfüllt, speziell also die Randbedingungen $u(0) = 0$, $u(\pi) = 0$ von den Funktionen

$$\varphi_n(x) = \sin nx\,, \quad n = 1, 2, \dots, \tag{20.15}$$

wobei bekannt ist, daß das System (20.14) in $L_2(a, b)$ vollständig ist. Ähnlich ist in $L_2(G)$ das System der Funktionen

$$\varphi_{mn}(x) = \sin\frac{m\pi(x_1 - a)}{b - a}\sin\frac{n\pi(x_2 - c)}{d - c}\,, \quad m = 1, 2, \dots, n = 1, 2, \dots \tag{20.16}$$

vollständig, die die homogene Bedingung $u = 0$ am Rand des Rechteckes $G = (a, b) \times (c, d)$ erfüllen, und speziell das System der Funktionen

$$\varphi_{mn}(x) = \sin mx_1 \sin nx_2\,,$$

die diese homogene Bedingung am Rand des Quadrates $(0, \pi) \times (0, \pi)$ erfüllen. Ähnliche Behauptungen gelten auch für entsprechende Quader im N-dimensionalen Raum ($N > 2$).

Es ensteht nun die Frage, ob man diese Systeme auch als vollständige Systeme in den Räumen H_A benutzen kann.

Wir führen ohne Beweis den folgenden Satz an (zum Beweis siehe z.B. [31]):

Satz 20.1. *Es sei* (wie üblich) *A ein positiv definiter Operator auf der im Hilbert-Raum H dichten linearen Menge D_A. Ist die Folge*

$$A\varphi_1, A\varphi_2, \dots, A\varphi_n, \dots (\varphi_1, \varphi_2, \dots \in D_A) \tag{20.17}$$

vollständig in H, dann ist die Folge

$$\varphi_1, \varphi_2, \dots, \varphi_n, \dots \tag{20.18}$$

vollständig in H_A.

Hieraus folgt sofort, daß im Fall des Dirichletschen Problems für die Poissonsche Gleichung auf dem Rechteck $G = (a, b) \times (c, d)$,

$$-\Delta u = f \quad \text{in } G\,, \tag{20.19}$$

$$u = 0 \quad \text{auf } \Gamma \tag{20.20}$$

das System (20.16) im entsprechenden Raum H_A vollständig ist. Der Operator $A = -\Delta$, der auf der linearen Menge D_A aller Funktionen erklärt ist, die zu $C^{(2)}(\bar{G})$ gehören und die Bedingung (20.20) erfüllen, ist nämlich auf D_A positiv definit (siehe Kapitel 22, S. 256). Jede von den Funktionen (20.16) gehört offensichtlich zu D_A; weiter ist

$$A\varphi_{mn} = -\Delta\varphi_{mn} = \left(\frac{m^2\pi^2}{(b - a)^2} + \frac{n^2\pi^2}{(d - c)^2}\right)\sin\frac{m\pi(x_1 - a)}{b - a}\sin\frac{n\pi(x_2 - c)}{d - c}\,,$$

so daß sich die Funktionen $A\varphi_{mn}$ von den Funktionen φ_{mn} nur durch (von Null verschiedene) Faktoren unterscheiden, daher bilden sie ein in $L_2(G)$ vollständiges System, denn die Funktionen φ_{mn} sind in $L_2(G)$ vollständig. Nach Satz 20.1 bilden also die Funktionen φ_{mn} auch im Raum H_A ein vollständiges System. Außerdem sind diese Funktionen im Raum H_A offensichtlich orthogonal, und folglich linear unabhängig, so daß sie in diesem Raum eine Basis bilden.

Dasselbe gilt auch im allgemeinen Fall von N Dimensionen. Insbesondere bilden für $N = 1$ im Falle des Problems

$$-u'' = f, \tag{20.21}$$

$$u(a) = 0, \quad u(b) = 0 \tag{20.22}$$

die Funktionen (20.14) eine Basis.

Eine weitere Möglichkeit, wie man bei homogenen Randbedingungen die Vollständigkeit des Systems der Polynome benutzen kann, ist die folgende (die Beschreibung führen wir dei Einfachheit halber für den ebenen Fall $N = 2$ durch): Es sei A ein positiv definiter Operator zweiter Ordnung (z.B. der Laplace-Operator) auf der linearen Menge D_A aller Funktionen, die samt ihren partiellen Ableitungen bis einschließlich zweiter Ordnung in $\bar{G}$ stetig sind und die Randbedingung

$$u = 0 \quad \text{auf } \Gamma \tag{20.23}$$

erfüllen. Der Rand Γ werde durch die Gleichung

$$g(x, y) = 0 \tag{20.24}$$

beschrieben, wobei g eine genügend glatte Funktion zweier Veränderlicher ist,[1]) die im Gebiet G positiv ist. Dann ist in H_A diejenige Folge vollständig, die entsteht, wenn wir die Funktionen der Folge (20.13) mit der Funktion $g(x, y)$ multiplizieren (so daß diese Funktionen dann die Bedingung (20.23) erfüllen), d.h. die Folge der Funktionen

$$g, xg, yg, x^2g, xyg, y^2g, \ldots . \tag{20.25}$$

(Siehe [30].) Wenn es sich z.B. um den Kreis mit Mittelpunkt im Koordinatenursprung und mit Radius R handelt, bzw. um die Ellipse mit Halbachsen a, b auf den Koordinatenachsen, bzw. um das Rechteck $(-a, a) \times (-b, b)$, bzw. um dasselbe Rechteck mit einer kreisförmigen Öffnung mit dem Mittelpunkt im Koordinatenursprung und dem Radius R, $R < \min(a, b)$, so wählen wir für $g(x, y)$ die Funktion

$$R^2 - x^2 - y^2$$

bzw.

$$1 - \frac{x^2}{a^2} - \frac{y^2}{b^2}$$

bzw.

$$(a^2 - x^2)(b^2 - y^2)$$

bzw.

$$(x^2 - a^2)(y^2 - b^2)(x^2 + y^2 - R^2),$$

---

[1]) Es genügt, wenn diese Funktion in $\bar{G}$ stetige partielle Ableitungen bis einschließlich zweiter Ordnung besitzt.

die in $\bar{G}$ offensichtlich genügend glatt ist, auf dem Rande verschwindet und im (offenen) Gebiet G positiv ist. So kann man z.B. die Ritzsche Approximation u_6 im ersten Fall folgendermaßen ansetzen:

$$u_6(x, y) = (R^2 - x^2 - y^2)(a_1 + a_2x + a_3y + a_4x^2 + \\ + a_5xy + a_6y^2)\,.\ ^{1)} \tag{20.26}$$

Ähnlich können wir auch im Falle einer höheren Anzahl von Dimensionen bzw. im Fall von Gleichungen höherer Ordnung vorgehen. Wenn wir z.B. auf dem Gebiet G das Problem

$$\Delta^2 u = f\,, \tag{20.27}$$

$$u = 0\,, \quad \frac{\partial u}{\partial v} = 0 \quad \text{auf } \Gamma \tag{20.28}$$

lösen, können wir das mit der Funktion $g^2(x, y)$ multiplizierte System (20.13) benutzen. Dieses System ist dann vollständig in H_A. (Hierbei haben wir das Quadrat der Funktion $g(x, y)$ gewählt, um zu gewährleisten, daß gleichzeitig beide Bedingungen (20.28) erfüllt sind.) Ähnlich können wir bei der Lösung des Dirichletschen Problems für Gleichungen höherer Ordnung das mit einer genügend hohen Potenz der Funktion g multiplizierte System (20.13) benutzen.

Dieses Verfahren läßt sich in einzelnen Fällen geeignet modifizieren. Wenn wir z.B. auf dem Halbkreis

$$x^2 + y^2 < R^2\,, \quad y > 0$$

das folgende Problem lösen:

$$\Delta^2 u = f\,, \tag{20.29}$$

$$u = 0\,, \quad \frac{\partial u}{\partial v} = 0 \quad \text{auf der oberen Halbkreislinie}\,, \tag{20.30}$$

$$u = 0 \qquad \text{für } y = 0\,, \tag{20.31}$$

$$\frac{\partial^2 u}{\partial v^2} = 0 \qquad \text{für } y = 0 \tag{20.32}$$

(es handelt sich um die Durchbiegung einer halbkreisförmigen Platte, die auf dem runden Teil des Randes eingespannt und am Rest des Randes gestützt ist), können wir als Basis die mit der Funktion

$$y(R^2 - x^2 - y^2)^2 \tag{20.33}$$

multiplizierte Folge der Funktionen (20.13) wählen. Die Funktion (20.33) ist auf G positiv und genügend glatt und jede Funktion der so entstandenen Folge wird die Bedingungen (20.30) und (20.31) erfüllen. Die Bedingung (20.32) muß nicht a priori erfüllt sein, denn sie ist instabil.

---

[1]) Ähnlich kann man im Falle des Problems (20.21), (20.22) z.B. $u_4(x) = (x - a)(b - x)\,.\,(a_1 + a_2x + a_3x^2 + a_4x^3)$ setzen, usw.

Solche Systeme (d.h. Systeme von Typ (20.25), eventuell auf geeignete Weise modifiziert) sind zwar vollständig in H_A, sie sind jedoch im allgemeinen Fall „wenig orthogonal", und deshalb nicht immer für numerische Berechnungen geeignet. Eine wesentliche Verbesserung kann man in dieser Richtung erzielen, wenn man die Legendreschen Polynome benutzt, siehe [31]. Oft ist jedoch der Weg, den wir jetzt beschreiben werden, viel wirksamer:

Dem Leser ist wahrscheinlich der Begriff des Eigenwertes bzw. der Eigenfunktion eines Problems bekannt. Ausführlich befassen wir uns mit dieser Problematik in den Kapiteln 37 bis 41. Hier führen wir nur kurz einige Ergebnisse und Beispiele an.

Es sei A ein linearer Differentialoperator [1]), der auf der linearen Menge D_A genügend glatter Funktionen erklärt ist, die vorgegebene homogene Randbedingungen erfüllen (diese Funktionen müssen eine genügende Anzahl von Ableitungen besitzen, damit auf sie der Operator A angewandt werden kann). Wir sagen, daß die Zahl λ ein **Eigenwert des Operators** A ist, wenn eine nichtverschwindende Funktion $u \in D_A$ existiert, so daß gilt:

$$Au - \lambda u = 0\,. \tag{20.34}$$

Eine solche Funktion $u(x)$ $(u(x) \not\equiv 0)$ nennen wir eine dem Eigenwert λ entsprechende **Eigenfunktion des Operators** A.

Aus der Homogenität des betrachteten Problems folgt, daß für jede dem Eigenwert λ entsprechende Eigenfunktion $u(x)$ auch die Funktion $ku(x)$, wobei k eine von Null verschiedene Konstante ist, eine Eigenfunktion des Operators A darstellt.

In Kapitel 39 werden wir zeigen (wobei wir dort den entsprechenden Satz in einer etwas anderen Form formulieren werden[2])), daß für positiv definite Differentialoperatoren der Typen, wie sie in diesem Buch auftreten werden, gilt: *Der Operator A hat abzählbar viele Eigenwerte $\lambda_1, \lambda_2, \ldots, \lambda_n, \ldots$ und abzählbar viele entsprechende Eigenfunktionen*

$$\varphi_1, \varphi_2, \ldots, \varphi_n, \ldots, \tag{20.35}$$

die man in H_A orthonormalisieren kann (so daß sie gleichzeitig in H_A linear unabhängig sind). *Das System* (20.35) *ist vollständig in H_A.*

Das System (20.35) erfüllt also die am Anfang dieses Kapitels formulierten Forderungen a), b). Man kann zeigen (siehe [31]), daß es – wenn es orthonormiert ist – auch die Forderungen c), d) und e) erfüllt, die die numerische Stabilität des Ritzschen Verfahrens, die gleichmäßige Kondition der Ritzschen Matrizen und die Konvergenz der Folge $\{Au_n\}$ gegen die Funktion f in $L_2(G)$ ausdrücken.

---

[1]) In diesem Teil des Buches betrachten wir nur Differentialoperatoren mit genügend glatten Koeffizienten in $\overline{G}$.

[2]) Wenn die Koeffizienten des Differentialoperators A nicht genügend glatt sind, muß man Eigenfunktionen in einem verallgemeinerten Sinn betrachten.

Ein sehr einfaches Beispiel eines Eigenwertproblems stellt das folgende Problem

$$-u'' - \lambda u = 0\,, \tag{20.36}$$

$$u(0) = 0\,, \quad u(\pi) = 0 \tag{20.37}$$

für den Operator $A = -u''$ dar, dessen Definitionsbereich D_A aus allen Funktionen besteht, die im Intervall $[0, \pi]$ zweimal stetig differenzierbar sind und die Bedingungen (20.37) erfüllen. Die Bestimmung der Eigenwerte und Eigenfunktionen ist hier außergewöhnlich einfach. Sucht man eine nichtverschwindende Lösung des Problems (20.36), (20.37), so stellt man leicht fest, daß es für $\lambda = 0$ oder $\lambda < 0$ keine von Null verschiedene Lösung gibt. (Wenn nämlich $\lambda = 0$ ist, nimmt die Gleichung (20.36) die Form $-u'' = 0$ an mit der allgemeinen Lösung $u(x) = ax + b$; aus den Bedingungen (20.37) folgt dann nach leichten Rechnungen $a = 0$, $b = 0$, so daß $u(x) \equiv 0$ ist. Zum gleichen Resultat kommen wir auf ähnliche Weise auch im Falle $\lambda < 0$.) Es sei also

$$\lambda = n^2\,, \quad n > 0\,.$$

Die Gleichung (20.36), d.h. die Gleichung

$$u'' + n^2 u = 0\,,$$

hat dann die allgemeine Lösung

$$u(x) = a \cos nx + b \sin nx\,.$$

Aus der ersten Bedingung (20.37) folgt $a = 0$, so daß

$$u(x) = b \sin nx$$

ist. Aus der zweiten Bedingung (20.37) folgt

$$b \sin n\pi = 0\,.$$

Wenn also die Lösung von Null verschieden sein soll, muß $b \neq 0$, d.h. $\sin n\pi = 0$ sein. Da laut Voraussetzung $n > 0$ ist, folgen hieraus für n die Werte

$$n_1 = 1,\ n_2 = 2,\ n_3 = 3,\ \ldots\,.$$

Das vorgegebene Problem hat also die folgenden Eigenwerte:

$$\lambda_1 = n_1^2 = 1,\ \lambda_2 = n_2^2 = 4,\ \lambda_3 = n_3^2 = 9,\ \ldots$$

und die entsprechenden Eigenfunktionen sind

$$\sin x,\ \sin 2x,\ \sin 3x,\ \ldots\,. \tag{20.38}$$

Wie man sich durch direkte Berechnung überzeugen kann, sind die Funktionen (20.38) im entsprechenden Raum H_A orthogonal:

$$(A \sin jx,\ \sin kx) = \int_0^\pi j^2 \sin jx \sin kx \,\mathrm{d}x = \begin{cases} 0 & \text{für} \quad k \neq j\,, \\ \dfrac{\pi j^2}{2} & \text{für} \quad k = j\,. \end{cases}$$

Da das Skalarprodukt $(u, v)_A$ im Raum H_A nur eine Erweiterung des Skalarproduktes (Au, v) darstellt, folgt hieraus die Orthogonalität der Funktionen (20.38) in H_A. [1])

[1]) Man kann natürlich auch direkt das Skalarprodukt $\int_0^\pi u'v'\,\mathrm{d}x$ benutzen, vgl. Beispiel 10.1, S. 110.

(n Übereinstimmung mit der vor dem Beispiel angeführten Aussage ist das System I20.38) außerdem vollständig in H_A.[1]) Wenn wir das System in diesem Raum normieren, wird es auch die im vorhergehenden Text formulierten Forderungen c), d), e) erfüllen.

Ganz analog kann man zeigen, daß (20.14) das System der Eigenfunktionen des Problems

$$-u'' - \lambda u = 0 ,$$
$$u(a) = 0 , \quad u(b) = 0$$

ist, und daß weiter (20.16) das System der Eigenfunktionen des Problems

$$-\Delta u - \lambda u = 0 \quad \text{in } G , \tag{20.39}$$
$$u = 0 \quad \text{auf } \Gamma \tag{20.40}$$

ist, wobei G das Rechteck $(a, b) \times (c, d)$ ist, d.h., (20.16) ist das System der Eigenfunktionen des Operators $-\Delta$, der auf der Menge aller Funktionen betrachtet wird, die samt ihren Ableitungen bis einschließlich zweiter Ordnung in $\overline{G}$ stetig sind und die Bedingung (20.40) erfüllen.[2]) In ähnlicher Weise kann man entsprechende Systeme von Eigenfunktionen auf Quadern höherer Dimensionen konstruieren.

Ganz ähnlich wie im Falle des Problems (20.36), (20.37) stellen wir fest, daß

$$\cos x, \ \cos 2x, \ \cos 3x, \ \ldots \tag{20.41}$$

das System der Eigenfunktionen des Operators $-u''$ ist, der (siehe S. 200) auf der linearen Menge $\tilde{M}_2$ aller Funktionen positiv definit ist, die im Intervall $[0, \pi]$ zweimal stetig differenzierbar sind und die Bedingungen

$$\int_0^\pi u(x)\,dx = 0 , \tag{20.42}$$

$$u'(0) = 0 , \quad u'(\pi) = 0 \tag{20.43}$$

erfüllen. Entsprechend bilden die Funktionen

$$\cos \frac{n\pi(x - a)}{b - a} , \quad n = 1, 2, \ldots \tag{20.44}$$

das System der Eigenfunktionen des analogen, auf dem Intervall $[a, b]$ betrachteten Problems.

In allen diesen Fällen haben wir ein System von Eigenfunktionen – und damit auch eine geeignete Basis in H_A, die (nach Normierung in diesem Raum) die Forderungen a) bis e) erfüllt – auf eine sehr einfache Weise konstruiert, denn die betrachteten Operatoren $-u''$, $-\Delta u$ sowie ihre Definitionsbereiche (Intervall, Rechteck u.ä.)

---

[1]) Die Vollständigkeit des Systems (20.15) in H_A folgt also nicht nur aus Satz 20.1, sondern auch aus dem eben angeführten Ergebnis.

[2]) Wir erinnern daran, daß wir das System (20.16) — vorher noch normiert — in Beispiel 12.1 bei der Methode der Orthogonalreihen benutzt haben.

waren sehr einfach. Das Problem ist viel schwieriger, wenn wir z.B. Operatoren mit nichtkonstanten Koeffizienten betrachten. Umso wichtiger ist deshalb das Ergebnis, das wir in Satz 20.2 auf S. 232 formulieren werden und das uns ermöglicht, ein System von Eigenfunktionen eines komplizierteren Operators durch ein System von Eigenfunktionen eines einfacheren Operators zu „ersetzen". Zunächst führen wir aber den Begriff des selbstadjungierten Operators ein.

Wir betrachten einen linearen Operator A mit dem Definitionsbereich D_A, der im Hilbert-Raum H mit Skalarprodukt (u, v) dicht sei. Für gewisse $v \in H$ existiert dann ein $v^* \in H$, so daß

$$(Au, v) = (u, v^*) \quad \text{für jedes } u \in D_A$$

gilt. Diese Eigenschaft hat z.B. das Element $v = 0$: das entsprechende Element ist $v^* = 0$, denn für jedes $u \in D_A$ gilt offensichtlich

$$(Au, 0) = (u, 0) = 0 .$$

Wenn der Operator A auf der Menge D_A symmetrisch ist, haben alle Elemente $v \in D_A$ diese Eigenschaft; die entsprechenden Elemente sind $v^* = Av$, denn für jedes $u \in D_A$, $v \in D_A$ gilt in diesem Fall

$$(Au, v) = (u, v^*) .$$

Die Menge aller $v \in H$ mit dieser Eigenschaft kann aber auch größer sein.

Wir bezeichnen im allgemeinen Fall mit M die Menge aller $v \in H$ mit der betrachteten Eigenschaft. Da die lineare Menge D_A dicht in H ist, ist das Element v^* durch das Element $v \in M$ stets eindeutig bestimmt[1]). Dadurch ist auf der Menge M ein gewisser Operator A^* erklärt,

$$v^* = A^*v , \quad v \in M ,$$

so daß für jedes $u \in D_A$ und für jedes $v \in M = D_{A^*}$ gilt:

$$(Au, v) = (u, A^*v) .$$

Der Operator A^* wird der zum Operator A **adjungierte** Operator genannt. Ist $A^* = A$ (d.h., ist $D_{A^*} = D_A$ und $A^*v = Av$ für jedes $v \in D_A$), wird der Operator A **selbstadjungiert** genannt.

Für einen symmetrischen Operator A ist offensichtlich $D_A \subset D_{A^*}$, wobei, wie wir schon erwähnt hatten, die Menge D_{A^*} tatsächlich auch größer sein kann als die Menge D_A. Es sei noch auf die folgende Tatsache aufmerksam gemacht: Je größer (grob gesagt) der Definitionsbereich D_A des vorgegebenen Operators ist, desto kleiner ist der Definitionsbereich D_{A^*} des adjungierten Operators (denn die Definitionsgleichung

[1]) Wenn wir voraussetzen, daß einem Element $v \in M$ zwei Elemente v_1^*, v_2^* entsprechen, so daß für jedes $u \in D_A$

$$(Au, v) = (u, v_1^*) , \quad (Au, v) = (u, v_2^*)$$

gilt, dann folgt nach Subtraktion und Anwendung von Satz 6.18, S. 66, daß $v_1^* - v_2^* = 0$ ist, aufgrund der Dichte der Menge D_A in H.

$(Au, v) = (u, v^*)$ muß für „mehr" Elemente u gelten). Es ist zu erwarten, daß wir bei einer geeigneten Erweiterung des Definitionsbereiches eines symmetrischen Operators den Definitionsbereich des adjungierten Operators so einschränken, daß beide Definitionsbereiche zusammenfallen. Es läßt sich zeigen (siehe z.B. [32]), daß alle positiv definiten Operatoren diese Eigenschaft haben: *Jeden positiv definiten Operator*[1]) *kann man zu einem selbstadjungierten erweitern.*[2]) Dabei bleibt der auf diese Weise erweiterte Operator positiv definit und das System seiner Eigenfunktionen stimmt mit dem System der Eigenfunktionen des ursprünglichen Operators A überein.

Zwei positiv definite selbstadjungierte Operatoren A, B werden **kongruent** genannt, wenn $D_A = D_B$ ist.[3])

Wenn es sich um positiv definite Differentialoperatoren der gleichen Ordnung handelt, mit denen wir uns in diesem Teil des Buches befassen und deren Definitionsbereiche aus genügend glatten Funktionen bestehen, kann man ungefähr sagen, daß die entsprechenden selbstadjungierten Operatoren $\bar{A}$, $\bar{B}$, die eine Erweiterung der Operatoren A, B darstellen, kongruent sind, wenn die Definitionsbereiche D_A, D_B der ursprünglichen Operatoren A, B übereinstimmen. Ausführlich wird diese Problematik im Buch [31] behandelt, wo der Leser auch die Beweise der im weiteren angeführten Behauptungen finden kann. So sind z.B. die Operatoren

$$A = -(pu')' + ru\,, \tag{20.45}$$

$$B = -u''\,, \tag{20.46}$$

wobei p, p', r auf $[a, b]$ stetige Funktionen sind und $p(x) \geqq p_0 > 0$, $r(x) \geqq 0$ auf $[a, b]$ gilt, positiv definit auf dem gemeinsamen Definitionsbereich $D_A = D_B$ aller Funktionen, die in $[a, b]$ zweimal stetig differenzierbar sind und die Bedingungen

$$u(a) = 0\,, \quad u(b) = 0 \tag{20.47}$$

erfüllen. Ihre selbstadjungierten Erweiterungen $\bar{A}$, $\bar{B}$ sind kongruente Operatoren. Dasselbe gilt für die selbstadjungierten Erweiterungen der positiv definiten Operatoren

$$A = -\left(\frac{\partial^2 u}{\partial x^2} + k^2 \frac{\partial^2 u}{\partial y^2}\right), \quad k > 0\,, \tag{20.48}$$

$$B = -\Delta u\,, \tag{20.49}$$

mit dem gemeinsamen Definitionsbereich $D_A = D_B$ aller Funktionen, die samt ihren partiellen Ableitungen einschließlich zweiter Ordnung im abgeschlossenen Gebiet $\bar{G}$

---

[1]) Nach Definition ist ein positiv definiter Operator schon a priori symmetrisch.

[2]) Diese Tatsache führt zum Begriff der sogenannten *Friedrichsschen Erweiterung* eines positiv definiten Operators. Siehe z.B. [32].

[3]) Wir möchten den Leser darauf aufmerksam machen, daß die Terminologie in der Literatur nicht sehr einheitlich ist. Keinesfalls muß aus der Kongruenz zweier Operatoren ihre Gleichheit entsprechend Definition 8.4, S. 77, folgen.

stetig sind und die Bedingung

$$u = 0 \quad \text{auf } \Gamma \tag{20.50}$$

erfüllen.

Weitere Beispiele kann der Leser leicht selbst konstruieren.

Zwei kongruente Operatoren $\bar{A}$, $\bar{B}$ nennen wir **verwandt**, wenn es positive Konstanten c und k gibt, so daß für jedes $u \in D_{\bar{A}} = D_{\bar{B}}$

$$|(\bar{A}u, (\bar{B} + kI)\, u)| \geqq c \|\bar{A}u\|^2$$

gilt, wobei I der Einheitsoperator ist.

Es läßt sich wiederum zeigen ([31]), daß alle in diesem Buch betrachteten kongruenten Operatoren diese Bedingung erfüllen.

Es gilt der folgende wichtige Satz (siehe [31]):

Satz 20.2. *Es seien $\bar{A}$ und $\bar{B}$ kongruente verwandte Operatoren. Dann hat das orthonormale System*[1]) *der Eigenfunktionen des Operators $\bar{B}$ alle Eigenschaften* a) *bis* e), *die von einer Basis im Raum H_A gefordert werden.*

Grob gesagt kann man bei der Auswahl einer Basis mit den Eigenschaften a) bis e) das orthonormale System der Eigenfunktionen des Operators $\bar{A}$ durch das Orthonormalsystem der Eigenfunktionen eines einfacheren Operators $\bar{B}$ ersetzen, der mit dem Operator $\bar{A}$ kongruent und verwandt ist.

Wenn wir z.B. das Problem

$$-(pu')' + ru = f\,,$$

$$u(0) = 0\,, \quad u(\pi) = 0\,,$$

mit Hilfe des Ritzschen Verfahrens lösen wollen, können wir die Kongruenz und Verwandtheit der selbstadjungierten Erweiterungen der Operatoren (20.45) und (20.46) ausnutzen und als Basis das System (20.38) der Eigenfunktionen des Operators B wählen, das wir im Raum H_B orthonormieren, also im Raum mit dem Skalarprodukt

$$(u, v)_B = \int_0^\pi u'v' \,\mathrm{d}x\,,$$

d.h. wir wählen als Basis das System

$$\varphi_n(x) = \frac{\sqrt{2}}{\sqrt{\pi}\, n} \sin nx\,, \quad n = 1, 2, \ldots\,. \tag{20.51}$$

b) Auswahl einer Basis im Fall gewöhnlicher Differentialgleichungen

Die im vorhergehenden Text durchgeführten allgemeinen Überlegungen liefern eine ausreichende Grundlage für die Auswahl einer Basis in konkreten Fällen. Die praktischen Schlußfolgerungen aus diesen Überlegungen kann man weiter verbessern

[1]) In der Metrik des Raumes $H_{\bar{B}}$ normiert, oder, was das gleiche ist, in der des Raumes H_B.

bzw. vereinfachen; dazu sei der Leser auf die Bücher [31], [5] hingewiesen. Hier werden wir nur konkrete Anweisungen zur Auswahl einer Basis bei der Lösung gewöhnlicher Differentialgleichungen mit den am häufigsten auftretenden Randbedingungen angeben. Entsprechende Anweisungen zur Auswahl einer Basis im Falle partieller Differentialgleichungen mit Randbedingungen kann der Leser in Kapitel 25 finden.

Es sei noch bemerkt, daß die von n unabhängigen Faktoren, die bei der Normierung von Eigenfunktionen auftreten, keinen Einfluß auf das Vorhandensein oder Nichtvorhandensein der Eigenschaften a) bis e) einer Basis haben und daß man sie der Einfachheit halber weglassen kann. Statt der Basis (20.51) kann man also die Basis

$$\varphi_n(x) = \frac{\sin nx}{n}, \quad n = 1, 2, \ldots \tag{20.52}$$

benutzen. Ähnlich kann man auch gewisse komplizierte Ausdrücke vereinfachen, die bei der Normierung entstehen und von n abhängen, denn wichtig ist eigentlich nur die „Ordnung", mit der diese Ausdrücke von n abhängen. So kann man z.B. Koeffizienten der Form

$$\sqrt{\frac{n}{a^2n^2 + b^2}} \tag{20.53}$$

durch Koeffizienten der Form

$$\sqrt{\frac{1}{n}} \tag{20.54}$$

ersetzen, die für $n \to \infty$ mit der gleichen Größenordnung wie die Koeffizienten (20.53) gegen Null streben. Diese Größenordnung muß aber erhalten bleiben, denn sonst würden im allgemeinen Fall die Elemente der Ritzschen Matrix sehr schnell (im Absolutbetrag) in der Richtung der Hauptdiagonale wachsen, was die Stabilität des numerischen Verfahrens wesentlich beeinflussen würde. Bei geeigneter Wahl der numerischen Verfahren (Programmierung mit beweglichem Komma und Lösung des Ritzschen Systems durch Eliminationsverfahren, und natürlich auch dann, wenn nur eine kleine Anzahl von Basiselementen in Betracht gezogen wird) kann man die Koeffizienten gleich Eins setzen, und zwar ohne Rücksicht darauf, wie sie von n abhängen; siehe [5].

Anweisungen zur Auswahl einer Basis werden wir für Gleichungen zweiter und vierter Ordnung angeben, und zwar für die Intervalle $[0, l]$ bzw. $[-l, l]$, auf die wir in Anwendungen am häufigsten stoßen.

I. Gleichung

$$-(pu')' + ru = f, \tag{20.55}$$

p, p', r stetig auf $[0, l]$, $p(x) \geqq p_0 > 0$, $r(x) \geqq 0$ auf $[0, l]$.

1. *Randbedingungen*

$$u(0) = 0\,, \quad u(l) = 0\,. \tag{20.56}$$

Wir wählen als Basis

$$\varphi_n(x) = \frac{\sin \dfrac{n\pi x}{l}}{n}\,, \quad n = 1, 2, \ldots\,. \tag{20.57}$$

Insbesondere erhalten wir für $l = \pi$ die Basis (20.52).

2. *Randbedingungen*

$$u'(0) - \beta\, u(0) = 0\,, \quad u'(l) + \delta\, u(l) = 0\,, \quad \beta \geqq 0\,, \quad \delta \geqq 0\,. \tag{20.58}$$

Wenn nicht gleichzeitig $r(x) \equiv 0$, $\beta = \delta = 0$ ist, wählen wir als Basis

$$\varphi_0(x) = 1\,, \quad \varphi_n(x) = \frac{\cos \dfrac{n\pi x}{l}}{n}\,, \quad n = 1, 2, \ldots\,. \;^{1)} \tag{20.59}$$

Wenn $r(x) \equiv 0$, $\beta = \delta = 0$ ist (S. 200), lassen wir in (20.59) die Funktion $\varphi_0(x)$ weg. In diesem einfachen Fall können wir natürlich die Lösung durch direkte Integration bestimmen.

3. *Randbedingungen*

$$u(0) = 0\,, \quad u'(l) + \delta\, u(l) = 0\,, \quad \delta \geqq 0\,. \tag{20.60}$$

Wir wählen als Basis

$$\varphi_n(x) = \frac{1}{n} \sin\left[\frac{\pi}{2l}(2n-1)\,x\right], \quad n = 1, 2, \ldots\,. \tag{20.61}$$

II. Gleichung

$$(p_2 u'')'' - (p_1 u')' + p_0 u = f\,, \tag{20.62}$$

$p_0, p_1, p_1', p_2, p_2', p_2''$ stetig auf $[0, l]$ bzw. $[-l, l]$, $p_0(x) \geqq 0$, $p_1(x) \geqq 0$, $p_2(x) \geqq$ $\geqq p > 0$ auf $[0, l]$ bzw. $[-l, l]$.

4. *Randbedingungen*

$$u(0) = 0\,, \quad u(l) = 0\,, \tag{20.63}$$

$$u''(0) = 0\,, \quad u''(l) = 0\,. \tag{20.64}$$

[1]) Wenn $\beta^2 + \delta^2 > 0$ ist (wobei wir $r(x) \equiv 0$ zulassen), stellt die selbstadjungierte Erweiterung des durch die Vorschrift $-u''$ auf der linearen Menge aller (genügend glatten) Funktionen, die die Bedingungen (20.58) erfüllen, erklärten Operators einen verwandten Operator dar. Das System der Eigenfunktionen dieses Operators ist aber nicht einfach, und deshalb ziehen wir hier das System (20.59) vor. (Vgl. [31].)

Wir wählen als Basis

$$\varphi_n(x) = \frac{\sin \dfrac{n\pi x}{l}}{n^2}, \quad n = 1, 2, \ldots . \tag{20.65}$$

5. *Randbedingungen*

$$u(-l) = 0, \quad u(l) = 0, \tag{20.66}$$

$$u'(-l) = 0, \quad u'(l) = 0. \tag{20.67}$$

Wir wählen als Basis

$$\varphi_{2n-1} = \frac{1}{n^2}\left(\sin \frac{\lambda_n x}{l} - \frac{x}{l} \sin \lambda_n\right), \tag{20.68}$$

$$\varphi_{2n} = \frac{1}{n^2}\left[\cos \frac{n\pi x}{l} - (-1)^n\right], \quad n = 1, 2, \ldots,$$

wobei λ_n positive Lösungen der Gleichung

$$\operatorname{tg} \lambda = \lambda$$

sind, die der Größe nach geordnet werden, so daß gilt:

$$\frac{(2n-1)\pi}{2} \leqq \lambda_n \leqq \frac{(2n+1)\pi}{2}.$$

Es ist

$$\lambda_1 \approx 4{,}4932,$$

$$\lambda_2 \approx 7{,}7252,$$

$$\lambda_3 \approx 10{,}9035,$$

$$\vdots$$

Beispiele weiterer Basen kann der Leser in [31] und [5] finden. Siehe auch Kapitel 42 dieses Buches.

Wir bemerken hier noch, daß in gewissen Spezialfällen (wenn wir z.B. die Tatsache ausnutzen können, daß das vorgegebene Problem gerade oder ungerade ist) auch einfachere Basen benutzt werden können (vgl. den Text auf S. 152).

Kapitel 21. Numerische Beispiele: Gewöhnliche Differentialgleichungen

In diesem Kapitel werden wir drei Beispiele für die Lösung gewöhnlicher Differentialgleichungen mit Hilfe von Variationsmethoden angeben. Die beiden ersten Beispiele dienen zur Illustration, denn ihre Lösung ist schon von vornherein bekannt. Wir führen sie deshalb an, weil sie von vielen Gesichtspunkten aus sehr instruktiv sind und der Leser an diesen Beispielen sehr gut sehen kann, wie man – und auch wie man nicht – in den Fällen vorgehen soll, die bei weitem nicht so klar sind (insbesondere im Falle partieller Differentialgleichungen).

Im dritten Beispiel werden wir die numerische Berechnung der Lösung einer Gleichung vierter Ordnung der Form (21.50) mit variablen Koeffizienten und mit Randbedingungen (21.51), (21.52) vornehmen. (Vom technischen Standpunkt aus handelt es sich um die Durchbiegung eines inhomogenen, frei gestützten Stabes, der auf einer elastischen Unterlage liegt bzw. auch einer Belastung durch Achsenkräfte ausgesetzt ist.)

Beispiel 21.1. Wir lösen das Problem

$$-u'' = \cos x\,, \tag{21.1}$$

$$u(0) = 0\,, \quad u(\pi) = 0\,. \tag{21.2}$$

Die Lösung dieses Problems ist die Funktion

$$u(x) = \cos x + \frac{2}{\pi}x - 1\,;$$

es genügt, die Gleichung (21.1) zweimal zu integrieren und die Integrationskonstanten aus den Bedingungen (21.2) zu bestimmen. Das Beispiel dient also offensichtlich nur zur Illustration. Wir werden an ihm die Anwendung des Ritzschen und Galerkin-Verfahrens sowie auch der Methode der kleinsten Quadrate demonstrieren und gleichzeitig auch zeigen, wie man die Formel (11.21), S. 126, zur Fehlerabschätzung verwenden kann. Das Problem ist so einfach, daß an ihm nicht viel zu „verderben" ist. Die Ergebnisse dieses Beispieles werden wir jedoch in Beispiel 21.2 anwenden, wo man, wie wir sehen werden, schon ziemlich viel „verderben" kann.

Die positive Definitheit des Operators A, der durch die Vorschrift $Au = -u''$ auf der (in $L_2(0, \pi)$ dichten) linearen Menge M aller Funktionen erklärt ist, die im Intervall $[0, \pi]$ zweimal stetig differenzierbar sind und die Bedingungen (21.2) erfüllen, folgt als Spezialfall aus den Resultaten von Kapitel 19.

1. *Lösung mit Hilfe des Ritzschen Verfahrens*

Nach (20.57) wählen wir als Basis

$$\sin x\,,\quad \frac{\sin 2x}{2}\,,\quad \frac{\sin 3x}{3}\,,\ \ldots\,. \tag{21.3}$$

Die n-te Ritzsche Approximation wird also die folgende Form haben:

$$u_n(x) = \sum_{j=1}^{n} c_j \frac{\sin jx}{j}\,,$$

bzw. — wenn wir die Bezeichnung $c_j/j = a_j$ verwenden —

$$u_n(x) = \sum_{j=1}^{n} a_j \sin jx\,. \tag{21.4}$$

Wenn wir die Form (21.4) benutzen, wählen wir eigentlich die Basis

$$\sin x,\ \sin 2x,\ \sin 3x,\ \ldots\,; \tag{21.5}$$

dies wird jedoch, wie wir sehen werden, in unserem Fall, wo es um explizite Formeln für die Koeffizienten a_j geht, vom numerischen Standpunkt aus keine Rolle spielen.

Wir machen noch darauf aufmerksam, daß das Problem „symmetrisch bezüglich des Punktes $(\pi/2, 0)$“ ist: Der vorgegebene Differentialoperator hat konstante Koeffizienten, die Randbedingungen sind symmetrisch bezüglich des Punktes $(\pi/2, 0)$ und auch das Diagramm der rechten Seite der Gleichung (21.1) ist symmetrisch bezüglich dieses Punktes. In Übereinstimmung mit den in Bemerkung 13.7, S. 152, durchgeführten Überlegungen genügt es, in (21.5) nur die Funktionen zu betrachten, deren Diagramme symmetrisch bezüglich des Punktes $(\pi/2, 0)$ sind. Wir wählen also als Basis

$$\varphi_j(x) = \sin 2jx\,,\quad j = 1, 2, \ldots\,. \tag{21.6}$$

(Der Leser kann sich durch direkte Berechnung leicht überzeugen, daß er, wenn er als Basis die Funktionen (21.5) wählt, als Resultat der Rechnungen tatsächlich für die Koeffizienten der Glieder $\sin x$, $\sin 3x$, ... stets eine Null erhält.)

Da in unserem Fall die Basiselemente zum Definitionsbereich D_A des gegebenen Operators gehören, können wir das Ritzsche System zur Bestimmung der Konstanten $a_1, \ldots, a_n$ in der Form (13.29), S. 151, schreiben:

$$\begin{aligned}
&(A\varphi_1, \varphi_1)\, a_1 + (A\varphi_1, \varphi_2)\, a_2 + \ldots + (A\varphi_1, \varphi_n)\, a_n = (f, \varphi_1)\,,\\
&\ldots\ldots\ldots\ldots\ldots\ldots\ldots\ldots\ldots\ldots\ldots\ldots\ldots\ldots\\
&(A\varphi_1, \varphi_n)\, a_1 + (A\varphi_2, \varphi_n)\, a_2 + \ldots + (A\varphi_n, \varphi_n)\, a_n = (f, \varphi_n)\,.
\end{aligned} \tag{21.7}$$

In unserem Fall ist $Au = -u''$,

$$(A\varphi_j, \varphi_k) = \int_0^\pi 4j^2 \sin 2jx \sin 2kx \,\mathrm{d}x = \begin{cases} 0 & \text{für } k \neq j\,,\\ 2\pi j^2 & \text{für } k = j\,. \end{cases} \tag{21.8}$$

Weiter ist

$$(f, \varphi_j) = \int_0^\pi \cos x \sin 2jx \,\mathrm{d}x = \frac{1}{2}\int_0^\pi \sin(2j-1)\,x \,\mathrm{d}x + \tag{21.9}$$

$$+ \frac{1}{2}\int_0^\pi \sin(2j+1)\,x\,\mathrm{d}x = \frac{1}{(2j-1)} + \frac{1}{(2j+1)} = \frac{4j}{4j^2-1}\,,$$

d.h. das System (21.7) hat die Form

$$
\begin{aligned}
2\pi \, . \, 1^2 \, . \, a_1 + \quad 0 \, . \, a_2 + \ldots + \quad 0 \, . \, a_n &= \frac{4}{4 \, . \, 1^2 - 1}, \\
0 \, . \, a_1 + 2\pi \, . \, 2^2 \, . \, a_2 + \ldots + \quad 0 \, . \, a_n &= \frac{4 \, . \, 2}{4 \, . \, 2^2 - 1}, \\
\ldots\ldots\ldots\ldots\ldots\ldots\ldots\ldots\ldots\ldots\ldots\ldots \\
0 \, . \, a_1 + \quad 0 \, . \, a_2 + \ldots + 2\pi \, . \, n^2 \, . \, a_n &= \frac{4 \, . \, n}{4n^2 - 1}.
\end{aligned} \tag{21.10}
$$

Hieraus erhalten wir

$$a_j = \frac{2}{\pi j(4j^2 - 1)}$$

und

$$u_n = \frac{2}{\pi} \sum_{j=1}^{n} \frac{\sin 2jx}{j(4j^2 - 1)}. \tag{21.11}$$

Nach der allgemeinen Theorie (Kapitel 13) konvergiert die Folge $\{u_n\}$ gegen die verallgemeinerte Lösung $u_0(x)$ im Raum H_A und im Raum $L_2(0, \pi)$. Nach Bemerkung 19.4 konvergieren sogar $\{u_n(x)\}$ gegen $u_0(x)$ gleichmäßig und $\{u_n'(x)\}$ gegen $u_0'(x)$ im Mittel auf dem Intervall $[0, \pi]$; siehe dazu noch die folgende Bemerkung 21.1.

Fehlerabschätzung

Wir werden nun den Fehler nach dem n-ten Schritt im Raum H_A, d.h. die Zahl $\|u_0 - u_n\|_A$, abschätzen. Dazu benutzen wir Formel (11.21), S. 126,

$$\|u_0 - u_n\|_A \leqq \frac{\|Au_n - f\|}{C}. \tag{21.12}$$

Nach (18.28), S. 186, wo nun $a = 0$, $b = \pi$ ist, können wir $C = 1$ setzen. Weiter ist nach (21.11)

$$
\begin{aligned}
\|Au_n - f\|^2 &= \left\| \sum_{j=1}^{n} \frac{8j^2 \sin 2jx}{\pi j(4j^2 - 1)} - \cos x \right\|^2 = \\
&= \int_0^\pi \left[\frac{64}{\pi^2} \sum_{j=1}^{n} \frac{j^2 \sin^2 2jx}{(4j^2 - 1)^2} + \cos^2 x \right] \mathrm{d}x + \\
&+ \int_0^\pi \frac{64}{\pi^2} \sum_{\substack{j,k=1 \\ j \neq k}}^{n} \frac{j \sin 2jx}{4j^2 - 1} \frac{k \sin 2kx}{4k^2 - 1} \mathrm{d}x - \\
&- \int_0^\pi \frac{16}{\pi} \sum_{j=1}^{n} \frac{j \sin 2jx \cos x}{4j^2 - 1} \mathrm{d}x = \\
&= \frac{64}{\pi^2} \frac{\pi}{2} \sum_{j=1}^{n} \frac{j^2}{(4j^2 - 1)^2} + \frac{\pi}{2} - \frac{16}{\pi} \sum_{j=1}^{n} \frac{4j^2}{(4j^2 - 1)^2} = \\
&= \frac{\pi}{2} - \frac{32}{\pi} \sum_{j=1}^{n} \frac{j^2}{(4j^2 - 1)^2},
\end{aligned} \tag{21.13}
$$

denn es gilt (siehe [36], S. 581)

$$\int_0^\pi \sin^2 2jx \, dx = \frac{\pi}{2}, \qquad \int_0^\pi \cos^2 x \, dx = \frac{\pi}{2},$$

$$\int_0^\pi \sin 2jx \sin 2kx \, dx = 0 \quad \text{für} \quad j \neq k, \qquad \int_0^\pi \sin 2jx \cos x \, dx = \frac{4j}{4j^2 - 1}.$$

Wenn wir z.B. $n = 3$ wählen, dann erhalten wir nach (21.12) und (21.13)

$$\|u_0 - u_3\|_A^2 \leqq \|Au_3 - f\|^2 = \frac{\pi}{2} - \frac{32}{\pi}\left(\frac{1}{9} + \frac{4}{225} + \frac{9}{1225}\right) < 0{,}1849$$

und folglich

$$\|u_0 - u_3\|_A < 0{,}43\,. \tag{21.14}$$

Der wirkliche Fehler, den wir in diesem Fall leicht ausrechnen können, da wir die Lösung $u_0(x) = \cos x + (2/\pi)\, x - 1$ kennen, ist natürlich wesentlich kleiner: Es ist

$$\|u_0 - u_3\|_A^2 = \left\|\cos x + \frac{2}{\pi} x - 1 - \frac{2}{\pi}\left(\frac{\sin 2x}{1\,.\,3} + \frac{\sin 4x}{2\,.\,15} + \frac{\sin 6x}{3\,.\,35}\right)\right\|_A^2 =$$

$$= \int_0^\pi \left[\cos x + \frac{2}{\pi} x - 1 - \frac{2}{\pi}\left(\frac{\sin 2x}{1\,.\,3} + \frac{\sin 4x}{2\,.\,15} + \frac{\sin 6x}{3\,.\,35}\right)\right]'^2 dx =$$

$$= \int_0^\pi \left[-\sin x + \frac{2}{\pi} - \frac{2}{\pi}\left(\frac{2\cos 2x}{3} + \frac{4\cos 4x}{30} + \frac{6\cos 6x}{105}\right)\right]^2 dx \doteq$$

$$\doteq 0{,}001217\,,$$

so daß

$$\|u_0 - u_3\|_A \doteq 0{,}035$$

ist. Weiter ist

$$\|u_3\|_A^2 = \|u_3'\|^2 = \frac{4}{\pi^2}\int_0^\pi \left(\frac{2\cos 2x}{3} + \frac{4\cos 4x}{30} + \frac{6\cos 6x}{105}\right)^2 dx > 0{,}3481\,,$$

und folglich

$$\|u_3\|_A > 0{,}59\,.$$

Für die Abschätzung des relativen Fehlers $\|u_0 - u_3\|_A / \|u_3\|_A$ haben wir also nach (21.14)

$$\frac{\|u_0 - u_3\|_A}{\|u_3\|_A} < \frac{0{,}43}{0{,}59} < 0{,}74\,,$$

während der wirkliche relative Fehler ist:

$$\frac{\|u_0 - u_3\|_A}{\|u_3\|_A} \doteq \frac{0{,}035}{0{,}59} \doteq 0{,}06\,.$$

Die hier angeführten Abschätzungen (für $n = 3$) sind natürlich nicht allzusehr befriedigend. Wir möchten aber bemerken, daß es möglich ist, sie beliebig klein zu machen, wenn wir n genügend groß wählen, denn wie wir aus dem vorhergehenden Kapitel wissen, gilt bei der hier gewählten Basis

$$\lim_{n \to \infty} \|Au_n - f\| = 0\,.$$

Bemerkung 21.1. Es läßt sich leicht zeigen, daß die Summe der Reihe

$$s(x) = \frac{2}{\pi} \sum_{j=1}^{\infty} \frac{\sin 2jx}{j(4j^2 - 1)} \tag{21.15}$$

gleich der Funktion $\cos x + (2/\pi)\, x - 1$ ist. Wenn wir nämlich die Reihe (21.15) gliedweise differenzieren, erhalten wir die Reihe

$$\frac{4}{\pi} \sum_{j=1}^{\infty} \frac{\cos 2jx}{4j^2 - 1}, \tag{21.16}$$

die dank dem Quadrat von j im Nenner auf dem Intervall $[0, \pi]$ gleichmäßig konvergiert. Ihre Summe ist also die Ableitung der Summe der Reihe (21.15), die auf dem Intervall $[0, \pi]$ ebenfalls gleichmäßig konvergent ist. Nach Formel 10, [36], S. 710, ist die Summe der Reihe (21.16) auf dem Intervall $[0, \pi]$ gleich der Funktion

$$\frac{2}{\pi} - \sin x\,; \tag{21.17}$$

die Funktion $s(x)$ ist also im Intervall $[0, \pi]$ die Stammfunktion der Funktion (21.17), und da $s(0) = s(\pi) = 0$ ist, ist sie gleich der Funktion $\cos x + (2/\pi)\, x - 1$. Aus diesen Überlegungen folgt gleichzeitig, daß im erwähnten Fall nicht nur die Ritzsche Folge $\{u_n(x)\}$, sondern auch die Folge ihrer Ableitungen $\{u_n'(x)\}$ auf dem Intervall $[0, \pi]$ gleichmäßig gegen die Funktion $u_0(x)$ bzw. gegen ihre Ableitung $u_0'(x)$ konvergiert.

2. *Lösung mit Hilfe des Galerkin-Verfahrens*

Wir wählen als Basis wieder (21.6), d.h. wir setzen

$$\varphi_j(x) = \sin 2jx\,, \quad j = 1, 2, \ldots. \tag{21.18}$$

Da die Funktionen der Basis (21.18) zu D_A gehören, folgt aus den Resultaten von Kapitel 14, daß das Galerkinsche Gleichungssystem für die unbekannten Konstanten b_j in der Galerkin-Approximation

$$v_n(x) = \sum_{j=1}^{n} b_j \sin 2jx \tag{21.19}$$

mit dem Ritzschen System übereinstimmt, so daß $b_j = a_j$, $j = 1, \ldots, n$, und $v_n(x) = u_n(x)$ ist. Zu diesem Ergebnis können wir natürlich auch direkt von der Bedingung aus kommen, die das Galerkin-Verfahren charakterisiert, d.h. von der Bedingung, daß die Funktionen $Av_n - f$ in $L_2(0, \pi)$ zu den Funktionen $\varphi_1, \ldots, \varphi_n$ orthogonal sind. Wenn wir diese Bedingungen aufschreiben,

$$\Big(\sum_{j=1}^{n} b_j A\varphi_j - f, \varphi_k\Big) = 0\,, \quad k = 1, \ldots, n\,,$$

erhalten wir nach dem Ausmultiplizieren und unter Verwendung der Symmetrie (d.h. der Beziehung $(A\varphi_j, \varphi_k) = (A\varphi_k, \varphi_j)$) genau das System (21.7). Eine weitere Analyse dieser Methode werden wir also in diesem Beispiel nicht durchführen.

3. *Lösung mit Hilfe der Methode der kleinsten Quadrate*

Wir wählen die Basis (21.5). Die Folge $\{\sin jx\}$ erfüllt nämlich die in Kapitel 15 formulierte Forderung, da die Folge $\{A \sin jx\} = \{j^2 \sin jx\}$ im Raum $L_2(0, \pi)$ vollständig ist. Im Hinblick auf die „Symmetrie des Problems bezüglich des Punktes $(\pi/2, 0)$" (siehe S. 237) genügt es, wenn wir die Basis (21.6) betrachten, d.h. die Basis

$$\varphi_j(x) = \sin 2jx\,, \quad j = 1, 2, \ldots\,. \tag{21.20}$$

Die Idee der Methode der kleinsten Quadrate beruht bekanntlich auf der Minimierung des Ausdruckes

$$\|Az_n - f\|^2 \tag{21.21}$$

in der Metrik des Raumes $L_2(0, \pi)$ auf der linearen Menge aller Funktionen der Form

$$z_n(x) = \sum_{j=1}^{n} c_j\, \varphi_j(x)\,.$$

Wie wir in Kapitel 15 gezeigt haben, führt die Forderung der Minimierung des Ausdruckes (21.21) zu folgendem System für die Bestimmung der Konstanten c_j:

$$\sum_{j=1}^{n} (A\varphi_j, A\varphi_k)\, c_j = (f, A\varphi_k)\,, \quad k = 1, 2, \ldots, n\,. \tag{21.22}$$

Da $A\varphi_k = 4k^2\varphi_k$ ist, erhalten wir aus den Gleichungen (21.22) nach Division durch die Zahl $4k^2$ das System

$$\sum_{j=1}^{n} (A\varphi_j, \varphi_k)\, c_j = (f, \varphi_k)\,. \tag{21.23}$$

Dieses System ist aber dank der Symmetrie des Operators A wieder mit dem System (21.7) identisch. Auch hier ist also eine weitere Analyse der benutzten Methode überflüssig.

Beispiel 21.2. Wir lösen das Problem

$$-u'' = \cos x\,, \tag{21.24}$$

$$u'(0) = 0\,, \quad u'(\pi) = 0\,. \tag{21.25}$$

Die Funktion auf der rechten Seite genügt der Bedingung

$$\int_0^\pi \cos x\, \mathrm{d}x = 0\,, \tag{21.26}$$

die hier (siehe (19.26), S. 200) eine notwendige (und hinreichende) Bedingung für die Existenz einer Lösung darstellt. Der Operator $\tilde{A}_2 = -u''$ ist positiv definit auf der linearen Menge $\tilde{M}_2$ aller auf $[0, \pi]$ zweimal stetig differenzierbarer Funktionen, die die Bedingung

$$\int_0^\pi u(x)\, \mathrm{d}x = 0 \tag{21.27}$$

und die Randbedingungen (21.25) erfüllen (siehe Ungleichung (19.33), S. 201). Man kann also wie üblich den Raum $H_{\tilde{A}_2}$ konstruieren, in dem genau eine verallgemeinerte Lösung $u_0(x)$ des Problems (21.24), (21.25) existiert. Diese Lösung minimiert in $H_{\tilde{A}_2}$ das Funktional

$$Fu = \int_0^\pi u'^2(x)\, \mathrm{d}x - 2\int_0^\pi u(x) \cos x\, \mathrm{d}x\,. \tag{21.28}$$

Wir erinnern daran, daß jede von den Funktionen des Raumes $H_{\tilde{A}_2}$ die Bedingung (21.27) erfüllt, aber im allgemeinen nicht die Bedingungen (21.25), die für den Operator $\tilde{A}_2$ instabil sind.

Wir können uns leicht überzeugen, daß in unserem Fall $u_0(x) = \cos x$ ist. Die Lösung ist also bekannt und das Beispiel dient nur zur Illustration. Trotzdem kann der Leser in diesem Beispiel viel Interessantes finden.

1. *Lösung mit Hilfe des Ritzschen Verfahrens*

Nach (20.59) wählen wir als Basis (die Funktion $\varphi_0(x) \equiv 1$ lassen wir im System (20.59) weg)

$$\cos x\,, \quad \frac{\cos 2x}{2}\,, \quad \frac{\cos 3x}{3}\,, \ \ldots\,, \tag{21.29}$$

[1])

so daß

$$u_n(x) = \sum_{j=1}^{n} c_j \frac{\cos jx}{j}$$

sein wird. Wenn wir wie im vorhergehenden Text die Bezeichnung

$$\frac{c_j}{j} = a_j$$

benutzen, ist

$$u_n(x) = \sum_{j=1}^{n} a_j \cos jx\,, \tag{21.30}$$

was der Basis

$$\varphi_j(x) = \cos jx\,, \quad j = 1, 2, \ldots\,, \tag{21.31}$$

entspricht (vgl. S. 237).
Auf Grund der Beziehung

$$\tilde{A}_2 \varphi_j = j^2 \cos jx$$

und der Orthogonalität der Funktionen (21.31) im Intervall $[0, \pi]$ reduziert sich das Ritzsche System (21.7) auf das System

$$\frac{\pi}{2} a_1 + 0 \,.\, a_2 + \ldots + 0 \,.\, a_n = \frac{\pi}{2}\,,$$

$$0 \,.\, a_1 + \frac{2^2\pi}{2} a_2 + \ldots + 0 \,.\, a_n = 0\,,$$

$$\ldots\ldots\ldots\ldots\ldots\ldots\ldots\ldots\ldots\ldots$$

$$0 \,.\, a_1 + 0 \,.\, a_2 + \ldots + \frac{n^2\pi}{2} a_n = 0\,, \tag{21.32}$$

mit der Lösung $a_1 = 1$, $a_2 = a_3 = \ldots = a_n = 0$. Hieraus folgt das uns schon bekannte Ergebnis

$$u_n(x) = \cos x \quad \text{für jedes } n\,,$$

und folglich

$$u_0(x) = \cos x\,.$$

Bemerkung 21.2. Die Funktionen der Basis (21.31) erfüllen offensichtlich die vorgegebenen instabilen Randbedingungen (21.25). Wie wir schon in Bemerkung 19.4 betont haben, ist es im Falle instabiler Randbedingungen nicht notwendig, beim Ritzschen Verfahren die Basis so zu wählen, daß die Basisfunktionen diese Bedingungen erfüllen. Wir werden uns jetzt der Lösung der

---

[1]) In dieser Basis könnten wir auf Grund der Symmetrie des Problems bezüglich des Punktes $(\pi/2, 0)$ alle geraden Glieder streichen.

Aufgabe mit Hilfe des Ritzschen Verfahrens für den Fall zuwenden, daß man eine Basis wählt, deren Funktionen die Randbedingungen (21.25) nicht erfüllen. Als Basiselemente wählen wir die Funktionen (21.6), d.h. die Funktionen

$$\varphi_j(x) = \sin 2jx\,, \quad j = 1, 2, \ldots, \tag{21.33}$$

die offensichtlich die Bedingungen (21.25) nicht erfüllen. Die Funktionen (21.33) erfüllen die Bedingung (21.27). Da sie jedoch nicht zum Definitionsbereich $D_{\tilde{A}_2}$ des Operators $\tilde{A}_2$ gehören, muß man das Ritzsche System für die Koeffizienten a_j in der Form (13.11), S. 147, schreiben

$$\sum_{k=1}^{n} (\varphi_j, \varphi_k)_{\tilde{A}_2}\, c_k = (\varphi_j, f)\,, \quad j = 1, \ldots, n\,. \tag{21.34}$$

Aber für $u \in D_{\tilde{A}_2}$, $v \in D_{\tilde{A}_2}$ ist

$$(\tilde{A}_2 u, v) = \int_0^\pi (-u'')\, v \,\mathrm{d}x = \int_0^\pi u'v' \,\mathrm{d}x \tag{21.35}$$

wegen der Bedingungen (21.25). Da das Skalarprodukt in $H_{\tilde{A}_2}$ nur eine Erweiterung des Skalarproduktes (21.35) von der linearen Menge $\tilde{M}_2$ auf den ganzen Raum $H_{\tilde{A}_2}$ ist, gilt

$$(\varphi_j, \varphi_k)_{\tilde{A}_2} = \int_0^\pi \varphi_j' \varphi_k' \,\mathrm{d}x = \begin{cases} 0 & \text{für} \quad k \neq j\,, \\ 2\pi j^2 & \text{für} \quad k = j\,. \end{cases}$$

Wie in (21.9) ist

$$(f, \varphi_j) = \frac{4j}{4j^2 - 1}$$

und daher hat das System (21.34) die Form

$$\begin{aligned}
2\pi \,.\, 1^2 \,.\, a_1 + \quad 0 \,.\, a_2 + \ldots + \quad 0 \,.\, a_n &= \frac{4}{4 \,.\, 1^2 - 1}\,, \\
0 \,.\, a_1 + 2\pi \,.\, 2^2 \,.\, a_2 + \ldots + \quad 0 \,.\, a_n &= \frac{4 \,.\, 2}{4 \,.\, 2^2 - 1}\,, \\
\ldots\ldots\ldots\ldots\ldots\ldots\ldots\ldots\ldots\ldots\ldots\ldots \\
0 \,.\, a_1 + \quad 0 \,.\, a_2 + \ldots + 2\pi n^2 \,.\, a_n &= \frac{4n}{4n^2 - 1}\,.
\end{aligned} \tag{21.36}$$

Dies ist jedoch genau das gleiche System wie das System (21.10), und auch in unserem Fall ist also

$$u_n(x) = \frac{2}{\pi} \sum_{j=1}^{n} \frac{\sin 2jx}{j(4j^2 - 1)}\,. \tag{21.37}$$

Die Folge (21.37) kann jedoch nicht gegen die gesuchte (und in unserem Fall bekannte) Lösung $u_0(x) = \cos x$ konvergieren, denn wie wir gezeigt haben, hat die Reihe

$$\frac{2}{\pi} \sum_{j=1}^{\infty} \frac{\sin 2jx}{j(4j^2 - 1)}$$

auf dem Intervall $[0, \pi]$ die Summe

$$\cos x + (2/\pi)\, x - 1\,. \tag{21.38}$$

Wo haben wir also einen Fehler gemacht?

Der Fehler ist nicht in der Tatsache begründet, daß die Funktionen $\sin jx$ die Randbedingungen (21.25) nicht erfüllen — diese Bedingungen sind instabil —, und auch nicht darin, daß wir im System der Funktionen $\sin jx$ alle ungeraden Glieder gestrichen und nur Glieder der Form $\sin 2jx$ gelassen haben — das Problem ist tatsächlich symmetrisch bezüglich des Punktes $(\pi/2, 0)$. Der Fehler wurde auch nicht dadurch verursacht, daß wir bei den Basisfunktionen die Bedingung der Funktionen aus $H_{\tilde{A}_2}$,

$$\int_0^\pi u(x)\,\mathrm{d}x = 0$$

nicht berücksichtigt haben; jede von den Funktionen $\sin 2jx$ erfüllt diese Bedingung. Die Ursache für das Scheitern unseres Lösungsversuches liegt in der Tatsache, daß das System $\{\sin 2jx\}$ im Raum $H_{\tilde{A}_2}$ nicht vollständig ist. Es ist vollständig (wir haben immer die Symmetrie des Problems bezüglich des Punktes $(\pi/2, 0)$ im Auge) z.B. im Raum $L_2(0, \pi)$ oder im Raum H_A, wo A der Operator aus Beispiel 21.1 ist (und also die Funktionen aus H_A die Bedingungen $u(0) = 0$, $u(\pi) = 0$ erfüllen). Es ist aber nicht vollständig in der Metrik des Raumes $H_{\tilde{A}_2}$, der zwar „kleiner" ist als der Raum H_A — in dem Sinne, daß die Funktionen aus $H_{\tilde{A}_2}$ die Bedingung (21.27) erfüllen —, aber „größer" als der Raum H_A — in dem Sinne, daß er auch Funktionen enthält, die am Rande des Intervalls $[0, \pi]$ nicht verschwinden. Schon von der Anschauung her kann man erwarten, daß sich gerade solche Funktionen (und also auch die gesuchte Lösung $u_0(x) = \cos x$) in der Metrik des Raumes $H_{\tilde{A}_2}$ nicht durch Funktionen der Form $\sin 2jx$ approximieren lassen, die für $x = 0$ und $x = \pi$ verschwinden.[1])

Im Falle des Ritzschen Verfahrens kann man zeigen, daß man Abhilfe schaffen und die Sache retten kann, indem man dem System (21.6) eine geeignete lineare Funktion „hinzufügt".[2]) Damit diese Funktion gleichzeitig die Bedingung $\int_0^\pi u(x)\,\mathrm{d}x = 0$ sowie die Bedingung der Symmetrie bezüglich des Punktes $(\pi/2, 0)$ erfüllt, wählen wir sie in der Form $x - \pi/2$. Wir wählen also als Basis

$$\varphi_0 = x - \frac{\pi}{2}, \quad \varphi_j = \sin 2jx\,, \quad j = 1, 2, \ldots. \tag{21.39}$$

Wenn wir dann die Skalarprodukte

$$(\varphi_j, \varphi_k)_{\tilde{A}_2} = \int_0^\pi \varphi_j' \varphi_k'\,\mathrm{d}x\,, \quad k = 0, 1, \ldots, n\,,$$

ausrechnen und in Betracht ziehen, daß

$$(\varphi_0, f) = \int_0^\pi \left(x - \frac{\pi}{2}\right)\cos x\,\mathrm{d}x = \left[\left(x - \frac{\pi}{2}\right)\sin x\right]_0^\pi - \int_0^\pi \sin x\,\mathrm{d}x = -2$$

---

[1]) Präziser in der Terminologie des Kapitels 30: Im Teilraum des Raumes $\mathring{W}_2^{(1)}(0, \pi)$, der aus Funktionen besteht, deren Diagramm symmetrisch bezüglich des Punktes $(\pi/2, 0)$ ist, bilden die Funktionen $\sin 2jx$, $j = 1, 2, \ldots$, eine Basis; im Teilraum des Raumes $W_2^{(1)}(0, \pi)$, der aus Funktionen besteht, deren Diagramm symmetrisch bezüglich des Punktes $(\pi/2, 0)$ ist und die die Bedingung $\int_0^\pi u(x)\,\mathrm{d}x = 0$ erfüllen, ist dies nicht der Fall.

[2]) Aus der Anschauung heraus ist zu erwarten, daß man gerade dadurch die Möglichkeit gewinnt, auch diejenigen Funktionen aus dem Raum $H_{\tilde{A}_2}$ zu approximieren, die für $x = 0$ und $x = \pi$ nicht verschwinden, denn durch Hinzufügen einer geeigneten linearen Funktion zur Funktion $u \in H_{\tilde{A}_2}$ kann man erreichen, daß die betrachtete Funktion in diesen Punkten verschwindet.

ist, sehen wir leicht ein, daß das Ritzsche System die folgende Form hat:

$$
\begin{aligned}
\pi a_0 + \quad 0 \,.\, a_1 + 0 \,.\, a_2 + \ldots + \quad 0 \,.\, a_n &= -2\,, \\
0 \,.\, a_0 + 2\pi \,.\, 1^2 \,.\, a_1 + 0 \,.\, a_2 + \ldots + \quad 0 \,.\, a_n &= \frac{4}{4 \,.\, 1^2 - 1}\,, \\
\ldots\ldots\ldots\ldots\ldots\ldots\ldots\ldots\ldots\ldots\ldots\ldots \\
0 \,.\, a_0 + \quad 0 \,.\, a_1 + 0 \,.\, a_2 + \ldots + 2\pi \,.\, n^2 \,.\, a_n &= \frac{4n}{4n^2 - 1}\,,
\end{aligned}
\tag{21.40}
$$

die sich von der Form des Systems (21.10) nur durch die erste Gleichung unterscheidet; aus dieser Gleichung folgt

$$a_0 = -\frac{2}{\pi}$$

und die einzelnen Glieder der Ritzschen Folge $\{u_n(x)\}$ haben die Form

$$u_n(x) = -\frac{2}{\pi}\left(x - \frac{\pi}{2}\right) + \frac{2}{\pi}\sum_{j=1}^{n} \frac{\sin 2jx}{j(4j^2 - 1)}\,.$$

Damit haben wir durch unsere Rechnungen gerade noch die Funktion

$$-\frac{2}{\pi}\left(x - \frac{\pi}{2}\right) = -\frac{2}{\pi}x + 1$$

erhalten, die uns in (21.38) „gefehlt hat".

2. *Das Galerkin-Verfahren*

Bei Wahl der Basis (21.29), d.h.

$$\cos x\,,\quad \frac{\cos 2x}{2}\,,\quad \cos\frac{3x}{3}\,,\ \ldots\,, \tag{21.41}$$

suchen wir die Approximation $v_n(x)$ in einer ähnlichen Form wie in (21.30), d.h. in der Form

$$v_n(x) = \sum_{j=1}^{n} b_j \cos jx\,, \tag{21.42}$$

und die Koeffizienten b_j bestimmen wir aus den Galerkinschen Bedingungen

$$(\tilde{A}_2 v_n - f,\ \cos kx) = 0\,,\quad k = 1, \ldots, n\,. \tag{21.43}$$

Da $\cos jx \in D_{\tilde{A}_2}$ ist, folgt aus der allgemeinen Theorie (siehe Kapitel 14; die Aussage folgt natürlich auch leicht durch direkte Rechnung aus (21.43)), daß das Galerkinsche System für die Bestimmung der unbekannten Konstanten b_j ($j = 1, \ldots, n$) mit dem Ritzschen System (21.32) übereinstimmt und daher $b_1 = 1$, $b_2 = \ldots = b_n = 0$, d.h.

$$v_n(x) = \cos x$$

für jedes n ist, woraus

$$u_0(x) = \cos x$$

folgt. Die Basiswahl (21.41) führt hier also sofort zur Lösung.

Nun werden wir den Verlauf der Rechnungen beim Galerkin-Verfahren verfolgen, wenn wir die Folge (21.33) benutzen, d.h.

$$\varphi_j(x) = \sin 2jx\,, \quad j = 1, 2, \dots . \tag{21.44}$$

Die Näherungslösung suchen wir dann in der Form

$$v_n(x) = \sum_{j=1}^{n} b_j \sin 2jx \tag{21.45}$$

und die Konstanten b_j bestimmen wir wie üblich aus den Bedingungen

$$(\tilde{A}_2 v_n - f, \varphi_k) = 0\,, \quad k = 1, \dots, n\,, \tag{21.46}$$

d.h. aus den Bedingungen

$$\sum_{j=1}^{n} (\tilde{A}_2 \varphi_j, \varphi_k)\, b_j = (f, \varphi_k)\,, \quad k = 1, \dots, n\,. \tag{21.47}$$

Wir bemerken, daß das Symbol $\tilde{A}_2 \varphi_j$ hier nicht sinnvoll ist, denn die Funktionen (21.44) gehören nicht zum Definitionsbereich des Operators $\tilde{A}_2$ (sie erfüllen die Bedingungen (21.25) nicht). Wenn wir rein formal vorgehen und

$$\tilde{A} \varphi_j = -\varphi_j'' = 4j^2 \sin 2jx\,, \quad j = 1, \dots, n\,,$$

setzen, erhalten wir

$$(\tilde{A}_2 \varphi_j, \varphi_k) = \int_0^{\pi} 4j^2 \sin 2jx \sin 2kx \, \mathrm{d}x = \begin{cases} 0 & \text{für} \quad k \neq j\,, \\ 2\pi j^2 & \text{für} \quad k = j\,. \end{cases}$$

Hieraus folgt, daß das System (21.47) in diesem Fall mit dem Ritzschen System (21.36) identisch ist[1]). Also hat auch die Folge der Galerkinschen Näherungslösungen in diesem Fall die Form (21.37) und konvergiert nicht gegen die (bekannte) Lösung $u_0(x) = \cos x$ des gegebenen Problems, sondern gegen die Lösung $\cos x + (2/\pi)\, x - 1$ des Problems

$$\begin{aligned} -u'' &= \cos x\,, \\ u(0) &= 0\,, \quad u(\pi) = 0\,. \end{aligned} \tag{21.48}$$

Beim Galerkin-Verfahren kann man die Situation auch dann nicht retten, wenn man die Folge (21.44) um das Glied $x - \pi/2$ ergänzt, d.h. die Basis in der Form

$$\varphi_0 = x - \frac{\pi}{2}\,, \quad \varphi_j = \sin 2jx\,, \quad j = 1, 2, \dots, \tag{21.49}$$

wählt. Wenn wir nämlich in diesem Fall das Galerkinsche System aufschreiben,

$$\sum_{j=0}^{n} (\tilde{A}_2 \varphi_j, \varphi_k)\, b_j = (f, \varphi_k)\,, \quad k = 0, 1, \dots, n\,,$$

wobei wir wiederum

$$\tilde{A}_2 \varphi_j = -\varphi_j'' \quad (j = 0, 1, \dots, n)$$

setzen, erhalten wir ein System von $n + 1$ Gleichungen für n Unbekannte, denn es ist $\tilde{A}_2 \varphi_0 = -\varphi_0'' = 0$ und die Koeffizienten von b_0 sind in allen Gleichungen gleich Null, so daß die Unbekannte b_0 in diesem System überhaupt nicht auftritt.[2])

[1]) Wenn die Funktionen φ_j nicht zum Definitionsbereich des betrachteten Operators gehören, muß dies im allgemeinen nicht der Fall sein.

[2]) Bei der Wahl der Basis (21.41), deren Elemente zum Definitionsbereich des Operators $\tilde{A}_2$ gehören, kann es zu dieser Situation nicht kommen.

Beide Beispiele 21.1 und 21.2 dienen, wie wir schon gesagt haben, zur Illustration. Wir haben sie angeführt, weil sie sehr gut demonstrieren (und auf Probleme diesen Typs werden wir auch im Falle partieller Differentialgleichungen stoßen), wie wichtig die Wahl einer richtigen Basis ist und was man sorgfältig beachten sollte.

Beispiel 21.3. Wir betrachten das Problem

$$[(4 + x)\, u'']'' + 600u = 5000(x - x^2)\,, \tag{21.50}$$

$$u(0) = 0\,, \quad u(1) = 0\,, \tag{21.51}$$

$$u''(0) = 0\,, \quad u''(1) = 0\,. \tag{21.52}$$

Das Problem (21.50) bis (21.52) ist ein Spezialfall des Problems (19.127), (19.129), (19.130), S. 218, für

$$p_2(x) = 4 + x\,, \quad p_1(x) \equiv 0\,, \quad p_0(x) \equiv 600\,,$$

$$f(x) = 5000(x - x^2)\,. \tag{21.53}$$

Man kann es z.B. als die Aufgabe interpretieren, die Durchbiegung eines Stabes mit veränderlichem Querschnitt (ev. mit veränderlichem Elastizitätsmodul) auf elastischer Unterlage zu finden, wobei der Stab frei gestützt (die Bedingungen (21.51) und (21.52)) und senkrecht zur Unterlage belastet ist. Im allgemeinen Fall hat die entsprechende Gleichung die Form

$$[E(x)\, I(x)\, u'']'' + Q(x)\, u = f(x)\,, \tag{21.54}$$

wobei E, I, Q und f der Reihe nach der Youngsche Elastizitätsmodul, das Trägheitsmoment des Querschnittes bezüglich der Biegungsachse, der Nachgiebigkeitskoeffizient der Unterlage und das die senkrechte Belastung charakterisierende Glied sind. Man kann die Gleichung natürlich auch anders interpretieren.

Die Funktionen (21.53) sind im Intervall [0, 1] offensichtlich genügend glatt. Da außerdem auf dem Intervall [0, 1] gilt: $p_2(x) \geqq 4 > 0$, folgt aus den beim Problem (19.127), (19.129), (19.130) durchgeführten Überlegungen, daß der Operator

$$Au = [(4 + x)\, u'']'' + 600u$$

auf der linearen Menge aller Funktionen, die im Intervall [0, 1] viermal stetig differenzierbar sind und die Bedingungen (21.51), (21.52) erfüllen, positiv definit ist. Die verallgemeinerte Lösung des Problems minimiert im entsprechenden Raum H_A das Funktional (vgl. (19.138))

$$Fu = \int_0^1 (4 + x)\, u''^2 \,\mathrm{d}x + \int_0^1 600u^2 \,\mathrm{d}x - 2\int_0^1 5000(x - x^2)\, u \,\mathrm{d}x\,. \tag{21.55}$$

1. *Das Ritzsche Verfahren*

Für die numerische Rechnung wählen wir nach (20.65), S. 235, die Basis

$$\varphi_j(x) = \frac{\sin j\pi x}{j^2}\,, \quad j = 1, 2, \ldots\,, \tag{21.56}$$

deren Elemente alle Bedingungen (21.51), (21.52) erfüllen.[1]) Weiter wählen wir $n = 3$ (bei dieser kleinen Anzahl von Gliedern setzen wir die Nenner in (21.56) gleich Eins, vgl. S. 233), und suchen

[1]) Im allgemeinen Fall ist es bei der Anwendung des Ritzschen Verfahrens nicht notwendig, daß die Basis auch die Bedingungen (21.52) erfüllt, denn diese Bedingungen sind für unseren Operator instabil.

die Ritzsche Approximation $u_3(x)$ in der Form

$$u_3(x) = a_1 \sin \pi x + a_2 \sin 2\pi x + a_3 \sin 3\pi x . \tag{21.57}$$

Da die betrachteten Basiselemente zu D_A gehören, kann man das Ritzsche System in der Form (13.29) schreiben, d.h. in der Form

$$\begin{aligned}
(A\varphi_1, \varphi_1) a_1 + (A\varphi_1, \varphi_2) a_2 + (A\varphi_1, \varphi_3) a_3 &= (f, \varphi_1) , \\
(A\varphi_1, \varphi_2) a_1 + (A\varphi_2, \varphi_2) a_2 + (A\varphi_2, \varphi_3) a_3 &= (f, \varphi_2) , \\
(A\varphi_1, \varphi_3) a_1 + (A\varphi_2, \varphi_3) a_2 + (A\varphi_3, \varphi_3) a_3 &= (f, \varphi_3) .
\end{aligned} \tag{21.58}$$

(Dabei haben wir schon die Symmetrie des Operators A ausgenutzt, $(A\varphi_j, \varphi_k) = (A\varphi_k, \varphi_j)$.)

Zur numerischen Berechnung der Koeffizienten $(A\varphi_j, \varphi_k)$ und der rechten Seiten des Systems (21.58) benutzen wir die Formel

$$\sin \alpha \sin \beta = \tfrac{1}{2}[\cos (\alpha - \beta) - \cos (\alpha + \beta)] \tag{21.59}$$

und einige Integralformeln. Zunächst erhalten wir nach partieller Integration (vgl. (19.132), S. 219)

$$\begin{aligned}
(A\varphi_j, \varphi_k) &= \int_0^1 [(4 + x)(\sin j\pi x)'']'' \sin k\pi x \, dx + \int_0^1 600 \sin j\pi x \sin k\pi x \, dx = \\
&= \pi^4 j^2 k^2 \int_0^1 (4 + x) \sin j\pi x \sin k\pi x \, dx + 600 \int_0^1 \sin j\pi x \sin k\pi x \, dx .
\end{aligned} \tag{21.60}$$

Weiter ist

$$\int_0^1 \sin j\pi x \sin k\pi x \, dx = \begin{cases} 0 & \text{für} \quad k \neq j , \\ \tfrac{1}{2} & \text{für} \quad k = j , \end{cases} \tag{21.61}$$

$$\begin{aligned}
\int_0^1 x \sin j\pi x \sin k\pi x \, dx &= \frac{1}{2} \int_0^1 x[\cos (j - k) \pi x - \cos (j + k) \pi x] \, dx = \\
&= \frac{1}{2} \left[\frac{\cos (j - k) \pi x}{(j - k)^2 \pi^2} + \frac{x \sin (j - k) \pi x}{(j - k) \pi} - \right. \\
&\quad \left. - \frac{\cos (j + k) \pi x}{(j + k)^2 \pi^2} - \frac{x \sin (j + k) \pi x}{(j + k) \pi} \right]_0^1 = \\
&= \frac{1}{2} \left[\frac{(-1)^{j-k} - 1}{(j - k)^2 \pi^2} - \frac{(-1)^{j+k} - 1}{(j + k)^2 \pi^2} \right] \quad \text{für} \quad k \neq j
\end{aligned} \tag{21.62}$$

(siehe z.B. [36], S. 532, Formel 286),

$$\begin{aligned}
\int_0^1 x \sin^2 j\pi x \, dx &= \frac{1}{2} \int_0^1 x(1 - \cos 2j\pi x) \, dx = \\
&= \frac{1}{4} - \frac{1}{2} \left[\frac{\cos 2j\pi x}{4j^2\pi^2} + \frac{x \sin 2j\pi x}{2j\pi} \right]_0^1 = \frac{1}{4}
\end{aligned} \tag{21.63}$$

(nach der gleichen Formel), und

$$\int_0^1 (x - x^2) \sin j\pi x \, dx = \left[\frac{\sin j\pi x}{j^2\pi^2} - \frac{x \cos j\pi x}{j\pi} - \frac{2x \sin j\pi x}{j^2\pi} + \right.$$
$$\left. + \left(\frac{x^2}{j\pi} - \frac{2}{j^3\pi^3}\right) \cos j\pi x \right]_0^1 = - \frac{(-1)^j}{j\pi} +$$
$$+ \left(\frac{1}{j\pi} - \frac{2}{j^3\pi^3}\right)(-1)^j + \frac{2}{j^3\pi^3} = \frac{2}{j^3\pi^3}\left[1 - (-1)^j\right], \tag{21.64}$$

wobei wir die Formeln 247 und 248 aus [36], S. 529, benutzt haben.

Wenn wir diese Ergebnisse in (21.60) und (21.58) einsetzen, erhalten wir das gesuchte Ritzsche System in der Form

$$\left(2\pi^4 + \frac{\pi^4}{4} + 300\right) a_1 + 4\pi^4 \left(-\frac{1}{\pi^2} + \frac{1}{9\pi^2}\right) a_2 + 0 \,.\, a_3 = \frac{5000 \,.\, 4}{\pi^3},$$

$$4\pi^4 \left(-\frac{1}{\pi^2} + \frac{1}{9\pi^2}\right) a_1 + \left(32\pi^4 + 4\pi^4 + 300\right) a_2 +$$
$$+ 36\pi^4 \left(-\frac{1}{\pi^2} + \frac{1}{25\pi^2}\right) a_3 = 0,$$

$$0 \,.\, a_1 + 36\pi^4 \left(-\frac{1}{\pi^2} + \frac{1}{25\pi^2}\right) a_2 +$$
$$+ \left(162\pi^4 + \frac{81\pi^4}{4} + 300\right) a_3 = \frac{5000 \,.\, 4}{27\pi^3}$$

und nach einfachen Umformungen

$$\left(\frac{9}{4}\pi^4 + 300\right) a_1 - \frac{32\pi^2}{9} a_2 + 0 \,.\, a_3 = \frac{20\,000}{\pi^3},$$

$$-\frac{32\pi^2}{9} a_1 + \left(36\pi^4 + 300\right) a_2 - \frac{24 \,.\, 36\pi^2}{25} a_3 = 0,$$

$$0 \,.\, a_1 - \frac{24 \,.\, 36\pi^2}{25} a_2 + \left(\frac{729\pi^4}{4} + 300\right) a_3 = \frac{20\,000}{27\pi^3},$$

d.h. wir erhalten das System

$$519{,}17 a_1 - 35{,}09 a_2 + 0 \,.\, a_3 = 645{,}05,$$
$$-35{,}09 a_1 + 3806{,}76 a_2 - 341{,}09 a_3 = 0,$$
$$0 \,.\, a_1 - 341{,}09 a_2 + 18\,052{,}97 a_3 = 23{,}89 \tag{21.65}$$

mit der Lösung

$$a_1 \doteq 1{,}243, \quad a_2 \doteq 0{,}0116, \quad a_3 \doteq 0{,}00154. \tag{21.66}$$

Das Ritzsche Verfahren liefert also für drei Glieder der betrachteten Basis die Näherungslösung

$$u_3(x) = 1{,}243 \sin \pi x + 0{,}0116 \sin 2\pi x + 0{,}00154 \sin 3\pi x. \tag{21.67}$$

Den Fehler kann man ähnlich wie in Beispiel 21.1 aufgrund der Beziehung

$$\|u_0 - u_3\|_A^2 \leqq \frac{\|Au_3 - f\|^2}{C^2}$$

abschätzen, wobei man nach (19.136), S. 219,

$$C^2 = \frac{p}{c_1 c_3}$$

mit $p = 4$ und — nach (19.137) —

$$c_1 = \frac{1}{\pi^2}, \quad c_3 = \frac{1}{2}$$

setzen kann, so daß gilt:

$$C^2 = 8\pi^2 .$$

Es ist

$$Au_3 = [(4 + x)\, u_3'']'' + 600\, u_3 = 1230{,}12 \sin \pi x + 79{,}28 \sin 2\pi x +$$
$$+ 49{,}52 \sin 3\pi x + x(121{,}08 \sin \pi x + 18{,}08 \sin 2\pi x + 12{,}15 \sin 3\pi x) -$$
$$- (77{,}08 \cos \pi x + 5{,}75 \cos 2\pi x + 2{,}58 \cos 3\pi x)\,,$$
$$f(x) = 5000(x - x^2)\,.$$

Zur Information des Lesers geben wir in einer Tabelle die Werte der Funktionen $u_3(x)$, Au_3 und $f(x)$ in den Punkten $x = 0, \frac{1}{6}, \frac{2}{6}, \frac{3}{6}, \frac{4}{6}, \frac{5}{6}, 1$ an, sowie die entsprechenden Diagramme in Figuren 21.1 und 21.2.

Tabelle 21.1

x	0	$\frac{1}{6}$	$\frac{2}{6}$	$\frac{3}{6}$	$\frac{4}{6}$	$\frac{5}{6}$	1
$u_3(x)$	0	0,633 1	1,086 5	1,241 5	1,066 4	0,613 0	0
Au_3	−85,41	678,33	1 138,44	1 240,82	1 094,92	707,38	73,91
$f(x)$	0	694,17	1 111,11	1 250,00	1 111,11	694,17	0

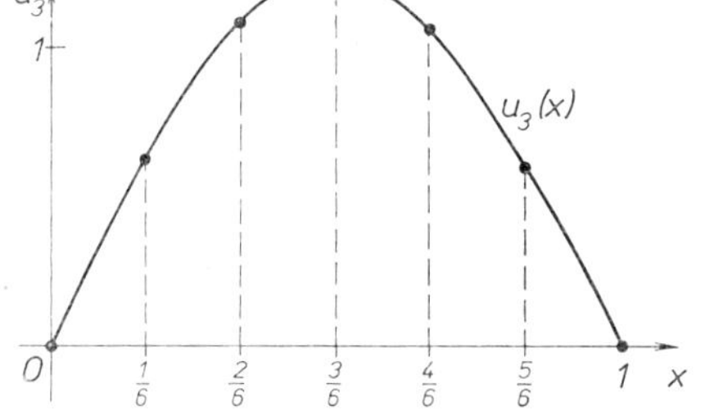

Figur 21.1

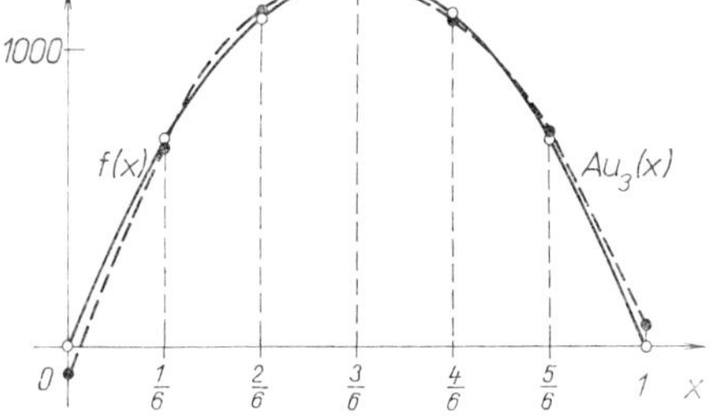

Figur 21.2

Nach einfachen Rechnungen erhalten wir

$$\|Au_3 - f\|^2 = \int_0^1 (Au_3 - f)^2 \, dx \doteq 15\,795{,}0104\,,$$

$$C^2 = 8\pi^2 \doteq 78{,}9568$$

und folglich

$$\|u_0 - u_3\|_A \leqq \sqrt{\frac{\|Au_3 - f\|^2}{C^2}} < 14{,}15\,. \tag{21.68}$$

Weiter ist

$$\|u_3\|_A^2 = (Au_3, u_3) = \int_0^1 u_3 Au_3 \, dx \doteq 801{,}3484\,,$$

und daher

$$\|u_3\|_A > 28{,}30\,. \tag{21.69}$$

Aus (21.68) und (21.69) folgt für den relativen Fehler (im Raum H_A) die Abschätzung

$$\frac{\|u_0 - u_3\|_A}{\|u_3\|_A} < \frac{14{,}15}{28{,}30} = 0{,}5\,. \tag{21.70}$$

Obwohl die Abschätzung (21.70) vom theoretischen Standpunkt aus nicht sehr befriedigend ist (in Wirklichkeit ist der relative Fehler natürlich kleiner), stellt die Funktion (21.67) von der praktischen Anwendung her gesehen eine völlig befriedigende Approximation der gesuchten Lösung dar, vor allem wenn wir die Funktion $u_0(x)$ als die Durchbiegung eines Stabes deuten, wie es am Anfang dieses Beispieles beschrieben wurde. Die Funktion Au_3 unterscheidet sich nämlich verhältnismäßig wenig von der Funktion $f(x)$ auf der rechten Seite der Gleichung (21.50), was auch aus Figur 21.2 hervorgeht. Wenn wir diesen Umstand technisch deuten wollen, heißt das, daß die Funktion (21.67) eine genaue Lösung des Problems (21.50) bis (21.52) darstellt, wobei die „Belastung“ $f(x)$ durch eine „sehr nahe bei $f(x)$ liegende Belastung“ Au_3 ersetzt wurde.

2. *Das Galerkin-Verfahren*

Wir wählen wiederum die Basis (21.56). Da die Funktionen der Basis zum Definitionsbereich des gegebenen Operators gehören, stimmt das Galerkinsche System mit dem Ritzschen System (21.65) und die Galerkinsche Lösung mit der Ritzschen Lösung (21.67) überein.

Bemerkung 21.3. In allen drei hier angeführten Beispielen konnte man die Koeffizienten der entsprechenden Gleichungssysteme verhältnismäßig leicht bestimmen, denn alle Integrale ließen sich mit Hilfe von Stammfunktionen berechnen (obwohl man im dritten Beispiel auch einige Kunstgriffe anwenden mußte). Im allgemeinen Fall wird man zur Berechnung dieser Koeffizienten numerische Verfahren benutzen (die Simpsonsche Regel u.ä., siehe z.B. [36], S. 592).

Kapitel 22. Randwertaufgaben für partielle Differentialgleichungen zweiter Ordnung

In einem N-dimensionalen Gebiet G mit Lipschitz-Rand betrachten wir die Differentialgleichung

$$-\sum_{i,j=1}^{N} a_{ij} \frac{\partial^2 u}{\partial x_i \partial x_j} + \sum_{i=1}^{N} b_i \frac{\partial u}{\partial x_i} + cu = f, \tag{22.1}$$

wobei

$$a_{ij}(x) = a_{ji}(x) \tag{22.2}$$

ist und $a_{ij}(x)$, $b_i(x)$, $c(x)$ stetige Funktionen auf $\bar{G}$ sind, $f \in L_2(G)$. Wir benutzen die übliche, auf S. 7 eingeführte Bezeichnung, so daß wir statt $a_{ij}(x_1, \ldots, x_N)$ kurz $a_{ij}(x)$ schreiben, u.ä.

Definition 22.1. Wir sagen, die **Gleichung** (22.1) ist **gleichmäßig elliptisch in** G und der durch die linke Seite dieser Gleichung gegebene **Differentialoperator** ist **gleichmäßig elliptisch in** G, falls eine von $x \in G$ und von den in (22.3) und (22.4) betrachteten Vektoren unabhängige Konstante $p > 0$ existiert, so daß für jeden reellen Vektor $(\alpha_1, \ldots, \alpha_N)$ und für alle $x \in G$ gleichzeitig entweder

$$\sum_{i,j=1}^{N} a_{ij}(x)\, \alpha_i \alpha_j \geqq p \sum_{i=1}^{N} \alpha_i^2 \tag{22.3}$$

oder

$$\sum_{i,j=1}^{N} a_{ij}(x)\, \alpha_i \alpha_j \leqq -p \sum_{i=1}^{N} \alpha_i^2 \tag{22.4}$$

gilt.

Die soeben eingeführte Eigenschaft der Gleichung (22.1) hängt also nur von den Koeffizienten der höchsten Ableitungen in der gegebenen Gleichung ab.

Beispiel 22.1. Die Poissonsche Gleichung

$$-\Delta u = f \tag{22.5}$$

mit

$$\Delta u = \sum_{i=1}^{N} \frac{\partial^2 u}{\partial x_i^2}$$

(ein Spezialfall dieser Gleichung ist, wie wir wissen, die Laplacesche Gleichung $-\Delta u = 0$) ist gleichmäßig elliptisch in jedem Gebiet, denn hier ist

$$a_{ij}(x) = \begin{cases} 1 & \text{für } j = i, \\ 0 & \text{für } j \neq i, \end{cases}$$

so daß

$$\sum_{i,j=1}^{N} a_{ij}\alpha_i\alpha_j = \sum_{i=1}^{N} \alpha_i^2$$

ist und es genügt, in (22.3) $p = 1$ zu setzen.

Beispiel 22.2. Die Gleichung

$$-\left(x_1 \frac{\partial^2 u}{\partial x_1^2} + \frac{\partial^2 u}{\partial x_2^2}\right) = 0 \tag{22.6}$$

ist gleichmäßig elliptisch in jedem Gebiet G, das in der „rechten Halbebene" $x_1 > 0$ liegt und von der Achse $x_1 = 0$ einen positiven Abstand hat, d.h. für das

$$\inf_{(x_1, x_2) \in G} x_1 = k > 0$$

ist, denn es genügt dann, in (22.3) $p = \min(1, k)$ zu setzen. Diese Eigenschaft verliert die Gleichung (22.6) in einem Gebiet G, das die Achse $x_1 = 0$ berührt oder das sogar Punkte mit negativer Koordinate x_1 enthält.

Bemerkung 22.1. Wenn wir die Gleichung (22.1) mit der Zahl -1 multiplizieren, ändert sich die Gleichung nicht, ihre Koeffizienten jedoch ändern ihr Vorzeichen. Deshalb müssen wir in Definition 22.1 beide Fälle (22.3) und (22.4) in Betracht ziehen. Anderenfalls wäre z.B. die Gleichung $-\Delta u = 0$ elliptisch und die Gleichung $\Delta u = 0$ nicht bzw. umgekehrt. Falls aber die gegebene Gleichung die Bedingung (22.4) erfüllt, können wir sie durch Multiplizieren mit der Zahl -1 auf eine Gleichung zurückführen, welche die Bedingung (22.3) erfüllt. Wir werden uns deshalb im folgenden (vgl. Gleichung (22.7)) nur mit der Bedingung (22.3) befassen, die es uns ermöglicht, die Bedingungen für die positive Definitheit der zu untersuchenden Operatoren einfach zu formulieren.

Wir betrachten im Gebiet G die Gleichung[1])

$$-\sum_{i,j=1}^{N} \frac{\partial}{\partial x_i}\left(a_{ij} \frac{\partial u}{\partial x_j}\right) + cu = f, \quad a_{ij} = a_{ji}, \tag{22.7}$$

mit $f(x) \in L_2(G)$, wobei die Funktionen $a_{ij}(x)$, ihre partiellen Ableitungen erster Ordnung und die Funktion $c(x)$ auf dem abgeschlossenen Gebiet $\bar{G}$ stetig seien. Weiter setzen wir voraus, daß in G die Ungleichung

$$\sum_{i,j=1}^{N} a_{ij}(x)\, \alpha_i\alpha_j \geqq p \sum_{i=1}^{N} \alpha_i^2, \quad p > 0, \tag{22.8}$$

gilt, wobei p nicht von der Wahl des Punktes $x \in G$ und von den betrachteten Vektoren abhängt, und daß in G

$$c(x) \geqq 0 \tag{22.9}$$

ist.

---

[1]) Man sagt oft, die Gleichung (22.7) ist in der sogenannten **Divergenzform** ausgedrückt.

Wegen (22.8) ist die Gleichung (22.7) gleichmäßig elliptisch in G, denn es ist

$$-\sum_{i,j=1}^{N}\frac{\partial}{\partial x_i}\left(a_{ij}\frac{\partial u}{\partial x_j}\right) = -\sum_{i,j=1}^{N} a_{ij}\frac{\partial^2 u}{\partial x_i\,\partial x_j} - \sum_{i,j=1}^{N}\frac{\partial a_{ij}}{\partial x_i}\frac{\partial u}{\partial x_j},$$

d.h. (22.7) ist eine Gleichung vom Typ (22.1) mit Koeffizienten der höchsten Ableitungen, welche die Bedingung (22.3) erfüllen.

Für die Gleichung (22.7) betrachten wir drei charakteristische Typen von Randbedingungen, die der Reihe nach das sogenannte Dirichletsche, Neumannsche und Newtonsche Problem für die gegebene Gleichung charakterisieren:

$$u = 0 \quad \text{auf } \Gamma, \tag{22.10}$$

$$\mathcal{N}u = 0 \quad \text{auf } \Gamma, \tag{22.11}$$

$$\mathcal{N}u + \sigma u = 0 \quad (\sigma(S) \geqq \sigma_0 > 0) \quad \text{auf } \Gamma, \tag{22.12}$$

wobei

$$\mathcal{N}u = \sum_{i,j=1}^{N} a_{ij}\frac{\partial u}{\partial x_j}\nu_i \tag{22.13}$$

ist; $\nu_i = \cos(\nu, x_i)$ $(i = 1, \ldots, N)$ sind die Richtungskosinus der äußeren Normale ν. Der Ausdruck (22.13) wird oft die **Konormalenableitung** genannt. Für die Poissonsche Gleichung (22.5) ist

$$a_{ij}(x) = \begin{cases} 1 & \text{für} \quad j = i, \\ 0 & \text{für} \quad j \neq i, \end{cases} \tag{22.14}$$

so daß

$$\mathcal{N}u = \sum_{i,j=1}^{N}\frac{\partial u}{\partial x_i}\nu_i = \frac{\partial u}{\partial \nu} \tag{22.15}$$

ist; für diese Gleichung stimmt also die Konormalenableitung mit der Normalenableitung überein.

Die Randbedingungen (22.10) bis (22.12) sind Analoga der Randbedingungen (19.5) bis (19.7) für eine gewöhnliche Differentialgleichung (19.1) (S. 194), und auch die Ergebnisse bezüglich der Symmetrie und positiven Definitheit der entsprechenden Operatoren sind, wie wir sehen werden, sehr ähnlich.

Wir bezeichnen mit M_1 bzw. M_2 bzw. M_3 die linearen Mengen aller Funktionen $u(x)$, die samt ihren partiellen Ableitungen erster und zweiter Ordnung stetig in $\overline{G}$ sind und die die Bedingungen (22.10) bzw. (22.11) bzw. (22.12) erfüllen. (Jede dieser Mengen ist dicht in $L_2(G)$, siehe Satz 8.6, Bemerkung 8.5, S. 91.) Es sei A_1 bzw. A_2 bzw. A_3 der auf M_1 bzw. M_2 bzw. M_3 durch die für alle $k = 1, 2, 3$ identische Vorschrift

$$A_k u = -\sum_{i,j=1}^{N}\frac{\partial}{\partial x_i}\left(a_{ij}\frac{\partial u}{\partial x_j}\right) + cu, \quad k = 1, 2, 3, \tag{22.16}$$

definierte Operator. Zunächst zeigen wir, daß jeder von diesen Operatoren auf der entsprechenden linearen Menge symmetrisch ist, und zwar unabhängig davon, ob die Koeffizienten a_{ij} die Voraussetzung (22.8), der Koeffizient c die Voraussetzung (22.9) und die Funktion σ die Voraussetzung (22.12) erfüllen.

Zuerst erinnern wir an die Formel (8.31), S. 92, die wir hier in der folgenden Form schreiben:

$$\int_G \frac{\partial g_1}{\partial x_i} g_2 \,\mathrm{d}x = \int_\Gamma g_1 g_2 \nu_i \,\mathrm{d}S - \int_G g_1 \frac{\partial g_2}{\partial x_i} \,\mathrm{d}x . \tag{22.17}$$

Wenn wir hier

$$g_1 = a_{ij} \frac{\partial u}{\partial x_j}, \quad g_2 = v$$

setzen (was man unter unseren Voraussetzungen für jedes $u \in M_k$, $v \in M_k$, $k = 1, 2, 3$, machen kann) und diese Gleichungen für $i, j = 1, \ldots, N$ addieren, erhalten wir

$$\begin{aligned} -\int_G \sum_{i,j=1}^N \frac{\partial}{\partial x_i}\left(a_{ij} \frac{\partial u}{\partial x_j}\right) v \,\mathrm{d}x &= -\int_\Gamma \sum_{i,j=1}^N a_{ij} \frac{\partial u}{\partial x_j} \nu_i v \,\mathrm{d}S + \\ &\quad + \int_G \sum_{i,j=1}^N a_{ij} \frac{\partial u}{\partial x_j} \frac{\partial v}{\partial x_i} \,\mathrm{d}x = \\ &= -\int_\Gamma \mathcal{N}u \,.\, v \,\mathrm{d}S + \int_G \sum_{i,j=1}^N a_{ij} \frac{\partial u}{\partial x_j} \frac{\partial v}{\partial x_i} \,\mathrm{d}x . \end{aligned} \tag{22.18}$$

Damit ergeben sich für die oben definierten Operatoren A_k und für Funktionenpaare u, v, die in den entsprechenden linearen Mengen M_k liegen und deshalb die Bedingungen (22.10) bzw. (22.11) bzw. (22.12) erfüllen, die folgenden Formeln:

$$(A_1 u, v) = \int_G \sum_{i,j=1}^N a_{ij} \frac{\partial u}{\partial x_j} \frac{\partial v}{\partial x_i} \,\mathrm{d}x + \int_G cuv \,\mathrm{d}x , \tag{22.19}$$

$$(A_2 u, v) = \int_G \sum_{i,j=1}^N a_{ij} \frac{\partial u}{\partial x_j} \frac{\partial v}{\partial x_i} \,\mathrm{d}x + \int_G cuv \,\mathrm{d}x , \tag{22.20}$$

$$(A_3 u, v) = \int_G \sum_{i,j=1}^N a_{ij} \frac{\partial u}{\partial x_j} \frac{\partial v}{\partial x_i} \,\mathrm{d}x + \int_G cuv \,\mathrm{d}x + \int_\Gamma \sigma uv \,\mathrm{d}S . \tag{22.21}$$

Da nach (22.7) $a_{ij} = a_{ji}$ ist, erhalten wir in allen drei Fällen Ausdrücke, in denen die Funktionen u und v symmetrisch auftreten; daraus folgt die Symmetrie der Operatoren A_1, A_2 und A_3 auf den entsprechenden linearen Mengen.

Positive Definitheit:

1. *Die Dirichletsche Randbedingung*

$$u = 0 \quad \text{auf } \Gamma . \tag{22.22}$$

In diesem Fall ist nach (22.19)

$$(A_1 u, u) = \int_G \sum_{i,j=1}^N a_{ij} \frac{\partial u}{\partial x_i} \frac{\partial u}{\partial x_j} \,\mathrm{d}x + \int_G cu^2 \,\mathrm{d}x . \tag{22.23}$$

Aus (22.8) und (22.9) folgt

$$\sum_{i,j=1}^{N} a_{ij} \frac{\partial u}{\partial x_i} \frac{\partial u}{\partial x_j} \geqq p \sum_{i=1}^{N} \left(\frac{\partial u}{\partial x_i}\right)^2 \quad \text{in } G . \tag{22.24}$$

Gleichzeitig ist nach der Friedrichsschen Ungleichung (18.1), S. 182,

$$\|u\|^2 = \int_G u^2 \, \mathrm{d}x \leqq c_1 \int_G \sum_{i=1}^{N} \left(\frac{\partial u}{\partial x_i}\right)^2 \mathrm{d}x , \quad c_1 > 0 , \tag{22.25}$$

weil $u = 0$ auf Γ ist. (Für den Fall $N = 2$ kann man für c_1 den Wert (18.46), S. 190, benutzen.)

Aus (22.23) bis (22.25) folgt dann

$$(A_1 u, u) = \int_G \sum_{i,j=1}^{N} a_{ij} \frac{\partial u}{\partial x_i} \frac{\partial u}{\partial x_j} \mathrm{d}x + \int_G c u^2 \, \mathrm{d}x \geqq p \int_G \sum_{i=1}^{N} \left(\frac{\partial u}{\partial x_i}\right)^2 \mathrm{d}x \geqq$$

$$\geqq \frac{p}{c_1} \|u\|^2 , \tag{22.26}$$

womit die positive Definitheit des Operators A_1 auf der linearen Menge M_1 bewiesen ist. Damit kann man zur Konstruktion einer Näherungslösung des Problems (22.7), (22.22) die im vorhergehenden Teil des Buches beschriebenen Methoden benutzen. Die verallgemeinerte Lösung u_0 dieses Problems minimiert im entsprechenden Raum H_{A_1} das Funktional

$$F_1 u = \int_G \sum_{i,j=1}^{N} a_{ij} \frac{\partial u}{\partial x_i} \frac{\partial u}{\partial x_j} \mathrm{d}x + \int_G c u^2 \, \mathrm{d}x - 2 \int_G f u \, \mathrm{d}x . \tag{22.27}$$

Bevor wir uns mit dem Fall der Randbedingung (22.11) befassen, untersuchen wir die Bedingung (22.12):

2. *Die Newtonsche Randbedingung*

$$\mathcal{N} u + \sigma u = 0 \quad \text{auf } \Gamma , \qquad \sigma(S) \geqq \sigma_0 > 0 . \tag{22.28}$$

Nach (22.21) und (22.8), (22.9), (22.28) ist

$$(A_3 u, u) = \int_G \sum_{i,j=1}^{N} a_{ij} \frac{\partial u}{\partial x_i} \frac{\partial u}{\partial x_j} \mathrm{d}x + \int_G c u^2 \, \mathrm{d}x + \int_\Gamma \sigma u^2 \, \mathrm{d}S \geqq$$

$$\geqq p \int_G \sum_{i=1}^{N} \left(\frac{\partial u}{\partial x_i}\right)^2 \mathrm{d}x + \sigma_0 \int_\Gamma u^2 \, \mathrm{d}S . \tag{22.29}$$

Die Friedrichssche Ungleichung (18.1) S. 182,

$$\|u\|^2 = \int_G u^2 \, \mathrm{d}x \leqq c_1 \int_G \sum_{i=1}^{N} \left(\frac{\partial u}{\partial x_i}\right)^2 \mathrm{d}x + c_2 \int_\Gamma u^2 \, \mathrm{d}S \tag{22.30}$$

liefert dann

$$(A_3 u, u) \geqq C^2 \|u\|^2 , \quad C > 0 , \tag{22.31}$$

wobei

$$C^2 = \min\left(\frac{p}{c_1}, \frac{\sigma_0}{c_2}\right) \tag{22.32}$$

ist; damit ist die positive Definitheit des Operators A_3 auf der Menge M_3 bewiesen. Im Fall $N = 2$ kann man für die Zahlen c_1, c_2 in (22.32) insbesondere die Werte (18.37) oder (18.39), S. 189, wählen.

Für die Aufgabe, die Gleichung (22.7) unter den Randbedingungen (22.28) zu lösen, kann man also eine Näherungslösung mit den in Kapiteln 12 bis 15 beschriebenen Methoden konstruieren. Die verallgemeinerte Lösung u_0 minimiert im entsprechenden Raum H_{A_3} das Funktional

$$F_3u = \int_G \sum_{i,j=1}^{N} a_{ij} \frac{\partial u}{\partial x_i} \frac{\partial u}{\partial x_j} \,\mathrm{d}x + \int_G cu^2 \,\mathrm{d}x + \int_\Gamma \sigma u^2 \,\mathrm{d}S - 2\int_G fu \,\mathrm{d}x \,. \tag{22.33}$$

Da die Bedingung (22.28) instabil ist (siehe Bemerkung 19.5, S. 211), ist es nicht notwendig (obwohl es zweckmäßig wäre), eine Basis im Raum H_{A_3} so zu wählen, daß ihre Elemente die Bedingung (22.28) erfüllen. Siehe auch Kapitel 25.

3. *Die Neumannsche Randbedingung*

$$\mathcal{N}u = 0 \quad \text{auf } \Gamma \,. \tag{22.34}$$

In diesem Fall kann man fast wörtlich die Überlegungen wiederholen, die wir im Kapitel 19 für eine gewöhnliche Differentialgleichung zweiter Ordnung mit den Randbedingungen

$$u'(a) = 0 \,, \quad u'(b) = 0$$

gemacht haben.
Nach (22.20) ist

$$(A_2u, u) = \int_G \sum_{i,j=1}^{N} a_{ij} \frac{\partial u}{\partial x_i} \frac{\partial u}{\partial x_j} \,\mathrm{d}x + \int_G cu^2 \,\mathrm{d}x \,. \tag{22.35}$$

Wenn wir zusätzlich voraussetzen, daß

$$c(x) \geqq c_0 > 0 \quad \text{in } \bar{G} \tag{22.36}$$

ist, folgt aus (22.35) und (22.8)

$$(A_2u, u) \geqq p \int_G \sum_{i=1}^{N} \left(\frac{\partial u}{\partial x_i}\right)^2 \mathrm{d}x + c_0 \int_G u^2 \,\mathrm{d}x \geqq c_0 \|u\|^2 \,. \tag{22.37}$$

Unter der Voraussetzung (22.36) ist also der Operator A_2 auf der Menge M_2 positiv definit, und man kann wiederum die Methoden aus den Kapiteln 12 bis 15 benutzen. Das entsprechende Funktional hat die Form

$$F_2u = \int_G \sum_{i,j=1}^{N} a_{ij} \frac{\partial u}{\partial x_i} \frac{\partial u}{\partial x_j} \,\mathrm{d}x + \int_G cu^2 \,\mathrm{d}x - 2\int_G fu \,\mathrm{d}x \,. \tag{22.38}$$

Da die Bedingung $\mathcal{N}u = 0$ instabil ist, ist es nicht notwendig, sie bei der Wahl der Basis zu berücksichtigen.

Bemerkung 22.2. Zur gleichen Schlußfolgerung und zum gleichen Funktional (22.38) kann man, ähnlich wie in Bemerkung 19.3, S. 198, auch unter der allgemeineren Voraussetzung kommen, daß die Funktion $c(x)$ in $\bar{G}$ stetig und nichtnegativ ist und daß $c(x) > 0$ mindestens in einem Punkt $x_0 \in G$ ist. Diese Behauptung folgt – wenn wir ähnlich wie in der erwähnten Bemerkung vorgehen – aus der Ungleichung

$$\|u\|^2 \leqq \varkappa \int_G \sum_{i=1}^{N} \left(\frac{\partial u}{\partial x_i}\right)^2 \mathrm{d}x + \int_K u^2 \,\mathrm{d}x\,, \quad \varkappa > 0\,, \tag{22.39}$$

die, ähnlich wie die Ungleichung (19.20), S. 198, einen Spezialfall einer allgemeineren, in [35], S. 22, angegebenen Ungleichung darstellt. Dabei ist K irgendein N-dimensionaler Würfel, der in $\bar{G}$ liegt.

Ist $c(x) \equiv 0$ in $\bar{G}$, so ist der Operator A_2 auf der Menge M_2 nicht positiv. In diesem Fall ist (siehe (22.35))

$$(A_2 u, u) = \int_G \sum_{i,j=1}^{N} a_{ij} \frac{\partial u}{\partial x_i} \frac{\partial u}{\partial x_j} \,\mathrm{d}x\,. \tag{22.40}$$

Aus (22.8) folgt für jedes $u \in M_2$

$$(A_2 u, u) \geqq 0\,.$$

Aus $(A_2 u, u) = 0$ folgt aber keineswegs $u = 0$ in M_2 (d.h. $u(x) \equiv 0$ in $\bar{G}$): Wenn nämlich $u(x) \equiv \text{const} \neq 0$ ist, so haben wir $(A_2 u, u) = 0$ nach (22.40). Der Operator A_2 ist also im Fall $c(x) \equiv 0$ auf M_2 nicht positiv (und damit natürlich auch nicht positiv definit).

Wir setzen nun voraus, daß $u \in M_2$ eine Lösung des Problems

$$A_2 u = -\sum_{i,j=1}^{N} \frac{\partial}{\partial x_i}\left(a_{ij} \frac{\partial u}{\partial x_j}\right) = f \quad \text{in } G\,, \tag{22.41}$$

$$\mathcal{N}u = 0 \quad \text{auf } \Gamma \tag{22.42}$$

darstellt. Integration der Gleichung (22.41) im Gebiet G liefert nach einfacher Rechnung (in (22.17) setzen wir

$$g_1 = -a_{ij} \frac{\partial u}{\partial x_j}\,, \quad g_2 = 1$$

und benutzen (22.13)) das Ergebnis

$$-\int_\Gamma \mathcal{N}u \,\mathrm{d}S = \int_G f(x)\,\mathrm{d}x\,.$$

Hieraus und aus (22.42) ergibt sich als notwendige Bedingung für die Lösbarkeit des Problems (22.41), (22.42)

$$\int_G f(x)\,\mathrm{d}x = 0\,. \tag{22.43}$$

Der betrachtete Fall des Operators A_2 für $c(x) \equiv 0$ ist also dem entsprechenden Fall für gewöhnliche Differentialgleichungen ähnlich (vgl. S. 200), und auch das Vorgehen zur Lösung des Problems ist ähnlich:

Wir betrachten den Teilraum $\tilde{L}_2(G)$ des Raumes $L_2(G)$ aller derjenigen Funktionen aus $L_2(G)$, für die

$$\int_G u(x)\,\mathrm{d}x = 0 \tag{22.44}$$

gilt. In diesem Raum betrachten wir die lineare Menge $\tilde{M}_2$ aller derjenigen Funktionen aus der Menge M_2, welche die Bedingung (22.44) erfüllen. Die lineare Menge $\tilde{M}_2$ ist in $\tilde{L}_2(G)$ dicht, vgl. Bemerkung 8.6, S. 92. Auf $\tilde{M}_2$ sei der Operator $\tilde{A}_2$ durch die Formel

$$\tilde{A}_2 u = -\sum_{i,j=1}^{N} \frac{\partial}{\partial x_i}\left(a_{ij}\frac{\partial u}{\partial x_j}\right), \quad u \in \tilde{M}_2\,, \tag{22.45}$$

definiert (vgl. (22.16)). Völlig analog wie im Fall des Operators A_2 (vgl. (22.20)) erhalten wir:

$$(\tilde{A}_2 u, v) = \int_G \sum_{i,j=1}^{N} a_{ij}\frac{\partial u}{\partial x_j}\frac{\partial v}{\partial x_i}\,\mathrm{d}x\,, \tag{22.46}$$

woraus zusammen mit der Voraussetzung $a_{ij}(x) = a_{ji}(x)$ die Symmetrie des Operators $\tilde{A}_2$ auf der Menge $\tilde{M}_2$ folgt. Aus (22.46) erhält man nach Voraussetzung (22.8) weiter

$$(\tilde{A}_2 u, u) = \int_G \sum_{i,j=1}^{N} a_{ij}\frac{\partial u}{\partial x_i}\frac{\partial u}{\partial x_j}\,\mathrm{d}x \geqq p\int_G \sum_{i=1}^{N}\left(\frac{\partial u}{\partial x_i}\right)^2 \mathrm{d}x\,, \quad p > 0\,. \tag{22.47}$$

Nach der Poincaréschen Ungleichung (18.50), S. 191, gilt für Funktionen aus $\tilde{M}_2$ (die also die Bedingung (22.44) erfüllen) die Abschätzung

$$c_3\int_G \sum_{i=1}^{N}\left(\frac{\partial u}{\partial x_i}\right)^2 \mathrm{d}x \geqq \int_G u^2(x)\,\mathrm{d}x\,, \tag{22.48}$$

wobei c_3 eine positive Konstante ist. (Im Fall eines Rechtecks mit den Seiten l_1, l_2 kann man z.B.

$$c_3 = \max\,(l_1^2, l_2^2) \tag{22.49}$$

setzen, siehe (18.58), S. 192.) Aus (22.47) und (22.48) folgt die positive Definitheit des Operators $\tilde{A}_2$ auf $\tilde{M}_2$,

$$(\tilde{A}_2 u, u) \geqq C^2\|u\|^2\,, \quad u \in \tilde{M}_2\,, \tag{22.50}$$

mit

$$C^2 = \frac{p}{c_3}\,. \tag{22.51}$$

Bemerkung 22.3. Diesem Ergebnis kann man eine der Bemerkung auf S. 201 entsprechende Bemerkung hinzufügen: Die positive Definitheit des Operators $\tilde{A}_2$ wurde nur für Funktionen aus $\tilde{M}_2$ bewiesen. Die verallgemeinerte Lösung u_0 des Problems

(22.41), (22.42) existiert genau dann, wenn die rechte Seite f zum Raum $\tilde{L}_2(G)$ gehört, d.h. wenn sie der Bedingung

$$\int_G f(x)\,\mathrm{d}x = 0 \tag{22.52}$$

genügt. Eine Näherungslösung kann man dann mit den in den Kapiteln 12 bis 15 beschriebenen Methoden konstruieren. Das entsprechende Funktional hat die Form

$$Fu = \int_G \sum_{i,j=1}^{N} a_{ij} \frac{\partial u}{\partial x_i} \frac{\partial u}{\partial x_j}\,\mathrm{d}x - 2\int_G fu\,\mathrm{d}x\,. \tag{22.53}$$

Wir bemerken, daß die Funktionen aus dem Raum $H_{\tilde{A}_2}$ die Bedingung (22.52) erfüllen, im allgemeinen aber nicht die instabile Randbedingung $\mathcal{N}u = 0$. Bei der Wahl der Basis aus dem Raum $H_{\tilde{A}_2}$ ist es nicht notwendig, diese Bedingung zu berücksichtigen.

Wir bemerken ferner, daß für den Fall, in dem $u_0 \in D_{\tilde{A}_2}$ eine Lösung des Problems

$$-\sum_{i,j=1}^{N} \frac{\partial}{\partial x_i}\left(a_{ij}\frac{\partial u}{\partial x_j}\right) = f \quad \text{in } G\,,$$

$$\mathcal{N}u = 0 \quad \text{auf } \Gamma$$

ist, auch jede Funktion der Form $u_0(x) + k$ eine Lösung darstellt, wobei k eine beliebige Konstante ist. Falls die verallgemeinerte Lösung $u_0(x)$ nicht zu $D_{\tilde{A}_2}$ gehört, kann man die Funktion $u_0(x) + k$ als eine Lösung in einem verallgemeinerten Sinn auffassen. (Vgl. S. 201.)

Gemischte Randbedingungen

In Problemen mit partiellen Differentialgleichungen tritt oft der Fall ein, daß nicht eine Bedingung des gleichen Typs (d.h. die Bedingung $u = 0$ oder $\mathcal{N}u = 0$ oder $\mathcal{N}u + \sigma u = 0$) auf dem gesamten Rand Γ des betrachteten Gebietes gegeben ist, sondern daß der Rand Γ aus mehreren (meistens zwei) Teilen $\Gamma_1, \ldots, \Gamma_r$ [1]) besteht

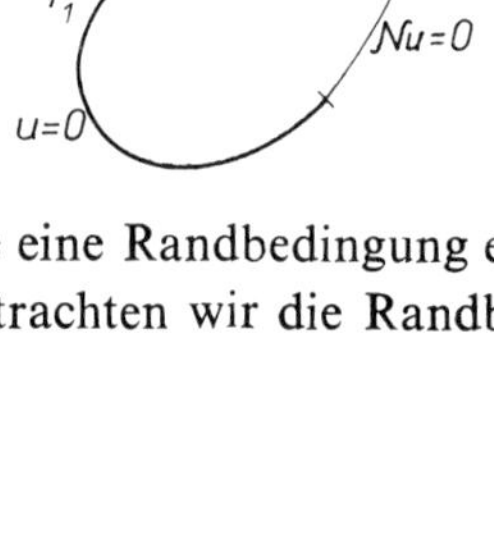

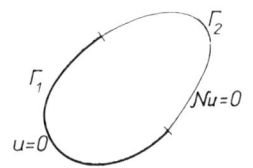

Figur 22.1

und daß auf jedem dieser Teile eine Randbedingung eines gewissen Typs vorgegeben ist. Zur Veranschaulichung betrachten wir die Randbedingungen

$$u = 0 \quad \text{auf } \Gamma_1\,, \tag{22.54}$$

$$\mathcal{N}u = 0 \quad \text{auf } \Gamma_2 \tag{22.55}$$

[1]) Es sind damit punktfremde Teilmengen vom positiven $(N - 1)$-dimensionalen Maß gemeint; Fälle, in denen z.B. irgendein Γ_i nur aus einem Punkt besteht, werden nicht betrachtet.

(Figur 22.1). Wir bezeichnen mit M die lineare Menge aller Funktionen, die auf $\overline{G}$ samt ihren Ableitungen erster und zweiter Ordnung stetig sind und die Bedingungen (22.54), (22.55) erfüllen. Diese Menge ist nach Bemerkung 8.5, S. 91, dicht in $L_2(G)$. Des weiteren bezeichnen wir mit A den durch die Formel

$$Au = -\sum_{i,j=1}^{N} \frac{\partial}{\partial x_i}\left(a_{ij}\frac{\partial u}{\partial x_j}\right) + cu \tag{22.56}$$

auf M gegebenen Operator, wobei die Funktionen $a_{ij} = a_{ji}$ und c alle früher angegebenen Glattheitsbedingungen und die Bedingungen (22.8), (22.9) erfüllen. Durch übliche Anwendung des Greenschen Satzes (siehe (22.17)) erhalten wir die Beziehung (22.18). Ist $u \in M$, $v \in M$, dann ist

$$\int_{\Gamma} \mathcal{N}u \,.\, v \,\mathrm{d}S = \int_{\Gamma_1} \mathcal{N}u \,.\, v \,\mathrm{d}S + \int_{\Gamma_2} \mathcal{N}u \,.\, v \,\mathrm{d}S = 0\,, \tag{22.57}$$

denn das erste Integral auf der rechten Seite in (22.57) verschwindet wegen (22.54) und das zweite wegen (22.55). Es ist also

$$(Au, v) = \int_G \sum_{i,j=1}^{N} a_{ij}\frac{\partial u}{\partial x_j}\frac{\partial v}{\partial x_i}\,\mathrm{d}x + \int_G cuv\,\mathrm{d}x\,, \quad u \in M\,, \quad v \in M\,, \tag{22.58}$$

woraus (mit der Voraussetzung $a_{ij} = a_{ji}$) die Symmetrie des Operators A auf der Menge M folgt. Aus (22.58), (22.8) und (22.9) folgt wie früher

$$(Au, u) \geqq p \int_G \sum_{i=1}^{N}\left(\frac{\partial u}{\partial x_i}\right)^2 \mathrm{d}x\,. \tag{22.59}$$

Für weitere Abschätzungen müssen wir uns an dieser Stelle auf die Ungleichung (30.6), S. 345, berufen, welche die Existenz einer nur von dem gegebenen Gebiet abhängigen Konstante $c > 0$ garantiert, so daß für jede Funktion $u \in W_2^{(1)}(G)$ gilt:

$$\|u\|^2_{W_2^{(1)}(G)} \leqq c\left[\int_{\Gamma_1} u^2\,\mathrm{d}S + \int_G \sum_{i=1}^{N}\left(\frac{\partial u}{\partial x_i}\right)^2 \mathrm{d}x\right]. \tag{22.60}$$

Wie wir in dem erwähnten Kapitel 30 sehen werden, ist aber

$$\|u\|^2_{W_2^{(1)}(G)} = \int_G u^2\,\mathrm{d}x + \int_G \sum_{i=1}^{N}\left(\frac{\partial u}{\partial x_i}\right)^2 \mathrm{d}x\,,$$

und daher aufgrund von (22.60)

$$\|u\|^2 \leqq c\left[\int_{\Gamma_1} u^2\,\mathrm{d}S + \int_G \sum_{i=1}^{N}\left(\frac{\partial u}{\partial x_i}\right)^2 \mathrm{d}x\right]. \tag{22.61}$$

Außerdem ist $u \in W_2^{(1)}(G)$ für jedes $u \in M$. Da in unserem Fall $u = 0$ auf Γ_1 ist, verschwindet das erste Integral auf der rechten Seite der Ungleichung (22.61) und aus (22.59), (22.61) folgt dann

$$(Au, u) \geqq \frac{p}{c}\|u\|^2\,. \tag{22.62}$$

Damit ist die positive Definitheit des Operators A auf M bewiesen, und somit ist auch die Anwendung der in den Kapiteln 12 bis 15 entwickelten Methoden zur angenäherten Lösung des gegebenen Problems möglich. Die verallgemeinerte Lösung u_0 minimiert auf dem entsprechenden Raum H_A das Funktional

$$Fu = \int_G \sum_{i=1}^{N} a_{ij} \frac{\partial u}{\partial x_i} \frac{\partial u}{\partial x_j} \, dx + \int_G cu^2 \, dx - 2 \int_G fu \, dx . \tag{22.63}$$

Im allgemeinen erfüllen Funktionen aus diesem Raum die instabile Randbedingung (22.55) nicht; bei der Wahl einer Basis im Raum H_A ist es somit nicht notwendig, diese Bedingung zu berücksichtigen.

Ähnlich kann man zeigen, daß ein Operator, der durch die Formel (22.56) auf linearen Mengen von Funktionen vorgegeben ist, die in $\bar{G}$ samt ihren ersten und zweiten Ableitungen stetig sind und die Randbedingungen

$$u = 0 \quad \text{auf } \Gamma_1 , \qquad \mathcal{N}u + \sigma u = 0 \quad \text{auf } \Gamma_2 , \tag{22.64}$$

bzw.

$$\mathcal{N}u = 0 \quad \text{auf } \Gamma_1 , \qquad \mathcal{N}u + \sigma u = 0 \quad \text{auf } \Gamma_2 \tag{22.65}$$

erfüllen, wobei Γ_1, Γ_2 einen ähnlichen Sinn wie in (22.54), (22.55) haben, auf diesen Mengen positiv definit ist, falls die Bedingungen $a_{ij} = a_{ji}$, (22.8), (22.9) und (22.12) erfüllt sind. Auch in diesen Fällen kann man die in den Kapiteln 12 bis 15 angeführten Methoden anwenden. Die entsprechende verallgemeinerte Lösung minimiert in beiden Fällen das Funktional

$$Fu = \int_G \sum_{i,j=1}^{N} a_{ij} \frac{\partial u}{\partial x_i} \frac{\partial u}{\partial x_j} \, dx + \int_G cu^2 \, dx + \int_{\Gamma_2} \sigma u^2 \, dS - 2 \int_G fu \, dx , \tag{22.66}$$

natürlich im entsprechenden Raum H_A; unter den Bedingungen (22.64) erfüllen die Funktionen aus dem Raum H_A im allgemeinen Fall nicht die instabile Bedingung $\mathcal{N}u + \sigma u = 0$ auf Γ_2, unter den Bedingungen (22.65) erfüllen sie im allgemeinen Fall keine dieser Bedingungen. Bei der Wahl einer Basis ist es also notwendig, nur die Bedingung $u = 0$ auf Γ_1 zu berücksichtigen.

Ähnliche Ergebnisse kann man auch dann erhalten, wenn der Rand Γ in mehr als zwei Teile mit verschiedenen Randbedingungen zerfällt.[1])

Bemerkung 22.4. (*Nichthomogene Randbedingungen.*) Im Fall nichthomogener Randbedingungen

$$u = g(S) \quad \text{auf } \Gamma \tag{22.67}$$

bzw.

$$\mathcal{N}u = h(S) \quad \text{auf } \Gamma \tag{22.68}$$

bzw.

$$\mathcal{N}u + \sigma u = k(S) \quad \text{auf } \Gamma \tag{22.69}$$

---

[1]) Der einzige Fall, in dem „Schwierigkeiten“ mit der positiven Definitheit auftreten, ist also der auf den Seiten 257 bis 259 betrachtete Fall mit der Neumannschen Randbedingung $\mathcal{N}u = 0$ auf dem ganzen Rand.

muß man statt der Funktionale (22.27) bzw. (22.38) bzw. (22.33) die folgenden Funktionale minimieren (ausführlich wird darüber in den Kapiteln 34 und 35 gesprochen; siehe auch die am Ende des Buches angegebene Tabelle von Funktionalen):

$$\int_G \sum_{i,j=1}^{N} a_{ij} \frac{\partial u}{\partial x_i} \frac{\partial u}{\partial x_j} \,\mathrm{d}x + \int_G cu^2 \,\mathrm{d}x - 2 \int_G fu \,\mathrm{d}x \tag{22.70}$$

bzw.

$$\int_G \sum_{i,j=1}^{N} a_{ij} \frac{\partial u}{\partial x_i} \frac{\partial u}{\partial x_j} \,\mathrm{d}x + \int_G cu^2 \,\mathrm{d}x - 2 \int_G fu \,\mathrm{d}x - 2 \int_\Gamma hu \,\mathrm{d}S \tag{22.71}$$

bzw.

$$\int_G \sum_{i,j=1}^{N} a_{ij} \frac{\partial u}{\partial x_i} \frac{\partial u}{\partial x_j} \,\mathrm{d}x + \int_G cu^2 \,\mathrm{d}x + \int_\Gamma \sigma u^2 \,\mathrm{d}S - 2 \int_G fu \,\mathrm{d}x - 2 \int_\Gamma ku \,\mathrm{d}S\,, \tag{22.72}$$

und zwar auf Klassen genügend glatter Funktionen (in der Terminologie des Kapitels 29 handelt es sich um Funktionen aus dem Raum $W_2^{(1)}(G)$), die (im allgemeinen im Sinne von Spuren, siehe Kap. 30) die gegebenen stabilen Randbedingungen erfüllen (d.h. nur die Randbedingungen (22.67) im Fall des Funktionals (22.70); alle übrigen Randbedingungen sind instabil). Ist die Randbedingung (22.68) vorgegeben, so minimieren wir im Fall $c(x) \equiv 0$ das Funktional (22.71) auf allen Funktionen des Raumes $H_{\tilde{A}_2}$ (die also der Bedingung $\int_G u \,\mathrm{d}x = 0$ genügen). Wir bemerken, daß in diesem Fall das Problem dann und nur dann lösbar ist, wenn die Bedingung

$$\int_G f \,\mathrm{d}x + \int_\Gamma h \,\mathrm{d}S = 0 \tag{22.73}$$

erfüllt ist.

Die Funktionale (22.27), (22.38) bzw. (22.53) und (22.33) sind natürlich Spezialfälle der Funktionale (22.70), (22.71), (22.72).

Ähnlich kann man auch im Fall gemischter Randbedingungen vorgehen; z.B. minimieren wir im Fall der Randbedingungen

$$u = g(S) \quad \text{auf } \Gamma_1\,, \tag{22.74}$$

$$\mathcal{N}u + \sigma u = h(S) \quad \text{auf } \Gamma_2 \tag{22.75}$$

das Funktional

$$\int_G \sum_{i,j=1}^{N} a_{ij} \frac{\partial u}{\partial x_i} \frac{\partial u}{\partial x_j} \,\mathrm{d}x + \int_G cu^2 \,\mathrm{d}x + \int_{\Gamma_2} \sigma u^2 \,\mathrm{d}S - 2 \int_G fu \,\mathrm{d}x - 2 \int_{\Gamma_2} hu \,\mathrm{d}S \tag{22.76}$$

auf der Klasse der Funktionen, welche die Bedingung $u = g(S)$ auf Γ_1 erfüllen.

Bemerkung 22.5. Für die *Poissonsche Gleichung*

$$-\Delta u = f$$

ist

$$\int_G \sum_{i,j=1}^{N} a_{ij} \frac{\partial u}{\partial x_i} \frac{\partial u}{\partial x_j} \, dx = \int_G \sum_{i=1}^{N} \left(\frac{\partial u}{\partial x_i}\right)^2 dx \, ,$$

$c(x) \equiv 0$ und

$$\mathcal{N} u = \frac{\partial u}{\partial \nu} \, ,$$

vgl. (22.15). Folglich haben die Randbedingungen der drei grundlegenden Typen die folgende Form:

$$u = g(S) \qquad \text{auf } \Gamma \tag{22.77}$$

bzw.

$$\frac{\partial u}{\partial \nu} = h(S) \qquad \text{auf } \Gamma \tag{22.78}$$

bzw.

$$\frac{\partial u}{\partial \nu} + \sigma u = k(S) \quad \text{auf } \Gamma \, , \tag{22.79}$$

und die Form der entsprechenden Funktionale wird einfacher sein. So hat z.B. das Funktional (22.72), das der Randbedingung (22.79) entspricht, die Form

$$\int_G \sum_{i=1}^{N} \left(\frac{\partial u}{\partial x_i}\right)^2 dx + \int_\Gamma \sigma u^2 \, dS - 2 \int_G fu \, dx - 2 \int_\Gamma ku \, dS \, . \tag{22.80}$$

Kapitel 23. Der biharmonische Operator (die Platten- und Tragwandgleichung)

In diesem Kapitel werden wir ausführlicher den biharmonischen Operator für zwei Veränderliche behandeln, der ein Spezialfall eines linearen partiellen Differentialoperators vierter Ordnung ist. Mit dem allgemeinen Fall (einschließlich Differentialoperatoren höherer Ordnung) werden wir uns im vierten Teil des Buches befassen. Wir betrachten die lineare Menge M der Funktionen $u(x_1, x_2)$, die samt ihren partiellen Ableitungen bis einschließlich vierter Ordnung im betrachteten abgeschlossenen Gebiet $\bar{G}$ stetig sind.

Den biharmonischen Operator

$$\Delta^2 = \frac{\partial^4}{\partial x_1^4} + 2\frac{\partial^4}{\partial x_1^2\,\partial x_2^2} + \frac{\partial^4}{\partial x_2^4}$$

werden wir, wenn er auf eine Funktion $u \in M$ angewendet wird, aus Gründen, die sogleich klar werden, in der folgenden Form schreiben:

$$\Delta^2 u = \frac{\partial^4 u}{\partial x_1^4} + \frac{\partial^4 u}{\partial x_1\,\partial x_2\,\partial x_1\,\partial x_2} + \frac{\partial^4 u}{\partial x_2\,\partial x_1\,\partial x_2\,\partial x_1} + \frac{\partial^4 u}{\partial x_2^4}\,. \tag{23.1}$$

Wir wählen eine beliebige Funktion $v \in M$ und untersuchen das Skalarprodukt

$$(\Delta^2 u, v)\,. \tag{23.2}$$

Aus der Untersuchung dieses Skalarproduktes wird sich auf natürliche Weise eine Reihe von Folgerungen ergeben, vor allem eine geeignete Formulierung von Randbedingungen, auf die wir bei der Plattentheorie u.ä. stoßen. Die entsprechenden Rechnungen werden natürlich im Fall des biharmonischen Operators etwas aufwendiger sein als im Fall von Operatoren zweiter Ordnung, die wir im vorhergehenden Kapitel untersucht hatten.

Wir setzen in (23.2) $\Delta^2 u$ aus (23.1) ein und betrachten zunächst das Skalarprodukt

$$\left(\frac{\partial^4 u}{\partial x_1^4}, v\right) = \int_G \frac{\partial^4 u}{\partial x_1^4}\, v\,\mathrm{d}x\,. \tag{23.3}$$

Wenn wir die uns schon gut bekannte Formel (8.31) benutzen, d.h. die Formel

$$\int_G \frac{\partial g_1}{\partial x_i}\, g_2\,\mathrm{d}x = \int_\Gamma g_1 g_2 \nu_i\,\mathrm{d}S - \int_G g_1 \frac{\partial g_2}{\partial x_i}\,\mathrm{d}x\,, \tag{23.4}$$

wobei ν_i die i-te Koordinate des Einheitsvektors der äußeren Normale ist, erhalten wir zunächst

$$\int_G \frac{\partial^4 u}{\partial x_1^4} v \,\mathrm{d}x = \int_\Gamma \frac{\partial^3 u}{\partial x_1^3} v\nu_1 \,\mathrm{d}s\ ^{1)} - \int_G \frac{\partial^3 u}{\partial x_1^3} \frac{\partial v}{\partial x_1} \mathrm{d}x\,. \tag{23.5}$$

Nach (23.4) ist weiter

$$-\int_G \frac{\partial^3 u}{\partial x_1^3} \frac{\partial v}{\partial x_1} \mathrm{d}x = -\int_\Gamma \frac{\partial^2 u}{\partial x_1^2} \frac{\partial v}{\partial x_1} \nu_1 \,\mathrm{d}s + \int_G \frac{\partial^2 u}{\partial x_1^2} \frac{\partial^2 v}{\partial x_1^2} \mathrm{d}x\,. \tag{23.6}$$

Aus (23.5) und (23.6) folgt also

$$\int_G \frac{\partial^4 u}{\partial x_1^4} v \,\mathrm{d}x = \int_\Gamma \frac{\partial^3 u}{\partial x_1^3} v\nu_1 \,\mathrm{d}s - \int_\Gamma \frac{\partial^2 u}{\partial x_1^2} \frac{\partial v}{\partial x_1} \nu_1 \,\mathrm{d}s + \int_G \frac{\partial^2 u}{\partial x_1^2} \frac{\partial^2 v}{\partial x_1^2} \mathrm{d}x\,. \tag{23.7}$$

Ähnlich erhalten wir

$$\int_G \frac{\partial^4 u}{\partial x_1\,\partial x_2\,\partial x_1\,\partial x_2} v \,\mathrm{d}x =$$
$$= \int_\Gamma \frac{\partial^3 u}{\partial x_2\,\partial x_1\,\partial x_2} v\nu_1 \,\mathrm{d}s - \int_\Gamma \frac{\partial^2 u}{\partial x_1\,\partial x_2} \frac{\partial v}{\partial x_1} \nu_2 \,\mathrm{d}s + \int_G \frac{\partial^2 u}{\partial x_1\,\partial x_2} \frac{\partial^2 v}{\partial x_1\,\partial x_2} \mathrm{d}x\,, \tag{23.8}$$

$$\int_G \frac{\partial^4 u}{\partial x_2\,\partial x_1\,\partial x_2\,\partial x_1} v \,\mathrm{d}x =$$
$$= \int_\Gamma \frac{\partial^3 u}{\partial x_1\,\partial x_2\,\partial x_1} v\nu_2 \,\mathrm{d}s - \int_\Gamma \frac{\partial^2 u}{\partial x_2\,\partial x_1} \frac{\partial v}{\partial x_2} \nu_1 \,\mathrm{d}s + \int_G \frac{\partial^2 u}{\partial x_1\,\partial x_2} \frac{\partial^2 v}{\partial x_1\,\partial x_2} \mathrm{d}x\,,\ ^{2)} \tag{23.9}$$

$$\int_G \frac{\partial^4 u}{\partial x_2^4} v \,\mathrm{d}x = \int_\Gamma \frac{\partial^3 u}{\partial x_2^3} v\nu_2 \,\mathrm{d}s - \int_\Gamma \frac{\partial^2 u}{\partial x_2^2} \frac{\partial v}{\partial x_2} \nu_2 \,\mathrm{d}s + \int_G \frac{\partial^2 u}{\partial x_2^2} \frac{\partial^2 v}{\partial x_2^2} \mathrm{d}x\,. \tag{23.10}$$

Nun befassen wir uns mit den Integralen über den Rand Γ. Es ist

$$\int_\Gamma \left(\frac{\partial^3 u}{\partial x_1^3} \nu_1 + \frac{\partial^3 u}{\partial x_2\,\partial x_1\,\partial x_2} \nu_1 + \frac{\partial^3 u}{\partial x_1\,\partial x_2\,\partial x_1} \nu_2 + \frac{\partial^3 u}{\partial x_2^3} \nu_2\right) v \,\mathrm{d}s =$$
$$= \int_\Gamma v \left[\frac{\partial}{\partial x_1} (\Delta u)\, \nu_1 + \frac{\partial}{\partial x_2} (\Delta u)\, \nu_2\right] \mathrm{d}s = \int_\Gamma v \frac{\partial}{\partial \nu} \Delta u \,\mathrm{d}s\,. \tag{23.11}$$

---

[1]) Wir schreiben hier ds und nicht dS, da wir den zweidimensionalen Fall betrachten; ds ist also ein Bogenelement des Randes Γ. Wenn das Gebiet G einfach zusammenhängend ist, so daß der Rand aus einer einzigen abgeschlossenen Kurve der Länge l besteht, dann können wir auf dieser Kurve einen gewissen Punkt P als Ausgangspunkt wählen und das Integral $\int_\Gamma g(s)\,\mathrm{d}s$ in der Form $\int_0^l g(s)\,\mathrm{d}s$ schreiben. Im Falle eines mehrfach zusammenhängenden Gebietes wird das Integral über den Rand eine Summe von Integralen diesen Typs sein.

[2]) Hier benutzen wir die Voraussetzungen über die Funktionen u und v und schreiben

$$\frac{\partial^2 u}{\partial x_1\,\partial x_2} = \frac{\partial^2 u}{\partial x_2\,\partial x_1} \quad \text{usw.}$$

Damit ist also in einer verhältnismäßig einfachen Form die Summe der ersten Integrale auf den rechten Seiten der Identitäten (23.7) bis (23.10) ausgedrückt. Jetzt befassen wir uns mit der Summe der zweiten Integrale auf den rechten Seiten dieser Identitäten. Aus den bekannten Beziehungen

$$\frac{\partial v}{\partial \nu} = \frac{\partial v}{\partial x_1}\nu_1 + \frac{\partial v}{\partial x_2}\nu_2\,,$$

$$\frac{\partial v}{\partial s} = -\frac{\partial v}{\partial x_1}\nu_2 + \frac{\partial v}{\partial x_2}\nu_1 \tag{23.12}$$

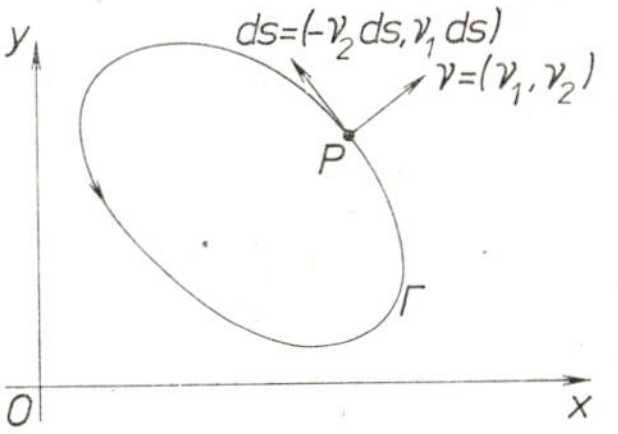

Figur 23.1

(Figur 23.1) folgt nach leichten Rechnungen

$$\frac{\partial v}{\partial x_1} = \frac{\partial v}{\partial \nu}\nu_1 - \frac{\partial v}{\partial s}\nu_2\,,$$

$$\frac{\partial v}{\partial x_2} = \frac{\partial v}{\partial \nu}\nu_2 + \frac{\partial v}{\partial s}\nu_1\,. \tag{23.13}$$

Wenn wir diese Formeln benutzen, erhalten wir für die Summe der zweiten Integrale auf den rechten Seiten der Identitäten (23.7) bis (23.10) den Ausdruck

$$\begin{aligned}
&-\int_\Gamma \left(\frac{\partial^2 u}{\partial x_1^2}\frac{\partial v}{\partial x_1}\nu_1 + \frac{\partial^2 u}{\partial x_1\,\partial x_2}\frac{\partial v}{\partial x_1}\nu_2 + \frac{\partial^2 u}{\partial x_1\,\partial x_2}\frac{\partial v}{\partial x_2}\nu_1 + \frac{\partial^2 u}{\partial x_2^2}\frac{\partial v}{\partial x_2}\nu_2\right)\mathrm{d}s = \\
&= -\int_\Gamma \left[\frac{\partial^2 u}{\partial x_1^2}\left(\frac{\partial v}{\partial \nu}\nu_1 - \frac{\partial v}{\partial s}\nu_2\right)\nu_1 + \frac{\partial^2 u}{\partial x_1\,\partial x_2}\left(\frac{\partial v}{\partial \nu}\nu_1 - \frac{\partial v}{\partial s}\nu_2\right)\nu_2 + \right. \\
&\left. + \frac{\partial^2 u}{\partial x_1\,\partial x_2}\left(\frac{\partial v}{\partial \nu}\nu_2 + \frac{\partial v}{\partial s}\nu_1\right)\nu_1 + \frac{\partial^2 u}{\partial x_2^2}\left(\frac{\partial v}{\partial \nu}\nu_2 + \frac{\partial v}{\partial s}\nu_1\right)\nu_2\right]\mathrm{d}s = \\
&= -\int_\Gamma \frac{\partial v}{\partial \nu}\left(\frac{\partial^2 u}{\partial x_1^2}\nu_1^2 + 2\frac{\partial^2 u}{\partial x_1\,\partial x_2}\nu_1\nu_2 + \frac{\partial^2 u}{\partial x_2^2}\nu_2^2\right)\mathrm{d}s - \\
&- \int_\Gamma \frac{\partial v}{\partial s}\left[-\frac{\partial^2 u}{\partial x_1^2}\nu_1\nu_2 + \frac{\partial^2 u}{\partial x_1\,\partial x_2}(\nu_1^2 - \nu_2^2) + \frac{\partial^2 u}{\partial x_2^2}\nu_1\nu_2\right]\mathrm{d}s\,.
\end{aligned} \tag{23.14}$$

Nun ist bekanntlich

$$\frac{\partial^2 u}{\partial x_1^2}\nu_1^2 + 2\frac{\partial^2 u}{\partial x_1\,\partial x_2}\nu_1\nu_2 + \frac{\partial^2 u}{\partial x_2^2}\nu_2^2 = \frac{\partial^2 u}{\partial \nu^2}\,. \tag{23.15}$$

Wenn wir noch eine gewisse Glattheit des Randes Γ voraussetzen, können wir das letzte Integral in (23.14) wie folgt umformen. Wir schreiben dieses Integral in der Form

$$-\int_\Gamma \frac{\partial v}{\partial s} F \,\mathrm{d}s\,, \tag{23.16}$$

wobei

$$F(s) = -\frac{\partial^2 u}{\partial x_1^2} \nu_1 \nu_2 + \frac{\partial^2 u}{\partial x_1 \partial x_2} (\nu_1^2 - \nu_2^2) + \frac{\partial^2 u}{\partial x_2^2} \nu_1 \nu_2 \tag{23.17}$$

ist, und integrieren partiell über den Rand Γ (siehe Fußnote auf S. 266),

$$-\int_\Gamma \frac{\partial v}{\partial s} F \,\mathrm{d}s = -[vF] + \int_\Gamma v \frac{\partial F}{\partial s} \,\mathrm{d}s\,. \tag{23.18}$$

Das Glied in den eckigen Klammern verschwindet, da über den Rand Γ des Gebietes integriert wird, dieser Rand eine geschlossene Kurve ist oder aus einer endlichen Anzahl geschlossener Kurven besteht und die Funktion vF stetig auf Γ ist[1]), so daß wir – nach einem Umlauf auf jeder dieser geschlossenen Kurven – in den Ausgangspunkt mit dem gleichen Funktionswert zurückkehren. Es ist also

$$-\int_\Gamma \frac{\partial v}{\partial s} F \,\mathrm{d}s = \int_\Gamma v \frac{\partial F}{\partial s} \,\mathrm{d}s\,.\ ^{2)} \tag{23.19}$$

Aus (23.7) bis (23.10) und aus (23.11), (23.14), (23.15) und (23.19) folgt also für jedes Paar von Funktionen $u \in M$, $v \in M$

$$(\Delta^2 u, v) = \int_G \left(\frac{\partial^2 u}{\partial x_1^2} \frac{\partial^2 v}{\partial x_1^2} + 2 \frac{\partial^2 u}{\partial x_1 \partial x_2} \frac{\partial^2 v}{\partial x_1 \partial x_2} + \frac{\partial^2 u}{\partial x_2^2} \frac{\partial^2 v}{\partial x_2^2} \right) \mathrm{d}x +$$

---

[1]) Hier nutzen wir die Glattheit des Randes Γ aus. Sonst müssen nämlich die Funktionen $\nu_1(s)$, $\nu_2(s)$ auf Γ nicht stetig sein. In den „Ecken" entstehen dann bei partieller Integration Punktglieder, die in der Mechanik der Platten Einzellasten entsprechen.

[2]) Wenn G ein einfach zusammenhängendes Gebiet ist und wenn wir das Integral

$$\int_\Gamma \frac{\partial v}{\partial s} F \,\mathrm{d}s$$

in der Form

$$\int_0^l \frac{\partial v}{\partial s} F \,\mathrm{d}s$$

schreiben, erhalten wir das Resultat (23.19) unmittelbar:

$$-\int_0^l \frac{\partial v}{\partial s} F \,\mathrm{d}s = -[vF]_0^l + \int_0^l v \frac{\partial F}{\partial s} \,\mathrm{d}s = \int_0^l v \frac{\partial F}{\partial s} \,\mathrm{d}s\,,$$

denn die Funktionen v und F nehmen für $s = 0$ und $s = l$ den gleichen Wert an. Im Falle mehrfach zusammenhängender Gebiete kann man die partielle Integration für jede von den Randkurven getrennt durchführen.

$$+\int_\Gamma v\left\{\frac{\partial}{\partial\nu}(\Delta u)\,ds+\frac{\partial}{\partial s}\left[-\frac{\partial^2 u}{\partial x_1^2}\nu_1\nu_2+\frac{\partial^2 u}{\partial x_1\,\partial x_2}(\nu_1^2-\nu_2^2)+\frac{\partial^2 u}{\partial x_2^2}\nu_1\nu_2\right]\right\}ds-$$
$$-\int_\Gamma\frac{\partial v}{\partial\nu}\frac{\partial^2 u}{\partial\nu^2}\,ds\,. \tag{23.20}$$

Bevor wir uns den Folgerungen aus der Integralidentität (23.20) zuwenden, werden wir eine gewisse Verallgemeinerung dieser Identität angeben, die aus der Forderung der Elastizitätstheorie hervorgeht, um bei der Formulierung des Problems auch in geeigneter Weise den Einfluß der Poissonschen Konstante berücksichtigen zu können. Wenn wir den biharmonischen Operator in der folgenden Form schreiben:

$$\Delta^2 u=\frac{\partial^2}{\partial x_1^2}\left(\frac{\partial^2 u}{\partial x_1^2}+\sigma\frac{\partial^2 u}{\partial x_2^2}\right)+2\frac{\partial^2}{\partial x_1\,\partial x_2}\left[(1-\sigma)\frac{\partial^2 u}{\partial x_1\,\partial x_2}\right]+$$
$$+\frac{\partial^2}{\partial x_2^2}\left(\frac{\partial^2 u}{\partial x_2^2}+\sigma\frac{\partial^2 u}{\partial x_1^2}\right), \tag{23.21}$$

wobei σ eine reelle Zahl ist, erhalten wir nach völlig analogen Rechnungen, die wir hier nicht ausführlich durchführen werden, die Identität

$$(\Delta^2 u, v)=\int_\Gamma\left[\frac{\partial^2 u}{\partial x_1^2}\left(\frac{\partial^2 v}{\partial x_1^2}+\sigma\frac{\partial^2 v}{\partial x_2^2}\right)+2(1-\sigma)\frac{\partial^2 u}{\partial x_1\,\partial x_2}\frac{\partial^2 v}{\partial x_1\,\partial x_2}+\right.$$
$$\left.+\frac{\partial^2 u}{\partial x_2^2}\left(\frac{\partial^2 v}{\partial x_2^2}+\sigma\frac{\partial^2 v}{\partial x_1^2}\right)\right]dx-\int_\Gamma vNu\,ds-\int_\Gamma\frac{\partial v}{\partial\nu}Mu\,ds\,, \tag{23.22}$$

wobei wir die Bezeichnung

$$Nu=-\frac{\partial}{\partial\nu}(\Delta u)+(1-\sigma)\frac{\partial}{\partial s}\left[\frac{\partial^2 u}{\partial x_1^2}\nu_1\nu_2-\frac{\partial^2 u}{\partial x_1\,\partial x_2}(\nu_1^2-\nu_2^2)-\frac{\partial^2 u}{\partial x_2^2}\nu_1\nu_2\right],$$
$$Mu=\sigma\,\Delta u+(1-\sigma)\frac{\partial^2 u}{\partial\nu^2} \tag{23.23}$$

benutzt haben.

Die Identität (23.20) ist offensichtlich ein Spezialfall der Identität (23.22) für $\sigma=0$.

Nun betrachten wir die Gleichung

$$\Delta^2 u=f\quad\text{auf } G \tag{23.24}$$

mit den Randbedingungen

$$u=0\,, \tag{23.25}$$

$$\frac{\partial u}{\partial\nu}=0\quad\text{auf } \Gamma\,, \tag{23.26}$$

bzw. mit den Randbedingungen

$$u=0\,, \tag{23.27}$$

$$Mu=0\quad\text{auf } \Gamma\,, \tag{23.28}$$

bzw. mit den Randbedingungen

$$Mu = 0\,, \tag{23.29}$$

$$Nu = 0 \quad \text{auf } \Gamma\,.^1) \tag{23.30}$$

Wir bemerken, daß die Bedingungen (23.25), (23.26) den Bedingungen

$$u = 0\,, \tag{23.31}$$

$$\frac{\partial u}{\partial x_1} = 0\,, \quad \frac{\partial u}{\partial x_2} = 0 \quad \text{auf } \Gamma \tag{23.32}$$

äquivalent sind. Das ergibt sich leicht aus (23.13), wenn wir berücksichtigen, daß aus (23.31) $\partial u/\partial s = 0$ auf Γ folgt.

Weiter bemerken wir, daß man für die Gleichung (23.24) auch andere Bedingungen als gerade die Bedingungen (23.25) bis (23.30) vorgeben kann. Wir haben uns hier auf solche Bedingungen beschränkt, auf die wir in Anwendungen am häufigsten stoßen. Siehe auch den Schluß dieses Kapitels.

Wir bezeichnen mit M_1 bzw. M_2 bzw. M_3 die linearen Mengen aller Funktionen, die samt ihren partiellen Ableitungen bis einschließlich vierter Ordnung in $\bar{G}$ stetig sind und die Bedingungen (23.25), (23.26) bzw. (23.27), (23.28) bzw. (23.29), (23.30) erfüllen; mit A_1 bzw. A_2 bzw. A_3 bezeichnen wir den auf der Menge M_1 bzw. M_2 bzw. M_3 betrachteten biharmonischen Operator.

Zunächst zeigen wir, daß der Operator A_1 auf der linearen Menge M_1 positiv definit ist. Es sei also $u \in M_1$, $v \in M_1$. Nach (23.25), (23.26) ist $v = 0$ und $\partial v/\partial \nu = 0$ auf Γ, so daß in (23.20)[2]) beide Integrale über den Rand Γ wegfallen, und wir erhalten

$$(A_1 u, v) = \int_G \left(\frac{\partial^2 u}{\partial x_1^2} \frac{\partial^2 v}{\partial x_1^2} + 2 \frac{\partial^2 u}{\partial x_1\, \partial x_2} \frac{\partial^2 v}{\partial x_1\, \partial x_2} + \frac{\partial^2 u}{\partial x_2^2} \frac{\partial^2 v}{\partial x_2^2} \right) \mathrm{d}x\,; \tag{23.33}$$

hieraus folgt die Symmetrie des Operators A_1 auf der Menge M_1. Aus (23.33) folgt weiter

$$(A_1 u, u) = \int_G \left[\left(\frac{\partial^2 u}{\partial x_1^2} \right)^2 + 2 \left(\frac{\partial^2 u}{\partial x_1\, \partial x_2} \right)^2 + \left(\frac{\partial^2 u}{\partial x_2^2} \right)^2 \right] \mathrm{d}x\,. \tag{23.34}$$

---

[1]) Die Gleichung (23.24) kann man physikalisch als Plattengleichung deuten, und zwar als die Gleichung einer fest eingespannten bzw. frei gestützten Platte bzw. einer Platte mit freiem Rand, je nachdem, ob die Bedingungen (23.25), (23.26) bzw. (23.27), (23.28) bzw. (23.29), (23.30) vorgeschrieben sind. Die Bedingungen einer frei gestützten Platte kann man auch in einer anderen Form formulieren, siehe z.B. [30].

[2]) Wir können auch (23.22) benutzen, hier haben wir jedoch die einfachere Identität (23.20) gewählt. Es sei bemerkt, daß wir bei der Herleitung der Formel (23.20) (und dasselbe gilt natürlich auch für Formel (23.22)) eine gewisse Glattheit des Randes vorausgesetzt hatten. Obwohl wir die Formel (23.20) benutzen, ist hier diese Forderung überflüssig: Wir haben sie nämlich im Text auf S. 268 bei der Umformung des letzten Integrals in (23.14) zur Form (23.19) benötigt. In unserem Fall folgt jedoch aus der Bedingung $v = 0$ auf Γ bereits $\partial v/\partial s = 0$ auf Γ, so daß wir das betrachtete Integral, das in diesem Fall verschwindet, in der ursprünglichen Form benutzen können.

Dasselbe gilt auch für den Operator A_2 im weiteren Text.

Wir verwenden nun die Äquivalenz der Bedingungen (23.25), (23.26) mit den Bedingungen (23.31), (23.32) und benutzen die Friedrichssche Ungleichung für die Funktionen $\partial u/\partial x_1$ und $\partial u/\partial x_2$. Mit (23.32) erhalten wir

$$\int_G \left(\frac{\partial u}{\partial x_1}\right)^2 dx \leqq c_1 \int_G \left[\left(\frac{\partial^2 u}{\partial x_1^2}\right)^2 + \left(\frac{\partial^2 u}{\partial x_1\, \partial x_2}\right)^2\right] dx\,, \tag{23.35}$$

$$\int_G \left(\frac{\partial u}{\partial x_2}\right)^2 dx \leqq c_1 \int_G \left[\left(\frac{\partial^2 u}{\partial x_1\, \partial x_2}\right)^2 + \left(\frac{\partial^2 u}{\partial x_2^2}\right)^2\right] dx\,, \tag{23.36}$$

wobei man für c_1 z.B. den Wert (18.37), S. 189, benutzen kann. Ähnlich erhalten wir bei Berücksichtigung der Bedingung (23.31)

$$\int_G u^2\, dx \leqq c_1 \int_G \left[\left(\frac{\partial u}{\partial x_1}\right)^2 + \left(\frac{\partial u}{\partial x_2}\right)^2\right] dx\,. \tag{23.37}$$

Aus (23.35) bis (23.37) folgt also

$$\int_G u^2\, dx \leqq c_1^2 \int_G \left[\left(\frac{\partial^2 u}{\partial x_1^2}\right)^2 + 2\left(\frac{\partial^2 u}{\partial x_1\, \partial x_2}\right)^2 + \left(\frac{\partial^2 u}{\partial x_2^2}\right)^2\right] dx\,, \tag{23.38}$$

d.h.

$$(A_1 u, u) \geqq \frac{1}{c_1^2}\, \|u\|^2\,, \tag{23.39}$$

womit die positive Definitheit des Operators A_1 auf der linearen Menge M_1 bewiesen ist. Zur angenäherten Lösung des Problems (23.24) bis (23.26) kann man also die in Kapiteln 12 bis 15 angegebenen Methoden benutzen. Die verallgemeinerte Lösung $u_0(x)$ des betrachteten Problems minimiert im entsprechenden Raum H_A das Funktional

$$F_1 u = \int_G \left[\left(\frac{\partial^2 u}{\partial x_1^2}\right)^2 + 2\left(\frac{\partial^2 u}{\partial x_1\, \partial x_2}\right)^2 + \left(\frac{\partial^2 u}{\partial x_2^2}\right)^2\right] dx - 2\int_G f u\, dx\,. \tag{23.40}$$

Dabei erfüllen die Elemente der Basis im Raum H_{A_1} die Bedingungen (23.25) und (23.26), denn beide Bedingungen sind für den biharmonischen Operator stabile Bedingungen.[1])

Nun betrachten wir den Operator A_2. Wir benutzen die Integralidentität (23.22). Für $u \in M_2$ entfallen in dieser Identität beide Integrale über den Rand Γ, so daß (wenn man die im ersten Integral auf der rechten Seite der Identität (23.22) mit Klammern angedeutete Multiplikation durchführt)

$$(A_2 u, v) = \int_G \left[\frac{\partial^2 u}{\partial x_1^2}\frac{\partial^2 v}{\partial x_1^2} + \sigma\left(\frac{\partial^2 u}{\partial x_1^2}\frac{\partial^2 v}{\partial x_2^2} + \frac{\partial^2 u}{\partial x_2^2}\frac{\partial^2 v}{\partial x_1^2}\right) + \right.$$
$$\left. + \frac{\partial^2 u}{\partial x_2^2}\frac{\partial^2 v}{\partial x_2^2} + 2(1-\sigma)\frac{\partial^2 u}{\partial x_1\, \partial x_2}\frac{\partial^2 v}{\partial x_1\, \partial x_2}\right] dx \tag{23.41}$$

---

[1]) Man kann zeigen, daß die Ritzsche Folge bzw. jede das Funktional (23.40) in H_{A_1} minimierende Folge gleichmäßig auf $\overline{G}$ gegen $u_0(x)$ konvergiert. Siehe z.B. [30]. Dieses Ergebnis ist ein Spezialfall der sogenannten Sobolevschen Einbettungssätze. Siehe auch Kap. 46.

ist; hieraus folgt die Symmetrie des Operators A_2 auf der Menge M_2. Des weiteren gilt

$$(A_2u, u) = \int_G \left[\left(\frac{\partial^2 u}{\partial x_1^2}\right)^2 + 2\sigma \frac{\partial^2 u}{\partial x_1^2}\frac{\partial^2 u}{\partial x_2^2} + \left(\frac{\partial^2 u}{\partial x_2^2}\right)^2 + 2(1-\sigma)\left(\frac{\partial^2 u}{\partial x_1\,\partial x_2}\right)^2\right] dx\,. \tag{23.42}$$

Für Anwendungszwecke (insbesondere in der Elastizitätstheorie) ist es sinnvoll, den Fall

$$0 \leqq \sigma < 1 \tag{23.43}$$

zu betrachten. Wir zeigen, daß unter dieser Voraussetzung der Operator A_2 auf der Menge M_2 positiv definit ist.

Aus der für beliebige Zahlen a, b, σ offensichtlich gültigen Identität

$$a^2 + 2\sigma ab + b^2 - (1-\sigma)(a^2+b^2) = \sigma(a+b)^2$$

folgt für $\sigma \geqq 0$

$$a^2 + 2\sigma ab + b^2 \geqq (1-\sigma)(a^2+b^2)\,. \tag{23.44}$$

Wenn wir in dieser Ungleichung

$$a = \frac{\partial^2 u}{\partial x_1^2}\,, \quad b = \frac{\partial^2 u}{\partial x_2^2}$$

setzen, erhalten wir nach (23.42)

$$(A_2u, u) \geqq (1-\sigma)\int_G \left[\left(\frac{\partial^2 u}{\partial x_1^2}\right)^2 + 2\left(\frac{\partial^2 u}{\partial x_1\,\partial x_2}\right)^2 + \left(\frac{\partial^2 u}{\partial x_2^2}\right)^2\right] dx\,. \tag{23.45}$$

Da die Bedingung (23.27) erfüllt ist, liefert die Anwendung des Greenschen Satzes

$$\int_G \frac{\partial u}{\partial x_1}\,dx = \int_\Gamma u\,dx_2 = 0\,,$$

$$\int_G \frac{\partial u}{\partial x_2}\,dx = -\int_\Gamma u\,dx_1 = 0\,.$$

Wenn wir die Poincarésche Ungleichung (18.51), S. 191, für die Funktionen $\partial u/\partial x_1$, $\partial u/\partial x_2$ benutzen, erhalten wir

$$\int_G \left(\frac{\partial u}{\partial x_1}\right)^2 dx \leqq c_3 \int_G \left[\left(\frac{\partial^2 u}{\partial x_1^2}\right)^2 + \left(\frac{\partial^2 u}{\partial x_1\,\partial x_2}\right)^2\right] dx\,, \tag{23.46}$$

$$\int_G \left(\frac{\partial u}{\partial x_2}\right)^2 dx \leqq c_3 \int_G \left[\left(\frac{\partial^2 u}{\partial x_1\,\partial x_2}\right)^2 + \left(\frac{\partial^2 u}{\partial x_2^2}\right)^2\right] dx\,, \tag{23.47}$$

wobei man im Fall, daß G ein Rechteck ist, für die Konstante c_3 den Wert (18.58) benutzen kann. Für die Funktion u verwenden wir dann – ähnlicherweise wie im vorhergehenden Text – die Friedrichssche Ungleichung, die aufgrund der Bedingung (23.27) wiederum die Form (23.37) hat. Hieraus und aus (23.46), (23.47) erhalten wir

$$\int_G u^2\,dx \leqq c_1 c_3 \int_G \left[\left(\frac{\partial^2 u}{\partial x_1^2}\right)^2 + 2\left(\frac{\partial^2 u}{\partial x_1\,\partial x_2}\right)^2 + \left(\frac{\partial^2 u}{\partial x_2^2}\right)^2\right] dx\,,$$

d.h.

$$(A_2u, u) \geqq \frac{1-\sigma}{c_1c_3}\|u\|^2. \tag{23.48}$$

Damit ist unter der Voraussetzung $0 \leqq \sigma < 1$ die positive Definitheit des Operators A_2 auf der linearen Menge M_2 bewiesen, und damit auch die Anwendbarkeit der in Kapiteln 12 bis 15 angegebenen Methoden zur angenäherten Lösung des Problems (23.24), (23.27), (23.28) gesichert. Die verallgemeinerte Lösung $u_0(x)$ dieses Problems minimiert im entsprechenden Raum H_{A_2} das Funktional

$$F_2u = \int_G \left[\left(\frac{\partial^2 u}{\partial x_1^2}\right)^2 + 2\sigma \frac{\partial^2 u}{\partial x_1^2}\frac{\partial^2 u}{\partial x_2^2} + \left(\frac{\partial^2 u}{\partial x_2^2}\right)^2 + \right.$$
$$\left. + 2(1-\sigma)\left(\frac{\partial^2 u}{\partial x_1\,\partial x_2}\right)^2\right] dx - 2\int_G fu\,dx. \tag{23.49}$$

Dabei erfüllen nicht alle Funktionen aus dem Raum H_{A_2} die instabile Bedingung (23.28). Diese Bedingung braucht man bei der Auswahl der Basis im Raum H_{A_2} nicht zu berücksichtigen.

Was die Gleichung (23.24) mit den Randbedingungen (23.29), (23.30) anbetrifft, so werden wir uns mit der Frage der Lösbarkeit dieses Problems (das dem Neumannschen Problem für die Poissonsche Gleichung entspricht) im Kapitel 35 befassen.

Bemerkung 23.1. Ist das Gebiet G ein Rechteck, dessen Seiten den Koordinatenachsen parallel sind, so sind die Funktionale (23.40) und (23.49) im Falle der Randbedingung $u = 0$ auf Γ identisch, denn es ist

$$\int_G \frac{\partial^2 u}{\partial x_1^2}\frac{\partial^2 u}{\partial x_2^2}\,dx = \int_G \left(\frac{\partial^2 u}{\partial x_1\,\partial x_2}\right)^2 dx.$$

Diese Gleichheit folgt für den betrachteten Fall aus dem Greenschen Satz,

$$\int_G \left[\left(\frac{\partial^2 u}{\partial x_1\,\partial x_2}\right)^2 - \frac{\partial^2 u}{\partial x_1^2}\frac{\partial^2 u}{\partial x_2^2}\right] dx = \int_\Gamma \left(\frac{\partial^2 u}{\partial x_1^2}\frac{\partial u}{\partial x_2}\,dx_1 + \frac{\partial^2 u}{\partial x_1\,\partial x_2}\frac{\partial u}{\partial x_2}\,dx_2\right);$$

das letzte Integral verschwindet, denn es ist $u = 0$ auf Γ, und folglich verschwindet $\partial^2 u/\partial x_1^2$ bzw. $\partial u/\partial x_2$ auf den zur x_1-Achse bzw. x_2-Achse parallelen Seiten des Rechteckes. Im betrachteten Fall haben also die Funktionale (23.40) und (23.49) die gleiche Form. Dieses Ergebnis kann man verallgemeinern, siehe [30].

Bemerkung 23.2. Ähnlich wie bei Gleichungen zweiter Ordnung können wir auch im Falle der Gleichung (23.24) auf gemischte Randbedingungen stoßen. So können z.B. auf dem Teil Γ_1 des Randes Γ die Bedingungen (23.25), (23.26) und auf dem Teil Γ_2 die Bedingungen (23.27), (23.28) vorgegeben sein. Hier kann man auf eine fast wörtliche Analogie zum Schluß von Kapitel 22 hinweisen: Falls wir Randbedingungen der drei erwähnten Typen betrachten und falls die Bedingungen (23.29), (23.30) nicht auf dem ganzen Rand vorgegeben sind (dieser Fall stellt eine gewisse Ausnahme dar), kann man mit Hilfe der Identität (23.22) in allen diesen Fällen zeigen, daß der biharmonische Operator auf den entsprechenden linearen Mengen aller (glatten)

Funktionen, die diese gemischten Randbedingungen erfüllen, positiv definit ist. Siehe auch Kapitel 34, 35.

Bemerkung 23.3. (*Nichthomogene Randbedingungen.*) Tragwandprobleme führen bekanntlich zur Lösung der biharmonischen Gleichung

$$\Delta^2 u = 0 \tag{23.50}$$

(dies ist die Gleichung für die sogenannte *Airysche Funktion*) mit nichthomogenen Randbedingungen. So führt z.B. das sog. *erste Problem der ebenen Elastitzitätstheorie* zur Lösung der Gleichung (23.50) mit Randbedingungen

$$u = g_1(s) \quad \text{auf } \Gamma\,, \tag{23.51}$$

$$\frac{\partial u}{\partial \nu} = g_2(s) \quad \text{auf } \Gamma \tag{23.52}$$

(siehe dazu ausführlich Kapitel 43). Auch in diesen Fällen kann man ähnlich wie in den vorherigen Kapiteln vorgehen. Die verallgemeinerte Lösung des Problems (23.50) bis (23.52) kann man z.B. als diejenige Funktion suchen, die das Funktional (23.40) (mit $f(x) \equiv 0$), d.h. das Funktional

$$\int_G \left[\left(\frac{\partial^2 u}{\partial x_1^2}\right)^2 + 2\left(\frac{\partial^2 u}{\partial x_1\, \partial x_2}\right)^2 + \left(\frac{\partial^2 u}{\partial x_2^2}\right)^2\right] \mathrm{d}x\,, \tag{23.53}$$

auf der Klasse aller genügend glatten Funktionen, die die vorgegebenen (stabilen) Randbedingungen (23.51), (23.52) erfüllen,[1]) minimiert. Praktisch bedeutet diese Aufgabe bekanntlich, daß wir die Näherungslösung $u_n(x)$ in der Form

$$u_n(x) = w(x) + \sum_{k=1}^{n} a_k\, \varphi_k(x) \tag{23.54}$$

suchen müssen, wobei $w(x)$ eine den Bedingungen (23.51), (23.52) genügende Funktion ist und $\varphi_k(x)$ Funktionen der Basis im Raum H_{A_1} sind, die die homogenen Randbedingungen (23.25), (23.26) erfüllen. Die Konstanten a_k, $k = 1, \ldots, n$, bestimmen wir aus der Bedingung, daß das Funktional (23.53) für diese Konstanten seinen Minimalwert annimmt. In diesem Fall, wo man zwei Randbedingungen erfüllen muß, ist die Bestimmung der Funktion $w(x)$ in der Regel wesentlich schwieriger als im analogen Fall bei Gleichungen zweiter Ordnung[2]). Deshalb werden wir in Kapitel 43 noch eine andere Methode zur Lösung des Problems (23.50) bis (23.52) angeben („die Methode der kleinsten Quadrate auf dem Rand"), die es nicht erfordert, zuerst die Funktion $w(x)$ zu bestimmen, und die auch andere Vorteile hat.

---

[1]) Genauer handelt es sich — in der Terminologie der Kapitel 29 und 30 — um Funktionen aus dem Raum $W_2^{(2)}(G)$, die die Bedingungen (23.51), (23.52) im sogenannten Sinne von Spuren erfüllen.

[2]) Wenn wir an die Funktion $g_1(s)$, $g_2(s)$ nicht allzu restriktive Forderungen stellen wollen, die es dann nicht erlauben, genügend allgemeine Belastungen des Randes der Tragwand zu betrachten, kann es außerdem vorkommen, daß eine Funktion $w \in W_2^{(2)}(G)$, die die Bedingungen (23.51), (23.52) erfüllt, überhaupt nicht existiert. Vgl. Kapitel 43.

Kapitel 24. Operatoren der mathematischen Elastizitätstheorie

In diesem Kapitel werden wir uns nur mit Problemen der *linearen* mathematischen Elastizitätstheorie befassen, bei der also die Beziehung zwischen den Komponenten des Spannungs- und des Deformationstensors durch das verallgemeinerte Hookesche Gesetz gegeben ist und nur sogenannte kleine Deformationen betrachtet werden.

Zunächst stellen wir einige bekannte Tatsachen dieser Theorie zusammenfassend dar. Es sei G ein beschränktes (im allgemeinen Fall mehrfach zusammenhängendes) Gebiet mit einem Lipschitz-Rand Γ im dreidimensionalen Raum E_3. Wir bezeichnen mit

$$\boldsymbol{u} = (u_1, u_2, u_3) \tag{24.1}$$

den **Verschiebungsvektor** (seine Komponenten sind im allgemeinen Fall Funktionen der Veränderlichen x_1, x_2, x_3 auf G) und mit ε_{ik} die durch die Beziehungen

$$\begin{aligned} \varepsilon_{ii} &= \frac{\partial u_i}{\partial x_i} && \text{für } i = 1, 2, 3\,, \\ \varepsilon_{ik} &= \frac{\partial u_i}{\partial x_k} + \frac{\partial u_k}{\partial x_i} && \text{für } i, k = 1, 2, 3;\ i \neq k, \end{aligned} \tag{24.2}$$

definierten Komponenten des **Deformationstensors.** Offensichtlich ist $\varepsilon_{ik} = \varepsilon_{ki}$ für jedes Paar der Zahlen $1 \leqq i, k \leqq 3$. [1])

---

[1]) Statt der Bezeichnung x_1, x_2, x_3 wird in Anwendungen natürlich oft die Bezeichnung x, y, z benutzt. Statt $\varepsilon_{11}, \varepsilon_{22}, \varepsilon_{33}, \varepsilon_{12}, \varepsilon_{13}, \varepsilon_{23}$ schreibt man dann üblicherweise $\varepsilon_x, \varepsilon_y, \varepsilon_z, \gamma_{xy}, \gamma_{xz}, \gamma_{yz}$; in diesem Fall ist dann

$$\varepsilon_x = \frac{\partial u_1}{\partial x}, \quad \gamma_{xy} = \frac{\partial u_1}{\partial y} + \frac{\partial u_2}{\partial x} \tag{24.3}$$

usw.

In der Literatur werden die Funktionen ε_{ik} $(i \neq k)$, bzw. $\gamma_{xy}, \ldots$ nicht einheitlich definiert. Einige Autoren setzen

$$\varepsilon_{ik} = \frac{1}{2}\left(\frac{\partial u_i}{\partial x_k} + \frac{\partial u_k}{\partial x_i}\right), \quad \text{d.h.} \quad \gamma_{xy} = \frac{1}{2}\left(\frac{\partial u_1}{\partial y} + \frac{\partial u_2}{\partial x}\right) \quad \text{usw.}$$

In diesem Fall muß man natürlich auf geeignete Weise die Koeffizienten im verallgemeinerten Hookeschen Gesetz (24.4) abändern. Insbesondere muß man im Falle eines isotropen Körpers die zweite von den Gleichungen (24.5) durch die folgende Gleichung ersetzen:

$$\sigma_{ik} = 2\mu\varepsilon_{ik} \quad \text{für} \quad i \neq k\,.$$

Die Komponenten des **Spannungstensors** bezeichnen wir mit σ_{ik} $(\sigma_{ik} = \sigma_{ki})$ [1]. Die Beziehung zwischen den Komponenten des Deformations- und des Spannungstensors ist durch das **verallgemeinerte Hookesche Gesetz** gegeben:

$$\sigma_{11} = a_{11}\varepsilon_{11} + a_{12}\varepsilon_{22} + a_{13}\varepsilon_{33} + a_{14}\varepsilon_{12} + a_{15}\varepsilon_{13} + a_{16}\varepsilon_{23} ,$$
$$\cdots\cdots\cdots\cdots\cdots\cdots\cdots\cdots\cdots\cdots\cdots\cdots$$
$$\sigma_{23} = a_{61}\varepsilon_{11} + a_{62}\varepsilon_{22} + a_{63}\varepsilon_{33} + a_{64}\varepsilon_{12} + a_{65}\varepsilon_{13} + a_{66}\varepsilon_{23} , \qquad (24.4)$$

wobei $a_{ik} = a_{ki}$ ist (d.h. die Koeffizientenmatrix des verallgemeinerten Hookeschen Gesetzes ist symmetrisch).[2]

Bemerkung 24.1. Die Koeffizienten a_{ik} sind im allgemeinen Fall Funktionen der Veränderlichen x_1, x_2, x_3, d.h. es ist $a_{ik} = a_{ik}(x)$. Wenn der Körper *homogen* ist, sind die Koeffizienten a_{ik} Konstanten in G.

Wenn der Körper *isotrop* ist, reduzieren sich die Gleichungen (24.4) auf die Gleichungen

$$\sigma_{ii} = \lambda\vartheta + 2\mu\varepsilon_{ii} , \quad i = 1, 2, 3 ,$$
$$\sigma_{ik} = \mu\varepsilon_{ik} , \quad i, k = 1, 2, 3 , \quad i \neq k , \qquad (24.5)$$

wobei

$$\vartheta = \varepsilon_{11} + \varepsilon_{22} + \varepsilon_{33}$$

ist [3]) und $\lambda \geqq 0$ und $\mu > 0$ die sogenannten **Laméschen Koeffizienten** sind. Wenn der Körper homogen ist, sind λ und μ Konstanten und werden **Lamésche Konstanten** genannt. Mit dem **Elastizitätsmodul** E und mit der **Poissonschen Konstante** σ sind λ und μ durch die folgenden Beziehungen verknüpft:

$$\lambda = \frac{E\sigma}{(1+\sigma)(1-2\sigma)} , \quad \mu = \frac{E}{2(1+\sigma)} .$$

---

[1]) Statt der Bezeichung $\sigma_{11}, \sigma_{22}, \sigma_{33}, \sigma_{12}, \sigma_{13}, \sigma_{23}$ benutzt man oft auch die Bezeichnung $\sigma_x, \sigma_y, \sigma_z, \tau_{xy}, \tau_{xz}, \tau_{yz}$.

[2]) Mit den Bezeichnungen aus den vorhergehenden Fußnoten ist

$$\sigma_x = a_{11}\varepsilon_x + a_{12}\varepsilon_y + a_{13}\varepsilon_z + a_{14}\gamma_{xy} + a_{15}\gamma_{xz} + a_{16}\gamma_{yz}$$

usw.

Das verallgemeinerte Hookesche Gesetz kann man auch in der folgenden kompakteren Form schreiben:

$$\sigma_{ik} = \sum_{l,m=1}^{3} c_{iklm}\varepsilon_{lm} , \quad i = 1, 2, 3 , \quad k = 1, 2, 3,$$

mit

$$c_{iklm} = c_{lmik} = c_{kilm} .$$

Aus dieser Symmetrieeigenschaft des Tensors c_{iklm} folgt die Möglichkeit der Schreibweise (24.4) und die Höchstzahl von 21 unabhängigen Komponenten dieses Tensors, was natürlich (aufgrund der Beziehung $a_{ik} = a_{ki}$) der Höchstzahl von unabhängigen Koeffizienten a_{ik} in den Gleichungen (24.4) entspricht.

[3]) In der klassischen Bezeichnung

$$\sigma_x = \lambda(\varepsilon_x + \varepsilon_y + \varepsilon_z) + 2\mu\varepsilon_x , \quad \tau_{xy} = \mu\gamma_{xy}$$

usw.

In diesem Kapitel werden wir jedoch nicht voraussetzen, daß der gegebene Körper isotrop oder homogen ist.

Wir betrachten im Gebiet G zwei Verschiebungsvektoren $\boldsymbol{u}, \boldsymbol{v}$; es seien $\varepsilon_{ik}(\boldsymbol{u})$ die Komponenten des Deformationstensors, der dem Vektor $\boldsymbol{u}$ entspricht, und $\sigma_{ik}(\boldsymbol{v})$ die Komponenten des Spannungstensors, der dem Vektor $\boldsymbol{v}$ entspricht. Es ist also

$$\varepsilon_{11}(\boldsymbol{u}) = \frac{\partial u_1}{\partial x_1}$$

usw.,

$$\sigma_{11}(\boldsymbol{v}) = a_{11}\,\varepsilon_{11}(\boldsymbol{v}) + \ldots + a_{16}\,\varepsilon_{23}(\boldsymbol{v}) = a_{11}\,\frac{\partial v_1}{\partial x_1} + \ldots + a_{16}\left(\frac{\partial v_2}{\partial x_3} + \frac{\partial v_3}{\partial x_2}\right)$$

usw. Wir bezeichnen

$$W(\boldsymbol{u}, \boldsymbol{v}) = \tfrac{1}{2}[\varepsilon_{11}(\boldsymbol{u})\,\sigma_{11}(\boldsymbol{v}) + \ldots + \varepsilon_{23}(\boldsymbol{u})\,\sigma_{23}(\boldsymbol{v})]\,,$$

oder ausführlicher

$$W(\boldsymbol{u}, \boldsymbol{v}) = \frac{1}{2}\left\{\frac{\partial u_1}{\partial x_1}\left[a_{11}\,\frac{\partial v_1}{\partial x_1} + \ldots + a_{16}\left(\frac{\partial v_2}{\partial x_3} + \frac{\partial v_3}{\partial x_2}\right)\right] + \ldots \right.$$
$$\left. \ldots + \left(\frac{\partial u_2}{\partial x_3} + \frac{\partial u_3}{\partial x_2}\right)\left[a_{61}\,\frac{\partial v_1}{\partial x_1} + \ldots + a_{66}\left(\frac{\partial v_2}{\partial x_3} + \frac{\partial v_3}{\partial x_2}\right)\right]\right\}. \tag{24.6}$$

Angesichts der Symmetrie der Koeffizienten a_{ik} ist offensichtlich

$$W(\boldsymbol{u}, \boldsymbol{v}) = W(\boldsymbol{v}, \boldsymbol{u})\,. \tag{24.7}$$

Wenn wir auf der rechten Seite von (24.6) überall $\boldsymbol{u}$ statt $\boldsymbol{v}$ schreiben, erhalten wir die Funktion $W(\boldsymbol{u}, \boldsymbol{u})$, die man in der Elastizitätstheorie üblicherweise kurz mit $W(\boldsymbol{u})$ bezeichnet, also

$$W(\boldsymbol{u}, \boldsymbol{u}) = W(\boldsymbol{u})\,,$$

und abgekürzt in der Form

$$W(\boldsymbol{u}) = \tfrac{1}{2}(\varepsilon_{11}\sigma_{11} + \ldots + \varepsilon_{23}\sigma_{23})\,.$$

schreibt. Die Funktion $W(\boldsymbol{u})$ wird **elastisches Potential einer Volumeneinheit** genannt. Das **elastische Potential des Körpers** G ist dann durch das Integral

$$\int_G W(\boldsymbol{u})\,\mathrm{d}x$$

gegeben.

Insbesondere erhalten wir im Falle eines isotropen Körpers nach (24.5) die Formel

$$\begin{aligned} W(\boldsymbol{u}) &= \tfrac{1}{2}\{\varepsilon_{11}(\boldsymbol{u})\,[\lambda\,\vartheta(\boldsymbol{u}) + 2\mu\,\varepsilon_{11}(\boldsymbol{u})] + \ldots + \varepsilon_{23}(\boldsymbol{u})\,\mu\,\varepsilon_{23}(\boldsymbol{u})\} = \\ &= \tfrac{1}{2}\{\lambda\,\vartheta^2(\boldsymbol{u}) + 2\mu[\varepsilon_{11}^2(\boldsymbol{u}) + \varepsilon_{22}^2(\boldsymbol{u}) + \varepsilon_{33}^2(\boldsymbol{u})] + \\ &\quad + \mu[\varepsilon_{12}^2(\boldsymbol{u}) + \varepsilon_{13}^2(\boldsymbol{u}) + \varepsilon_{23}^2(\boldsymbol{u})]\}\,. \end{aligned} \tag{24.8}$$

Aus der Elastizitätstheorie ist bekannt, daß $W(\boldsymbol{u})$ eine positiv definite quadratische

Form in den Deformationsvariablen ε_{ik} ist, d.h. es gibt eine Konstante $k > 0$, so daß

$$W(\boldsymbol{u}) \geqq k \sum_{i,k=1}^{3} \varepsilon_{ik}^2 \tag{24.9}$$

auf $\bar{G}$ gilt. (Im Falle eines isotropen Körpers ist dieser Umstand unmittelbar aus (24.8) ersichtlich: Ist μ konstant auf dem Gebiet G, dann genügt es z.B. $k = \frac{1}{2}\mu$ zu setzen; ist $\mu(x)$ stetig (und positiv) auf $\bar{G}$, dann genügt es $k = \frac{1}{2} \min\limits_{x \in \bar{G}} \mu(x)$ zu setzen.)

Die Funktionen $W(\boldsymbol{u}, \boldsymbol{v})$ und $W(\boldsymbol{u})$ werden in unseren weiteren Überlegungen eine wichtige Rolle spielen.

Wir bezeichnen weiter mit

$$\boldsymbol{f} = (f_1, f_2, f_3) \tag{24.10}$$

den **Vektor der Volumenkräfte** („inneren" Kräfte) im Körper G. Das Integral

$$\int_G W(\boldsymbol{u})\,\mathrm{d}x - \int_G \boldsymbol{fu}\,\mathrm{d}x\,, \tag{24.11}$$

wobei $\boldsymbol{fu}$ das Skalarprodukt der Vektoren $\boldsymbol{f}$ und $\boldsymbol{u}$ bezeichnet, gibt dann im Falle homogener Randbedingungen bekanntlich die **gesamte potentielle Energie der Deformation** des gegebenen Körpers an.

Wenn der Vektor $\boldsymbol{f}$ vorgegeben ist, erfüllen die Komponenten des Spannungstensors in G die sogenannten **Gleichsgewichtsgleichungen**

$$\sum_{k=1}^{3} \frac{\partial \sigma_{ik}}{\partial x_k} + f_i = 0\,, \quad i = 1, 2, 3\,. \tag{24.12}$$

Wenn wir diese Gleichungen ausführlich aufschreiben, die Glieder f_i auf die rechten Seiten der entsprechenden Gleichungen überführen und die so entstandenen Gleichungen mit der Zahl -1 multiplizieren, erhalten wir

$$-\left(\frac{\partial \sigma_{11}}{\partial x_1} + \frac{\partial \sigma_{12}}{\partial x_2} + \frac{\partial \sigma_{13}}{\partial x_3}\right) = f_1\,,$$

$$-\left(\frac{\partial \sigma_{21}}{\partial x_1} + \frac{\partial \sigma_{22}}{\partial x_2} + \frac{\partial \sigma_{23}}{\partial x_3}\right) = f_2\,,$$

$$-\left(\frac{\partial \sigma_{31}}{\partial x_1} + \frac{\partial \sigma_{32}}{\partial x_2} + \frac{\partial \sigma_{33}}{\partial x_3}\right) = f_3\,, \tag{24.13}$$

wobei man natürlich σ_{12} statt σ_{21} usw. schreiben kann.

Die rechten Seiten der Gleichungen (24.13) sind Komponenten des Vektors $\boldsymbol{f}$, die linken Seiten sind also auch Komponenten eines gewissen Vektors, den wir mit $A\boldsymbol{u}$ bezeichnen. In die Gleichungen (24.13) kann man nämlich für σ_{ik} entsprechend dem verallgemeinerten Hookeschen Gesetz (24.4) einsetzen, wodurch die linken Seiten dieser Gleichungen zu gewissen Funktionen der Komponenten ε_{ik} des Deformationstensors werden; die Funktionen ε_{ik} sind nach (24.2) durch die Ableitungen der Funktion $\boldsymbol{u}$ – oder genauer ihrer Komponenten – gegeben. Folglich ist A ein gewisser Differentialoperator, offensichtlich zweiter Ordnung, den wir auf die Funktion $\boldsymbol{u}$ anwenden. Insbesondere ist im Falle eines isotropen Körpers der Operator A von einer verhältnismäßig einfachen Form, wie man durch leichte Rechnungen sehen kann:

$$A\boldsymbol{u} = (\lambda + \mu) \operatorname{grad} \operatorname{div} \boldsymbol{u} + \mu \Delta \boldsymbol{u} . \tag{24.14}$$

Die Gleichungen (24.13) werden wir in diesem Kapitel im weiteren kurz in der Form

$$A\boldsymbol{u} = \boldsymbol{f} \tag{24.15}$$

schreiben. Den Operator A nennen wir **Operator der Elastizitätstheorie.** Wir werden sehen, daß dieser Operator auf geeignet gewählten linearen Mengen von Funktionen, die gewisse Randbedingungen erfüllen, positiv definit ist und daß die verallgemeinerte Lösung der Gleichung $A\boldsymbol{u} = \boldsymbol{f}$ in entsprechenden Räumen das Funktional (24.11) minimiert („**Prinzip des Minimums der potentiellen Energie**").

Mit der Gleichung (24.15) werden wir gleichzeitig drei Typen von Randbedingungen betrachten:

1. *Randbedingung*

$$\boldsymbol{u} = \boldsymbol{0} \quad \text{auf } \Gamma . \tag{24.16}$$

Diese Bedingung ist offensichtlich den folgenden Bedingungen äquivalent:

$$u_1 = 0 , \quad u_2 = 0 , \quad u_3 = 0 \quad \text{auf } \Gamma . \tag{24.17}$$

2. *Randbedingung*

$$\mathbf{t} = \boldsymbol{0} \quad \text{auf } \Gamma . \tag{24.18}$$

Dabei ist $\mathbf{t} = (t_1, t_2, t_3)$,

$$t_i = \sum_{k=1}^{3} \sigma_{ik} \nu_k , \quad i = 1, 2, 3 ,$$

wobei ν_k wie üblich die Richtungskosinus der äußeren Normalen und σ_{ik} (ausführlicher $\sigma_{ik}(\boldsymbol{u})$) die Komponenten des Spannungstensors sind, der dem gesuchten Vektor $\boldsymbol{u}$ entspricht.[1]) Ausführlicher schreiben wir $\mathbf{t}(\boldsymbol{u})$ statt $\mathbf{t}$.

3. *Randbedingungen*

$$\boldsymbol{u} = \boldsymbol{0} \quad \text{auf } \Gamma_1 , \tag{24.19}$$

$$\mathbf{t} = \boldsymbol{0} \quad \text{auf } \Gamma_2 , \tag{24.20}$$

wobei Γ_1 und Γ_2 $(\bar{\Gamma}_1 + \bar{\Gamma}_2 = \Gamma)$ punktfremde Teile des Randes Γ von nichtverschwindendem Maß sind.

Durch die Randbedingungen (24.16) bzw. (24.18) bzw. (24.19), (24.20) ist für die Gleichung $A\boldsymbol{u} = \boldsymbol{f}$ das **erste** bzw. **zweite**[2]) bzw. **gemischte Problem der mathematischen Elastizitätstheorie** bestimmt.

---

[1]) D.h., daß laut (24.18) am Rande die Spannung gleich Null vorgeschrieben ist.

[2]) Die Terminologie ist in der Literatur uneinheitlich. Oft wird als erstes Problem der Elastizitätstheorie das durch die Bedingung (24.18) charakterisierte Problem bezeichnet.

Wir bezeichnen mit $\mathbf{L}_2(G)$ den Hilbert-Raum mit dem Skalarprodukt

$$(\mathbf{u}, \mathbf{v})_{\mathbf{L}_2(G)} = \int_G \mathbf{uv}\,\mathrm{d}x = \int_G (u_1 v_1 + u_2 v_2 + u_3 v_3)\,\mathrm{d}x\,, \qquad (24.21)$$

dessen Elemente bekanntlich (vgl. Beispiele 6.2 und 6.8, S. 55 und 59) die Vektoren bilden, deren Koordinaten auf dem Gebiet G quadratisch integrierbar sind. Weiter bezeichnen wir mit M die lineare Menge aller Vektoren aus $\mathbf{L}_2(G)$, deren Koordinaten samt ihren partiellen Ableitungen einschließlich zweiter Ordnung stetig auf $\bar{G}$ sind. M_1 bzw. M_2 bzw. M_3 sei die lineare Menge aller Vektoren aus M, die die Bedingungen (24.16) bzw. (24.18) bzw. (24.19), (24.20) erfüllen.[1]) Aus Bemerkung 8.5, S. 91, folgt nach leichten Überlegungen, daß jede von diesen Mengen in $\mathbf{L}_2(G)$ dicht ist.

Wir bezeichnen weiter mit A_1 bzw. A_2 bzw. A_3 den auf der Menge M_1 bzw. M_2 bzw. M_3 betrachteten Differentialoperator A.

Es seien $\mathbf{u}$ und $\mathbf{v}$ zwei beliebige Vektoren aus M. Durch die übliche Anwendung des Greenschen Satzes auf das Skalarprodukt $(A\mathbf{u}, \mathbf{v})_{\mathbf{L}_2(G)}$, d.h. auf das Integral

$$\int_G \mathbf{v}A\mathbf{u}\,\mathrm{d}x\,,$$

erhalten wir die bekannte **Bettische Identität**

$$(A\mathbf{u}, \mathbf{v})_{\mathbf{L}_2(G)} = 2\int_G W(\mathbf{u}, \mathbf{v})\,\mathrm{d}x - \int_\Gamma \mathbf{v}\,\mathbf{t}(\mathbf{u})\,\mathrm{d}S\,. \qquad (24.22)$$

Wenn außerdem die Vektoren $\mathbf{u}, \mathbf{v}$ zu M_1 bzw. M_2 bzw. M_3 gehören, erfüllen sie die Randbedingungen (24.16) bzw. (24.18) bzw. (24.19), (24.20), so daß das Integral über den Rand Γ verschwindet. Folglich gilt für Vektoren $\mathbf{u}, \mathbf{v}$ aus M_1 bzw. aus M_2 bzw. aus M_3

$$(A\mathbf{u}, \mathbf{v})_{\mathbf{L}_2(G)} = 2\int_G W(\mathbf{u}, \mathbf{v})\,\mathrm{d}x\,. \qquad (24.23)$$

Aus dieser Identität folgt nach (24.7) sogleich, daß jeder von den Operatoren A_1, A_2, A_3 auf der entsprechenden Menge M_1 bzw. M_2 bzw. M_3 *symmetrisch* ist.

Wir zeigen nun, daß der Operator A_1 auf der Menge M_1 positiv definit ist.

Einen wichtigen Schritt stellt dabei die sogenannte **Kornsche Ungleichung** dar, die wir ohne Beweis anführen:

$$\int_G \sum_{i,k=1}^{3} \left(\frac{\partial u_i}{\partial x_k}\right)^2 \mathrm{d}x \leqq k_1 \int_G \sum_{i,k=1}^{3} \varepsilon_{ik}^2\,\mathrm{d}x\,, \quad \mathbf{u} \in M_1\,, \qquad (24.24)$$

wobei k_1 eine positive Konstante ist (die nicht von den Vektoren $\mathbf{u}$ aus der Menge M_1 abhängt). Die Kornsche Ungleichung stellt auch beim Beweis der positiven Definitheit der Operatoren A_2 und A_3 einen grundlegenden Schritt dar. Ihr Beweis ist verhältnismäßig schwierig und wir verweisen den Leser in dieser Richtung auf den Artikel [20] bzw. auf die Michlinsche Monographie [32], S. 191 bis 202.

[1]) Es handelt sich also um Mengen genügend glatter Vektorfunktionen, die die vorgegebenen Randbedingungen erfüllen.

Aus (24.23), (24.9) und (24.24) folgt

$$(A\boldsymbol{u}, \boldsymbol{u})_{L_2(G)} = 2\int_G W(\boldsymbol{u})\,\mathrm{d}x \geqq 2k \int_G \sum_{i,k=1}^{3} \varepsilon_{ik}^2\,\mathrm{d}x \geqq \frac{2k}{k_1} \int_G \sum_{i,k=1}^{3} \left(\frac{\partial u_i}{\partial x_k}\right)^2 \mathrm{d}x\,. \tag{24.25}$$

Jeder von den Vektoren $\boldsymbol{u} \in M_1$ erfüllt die Bedingung $\boldsymbol{u} = \boldsymbol{0}$ auf Γ, so daß diese Bedingung auch seine Koordinaten, d.h. die Funktionen u_1, u_2, u_3, erfüllen (vgl. (24.17)). Wenn wir nun für die Funktion u_1 die Friedrichssche Ungleichung (18.1), S. 182, benutzen, erhalten wir

$$\|u_1\|^2 \leqq c_1 \int_G \left[\left(\frac{\partial u_1}{\partial x_1}\right)^2 + \left(\frac{\partial u_1}{\partial x_2}\right)^2 + \left(\frac{\partial u_1}{\partial x_3}\right)^2\right] \mathrm{d}x\,.$$

Analoge Ungleichungen gelten auch für die Funktionen u_2 und u_3. Aus diesen Ungleichungen und aus (24.25) folgt dann

$$(A_1\boldsymbol{u}, \boldsymbol{u})_{L_2(G)} \geqq \frac{2k}{k_1 c_1} \left(\|u_1\|^2 + \|u_2\|^2 + \|u_3\|^2\right) = C^2 \|\boldsymbol{u}\|^2_{L_2(G)} \tag{24.26}$$

mit

$$C^2 = \frac{2k}{k_1 c_1}\,,$$

womit die positive Definitheit des Operators A_1 auf der linearen Menge M_1 bewiesen ist.

Wir betrachten nun den Operator A_2 auf der linearen Menge M_2 der Vektoren $\boldsymbol{u}$, die die Bedingung

$$\boldsymbol{t}(\boldsymbol{u}) = \boldsymbol{0} \quad \text{auf } \Gamma \tag{24.27}$$

erfüllen. Diese Bedingung entspricht der Neumannschen Bedingung aus Kapitel 22. Aus der Elastizitätstheorie ist gut bekannt (und man kann es mit Hilfe des Gaußschen Satzes leicht nachweisen), daß im Fall der Randbedingung (24.27) für die Existenz der Lösung notwendig ist, daß die Volumenkraft $\boldsymbol{f}$ noch gewisse Bedingungen erfüllt, die das statische und Momentgleichgewicht des Körpers charakterisieren:

$$\int_G \boldsymbol{f}\,\mathrm{d}x = \boldsymbol{0}\,, \quad \int_G \boldsymbol{r} \times \boldsymbol{f}\,\mathrm{d}x = \boldsymbol{0}\,. \tag{24.28}$$

Dabei bezeichnet $\boldsymbol{r}$ den Radiusvektor des Punktes x. Außerdem läßt sich leicht zeigen, daß der Operator A_2 auf der Menge M_2 nicht positiv ist: Aus der Beziehung $(A_2\boldsymbol{u}, \boldsymbol{u})_{L_2(G)} = 0$ folgt zwar nach (24.25)

$$\varepsilon_{ik} = 0 \quad \text{für} \quad 1 \leqq i,\ k \leqq 3\,; \tag{24.29}$$

hieraus folgt jedoch nicht, wie aus (24.2) hervorgeht, daß $\boldsymbol{u} = \boldsymbol{0}$ ist. Um den Vektor $\boldsymbol{u}$ durch die Beziehungen (24.29) eindeutig als den Nullvektor festlegen zu können, genügt es, zusätzlich noch die folgenden Bedingungen vorzuschreiben:

$$\int_G \boldsymbol{u}\,\mathrm{d}x = \boldsymbol{0}\,, \tag{24.30}$$

$$\int_G \boldsymbol{r} \times \boldsymbol{u} \, dx = \boldsymbol{0} . \tag{24.31}$$

Nun ist das weitere Vorgehen ähnlich wie im Falle des Neumannschen Problems aus Kapitel 22: Wir bezeichnen mit $\tilde{M}_2$ die lineare Menge derjeniger Vektoren aus der Menge M_2, die die Bedingungen (24.30), (24.31) erfüllen, und mit $\tilde{A}_2$ den auf der Menge $\tilde{M}_2$ betrachteten Operator der Elastizitätstheorie. Wie wir schon angedeutet hatten, kann man auch in diesem Fall die Kornsche Ungleichung

$$\int_G \sum_{i,k=1}^{3} \left(\frac{\partial u_i}{\partial x_k}\right)^2 dx \leqq k_2 \int_G \sum_{i,k=1}^{3} \varepsilon_{ik}^2 \, dx , \quad \boldsymbol{u} \in \tilde{M}_2 , \tag{24.32}$$

beweisen (siehe den zitierten Artikel [20], bzw. das Buch [32]). Aus (24.23), (24.9) und (24.32) folgt für $u \in \tilde{M}_2$

$$(\tilde{A}_2 \boldsymbol{u}, \boldsymbol{u})_{L_2(G)} = 2 \int_G W(\boldsymbol{u}) \, dx \geqq 2k \int_G \sum_{i,k=1}^{3} \varepsilon_{ik}^2 \, dx \geqq \frac{2k}{k_2} \int_G \sum_{i,k=1}^{3} \left(\frac{\partial u_i}{\partial x_k}\right)^2 dx . \tag{24.33}$$

Da die Vektoren $\boldsymbol{u}$ aus der Menge $\tilde{M}_2$ die Bedingung (24.30) erfüllen, gilt dasselbe auch für ihre Koordinaten:

$$\int_G u_1 \, dx = 0 , \quad \int_G u_2 \, dx = 0 , \quad \int_G u_3 \, dx = 0 . \tag{24.34}$$

Da die erste von den Gleichungen (24.34) gilt, folgt aus der Poincaréschen Ungleichung (18.50), S. 191,

$$\|u_1\|^2 \leqq c_3 \int_G \left[\left(\frac{\partial u_1}{\partial x_1}\right)^2 + \left(\frac{\partial u_1}{\partial x_2}\right)^2 + \left(\frac{\partial u_1}{\partial x_3}\right)^2\right] dx . \tag{24.35}$$

Eine ähnliche Ungleichung gilt auch für u_2 und u_3. Aus diesen Beziehungen und aus (24.33) folgt dann für jeden Vektor $\boldsymbol{u} \in \tilde{M}_2$

$$(\tilde{A}_2 \boldsymbol{u}, \boldsymbol{u})_{L_2(G)} \geqq \frac{2k}{k_2 c_3} \left(\|u_1\|^2 + \|u_2\|^2 + \|u_3\|^2\right) = C^2 \|\boldsymbol{u}\|_{L_2(G)}^2 \tag{24.36}$$

mit

$$C^2 = \frac{2k}{k_1 c_3} ,$$

was heißt, daß der Operator $\tilde{A}_2$ auf der linearen Menge $\tilde{M}_2$ positiv definit ist.

Man kann zeigen – wir werden es hier nicht ausführlich durchführen –, daß auch der Operator A_3 auf der ursprünglichen Menge M_3 positiv definit ist, falls, wie wir vorausgesetzt haben, der Teil Γ_1 des Randes Γ, auf dem die Bedingung $\boldsymbol{u} = \boldsymbol{0}$ vorgeschrieben ist, von positivem Maß ist (er darf also nicht zu einem Punkt zusammenschrumpfen u.ä.).

In jedem der drei betrachteten Fälle minimiert die verallgemeinerte Lösung $\boldsymbol{u}_0$ das

Funktional

$$2\int_G W(\boldsymbol{u})\,\mathrm{d}x - 2\int_G \boldsymbol{f}\boldsymbol{u}\,\mathrm{d}x\,,$$

oder, was das gleiche ist, das Funktional

$$\int_G W(\boldsymbol{u})\,\mathrm{d}x - \int_G \boldsymbol{f}\boldsymbol{u}\,\mathrm{d}x$$

(„*Prinzip des Minimums der potentiellen Energie*"), natürlich stets auf dem entsprechenden Raum. Füı den Operator der Elastizitätstheorie, der von zweiter Ordnung ist, ist die Bedingung $\boldsymbol{u} = \boldsymbol{0}$ stabil, so daß Funktionen aus dem Raum H_{A_1} diese Bedingung erfüllen (genauer, im Sinne von Spuren, siehe Kapitel 30). Die Bedingung $\boldsymbol{t}(\boldsymbol{u}) = \boldsymbol{0}$ ist instabil, Funktionen aus dem Raum $H_{\tilde{A}_2}$ genügen dieser Bedingung im allgemeinen Fall nicht; bei der Wahl einer Basis braucht man diese Bedingung nicht zu berücksichtigen. Wir müssen natürlich darauf achten, daß Funktionen aus dem Raum $H_{\tilde{A}_2}$ die Bedingungen (24.30), (24.31) erfüllen. Im Falle des Raumes H_{A_3} gilt die erste der Bedingungen (24.19), (24.20) (im Sinne von Spuren). Bei der Wahl einer Basis im Raum H_{A_3} braucht man wieder die Bedingung (24.20) nicht zu berücksichtigen.

Bemerkung 24.2. (*Nichthomogene Randbedingungen.*) Wenn statt der homogenen Randbedingungen (24.16) bzw. (24.18) bzw. (24.19), (24.20) die folgenden Bedingungen vorgeschrieben sind:

$$\boldsymbol{u} = \boldsymbol{g}(S) \quad \text{auf } \Gamma \tag{24.37}$$

bzw.

$$\boldsymbol{t}(\boldsymbol{u}) = \boldsymbol{h}(S) \quad \text{auf } \Gamma \tag{24.38}$$

bzw.

$$\boldsymbol{u} = \boldsymbol{g}(S) \quad \text{auf } \Gamma_1\,, \tag{24.39}$$

$$\boldsymbol{t}(\boldsymbol{u}) = \boldsymbol{h}(S) \quad \text{auf } \Gamma_2\,, \tag{24.40}$$

dann suchen wir die verallgemeinerte Lösung des gegebenen Problems als diejenige Funktion $\boldsymbol{u}(x)$, die das Funktional

$$\int_G W(\boldsymbol{u})\,\mathrm{d}x - \int_G \boldsymbol{f}\boldsymbol{u}\,\mathrm{d}x \tag{24.41}$$

bzw.

$$\int_G W(\boldsymbol{u})\,\mathrm{d}x - \int_G \boldsymbol{f}\boldsymbol{u}\,\mathrm{d}x - \int_\Gamma \boldsymbol{h}\boldsymbol{u}\,\mathrm{d}S \tag{24.42}$$

bzw.

$$\int_G W(\boldsymbol{u})\,\mathrm{d}x - \int_G \boldsymbol{f}\boldsymbol{u}\,\mathrm{d}x - \int_{\Gamma_2} \boldsymbol{h}\boldsymbol{u}\,\mathrm{d}S \tag{24.43}$$

auf der entsprechenden Klasse von Funktionen, die den vorgegebenen stabilen Randbedingungen genügen, minimiert. Ausführlicher: Das Funktional (24.41) minimieren wir auf der Klasse aller Funktionen die die Bedingung (24.37) erfüllen, das

Funktional (24.43) minimieren wir auf der Klasse der Funktionen die der Bedingung (24.39) genügen. Im Falle des Funktionals (24.42) müssen die betrachteten Funktionen keine Randbedingung erfüllen, sie müssen aber notwendigerweise den Bedingungen (24.30), (24.31) genügen. Wir bemerken, daß im Falle der Randbedingung (24.38) die Erfüllung der folgenden Gleichungen eine notwendige und hinreichende Bedingung der Existenz einer Lösung darstellt:

$$\int_G \boldsymbol{f}\, \mathrm{d}x + \int_\Gamma \boldsymbol{h}\, \mathrm{d}S = \boldsymbol{0}\,, \tag{24.44}$$

$$\int_G \boldsymbol{r} \times \boldsymbol{f}\, \mathrm{d}x + \int_\Gamma \boldsymbol{r} \times \boldsymbol{h}\, \mathrm{d}S = \boldsymbol{0} \tag{24.45}$$

(Bedingung des Gleichgewichts der Kräfte bzw. Momente). Einige Überlegungen bezüglich numerischer Rechnungen bei Problemen der dreidimensionalen mathematischen Elastizitätstheorie kann man z.B. in [31] finden.

Bemerkung 24.3. Wir möchten den Leser an dieser Stelle auf eine Reihe von interessanten Arbeiten von I. Hlaváček in der Zeitschrift Aplikace matematiky aufmerksam machen (siehe insbesondere die Arbeiten [16], [17]); es wird dort eine Reihe von Variationsprinzipien (klassischen sowie auch ganz modernen) in der mathematischen Elastizitätstheorie behandelt.

Kapitel 25. Basiswahl bei partiellen Differentialgleichungen mit Randbedingungen

Allgemeine Grundsätze für die Wahl einer Basis bei der Anwendung des Ritzschen Verfahrens (und nicht nur bei dieser Methode) haben wir ausführlich in Kapitel 20 diskutiert. In diesem Kapitel wollen wir an einige jener Ergebnisse erinnern und weitere praktische Folgerungen aus ihnen ziehen. Dabei werden wir hauptsächlich partielle Differentialoperatoren zweiter und vierter Ordnung in zwei Veränderlichen betrachten. Bei Operatoren zweiter Ordnung wird es sich also um Operatoren der Form

$$Au = -\sum_{i,j=1}^{2} \frac{\partial}{\partial x_i}\left(a_{ij}\frac{\partial u}{\partial x_j}\right) + cu$$

handeln, bzw.

$$Au = -\frac{\partial}{\partial x}\left(a_{11}\frac{\partial u}{\partial x} + a_{12}\frac{\partial u}{\partial y}\right) - \frac{\partial}{\partial y}\left(a_{21}\frac{\partial u}{\partial x} + a_{22}\frac{\partial u}{\partial y}\right) + cu\,, \tag{25.1}$$

wenn wir für die Veränderlichen die Bezeichnung x, y statt x_1, x_2 benutzen, wobei (siehe Kapitel 22) die Koeffizienten $a_{ij}(x, y) = a_{ji}(x, y)$ samt ihren partiellen Ableitungen erster Ordnung auf $\bar{G}$ stetig sind, $c(x, y) \geqq 0$ eine auf $\bar{G}$ stetige Funktion ist und die Bedingung (22.8) der gleichmäßigen Elliptizität (siehe S. 253)

$$\sum_{i,j=1}^{2} a_{ij}(x, y)\,\xi_i\xi_j \geqq p(\xi_1^2 + \xi_2^2)\,, \quad p > 0\,, \tag{25.2}$$

erfüllt ist. Von Operatoren vierter Ordnung werden wir vor allem den biharmonischen Operator betrachten.

In Kapitel 20 haben wir auf das System der einfachen Funktionen

$$1, x, y, x^2, xy, y^2, \ldots \tag{25.3}$$

aufmerksam gemacht. Wir wissen schon aus Kapitel 5, daß dieses System in $L_2(G)$ vollständig ist. Wir haben auch bemerkt, daß man – wenn es sich z.B. um das Problem

$$-\Delta u = f \quad \text{in} \quad G\,, \tag{25.4}$$

$$u = 0 \quad \text{auf } \Gamma \tag{25.5}$$

handelt – zeigen kann, daß die Funktionen

$$g, xg, yg, x^2g, xyg, y^2g, \ldots\,, \tag{25.6}$$

wobei $g(x, y)$ eine genügend glatte Funktion ist, die im Gebiet G [1]) positiv ist und auf seinem Rand verschwindet, eine Basis im entsprechenden Raum H_A bilden. Wenn z.B. G das in Figur 25.1 dargestellte Quadrat mit einem kreisförmigen Loch ist, dann kann man für $g(x, y)$ die Funktion

$$(a^2 - x^2)(a^2 - y^2)(x^2 + y^2 - R^2) \tag{25.7}$$

wählen, die offensichtlich alle geforderten Eigenschaften hat.[2])

Wenn anstelle des Problems (25.4), (25.5) das Problem $Au = f$ in G, $u = 0$ auf Γ gegeben ist, wobei A der Operator (25.1) ist, bildet das System (25.6) im entsprechenden Raum H_A ebenfalls eine Basis.

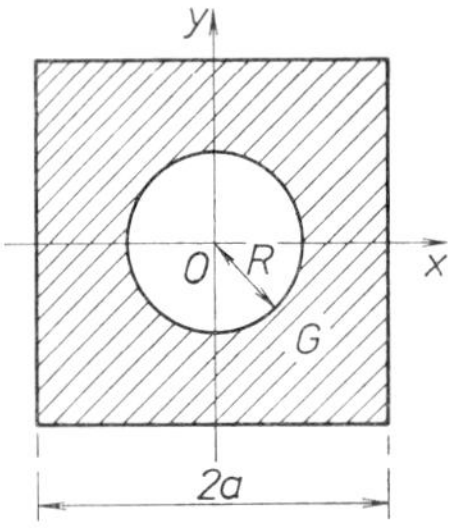

Figur 25.1

Wie bemerkt, hat auch das System der Funktionen

$$g^2, xg^2, yg^2, x^2g^2, xyg^2, y^2g^2, \ldots \tag{25.8}$$

ähnliche Eigenschaften im entsprechenden Raum H_A, wenn es sich um das Problem

$$\Delta^2 u = f \quad \text{in } G,$$

$$u = 0, \quad \frac{\partial u}{\partial \nu} = 0 \text{ auf } \Gamma$$

handelt.

Im Falle des Problems

$$\Delta^2 u = f \quad \text{in} \quad G, \tag{25.9}$$

$$u = 0 \quad \text{auf } \Gamma, \tag{25.10}$$

$$\frac{\partial u}{\partial \nu} = 0 \quad \text{auf } \Gamma_1, \tag{25.11}$$

$$\frac{\partial^2 u}{\partial \nu^2} = 0 \quad \text{auf } \Gamma_2, \tag{25.12}$$

wobei G der in Figur 25.2 dargestellte Halbkreis und Γ_1 die obere Halbkreislinie ist, kann man als Basis im entsprechenden Raum H_A das System der mit der Funktion

$$g(x, y) = y(R^2 - x^2 - y^2)^2$$

---

[1]) Wir haben stets beschränkte Gebiete mit Lipschitz-Rand im Sinne.

[2]) Es ist bemerkenswert, daß die Funktion (25.7) in der xy-Ebene Ableitungen aller Ordnungen besitzt, obwohl der Rand des Gebietes G nicht glatt ist (er hat vier Eckpunkte).

multiplizierten Funktionen (25.3) wählen. Diese Funktion g genügt den Bedingungen (25.10) und (25.11); die Bedingung (25.12) ist instabil, und man braucht bei der Wahl der Basis nicht darauf achten, ob sie erfüllt ist.

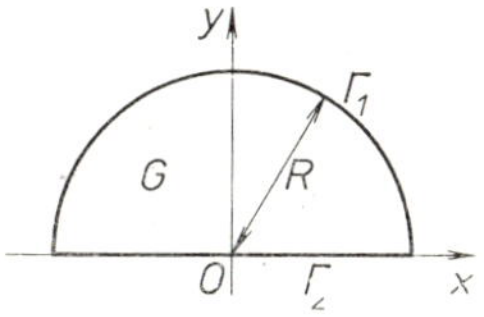

Figur 25.2

Systeme von Typ (25.6), (25.8) haben den Vorteil, daß sie verhältnismäßig einfach sind und daß man mit ihrer Hilfe Randbedingungen auch im Falle „unangenehmer" mehrfach zusammenhängender Gebiete erfassen kann, wie z.B. bei Gebieten von dem in Fig. 25.1 dargestellten Typ. Außerdem bilden sie, wie wir schon gesagt haben, in H_A eine Basis, so daß sie die in der Einleitung zu Kapitel 20 angeführten Forderungen a), b) erfüllen. Ein Nachteil dieser Systeme ist die geringe „Orthogonalität" ihrer Glieder im Raum H_A und die daraus resultierende schlechte numerische Stabilität (siehe die auf S. 222 formulierten Forderungen c) und d)). Diese ungünstige Eigenschaft bedingt, daß die Gleichungen des Ritzschen Systems „fast" linear abhängig sind, und erfordert eine große Genauigkeit bei der Berechnung der Koeffizienten des Ritzschen Systems wie auch bei seiner Lösung. Auch die Erfüllung der Forderung e), d.h. der Beziehung $Au_n \to f$ für $n \to \infty$ (S. 223), ist im allgemeinen Fall nicht garantiert. Deshalb bevorzugen wir im Falle spezieller Gebiete Systeme von Eigenfunktionen irgendeines einfachen kongruenten verwandten Operators (S. 232). Es sei bemerkt, daß wir hier insbesondere oft die Kongruenz und Verwandtheit der selbstadjungierten Erweiterungen des Operators $-\Delta u$ und des Operators (25.1) benutzen, die auf den entsprechenden linearen Mengen positiv definit sind.[1])

Ähnlich kann man auch im Falle von Operatoren höherer Ordnung vorgehen.

Für den Laplace-Operator $-\Delta$ und für die Randbedingung $u = 0$ auf Γ kann man für einige einfache Gebiete leicht ein vollständiges System von Eigenfunktionen angeben, die im entsprechenden Raum $H_{-\Delta}$ orthonormiert sind, und damit nach dem vorhergehenden Text eine Basis im Raum H_A gewinnen, die dem Operator (25.1) und der Randbedingung $u = 0$ auf Γ entspricht. Ist das Gebiet G der *Kreis* K mit dem Mittelpunkt im Koordinatenursprung und dem Radius R, dann bilden ein solches System die Funktionen

$$\varphi_{mn}(r, \varphi) = c_{mn}\, \mathrm{J}_m(\gamma_{mn} r) \cdot \begin{cases} \cos m\varphi\,, \\ \sin m\varphi\,, \end{cases} \tag{25.13}$$

$m = 0, 1, 2, \ldots, n = 0, 1, 2, \ldots$, wobei J_m die Besselschen Funktionen mit Index m und γ_{mn} positive Lösungen der Gleichung $\mathrm{J}_m(\gamma R) = 0$ sind; c_{mn} sind Koeffizienten,

[1]) Wenn es sich um Neumannsche Randbedingungen handelt und in (25.1) $c(x) \equiv 0$ auf G ist, sind bekanntlich die Operatoren $-\Delta u$ und (25.1) positiv definit auf der linearen Menge derjeniger Funktionen, die nicht nur genügend glatt sind und die Neumannschen Randbedingungen erfüllen, sondern auch der Bedingung $\int_G u \,\mathrm{d}x = 0$ genügen.

die garantieren, daß das System (25.13) in $H_{-\Delta}$ orthonormiert ist, d.h. daß gilt:

$$(\varphi_{mn}, \varphi_{mn})_{-\Delta} = 1 .$$

Ist $\bar{G}$ das *Rechteck* $0 \leqq x \leqq a$, $0 \leqq y \leqq b$, so bilden ein solches System die Funktionen

$$\varphi_{mn}(x, y) = \frac{2}{\pi \sqrt{ab} \left(\frac{m^2}{a^2} + \frac{n^2}{b^2} \right)} \sin \frac{m\pi x}{a} \sin \frac{n\pi y}{b} , \tag{25.14}$$

$m, n = 1, 2, \ldots$.

Bevor wir uns dem Studium weiterer Systeme zuwenden, die auch für gewisse andere Randbedingungen geeignet sind, machen wir noch die folgende Bemerkung:

Bemerkung 25.1. Oft gelingt es, eine einfache und genügend glatte Abbildung des Gebietes G auf das Innere des Kreises K zu finden, wobei der Operator A, der auf der linearen Menge in G genügend glatter und auf Γ verschwindender Funktionen positiv definit ist, in einen elliptischen Operator A' mit ähnlichen Eigenschaften auf dem Inneren des Kreises K übergeht. Dann kann man in Übereinstimmung mit dem vorhergehenden Text zur Lösung des auf diese Weise transformierten Problems das System (25.13) benutzen. Ein typisches Beispiel stellt das folgende Problem dar:

$$-\Delta u = f \quad \text{in} \quad E , \tag{25.15}$$

$$u = 0 \quad \text{auf } \Gamma , \tag{25.16}$$

wobei E das Innere der Ellipse mit Halbachsen a bzw. b auf der x- bzw. y-Achse ist. Durch Koordinatentransformation

$$x' = x , \quad y' = \frac{a}{b} y \tag{25.17}$$

geht das Problem (25.15), (25.16) in das Problem

$$\frac{\partial^2 u}{\partial x'^2} + \frac{a^2}{b^2} \frac{\partial^2 u}{\partial y'^2} = f \quad \text{in} \quad K , \tag{25.18}$$

$$u = 0 \quad \text{auf } \Gamma' \tag{25.19}$$

über, wobei K das Innere des Kreises mit dem Mittelpunkt im Koordinatenursprung und dem Radius a und Γ' sein Rand ist. Die selbstadjungierten Erweiterungen des Operators $-\Delta$ und des auf der linken Seite der Gleichung (25.18) auftretenden Operators sind bei der vorgegebenen Randbedingung kongruente verwandte Operatoren, so daß man zur Lösung des Problems (25.18), (25.19) mit Hilfe des Ritzschen Verfahrens das System (25.13) benutzen kann, in dem wir x', y' statt x, y schreiben, und das alle in Kapitel 20 formulierten Forderungen a) bis e) erfüllt. Man kann auch so vorgehen, daß man zu den ursprünglichen Koordinaten zurückkehrt und das Problem (25.15), (25.16) bezüglich der Ellipse E löst, wobei man das System (25.13) benutzt, das für die Koordinaten x', y' aufgeschrieben und dann nach den Gleichungen (25.17) in die Koordinaten x, y transformiert wurde.

Eine Reihe ähnlicher Kunstgriffe kann der Leser z.B. im Buch [31] finden. Man muß jedoch bemerken, daß schon das System (25.13) aufgrund des Auftretens der Besselschen Funktionen etwas kompliziert ist, und es wird noch komplizierter, wenn wir z.B. die oben erwähnten Transformationen benutzen. Obwohl wir also in den betrachteten Fällen bei der Anwendung des Ritzschen Verfahrens die Garantie haben, daß alle Forderungen a) bis e) aus Kapitel 20 erfüllt sind, bevorzugen wir oft die „weniger stabilen" Systeme vom Typ (25.6), (25.8), auch wenn man dann notwendigerweise alle numerischen Rechnungen mit viel größerer Genauigkeit durchführen muß.

Transformationen des Systems (25.14) sind einfacher und treten häufiger auf als Transformationen des Systems (25.13). Wir geben ein einfaches Beispiel an (siehe [5]):

Man löse das Problem

$$-\Delta u = f \quad \text{in} \quad G\,, \tag{25.20}$$

$$u = 0 \quad \text{auf } \Gamma\,, \tag{25.21}$$

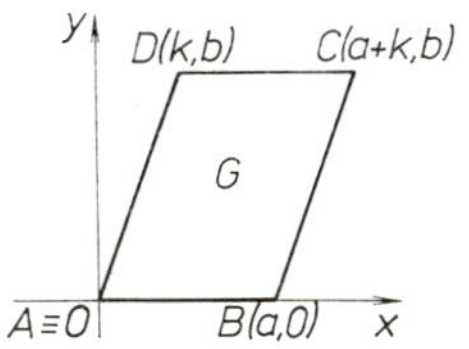

Figur 25.3

wobei G das Innere des Parallelogramms aus Figur 25.3 ist. Durch die Koordinatentransformation

$$x' = x - \frac{k}{b}\,y\,, \quad y' = y \tag{25.22}$$

geht das Innere des Parallelogramms G in das Rechteckgebiet $Q = (0, a) \times (0, b)$ mit dem Rand Γ' und die Gleichung (25.20) in die Gleichung

$$-\left(1 + \frac{k^2}{b^2}\right)\frac{\partial^2 u}{\partial x'^2} - \frac{\partial^2 u}{\partial y'^2} + \frac{2k}{b}\,\frac{\partial^2 u}{\partial x'\,\partial y'} = f \tag{25.23}$$

über, deren linke Seite wiederum einen positiv definiten Operator darstellt, diesmal auf der Menge der Funktionen, die in $\overline{Q}$ genügend glatt sind und auf Γ' die Bedingung $u = 0$ erfüllen.

Nach ähnlichen Überlegungen wie im vorhergehenden Text kommen wir zur Schlußfolgerung, daß bei der Anwendung des Ritzschen Verfahrens zur Lösung der Gleichung (25.23) mit der Bedingung $u = 0$ auf Γ' die Wahl der Basis

$$\varphi_{mn}(x', y') = c_{mn} \sin \frac{m\pi x'}{a} \sin \frac{n\pi y'}{b}\,, \tag{25.24}$$

wobei c_{mn} die Konstanten aus dem System (25.14) sind, die Erfüllung der Bedingungen a) bis e) aus Kapitel 20 garantiert. Statt der Lösung des transformierten Problems mit der Basis (25.24) können wir natürlich auch das ursprüngliche Problem mit der

Basis

$$\tilde{\varphi}_{mn}(x, y) = \tilde{c}_{mn} \sin \frac{m\pi\left(x - \frac{k}{b} y\right)}{a} \sin \frac{n\pi y}{b} \tag{25.25}$$

lösen. Da das Rechteck und Gebilde, die man durch einfache Transformationen (vom Typ (25.22) u.ä.) in ein Rechteck überführen kann, in technischen Anwendungen am häufigsten auftreten, geben wir hier Beispiele geeigneter Basen für Operatoren zweiter und vierter Ordnung auf Rechteckgebieten wenigstens für die einfachsten Randbedingungen an.

Basiswahl bei Operatoren zweiter Ordnung (S. 285) auf dem Rechteckgebiet $G = (0, a) \times (0, b)$, Figur 25.4

a) *Randbedingung*

$$u = 0 \quad \text{auf } \Gamma :$$

$$\varphi_{mn} = \frac{1}{\sqrt{\left(\frac{m^2}{a^2} + \frac{n^2}{b^2}\right)}} \sin \frac{m\pi x}{a} \sin \frac{n\pi y}{b}, \quad m, n = 1, 2, \ldots .\,^{1)} \tag{25.26}$$

b) *Randbedingung*

$$\frac{\partial u}{\partial \nu} = 0 ,$$

bzw.

$$(a_{11}\nu_1 + a_{21}\nu_2) \frac{\partial u}{\partial x} + (a_{12}\nu_1 + a_{22}\nu_2) \frac{\partial u}{\partial y} = 0 \quad \text{auf } \Gamma ,$$

wobei ν_1, ν_2 Richtungskosinus der äußeren Normale sind:

$$\varphi_{mn} = \frac{1}{\sqrt{\left(\frac{m^2}{a^2} + \frac{n^2}{b^2} + 1\right)}} \cos \frac{m\pi x}{a} \cos \frac{n\pi y}{b}, \quad m, n = 0, 1, 2, \ldots . \tag{25.27}$$

Wenn in (25.1) $c(x) \equiv 0$, lassen wir im System (25.27) das erste (konstante) Glied, das den Werten $m = 0$, $n = 0$ entspricht, weg.

c) *Randbedingungen*

$$u = 0 \quad \text{für} \quad x = 0,\ x = a \quad \text{(auf den senkrechten Seiten des Rechtecks)},$$

$$\frac{\partial u}{\partial \nu} = 0 ,$$

---

[1]) Faktoren, die nicht von m und n abhängen, wie z.B. die Zahl $2/(\pi \sqrt{ab})$ in (25.14), kann man bei der Wahl der Basisfunktionen weglassen. In einigen Fällen (wenn man zur Lösung des Ritzschen Systems die Eliminationsmethode benutzt und mit beweglichem Komma programmiert, bzw. wenn man nur eine „kleine" Anzahl von Gliedern des Systems betrachtet) kann man auch von m und n abhängende Faktoren weglassen, d.h. man kann sie gleich Eins setzen. Siehe S. 233.

bzw.

$$(a_{11}v_1 + a_{21}v_2)\frac{\partial u}{\partial x} + (a_{12}v_1 + a_{22}v_2)\frac{\partial u}{\partial y} = 0 \quad \text{für} \quad y = 0\,, \quad y = b:$$

$$\varphi_{mn} = \frac{1}{\sqrt{\left(\frac{m^2}{a^2} + \frac{n^2}{b^2}\right)}} \sin\frac{m\pi x}{a}\cos\frac{n\pi y}{b}\,, \quad m = 1, 2, \ldots, n = 0, 1, 2, \ldots \qquad (25.28)$$

Basiswahl für den biharmonischen Operator auf dem Rechteckgebiet $G = (-a, a) \times (-b, b)$, Figur 25.5

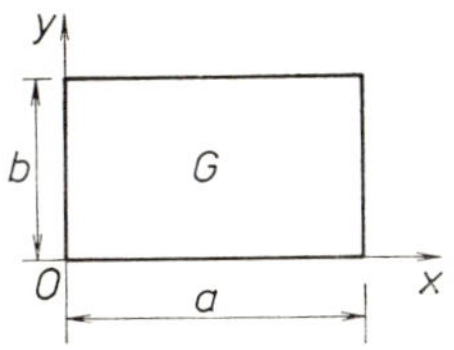

Figur 25.4

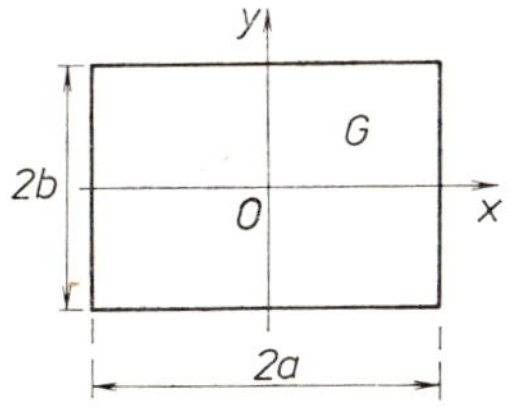

Figur 25.5

Im allgemeinen Fall (wenn man nicht spezielle Verfahren benutzt, vgl. Fußnote auf S. 290) muß man die im weiteren angeführten Funktionen normieren, d.h. man muß sie mit Konstanten c_{mn} multiplizieren, wobei

$$\frac{1}{c_{mn}^2} = \iint_G \left[\left(\frac{\partial^2 \varphi_{mn}}{\partial x^2}\right)^2 + 2\left(\frac{\partial^2 \varphi_{mn}}{\partial x\,\partial y}\right)^2 + \left(\frac{\partial^2 \varphi_{mn}}{\partial y^2}\right)^2\right] \mathrm{d}x\,\mathrm{d}y$$

ist, oder wenigstens mit solchen Konstanten, die die entsprechende „Größenordnung" bezüglich m und n haben, vgl. S. 233, z.B. mit Konstanten

$$c_{mn} = \frac{1}{m^2 + n^2}\,.$$

d) *Randbedingungen*

$$u = 0\,, \quad \frac{\partial u}{\partial \nu} = 0 \quad \text{auf } \Gamma:$$

$$\varphi_{2m,2n} = \left[\cos\frac{m\pi x}{a} - (-1)^m\right]\left[\cos\frac{n\pi y}{b} - (-1)^n\right],$$

$$\varphi_{2m-1,2n} = \left(\sin\frac{\lambda_m x}{a} - \frac{x}{a}\sin\lambda_m\right)\left[\cos\frac{n\pi y}{b} - (-1)^n\right],$$

$$\varphi_{2m,2n-1} = \left[\cos\frac{m\pi x}{a} - (-1)^m\right]\left(\sin\frac{\lambda_n y}{b} - \frac{y}{b}\sin\lambda_n\right),$$

$$\varphi_{2m-1,2n-1} = \left(\sin\frac{\lambda_m x}{a} - \frac{x}{a}\sin\lambda_m\right)\left(\sin\frac{\lambda_n y}{a} - \frac{y}{a}\sin\lambda_n\right), \qquad (25.29)$$

$m, n = 1, 2, \ldots$; dabei ist λ_k eine solche Wurzel der Gleichung $\operatorname{tg} \lambda = \lambda$, für die gilt:

$$\frac{2k-1}{2}\pi < \lambda_k < \frac{2k+1}{2}\pi .$$

Es ist

$$\lambda_1 \doteq 4{,}4932 ,$$
$$\lambda_2 \doteq 7{,}7252 ,$$
$$\lambda_3 \doteq 10{,}9035$$

usw.

e) *Randbedingungen*

$$u = 0 , \quad \frac{\partial^2 u}{\partial v^2} = 0 \quad \text{auf } \Gamma :$$

$$\varphi_{2m,2n} = \cos\frac{(2m-1)\pi x}{2a}\cos\frac{(2n-1)\pi y}{2b} ,$$

$$\varphi_{2m-1,2n} = \sin\frac{m\pi x}{a}\cos\frac{(2n-1)\pi y}{2b} ,$$

$$\varphi_{2m,2n-1} = \cos\frac{(2m-1)\pi x}{2a}\sin\frac{n\pi y}{b} ,$$

$$\varphi_{2m-1,2n-1} = \sin\frac{m\pi x}{a}\sin\frac{n\pi y}{b} , \tag{25.30}$$

$m, n = 1, 2, \ldots .$

Im Falle e) ist natürlich vorteilhafter, das gegebene Problem auf dem Rechteckgebiet $(0, a) \times (0, b)$ zu betrachten und das System

$$\varphi_{mn} = \frac{\sin\frac{m\pi x}{a}\sin\frac{n\pi y}{b}}{m^2 + n^2} ,$$

$m, n = 1, 2, \ldots$, zu benutzen.

Beispiele einiger weiterer spezieller Basen kann der Leser in [5] und vor allem in [31] finden, wo auch Beispiele einiger geeigneter Basen im dreidimensionalen Raum (für die Kugel, den Zylinder, den sphärischen Kegel u.ä.) angeführt sind. Siehe auch Kapitel 42, S. 518 (Methode der finiten Elemente).

Kapitel 26. Numerische Beispiele: Partielle Differentialgleichungen

In diesem Kapitel zeigen wir zunächst, wie man das Dirichletsche Problem für eine Gleichung zweiter Ordnung mit nichtkonstanten Koeffizienten mit Hilfe des Ritzschen Verfahrens lösen kann. Dann behandeln wir die Lösung einiger Modifikationen dieses Problems (den Fall konstanter Koeffizienten, das Neumannsche Problem, das gemischte Problem). Im zweiten Teil dieses Kapitels führen wir – ebenfalls mit Hilfe des Ritzschen Verfahrens – die numerischen Rechnungen durch für den Fall des biharmonischen Operators mit Dirichletschen Randbedingungen auf einem zweifach zusammenhängenden Gebiet. Wir werden auf die physikalische bzw. technische Deutung der erwähnten Probleme aufmerksam machen und auch auf ihre Lösung mit Hilfe des Galerkin-Verfahrens zu sprechen kommen. Zum Abschluß des Kapitels zeigen wir an einem einfachen Beispiel, wie man den Fehler der Näherungslösung abschätzen kann.

Beispiel 26.1. Auf dem auf S. 289 in Fig. 25.3 angeführten Parallelogrammgebiet K mit Rand Γ lösen wir mit Hilfe des Ritzschen Verfahrens das Problem

$$Au \equiv -(4 + y)\frac{\partial^2 u}{\partial x^2} - \frac{\partial^2 u}{\partial y^2} = y^2 \,, \tag{26.1}$$

$$u = 0 \quad \text{auf } \Gamma \,. \tag{26.2}$$

(*Durchbiegung einer parallelogrammförmigen Membran mit veränderlicher Dicke,* die am Rand befestigt ist und unter einer senkrechten Belastung steht, deren Größe mit dem Quadrat der Veränderlichen y wächst; *stationäre Wärmeleitung in einem unendlichen Prisma mit parallelogrammförmigem Querschnitt,* mit veränderlicher Wärmeleitfähigkeit, inneren Wärmequellen und der Temperatur Null an der Oberfläche, usw.)

Zunächst zeigen wir, daß der Operator A auf der linearen Menge M der Funktionen, die in K zweimal stetig differenzierbar sind und am Rand Γ verschwinden, positiv definit ist. (Siehe auch Kapitel 22, S. 256.) Aus der üblichen Anwendung des Greenschen Satzes erhalten wir für jedes Paar $u \in M$, $v \in M$

$$(u, v)_A = (Au, v) = -\iint_K \left[(4 + y)\, v\, \frac{\partial^2 u}{\partial x^2} + v\, \frac{\partial^2 u}{\partial y^2}\right] \mathrm{d}x\, \mathrm{d}y =$$

$$= \iint_K \left[(4 + y)\frac{\partial v}{\partial x}\frac{\partial u}{\partial x} + \frac{\partial v}{\partial y}\frac{\partial u}{\partial y}\right] \mathrm{d}x\, \mathrm{d}y \,, \tag{26.3}$$

woraus die Symmetrie des Operators A auf M folgt. Nach (26.3) ist weiter

$$(u, u)_A = (Au, u) = \iint_K \left[(4 + y)\left(\frac{\partial u}{\partial x}\right)^2 + \left(\frac{\partial u}{\partial y}\right)^2\right] \mathrm{d}x\,\mathrm{d}y \geqq$$

$$\geqq \iint_K \left[\left(\frac{\partial u}{\partial x}\right)^2 + \left(\frac{\partial u}{\partial y}\right)^2\right] \mathrm{d}x\,\mathrm{d}y\,, \tag{26.4}$$

und hieraus folgt leicht — z.B. nach Ungleichung (18.46), S. 190 — die positive Definitheit des betrachteten Operators auf M.

Zur Bestimmung einer Näherungslösung mit dem *Ritzschen Verfahren* wählen wir die ersten vier Glieder der Basis (25.25), S. 290 (wir können $c_{mn} = 1$ setzen, vgl. die Fußnote auf derelben Seite), d.h. die Funktionen

$$\varphi_{11} = \sin\frac{\pi(x - hy)}{a}\sin\frac{\pi y}{b}\,,$$

$$\varphi_{12} = \sin\frac{\pi(x - hy)}{a}\sin\frac{2\pi y}{b}\,,$$

$$\varphi_{21} = \sin\frac{2\pi(x - hy)}{a}\sin\frac{\pi y}{b}\,,$$

$$\varphi_{22} = \sin\frac{2\pi(x - hy)}{a}\sin\frac{2\pi y}{b}\,, \tag{26.5}$$

wobei $h = k/b$ ist. Die Näherungslösung suchen wir in der Form

$$u_{22} = \sum_{i,j=1}^{2} a_{ij}\varphi_{ij}\,. \tag{26.6}$$

Das Ritzsche System für die unbekannten Konstanten a_{ij} hat dann die Form

$$\sum_{m,n=1}^{2} (\varphi_{ij}, \varphi_{mn})_A\, a_{mn} = (\varphi_{ij}, f)\,, \quad i, j = 1, 2\,, \tag{26.7}$$

wobei $f(x, y) = y^2$ ist. Nach (26.3) ist aber

$$(\varphi_{ij}, \varphi_{mn})_A = \iint_K \left[(4 + y)\frac{\partial\varphi_{ij}}{\partial x}\frac{\partial\varphi_{mn}}{\partial x} + \frac{\partial\varphi_{ij}}{\partial y}\frac{\partial\varphi_{mn}}{\partial y}\right] \mathrm{d}x\,\mathrm{d}y =$$

$$= \iint_K (4 + y)\frac{i\pi}{a}\cos\frac{i\pi(x - hy)}{a}\sin\frac{j\pi y}{b}\,.\,\frac{m\pi}{a}\cos\frac{m\pi(x - hy)}{a}\sin\frac{n\pi y}{b}\,\mathrm{d}x\,\mathrm{d}y +$$

$$+ \iint_K \left[-\frac{hi\pi}{a}\cos\frac{i\pi(x - hy)}{a}\sin\frac{j\pi y}{b} + \frac{j\pi}{b}\sin\frac{i\pi(x - hy)}{a}\cos\frac{j\pi y}{b}\right]\cdot$$

$$\cdot\left[-\frac{hm\pi}{a}\cos\frac{m\pi(x - hy)}{a}\sin\frac{n\pi y}{b} + \frac{n\pi}{b}\sin\frac{m\pi(x - hy)}{a}\cos\frac{n\pi y}{b}\right] \mathrm{d}x\,\mathrm{d}y\,. \tag{26.8}$$

Wenn wir neue Veränderliche durch die Koordinatentransformation

$$z = x - hy\,,$$
$$y = y \tag{26.9}$$

einführen (die Jacobische Determinante ist offensichtlichtlich gleich Eins), führen wir die Berechnung der Integrale (26.8) über das Parallelogramm K in die Berechnung von Integralen über das Rechteck

$$O = (0, a) \times (0, b) \tag{26.10}$$

über, d.h.

$$\begin{aligned}(\varphi_{ij}, \varphi_{mn})_A = {} & \frac{\pi^2 im}{a^2} \int_0^a \int_0^b \cos \frac{i\pi z}{a} \cos \frac{m\pi z}{a} . (4 + y) \sin \frac{j\pi y}{b} \sin \frac{n\pi y}{b} \,dz\,dy + \\ & + \frac{h^2\pi^2 im}{a^2} \int_0^a \int_0^b \cos \frac{i\pi z}{a} \cos \frac{m\pi z}{a} \sin \frac{j\pi y}{b} \sin \frac{n\pi y}{b} \,dz\,dy + \\ & + \frac{\pi^2 jn}{b^2} \int_0^a \int_0^b \sin \frac{i\pi z}{a} \sin \frac{m\pi z}{a} \cos \frac{j\pi y}{b} \cos \frac{n\pi y}{b} \,dz\,dy - \\ & - \frac{h\pi^2 in}{ab} \int_0^a \int_0^b \cos \frac{i\pi z}{a} \sin \frac{m\pi z}{a} \sin \frac{j\pi y}{b} \cos \frac{n\pi y}{b} \,dz\,dy - \\ & - \frac{h\pi^2 jm}{ab} \int_0^a \int_0^b \sin \frac{i\pi z}{a} \cos \frac{m\pi z}{a} \cos \frac{j\pi y}{b} \sin \frac{n\pi y}{b} \,dz\,dy .\end{aligned} \tag{26.11}$$

Mit Hilfe der Substitution (26.9) erhalten wir weiter

$$(\varphi_{ij}, f) = \int_0^a \int_0^b y^2 \sin \frac{i\pi z}{a} \sin \frac{j\pi y}{b} \,dz\,dy . \tag{26.12}$$

Bei der Berechnung der Integrale in (26.11), (26.12) verwenden wir:

$$\int_0^a \sin \frac{i\pi z}{a} \sin \frac{m\pi z}{a} \,dz = \int_0^a \cos \frac{i\pi z}{a} \cos \frac{m\pi z}{a} \,dz = \begin{cases} \dfrac{a}{2} & \text{für } i = m , \\ 0 & \text{für } i \neq m , \end{cases}$$

$$\int_0^a \sin \frac{i\pi z}{a} \cos \frac{m\pi z}{a} \,dz = \begin{cases} \dfrac{a}{\pi} \cdot \dfrac{2i}{i^2 - m^2} & \text{für } i - m \text{ ungerade} , \\ 0 & \text{für } i - m \text{ gerade} \end{cases} \tag{26.13}$$

(siehe [36], S. 581, 532 und 529). Ähnliche Beziehungen gelten auch für die Integrale bezüglich der Variablen y, wenn wir dort b statt a schreiben; weiter ist (mit der Substitution $\pi y/b = t$)

$$\int_0^b (4+y) \sin \frac{j\pi y}{b} \sin \frac{n\pi y}{b} \,dy = \frac{b}{2\pi} \int_0^\pi \left(4 + \frac{bt}{\pi}\right) [\cos(j-n)\,t - \cos(j+n)\,t] \,dt =$$

$$= \begin{cases} 2b + \dfrac{b^2}{4} - \dfrac{b^2}{2\pi^2} \left[\dfrac{\cos 2jt}{4j^2} + \dfrac{t \sin 2jt}{2j}\right]_0^\pi = 2b + \dfrac{b^2}{4} \quad \text{für } j = n , \\ \dfrac{b^2}{2\pi^2} \left[\dfrac{\cos (j-n)\,t}{(j-n)^2} + \dfrac{t \sin (j-n)\,t}{j-n} - \dfrac{\cos (j+n)\,t}{(j+n)^2} - \dfrac{t \sin (j+n)\,t}{j+n}\right]_0^\pi = \end{cases}$$

$$= \frac{b^2}{2\pi^2} \left[\frac{(-1)^{j-n} - 1}{(j-n)^2} - \frac{(-1)^{j+n} - 1}{(j+n)^2}\right] \quad \text{für } j \neq n , \tag{26.14}$$

$$\int_0^b y^2 \sin \frac{j\pi y}{b}\,dy = \left[\frac{2b^2 y}{j^2\pi^2} \sin \frac{j\pi y}{b}\right]_0^b - \left[\left(\frac{by^2}{j\pi} - \frac{2b^3}{j^3\pi^3}\right) \cos \frac{j\pi y}{b}\right]_0^b =$$

$$= \frac{(-1)^{j+1}\, b^3}{j\pi} + \frac{2b^3}{j^3\pi^3}\left[(-1)^j - 1\right]. \tag{26.15}$$

Wenn wir entsprechend (26.11) bis (26.15) in (26.7) einsetzen, erhalten wir das Gleichungssystem

$$\left[\frac{\pi^2}{a^2} \cdot \frac{a}{2}\left(2b + \frac{b^2}{4}\right) + \frac{\pi^2}{4}\left(\frac{bh^2}{a} + \frac{a}{b}\right)\right] a_{11} + \frac{\pi^2}{a^2} \cdot \frac{a}{2} \cdot \frac{b^2}{2\pi^2}\left(-2 + \frac{2}{9}\right) a_{12} +$$

$$+ 0 \,.\, a_{21} + \frac{2\pi^2 h}{ab}\left(\frac{4a}{3\pi} \cdot \frac{2b}{3\pi} + \frac{2a}{3\pi} \cdot \frac{4b}{3\pi}\right) a_{22} = \frac{2a}{\pi} \cdot \left(\frac{b^3}{\pi} - \frac{4b^3}{\pi^3}\right),$$

$$\frac{\pi^2}{a^2} \cdot \frac{a}{2} \cdot \frac{b^2}{2\pi^2}\left(-2 + \frac{2}{9}\right) a_{11} + \left[\frac{\pi^2}{a^2} \cdot \frac{a}{2}\left(2b + \frac{b^2}{4}\right) + \frac{\pi^2}{4}\left(\frac{bh^2}{a} + \frac{4a}{b}\right)\right] a_{12} -$$

$$- \frac{\pi^2 h}{ab}\left(\frac{4a}{3\pi} \cdot \frac{4b}{3\pi} + 4 \,.\, \frac{2a}{3\pi} \cdot \frac{2b}{3\pi}\right) a_{21} + 0 \,.\, a_{22} = - \frac{2a}{\pi} \cdot \frac{b^3}{2\pi},$$

$$0 \,.\, a_{11} - \frac{\pi^2 h}{ab}\left(4 \,.\, \frac{2a}{3\pi} \cdot \frac{2b}{3\pi} + \frac{4a}{3\pi} \cdot \frac{4b}{3\pi}\right) a_{12} + \left[\frac{4\pi^2}{a^2} \cdot \frac{a}{2}\left(2b + \frac{b^2}{4}\right) +\right.$$

$$\left. + \frac{\pi^2}{4}\left(\frac{4bh^2}{a} + \frac{a}{b}\right)\right] a_{21} + \frac{4\pi^2}{a^2} \cdot \frac{a}{2} \cdot \frac{b^2}{2\pi^2} \cdot \left(-2 + \frac{2}{9}\right) a_{22} = 0,$$

$$\frac{2\pi^2 h}{ab}\left(\frac{2a}{3\pi} \cdot \frac{4b}{3\pi} + \frac{4a}{3\pi} \cdot \frac{2b}{3\pi}\right) a_{11} + 0 \,.\, a_{12} + \frac{4\pi^2}{a^2} \cdot \frac{a}{2} \cdot \frac{b^2}{2\pi^2}\left(-2 + \frac{2}{9}\right) a_{21} +$$

$$+ \left[\frac{4\pi^2}{a^2} \cdot \frac{a}{2} \cdot \left(2b + \frac{b^2}{4}\right) + \pi^2\left(\frac{bh^2}{a} + \frac{a}{b}\right)\right] a_{22} = 0. \tag{26.16}$$

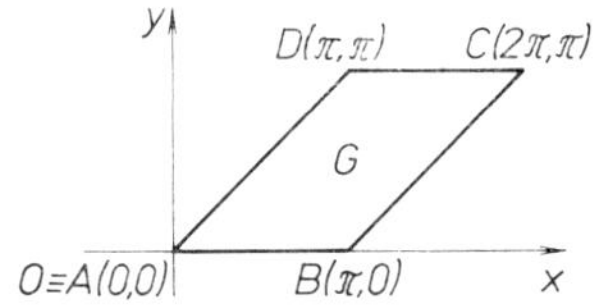

Figur 26.1

Die numerische Rechnung werden wir für das Parallelogramm aus Figur 26.1 durchführen. Wir setzen also in (26.16)

$$a = \pi, \quad b = \pi, \quad k = \pi, \quad h = \frac{k}{b} = 1 \tag{26.17}$$

und erhalten das folgende System für die Unbekannten a_{ij}, $i, j = 1, 2$:

$$\left(\frac{3\pi^2}{2} + \frac{\pi^3}{8}\right) a_{11} - \frac{4\pi}{9}\, a_{12} + 0 \,.\, a_{21} + \frac{32}{9}\, a_{22} = 2(\pi^2 - 4),$$

$$- \frac{4\pi}{9}\, a_{11} + \left(\frac{9\pi^2}{4} + \frac{\pi^3}{8}\right) a_{12} - \frac{32}{9}\, a_{21} + 0 \,.\, a_{22} = -\pi^2,$$

$$0 \,.\, a_{11} - \frac{32}{9} a_{12} + \left(\frac{21\pi^2}{4} + \frac{\pi^3}{2}\right) a_{21} - \frac{16\pi}{9} a_{22} = 0\,,$$

$$\frac{32}{9} a_{11} + 0 \,.\, a_{12} - \frac{16\pi}{9} a_{21} + \left(6\pi^2 + \frac{\pi^3}{2}\right) a_{22} = 0\,, \tag{26.18}$$

d.h. das System

$$\begin{aligned} 18{,}6802a_{11} - 1{,}3963a_{12} + 0 \,.\, a_{21} + 3{,}5556a_{22} &= 11{,}7392\,, \\ -1{,}3963a_{11} + 26{,}0824a_{12} - 3{,}5556a_{21} + 0 \,.\, a_{22} &= -9{,}8696\,, \\ 0 \,.\, a_{11} - 3{,}5556a_{12} + 67{,}3186a_{21} - 5{,}5850a_{22} &= 0\,, \\ 3{,}5556a_{11} + 0 \,.\, a_{12} - 5{,}5850a_{21} + 74{,}7208a_{22} &= 0\,. \end{aligned}$$

Die Lösung dieses Systems ist

$$a_{11} \doteq 0{,}608\,, \quad a_{12} \doteq -0{,}349\,, \quad a_{21} \doteq -0{,}021\,, \quad a_{22} \doteq -0{,}031\,. \tag{26.19}$$

Damit ist die Lösung des Problems (26.1), (26.2) auf dem Parallelogrammgebiet aus Fig. 26.1 also annäherend durch den folgenden Ausdruck gegeben:

$$\begin{aligned} u_{22}(x) = 0{,}608 \sin(x - y) \sin y - 0{,}349 \sin(x - y) \sin 2y - \\ - 0{,}021 \sin 2(x - y) \sin y - 0{,}031 \sin 2(x - y) \sin 2y\,. \end{aligned} \tag{26.20}$$

Bemerkung 26.1. Die Rechnungen im vorhergehenden Beispiel waren etwas langwierig, weil das betrachtete Gebiet ein Parallelogramm und die Koeffizienten der Gleichung (26.1) sowie ihre rechte Seite variabel waren. Wenn das Gebiet G das Rechteck $O = (0, a) \times (0, b)$ ist und wenn statt des Problems (26.1), (26.2) das Problem

$$-\Delta u = 1 \quad \text{in} \quad O\,, \tag{26.21}$$

$$u = 0 \quad \text{auf } \Gamma \tag{26.22}$$

gegeben ist, sind die Rechnungen sehr einfach: Das System der Funktionen (26.5) hat die Form

$$\varphi_{11} = \sin \frac{\pi x}{a} \sin \frac{\pi y}{b}\,,$$

$$\varphi_{12} = \sin \frac{\pi x}{a} \sin \frac{2\pi y}{b}\,,$$

$$\varphi_{21} = \sin \frac{2\pi x}{a} \sin \frac{\pi y}{b}\,,$$

$$\varphi_{22} = \sin \frac{2\pi x}{a} \sin \frac{2\pi y}{b}\,. \tag{26.23}$$

In diesem Fall haben wir

$$(\varphi_{ij}, \varphi_{mn})_A = \iint_O \left(\frac{\partial \varphi_{ij}}{\partial x} \frac{\partial \varphi_{mn}}{\partial x} + \frac{\partial \varphi_{ij}}{\partial y} \frac{\partial \varphi_{mn}}{\partial y}\right) \mathrm{d}x \, \mathrm{d}y =$$

$$= \int_0^a \int_0^b \left(\frac{i\pi}{a} \,.\, \frac{m\pi}{a} \cos \frac{i\pi x}{a} \sin \frac{j\pi y}{b} \cos \frac{m\pi x}{a} \sin \frac{n\pi y}{b} + \right.$$

$$+ \frac{j\pi}{b} \cdot \frac{n\pi}{b} \sin\frac{i\pi x}{a}\cos\frac{j\pi y}{b}\sin\frac{m\pi x}{a}\cos\frac{n\pi y}{b}\Big) \,dx\,dy =$$

$$= \begin{cases} \dfrac{\pi^2 ab}{4}\left(\dfrac{i^2}{a^2} + \dfrac{j^2}{b^2}\right) = \dfrac{\pi^2}{4ab}(a^2j^2 + b^2i^2) & \text{für } m = i \text{ und } n = j, \\ 0 & \text{in allen anderen Fällen}. \end{cases} \tag{26.24}$$

Weiter ist

$$(\varphi_{ij}, f) = \int_0^a \int_0^b \sin\frac{i\pi x}{a}\sin\frac{j\pi y}{b}\,dx\,dy = \begin{cases} \dfrac{4ab}{\pi^2 ij} & \text{für } i \text{ und } j \text{ ungerade}, \\ 0 & \text{in anderen Fällen}. \end{cases} \tag{26.25}$$

Das Ritzsche Gleichungssystem hat in diesem Fall die Form

$$\begin{aligned} \frac{\pi^2(a^2+b^2)}{4ab} a_{11} &= \frac{4ab}{\pi^2}, \\ \frac{\pi^2(4a^2+b^2)}{4ab} a_{12} &= 0, \\ \frac{\pi^2(a^2+4b^2)}{4ab} a_{21} &= 0, \\ \frac{\pi^2(a^2+b^2)}{ab} a_{22} &= 0, \end{aligned} \tag{26.26}$$

und hieraus erhalten wir

$$a_{11} = \frac{16a^2b^2}{\pi^4(a^2+b^2)}, \quad a_{12} = 0, \quad a_{21} = 0, \quad a_{22} = 0 \tag{26.27}$$

und

$$u_{22}(x) = \frac{16a^2b^2}{\pi^4(a^2+b^2)} \sin\frac{\pi x}{a}\sin\frac{\pi y}{b}. \tag{26.28}$$

Siehe auch Formel (12.29), S. 144. Aus den durchgeführten Rechnungen und auch aus der zitierten Formel folgt, daß in unserem Fall die Wahl des Systems der Funktionen (26.23) zum gleichen Ergebnis führt wie die Wahl nur einer von diesen Funktionen, und zwar der ersten. (Die Symmetrie des Problems bezüglich des Mittelpunktes unseres Rechtecks hätten wir schon bei der Wahl der Basisfunktionen ausnutzen können, und wir hätten uns so die überflüssige Berechnung der Koeffizienten a_{12}, a_{21}, a_{22} ersparen können.) Wenn wir statt des Systems (26.23) das System

$$\varphi_{ij} = \sin\frac{i\pi x}{a}\sin\frac{j\pi y}{b}, \quad i, j = 1, 2, 3, \tag{26.29}$$

wählen (und eventuell die soeben erwähnte Symmetrie ausnützen), kommen wir nach (26.24) (26.25) durch leichte Rechnungen zu folgendem Ergebnis:

$$u_{33}(x) = \frac{16a^2b^2}{\pi^4}\left[\frac{1}{a^2+b^2}\sin\frac{\pi x}{a}\sin\frac{\pi y}{b} + \frac{1}{3(9a^2+b^2)}\sin\frac{\pi x}{a}\sin\frac{3\pi y}{b} + \right.$$

$$+ \frac{1}{3(a^2 + 9b^2)} \sin \frac{3\pi x}{a} \sin \frac{\pi y}{b} + \frac{1}{81(a^2 + b^2)} \sin \frac{3\pi x}{a} \sin \frac{3\pi y}{b} \Bigg] . \tag{26.30}$$

Wenn wir insbesondere wie im vorhergehenden Beispiel $a = b = \pi$ wählen, erhalten wir

$$u_{33}(x) = \frac{8}{\pi^2} \left(\sin x \sin y + \frac{1}{15} \sin x \sin 3y + \right.$$

$$\left. + \frac{1}{15} \sin 3x \sin y + \frac{1}{81} \sin 3x \sin 3y \right) . \tag{26.31}$$

Wenn wir weitere Glieder der Basis in Betracht ziehen, gehen wir ähnlich vor. Siehe die schon erwähnte Formel (12.29).

Bemerkung 26.2. (*Das Neumannsche Problem.*) Wenn auf dem Rechteck $O = (0, a) \times (0, b)$ für die Gleichung (26.21) das Neumannsche Problem gegeben ist, d.h. das Problem

$$-\Delta u = 1 \quad \text{in } O , \tag{26.32}$$

$$\frac{\partial u}{\partial \nu} = 0 \quad \text{auf } \Gamma , \tag{26.33}$$

dann stellen wir leicht fest, daß dieses Problem keine Lösung hat: Die Bedingung

$$\iint_O f(x, y) \, \mathrm{d}y \, \mathrm{d}x = 0 \tag{26.34}$$

(siehe (22.43), S. 258) ist nicht erfüllt, denn in unserem Fall ist $\iint_O f(x, y) \, \mathrm{d}x \, \mathrm{d}y = ab > 0$.

Ist das Problem

$$-\Delta u = f \quad \text{in } O , \tag{26.35}$$

$$\frac{\partial u}{\partial \nu} = 0 \quad \text{auf } \Gamma \tag{26.36}$$

gegeben, wobei die Funktion $f \in L_2(O)$ die Bedingung (26.34) erfüllt, dann hat — wie wir aus Kapitel 22 wissen — dieses Problem genau eine verallgemeinerte Lösung $u(x, y)$, die die Bedingung

$$\iint_O u(x, y) \, \mathrm{d}x \, \mathrm{d}y = 0 \tag{26.37}$$

erfüllt.

Wir setzen also voraus, daß die Bedingung (26.34) erfüllt ist, und wählen die ersten fünfzehn Glieder des Systems (25.27), wobei wir das erste Glied (das den Werten $m = 0$, $n = 0$ entspricht) weglassen, da in (25.1) $c(x, y) \equiv 0$ ist; weiter setzen wir $c_{mn} = 1$, d.h.

$$\varphi_{ij}(x, y) = \cos \frac{i\pi x}{a} \cos \frac{j\pi y}{b} , \quad i, j = 0, 1, 2, 3, (i, j) \neq (0, 0) . \tag{26.38}$$

Für die Koeffizienten a_{ij} der Näherungslösung

$$\sum_{\substack{i,j=0 \\ (i,j) \neq (0,0)}}^{3} a_{ij} \, \varphi_{ij}(x, y) \tag{26.39}$$

erhalten wir auf die gleiche Weise wie in (26.24) und (26.26) das Gleichungssystem

$$\frac{\pi^2(a^2j^2 + b^2i^2)}{4ab} a_{ij} = \int_0^a \int_0^b f(x\ y) \cos \frac{i\pi x}{a} \cos \frac{j\pi y}{b} \, dx\, dy \quad \text{für } i, j = 1, 2, 3 \tag{26.40}$$

und

$$\frac{\pi^2 aj^2}{2b} a_{ij} = \int_0^a \int_0^b f(x, y) \cos \frac{j\pi y}{b} \, dx\, dy \quad \text{für } i = 0\,, \quad j = 1, 2, 3\,, \tag{26.41}$$

$$\frac{\pi^2 bi^2}{2a} a_{ij} = \int_0^a \int_0^b f(x, y) \cos \frac{i\pi x}{a} \, dx\, dy \quad \text{für } j = 0\,, \quad i = 1, 2, 3\,. \tag{26.42}$$

(Aus diesen Formeln ist ersichtlich, daß man sich nicht auf die betrachteten Werte der Indizes beschränken muß, sondern daß diese Gleichungen auch für weitere natürliche Zahlen i, j gelten.) Ist z.B.

$$f(x, y) = \cos \frac{\pi x}{a}\,, \tag{26.43}$$

d.h. eine Funktion, die offensichtlich die Bedingung (26.34) erfüllt, so erhalten wir

$$\int_0^a \int_0^b f(x, y) \cos \frac{i\pi x}{a} \cos \frac{j\pi y}{b} \, dx\, dy = \begin{cases} \dfrac{ab}{2} & \text{für } i = 1,\ j = 0\,, \\ 0 & \text{anderenfalls}\,. \end{cases}$$

Der einzige von Null verschiedene Koeffizient a_{10} ist also in diesem Fall durch die Gleichung (siehe (26.42))

$$\frac{\pi^2 b}{2a} a_{10} = \frac{ab}{2}$$

bestimmt, und hieraus folgt

$$u(x) = \frac{a^2}{\pi^2} \cos \frac{\pi x}{a}\,, \tag{26.44}$$

was für die rechte Seite (26.43) die klassische Lösung des Problems (26.35), (26.36) ist.

Auf dem Rechteck $O = (0, a) \times (0, b)$ betrachten wir noch das gemischte Problem

$$-\Delta u = f \quad \text{in} \quad O\,, \tag{26.45}$$

$$u = 0 \quad \text{für } x = 0\,, \quad x = a\,, \tag{26.46}$$

$$\frac{\partial u}{\partial v} = 0 \quad \text{für } y = 0\,, \quad y = b\,. \tag{26.47}$$

Nach Kapitel 22 hat dieses Problem genau eine verallgemeinerte Lösung, ohne Rücksicht darauf, ob die Funktion $f \in L_2(O)$ die Bedingung (26.34) erfüllt oder nicht. Wenn wir die Basisfunktionen nach (25.28) wählen ($c_{mn} = 1$ gesetzt), d.h.

$$\varphi_{ij}(x, y) = \sin \frac{i\pi x}{a} \cos \frac{j\pi y}{b}\,, \quad i = 1, 2, 3\,, \quad j = 0, 1, 2, 3\,,$$

erhalten wir für die Koeffizienten a_{ij} der Näherungslösung

$$\sum_{i=1}^{3} \sum_{j=0}^{3} a_{ij} \varphi_{ij}(x, y) \tag{26.48}$$

auf ähnliche Weise wie im vorhergehenden Fall das Gleichungssystem

$$\frac{\pi^2(a^2 j^2 + b^2 i^2)}{4ab} a_{ij} = \int_0^a \int_0^b f(x, y) \sin \frac{i\pi x}{a} \cos \frac{j\pi y}{b} \, dx \, dy , \quad i, j = 1, 2, 3 , \tag{26.49}$$

$$\frac{\pi^2 b i^2}{2a} a_{ij} = \int_0^a \int_0^b f(x, y) \sin \frac{i\pi x}{a} \, dx \, dy , \quad i = 1, 2, 3 , \quad j = 0 . \tag{26.50}$$

Auch in diesem Fall geht aus den Formeln hervor, daß sie auch für weitere Werte der Indizes i, j gelten.

Beispiel 26.2. Wir betrachten das Problem

$$\Delta^2 u = f \quad \text{in} \quad G , \tag{26.51}$$

$$u = 0 \quad \text{auf} \ \Gamma , \tag{26.52}$$

$$\frac{\partial u}{\partial \nu} = 0 \quad \text{auf} \ \Gamma \tag{26.53}$$

auf einem zweifach zusammenhängenden Gebiet G mit dem Lipschitz-Rand Γ (Figur 26.2) (*senkrecht belastete Platte mit Loch,* am Rande eingespannt).

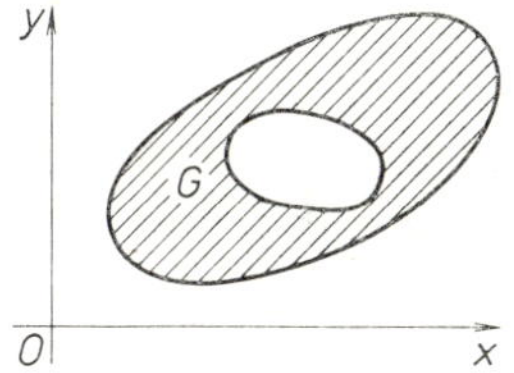

Figur 26.2

Nach Kapitel 23 (S. 271) ist der biharmonische Operator, betrachtet auf der linearen Menge aller Funktionen, die samt ihren partiellen Ableitungen bis einschließlich vierter Ordnung auf $\bar{G}$ stetig sind und die Bedingungen (26.52), (26.53) erfüllen, positiv definit. Die verallgemeinerte Lösung des Problems (26.51) bis (26.53) minimiert das Funktional

$$Fu = \iint_G \left[\left(\frac{\partial^2 u}{\partial x^2} \right)^2 + 2 \left(\frac{\partial^2 u}{\partial x \, \partial y} \right)^2 + \left(\frac{\partial^2 u}{\partial y^2} \right)^2 \right] dx \, dy$$

im Raum H_A, dessen Elemente — in einem gewissen verallgemeinerten Sinn, im Sinne von Spuren, siehe Kapitel 30 — die Bedingungen (26.52), (26.53) erfüllen. Die numerischen Rechnungen führen wir mit Hilfe des *Ritzschen Verfahrens* durch (auf dasselbe Gleichungssystem (26.60) führt auch das Galerkin-Verfahren), und zwar für das Problem (26.51) bis (26.53) auf dem Kreisring G mit dem Mittelpunkt im Koordinatenursprung und dem inneren bzw. äußeren Radius $R_1 = 1$ bzw. $R_2 = 2$ (Figur 26.3), für den Fall $f(x, y) = 1$ in G.

Wir wählen die ersten sechs Glieder der Basis (25.8),

$$g^2(x, y), \ xg^2(x, y), \ yg^2(x, y), \ x^2 g^2(x, y), \ xyg^2(x, y), \ y^2 g^2(x, y) , \tag{26.54}$$

wobei

$$g(x, y) = (x^2 + y^2 - 1)(4 - x^2 - y^2) \tag{26.55}$$

ist. Aufgrund der Tatsache, daß die Funktion g in (26.54) in der zweiten Potenz auftritt, erfüllt jede Linearkombination der Funktionen (26.54) beide Bedingungen (26.52), (26.53).

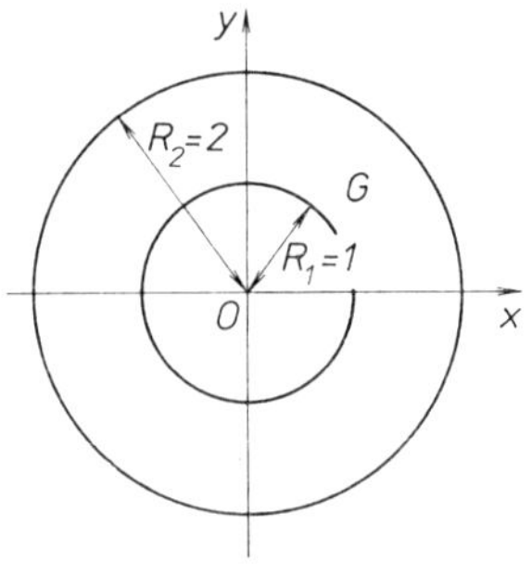

Figur 26.3

Da das Gebiet G, der Operator Δ^2 sowie die Funktion f symmetrisch bezüglich beider Koordinatenachsen sind, genügt es, in (26.54) nur Glieder mit geraden Potenzen der Veränderlichen x und y zu betrachten (siehe Bemerkung 13.7, S. 152). Da das Problem bezüglich des Koordinatenursprungs symmetrisch ist, genügt es sogar, die Ritzsche Approximation $u_6(x, y)$ in der Form

$$u_6 = g^2(x, y)\left[a_1 + a_2(x^2 + y^2)\right] \tag{26.56}$$

zu schreiben, bzw. bei Anwendung von Polarkoordinaten in der Form

$$u_6 = a_1\, \varphi_1(r, \psi) + a_2\, \varphi_2(r, \psi)\,, \tag{26.57}$$

wobei

$$\varphi_1 = g^2 = (r^2 - 1)^2\,(4 - r^2)^2\,, \tag{26.58}$$

$$\varphi_2 = (x^2 + y^2)\, g^2 = r^2(r^2 - 1)^2\,(4 - r^2)^2 \tag{26.59}$$

ist.

Weil die Funktionen φ_1 und φ_2 offensichtlich zum Definitionsbereich des betrachteten Operators gehören, können wir das Ritzsche Gleichungssystem in der Form (13.29), S. 151, schreiben:

$$\begin{aligned}(\Delta^2\varphi_1, \varphi_1)\, a_1 + (\Delta^2\varphi_1, \varphi_2)\, a_2 &= (f, \varphi_1)\,,\\ (\Delta^2\varphi_1, \varphi_2)\, a_1 + (\Delta^2\varphi_2, \varphi_2)\, a_2 &= (f, \varphi_2)\,.\end{aligned} \tag{26.60}$$

Da weiter die Funktionen φ_1 und φ_2 nur von der Veränderlichen r abhängen (und von ψ unabhängig sind), können wir schreiben

$$\Delta^2\varphi_1 = \Delta(\Delta\varphi_1) = \left(\frac{d^2}{dr^2} + \frac{1}{r}\frac{d}{dr}\right)\left(\frac{d^2\varphi_1}{dr^2} + \frac{1}{r}\frac{d\varphi_1}{dr}\right) =$$

$$= \frac{d^4\varphi_1}{dr^4} + \frac{2}{r}\frac{d^3\varphi_1}{dr^3} - \frac{1}{r^2}\frac{d^2\varphi_1}{dr^2} + \frac{1}{r^3}\frac{d\varphi_1}{dr} = 2304r^4 - 5760r^2 + 2112$$

und ähnlich

$$\Delta^2\varphi_2 = 6400r^6 - 23\,040r^4 + 19\,008r^2 - 2560\,.$$

Hieraus erhalten wir

$$(\Delta^2\varphi_1, \varphi_1) = \int_1^2\int_0^{2\pi}(2304r^4 - 5760r^2 + 2112)\,(r^2 - 1)^2\,(4 - r^2)^2\, r\, dr\, d\psi =$$

$$= 72\,588{,}95 \tag{26.61}$$

und ebenso

$$(\Delta^2\varphi_1, \varphi_2) = 228\,434{,}71\,, \quad (\Delta^2\varphi_2, \varphi_2) = 805\,459{,}24\,. \tag{26.62}$$

Ähnlich rechnen wir aus, daß

$$(f, \varphi_1) = \int_1^2 \int_0^{2\pi} 1 \,.\, (r^2 - 1)^2 (4 - r^2)^2 \, r \, \mathrm{d}r \, \mathrm{d}\psi = 25{,}447 \,,$$

$$(f, \varphi_2) = 63{,}617$$

ist. Das System (26.60) hat also die Form

$$\begin{aligned} 72\,588{,}95 a_1 + 228\,434{,}71 a_2 &= 25{,}447 \,, \\ 228\,434{,}71 a_1 + 805\,459{,}24 a_2 &= 63{,}617 \end{aligned} \tag{26.63}$$

mit der Lösung

$$a_1 \doteq 0{,}0009485 \,, \quad a_2 \doteq -0{,}0001900 \,,$$

so daß wir als Näherungslösung des gegebenen Problems

$$u_6 = (0{,}0009485 - 0{,}0001900 r^2)(r^2 - 1)^2 (4 - r^2)^2 \tag{26.64}$$

erhalten.

Bemerkung 26.3. Wie wir schon im vorhergehenden Kapitel erwähnt hatten, sind die Systeme vom Typ (26.54) „gering orthogonal", was sehr gut auch am System (26.63) zu sehen ist: die linke Seite der zweiten Gleichung ist fast ein Vielfaches der linken Seite der ersten Gleichung. Die Koeffizienten des Systems muß man deshalb mit großer Genauigkeit ausrechnen.

Bemerkung 26.4. In unserem Fall kann man die Näherungslösung (26.64) mit der genauen Lösung des betrachteten Problems vergleichen. Wenn nämlich das Gebiet G ein Kreisring und $f(x, y) \equiv 1$ in G ist, reduziert sich die Gleichung (26.51) aufgrund der Symmetrie auf die Gleichung

$$\frac{\mathrm{d}^4 u}{\mathrm{d}r^4} + \frac{2}{r}\frac{\mathrm{d}^3 u}{\mathrm{d}r^3} - \frac{1}{r^2}\frac{\mathrm{d}^2 u}{\mathrm{d}r^2} + \frac{1}{r^3}\frac{\mathrm{d}u}{\mathrm{d}r} = 1 \,, \tag{26.65}$$

was eine gewöhnliche Differentialgleichung vom Eulerschen Typ ist ([36], S. 784). Ihre allgemeine Lösung hat die Form

$$u = (C_1 + C_2 r^2) \ln r + C_3 + C_4 r^2 + r^4/64 \,.$$

Aus den Bedingungen (26.52), (26.53) folgt für den Fall des Kreisringes

$$C_1 = \frac{15 \ln 2 - 9}{64 \ln^2 2 - 36} \doteq -0{,}266104 \,, \qquad C_2 = \frac{45 - 48 \ln 2}{32(16 \ln^2 2 - 9)} \doteq -0{,}279217 \,,$$

$$C_3 = \tfrac{1}{64} + \tfrac{1}{2}(C_1 + C_2) \doteq -0{,}257036 \,, \qquad C_4 = -\tfrac{1}{32} - \tfrac{1}{2}(C_1 + C_2) \doteq 0{,}241411 \,,$$

so daß die Lösung des betrachteten Problems die Funktion

$$u = (-0{,}266104 - 0{,}279217 r^2) \ln r - 0{,}257036 + 0{,}241411 r^2 + r^4/64$$

ist (diese Lösung ist die genaue Lösung bis auf Rundungsfehler in den Koeffizienten C_1 bis C_4). Insbesondere ist

$$u(1) = 0 \,, \quad u(\tfrac{5}{4}) = 0{,}001590 \,, \quad u(\tfrac{6}{4}) = 0{,}002612 \,,$$
$$u(\tfrac{7}{4}) = 0{,}001381 \,, \quad u(2) = 0 \,,$$

während wir nach (26.64)

$$u_6(1) = 0 \,, \quad u_6(\tfrac{5}{4}) = 0{,}001225 \,, \quad u_6(\tfrac{6}{4}) = 0{,}002493 \,,$$
$$u_6(\tfrac{7}{4}) = 0{,}001371 \,, \quad u_6(2) = 0$$

erhalten.

Der Verlauf der angenäherten bzw. genauen Lösung ist graphisch durch die unterbrochene bzw. volle Linie in Figur 26.4 angegeben. Die Approximation u_6 erfaßt die genaue Lösung offensichtlich ganz befriedigend.

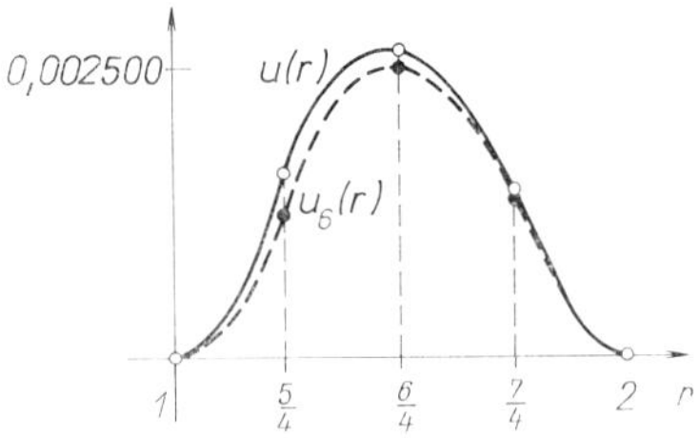

Figur 26.4

Bemerkung 26.5. (*Fehlerabschätzung.*) Zur Abschätzung des Fehlers in der Metrik des Raumes H_A kann man in allen in diesem Kapitel betrachteten Beispielen die Ungleichung (11.21) benutzen, d.h.

$$\|u_n - u_0\|_A \leqq \frac{\|Au_n - f\|}{C}. \tag{26.66}$$

Zur Illustration schätzen wir den Fehler im Falle des Problems (26.21), (26.22) für $a = \pi$, $b = \pi$ ab, d.h. den Fehler des Resultates u_{33}, das durch die Formel (26.31) gegeben ist. In diesem Fall können wir zur Abschätzung der Konstante C die Formel (18.48), S. 191, benutzen, die hier bei $l = \pi$ die Ungleichung

$$(-\Delta u, u) = \iint_G \left[\left(\frac{\partial u}{\partial x}\right)^2 + \left(\frac{\partial u}{\partial y}\right)^2\right] \mathrm{d}x\, \mathrm{d}y \geqq \frac{1}{2} \|u\|^2$$

liefert, so daß

$$C = \frac{\sqrt{2}}{2}$$

ist.

Nach (26.66) erhalten wir also für die Abschätzung des Fehlers in der Norm $\|u\|_A$ des Raumes H_A das Ergebnis

$$\|u_{33} - u_0\|_A \leqq \sqrt{2}\|-\Delta u_{33} - 1\| \doteq \sqrt{2} \cdot 1{,}364 \doteq 1{,}93\,, \tag{26.67}$$

denn es ist

$$\|-\Delta u_{33} - 1\|^2 = \int_0^\pi \int_0^\pi \left\{-\Delta \left[\frac{8}{\pi^2}\left(\sin x \sin y + \frac{1}{15} \sin x \sin 3y + \right.\right.\right.$$

$$\left.\left.\left. + \frac{1}{15} \sin 3x \sin y + \frac{1}{81} \sin 3x \sin 3y\right)\right] - 1\right\}^2 \mathrm{d}x\, \mathrm{d}y =$$

$$= \int_0^\pi \int_0^\pi \left[\frac{16}{\pi^2}\left(\sin x \sin y + \frac{1}{3} \sin x \sin 3y + \frac{1}{3} \sin 3x \sin y + \right.\right.$$

$$\left.\left. + \frac{1}{9} \sin 3x \sin 3y\right) - 1\right]^2 \mathrm{d}x\, \mathrm{d}y =$$

$$= \frac{16^2}{\pi^4} \int_0^\pi \int_0^\pi \left[\sin^2 x \sin^2 y + \frac{1}{9} \sin^2 x \sin^2 3x + \frac{1}{9} \sin^2 3x \sin^2 y + \right.$$

$$+ \frac{1}{81} \sin^2 3x \sin^2 3y + \frac{\pi^4}{256} - \frac{2\pi^2}{16} \left(\sin x \sin y + \frac{1}{3} \sin x \sin 3y + \right.$$

$$\left. \frac{1}{3} \sin 3x \sin y + \frac{1}{9} \sin 3x \sin 3y \right) \Bigg] \mathrm{d}x \, \mathrm{d}y = {}^{1)}$$

$$= \frac{16^2}{\pi^4} \left[\frac{\pi^2}{4} + \frac{\pi^2}{36} + \frac{\pi^2}{36} + \frac{\pi^2}{324} + \frac{\pi^6}{256} - \frac{2\pi^2}{16} \left(4 + \frac{4}{9} + \frac{4}{9} + \frac{4}{81} \right) \right] =$$

$$= \frac{16}{\pi^4} \left(\frac{100\pi^2}{324} + \frac{\pi^6}{256} - \frac{2\pi^2}{16} \cdot \frac{400}{81} \right) = \frac{16^2}{\pi^4} \left(\frac{\pi^6}{256} - \frac{100\pi^2}{324} \right) =$$

$$= \pi^2 - \frac{6400}{81\pi^2} \doteq 1{,}86 \, ,$$

und folglich

$$\| -\Delta u_{33} - 1 \| \doteq \sqrt{1{,}86} \doteq 1{,}364 \, . \tag{26.68}$$

Bemerkung 26.6. Die Abschätzung $\| -\Delta u_{33} - 1 \|^2 \doteq 1{,}86$ ist auch an sich sehr interessant. Wenn man den Operator $-\Delta$ auf die Sinusfunktionen (26.29) anwendet, erhält man wiederum Funktionen des gleichen Typs. Diese Funktionen verschwinden am Rand Γ. Wenn die rechte Seite $f(x, y)$ der gegebenen Gleichung am Rande Γ nicht verschwindet (und dies ist hier der Fall, denn es ist $f(x, y) \equiv 1$), kann die Näherungslösung die betrachtete Differentialgleichung nicht auf eine befriedigende Weise im ganzen Gebiet G lösen — die Differenz zwischen der linken und rechten Seite der Gleichung wird groß sein, mindestens in einer gewissen Umgebung des Randes, die natürlich von der Anzahl der Basiselemente, die wir in Betracht gezogen haben, abhängen wird. Die Abschätzung $\| -\Delta u_{33} - 1 \|^2 \doteq 1{,}86$ ist also tatsächlich nicht sehr günstig — und sie kann es bei der verhältnismäßig kleinen Anzahl der Basiselemente auch nicht sein —, denn wenn wir daran denken, daß der Flächeninhalt des Quadrates gleich π^2 ist, entspricht dem „durchschnittlichen" Unterschied zwischen den Funktionen $-\Delta u_{33}$ und 1 der Wert

$$h = \sqrt{\frac{1{,}86}{\pi^2}} \doteq 0{,}43 \, ,$$

was eine Zahl ist, die im Vergleich mit Eins nicht vernachlässigt werden kann.

Diese ungünstige Erscheinung kann man nur dadurch beseitigen, daß man eine genügend große Anzahl von Basiselementen betrachtet. Wenn wir uns also aus irgendwelchen Gründen nicht damit zufriedengeben wollen, daß die Näherungslösung die genaue Lösung im Raum H_A befriedigend approximiert, sondern fordern, daß sie mit genügender Genauigkeit auch die vorgegebene Differentialgleichung erfüllt, dann ist es in diesem Fall (d.h. wenn $f(x, y) \not\equiv 0$ auf dem Rand des betrachteten Quadrats bzw. des Rechtecks $(0, a) \times (0, b)$ ist) vorteilhaft, statt der aus Sinusfunktionen bestehenden Basis eine Basis aus Polynomen anzuwenden, d.h. die Näherungslösung in der Form

$$g(x, y) \left(a_0 + a_1 x + a_2 y + a_3 x^2 + a_4 xy + a_5 y^2 + \ldots \right)$$

zu suchen, wobei es (im Falle des Rechtecks) genügt,

$$g(x, y) = xy(a - x)(b - y)$$

zu wählen. Vgl. auch die Fehlerabschätzungen in Beispiel 21.3, S. 250 bis 251.

1) Die Integrale der übrigen Glieder verschwinden aufgrund der Orthogonalität der Sinusfunktionen im Intervall $[0, \pi]$.

Kapitel 27. Zusammenfassung der Kapitel 18 bis 26

Im vorhergehenden zweiten Teil des Buches haben wir die geläufigsten Variationsmethoden dargestellt, die auf dem Satz vom Minimum eines quadratischen Funktionals begründet sind, bzw. auf Überlegungen, die mit dieser Problematik unmittelbar zusammenhängen. In diesem Teil des Buches haben wir uns mit der Anwendung dieser Methoden zur Lösung von Randwertaufgaben für gewöhnliche und partielle Differentialgleichungen befaßt. Wenn man sich überzeugen will, ob man diese Methoden auch mit Erfolg anwenden kann, besteht der erste Schritt in der Überprüfung der positiven Definitheit der betrachteten Differentialoperatoren auf geeigneten linearen Mengen. Ein wirksames Mittel dazu bilden die Friedrichssche bzw. Poincarésche Ungleichung (18.1) bzw. (18.50), d.h. die Ungleichungen

$$\|u\|^2_{L_2(G)} = \int_G u^2 \, \mathrm{d}x \leqq c_1 \sum_{k=1}^{N} \int_G \left(\frac{\partial u}{\partial x_k}\right)^2 \mathrm{d}x + c_2 \int_\Gamma u^2(S) \, \mathrm{d}S \,, \tag{27.1}$$

bzw.

$$\|u\|^2_{L_2(G)} = \int_G u^2 \, \mathrm{d}x \leqq c_3 \sum_{k=1}^{N} \int_G \left(\frac{\partial u}{\partial x_k}\right)^2 \mathrm{d}x + c_4 \left[\int_G u(x) \, \mathrm{d}x\right]^2 , \tag{27.2}$$

die für Funktionen gelten, die im Gebiet $\overline{G}$ mit einem Lipschitz-Rand Γ stetig differenzierbar sind (für $N = 1$ stetig differenzierbar auf dem Intervall $[a, b]$).

Wir haben versucht, für die Konstanten c_1, c_2, c_3, c_4 geeignete Abschätzungen zu gewinnen. Dabei haben wir darauf aufmerksam gemacht, daß Abschätzungen vom Typ (18.22) bzw. (18.40) und die aus ihnen folgenden Abschätzungen (18.28), (18.46) sehr vorteilhaft sind, denn sie sind viel besser als die in der Literatur üblicherweise angegebenen Abschätzungen. Diese Tatsache ist vor allem bei der auf Ungleichung (11.21) begründeten Fehlerabschätzung von Bedeutung (siehe Beispiele in Kapiteln 21 und 26).

In Kapitel 19 haben wir dann die gewöhnliche Differentialgleichung zweiter Ordnung

$$-(pu')' + ru = f \tag{27.3}$$

untersucht, wobei $f \in L_2(a, b)$ ist, $p(x)$, $p'(x)$, $r(x)$ stetige Funktionen in $[a, b]$ sind, $p(x) \geqq p_0 > 0$, $r(x) \geqq 0$ auf $[a, b]$ gilt und die Randbedingungen

$$\alpha \, u'(a) - \beta \, u(a) = 0 \,, \quad \gamma \, u'(b) + \delta \, u(b) = 0 \tag{27.4}$$

vorgegeben waren; $\alpha, \beta, \gamma, \delta$ sind nichtnegative Konstanten, $\alpha + \beta > 0$, $\gamma + \delta > 0$. Zu den Randbedingungen (27.4) gehören insbesondere die Bedingungen (19.5) bis

(19.8), denen wir eine besondere Aufmerksamkeit gewidmet hatten, da sie den typischen Randbedingungen für partielle Differentialgleichungen zweiter Ordnung entsprechen. Wir haben festgestellt, daß mit Ausnahme des Falles

$$r(x) \equiv 0\,, \quad u'(a) = 0\,, \quad u'(b) = 0 \tag{27.5}$$

der entsprechende Differentialoperator A – betrachtet auf der linearen Menge M aller Funktionen, die auf dem Intervall $[a, b]$ zweimal stetig differenzierbar sind und die Bedingungen (27.4) erfüllen – positiv definit ist, und haben die Funktionale (19.85) bis (19.88) (für verschiedene Fälle der Konstanten α, β, γ, δ) angegeben, die jeweils von der verallgemeinerten Lösung des Problems (27.3), (27.4) im entsprechenden Raum H_A minimiert werden. Im Falle (27.5) haben wir gezeigt, daß der gegebene Operator positiv definit auf der linearen Menge $\tilde{M}_2$ derjenigen Funktionen ist, die auf $[a, b]$ zweimal stetig differenzierbar sind und nicht nur die Bedingungen $u'(a) = u'(b) = 0$, sondern auch die Bedingung $\int_a^b u(x)\,\mathrm{d}x = 0$ erfüllen. Notwendig und hinreichend für die Existenz einer verallgemeinerten Lösung ist dann die Bedingung $\int_a^b f(x)\,\mathrm{d}x = 0$. Das entsprechende Funktional hat dabei die gleiche Form wie im Falle der Randbedingungen $u(a) = u(b) = 0$. Bei dieser Gelegenheit haben wir auf den Unterschied zwischen stabilen und instabilen Randbedingungen und auf die unterschiedliche Struktur des Raumes H_A aufmerksam gemacht. Stabile Randbedingungen (d.h. Bedingungen, in denen Ableitungen von höchstens $(k-1)$-ter Ordnung auftreten, wenn die vorgegebene Gleichung von der Ordnung $2k$ ist) werden – eventuell in einem gewissen verallgemeinerten Sinn, im sogenannten Sinne von Spuren, siehe Kapitel 30 – von allen Funktionen des Raumes H_A erfüllt, während bei instabilen Randbedingungen (in denen Ableitungen k-ter und höherer Ordnung vorkommen) dies nicht der Fall ist. Bei der Wahl einer Basis im entsprechenden Raum H_A, in dem wir das betrachtete Funktional minimieren, muß man auf die Erfüllung der stabilen Randbedingungen achten. Instabilen Randbedingungen müssen die Basisfunktionen nicht genügen, diese Randbedingungen sind schon im betrachteten Funktional „enthalten" und werden von der verallgemeinerten Lösung, die im Raum H_A dieses Funktional minimiert, automatisch (eventuell in einem gewissen verallgemeinerten Sinn) erfüllt. Wir haben in diesem Zusammenhang auch auf den Unterschied zwischen dem Ritzschen und dem Galerkin-Verfahren hingewiesen. Ausführlich werden wir diese Fragen in Kapiteln 32, 34 und 35 behandeln (siehe insbesondere S. 415 bis 416), wo auch die Struktur der betrachteten Räume viel deutlicher hervortreten wird.

In Kapitel 19 haben wir im Fall von Gleichungen zweiter Ordnung auch die gleichmäßige Konvergenz der minimierenden Folge $\{u_n(x)\}$ gegen die verallgemeinerte Lösung $u_0(x)$ erwähnt; dies ist dann der Fall, wenn wir die Basiselemente aus D_A wählen (daraus folgt auch sofort die Stetigkeit der Funktion $u_0(x)$ auf $[a, b]$). Weiter haben wir die Funktionale (19.105) bis (19.108) für nichthomogene Randbedingungen angegeben. Zum Abschluß von Kapitel 19 haben wir uns mit einer Gleichung der Ordnung $2k$ mit Dirichletschen Randbedingungen befaßt und am Beispiel einer Gleichung vierter Ordnung mit den Randbedingungen $u(a) = u''(a) = u(b) =$

$= u''(b) = 0$ gezeigt, wie man bei Gleichungen höherer Ordnung mit anderen als Dirichletschen Randbedingungen vorgehen kann.

Eine ähnliche Problematik wurde auch im Falle partieller Differentialgleichungen behandelt. In Kapitel 22 betrachteten wir eine gleichmäßig elliptische Gleichung zweiter Ordnung,

$$Au = -\sum_{i,j=1}^{N} \frac{\partial}{\partial x_i}\left(a_{ij}\frac{\partial u}{\partial x_j}\right) + cu = f\,, \tag{27.6}$$

wobei $f \in L_2(G)$ ist, die Koeffizienten $a_{ij}(x) = a_{ji}(x)$ samt ihren partiellen Ableitungen erster Ordnung auf $\bar{G}$ stetig sind,

$$\sum_{i,j=1}^{N} a_{ij}(x)\,\alpha_i\alpha_j \geqq p\sum_{i=1}^{N}\alpha_i^2\,, \quad p > 0 \tag{27.7}$$

gilt, $c(x)$ eine auf $\bar{G}$ stetige Funktion ist, $c(x) \geqq 0$, und Dirichletsche bzw. Neumannsche bzw. Newtonsche bzw. gemischte Randbedingungen vorgegeben waren, die den Randbedingungen (19.5) bis (19.8) für gewöhnliche Differentialgleichungen entsprechen. Die Resultate sind völlig analog. Wenn $c(x) \equiv 0$ in G ist, muß man – falls es sich um die Neumannsche Randbedingung $\mathcal{N}u = 0$ handelt – den gegebenen Differentialoperator auf der linearen Menge $\tilde{M}_2$ derjenigen Funktionen betrachten, die samt ihren Ableitungen bis einschließlich zweiter Ordnung auf $\bar{G}$ stetig sind und nicht nur die Bedingung $\mathcal{N}u = 0$, sondern auch die Bedingung $\int_G u\,\mathrm{d}x = 0$ erfüllen. Auf dieser Menge ist der gegebene Operator positiv definit. Notwendig und hinreichend für die Existenz einer verallgemeinerten Lösung ist die Bedingung $\int_G f(x)\,\mathrm{d}x = 0$. Diese Lösung minimiert dann im entsprechenden Raum H_A das Funktional (22.53) (die Funktionen aus diesem Raum erfüllen im allgemeinen Fall die Bedingung $\mathcal{N}u = 0$ nicht, aber genügen der Bedingung $\int_G u\,\mathrm{d}x = 0$). Alle anderen Fälle „machen keine Schwierigkeiten" und wir konnten leicht zeigen, daß der gegebene Operator auf den entsprechenden linearen Mengen positiv definit ist. Die entsprechenden Funktionale sind in den Formeln (22.27), (22.33), (22.38), (22.63) und (22.66) angegeben. Zum Abschluß des Kapitels haben wir dann die Funktionale (22.70) bis (22.72) angeführt, die nichthomogenen Randbedingungen entsprechen. (Vgl. auch die Tabelle der Funktionale am Ende des Buches.)

In Kapitel 23 haben wir den biharmonischen Operator mit den Randbedingungen

$$u = 0\,, \quad \frac{\partial u}{\partial \nu} = 0 \quad \text{auf } \Gamma\,, \tag{27.8}$$

$$u = 0\,, \quad Mu = 0 \quad \text{auf } \Gamma\,, \tag{27.9}$$

$$Mu = 0\,, \quad Nu = 0 \quad \text{auf } \Gamma \tag{27.10}$$

untersucht, wobei die Operatoren M und N durch die Beziehungen (23.23) gegeben sind, die auch die Poissonsche Konstante σ enthalten (dies ist für Anwendungen in der Elastizitätstheorie wichtig). Die Randbedingungen (27.10) sind für den biharmonischen Operator instabil und entsprechen hier der Neumannschen Randbedingung für Gleichungen zweiter Ordnung. Dieses Problem ist etwas schwieriger und wir werden zu ihm in Kapitel 35 zurückkehren (S. 442, 443). Im Falle der Randbedingungen (27.8), (27.9) haben wir ohne Schwierigkeiten die positive Definitheit des biharmonischen Operators auf den entsprechenden linearen Mengen bewiesen. Die zugehörigen Funktionale sind in den Formeln (23.40), (23.49) angegeben. Im Falle nichthomogener Randbedingungen kann man zur Konstruktion der Näherungslösung mit Vorteil die Methode der kleinsten Quadrate am Rande benutzen (vgl. Kapitel 43).

Kapitel 24 ist der mathematischen Elastizitätstheorie gewidmet. Die Gleichgewichtsbedingungen haben wir in der Form $A\boldsymbol{u} = \boldsymbol{f}$ aufgeschrieben, wobei A der sogenannte Operator der Elastizitätstheorie ist. (Seine konkrete Form haben wir in Gleichung (24.14) für den Fall eines homogenen isotropen Körpers angegeben.) Mit Hilfe der sogenannten Kornschen Ungleichung haben wir die positive Definitheit dieses Operators auf linearen Mengen von Vektorfunktionen bewiesen, die samt ihren partiellen Ableitungen bis einschließlich zweiter Ordnung auf $\bar{G}$ stetig sind und die Randbedingungen

$$\boldsymbol{u} = \boldsymbol{0} \quad \text{auf } \Gamma \tag{27.11}$$

(d.h. keine Verschiebung am Rand) bzw.

$$\mathbf{t} = \boldsymbol{0} \quad \text{auf } \Gamma \tag{27.12}$$

(d.h. keine Belastung am Rand) bzw. die gemischten Randbedingungen

$$\boldsymbol{u} = \boldsymbol{0} \quad \text{auf } \Gamma_1\,, \qquad \mathbf{t} = \boldsymbol{0} \quad \text{auf } \Gamma_2 \tag{27.13}$$

erfüllen. Im Falle der Bedingung (27.12), die hier der Neumannschen Randbedingung entspricht, müssen dabei die Vektorfunktionen aus der betrachteten linearen Menge noch den Bedingungen des statischen und Momentgleichgewichts genügen:

$$\int_G \boldsymbol{u}\,\mathrm{d}x = \boldsymbol{0}\,, \quad \int_G \boldsymbol{r} \times \boldsymbol{u}\,\mathrm{d}x = \boldsymbol{0}\,. \tag{27.14}$$

Die gleichen Bedingungen für die Funktion $\boldsymbol{f}$ sind notwendige und hinreichende Bedingungen der Lösbarkeit des Problems $A\boldsymbol{u} = \boldsymbol{f}$ in G, $\mathbf{t} = \boldsymbol{0}$ auf Γ.

In allen Fällen minimiert die verallgemeinerte Lösung das „Funktional der potentiellen Energie" $\int_G W(\boldsymbol{u})\,\mathrm{d}x - \int_G \boldsymbol{f}\boldsymbol{u}\,\mathrm{d}x$ im entsprechenden Raum H_A, dessen Elemente (Vektorfunktionen) den entsprechenden stabilen Randbedingungen $\boldsymbol{u} = \boldsymbol{0}$ auf Γ bzw. auf Γ_1 genügen (eventuell im Sinne von Spuren) und im Fall (27.12) zwar im allgemeinen nicht die Bedingung $\mathbf{t} = \boldsymbol{0}$ auf Γ, dafür aber die Bedingungen (27.14) erfüllen. Zum Abschluß von Kapitel 24 haben wir dann auch den Fall der nichthomogenen Randbedingungen kurz betrachtet. Siehe auch die Tabelle der Funktionale am Ende des Buches.

Kapitel 20 und 25 waren der Frage der Auswahl einer Basis in H_A für numerische Verfahren, insbesondere für das Ritzsche Verfahren, gewidmet. Unmittelbar aus der Definition der Basis folgt, daß sie

a) vollständig in H_A und

b) linear unabhängig in H_A ist.

Von der numerischen Seite her ist es weiter wichtig, daß die Basis folgendes garantiert:

c) die numerische Stabilität des Verfahrens,

d) die gleichmäßige Beschränktheit der Konditionszahlen der Ritzschen Matrix $\mathbf{R}_n$,

e) das Erfüllen der Bedingung $Au_n \to f$ für $n \to \infty$.

In Kapitel 20 haben wir zwei nützliche Sätze (Satz 20.1 und Satz 20.2) angeführt: der erste behauptet unter sehr natürlichen Voraussetzungen, daß aus der Vollständigkeit der Folge $\{A\varphi_n\}$ im Raum H die Vollständigkeit der Folge $\{\varphi_n\}$ im Raum H_A folgt, und der zweite sagt aus, daß das im Raum H_B orthonormale System der Eigenfunktionen des Operators B im Raum H_A eine Basis bildet, die alle Eigenschaften a) bis e) hat, falls die selbstadjungierten Erweiterungen der Operatoren A und B kongruente verwandte Operatoren sind.

Aufgrund dieser Sätze haben wir im wesentlichen zwei Typen geeigneter Basen angegeben:

1. Wir betrachten in der Ebene ($N = 2$) das System der Funktionen

$$1, x, y, x^2, xy, y^2, \ldots . \qquad (27.15)$$

(Ähnliche Systeme mit analogen Eigenschaften kann man auch für $N > 2$ betrachten; für $N = 1$ erhalten wir natürlich das System der Funktionen $1, x, x^2, \ldots$.) Im Falle des Dirichletschen Problems für die Gleichung (27.6) bildet das System der Funktionen

$$g, xg, yg, x^2g, xyg, y^2g, \ldots \qquad (27.16)$$

eine Basis im Raum H_A; dabei ist $g(x, y)$ eine genügend glatte Funktion auf $\bar{G}$, die in G positiv ist und auf Γ verschwindet. Beispiele solcher Basen haben wir in den Kapiteln 20 und 25 angeführt (S. 225, 286, usw.). Basen von ähnlichem Typ kann man auch im Falle von Gleichungen höherer Ordnung und auch für andere als Dirichletsche Randbedingungen benutzen (vgl. das Problem (25.9) bis (25.12), S. 286). Diese Systeme haben den Vorteil, daß sie einfach sind und daß man mit ihrer Hilfe Randbedingungen auch im Falle mehrfach zusammenhängender Gebiete erfassen kann. Ihr Nachteil besteht darin, daß sie im allgemeinen Fall die Eigenschaften c), d), e) nicht haben. Insbesondere sind also die linken Seiten im Ritzschen Gleichungssystem „wenig unabhängig", und es ist bei der Berechnung der Koeffizienten dieses Systems sowie auch bei seiner Lösung notwendig, die Rechnungen mit großer Genauigkeit durchzuführen. Außerdem kann man in der Regel nur einige von den ersten Gliedern der Basis betrachten.

2. Den zitierten Satz 20.2 kann man mit Vorteil so anwenden, daß man das System der Eigenfunktionen irgendeines verhältnismäßig einfachen Operators (z.B. des Laplace-Operators) bestimmt, dessen selbstadjungierte Erweiterung mit der selbstadjungierten Erweiterung des gegebenen Operators kongruent und verwandt ist.

Dies ist vor allem bei Gleichungen zweiter Ordnung verhältnismäßig einfach, denn mit Ausnahme der Neumannschen Randbedingung und des Falles $c(x) \equiv 0$ auf G haben diese Eigenschaft die Operatoren (27.6) und $-\Delta u$; im Falle der Neumannschen Bedingung und $c(x) \equiv 0$ genügt es, die Operatoren (27.6) und $-\Delta u$ auf der linearen Menge genügend glatter Funktionen zu untersuchen, die die vorgegebenen Randbedingungen und die Bedingung $\int_G u \, dx = 0$ erfüllen. Das erwähnte Orthonormalsystem der Eigenfunktionen hat dann alle erforderlichen Eigenschaften a) bis e). In Kapitel 25 haben wir Beispiele einiger geeigneter Basen angeführt, insbesondere für den Kreis und für das Rechteck, und haben außerdem gezeigt, wie man mit Hilfe gewisser Kunstgriffe (einfache Transformationen) diese Systeme auch im Fall anderer Gebiete benutzen kann. Die Koeffizienten der erwähnten Orthonormalsysteme hängen von n ab. Wir haben darauf aufmerksam gemacht, daß man die Form dieser Koeffizienten oft vereinfachen kann, wobei man jedoch beachten muß, daß mindestens die Größenordnung der Abhängigkeit dieser Koeffizienten von n erhalten bleibt. Anderenfalls würden nämlich im allgemeinen Fall die Elemente aus dem rechten unteren Teil der Ritzschen Matrix sehr deutlich die Elemente aus dem oberen linken Teil dieser Matrix (im Absolutbetrag) überwiegen, was sich beim numerischen Verfahren ungünstig auswirken könnte. Wir haben aber auch bemerkt, daß man die Koeffizienten in den erwähnten Systemen gleich Eins setzen kann, wenn man spezielle numerische Verfahren benutzt, z.B. das Programmieren mit beweglichem Komma und die Lösung des Ritzschen Systems mit dem Eliminationsverfahren, und natürlich auch dann, wenn wir bei den Berechnungen nur eine kleine Anzahl von Elementen dieser Systeme in Betracht ziehen. Anschaulich traten die Eigenschaften der Systeme ersten und zweiten Typs in den in Kapitel 21 und 26 angegebenen Beispielen hervor. Diese Beispiele haben wir so gewählt, daß sie einerseits zur Illustration dienen (siehe vor allem die beiden ersten Beispiele in Kapitel 20), andererseits aber waren sie so ausgewählt, daß sie eine große Anzahl von Problemen ansprechen, auf die der theoretisch orientierte Ingenieur oder der Naturwissenschaftler stößt. Mit den Fragen der zweckmäßigen Wahl einer Basis befassen sich ausführlich z.B. die Bücher [31] und [5].

Auf die spezielle Wahl der Basis bei der sogenannten Methode der finiten Elemente werden wir in Kapitel 42 zurückkommen.

TEIL IV. THEORIE DER DIFFERENTIALGLEICHUNGEN MIT RANDBEDINGUNGEN AUF DER GRUNDLAGE DES SATZES VON LAX UND MILGRAM

Im zweiten Teil dieses Buches haben wir eine Theorie entwickelt, die wir im dritten, d.h. vorhergehenden Teil zur Lösung von Randwertproblemen für gewöhnliche und partielle Differentialgleichungen angewandt haben. Die Grundlage dieser Theorie war der Satz vom Minimum eines quadratischen Funktionals, der – grob gesagt – die Lösung des vorgegebenen Problems auf das Problem der Minimierung eines gewissen Funktionals in einem geeigneten Raum zurückführt. Zur Bestimmung des Elementes, welches das Minimum dieses Funktionals realisiert, also zur Bestimmung der sogenannten verallgemeinerten Lösung des gegebenen Problems, haben wir dann irgendeine von den im zweiten Teil des Buches angegebenen Methoden angewandt.

In diesem Teil des Buches werden wir uns ausschließlich mit Differentialoperatoren befassen und in dieser Richtung die bisher dargestellte Theorie wesentlich verallgemeinern. Diese Verallgemeinerung wird es uns ermöglichen, tiefer in die Problematik der Differentialgleichungen elliptischen Typs mit Randbedingungen einzudringen und gewisse tiefere Zusammenhänge darzustellen, mit denen wir uns bisher nicht befaßt haben. Diese Theorie wird uns u.a. die Möglichkeit geben, gewisse Voraussetzungen, die z.B. die Symmetrie der betrachteten Operatoren und die Stetigkeit bzw. Glattheit der Koeffizienten der gegebenen Gleichungen betreffen, wesentlich abzuschwächen sowie auch in einer geeigneten Form nichthomogene Randbedingungen zu betrachten. Sie erlaubt es, weitere Methoden verhältnismäßig einfacher Form zur angenäherten Lösung der erwähnten Probleme anzugeben und gleichzeitig auf gewisse neue Eigenschaften schon angeführter Methoden hinzuweisen. Insgesamt wird uns diese Theorie einen gewissen einheitlichen Blick auf die ganze Problematik der betrachteten Differentialoperatoren geben und sie wird es uns erlauben, die Struktur der verallgemeinerten Lösungen näher kennenzulernen. Und schließlich wird sie uns einen verhältnismäßig einfachen Zugang zum Eigenwertproblem für Differentialgleichungen (Teil V dieses Buches) ermöglichen, dessen Behandlung ohne Anwendung dieser Theorie etwas schwerfällig wäre.

Bevor wir mit der Formulierung des Problems (Kapitel 32) und der Hauptresultate beginnen, wollen wir den Leser zunächst im Überblick mit der Definition des Lebesgueschen Integrals und mit den Grundeigenschaften der sogenannten Sobolevschen Räume $W_2^{(k)}$ bekannt machen. Derjenige Leser, der schneller vorgehen möchte, kann Kapitel 28 vorläufig weglassen, wenn er sich in Kapitel 3 schon mit dem Raum L_2 bekannt gemacht hat.

Kapitel 28. Lebesguesches Integral. Gebiete mit einem Lipschitz-Rand

Aufgabe dieses Kapitels ist es nicht, die Theorie des Lebesgueschen Integrals aufzubauen, sondern den Leser mit der Definition dieses Integrals und mit seinen grundlegenden Eigenschaften bekannt zu machen (ohne daß die entsprechenden Beweise angegeben werden). Ausführlich wird diese Theorie z.B. im Buch [34] behandelt.

Das Lebesguesche Integral definieren wir zunächst für Funktionen einer Veränderlichen, also füı Funktionen, die auf einer in E_1 liegenden Menge (d.h. auf einer Menge reeller Zahlen) erklärt sind. Im Abschluß dieses Kapitels übertragen wir dann diese Definition – ohne jegliche Schwierigkeiten, wie wir sehen werden – auf den N-dimensionalen Fall.

Zunächst erinnern wir an einige grundlegende Begriffe:

Ein Punkt P wird **innerer Punkt der Menge** M genannt, wenn es eine gewisse Umgebung dieses Punktes gibt, die ganz zur Menge M gehört.

Unmittelbar aus der Definition folgt, daß ein innerer Punkt der Menge M zu dieser Menge gehört.

Eine Menge M wird **offen** genannt, wenn jeder ihrer Punkte ein innerer Punkt der Menge M ist.

Das einfachste Beispiel einer offenen Menge ist das offene Intervall.

Die Vereinigung (oder die ,,Summe") beliebig vieler offener Mengen ist eine offene Menge.

Eine Menge M wird **beschränkt** genannt, wenn sie völlig in irgendeinem Intervall $(-R, R)$ liegt; hierbei ist R eine genügend große Zahl.

Es gilt der folgende wichtige Satz (siehe z.B. [34]):

Satz 28.1. *Jede nichtleere beschränkte offene Menge kann man als Vereinigung endlich oder abzählbar vieler*[1]) *offener Intervalle* I_k *darstellen, die sich nicht überdecken*[2]) *und deren Endpunkte nicht zur gegebenen Menge gehören.*

---

[1]) Es gibt also entweder eine endliche Anzahl dieser Intervalle, oder man kann aus ihnen eine Folge bilden (man kann sie mit Hilfe der natürlichen Zahlen 1, 2, ... „numerieren").

[2]) D.h., daß der Durchschnitt von je zwei dieser Intervalle eine leere Menge ist; wir sagen, daß diese Intervalle gegenseitig **punktfremd** sind.

Beispiel 28.1. Wir bezeichnen mit N die Menge, die entsteht, wenn wir aus dem offenen Intervall $(0, 1)$ die Punkte $1/n$, $n = 2, 3, 4, \ldots$, entfernen. Die Menge N ist offensichtlich nichtleer und beschränkt und dabei offen, denn zu jedem Punkt $x \in N$ kann man eine genügend kleine Umgebung dieses Punktes finden, die ganz in N liegt. So gehört z.B. der Punkt $x = 0{,}19$ zu N: seine „Nachbarpunkte", die nicht zu N gehören, sind die Punkte $1/5$ und $1/6$, und als die entsprechende Umgebung des Punktes 0,19 kann man also das offene Intervall (0,18, 0,20) wählen. Die Intervalle, von denen in Satz 28.1 die Rede ist, sind hier die offenen Intervalle

$$\left(\frac{1}{n+1}, \frac{1}{n}\right), \quad n = 1, 2, \ldots,$$

von denen es offensichtlich abzählbar viele gibt.

Ein Punkt P wird **Häufungspunkt der Menge** M genannt, wenn in jeder (beliebig kleinen) Umgebung von P unendlich viele Punkte der Menge M liegen.

Ein Häufungspunkt der Menge M kann, muß aber nicht zur Menge M gehören.

Die Menge M' aller Häufungspunkte der Menge M wird die **Ableitung der Menge** M genannt. Wenn $M' \subset M$ ist, d.h. wenn alle Häufungspunkte einer gegebenen Menge zu dieser Menge gehören, wird die Menge M **abgeschlossen** genannt. Ein einfaches Beispiel einer abgeschlossenen Menge ist das abgeschlossene Intervall $[a, b]$.

Der Durchschnitt einer beliebigen Anzahl abgeschlossener Mengen ist eine abgeschlossene Menge.

Das Intervall $(-\infty, \infty)$ ist gleichzeitig eine abgeschlossene und eine offene Menge: Es enthält alle seine Häufungspunkte und gleichzeitig ist jeder seiner Punkte ein innerer Punkt dieses Intervalls.

Satz 28.2. (Siehe [34].) *Jede nichtleere beschränkte abgeschlossene Menge N ist entweder ein abgeschlossenes Intervall, oder man kann sie so erzeugen, daß man aus einem geeigneten abgeschlossenen Intervall I endlich oder abzählbar viele offene Intervalle I_k entfernt, die sich nicht überdecken und deren Endpunkte zur gegebenen Menge gehören.*

Die Definition des Lebesgueschen Integrals ist auf dem Begriff des sogenannten **Lebesgueschen Maßes** begründet, der eine nützliche Verallgemeinerung des Längenbegriffes darstellt. Einer gewissen Klasse von Mengen, den sogenannten im Lebesgueschen Sinn meßbaren Mengen, wird das sogenannte Lebesguesche Maß (kurz *Maß*) zugeordnet, das wir mit mM oder μM oder mes M (von dem französischen *mesure*) bezeichnen und das gewisse Eigenschaften hat, die den Eigenschaften der Länge (Intervallänge) ähnlich sind (z.B. die Eigenschaft der Additivität u.ä.); über diese Eigenschaften werden wir hier nicht ausführlich sprechen. Das Maß einer leeren Menge ist laut Definition gleich Null. Das Maß eines beschränkten (offenen, abgeschlossenen oder halbabgeschlossenen) Intervalls ist gleich seiner Länge. Folglich ist $m(a, b) = m[a, b] = m[a, b) = m(a, b] = b - a$. Sind M die offene Menge aus Satz 28.1 und I_k die Intervalle aus demselben Satz, dann setzen wir per Definition

$$mM = \sum_k mI_k. \tag{28.1}$$

Durch die Beziehung (28.1) ist also (eindeutig, wie man zeigen kann) das Lebesguesche Maß einer beliebigen nichtleeren beschränkten offenen Menge definiert, und zwar als die Summe der Längen der entsprechenden offenen Intervalle, die diese Menge bilden. (Diese Summe kann nach Satz 28.1 eine endliche oder unendliche Reihe sein; die Summation in (28.1) läuft also von $k = 1$ bis n, wobei n eine gewisse natürliche Zahl ist, oder von $k = 1$ bis $+\infty$.)

Ist weiter N die abgeschlossene Menge aus Satz 28.2 und I bzw. I_k das abgeschlossene Intervall bzw. die offenen Intervalle aus diesem Satz, so definieren wir

$$mN = mI - \sum_k mI_k \,. \tag{28.2}$$

(Ist dabei N das abgeschlossene Intervall mit Endpunkten a, b, dann entfällt das zweite Glied auf der rechten Seite der Gleichung (28.2) und es ist $mN = mI = b - a$ in Übereinstimmung mit der vorhergehenden Definition des Maßes eines Intervalls.)

Damit ist also das Lebesguesche Maß einer beliebigen nichtleeren beschränkten abgeschlossenen Menge definiert, und zwar unabhängig von der Wahl der Intervalle I und I_k, wie man zeigen kann.

Es sei nun M eine beliebige nichtleere beschränkte Menge, die weder offen noch abgeschlossen sein muß.

Definition 28.1. Unter dem **äußeren** bzw. **inneren Lebesgueschen Maß** der nichtleeren beschränkten Menge M verstehen wir das Infimum der Maße aller beschränkten offenen Mengen, die die Menge M enthalten, bzw. das Supremum der Maße aller beschränkten abgeschlossenen Mengen, die in der Menge M enthalten sind. Wir benutzen die Bezeichnung

$$m^*M \quad \text{bzw.} \quad m_*M \,. \tag{28.3}$$

Es ist also

$$m^*M = \inf_N mN \,, \tag{28.4}$$

$$m_*M = \sup_N mN \,, \tag{28.5}$$

wobei wir im Falle (28.4) das System aller beschränkten offenen Mengen N betrachten, für die $M \subset N$ ist, und im Falle (28.5) das System aller beschränkten abgeschlossenen Mengen N, für die $N \subset M$ ist. Beide Systeme sind nichtleer: Im ersten Fall ist eine von den betrachteten Mengen N das offene Intervall $(-R, R)$ mit genügend großem „Radius" R, so daß $M \subset (-R, R)$ ist (ein solches R kann man stets finden, da die Menge M laut Voraussetzung beschränkt ist), im zweiten Fall ist eine von den abgeschlossenen Mengen N ein beliebiger Punkt $x \in M$ (ein solcher Punkt existiert, da die Menge M laut Voraussetzung nichtleer ist). Die Symbole (28.4) und (28.5) sind also sinnvoll.

Für jede nichtleere beschränkte Menge M gilt

$$0 \leqq m_*M \leqq m^*M \,.$$

Definition 28.2. Wenn $m^*M = m_*M$ ist, so sagen wir, daß die Menge M **im Lebesgueschen Sinne meßbar** (kurz: **meßbar**) ist, und unter ihrem Maß mM verstehen wir den gemeinsamen Wert des äußeren und des inneren Maßes:

$$mM = m^*M = m_*M\,. \tag{28.6}$$

Beispiel 28.2. Es sei M die (offensichtlich abzählbare) Menge, deren Elemente die Punkte

$$\frac{1}{n}, \quad n = 1, 2, \ldots, \tag{28.7}$$

bilden, d.h. die Punkte

$$1,\ \tfrac{1}{2},\ \tfrac{1}{3},\ \ldots\,.$$

Wir zeigen, daß $mM = 0$ ist. Da $m_*M \geqq 0$ und $m_*M \leqq m^*M$ ist, genügt es zu zeigen, daß $m^*M = 0$ ist. Wir wählen eine beliebige positive Zahl $\varepsilon < 1/6$ und bilden die offene Menge N_ε (eine der Mengen, von denen in Definition 28.1 die Rede ist) als die Vereinigung der offenen Intervalle

$$\left(\frac{1}{n} - \frac{\varepsilon}{n^2},\ \frac{1}{n} + \frac{\varepsilon}{n^2}\right), \quad n = 1, 2, \ldots, \tag{28.8}$$

mit „Mittelpunkten" in den Punkten $1/n$, d.h. der Intervalle

$$(1 - \varepsilon,\ 1 + \varepsilon)\,,\quad \left(\frac{1}{2} - \frac{\varepsilon}{4},\ \frac{1}{2} + \frac{\varepsilon}{4}\right),\quad \left(\frac{1}{3} - \frac{\varepsilon}{9},\ \frac{1}{3} + \frac{\varepsilon}{9}\right),\ \ldots\,.$$

Offensichtlich ist $M \subset N_\varepsilon$; da sich die Intervalle (28.8) nicht überdecken[1]), ist weiter

$$mN_\varepsilon = \sum_{n=1}^{\infty} m\left(\frac{1}{n} - \frac{\varepsilon}{n^2},\ \frac{1}{n} + \frac{\varepsilon}{n^2}\right) = \sum_{n=1}^{\infty} \frac{2\varepsilon}{n^2} = 2\varepsilon \sum_{n=1}^{\infty} \frac{1}{n^2}\,. \tag{28.9}$$

Da die Reihe

$$\sum_{n=1}^{\infty} \frac{1}{n^2}$$

konvergiert, kann man nach (28.9) das Maß der Menge N_ε beliebig klein machen, indem man ε genügend klein wählt. Es ist also

$$\inf_{\varepsilon > 0} mN_\varepsilon = 0\,,$$

so daß nach Definition 28.1 gilt

$$m^*M = 0\,,$$

---

[1]) Für jede natürliche Zahl n gilt

$$\frac{1}{n} - \frac{1}{n+1} = \frac{1}{n(n+1)} = \frac{1}{n^2 + n} > \frac{1}{3n^2}\,.$$

Da $\varepsilon < 1/6$ ist, gilt

$$\left(\frac{1}{n} - \frac{\varepsilon}{n^2}\right) - \left(\frac{1}{n+1} + \frac{\varepsilon}{(n+1)^2}\right) > \frac{1}{3n^2} - \frac{2\varepsilon}{n^2} > 0\,.$$

und folglich ist auch

$$mM = 0\,,$$

was zu beweisen war.

Auf ähnliche Weise kann man zeigen, daß das Maß einer beliebigen beschränkten *abzählbaren* Menge M gleich Null ist. (Dasselbe gilt auch für abzählbare unbeschränkte Mengen.)

Es läßt sich zeigen, daß es Mengen gibt, die im Lebesgueschen Sinne nicht meßbar sind. Dabei ist es aber nicht gelungen, eine solche Menge effektiv zu konstruieren (also eine Vorschrift anzugeben, wie man eine solche Menge erzeugen kann). Alle Mengen, auf die wir in ingenieurtechnischen und naturwissenschaftlichen Anwendungen stoßen werden, sind meßbar.

Wir erinnern daran, daß wir den Begriff der Meßbarkeit nur für beschränkte Mengen eingeführt haben (siehe Definition 28.2). Deshalb werden wir im weiteren Text stets voraussetzen, daß die Mengen, von denen die Rede sein wird, beschränkt sind.

Im folgenden Text benutzen wir auch die kurze Ausdruckweise „*fast überall*" statt der ausführlicheren „mit eventueller Ausnahme von Punkten, die eine Menge vom Maß Null bilden". Wenn wir z.B. sagen, daß die Funktion $f(x)$ im Intervall $[a, b]$ fast überall eine Ableitung besitzt, verstehen wir darunter, daß sie eine Ableitung in allen Punkten dieses Intervalls hat, mit eventueller Ausnahme von Punkten, die eine Menge vom Maß Null bilden.

Definition 28.3. Es sei $f(x)$ eine (reelle) Funktion, die auf einer (beschränkten) meßbaren Menge M definiert ist. Ist die Menge aller derjenigen $x \in M$, für die $f(x) < C$ ist, stets meßbar, wenn wir für C eine beliebige Zahl wählen, so sagen wir, daß die **Funktion $f(x)$ auf der Menge M (im Lebesgueschen Sinne) meßbar** ist.

Bemerkung 28.1. Meßbare Funktionen haben eine Reihe von wichtigen Eigenschaften. So gilt z.B.:

Sind $f(x)$, $g(x)$ meßbare Funktionen auf der Menge M, dann sind auch die Funktionen $a\,f(x) + b\,g(x)$ (a, b sind beliebige reelle Zahlen) und $f(x)\,g(x)$ meßbar auf M; ist $f(x)$ meßbar auf M, so ist auch $|f(x)|$ meßbar auf M (die Umkehrung gilt nicht!), u.ä. Man kann wiederum sagen, daß alle Funktionen, auf die der Leser – Ingenieur oder Naturwissenschaftler – in seinen Anwendungen stößt, meßbar sind. Insbesondere sind alle auf dem Intervall $[a, b]$ stetigen oder stückweise stetigen Funktionen meßbar.

Nun können wir das Lebesguesche Integral definieren. Dabei machen wir auf den wesentlichen Unterschied zur Definition des Riemannschen Integrals aufmerksam: Bei der Konstruktion der Integralsummen für das Riemannsche Integral haben wir – grob gesagt – den Definitionsbereich der Funktion in „kleine Teile" zerlegt, bei der Definition des Lebesgueschen Integrals wird der Wertebereich der Funktion in „kleine Teile" zerlegt.

Die Definition des Lebesgueschen Integrals geben wir für den Fall beschränkter Definitionsbereiche an, da dieser Fall für die Zwecke dieses Buches völlig hinreichend ist.

Definition des Lebesgueschen Integrals für beschränkte Funktionen

Auf der (beschränkten) meßbaren Menge M sei eine beschränkte meßbare Funktion $f(x)$ gegeben[1]), $k < f(x) < K$ für $x \in M$ (siehe Figur 28.1, wo wir der Einfachheit halber $M = [a, b]$ gewählt haben). Im Intervall (k, K) wählen wir die Punkte $y_1 < y_2 < \ldots < y_{n-1}$ und setzen $y_0 = k$, $y_n = K$. Durch die gewählten Punkte wird das Intervall $[k, K]$ in n Teilintervalle $[y_i, y_{i+1}]$, $i = 0, 1, \ldots, n - 1$, zerlegt.

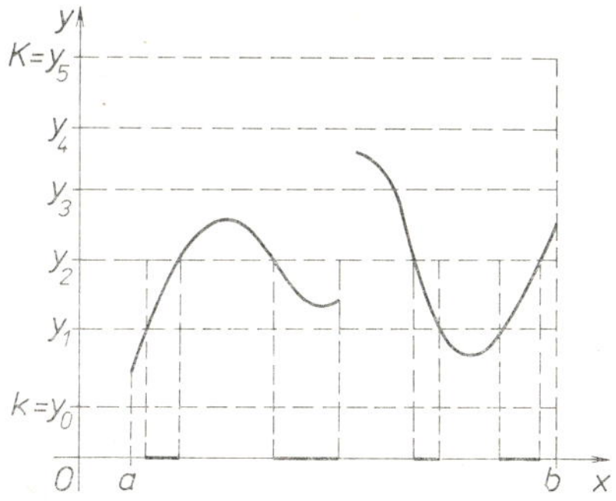

Figur 28.1

(In Figur 28.1 ist $n = 5$.) Diese Zerlegung sei mit d bezeichnet. Weiter bezeichnen wir mit M_j $(j = 1, \ldots, n)$ die Menge aller derjenigen $x \in M$, für die $y_{j-1} \leqq f(x) < y_j$ ist, und konstruieren zur vorgegebenen Zerlegung d des Intervalls $[k, K]$ die sogenannte **obere** bzw. **untere (Lebesguesche) Summe**

$$S(d) = \sum_{j=1}^{n} y_j mM_j\,, \quad \text{bzw.} \quad s(d) = \sum_{j=1}^{n} y_{j-1} mM_j\,, \tag{28.10}$$

wobei mM_j das Maß der Menge M_j ist[2]). (In Figur 28.1 ist die Menge M_2, die aus vier Intervallen besteht, durch fette Strecken auf der x-Achse gekennzeichnet.)

Wenn wir alle möglichen Zerlegungen d des Intervalls $[k, K]$ betrachten, erhalten wir eine gewisse Menge oberer Summen und eine gewisse Menge unterer Summen. Beide Mengen sind Mengen reeller Zahlen, denn für jede gewählte Zerlegung d ist die entsprechende obere bzw. untere Summe eine reelle Zahl. Man kann zeigen, und dies ist eines der grundlegenden Resultate der Lebesgueschen Theorie, daß für jede beschränkte Funktion, die auf der (beschränkten) meßbaren Menge M meßbar ist, das Infimum der Menge der oberen Lebesgueschen Summen mit dem Supremum der Menge der unteren Lebesgueschen Summen übereinstimmt,

$$\inf_d S(d) = \sup_d s(d)\,. \tag{28.11}$$

Definition 28.4. Den gemeinsamen Wert des Infimums der Menge der oberen Lebesgueschen Summen und des Supremums der Menge der unteren Lebesgueschen

---

[1]) Schon in der Definition einer auf der Menge M meßbaren Funktion tritt die Voraussetzung auf, daß M eine beschränkte meßbare Menge ist (Definition 28.3). Deshalb werden wir im weiteren Text von einer auf der Menge M meßbaren Funktion sprechen, ohne zu sagen, daß M als beschränkt und meßbar vorausgesetzt wird.

[2]) Da die Funktion $f(x)$ nach Voraussetzung auf der Menge M meßbar ist, kann man leicht zeigen, daß auch M_j eine meßbare Menge ist.

Summen, d.h. den gemeinsamen Wert der Zahlen (28.11), nennen wir **Lebesguesches Integral der beschränkten meßbaren Funktion $f(x)$ auf der** (beschränkten) **meßbaren Menge M.**

Wir schreiben

$$\int_M f(x)\,\mathrm{d}x \tag{28.12}$$

oder, wenn eine Verwechslung mit einem Integral nach anderer Definition, z.B. mit dem Riemannschen Integral, möglich ist, ausführlicher

$$L\int_M f(x)\,\mathrm{d}x\,.$$

In speziellen Fällen schreiben wir

$$\int_a^b f(x)\,\mathrm{d}x$$

u.ä. Wir sprechen auch von einer **im Lebesgueschen Sinn integrierbaren (L-integrierbaren) Funktion** im Unterschied z.B. zu einer im Riemannschen Sinn integrierbaren (R-integrierbaren) Funktion.

Für beschränkte Funktionen stellt das Lebesguesche Integral eine wesentliche Verallgemeinerung des Riemannschen Integrals dar. Vorerst verallgemeinert es das Riemannsche Integral in dem Sinne, daß der Integrationsbereich eine beliebige (beschränkte) meßbare Menge sein kann. Zweitens kann man zeigen, daß *jede beschränkte, im Riemannschen Sinn auf dem Intervall $[a, b]$ integrierbare Funktion auf diesem Intervall meßbar, und folglich auch im Lebesgueschen Sinn integrierbar ist* (und daß beide Integrale übereinstimmen). Diese Aussage läßt sich nicht umkehren: Ein typisches Beispiel einer Funktion, die im Intervall $[0, 1]$ im Lebesgueschen Sinn, jedoch nicht im Riemannschen Sinn integrierbar ist, liefert die Funktion, die auf diesem Intervall durch die Vorschrift

$$\begin{aligned} f(x) &= 1 \quad \text{für } x \text{ rational}\,, \\ f(x) &= 0 \quad \text{für } x \text{ irrational} \end{aligned} \tag{28.13}$$

definiert ist (das Riemannsche Integral dieser Funktion existiert nicht, das Lebesguesche Integral ist gleich Null).

Funktionen, auf die wir in ingenieurtheoıetischen und naturwissenschaftlichen Anwendungen stoßen, sind in der Regel (auf den betrachteten einfachen Bereichen, die meistens Intervalle sind) im Lebesgueschen wie auch im Riemannschen Sinn integrierbar. Die Werte beider Integrale sowie auch die Methoden ihrer Berechnung sind dann die gleichen.

Unbeschränkte Funktionen

Wir betrachten zunächst eine unbeschränkte n i c h t n e g a t i v e Funktion $f(x)$, die auf der (beschränkten) meßbaren Menge M meßbar ist. Wir wählen eine Zahl $C > 0$

und definieren auf der Menge M die Funktion $f_C(x)$ folgendermaßen:

$$\begin{aligned} f_C(x) &= f(x) \quad \text{für} \quad f(x) \leqq C\,, \\ f_C(x) &= C \quad \text{für} \quad f(x) > C \end{aligned} \tag{28.14}$$

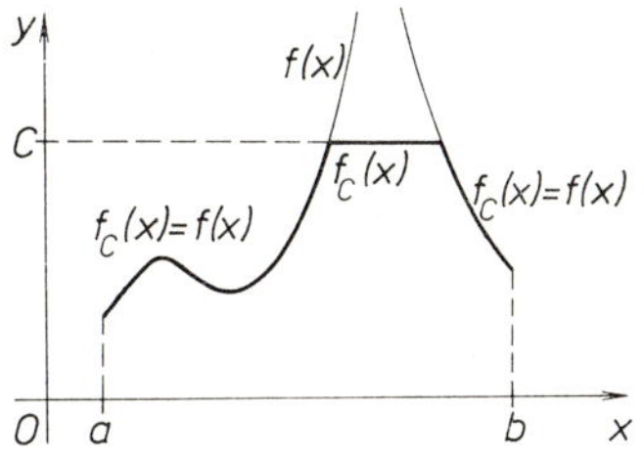

Figur 28.2

(siehe Figur 28.2, wo $M = [a, b]$ ist). Da die Funktion $f(x)$ auf der Menge M meßbar ist, ist auch die Funktion $f_C(x)$ auf M meßbar; da die letztere Funktion beschränkt ist, existiert das Lebesguesche Integral (siehe Definition 28.4)

$$\int_M f_C(x)\,\mathrm{d}x\,.$$

Wir *definieren*

$$\int_M f(x)\,\mathrm{d}x = \lim_{C \to +\infty} \int_M f_C(x)\,\mathrm{d}x\,. \tag{28.15}$$

Der Grenzwert (28.15) existiert, denn $\int_M f_C(x)\,\mathrm{d}x$ ist eine nichtfallende Funktion des Parameters C, so daß das Integral $\int_M f(x)\,\mathrm{d}x$ sinnvoll ist (existiert). Dabei ist der Grenzwert (28.15) entweder endlich oder unendlich. Im ersten Fall sagen wir, daß das Lebesguesche Integral $\int_M f(x)\,\mathrm{d}x$ **konvergiert (endlich ist, einen endlichen Wert hat)**, im zweiten Fall sagen wir, daß es **divergiert (unendlich ist, einen unendlichen Wert hat)**, und schreiben dann

$$\int_M f(x)\,\mathrm{d}x = +\infty\,. \tag{28.16}$$

Es sei nun $f(x)$ eine unbeschränkte, aber nicht notwendigerweise nichtnegative Funktion, die auf der Menge M meßbar ist. Wir zerlegen sie in ihren „positiven" und „negativen" Teil, d.h., wir definieren auf M die Funktionen

$$f_+(x) = \begin{cases} f(x) & \text{für} \quad f(x) \geqq 0\,, \\ 0 & \text{für} \quad f(x) < 0\,; \end{cases}$$

$$f_-(x) = \begin{cases} 0 & \text{für} \quad f(x) \geqq 0\,, \\ -f(x) & \text{für} \quad f(x) < 0\,, \end{cases} \tag{28.17}$$

so daß auf M gilt: $f(x) = f_+(x) - f_-(x)$. Beide Funktionen, $f_+(x)$ sowie $f_-(x)$, sind nichtnegativ und offensichtlich meßbar auf M. Nach (28.15) existieren also die Integrale

$$\int_M f_+(x)\,\mathrm{d}x\,, \quad \int_M f_-(x)\,\mathrm{d}x\,, \tag{28.18}$$

wobei ein jedes von ihnen endlich sein oder den Wert $+\infty$ haben kann. Wenn mindestens eines der Integrale (28.18) endlich ist, sagen wir, daß das Integral $\int_M f(x)\,\mathrm{d}x$ **existiert**, und definieren

$$\int_M f(x)\,\mathrm{d}x = \int_M f_+(x)\,\mathrm{d}x - \int_M f_-(x)\,\mathrm{d}x\,. \tag{28.19}$$

Wenn beide Integrale (28.18) den Wert $+\infty$ haben, ist die rechte Seite in (28.19) nicht sinnvoll. In diesem Fall sagen wir, daß das Integral $\int_M f(x)\,\mathrm{d}x$ **nicht existiert.**

Bemerkung 28.2. Existiert das Integral, so gibt es drei Möglichkeiten:

1. Beide Integrale (28.18) sind endlich. Dann ist nach (29.19) auch das Integral $\int_M f(x)\,\mathrm{d}x$ endlich. Wir sagen, daß es **konvergiert.**[1])

2. Das erste Integral in (28.18) ist unendlich und das zweite endlich. Dann folgt aus (28.19)

$$\int_M f(x)\,\mathrm{d}x = +\infty\,.$$

Wir sagen, daß das betrachtete Integral **divergiert.**

3. Das erste Integral in (28.18) ist endlich und das zweite ist unendlich. Dann folgt aus (28.19)

$$\int_M f(x)\,\mathrm{d}x = -\infty\,.$$

Auch in diesem Fall sagen wir, daß das Integral $\int_M f(x)\,\mathrm{d}x$ **divergiert.**

Bemerkung 28.3. Das Lebesguesche Integral hat eine Reihe „natürlicher" Eigenschaften, die den Eigenschaften des Riemannschen Integrals ähnlich sind. Z.B. gilt

$$f(x) \leqq g(x) \quad \text{in } M \Rightarrow \int_M f(x)\,\mathrm{d}x \leqq \int_M g(x)\,\mathrm{d}x\,, \tag{28.20}$$

$$\left|\int_M f(x)\,\mathrm{d}x\right| \leqq \int_M |f(x)|\,\mathrm{d}x\,, \tag{28.21}$$

$$\int_M [a\,f(x) + b\,g(x)]\,\mathrm{d}x = a\int_M f(x)\,\mathrm{d}x + b\int_M g(x)\,\mathrm{d}x\,, \tag{28.22}$$

a, b sind reelle Konstanten (dabei wird vorausgesetzt, daß die rechte Seite in (28.22) sinvoll ist, d.h. daß auf der rechten Seite nicht eine Summe der Form $+\infty + (-\infty)$ oder der Form $-\infty + (+\infty)$ auftritt).

Einige Eigenschaften des Lebesgueschen Integrals sind wesentlich verschieden von den entsprechenden Eigenschaften des Riemannschen Integrals und haben zur Folge, daß man in den modernen Gebieten der Mathematik fast ausschließlich mit dem Lebesgueschen Integral arbeitet. Dies betrifft vor allem die Theorie der Funktionenräume, deren einfaches Beispiel der Raum $L_2(G)$ ist (siehe auch die Räume

[1]) In diesem Fall wird die Funktion $f(x)$ auch **summierbar** genannt.

$W_2^{(k)}(G)$, die im nächsten Kapitel definiert werden). Insbesondere bei der Frage der Vollständigkeit dieser Räume spielt der Begriff des Lebesgueschen Integrals eine wesentliche Rolle, und auf der Vollständigkeit beruhen wiederum die grundlegenden theoretischen Überlegungen und ihre Anwendungen. Aber auch in Untersuchungen der klassischen Analysis stellt das Lebesguesche Integral ein wirksames Mittel dar. Dies betrifft z.B. die Untersuchung von Beziehungen des Typs

$$\int_M \lim_{n\to\infty} f_n(x)\,\mathrm{d}x = \lim_{n\to\infty} \int_M f_n(x)\,\mathrm{d}x \tag{28.23}$$

(Satz über die Vertauschung von Grenzübergang und Integration), wo die Anwendung des Riemannschen Integrals zur sehr schwerfälligen Formulierungen führt, wenn man die Voraussetzungen für die Gültigkeit dieser Sätze angeben will. (Siehe z.B. [34]. Siehe auch [36], S. 598.)

Die Lebesguesche Definition des Integrals kann man sehr leicht auf den N-dimensionalen Raum E_N ausdehnen. Wir zeigen diese Erweiterung am Falle $N = 2$. Der Leser kann sehr leicht erkennen, wie man die entsprechenden Definitionen und Resultate für ein beliebiges natürliches N formuliert.

Die Rolle des offenen Intervalls (a, b) spielt im Falle $N = 2$ das offene Quadrat $(a, b) \times (a, b)$ (im N-dimensionalen Fall der offene N-dimensionale Würfel $(a, b) \times \times (a, b) \times \ldots \times (a, b)$); eine Umgebung eines Punktes, die im eindimensionalen Fall von einem offenen Intervall gebildet wird, wird hier von dem entsprechenden offenen Quadrat gebildet. Die Definitionen eines inneren Punktes und eines Häufungspunktes – und damit auch die Definitionen einer offenen und abgeschlossenen Menge – bleiben unverändert. Die Definition des Maßes einer (nichtleeren) beschränkten offenen Menge muß man ein wenig abändern, denn im Unterschied zu der entsprechenden Behauptung des Satzes 28.1 kann man eine solche Menge für $N = 2$ nicht als eine Vereinigung endlich oder abzählbar vieler offener punktfremder Quadrate darstellen. Man kann sie aber als eine Vereinigung endlich oder abzählbar vieler abgeschlossener Quadrate darstellen, die keine gemeinsamen inneren Punkte haben. (Diese Darstellung ist nicht eindeutig bestimmt; es gibt mehrere Möglichkeiten, eine offene Menge als Vereinigung abgeschlossener Quadrate darzustellen.) Wenn wir das (Lebesguesche) Maß eines Quadrates, zu dem auch ein Teil seines Randes oder eventuell der ganze Rand gehören kann, als das Quadrat der Länge seiner Seite definieren, kann man das Maß einer nichtlinearen beschränkten offenen Menge M als die Summe der Maße der abgeschlossenen Quadrate einer Zerlegung der Menge M definieren. Es läßt sich zeigen, daß diese Definition unabhängig von der Wahl der Zerlegung dieser Menge ist. (Ähnlich hätten wir natürlich auch im Fall $N = 1$ vorgehen können.) Das Maß einer nichtleeren beschränkten abgeschlossenen Menge N definieren wir dann als die Differenz der Maße eines offenen Quadrates N_1, in dem die Menge N liegt, und der (offenen) Menge $N_1 - N$. Dieses Maß hängt wiederum nicht von der Wahl des Quadrates N_1 ab. Auf der Grundlage des Maßbegriffes für beschränkte offene bzw. abgeschlossene Mengen kann man dann völlig analog wie im Falle $N = 1$ das äußere und innere Maß definieren und so zum Begriff einer beschränkten, im Lebesgueschen Sinne meßbaren Menge gelangen.

Wenn nun eine beschränkte meßbare Menge gegeben ist, können wir völlig analog wie früher meßbare Funktionen definieren und für jede meßbare Funktion (zunächst beschränkte, dann unbeschränkte) den Begriff des Lebesgueschen Integrals auf die gleiche Weise wie im eindimensionalen Fall einführen. Dasselbe gilt auch für $N > 2$. Aus der Definition folgt, daß auch im mehrdimensionalen Fall entsprechende Aussagen richtig sind wie die, die wir in den Bemerkungen zur Definition des Lebesgueschen Integrals im Fall $N = 1$ gemacht haben.

Zur Berechnung des Lebesgueschen Integrals für $N \geqq 2$ kann man z.B. den *Satz von Fubini* benutzen, den man wesentlich allgemeiner formulieren kann als im Falle des Riemannschen Integrals (siehe z.B. [34]).

Wie wir schon in den ersten Kapiteln dieses Buches gesehen haben, sind in der hier behandelten Problematik Funktionen, die im Lebesgeschen Sinne quadratisch integrierbar sind, von großer Bedeutung:

Definition 28.5. Wir sagen, eine auf der Menge M meßbare (reelle) Funktion ist **quadratisch integrierbar auf** M (im Lebesgueschen Sinne), wenn das Integral

$$\int_M f^2(x)\,\mathrm{d}x \tag{28.24}$$

endlich ist.

Bemerkung 28.4. Im Kapitel 3, wo wir die in diesem Kapitel eingeführten Begriffe noch nicht zur Verfügung hatten, haben wir die Definition in einer etwas spezielleren Form und in einem sich von dem jetzigen unterscheidenden Wortlaut ausgesprochen. Dazu muß man folgendes bemerken:

Aus der Beziehung

$$0 \leqq (|a| - |b|)^2 = a^2 - 2|ab| + b^2$$

(a, b sind reelle Zahlen) folgt sofort

$$|ab| \leqq \frac{a^2 + b^2}{2}\,. \tag{28.25}$$

Wenn also die Funktion $f(x)$ auf der Menge M quadratisch integrierbar ist, folgt aus (28.20) und (28.25), wo wir $a = 1$ und $b = f(x)$ für jedes $x \in M$ setzen,

$$\int_M |f(x)|\,\mathrm{d}x \leqq \int_M \frac{\mathrm{d}x}{2} + \frac{1}{2}\int_M f^2(x)\,\mathrm{d}x\,. \tag{28.26}$$

Beide Integrale auf der rechten Seite dieser Ungleichung sind endlich, und hieraus folgt, daß auch das Integral $\int_M |f(x)|\,\mathrm{d}x$ endlich ist; nach (28.21) ist dann auch das Integral $\int_M f(x)\,\mathrm{d}x$ endlich. Wenn wir also voraussetzen, daß die Funktion $f(x)$ auf M meßbar ist, erhalten wir aus (28.24) auch die erste von den Bedingungen (3.1), die wir in Definition 3.1, S. 18, separat formuliert hatten.

Analog folgt aus (28.20) und (28.25), wenn wir dort $a = f(x)$ und $b = g(x)$ für jedes $x \in M$ setzen,

$$\int_M |f(x)\, g(x)|\, \mathrm{d}x \leqq \int_M \frac{f^2(x) + g^2(x)}{2}\, \mathrm{d}x\,. \tag{28.27}$$

D.h. wenn die Funktionen $f(x)$ und $g(x)$ auf der Menge M quadratisch integrierbar sind, dann ist das Integral $\int_M |f(x)\, g(x)|\, \mathrm{d}x$ und nach (28.21) auch das Integral $\int_M f(x)\, g(x)\, \mathrm{d}x$ endlich.

Diese Behauptung haben wir in Kapitel 3, S. 19, gebraucht. Des weiteren folgt hieraus auch die zweite Behauptung, die wir im zitierten Kapitel gebraucht haben: Wenn die Funktionen $f(x)$, $g(x)$ auf der Menge M quadratisch integrierbar sind, dann ist auch die Funktion $a\, f(x) + b\, g(x)$, wobei a, b beliebige reelle Zahlen sind, auf M quadratisch integrierbar, denn es gilt

$$\int_M [a\, f(x) + b\, g(x)]^2\, \mathrm{d}x = a^2 \int_M f^2(x)\, \mathrm{d}x + 2ab \int_M f(x)\, g(x)\, \mathrm{d}x + \\ + b^2 \int_M g^2(x)\, \mathrm{d}x\,,$$

und alle Integrale auf der rechten Seite dieser Identität sind endlich.

Aus dieser Behauptung folgt nun leicht, daß jede Linearkombination von auf der Menge M quadratisch integrierbaren Funktionen auch eine auf M quadratisch integrierbare Funktion ist.

Bemerkung 28.5. (*Gebiete mit einem Lipschitz-Rand.*) Was die Bereiche anbetrifft, auf denen wir in diesem Buch die vorgegebenen partiellen Differentialgleichungen untersuchen, so haben wir bisher sogenannte Gebiete mit einem Lipschitz-Rand betrachtet und werden es auch im weiteren tun.

Definition 28.6. Wir sagen, G ist ein **Gebiet mit einem Lipschitz-Rand**, wenn es beschränkt ist (im allgemeinen mehrfach zusammenhängend) und wenn es positive Konstanten α, β sowie eine endliche Anzahl m kartesischer Koordinatensysteme $x_1^{(r)}, \ldots, x_N^{(r)}$, $r = 1, \ldots, m$, und m Funktionen $a_r(x_1^{(r)}, \ldots, x_{N-1}^{(r)})$ gibt, die auf den $(N-1)$-dimensionalen Würfeln $K^{(r)}$,

$$|x_i^{(r)}| < \alpha\,, \quad i = 1, \ldots, N-1\,, \tag{28.28}$$

stetig sind, so daß gilt:

a) Jeder Punkt x des Randes Γ läßt sich in mindestens einem der m betrachteten Koordinatensysteme in der folgenden Form ausdrücken:

$$x = (x_1^{(r)}, \ldots, x_{N-1}^{(r)},\ a_r(x_1^{(r)}, \ldots, x_{N-1}^{(r)}))\,. \tag{28.29}$$

b) Punkte $x = (x_1^{(r)}, \ldots, x_{N-1}^{(r)}, x_N^{(r)})$, für die gilt:

$$|x_i^{(r)}| < \alpha\,, \quad i = 1, \ldots, N-1\,,$$

und

$$a_r(x_1^{(r)}, \ldots, x_{N-1}^{(r)}) < x_N^{(r)} < a_r(x_1^{(r)}, \ldots, x_{N-1}^{(r)}) + \beta \tag{28.30}$$

bzw.

$$a_r(x_1^{(r)}, \ldots, x_{N-1}^{(r)}) - \beta < x_N^{(r)} < a_r(x_1^{(r)}, \ldots, x_{N-1}^{(r)}), \tag{28.31}$$

liegen in G bzw. außerhalb von $\bar{G}$.

c) Jede der Funktionen $a_r(x_1^{(r)}, \ldots, x_{N-1}^{(r)})$, $r = 1, \ldots, m$, erfüllt auf dem Würfel $K^{(r)}$ die *Lipschitz-Bedingung* (man sagt dafür auch: sie ist auf dem Würfel $K^{(r)}$ *Lipschitz-stetig*), d.h., es existiert eine Konstante L, so daß für zwei beliebige Punkte $(x_1^{(r)}, \ldots, x_{N-1}^{(r)})$, $(y_1^{(r)}, \ldots, y_{N-1}^{(r)})$ aus diesem Würfel gilt:

$$|a_r(y_1^{(r)}, \ldots, y_{N-1}^{(r)}) - a_r(x_1^{(r)}, \ldots, x_{N-1}^{(r)})| \leqq$$
$$\leqq L\sqrt{(y_1^{(r)} - x_1^{(r)})^2 + \ldots + (y_{N-1}^{(r)} - x_{N-1}^{(r)})^2}\,. \text{ [1]} \tag{28.32}$$

In Figur 28.3 ist ein zweidimensionales Gebiet mit einem Lipschitz-Rand dargestellt. Es sind dort zwei „benachbarte" Koordinatensysteme (für $r = 1$ und $r = 2$) abgebildet, sowie die entsprechende „β-Umgebung" des Randes. Die $(N - 1)$ dimensionalen Würfel $K^{(r)}$, von denen in Definition 28.6 die Rede ist, reduzieren sich hier auf die offenen Intervalle $-\alpha < x_1^{(r)} < \alpha$. Aus der Definition folgt offenbar, und an der Abbildung ist es gut zu sehen, daß sich gewisse Punkte des Randes in mehreren von den betrachteten m Koordinatensystemen in der Form (28.29) ausdrücken lassen.

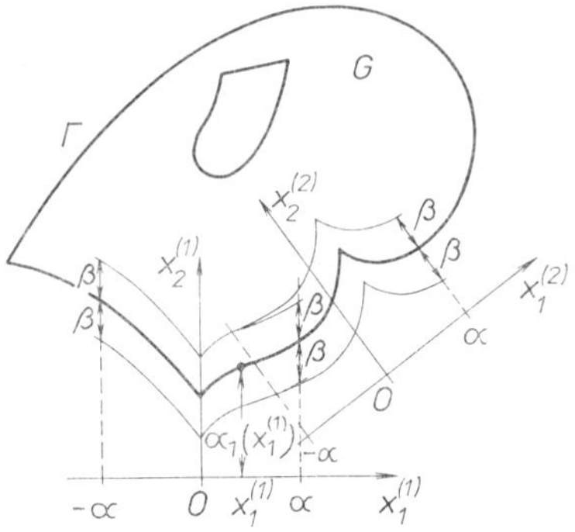

Figur 28.3

Zu den Gebieten mit einem Lipschitz-Rand gehört z.B. der Kreis, der Kreisring, das Dreieck, die Kugel, der Würfel u.ä. Zu dieser Klasse gehören aber, wie aus der Definition ersichtlich ist, auch wesentlich allgemeinere Gebiete. Wir möchten jedoch bemerken, daß zweidimensionale Gebiete mit Spitzen (bzw. mit entsprechenden Singularitäten im Falle höherer Dimensionen), siehe Figur 28.4, nicht zu den Gebieten mit einem Lipschitz-Rand gehören, denn man kann in diesem Fall kein kartesisches

---

[1]) Geometrisch bedeutet diese Bedingung (grob gesagt), daß sich im r-ten Koordinatensystem die N-ten Koordinaten der Randpunkte nicht „allzu sehr" unterscheiden, wenn sich die ersten $N - 1$ Koordinaten nicht viel unterscheiden. Besitzt insbesondere die Funktion $a_r(x_1^{(r)}, \ldots, x_{N-1}^{(r)})$ auf dem Würfel $K^{(r)}$ beschränkte partielle Ableitungen erster Ordnung, dann ist sie auf diesem Würfel Lipschitz-stetig, d.h. es existiert eine Konstante L, so daß (28.32) gilt.

Koordinatensystem mit den in Definition 28.6 geforderten Eigenschaften finden; entweder kann man die Forderung b) nicht erfüllen, die die Konstruktion der „β-Umgebung" (28.30) und (28.31) betrifft, oder es ist die Forderung (28.32) der Lipschitz-Stetigkeit der Funktionen a_r nicht erfüllbar. Für Gebiete mit Spitzen (bzw. mit entsprechenden Singularitäten für $N > 2$) sind gewisse Resultate, die wir in diesem Teil des Buches anführen werden, auch tatsächlich nicht richtig.

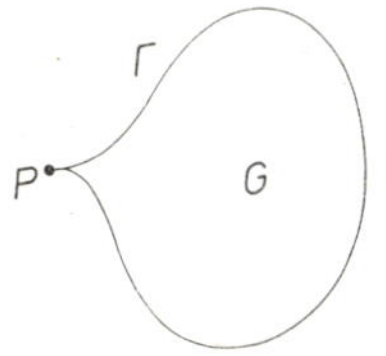

Figur 28.4

Auch die in Figur 28.5 angeführten Gebiete gehören nicht zu den Gebieten mit einem Lipschitz-Rand.

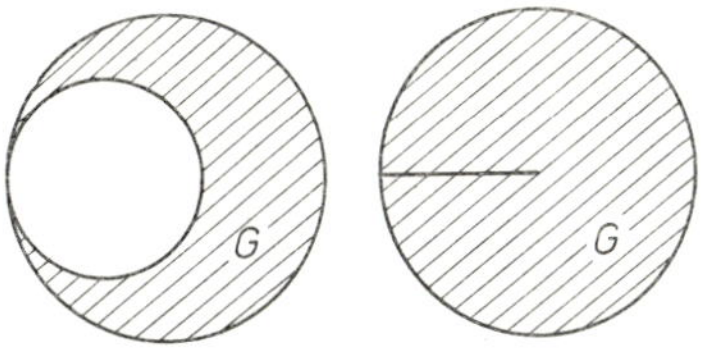

Figur 28.5

Es läßt sich zeigen (siehe z.B. [35]), daß jede der die Definition 28.6 erfüllenden Funktionen $a_r(x_1^{(r)}, \ldots, x_{N-1}^{(r)})$ fast überall im $(N-1)$-dimensionalen Würfel $K^{(r)}$ partielle Ableitungen erster Ordnung nach allen Veränderlichen $x_1^{(r)}, \ldots, x_{N-1}^{(r)}$ besitzt, die meßbar und durch die Konstante L aus Ungleichung (28.32) beschränkt sind. Ein Lipschitz-Rand hat daher fast überall eine (äußere) Normale ν. Die Koordinaten $\nu_1(S), \ldots, \nu_N(S)$ des Einheitsvektors der äußeren Normale sind auf Γ beschränkte meßbare Funktionen.

Die Tatsache, daß die Funktionen a_r fast überall beschränkte partielle Ableitungen erster Ordnung haben, ermöglicht es, auf einfache Weise auf Γ das Flächenintegral und den Funktionenraum $L_2(\Gamma)$ einzuführen. Wir betrachten eines der Koordinatensysteme, von denen in Definition 28.6 die Rede war, z.B. das r-te, und den entsprechenden $(N-1)$-dimensionalen Würfel $K^{(r)}$,

$$|x_i^{(r)}| < \alpha\,, \quad i = 1, \ldots, N-1\,,$$

auf dem die Lipschitz-stetige Funktion $a_r(x_1^{(r)}, \ldots, x_{N-1}^{(r)})$ gegeben ist; die Werte dieser Funktion charakterisieren den „oberhalb dieses Würfels" liegenden Teil $\Gamma^{(r)}$ des Randes Γ. Das Flächenelement dS über dem Element $dx_1^{(r)} \ldots dx_{N-1}^{(r)}$ hat die Form

$$dS = \sqrt{1 + \left(\frac{\partial a_r}{\partial x_1^{(r)}}\right)^2 + \ldots + \left(\frac{\partial a_r}{\partial x_{N-1}^{(r)}}\right)^2}\, dx_1^{(r)} \ldots dx_{N-1}^{(r)}\,.$$

Ist nun auf $\Gamma^{(r)}$ die Funktion $u(S) = u(x_1^{(r)}, \ldots, x_{N-1}^{(r)}, a_r(x_1^{(r)}, \ldots, x_{N-1}^{(r)}))$ gegeben, die auf $K^{(r)}$ meßbar ist, so definieren wir

$$\int_{\Gamma^{(r)}} u(S)\,\mathrm{d}S = \int_{K^{(r)}} u(x_1^{(r)} \dots x_{N-1}^{(r)},\ a_r(x_1^{(r)}, \dots, x_{N-1}^{(r)})) \,.$$

$$\cdot \sqrt{1 + \left(\frac{\partial a_r}{\partial x_1^{(r)}}\right)^2 + \dots + \left(\frac{\partial a_r}{\partial x_{N-1}^{(r)}}\right)^2}\,\mathrm{d}x_1^{(r)} \dots \mathrm{d}x_{N-1}^{(r)}\,, \qquad (28.33)$$

wobei das Integral auf der rechten Seite als Lebesguesches Integral aufgefaßt wird. (Für stetige Funktionen stimmt diese Definition mit der üblichen Definition des Flächenintegrals über $\Gamma^{(r)}$ überein, die der Leser aus der klassischen Analysis kennt.) Ist außerdem das Integral

$$\int_{\Gamma^{(r)}} u^2(S)\,\mathrm{d}S \qquad (28.34)$$

endlich, so sagen wir, daß die Funktion $u(S)$ **auf $\Gamma^{(r)}$ quadratisch integrierbar** ist (im Lebesgueschen Sinne). Wenn die Funktion $u(S)$ für jedes $r = 1, \dots, m$ quadratisch integrierbar ist, sagen wir, daß sie **quadratisch integrierbar auf dem Rand** Γ ist.

Das Integral $\int_\Gamma u(S)\,\mathrm{d}S$ definieren wir natürlich nicht als die Summe der Integrale $\int_{\Gamma^{(r)}} u(S)\,\mathrm{d}S$ über alle $r = 1, \dots, m$, denn wie wir schon bemerkt hatten, überdecken sich gewisse Teile des Randes Γ in den einzelnen Koordinatensystemen. Bei der Definition des Integrals $\int_\Gamma u(S)\,\mathrm{d}S$ kann man z.B. folgendermaßen vorgehen: Wir bezeichnen mit V_r $(r = 1, \dots, m)$ die Menge der Punkte x, für die gilt (siehe (28.28), (28.30) und (28.31)):

$$|x_i^{(r)}| < \alpha\,, \quad i = 1, \dots, N-1\,,$$
$$a_r(x_1^{(r)}, \dots, x_{N-1}^{(r)}) - \beta < x_N^{(r)} < a_r(x_1^{(r)}, \dots, x_{N-1}^{(r)}) + \beta\,.$$

(Vgl. Figur 28.3; V_r ist also die „β-Umgebung" des Randes Γ oberhalb des Würfels $K^{(r)}$.) Die Mengen V_r, $r = 1, \dots, m$, bilden ein System offener Mengen in E_N, die offensichtlich den Rand Γ überdecken. Man kann zeigen (siehe [35], S. 27), daß es in diesem Fall Funktionen $\varphi_r(x)$ mit einem kompaktem Träger in V_r gibt, so daß

$$\sum_{r=1}^{m} \varphi_r(x) = 1 \quad \text{in jedem Punkt } x \in \Gamma \qquad (28.35)$$

gilt. Wir bezeichnen

$$u_r(S) = u(S)\,\varphi_r(S)\,.$$

Aus (28.35) folgt

$$\sum_{r=1}^{m} u_r(S) = u(S) \quad \text{auf } \Gamma\,.$$

Das Integral $\int_\Gamma u(S)\,\mathrm{d}S$ definieren wir dann durch die Beziehung

$$\int_\Gamma u(S)\,\mathrm{d}S = \sum_{r=1}^{m} \int_{\Gamma^{(r)}} u_r(S)\,\mathrm{d}S\,.$$

Aufgrund von (28.35) sagen wir, daß wir das Integral $\int_\Gamma u(S)\,\mathrm{d}S$ mit Hilfe einer **Zerlegung der Einheit** definiert haben.

Man kann zeigen, daß das auf diese Weise definierte Integral unabhängig ist von der Wahl der m betrachteten Koordinatensysteme und auch unabhängig von der Auswahl der Funktionen $\varphi_r(x)$, soweit diese Funktionen die Bedingung (28.35) erfüllen. Diese und ähnliche Fragen werden in [35], Kapitel 3, § 1, ausführlich diskutiert.

Mit Hilfe des Integrals $\int_\Gamma u(S)\,\mathrm{d}S$ kann man das Maß eines beliebigen Teiles Γ_1 des Randes definieren, und zwar als das Integral $\int_\Gamma u(S)\,\mathrm{d}S$, wobei $u(S) = 1$ in Punkten von Γ_1 und $u(S) = 0$ in den übrigen Punkten des Randes ist; die Menge Γ_1 muß natürlich so beschaffen sein, daß die Funktion

$$u(x_1^{(r)}, \ldots, x_{N-1}^{(r)}, a_r(x_1^{(r)}, \ldots, x_{N-1}^{(r)}))$$

für jedes $r = 1, \ldots, m$ auf $K^{(r)}$ meßbar ist.

Wenn wir für Funktionen $u(S), v(S)$, die auf dem Rand Γ quadratisch integrierbar sind, auf die übliche Weise das Skalarprodukt bzw. die Norm bzw. die Metrik definieren,

$$(u, v)_\Gamma = \int_\Gamma u(S)\, v(S)\,\mathrm{d}S \tag{28.36}$$

bzw.

$$\|u\|_\Gamma = \sqrt{(u, u)_\Gamma} \tag{28.37}$$

bzw.

$$\varrho_\Gamma(u, v) = \|u - v\|_\Gamma\,, \tag{28.38}$$

so erhalten wir, wie sich ohne Schwierigkeiten zeigen läßt, einen Hilbert-Raum, den wir mit $L_2(\Gamma)$ bezeichnen.

Bemerkung 28.6. Der Lipschitz-Rand, über den wir im vorhergehenden Text gesprochen haben, ist ein ziemlich allgemeiner Rand. In Anwendungen werden wir oft auf Ränder stoßen, die zusätzlich noch gewisse Glattheitseigenschaften haben:

Wir sagen, daß der Lipschitz-Rand Γ **in der Umgebung des Punktes** $x_0 \in \Gamma$ **regulär** ist, wenn man ein solches Koordinatensystem (siehe Definition 28.6) finden kann, daß $x_0 = ({}_0x_1^{(r)}, \ldots, {}_0x_{N-1}^{(r)}, a_r({}_0x_1^{(r)}, \ldots, {}_0x_{N-1}^{(r)}))$ ist, wobei $({}_0x_1^{(r)}, \ldots, {}_0x_{N-1}^{(r)})$ ein (innerer) Punkt des Würfels $K^{(r)}$ ($|x_i^{(r)}| < \alpha, i = 1, \ldots, N-1$; vgl. (28.28)) ist und die Funktion $a_r(x_1^{(r)}, \ldots, x_{N-1}^{(r)})$ in einer gewissen Umgebung des Punktes $({}_0x_1^{(r)}, \ldots, {}_0x_{N-1}^{(r)})$ stetige Ableitungen aller Ordnungen hat.

Wir sagen, der Lipschitz-Rand Γ ist **regulär** bzw. **fast überall regulär**, wenn er in einer Umgebung jedes bzw. fast jedes Punktes von Γ regulär ist.

Ein Beispiel für einen fast überall regulären Rand ist der Rand eines Würfels, der offensichtlich ein Lipschitz-Rand ist und der dabei regulär in einer Umgebung jedes seiner Punkte ist, mit Ausnahme der Eckpunkte des Würfels und der Punkte, die auf den Kanten liegen; die Projektionen dieser Punkte bilden natürlich in jedem der entsprechenden Würfel $K^{(r)}$ eine Menge vom Maß Null.

Kapitel 29. Der Raum $W_2^{(k)}(G)$

Wie vorher sei G ein beschränktes Gebiet mit einem Lipschitz-Rand Γ.

Wir bezeichnen mit $C^{(\infty)}$ oder ausführlicher mit $C^{(\infty)}(\bar{G})$ die lineare Menge aller Funktionen, die samt ihren Ableitungen aller Ordnungen im abgeschlossenen Gebiet $\bar{G}$ stetig sind (im üblichen Sinne der stetigen Fortsetzbarkeit auf den Rand). Weiter bezeichnen wir mit $C_0^{(\infty)}$ oder ausführlicher mit $C_0^{(\infty)}(G)$ die lineare Menge **aller Funktionen mit kompaktem Träger im Gebiet** G, d.h. (siehe S. 87) die Menge der Funktionen $u \in C^{(\infty)}(\bar{G})$, für die in einer gewissen Umgebung des Randes (die im allgemeinen Fall für verschiedene Funktionen aus $C_0^{(\infty)}(G)$ verschieden sein kann) $u(x) \equiv 0$ gilt. Die Abschließung der Menge derjenigen Punkte des Gebietes G, für die $u(x) \neq 0$ ist, wird, wie wir aus Kapitel 8 wissen, **Träger** der Funktion $u(x)$ genannt und mit supp u bezeichnet; für jedes $u \in C_0^{(\infty)}(G)$ ist supp u eine abgeschlossene Menge und es gilt supp $u \subset G$, so daß supp u vom Rand Γ einen positiven Abstand hat.

Ist $N = 2$ und G das Quadrat $-2 < x_1 < 2$, $-2 < x_2 < 2$, so ist die folgende Funktion ein Beispiel für eine Funktion mit kompaktem Träger in G:

$$u(x_1, x_2) = \begin{cases} e^{-1/(1-x_1{}^2-x_2{}^2)} & \text{für} \quad x_1^2 + x_2^2 < 1\,, \\ 0 & \text{sonst in } \bar{G}\,. \end{cases} \tag{29.1}$$

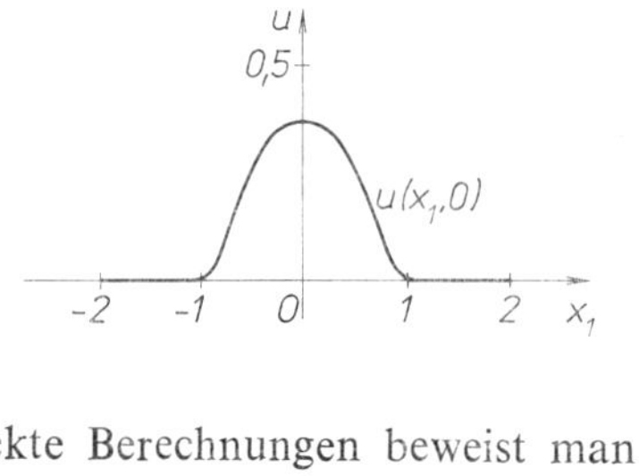

Figur 29.1

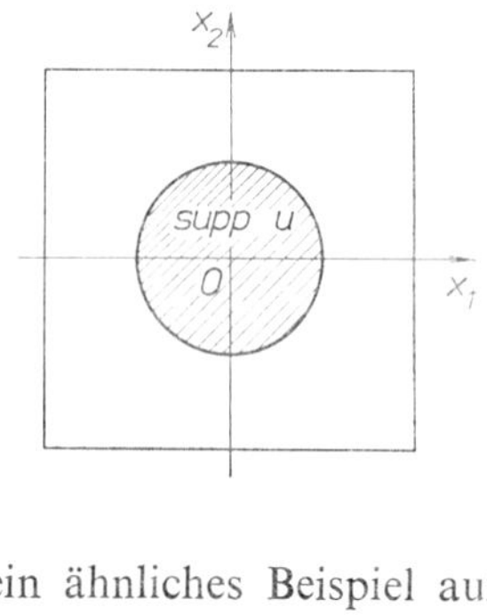

Figur 29.2

Durch direkte Berechnungen beweist man leicht (siehe ein ähnliches Beispiel auf S. 88), daß die Funktion (29.1) in jedem Punkt von G Ableitungen aller Ordnungen hat, so daß $u \in C^{(\infty)}(\bar{G})$ ist. (Der Anschaulichkeit halber ist in Figur 29.1 ein „Schnitt" der Fläche (29.1) mit der Ebene $x_2 = 0$ dargestellt.) Weiter ist supp u der abgeschlossene Kreis mit Mittelpunkt im Koordinatenursprung und dem Radius Eins; sein Abstand vom Rand des Quadrates G ist gleich Eins (siehe Figur 29.2).

Für Funktionen aus $L_2(G)$ ist bekanntlich das Skalarprodukt durch die Formel

$$(u, v) = \int_G u(x)\, v(x)\, \mathrm{d}x \tag{29.2}$$

definiert. Ausführlicher schreiben wir auch $(u, v)_{L_2(G)}$. Für gewisse Funktionen aus $L_2(G)$ kann man ein weiteres Skalarprodukt einführen, das uns in den folgenden Kapiteln sehr von Nutzen sein wird und mit dessen Hilfe wir den sogenannten Raum $W_2^{(k)}(G)$ – kurz $W_2^{(k)}$ – bilden werden; die Eigenschaften dieses Raumes sind, wie sich zeigen wird, für unsere Problematik so vorteilhaft, daß wir im weiteren Text fast ausschließlich mit ihm arbeiten werden.

Zunächst betrachten wir die schon erwähnte Menge $C^{(\infty)}(\bar{G})$. Es sei k eine nichtnegative ganze Zahl. Unter dem Symbol

$$(u, v)_{W_2^{(k)}(G)}, \quad u \in C^{(\infty)}(\bar{G}), \quad v \in C^{(\infty)}(\bar{G}), \tag{29.3}$$

verstehen wir die Summe der Skalarprodukte – in $L_2(G)$ – der Funktionen $u(x)$ und $v(x)$ und ihrer Ableitungen (stets nach den gleichen Veränderlichen) bis einschließlich der Ordnung k (zur Präzisierung dieses Symbols siehe Formel (29.10)). Ist z.B. $N = 1$, dann ist

$$(u, v)_{W_2^{(1)}(a,b)} = (u, v)_{L_2(a,b)} + (u', v')_{L_2(a,b)} = \int_a^b uv\, \mathrm{d}x + \int_a^b u'v'\, \mathrm{d}x \tag{29.4}$$

(vgl. Beispiel 6.4, S. 56),

$$(u, v)_{W_2^{(2)}(a,b)} = (u, v)_{L_2(a,b)} + (u', v')_{L_2(a,b)} + (u'', v'')_{L_2(a,b)} =$$
$$= \int_a^b uv\, \mathrm{d}x + \int_a^b u'v'\, \mathrm{d}x + \int_a^b u''v''\, \mathrm{d}x\,. \tag{29.5}$$

Für $N = 2$ ist (wir schreiben hier schon kurz L_2 bzw. $W_2^{(k)}$ statt $L_2(G)$ bzw. $W_2^{(k)}(G)$)

$$(u, v)_{W_2^{(1)}} = (u, v)_{L_2} + \left(\frac{\partial u}{\partial x_1}, \frac{\partial v}{\partial x_1}\right)_{L_2} + \left(\frac{\partial u}{\partial x_2}, \frac{\partial v}{\partial x_2}\right)_{L_2} =$$
$$= \int_G uv\, \mathrm{d}x + \int_G \frac{\partial u}{\partial x_1}\frac{\partial v}{\partial x_1}\, \mathrm{d}x + \int_G \frac{\partial u}{\partial x_2}\frac{\partial v}{\partial x_2}\, \mathrm{d}x\,, \tag{29.6}$$

$$(u, v)_{W_2^{(2)}} = (u, v)_{L_2} + \left(\frac{\partial u}{\partial x_1}, \frac{\partial v}{\partial x_1}\right)_{L_2} + \left(\frac{\partial u}{\partial x_2}, \frac{\partial v}{\partial x_2}\right)_{L_2} +$$
$$+ \left(\frac{\partial^2 u}{\partial x_1^2}, \frac{\partial^2 v}{\partial x_1^2}\right)_{L_2} + \left(\frac{\partial^2 u}{\partial x_1\, \partial x_2}, \frac{\partial^2 v}{\partial x_1\, \partial x_2}\right)_{L_2} + \left(\frac{\partial^2 u}{\partial x_2^2}, \frac{\partial^2 v}{\partial x_2^2}\right)_{L_2} =$$
$$= \int_G uv\, \mathrm{d}x + \int_G \frac{\partial u}{\partial x_1}\frac{\partial v}{\partial x_1}\, \mathrm{d}x + \int_G \frac{\partial u}{\partial x_2}\frac{\partial v}{\partial x_2}\, \mathrm{d}x +$$
$$+ \int_G \frac{\partial^2 u}{\partial x_1^2}\frac{\partial^2 v}{\partial x_1^2}\, \mathrm{d}x + \int_G \frac{\partial^2 u}{\partial x_1\, \partial x_2}\,\frac{\partial^2 v}{\partial x_1\, \partial x_2}\, \mathrm{d}x + \int_G \frac{\partial^2 u}{\partial x_2^2}\frac{\partial^2 v}{\partial x_2^2}\, \mathrm{d}x \tag{29.7}$$

usw.

Wir wenden uns nun dem allgemeinen Fall zu.

Mit i bezeichnen wiı einen Vektor – auch **Multiindex** genannt –, dessen Koordinaten $i_1, \ldots, i_N$ ganze nichtnegative Zahlen sind,

$$i = (i_1 \ldots, i_N)\,. \tag{29.8}$$

Weiter bezeichnen wir

$$D^i u = \frac{\partial^{i_1 + \ldots + i_N} u}{\partial x_1^{i_1} \ldots \partial x_N^{i_N}}\,,$$

bzw., wenn wir noch die Bezeichnung $|i| = i_1 + \ldots + i_N$ benutzen,

$$D^i u = \frac{\partial^{|i|} u}{\partial x_1^{i_1} \ldots \partial x_N^{i_N}}\,. \tag{29.9}$$

Dabei wird der Fall, daß einige von den Koordinaten des Vektors i verschwinden, nicht ausgeschlossen. Ist z.B. $N = 2$ und $i = (3, 0)$, so schreiben wir natürlich nicht

$$D^i u = \frac{\partial^3 u}{\partial x_1^3\, \partial x_2^0}\,,$$

sondern

$$D^i u = \frac{\partial^3 u}{\partial x_1^3}\,.$$

Wenn $|i| = 0$ ist, dann ist $D^i u = u$.

Wir machen noch darauf aufmerksam, daß man in (29.9) nicht voraussetzen muß, daß $u \in C^{(\infty)}(\overline{G})$ ist; es genügt, wenn u eine genügend glatte Funktion ist, für die der Ausdruck (29.9) sinnvoll ist. Dies ist jedoch an dieser Stelle unwesentlich.

In Übereinstimmung mit dem, was wir schon vorher gesagt haben, definieren wir

$$(u, v)_{W_2^{(k)}} = \sum_{|i| \leq k} \int_G D^i u\, D^i v \,\mathrm{d}x\,, \quad u \in C^{(\infty)}(\overline{G})\,, \quad v \in C^{(\infty)}(\overline{G})\,. \tag{29.10}$$

Die Summierung für $|i| \leqq k$ bedeutet hier, daß man alle paarweise verschiedenen Vektoren (29.8) bei der Summation berücksichtigen muß, für die $|i| = i_1 + \ldots$ $\ldots + i_N \leqq k$ gilt. Insbesondere muß man also im Falle $N = 2$ bei der Konstruktion des Produktes $(u, v)_{W_2^{(2)}}$ alle zweidimensionalen Vektoren

$$\begin{array}{c} (0, 0) \\ (1, 0)\,, \quad (0, 1)\,, \\ (2, 0)\,, \quad (1, 1)\,, \quad (0, 2) \end{array}$$

berücksichtigen, was wir in (29.7) gemacht haben.

Es läßt sich leicht zeigen, daß durch die Beziehung (29.10) auf der linearen Menge $C^{(\infty)}(\overline{G})$ ein Skalarprodukt definiert ist: Die Eigenschaften (6.3) und (6.4) des Skalarproduktes (S. 54) sind klar; nach (29.10) ist weiter

$$(u, u)_{W_2^{(k)}} = \sum_{|i| \leq k} \int_G (D^i u)^2 \,\mathrm{d}x \tag{29.11}$$

und hieraus folgt $(u, u)_{W_2^{(k)}} \geqq 0$ für jedes $u \in C^{(\infty)}(\bar{G})$. Gleichzeitig sieht man, daß $(u, u)_{W_2^{(k)}} = 0$ genau dann gilt, wenn jeder der Summanden in (29.11) verschwindet, insbesondere muß also gelten

$$\int_G u^2 \, dx = 0$$

oder (da $u \in C^{(\infty)}(\bar{G})$ ist) $u(x) \equiv 0$ in $\bar{G}$.

Da durch die Beziehung (29.10) auf der Menge $C^{(\infty)}(\bar{G})$ ein Skalarprodukt definiert ist, können wir auf dieser linearen Menge auf übliche Weise eine Norm durch die Beziehung

$$\|u\|_{W_2^{(k)}} = \sqrt{(u, u)_{W_2^{(k)}}}, \quad u \in C^{(\infty)}(\bar{G}), \tag{29.12}$$

und einen Abstand durch die Beziehung

$$\varrho(u, v)_{W_2^{(k)}} = \|u - v\|_{W_2^{(k)}}, \quad u \in C^{(\infty)}(\bar{G}), \quad v \in C^{(\infty)}(\bar{G}), \tag{29.13}$$

einführen. Damit wird die lineare Menge $C^{(\infty)}(\bar{G})$ zu einem metrischen Raum, den wir mit $S_2^{(k)}$ oder ausführlicher mit $S_2^{(k)}(G)$ bezeichnen, und zwar zu einem unitären Raum, mit dem Skalarprodukt (29.10), der Norm (29.12) und der Metrik (29.13).

Bemerkung 29.1. Aus (29.12) und (29.10) folgt, daß

$$\|u\|^2_{W_2^{(k)}(G)} = \sum_{|i| \leqq k} \int_G (D^i u)^2 \, dx = \sum_{|i| \leqq k} \|D^i u\|^2_{L_2(G)} \tag{29.14}$$

ist. Das Quadrat der Norm einer Funktion $u \in C^{(\infty)}(\bar{G})$ im Raum $S_2^{(k)}(G)$ ist also gleich der Summe der Quadrate der Normen der Funktion u und aller ihrer partiellen Ableitungen bis einschließlich k-ter Ordnung im Raum $L_2(G)$. Hieraus erhalten wir sofort

$$\varrho^2(u, v)_{W_2^{(k)}(G)} = \|u - v\|^2_{W_2^{(k)}(G)} =$$
$$= \sum_{|i| \leqq k} \|D^i u - D^i v\|^2_{L_2(G)} = \sum_{|i| \leqq k} \varrho^2(D^i u, D^i v)_{L_2(G)} \,. \tag{29.15}$$

Konvergenz im Raum $S_2^{(k)}(G)$,

$$\lim_{n \to \infty} u_n = u \quad \text{in } S_2^{(k)}(G), \tag{29.16}$$

bedeutet also:

$$\lim_{n \to \infty} \|u_n - u\|^2_{W_2^{(k)}(G)} = \lim_{n \to \infty} \sum_{|i| \leqq k} \|D^i u_n - D^i u\|^2_{L_2(G)} = 0 \,. \tag{29.17}$$

Daraus folgt unmittelbar

$$\lim_{n \to \infty} u_n = u \quad \text{im Raum } S_2^{(k)}(G) \Leftrightarrow$$
$$\Leftrightarrow \lim_{n \to \infty} D^i u_n = D^i u \text{ im Raum } L_2(G) \text{ für alle } |i| \leqq k \,. \tag{29.18}$$

In Worten: *Die Folge $\{u_n\}$ konvergiert genau dann im Raum $S_2^{(k)}(G)$ gegen das Element u, wenn die Folge $\{u_n\}$ gegen die Funktion u und die Folgen der entsprechenden Ableitungen $\{D^i u_n\}$ ($|i| \leqq k$) gegen die Ableitungen $D^i u$ im Raum $L_2(G)$ konvergieren.*

Auf völlig gleiche Weise kann man zeigen – wir werden es hier nicht ausführlich beweisen –, daß *die Folge* $\{u_n\}$ *genau dann eine Cauchy-Folge im Raum* $S_2^{(k)}(G)$ *ist, wenn alle Folgen* $\{D^i u_n\}$, $|i| \leqq k$, *Cauchy-Folgen im Raum* $L_2(G)$ *sind:*

$$\lim_{\substack{m\to\infty\\ n\to\infty}} \|u_m - u_n\|_{W_2^{(k)}(G)} = 0 \Leftrightarrow \lim_{\substack{m\to\infty\\ n\to\infty}} \|D^i u_m - D^i u_n\|_{L_2(G)} = 0 \text{ für alle } |i| \leqq k . \tag{29.19}$$

Bemerkung 29.2. Für $k = 0$ erhalten wir das Skalarprodukt, die Norm und die Metrik des Raumes $L_2(G)$, d.h.

$$(u, v)_{W_2^{(0)}} = (u, v)_{L_2}, \quad u \in C^{(\infty)}(\bar{G}), \quad v \in C^{(\infty)}(\bar{G}), \tag{29.20}$$

usw.

Bemerkung 29.3. Wir wollen hier noch auf die folgende Eigenschaft der Ableitungen der Funktionen aus dem Raum $S_2^{(k)}(G)$ aufmerksam machen, die im weiteren Text nützlich sein wird.

Es sei $u \in S_2^{(k)}(G)$ und φ eine beliebige Funktion mit kompaktem Träger in G. Nach dem Greenschen Satz (S. 92) gilt dann für jedes j, $1 \leqq j \leqq N$,

$$\int_G \frac{\partial u}{\partial x_j} \varphi \, dx = \int_\Gamma u\varphi\nu_j \, dS - \int_G u \frac{\partial \varphi}{\partial x_j} dx = - \int_G u \frac{\partial \varphi}{\partial x_j} dx , \tag{29.21}$$

denn es ist $\varphi \in C_0^{(\infty)}(G)$ und daher ist das Integral über den Rand Γ gleich Null.

Wenn wir diesen Vorgang wiederholen, erhalten wir im allgemeinen Fall für $1 \leqq$ $\leqq |i| \leqq k$

$$\int_G D^i u \, \varphi \, dx = (-1)^{|i|} \int_G u D^i \varphi \, dx , \quad \varphi \in C_0^{(\infty)}(G) . \tag{29.22}$$

Daher *gilt für jede Funktion* $u \in S_2^{(k)}(G)$ *und für jedes* $\varphi \in C_0^{(\infty)}(G)$ *die Integralidentität* (29.22).[1])

Wir werden uns nun dem Problem der „Vervollständigung" des Raumes $S_2^{(k)}(G)$ und der Konstruktion des Raumes $W_2^{(k)}(G)$ widmen.

Es ist nicht schwer zu zeigen (vgl. eine ähnliche Überlegung auf S. 112), daß der Raum $S_2^{(k)}(G)$ nicht vollständig ist.

Für den Fall $k = 0$ ist der Raum $L_2(G)$ ein Raum, der vollständig ist und in dem die lineare Menge $C^{(\infty)}(\bar{G})$ dicht ist. In diesem Fall wird also das Skalarprodukt (29.10) auf eine „natürliche" Weise von der Menge $C^{(\infty)}(\bar{G})$ auf Funktionen aus dem Raum $L_2(G)$ erweitert, womit ein vollständiger Raum entsteht.

Wenn $k > 0$ ist, kann man jedoch das Skalarprodukt (29.10) nicht auf den ganzen Raum $L_2(G)$ erweitern, da nicht alle Funktionen aus $L_2(G)$ die geforderten Ableitun-

---

[1]) Offensichtlich gilt diese Identität für eine umfangreichere Klasse von Funktionen als es die Klasse $S_2^{(k)}(G)$ ist; von Funktionen aus diesem Raum setzen wir nämlich voraus, daß sie zur Menge $C^{(\infty)}(\bar{G})$ gehören und folglich stetige Ableitungen sogar aller Ordnungen im abgeschlossenen Gebiet $\bar{G}$ haben. An dieser Stelle ist es aber vorläufig nicht zweckmäßig, sich mit dieser Frage zu befassen.

gen besitzen (auch in keinem „vernünftigen“ verallgemeinerten Sinne). Wir werden aber zeigen, daß man auch in diesem Fall den entsprechenden vollständigen Raum verhältnismäßig leicht konstruieren kann.[1])

Betrachten wir eine beliebige Folge $\{u_n\}$, die eine Cauchy-Folge in $S_2^{(k)}(G)$ ist, so gibt es zwei Möglichkeiten:

a) Die Folge $\{u_n\}$ konvergiert im Raum $S_2^{(k)}(G)$,

$$\lim_{n\to\infty} u_n = u \quad \text{in } S_2^{(k)}(G)\,.$$

Dann ist also $u \in C^{(\infty)}(\bar{G})$ und nach (29.18) konvergiert in $L_2(G)$ die Folge $\{u_n\}$ bzw. die Folgen der entsprechenden Ableitungen $\{D^i u_n\}$ gegen die Funktion u bzw. gegen ihre Ableitungen $D^i u$.

b) Die Folge $\{u_n\}$ ist im Raum $S_2^{(k)}(G)$ nicht konvergent. Da sie jedoch laut Voraussetzung eine Cauchy-Folge in $S_2^{(k)}(G)$ ist, ist nach (29.19) jede von den Folgen $\{D^i u_n\}$ eine Cauchy-Folge in $L_2(G)$, und da $L_2(G)$ ein vollständiger Raum ist, hat jede von diesen Folgen in diesem Raum einen Grenzwert, den wir mit $v^{(i)}$ bezeichnen:

$$\lim_{n\to\infty} D^i u_n = v^{(i)} \quad \text{in } L_2(G)\,. \tag{29.23}$$

Für $|i| = 0$ bezeichnen wir den entsprechenden Grenzwert mit u,

$$\lim_{n\to\infty} u_n = u \quad \text{in } L_2(G)\,. \tag{29.24}$$

Mit Hilfe dieser Grenzwerte werden wir nun den gesuchten vollständigen Raum konstruieren.

Von den Funktionen $v^{(i)}$, $|i| \geqq 1$, können wir nicht behaupten, sie wären Ableitungen der Grenzfunktion u, denn von der Funktion u wissen wir nur das, daß sie zu $L_2(G)$ gehört. Trotzdem werden wir zeigen, daß diese Funktionen die gleiche Integralidentität (29.22) erfüllen, die auch die Ableitungen der Funktionen aus dem Raum $S_2^{(k)}(G)$ erfüllen. Die Funktionen $v^{(i)}$ nennen wir deshalb **verallgemeinerte Ableitungen der Funktion u**.

Da $u_n \in S_2^{(k)}(G)$ ist für jedes $n = 1, 2, \ldots$, gilt nach (29.22) für jedes i, $1 \leqq |i| \leqq k$, und für jedes $\varphi \in C_0^{(\infty)}(G)$

$$\int_G D^i u_n\, \varphi \, dx = (-1)^{|i|} \int_G u_n D^i \varphi \, dx\,. \tag{29.25}$$

Wenn wir in (29.25) den Grenzübergang nach (29.23), (29.24) durchführen (dazu sind wir nach Satz 5.13, S. 51, berechtigt), erhalten wir

$$\int_G v^{(i)} \varphi \, dx = (-1)^{|i|} \int_G u D^i \varphi \, dx\,, \quad 1 \leqq |i| \leqq k\,, \quad \varphi \in C_0^{(\infty)}(G)\,, \tag{29.26}$$

[1]) Für den Leser, der mit der Funktionalanalysis vertraut ist, genügt es zu sagen, daß wir die vollständige Hülle des Raumes $S_2^{(k)}(G)$ bezüglich der Norm (29.12) bilden werden; vgl. die ähnliche Konstruktion in Kapitel 10.

womit die erwähnte Behauptung bewiesen ist. Wie wir schon gesagt haben, werden die Funktionen $v^{(i)}$ *verallgemeinerte Ableitungen* der Funktion u genannt.

Es ensteht nun die Frage: Kann es vorkommen, daß zwei Cauchy-Folgen $\{u_n\}$, $\{\tilde{u}_n\}$ in $S_2^{(k)}(G)$ den gleichen Grenzwert (29.24), aber verschiedene Grenzwerte (29.23) haben? Dann würde nämlich eine und dieselbe Funktion u verschiedene verallgemeinerte Ableitungen besitzen, so daß die eingeführte Bezeichnung unangebracht wäre. Wir werden aber zeigen, daß für eine Funktion u die verallgemeinerten Ableitungen $v^{(i)}$ $(1 \leqq |i| \leqq k)$ – falls sie existieren – eindeutig bestimmt sind, d.h. wenn u im Raum $L_2(G)$ Grenzwert irgendeiner Folge $\{u_n\}$ ist, die im Raum $S_2^{(k)}(G)$ eine Cauchy-Folge ist, so sind die verallgemeinerten Ableitungen durch die betrachtete Funktion eindeutig bestimmt. Es sei also $\{u_n\}$ eine Cauchy-Folge in $S_2^{(k)}(G)$, für die (29.23), (29.24) gilt, und $\{\tilde{u}_n\}$ eine andere Cauchy-Folge in $S_2^{(k)}(G)$, für die ebenfalls (29.24) gilt, für die aber

$$\lim_{n\to\infty} D^i \tilde{u}_n = \tilde{v}^{(i)} \quad \text{in } L_2(G), \quad 1 \leqq |i| \leqq k, \tag{29.27}$$

ist. Nach ähnlichen Überlegungen wie im vorhergehenden Text (vgl. (29.25), (29.26)) stellen wir fest, daß für die Funktionen $\tilde{v}^{(i)}$ gilt:

$$\int_G \tilde{v}^{(i)} \varphi \, dx = (-1)^{|i|} \int_G u D^i \varphi \, dx, \quad 1 \leqq |i| \leqq k, \quad \varphi \in C_0^{(\infty)}(G). \tag{29.28}$$

Wählen wir nun ein beliebiges, aber festes i, $1 \leqq |i| \leqq k$, und ziehen (29.28) von (29.26) ab, so erhalten wir

$$\int_G (v^{(i)} - \tilde{v}^{(i)}) \varphi \, dx = 0, \quad \varphi \in C_0^{(\infty)}(G). \tag{29.29}$$

Da jedoch (29.29) für jedes $\varphi \in C_0^{(\infty)}(G)$ gilt und die Menge $C_0^{(\infty)}(G)$ in $L_2(G)$ dicht ist (Satz 8.6, S. 91), folgt hieraus nach Satz 5.15, S. 52, daß

$$\tilde{v}^{(i)} = v^{(i)} \tag{29.30}$$

für jedes i, $1 \leqq |i| \leqq k$, gilt, was zu beweisen war.

Die verallgemeinerten Ableitungen der Funktion u sind also durch diese Funktion eindeutig bestimmt. Wir werden sie mit dem gleichen Symbol $D^i u$ wie die Ableitungen im klassischen Sinne bezeichnen (siehe (29.9)). *Im weiteren Text werden wir also unter dem Symbol $D^i u$ die verallgemeinerte Ableitung der Funktion u im Sinne der Konstruktion* (29.24), (29.23) *verstehen.* Aus dieser Definition folgt u.a., daß $D^i u \in L_2(G)$ ist. Da die verallgemeinerten Ableitungen durch die Funktion u eindeutig bestimmt sind, kann man sich leicht überzeugen, daß im Falle einer genügend glatten Funktion (also insbesondere wenn $u \in S_2^{(k)}(G)$ ist) der Begriff der verallgemeinerten Ableitung mit dem Begriff der Ableitung im klassischen Sinne übereinstimmt. Siehe auch Bemerkung 29.5.

Wenn wir zu den Elementen des Raumes $S_2^{(k)}(G)$ (d.h. zu Elementen der linearen Menge $C^{(\infty)}(\bar{G})$) alle Grenzwerte (29.24) nach der soeben durchgeführten Konstruktion hinzufügen, erhalten wir eine gewisse lineare Menge, die wir mit E_k bezeichnen und die ein gewisses Analogon der in Kapitel 10 konstruierten linearen Menge D ist. Man kann ohne Schwierigkeiten zeigen, ähnlich, wie wir es in Kapitel 10 gemacht haben, daß durch die Beziehung

$$(u, v)_{W_2^{(k)}} = \sum_{|i| \leq k} \int_G D^i u D^i v \, dx, \quad u \in E_k, \quad v \in E_k, \tag{29.31}$$

auf der Menge E_k ein Skalarprodukt definiert ist, das eine Erweiterung des durch die Formel (29.10) für Elemente u, v aus der Menge $C^{(\infty)}(\bar{G})$ definierten Skalarproduktes auf Elemente aus der Menge E_k darstellt, und daß der entsprechende unitäre Raum (mit Norm und Metrik, die in üblicher Weise aufgrund dieses Skalarproduktes definiert sind) vollständig ist, d.h. ein Hilbert-Raum ist.

Definition 29.1. Den Hilbert-Raum, dessen Elemente die Elemente der linearen Menge E_k bilden und auf dem das Skalarprodukt durch die Beziehung (29.31) definiert ist, nennen wir den **Raum** $W_2^{(k)}$ oder ausführlicher den **Sobolevschen Raum** $W_2^{(k)}(G)$.

Aus der Konstruktion des Raumes $W_2^{(k)}(G)$ folgt vorerst (vgl. Kapitel 10, S. 119), daß die lineare Menge $C^{(\infty)}(\bar{G})$ in diesem Raum dicht ist. Weiter gelten offensichtlich die Beziehungen (29.14), (29.15) und die aus ihnen folgenden Beziehungen (29.17), (29.19), die ursprünglich nur für Elemente des Raumes $S_2^{(k)}$ hergeleitet wurden.

Man kann zeigen, daß der Raum $W_2^{(k)}(G)$ separabel ist. (Siehe z.B. [35], S. 64.) Ein Beispiel einer abzählbaren dichten Menge in $W_2^{(k)}(G)$ ist die Menge aller Polynome in N Veränderlichen mit rationalen Koeffizienten.

Bemerkung 29.4. Die Elemente des Raumes $W_2^{(k)}(G)$ sind also einerseits die Funktionen aus der linearen Menge $C^{(\infty)}(\bar{G})$, anderseits diejenigen Funktionen aus $L_2(G)$, die verallgemeinerte Ableitungen (29.23) besitzen, d.h. die mit beliebiger Genauigkeit in der durch das Skalarprodukt (29.31) gegebenen Metrik durch Funktionen aus $C^{(\infty)}(\bar{G})$ approximiert werden können. Insbesondere gehören zu $W_2^{(k)}(G)$ alle Funktionen, die in G stetige Ableitungen bis einschließlich $(k-1)$-ter Ordnung und stetige oder stückweise stetige Ableitungen k-ter Ordnung haben.

Bei der Konstruktion des Raumes $W_2^{(k)}(G)$ kann man auch anders vorgehen. Zunächst kann man aufgrund der Beziehung (29.22) verallgemeinerte Ableitungen definieren. Es sei wie früher $i = (i_1, \ldots, i_N)$, $|i| = i_1 + \ldots + i_N$. Wir sagen, daß die Funktion $v^{(i)} \in L_2(G)$ die **verallgemeinerte Ableitung** ($|i|$-ter Ordnung) **der Funktion** $u \in L_2(G)$ ist, wenn für jedes $\varphi \in C_0^{(\infty)}(G)$

$$\int_G v^{(i)} \varphi \, dx = (-1)^{(i)} \int_G u D^{(i)} \varphi \, dx \tag{29.32}$$

gilt. Wir schreiben

$$v^{(i)} = D^i u. \tag{29.33}$$

Da in der Definition der verallgemeinerten Ableitungen die quadratische Integrierbarkeit im Gebiet G vorausgesetzt wird, können wir auf der linearen Menge aller

Funktionen u, die verallgemeinerte Ableitungen[1]) bis einschließlich k-ter Ordnung haben, das Symbol $(u, v)_k$ durch die folgende Beziehung definieren:

$$(u, v)_k = \sum_{|i| \leqq k} \int_G D^i u \, D^i v \, dx \,. \tag{29.34}$$

Die Beziehung (29.34) definiert auf dieser linearen Menge ein Skalarprodukt. Der aufgrund dieses Skalarproduktes gebildete unitäre Raum ist vollständig[2]) und stimmt im Falle eines Gebietes mit einem Lipschitz-Rand mit dem oben eingeführten Raum $W_2^{(k)}(G)$ überein. Siehe z.B. [35], S. 62 und 63.

Für $k = 0$ ist natürlich $W_2^{(0)}(G) = L_2(G)$. Für $k > 0$ werden Elemente des Raumes $W_2^{(k)}(G)$ aus denjenigen Elementen des Raumes $L_2(G)$ gebildet, die quadratisch integrierbare verallgemeinerte Ableitungen (nach irgendeiner der beiden hier angeführten Definitionen) bis einschließlich k-ter Ordnung haben.

Bemerkung 29.5. Man kann leicht zeigen (es folgt fast unmittelbar aus der Definition): Wenn $u \in W_2^{(k)}(G)$ ist, dann gilt

1. $u \in W_2^{(l)}(G)$ für jedes l, $0 \leqq l \leqq k$.

2. Die verallgemeinerten Ableitungen $D^i u$ der Funktion u $(|i| < k)$ gehören zum Raum $W_2^{(k-|i|)}(G)$, wobei die üblichen Rechenregeln wie für Funktionen aus der Menge $C^{(\infty)}(\overline{G})$ gelten, z.B.

$$D^i(D^j u) = D^{i+j} u$$

(dabei ist $i + j$ die Summe der Vektoren i und j) u.ä.

Bemerkung 29.6. Für $u \in C^{(\infty)}(\overline{G})$ sind die verallgemeinerten Ableitungen identisch mit den entsprechenden Ableitungen im üblichen (klassischen) Sinne. Im allgemeinen ist dies natürlich nicht der Fall. Ist $N = 1$, dann garantiert die Beziehung $u \in W_2^{(1)}(a, b)$, daß die Funktion u im Intervall $[a, b]$ absolut stetig ist. (Oder genauer, da es sich um eine Funktion aus $L_2(a, b)$ handelt: Durch geeignete Abänderung der Funktionswerte in Punkten, die eine Menge vom Maß Null bilden, kann man erreichen, daß diese Funktion in $[a, b]$ absolut stetig ist. Das heißt z.B., daß eine Funktion, die in irgendeinem Punkt $x \in (a, b)$ einen Sprung hat, nicht zu $W_2^{(1)}(a, b)$ gehören kann, da man sie nicht stetig machen kann, indem man ihre Funktionswerte in Punkten ändert, die eine Menge vom Maß Null bilden.) Des weiteren existiert fast überall in $[a, b]$ $u'(x)$, wobei die Funktion $u'(x)$ fast überall in $[a, b]$ mit der verallgemeinerten Ableitung der Funktion u übereinstimmt.

Für $N > 1$ gilt eine ähnliche Aussage. Wenn z.B. die Funktion u in G die verallgemeinerte erste partielle Ableitung nach x_1 besitzt, dann kann man nach geeigneter

---

[1]) Diese Ableitungen sind durch jede der Funktionen u eindeutig bestimmt, vgl. die oben durchgeführten Überlegungen.

[2]) In der Literatur wird dieser Raum oft mit $H^k(G)$ bezeichnet. Die Bezeichnung ist nicht einheitlich (viele Autoren bezeichnen mit $H^k(G)$ den Raum $W_2^{(k)}(G)$, der oben als Vervollständigung des Raumes $S_2^{(k)}(G)$ definiert wurde). Der Grund dafür geht aus dem sogleich folgenden Text klar hervor.

Abänderung der Werte der Funktion u auf einer Menge vom Maß Null erreichen, daß die Funktion auf fast allen Parallelen zur x_1-Achse absolut stetig ist, daß fast überall die Ableitung $\partial u/\partial x_1$ existiert und fast überall mit der verallgemeinerten Ableitung der Funktion u nach der Veränderlichen x_1 übereinstimmt.

Ausführlich werden diese Fragen in [35], S. 61, behandelt.

Bemerkung 29.7. Allgemeiner als der Begriff der verallgemeinerten Ableitung ist der Begriff der sogenannten **Distribution**. Siehe z.B. [35], S. 56.

Kapitel 30. Spuren der Funktionen aus dem Raum $W_2^{(k)}(G)$. Der Raum $\mathring{W}_2^{(k)}(G)$. Verallgemeinerte Friedrichssche und Poincarésche Ungleichung

Wie im vorhergehenden Kapitel gezeigt wurde, besteht der Raum $W_2^{(k)}(G)$ aus Funktionen der linearen Menge $C^{(\infty)}(\bar{G})$, die stetige Ableitungen aller Ordnungen in $\bar{G}$ haben, und aus der „Hülle" dieser Menge in der Metrik (29.13), S. 333, d.h., sehr grob gesagt, aus denjenigen Funktionen aus $L_2(G)$, bei denen man noch von Ableitungen (in einem gewissen verallgemeinerten Sinne) bis einschließlich k-ter Ordnung sprechen kann.

Für jede in $\bar{G}$ stetige Funktion, und umsomehr also für jede Funktion $u \in C^{(\infty)}(\bar{G})$ sind eindeutig ihre Werte $u(S)$ auf dem Rand Γ gegeben; die Funktion $u(S)$ nennen wir **Spur der Funktion** $u(x) \in C^{(\infty)}(\bar{G})$ **auf** Γ. Die Spur einer Funktion $u(x) \in C^{(\infty)}(\bar{G})$ ist offensichtlich auf dem Rand Γ stetig, und daher auch quadratisch integrierbar auf Γ, d.h.

$$u(x) \in C^{(\infty)}(\bar{G}) \Rightarrow u(S) \in L_2(\Gamma)\,.$$

(Zum Raum $L_2(\Gamma)$ siehe den Schluß von Kapitel 28.)

Eine Erweiterung des Begriffes der Spur auf alle Funktionen aus $W_2^{(k)}(G)$ ($k \geqq 1$), also auch auf solche, die nicht zu $C^{(\infty)}(\bar{G})$ gehören und die gegebenenfalls nicht einmal auf den Rand stetig fortsetzbar sind, ermöglicht der folgende Satz ([35], *S.* 15):

Satz 30.1. *Es sei G ein Gebiet mit einem Lipschitz-Rand. Dann existiert genau ein beschränkter linearer Operator T, der den Raum $W_2^{(1)}(G)$ in den Raum $L_2(\Gamma)$ abbildet, so daß für $u(x) \in C^{\infty)}(\bar{G})$ $Tu(x) = u(S)$ ist.*

Aufgrund dieses Satzes wird also jeder Funktion $u \in W_2^{(1)}(G)$ eine Funktion $u(S) \in$ $\in L_2(\Gamma)$ – ihre **Spur auf dem Rand** Γ – zugeordnet, wobei diese Zuordnung T erstens so beschaffen ist, daß sie jeder Funktion $u(x) \in C^{(\infty)}(\bar{G})$ ihre Spur $u(S)$ in dem früher definierten Sinn zuordnet[1]), und zweitens so (denn der Operator T ist linear und beschränkt, und also auch stetig, siehe Satz 8.3, S. 86), daß zwei im Raum $W_2^{(1)}(G)$ „nahe beieinanderliegenden" Funktionen zwei Funktionen auf Γ entsprechen, die im Raum $L_2(\Gamma)$ ebenfalls „nahe beieinanderliegen". Da die lineare Menge $C^{(\infty)}(\bar{G})$ in $W_2^{(1)}(G)$ dicht ist, kann man die Spur $u(S)$ jeder Funktion $u \in W_2^{(1)}(G)$, die nicht zu $C^{(\infty)}(\bar{G})$ gehört, als Grenzwert im Raum $L_2(\Gamma)$ auffassen, und zwar als den Grenz-

[1]) Diese Tatsache ist für Funktionen $u(x) \in C^{(\infty)}(\bar{G})$ in Satz 30.1 durch die Gleichung $Tu(x) =$ $= u(S)$ ausgedrückt.

wert einer Folge von Spuren $u_n(S)$ von Funktionen $u_n(x)$ [1]), die zu $C^{(\infty)}(\bar{G})$ gehören und im Raum $W_2^{(1)}(G)$ gegen die betrachtete Funktion $u \in W_2^{(1)}(G)$ konvergieren. Ist dabei die Funktion $u(x)$ stetig im abgeschlossenen Gebiet $\bar{G}$, dann ist es nicht schwer zu zeigen, daß ihre Spur $u(S)$ durch ihre Werte am Rand im üblichen Sinne gegeben ist. Die Abbildung T hat also „vernünftige“ Eigenschaften.

Bemerkung 30.1. Der Leser wird vielleicht die Frage stellen, warum wir Spuren nicht direkt für Funktionen aus dem Raum $L_2(G)$ definieren und warum wir dazu Funktionen aus dem Raum $W_2^{(1)}(G)$ brauchen. Wenn eine Funktion $u \in L_2(G)$ stetig in $\bar{G}$ ist, dann ist es einfach (siehe auch den dieser Bemerkung unmittelbar vorhergehenden Text): es genügt, die Spur der Funktion u durch ihre Werte auf dem Rand zu definieren. Natürlich ist nicht jede Funktion aus dem Raum $L_2(G)$ in $\bar{G}$ stetig. Und dann entsteht die Frage, was wir unter der Spur einer solchen Funktion verstehen sollen; wir wissen, daß sich die Funktion $u \in L_2(G)$ als Element des Raumes $L_2(G)$ nicht ändern wird, wenn wir ihre Werte auf einer Menge vom Maß Null – also z.B. gerade auf dem Rand Γ – abändern. Durch die Spur einer Funktion $u(x)$ wollen wir das Verhalten dieser Funktion innerhalb des Gebietes G in der Nähe des Randes erfassen. Deshalb ist die Idee, die auch dem Satz 30.1 zugrunde liegt, ganz natürlich: Wir approximieren die Funktion $u(x)$ im Gebiet G durch eine Folge von Funktionen $u_n(x)$, die in $\bar{G}$ genügend glatt sind, und definieren die Spur $u(S)$ der Funktion $u(x)$ als den Grenzwert der Folge der Spuren $u_n(S)$ der Funktionen $u_n(x)$ auf dem Rand Γ. Wenn $u \in W_2^{(1)}(G)$ ist, dann ist durch Satz 30.1 garantiert, daß die Folge $\{u_n(S)\}$ im Raum $L_2(\Gamma)$ gegen einen gewissen Grenzwert $u(S)$ konvergiert und daß zusätzlich, wie wir schon erwähnt hatten, dieser Grenzwert nicht davon abhängt, welche in $W_2^{(1)}(G)$ gegen die Funktion $u(x)$ konvergierende Folge $\{u_n(x)\}$ wir wählen. Falls jedoch die Folge $\{u_n(x)\}$ gegen die Funktion $u(x)$ nur im Raum $L_2(G)$ konvergiert (und wenn $u(x)$ nur aus dem Raum $L_2(G)$ ist, können wir auch von der Folge $\{u_n(x)\}$ nicht mehr fordern), dann muß die entsprechende Folge $\{u_n(S)\}$ im Raum $L_2(\Gamma)$ überhaupt nicht konvergent sein, wie aus dem folgenden einfachen Beispiel hervorgeht: Wir betrachten im Intervall $[0, 3]$ die auf folgende Weise definierte Folge von Funktionen $u_n(x)$:

$$u_n(x) = \begin{cases} (1 - nx) \,.\, (-1)^{n+1} & \text{für } x \in \left[0, \dfrac{1}{n}\right], \\ 0 & \text{für } x \in \left[\dfrac{1}{n}, 3 - \dfrac{1}{n}\right], \\ [1 + n(x - 3)] \,.\, (-1)^{n+1} & \text{für } x \in \left[3 - \dfrac{1}{n}, 3\right]. \end{cases} \tag{30.1}$$

Die beiden ersten Glieder dieser Folge sind in Figur 30.1 dargestellt.

Es läßt sich leicht zeigen, daß die Folge der Funktionen (30.1) im Raum $L_2(0, 3)$

[1]) Man kann zeigen (es folgt aus der Beschränktheit des Operators T), daß dieser Grenzwert von der Wahl dieser Folge unabhängig ist.

gegen die Funktion $u(x) \equiv 0$ konvergiert:

$$\|u_n - 0\|^2 = \int_0^3 u_n^2 \, dx = 2 \int_0^{1/n} (1 - nx)^2 \, dx =$$

$$= -\frac{2}{3n} \left[(1 - nx)^3\right]_0^{1/n} = \frac{2}{3n} \to 0 \quad \text{für } n \to \infty .$$

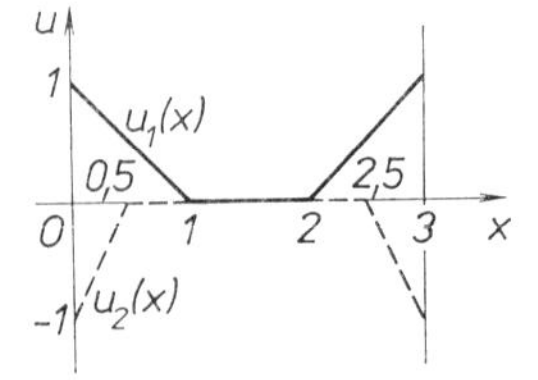

Figur 30.1

Aber die Folge der Spuren der im Intervall $[0, 3]$ stetigen Funktionen $u_n(x)$, d.h. die Folge

$$1, -1, 1, -1, \ldots \tag{30.2}$$

ihrer Werte in den Endpunkten des Intervalls, ist nicht konvergent.

Der Leser wird sicher imstande sein, ähnliche Beispiele auch für $N = 2$ bzw. für höhere Dimensionen zu konstruieren.

In unserem Beispiel war $u(x) \equiv 0$, so daß die Funktion $u(x)$ im Intervall $[0, 3]$ stetig war; zur Definition ihrer Spuren war es natürlich nicht notwendig, irgendeine Folge zu konstruieren. Im allgemeinen Fall, vor allem wenn $N > 1$ ist, kann die Funktion $u(x)$ so beschaffen sein, daß die Frage nach ihrer Spur überhaupt nicht einfach ist. Das Beispiel in Bemerkung 30.1 hatte nur zum Ziel zu zeigen, daß es nicht immer möglich ist, die Spur einer Funktion $u(x)$ als den Grenzwert der Folge der Spuren von Funktionen zu definieren, die gegen die Funktion $u(x)$ nur in der Metrik des Raumes $L_2(G)$ konvergieren. Die Situation, welche in Bemerkung 30.1 aufgetreten ist, kann nicht vorkommen, wenn die Folge $\{u_n(x)\}$ gegen die Funktion

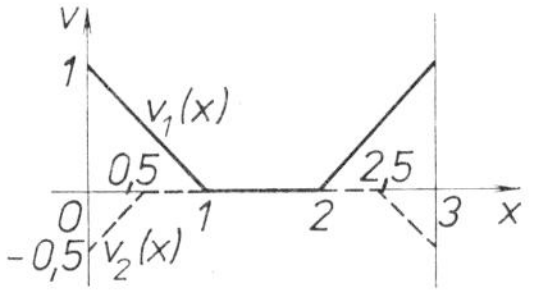

Figur 30.2

$u(x)$ in der Metrik des Raumes $W_2^{(1)}(G)$ konvergiert. Wir machen darauf aufmerksam, daß die Folge (30.1) nicht gegen die Funktion $u(x) \equiv 0$ im Raum $W_2^{(1)}(0, 3)$ konvergiert: Es gilt nämlich (vgl. (29.15), S. 333)

$$\|u_n - 0\|^2_{W_2^{(1)}(0,3)} = \|u_n - 0\|^2 + \|u_n' - 0\|^2 = \frac{2}{3n} + 2n \to +\infty ,$$

denn es ist

$$\|u_n' - 0\|^2 = \|u_n'\|^2 = 2 \int_0^{1/n} n^2 \, dx = 2n .$$

Wenn wir statt der Folge (30.1) z.B. die folgende betrachten:

$$v_n(x) = \begin{cases} \frac{1}{n}(1 - nx) \cdot (-1)^{n+1} & \text{für } x \in \left[0, \frac{1}{n}\right], \\ 0 & \text{für } x \in \left[\frac{1}{n}, 3 - \frac{1}{n}\right], \\ \frac{1}{n}[1 + n(x - 3)] \cdot (-1)^{n+1} & \text{für } x \in \left[3 - \frac{1}{n}, 3\right] \end{cases} \tag{30.3}$$

(die ersten zwei Glieder dieser Folge sind in Figur 30.2 angegeben), können wir leicht feststellen, daß diese Folge gegen die Funktion $u(x) \equiv 0$ im Raum $W_2^{(1)}(0, 3)$ konvergiert. Statt der Folge (30.2) sind jetzt die Spuren der Funktionen $v_n(x)$ in den Endpunkten des Intervalls $[0, 3]$ durch die Folge

$$1, -\tfrac{1}{2}, \tfrac{1}{3}, -\tfrac{1}{4}, \ldots$$

dargestellt, die gegen die Nullspur der Grenzfunktion $u(x) \equiv 0$ konvergiert.

Wenn wir im weiteren von Spuren sprechen, werden wir darunter stets Spuren von Funktionen aus $W_2^{(1)}(G)$ *in dem in Satz* 30.1 *angegebenen Sinne verstehen.* Wenn wir also sagen, daß *eine Funktion* $u(x)$ *die Bedingung* $u = g(S)$ *auf dem Rand im Sinne von Spuren erfüllt,* wobei $g \in L_2(\Gamma)$ eine vorgegebene Funktion ist, werden wir darunter stets meinen, daß die Funktion $u(x)$ zum Raum $W_2^{(1)}(G)$ gehört und daß $g(S)$ ihre Spur auf dem Rand ist.

Falls $u(x)$ zum Raum $W_2^{(k)}(G)$ mit $k > 1$ gehört, dann gehört sie auch zum Raum $W_2^{(1)}(G)$ (in Übereinstimmung mit Kapitel 29). Folglich hat jede Funktion $u \in W_2^{(k)}(G)$, $k \geqq 1$, eine Spur auf dem Rand Γ (im Sinne von Satz 30.1).

Wenn $u \in W_2^{(2)}(G)$ ist, dann gehören die Funktion u und ihre verallgemeinerten Ableitungen $\partial u/\partial x_j$, $j = 1, \ldots, N$, nach Bemerkung 29.5 zu $W_2^{(1)}(G)$. Aus Satz 30.1 folgt dann, daß nicht nur die Funktion u, sondern auch die Ableitungen $\partial u/\partial x_j$ Spuren auf Γ besitzen. Allgemeiner: Wenn $u \in W_2^{(k)}(G)$ ist, dann ist $D^i u \in W_2^{(1)}(G)$ für jeden Vektor $i = (i_1, \ldots, i_N)$ mit $|i| \leqq k - 1$. (Wir benutzen die Bezeichnung aus dem vorhergehenden Kapitel, d.h. $|i| = i_1 + \ldots + i_N$.) Im Sinne von Satz 30.1 entspricht also jeder dieser Ableitungen $D^i u(x)$ eine Spur $D^i u(S) \in L_2(\Gamma)$ auf dem Rand des gegebenen Gebietes. Ähnlich wie im vorhergehenden Fall nennen wir die Funktion $D^i u(S)$ **Spur der Funktion** $D^i u(x)$. Für $|i| = 0$ erhalten wir natürlich die Spur der gegebenen Funktion $u(x)$.

Da der Rand Γ nach Voraussetzung ein Lipschitz-Rand ist, so daß die Normale ν fast überall existiert (S. 327), ermöglicht es der Begriff der Spuren, die Normalenableitung der Funktion $u \in W_2^{(k)}(G)$ $(k \geqq 2)$ oder allgemeiner die Ableitung in einer vorgegebenen Richtung einzuführen. Nach dem vorhergehenden Text existieren für $k \geqq 2$ Spuren der Funktionen u, $\partial u/\partial x_j$ $(j = 1, \ldots, N)$, so daß wir – wenn ν_j die Richtungskosinus der äußeren Normale sind – definieren können:

$$\frac{\partial u}{\partial \nu} = \sum_{j=1}^{N} \frac{\partial u}{\partial x_j}(S)\, \nu_j(S), \quad u \in W_2^{(k)}(G), \quad k \geqq 2. \tag{30.4}$$

In ähnlicher Weise kann man für Funktionen aus dem Raum $W_2^{(k)}(G)$, $k \geqq 3$, die Ableitungen $\partial^2 u/\partial v^2$ usw. definieren.

Bemerkung 30.2. In Kapitel 28 haben wir den Raum $L_2(\Gamma)$ eingeführt. Wenn der Rand Γ genügend glatt ist, kann man auf ihm Räume $W_2^{(k)}(\Gamma)$ einführen, die in gewissem Sinne den Räumen $W_2^{(k)}(G)$ ähnlich sind. Ausführlicher: Wir bezeichnen wie in Kapitel 28 mit dem Symbol $K^{(r)}$ den $(N-1)$-dimensionalen Würfel

$$|x_i^{(r)}| < \alpha\,, \quad i = 1, \ldots, N-1$$

(siehe S. 325). Wenn auf dem Rand Γ eine Funktion $f(S)$ vorgegeben ist, dann sagen wir, daß sie zum Raum $W_2^{(k)}(\Gamma)$ gehört, wenn für jedes $r = 1, \ldots, m$ gilt (wir benutzen die gleichen Bezeichnungen wie in Kapitel 28)

$$f(x_1^{(r)}, \ldots, x_{N-1}^{(r)},\ a_r(x_1^{(r)}, \ldots, x_{N-1}^{(r)})) \in W_2^{(k)}(K^{(r)})\,.$$

Für $k = 0$ erhalten wir den uns schon gut bekannten Fall $f \in L_2(\Gamma)$. Ausführlich dazu siehe [35], S. 82.

Bemerkung 30.3. Nach Satz 30.1 ist jeder Funktion $u \in W_2^{(1)}(G)$ eine gewisse Funktion $u(S) \in L_2(\Gamma)$ – ihre Spur auf Γ – zugeordnet. Es entsteht nun die Frage, ob umgekehrt jede Funktion $v(S) \in L_2(\Gamma)$ die Spur irgendeiner Funktion $v \in W_2^{(1)}(G)$ ist. Die Antwort ist negativ. Schon für $N = 2$ wurde (siehe [35], S. 22) eine Funktion konstruiert, die sogar stetig auf dem Rand Γ des Einheitskreises G ist, zu der es jedoch keine Funktion $v \in W_2^{(1)}(G)$ gibt, deren Spur sie wäre. Man kann aber zeigen (siehe [35], S. 87), daß *die Menge der Spuren von Funktionen aus $W_2^{(1)}(G)$ in $L_2(\Gamma)$ dicht ist.* Eine tiefere Untersuchung des Problems der Spuren ermöglichen Räume mit gebrochenen Ableitungen (Räume wie $W_2^{(1/2)}$ u.ä., siehe z.B. [35], Kap. 2).

Wir werden nun ohne Beweis gewisse Analoga der Sätze 18.1 und 18.2, S. 182 und 191, anführen. Diese Sätze kann man durch Grenzübergang und mit Hilfe gewisser Kunstgriffe aus den eben zitierten Sätzen herleiten, oder auch durch das in [35], S. 18 bis 21, angegebene Verfahren.

Satz 30.2. (Friedrichssche Ungleichung.) *Es sei G ein Gebiet mit einem Lipschitz-Rand Γ. Dann existiert eine Konstante $k_1 > 0$, die nur von dem Gebiet G abhängt, so daß für jedes $u \in W_2^{(1)}(G)$ gilt:*

$$\|u\|^2_{W_2^{(1)}(G)} \leqq k_1 \left\{ \sum_{j=1}^{N} \int_G \left(\frac{\partial u}{\partial x_j}\right)^2 \mathrm{d}x + \int_\Gamma u^2(S)\,\mathrm{d}S \right\}. \tag{30.5}$$

Im ersten von den Integralen in (30.5) sind dabei $\partial u/\partial x_j$ verallgemeinerte Ableitungen der Funktion $u(x)$ in G, im zweiten bedeutet $u(S)$ die Spur der Funktion $u(x)$ auf Γ. Die Ungleichung (30.5) kann man in einer etwas allgemeineren Form schreiben, wenn wir statt des Integrals über den Rand Γ nur das Integral über einen gewissen Teil des Randes mit positivem Lebesgueschen Maß betrachten:

Satz 30.3. *Es sei G ein Gebiet mit einem Lipschitz-Rand Γ und Γ_1 sei ein Teil von Γ mit positivem Lebesgueschen Maß, $m\Gamma_1 > 0$. Dann existiert eine Konstante $k_2 > 0$,* *die nur vom Gebiet G und von Γ_1 abhängt, so daß für jede Funktion $u \in W_2^{(1)}(G)$ gilt:*

$$\|u\|^2_{W_2^{(1)}(G)} \leqq k_2 \left\{ \sum_{j=1}^{N} \int_G \left(\frac{\partial u}{\partial x_j}\right)^2 \mathrm{d}x + \int_{\Gamma_1} u^2(S)\,\mathrm{d}S \right\}. \tag{30.6}$$

Nützlich ist auch der folgende Satz ([35], S. 21):

Satz 30.4. *Es sei G ein Gebiet mit einem Lipschitz-Rand Γ. Dann existiert eine Konstante $k_3 > 0$, die nur vom Gebiet G abhängt, so daß für jedes $u \in W_2^{(2)}(G)$ gilt:*

$$\|u\|^2_{W_2^{(2)}(G)} \leqq k_3 \left\{ \sum_{|i|=2} \int_G (D^i u)^2\,\mathrm{d}x + \int_\Gamma u^2(S)\,\mathrm{d}S \right\}. \tag{30.7}$$

Die Summierung über $|i| = 2$ bedeutet hier, daß wir über alle (verallgemeinerten) Ableitungen $D^i u$ summieren, für die $|i| = i_1 + \ldots + i_N = 2$ ist, d.h. über alle Ableitungen zweiter Ordnung.

Satz 30.5. (Poincarésche Ungleichung.) *Es sei G ein Gebiet mit einem Lipschitz-Rand.*[1]) *Dann existiert eine Konstante $k_4 > 0$, die nur von dem Gebiet G abhängt, so daß für jede Funktion $u \in W_2^{(k)}(G)$ gilt:*

$$\|u\|^2_{W_2^{(k)}(G)} \leqq k_4 \left\{ \sum_{|i|=k} \int_G (D^i u)^2\,\mathrm{d}x + \sum_{|i|<k} \left(\int_G D^i u\,\mathrm{d}x \right)^2 \right\}. \tag{30.8}$$

Insbesondere folgt hieraus, daß für $k = 1$ gilt:

$$\|u\|^2_{W_2^{(1)}(G)} \leqq k_4 \left\{ \sum_{j=1}^{N} \int_G \left(\frac{\partial u}{\partial x_j}\right)^2 \mathrm{d}x + \left(\int_G u\,\mathrm{d}x \right)^2 \right\}; \tag{30.9}$$

dies ist eine der Ungleichung (18.50), S. 191, analoge Ungleichung.

Bemerkung 30.4. (*Der Raum $\mathring{W}_2^{(k)}(G)$.*) In Kapitel 29 haben wir den Raum $S_2^{(k)}(G)$ oder kurz $S_2^{(k)}$ definiert, dessen Elemente die Funktionen aus der linearen Menge $C^{(\infty)}(\bar{G})$ sind und also in $\bar{G}$ stetige Ableitungen aller Ordnungen haben, und in dem die Metrik durch das Skalarprodukt

$$(u, v)_{W_2^{(k)}(G)} = \sum_{|i| \leqq k} \int_G D^i u\, D^i v\,\mathrm{d}x\,, \quad u \in C^{(\infty)}(\bar{G})\,, \quad v \in C^{(\infty)}(\bar{G})\,, \tag{30.10}$$

erzeugt wurde. Nun bezeichnen wir analog mit $D_2^{(k)}(G)$ den Raum mit demselben Skalarprodukt, und folglich auch mit derselben Metrik, dessen Elemente jedoch die Funktionen aus der linearen Menge $C_0^{(\infty)}(G)$ sind, d.h. Funktionen mit kompaktem Träger in G. Durch „Vervollständigung" des Raumes $S_2^{(k)}(G)$, d.h. durch Konstruktion seiner vollständigen Hülle in der durch das Skalarprodukt (29.10) erzeugten Metrik haben wir im vorhergehenden Kapitel den Hilbert-Raum $W_2^{(k)}(G)$ gebildet. Wenn wir nun auf völlig analoge Weise und in derselben Metrik die „Vervollständigung" des Raumes $D_2^{(k)}(G)$ durchführen, erhalten wir wiederum einen Hilbert-Raum, der offensichtlich ein Teilraum des Raumes $W_2^{(k)}(G)$ ist[2]). Diesen Raum be-

[1]) Diese Voraussetzung kann man abschwächen, siehe [35], S. 18.

[2]) Die Menge $C_0^{(\infty)}(G)$ ist eine lineare Teilmenge der Menge $C^{(\infty)}(\bar{G})$.

zeichnen wir mit $\mathring{W}_2^{(k)}(G)$ oder kurz mit $\mathring{W}_2^{(k)}$. Durch die Null über dem Symbol $W_2^{(k)}(G)$ drücken wir aus, daß Funktionen, die zu $\mathring{W}_2^{(k)}(G)$ gehören, „am Rande Γ samt ihren Ableitungen bis einschließlich der Ordnung $k-1$ verschwinden",

$$D^i u(S) = 0 \quad \text{auf } \Gamma \text{ für } |i| \leqq k-1\,, \quad u \in \mathring{W}_2^{(k)}(G)\,. \tag{30.11}$$

Wenn nämlich $u \in C_0^{(\infty)}(G)$ ist, dann verschwindet bekanntlich $u(x)$ identisch in einer gewissen Umgebung des Randes Γ, so daß $D^i u(S) = 0$ auf Γ sogar für beliebig große $|i|$ ist. Wenn $u \in \mathring{W}_2^{(k)}(G)$, aber $u \notin C_0^{(\infty)}(G)$ ist, dann muß man die Beziehung (30.11) im Sinne von Spuren auffassen: In Übereinstimmung mit dem nach Satz 30.1 folgenden Text erhalten wir (30.11), wenn wir $u \in \mathring{W}_2^{(k)}(G)$ als den Grenzwert (in der Metrik des Raumes $W_2^{(k)}(G)$) einer Folge $\{u_n\}$ von Funktionen aus $C_0^{(\infty)}(G)$ auffassen. Dabei gilt für jedes n im Sinne von Spuren (und sogar im üblichen Sinn)

$$D^i u_n(S) = 0 \quad \text{in } L_2(\Gamma)\,,$$

und hieraus folgt nach dem Grenzübergang (den wir aufgrund von Satz 30.1 und des Textes auf S. 343 für jedes i mit $|i| \leqq k-1$ durchführen können)

$$D^i u(S) = 0 \quad \text{in } L_2(\Gamma)\,, \quad |i| \leqq k-1 \quad (\text{im Sinne von Spuren})\,. \tag{30.12}$$

In diesem Sinne muß man also die Identitäten (30.11) verstehen, die ausdrücken, daß „die Funktion $u \in \mathring{W}_2^{(k)}(G)$ und ihre Ableitungen bis einschließich der Ordnung $k-1$ auf dem Rande Γ verschwinden".

Es entsteht die Frage, ob diese Aussage in einem gewissen Maß auch umgekehrt gilt, d.h. ob jede Funktion aus $W_2^{(k)}(G)$, für die (30.12) gilt, zu $\mathring{W}_2^{(k)}(G)$ gehört. Man kann zeigen – siehe z.B. [35] –, daß die Antwort auf diese Frage positiv ist, wenn der Rand Γ des Gebietes G genügend glatt ist. Für $k = 1$ und $k = 2$ genügt es (siehe [35], S. 87 und 90), wenn Γ ein Lipschitz-Rand ist. Wenn wir (30.11) in Betracht ziehen und die Bezeichnung von S. XVIII benutzen, können wir die letzte Behauptung folgendermaßen formulieren:

Satz 30.6. *Wenn G ein Gebiet mit einem Lipschitz-Rand Γ ist, dann gilt*

$$\{v;\ v \in W_2^{(1)}(G),\ v = 0 \text{ auf } \Gamma \text{ im Sinne von Spuren}\} = \mathring{W}_2^{(1)}(G)\,, \tag{30.13}$$

$$\{v;\ v \in W_2^{(2)}(G),\ D^i v = 0 \text{ auf } \Gamma \text{ im Sinne von Spuren für } |i| \leqq 1\} = \\ = \mathring{W}_2^{(2)}(G)\,. \tag{30.14}$$

Ein ähnliches Resultat für $k > 2$ ist in [35], S. 90, formuliert.

Bemerkung 30.5. Ist $u \in \mathring{W}_2^{(1)}(G)$, dann ist $u = 0$ auf Γ im Sinne von Spuren und die Ungleichung (30.5) geht in die folgende Ungleichung über:

$$\|u\|^2_{\mathring{W}_2^{(1)}(G)} \leqq k_1 \sum_{j=1}^{N} \int_G \left(\frac{\partial u}{\partial x_j}\right)^2 \mathrm{d}x\,. \tag{30.15}$$

Ähnlich folgt aus (30.7) für $u \in \mathring{W}_2^{(2)}(G)$

$$\|u\|^2_{\mathring{W}_2^{(2)}(G)} \leqq k_3 \sum_{|i|=2} \int_G (D^i u)^2 \,\mathrm{d}x\,. \tag{30.16}$$

Diese Ungleichungen werden in den nächsten Kapiteln von Nutzen sein.

Kapitel 31. Elliptische Differentialoperatoren der Ordnung $2k$. Schwache Lösungen elliptischer Gleichungen

In Kapitel 29 haben wir das Symbol D^i, wobei $i = (i_1, \ldots, i_N)$ ein N-dimensionaler Vektor ist, dessen Koordinaten ganze nichtnegative Zahlen sind, durch die folgende Beziehung erklärt:

$$D^i = \frac{\partial^{|i|}}{\partial x_1^{i_1} \ldots \partial x_N^{i_N}}. \tag{31.1}$$

Dabei ist $|i| = i_1 + \ldots + i_N$.

Sind nun weiter Funktionen $a_{ij}(x)$ gegeben, die auf dem Gebiet G definiert sind, und sind $i = (i_1, \ldots, i_N)$, $j = (j_1, \ldots, j_N)$ N-dimensionale Vektoren mit ganzzahligen nichtnegativen Koordinaten, $|i| = i_1 + \ldots + i_N$, $|j| = j_1 + \ldots + j_N$, dann ist durch das Symbol

$$A = \sum_{|i|,|j| \leqq k} (-1)^{|i|} D^i(a_{ij} D^j) \tag{31.2}$$

ein Differentialoperator der Ordnung $2k$ definiert. Die Summation über $|i|$, $|j| \leqq k$ bedeutet, daß über alle N-dimensionalen Vektoren i, j summiert wird, für die $i_1 + \ldots + i_N \leqq k$, $j_1 + \ldots + j_N \leqq k$ ist. Unter einer Ableitung nullter Ordnung der Funktion u verstehen wir wie üblich die Funktion u selbst.

Wenn die Koeffizienten $a_{ij}(x)$ des Operators A sowie die Funktion $u(x)$ genügend glatt sind (wenn z.B. $a_{ij}(x) \in C^{(|i|)}(G)$ und $u \in C^{(2k)}(G)$ ist[1]), können wir den Operator A auf die Funktion u im klassischen Sinn anwenden und erhalten (ausführlich geschrieben)

$$\begin{aligned} Au &= \sum_{|i|,|j| \leqq k} (-1)^{|i|} D^i(a_{ij} D^j u) = \\ &= \sum_{|i|,|j| \leqq k} (-1)^{|i|} \frac{\partial^{|i|}}{\partial x_1^{i_1} \ldots \partial x_N^{i_N}} \left[a_{i_1,\ldots,i_N; j_1,\ldots,j_N}(x) \frac{\partial^{|j|} u}{\partial x_1^{j_1} \ldots \partial x_N^{j_N}} \right]. \end{aligned} \tag{31.3}$$

Eine allgemeinere Interpretation der Operation Au werden wir im weiteren Text dieses Kapitels beschreiben.

Bemerkung 31.1. Den Koeffizient $(-1)^{|i|}$ kann man in der Definition des Operators A weglassen; seine Nützlichkeit wird aber in Kapitel 33 klar werden.

---

[1]) Wir benutzen die üblichen Bezeichnungen, siehe S. XVII: $u \in C^{(m)}(G)$ bzw. $u \in C^{(m)}(\bar{G})$ bedeutet, daß die Funktion u samt ihren Ableitungen bis einschließlich m-ter Ordnung in G bzw. in $\bar{G}$ stetig ist. Statt $C^{(0)}(G)$ bzw. $C^{(0)}(\bar{G})$ schreiben wir kurz $C(G)$ bzw. $C(\bar{G})$.

Beispiel 31.1. Wir betrachten den Operator (31.2) für $k = 1$, d.h. wir betrachten einen Operator zweiter Ordnung. Wenn wir voraussetzen, daß die Funktion $u(x)$ und die Koeffizienten $a_{ij}(x)$ in G genügend glatt sind, und die Summation (31.3) ausführlich aufschreiben, erhalten wir

$$Au = -\sum_{|i|=1,|j|=1} D^i(a_{ij}D^j u) - \sum_{|i|=1,|j|=0} D^i(a_{ij}D^j u) + \\ + \sum_{|i|=0,|j|=1} D^i(a_{ij}D^j u) + D^0(a_{00}D^0 u) . \tag{31.4}$$

Wenn z.B. $N = 2$ ist (d.h. wenn wir den ebenen Fall betrachten), enthält die erste Summe im allgemeinen Fall vier Glieder, und zwar Summanden für die Vektorenpaare

$$\begin{aligned} i &= (1,0), \quad j = (1,0), \\ i &= (1,0), \quad j = (0,1), \\ i &= (0,1), \quad j = (1,0), \\ i &= (0,1), \quad j = (0,1), \end{aligned} \tag{31.5}$$

die zweite Summe zwei Glieder, und zwar für die Vektorenpaare

$$\begin{aligned} i &= (1,0), \quad j = (0,0), \\ i &= (0,1), \quad j = (0,0), \end{aligned} \tag{31.6}$$

und die dritte Summe ebenfalls zwei Glieder, und zwar für die Vektorenpaare

$$\begin{aligned} i &= (0,0), \quad j = (1,0), \\ i &= (0,0), \quad j = (0,1). \end{aligned} \tag{31.7}$$

Bei dem letzten Glied in (31.4) gibt es nur eine Möglichkeit,

$$i = (0,0), \quad j = (0,0). \tag{31.8}$$

Dabei entspricht z.B. dem ersten Paar in (31.5), d.h. den Vektoren $i = (1, 0), j = (1, 0)$, das Glied (wir haben die Koordinaten der Vektoren i, j im Index des Koeffizienten ausführlich aufgeschrieben)

$$-\frac{\partial}{\partial x_1}\left[a_{1,0;1,0}(x)\,\frac{\partial u}{\partial x_1}\right]^{1)},$$

dem zweiten Paar entspricht das Glied

$$-\frac{\partial}{\partial x_1}\left[a_{1,0;0,1}(x)\,\frac{\partial u}{\partial x_2}\right]$$

---

1) Ausführlich ist in diesem Fall

$$\begin{aligned} (-1)^{|i|} D^i(a_{ij}D^j u) &= (-1)^{1+0} D^{(1,0)}(a_{1,0;1,0}D^{(1,0)}u) = \\ &= (-1)^1 \frac{\partial^1}{\partial x_1^1\,\partial x_2^0}\left(a_{1,0;1,0}\,\frac{\partial^1 u}{\partial x_1^1\,\partial x_2^0}\right) = \\ &= -\frac{\partial}{\partial x_1}\left(a_{1,0;1,0}\,\frac{\partial u}{\partial x_1}\right). \end{aligned}$$

Da die zweiten Koordinaten beider Vektoren (1, 0), (1, 0) gleich Null sind, wird außerhalb sowie auch innerhalb der Klammer nicht nach der Veränderlichen x_2 differenziert.

usw.; dem zweiten von den Paaren (31.7), d.h. den Vektoren $i = (0, 0)$, $j = (0, 1)$, entspricht das Glied

$$a_{0,0;0,1}(x) \frac{\partial u}{\partial x_2},$$

und endlich entspricht dem Paar (31.8) das Glied

$$a_{0,0;0,0}(x)\, u .$$

Ein Differentialoperator (31.2) zweiter Ordnung in zwei Veränderlichen x_1, x_2 enthält also im allgemeinen Fall neun Glieder, von denen natürlich einige wegfallen können, wenn der entsprechende Koeffizient a_{ij} verschwindet.

Beispiel 31.2. Wenn wir in dem soeben betrachteten Beispiel die Koeffizienten a_{ij} so wählen, daß

$$a_{ij} = 1$$

für

$$i = (1, 0), \quad j = (1, 0),$$
$$i = (0, 1), \quad j = (0, 1)$$

und

$$a_{ij} = 0$$

in den übrigen sieben Fällen ist, erhalten wir — wenn wir z.B. noch $u \in C^{(2)}(G)$ voraussetzen —

$$Au = -\frac{\partial}{\partial x_1}\left(1 \cdot \frac{\partial u}{\partial x_1}\right) - \frac{\partial}{\partial x_2}\left(1 \cdot \frac{\partial u}{\partial x_2}\right) = -\left(\frac{\partial^2 u}{\partial x_1^2} + \frac{\partial^2 u}{\partial x_2^2}\right) = -\Delta u . \quad (31.9)$$

Der Operator A ist also in diesem Fall der uns schon gut bekannte Laplace-Operator in zwei Veränderlichen.

Bemerkung 31.2. Wir machen darauf aufmerksam, daß i und j in (31.2) bzw. (31.3) *Multiindizes* sind, d.h. Vektoren, die eine andere Deutung haben (siehe S. 332) als die Summationsindizes, die wir z.B. in der Gleichung (22.7), S. 253, benutzt haben,

$$-\sum_{i,j=1}^{N} \frac{\partial}{\partial x_i}\left(a_{ij} \frac{\partial u}{\partial x_j}\right) + cu = f .$$

Den Operator (31.2) kann man natürlich auch in der „klassischen" Form hinschreiben:

$$\sum_{i_1+\ldots+i_N=m=0}^{k} \; \sum_{j_1+\ldots+j_N=n=0}^{k} (-1)^m \frac{\partial^m}{\partial x_1^{i_1} \ldots \partial x_N^{i_N}} \cdot$$
$$\cdot \left[a_{i_1,\ldots,i_N;j_1,\ldots,j_N}(x) \frac{\partial^n}{\partial x_1^{j_1} \ldots \partial x_N^{j_N}} \right]. \quad (31.10)$$

Die Vorteile der kompakten Schreibweise (31.2) werden im weiteren Text klar hervortreten.

Wir machen schon hier darauf aufmerksam, daß wir — im Unterschied zu den im dritten Teil unseres Buches betrachteten Differentialoperatoren — *keine Forderungen bezüglich der Symmetrie der Koeffizienten a_{ij} stellen.* Im weiteren Text werden wir sehen, daß man bei einer geeigneten Formulierung des Problems auch keinerlei Forderungen bezüglich der Glattheit dieser Koeffizienten stellen muß.

Beispiel 31.3. Wenn $k = 2$ und $N = 2$ ist, d.h. wenn wir einen Operator vierter Ordnung in zwei Veränderlichen betrachten, und

$$a_{ij} = 1 \tag{31.11}$$

für

$$i = (2, 0), \quad j = (2, 0),$$
$$i = (0, 2), \quad j = (0, 2),$$
$$a_{ij} = 2 \tag{31.12}$$

für

$$i = (1, 1), \quad j = (1, 1)$$

setzen (oder — in einer anderen Schreibweise — wenn wir

$$a_{2,0;2,0} = a_{0,2;0,2} = 1, \tag{31.13}$$
$$a_{1,1;1,1} = 2 \tag{31.14}$$

setzen), und in allen anderen Fällen

$$a_{ij} = 0$$

wählen, so erhalten wir z.B. für $u \in C^{(4)}(G)$

$$Au = \frac{\partial^2}{\partial x_1^2}\left(1 \cdot \frac{\partial^2 u}{\partial x_1^2}\right) + \frac{\partial^2}{\partial x_2^2}\left(1 \cdot \frac{\partial^2 u}{\partial x_2^2}\right) + \frac{\partial^2}{\partial x_1\, \partial x_2}\left(2 \frac{\partial^2 u}{\partial x_1\, \partial x_2}\right), \tag{31.15}$$

d.h.

$$Au = \frac{\partial^4 u}{\partial x_1^4} + 2 \frac{\partial^4 u}{\partial x_1^2\, \partial x_2^2} + \frac{\partial^4 u}{\partial x_2^4} = \Delta^2 u\,. \tag{31.16}$$

Der Operator A ist also in diesem Fall der biharmonische Operator.

Beispiel 31.4. Die Gleichung

$$Au = -\frac{\partial}{\partial x_1}\left[(1 + x_1^2)\frac{\partial u}{\partial x_1}\right] + 3 \frac{\partial^2 u}{\partial x_2^2} = 0$$

erhalten wir, wenn wir in (31.3) $k = 1$, $N = 2$, $a_{1,0;1,0} = 1 + x_1^2$, $a_{0,1;0,1} = -3$ und $a_{ij} = 0$ in allen anderen Fällen setzen.

Beispiel 31.5. Den Laplace-Operator $-\Delta$ erhalten wir für $N = 2$ nicht nur auf die in Beispiel 31.2 beschriebene Weise, sondern auch dann, wenn wir

$$a_{1,0;1,0} = 1, \quad a_{0,1;0,1} = 1, \quad a_{1,0;0,1} = c, \quad a_{0,1;1,0} = -c$$

setzen, wobei c eine beliebige Konstante ist, und in den übrigen Fällen $a_{ij} = 0$ wählen. Dann ist nämlich (wir setzen z.B. $u \in C^{(2)}(G)$ voraus)

$$Au = -\frac{\partial}{\partial x_1}\left(1 \frac{\partial u}{\partial x_1}\right) - \frac{\partial}{\partial x_2}\left(1 \frac{\partial u}{\partial x_2}\right) - \frac{\partial}{\partial x_1}\left(c \frac{\partial u}{\partial x_2}\right) - \frac{\partial}{\partial x_2}\left(-c \frac{\partial u}{\partial x_1}\right) =$$
$$= -\Delta u\,.$$

Wenn wir ähnlich in Beispiel 31.3

$$a_{2,0;2,0} = a_{0,2;0,2} = 1,$$
$$a_{1,1;1,1} = 2(1 - \sigma),$$
$$a_{2,0;0,2} = a_{0,2;2,0} = \sigma$$

wählen, wobei σ eine Konstante ist, so erhalten wir den biharmonischen Operator in der Form (23.21), S. 269:

$$\Delta^2 u = \frac{\partial^2}{\partial x_1^2}\left(\frac{\partial^2 u}{\partial x_1^2} + \sigma \frac{\partial^2 u}{\partial x_2^2}\right) + 2 \frac{\partial^2}{\partial x_1\, \partial x_2}\left[(1 - \sigma)\frac{\partial^2 u}{\partial x_1\, \partial x_2}\right] + \\ + \frac{\partial^2}{\partial x_2^2}\left(\frac{\partial^2 u}{\partial x_2^2} + \sigma \frac{\partial^2 u}{\partial x_1^2}\right). \tag{31.17}$$

Bemerkung 31.3. Aus den vorhergehenden Beispielen ist ersichtlich, daß man ein und denselben Differentialoperator im allgemeinen Fall auf verschiedene Art in der Form (31.2) ausdrücken kann. Diese Möglichkeit verschiedener ,,Zerlegungen" des betrachteten Operators ist oft nützlich, vgl. Beispiel 32.8, S. 388. Im weiteren Text werden wir stets voraussetzen, daß wir uns schon für eine gewisse (für das untersuchte Problem geeignete) Zerlegung des betrachteten Operators entschieden haben, so daß die Koeffizienten $a_{ij}(x)$ des gegebenen Operators eindeutig bestimmte Funktionen sind. (Bei der Formulierung der Aufgaben der mathematischen Physik ausgehend von Variationsprinzipien ist die Zerlegung eindeutig durch die aus der Variationsrechnung bekannten Euler-Lagrangeschen Bedingungen gegeben.)

Definition 31.1. Wir sagen, der Operator (31.2) ist **im Punkt** $P(x) = P(x_1, \ldots, x_N)$ **elliptisch**, wenn für jeden reellen nichtverschwindenden Vektor $\xi = (\xi_1, \ldots, \xi_N)$ gilt:

$$\sum_{|i|,|j|=k} a_{ij}(P)\, \xi_i \xi_j \neq 0\,, \tag{31.18}$$

wobei $\xi_i = \xi_1^{i_1} \ldots \xi_N^{i_N}$, $\xi_j = \xi_1^{j_1} \ldots \xi_N^{j_N}$ ist. Dieser Operator heißt **im Gebiet** G **gleichmäßig elliptisch**, wenn es eine Zahl $c > 0$ gibt, die nur von dem gegebenen Gebiet und von den Koeffizienten a_{ij} des gegebenen Operators abhängt, so daß für fast jeden Punkt $P(x_1, \ldots, x_N) \in G$ und für jeden nichtverschwindenden reellen Vektor $\xi = (\xi_1, \ldots, \xi_N)$ gilt:

$$\sum_{|i|,|j|=k} a_{ij}(P)\, \xi_i \xi_j \geqq c|\xi|^{2k}\,, \tag{31.19}$$

wobei $|\xi|^2 = \xi_1^2 + \ldots + \xi_N^2$ ist.

Bemerkung 31.4. In (31.18) und (31.19) wird über $|i| = k$ und $|j| = k$ summiert (und nicht über $|i| \leqq k$, $|j| \leqq k$). Die Elliptizität bzw. gleichmäßige Elliptizität des gegebenen Operators hängt also nur von den Koeffizienten der höchsten Ableitungen (d.h. der Ableitungen der Ordnung $2k$) ab. Später (in Kapitel 33) werden wir noch den Begriff der sogenannten *V-Elliptizität* eines gegebenen Operators einführen, die von allen Koeffizienten des Operators abhängen wird (und außerdem auch noch von den vorgegebenen Randbedingungen).

Beispiel 31.6. Der Laplace-Operator $-\Delta$ aus Beispiel 31.2 ist in jedem Gebiet G gleichmäßig elliptisch. Es ist nämlich

$$a_{1,0;1,0} = 1\,, \quad a_{0,1;0,1} = 1 \tag{31.20}$$

und $a_{ij} = 0$ in den übrigen Fällen. Für jeden Vektor $\xi = (\xi_1, \xi_2)$ gilt also (die Zahlen oben rechts sind keine Indizes, sondern Potenzen im üblichen Sinne)

$$\sum_{|i|,|j|=1} a_{ij}\xi_i\xi_j = 1 \cdot \xi_1^1\xi_2^0 \cdot \xi_1^1\xi_2^0 + 1 \cdot \xi_1^0\xi_2^1 \cdot \xi_1^0\xi_2^1 =$$
$$= \xi_1 \cdot \xi_1 + \xi_2 \cdot \xi_2 = \xi_1^2 + \xi_2^2 = |\xi|^2 , \tag{31.21}$$

so daß es genügt, in (31.19) $c = 1$ zu setzen.

Für den Operator $-\Delta$ mit der Zerlegung nach Beispiel 31.5 erhalten wir in ähnlicher Weise

$$\sum_{|i|,|j|=1} a_{ij}\xi_i\xi_j = 1 \cdot \xi_1^1\xi_2^0 \cdot \xi_1^1\xi_2^0 + 1 \cdot \xi_1^0\xi_2^1 \cdot \xi_1^0\xi_2^1 +$$
$$+ c \cdot \xi_1^1\xi_2^0 \cdot \xi_1^0\xi_2^1 - c \cdot \xi_1^0\xi_2^1 \cdot \xi_1^1\xi_2^0 = \xi_1^2 + \xi_2^2 = |\xi|^2 . \tag{31.22}$$

Für den Laplace-Operator $-\Delta$ in N Dimensionen erhalten wir analog

$$\sum_{|i|,|j|=1} a_{ij}\xi_i\xi_j = \xi_1^2 + \ldots + \xi_N^2 = |\xi|^2 . \tag{31.23}$$

Der Operator Δu ist jedoch in keinem Gebiet G gleichmäßig elliptisch. Aufgrund des Faktors $(-1)^{|i|}$ in der Definitionsgleichung (31.2) ist nämlich

$$a_{1,0;1,0} = -1 , \quad a_{0,1;0,1} = -1 ,$$

so daß in diesem Fall

$$\sum_{|i|,|j|=1} a_{ij}\xi_i\xi_j = -\xi_1^2 - \xi_2^2 = -|\xi|^2$$

ist; in N Dimensionen gilt analog

$$\sum_{|i|,|j|=1} a_{ij}\xi_i\xi_j = -|\xi|^2 .$$

Trotzdem sagen wir von der Gleichung $\Delta u = f$, daß sie elliptisch (und sogar gleichmäßig elliptisch) in G ist, denn man kann sie in der Form $-\Delta u = -f$ schreiben, wobei der Operator $A = -\Delta$ in G gleichmäßig elliptisch ist. (Vgl. eine analoge Bemerkung auf S. 253.)

Beispiel 31.7. Der biharmonische Operator aus Beispiel 31.3 (und, wie man leicht zeigen kann, auch in N Dimensionen) ist in jedem Gebiet G gleichmäßig elliptisch. Für jeden Vektor $\xi = (\xi_1, \xi_2)$ gilt nämlich (siehe (31.13), (31.14))

$$\sum_{|i|,|j|=2} a_{ij}\xi_i\xi_j = 1 \cdot \xi_1^2\xi_2^0 \cdot \xi_1^2\xi_2^0 + 1 \cdot \xi_1^0\xi_2^2 \cdot \xi_1^0\xi_2^2 + 2 \cdot \xi_1^1\xi_2^1 \cdot \xi_1^1\xi_2^1 =$$
$$= \xi_1^4 + \xi_2^4 + 2\xi_1^2\xi_2^2 = (\xi_1^2 + \xi_2^2)^2 = |\xi|^4 . \tag{31.24}$$

Es genügt also, in (31.19) $c = 1$ zu setzen. (Das gleiche Ergebnis erhalten wir auch dann, wenn wir die Zerlegung (31.17) betrachten.) Natürlich ist auch z.B. der Operator $\Delta^2 + (x_1^2 + 1)\,\Delta - 4$ gleichmäßig elliptisch in G, denn aus Definition 31.1 folgt, daß die Elliptizität bzw. gleichmäßige Elliptizität eines Operators nur von den Koeffizienten der höchsten Ableitungen abhängt.

Beispiel 31.8. Der Operator

$$A = -\frac{\partial}{\partial x_1}\left[(1 + x_1^2)\frac{\partial}{\partial x_1}\right] + 3\frac{\partial^2}{\partial x_2^2} \tag{31.25}$$

aus Beispiel 31.4 ist in keinem Punkt P des Gebietes G elliptisch. Wie nämlich schon in dem erwähnten Beispiel angegeben wurde, ist für diesen Operator

$$a_{1,0;1,0} = 1 + x_1^2 , \quad a_{0,1;0,1} = -3$$

und $a_{ij} = 0$ in den übrigen Fällen. Im Punkte $P(b_1, b_2)$ haben wir also für einen beliebigen Vektor $\xi = (\xi_1, \xi_2)$

$$\sum_{|i|,|j|=1} a_{ij}\xi_i\xi_j = (1 + b_1^2) \cdot \xi_1^1\xi_2^0 \cdot \xi_1^1\xi_2^0 - 3 \cdot \xi_1^0\xi_2^1 \cdot \xi_1^0\xi_2^1 =$$
$$= (1 + b_1^2)\,\xi_1^2 - 3\xi_2^2 .$$

Wenn wir für ξ den Vektor $\eta = (\sqrt{3}, \sqrt{1 + b_1^2})$ wählen, erhalten wir

$$\sum_{|i|,|j|=1} a_{ij}\xi_i\xi_j = 0 . \tag{31.26}$$

Nach Definition 31.1 kann also der Operator (31.25) im Punkt $P(b_1, b_2)$ nicht elliptisch sein, denn der Vektor η ist kein Nullvektor und es gilt (31.26). Der Punkt $P(b_1, b_2)$ wurde in G beliebig gewählt, so daß diese Schlußfolgerung für jeden Punkt des gegebenen Gebietes gilt.

Nun werden wir einen wichtigen Begriff erläutern, und zwar den Begriff der sogenannten **schwachen Lösung einer elliptischen Gleichung**. Wir beginnen zunächst mit einem sehr einfachen Beispiel, mit der Poissonschen Gleichung

$$-\Delta u = f . \tag{31.27}$$

Es sei $u \in C^{(2)}(G)$ und $f \in C(G)$ und die Gleichung (31.27) sei im Gebiet G erfüllt, so daß die Funktion $u(x)$ in G die klassische Lösung dieser Gleichung darstellt. Wir multiplizieren die Gleichung (31.27) mit einer beliebigen Funktion $\varphi(x)$ mit kompaktem Träger in G [1]) und integrieren die so entstandene Gleichung über das Gebiet G,

$$-\int_G \varphi\, \Delta u \,\mathrm{d}x = \int_G \varphi f \,\mathrm{d}x . \tag{31.28}$$

Die Beziehung (31.28) überführen wir in eine geeignetere Form. Zu diesem Zweck benutzen wir den Greenschen Satz 8.7, S. 92, den wir hier in der folgenden Form schreiben:

$$\int_G b \frac{\partial c}{\partial x_l} \,\mathrm{d}x = \int_\Gamma b c \nu_l \,\mathrm{d}S - \int_G \frac{\partial b}{\partial x_l} c \,\mathrm{d}x , \quad b \in W_2^{(1)}(G), \quad c \in W_2^{(1)}(G). \tag{31.29}$$

Dazu bemerken wir, daß hier nur die Zugehörigkeit der Funktionen $b(x)$ und $c(x)$ zum Raum $W_2^{(1)}(G)$ gefordert wird, während wir in (8.31) gefordert hatten, daß diese Funktionen zu $C^{(1)}(\bar{G})$ gehören. Die Gültigkeit der Formel (31.29) unter diesen schwächeren Voraussetzungen kann man jedoch ohne Schwierigkeiten durch Grenzübergang in der Formel (8.31) beweisen (vgl. Satz 5.12, S. 51). Siehe auch [35], S. 121. In (31.29) sind dann $\partial b/\partial x_l$ bzw. $\partial c/\partial x_l$ verallgemeinerte Ableitungen der Funktionen $b(x)$ und $c(x)$, im Integral über den Rand Γ sind b, c Spuren dieser Funktionen auf Γ und ν_l sind wie früher die Koordinaten des Einheitsvektors der äußeren Normale. Diese Verallgemeinerung der Voraussetzungen für den Greenschen Satz wird für uns vor allem im folgenden Kapitel von Nutzen sein, wir halten es aber für zweckmäßig, diese Verallgemeinerung schon hier anzuführen.

---

[1]) Wir werden uns in diesem Kapitel mit dem Begriff der schwachen Lösung einer gegebenen Gleichung befassen, und nicht mit dem Begriff der Lösung eines Problems mit Randbedingungen. Deshalb benutzen wir Funktionen mit kompaktem Träger, die in einer gewissen Umgebung des Randes verschwinden und durch deren Einfluß auch die Randbedingungen aus unseren Überlegungen eliminiert werden.

In (31.29) setzen wir $b = \varphi$, $c = \partial u/\partial x_l$.[1]) Für $l = 1, \ldots, N$ erhalten wir sukzessiv

$$-\int_G \varphi \frac{\partial^2 u}{\partial x_1^2} \, dx = \int_G \frac{\partial \varphi}{\partial x_1} \frac{\partial u}{\partial x_1} \, dx ,$$

$$\cdots\cdots\cdots\cdots\cdots\cdots\cdots\cdots$$

$$-\int_G \varphi \frac{\partial^2 u}{\partial x_N^2} \, dx = \int_G \frac{\partial \varphi}{\partial x_N} \frac{\partial u}{\partial x_N} \, dx ,$$

denn es ist $\varphi \in C_0^{(\infty)}(G)$, und folglich $\varphi(x) \equiv 0$ in einer gewissen Umgebung des Randes Γ, so daß das Randintegral in (31.29) verschwindet. Wenn wir alle diese Gleichungen addieren, erhalten wir

$$-\int_G \varphi \, \Delta u \, dx = \sum_{l=1}^{N} \int_G \frac{\partial \varphi}{\partial x_l} \frac{\partial u}{\partial x_l} \, dx . \tag{31.30}$$

Damit geht die Gleichung (31.28) in

$$\sum_{l=1}^{N} \int_G \frac{\partial \varphi}{\partial x_l} \frac{\partial u}{\partial x_l} \, dx = \int_G \varphi f \, dx \tag{31.31}$$

über. Die Funktion $\varphi \in C_0^{(\infty)}(G)$ war dabei beliebig gewählt. Wenn also die Funktion $u(x)$ in G die klassische Lösung der Gleichung (31.27) darstellt, dann gilt

$$\sum_{l=1}^{N} \int_G \frac{\partial \varphi}{\partial x_l} \frac{\partial u}{\partial x_l} \, dx = \int_G \varphi f \, dx \quad \text{für jedes } \varphi \in C_0^{(\infty)}(G) . \tag{31.32}$$

Wir sagen kurz, daß *für die Funktion* $u(x)$ *die Integralidentität* (31.32) *erfüllt ist*, oder noch kürzer, daß *die Funktion* $u(x)$ *die Bedingung* (31.32) *erfüllt.*

Wenn f nicht in $C(G)$ liegt, hat die Gleichung (31.27) natürlich keine klassische Lösung, d.h. keine Lösung aus der Klasse $C^{(2)}(G)$, denn sonst würde auf der linken Seite der Gleichung (31.27) eine in G stetige Funktion auftreten und auf der rechten Seite nicht. Es ensteht nun die Frage, wie man den Begriff einer Lösung der Gleichung (31.27) für solche Fälle verallgemeinern soll, z.B. für den Fall, wenn nur $f \in L_2(G)$ ist. Wir machen darauf aufmerksam, daß für $f \in L_2(G)$ die rechte Seite der Identität (31.32) stets sinnvoll ist.(Sie ist offensichtlich auch für allgemeinere Funktionen sinnvoll, denn es ist $\varphi \in C_0^{(\infty)}(G)$, dies ist aber im Augenblick unwesentlich.) Die linke Seite der Integralidentität (31.32) ist z.B. dann sinnvoll, wenn jede der Funktionen $\partial u/\partial x_l$ zu $L_2(G)$ gehört. Diese Forderung ist bestimmt dann erfüllt, wenn $u \in W_2^{(1)}(G)$ ist und die Ableitungen $\partial u/\partial x_l$ im verallgemeinerten Sinn aufgefaßt werden; dann folgt nämlich direkt aus der Definition des Raumes $W_2^{(1)}(G)$ (siehe Kapitel 29), daß $\partial u/\partial x_l \in L_2(G)$ ist für $l = 1, \ldots, N$. Diese Tatsache ermöglicht es, die folgende, für unsere Zwecke genügend allgemeine Definition der sogenannten schwachen Lösung der Gleichung (31.27) anzugeben (diese Definition ist ein Spezialfall der im weiteren Text angegebenen Definition 31.2):

[1]) Da $\varphi \in C_0^{(\infty)}(G)$ ist, sind die Produkte hinter dem Integrationszeichen $\int_G$ in einer gewissen Umgebung des Randes Γ gleich Null, so daß die Forderung $u \in C^{(2)}(G)$ (wir machen darauf aufmerksam, daß die Forderung $u \in C^{(2)}(\bar{G})$ nicht gestellt wird) völlig zur Erfüllung der Voraussetzungen des Greenschen Satzes genügt.

Es sei $u \in W_2^{(1)}(G)$, $f \in L_2(G)$. *Wenn die Funktion* $u(x)$ *die Bedingung* (31.32) *erfüllt, sagen wir, diese Funktion ist eine* **schwache Lösung der Gleichung** (31.27).

Der Begriff einer schwachen Lösung der Gleichung (31.27) ist also wesentlich allgemeiner als der Begriff einer klassischen Lösung dieser Gleichung: Eine schwache Lösung ist laut Definition eine gewisse Funktion aus $W_2^{(1)}(G)$, die folglich in G nicht einmal Ableitungen zweiter Ordnung besitzen muß (im allgemeinen Fall besitzt sie nur verallgemeinerte Ableitungen erster Ordnung). Wenn natürlich $u \in C^{(2)}(G)$ und $f \in C(G)$ und $u(x)$ eine schwache Lösung der Gleichung (31.27) ist (d.h. wenn die Bedingung (31.32) für jedes $\varphi \in C_0^{(\infty)}(G)$ erfüllt ist), dann ist $u(x)$ eine klassische Lösung der Gleichung (31.27). Wenn wir nämlich das Vorgehen, das uns von der Gleichung (31.27) zur Integralidentität (31.32) führte, umkehren, erhalten wir unter Benutzung des Greenschen Satzes die Beziehung (31.28), d.h. die Identität

$$\int_G (\Delta u + f)\, \varphi \,\mathrm{d}x = 0 \quad \text{für jedes } \varphi \in C_0^{(\infty)}(G)\,. \tag{31.33}$$

Da die Funktionen aus $C_0^{(\infty)}(G)$ in $L_2(G)$ dicht sind (S. 91), folgt hieraus nach Satz 5.15, S. 52,

$$\Delta u + f = 0 \quad \text{in } L_2(G)\,. \tag{31.34}$$

Ist aber $u \in C^{(2)}(G)$ und $f \in C(G)$, so ist $\Delta u + f$ eine in G stetige Funktion und aus (31.34) erhalten wir

$$\Delta u + f \equiv 0\,, \quad \text{d.h.} \quad -\Delta u \equiv f \quad \text{in } G\,, \tag{31.35}$$

womit unsere Behauptung bewiesen ist.

Wir bemerken noch, daß man – wenn die Gleichung (31.27) in der Form

$$\sum_{|i|,|j| \leqq 1} (-1)^{|i|}\, D^i(a_{ij} D^j u) = f$$

mit

$$a_{1,0;1,0} = 1\,, \quad a_{0,1;0,1} = 1$$

und mit $a_{ij} = 0$ in den übrigen Fällen geschrieben wird, siehe Beispiel 31.2 – die Beziehung (31.32) in der Form

$$\sum_{|i|,|j| \leqq 1} \int_G a_{ij} D^i \varphi D^j u \,\mathrm{d}x = \int_G \varphi f \,\mathrm{d}x\,, \quad \varphi \in C_0^{(\infty)}(G)\,, \tag{31.36}$$

oder, wenn wir für das Skalarprodukt auf der rechten Seite der Gleichung (31.36) die übliche Bezeichnung (φ, f) benutzen, in der Form

$$\sum_{|i|,|j| \leqq 1} \int_G a_{ij} D^i \varphi D^j u \,\mathrm{d}x = (\varphi, f)\,, \quad \varphi \in C_0^{(\infty)}(G)\,, \tag{31.37}$$

schreiben kann.

Bevor wir uns der Definition der schwachen Lösung im allgemeinen Fall zuwenden, betrachten wir noch die biharmonische Gleichung

$$\Delta^2 u = \frac{\partial^4 u}{\partial x_1^4} + 2\frac{\partial^4 u}{\partial x_1^2\,\partial x_2^2} + \frac{\partial^4 u}{\partial x_2^4} = f\,. \tag{31.38}$$

Wir setzen voraus, daß in (31.38) $f \in C(G)$ ist und $u \in C^{(4)}(G)$ im Gebiet G die klassische Lösung dieser Gleichung darstellt. Ähnlich wie im vorhergehenden Fall multiplizieren wir die Gleichung (31.38) mit einer Funktion $\varphi \in C_0^{(\infty)}(G)$ und integrieren über das Gebiet G:

$$\int_G \varphi\,\Delta^2 u\,\mathrm{d}x = \int_G \varphi f\,\mathrm{d}x\,. \tag{31.39}$$

Da nun

$$\int_G \varphi\,\frac{\partial^4 u}{\partial x_1^4}\,\mathrm{d}x = \int_G \varphi\,\frac{\partial}{\partial x_1}\left[\frac{\partial}{\partial x_1}\left(\frac{\partial^2 u}{\partial x_1^2}\right)\right]\mathrm{d}x$$

ist und da die Integrale über den Rand Γ wegen $\varphi \in C_0^{(\infty)}(G)$ verschwinden, ergibt sich mit Hilfe des Greenschen Satzes

$$\int_G \varphi\,\frac{\partial^4 u}{\partial x_1^4}\,\mathrm{d}x = -\int_G \frac{\partial\varphi}{\partial x_1}\,\frac{\partial}{\partial x_1}\left(\frac{\partial^2 u}{\partial x_1^2}\right)\mathrm{d}x = \int_G \frac{\partial^2\varphi}{\partial x_1^2}\,\frac{\partial^2 u}{\partial x_1^2}\,\mathrm{d}x\,.$$

Wenn wir unsere Umformungen auch für die übrigen Glieder unserer Gleichung durchführen und die auf diese Weise hergeleiteten Formeln addieren, erhalten wir (vgl. (23.20), S. 269, wo wir $v = \varphi$ setzen, so daß die Integrale über Γ verschwinden)

$$\int_G \varphi\,\Delta^2 u\,\mathrm{d}x = \int_G \left(\frac{\partial^2\varphi}{\partial x_1^2}\,\frac{\partial^2 u}{\partial x_1^2} + 2\,\frac{\partial^2\varphi}{\partial x_1\,\partial x_2}\,\frac{\partial^2 u}{\partial x_1\,\partial x_2} + \frac{\partial^2\varphi}{\partial x_2^2}\,\frac{\partial^2 u}{\partial x_2^2}\right)\mathrm{d}x\,. \tag{31.40}$$

Aus (31.39) haben wir so

$$\int_G \left(\frac{\partial^2\varphi}{\partial x_1^2}\,\frac{\partial^2 u}{\partial x_1^2} + 2\,\frac{\partial^2\varphi}{\partial x_1\,\partial x_2}\,\frac{\partial^2 u}{\partial x_1\,\partial x_2} + \frac{\partial^2\varphi}{\partial x_2^2}\,\frac{\partial^2 u}{\partial x_2^2}\right)\mathrm{d}x = \int_G \varphi f\,\mathrm{d}x\,, \quad \varphi \in C_0^{(\infty)}(G)\,. \tag{31.41}$$

Wenn wir das Skalarprodukt auf der rechten Seite dieser Integralidentität wiederum mit (φ, f) bezeichnen und die Gleichung (31.38) in der Form

$$\sum_{|i|,|j| \leq 2} (-1)^{|i|}\,D^i(a_{ij}D^j u) = f$$

mit

$$a_{2,0;2,0} = 1\,, \quad a_{0,2;0,2} = 1\,, \quad a_{1,1;1,1} = 2$$

und mit $a_{ij} = 0$ in den übrigen Fällen schreiben (siehe Beispiel 31.3), können wir das erreichte Ergebnis in der Form

$$\sum_{|i|,|j| \leq 2} \int_G a_{ij} D^i\varphi D^j u\,\mathrm{d}x = (\varphi, f)\,, \quad \varphi \in C_0^{(\infty)}(G)\,, \tag{31.42}$$

ausdrücken, die der Form (31.37) ähnlich ist.

Wenn man die Formel (31.29) im allgemeinen Fall für die Gleichung

$$\sum_{|i|,|j| \leq k} (-1)^{|i|}\,D^i(a_{ij}D^j u) = f \tag{31.43}$$

benutzt, kommt man unter den Voraussetzungen, daß $f \in C(G)$, $a_{ij} \in C^{(|i|)}(G)$ und $u \in C^{(2k)}(G)$ ist, völlig analog zur Schlußfolgerung, daß die Beziehung

$$\sum_{|i|,|j| \leq k} \int_G a_{ij} D^i \varphi D^j u \, dx = (\varphi, f) \quad \text{für jedes } \varphi \in C_0^{(\infty)}(G) \tag{31.44}$$

gilt.

Wir machen dabei auf die folgende Tatsache aufmerksam: Während man in (31.43) im Hinblick auf die durch den Operator D^i vorgeschriebenen Differentiationsoperationen eine gewisse Glattheit der Funktion u sowie der Koeffizienten der gegebenen Gleichung fordern muß, brauchen wir in (31.44) nur die Existenz der entsprechenden Integrale. Dazu genügt z.B. völlig, wenn die Koeffizienten a_{ij} beschränkte meßbare Funktionen sind, $f \in L_2(G)$ und $u \in W_2^{(k)}(G)$ ist (denn es ist $|j| \leqq k$ und Funktionen aus $W_2^{(k)}(G)$ haben verallgemeinerte Ableitungen bis einschließlich k-ter Ordnung, so daß man auf diese Funktionen den Operator D^j anwenden kann).

Definition 31.2. Es sei $f \in L_2(G)$ und a_{ij} seien beschränkte, auf G im Lebesgueschen Sinn meßbare Funktionen. Eine Funktion $u \in W_2^{(k)}(G)$ wird **schwache Lösung der Gleichung**

$$Au = f \tag{31.45}$$

mit

$$A = \sum_{|i|,|j| \leq k} (-1)^{|i|} D^i (a_{ij} D^j) \tag{31.46}$$

genannt, wenn für sie die Integralidentität

$$\sum_{|i|,|j| \leq k} \int_G a_{ij} D^i \varphi D^j u \, dx = (\varphi, f) \quad \text{für jedes } \varphi \in C_0^{(\infty)}(G) \tag{31.47}$$

erfüllt ist.

Bemerkung 31.5. Wenn die Funktion $u(x)$ eine schwache Lösung der Gleichung (31.45) ist und wenn außerdem die Funktionen u, f und die Koeffizienten a_{ij} die im Text vor Gleichung (31.44) formulierten Voraussetzungen erfüllen, dann ist $u(x)$ eine klassische Lösung der gegebenen Gleichung; dies kann man ohne Schwierigkeiten auf die gleiche Weise beweisen, wie bei der Zurückführung der Gleichung (31.32) auf die Gleichung (31.27). Definition 31.2 stellt natürlich eine wesentliche Verallgemeinerung des Begriffes der Lösung der Gleichung (31.45) dar. In Übereinstimmung mit dieser Definition stellen wir a priori keine Forderungen bezüglich der (genügenden) Glattheit der gesuchten Lösung und der Glattheit der Koeffizienten der gegebenen Gleichung, die wir natürlich stellen müssen, wenn wir die Operationen $D^i(a_{ij} D^j u)$ im klassischen Sinn anwenden wollen. Dadurch wird der Lösungsbegriff auch auf Gleichungen mit sehr allgemeinen Koeffizienten erweitert. Die Voraussetzungen über die Koeffizienten a_{ij} kann man weiter abschwächen, siehe [35], Kapitel 3, § 2. Wie wir in Kapitel 33 sehen werden, kann man dabei unter sehr allgemeinen Voraussetzungen die Existenz einer schwachen Lösung der Gleichung $Au = f$ beweisen, die – in einem geeigneten

Sinne – vorgegebene Randbedingungen erfüllt. Diese schwache Lösung kann man dabei im Grunde genommen mit den gleichen Verfahren bestimmen, mit denen wir uns in Kapiteln 12 bis 15 bekannt gemacht haben. Außerdem läßt sich zeigen (siehe dazu Kapitel 46): Falls die Koeffizienten a_{ij} und die rechte Seite f der gegebenen Gleichung im Gebiet G genügend glatt sind, dann ist auch die betrachtete schwache Lösung in G genügend glatt bzw. eine klassische Lösung der gegebenen Gleichung. In diesem Sinne stellt also die Definition der schwachen Lösung eine „vernünftige" Verallgemeinerung der klassischen Definition einer Lösung dar.

Kapitel 32. Formulierung von Randwertproblemen

a) Stabile und instabile Randbedingungen

Im Kapitel 30 haben wir für Funktionen aus dem Raum $W_2^{(k)}(G)$ den Begriff der Spur eingeführt: Jeder Funktion $u \in W_2^{(1)}(G)$ ist am Rande des gegebenen Gebietes eine gewisse Funktion $u(S) \in L_2(\Gamma)$ zugeordnet, die sogenannte Spur dieser Funktion; diese Zuordnung ist stetig (wenn sich die Funktionen $u_1(x)$, $u_2(x)$ in der Metrik des Raumes $W_2^{(1)}(G)$ „wenig" unterscheiden, dann unterscheiden sich ihre Spuren $u_1(S)$, $u_2(S)$ „wenig" in der Metrik des Raumes $L_2(\Gamma)$, siehe Satz 30.1, S. 340) und dabei so beschaffen, daß jeder Funktion $u \in C^{(\infty)}(\bar{G})$ [1]) ihre Spur im üblichen Sinne zugeordnet ist, d.h. die Funktion $u(S)$ für $S \in \Gamma$.

Eine Funktion $u \in W_2^{(1)}(G)$, die auf Γ die Spur $u(S)$ hat, erfüllt also die „Randbedingung" $u = u(S)$ auf Γ im Sinne der Spuren. Der im vorhergehenden Kapitel eingeführte Begriff der verallgemeinerten Lösung einer Differentialgleichung hat uns erlaubt, Gleichungen mit verhältnismäßig sehr allgemeinen Koeffizienten zu betrachten. Der Begriff der Spur wird uns, wie wir sehen werden, ermöglichen, in einer geeigneten Form genügend allgemeine Randbedingungen zu formulieren. So scheint es z.B. natürlich zu sein, unter der Lösung der Gleichung $Au = f$ mit der Randbedingung $u = g(S)$ auf Γ, wobei A ein Differentialoperator (siehe das vorhergehende Kapitel) zweiter Ordnung und $g \in L_2(\Gamma)$ ist, eine solche Funktion $u \in W_2^{(1)}(G)$ zu verstehen, die in G eine schwache Lösung der gegebenen Gleichung im Sinne von Definition 31.2 ist und die auf Γ die Spur $g(S)$ hat. Aber dazu ausführlicher im weiteren Text dieses Kapitels, insbesondere auf S. 364 ff.

Wenn $u \in W_2^{(2)}(G)$ ist, dann (siehe Kapitel 30, S. 343) hat nicht nur die Funktion u eine Spur $u(S) \in L_2(\Gamma)$, sondern auch ihre (verallgemeinerten) Ableitungen $\partial u/\partial x_l$, $l = 1, \ldots, N$, die nach Kapitel 29 zum Raum $W_2^{(1)}(G)$ gehören, besitzen Spuren $\partial u/\partial x_l(S) \in L_2(\Gamma)$. Da außerdem der Rand Γ des Gebietes G ein Lipschitz-Rand ist, existiert fast überall auf Γ die äußere Normale $\nu = (\nu_1, \ldots, \nu_N)$, so daß wir von der Ableitung nach der äußeren Normale (Normalenableitung),

$$\frac{\partial u}{\partial \nu}(S) = \frac{\partial u}{\partial x_1}(S)\,\nu_1(S) + \ldots + \frac{\partial u}{\partial x_N}(S)\,\nu_N(S)\,, \tag{32.1}$$

---

[1]) Wir erinnern daran, daß $u \in C^{(\infty)}(\bar{G})$ bedeutet, daß $u(x)$ stetige Ableitungen aller Ordnungen in $\bar{G}$ besitzt; insbesondere ist also $u \in C^{(\infty)}(\bar{G})$ eine stetige Funktion in $\bar{G}$; natürlich gilt: $u \in C^{(\infty)}(\bar{G}) \Rightarrow u \in W_2^{(1)}(G)$.

sprechen können, und auch von der Randbedingung

$$\frac{\partial u}{\partial \nu} = h(S) \quad \text{auf } \Gamma$$

(die also im Sinne von Spuren betrachtet wird). So können wir fortfahren und für $u \in W_2^{(k)}(G)$ Spuren der Funktion u sowie ihrer (verallgemeinerten) Ableitungen bis einschließlich $(k-1)$-ter Ordnung und Randbedingungen (im Sinne von Spuren) betrachten, die aus diesen Ableitungen gebildet sind, z.B. Randbedingungen vom Typ

$$u = g_0(S), \quad \frac{\partial u}{\partial \nu} = g_1(S), \ldots, \frac{\partial^{k-1} u}{\partial \nu^{k-1}} = g_{k-1}(S) \quad \text{auf } \Gamma$$

u. ä.

Es sei dabei auf den folgenden wichtigen Umstand aufmerksam gemacht: Wie wir schon aus dem vorhergehenden Kapitel wissen, ist die schwache Lösung der Gleichung $Au = f$ (die eine Gleichung der Ordnung $2k$ ist) eine Funktion aus dem Raum $W_2^{(k)}(G)$; insbesondere ist also die schwache Lösung einer Gleichung zweiter Ordnung eine Funktion aus dem Raum $W_2^{(1)}(G)$. Die Abbildung, die den Funktionen $u \in W_2^{(1)}(G)$ ihre Spuren $u(S)$ zuordnet, ist bekanntlich stetig. Hieraus folgt unmittelbar, daß für eine im Raum $W_2^{(1)}(G)$ gegen die Funktion $u \in W_2^{(1)}(G)$ konvergente Folge von Funktionen $u_n \in W_2^{(1)}(G)$ auch die Folge der entsprechenden Spuren $u_n(S) \in L_2(\Gamma)$ gegen die Spur der Funktion u im Raum $L_2(\Gamma)$ konvergiert; in kurzer Schreibweise

$$u_n(x) \to u(x) \quad \text{in } W_2^{(1)}(G) \quad \Rightarrow \quad u_n(S) \to u(S) \quad \text{in } L_2(\Gamma)\,.$$

Wenn insbesondere alle Funktionen $u_n(x)$ die Randbedingung

$$u_n(S) = g(S) \quad \text{auf } \Gamma$$

(im Sinne von Spuren) erfüllen, dann wird diese Randbedingung auch die Grenzfunktion $u(x)$ erfüllen:

$$u(S) = g(S) \quad \text{auf } \Gamma\,. \tag{32.2}$$

Eine Bedingung vom Typ (32.2) nennen wir deshalb eine **stabile Randbedingung für eine Gleichung zweiter Ordnung.**

Ähnlich werden Randbedingungen, die die gesuchte Funktion und ihre (verallgemeinerten) Ableitungen höchstens erster Ordnung (genauer Spuren dieser Funktionen auf Γ) enthalten, **stabile Randbedingungen für eine gegebene Gleichung vierter Ordnung** genannt. So sind z.B. die Randbedingungen

$$u = g_0(S), \quad \frac{\partial u}{\partial \nu} = g_1(S) \quad \text{auf } \Gamma$$

stabile Randbedingungen für eine Gleichung vierter Ordnung.

Im allgemeinen Fall verstehen wir unter **stabilen Randbedingungen für eine Gleichung**

der Ordnung $2k$ Randbedingungen, welche die gesuchte Funktion und ihre Ableitungen bis höchstens $(k-1)$-ter Ordnung enthalten. So sind z.B. die Randbedingungen

$$u = g_0(S)\,, \quad \frac{\partial u}{\partial v} = g_1(S), \ldots, \frac{\partial^{k-1} u}{\partial v^{k-1}} = g_{k-1}(S) \quad \text{auf } \Gamma$$

stabil für eine Gleichung der Ordnung $2k$.

Randbedingungen, die Ableitungen höherer als $(k-1)$-ter Ordnung enthalten, werden **instabil für eine Gleichung der Ordnung** $2k$ genannt. Der Grund für diese Bezeichnung ist aus einem einfachen Beispiel ersichtlich, das im nachfolgenden Text behandelt wird.

Wir betrachten den Fall von Funktionen einer Veränderlichen, $N = 1$. Es sei die Funktion

$$u(x) = 1 - x^2\,, \quad x \in [-1, 1]\,, \tag{32.3}$$

gegeben und weiter eine Folge von Funktionen $u_n(x)$, die im Intervall $[-1, 1]$ gerade und auf dem Intervall $[0, 1]$ folgendermaßen definiert sind:

$$u_n(x) = \begin{cases} 1 - x^2\,, & x \in \left[0, 1 - \dfrac{1}{n}\right], \\ \dfrac{1}{n} + (n-1)(1-x)^2\,, & x \in \left[1 - \dfrac{1}{n}, 1\right] \end{cases} \tag{32.4}$$

(siehe Figur 32.1). Die Funktionen $u(x)$ und $u_n(x)$ sind samt ihren Ableitungen erster

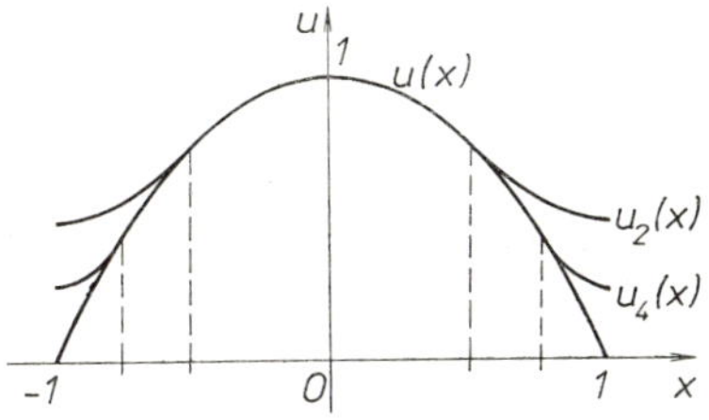

Figur 32.1

Ordnung stetig im abgeschlossenen Intervall $[-1, 1]$ und gehören folglich zum Raum $W_2^{(1)}(-1, 1)$ (die Funktionen $u_n(x)$ haben in den Punkten $x_1 = 1 - 1/n$ und $x_2 = -(1 - 1/n)$ den Wert $(2/n) - (1/n^2)$, ihre ersten Ableitungen haben in diesen Punkten die Werte $-2 + (2/n)$ bzw. $2 - (2/n)$). Wir zeigen nun leicht, daß gilt:

$$\lim_{n\to\infty} u_n(x) = u(x) \quad \text{in } W_2^{(1)}(-1, 1)\,. \tag{32.5}$$

Das heißt, daß

$$\lim_{n\to\infty} \|u - u_n\|_{W_2^{(1)}(-1,1)} = 0$$

ist, oder, was dasselbe ist, daß

$$\lim_{n\to\infty} \|u - u_n\|^2_{W_2^{(1)}(-1,1)} = 0 \tag{32.6}$$

ist. Nach Definition der Norm im Raum $W_2^{(1)}(-1, 1)$ ist

$$\|u - u_n\|^2_{W_2^{(1)}(-1,1)} = \|u - u_n\|^2_{L_2(-1,1)} + \|u' - u_n'\|^2_{L_2(-1,1)} =$$
$$= \int_{-1}^{1} (u - u_n)^2 \, dx + \int_{-1}^{1} (u' - u_n')^2 \, dx . \tag{32.7}$$

Die Funktionen $u(x)$ und $u_n(x)$ sind gerade im Intervall $[-1, 1]$ und stimmen außerdem im Intervall $[-1 + (1/n), 1 - (1/n)]$ überein. Nach (32.7) ist also

$$\|u - u_n\|^2_{W_2^{(1)}(-1,1)} = 2\int_{1-1/n}^{1} (u - u_n)^2 \, dx + 2\int_{1-1/n}^{1} (u' - u_n')^2 \, dx =$$
$$= 2\int_{1-1/n}^{1} \left\{(1 - x^2) - \left[\frac{1}{n} + (n-1)(1-x)^2\right]\right\}^2 dx +$$
$$+ 2\int_{1-1/n}^{1} [-2x + 2(n-1)(1-x)]^2 \, dx . \tag{32.8}$$

Im Intervall $[1 - (1/n), 1]$ ist jedoch $1 - x \leqq 1/n$, $1 + x \leqq 2$, so daß

$$\left\{(1 - x)^2 - \left[\frac{1}{n} + (n-1)(1-x)^2\right]\right\}^2 \leqq \left[\frac{2}{n} + \left(\frac{1}{n} + \frac{n-1}{n^2}\right)\right]^2 < \left(\frac{4}{n}\right)^2,$$
$$[-2x + 2(n-1)(1-x)]^2 \leqq \left[2 + \frac{2(n-1)}{n}\right]^2 < 4^2$$

ist und nach (32.8) gilt deshalb

$$\|u - u_n\|^2_{W_2^{(1)}(-1,1)} < 2\int_{1-1/n}^{1} \frac{16}{n^2} \, dx + 2\int_{1-1/n}^{1} 4^2 \, dx = \frac{32}{n^3} + \frac{32}{n} \to 0$$
für $n \to \infty$,

hieraus folgt sogleich (32.6), und folglich auch (32.5), was zu beweisen war.

Die Folge der Funktionen $u_n(x)$ konvergiert im Raum $W_2^{(1)}(-1, 1)$ gegen die Funktion $u(x)$. In unserem Fall ist $k = 1$, so daß $k - 1 = 0$ ist; eine stabile Randbedingung ist also eine Bedingung für die Funktionswerte in den Randpunkten des betrachteten Intervalls, eine instabile Randbedingung ist eine Bedingung für die Werte der ersten Ableitungen in diesen Punkten. In Übereinstimmung mit dem, was wir über die stabilen Randbedingungen gesagt haben, gilt in den Punkten $x = -1$ und $x = 1$

$$\lim_{n \to \infty} u_n(x) = u(x),$$

denn es ist

$$u_n(-1) = u_n(1) = \frac{1}{n}, \quad u(-1) = u(1) = 0 \quad \text{und} \quad \lim_{n \to \infty} \frac{1}{n} = 0 .$$

Für die ersten Ableitungen gilt jedoch eine analoge Behauptung nicht. Es ist

$$u_n'(-1) = 0 \quad \text{und} \quad u_n'(1) = 0 \quad \text{für jedes } n ,$$

aber

$$u'(-1) = 2\,, \quad u'(1) = -2\,.$$

Der Leser wird sicher imstande sein, ein ähnliches Beispiel auch für höhere Dimensionen zu konstruieren, d.h. für $N > 1$. Ähnliche Beispiele kann man auch für $k > 1$ konstruieren. Diese Beispiele zeigen, warum Randbedingungen, die Ableitungen höherer als $(k-1)$-ter Ordnung enthalten, instabil genannt werden: Wenn eine Folge von Funktionen $u_n(x)$ gegen die Funktion $u(x)$ im Raum $W_2^{(k)}(G)$ konvergiert und die Funktionen $u_n(x)$ im Sinne von Spuren irgendeine Randbedingung erfüllen, in der Ableitungen höherer als $(k-1)$-ter Ordnung auftreten, *muß die Grenzfunktion diese Bedingung nicht erfüllen.*

Ein typisches Beispiel einer instabilen Randbedingung ist die *Neumannsche Bedingung*

$$\frac{\partial u}{\partial \nu} = h(S) \quad \text{auf } \Gamma$$

für die Poissonsche Gleichung. Ein direktes Analogon dieser Bedingung haben wir im soeben angeführten Beispiel für $N = 1$ betrachtet. Ein typisches Beispiel stabiler Randbedingungen für eine Gleichung der Ordnung $2k$ sind, wie wir schon gesagt haben, die sogenannten *Dirichletschen Bedingungen*

$$u = g_0(S)\,, \quad \frac{\partial u}{\partial \nu} = g_1(S), \ldots, \frac{\partial^{k-1} u}{\partial \nu^{k-1}} = g_{k-1}(S) \quad \text{auf } \Gamma\,.$$

b) Die schwache Lösung eines Randwertproblems. Spezialfälle

Bevor wir mit der allgemeinen Formulierung eines Randwertproblems beginnen, betrachten wir ausführlicher die folgenden drei Spezialfälle:

Beispiel 32.1. Wir betrachten die Poissonsche Gleichung

$$-\Delta u = f \tag{32.9}$$

mit der Randbedingung

$$u = g(S) \quad \text{auf } \Gamma\,. \tag{32.10}$$

Beispiel 32.2. Wir betrachten dieselbe Gleichung

$$-\Delta u = f \tag{32.11}$$

mit der Randbedingung

$$\frac{\partial u}{\partial \nu} = h(S) \quad \text{auf } \Gamma\,. \tag{32.12}$$

Beispiel 32.3. Wir betrachten in der Ebene die biharmonische Gleichung mit der rechten Seite f,

$$\Delta^2 u = f\,, \tag{32.13}$$

mit den Randbedingungen

$$u = g(s) \quad \text{auf } \Gamma\,, \tag{32.14}$$

$$Mu = h(s) \quad \text{auf } \Gamma\,, \tag{32.15}$$

wobei

$$Mu = \sigma\,\Delta u + (1 - \sigma)\frac{\partial^2 u}{\partial v^2} \quad (0 \leqq \sigma < 1)$$

ist (vgl. (23.23), S. 269).

Im ersten Beispiel ist die Bedingung (32.10) stabil, im zweiten Beispiel ist die Bedingung (32.12) instabil, im dritten Beispiel ist die Bedingung (32.14) stabil und die Bedingung (32.15) instabil.

In Übereinstimmung mit dem vorhergehenden Kapitel ist die schwache Lösung einer gegebenen Gleichung $Au = f$ der Ordnung $2k$ eine gewisse Funktion $u(x)$ aus dem Raum $W_2^{(k)}(G)$, die geeignete, in Definition 31.2 präzisierte Eigenschaften hat. Man kann erwarten, daß wir auch die Lösung (im weiter unten präzisierten Sinn) der Gleichung $Au = f$ mit vorgegebenen Randbedingungen unter den Funktionen aus dem Raum $W_2^{(k)}(G)$ suchen werden. Wie wir schon gezeigt haben (und auch schon im dritten Teil unseres Buches dargestellt haben), sind die stabilen und instabilen Randbedingungen von wesentlich verschiedenem Charakter, so daß es zweckmäßig sein wird, sie ausdrücklich auseinanderzuhalten. Mit diesem Ziel führen wir im Falle von Problemen mit Randbedingungen die sogenannten **Räume** V ein, welche die Teilräume derjenigen Funktionen aus dem Raum $W_2^{(k)}(G)$ sein werden, die (im Sinne von Spuren) die entsprechenden *homogenen stabilen* Randbedingungen erfüllen.

Betrachten wir nun das Problem aus Beispiel 32.1 mit der stabilen Randbedingung (32.10), so bezeichnen wir – wie wir eben gesagt haben – mit V die Menge (genauer den Raum mit der Metrik des Raumes $W_2^{(1)}(G)$) aller Funktionen $v \in W_2^{(1)}(G)$, die (im Sinne von Spuren) die entsprechende stabile homogene Randbedingung, d.h. die Bedingung

$$v = 0 \quad \text{auf } \Gamma\,, \tag{32.16}$$

erfüllen. Wie wir wissen (siehe Bemerkung 30.4 und Satz 30.6, S. 345 und 346), ist in diesem Fall

$$V = \mathring{W}_2^{(1)}(G)\,, \tag{32.17}$$

wobei $\mathring{W}_2^{(1)}(G)$ der in Kapitel 30 definierte Teilraum des Raumes $W_2^{(1)}(G)$ ist.

Im Beispiel 32.2 ist die Bedingung (32.12) instabil, so daß wir von keiner homogenen Randbedingung, die einer stabilen Randbedingung entsprechen würde, sprechen können. Wenn wir auch in diesem Fall den Raum V derjenigen Funktionen aus $W_2^{(1)}(G)$, die „die entsprechende stabile homogene Randbedingung“ erfüllen, einführen wollen, setzen wir

$$V = W_2^{(1)}(G)\,,$$

denn an die Funktionen aus $W_2^{(1)}(G)$ stellen wir keine Forderungen.

Im Beispiel 32.3 ist

$$V = \{v;\, v \in W_2^{(2)}(G),\ v = 0 \text{ auf } \Gamma \text{ im Sinne von Spuren}\}\ ^{1}), \tag{32.18}$$

denn die Bedingung (32.15) ist instabil, und von Funktionen aus dem Raum V fordern wir nur soviel, daß sie die homogene Bedingung erfüllen, die der stabilen Randbedingung (32.14), d.h. der Bedingung

$$v = g(S) \quad \text{auf } \Gamma\,,$$

entspricht.

Die Probleme aus Beispielen 32.1 bis 32.3 werden wir nun in eine für die weiteren Untersuchungen wesentlich günstigere Form transformieren; diese Form hat gewisse Ähnlichkeit mit der auf S. 354 und 356 angeführten Schreibweise für schwache Lösungen der Gleichung $Au = f$ – vgl. (31.32) bzw. (31.41).

Dazu benutzen wir wiederum Formel (31.29), S. 353,

$$\int_G \frac{\partial b}{\partial x_l}\, c\, \mathrm{d}x = \int_\Gamma b c \nu_l\, \mathrm{d}S - \int_G b\, \frac{\partial c}{\partial x_l}\, \mathrm{d}x\,,\quad b \in W_2^{(1)}(G)\,,\ c \in W_2^{(1)}(G)\,, \tag{32.19}$$

wobei $\nu_l\,(l = 1, \ldots, N)$ die Richtungskosinus der äußeren Normale sind; der Rand Γ ist nach Voraussetzung ein Lipschitz-Rand, so daß die äußere Normale fast überall auf Γ existiert und die Funktionen $\nu_l(S)$ auf Γ beschränkt und meßbar sind (siehe S. 327).

Wir betrachten das Problem (32.9), (32.10) aus Beispiel 32.1. Es sei zunächst $g(S) \in C(\Gamma)$ und $f \in C(\overline{G})$; $u \in C^{(2)}(\overline{G})$ sei die klassische Lösung des gegebenen Problems, so daß die Gleichung

$$-\Delta u = f \quad \text{in } G \tag{32.20}$$

und die Bedingung

$$u = g(S) \quad \text{auf } \Gamma \tag{32.21}$$

im gewöhnlichen Sinne erfüllt sind. Wir wählen eine beliebige Funktion $v \in V$ (nach (32.17) ist $V = W_2^{(1)}(G)$), multiplizieren die Gleichung (32.20) mit dieser Funktion und integrieren das Resultat über das Gebiet G. So erhalten wir

$$-\int_G v\, \Delta u\, \mathrm{d}x = \int_G v f\, \mathrm{d}x\,. \tag{32.22}$$

Da $v \in W_2^{(1)}(G)$ und unter den gegebenen Voraussetzungen auch $\partial u/\partial x_l \in W_2^{(1)}(G)$ ist $(l = 1, \ldots, N)$, können wir Formel (32.19) für $c = v$ und $b = -\partial u/\partial x_l$ anwenden; wir erhalten

$$-\int_G v\, \frac{\partial^2 u}{\partial x_l^2}\, \mathrm{d}x = -\int_\Gamma v\, \frac{\partial u}{\partial x_l}\, \nu_l\, \mathrm{d}S + \int_G \frac{\partial v}{\partial x_l}\, \frac{\partial u}{\partial x_l}\, \mathrm{d}x\,. \tag{32.23}$$

---

[1]) Wir benutzen hier die übliche Mengensymbolik, siehe S. XVIII. Es ist nicht schwer zu beweisen, und zwar ähnlich wie im Text vor der Gleichung (32.2), daß V ein Teilraum des Raumes $W_2^{(2)}(G)$, d.h. insbesondere ein *vollständiger* Raum ist. Dasselbe gilt auch für die weiteren, im Text dieses Kapitels betrachteten Räume V, denn es handelt sich um Räume von Funktionen, die stabile homogene Randbedingungen erfüllen.

Da $\partial u/\partial x_l(x) \in W_2^{(1)}(G)$ ist, gilt für ihre Spur $\partial u/\partial x_l(S) \in L_2(\Gamma)$; weiter ist $v_l(S)$ eine auf Γ beschränkte meßbare Funktion (so daß auch

$$\frac{\partial u}{\partial x_l} v_l \in L_2(\Gamma)$$

gilt) und es ist $v = 0$ in $L_2(\Gamma)$, weil $v \in V$ ist. Also ist

$$\int_\Gamma v \frac{\partial u}{\partial x_l} v_l \,\mathrm{d}S = 0 .$$

Wenn wir die Gleichungen (32.23) für $l = 1, \ldots, N$ aufschreiben und addieren, erhalten wir

$$-\int_G v \,\Delta u \,\mathrm{d}x = \sum_{l=1}^{N} \int_G \frac{\partial v}{\partial x_l} \frac{\partial u}{\partial x_l} \,\mathrm{d}x .$$

Damit kann man die Gleichung (32.22) in der folgenden Form schreiben:

$$\sum_{l=1}^{N} \int_G \frac{\partial v}{\partial x_l} \frac{\partial u}{\partial x_l} \,\mathrm{d}x = \int_G vf \,\mathrm{d}x .$$

Die Funktion $v \in V$ war beliebig gewählt. Falls also die Funktion $u(x)$ eine klassische Lösung des Problems (32.20), (32.21) ist, gilt

$$\sum_{l=1}^{N} \int_G \frac{\partial v}{\partial x_l} \frac{\partial u}{\partial x_l} \,\mathrm{d}x = \int_G vf \,\mathrm{d}x \quad \text{für jedes } v \in V. \tag{32.24}$$

Ähnlich wie im Kapitel 31 werden wir sagen, daß *für die Funktion $u(x)$ die Integralidentität* (32.24) *gilt*, oder kurz, daß *die Funktion $u(x)$ die Bedingung* (32.24) *erfüllt.*

Die Integralidentität (32.24) haben wir unter verhältnismäßig speziellen Voraussetzungen über die Funktionen $u(x)$ und $f(x)$ hergeleitet. Nun werden wir diese Voraussetzungen wesentlich abschwächen (z.B. sind die Integrale in (32.24) sinnvoll, wenn $u \in W_2^{(1)}(G)$ und $f \in L_2(G)$ ist) und so zum Begriff der schwachen Lösung des betrachteten Problems gelangen, der formal dem im vorhergehenden Kapitel eingeführten Begriff der schwachen Lösung der Gleichung $Au = f$ (S. 355 und 357) ähnlich ist: *Es sei $g(S)$ die Spur irgendeiner Funktion $w \in W_2^{(1)}(G)$ und es sei $f \in L_2(G)$. Weiter bezeichnen wir*

$$V = \{v;\, v \in W_2^{(1)}(G),\ v = 0 \ \textit{auf } \Gamma \textit{ im Sinne von Spuren}\}.$$ [1])

Die Funktion $u \in W_2^{(1)}(G)$ nennen wir **schwache Lösung des Problems**

$$-\Delta u = f \quad \textit{in } G , \tag{32.25}$$

$$u = g(S) \quad \textit{auf } \Gamma , \tag{32.26}$$

wenn

$$u - w \in V \tag{32.27}$$

---

[1]) Wie wir schon früher bemerkt hatten, ist in diesem Fall $V = \mathring{W}_2^{(1)}(G)$.

ist und

$$\sum_{i=1}^{N} \int_G \frac{\partial v}{\partial x_i} \frac{\partial u}{\partial x_i} \, dx = \int_G vf \, dx \quad \textit{für alle } v \in V \tag{32.28}$$

gilt.

Bemerkung 32.1. Diese Definition verdient einen ausführlicheren Kommentar, obwohl sie ein sehr spezielles Problem betrifft; sie enthält nämlich alle wesentlichen Grundzüge des Begriffs der schwachen Lösung eines Randwertproblems, die im allgemeinen Fall auftreten.

Zunächst ist offensichtlich, daß eine schwache Lösung des Problems (32.25), (32.26) auch eine schwache Lösung der Gleichung (32.25) im Sinne der Definition 31.2, S. 357, ist. Jede Funktion $\varphi \in C_0^{(\infty)}(G)$ mit kompaktem Träger gehört nämlich zu V, so daß für jedes $\varphi \in C_0^{(\infty)}(G)$ die Beziehung (32.28) gilt,

$$\sum_{i=1}^{N} \int_G \frac{\partial \varphi}{\partial x_i} \frac{\partial u}{\partial x_i} \, dx = \int_G \varphi f \, dx \, ; \tag{32.29}$$

das ist diejenige Bedingung, die die schwache Lösung der Gleichung (32.25) charakterisiert.

Wenn $u(x)$ eine schwache Lösung des Problems (32.25), (32.26) und damit auch eine schwache Lösung der Gleichung (32.25) ist und wenn die Funktionen $f(x)$ und $u(x)$ gewisse Stetigkeits- bzw. Glattheitsbedingungen erfüllen, kann man sich leicht durch Anwendung des Greenschen Satzes in „umgekehrter Richtung" überzeugen (vgl. S. 355), daß $u(x)$ in G die klassische Lösung der gegebenen Gleichung darstellt.

Die Bedingung (32.28) kann man in der Form

$$\sum_{|i|,|j| \leq 1} \int_G a_{ij} D^i v D^j u \, dx = \int_G vf \, dx \tag{32.30}$$

schreiben, die der Form (31.36), S. 355, ähnlich ist. Später werden wir für die linke Seite von Integralidentitäten, die der Identität (32.30) analog sind, die kürzere Bezeichnung $A(v, u)$ benutzen, vgl. S. 375. Die Bedingung (32.28) wird dann die folgende Form annehmen:

$$A(v, u) = \int_G vf \, dx \quad \text{für jedes } v \in V.$$

Die Erfüllung der Randbedingung (32.26) ist durch die Beziehung (32.27) ausgedrückt. Die Funktion $w(x)$ hat laut Voraussetzung auf dem Rand Γ die Spur $g(S)$; da nach (32.27) $u - w \in V$ ist, hat die Funktion $u(x) - w(x)$ auf dem Rand Γ die Spur Null, woraus folgt, daß die Funktion $u(x)$ auf dem Rand Γ die Spur $g(S)$ hat. Die Formulierung der Randbedingung ist hier mittels einer gewissen Funktion $w \in W_2^{(1)}(G)$ gegeben. Der Leser könnte sicher die Frage stellen, warum wir die Lösung des betrachteten Problems nicht direkt folgenderweise formulieren: Es sei das Problem

(32.25), (32.26) gegeben, wobei $f \in L_2(G)$ und $g \in L_2(\Gamma)$ ist. Unter einer schwachen Lösung dieses Problems verstehen wir eine solche Funktion $u \in W_2^{(1)}(G)$, deren Spur auf Γ die Funktion $g(S)$ ist und für die die Bedingung (32.28) erfüllt ist.

Mit dieser Definition würden wir auf die folgende Schwierigkeit stoßen: Wie wir schon auf S. 344 bemerkt hatten, muß nicht jede Funktion $g \in L_2(\Gamma)$ die Spur einer Funktion $u(x)$ aus dem Raum $W_2^{(1)}(G)$ sein. Wenn also die vorgeschriebene Funktion $g(S)$ nicht die Spur einer Funktion aus dem Raum $W_2^{(1)}(G)$ ist, hat das betrachtete Problem nach dieser Definition keine Lösung. Im nächsten Kapitel werden wir „umgekehrt" zeigen, daß in dem Falle, wenn $g(S)$ die Spur irgendeiner Funktion $w \in W_2^{(1)}(G)$ ist, die Existenz einer schwachen Lösung des betrachteten Problems im Sinne der Erfüllung der Integralidentität (32.28) und der Bedingung (32.27) garantiert ist.

Mit einer etwas ähnlichen Problematik haben wir uns schon in Kapitel 11, S. 132, bekannt gemacht. Dort haben wir die Existenz einer genügend glatten Funktion $w(x)$ vorausgesetzt, für die $Aw \in L_2(G)$ ist und die die vorgeschriebenen Randbedingungen erfüllt. Mit Hilfe dieser Funktion haben wir dann das gegebene Problem auf ein Problem mit homogenen Randbedingungen zurückgeführt. Hier stellen wir eigentlich eine ähnliche, aber wesentlich schwächere Forderung: Die Funktion w muß nicht so glatt sein, daß man auf sie den gegebenen Operator A – in unserem Fall den Laplace-Operator – anwenden kann, wir fordern nur, daß sie dem Raum $W_2^{(1)}(G)$ angehört, was hinsichtlich der Gesamtkonzeption der Lösung eine viel natürlichere Forderung ist.

Zur Formulierung der Randbedingung in der oben angeführten Definition der schwachen Lösung des Problems (32.25), (32.26) bemerken wir noch folgendes: In den Anwendungen werden wir fast stets dem Fall begegnen, daß die Funktion $g(S)$ vorgegeben ist und nicht die Funktion $w \in W_2^{(1)}(G)$, deren Spur die Funktion $g(S)$ sein soll. In Kapitel 46 werden wir verhältnismäßig einfache Kriterien angeben, die die Existenz einer solchen Funktion w sichern. (Dort werden wir auch kurz die Voraussetzungen erwähnen, unter denen die schwache Lösung des gegebenen Problems eine klassische Lösung ist.) Wenn die Funktion $g(S)$ *nicht* die Spur einer Funktion aus dem Raum $W_2^{(1)}(G)$ ist, ist natürlich unsere Lösungsdefinition nicht verwendbar. In einem solchen Fall muß man anders vorgehen. Einer der möglichen Wege besteht im wesentlichen darin, daß man den Begriff der klassischen Lösung benutzt und dort in geeigneter Weise die Formulierung der Randbedingungen verallgemeinert (vgl. z.B. die Arbeiten [38], [39] des Verfassers). Dieses Vorgehen ist vor allem für Gleichungen zweiter Ordnung geeignet. Ein zweiter Weg, der auch für Gleichungen höherer Ordnung geeignet ist, besteht darin, daß wir die Lösung in sogenannten *gewichteten Sobolev-Räumen* suchen (siehe z.B. die Arbeiten [23], [24], [25], [51]) oder den soeben eingeführten Begriff der schwachen Lösung verallgemeinern, und zwar durch die Einführung des Begriffes der sogenannten *sehr schwachen Lösung.* Diese Problematik ist z.B. in [35], S. 228 ff., behandelt. Siehe auch [41], [52] und Kapitel 43 und 45, S. 536 und 563.

Nun wenden wir uns dem Beispiel 32.2, d.h. dem Problem

$$-\Delta u = f \quad \text{in } G\,, \tag{32.31}$$

$$\frac{\partial u}{\partial \nu} = h(S) \quad \text{auf } \Gamma\,, \tag{32.32}$$

zu. In diesem Fall ist, wie wir schon gesagt haben, $V = W_2^{(1)}(G)$. Wir setzen zunächst voraus, daß $h(S) \in C(\Gamma)$ und $f \in C(\bar{G})$ ist und daß $u \in C^{(2)}(\bar{G})$ die klassische Lösung des gegebenen Problems ist, d.h., daß die Funktion $u(x)$ die Gleichung (32.31) und die Randbedingung (32.32) im klassischen Sinn erfüllt. Wir multiplizieren die Gleichung (32.31) mit einer beliebigen Funktion $v \in W_2^{(1)}(G)$ und integrieren die so entstandene Gleichung über das Gebiet G,

$$-\int_G v\,\Delta u\,dx = \int_G vf\,dx\,. \tag{32.33}$$

Wenn wir wiederum den Greenschen Satz anwenden, erhalten wir ähnlich wie in (32.23)

$$-\int_G v\,\frac{\partial^2 u}{\partial x_l^2}\,dx = -\int_\Gamma v\,\frac{\partial u}{\partial x_l}\,\nu_l\,dS + \int_G \frac{\partial v}{\partial x_l}\,\frac{\partial u}{\partial x_l}\,dx\,, \tag{32.34}$$

$l = 1, \dots, N$. Hier wird im allgemeinen Fall das Integral über den Rand Γ nicht verschwinden. Wenn wir die Gleichungen (32.34) addieren und in Betracht ziehen, daß

$$\sum_{l=1}^{N} \frac{\partial u}{\partial x_l}\,\nu_l = \frac{\partial u}{\partial \nu}$$

ist, erhalten wir

$$-\int_G v\,\Delta u\,dx = -\int_\Gamma v\,\frac{\partial u}{\partial \nu}\,dS + \sum_{l=1}^{N}\int_G \frac{\partial v}{\partial x_l}\,\frac{\partial u}{\partial x_l}\,dx\,.$$

Ersetzen wir nun die linke Seite der Identität (32.33) durch dieses Resultat, in dem wir noch nach (32.32) $h(S)$ statt $\partial u/\partial \nu$ setzen, so erhalten wir

$$\sum_{l=1}^{N}\int_G \frac{\partial v}{\partial x_l}\,\frac{\partial u}{\partial x_l}\,dx = \int_G vf\,dx + \int_\Gamma vh(S)\,dS\,, \quad v \in W_2^{(1)}(G)\,. \tag{32.35}$$

Ohne Rücksicht auf die früher ausgesprochenen Forderungen bezüglich der Stetigkeit bzw. Glattheit der Funktionen h, f und u definieren wir:

Es sei $h(S) \in L_2(\Gamma)$, $f \in L_2(G)$. Unter einer **schwachen Lösung des Problems** (32.31), (32.32) *verstehen wir eine Funktion $u \in W_2^{(1)}(G)$, die für alle $v \in W_2^{(1)}(G)$ die Identität* (32.35) *erfüllt.*

Bemerkung 32.2. Der grundlegende Unterschied im Vergleich mit dem vorhergehenden Fall liegt in der Formulierung der Randbedingung (32.32), die in diesem Fall instabil ist. Hier können wir nämlich diese Bedingung nicht so formulieren, daß wir die Existenz einer Funktion $w \in W_2^{(1)}(G)$ voraussetzen, für die

$$\frac{\partial w}{\partial \nu} = h(S) \quad \text{auf } \Gamma$$

ist, und von der schwachen Lösung u dann fordern, daß sie die Bedingung

$$\frac{\partial u}{\partial v} = \frac{\partial w}{\partial v} \quad \text{auf } \Gamma$$

erfüllt. Die ersten Ableitungen der Funktionen aus $W_2^{(1)}(G)$ haben nämlich im allgemeinen Fall auf Γ keine Spuren, so daß die Ausdrücke $\partial w/\partial v$, $\partial u/\partial v$ auf Γ im allgemeinen Fall nicht sinnvoll sind. Dies ist aber, wie wir noch sehen werden, nicht der einzige Grund dafür, warum wir Probleme mit stabilen und instabilen Randbedingungen unterschiedlich formulieren.

Wir wenden uns nun dem Beispiel 32.3, S. 363, zu, d.h. dem ebenen Problem

$$\Delta^2 u = f \quad \text{in } G\,, \tag{32.36}$$

$$u = g(s) \quad \text{auf } \Gamma\,, \tag{32.37}$$

$$Mu = h(s) \quad \text{auf } \Gamma\,, \tag{32.38}$$

wobei

$$Mu = \sigma\,\Delta u + (1-\sigma)\frac{\partial^2 u}{\partial v^2} \quad \text{mit} \quad 0 \leqq \sigma < 1$$

ist. In diesem Fall wird der Raum V von denjenigen Funktionen aus $W_2^{(2)}(G)$ gebildet, die auf Γ verschwinden,

$$V = \{v;\, v \in W_2^{(2)}(G),\ v = 0 \ \text{auf } \Gamma \text{ im Sinne von Spuren}\}\,.$$

Wir setzen zunächst voraus, daß die Funktionen $g(s)$ und $h(s)$ stetig auf Γ, die Funktion $f(x)$ stetig in $\bar{G}$ und $u \in C^{(4)}(\bar{G})$ eine klassische Lösung des Problems (32.36) bis (32.38) ist. Nun wählen wir eine beliebige Funktion $v \in V$, multiplizieren die Gleichung (32.36) mit ihr und integrieren über G,

$$\int_G v\,\Delta^2 u\,\mathrm{d}x = \int_G vf\,\mathrm{d}x\,. \tag{32.39}$$

Wenn wir für den biharmonischen Operator die Zerlegung aus Beispiel 31.5, S. 350, wählen, erhalten wir bei üblicher Anwendung des Greenschen Satzes (vgl. (23.22), S. 269) und unter der Voraussetzung genügender Glattheit des Randes Γ

$$\int_G v\,\Delta^2 u\,\mathrm{d}x = \int_G \left[\left(\frac{\partial^2 v}{\partial x_1^2} + \sigma\frac{\partial^2 v}{\partial x_2^2}\right)\frac{\partial^2 u}{\partial x_1^2} + 2(1-\sigma)\frac{\partial^2 v}{\partial x_1\,\partial x_2}\frac{\partial^2 u}{\partial x_1\,\partial x_2} + \right.$$
$$\left. + \left(\frac{\partial^2 v}{\partial x_2^2} + \sigma\frac{\partial^2 v}{\partial x_1^2}\right)\frac{\partial^2 u}{\partial x_2^2}\right]\mathrm{d}x - \int_\Gamma v\,Nu\,\mathrm{d}s - \int_\Gamma \frac{\partial v}{\partial v}\,Mu\,\mathrm{d}s\,, \tag{32.40}$$

wobei

$$Nu = -\frac{\partial}{\partial v}(\Delta u) + (1-\sigma)\frac{\partial}{\partial s}\left[\frac{\partial^2 u}{\partial x_1^2}v_1 v_2 - \frac{\partial^2 u}{\partial x_1\,\partial x_2}(v_1^2 - v_2^2) - \frac{\partial^2 u}{\partial x_2^2}v_1 v_2\right]$$

ist.

Da $v \in V$ ist, gilt $v = 0$ in $L_2(\Gamma)$, und das erste Integral über den Rand auf der rechten Seite der Identität (32.40) verschwindet. Im zweiten Integral über Γ schreiben wir

$h(s)$ für Mu nach (32.38). Die Identität (32.39) nimmt dann die folgende Form an:

$$\int_G \left[\left(\frac{\partial^2 v}{\partial x_1^2} + \sigma \frac{\partial^2 v}{\partial x_2^2}\right)\frac{\partial^2 u}{\partial x_1^2} + 2(1-\sigma)\frac{\partial^2 v}{\partial x_1\,\partial x_2}\frac{\partial^2 u}{\partial x_1\,\partial x_2} + \right.$$

$$\left. + \left(\frac{\partial^2 v}{\partial x_2^2} + \sigma \frac{\partial^2 v}{\partial x_1^2}\right)\frac{\partial^2 u}{\partial x_2^2}\right] \mathrm{d}x = \int_G vf\,\mathrm{d}x + \int_\Gamma \frac{\partial v}{\partial \nu} h(s)\,\mathrm{d}s\,, \quad v \in V. \quad (32.41)$$

Diese Bedingung[1]) wird also von jeder genügend glatten Lösung des Problems (32.36) bis (32.38) erfüllt. Ähnlich wie in den vorhergehenden Fällen werden wir auch hier aufgrund der Identität (32.41) eine Verallgemeinerung des Begriffes der klassischen Lösung des betrachteten Problems vornehmen:

Es sei $g(s)$ die Spur irgendeiner Funktion $w \in W_2^{(2)}(G)$. Wir bezeichnen

$$V = \{v;\, v \in W_2^{(2)}(G),\ v = 0 \text{ auf } \Gamma \text{ im Sinne von Spuren}\}\,. \quad (32.42)$$

Ferner sei $h(s) \in L_2(\Gamma)$, $f \in L_2(G)$. Die Funktion $u \in W_2^{(2)}(G)$ nennen wir **schwache Lösung des Problems** (32.36) **bis** (32.38) *wenn*

$$u - w \in V \quad (32.43)$$

gilt und wenn für jedes $v \in V$ die Bedingung (32.41) *erfüllt ist.*

Im Falle des Problems (32.36) bis (32.38) ist also nur eine von den beiden „Dirichletschen" Randbedingungen (S. 363) auf Γ vorgeschrieben, und zwar die erste:

$$u = g_0(s) = g(s) \quad \text{auf } \Gamma\,. \quad (32.44)$$

Die zweite der erwähnten Bedingungen, d.h. die Bedingung

$$\frac{\partial u}{\partial \nu} = g_1(s) \quad \text{auf } \Gamma\,,$$

ist nicht vorhanden. An ihrer Stelle ist die Bedingung

$$Mu = h(s) \quad \text{auf } \Gamma \quad (32.45)$$

vorgeschrieben. Die Forderung, die Randbedingung (32.44) solle im Sinne von Spuren erfüllt sein, ist in der Definition der schwachen Lösung durch die Bedingung (32.43) ausgedrückt, die zweite (instabile) Randbedingung (32.45) tritt direkt in der Integralidentität (32.41) auf (mit dem „Koeffizienten" $\partial v/\partial \nu$).

c) Definition der schwachen Lösung eines Randwertproblems. Der allgemeine Fall

Obwohl wir die Formulierung des Problems im allgemeinen Fall noch nicht angegeben haben, haben wir an den Beispielen 32.1 bis 32.3 die charakteristischen Züge

---

[1]) Physikalisch bedeutet sie nichts anderes als das Prinzip der virtuellen Verschiebungen (bzw. Durchbiegungen) in der Plattentheorie.

der sogenannten schwachen Lösung eines gegebenen Randwertproblems gezeigt. Nun werden wir zunächst das Problem für den allgemeinen Fall formulieren.[1])

Am Anfang dieses Kapitels haben wir die Bedingungen für eine gegebene Differentialgleichung der Ordnung $2k$ in zwei Gruppen eingeteilt: in stabile, die Ableitungen höchstens $(k-1)$-ter Ordnung der gesuchten Lösung enthalten, und in instabile, die Ableitungen höherer als $(k-1)$-ter Ordnung enthalten. In den angeführten Beispielen haben wir – wenn es sich um stabile Randbedingungen handelte – nur Dirichletsche Randbedingungen betrachtet, d.h. Bedingungen der Form

$$u = g_0(S)\,, \quad \frac{\partial u}{\partial \nu} = g_1(S), \ldots, \frac{\partial^{k-1} u}{\partial \nu^{k-1}} = g_{k-1}(S) \quad \text{auf } \Gamma\,. \tag{32.46}$$

Bis auf weiteres verbleiben wir bei diesen Bedingungen. Falls zwischen den vorgegebenen Randbedingungen auch instabile Bedingungen auftreten, befinden sich unter den restlichen vorgegegebenen Randbedingungen nicht alle Bedingungen (32.46), sondern nur einige von ihnen. So trat im Beispiel 32.2 keine Dirichletsche Bedingung auf, im Beispiel 32.3 für eine Gleichung vierter Ordnung hatten wir nur die erste von den Bedingungen (32.46). Es seien nun für eine gegebene Gleichung der Ordnung $2k$ insgesamt μ stabile – und zwar Dirichletsche – Randbedingungen vorgegeben und $k-\mu$ instabile Randbedingungen. *In den Randbedingungen treten also nur μ der Bedingungen* (32.46) *auf*, wir bezeichnen sie durch

$$\frac{\partial^{s_1} u}{\partial \nu^{s_1}} = g_{s_1}, \quad \frac{\partial^{s_2} u}{\partial \nu^{s_2}} = g_{s_2}, \ldots, \frac{\partial^{s_\mu} u}{\partial \nu^{s_\mu}} = g_{s_\mu}\,, \tag{32.47}$$

---

[1]) Die Formulierung der Randbedingungen für Gleichungen höherer Ordnung ist nicht einfach. Sie muß genügend allgemein sein, um „vernünftige" Randbedingungen, auf die wir bei Differentialgleichungen in den Anwendungen stoßen, erfassen zu können, und andererseits gleichzeitig „unvernünftige" Randbedingungen ausschließen, z.B. Bedingungen vom folgenden Typ:

Es sei $k = 2$, $N = 2$. Es handelt sich also um eine Gleichung vierter Ordnung in einem ebenen Gebiet. Weiter sei s die Bogenlänge auf Γ und es seien die Randbedingungen

$$u = g_0(s) \quad \text{auf } \Gamma\,,$$

$$\frac{\partial u}{\partial s} = g_1(s) \quad \text{auf } \Gamma$$

vorgeschrieben. Diese Randbedingungen sind sicher nicht „vernünftig", denn die Funktionen u und $\partial u/\partial s$ sind auf Γ nicht unabhängig.

Es sei wiederum $k = 2$, $N = 2$, und es seien die Randbedingungen

$$u = g_0(s) \quad \text{auf } \Gamma\,,$$

$$\frac{\partial u}{\partial \nu} - \alpha u = g_1(s) \quad \text{auf } \Gamma$$

vorgeschrieben. Auch die auf diese Weise formulierten Randbedingungen (bzw. ihre Schreibweise) sind nicht „vernünftig", denn aus der ersten Bedingung folgt, daß die zweite die Form

$$\frac{\partial u}{\partial \nu} = g_2(s) \quad \text{auf } \Gamma$$

hat, wobei $g_2(s)$ eine bekannte Funktion ist.

die übrigen $k - \mu$ dieser Bedingungen, die wir folgendermaßen bezeichnen,

$$\frac{\partial^{t_1} u}{\partial \nu^{t_1}} = g_{t_1}, \quad \frac{\partial^{t_2} u}{\partial \nu^{t_2}} = g_{t_2}, \ldots, \frac{\partial^{t_{k-\mu}} u}{\partial \nu^{t_{k-\mu}}} = g_{t_{k-\mu}}, \qquad (32.48)$$

sind unter den vorgegebenen Randbedingungen *nicht vertreten*. In Beispiel 31.1, d.h. im Falle des Problems

$$-\Delta u = f \quad \text{in } G,$$
$$u = g(S) \quad \text{auf } \Gamma,$$

ist $k = 1$, $\mu = 1$, $s_1 = 0$ (unter einer Ableitung nullter Ordnung verstehen wir wie üblich die Funktion u selbst), $k - \mu = 0$ ((32.48) ist also eine leere Menge). In Beispiel 32.2, d.h. beim Problem

$$-\Delta u = f \quad \text{in } G,$$
$$\frac{\partial u}{\partial \nu} = h(S) \quad \text{auf } \Gamma,$$

ist $k = 1$, $\mu = 0$ (hier ist (32.47) eine leere Menge), $k - \mu = 1$, $t_1 = 0$. In Beispiel 32.3, d.h. beim Problem

$$\Delta^2 u = f \quad \text{in } G,$$
$$u = g(s) \quad \text{auf } \Gamma,$$
$$Mu = h(s) \quad \text{auf } \Gamma,$$

ist $k = 2$, $\mu = 1$, $s_1 = 0$, $k - \mu = 1$, $t_1 = 1$ (denn die für den Operator Δ^2 stabile Randbedingung $\partial u/\partial \nu = h(S)$ tritt nicht unter den vorgegebenen Randbedingungen auf und gehört folglich zu den Bedingungen (32.48)).

Um allgemeinere stabile Randbedingungen erfassen zu können, als es die Dirichletschen Bedingungen sind, setzen wir eine gewisse Glattheit des Randes Γ voraus (vgl. S. 268) und betrachten statt der Bedingungen (32.47) stabile Randbedingungen der Form

$$B_1 u \equiv \frac{\partial^{s_1} u}{\partial \nu^{s_1}} + F_1 u = g_1(S),$$

$$\cdots\cdots\cdots\cdots\cdots\cdots\cdots\cdots$$

$$B_\mu u \equiv \frac{\partial^{s_\mu} u}{\partial \nu^{s_\mu}} + F_\mu u = g_\mu(S), \qquad (32.49)$$ [1]

wobei die Operatoren F_l ($l = 1, \ldots, \mu$) lineare Differentialoperatoren höchstens $(k - 1)$-ter Ordnung sind, deren Glieder Normalenableitungen nur der Ordnungen

---

[1]) In Überstimmung mit dem vorhergehenden Text sollten wir hier $g_{s_1}(S)$ statt $g_1(S)$ usw. schreiben. Wir benutzen aber die angeführte Symbolik, um die Bezeichnung im weiteren Text möglichst zu vereinfachen.

enthalten, die irgendeiner der Zahlen $t_1, \ldots, t_{k-\mu}$ gleich sind.[1]) Außerdem können die Glieder dieser Operatoren auch Ableitungen in „Tangentialrichtungen" enthalten[2]); ausführlich dazu siehe [35], S. 26.

Beispiel 32.4. Für einen Operator vierter Ordnung ($k = 2$) schreiben wir folgende Randbedingungen vor:

$$\frac{\partial u}{\partial v} + u = g(S) \quad \text{auf } \Gamma ,$$

$$\Delta u = h(S) \quad \text{auf } \Gamma .$$

Die erste dieser Bedingungen ist für den gegebenen Operator stabil, die zweite nicht, also ist $\mu = 1$. Weiter ist $s_1 = 1$, $k - \mu = 1$, $t_1 = 0$,

$$B_1 u = \frac{\partial u}{\partial v} + F_1 u ,$$

wobei $F_1 u = u$ ist, was als die Normalenableitung der Ordnung $t_1 = 0$ interpretiert werden kann,

$$\frac{\partial^{t_1} u}{\partial v^{t_1}} = \frac{\partial^0 u}{\partial v^0} = u .$$

Der Operator B_1 ist also ein Operator der betrachteten Form, der Operator aus Fußnote[1]), ist nicht von der betrachteten Form.

Den Teilraum[3]) *aller Funktionen* $v \in W_2^{(k)}(G)$, *die die homogenen Bedingungen* (32.49) *erfüllen, d.h. die Bedingungen*

$$B_1 v = 0, \ldots, B_\mu v = 0 \quad \textit{auf } \Gamma , \tag{32.50}$$

bezeichnen wir mit V.

Bevor wir die schwache Lösung des Randwertproblems für die betrachtete Gleichung

---

[1]) Wenn wir hier Normalenableitungen zulassen würden, deren Ordnung irgendeiner von den Zahlen $s_1, \ldots, s_\mu$ gleich ist, könnten wir auf verschiedene „unvernünftige" Randbedingungen stoßen, z.B. für $s_1 = 0$ auf die Bedingung

$$u + \frac{\partial u}{\partial s} = g(s) \quad \text{auf } \Gamma$$

(u fassen wir hier als nullte Normalenableitung der Funktion u auf; das zweite Glied auf der linken Seite enthält ebenfalls die nullte Normalenableitung), die eigentlich eine Differentialgleichung zur Bestimmung der Werte $u(s)$ auf dem Rand darstellt, u.ä.

[2]) Also in einer zum Vektor der äußeren Normale senkrechten ($N - 1$)-dimensionalen Hyperebene. Wenn wir die „lokalen Koordinaten" $\sigma_1, \ldots, \sigma_{N-1}, v$ benutzen, haben also die Operatoren F_l die Form

$$\sum_{|i| \leq k-1} b_{l_i} \frac{\partial^{|i|} u}{\partial \sigma_1^{i_1} \ldots \partial \sigma_{N-1}^{i_{N-1}} \partial v^{t_j}} ,$$

wobei b_{l_i} beschränkte meßbare Funktionen auf Γ sind und j irgendeine von den Zahlen $1, \ldots, k - \mu$ ist.

[3]) Der Beweis, daß es sich tatsächlich um einen Teilraum handelt, d.h. der Beweis seiner Vollständigkeit, folgt aus den gleichen Überlegungen wie wir sie auf S. 360 durchgeführt haben.

$Au = f$, d.h. für die Gleichung

$$\sum_{|i|,|j| \leq k} (-1)^{|i|} D^i(a_{ij} D^j u) = f, \tag{32.51}$$

definieren werden, führen wir noch die folgende nützliche Bezeichnung ein. Schon im vorhergehenden und auch in diesem Kapitel (S. 367) sind wir auf den Ausdruck

$$\sum_{|i|,|j| \leq k} \int_G a_{ij} D^i v D^j u \, dx \tag{32.52}$$

gestoßen, wobei a_{ij} die Koeffizienten des gegebenen Operators waren und D^i, D^j lineare Differentialoperatoren sind, deren Bedeutung wir auf S. 332 erklärt haben. Wie wir schon auf S. 367 erwähnt hatten, werden wir für den Ausdruck (32.52), den wir im weiteren Text häufig antreffen werden, die Bezeichnung $A(v, u)$ benutzen:

$$A(v, u) = \sum_{|i|,|j| \leq k} \int_G a_{ij} D^i v D^j u \, dx . \tag{32.53}$$

Dieser Ausdruck ist offensichtlich linear in u und auch in v:

$$\begin{aligned} A(v, c_1 u_1 + c_2 u_2) &= c_1 A(v, u_1) + c_2 A(v, u_2), \\ A(c_1 v_1 + c_2 v_2, u) &= c_1 A(v_1, u) + c_2 A(v_2, u). \end{aligned} \tag{32.54}$$

Deshalb nennen wir ihn die **Bilinearform, die dem Operator**

$$A = \sum_{|i|,|j| \leq k} (-1)^{|i|} D^i(a_{ij} D^j) \tag{32.55}$$

entspricht.

Dazu ist noch folgendes zu bemerken: Im vorhergehenden Kapitel (Beispiel 31.5, S. 350) haben wir gesehen, daß wir den Operator $-\Delta$ auf verschiedene Weise „bilden" können – je nachdem, für welche „Zerlegung" wir uns entscheiden. Je nach der Form der gewählten Zerlegung können wir also im allgemeinen Fall einen und denselben Operator A für verschiedene Wahl der Koeffizienten a_{ij} erhalten, und dementsprechend erhalten wir auch verschiedene Bilinearformen. Wenn aber die Form (32.53) gegeben ist, so ist dadurch der Operator A eindeutig bestimmt, denn die Funktionen a_{ij} sind in (32.53) gegeben. Es wäre also günstiger, von einem der Form $A(v, u)$ entsprechenden Operator A zu sprechen als von der dem Operator A entsprechenden Form $A(v, u)$. Im weiteren Text werden wir jedoch stets voraussetzen, daß wir uns – wenn vom Operator A und von der ihm entsprechenden Bilinearform die Rede sein wird – schon für eine gewisse Zerlegung des Operators A entschieden haben, womit seine Koeffizienten eindeutig bestimmt sind; dann ist auch die entsprechende Form $A(v, u)$ eindeutig bestimmt. (Siehe auch S. 351.)

Wenn wir z.B. für den Operator $-\Delta$ in der Ebene ($N = 2$) die übliche Zerlegung wählen, d.h.

$$a_{1,0;1,0} = 1, \quad a_{0,1;0,1} = 1 \tag{32.56}$$

und $a_{ij} = 0$ in den übrigen Fällen, erhalten wir

$$A(v, u) = \int_G \left(\frac{\partial v}{\partial x_1} \frac{\partial u}{\partial x_1} + \frac{\partial v}{\partial x_2} \frac{\partial u}{\partial x_2} \right) dx . \tag{32.57}$$

In diesem Sinne haben wir auch (wir betrachten den Fall $N = 2$) die Integralidentität (32.28),

$$\int_G \left(\frac{\partial v}{\partial x_1} \frac{\partial u}{\partial x_1} + \frac{\partial v}{\partial x_2} \frac{\partial u}{\partial x_2} \right) \mathrm{d}x = \int_G vf \, \mathrm{d}x \, , \quad v \in V \, ,$$

in der Form

$$A(v, u) = \int_G vf \, \mathrm{d}x \, , \quad v \in V \, , \tag{32.58}$$

geschrieben.

Wenn wir analog für den biharmonischen Operator in der Ebene die Zerlegung aus Beispiel 31.5, S. 350, wählen, können wir die Integralidentität (32.41) in der folgenden Form schreiben:

$$A(v, u) = \int_G vf \, \mathrm{d}x + \int_\Gamma \frac{\partial v}{\partial \nu} h(s) \, \mathrm{d}s \, , \quad v \in V \, . \tag{32.59}$$

Wir bemerken noch, daß die Koeffizienten a_{ij} des Operators A und folglich auch der Form (32.53) nach Voraussetzung beschränkte meßbare Funktionen sind; die Integrale in (32.53) sind sinnvoll schon dann, wenn die Funktionen $u(x)$ und $v(x)$ zum Raum $W_2^{(k)}(G)$ gehören. (Es ist nämlich $|i| \leqq k$, $|j| \leqq k$, und folglich gehört auch jede der Ableitungen $D^i v$, $D^j u$ zu $L_2(G)$.)

Nachdem wir die Bilinearform $A(v, u)$ eingeführt haben und die Frage der Formulierung der Randbedingungen im Text dieses Kapitels ausführlich diskutiert hatten, sind wir in der Lage, die folgende vorläufige[1]) Definition der schwachen Lösung der Gleichung $Au = f$ mit Randbedingungen anzugeben:

Definition 32.1. (*Vorläufige Definition der schwachen Lösung eines Randwertproblems.*) Es seien gegeben:

$$\text{ein Gebiet } G \text{ mit einem Lipschitz-Rand } \Gamma \tag{32.60}$$

(der je nach dem Charakter des Problems eventuell noch gewisse Glattheitsbedingungen erfüllt); der Operator

$$A = \sum_{|i|,|j| \leqq k} (-1)^{|i|} D^i(a_{ij} D^j) \tag{32.61}$$

mit beschränkten, im Lebesgueschen Sinn meßbaren Koeffizienten $a_{ij}(x)$, die entsprechende Bilinearform

$$A(v, u) = \sum_{|i|,|j| \leqq k} \int_G a_{ij} D^i v D^j u \, \mathrm{d}x \, ; \tag{32.62}$$

die Funktion

$$f \in L_2(G) \, ; \tag{32.63}$$

[1]) Vorläufig deshalb, weil wir in ihr gewisse Verallgemeinerungen, die wir erst in Definition 32.2 vornehmen werden, nicht berücksichtigt haben. Trotzdem ist Definition 32.1 von selbstständiger Bedeutung.

die Operatoren (32.49),

$$B_1, \dots, B_\mu, \quad \mu \leqq k \tag{32.64}$$

(S. 373); der Teilraum

$$V = \{v;\, v \in W_2^{(k)}(G),\ B_1 v = 0, \dots, B_\mu v = 0 \text{ auf } \Gamma \text{ im Sinne von Spuren}\}\,; \tag{32.65}$$

die Funktionen

$$g_1 \in L_2(\Gamma), \dots, g_\mu \in L_2(\Gamma)$$

und eine Funktion $w \in W_2^{(k)}(G)$, für die

$$B_1 w = g_1(S), \dots, B_\mu w = g_\mu(S) \quad \text{auf } \Gamma \text{ im Sinne von Spuren} \tag{32.66}$$

gilt, sowie die Funktionen

$$h_1(S) \in L_2(\Gamma), \dots, h_{k-\mu}(S) \in L_2(\Gamma)\,. \tag{32.67}$$

Eine Funktion $u \in W_2^{(k)}(G)$ wird **schwache Lösung des Randwertproblems,** das durch die Daten (32.60) bis (32.67) gegeben ist, genannt, wenn

$$u - w \in V \tag{32.68}$$

ist und

$$A(v, u) = \int_G vf \, \mathrm{d}x + \sum_{l=1}^{k-\mu} \int_\Gamma \frac{\partial^{t_l} v}{\partial v^{t_l}} h_l \, \mathrm{d}S \quad \text{für jedes } v \in V \tag{32.69}$$

gilt. Dabei sind $t_1, \dots, t_{k-\mu}$ die Zahlen aus (32.48).

Bemerkung 32.3. Zu dieser Definition kann man eine zur Bemerkung 32.1, S. 367 und 368, analoge Aussage machen. Zuerst folgt aus (32.69), daß $u(x)$ eine schwache Lösung der Gleichung $Au = f$ im Sinne von Definition 31.2, S. 357, ist: Jede Funktion φ mit kompaktem Träger in G gehört nämlich zu V, so daß für sie (32.69) gilt; weiter verschwindet φ identisch in einer gewissen Umgebung des Randes, so daß alle Randintegrale in (32.69) verschwinden. Wir haben also

$$A(\varphi, u) = \int_G \varphi f \, \mathrm{d}x \quad \text{für jedes } \varphi \in C_0^{(\infty)}(G)\,, \tag{32.70}$$

was bedeutet, daß $u(x)$ eine schwache Lösung der Gleichung $Au = f$ ist.

Bezüglich der Formulierung der stabilen Randbedingungen kann man ebenfalls auf den Text von Bemerkung 32.1, S. 367 und 368, hinweisen. Aus (32.68) und (32.66) folgt insbesondere, daß die schwache Lösung des gegebenen Problems die folgenden stabilen Randbedingungen (im Sinne von Spuren) erfüllt:

$$B_1 u = g_1(S), \dots, B_\mu u = g_\mu(S) \quad \text{auf } \Gamma\,. \tag{32.71}$$

Die instabilen Randbedingungen sind durch das Glied

$$\sum_{l=1}^{k-\mu} \int_\Gamma \frac{\partial^{t_l} v}{\partial v^{t_l}} h_l \, \mathrm{d}S \tag{32.72}$$

in der Identität (32.69) charakterisiert. Welche Form diese Randbedingungen haben, das können wir in konkreten Fällen durch Anwendung des Greenschen Satzes (in „umgekehrter Richtung") auf die Identität (32.69) feststellen (unter der formalen Voraussetzung einer genügenden Glattheit der betrachteten Funktionen bzw. des Randes Γ). Wenn umgekehrt eine Gleichung $Au = f$ mit Randbedingungen des Typs, den wir bisher betrachtet haben, gegeben ist, gelangen wir (wenigstens formal) unter Benutzung des Greenschen Satzes (und weiterer Hilfsmittel, siehe [35], vor allem S. 28, 29 und 32; siehe auch die Umformung des letzten von den Integralen in (23.14), S. 267) zu einem Ausdruck der Form (32.72).[1])

Im Problem (32.31), (32.32) kamen wir unter Benutzung des Greenschen Satzes von der Randbedingung (32.32) zum entsprechenden Glied in der Integralidentität (32.35), im Problem (32.36) bis (32.38) sind wir von der Randbedingung (32.38) zum entsprechenden Glied in der Identität (32.41) gekommen. Siehe auch weitere Beispiele zum Schluß dieses Kapitels.

Wir erinnern nochmals daran, daß in der Summe (32.72) diejenigen Normalenableitungen der Funktion v auftreten, die in (32.47) bzw. in den ersten Gliedern $\partial^{s_1}u/\partial\nu^{s_1}, \ldots$ $\ldots, \partial^{s_\mu}u/\partial\nu^{s_\mu}$ der Operatoren (32.49) *nicht* enthalten sind.

Bemerkung 32.4. Wie aus Definition 32.1 folgt, ist die schwache Lösung eines Randwertproblems verhältnismäßig sehr allgemein definiert. Für den Fall von Differentialgleichungen haben wir hier einen wesentlich allgemeineren Begriff zur Verfügung als es derjenige Begriff war, mit dem wir im dritten Teil dieses Buches gearbeitet haben. Dies betrifft in erster Linie die an die Koeffizienten der gegebenen Gleichung gestellten Voraussetzungen: wir fordern keine Stetigkeit (es genügt uns ihre Beschränktheit und ihre Meßbarkeit im Lebesgueschen Sinn; die Forderung der Beschränktheit kann man sogar noch wesentlich abschwächen, siehe z.B. [35], S. 124); auch die Forderung der Symmetrie ($a_{ij} = a_{ji}$) tritt hier nicht auf. Des weiteren ist die Formulierung für die stabilen Randbedingungen wesentlich geeigneter. Wir erinnern daran, daß wir im dritten Teil dieses Buches insbesondere bei Problemen mit nichthomogenen Randbedingungen gewisse Schwierigkeiten hatten. Auch die Formulierung für die instabilen Randbedingungen ist hier günstiger. Dabei stellt die schwache Lösung $u(x)$ eine Verallgemeinerung der klassischen Lösung im folgenden Sinne dar: Wenn die schwache Lösung $u(x)$ des gegebenen Problems und die vorgegebenen Daten (die Koeffizienten a_{ij} usw.) genügend glatt sind, kann man durch Anwendung des Greenschen Satzes (in „umgekehrter Richtung") auf die Integralidentität (32.69) zeigen (vgl. den der Gleichung (31.33), S. 355, vorhergehenden Text, bzw. eine analoge Überlegung in Bemerkung 32.3, S. 377), daß die Funktion $u(x)$ die Gleichung $Au = f$ sowie die Randbedingungen im klassischen Sinn erfüllt.

---

[1]) Man muß in Betracht ziehen, daß hier auch die auf S. 373 eingeführten Operatoren F_l eine gewisse Rolle spielen. Da jedoch die Form dieser Operatoren bekannt ist, kann man sagen, daß durch das Glied (32.72) bzw. durch die Funktionen $h_l(S)$ die instabilen Randbedingungen charakterisiert sind.

Es tritt nun natürlich die Frage auf, ob man bei einer so allgemeinen Formulierung die Existenz und Eindeutigkeit der auf diese Weise definierten Lösung beweisen kann. Eine positive Antwort auf diese Frage wird (unter der Voraussetzung der sogenannten V-Elliptizität der Form $A(u, v)$) in dem folgenden Kapitel gegeben. Wenn außerdem die vorgegebenen Daten des betrachteten Problems genügend glatt sind, kann man zeigen (siehe dazu die kurzen Ausführungen in Kapitel 46), daß auch die schwache Lösung genügend glatt ist, und folglich, wie wir eben bemerkt haben, die gegebene Gleichung sowie die Randbedingungen (bzw. gewisse von den Randbedingungen, je nach dem Grad der Glattheit) im klassischen Sinn erfüllt sind.

In Kapitel 34 werden wir weiter sehen, daß man die schwache Lösung eines Randwertproblems unter gewissen Voraussetzungen mittels gut bekannter Variationsmethoden bestimmen kann und daß die angeführte Formulierung des Problems bzw. die Formulierung, die wir in der folgenden Definition 32.2 angeben, die Möglichkeit gibt, auf eine verhältnismäßig einfache Weise das entsprechende Funktional zusammenzustellen und die Funktionenklasse zu bestimmen, auf der wir dieses Funktional minimieren müssen, und dies auch in solchen Fällen, die uns bei Anwendung der früheren Theorie wesentliche Schwierigkeiten bereiten würden.

Definition 32.1 bedarf jedoch noch einer gewissen Ergänzung, wie aus der folgenden Bemerkung und aus Beispiel 32.6 hervorgehen wird.

Bemerkung 32.5. Bisher haben wir uns mit dem Fall beschäftigt, bei dem auf dem ganzen Rand Γ Bedingungen vom gleichen Typ gegeben sind. In den Anwendungen werden wir aber auch auf gemischte Randbedingungen stoßen; so kann z.B. für die Poissonsche Gleichung auf einem Teil Γ_1 des Randes Γ die Dirichletsche Randbedingung

$$u\big|_{\Gamma_1} = g(S) \tag{32.73}$$

und auf dem restlichen Teil Γ_2 des Randes die Neumannsche Randbedingung

$$\left.\frac{\partial u}{\partial \nu}\right|_{\Gamma_2} = h(S) \tag{32.74}$$

vorgeschrieben sein.

Im allgemeinen Fall sei vorausgesetzt, daß der Rand Γ aus r punktfremden, offenen, zusammenhängenden Teilen $\Gamma_1, \ldots, \Gamma_r$ positiven Maßes besteht, mes $[\Gamma - (\Gamma_1 + \ldots$ $\ldots + \Gamma_r)] = 0$[1]), und daß auf Γ_1 μ_1 Operatoren $B_{11}, \ldots, B_{1\mu_1}$ vorgegeben sind, die die stabilen Randbedingungen charakterisieren, sowie $k - \mu_1$ Funktionen $h_{1l} \in$ $\in L_2(\Gamma_1)$, $l = 1, \ldots, k - \mu_1$, gegeben sind, die die instabilen Randbedingungen charakterisieren; ähnlich seien auf Γ_2 Operatoren $B_{21}, \ldots, B_{2\mu_2}$ und Funktionen $h_{21}, \ldots, h_{2,k-\mu_2}$ aus $L_2(\Gamma_2)$ vorgegeben usw. Die Formulierung des Problems mit Randbedingungen wird in diesem Fall der in Definition 32.1 angeführten Formulie-

[1]) Wenn wir also aus dem Rand Γ alle Teile Γ_p entfernen, $p = 1, \ldots, r$, erhalten wir eine Menge vom Maß Null.

rung ähnlich sein, mit dem Unterschied, daß man die Bedingungen (32.66) auf Γ durch die Bedingungen

$$\begin{aligned} &B_{11}w = g_{11}(S), \ldots, B_{1\mu_1}w = g_{1\mu_1}(S) \quad \text{auf } \Gamma_1\,, \\ &B_{21}w = g_{21}(S), \ldots, B_{2\mu_2}w = g_{2\mu_2}(S) \quad \text{auf } \Gamma_2\,, \\ &\ldots\ldots\ldots\ldots\ldots\ldots\ldots\ldots\ldots\ldots \end{aligned}$$ [1]

(im Sinne von Spuren) ersetzen muß, daß der Raum V aus denjenigen Funktionen $v \in W_2^{(k)}(G)$ bestehen wird, die die entsprechenden homogenen Randbedingungen

$$\begin{aligned} &B_{11}v = 0, \ldots, B_{1\mu_1}v = 0 \quad \text{auf } \Gamma_1\,, \\ &B_{21}v = 0, \ldots, B_{2\mu_2}v = 0 \quad \text{auf } \Gamma_2\,, \\ &\ldots\ldots\ldots\ldots\ldots\ldots\ldots\ldots \end{aligned}$$

erfüllen, und daß die Integralidentität (32.69) die folgende Form haben wird:

$$A(v, u) = \int_G vf\,\mathrm{d}x + \sum_{p=1}^{r} \sum_{l=1}^{k-\mu_p} \int_{\Gamma_p} \frac{\partial^{t_{pl}} v}{\partial \nu^{t_{pl}}}\, h_{pl}\,\mathrm{d}S \quad \text{für jedes} \quad v \in V. \tag{32.75}$$

Beiespiel 32.5. Im Falle der Poissonschen Gleichung und der Randbedingungen (32.73), (32.74) erhalten wir leicht nach formaler Anwendung des Greenschen Satzes (vgl. Kapitel 22, S. 255 mit $\mathcal{N}u = \partial u/\partial \nu$) die Integralidentität (32.75) in der Form

$$A(v, u) = \int_G \sum_{l=1}^{N} \frac{\partial v}{\partial x_l}\frac{\partial u}{\partial x_l}\,\mathrm{d}x = \int_G vf\,\mathrm{d}x + \int_{\Gamma_2} vh\,\mathrm{d}S \ \text{für jedes}\ v \in V; \tag{32.76}$$

dabei ist

$$V = \{v;\, v \in W_2^{(1)}(G),\ v = 0 \ \text{auf}\ \Gamma_1\}\,;$$

die Bedingung (32.73) charakterisieren wir mit Hilfe einer Funktion $w \in W_2^{(1)}(G)$, für die (im Sinne von Spuren) $w = g(S)$ auf Γ_1 gilt.

Wir werden nun ein weiteres Beispiel angeben, aus dem hervorgehen wird, daß man Definition 32.1 noch in einer anderen Richtung ergänzen muß.

Beispiel 32.6. Wir betrachten das *Newtonsche Problem* für die Poissonsche Gleichung,

$$-\Delta u = f \quad \text{in } G\,, \tag{32.77}$$

$$\frac{\partial u}{\partial \nu} + \sigma u = h \quad \text{auf } \Gamma\,. \tag{32.78}$$

Die Bedingung (32.78) ist instabil, und deshalb wählen wir

$$V = W_2^{(1)}(G)\,.$$

Wenn wir die Gleichung (32.77) mit einer beliebigen Funktion $v \in V$ multiplizieren, erhalten wir unter Anwendung des Greenschen Satzes (vgl. (22.18), S. 255, mit $\partial u/\partial \nu$ statt $\mathcal{N}u$)

$$\int_G vf\,\mathrm{d}x = -\int_G v\,\Delta u\,\mathrm{d}x = -\int_\Gamma v\frac{\partial u}{\partial \nu}\,\mathrm{d}S + \sum_{l=1}^{N}\int_G \frac{\partial v}{\partial x_l}\frac{\partial u}{\partial x_l}\,\mathrm{d}x =$$

---

[1]) Die Spur einer Funktion $u \in W_2^{(1)}(G)$ auf Γ_1 muß man als Restriktion der Spur (= Funktion) $u(S) \in L_2(\Gamma)$ auf Γ_1 auffassen. D.h., daß nur der „Teil“ von $u(S)$ betrachtet wird, der auf Γ_1 „liegt“.

$$= \int_\Gamma \sigma v u \, dS - \int_\Gamma v h \, dS + \sum_{l=1}^{N} \int_G \frac{\partial v}{\partial x_l} \frac{\partial u}{\partial x_l} \, dx ,$$

oder, wenn wir für das letzte Integral die im vorhergehenden Text eingeführte Bezeichnung $A(v, u)$ benutzen,

$$A(v, u) + \int_\Gamma \sigma v u \, dS = \int_G v f \, dx + \int_\Gamma v h \, dS , \quad v \in W_2^{(1)}(G) . \tag{32.79}$$

Das zweite Glied auf der linken Seite der Integralidentität (32.79) enthält die gesuchte Funktion u und hat bisher kein Analogon in unserer vorläufigen Formulierung des Problems. Es sei bemerkt, daß v und u im Integral $\int_\Gamma \sigma v u \, dS$ Spuren von Funktionen $v \in W_2^{(1)}(G)$, $u \in W_2^{(1)}(G)$ auf dem Rand Γ sind. Da die Abbildung des Raumes $W_2^{(1)}(G)$ in den Raum $L_2(\Gamma)$ nach Satz 30.1, S. 340, beschränkt ist, gibt es eine von den Funktionen u und v unabhängige Konstante $c > 0$, so daß für jedes Paar von Funktionen v, u aus dem Raum $W_2^{(1)}(G)$

$$\|v\|_{L_2(\Gamma)} \leqq c \|v\|_{W_2^{(1)}(G)} , \quad \|u\|_{L_2(\Gamma)} \leqq c \|u\|_{W_2^{(1)}(G)} \tag{32.80}$$

gilt. Ist insbesondere $\sigma(S)$ eine auf Γ beschränkte meßbare Funktion, $|\sigma(S)| \leqq m$, so folgt hieraus und aus der Schwarzschen Ungleichung

$$\left| \int_\Gamma \sigma v u \, dS \right| \leqq m c^2 \|v\|_{W_2^{(1)}(G)} \|u\|_{W_2^{(1)}(G)} = c_1 \|v\|_{W_2^{(1)}(G)} \|u\|_{W_2^{(1)}(G)} ,\text{[1]} \tag{32.81}$$

wobei

$$c_1 = m c^2$$

ist.

Aus diesem Beispiel ist ersichtlich, daß man – wenn wir in der Definition eines Randwertproblems auch Probleme von dem in Beispiel 32.6 betrachteten Typ erfassen wollen – die Integralidentität (32.69) um ein weiteres Glied ergänzen muß, das auf dem Rand Γ definiert ist, das wir mit $a(v, u)$ bezeichnen und von dem wir in Übereinstimmung mit dem erwähnten Beispiel und mit weiteren Anwendungen folgendes voraussetzen werden:

1. $a(v, u)$ ist ein bilinearer Ausdruck in den Veränderlichen v und u, d.h. er ist linear in v und in u;

2. es existiert eine von den Funktionen v und u aus dem Raum $W_2^{(k)}(G)$ unabhängige Konstante $c_1 > 0$, so daß gilt:

$$|a(v, u)| \leqq c_1 \|v\|_{W_2^{(k)}(G)} \|u\|_{W_2^{(k)}(G)} . \text{[2]} \tag{32.82}$$

Den Ausdruck $a(v, u)$ werden wir **Randbilinearform** nennen.

Wir führen weiter noch folgende Bezeichnung ein:

$$A(v, u) + a(v, u) = ((v, u)) . \tag{32.83}$$

[1]) Ausführlicher:

$$\left| \int_\Gamma \sigma v u \, dS \right| \leqq m \int_\Gamma |v| \, |u| \, dS ; \quad \left(\int_\Gamma |v| \, |u| \, dS \right)^2 \leqq \int_\Gamma v^2 \, dS \cdot \int_\Gamma u^2 \, dS =$$
$$= \|v\|^2_{L_2(\Gamma)} \|u\|^2_{L_2(\Gamma)} \leqq c^2 \|v\|^2_{W_2^{(1)}(G)} \cdot c^2 \|u\|^2_{W_2^{(1)}(G)} .$$

[2]) Hinreichende Bedingungen dafür werden in [35], S. 29 bis 31, betrachtet.

Der Ausdruck $((v, u))$ ist offensichtlich eine Bilinearform in den Veränderlichen v und u. Wir zeigen nun leicht, daß unter den erwähnten Voraussetzungen über die Form $a(v, u)$ und unter der Voraussetzung der Beschränktheit[1]) der Koeffizienten $a_{ij}(x)$ des Operators A eine von den Funktionen v und u aus dem Raum $W_2^{(k)}(G)$ unabhängige Konstante K existiert, so daß

$$|((v, u))| \leqq K\|v\|_{W_2^{(k)}(G)} \|u\|_{W_2^{(k)}(G)}, \quad v, u \in W_2^{(k)}(G), \tag{32.84}$$

gilt. Für die Form $a(v, u)$ gilt nämlich die Ungleichung (32.82). Wenn weiter die Koeffizienten $a_{ij}(x)$ auf G beschränkt sind, $|a_{ij}(x)| \leqq \overline{m}$, so können wir jedes Glied der Form $A(v, u)$ nach der Schwarzschen Ungleichung wie folgt abschätzen:

$$\left|\int_G a_{ij} D^i v D^j u \, dx\right| \leqq \overline{m} \int_G |D^i v| \, |D^j u| \, dx \leqq \overline{m} \|v\|_{W_2^{(k)}(G)} \|u\|_{W_2^{(k)}(G)}, \ ^{2})$$

und hieraus ergibt sich sofort die Existenz einer Konstante $c_2 > 0$, so daß für jedes Paar von Funktionen u, v aus $W_2^{(k)}(G)$

$$|A(v, u)| \leqq c_2 \|v\|_{W_2^{(k)}(G)} \|u\|_{W_2^{(k)}(G)} \tag{32.85}$$

gilt. Aus (32.82) und (32.85) erhalten wir dann (32.84).

Definition 32.2. (*Definition der schwachen Lösung eines Randwertproblems.*) Es seien gegeben:

$$\text{ein Gebiet } G \text{ mit einem Lipschitz-Rand } \Gamma \tag{32.86}$$

(der je nach dem Charakter des gegebenen Problems eventuell gewisse Glattheitsbedingungen erfüllt)[3]); der Operator

$$A = \sum_{|i|, |j| \leqq k} (-1)^{|i|} D^i (a_{ij} D^j) \tag{32.87}$$

mit beschränkten, meßbaren Koeffizienten, und die Bilinearform (32.83),

$$((v, u)) = A(v, u) + a(v, u), \tag{32.88}$$

für die (32.84) gilt,

$$|((v, u))| \leqq K \|v\|_{W_2^{(k)}(G)} \|u\|_{W_2^{(k)}(G)}, \quad v, u \in W_2^{(k)}(G), \quad K > 0; \tag{32.89}$$

die Funktion

$$f \in L_2(G); \tag{32.90}$$

die Operatoren

$$\begin{aligned} &B_{11}, \ldots, B_{1\mu_1}, \\ &\ldots\ldots\ldots\ldots \\ &B_{r1}, \ldots, B_{r\mu_r} \end{aligned} \tag{32.91}$$

---

[1]) Diese Voraussetzung kann man abschwächen, siehe [35], S. 124.

[2]) Es ist nämlich

$$\left(\int_G |D^i v \, D^j u| \, dx\right)^2 \leqq \int_G (D^i v)^2 \, dx \int_G (D^j u)^2 \, dx \leqq \|v\|^2_{W_2^{(k)}(G)} \|u\|^2_{W_2^{(k)}(G)}.$$

[3]) Vgl. z.B. die Voraussetzung über die Glattheit des Randes bei der Herleitung der Integralidentität (23.20), S. 269.

auf den einzelnen Teilen $\Gamma_1, \ldots, \Gamma_r$ (positiven Maßes) des Randes Γ (vgl. Bemerkung 32.5); der Raum

$$V = \{v;\, v \in W_2^{(k)}(G),\, B_{11}v = 0, \ldots, B_{r\mu_r} = 0 \text{ auf } \Gamma\text{ [1]) im Sinne von Spuren}\} ;$$

die Funktionen (32.92)

$$g_{p1} \in L_2(\Gamma_p), \ldots, g_{p\mu_p} \in L_2(\Gamma_p)\,, \quad p = 1, \ldots, r\,, \tag{32.93}$$

und eine Funktion

$$w \in W_2^{(k)}(G)\,,$$

für die auf Γ_p $(p = 1, \ldots, r)$

$$B_{p1}w = g_{p1}(S), \ldots, B_{p\mu_p}w = g_{p\mu_p}(S) \tag{32.94}$$

im Sinne von Spuren gilt; sowie die Funktionen

$$h_{pl}(S) \in L_2(\Gamma_p)\,, \quad p = 1, \ldots, r\,, \quad l = 1, \ldots, k - \mu_p\,. \tag{32.95}$$

Eine Funktion $u \in W_2^{(k)}(G)$ wird **schwache Lösung des Randwertproblems**, das durch die Daten (32.86) bis (32.95) gegeben ist, genannt, wenn

$$u - w \in V \tag{32.96}$$

ist und

$$((v, u)) = \int_G vf \,\mathrm{d}x + \sum_{p=1}^{r} \sum_{l=1}^{k-\mu_p} \int_{\Gamma_p} \frac{\partial^{t_{pl}} v}{\partial \nu^{t_{pl}}}\, h_{pl}\, \mathrm{d}S \quad \text{für jedes } v \in V \tag{32.97}$$

gilt. Dabei sind auf jedem Teil Γ_p des Randes $t_{p1}, \ldots, t_{p,k-\mu_p}$ die Zahlen aus (32.48) (vgl. (32.75)).

Die Definition 32.2 ist nun schon genügend allgemein, um eine sehr breite Klasse von Aufgaben zu erfassen, auf die wir bei Randwertproblemen für Differentialgleichungen stoßen werden. Zu einigen Problemen, die man durch diese Definition nicht erfassen kann, bzw. zu ihren Modifikationen, die in die Definition 38.2 passen, siehe [35], S. 36, 37.

Ähnlich wie die auf dem Satz über das Minimum eines quadratischen Funktionals basierende verallgemeinerte Lösung stellt auch die durch die Bedingungen (32.96) und (32.97) charakterisierte schwache Lösung eine wesentliche Verallgemeinerung des Begriffes der klassischen Lösung einer Differentialgleichung mit Randbedingungen dar. Diese schwache Lösung jedoch ist als Verallgemeinerung viel umfassender, und zwar sowohl bezüglich der Skala der behandelten Probleme, als auch bezüglich der an die Daten des Problems gestellten Foıderungen (an die Koeffizienten der Differentialgleichung usw., vgl. Bemerkung 32.4). Wie wir schon erwähnt haben und in den beiden folgenden Kapiteln noch sehen werden, kann man unter verhältnismäßig einfachen Voraussetzungen die Existenz und Eindeutigkeit der schwachen Lösung beweisen und zu ihrer Bestimmung die üblichen Variationsmethoden benutzen.

---

[1]) D.h. es ist $B_{11}v = 0$ auf Γ_1 im Sinne der Fußnote [1]) auf S. 380, usw.

Zum Schluß des Kapitels führen wir noch einige Beispiele an, die die Beispiele 32.1, 32.2, 32.3 und 32.5 ergänzen und dem Leser zeigen sollen, wie man die „klassische" Formulierung des Problems auf die „schwache" zurückführen kann und umgekehrt. Zunächst möchten wir aber noch folgendes bemerken:

Der Begriff der schwachen Lösung ist in dem Sinne „vernünftig", daß eine klassische Lösung des betrachteten Problems, die im abgeschlossenen Gebiet $\bar{G}$ genügend glatt ist, gleichzeitig auch eine schwache Lösung des gegebenen Problems darstellt, und daß umgekehrt, wenn die schwache Lösung und die Daten des „schwachen" Problems genügend glatt sind, die schwache Lösung eine klassische ist.[1] Oft sprechen wir bei der „klassischen" und „schwachen" Formulierung eines Problems von einander entsprechenden Problemen. Wie wir schon wissen, kann man unter der Voraussetzung einer genügenden Glattheit der Funktion $u(x)$ und der vorgegebenen Daten ein Problem auf das andere „zurückführen". So haben wir z.B. das Problem (32.36) bis (32.38), S. 370, auf das entsprechende Problem (32.43), (32.41) „zurückgeführt", indem wir den entsprechenden Raum V definiert haben, die Gleichung (32.36) mit einer Funktion $v \in V$ multipliziert und das Integral auf der linken Seite der so entstandenen Gleichung mit Hilfe des Greenschen Satzes umgeformt haben; unter Benutzung der Eigenschaften der Funktion v und der Randbedingung (32.38) gelangten wir dann zur Integralidentität (32.41); die Bedingung (32.37) haben wir durch die Bedingung (32.43) ausgedrückt. Wenn wir umgekehrt vom Problem (32.43), (32.41) zum entsprechenden Problem (32.36) bis (32.38) zurückkehren wollen, gehen wir von der Integralidentität (32.41) aus. Durch „Rücktransformation" ihres ersten Gliedes nach dem Greenschen Satz erhalten wir zuerst (32.40),

$$\int_G \left[\left(\frac{\partial^2 v}{\partial x_1^2} + \sigma \frac{\partial^2 v}{\partial x_2^2}\right)\frac{\partial^2 u}{\partial x_1^2} + 2(1-\sigma)\frac{\partial^2 v}{\partial x_1\,\partial x_2}\frac{\partial^2 u}{\partial x_1\,\partial x_2} + \left(\frac{\partial^2 v}{\partial x_2^2} + \sigma\frac{\partial^2 v}{\partial x_1^2}\right)\frac{\partial^2 u}{\partial x_2^2}\right]\mathrm{d}x =$$
$$= \int_G v\,\Delta^2 u\,\mathrm{d}x + \int_\Gamma v\,Nu\,\mathrm{d}s + \int_\Gamma \frac{\partial v}{\partial v}\,Mu\,\mathrm{d}s\,, \quad v \in V. \tag{32.98}$$

Wenn wir in Betracht ziehen, daß das erste Integral über den Rand Γ verschwindet, da $v \in V$ und im betrachteten Fall

$$V = \{v;\, v \in W_2^{(2)}(G),\ v = 0 \text{ auf } \Gamma \text{ im Sinne von Spuren}\} \tag{32.99}$$

ist, und Entsprechendes aus (32.98) in (32.41) einsetzen, erhalten wir

$$\int_G v\,\Delta^2 u\,\mathrm{d}x + \int_\Gamma \frac{\partial v}{\partial v}\,Mu\,\mathrm{d}s = \int_G vf\,\mathrm{d}x + \int_\Gamma \frac{\partial v}{\partial v}\,h(s)\,\mathrm{d}s\,, \quad v \in V. \tag{32.100}$$

Weiter gilt für jede Funktion $\varphi \in C_0^{(\infty)}(G)$ (d.h. mit einem kompaktem Träger in G) offensichtlich $\varphi \in V$. Wenn wir φ für v in (32.100) setzen, ergibt sich

$$\int_G \varphi\,\Delta^2 u\,\mathrm{d}x = \int_G \varphi f\,\mathrm{d}x$$

[1]) Wie wir in Kapitel 36 sehen werden, hängt außerdem der Begriff der schwachen Lösung eng mit dem aufgrund des Satzes vom Minimum eines quadratischen Funktionals gewonnenen Begriff der verallgemeinerten Lösung zusammen, so daß er auch ein vom Gesichtspunkt der Physik „vernünftiger" Begriff ist, vgl. die Bemerkung auf S. 129.

(denn es ist $\varphi(x) \equiv 0$ in einer gewissen Umgebung des Randes Γ, so daß beide Integrale über den Rand Γ in (32.100) verschwinden), d.h.

$$\int_G \varphi(\Delta^2 u - f)\,\mathrm{d}x = 0\,. \tag{32.101}$$

Diese Gleichung gilt für jedes $\varphi \in C_0^{(\infty)}(G)$. Da die lineare Menge der Funktionen $\varphi \in C_0^{(\infty)}(G)$ in $L_2(G)$ dicht ist, ergibt sich aus (32.101)

$$\Delta^2 u - f = 0 \quad \text{in } L_2(G)$$

(siehe Satz 5.15, S. 52) und – unter der Voraussetzung einer genügenden Glattheit der betrachteten Funktionen –

$$\Delta^2 u = f \quad \text{in } G\,. \tag{32.102}$$

Hieraus erhält man weiter

$$\int_G v\,\Delta^2 u\,\mathrm{d}x = \int_G vf\,\mathrm{d}x$$

für jedes $v \in V$, so daß von der Integralidentität (32.100) nur die Identität

$$\int_\Gamma \frac{\partial v}{\partial \nu} Mu\,\mathrm{d}s = \int_\Gamma \frac{\partial v}{\partial \nu} h(s)\,\mathrm{d}s\,, \quad v \in V\,,$$

„übrigbleibt", d.h. die Identität

$$\int_\Gamma \frac{\partial v}{\partial \nu}[Mu - h(s)]\,\mathrm{d}s = 0\,, \quad v \in V \tag{32.103}$$

und damit[1])

$$Mu - h(s) = 0$$

fast überall auf Γ, und, wenn wir voraussetzen, daß die betrachteten Funktionen genügend glatt sind,

$$Mu = h(s) \quad \text{auf } \Gamma\,. \tag{32.104}$$

Und endlich folgt aus der Bedingung (32.43), $u - w \in V$,

$$u = g(s) \quad \text{auf } \Gamma\,. \tag{32.105}$$

[1]) Auf S. 344 haben wir bemerkt, daß die Spuren $v(S)$ von Funktionen $v(x)$ aus dem Raum $W_2^{(1)}(G)$ im Raum $L_2(\Gamma)$ dicht sind. Die Spuren der Funktionen $v(x)$ aus dem Raum $W_2^{(2)}(G)$ sind dicht im Raum $W_2^{(1)}(\Gamma) \times L_2(\Gamma)$ im folgenden Sinn (siehe z.B. [35], S. 270; vgl. auch Kapitel 43, S. 535): Zu jedem Paar von Funktionen $g_0(S) \in W_2^{(1)}(\Gamma)$ und $g_1(S) \in L_2(\Gamma)$ und zu jedem $\varepsilon > 0$ kann man eine Funktion $v \in W_2^{(2)}(G)$ finden, so daß gilt

$$\|v - g_0\|_{W_2^{(1)}(\Gamma)} < \varepsilon\,, \quad \left\|\frac{\partial v}{\partial \nu} - g_1\right\|_{L_2(\Gamma)} < \varepsilon\,;$$

und somit folgt nach einer nicht allzu komplizierten Überlegung (bzw. direkt durch eine geeignete Modifikation des Beweises in [35]) die im Text angeführte Aussage, wenn wir zusätzlich noch

So sind wir vom Problem (32.43), (32.41) zum „klassischen" Problem (32.102), (32.105), (32.104) gekommen. Man muß sich natürlich dessen bewußt sein, daß beide Wege, d.h. die „Zurückführung" des klassischen Problems auf das schwache Problem und umgekehrt, formal sind, d.h. daß wir sie unter der zusätzlichen Voraussetzung einer genügenden Glattheit aller betrachteten Daten durchgeführt haben.

Nun führen wir einige weitere Beispiele an, um den Leser mit verschiedenen nützlichen Kunstgriffen bekannt zu machen (vgl. auch [35], S. 34 und 35). Wir gehen dabei formal vor, d.h. wir setzen eine genügende Glattheit der betrachteten Daten voraus, was wir in den einzelnen Fällen nicht mehr explizit hervorheben. Auch werden wir in diesen Beispielen die einzelnen Schritte (z.B. Überlegungen des Typs, wie aus (32.101) die Gleichung (32.102) folgt, u.ä.) nicht mehr so ausführlich begründen, wie wir es in dieser Bemerkung getan haben.

Beispiel 32.7. (Siehe [35], S. 35.) Es sei $u \in W_2^{(1)}(G)$ eine schwache Lösung des folgenden Randwertproblems: Das Gebiet G mit dem Lipschitz-Rand Γ sei in zwei Gebiete G_1, G_2 mit den Lipschitz-Rändern Γ_1, Γ_2 unterteilt; den gemeinsamen Teil beider Ränder bezeichnen wir mit γ. Das Gebiet G ist also die Vereinigung der Gebiete G_1 und G_2 und der inneren Punkte des Randes γ (siehe Figur 32.2, wo $N = 2$ ist). Es seien a, b positive Konstanten, $a \neq b$. Weiter seien gegeben:

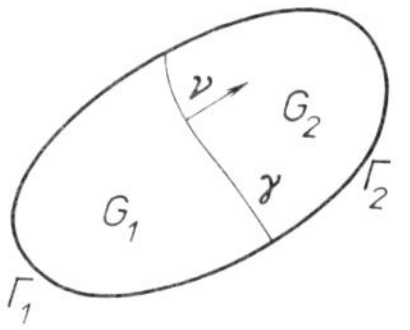

Figur 32.2

$$f \in L_2(G)\,, \tag{32.106}$$
$$w \in W_2^{(1)}(G)\,, \tag{32.107}$$
$$V = \{v;\, v \in W_2^{(1)}(G),\ v = 0 \text{ auf } \Gamma\} = \mathring{W}_2^{(1)}(G) \tag{32.108}$$

und die Funktion $u(x)$ erfülle die Bedingungen

$$u - w \in V\,, \tag{32.109}$$
$$A(v, u) \equiv \sum_{l=1}^{N} \int_{G_1} a \frac{\partial v}{\partial x_l} \frac{\partial u}{\partial x_l}\,\mathrm{d}x + \sum_{l=1}^{N} \int_{G_2} b \frac{\partial v}{\partial x_l} \frac{\partial u}{\partial x_l}\,\mathrm{d}x = \int_G vf\,\mathrm{d}x \tag{32.110}$$

für jedes $v \in V$. Wir wollen das entsprechende, durch eine Differentialgleichung und durch Randbedingungen beschriebene Problem bestimmen.

Dazu bezeichnen wir mit $u_1 \in W_2^{(1)}(G_1)$ bzw. $u_2 \in W_2^{(1)}(G_2)$ die Einschränkung der Funktion $u(x)$ auf das Gebiet G_1 bzw. G_2 (d.h. die Funktion u, nur auf dem Gebiet G_1 bzw. G_2 betrachtet). Die Normale $\nu = (\nu_1, \ldots, \nu_N)$ auf γ orientieren wir so, daß sie die äußere Normale bezüglich des

---

eine gewisse Glattheit des Randes voraussetzen. (Wenn Γ nur ein Lipschitz-Rand ist, ist die Situation komplizierter.)

Hieraus folgt natürlich auch die Dichtheit der Spuren $v(S)$ und $\partial v/\partial \nu\,(S)$ von Funktionen aus $W_2^{(2)}(G)$ in $L_2(\Gamma)$; diese Eigenschaft werden wir in Beispiel 32.9 auf S. 388 ausnutzen.

Verhältnismäßig einfach kann man zeigen, daß die Spuren $v(S)$ von Funktionen aus $\mathring{W}_2^{(1)}(G)$ in $L_2(\gamma)$ dicht sind, wobei γ der Lipschitz-Bogen (bzw. die Lipschitz-Fläche oder Hyperfläche für $N > 2$) aus Beispiel 32.7 ist.

Gebietes G_1 darstellt (Figur 32.2). Durch die übliche Anwendung des Greenschen Satzes erhalten wir

$$\sum_{l=1}^{N} \int_{G_1} a \frac{\partial v}{\partial x_l} \frac{\partial u}{\partial x_l} \, dx = \sum_{l=1}^{N} \int_{G_1} a \frac{\partial v}{\partial x_l} \frac{\partial u_1}{\partial x_l} \, dx = \int_{\Gamma_1} av \frac{\partial u_1}{\partial \nu} \, dS - \int_{G_1} av \Delta u_1 \, dx .$$

Aus (32.108) folgt, daß $v = 0$ auf $\Gamma_1 - \gamma$ ist, und deshalb reduziert sich das Integral über Γ_1 auf ein Integral über γ. Ähnlich gehen wir auch bei dem zweiten Integral in (32.110) vor, nur muß man hier das entsprechende Integral über γ im Hinblick auf die gewählte Orientierung der Normalen zu γ mit einem Minuszeichen versehen. Aus (32.110) erhalten wir auf diese Weise

$$\int_{\gamma} av \frac{\partial u_1}{\partial \nu} \, dS - \int_{G_1} av \, \Delta u_1 \, dx - \int_{\gamma} bv \frac{\partial u_2}{\partial \nu} \, dS -$$
$$- \int_{G_2} bv \, \Delta u_2 \, dx = \int_{G_1} vf \, dx + \int_{G_2} vf \, dx \tag{32.111}$$

für jedes $v \in V$.

Wenn wir in (32.111) $v = \varphi_1 \in C_0^{(\infty)}(G_1)$ bzw. $v = \varphi_2 \in C_0^{(\infty)}(G_2)$ setzen, ergibt sich

$$- \int_{G_1} a\varphi_1 \, \Delta u_1 \, dx = \int_{G_1} \varphi_1 f \, dx \quad \text{für jedes } \varphi_1 \in C_0^{(\infty)}(G_1) ,$$

bzw.

$$- \int_{G_2} b\varphi_2 \, \Delta u_2 \, dx = \int_{G_2} \varphi_2 f \, dx \quad \text{für jedes } \varphi_2 \in C_0^{(\infty)}(G_2) ,$$

und hieraus folgt durch gleiche Überlegungen wie auf S. 385

$$-a \, \Delta u_1 = f \quad \text{in } G_1 \tag{32.112}$$

bzw.

$$-b \, \Delta u_2 = f \quad \text{in } G_2 . \tag{32.113}$$

Aus (32.111) bekommen wir dann

$$\int_{\gamma} av \frac{\partial u_1}{\partial \nu} \, dS - \int_{\gamma} bv \frac{\partial u_2}{\partial \nu} \, dS = 0 \quad \text{für jedes } v \in V ,$$

woraus (siehe Fußnote auf S. 386)

$$a \frac{\partial u_1}{\partial \nu} = b \frac{\partial u_2}{\partial \nu} \quad \text{auf } \gamma \tag{32.114}$$

(die sogenannte **Übergangsbedingung**) folgt.

Weil wir voraussetzen, daß die Funktion u glatt ist, gilt weiter

$$u_1 = u_2 \quad \text{auf } \gamma . \tag{32.115}$$

Schließlich folgt aus (32.109)

$$u = w(S) \quad \text{auf } \Gamma . \tag{32.116}$$

Dem Problem (32.106) bis (32.110) entspricht also das Problem (32.112), (32.113), (32.116), (32.115), (32.114).

Beispiel 32.8. Es sei $N = 2$, c eine reelle Konstante, $f \in L_2(G)$, $h \in L_2(\Gamma)$, $V = W_2^{(1)}(G)$ und es gelte

$$\int_G \left(\frac{\partial v}{\partial x_1}\frac{\partial u}{\partial x_1} + c\frac{\partial v}{\partial x_1}\frac{\partial u}{\partial x_2} - c\frac{\partial v}{\partial x_2}\frac{\partial u}{\partial x_1} + \frac{\partial v}{\partial x_2}\frac{\partial u}{\partial x_2}\right) dx =$$

$$= \int_G vf\, dx + \int_\Gamma vh\, dS \quad \text{für jedes } v \in V. \tag{32.117}$$

Wir bestimmen das entsprechende „klassische" Problem.

Der Leser hat bestimmt bemerkt, daß die Bilinearform in (32.117) der Zerlegung (31.17) des Laplace-Operators aus Beispiel 31.5, S. 350, entspricht.

Durch die übliche Anwendung des Greenschen Satzes auf die linke Seite der Integralidentität (32.117) erhalten wir

$$-\int_G v\,\Delta u\, dx + \int_\Gamma v\left(\frac{\partial u}{\partial x_1}\nu_1 + c\frac{\partial u}{\partial x_2}\nu_1 - c\frac{\partial u}{\partial x_1}\nu_2 + \frac{\partial u}{\partial x_2}\nu_2\right) ds =$$

$$= \int_G vf\, dx + \int_\Gamma vh\, dS \quad \text{für jedes } v \in V,$$

wobei ν_1 und ν_2 die Richtungskosinus der äußeren Normalen zu Γ sind; hieraus folgt ähnlich wie früher

$$-\Delta u = f \quad \text{in } G,$$

$$(\nu_1 - c\nu_2)\frac{\partial u}{\partial x_1} + (c\nu_1 + \nu_2)\frac{\partial u}{\partial x_2} = h \quad \text{auf } \Gamma,$$

und dies ist das Randwertproblem für die Poissonsche Gleichung mit einer **schiefen Ableitung** am Rand. Für $c = 0$ geht dieses Problem in das Neumannsche Problem über.

Aus diesem Beispiel ist ersichtlich, wie man bei der „schwachen" Formulierung der Lösung durch geeignete Wahl der Zerlegung des betrachteten Operators verschiedene Randbedingungen ausdrücken kann. Dies trifft auch auf das folgende Beispiel zu, in dem wir eine geeignete, im vorhergehenden Text schon benutzte Zerlegung des biharmonischen Operators verwenden.

Beiespiel 32.9. Es sei $0 \leqq \sigma < 1$, $f \in L_2(G)$, $h_1 \in L_2(\Gamma)$, $h_2 \in L_2(\Gamma)$, $V = W_2^{(2)}(G)$ und die Integralidentität (32.97) sei von der folgenden Form

$$\int_G \left[\left(\frac{\partial^2 v}{\partial x_1^2} + \sigma\frac{\partial^2 v}{\partial x_2^2}\right)\frac{\partial^2 u}{\partial x_1^2} + 2(1-\sigma)\frac{\partial^2 v}{\partial x_1 \partial x_2}\frac{\partial^2 u}{\partial x_1 \partial x_2} + \left(\frac{\partial^2 v}{\partial x_2^2} + \sigma\frac{\partial^2 v}{\partial x_1^2}\right)\frac{\partial^2 u}{\partial x_2^2}\right] dx =$$

$$= \int_G vf\, dx + \int_\Gamma vh_1\, ds + \int_\Gamma \frac{\partial v}{\partial \nu} h_2\, ds \quad \text{für jedes } v \in V. \tag{32.118}$$

Wir bestimmen das entsprechende klassische Problem.

Die Anwendung des Greenschen Satzes führt in diesem Fall zum folgenden Resultat (vgl. (32.40) S. 370)

$$\int_G v\,\Delta^2 u\, dx + \int_\Gamma v\, Nu\, ds + \int_\Gamma \frac{\partial v}{\partial \nu} Mu\, ds =$$

$$= \int_G vf\, dx + \int_\Gamma vh_1\, ds + \int_\Gamma \frac{\partial v}{\partial \nu} h_2\, ds,$$

wobei

$$Mu = \sigma \, \Delta u + (1 - \sigma) \frac{\partial^2 u}{\partial \nu^2},$$

$$Nu = -\frac{\partial}{\partial \nu} (\Delta u) + (1 - \sigma) \frac{\partial}{\partial s} \left[\frac{\partial^2 u}{\partial x_1^2} \nu_1 \nu_2 - \frac{\partial^2 u}{\partial x_1 \, \partial x_2} (\nu_1^2 - \nu_2^2) - \frac{\partial^2 u}{\partial x_2^2} \nu_1 \nu_2 \right]$$

ist. Hieraus folgt (vgl. Fußnote auf S. 386) die entsprechende klassische Formulierung des Problems,

$$\Delta^2 u = f \quad \text{in } G,$$
$$Nu = h_1(s) \quad \text{auf } \Gamma,$$
$$Mu = h_2(s) \quad \text{auf } \Gamma.$$

Beide Randbedingungen sind in diesem Fall instabil. Für $\sigma = 0$ erhalten wir als Spezialfälle die Bedingungen

$$-\frac{\partial}{\partial \nu} (\Delta u) + \frac{\partial}{\partial s} \left[\frac{\partial^2 u}{\partial x_1^2} \nu_1 \nu_2 - \frac{\partial^2 u}{\partial x_1 \, \partial x_2} (\nu_1^2 - \nu_2^2) - \frac{\partial^2 u}{\partial x_2^2} \nu_1 \nu_2 \right] = h_1(s) \quad \text{auf } \Gamma,$$

$$\frac{\partial^2 u}{\partial \nu^2} = h_2(s) \quad \text{auf } \Gamma.$$

Kapitel 33. Existenz der schwachen Lösung eines Randwertproblems. V-Elliptizität. Der Satz von Lax und Milgram

Im vorhergehenden Kapitel haben wir den Begriff der schwachen Lösung eines Randwertproblems eingeführt. In diesem Kapitel werden wir die Existenz und Eindeutigkeit der schwachen Lösung eines solchen Problems unter der Voraussetzung beweisen, daß die Bilinearform $((v, u))$ V-elliptisch ist.

Die Grundlage aller Überlegungen dieses Kapitels bildet der folgende Satz, der eine Verallgemeinerung des Rieszschen Satzes 8.8, S. 99 darstellt:[1])

Satz 33.1. (Satz von Lax und Milgram.) *Es sei H ein Hilbert-Raum mit dem Skalarprodukt (v, u) und $B(v, u)$ eine für $v \in H$, $u \in H$ definierte Bilinearform* (d.h. linear in v und u, vgl. (32.54), S. 375), *für die von v und u unabhängige Konstanten $K > 0$, $\alpha > 0$ existieren, so daß für jedes $v \in H$, $u \in H$*

$$|B(v, u)| \leqq K\|v\| \, \|u\| \,, \tag{33.1}$$

$$B(v, v) \geqq \alpha\|v\|^2 \tag{33.2}$$

gilt.

Dann kann man jedes auf H beschränkte lineare Funktional F (S. 98) *in der folgenden Form ausdrücken:*

$$Fv = B(v, z)\,, \quad v \in H\,, \tag{33.3}$$

wobei z ein durch das Funktional F eindeutig bestimmtes Element des Raumes H ist. Dabei gilt

$$\|z\| \leqq \frac{\|F\|}{\alpha}\,; \tag{33.4}$$

$\|F\|$ bezeichnet die Norm des Funktionals F (S. 98).

Der **Beweis** von Satz 33.1 beruht auf dem Rieszschen Satz 8.8. Nach diesem Satz kann man jedes auf dem Raum H beschränkte lineare Funktional in der folgenden Form ausdrücken:

$$Fv = (v, t)\,, \quad v \in H\,, \tag{33.5}$$

wobei das Element $t \in H$ durch das Funktional F eindeutig bestimmt ist und

$$\|t\| = \|F\| \tag{33.6}$$

[1]) Den Rieszschen Satz erhalten wir aus dem Satz von Lax und Milgram als Spezialfall für $B(v, u) = (v, u)$.

gilt. Wenn wir also zeigen, daß man jedem $t \in H$ eindeutig ein solches Element $z \in H$ zuordnen kann, so daß

$$(v, t) = B(v, z) \quad \text{für jedes } v \in H \tag{33.7}$$

gilt, wobei

$$\|z\| \leqq \frac{\|t\|}{\alpha} \tag{33.8}$$

ist, ist unser Satz bewiesen, denn aus (33.5) und (33.7) folgt (33.3) und aus (33.6) und (33.8) folgt (33.4).

Wir werden uns also dem Beweis der Beziehung (33.7) widmen. Zunächst können wir leicht die in gewissem Sinn umgekehrte Aussage zeigen: Ist $z \in H$ ein festes Element, dann stellt die Form $B(v, z)$ offensichtlich ein beschränktes lineares Funktional auf dem Raum H dar, denn $B(v, z)$ ist nach Voraussetzung linear in der Veränderlichen v und nach (33.1) ist

$$|B(v, z)| \leqq K\|z\| \cdot \|v\| \,. \tag{33.9}$$

Nach dem Rieszschen Satz existiert also genau ein $t \in H$, so daß

$$B(v, z) = (v, t) \quad \text{für jedes } v \in H \tag{33.10}$$

gilt und dabei (infolge von (33.9))

$$\|t\| \leqq K\|z\| \tag{33.11}$$

ist.

Durch die Beziehung (33.10) wird also jedem $z \in H$ genau ein $t \in H$ zugeordnet. Damit ist im Raum H ein gewisser Operator C definiert, $t = Cz$, der offensichtlich linear ist, denn es gilt

$$B(v, z_1) = (v, t_1),\ B(v, z_2) = (v, t_2) \Rightarrow B(v, c_1 z_1 + c_2 z_2) = (v, c_1 t_1 + c_2 t_2)\,.$$

Ferner ist dieser Operator nach (33.11) beschränkt. Der Wertebereich des Operators C (d.h. die Menge aller Elemente t der Form Cz, wenn z den Raum H durchläuft) ist eine gewisse lineare Menge im Raum H, die wir mit L bezeichnen; genauer sei L der metrische Raum, dessen Elemente die Elemente der erwähnten linearen Menge sind und dessen Metrik mit der des Raumes H zusammenfällt.

Wir zeigen, daß der Operator C den Raum H eineindeutig auf den Raum L abbildet. Dazu genügt es nachzuweisen (siehe Satz 8.1, S. 81), daß dem Nullelement des Raumes L das Nullelement des Raumes H entspricht. Es sei also $t = Cz$, d.h. es gelte (33.10), und es sei $t = 0$. Aus (33.10) folgt dann

$$B(v, z) = 0 \quad \text{für jedes } v \in H\,. \tag{33.12}$$

Insbesondere für $v = z$ erhalten wir hieraus

$$B(z, z) = 0 \tag{33.13}$$

und da (33.2) gilt, ist

$$\|z\|^2 = 0\,,$$

d.h. $z = 0$ in H. Wenn also $t = 0$ ist, dann ist $z = 0$, und hieraus folgt die erwähnte Aussage über die eineindeutige Abbildung des Raumes H auf den Raum L.

Zum Operator C existiert also der inverse Operator – wir bezeichnen ihn mit C^{-1} –, der aufgrund der Beziehung

$$z = C^{-1}t \tag{33.14}$$

den Raum L eindeutig auf den Raum H abbildet. Der Operator C^{-1} ist linear, denn er ist ein zu einem linearen Operator inverser Operator (Bemerkung 8.4, S. 80), und beschränkt:

$$\alpha\|z\|^2 \leqq |B(z, z)| = |(z, t)| \leqq \|z\| \, \|t\| ,$$

d.h. es gilt

$$\|z\| \leqq \frac{\|t\|}{\alpha}, \tag{33.15}$$

so daß $\|C^{-1}\| < 1/\alpha$ ist.

Nun beweisen wir, daß L ein Teilraum des Raumes H ist, d.h. daß L ein vollständiger Raum ist. Es sei $\{t_n\}$ eine Cauchy-Folge in L (und folglich auch in H). Da H ein vollständiger Raum ist, hat diese Folge in H einen Grenzwert,

$$\lim_{n\to\infty} t_n = t \quad \text{in } H .$$

Wir müssen nun zeigen, daß $t \in L$ ist, d.h. daß es ein $z \in H$ gibt, so daß

$$t = Cz \tag{33.16}$$

ist. Aus (33.14) und aus der Linearität des Operators C^{-1} folgt

$$\|z_m - z_n\| \leqq \|C^{-1}\| \, \|t_m - t_n\| .$$

Ist also $\{t_n\}$ eine Cauchy-Folge in H, dann ist auch die ihr entsprechende Folge $\{z_n\}$ eine Cauchy-Folge in H. Diese Folge hat also in H einen Grenzwert, wir bezeichnen ihn mit z,

$$\lim_{n\to\infty} z_n = z \quad \text{in } H ;$$

dabei gilt

$$Cz = \lim_{n\to\infty} Cz_n ,$$

denn C ist ein linearer beschränkter und folglich stetiger Operator (Satz 8.3, S. 86). Hieraus erhält man nun leicht (33.16), denn es ist

$$t = \lim_{n\to\infty} t_n = \lim_{n\to\infty} Cz_n = Cz .$$

L ist also ein Teilraum des Raumes H. Wir zeigen nun, daß sogar $L = H$ ist. Den Beweis führen wir indirekt. Es sei also $L \neq H$. Dann existiert in H ein zum Teilraum L orthogonales Element $w \neq 0$ (S. 66), für das

$$(w, t) = 0 \quad \text{für jedes } t \in L \tag{33.17}$$

gilt. Da $w \in H$ ist, entspricht diesem Element nach (33.10) genau ein $t_0 \in L$, so daß für jedes $v \in H$ $B(v, w) = (v, t_0)$ ist. Insbesondere für $v = w$ gilt dann $B(w, w) = (w, t_0)$. Aber damit folgt aus (33.2) und (33.17)

$$\alpha \|w\|^2 \leqq |B(w, w)| = |(w, t)| = 0 ,$$

d.h.

$$w = 0 \quad \text{in } H ,$$

und das steht im Widerspruch zur Voraussetzung $w \neq 0$. Also ist $L = H$.

Damit ist bewiesen, daß der Operator C den Raum H eineindeutig auf den ganzen Raum H abbildet. Aus der Eineindeutigkeit dieser Abbildung folgt, daß nicht nur jedem $z \in H$ (eindeutig) ein $t = Cz$ entspricht, so daß (33.10) gilt, sondern daß auch jedem $t \in H$ genau ein $z \in H$ entspricht, so daß (33.10) gilt.

Damit ist die Behauptung (33.7) bewiesen. Gleichzeitig gilt, wie wir in (33.15) festgestellt haben, die Ungleichung (33.8). Aus (33.7) und (33.8) ergibt sich dann, wie wir am Anfang des Beweises angedeutet hatten, die Aussage von Satz 33.1.

Nun wenden wir uns der Frage der Existenz einer schwachen Lösung des in Definition 32.2, S. 382, beschriebenen Randwertproblems zu. Nach dieser Definition verstehen wir unter einer schwachen Lösung dieses Problems eine solche Funktion $u \in W_2^{(k)}(G)$, für die gilt (zur Bezeichnung siehe die erwähnte Definition)

$$u - w \in V \tag{33.18}$$

und

$$((v, u)) = (v, f) + \sum_{p=1}^{r} \sum_{l=1}^{k-\mu_p} \int_{\Gamma_p} \frac{\partial^{t_{pl}} v}{\partial \nu^{t_{pl}}} h_{pl} \, \mathrm{d}S \quad \text{für alle } v \in V, \tag{33.19}$$

bzw., wenn wir die Bezeichnung

$$\varkappa(v, h) = \sum_{p=1}^{r} \sum_{l=1}^{k-\mu_p} \int_{\Gamma_p} \frac{\partial^{t_{pl}} v}{\partial \nu^{t_{pl}}} h_{pl} \, \mathrm{d}S$$

benutzen,

$$((v, u)) = (v, f) + \varkappa(v, h) \quad \text{für alle } v \in V. \tag{33.20}$$

Definition 33.1. Es seien die Bilinearform $((v, u))$ und der Raum V aus Definition 32.2 gegeben. Die Form $((v, u))$ wird ***V*-elliptisch** genannt, wenn es eine Konstante $\alpha > 0$ gibt, so daß für jedes $v \in V$

$$((v, v)) \geqq \alpha \|v\|_V^2 \tag{33.21}$$

gilt.

Einfache Mittel und Methoden, die V-Elliptizität einer gegebenen Form zu überprüfen, werden wir in den Beispielen 33.1 bis 33.4 kennenlernen. Siehe auch die Bemerkungen 33.3 und 33.4.

Definition 33.1 und Satz 33.1 erlauben uns nun, eine Aussage über die Existenz und Eindeutigkeit der schwachen Lösung eines Randwertproblems zu formulieren:

Satz 33.2. *Es sei ein Randwertproblem nach Definition 32.2 gegeben. Wenn die Form $((v, u))$ V-elliptisch ist, dann hat das gegebene Problem genau eine schwache Lösung $u \in W_2^{(k)}(G)$, und es existiert eine von den Funktionen f, w und h_{pl} unabhängige positive Konstante c, so daß*

$$\|u\|_{W_2^{(k)}(G)} \leqq c\Big(\|f\|_{L_2(G)} + \|w\|_{W_2^{(k)}(G)} + \sum_{p=1}^{r} \sum_{l=1}^{k-\mu_p} \|h_{pl}\|_{L_2(\Gamma_p)}\Big) \tag{33.22}$$

gilt.

Beweis:

a) *Existenz.* Zum Beweis der Existenz einer Lösung benutzen wir Satz 33.1, wobei wir für den Raum H den Raum V wählen. Dies ist möglich, denn V ist ein Teilraum des Raumes $W_2^{(k)}(G)$, und daher ein Hilbert-Raum mit der Metrik des Raumes $W_2^{(k)}(G)$. In einigen Schritten dieses Beweises werden wir kurz $\|v\|_V$ statt $\|v\|_{W_2^{(k)}(G)}$ schreiben, natürlich nur falls $v \in V$ ist.

Zunächst bemerken wir: Aus (32.89), S. 382, und aus der vorausgesetzten V-Elliptizität folgt, daß die für $v \in V$, $z \in V$ betrachtete Form $((v, z))$ die Voraussetzungen von Satz 33.1 erfüllt, d.h. es gibt Konstanten $K > 0$ und $\alpha > 0$, so daß für jedes $v \in V$, $z \in V$

$$|((v, z))| \leqq K\|v\|_V \|z\|_V , \tag{33.23}$$

und

$$((v, v)) \geqq \alpha\|v\|_V^2 \tag{33.24}$$

gilt. Im Raum V betrachten wir das Funktional

$$Fv = (v, f) + \varkappa(v, h) - ((v, w)) =$$

$$= \int_G vf \,\mathrm{d}x + \sum_{p=1}^{r} \sum_{l=1}^{k-\mu_p} \int_{\Gamma_p} \frac{\partial^{t_{pl}} v}{\partial v^{t_{pl}}} h_{pl} \,\mathrm{d}S - ((v, w)), \quad v \in V, \tag{33.25}$$

wobei $f \in L_2(G)$, $h_{pl} \in L_2(\Gamma_p)$ und $w \in W_2^{(k)}(G)$ die vorgegebenen Funktionen aus Definition 32.2 sind.

Das Funktional (33.25) ist im Raum V offensichtlich linear. Wenn wir zeigen, daß es in diesem Raum auch beschränkt ist, dann folgt aus dem Satz von Lax und Milgram – da auch (33.23), (33.24) gilt –, daß genau ein Element $z \in V$ existiert, so daß

$$((v, z)) = Fv \quad \text{für alle } v \in V \tag{33.26}$$

erfüllt ist, d.h. daß

$$((v, z)) = (v, f) + \varkappa(v, h) - ((v, w)) \quad \text{für alle } v \in V \tag{33.27}$$

gilt, wobei nach (33.4) noch

$$\|z\|_V \leqq \frac{\|F\|_V}{\alpha} \tag{33.28}$$

ist. Da jedoch die betrachtete Form in beiden Veränderlichen linear ist, ist auch

$$((v, z)) + ((v, w)) = ((v, z + w)) .$$

Wenn wir also

$$u(x) = w(x) + z(x) \tag{33.29}$$

setzen, dann folgt aus (33.27), daß

$$((v, u)) = (v, f) + \varkappa(v, h) =$$
$$= (v, f) + \sum_{p=1}^{r} \sum_{l=1}^{k-\mu_p} \int_{\Gamma_p} \frac{\partial^{t_{pl}} v}{\partial \nu^{t_{pl}}} h_{pl} \, dS \quad \text{für alle } v \in V \tag{33.30}$$

gilt. Da nach (33.29) gleichzeitig

$$u - w = z \in V \tag{33.31}$$

ist, erfüllt die Funktion $u(x)$ beide Bedingungen (33.18) und (33.19), und ist folglich eine schwache Lösung des betrachteten Problems.

Wenn wir also zeigen, daß das Funktional (33.25) im Raum V beschränkt ist, ist damit der Beweis der Existenz einer schwachen Lösung des Randwertproblems (im Sinne von Definition 32.2) durchgeführt. Dabei werden wir sehen, daß die Abschätzung (33.22) leicht aus der Abschätzung (33.28) folgt.

Wir werden uns nun dem Beweis der Beschränktheit des Funktionals F im Raum V widmen. Nach Definition der Beschränktheit müssen wir zeigen: Es gibt eine Konstante $\beta > 0$, so daß

$$|Fv| \leqq \beta \|v\|_V \quad \text{für alle } v \in V \tag{33.32}$$

gilt. Dazu genügt es, die Beschränktheit (im Raum V) jedes der drei Glieder auf der rechten Seite der Identität (33.25) zu beweisen. Wir betrachten das erste Glied. Nach der Schwarzschen Ungleichung (3.14), S. 22, ist

$$\left| \int_G vf \, dx \right| \leqq \|v\|_{L_2(G)} \|f\|_{L_2(G)} \,. \tag{33.33}$$

Da aber

$$\|v\|_{L_2(G)} \leqq \|v\|_{W_2^{(k)}(G)} = \|v\|_V$$

ist, folgt aus (33.33)

$$\left| \int_G vf \, dx \right| \leqq \|f\|_{L_2(G)} \|v\|_V \quad \text{für jedes } v \in V \,. \tag{33.34}$$

Für das dritte Glied auf der rechten Seite in (33.25) erhalten wir ähnlicherweise (vgl. (33.33))

$$|-((v, w))| \leqq K \|w\|_{W_2^{(k)}(G)} \|v\|_{W_2^{(k)}(G)} = K \|w\|_{W_2^{(k)}(G)} \|v\|_V$$
$$\text{für jedes } v \in V \,. \tag{33.35}$$

Nun wenden wir uns dem zweiten Glied auf der rechten Seite der Gleichung (33.25) zu, d.h. dem Glied

$$\varkappa(v, h) = \sum_{p=1}^{r} \sum_{l=1}^{k-\mu_p} \int_{\Gamma_p} \frac{\partial^{t_{pl}} v}{\partial \nu^{t_{pl}}} h_{pl} \, dS \,. \tag{33.36}$$

Im Integranden der einzelnen Glieder dieser Summe tritt stets irgendeine der Funktionen

$$v(S), \frac{\partial v}{\partial \nu}(S), \ldots, \frac{\partial^{k-1} v}{\partial \nu^{k-1}}(S) \tag{33.37}$$

auf, je nach dem, welchen der Werte von 0 bis $(k - 1)$ die Zahl t_{pl} annimmt.

Wir erinnern zunächst an Satz 30.1, S. 340, nach dem der Operator T, der den Funktionen $v(x)$ aus dem Raum $W_2^{(1)}(G)$ ihre Spuren $v(S)$ aus dem Raum $L_2(\Gamma)$ zuordnet, beschränkt ist, so daß für jede Funktion $v \in W_2^{(1)}(G)$

$$\|v(S)\|_{L_2(\Gamma)} \leqq \|T\| \, \|v(x)\|_{W_2^{(1)}(G)} \tag{33.38}$$

gilt; dabei ist $\|T\|$ die nur von dem Gebiet G und seinem Rand Γ abhängige Norm des Operators T. Da nun

$$\|v(S)\|_{L_2(\Gamma)} = \sqrt{\int_\Gamma v^2(S)\, \mathrm{d}S}$$

ist, gilt umsomehr

$$\sqrt{\int_{\Gamma_p} v^2(S)\, \mathrm{d}S} \leqq \|T\| \, \|v\|_{W_2^{(1)}(G)} \,. \tag{33.39}$$

Weiter ist nach demselben Satz

$$\left\|\frac{\partial v}{\partial x_j}\right\|_{L_2(\Gamma)} \leqq \|T\| \left\|\frac{\partial v}{\partial x_j}\right\|_{W_2^{(1)}(G)} \leqq \|T\| \, \|v\|_{W_2^{(2)}(G)} \tag{33.40}$$

für $j = 1, \ldots, N$. Außerdem ist bekanntlich

$$\frac{\partial v}{\partial \nu} = \sum_{j=1}^{N} \frac{\partial v}{\partial x_j} \nu_j \,,$$

wobei $\nu_j(S)$ beschränkte meßbare Funktionen auf Γ sind (siehe Kapitel 28, S. 327). Hieraus und aus (33.40) folgt die Existenz einer Konstante γ_1, so daß für alle $v \in$ $\in W_2^{(2)}(G)$

$$\left\|\frac{\partial v}{\partial \nu}\right\|_{L_2(\Gamma)} \leqq \gamma_1 \|v\|_{W_2^{(2)}(G)}$$

ist und umsomehr wie in (33.39)

$$\sqrt{\int_{\Gamma_p} \left(\frac{\partial v}{\partial \nu}\right)^2 \mathrm{d}S} \leqq \gamma_1 \|v\|_{W_2^{(2)}(G)} \tag{33.41}$$

gilt.

Da weiter

$$\frac{\partial^2 v}{\partial \nu^2} = \sum_{i,j=1}^{N} \frac{\partial^2 v}{\partial x_i \, \partial x_j} \nu_i \nu_j \quad \text{auf } \Gamma$$

ist, erhalten wir ähnlicherweise für jedes $v \in W_2^{(3)}(G)$ die Abschätzung

$$\sqrt{\int_{\Gamma_p} \left(\frac{\partial^2 v}{\partial \nu^2}\right)^2 \mathrm{d}S} \leqq \gamma_2 \|v\|_{W_2^{(3)}(G)}, \tag{33.42}$$

usw., bis wir endlich zur Abschätzung

$$\sqrt{\int_{\Gamma_p} \left(\frac{\partial^{k-1} v}{\partial \nu^{k-1}}\right)^2 \mathrm{d}S} \leqq \gamma_{k-1} \|v\|_{W_2^{(k)}(G)} \tag{33.43}$$

kommen. Jede Funktion $v \in V$ gehört zu $W_2^{(k)}(G)$ und es gilt natürlich

$$\|v\|_{W_2^{(j)}(G)} \leqq \|v\|_{W_2^{(k)}(G)} = \|v\|_V, \quad 0 \leqq j \leqq k. \tag{33.44}$$

Für t_{pl} mit $0 \leqq t_{pl} \leqq k-1$ folgt aus (33.39) und (33.41) bis (33.44)

$$\sqrt{\int_{\Gamma_p} \left(\frac{\partial^{t_{pl}} v}{\partial \nu^{t_{pl}}}\right)^2 \mathrm{d}S} \leqq \gamma_{t_{pl}} \|v\|_V.$$

(Für $t_{pl} = 0$ ist nach (33.39) $\gamma_{t_{pl}} = \|T\|$.) Wenn wir nun jedes Glied der Summe (33.36) mit Hilfe der Schwarzschen Ungleichung abschätzen, erhalten wir

$$\left|\int_{\Gamma_p} \frac{\partial^{t_{pl}} v}{\partial \nu^{t_{pl}}} h_{pl} \,\mathrm{d}S\right| \leqq \sqrt{\int_{\Gamma_p} \left(\frac{\partial^{t_{pl}} v}{\partial \nu^{t_{pl}}}\right)^2 \mathrm{d}S} \sqrt{\int_{\Gamma_p} h_{pl}^2 \,\mathrm{d}S} \leqq \gamma_{t_{pl}} \sqrt{\int_{\Gamma_p} h_{pl}^2 \,\mathrm{d}S}\, \|v\|_V. \tag{33.45}$$

Mit den Bezeichnungen

$$\max_{t_{pl}} \gamma_{t_{pl}} = \gamma \tag{33.46}$$

und

$$\sqrt{\int_{\Gamma_p} h_{pl}^2 \,\mathrm{d}S} = \|h_{pl}\|_{L_2(\Gamma_p)}, \tag{33.47}$$

folgt aus (33.45) für das zweite Glied des Funktionals (33.35) die Abschätzung

$$|\varkappa(v, h)| = \left|\sum_{p=1}^{r} \sum_{l=1}^{k-\mu_p} \int_{\Gamma_p} \frac{\partial^{t_{pl}} v}{\partial \nu^{t_{pl}}} h_{pl} \,\mathrm{d}S\right| \leqq \gamma \sum_{p=1}^{r} \sum_{l=1}^{k-\mu_p} \|h_{pl}\|_{L_2(\Gamma_p)} \cdot \|v\|_V. \tag{33.48}$$

Aus (33.34), (33.35) und (33.48) erhalten wir dann die Abschätzung (33.32),

$$|Fv| \leqq \beta \|v\|_V \quad \text{für jedes } v \in V, \tag{33.49}$$

wobei

$$\beta = \|f\|_{L_2(G)} + K\|w\|_{W_2^{(k)}(G)} + \gamma \sum_{p=1}^{r} \sum_{l=1}^{k-\mu_p} \|h_{pl}\|_{L_2(\Gamma_p)} \tag{33.50}$$

ist. Damit ist die Beschränktheit des Funktionals (33.25) im Raum V, und somit auch die Existenz einer schwachen Lösung des Randwertproblems nach Definition 32.2 bewiesen.

b) *Eindeutigkeit.* Wir setzen voraus, daß zwei schwache Lösungen u_1, u_2 des betrachteten Problems mit

$$u_1 - w \in V \tag{33.51}$$

und

$$u_2 - w \in V \tag{33.52}$$

existieren, wobei für jedes $v \in V$

$$((v, u_1)) = \int_G vf \, dx + \varkappa(v, h) \tag{33.53}$$

und

$$((v, u_2)) = \int_G vf \, dx + \varkappa(v, h) \tag{33.54}$$

gilt. Subtrahieren wir (33.53) von (33.54), ergibt sich

$$((v, u_2 - u_1)) = 0 \quad \text{für jedes } v \in V. \tag{33.55}$$

Aus (33.51) und (33.52) erhält man $u_2 - u_1 \in V$.[1]) Wenn wir in (33.55) $v = u_2 - u_1$ setzen, erhalten wir

$$((u_2 - u_1, u_2 - u_1)) = 0\,. \tag{33.56}$$

Nach (33.24) ergibt sich hieraus

$$0 = ((u_2 - u_1, u_2 - u_1)) \geqq \alpha \|u_2 - u_1\|_V^2 ,$$

so daß

$$\|u_2 - u_1\|_V^2 = 0$$

ist, d.h.

$$\|u_2 - u_1\|_V = \|u_2 - u_1\|_{W_2^{(k)}(G)} = 0\,,$$

d.h. $u_2 = u_1$ in $W_2^{(k)}(G)$.

Es bleibt noch die Ungleichung (33.22) zu beweisen. Aus (33.49) folgt

$$\|F\|_V \leqq \beta$$

und hieraus nach (33.28)

$$\|z\|_V \leqq \frac{\beta}{\alpha}. \tag{33.57}$$

Nach (33.29) ist weiter

$$\|u\|_{W_2^{(k)}(G)} \leqq \|z\|_{W_2^{(k)}(G)} + \|w\|_{W_2^{(k)}(G)} \leqq \frac{\beta}{\alpha} + \|w\|_{W_2^{(k)}(G)}\,, \tag{33.58}$$

denn es ist

$$\|z\|_{W_2^{(k)}(G)} = \|z\|_V\,.$$

Wenn wir β aus (33.50) in (33.58) einsetzen, erhalten wir

$$\|u\|_{W_2^{(k)}(G)} \leqq \frac{\|f\|_{L_2(G)}}{\alpha} + \left(\frac{K}{\alpha} + 1\right) \|w\|_{W_2^{(k)}(G)} + \frac{\gamma}{\alpha} \sum_{p=1}^{r} \sum_{l=1}^{k-\mu_p} \|h_{pl}\|_{L_2(\Gamma_p)}\,. \tag{33.59}$$

---

[1]) Zur gleichen Schlußfolgerung kommen wir, wenn wir statt (33.51), (33.52) $u_1 - w_1 \in V$, $u_2 - w_2 \in V$ voraussetzen, wobei w_1, w_2 zwei Funktionen aus $W_2^{(k)}(G)$ sind, die die vorgegebenen stabilen Randbedingungen erfüllen, so daß $w_2 - w_1 \in V$ ist. Hieraus folgt, daß die schwache Lösung nicht von der Wahl der Funktion w abhängt.

Um die Ungleichung (33.22) zu bekommen, d.h. die Ungleichung

$$\|u\|_{W_2^{(k)}(G)} \leqq c\Big(\|f\|_{L_2(G)} + \|w\|_{W_2^{(k)}(G)} + \sum_{p=1}^{r} \sum_{l=1}^{k-\mu_p} \|h_{pl}\|_{L_2(\Gamma_p)}\Big), \tag{33.60}$$

genügt es,

$$c = \max\left(\frac{1}{\alpha}, \frac{K}{\alpha} + 1, \frac{\gamma}{\alpha}\right) \tag{33.61}$$

zu setzen. Damit ist der Beweis von Satz 33.2 vollständig durchgeführt.

Bemerkung 33.1. Im vorhergehenden Kapitel haben wir gesehen, daß die „schwache" Definition eines Randwertproblems sehr allgemein ist und daß der Begriff der schwachen Lösung nicht nur den Begriff der klassischen Lösung, sondern auch den in Kapitel 9 eingeführten Begriff der verallgemeinerten Lösung wesentlich verallgemeinert, insbesondere was die an die Symmetrie der betrachteten Operatoren und die an die Koeffizienten der gegebenen Differentialgleichung gestellten Forderungen betrifft; aber auch dann, wenn es sich um eine allgemeinere Formulierung der Randbedingungen handelt, ist unsere „schwache" Definition sehr vorteilhaft. Satz 33.2 löst (positiv) die Frage der Existenz und Eindeutigkeit einer schwachen Lösung, unter der Voraussetzung, daß die Form $((v, u))$ V-elliptisch ist[1]). Im folgenden Kapitel werden wir sehen, daß man zur Bestimmung der schwachen Lösung bzw. ihrer Approximation auch unter diesen allgemeineren Voraussetzungen diejenigen Methoden benutzen kann, die wir im zweiten Teil unseres Buches bei der Konstruktion von verallgemeinerten Lösungen angewendet haben. (In den abschließenden Kapiteln unseres Buches werden wir uns mit weiteren Methoden bekannt machen.) In Kapitel 46 werden wir dann kurz erwähnen, unter welchen Voraussetzungen die schwache Lösung des betrachteten Problems eine klassische Lösung ist.

Bemerkung 33.2. Die Ungleichung (33.60) bzw. ausführlicher die Ungleichung (33.59) drückt die „Korrektheit" des schwach formulierten Randwertproblems aus, d.h. die *stetige Abhängigkeit der schwachen Lösung von den Daten des Problems*: Wenn sich die Funktion $f(x)$ „wenig" in der Metrik des Raumes $L_2(G)$, die Funktion $w(x)$ – die die stabilen Randbedingungen charakterisiert – „wenig" in der Metrik des Raumes $W_2^{(k)}(G)$ und die Funktionen $h_{pl}(S)$, $p = 1, \ldots, r$, $l = 1, \ldots, k - \mu_p$, – die die instabilen Randbedingungen charakterisieren – „wenig" in der Metrik der entsprechenden Räume $L_2(\Gamma_p)$ ändern, dann ändert sich die schwache Lösung $u(x)$ „wenig" in der Metrik des Raumes $W_2^{(k)}(G)$. Ist nämlich $u(x)$ bzw. $\tilde{u}(x)$ die den Funktionen $f(x)$, $w(x)$, $h_{pl}(S)$ bzw. $\tilde{f}(x)$, $\tilde{w}(x)$, $\tilde{h}_{pl}(S)$ entsprechende schwache Lösung des Problems, dann folgt aus der Linearität des Problems und aus (33.60)

$$\|u - \tilde{u}\|_{W_2^{(k)}(G)} \leqq c\Big[\|f - \tilde{f}\|_{L_2(G)} + \|w - \tilde{w}\|_{W_2^{(k)}(G)} + \\ + \sum_{p=1}^{r} \sum_{l=1}^{k-\mu_p} \|h_{pl} - \tilde{h}_{pl}\|_{L_2(\Gamma_p)}\Big].$$

[1]) Diese Forderung entspricht in einem gewissen Sinne der in Teil II dieses Buches betrachteten Forderung der positiven Definitheit. Siehe auch Beispiele 33.1 bis 33.4.

Dabei sind K und α in (33.59) die Konstanten aus Ungleichungen (33.23) und (33.24) und γ ist durch die Beziehung (33.46) gegeben. Diese Konstanten hängen also von der Bilinearform $((v, u))$ ab (vor allem also von den Koeffizienten der gegebenen Differentialgleichung) sowie von den Koordinaten $\nu_1(S), \ldots, \nu_N(S)$ der äußeren Normalen des Randes Γ (diese Abhängigkeit kann man natürlich leicht beseitigen, denn es ist $|\nu_j| \leqq 1$) und von der Norm $\|T\|$ des Operators T aus Satz 30.1 (d.h. von dem Gebiet G und seinem Rand Γ).

Außer der Abhängigkeit der schwachen Lösung von den Funktionen f, w und h_{pl} kann man auch die Abhängigkeit der Lösung von der Veränderung der Koeffizienten a_{ij} des Operators A, von der Veränderung des gegebenen Gebietes G u.ä. untersuchen. Über sehr allgemeine Ergebnisse in dieser Richtung siehe [35], S. 174 ff.

Nun geben wir einige Beispiele für die Anwendung von Satz 33.2 an.

Beispiel 33.1. Im Falle des Dirichletschen Problems für die Poissonsche Gleichung,

$$-\Delta u = f \quad \text{in } G\,,$$
$$u = g \quad \text{auf } \Gamma\,,$$

ist folgendes gegeben (vgl. Beispiel 32.1 und den Text vor Bemerkung 32.1, S. 367):

$$((v, u)) = A(v, u) = \sum_{l=1}^{N} \int_G \frac{\partial v}{\partial x_l} \frac{\partial u}{\partial x_l} \, dx\,, \tag{33.62}$$

$$f \in L_2(G)\,, \tag{33.63}$$

$$V = \mathring{W}_2^{(1)}(G)\,, \tag{33.64}$$

$$w \in W_2^{(1)}(G)\,, \quad w = g \quad \text{auf } \Gamma \text{ im Sinne von Spuren}\,. \tag{33.65}$$

Die Form (33.62) ist V-elliptisch, denn nach Ungleichung (30.15), S. 346, gilt

$$((v, v)) = \sum_{l=1}^{N} \int_G \left(\frac{\partial v}{\partial x_l}\right)^2 dx \geqq \frac{1}{k_1} \|v\|^2_{W_2^{(1)}(G)}\,,$$

d.h. die Ungleichung (33.21) mit $\alpha = 1/k_1$. Aus Satz 33.2 folgt also die Existenz und Eindeutigkeit der durch die Bedingungen

$$u - w \in \mathring{W}_2^{(1)}(G)\,,$$

$$\sum_{l=1}^{N} \int_G \frac{\partial v}{\partial x_l} \frac{\partial u}{\partial x_l} \, dx = \int_G vf \, dx \quad \text{für jedes } v \in \mathring{W}_2^{(1)}(G)$$

charakterisierten schwachen Lösung. In (33.59) genügt dann $K = 1$, $1/\alpha = k_1$, $\gamma = 0$ zu setzen.

Beispiel 33.2. Das Neumannsche Problem für die Poissonsche Gleichung,

$$-\Delta u = f \quad \text{in } G\,,$$
$$\frac{\partial u}{\partial \nu} = h \quad \text{auf } \Gamma\,.$$

Es sind gegeben (vgl. Beispiel 32.2 und den Text vor Bemerkung 32.2, S. 369):

$$((v, u)) = A(v, u) = \sum_{l=1}^{N} \int_G \frac{\partial v}{\partial x_l} \frac{\partial u}{\partial x_l} \, dx\,, \tag{33.66}$$

$$f \in L_2(G)\,, \tag{33.67}$$

$$V = W_2^{(1)}(G)\,, \tag{33.68}$$

$$h(S) \in L_2(\Gamma)\,. \tag{33.69}$$

Die Form (33.66) ist nicht V-elliptisch. Die Funktion $v(x) \equiv a \neq 0$, wobei a eine Konstante ist, gehört offensichtlich zum Raum $V = W_2^{(1)}(G)$. Aus (33.66) folgt leicht

$$((v, v)) = 0\,,$$

während $v \neq 0$ in V ist, so daß die Ungleichung (33.21) nicht erfüllt sein kann.

Wir erinnern daran, daß wir schon in Kapitel 22 bei der Lösung des Neumannschen Problems auf eine ähnliche Schwierigkeit gestoßen sind. Ausführlich werden wir diese Problematik für einen genügend allgemeinen Fall in Kapitel 35 behandeln.

Beispiel 33.3. Das Newtonsche Problem für die Poissonsche Gleichung

$$-\Delta u = f \quad \text{in } G\,,$$

$$\frac{\partial u}{\partial \nu} + \sigma u = h \quad \text{auf } \Gamma\,.$$

Es sind gegeben (vgl. Beispiel 32.6):

$$((v, u)) = A(v, u) + a(v, u) = \sum_{i=1}^{N} \int_G \frac{\partial v}{\partial x_i} \frac{\partial u}{\partial x_i}\, \mathrm{d}x + \int_\Gamma \sigma v u \, \mathrm{d}S\,, \tag{33.70}$$

$$f \in L_2(G)\,, \tag{33.71}$$

$$V = W_2^{(1)}(G)\,. \tag{33.72}$$

Es gelte auf Γ

$$\sigma(S) \geqq \sigma_0 = \text{const} > 0\,. \tag{33.73}$$

Wenn wir $\tau = \min(1, \sigma_0)$ bezeichnen, dann ist

$$\begin{aligned} ((v, v)) &\geqq \sum_{i=1}^{N} \int_G \left(\frac{\partial v}{\partial x_i}\right)^2 \mathrm{d}x + \sigma_0 \int_\Gamma v^2 \, \mathrm{d}S \geqq \\ &\geqq \tau \left[\sum_{i=1}^{N} \int_G \left(\frac{\partial v}{\partial x_i}\right)^2 \mathrm{d}x + \int_\Gamma v^2 \, \mathrm{d}S\right] \geqq \frac{\tau}{k_1} \|v\|^2_{W_2^{(1)}(G)}\,, \end{aligned} \tag{33.74}$$

wobei k_1 die Konstante aus Ungleichung (30.5), S. 344, ist. Die Form $((v, u))$ ist also unter der Voraussetzung (33.73) V-elliptisch mit $\alpha = \tau/k_1$, so daß das durch die Integralbedingung (32.79),

$$\sum_{i=1}^{N} \int_G \frac{\partial v}{\partial x_i} \frac{\partial u}{\partial x_i}\, \mathrm{d}x + \int_\Gamma \sigma v u \, \mathrm{d}S = \int_G v f \, \mathrm{d}x + \int_\Gamma v h \, \mathrm{d}S \quad \text{für jedes } v \in W_2^{(1)}(G)\,,$$

charakterisierte Newtonsche Problem genau eine schwache Lösung $u \in W_2^{(1)}(G)$ hat.

Auf die gleiche Weise, diesmal unter Anwendung der Ungleichung (30.6), S. 345, beweist man die V-Elliptizität der Form

$$((v, u)) = \sum_{i=1}^{N} \int_G \frac{\partial v}{\partial x_i} \frac{\partial u}{\partial x_i}\, \mathrm{d}x + \int_{\Gamma_1} \sigma v u \, \mathrm{d}S$$

im Falle des gemischten Problems für die Poissonsche Gleichung, wobei die Newtonsche Bedingung auf einem Teil Γ_1 des Randes Γ vorgeschrieben ist und $\sigma(S) \geqq \sigma_0 > 0$ ist, während auf Γ_2 die Neumannsche Randbedingung $\partial u/\partial \nu = h$ vorgeschrieben ist (eventuell die Dirichletsche Randbedingung $u = g$; dann ist die Situation noch einfacher. Warum?).

Beispiel 33.4. Wir betrachten das Problem aus Beispiel 32.3,

$$\Delta^2 u = f \quad \text{in } G\,, \tag{33.75}$$

$$u = g \quad \text{auf } \Gamma\,, \tag{33.76}$$

$$Mu = h \quad \text{auf } \Gamma\,, \tag{33.77}$$

wobei

$$Mu = \sigma\,\Delta u + (1-\sigma)\,\frac{\partial^2 u}{\partial v^2} \tag{33.78}$$

ist (*Durchbiegung einer vertikal belasteten Platte mit vorgeschriebener Veränderung der Stützen und vorgeschriebenen Momenten längs des Randes*).

In der schwachen Formulierung des Problems sind also gegeben (S. 371):

$$((v, u)) = \int_G \left[\left(\frac{\partial^2 v}{\partial x_1^2} + \sigma\,\frac{\partial^2 v}{\partial x_2^2}\right)\frac{\partial^2 u}{\partial x_1^2} + 2(1-\sigma)\,\frac{\partial^2 v}{\partial x_1\,\partial x_2}\,\frac{\partial^2 u}{\partial x_1\,\partial x_2} + \right.$$

$$\left. + \left(\frac{\partial^2 v}{\partial x_2^2} + \sigma\,\frac{\partial^2 v}{\partial x_1^2}\right)\frac{\partial^2 u}{\partial x_2^2}\right] \mathrm{d}x\,, \tag{33.79}$$

$$f \in L_2(G)\,, \tag{33.80}$$

$$V = \{v;\ v \in W_2^{(2)}(G),\ v = 0 \text{ auf } \Gamma \text{ im Sinne von Spuren}\}\,, \tag{33.81}$$

$$w \in W_2^{(2)}(G),\ w = g \text{ auf } \Gamma \text{ im Sinne von Spuren}\,. \tag{33.82}$$

Wenn $0 \leqq \sigma < 1$ ist, dann ist die Form (33.79) V-elliptisch:

$$((v, v)) = \int_G \left[\left(\frac{\partial^2 v}{\partial x_1^2}\right)^2 + 2\sigma\,\frac{\partial^2 v}{\partial x_1^2}\,\frac{\partial^2 v}{\partial x_2^2} + \left(\frac{\partial^2 v}{\partial x_2^2}\right)^2 + 2(1-\sigma)\left(\frac{\partial^2 v}{\partial x_1\,\partial x_2}\right)^2\right] \mathrm{d}x =$$

$$= \int_G \sigma \left[\left(\frac{\partial^2 v}{\partial x_1^2}\right)^2 + 2\,\frac{\partial^2 v}{\partial x_1^2}\,\frac{\partial^2 v}{\partial x_2^2} + \left(\frac{\partial^2 v}{\partial x_2^2}\right)^2\right] \mathrm{d}x +$$

$$+ \int_G (1-\sigma)\left[\left(\frac{\partial^2 v}{\partial x_1^2}\right)^2 + 2\left(\frac{\partial^2 v}{\partial x_1\,\partial x_2}\right)^2 + \left(\frac{\partial^2 v}{\partial x_2^2}\right)^2\right] \mathrm{d}x =$$

$$= \sigma \int_G \left(\frac{\partial^2 v}{\partial x_1^2} + \frac{\partial^2 v}{\partial x_2^2}\right)^2 \mathrm{d}x +$$

$$+ (1-\sigma)\int_G \left[\left(\frac{\partial^2 v}{\partial x_1^2}\right)^2 + 2\left(\frac{\partial^2 v}{\partial x_1\,\partial x_2}\right)^2 + \left(\frac{\partial^2 v}{\partial x_2^2}\right)^2\right] \mathrm{d}x \geqq$$

$$\geqq (1-\sigma)\int_G \left[\left(\frac{\partial^2 v}{\partial x_1^2}\right)^2 + \left(\frac{\partial^2 v}{\partial x_1\,\partial x_2}\right)^2 + \left(\frac{\partial^2 v}{\partial x_2^2}\right)^2\right] \mathrm{d}x \geqq$$

$$\geqq \frac{1-\sigma}{k_3}\,\|v\|^2_{W_2^{(2)}(G)} = \frac{1-\sigma}{k_3}\,\|v\|^2_V\,, \tag{33.83}$$

aufgrund von Ungleichung (30.7), S. 345, denn infolge von (33.81) ist in der zitierten Ungleichung

$$\int_\Gamma v^2\,\mathrm{d}S = 0\,.$$

Nach (33.83) ist die Form (33.79) also für $0 \leqq \sigma < 1$ V-elliptisch mit $\alpha = (1 - \sigma)/k_3$. Hieraus folgt nach Satz 33.2 die Existenz und Eindeutigkeit der schwachen Lösung des betrachteten Problems, das durch die folgenden Bedingungen charakterisiert ist:

$$u - w \in V,$$

$$\int_G \left[\left(\frac{\partial^2 v}{\partial x_1^2} + \sigma \frac{\partial^2 v}{\partial x_2^2}\right)\frac{\partial^2 u}{\partial x_1^2} + 2(1 - \sigma)\frac{\partial^2 v}{\partial x_1\,\partial x_2}\frac{\partial^2 u}{\partial x_1\,\partial x_2} + \right.$$

$$\left. + \left(\frac{\partial^2 v}{\partial x_2^2} + \sigma \frac{\partial^2 v}{\partial x_1^2}\right)\frac{\partial^2 u}{\partial x_2^2}\right] \mathrm{d}x =$$

$$= \int_G vf \,\mathrm{d}x + \int_\Gamma \frac{\partial v}{\partial \nu} h \,\mathrm{d}S \quad \text{für alle } v \in V.$$

Bemerkung 33.3. Wenn statt der Bedingungen (33.76), (33.77) die Bedingungen

$$u = g_1 \quad \text{auf } \Gamma, \tag{33.84}$$

$$\frac{\partial u}{\partial \nu} = g_2 \quad \text{auf } \Gamma \tag{33.85}$$

gegeben sind (für $g_1 = 0$, $g_2 = 0$ handelt es sich also um *die Durchbiegung einer waagrechten eingespannten, vertikal belasteten Platte*), ist

$$V = \mathring{W}_2^{(2)}(G)$$

und die entsprechende Form ist wiederum V-elliptisch aufgrund von Ungleichung (30.7). In diesem Fall kann man die Bilinearform (33.79) in der einfacheren Form

$$((v, u)) = \int_G \left(\frac{\partial^2 v}{\partial x_1^2}\frac{\partial^2 u}{\partial x_1^2} + 2\frac{\partial^2 v}{\partial x_1\,\partial x_2}\frac{\partial^2 u}{\partial x_1\,\partial x_2} + \frac{\partial^2 v}{\partial x_2^2}\frac{\partial^2 u}{\partial x_2^2}\right)\mathrm{d}x \tag{33.86}$$

betrachten, was im Beispiel 33.4 wegen der Bedingung (33.77) bei $\sigma \neq 0$ nicht möglich ist; vgl. die Zerlegung des biharmonischen Operators in Kapitel 23, die es ermöglicht, die Bedingung (33.77) in die Standardform einer Integralidentität einzuschließen.

Im Falle der Randbedingungen $Nu = h_1$, $Mu = h_2$ auf Γ, wobei Nu der Operator aus Kapitel 23, S. 269, ist, sind beide Randbedingungen instabil und es ist $V = W_2^{(2)}(G)$. Ähnlich wie in Beispiel 33.2 stellen wir leicht fest, daß die Form (33.79) in diesem Fall nicht V-elliptisch ist. Zu diesem Problem siehe ausführlicher Beispiel 35.1, S. 442.

Bemerkung 33.4. Wenn wir in Beispiel 33.1 statt der Poissonschen Gleichung z.B. die Gleichung (für $N = 2$)

$$-\frac{\partial}{\partial x_1}\left[(1 + x_2^2)\frac{\partial u}{\partial x_1}\right] - 3\frac{\partial^2 u}{\partial x_2^2} = f \quad \text{in } G \tag{33.87}$$

betrachten, ist die entsprechende Form

$$((v, u)) = \int_G \left[(1 + x_2^2)\frac{\partial v}{\partial x_1}\frac{\partial u}{\partial x_1} + 3\frac{\partial v}{\partial x_2}\frac{\partial u}{\partial x_2}\right]\mathrm{d}x \tag{33.88}$$

wiederum V-elliptisch, denn es ist

$$((v, v)) = \int_G \left[(1 + x_2^2)\left(\frac{\partial v}{\partial x_1}\right)^2 + 3\left(\frac{\partial v}{\partial x_2}\right)^2\right]\mathrm{d}x \geqq \int_G \left[\left(\frac{\partial v}{\partial x_1}\right)^2 + \left(\frac{\partial^2 v}{\partial x_2}\right)^2\right]\mathrm{d}x \tag{33.89}$$

und wir können wieder Ungleichung (30.15) benutzen.

Wählen wir in Beispiel 33.1 statt der Poissonschen Gleichung die Gleichung

$$-\frac{\partial}{\partial x_1}\left[(1 + x_2^2)\frac{\partial u}{\partial x_1}\right] - 3\frac{\partial^2 u}{\partial x_2^2} + 4u = f\,, \tag{33.90}$$

ist die entsprechende Bilinearform offensichtlich auch V-elliptisch, denn es ist

$$((v, v)) = \int_G \left[(1 + x_2^2)\left(\frac{\partial v}{\partial x_1}\right)^2 + 3\left(\frac{\partial v}{\partial x_2}\right)^2 + 4v^2\right] \mathrm{d}x \geqq$$

$$\geqq \int_G \left[(1 + x_2^2)\left(\frac{\partial v}{\partial x_1}\right)^2 + 3\left(\frac{\partial v}{\partial x_2}\right)^2\right] \mathrm{d}x\,. \tag{33.91}$$

Wenn wir jedoch in diesen Fällen statt der Poissonschen Gleichung die Gleichung

$$-\Delta u - \lambda u = f \tag{33.92}$$

bzw. die Gleichung

$$-\frac{\partial}{\partial x_1}\left[(1 + x_2^2)\frac{\partial u}{\partial x_1}\right] - 3\frac{\partial^2 u}{\partial x_2^2} - \lambda u = f \tag{33.93}$$

betrachten, wobei $\lambda > 0$ ist, dann ist die entsprechende Bilinearform im allgemeinen Fall nicht mehr V-elliptisch. Siehe das Eigenwertproblem, das in Kapitel 39 behandelt ist.

Bemerkung 33.5. Im Raum V ist bekanntlich das Skalarprodukt der Funktionen v, u durch die Beziehung (29.31) bzw. (29.34) definiert,

$$(v, u)_V = (v, u)_{W_2^{(k)}(G)} = \sum_{|i| \leqq k} \int_G D^i v D^i u \,\mathrm{d}x\,. \tag{33.94}$$

Für Funktionen aus diesem Raum kann man aber ein Skalarprodukt auch auf eine andere Weise definieren, was im folgenden Kapitel von Nutzen sein wird:

Die Bilinearform $((v, u))$ und der Raum V sollen die gleiche Bedeutung wie in Definition 32.2 haben, so daß insbesondere (vgl. 33.23))

$$|((v, u))| \leqq K \|v\|_{W_2^{(k)}(G)} \|u\|_{W_2^{(k)}(G)} \tag{33.95}$$

für jedes Paar von Funktionen v, u aus dem Raum $W_2^{(k)}(G)$, und umsomehr also

$$|((v, u))| \leqq K \|v\|_V \|u\|_V \tag{33.96}$$

für jedes Paar von Funktionen v, u aus dem Raum V gilt (denn es ist $V \subset W_2^{(k)}(G)$). Ist die Form $((v, u))$ V-elliptisch,

$$((v, v)) \geqq \alpha \|v\|_V^2\,, \quad v \in V\,, \quad \alpha > 0\,, \tag{33.97}$$

und außerdem im Raum V symmetrisch, d.h. es gilt

$$((v, u)) = ((u, v)) \quad \text{für jedes Paar von Funktionen } v, u \in V\,, \tag{33.98}$$

so wird durch die Beziehung

$$(v, u)^V = ((v, u)) \tag{33.99}$$

im Raum V ein neues Skalarprodukt definiert. Wir müssen uns nur überzeugen, daß die Axiome (6.3) bis (6.6), S. 54, erfüllt sind. Dies ist aber leicht zu zeigen: Die Gültigkeit der beiden ersten Axiome folgt unmittelbar aus (33.98) und aus der Bilinearität der Form $((v, u))$. Aus (33.97) folgt dann $((v, v)) \geqq 0$, wobei nur dann $((v, v)) = 0$ ist, wenn $\|v\|_V = 0$ ist.

Damit ist unsere Behauptung bewiesen.

Die dem Skalarprodukt (33.99) entsprechende Norm bzw. Metrik bezeichnen wir mit $\|v\|^V$ bzw. ϱ^V:

$$\|v\|^V = \sqrt{(v, v)^V} = \sqrt{((v, v))} \tag{33.100}$$

bzw.

$$\varrho^V(v, u) = \|v - u\|^V \tag{33.101}$$

(während die Symbole $\|v\|_V$ bzw. $\varrho_V(v, u)$ eine entsprechende Bedeutung in V bezüglich der Metrik des Raumes $W_2^{(k)}(G)$ haben).

Nach (33.96) und (33.97) gilt offensichtlich

$$\sqrt{\alpha}\, \|v\|_V \leqq \|v\|^V \leqq \sqrt{K}\, \|v\|_V\,, \tag{33.102}$$

und mit (33.101) auch

$$\sqrt{\alpha}\, \varrho_V(v, u) \leqq \varrho^V(v, u) \leqq \sqrt{K}\, \varrho_V(v, u)\,. \tag{33.103}$$

Hieraus folgt sofort, daß jede Folge von Elementen des Raumes V, die in der Metrik ϱ_V konvergiert (bzw. eine Cauchy-Folge ist), auch in der Metrik ϱ^V konvergiert (bzw. eine Cauchy-Folge ist), und umgekehrt. In einem solchen Fall sagen wir, daß die betrachteten Metriken **äquivalent** sind. Die Skalarprodukte (33.94) und (33.99) erzeugen also auf dem Raum V äquivalente Metriken.

Aus der Definition der linearen Abhängigkeit von Elementen (siehe S. 61) folgt dann: Wenn die Elemente

$$\varphi_1(x), \ldots, \varphi_n(x) \tag{33.104}$$

im Raum V linear abhängig (bzw. unabhängig) sind, dann sind sie auch im entsprechenden Raum mit der Metrik ϱ^V linear abhängig (bzw. unabhängig). Gilt nämlich

$$\|c_1\varphi_1 + \ldots + c_n\varphi_n\|_V = 0$$

mit Konstanten $c_1, \ldots, c_m$, die nicht alle gleichzeitig verschwinden, dann ist wegen (33.102) auch

$$\|c_1\varphi_1 + \ldots + c_n\varphi_n\|^V = 0$$

mit denselben Konstanten, und umgekehrt.

Es gilt offensichtlich noch mehr: Wenn

$$\varphi_1(x), \ldots, \varphi_n(x), \ldots \tag{33.105}$$

eine Basis in V ist, dann bildet diese Folge auch eine Basis im entsprechenden Raum mit der Metrik ϱ^V, und umgekehrt. Es genügt dafür zu zeigen, daß aus der Vollständigkeit der Folge (33.105) in der Metrik ϱ_V auch ihre Vollständigkeit in der Metrik ϱ^V folgt, und umgekehrt. Wenn man aber jedes Element $u \in V$ mit beliebiger Genauigkeit durch eine geeignete Linearkombination von Elementen der Folge (33.105) in der Metrik ϱ_V approximieren kann, dann kann man dasselbe auch in der Metrik ϱ^V erreichen, und umgekehrt, wie aus der zweiten bzw. aus der ersten der Ungleichungen (33.103) folgt.

Kapitel 34. Anwendung von Variationsmethoden zur Bestimmung schwacher Lösungen von Randwertproblemen

Im Kapitel 33 haben wir unter der Voraussetzung, daß die Bilinearform $((v, u)) = A(v, u) + a(v, u)$ V-elliptisch ist, bewiesen, daß die schwache Lösung des in Kapitel 32, S. 382, definierten Randwertproblems existiert und eindeutig bestimmt ist. In diesem Kapitel werden wir nun zeigen, wie man zur Bestimmung bzw. einer genügend guten Approximation dieser schwachen Lösung Variationsmethoden benutzen kann. Diese Methoden sind, wie wir sehen werden, den Verfahren sehr ähnlich, die wir in den Kapiteln 12 bis 15 zur Bestimmung von Näherungslösungen für Probleme benutzt haben, die – was die Differentialgleichungen anbetrifft – einen wesentlich spezielleren Charakter hatten.

Es seien also in Übereinstimmung mit der Definition 32.2, S. 382, die Bilinearform $((v, u))$, die Funktion $f \in L_2(G)$, die Funktion $w \in W_2^{(k)}(G)$, die die stabilen Randbedingungen charakterisiert, der Raum V derjenigen Funktionen aus $W_2^{(k)}(G)$, die die entsprechenden homogenen stabilen Randbedingungen erfüllen, und die Funktionen $h_{pl}(S) \in L_2(\Gamma_p)$, die die instabilen Randbedingungen charakterisieren, gegeben. Wir erinnern daran, daß wir unter der schwachen Lösung des gegebenen Randwertproblems eine Funktion $u \in W_2^{(k)}(G)$ verstehen, für die

$$u - w \in V \tag{34.1}$$

und

$$((v, u)) = \int_G vf \,\mathrm{d}x + \varkappa(v, h) \quad \text{für alle } v \in V \tag{34.2}$$

gilt, wobei

$$\varkappa(v, h) = \sum_{p=1}^{r} \sum_{l=1}^{k-\mu_p} \int_{\Gamma_p} \frac{\partial^{t_{pl}} v}{\partial v^{t_{pl}}} h_{pl}(S) \,\mathrm{d}S$$

ist.

a) Homogene Randbedingungen

Zunächst betrachten wir das Problem mit homogenen Randbedingungen, d.h. wir setzen $w = 0$ in $W_2^{(k)}(G)$ und $h_{pl}(S) = 0$ in $L_2(\Gamma_p)$, $p = 1, \ldots, r$, $l = 1, \ldots, k - \mu_p$, voraus. Die schwache Lösung ist also in diesem Fall durch die folgenden Bedingungen charakterisiert:

$$u \in V, \tag{34.3}$$

$$((v, u)) = \int_G vf \, dx \quad \text{für alle } v \in V. \tag{34.4}$$

Statt von der schwachen Lösung des Problems mit homogenen Randbedingungen werden wir kurz von der **schwachen Lösung des Problems** (34.3), (34.4) sprechen. Die Form $((v, u))$ erfüllt nach Voraussetzung (siehe Definition 32.2) die Ungleichung

$$|((v, u))| \leqq K \|v\|_{W_2^{(k)}(G)} \|u\|_{W_2^{(k)}(G)}, \quad v, u \in W_2^{(k)}(G). \tag{34.5}$$

Wenn insbesondere v und u zu V gehören, kann man diese Ungleichung in der folgenden Form schreiben:

$$|((v, u))| \leqq K \|v\|_V \|u\|_V, \quad v, u \in V. \tag{34.6}$$

Wir setzen weiter voraus, daß die Form $((v, u))$ **V-elliptisch** ist, d.h. daß eine Konstante $\alpha > 0$ existiert, so daß

$$((v, v)) \geqq \alpha \|v\|_V^2 \quad \text{für jedes } v \in V \tag{34.7}$$

gilt, und daß außerdem diese Form im Raum V **symmetrisch** ist, d.h. daß gilt

$$((v, u)) = ((u, v)) \quad \text{für jedes Paar von Funktionen } v \in V, \ u \in V. \tag{34.8}$$

Unter diesen Voraussetzungen wird (siehe Bemerkung 33.5, S. 404) durch die Beziehung

$$(v, u)^V = ((v, u)) \tag{34.9}$$

auf der Menge aller Funktionen aus dem Raum V ein neues Skalarprodukt definiert. Außerdem gilt, wie wir in der erwähnten Bemerkung festgestellt haben: Wenn die Funktionen

$$\varphi_1(x), \ldots, \varphi_n(x)$$

eine Basis im Raum V bilden, bilden sie auch eine Basis im entsprechenden Raum mit dem Skalarprodukt (34.9). Insbesondere ist also ihre Gramsche Determinante

$$\begin{vmatrix} ((\varphi_1, \varphi_1)), \ldots, ((\varphi_1, \varphi_n)) \\ \cdots\cdots\cdots\cdots\cdots \\ ((\varphi_n, \varphi_1)), \ldots, ((\varphi_n, \varphi_n)) \end{vmatrix}$$

von Null verschieden.

Satz 34.1. *Betrachten wir das Problem* (34.3), (34.4). *Die Form* $((v, u))$ *erfülle die Voraussetzungen* (34.6), (34.7), (34.8). *Setzen wir weiter voraus, daß die Funktionen*

$$v_1(x), v_2(x), \ldots, v_n(x), \ldots \tag{34.10}$$

im Raum V eine Basis bilden, und konstruieren für jede natürliche Zahl n das Gleichungssystem

$$\begin{gathered} ((v_1, v_1)) c_{n1} + \ldots + ((v_1, v_n)) c_{nn} = \int_G v_1 f \, dx, \\ \cdots\cdots\cdots\cdots\cdots\cdots\cdots\cdots \\ ((v_n, v_1)) c_{n1} + \ldots + ((v_n, v_n)) c_{nn} = \int_G v_n f \, dx \end{gathered} \tag{34.11}$$

für die n unbekannten Konstanten $c_{n1}, \ldots, c_{nn}$. Dann konvergiert die Funktionenfolge

$$u_n(x) = \sum_{i=1}^{n} c_{ni}\, v_i(x) \text{ [1]} \tag{34.12}$$

im Raum V gegen die schwache Lösung $u(x)$ [2] *des Problems* (34.3), (34.4),

$$\lim_{n \to \infty} u_n(x) = u(x) \quad \text{in } V. \tag{34.13}$$

Beweis: Das Gleichungssystem (34.11) ist für jedes feste n eindeutig lösbar, denn seine Koeffizientendeterminante ist die aus den Skalarprodukten der Funktionen (34.10) gebildete Gramsche Determinante, und die ist (siehe den Text vor Satz 34.1) von Null verschieden. Die Folge $\{u_n(x)\}$ ist also eindeutig bestimmt.

Man sieht leicht, daß die Gleichungen (34.11) zur Bestimmung der Konstanten $c_{n1}, \ldots, c_{nn}$ mit der Bedingung äquivalent sind, daß der Ausdruck

$$((u - \sum_{i=1}^{n} c_{ni} v_i,\; u - \sum_{i=1}^{n} c_{ni} v_i)) \tag{34.14}$$

von allen Ausdrücken der Form

$$((u - \sum_{i=1}^{n} b_{ni} v_i,\; u - \sum_{i=1}^{n} b_{ni} v_i)) \tag{34.15}$$

den kleinsten Wert hat, wobei b_{ni} beliebige reelle Zahlen sind und $u(x)$ die schwache Lösung des Problems (34.3), (34.4) ist. Wenn wir nämlich (34.15) ausführlich ausschreiben, erhalten wir

$$((u, u)) - \sum_{i=1}^{n} b_{ni}((u, v_i)) - \sum_{i=1}^{n} b_{ni}((v_i, u)) + \sum_{i,l=1}^{n} b_{ni} b_{nl}((v_i, v_l))$$

und unter Verwendung der Symmetrie der Form $((v, u))$

$$((u, u)) - 2\sum_{i=1}^{n} b_{ni}((v_i, u)) + \sum_{i,l=1}^{n} b_{ni} b_{nl}((v_i, v_l))\,. \tag{34.16}$$

Der Ausdruck (34.16) ist eine quadratische Funktion in den n Veränderlichen b_{ni}. Dafür, daß sie ihr Extremum für $b_{ni} = c_{ni}$, $i = 1, \ldots, n$, annimmt, ist notwendig, daß ihre partiellen Ableitungen nach b_{ni} verschwinden, d.h.

$$-2((v_i, u)) + 2\sum_{l=1}^{n} c_{nl}((v_i, v_l)) = 0\,, \quad i = 1, \ldots, n\,. \text{ [3]} \tag{34.17}$$

Da $u(x)$ die schwache Lösung des Problems (34.3), (34.4) ist, folgt aus (34.4)

$$((v_i, u)) = \int_G v_i f \,\mathrm{d}x \quad \text{für jedes} \quad i = 1, \ldots, n\,. \tag{34.18}$$

---

[1]) Die Koeffizienten bei den Funktionen $v_i(x)$ in der Linearkombination (34.12) hängen im allgemeinen Fall von n ab, und deshalb bezeichnen wir sie mit zwei Indizes.

[2]) Die Existenz und Eindeutigkeit dieser schwachen Lösung folgt aus der vorausgesetzten V-Elliptizität der Form $((v, u))$, siehe (34.7).

[3]) Der Koeffizient 2 bei dem zweiten Glied entsteht beim Differenzieren auf eine ähnliche Weise, wie wir es bei der Herleitung des Ritzschen Gleichungssystems auf S. 147 gesehen haben.

Wenn wir dieses Ergebnis in (34.17) einsetzen, erhalten wir (nach Division durch die Zahl 2) für $i = 1, \ldots, n$ schrittweise die Gleichungen (34.11). Weil das System (34.11) eindeutig lösbar ist, sind die Konstanten c_{ni} eindeutig durch die Bedingung bestimmt, daß der Ausdruck (34.14) von allen Ausdrücken der Form (34.15) den kleinsten Wert hat. Es läßt sich leicht zeigen, daß der Ausdruck (34.14) unter allen Ausdrücken (34.15) tatsächlich sein Minimum, und sogar ein scharfes, annimmt.[1]) Die durch die Formeln (34.11) und (34.14) ausgedrückten Bedingungen sind also äquivalent.

Aus (34.6) folgt weiter

$$((v, v)) \leqq K\|v\|_V^2 \quad \text{für jedes } v \in V. \tag{34.19}$$

Außerdem bilden die Funktionen (34.10) eine Basis im Raum V, so daß man die Funktion $u(x)$ in diesem Raum mit beliebiger Genauigkeit durch eine geeignete Linearkombination dieser Funktionen approximieren kann. Hieraus und aus (34.19) ergibt sich: Es gibt zu jedem $\varepsilon > 0$ ein n_0 und zu jedem $n > n_0$ geeignete Konstanten b_{ni}, so daß

$$((u - \sum_{i=1}^{n} b_{ni}v_i,\ u - \sum_{i=1}^{n} b_{ni}v_i)) < \varepsilon$$

gilt. Da die Konstanten c_{ni} so bestimmt sind, daß der Ausdruck (34.14) den Minimalwert aller Ausdrücke der Form (34.15) darstellt, ist also für jedes $n > n_0$ umsomehr

$$((u - \sum_{i=1}^{n} c_{ni}v_i,\ u - \sum_{i=1}^{n} c_{ni}v_i)) < \varepsilon\,.$$

Das bedeutet

$$\lim_{n\to\infty} ((u - \sum_{i=1}^{n} c_{ni}v_i,\ u - \sum_{i=1}^{n} c_{ni}v_i)) = 0\,.$$

Daraus, und da (34.7) gilt, folgt

$$\lim_{n\to\infty} \|u - \sum_{i=1}^{n} c_{ni}v_i\|_V^2 = 0\,,$$

was die Aussage (34.13) ist.

Damit ist Satz 34.1 bewiesen.

Bemerkung 34.1. Wenn die Funktionen $v_i(x)$ insbesondere bezüglich des Skalarproduktes (34.9) orthonormiert sind, d.h. wenn

$$((v_i, v_l)) = \begin{cases} 0 & \text{für} \quad l \neq i\,, \\ 1 & \text{für} \quad l = i \end{cases} \tag{34.20}$$

ist, dann nimmt das System (34.11) die einfache Gestalt

$$c_{ni} = \int_G v_i f \, \mathrm{d}x\,, \quad i = 1, \ldots, n\,, \tag{34.21}$$

---

[1]) Dies folgt aus der positiven Definitheit der quadratischen Form

$$\sum_{i,l=1}^{n} b_{ni}b_{nl}((v_i, v_l))\,,$$

die wiederum eine Folgerung der V-Elliptizität der Bilinearform $((v, u))$ ist.

an, und die Lösung dieses Systems ist natürlich sehr einfach, denn jede Unbekannte c_{ni} ist explizit durch die Formel (34.21) gegeben. Aus dieser Formel sieht man, daß die Koeffizienten c_{ni} in diesem Fall nicht von n abhängen, so daß wir sie einfach mit c_i bezeichnen können,

$$c_i = \int_G v_i f \, dx . \tag{34.22}$$

Zum Ergebnis (34.22) führt auch die Methode der Orthonormalreihen, mit der wir uns schon in Kapitel 12 bekannt gemacht haben: Wenn wir für Elemente des Raumes V ein Skalarprodukt durch die Formel (34.9) einführen,

$$(v, u)^{V} = ((v, u)), \quad u \in V, \ v \in V, \tag{34.23}$$

und die schwache Lösung $u(x)$ des betrachteten Problems (34.3), (34.4) in die Fourier-Reihe

$$u(x) = \sum_{i=1}^{\infty} c_i v_i(x)$$

entwickeln, d.h. in eine Fourier-Reihe bezüglich der Funktionen $v_i(x)$, die hinsichtlich des Skalarproduktes (34.23) orthonormiert sind, d.h. die Beziehungen (34.20) erfüllen, dann sind nach (6.31), S. 63, die Koeffizienten c_i durch die Formel

$$c_i = ((v_i, u)) \tag{34.24}$$

bestimmt. Da aber $u(x)$ die schwache Lösung des Problems (34.3), (34.4) ist, so daß für jedes $i = 1, 2, \ldots$ nach (34.4) gilt

$$((v_i, u)) = \int_G v_i f \, dx ,$$

folgt hieraus (34.22) für jedes $i = 1, 2, \ldots$. [1])

Schon im Kapitel 12 haben wir darauf aufmerksam gemacht, daß die Methode der Orthogonalreihen nur selten für numerische Rechnungen geeignet ist, obwohl ihre Idee sehr einfach ist; es ist in der Regel zwar nicht schwer, Funktionen $v_i(x)$ zu finden, die im Raum V eine Basis bilden, aber die Orthogonalisierung dieser Basis bezüglich des Skalarproduktes $((v, u))$ ist im allgemeinen sehr mühsam. Für numerische Zwecke ist deshalb das in Satz 34.1 beschriebene Verfahren, das sich auf das System (34.11) stützt, besser geeignet. Wie wir sehen werden, führt zu diesem System das Ritzsche Verfahren. Zunächst aber beweisen wir den folgenden Satz:

Satz 34.2. *Die Bilinearform* $((v, u))$ *erfülle die Voraussetzungen* (34.6), (34.7), (34.8). *Dann ist die Funktion* $u(x)$ *genau dann eine schwache Lösung des Problems* (34.3), (34.4), *wenn sie im Raum* V *das Funktional*

$$((v, v)) - 2 \int_G v f \, dx \tag{34.25}$$

minimiert.

---

[1]) In Kapitel 12 „entspricht" dem Raum V der Raum H_A mit dem Skalarprodukt $(v, u)_A$, das seinerseits dem Skalarprodukt (34.23) „entspricht".

Beweis: Die Existenz und Eindeutigkeit der schwachen Lösung $u(x)$ des Problems (34.3), (34.4) folgt aus der V-Elliptizität der Form $((v, u))$.

Wir betrachten nun eine beliebige Funktion $v \in V$ und zeigen, daß für $v \neq u$ in V gilt

$$((v, v)) - 2\int_G vf\, dx > ((u, u)) - 2\int_G uf\, dx\,. \tag{34.26}$$

Dazu setzen wir $v = u + h$, wobei natürlich $h \in V$ ist. Es ergibt sich

$$((v, v)) - 2\int_G vf\, dx = ((u + h,\ u + h)) - 2\int_G (u + h) f\, dx =$$

$$= ((u, u)) + ((u, h)) + ((h, u)) + ((h, h)) - 2\int_G (u + h) f\, dx\,. \tag{34.27}$$

Aber nach (34.8) ist $((u, h)) = ((h, u))$, da $u \in V$ und $h \in V$ sind. Weiter ist $u(x)$ nach Voraussetzung die schwache Lösung des Problems (34.3), (34.4), so daß

$$((u + h, u)) = \int_G (u + h) f\, dx \quad \text{für jedes } h \in V \tag{34.28}$$

gilt. Aus (34.27) folgt also

$$((v, v)) - 2\int_G vf\, dx = ((u, u)) + 2((h, u)) + ((h, h)) - 2((u + h, u)) =$$

$$= -((u, u)) + ((h, h))\,. \tag{34.29}$$

Nach (34.28), wo wir $h = 0$ setzen, ist gleichzeitig

$$((u, u)) - 2\int_G uf\, dx = 2\left\{((u, u)) - \int_G uf\, dx\right\} - ((u, u)) = -((u, u))\,. \tag{34.30}$$

Aus (34.29) und (34.30) erhalten wir dann (34.26), denn es ist

$$((h, h)) \geqq \alpha^2 \|h\|_V^2\,,$$

und für $v \neq u$ in V ist $h \neq 0$ in V, so daß $((h, h)) > 0$ gilt.

Damit haben wir bewiesen: Das Funktional (34.25) nimmt seinen Minimalwert im Raum V genau für $v = u$ an, wobei u die schwache Lösung des Problems (34.3), (34.4) ist. Dies ist aber die Aussage von Satz 34.2.

Bemerkung 34.2. Satz 34.2 führt also (unter den Voraussetzungen (34.6) bis (34.8)), die Aufgabe, eine schwache Lösung des gegebenen Problems zu finden – d.h. eine Funktion $u \in V$, die den Bedingungen (34.3) und (34.4) genügt –, in die äquivalente Aufgabe über, unter allen Funktionen des Raumes V diejenige Funktion zu finden, für die das Funktional (34.25) auf V seinen Minimalwert annimmt. Wir machen den Leser darauf aufmerksam, daß Satz 34.2 nicht den bedingten Charakter hat, den Satz 9.2 auf S. 102 hatte. Die Existenz (und Eindeutigkeit) der schwachen Lösung ist unter der Voraussetzung der V-Elliptizität der Form $((v, u))$ durch Satz 33.2

garantiert, so daß nach Satz 34.2 auch die Existenz (und Eindeutigkeit) des Elementes $u \in V$ garantiert ist, das im Raum V das Funktional (34.25) minimiert. Wir möchten aber darauf hinweisen, daß beide Voraussetzungen (34.7) und (34.8) bezüglich der V-Elliptizität und der Symmetrie der Form $((v, u))$ im Beweis von Satz 34.2 wesentlich sind.

Wie wir schon aus Kapitel 13 wissen, beruht das Ritzsche Verfahren auf der folgenden Idee: Das Element $u(x)$, das im Raum V das Funktional

$$Fv = ((v, v)) - 2\int_G vf \,\mathrm{d}x \tag{34.31}$$

minimiert, suchen wir näherungsweise in der Form

$$u_n(x) = \sum_{i=1}^{n} c_{ni}\, v_i(x)\,, \tag{34.32}$$

wobei $v_i(x)$ die Elemente einer Basis des Raumes V sind und die Koeffizienten c_{ni} durch die Bedingung bestimmt werden, daß das Funktional F, das wir auf der Menge aller Funktionen der Form

$$\sum_{i=1}^{n} b_{ni}\, v_i(x) \tag{34.33}$$

mit beliebigen reellen Koeffizienten b_{ni} betrachten, gerade für die Funktion u_n seinen Minimalwert annimt. Das heißt, u_n wird durch die Bedingung bestimmt, daß auf der linearen Menge der Funktionen (34.33) gilt:

$$Fu_n = ((u_n, u_n)) - 2\int_G u_n f \,\mathrm{d}x = \min\,.$$

Es sei also

$$v_1(x), \ldots, v_n(x), \ldots \tag{34.34}$$

eine Basis in V. Wenn der Ausdruck

$$\begin{aligned}((\sum_{i=1}^{n} b_{ni}v_i, \sum_{i=1}^{n} b_{ni}v_i)) - 2\int_G (\sum_{i=1}^{n} b_{ni}v_i) f \,\mathrm{d}x &= \\ = \sum_{i,l=1}^{n} b_{ni}b_{nl}((v_i, v_l)) - 2\sum_{i=1}^{n} b_{ni}\int_G v_i f \,\mathrm{d}x &\end{aligned} \tag{34.35}$$

seinen Minimalwert bei Betrachtung aller Funktionen der Form (34.33) gerade für die Funktion (34.32) annehmen soll, ist es notwendig (und wie man leicht zeigen kann, in unserem Fall auch hinreichend), daß die partiellen Ableitungen nach den Veränderlichen b_{ni} für $b_{ni} = c_{ni}$ verschwinden, d.h. daß die Gleichungen

$$2\sum_{l=1}^{n} ((v_i, v_l))\, c_{nl} - 2\int_G v_i f \,\mathrm{d}x = 0 \quad \text{für} \quad i = 1, \ldots, n\,, \tag{34.36}$$

d.h. die Gleichungen

$$((v_1, v_1))\, c_{n1} + \ldots + ((v_1, v_n))\, c_{nn} = \int_G v_1 f \, \mathrm{d}x \,,$$

$$\cdots\cdots\cdots\cdots\cdots\cdots\cdots\cdots\cdots\cdots$$

$$((v_n, v_1))\, c_{n1} + \ldots + ((v_n, v_n))\, c_{nn} = \int_G v_n f \, \mathrm{d}x \qquad (34.37)$$

erfüllt sind. Dieses Gleichungssystem ist aber nichts anderes als das System (34.11).[1]) Aus Satz 34.1 folgt dann sofort die Konvergenz des Ritzschen Verfahrens, unter der Voraussetzung, daß die Bedingungen (34.6), (34.7), (34.8) erfüllt sind und (34.34) eine Basis im Raum V ist. Wir können also feststellen: *Das Gleichungssystem* (34.37) *ist eindeutig lösbar und für die Ritzsche Funktionenfolge*

$$u_n(x) = \sum_{i=1}^{n} c_{ni}\, v_i(x)$$

gilt

$$\lim_{n \to \infty} u_n = u \quad \text{in } V, \qquad (34.38)$$

wobei u die schwache Lösung des Problems (34.3), (34.4) *ist* (und nach Satz 34.2 auch dasjenige Element, das auf V das Funktional (34.31) minimiert).

Das System (34.37) kann man formal auch mit Hilfe des *Galerkin-Verfahrens* konstruieren. Man sucht die Näherungslösung $u_n(x)$ unseres Problems

$$Au = f$$

mit homogenen Randbedingungen wiederum in der Form

$$u_n(x) = \sum_{i=1}^{n} c_{ni}\, v_i(x)$$

und schreibt formal die Bedingung auf, daß der Ausdruck $Au_n - f$ im Raum $L_2(G)$ zu den Funktionen $v_1(x), \ldots, v_n(x)$ orthogonal ist,

$$\int_G v_1(Au_n - f)\, \mathrm{d}x = 0, \ldots, \int_G v_n(Au_n - f)\, \mathrm{d}x = 0\,. \qquad (34.39)$$

Wenn wir nun unter Benutzung der betrachteten homogenen Randbedingungen die üblichen Umformungen mit Hilfe des Greenschen Satzes und eventuell weitere Umformungen durchführen, erhalten wir Gleichungen der Form

$$((v_1, u_n)) = \int_G v_1 f \, \mathrm{d}x, \ldots, ((v_n, u_n)) = \int_G v_n f \, \mathrm{d}x \,, \qquad (34.40)$$

die mit den Gleichungen (34.37) übereinstimmen.

---

[1]) Zu dieser Schlußfolgerung kann man auch auf folgende andere Weise gelangen: Da die Funktion $u(x)$ in (34.15) die schwache Lösung des betrachteten Problems darstellt, gilt

$$((u, \sum_{i=1}^{n} b_{ni} v_i)) = (f, \sum_{i=1}^{n} b_{ni} v_i)\,,$$

so daß sich das Funktional (34.15) vom Funktional (34.35) nur durch das Glied $((u, u))$ unterscheidet, das bei der Minimierung im Raum V konstant ist.

Bemerkung 34.3. Wir machen darauf aufmerksam, daß man beim Ritzschen Verfahren die Folge der Funktionen $v_i(x)$ als eine Basis *im Raum V* wählt, d.h. im Teilraum aller Funktionen aus dem Raum $W_2^{(k)}(G)$, die die homogenen *stabilen* Randbedingungen erfüllen. Beim Ritzschen Verfahren arbeiten wir also stets im Raum V und „kümmern uns nicht" darum, ob die vorgegebenen (im betrachteten Fall homogenen) instabilen Randbedingungen erfüllt sind. Diese Bedingungen erfüllt (im schwachen Sinne) die Grenzfunktion $u(x)$ der Ritzschen Folge $\{u_n(x)\}$, denn diese Grenzfunktion ist, wie wir eben gezeigt haben, die gesuchte schwache Lösung, in deren Definition auch die instabilen Randbedingungen enthalten sind.

Der Weg, den die Überlegungen dieses Kapitels folgen, geht sehr anschaulich aus dem Verlauf des Beweises von Satz 34.2 hervor: Nach (34.30) gilt für die schwache Lösung $u(x)$

$$Fu = ((u, u)) - 2 \int_G uf \, dx = -((u, u)),$$

während nach (34.29)

$$Fv = F(u + h) = ((u + h, u + h)) - 2 \int_G (u + h) f \, dx = \\ = -((u, u)) + ((h, h)) > Fu$$

für jede Funktion $v = u + h$ ist, die sich im Raum V von der Funktion u unterscheidet. Die Funktion $u(x)$ ist also genau dann eine schwache Lösung des betrachteten Problems, wenn sie im Raum V das Funktional F minimiert (was auch Satz 34.2 behauptet). Wenn wir nun eine Folge $\{u_n(x)\}$ finden – z.B. die Ritzsche Folge –, die im Raume V eine minimierende Folge für das Funktional F ist, d.h. eine Folge, so daß

$$\lim_{n \to \infty} Fu_n = \min_{v \in V} Fv$$

gilt, dann ist ihr Grenzwert im Raum V die schwache Lösung unseres Problems. Von dieser Lösung werden dann (im schwachen Sinne) auch die entsprechenden (homogenen) instabilen Randbedingungen erfüllt, von denen bei den im Raum V durchgeführten Betrachtungen überhaupt „nicht die Rede war".

Aus dieser Bemerkung folgt nun keineswegs, daß es „verboten" ist, die Basisfunktionen $v_n(x)$ im Raum V so zu wählen, daß sie auch die vorgegebenen instabilen Randbedingungen erfüllen. Wenn es gelingt, eine solche Basis zu finden, dann werden die vorgegebenen instabilen Randbedingungen nicht nur von der Grenzfunktion $u(x)$ erfüllt, sondern auch von jedem Glied der Ritzschen Folge $\{u_n\}$ bzw. einer durch ein anderes Verfahren konstruierten minimierenden Folge. In diesem Fall erfüllt dann jede der Funktionen der Folge $\{u_n(x)\}$ alle vorgegebenen Randbedingungen, so daß im allgemeinen Fall nur die gegebene Differentialgleichung von diesen Funktionen nicht erfüllt wird.[1])

---

[1]) Wir haben uns hier nicht ganz genau ausgedrückt; im Falle einer schwachen Lösung handelt es sich natürlich um die Erfüllung der gegebenen Gleichung sowie der Randbedingungen in dem in Definition 32.2 beschriebenen schwachen Sinn.

Ein typisches Beispiel für die soeben betrachtete Problematik ist das in Beispiel 32.3 angeführte Problem mit homogenen Randbedingungen,

$$\Delta^2 u = f \quad \text{in } G\,, \tag{34.41}$$

$$u = 0 \quad \text{auf } \Gamma\,, \tag{34.42}$$

$$Mu = 0 \quad \text{auf } \Gamma\,. \tag{34.43}$$

Die Bedingung (34.42) ist stabil, die Bedingung (34.43) instabil, der Raum V wird folglich durch diejenigen Funktionen aus dem Raum $W_2^{(2)}(G)$ gebildet, deren Spuren auf dem Rand Γ verschwinden,

$$V = \{v,\, v \in W_2^{(2)}(G),\ v = 0 \ \text{auf } \Gamma \text{ im Sinne von Spuren}\}\,. \tag{34.44}$$

Die schwache Lösung $u(x)$ dieses Problems ist durch die folgenden Bedingungen charakterisiert (siehe S. 371)

$$u \in V\,,$$

$$\int_G \left[\left(\frac{\partial^2 v}{\partial x_1^2} + \sigma \frac{\partial^2 v}{\partial x_2^2}\right)\frac{\partial^2 u}{\partial x_1^2} + 2(1-\sigma)\frac{\partial^2 v}{\partial x_1\,\partial x_2}\frac{\partial^2 u}{\partial x_1\,\partial x_2} + \left(\frac{\partial^2 v}{\partial x_2^2} + \sigma \frac{\partial^2 v}{\partial x_1^2}\right)\frac{\partial^2 u}{\partial x_2^2}\right] \mathrm{d}x =$$

$$= \int_G vf\, \mathrm{d}x \quad \text{für jedes } v \in V.$$

Wenn wir das entsprechende Funktional

$$Fv = \int_G \left[\left(\frac{\partial^2 v}{\partial x_1^2}\right)^2 + \left(\frac{\partial^2 v}{\partial x_2^2}\right)^2 + 2(1-\sigma)\left(\frac{\partial^2 v}{\partial x_1\,\partial x_2}\right)^2 + 2\sigma \frac{\partial^2 v}{\partial x_1^2}\frac{\partial^2 v}{\partial x_2^2}\right] \mathrm{d}x -$$

$$- 2\int_G vf\, \mathrm{d}x \tag{34.45}$$

mit Hilfe des Ritzschen Verfahrens minimieren (oder mit Hilfe eines anderen Verfahrens, das eine minimierende Folge für das Funktional F liefert), wählen wir die Basisfunktionen aus dem Raum (34.44); es ist nicht notwendig (auch wenn es günstig wäre), daß sie die Bedingung (34.43) erfüllen.

Zum *Galerkin-Verfahren* ist Folgendes zu bemerken: Wenn wir diese Methode in ihrer Originalform anwenden, d.h. wenn wir von den Gleichnngen (34.39) ausgehen, muß man fordern, daß die Funktionen $v_i(x)$ *alle* Randbedingungen erfüllen. Wenn wir aber *schon vorher* die partielle Integration mit Hilfe des Greenschen Satzes für Funktionen durchführen, die *alle* Randbedingungen erfüllen, gelangen wir zu den Gleichungen (34.40), die mit den Gleichungen für das Ritzsche Verfahren übereinstimmen, und nach dem, was wir oben über die Wahl der Basis im Falle des Ritzschen Verfahrens gesagt haben, ist es dann nicht notwendig, daß die Funktionen $v_i(x)$ in den Gleichungen (34.40) die instabilen Randbedingungen erfüllen.

Wie wir sogleich sehen werden, gilt alles, was in dieser Bemerkung gesagt wurde, analog auch im Fall nichthomogener Randbedingungen.

b) Nichthomogene Randbedingungen

Wir betrachten nun ausführlicher das Problem mit nichthomogenen Randbedingungen, d.h. das Problem (34.1), (34.2),

$$u - w \in V, \tag{34.46}$$

$$((v, u)) = \int_G vf \, \mathrm{d}x + \varkappa(v, h) \quad \text{für alle } v \in V, \tag{34.47}$$

wobei

$$\varkappa(v, h) = \sum_{p=1}^{r} \sum_{l=1}^{k-\mu_p} \int_{\Gamma_p} \frac{\partial^{t_{pl}} v}{\partial \nu^{t_{pl}}} h_{pl}(S) \, \mathrm{d}S \tag{34.48}$$

ist.

Die Form $((v, u))$ genüge der Ungleichung (34.5) und folglich auch der Ungleichung (34.6). Außerdem werden wir wie im vorhergehenden Text voraussetzen, daß sie V-elliptisch und symmetrisch im Raum V ist, d.h. daß

$$((v, v)) \geqq \alpha \|v\|_V^2, \quad \alpha > 0, \quad \text{für alle } v \in V, \tag{34.49}$$

$$((v, u)) = ((u, v)) \quad \text{für jedes Paar von Funktionen } v \in V,\ u \in V \tag{34.50}$$

gilt.

Aus dei Voraussetzung (34.49) folgt bekanntlich die Existenz genau einer schwachen Lösung des betrachteten Problems, d.h. die Existenz und eindeutige Bestimmtheit einer Funktion $u \in W_2^{(k)}(G)$, so daß (34.46) und (34.47) gilt.

Wir setzen

$$u = w + z. \tag{34.51}$$

Wenn wir für $u(x)$ aus (34.51) in (34.46) und (34.47) cinsetzen und die Linearität der Form $((v, u))$ bezüglich der zweiten Veränderlichen benutzen, erhalten wir für die Funktion $z(x)$ folgende Bedingungen:

$$z \in V, \tag{34.52}$$

$$((v, z)) = \int_G vf \, \mathrm{d}x + \varkappa(v, h) - ((v, w)) \quad \text{für alle } v \in V. \tag{34.53}$$

Wir sagen kurz, daß die Funktion $z(x)$ eine **schwache Lösung des Problems** (34.52), (34.53) ist. Da genau eine schwache Lösung $u(x)$ des Problems (34.46), (34.47) existiert, stellen wir nach einfachen Überlegungen fest, daß auch genau eine schwache Lösung $z(x)$ des Problems (34.52), (34.53) existiert. (Vgl. auch den Beweis von Satz 33.2, wo wir eigentlich eine schwache Lösung des entsprechenden Problems in der Form (34.51) gesucht haben und wo der Existenzbeweis für das Problem (34.52), (34.53) durchgeführt wurde. Vgl. auch Fußnote [1]), S. 398.)

Es gilt der folgende, dem Satz 34.1 entsprechende Satz:

Satz 34.3. *Es sei das Problem* (34.52), (34.53) *gegeben, die Form* $((v, u))$ *erfülle die Voraussetzungen* (34.5), (34.49), (34.50) *und* $\{v_i(x)\}$ *sei eine Basis im Raum* V.

Für jede natürliche Zahl n seien die Konstanten c_{ni} $(i = 1, \dots, n)$ Lösungen des Systems

$$((v_1, v_1))\, c_{n1} + \dots + ((v_1, v_n))\, c_{nn} = \int_G v_1 f \,\mathrm{d}x + \varkappa(v_1, h) - ((v_1, w))\,,$$

$$\dots\dots\dots\dots\dots\dots\dots\dots\dots\dots\dots\dots\dots\dots$$

$$((v_n, v_1))\, c_{n1} + \dots + ((v_n, v_n))\, c_{nn} = \int_G v_n f \,\mathrm{d}x + \varkappa(v_n, h) - ((v_n, w))\,. \quad (34.54)$$

Bezeichnen wir

$$z_n(x) = \sum_{i=1}^{n} c_{ni}\, v_i(x)\,,$$

dann gilt

$$\lim_{n \to \infty} z_n(x) = z(x) \quad \textit{im Raum } V. \quad (34.55)$$

Der **Beweis** ist dem Beweis von Satz 34.1 analog, deshalb werden wir die einzelnen Beweisschritte nicht mehr ausführlich begründen. Die Konstanten c_{ni} sind durch das System (34.54) eindeutig bestimmt, denn die Koeffizientendeterminante dieses Systems ist die Gramsche Determinante der Funktionen $v_1(x), \dots, v_n(x)$ und deshalb von Null verschieden. Die Bedingung, daß der Ausdruck

$$((z - \sum_{i=1}^{n} c_{ni} v_i,\ z - \sum_{i=1}^{n} c_{ni} v_i))$$

von allen Ausdrücken der Form

$$((z - \sum_{i=1}^{n} b_{ni} v_i,\ z - \sum_{i=1}^{n} b_{ni} v_i))$$

den kleinsten Wert hat, ist mit der folgenden Bedingung äquivalent:

$$-2((v_i, z)) + 2 \sum_{l=1}^{n} ((v_i, v_l))\, c_{nl} = 0\,, \quad i = 1, \dots, n\,. \quad (34.56)$$

Da die Funktion $z(x)$ aber nach Voraussetzung eine schwache Lösung des Problems (34.52), (34.53) ist, folgt aus (34.53) für jede Funktion $v_i(x)$, $i = 1, \dots, n$:

$$((v_i, z)) = \int_G v_i f \,\mathrm{d}x + \varkappa(v_i, h) - ((v_i, w))\,;$$

dies führt nach Einsetzen in (34.56) zum System (34.54).

Der Beweis der Konvergenz der Folge $\{z_n(x)\}$ gegen die schwache Lösung $z(x)$ verläuft völlig analog wie der Beweis der Konvergenz der Folge $\{u_n(x)\}$ gegen die Funktion $u(x)$ im Beweis von Satz 34.1.

Bemerkung 34.4. Wenn die Funktionen $v_i(x)$ bezüglich des Skalarproduktes (34.9) orthonormiert sind, erhalten wir als Spezialfall des Systems (34.54) das Gleichungssystem

$$c_{ni} = \int_G v_i f \,\mathrm{d}x + \varkappa(v_i, h) - ((v_i, w))\,, \quad (34.57)$$

das dann der Methode der Orthonormalreihen entspricht.

Wenn nun die Funktionen w und h_{pl} verschwinden (homogene Randbedingungen), erhalten wir als Spezialfälle der Systeme (34.54) bzw. (34.57) die Systeme (34.11) bzw. (34.21).

Satz 34.4. *Es seien die Voraussetzungen* (34.5), (34.49), (34.50) *erfüllt. Die Funktion* $z(x)$ *ist genau dann eine schwache Lösung des Problems* (34.52), (34.53), *wenn sie im Raum* V *das Funktional*

$$Fv = ((v, v)) - 2\int_G vf\,\mathrm{d}x - 2\varkappa(v, h) + 2((v, w)) \tag{34.58}$$

minimiert.[1])

Der **Beweis** ist wiederum dem Beweis von Satz 34.2 analog. Für $v = z(x)$, wobei $z(x)$ die schwache Lösung des Problems (34.52), (34.53) sei, haben wir

$$Fz = ((z, z)) - 2\int_G zf\,\mathrm{d}x - 2\varkappa(z, h) + 2((z, w))\,. \tag{34.59}$$

Da $z \in V$ ist, folgt aus (34.53)

$$\int_G zf\,\mathrm{d}x + \varkappa(z, h) - ((z, w)) = ((z, z))\,, \tag{34.60}$$

was nach dem Einsetzen in (34.59)

$$Fz = -((z, z))$$

liefert. Für $v \neq z$ in V, d.h. für $v = z + \tilde{h}$, $\tilde{h} \neq 0$, erhalten wir

$$\begin{aligned} F(z + \tilde{h}) &= ((z + \tilde{h}, z + \tilde{h})) - 2\int_G (z + \tilde{h})f\,\mathrm{d}x - 2\varkappa(z + \tilde{h}, h) + \\ &+ 2((z + \tilde{h}, w)) = ((z + \tilde{h}, z)) + ((z + \tilde{h}, \tilde{h})) - \\ &- 2\int_G (z + \tilde{h})f\,\mathrm{d}x - 2\varkappa(z + \tilde{h}, h) + 2((z + \tilde{h}, w))\,. \end{aligned} \tag{34.61}$$

Es ist aber $z + \tilde{h} \in V$, so daß wiederum nach (34.53)

$$\int_G (z + \tilde{h})f\,\mathrm{d}x + \varkappa(z + \tilde{h}, h) - ((z + \tilde{h}, w)) = ((z + \tilde{h}, z)) \tag{34.62}$$

gilt, und hieraus folgt nach dem Einsetzen in (34.61)

$$\begin{aligned} F(z + \tilde{h}) &= ((z + \tilde{h}, z)) + ((z + \tilde{h}, \tilde{h})) - 2((z + \tilde{h}, z)) = \\ &= -((z + \tilde{h}, z)) + ((z + \tilde{h}, \tilde{h})) = -((z, z)) + ((\tilde{h}, \tilde{h}))\,. \end{aligned}$$

Es ist also tatsächlich

$$Fv - Fz = F(z + \tilde{h}) - Fz = ((\tilde{h}, \tilde{h})) > 0 \quad \text{für jedes } \tilde{h} \in V,\ \tilde{h} \neq 0\,, \tag{34.63}$$

und damit ist Satz 34.4. bewiesen.

---

[1]) Für den Leser, der mit der Variationsrechnung vertraut ist, sei bemerkt, daß die Bedingung 34.53) ausdrückt, daß die erste Variation des Funktionals F verschwindet, d.h. daß das Funktional F in diesem Fall seinen stationären Wert annimmt.

Mit dem Begriff der schwachen Lösung und mit Satz 34.4 sind wir in der Lage, eine reiche Skala von verhältnismäßig sehr allgemeinen Randwertproblemen für Differentialgleichungen zu behandeln. Die Zurückführung eines gegebenen Problems auf die Aufgabe, ein gewisses Funktional zu minimieren, erlaubt es ferner, das betrachtete Problem mit Hilfe des *Ritzschen Verfahrens* zu lösen:

Es seien also die Voraussetzungen (34.5), (34.49), (34.50) erfüllt und $\{v_i(x)\}$ sei eine Basis im Raum V. Wenn wir weiter voraussetzen, daß die Näherungslösung des Problems (34.52), (34.53) die Form

$$z_n(x) = \sum_{i=1}^{n} c_{ni}\, v_i(x) \tag{34.64}$$

hat, und die Koeffizienten c_{ni} aus der Bedingung bestimmen, daß das Funktional

$$Fv = ((v, v)) - 2\int_G vf\,\mathrm{d}x - 2\varkappa(v, h) + 2((v, w))$$

sein Minimum auf der Menge aller Funktionen der Form

$$\sum_{i=1}^{n} b_{ni}\, v_i(x) \tag{34.65}$$

für die Funktion (34.64) annehmen soll, gelangen wir auf die gleiche Weise wie im Text auf S. 413 unter Benutzung von Gleichungen des Typs (34.60), (34.62) zum Gleichungsystem (34.54). Aus (34.55) folgt dann sofort die Konvergenz der Ritzschen Folge (34.64) im Raum V gegen die schwache Lösung $z(x)$ des Problems (34.52), (34.53).

Bemerkung 34.5. Wir machen darauf aufmerksam, daß von den Funktionen $v_i(x)$ nur gefordert wird, daß sie eine Basis *im Raum V* bilden, d.h. im Raum aller Funktionen aus $W_2^{(k)}(G)$, die (im Sinne von Spuren) die homogenen *stabilen* Randbedingungen erfüllen. Ob die instabilen Randbedingungen erfüllt sind oder nicht, ist unwesentlich. (Ausführlich siehe dazu Bemerkung 34.3.) Was die praktische Wahl der Basis anbetrifft, so bleiben die im Falle von Differentialoperatoren mit genügend glatten Koeffizienten[1]) angegebenen Schlußfolgerungen aus Kapiteln 20 und 25 gültig.

Bemerkung 34.6. Die schwache Lösung $z(x)$ des Problems (34.52), (34.53) kann man also als Grenzwert der Ritzschen Folge (34.64) im Raum V erhalten. Aus (34.51) folgt dann, daß

$$u(x) = z(x) + w(x) \tag{34.66}$$

die gesuchte schwache Lösung des ursprünglichen Problems (34.46), (34.47) ist. Aus (34.66) und (34.64) ergibt sich weiter, daß man die Funktion $u(x)$ auch direkt in der Form

$$u(x) = w(x) + \lim_{n\to\infty} \sum_{i=1}^{n} c_{ni}\, v_i(x) \tag{34.67}$$

---

[1]) Im Falle nichtstetiger Koeffizienten bei den höchsten Ableitungen ist eine gewisse Vorsicht am Platz. So haben z.B. die Eigenfunktionen des Operators aus Beispiel 32.7, S. 386, für $b \neq a$ einen etwas anderen Charakter als die Eigenfunktionen des Laplaceschen Operators (wenn $b = a$ ist).

suchen kann, wobei die Koeffizienten c_{ni} durch das System (34.54) bestimmt sind. Das gleiche Resultat können wir auch auf eine andere Weise erreichen. Statt das Funktional

$$Fv = ((v, v)) - 2\int_G vf \, dx - 2\varkappa(v, h) + 2((v, w)) \tag{34.68}$$

auf der linearen Menge der Funktionen (34.65) zu minimieren, d.h. statt das Minimum des Funktionals Fv auf Funktionen der Form (34.65) zu suchen, können wir das Minimum des Funktionals

$$F(t - w) \tag{34.69}$$

auf allen Funktionen der Form

$$w(x) + \sum_{i=1}^{n} b_{ni} v_i(x) \tag{34.70}$$

suchen, d.h. das Funktional

$$\begin{aligned} F(t - w) = ((t - w,\ t - w)) - 2\int_G (t - w) f \, dx - 2\varkappa(t - w, h) + \\ + 2((t - w, w)) \end{aligned} \tag{34.71}$$

auf der Menge der Funktionen (34.70) minimieren. Wenn wir die Multiplikationen in (34.71) durchführen, erhalten wir

$$\begin{aligned} F(t - w) = ((t, t)) - ((t, w)) - ((w, t)) + ((w, w)) - 2\int_G tf \, dx + \\ + 2\int_G wf \, dx - 2\varkappa(t, h) + 2\varkappa(w, h) + 2((t, w)) - 2((w, w)) . \end{aligned}$$

Da die Glieder $((w, w))$, $\int_G wf \, dx$, $\varkappa(w, h)$ nicht von t abhängen und folglich beim Minimieren des Funktionals $F(t - w)$ konstant sind, kann man sie weglassen und auf der Menge der Funktionen (34.70) das Funktional

$$\tilde{F}t = ((t, t)) + ((t, w)) - ((w, t)) - 2\int_G tf \, dx - 2\varkappa(t, h) \tag{34.72}$$

minimieren. Wenn außerdem die Form $((v, u))$ nicht nur im Raum V, sondern im ganzen Raum $W_2^{(k)}(G)$ symmetrisch ist, was in Anwendungen sehr häufig der Fall ist, gilt $((w, t)) = ((t, w))$, so daß wir in diesem Fall auf der Menge der Funktionen (34.70) das Funktional

$$((t, t)) - 2\int_G tf \, dx - 2\varkappa(t, h) \tag{34.73}$$

minimieren („*Prinzip des Minimums der potentiellen Energie*"; in der Mechanik drückt nämlich das Funktional (34.73) genau das Zweifache dieser Energie aus).

Diese Methode wird in den Anwendungen ebenso häufig benutzt wie die, die im Text vor Bemerkung 34.5 angeführt wurde. Wenn wir z.B. mit Hilfe des Ritzschen Verfahrens das Dirichletsche Problem für die Poissonsche Gleichung

$$-\Delta u = f \quad \text{in } G\,, \tag{34.74}$$

$$u = g \quad \text{auf } \Gamma \tag{34.75}$$

lösen, können wir so vorgehen, daß wir eine Funktion $w \in W_2^{(1)}(G)$ finden, die (im Sinne von Spuren) die Bedingung $w = g$ auf Γ erfüllt, und nun entweder das Funktional

$$\begin{aligned}((v, v)) - 2\int_G vf\,\mathrm{d}x + 2((v, w)) &= \\ = \int_G \sum_{j=1}^N \left(\frac{\partial v}{\partial x_j}\right)^2 \mathrm{d}x - 2\int_G vf\,\mathrm{d}x + 2\int \sum_{j=1}^N \frac{\partial v}{\partial x_j}\frac{\partial w}{\partial x_j}\,\mathrm{d}x\end{aligned} \tag{34.76}$$

auf der Menge aller Funktionen der Form

$$\sum_{i=1}^n b_{ni}\, v_i(x)\,,$$

oder das Funktional

$$((t, t)) - 2\int_G tf\,\mathrm{d}x = \int_G \sum_{j=1}^N \left(\frac{\partial t}{\partial x_j}\right)^2 \mathrm{d}x - 2\int_G tf\,\mathrm{d}x \tag{34.77}$$

auf der Menge aller Funktionen der Form

$$w(x) + \sum_{i=1}^n b_{ni}\, v_i(x)$$

minimieren, wobei die Funktionen v_i die Bedingung $v_i = 0$ auf Γ (im Sinne von Spuren) erfüllen. In jedem Fall erhalten wir für die unbekannten Koeffizienten c_{ni} dieselben Gleichungen (34.54) und im Raum V gilt

$$u(x) = \lim_{n\to\infty} u_n(x) = \lim_{n\to\infty} \{w(x) + \sum_{i=1}^n c_{ni}\, v_i(x)\}\,,$$

falls natürlich die Funktionen $v_i(x)$, $i = 1, 2, \ldots$, im Raum V eine Basis bilden.

c) Die Methode der kleinsten Quadrate

Wenn wir die schwache Lösung eines Randwertproblems approximieren wollen, können wir auch andere Methoden benutzen, die den im zweiten Teil dieses Buches erwähnten Methoden ähnlich sind. Hier werden wir uns ausführlicher mit der Methode der kleinsten Quadrate befassen.

Wir betrachten also die schwache Lösung des Problems (34.3), (34.4) mit homogenen Randbedingungen. (Diese Einschränkung ist nicht wesentlich. Der Leser kann die folgenden Überlegungen leicht auf den Fall nichthomogener Randbedingungen erweitern.) Die Form $((v, u))$ erfülle die Bedingungen (34.5) bzw. (34.6) und sei V-elliptisch (womit die Existenz und Eindeutigkeit der schwachen Lösung des betrachteten Problems garantiert ist), sie muß aber nicht notwendig symmetrisch sein (das ist ein großer Vorteil der betrachteten Methode). Wir wählen nun eine Folge von Funktionen $v_i(x)$ aus dem Definitionsbereich des Operators A, $v_i \in D_A$, [1]) $i = 1, 2, \dots$, so daß die Funktionen

$$Av_i\,, \quad i = 1, 2, \dots, \tag{34.78}$$

eine Basis im Raum $L_2(G)$ bilden. Die Näherungslösung des betrachteten Problems suchen wir in der Form

$$u_n(x) = \sum_{i=1}^{n} c_{ni}\, v_i(x)\,, \tag{34.79}$$

wobei die Konstanten c_{ni} durch die Bedingung bestimmt werden, daß

$$\int_G (Au_n - f)^2 \, dx = \min \tag{34.80}$$

auf der linearen Menge aller Funktionen der Form

$$\sum_{i=1}^{n} b_{ni}\, v_i(x) \tag{34.81}$$

gilt.

Eine einfache Rechnung führt in diesem Fall zum System (siehe (15.9), S. 160)

$$(Av_1, Av_1)\, c_{n1} + \dots + (Av_1, Av_n)\, c_{nn} = \int_G Av_1 f \, dx\,,$$

$$\dots\dots\dots\dots\dots\dots\dots\dots\dots\dots$$

$$(Av_n, Av_1)\, c_{n1} + \dots + (Av_n, Av_n)\, c_{nn} = \int_G Av_n f \, dx\,. \tag{34.82}$$

Die Koeffizientendeterminante dieses Systems ist die Gramsche Determinante der im Raum $L_2(G)$ linear unabhängigen Funktionen Av_i, so daß sie von Null verschieden und das System (34.82) eindeutig lösbar ist. Wir behaupten nun, daß *die durch dieses Verfahren konstruierte Folge der Funktionen* (34.79) *in der Metrik des Raumes* $W_2^{(k)}(G)$ *gegen die schwache Lösung des Problems* (34.3), (34.4) *konvergiert.*

Der **Beweis** ist leicht: Da die Funktionen (34.78) nach Voraussetzung eine Basis in $L_2(G)$ bilden, gibt es zu jedem $\varepsilon > 0$ eine Zahl n_0, so daß man für jedes $n > n_0$ Konstanten b_{ni} finden kann, für die

$$\int_G \Big(\sum_{i=1}^{n} b_{ni} Av_i - f\Big)^2 \, dx < \varepsilon \tag{34.83}$$

---

[1]) Die Funktionen v_i erfüllen also die vorgegebenen Randbedingungen.

An dieser Stelle möchten wir den Leser auf die interessante Arbeit [9] aufmerksam machen. In dieser Arbeit werden über die Funktionen $v_i(x)$ keine Voraussetzungen bezüglich der Randbedingungen gemacht, so daß im allgemeinen $v_i \notin D_A$ sein kann. Diese Arbeit veranschaulicht sehr gut die Entwicklung der Methode der kleinsten Quadrate im Laufe der letzten Jahre.

gilt. Wenn aber $n > n_0$ ist, gilt umsomehr

$$\int_G \left(\sum_{i=1}^n c_{ni} Av_i - f\right)^2 dx < \varepsilon\,, \tag{34.84}$$

denn die Konstanten c_{ni} sind so bestimmt, daß sie das Integral (34.83) bei vorgegebenem n minimieren. Aus (34.84) folgt unmittelbar

$$\lim_{n\to\infty} \sum_{i=1}^n c_{ni} Av_i = f \quad \text{in } L_2(G)$$

oder unter Benutzung der Bezeichnung (34.79)

$$\lim_{n\to\infty} Au_n = f \quad \text{in } L_2(G)\,. \tag{34.85}$$

Bezeichnen wir

$$Au_n = f_n\,, \tag{34.86}$$

so ist die Funktion u_n für jedes n eine schwache Lösung[1]) der Gleichung $Au = f_n$ mit homogenen Randbedingungen, denn für jedes $v \in V$ (und sogar für jedes $v \in L_2(G)$) gilt die Identität

$$\int_G vAu_n\, dx = \int_G vf_n\, dx\,, \tag{34.87}$$

d.h. (da die Randbedingungen homogen sind) die Identität

$$((v, u_n)) = \int_G vf_n\, dx\,. \tag{34.88}$$

Für die schwache Lösung ergibt sich jedoch aus (33.22), S. 394, im Falle homogener Randbedingungen die Abschätzung

$$\|u\|_{W_2^{(k)}(G)} \leqq c\|f\|_{L_2(G)}\,, \tag{34.89}$$

wobei die Konstante c nicht von f abhängt. Hieraus folgt für die schwachen Lösungen $u_n(x)$ bzw. $u_m(x)$ der Probleme

$$Au = f_n \quad \text{bzw.} \quad Au = f_m$$

die Abschätzung

$$\|u_n - u_m\|_{W_2^{(k)}(G)} \leqq c\|f_n - f_m\|_{L_2(G)}\,. \tag{34.90}$$

Nun gilt nach (34.85)

$$\lim_{n\to\infty} f_n = f \quad \text{in } L_2(G)\,.$$

Damit ist die Folge $\{f_n(x)\}$ auch eine Cauchy-Folge in $L_2(G)$ und wegen (34.90) ist die Folge $\{u_n(x)\}$ eine Cauchy-Folge in $W_2^{(k)}(G)$. Da nun dieser Raum vollständig ist, konvergiert die Folge $\{u_n(x)\}$ in diesem Raum gegen eine gewisse Funktion $\bar{u}(x)$,

$$\lim_{n\to\infty} u_n(x) = \bar{u}(x) \quad \text{in } W_2^{(k)}(G)\,. \tag{34.91}$$

[1]) Sie ist sogar eine klassische Lösung, denn es ist $v_i \in D_A$ und folglich auch $u_n \in D_A$.

Aus (34.88) folgt dann durch Grenzübergang, daß diese Funktion $\bar{u}$ eine schwache Lösung des betrachteten Problems ist. Aus der Eindeutigkeit der schwachen Lösung ergibt sich dann $\bar{u}(x) = u(x)$ und folglich nach (34.91)

$$\lim_{n \to \infty} u_n(x) = u(x) \quad \text{in} \quad W_2^{(k)}(G),$$

womit die Konvergenz der Methode der kleinsten Quadrate im Raum $W_2^{(k)}(G)$ bewiesen ist.

Kapitel 35. Das Neumannsche Problem für Gleichungen der Ordnung $2k$ (der Fall, wenn die Form $((v, u))$ nicht V-elliptisch ist)

Wie wir auf S. 369 gezeigt haben, entspricht dem Neumannschen Problem für die Poissonsche Gleichung

$$-\Delta u = f \quad \text{in } G\,, \tag{35.1}$$

$$\frac{\partial u}{\partial \nu} = h \quad \text{auf } \Gamma\,, \tag{35.2}$$

im Sinne der Definition der schwachen Lösung (Definition 32.2) das Problem

$$u \in V = W_2^{(1)}(G) \tag{35.3}$$

$$((v, u)) = \int_G vf\,\mathrm{d}x + \int_\Gamma vh\,\mathrm{d}S \quad \text{für jedes } v \in V, \tag{35.4}$$

wobei

$$((v, u)) = \int_G \sum_{j=1}^N \frac{\partial v}{\partial x_j}\frac{\partial u}{\partial x_j}\,\mathrm{d}x \tag{35.5}$$

ist. In Beispiel 33.2 haben wir gezeigt, daß die Form (35.5) in diesem Fall – in dem $V = W_2^{(1)}(G)$ ist – nicht V-elliptisch ist, denn z.B. für $v(x) \equiv 1$ gilt

$$\|v\|_{W_2^{(1)}(G)} \neq 0\,, \quad \text{aber} \quad ((v, v)) = 0\,.$$

Hier kann man also den Satz von Lax und Milgram nicht zum Beweis der Existenz und Eindeutigkeit der schwachen Lösung des Problems (35.3), (35.4) benutzen. Das Problem (35.3), (35.4) ist im allgemeinen Fall tatsächlich nicht lösbar. Wenn wir nämlich voraussetzen, daß eine schwache Lösung $u(x)$ dieses Problems existiert, und ein beliebiges $v \in V = W_2^{(1)}(G)$ betrachten, dann muß für diese Funktion $v(x)$ die Identität

$$((v, u)) = \int_G vf\,\mathrm{d}x + \int_\Gamma vh\,\mathrm{d}S \tag{35.6}$$

erfüllt sein. Da aber auch die Funktion $v(x) \equiv k$, wobei k eine beliebige (reelle) Zahl ist, zu $W_2^{(1)}(G)$ gehört, gilt mit (35.6) gleichzeitig

$$((v + k, u)) = \int_G (v + k) f\,\mathrm{d}x + \int_\Gamma (v + k)\,h\,\mathrm{d}S\,. \tag{35.7}$$

Aus dem Ausdruck (35.5) für die Form $((v, u))$ folgt jedoch $((v + k, u)) = ((v, u))$, da k eine Konstante ist. Wenn wir (35.6) und (35.7) vergleichen, erhalten wir

$$k\left[\int_G f\,\mathrm{d}x + \int_\Gamma h\,\mathrm{d}S\right] = 0\,,$$

und da k beliebig ist, haben wir die Beziehung

$$\int_G f\,\mathrm{d}x + \int_\Gamma h\,\mathrm{d}S = 0\,. \tag{35.8}$$

Falls also eine schwache Lösung des Problems (35.3), (35.4) existiert, muß notwendigerweise die Bedingung (35.8) erfüllt sein.

Aus der Formel (35.5) für die Form $((v, u))$ folgt weiter, daß die Beziehung (35.4) – wenn sie für irgendeine Funktion $u(x)$ erfüllt ist – auch für die Funktion $u(x) + C$ gilt, wobei C eine beliebige (reelle) Konstante ist. Falls also das Problem (35.3), (35.4) eine Lösung besitzt, hat es unendlich viele Lösungen.

Wie wir sehen werden (und wie wir eigentlich schon in Kapitel 22 gesehen haben), lassen sich diese Schwierigkeiten in diesem einfachen Fall leicht[1]) überwinden. Wir betrachten den linearen Teilraum Q [2]) derjenigen Funktionen $v(x)$ aus dem Raum $W_2^{(1)}(G)$, für die gilt:

$$\int_G v(x)\,\mathrm{d}x = 0\,. \tag{35.9}$$

Für $v \in Q$ werden wir kurz $\|v\|_Q$ statt $\|v\|_{W_2^{(1)}(G)}$ schreiben. Wenn wir die Ungleichung (30.9), S. 345, benutzen, erhalten wir für jedes $v \in Q$

$$((v, v)) = \int_G \sum_{j=1}^{N} \left(\frac{\partial v}{\partial x_j}\right)^2 \mathrm{d}x \geqq \frac{1}{k_4}\,\|v\|^2_{W_2^{(1)}(G)} = \frac{1}{k_4}\,\|v\|^2_Q\,, \tag{35.10}$$

wobei $k_4 > 0$ die Konstante in der erwähnten Ungleichung ist.

Die Ungleichung (35.10) sagt aus, daß die Form (35.5) Q-elliptisch ist. Man kann also erwarten, daß es vorteilhaft sein wird, zunächst eine solche Lösung $u(x)$ des Problems (35.3), (35.4) zu suchen, die zum Raum Q gehört. Wenn die Bedingung (35.8) erfüllt ist, können wii für diesen Fall das Problem (35.3), (35.4) folgendermaßen formulieren: *Es ist eine Funktion $u(x)$ zu finden, so daß*

$$u \in Q \tag{35.11}$$

ist und

$$((v, u)) = \int_G vf\,\mathrm{d}x + \int_\Gamma vh\,\mathrm{d}S \quad \textit{für jedes } v \in W_2^{(1)}(G) \tag{35.12}$$

gilt.

---

[1]) Trotzdem werden wir alle Überlegungen, die diesen Spezialfall betreffen, ausführlich durchführen. Wir werden sie nämlich fast wörtlich auch bei dem im zweiten Teil dieses Kapitels untersuchten wesentlich allgemeineren Fall anwenden können.

[2]) Seine Vollständigkeit läßt sich leicht direkt beweisen, wird jedoch aus einer einfachen Überlegung auf S. 429 folgen.

Wie wir oben gezeigt haben, existiert keine schwache Lösung des Problems (35.3), (35.4), wenn die Bedingung (35.8) nicht erfüllt ist. In einem solchen Fall kann es also auch keine Funktion $u(x)$ mit den Eigenschaften (35.11), (35.12) geben. Den Fall, wenn die Bedingung (35.8) nicht erfüllt ist, schließen wir daher im weiteren aus unseren Betrachtungen aus. Unser nächstes Ziel ist es, zu zeigen, daß die Erfüllung der Bedingung (35.8) für die Existenz einer schwachen Lösung des gegebenen Problems nicht nur notwendig, sondern auch hinreichend ist. Dazu genügt es zu zeigen, daß das Problem (35.11), (35.12) unter der Voraussetzung (35.8) eine Lösung besitzt.

Zunächst bezeichnen wir mit P_0 den linearen Teilraum des Raumes $W_2^{(1)}(G)$, dessen Elemente alle auf G konstanten Funktionen sind. (Funktionen, die fast überall auf G konstant sind, identifizieren wir wie üblich mit den auf G konstanten Funktionen.) Man überzeugt sich nun leicht, daß die Menge P_0 im Raum $W_2^{(1)}(G)$ tatsächlich einen Teilraum, d.h. einen vollständigen Raum, darstellt: Es sei

$$u_1(x) \equiv k_1, \dots, u_n(x) \equiv k_n, \dots \tag{35.13}$$

eine Cauchy-Folge in P_0 (und folglich auch in $W_2^{(1)}(G)$). Im Raum $W_2^{(1)}(G)$ ist das Skalarprodukt zweier Funktionen $v_1(x)$, $v_2(x)$ bekanntlich durch die Formel

$$(v_1, v_2)_{W_2^{(1)}(G)} = \int_G v_1 v_2 \, dx + \sum_{j=1}^{N} \int_G \frac{\partial v_1}{\partial x_j} \frac{\partial v_2}{\partial x_j} \, dx \tag{35.14}$$

gegeben. Für die Elemente der Folge (35.13) gilt also

$$\varrho^2(u_m, u_n)_{W_2^{(1)}(G)} = \int_G (u_m - u_n)^2 \, dx + \sum_{j=1}^{N} \int_G \left(\frac{\partial u_m}{\partial x_j} - \frac{\partial u_n}{\partial x_j}\right)^2 dx =$$
$$= \int_G (k_m - k_n)^2 \, dx ,$$

denn es ist $u_m(x) \equiv k_m$, $u_n(x) \equiv k_n$, und die Ableitungen dieser Funktionen verschwinden. Hieraus folgt nach leichten Überlegungen (siehe auch Beispiel 5.7, S. 48), daß die Folge (35.13) im Raum $W_2^{(1)}(G)$ genau dann eine Cauchy-Folge ist, wenn die Zahlenfolge $\{k_n\}$ eine Cauchy-Folge ist. Bezeichnen wir mit k den Grenzwert dieser Zahlenfolge,

$$\lim_{n \to \infty} k_n = k ,$$

so ist die Funktion $u(x) \equiv k$ der Grenzwert der Folge (35.13) im Raum $W_2^{(1)}(G)$, denn die Ableitungen der Funktionen (35.13) und der Funktion $u(x)$ sind gleich Null, so daß

$$\lim_{n \to \infty} \varrho^2(u_n, u)_{W_2^{(1)}(G)} = \lim_{n \to \infty} \int_G (k_n - k)^2 \, dx = 0$$

gilt. Dabei ist offensichtlich $u \in P_0$. Damit ist die Vollständigkeit des Raumes P_0 bewiesen.

Die Menge aller im Raum $W_2^{(1)}(G)$ zum Teilraum P_0 orthogonalen Elemente ist nach Bemerkung 6.10, S. 66, wiederum ein linearer Teilraum. Die Elemente dieses Teilraumes kann man leicht charakterisieren: Da die Ableitungen der Funktionen aus dem Raum P_0 verschwinden, folgt zunächst aus (35.14), daß die Funktion $v_2 \in W_2^{(1)}(G)$ genau dann in Raum $W_2^{(1)}(G)$ zur Funktion $v_1 \in P_0$ orthogonal ist, wenn sie zu dieser Funktion im Raum $L_2(G)$ orthogonal ist. Kurz bezeichnet:

$$v_1 \in P_0\,, \; v_2 \in W_2^{(1)}(G)\,, \; v_1 \perp v_2 \quad \text{in } W_2^{(1)}(G) \quad \Leftrightarrow \quad v_1 \perp v_2 \quad \text{in } L_2(G)\,. \tag{35.15}$$

Es sei also $v_2 \perp P_0$ in $W_2^{(1)}(G)$, d.h. (siehe S. 66) die Funktion $v_2(x)$ ist in $W_2^{(1)}(G)$ orthogonal zu jeder Funktion $v_1 \in P_0$. Aus (35.15) folgt

$$v_2 \perp P_0 \quad \text{in } W_2^{(1)}(G) \quad \Leftrightarrow \quad v_2 \perp P_0 \quad \text{in } L_2(G)\,. \tag{35.16}$$

Aber jede Funktion $v_1 \in P_0$ ist von der Form

$$v_1(x) = c = \text{const.}\,,$$

so daß gilt:

$$v_2 \perp P_0 \quad \text{in } L_2(G) \quad \Leftrightarrow \quad \int_G c v_2 \,\mathrm{d}x = 0 \quad \text{für jedes } c\,. \tag{35.17}$$

Aus dieser Bedingung folgt aber

$$\int_G v_2(x)\,\mathrm{d}x = 0\,. \tag{35.18}$$

Ist also $v_2 \perp P_0$ in $W_2^{(1)}(G)$, dann gilt (35.18), d.h. es ist $v_2 \in Q$ (vgl. (35.9)). Wenn umgekehrt $v_2 \in Q$ ist, so gilt (35.18), woraus nach (35.17) und (35.16) folgt: $v_2 \perp P_0$ in $W_2^{(1)}(G)$. Der Raum Q ist also das orthogonale Komplement zum Raum P_0 im Raum $W_2^{(1)}(G)$.

Nach Satz 6.14 und Bemerkung 6.10, S. 66, ergibt sich die Aussage: *Jede Funktion $v \in W_2^{(1)}(G)$ kann man eindeutig in die Summe*

$$v = v_1 + v_2 \quad \textit{mit } v_1 \in P_0\,, \; v_2 \in Q \tag{35.19}$$

zerlegen.

Nun zeigen wir leicht, daß das Problem (35.11), (35.12) (stets unter der Voraussetzung, daß die Bedingung (35.8) erfüllt ist) mit dem Problem äquivalent ist, eine solche Funktion $u(x)$ zu finden, für die

$$u \in Q \tag{35.20}$$

ist und

$$((v, u)) = \int_G vf \,\mathrm{d}x + \int_\Gamma vh \,\mathrm{d}S \quad \text{für jedes } v \in Q \tag{35.21}$$

gilt. (Im Vergleich mit dem Problem (35.11), (35.12) liegt der Unterschied darin, daß wir in (35.21) statt aller Funktionen v aus dem Raum $W_2^{(1)}(G)$ nur Funktionen v aus dem Raum Q betrachten.)

Wenn nämlich das Problem (35.11), (35.12) eine schwache Lösung $u \in Q$ besitzt, so hat auch das Problem (35.20), (35.21) die gleiche Lösung, denn wenn die Bedingung

(35.12) für alle $v \in W_2^{(1)}(G)$ gilt, ist das auch für alle $v \in Q$ der Fall. Wenn umgekehrt das Problem (35.20), (35.21) eine schwache Lösung $u \in Q$ besitzt, so ist diese auch Lösung des Problems (35.11), (35.12): Es sei die Bedingung (35.21) für alle $v \in Q$ erfüllt. Wir müssen zeigen, daß sie auch für alle $v \in W_2^{(1)}(G)$ Gültigkeit hat. Dazu wählen wir ein beliebiges $v \in W_2^{(1)}(G)$. Nach (35.19) kann man die Funktion $v(x)$ eindeutig in die Summe

$$v = v_1 + v_2 \,, \quad v_1 \in P_0 \,, v_2 \in Q \tag{35.22}$$

zerlegen. Nun ist $v_1 \in P_0$ und folglich

$$v_1(x) \equiv c = \text{const} \,. \tag{35.23}$$

Da weiter $v_2 \in Q$ ist und (35.21) nach Voraussetzung für jede Funktion aus dem Raum Q gilt, ist

$$((v_2, u)) = \int_G v_2 f \,\mathrm{d}x + \int_\Gamma v_2 h \,\mathrm{d}S \,. \tag{35.24}$$

Gleichzeitig ist für jede Konstante c

$$((c, u)) = \int_G cf \,\mathrm{d}x + \int_\Gamma ch \,\mathrm{d}S \,, \tag{35.25}$$

denn die linke Seite dieser Gleichheit ist gleich Null, weil $\partial c/\partial x_j = 0$ in (35.5) ist, und die rechte Seite verschwindet, weil (35.8) gilt. Wenn wir (35.24) und (35.25) addieren, erhalten wir

$$((v, u)) = \int_G vf \,\mathrm{d}x + \int_\Gamma vh \,\mathrm{d}S \,,$$

d.h. für das betrachtete v ist tatsächlich die Bedingung (35.21) erfüllt. Da $v(x)$ eine beliebige Funktion aus dem Raum $W_2^{(1)}(G)$ war, gilt (35.21) für jedes $v \in W_2^{(1)}(G)$.

Unter der Bedingung (35.8) sind die Probleme (35.11), (35.12) und (35.20), (35.21) äquivalent.

Der Beweis der Existenz und Eindeutigkeit des Problems (35.20), (35.21) (und damit auch des Problems (35.11), (35.12)) ist nun aufgrund von (35.10) einfach: Die Form $((v, u))$ ist beschränkt im Raum $W_2^{(1)}(G)$ und foglich auch im Raum Q,

$$|((v, u))| \leqq K \|v\|_Q \|u\|_Q \tag{35.26}$$

(in unserem Fall genügt es, $K = 1$ zu setzen), weiter ist sie nach (35.10) Q-elliptisch,

$$((v, v)) \geqq \alpha \|v\|_Q^2 \,, \tag{35.27}$$

wobei $\alpha = 1/k_4$ ist (vgl. (35.10)). Der Beweis des Existenzsatzes verläuft jetzt ganz analog zum Beweis von Satz 33.2 in Kapitel 33: Das Funktional

$$\int_G vf \,\mathrm{d}x + \int_\Gamma vh \,\mathrm{d}S \tag{35.28}$$

ist im Raum Q beschränkt, und aus dem Satz von Lax und Milgram folgt die Existenz genau einer Funktion $u \in Q$, so daß (35.21) gilt und

$$\|u\|_Q = \|u\|_{W_2^{(1)}(G)} \leqq c(\|f\|_{L_2(G)} + \|h\|_{L_2(\Gamma)}) \tag{35.29}$$

ist, mit der Konstante c aus Ungleichung (33.22), S. 394.

Damit ist die Frage der Existenz und Eindeutigkeit der schwachen Lösung des Problems (35.20), (35.21) im Raum Q gelöst.

Da die Form (35.5) Q-elliptisch und offensichtlich im Raum Q auch symmetrisch ist,

$$((v, u)) = ((u, v)), \quad v, u \in Q, \tag{35.30}$$

können wir jetzt fast wörtlich die in Kapitel 34 durchgeführten Überlegungen wiederholen. Aus den Sätzen 34.1 und 34.2 folgt nun, daß die betrachtete schwache Lösung $u \in Q$ im Raum Q das Funktional

$$\begin{aligned} Fv &= ((v, v)) - 2\int_G vf \,\mathrm{d}x - 2\int_\Gamma vh \,\mathrm{d}S = \\ &= \sum_{j=1}^N \int_G \left(\frac{\partial v}{\partial x_j}\right)^2 \mathrm{d}x - 2\int_G vf \,\mathrm{d}x - 2\int_\Gamma vh \,\mathrm{d}S \end{aligned} \tag{35.31}$$

minimiert, wobei wir sein Minimieren z.B. mit Hilfe des Ritzschen Verfahrens durchführen können. Wenn

$$v_1, v_2, \ldots$$

eine Basis im Raum Q ist und wir die Näherungslösung in der Form

$$u_n(x) = \sum_{i=1}^n c_{ni} v_i(x) \tag{35.32}$$

suchen, hat das entsprechende Ritzsche System (34.54), S. 418, die Form

$$\begin{aligned} &((v_1, v_1))\, c_{n1} + ((v_1, v_2))\, c_{n2} + \ldots + ((v_1, v_n))\, c_{nn} = \int_G v_1 f \,\mathrm{d}x + \int_\Gamma v_1 h \,\mathrm{d}S, \\ &((v_1, v_2))\, c_{n1} + ((v_2, v_2))\, c_{n2} + \ldots + ((v_2, v_n))\, c_{nn} = \int_G v_2 f \,\mathrm{d}x + \int_\Gamma v_2 h \,\mathrm{d}S, \\ &\ldots\ldots\ldots\ldots\ldots\ldots\ldots\ldots\ldots\ldots\ldots\ldots\ldots\ldots \\ &((v_1, v_n))\, c_{n1} + ((v_2, v_n))\, c_{n2} + \ldots + ((v_n, v_n))\, c_{nn} = \int_G v_n f \,\mathrm{d}x + \int_\Gamma v_n h \,\mathrm{d}S, \end{aligned} \tag{35.33}$$

wobei

$$((v_i, v_k)) = \sum_{j=1}^N \int_G \frac{\partial v_i}{\partial x_j} \frac{\partial v_k}{\partial x_j} \,\mathrm{d}x$$

ist. Es gilt

$$\lim_{n \to \infty} u_n(x) = u(x) \quad \text{in } Q \tag{35.34}$$

und daher auch in $W_2^{(1)}(G)$.

Aus der Äquivalenz der Probleme (35.20), (35.21) und (35.11), (35.12) ergibt sich, daß die betrachtete schwache Lösung $u(x)$ des Problems (35.20), (35.21) auch eine schwache Lösung des Problems (35.11), (35.12) ist, und folglich auch eine schwache Lösung des Problems (35.3), (35.4). Aus dem Ausdruck für die Form (35.5) folgt dann, wie wir schon erwähnt hatten, daß auch jede Funktion $u(x) + C$ mit konstantem C eine schwache Lösung des Problems (35.3), (35.4) ist. Andere schwache Lösungen als Funktionen der Form $u(x) + C$, wobei $u(x)$ die schwache Lösung des Problems (35.20), (35.21) ist, hat das Problem (35.3), (35.4) nicht: Es seien $u_1(x)$, $u_2(x)$ zwei schwache Lösungen des Problems (35.3), (35.4), so daß

$$u_1 \in W_2^{(1)}(G)\,, \quad u_2 \in W_2^{(1)}(G)\,, \tag{35.35}$$

$$((v, u_1)) = \int_G vf \,\mathrm{d}x + \int_\Gamma vh \,\mathrm{d}S \quad \text{für jedes } v \in W_2^{(1)}(G)\,, \tag{35.36}$$

$$((v, u_2)) = \int_G vf \,\mathrm{d}x + \int_\Gamma vh \,\mathrm{d}S \quad \text{für jedes } v \in W_2^{(1)}(G) \tag{35.37}$$

gilt, und es sei $u_3 = u_2 - u_1$. Dann ist $u_3 \in W_2^{(1)}(G)$ und durch Subtrahieren der Beziehung (35.36) von (35.37) erhalten wir

$$((v, u_3)) = 0 \quad \text{für jedes } v \in W_2^{(1)}(G)\,.$$

Insbesondere folgt hieraus für $v = u_3$

$$((u_3, u_3)) = \sum_{j=1}^{N} \int_G \left(\frac{\partial u_3}{\partial x_j}\right)^2 \mathrm{d}x = 0\,,$$

was

$$\frac{\partial u_3}{\partial x_j} = 0\,, \quad j = 1, \ldots, N\,,$$

fast überall auf G und $u_3 = \text{const}$ fast überall auf G bedeutet.

Alle schwachen Lösungen des Problems (35.3), (35.4) unterscheiden sich also fast überall auf G nur um eine Konstante. Da die betrachtete schwache Lösung $u \in Q$ des Problems (35.20), (35.21) eine von ihnen ist, haben alle diese Lösungen fast überall auf G die Form $u(x) + \text{const}$.

Wir fassen die Resultate unserer Überlegungen in dem folgenden Satz zusammen:

Satz 35.1. *Es sei das Problem* (35.3), (35.4) *gegeben, d.h. die Aufgabe, eine Funktion* $u(x)$ *zu finden, so daß*

$$u \in W_2^{(1)}(G)\,, \tag{35.38}$$

$$((v, u)) = \int_G vf \,\mathrm{d}x + \int_\Gamma vh \,\mathrm{d}S \quad \textit{für jedes } v \in W_2^{(1)}(G) \tag{35.39}$$

gilt, wobei

$$((v, u)) = \sum_{j=1}^{N} \int_G \frac{\partial v}{\partial x_j} \frac{\partial u}{\partial x_j} \,\mathrm{d}x \tag{35.40}$$

ist.

Die notwendige und hinreichende Bedingung für die Existenz einer schwachen Lösung dieses Problems lautet

$$\int_G f \, dx + \int_\Gamma h \, dS = 0 . \tag{35.41}$$

Wenn diese Bedingung erfüllt ist, gibt es unendlich viele schwache Lösungen des betrachteten Problems, wobei sich je zwei von diesen Lösungen auf dem Gebiet G fast überall nur um eine additive Konstante unterscheiden.

Bezeichnen wir mit Q den Teilraum aller derjenigen Funktionen $v(x)$ aus dem Raum $W_2^{(1)}(G)$, für die gilt

$$\int_G v(x) \, dx = 0 , \tag{35.42}$$

so ist durch die Forderung $u \in Q$ die schwache Lösung $u(x)$ des Problems (35.38), (35.39) eindeutig bestimmt und es gilt die Abschätzung

$$\|u\|_Q = \|u\|_{W_2^{(1)}(G)} \leqq c(\|f\|_{L_2(G)} + \|h\|_{L_2(\Gamma)}) , \tag{35.43}$$

wobei c nicht von f und h abhängt. Diese Lösung minimiert im Raum Q das Funktional

$$Fv = ((v, v)) - 2\int_G vf \, dx - 2\int_\Gamma vh \, dS =$$

$$= \sum_{j=1}^{N} \int_G \left(\frac{\partial v}{\partial x_j}\right)^2 dx - 2\int_G vf \, dx - 2\int_\Gamma vh \, dS . \tag{35.44}$$

Wenn wir eine Näherungslösung in der Form

$$u_n = \sum_{i=1}^{n} c_{ni} v_i \tag{35.45}$$

ansetzen, wobei $\{v_i(x)\}$ eine Basis im Raum Q ist, und das Funktional (35.44) mit Hilfe des Ritzschen Verfahrens minimieren, erhalten wir für die unbekannten Koeffizienten c_{ni} das System (35.33). Es gilt

$$\lim_{n \to \infty} u_n = u \quad \text{im Raum } Q \text{ (und folglich auch im Raum } W_2^{(1)}(G)) .$$

Bemerkung 35.1. Wir machen darauf aufmerksam, daß wir die Basis $\{v_i(x)\}$ im Raum Q wählen, so daß jede der Funktionen $v_i(x)$ die Bedingung (35.42) erfüllen muß (die Bedingung (35.2) muß nicht erfüllt sein).

Wir haben dem Problem (35.3), (35.4) deshalb solche Aufmerksamkeit gewidmet, weil wir, wie wir sogleich sehen werden, das dargestellte Verfahren auch im allgemeineren Fall von Gleichungen höherer Ordnung benutzen können. Schon in Kapitel 32 sind wir auf das Neumannsche Problem für die biharmonische Gleichung in der Ebene gestoßen,

$$\Delta^2 u = f \quad \text{in } G , \tag{35.46}$$

$$Nu = h_1 , \quad Mu = h_2 \quad \text{auf } \Gamma , \tag{35.47}$$

wobei

$$Mu = \sigma \Delta u + (1 - \sigma) \frac{\partial^2 u}{\partial \nu^2},$$

$$Nu = -\frac{\partial}{\partial \nu}(\Delta u) + (1 - \sigma) \frac{\partial}{\partial s}\left[\frac{\partial^2 u}{\partial x_1^2} \nu_1 \nu_2 - \frac{\partial^2 u}{\partial x_1 \partial x_2}(\nu_1^2 - \nu_2^2) - \frac{\partial^2 u}{\partial x_2^2} \nu_1 \nu_2\right]$$

und $0 \leqq \sigma < 1$ ist; $\nu_1(s)$ und $\nu_2(s)$ sind die Richtungskosinus der äußeren Normalen. In dei schwachen Form entspricht diesem Problem die Aufgabe, eine Funktion $u(x)$ zu finden, so daß

$$u \in V = W_2^{(2)}(G) \tag{35.48}$$

und

$$((v, u)) = \int_G vf \, dx + \int_\Gamma vh_1 \, dS + \int_\Gamma \frac{\partial v}{\partial \nu} h_2 \, dS \quad \text{für jedes } v \in V \tag{35.49}$$

gilt, wobei

$$((v, u)) = \int_G \left[\left(\frac{\partial^2 v}{\partial x_1^2} + \sigma \frac{\partial^2 v}{\partial x_2^2}\right) \frac{\partial^2 u}{\partial x_1^2} + 2(1 - \sigma) \frac{\partial^2 v}{\partial x_1 \partial x_2} \frac{\partial^2 u}{\partial x_1 \partial x_2} + \right.$$

$$\left. + \left(\frac{\partial^2 v}{\partial x_2^2} + \sigma \frac{\partial^2 v}{\partial x_1^2}\right) \frac{\partial^2 u}{\partial x_2^2}\right] dx \tag{35.50}$$

ist. In Kapitel 33, S. 403, haben wir festgestellt, daß diese Form $((v, u))$ – ähnlich wie die im Falle des Problems (35.3), (35.4) – nicht V-elliptisch ist, so daß wir zum Beweis des Existenzsatzes nicht den Satz von Lax und Milgram benutzen können. Auf Probleme dieses Typs, wo die betrachtete Form nicht V-elliptisch ist, werden wir auch noch in anderen Fällen stoßen.

Wir machen darauf aufmerksam, daß die Probleme (35.3), (35.4) und (35.48), (35.49) drei Eigenschaften gemeinsam haben:

Erstens ist für beide Probleme

$$V = W_2^{(k)}(G). \tag{35.51}$$

(Im ersten Fall ist $k = 1$, im zweiten $k = 2$.) Dieser Umstand stellt auch die wesentliche Ursache der mit der V-Elliptizität verbundenen Schwierigkeiten dar. Im Falle des Dirichletschen Problems ist $V = \mathring{W}_2^{(1)}(G)$ bzw. $V = \mathring{W}_2^{(2)}(G)$ und die Schwierigkeiten mit der V-Elliptizität entfallen, da die Ungleichungen (30.15) bzw. (30.16), S. 346, gelten.

Wenn wir *zweitens* mit P_l die lineare Menge aller Polynome höchstens l-ten Grades bezeichnen, gilt

$$((v + p, u)) = ((v, u)) \quad \text{und} \quad ((v, u + p)) = ((v, u))$$
$$\text{für jedes} \quad u, v \in W_2^{(k)}(G) \quad \text{und} \quad p \in P_{k-1}. \tag{35.52}$$

Im ersten Fall ist nämlich $P_{k-1} = P_0$ die lineare Menge aller auf dem Gebiet G konstanten Funktionen und die Beziehungen (35.52) folgen direkt aus dem Ausdruck für die Form (35.5). Im zweiten Fall ist $P_{k-1} = P_1$ die lineare Menge aller Funktionen der Form $a + bx_1 + cx_2$ auf dem Gebiet G und (35.52) folgt wiederum aus dem Ausdruck für die Form (35.50).

Drittens erfüllen beide Formen die Ungleichung

$$((v, v)) \geqq \beta \sum_{|i|=k} \int_G (D^i v)^2 \, dx \quad \text{für jedes } v \in W_2^{(k)}(G) \,, \ \beta > 0 \,. \tag{35.53}$$

Im ersten Fall ist direkt

$$((v, v)) = \sum_{l=1}^{N} \int_G \left(\frac{\partial v}{\partial x_l}\right)^2 dx \,,$$

so daß in (35.53) $\beta = 1$ ist, im zweiten Fall ist (siehe (33.83), S. 402)

$$((v, v)) \geqq (1 - \sigma) \int_G \left[\left(\frac{\partial^2 v}{\partial x_1^2}\right)^2 + \left(\frac{\partial^2 v}{\partial x_1 \, \partial x_2}\right)^2 + \left(\frac{\partial^2 v}{\partial x_2}\right)^2\right] dx \,, \tag{35.54}$$

so daß wir in (35.53) $\beta = 1 - \sigma > 0$ setzen können.

In den Anwendungen stoßen wir bei Problemen, deren Form $((v, u))$ nicht V-elliptisch ist, sehr häufig auf diese drei Eigenschaften. Deshalb[1]) werden wir uns im weiteren Text dieses Kapitels für Gleichungen der Ordnung $2k$ ausschließlich mit diesem Fall befassen. Zu dem etwas allgemeineren Fall vgl. man [35], S. 41, und vor allem [20], wo auch Systeme elliptischer Gleichungen betrachtet werden.

Es sei also die Aufgabe gestellt, eine Funktion $u(x)$ zu finden, so daß

$$u \in W_2^{(k)}(G) \tag{35.55}$$

und

$$((v, u)) = \int_G vf \, dx + \varkappa(v, h) \quad \text{für jedes } v \in W_2^{(k)}(G) \tag{35.56}$$

gilt. Dabei ist

$$\varkappa(v, h) = \int_G vh_1 \, dS + \int_\Gamma \frac{\partial v}{\partial v} h_2 \, dS + \ldots + \int_\Gamma \frac{\partial^{k-1} v}{\partial v^{k-1}} h_k \, dS \,, \tag{35.57}$$

$h_l \in L_2(\Gamma)$, $l = 1, \ldots, k$. Von der Form $((v, u))$ wird vorausgesetzt, daß sie der Ungleichung

$$|((v, u))| \leqq K \|v\|_{W_2^{(k)}(G)} \|u\|_{W_2^{(k)}(G)} \,, \quad v, u \in W_2^{(k)}(G) \,, \tag{35.58}$$

aus Definition 32.2 genügt und die Bedingungen (35.52), (35.53) erfüllt.

Wir geben zunächst die folgende Ungleichung an, deren Beweis der Leser z.B. in [35], S. 20, finden kann:

$$\|u\|^2_{W_2^{(k)}(G)} \leqq \gamma \left[\|u\|^2_{L_2(G)} + \sum_{|i|=k} \int_G (D^i u)^2 \, dx\right], \quad u \in W_2^{(k)}(G) \,. \tag{35.59}$$

---

[1]) Der zweite Grund liegt darin, daß wir in unserem Buch die ganze Problematik ohne Einführung der sogenannten **Faktorräume** bearbeiten wollen, die zwar vom mathematischen Standpunkt aus ein sehr wirksames Mittel darstellen, deren Einführung aber dem Leser, der nicht Mathematiker ist, gewöhnlich große Schwierigkeiten bereitet.

Dabei ist G ein Gebiet mit dem Lipschitz-Rand Γ und $\gamma > 0$ eine von den Funktionen $u(x)$ aus dem Raum $W_2^{(k)}(G)$ unabhängige Konstante.

Für die Elemente des Raumes $W_2^{(k)}(G)$ führen wir nun ein neues Skalarprodukt durch die Beziehung

$$(v, u)_{\overline{W}_2^{(k)}(G)} = \int_G vu \, dx + \sum_{|i|=k} \int_G D^i v D^i u \, dx \tag{35.60}$$

ein, das sich vom Skalarprodukt des Raumes $W_2^{(k)}(G)$ dadurch unterscheidet, daß in ihm nur Ableitungen der höchsten, d.h. k-ten, Ordnung auftreten. Die Axiome (6.3) bis (6.6) des Skalarproduktes sind offensichtlich erfüllt. Den Raum, dessen Elemente die Elemente des Raumes $W_2^{(k)}(G)$ sind und in dem die Metrik durch das Skalarprodukt (35.60) bestimmt ist, werden wir mit $\overline{W}_2^{(k)}(G)$ bezeichnen.

Insbesondere haben wir für die Norm der Funktion $u(x)$ aus dem Raum $\overline{W}_2^{(k)}(G)$ die Formel

$$\|u\|^2_{\overline{W}_2^{(k)}(G)} = \|u\|^2_{L_2(G)} + \sum_{|i|=k} \int_G (D^i u)^2 \, dx \,, \tag{35.61}$$

so daß wir die Ungleichung (35.59) kurz in der folgenden Form schreiben können:

$$\|u\|^2_{W_2^{(k)}(G)} \leqq \gamma \|u\|^2_{\overline{W}_2^{(k)}(G)} \,, \quad u \in W_2^{(k)}(G) \,. \tag{35.62}$$

Aus der Definition der Norm im Raum $W_2^{(k)}(G)$ folgt offensichtlich

$$\|u\|^2_{W_2^{(k)}(G)} \geqq \|u\|^2_{\overline{W}_2^{(k)}(G)} \,. \tag{35.63}$$

Hieraus und aus (35.62) ergibt sich, daß die Normen

$$\|u\|_{W_2^{(k)}(G)} \quad \text{und} \quad \|u\|_{\overline{W}_2^{(k)}(G)}$$

äquivalent sind (S. 405). Eine beliebige Folge von Elementen $v_n \in \overline{W}_2^{(k)}(G)$ ist also in beiden Räumen entweder gleichzeitig konvergent oder gleichzeitig divergent. Dasselbe gilt auch für Cauchy-Folgen. Damit folgt aus der Vollständigkeit des Raumes $W_2^{(k)}(G)$ die Vollständigkeit des Raumes $\overline{W}_2^{(k)}(G)$.

Wir bezeichnen (vgl. S. 434) mit P_{k-1} die lineare Menge aller Polynome höchstens $(k-1)$-ten Grades auf dem Gebiet G. Da wir im Raum $W_2^{(k)}(G)$ Funktionen identifizieren, die einander auf G fast überall gleich sind, werden wir auch diejenigen Funktionen als Polynome auffassen, die sich von ihnen auf dem Gebiet G auf Mengen vom Maß Null unterscheiden. In dieser linearen Menge führen wir die Metrik des Raumes $W_2^{(k)}(G)$ ein und bezeichnen den so entstandenen metrischen Raum wiederum mit dem Symbol P_{k-1}.

Insbesondere erhalten wir für $k = 1$ den auf S. 428 eingeführten Raum P_0.

Ähnlich wie im Fall des Raumes P_0 kann man auch im Fall $k > 1$ zeigen, daß P_{k-1} ein vollständiger Raum ist und folglich in $W_2^{(k)}(G)$ einen linearen Teilraum darstellt[1].

---

[1]) Der Raum P_{k-1} ist von endlicher Dimension.

Im Raum $\overline{W}_2^{(k)}(G)$ betrachten wir die lineare Menge $\overline{Q}$ aller derjenigen Funktionen aus $\overline{W}_2^{(k)}(G)$, die in der Metrik des Raumes $\overline{W}_2^{(k)}(G)$ zur linearen Menge P_{k-1} orthogonal sind. Ist $p \in P_{k-1}$, dann ist offensichtlich $D^i p = 0$ für $|i| = k$. Hieraus und aus (35.60) folgt dann für jedes $v \in \overline{W}_2^{(k)}(G)$

$$(p, v)_{W_2^{(k)}(G)} = 0 \quad \Leftrightarrow \quad \int_G pv \,\mathrm{d}x = 0\,. \tag{35.64}$$

Das Element $v \in \overline{W}_2^{(k)}(G)$ gehört also genau dann zum Raum $\overline{Q}$, wenn es die Bedingung

$$\int_G pv \,\mathrm{d}x = 0 \quad \text{für jedes } p \in P_{k-1} \tag{35.65}$$

erfüllt, d.h. wenn es im Raum $L_2(G)$ zu P_{k-1} orthogonal ist.

Wir wenden uns nun der Frage der Lösbarkeit des Problems (35.55), (35.56) zu. Da eine Reihe von Fragen den Fragen, die wir im Text vor dem Satz 35.1 diskutiert haben, völlig analog ist, werden wir nun schneller vorgehen.

Aus der ersten der Beziehungen (35.52) folgt vor allem, daß – falls eine schwache Lösung des Problems (35.55), (35.56) existiert – notwendigerweise die Bedingung

$$\int_G pf \,\mathrm{d}x + \varkappa(p, h) = 0 \quad \text{für jedes } p \in P_{k-1} \tag{35.66}$$

erfüllt sein muß. Aus der zweiten der Beziehungen (35.52) folgt dann, daß – falls eine schwache Lösung $u(x)$ des betrachteten Problems existiert – auch jede Funktion der Form $u(x) + p(x)$ mit $p \in P_{k-1}$ eine schwache Lösung dieses Problems ist.

Es sei die Bedingung (35.66) erfüllt, die für die Existenz der schwachen Lösung des gegebenen Problems notwendig ist. Wir zeigen, daß sie auch eine hinreichende Bedingung ist. Auf eine ganz ähnliche Weise, wie wir vom Problem (35.3), (35.4) zum Problem (35.20), (35.21) gekommen sind, kommen wir auch hier zur Schlußfolgerung, daß es für den Beweis der Existenz einer Lösung genügt, die Lösbarkeit der folgenden Aufgabe zu betrachten: *Es ist eine Funktion $u(x)$ zu finden, so daß*

$$u \in \overline{Q} \tag{35.67}$$

ist und

$$((v, u)) = \int_G vf \,\mathrm{d}x + \varkappa(v, h) \quad \textit{für alle } v \in \overline{Q} \tag{35.68}$$

gilt. (Dabei ist nur zu beachten, daß die Elemente der Räume $W_2^{(k)}(G)$ und $\overline{W}_2^{(k)}(G)$ durch dieselben Funktionen gebildet werden und jede Funktion $v \in \overline{W}_2^{(k)}(G)$ eindeutig in die Summe $v = v_1 + v_2$ zerlegt werden kann, wobei $v_1 \in P_{k-1}$ und $v_2 \in \overline{Q}$ ist; vgl. S. 429.) Unser nächstes Ziel ist es zu beweisen, daß die Form $((v, u))$ $\overline{Q}$-elliptisch ist. Dann kann man nämlich auf unseren Fall fast wörtlich die Ergebnisse der Kapitel 33 und 34 übertragen, so wie wir es ausführlich bei der Diskussion des Problems (35.20), (35.21) durchgeführt haben.

Um die $\bar{Q}$-Elliptizität der Form $((v, u))$ zu beweisen, genügt es zu zeigen, daß eine Konstante $\delta > 0$ existiert, so daß für jedes $v \in \bar{Q}$ gilt:

$$\sum_{|i|=k} \int_G (D^i v)^2 \,\mathrm{d}x \geqq \delta \|v\|_{\bar{Q}}^2 . \tag{35.69}$$

Dann ist nämlich aufgrund von (35.53) die Ungleichung

$$((v, v)) \geqq \beta\, \delta \|v\|_{\bar{Q}}^2 \tag{35.70}$$

richtig, was die $\bar{Q}$-Elliptizität der Form $((v, u))$ bedeutet.

Um (35.69) zu beweisen, erinnern wir zunächst an die Ungleichung (30.8), S. 345, der zufolge eine Konstante $k_4 > 0$ existiert, so daß für jedes $v \in W_2^{(k)}(G)$

$$\|v\|_{W_2^{(k)}(G)}^2 \leqq k_4 \left[\sum_{|i|=k} \int_G (D^i v)^2 \,\mathrm{d}x + \sum_{|i|<k} \left(\int_G D^i v \,\mathrm{d}x \right)^2 \right] \tag{35.71}$$

gilt. Nach (35.63) ist dann umsomehr

$$\|v\|_{\bar{W}_2^{(k)}(G)}^2 \leqq k_4 \left[\sum_{|i|=k} \int_G (D^i v)^2 \,\mathrm{d}x + \sum_{|i|<k} \left(\int_G D^i v \,\mathrm{d}x \right)^2 \right], \quad v \in \bar{W}_2^{(k)}(G) . \tag{35.72}$$

Wir wählen ein beliebiges $v \in \bar{Q}$ und betrachten die Klasse aller Funktionen der Form $v(x) + p(x)$, wobei $p \in P_{k-1}$ ist. Da $v(x)$ fixiert ist, kann man (und zwar eindeutig) ein $p_1 \in P_{k-1}$ finden, so daß

$$\int_G D^i(v + p_1) \,\mathrm{d}x = 0 \tag{35.73}$$

für jedes i gilt, für das $|i| < k$ ist.[1]) Für die Funktion $v(x) + p_1(x)$ erhält man also aus (35.72)

$$\|v + p_1\|_{\bar{W}_2^{(k)}(G)}^2 \leqq k_4 \sum_{|i|=k} \int_G [D^i(v + p_1)]^2 \,\mathrm{d}x = k_4 \sum_{|i|=k} \int_G (D^i v)^2 \,\mathrm{d}x , \tag{35.74}$$

denn es ist $D^i p_1 = 0$ für $|i| = k$. Es ist aber

$$\begin{aligned} \|v + p_1\|_{\bar{W}_2^{(k)}(G)}^2 &= \int_G (v + p_1)^2 \,\mathrm{d}x + \sum_{|i|=k} \int_G [D^i(v + p_1)]^2 \,\mathrm{d}x = \\ &= \int_G v^2 \,\mathrm{d}x + 2 \int_G v p_1 \,\mathrm{d}x + \int_G p_1^2 \,\mathrm{d}x + \sum_{|i|=k} \int_G (D^i v)^2 \,\mathrm{d}x = \\ &= \int_G v^2 \,\mathrm{d}x + \sum_{|i|=k} \int_G (D^i v)^2 \,\mathrm{d}x + \int_G p_1^2 \,\mathrm{d}x = \\ &= \|v\|_{\bar{W}_2^{(k)}(G)}^2 + \int_G p_1^2 \,\mathrm{d}x , \end{aligned} \tag{35.75}$$

[1]) Durch die Bedingung, (35.73) soll für jedes i gelten, für das $|i| = k - 1$ ist, sind im Polynom $p_1(x)$ eindeutig die Koeffizienten bei Gliedern des Grades $k - 1$ bestimmt; wenn wir sie gefunden haben, sind durch die Bedingung, (35.73) soll für jedes i gelten, für das $|i| = k - 2$ ist, eindeutig die Koeffizienten bei Gliedern des Grades $k - 2$ bestimmt, usw.

da aufgrund der Orthogonalität der Funktionen v und p_1 (siehe (35.65))

$$\int_G v p_1 \, dx = 0$$

ist. Aus (35.75) folgt für unsere Funktion $v(x)$

$$\|v\|_{\bar{Q}}^2 = \|v\|_{W_2^{(k)}(G)}^2 \leqq \|v + p_1\|_{W_2^{(k)}(G)}^2$$

und mit (35.74)

$$\|v\|_{\bar{Q}}^2 \leqq k_4 \sum_{|i|=k} \int_G (D^i v)^2 \, dx \,. \tag{35.76}$$

Dies ist jedoch die gesuchte Ungleichung der Form (35.69) mit $\delta = 1/k_4$. Hieraus erhalten wir dann nach (35.70)

$$((v, v)) \geqq \bar{\alpha} \|v\|_{\bar{Q}}^2 \tag{35.77}$$

mit

$$\bar{\alpha} = \frac{\beta}{k_4} \,.$$

Da die Funktion $v \in \bar{Q}$ beliebig gewählt wurde, gilt (35.77) für jedes $v \in \bar{Q}$, womit die $\bar{Q}$-Elliptizität der Form $((v, u))$ bewiesen ist.

Wie wir schon erwähnt hatten, hat die $\bar{Q}$-Elliptizität der Form $((v, u))$ eine Reihe von Konsequenzen, die wir hier nicht mehr ausführlich diskutieren werden, da wir dies schon vor der Formulierung des Satzes 35.1 getan haben; wir fassen sie gleich im folgenden Satz 35.2 zusammen. Vor der Formulierung dieses Satzes aber noch eine kurze Bemerkung:

Wir bezeichnen mit Q den Raum, dessen Elemente die Elemente des Raumes $\bar{Q}$ sind (d.h. die Menge aller Funktionen $v \in W_2^{(k)}(G)$, die die Bedingung

$$\int_G pv \, dx = 0 \quad \text{für jedes } p \in P_{k-1}$$

erfüllen), der aber mit der Metrik des Raumes $W_2^{(k)}(G)$ ausgestattet ist (also nicht mit der Metrik des Raumes $\overline{W}_2^{(k)}(G)$). Da die Metriken der Räume $W_2^{(k)}(G)$ und $\overline{W}_2^{(k)}(G)$ – und folglich auch der Räume Q und $\bar{Q}$ – äquivalent sind[1]) und da $\bar{Q}$ ein vollständiger Raum ist, ist auch Q ein vollständiger Raum und damit ein Teilraum des Raumes $W_2^{(k)}(G)$. Wenn nun

$$\lim_{n \to \infty} u_n = u \tag{35.78}$$

im Raum $\bar{Q}$ gilt, ist dasselbe auch im Raum Q richtig und umgekehrt. Wenn für die Funktionen $u(x)$ aus einem dieser Räume eine Ungleichung vom Typ (35.76) erfüllt ist, gilt sie auch (im allgemeinen mit einer anderen Konstante) für die Funktionen aus dem anderen Raum, u.ä. Deshalb werden wir im folgenden Satz gewisse Resul-

[1]) Hieraus und aus (35.77) folgt unter anderem, daß die Form $((v, u))$ nicht nur $\bar{Q}$-elliptisch, sondern auch Q-elliptisch ist.

tate, die wir aufgrund dessen formulieren sollten, was im vorhergehenden Text für den Raum $\bar{Q}$ bewiesen wurde, direkt für den Raum Q aufschreiben.

Satz 35.2. *Es sei das Problem gegeben, eine Funktion $u(x)$ zu finden, so daß*

$$u \in W_2^{(k)}(G) \tag{35.79}$$

ist und

$$((v, u)) = \int_G vf \, dx + \varkappa(v, h) \quad \text{für jedes } v \in W_2^{(k)}(G) \tag{35.80}$$

gilt, wobei

$$\varkappa(v, h) = \int_\Gamma v h_1 \, dS + \int_\Gamma \frac{\partial v}{\partial \nu} h_2 \, dS + \ldots + \int_\Gamma \frac{\partial^{k-1} v}{\partial \nu^{k-1}} h_k \, dS ,$$

$$h_l(S) \in L_2(\Gamma) , \quad l = 1, \ldots, k , \tag{35.81}$$

ist. Die Form $((v, u))$ aus Definition 32.2 erfülle neben der Voraussetzung

$$|((v, u))| \leqq K \|v\|_{W_2^{(k)}(G)} \|u\|_{W_2^{(k)}(G)} \quad \text{für jedes } u, v \in W_2^{(k)}(G) \tag{35.82}$$

noch die folgenden Voraussetzungen:

1. $$((v + p, u)) = ((v, u)) , \quad ((v, u + p)) = ((v, u)) \tag{35.83}$$

für jedes $v, u \in W_2^{(k)}(G)$ und $p \in P_{k-1}$ (P_{k-1} ist die lineare Menge aller Polynome höchstens $(k-1)$-ten Grades in G) und

2. $$((v, v)) \geqq \beta \sum_{|i|=k} \int_G (D^i v)^2 \, dx \quad \text{für jedes } v \in W_2^{(k)}(G) . \tag{35.84}$$

Dabei sind K in (35.82) und β in (35.84) positive, von den Funktionen v und u aus dem Raum $W_2^{(k)}(G)$ unabhängige Konstanten.

Dann ist für die Existenz einer schwachen Lösung des Problems (35.79), (35.80) folgende Bedingung notwendig und hinreichend:

$$\int_G pf \, dx + \varkappa(p, h) = 0 \quad \text{für jedes } p \in P_{k-1} ,$$

ausführlicher

$$\int_G pf \, dx + \int_\Gamma p h_1 \, dS + \int_\Gamma \frac{\partial p}{\partial \nu} h_2 \, dS + \ldots + \int_\Gamma \frac{\partial^{k-1} p}{\partial \nu^{k-1}} h_k \, dS = 0$$

$$\text{für jedes } p \in P_{k-1} . \tag{35.85}$$

Wenn diese Bedingung erfüllt ist, gibt es unendlich viele schwache Lösungen des gegebenen Problems, und für je zwei beliebige dieser Lösungen $u_1(x), u_2(x)$ ist (eventuell bis auf eine Menge vom Maß Null in G) *$u_2 - u_1 = p$ mit $p \in P_{k-1}$.*

Bezeichnen wir mit Q den Teilraum aller Funktionen $v(x)$ aus dem Raum $W_2^{(k)}(G)$, die in $L_2(G)$ zu P_{k-1} orthogonal sind, d.h. für die

$$\int_G pv \, dx = 0 \quad \text{für jedes } p \in P_{k-1} \tag{35.86}$$

gilt, dann ist die schwache Lösung $u(x)$ des Problems (35.79), (35.80) durch die Bedingung $u \in Q$ eindeutig bestimmt und es gilt die Abschätzung

$$\|u\|_Q = \|u\|_{W_2^{(k)}(G)} \leqq c\left(\|f\|_{L_2(G)} + \sum_{l=1}^{k} \|h_l\|_{L_2(\Gamma)}\right), \tag{35.87}$$

wobei c nicht von f und h_l abhängt. Ist die Form $((v, u))$ im Raum Q zusätzlich noch symmetrisch, d.h. ist $((v, u)) = ((u, v))$ für alle $u, v \in Q$, dann minimiert diese Lösung im Raum Q das Funktional

$$\begin{aligned} Fv &= ((v, v)) - 2\int_G vf \,\mathrm{d}x - 2\varkappa(v, h) = \\ &= ((v, v)) - 2\left[\int_G vf \,\mathrm{d}x + \int_\Gamma vh_1 \,\mathrm{d}S + \int_\Gamma \frac{\partial v}{\partial \nu} h_2 \,\mathrm{d}S + \ldots + \right. \\ &\quad \left. + \int_\Gamma \frac{\partial^{k-1} v}{\partial \nu^{k-1}} h_k \,\mathrm{d}S\right]. \end{aligned} \tag{35.88}$$

Wenn wir die Näherungslösung in der Form

$$u_n = \sum_{i=1}^{n} c_{ni} v_i$$

suchen, wobei $\{v_i\}$ eine Basis im Raum Q ist, dann führt das Ritzsche Verfahren zum Gleichungssystem

$$\begin{aligned} ((v_1, v_1))\, c_{n1} + ((v_1, v_2))\, c_{n2} + \ldots + ((v_1, v_n))\, c_{nn} &= \int_G v_1 f \,\mathrm{d}x + \varkappa(v_1, h), \\ ((v_1, v_2))\, c_{n1} + ((v_2, v_2))\, c_{n2} + \ldots + ((v_2, v_n))\, c_{nn} &= \int_G v_2 f \,\mathrm{d}x + \varkappa(v_2, h), \\ \ldots\ldots\ldots\ldots\ldots\ldots\ldots\ldots\ldots\ldots\ldots\ldots\ldots\ldots \\ ((v_1, v_n))\, c_{n1} + ((v_2, v_n))\, c_{n2} + \ldots + ((v_n, v_n))\, c_{nn} &= \int_G v_n f \,\mathrm{d}x + \varkappa(v_n, h), \end{aligned} \tag{35.89}$$

mit

$$\varkappa(v_i, h) = \int_\Gamma v_i h_1 \,\mathrm{d}S + \int_\Gamma \frac{\partial v_i}{\partial \nu} h_2 \,\mathrm{d}S + \ldots + \int_\Gamma \frac{\partial^{k-1} v_i}{\partial \nu^{k-1}} h_k \,\mathrm{d}S, \quad i = 1, \ldots, n,$$

und es gilt

$$\lim_{n \to \infty} u_n = u \quad \text{in } Q \tag{35.90}$$

(und folglich auch in $W_2^{(k)}(G)$).

Bemerkung 35.2. Die Basisfunktionen $v_i(x)$ gehören zu Q und genügen also notwendigerweise der Bedingung (35.86),

$$\int_G p v_i \,\mathrm{d}x = 0, \quad i = 1, 2, \ldots, \quad \text{für jedes } p \in P_{k-1};$$

die vorgegebenen instabilen Randbedingungen müssen sie nicht erfüllen (vgl. die ähnliche Bemerkung 35.1).

Bemerkung 35.3. Satz 35.1 ist offensichtlich ein Spezialfall von Satz 35.2.

Ähnlich wie die Sätze 33.2 und 34.4 ermöglicht es auch Satz 35.2, über die Lösbarkeit einer umfangreichen Skala von Problemen zu entscheiden und Hinweise für eine Näherungslösung dieser Probleme zu geben.

Beispiel 35.1. Wir betrachten das Problem (35.46), (35.47), S. 433, d.h. in der schwachen Formulierung das Problem, eine Funktion $u(x) = u(x_1, x_2)$ zu finden, so daß

$$u \in W_2^{(2)}(G) \tag{35.91}$$

ist und

$$((v, u)) = \int_G vf \, dx + \int_\Gamma vh_1 \, ds + \int_\Gamma \frac{\partial v}{\partial \nu} h_2 \, ds \quad \text{für jedes } v \in W_2^{(2)}(G) \tag{35.92}$$

gilt, wobei $h_1 \in L_2(\Gamma)$, $h_2 \in L_2(\Gamma)$ und

$$((v, u)) = \int_G \left[\left(\frac{\partial^2 v}{\partial x_1^2} + \sigma \frac{\partial^2 v}{\partial x_2^2} \right) \frac{\partial^2 u}{\partial x_1^2} + 2(1 - \sigma) \frac{\partial^2 v}{\partial x_1 \, \partial x_2} \frac{\partial^2 u}{\partial x_1 \, \partial x_2} + \right.$$

$$\left. + \left(\frac{\partial^2 v}{\partial x_2^2} + \sigma \frac{\partial^2 v}{\partial x_1^2} \right) \frac{\partial^2 u}{\partial x_2^2} \right] dx \tag{35.93}$$

ist, $0 \leqq \sigma < 1$.

In unserem Fall ist $N = 2$, $k = 2$, so daß $P_{k-1} = P_1$ die lineare Menge aller Polynome der Form

$$p = a + bx_1 + cx_2 \tag{35.94}$$

ist. Elemente des Raumes Q sind diejenigen Funktionen aus dem Raum $W_2^{(2)}(G)$, die der Bedingung

$$\int_G pv \, dx = 0 \quad \text{für jedes } p \in P_1 \tag{35.95}$$

genügen. Diese Bedingung ist offensichtlich äquivalent mit den drei Bedingungen

$$\int_G v \, dx = 0 , \quad \int_G x_1 v \, dx = 0 , \quad \int_G x_2 v \, dx = 0 . \tag{35.96}$$

Die Form (35.93) erfüllt die Voraussetzung (35.82) (denn sie hat beschränkte meßbare Koeffizienten) und die Voraussetzung (35.83) (die zweiten Ableitungen der Funktion p verschwinden identisch); laut (35.54) ist dann auch die Voraussetzung (35.84) erfüllt, denn es ist

$$((v, v)) \geqq (1 - \sigma) \sum_{|i|=2} \int_G (D^i v)^2 \, dx . \tag{35.97}$$

Weiter ist diese Form offensichtlich symmetrisch in den Veränderlichen v und u.

Nach Satz 35.2 sind dann die folgenden Bedingungen notwendig und hinreichend für die Existenz der schwachen Lösung (entsprechend (35.96) setzen wir in (35.85) sukzessiv $p = 1$, $p = x_1$, $p = x_2$)

$$\int_G f \, dx + \int_\Gamma h_1 \, ds = 0,$$

$$\int_G x_1 f \, dx + \int_\Gamma x_1 h_1 \, ds + \int_\Gamma \frac{\partial x_1}{\partial \nu} h_2 \, ds = 0,$$

$$\int_G x_2 f \, dx + \int_\Gamma x_2 h_1 \, ds + \int_\Gamma \frac{\partial x_2}{\partial \nu} h_2 \, ds = 0$$

oder ausführlicher

$$\iint_G f(x_1, x_2) \, dx_1 \, dx_2 + \int_\Gamma h_1(s) \, ds = 0,$$

$$\iint_G x_1 f(x_1, x_2) \, dx_1 \, dx_2 + \int_\Gamma x_1(s) \, h_1(s) \, ds + \int_\Gamma \nu_1(s) \, h_2(s) \, ds = 0,$$

$$\iint_G x_2 f(x_1, x_2) \, dx_1 \, dx_2 + \int_\Gamma x_2(s) \, h_1(s) \, ds + \int_\Gamma \nu_2(s) \, h_2(s) \, ds = 0,$$

wobei $\nu_1(s)$, $\nu_2(s)$ die Richtungskosinus der äußeren Normalen sind.[1])

Wenn diese Bedingungen erfüllt sind, dann hat das gegebene Problem unendlich viele schwache Lösungen. Durch die Forderung $u \in Q$, d.h. durch die Bedingungen

$$\iint_G u(x_1, x_2) \, dx_1 \, dx_2 = 0, \quad \iint_G x_1 \, u(x_1, x_2) \, dx_1 \, dx_2 = 0,$$

$$\iint_G x_2 \, u(x_1, x_2) \, dx_1 \, dx_2 = 0$$

ist die schwache Lösung $u(x) = u(x_1, x_2)$ eindeutig bestimmt und alle anderen schwachen Lösungen haben die Form $u(x) + p(x)$, wobei $p(x)$ eine Funktion der Form (35.94) ist. Die Funktion $u(x)$ hängt stetig von der rechten Seite der Differentialgleichung und von den Randbedingungen ab,

$$\|u\|_{W_2^{(2)}(G)} \leq c\left(\|f\|_{L_2(G)} + \|h_1\|_{L_2(\Gamma)} + \|h_2\|_{L_2(\Gamma)}\right),$$

und minimiert im Raum Q das Funktional

$$Fv = ((v, v)) - 2 \int_G vf \, dx - 2 \int_\Gamma vh_1 \, ds - 2 \int_\Gamma \frac{\partial v}{\partial \nu} h_2 \, ds =$$

$$= \iint_G \left[\left(\frac{\partial^2 v}{\partial x_1^2} \right)^2 + \left(\frac{\partial^2 v}{\partial x_2^2} \right)^2 + 2\sigma \frac{\partial^2 v}{\partial x_1^2} \frac{\partial^2 v}{\partial x_2^2} + 2(1-\sigma) \left(\frac{\partial^2 v}{\partial x_1 \, \partial x_2} \right)^2 \right] dx_1 \, dx_2 -$$

---

[1]) Ist das Gebiet G z.B. ein Rechteck, dessen Seiten mit den Koordinatenachsen parallel sind, wobei a_1 bzw. a_3 die „untere" bzw. „obere" Seite und a_2 bzw. a_4 die „rechte" bzw. „linke" Seite des Rechtecks ist, dann ist

$$\begin{aligned} \nu_1 &\equiv 0, & \nu_2 &\equiv -1 & \text{auf } a_1, \\ \nu_1 &\equiv 1, & \nu_2 &\equiv 0 & \text{auf } a_2, \\ \nu_1 &\equiv 0, & \nu_2 &\equiv 1 & \text{auf } a_3, \\ \nu_1 &\equiv -1, & \nu_2 &\equiv 0 & \text{auf } a_4. \end{aligned}$$

$$- 2 \iint_G vf \, dx_1 \, dx_2 - 2 \int_\Gamma vh_1 \, ds - 2 \int_\Gamma \frac{\partial v}{\partial \nu} h_2 \, ds .$$

Wenn wir dieses Funktional mit Hilfe des Ritzschen Verfahrens minimieren, erhalten wir das System (35.89), wobei — wenn $\{v_i(x)\}$ eine Basis in Q ist —

$$\lim_{n \to \infty} u_n(x) = u(x) \quad \text{in } Q$$

gilt.

Bei der Wahl der Basis muß man natürlich darauf achten, daß die Funktionen $v_i(x)$ zum Raum Q gehören, d.h. daß sie die Bedingungen

$$\iint_G v_i(x_1, x_2) \, dx_1 \, dx_2 = 0 , \quad \int_G x_1 \, v_i(x_1, x_2) \, dx_1 \, dx_2 = 0 ,$$

$$\iint_G x_2 \, v_i(x_1, x_2) \, dx_1 \, dx_2 = 0$$

erfüllen.

Bemerkung 35.4. Neben den Möglichkeiten, die wir in diesem Kapitel angegeben haben, gibt es noch eine Reihe von anderen Wegen, die Q-Elliptizität einer Form zu erreichen. So kann man z.B. statt der Bedingungen (35.96) die Bedingungen $v(P_i) = 0$ mit $i = 1, 2, 3$ wählen, wobei die Punkte P_i zum Gebiet G gehören und nicht auf einer Geraden liegen. Bezüglich dieser Fragen verweisen wir den Leser insbesondere auf die Arbeit [20].

Kapitel 36. Zusammenfassung und Ergänzung der Kapitel 28 bis 35

Im vierten Teil unseres Buches, d.h. in den Kapiteln 28 bis 35, haben wir die Ergebnisse aus dem vorhergehenden Text, die Differentialgleichungen mit Randbedingungen betreffen, wesentlich erweitert und vertieft.

Zunächst fassen wir kurz den Inhalt dieser Kapitel zusammen.

In Kapitel 28 wurde das Lebesguesche Integral definiert, und zwar zunächst für Funktionen einer Veränderlichen. Unser Ausgangspunkt war der Begriff des Lebesgueschen Maßes, der eine geeignete Verallgemeinerung des Begriffes der Länge darstellt, und der Begriff einer im Lebesgueschen Sinne meßbaren Menge bzw. Funktion. Die Lebesguesche Definition des Integrals wurde zunächst für beschränkte Funktionen gegeben (und zwar auf einer beschränkten Menge, was für die Zwecke unseres Buches genügt). Diese Definition des Integrals beruht – ähnlich wie die Riemannsche Definition – auf der Konstruktion gewisser Integralsummen, im Unterschied zur Riemannschen Definition wird hier jedoch der Wertebereich der Funktion, und nicht das Definitionsgebiet, in Teilintervalle zerlegt.

Dann haben wir die Definition des Lebesgueschen Integrals auf den Fall unbeschränkter Funktionen und auf den Fall von Funktionen mehrerer Veränderlicher erweitert. Wir haben kurz die grundlegenden Eigenschaften des Lebesgueschen Integrals erwähnt, vor allem wurde die Vollständigkeit des Raumes L_2 der auf der betrachteten Menge quadratisch integrierbaren Funktionen hervorgehoben. Dieser Raum ist gerade in der Funktionalanalysis und in ihren Anwendungen von großer Bedeutung.

Am Schluß von Kapitel 28 haben wir den Begriff des Gebietes mit einem Lipschitz-Rand definiert, den Begriff des „Flächenintegrals" über den Rand Γ eingeführt und den Raum $L_2(\Gamma)$ definiert.

In Kapitel 29 befaßten wir uns mit der Konstruktion des Raumes $W_2^{(k)}(G)$, der als die vollständige Hülle der linearen Menge $C^{(\infty)}(\bar{G})$ der samt allen Ableitungen auf $\bar{G}$ stetigen Funktionen in der durch das Skalarprodukt

$$(u, v)_{W_2^{(k)}(G)} = \int_G \sum_{|i| \leq k} D^i u D^i v \,\mathrm{d}x \tag{36.1}$$

gegebenen Metrik definiert wurde. Der Raum $W_2^{(k)}(G)$ wird also aus Funktionen der Menge $C^{(\infty)}(\bar{G})$ gebildet und weiter aus denjenigen Funktionen aus $L_2(G)$, die Grenzwert einer Folge von Funktionen aus $C^{(\infty)}(\bar{G})$ in der durch das Skalarprodukt (36.1) erzeugten Metrik sind. Funktionen aus dem Raum $W_2^{(k)}(G)$ besitzen sogenannte verallgemeinerte Ableitungen bis einschließlich k-ter Ordnung, die auf G quadratisch integrierbar sind. Zu den Funktionen des Raumes $W_2^{(k)}(G)$ gehören insbesondere Funktionen, deren partielle Ableitungen bis einschließlich $(k-1)$-ter Ordnung in $\bar{G}$ stetig sind und deren k-te Ableitungen in $\bar{G}$ stückweise stetig sind.

In Kapitel 30 wurde der Begriff der Spur einer Funktion aus dem Raum $W_2^{(1)}(G)$ eingeführt, und zwar über eine beschränkte (und folglich stetige) Abbildung dieses Raumes in den Raum $L_2(\Gamma)$. Jeder Funktion $u(x) \in W_2^{(1)}(G)$ wird eine gewisse Funktion $u(S) \in L_2(\Gamma)$ – ihre Spur – zugeordnet, wobei für $u(x) \in C^{(\infty)}(\bar{G})$ die Spur $u(S)$ durch die Werte der Funktion $u(x)$ auf dem Rand Γ im üblichen Sinne gegeben ist. Wenn $u \in W_2^{(k)}(G)$ ist mit $k > 1$, k ganzzahlig, hat nicht nur die Funktion u eine Spur auf Γ, sondern auch jede ihrer partiellen Ableitungen bis einschließlich $(k-1)$-ter Ordnung hat auf Γ eine Spur. Aufgrund dieser Tatsache konnten wir die Ableitung (bzw. Ableitungen höherer Ordnung) in der Richtung der äußeren Normalen auf dem Rand Γ definieren. Außerdem wurde der Raum $\mathring{W}_2^{(k)}(G)$ definiert, und zwar als vollständige Hülle der linearen Menge $C_0^{(\infty)}(G)$ aller unendlich differenzierbaren Funktionen mit kompaktem Träger in G bezüglich der durch das Skalarprodukt (36.1) gegebenen Metrik, d.h. der Metrik des Raumes $W_2^{(k)}(G)$. Funktionen aus diesem Raum sind durch die Beziehungen $D^i u(S) = 0$ auf Γ (im Sinne von Spuren) für $|i| \leqq k-1$ charakterisiert. Weiter haben wir eine Verallgemeinerung bzw. gewisse Modifikationen der Friedrichsschen und Poincaréschen Ungleichung angegeben.

In Kapitel 31 wurden Gleichungen der Form

$$Au = f \tag{36.2}$$

untersucht, wobei

$$A = \sum_{|i|,|j| \leqq k} D^i(a_{ij}D^j) \tag{36.3}$$

ein Differentialoperator der Ordnung $2k$ ist. Wir haben festgelegt, wann wir den Operator A elliptisch bzw. gleichmäßig elliptisch im gegebenen Gebiet nennen werden. Ferner haben wir auf die Möglichkeit verschiedener „Zerlegungen" eines Differentialoperators aufmerksam gemacht und die Bilinearform

$$A(v, u) = \int_G \sum_{|i|,|j| \leqq k} a_{ij} D^i v D^j u \, dx \tag{36.4}$$

eingeführt, die diesem Operator entspricht. Unter einer schwachen Lösung der Gleichung (36.2) im Gebiet G verstanden wir dann jede Funktion $u \in W_2^{(k)}(G)$, für die

$$A(\varphi, u) \equiv \int_G \sum_{|i|,|j| \leqq k} a_{ij} D^i \varphi D^j u \, dx = \int_G f\varphi \, dx \quad \text{für jedes } \varphi \in C_0^{(\infty)}(G) \tag{36.5}$$

gilt (d.h. für jede Funktion φ mit kompaktem Träger in G). Wir haben gezeigt: Sind die Koeffizienten $a_{ij}(x)$ des Operators A im Gebiet G genügend glatt und ist die Funktion $f(x)$ stetig in G, dann ist die schwache Lösung $u(x)$ der Gleichung

(36.2) – falls sie auf G genügend glatt ist – eine klassische Lösung dieser Gleichung in G.

In Kapitel 32 haben wir nach einer umfassenden Einführung die schwache Lösung eines Randwertproblems definiert. Zunächst haben wir die für die Randbedingungen wesentliche Unterteilung in stabile und instabile Randbedingungen beschrieben, die Differentialoperatoren $B_1, \ldots, B_\mu$ (bzw. $B_{p1}, \ldots, B_{p\mu_r}$ im Falle, daß verschiedene Typen von Randbedingungen auf verschiedenen Teilen des Randes gegeben sind) eingeführt, die die stabilen Randbedingungen charakterisieren, und den Raum V als den Teilraum derjenigen Funktionen aus dem Raum $W_2^{(k)}(G)$ definiert, die (im Sinne von Spuren) die entsprechenden homogenen stabilen Randbedingungen erfüllen. Um in der Formulierung der Lösung auch Probleme mit „Newtonschen" Randbedingungen erfassen zu können, haben wir die sogenannte Randform $a(v, u)$ mit gewissen Eigenschaften (siehe S. 381) eingeführt und die Bilinearform

$$((v, u)) = A(v, u) + a(v, u) \tag{36.6}$$

definiert, deren Eigenschaften auf S. 382 analysiert wurden. Erst dann haben wir die schwache Lösung eines Randwertproblems definiert (Definition 32.2, S. 382), die durch die Bedingungen

$$u - w \in V \tag{36.7}$$

[$w \in W_2^{(k)}(G)$ ist eine Funktion, die (im Sinne von Spuren) die gegebenen stabilen Randbedingungen erfüllt] und

$$((v, u)) = (v, f) + \varkappa(v, h) \quad \text{für jedes } v \in V \tag{36.8}$$

festgelegt wird. Hierbei ist

$$\varkappa(v, h) = \sum_{p=1}^{r} \sum_{l=1}^{k-\mu_p} \int_\Gamma \frac{\partial^{t_{pl}} v}{\partial \nu^{t_{pl}}} h_{pl} \, \mathrm{d}S \tag{36.9}$$

und $h_{pl}(S) \in L_2(\Gamma)$ sind vorgegebene Funktionen auf dem Rand, die die instabilen Randbedingungen charakterisieren.

In Kapitel 33 haben wir den Satz von Lax und Milgram behandelt und aufgrund dieses Satzes die Existenz und Eindeutigkeit der in Definition 32.2 beschriebenen schwachen Lösung bewiesen, und zwar unter der Voraussetzung, daß die Form $((v, u))$ V-elliptisch ist, d.h. eine Konstante $\alpha > 0$ existiert, so daß

$$((v, v)) \geqq \alpha \|v\|_V^2 \quad \text{für jedes } v \in V \tag{36.10}$$

gilt. Diese Lösung hängt stetig von der rechten Seite der gegebenen Gleichung und von den Randbedingungen ab (siehe Ungleichung (33.22), S. 394).

In Kapitel 34 haben wir uns auf die vorher erreichten Ergebnisse gestützt und gezeigt: Wenn die Form $((v, u))$ zusätzlich noch symmetrisch ist, dann minimiert die schwache Lösung (aus Definition 32.2) im Falle homogener Randbedingungen im Raum V das Funktional

$$Fv = ((v, v)) - 2(v, f), \tag{36.11}$$

und zur Minimierung dieses Funktionals können wir Methoden benutzen, die den schon in den Kapiteln 12 bis 15 angegebenen Verfahren analog sind. Bei der Anwendung dieser Methoden suchen wir also das Minimum des Funktionals nicht im Raum V, sondern in einem gewissen n-dimensionalen Teilraum des Raumes V, der durch die ersten n Elemente $v_1, \ldots, v_n$ einer geeigneten Basis erzeugt wird. Die Näherungslösung setzen wir daher in der Form

$$u_n = \sum_{i=1}^{n} c_{ni} v_i \tag{36.12}$$

an. Wenn wir z.B. das Ritzsche Verfahren benutzen, erhalten wir für die unbekannten Koeffizienten c_{ni} das System (34.11), S. 408.

In allgemeinen Fall (d.h. im Fall nichthomogener Randbedingungen) können wir so vorgehen, daß wir die schwache Lösung in der Form

$$u = w + z \tag{36.13}$$

suchen, wobei $w(x)$ die Funktion aus (36.7) ist, die die stabilen nichthomogenen Randbedingungen erfüllt, während $z \in V$ ist und im Raum V das Funktional

$$Gv = ((v, v)) - 2(v, f) - 2\varkappa(v, h) + 2((v, w)) \tag{36.14}$$

minimiert. Die Approximation $z_n(x)$ von $z(x)$ können wir wiederum in der Form

$$z_n = \sum_{i=1}^{n} c_{ni} v_i \tag{36.15}$$

suchen und zur Bestimmung der Koeffizienten c_{ni} irgendeine der erwähnten Methoden benutzen. Insbesondere erhalten wir bei der Anwendung des Ritzschen Verfahrens das System (34.54), S. 418, für das das System (34.11) ein Spezialfall ist.

Wir können auch so vorgehen, daß wir die schwache Lösung direkt in der Form

$$u = w + \sum_{i=1}^{n} c_{ni} v_i \tag{36.16}$$

suchen und das Funktional (34.72) bzw. (34.73) (siehe S. 421) auf der Menge aller Funktionen der Form

$$w + \sum_{i=1}^{n} b_{ni} v_i \tag{36.17}$$

minimieren. Wenn wir die unbekannten Koeffizienten in (36.16) mit Hilfe des Ritzschen Verfahrens ermitteln, erhalten wir das System (34.54), das gleiche wie wenn wir nach (36.13), (36.15) vorgehen. Weiter haben wir ausführlich gezeigt (siehe insbesondere Bemerkung 34.3, S. 415), warum wir bei der Auswahl einer Basis die instabilen Randbedingungen nicht berücksichtigen müssen, obwohl es vorteilhaft ist, wenn die Basiselemente diese Randbedingungen erfüllen.

In Kapitel 35 haben wir den Fall behandelt, wenn die Form $((v, u))$ nicht V-elliptisch war. Ein Beispiel eines solchen Problems für Gleichungen zweiter Ordnung ist das Neumannsche Problem für die Laplacesche Gleichung. Wir haben uns dabei auf den Fall beschränkt, wenn $V = W_2^{(k)}(G)$ ist und die Form $((v, u))$ die Bedingungen

$$((v + p, u)) = ((v, u)), \quad ((v, u + p)) = ((v, u)) \tag{36.18}$$

für jedes $p \in P_{k-1}$ und für jedes Paar von Funktionen $v \in V$, $u \in V$, und

$$((v, v)) \geqq \beta \int_G \sum_{|i| \leqq k} (D^i v)^2 \, dx, \quad \beta > 0, \quad \text{für jedes} \quad v \in V \tag{36.19}$$

erfüllt, wobei P_{k-1} die lineare Menge aller Polynome höchstens $(k - 1)$-ter Ordnung ist. Wenn wir mit Q den Teilraum des Raumes $W_2^{(k)}(G)$ bezeichnen, dessen Elemente die Funktionen bilden, die im Raum $L_2(G)$ zu den Funktionen der Menge P_{k-1} orthogonal sind, dann ist – wie wir gezeigt haben – die auf diesem Teilraum betrachtete Form $((v, u))$ Q-elliptisch und man kann völlig analoge Überlegungen wie in Kapitel 34 durchführen. Ist die Form $((v, u))$ außerdem noch symmetrisch, dann kann man wiederum die üblichen Variationsmethoden benutzen. Man muß dabei natürlich darauf achten, daß die Basiselemente zum Raum Q gehören. So ist z.B. im Falle des Neumannschen Problems für die Poissonsche Gleichung notwendig, daß diese Elemente im Raum $L_2(G)$ zur linearen Menge aller Konstanten orthogonal sind, d.h. die Bedingung

$$\int_G v \, dx = 0 \tag{36.20}$$

erfüllen.

Was also theoretische (Existenz, Eindeutigkeit) und praktische (Lösungsmethoden) Fragen bei der Lösung elliptischer Randwertprobleme anbetrifft, so haben wir in diesem Teil des Buches eine verhältnismäßig allgemeine Theorie entwickelt. Im Vergleich mit den vorhergehenden Kapiteln wurden die Forderungen an die Koeffizienten des gegebenen Differentialoperators wesentlich verallgemeinert und eine geeignete Formulierung der Probleme mit nichthomogenen Randbedingungen angegeben. Gerade diese nichthomogenen Randbedingungen hatten in der vorher dargestellten Theorie, die auf dem Satz über das Minimum eines quadratischen Funktionals beruhte und von Begriffen und Operationen auf linearen Funktionenmengen ausging, verhältnismäßig große Schwierigkeiten bereitet. Ferner haben wir uns ausführlich mit der Struktur der Räume, in denen wir die Lösung suchen, vertraut gemacht, und zwar auch im Fall „Neumannscher“ Probleme mit nichthomogenen Randbedingungen, wo diese Struktur in der vorhergehenden Theorie ziemlich unübersichtlich wirkte. Dabei war bei dem Beweis der Existenz und Eindeutigkeit der schwachen Lösung die Symmetrie der Form $((v, u))$ nicht erforderlich.

Wenn das betrachtete Problem symmetrisch ist, die Koeffizienten des gegebenen Operators genügend glatt und die Randbedingungen homogen sind, liefern beide Theorien im wesentlichen identische Ergebnisse. Wir demonstrieren diese Tatsache an dem einfachen Problem der Poissonschen Gleichung mit homogener Randbedingung,

$$-\Delta u = f \quad \text{in } G, \tag{36.21}$$

$$u = 0 \quad \text{auf } \Gamma; \tag{36.22}$$

der Leser kann den ganzen Ideengang leicht auf allgemeinere Fälle übertragen.

Zunächst erinnern wir daran, daß das Problem (36.21), (36.22) in der schwachen Formulierung durch die folgenden Bedingungen ausgedrückt wird:

$$u \in V, \tag{36.23}$$

$$((v, u)) = (v, f) \quad \text{für jedes } v \in V, \tag{36.24}$$

wobei

$$V = \mathring{W}_2^{(1)}(G) \tag{36.25}$$

und

$$((v, u)) = \int_G \sum_{i=1}^N \frac{\partial v}{\partial x_i} \frac{\partial u}{\partial x_i} \, \mathrm{d}x \tag{36.26}$$

ist. Die Form $((v, u))$ ist bekanntlich V-elliptisch, d.h. es gilt

$$((v, v)) \geqq \alpha \|v\|_V^2, \quad \alpha > 0, \quad \text{für jedes } v \in V. \tag{36.27}$$

Wenn wir das Problem (36.21), (36.22) vom Standpunkt der auf dem Satz über das Minimum eines quadratischen Funktionals begründeten Theorie betrachten, gehen wir von der linearen Menge M aus, deren Elemente Funktionen sind, die samt ihren partiellen Ableitungen bis einschließlich zweiter Ordnung in $\overline{G}$ stetig sind und die Bedingung (36.22) erfüllen. In der Bezeichnung von Kapitel 10 ist

$$(v, u)_A = (u, v)_A = (Au, v) = \int_G \sum_{i=1}^N \frac{\partial v}{\partial x_i} \frac{\partial u}{\partial x_i} \, \mathrm{d}x \, . \tag{36.28}$$

Unter Benutzung der Friedrichsschen Ungleichung haben wir gezeigt, daß

$$(v, v)_A = (Av, v) = \int_G \sum_{i=1}^N \left(\frac{\partial v}{\partial x_i}\right)^2 \mathrm{d}x \geqq C^2 \|v\|^2 , \quad C > 0 , \quad v \in M , \tag{36.29}$$

gilt. Hieraus folgt

$$\begin{aligned}(v, v)_A &= \frac{1}{2} \int_G \sum_{i=1}^N \left(\frac{\partial v}{\partial x_i}\right)^2 \mathrm{d}x + \frac{1}{2} \int_G \sum_{i=1}^N \left(\frac{\partial v}{\partial x_i}\right)^2 \mathrm{d}x \geqq \\ &\geqq \frac{1}{2} \int_G \sum_{i=1}^N \left(\frac{\partial v}{\partial x_i}\right)^2 \mathrm{d}x + \frac{C^2}{2} \|v\|^2 \geqq \beta \|v\|^2_{W_2^{(1)}(G)} , \quad v \in M ,\end{aligned} \tag{36.30}$$

mit

$$\beta = \min\left(\frac{1}{2}, \frac{C^2}{2}\right) > 0 \, .$$

Gleichzeitig ist aber

$$(v, v)_A = \int_G \sum_{i=1}^N \left(\frac{\partial v}{\partial x_i}\right)^2 \mathrm{d}x \leqq \|v\|^2_{W_2^{(1)}(G)} \, . \tag{36.31}$$

Durch die Beziehung (36.28) ist auf der linearen Menge M ein Skalarprodukt definiert. Den metrischen Raum, dessen Elemente die Funktionen aus M bilden und dessen Metrik durch dieses Skalarprodukt erzeugt wird, bezeichnen wir in Übereinstimmung mit Kapitel 10 mit dem Symbol S_A. Wir behaupten nun, daß der entsprechende Raum H_A, den wir in Kapitel 10 konstruiert hatten und der die vollständige Hülle des Raumes S_A darstellt, die gleichen Elemente hat wie der Raum $\mathring{W}_2^{(1)}(G)$.

Der Raum $\mathring{W}_2^{(1)}(G)$ ist nämlich – wie wir wissen – die vollständige Hülle der linearen Menge $C_0^{(\infty)}(G)$ der Funktionen mit kompaktem Träger in G in der Metrik des Raumes $W_2^{(1)}(G)$. Aus (36.30) und (36.31) folgt, daß die Metriken im Raum S_A und $W_2^{(1)}(G)$ äquivalent sind, so daß wir aus dem Raum S_A durch „Vervollständigung" in der Metrik des Raumes S_A und in der Metrik des Raumes $W_2^{(1)}(G)$ den gleichen Raum H_A (genauer: die gleichen Elemente dieses Raumes) erhalten. Da weiter für jedes $u \in C_0^{(\infty)}(G)$ offensichtlich auch $u \in M$ gilt, ist $\mathring{W}_2^{(1)}(G) \subset H_A$ [1]). Gleichzeitig ist aber $H_A \subset \mathring{W}_2^{(1)}(G)$, denn wie wir im folgenden leicht zeigen, kann der Raum H_A nicht größer sein als der Raum $\mathring{W}_2^{(1)}(G)$:

Es sei also $u \in H_A$, aber $u \notin \mathring{W}_2^{(1)}(G)$. Jedes Element der Menge M gehört zu $\mathring{W}_2^{(1)}(G)$, denn es erfüllt die Bedingung $u = 0$ auf Γ (sogar im klassischen Sinne), ferner sind die Funktionen aus der Menge M im Raum $\mathring{W}_2^{(1)}(G)$ dicht (da sogar die Funktionen aus $C_0^{(\infty)}(G)$ in $\mathring{W}_2^{(1)}(G)$ dicht sind). Unter der angeführten Voraussetzung wäre also das Element u ein Grenzwert in der Metrik des Raumes S_A und deshalb – da es sich um äquivalente Metriken handelt – auch in der Metrik des Raumes $W_2^{(1)}(G)$, einer Folge $\{u_n\}$ von Elementen aus S_A, die eine Cauchy-Folge in H_A – und deshalb auch eine Cauchy-Folge in $\mathring{W}_2^{(1)}(G)$ – ist; dabei würde dieses Element nicht zu $\mathring{W}_2^{(1)}(G)$ gehören. Das ist jedoch nicht möglich, denn $\mathring{W}_2^{(1)}(G)$ ist ein vollständiger Raum. Damit ist die Behauptung, daß jedes Element des Raumes H_A auch zum Raum $\mathring{W}_2^{(1)}(G)$ gehört, bewiesen.

Die Räume $\mathring{W}_2^{(1)}(G)$ und H_A haben also die gleichen Elemente. (Dabei folgt aus (36.30) die $\mathring{W}_2^{(1)}(G)$-Elliptizität der auf den ganzen Raum H_A fortgesetzten Form $(v, u)_A$.) Aus (36.24) und aus (11.7), S. 124, folgt dann, daß die schwache Lösung des Problems (36.21), (36.22) mit der in Kapitel 11 definierten verallgemeinerten Lösung dieses Problems übereinstimmt.

Beide Theorien führen also in unserem Fall auf die gleichen Funktionenräume (genauer: auf Räume, die durch die gleichen Elemente gebildet sind und deren Metriken äquivalent sind) und auch auf den gleichen Lösungsbegriff. Wie schon erwähnt, kann man leicht alle Überlegungen auf die allgemeineren Fälle übertragen, die im dritten Teil unseres Buches unter der Voraussetzung der Symmetrie, genügend glatter Koeffizienten und homogener Randbedingungen betrachtet wurden und die ihrerseits Spezialfälle der im vierten Teil behandelten Probleme darstellen.

Obwohl wir mit den Schlußfolgerungen dieses Teiles des Buches im wesentlichen zufrieden sein können (wir haben wesentlich allgemeinere Ergebnisse erzielt als im vorhergehenden Teil und haben eine in gewissem Sinne in sich abgeschlossene Theorie aufgebaut), sind einige Fragen unbeantwortet geblieben. Die erste dieser Fragen

---

[1]) Diese Inklusion fassen wir im mengentheoretischen Sinne auf: Jedes Element des Raumes $\mathring{W}_2^{(1)}(G)$ ist ein Element des Raumes H_A.

betrifft die Voraussetzungen, unter denen wir behaupten können, daß die konstruierte schwache Lösung des betrachteten Problems eine klassische Lösung ist, bzw. inwieweit sie „klassisch" ist. Die zweite Frage betrifft die in (36.7) auftretende Funktion w. In Definition 32.2 wird die Existenz dieser Funktion vorausgesetzt, und es werden durch diese Funktion die stabilen Randbedingungen charakterisiert bzw. gegeben. In den Anwendungen ist es aber umgekehrt, es sind die Werte der gesuchten Funktion, eventuell ihrer Ableitungen, auf dem Rand Γ vorgegeben und man muß die Frage der Konstruktion oder wenigstens der Existenz einer Funktion $w \in W_2^{(k)}(G)$ mit den geforderten Eigenschaften beantworten.

Mit der Lösung dieser beiden Fragen werden wir uns in Kapitel 46 befassen. Im folgenden Teil des Buches werden wir die Lösung von Eigenwertproblemen angehen, wobei wir wesentlich die in diesem Teil erarbeiteten Mittel und Resultate benutzen.

TEIL V. DAS EIGENWERTPROBLEM

Kapitel 37. Einführung

Schon in Kapitel 20 sind wir auf S. 228 – wenn auch nur sehr flüchtig – auf ein Eigenwertproblem gestoßen. Innerhalb der Konzeption dieses Buches, die auf der Theorie des Hilbert-Raumes basiert, kann man das Eigenwertproblem vorläufig so formulieren[1]): Es sei A ein linearer Operator im Hilbert-Raum H (der eventuell nur auf einer linearen Teilmenge dieses Raumes definiert ist). Dann wird die Zahl λ **Eigenwert des Operators** A genannt, wenn es ein vom Nullelement verschiedenes Element $u \in H$ gibt, so daß in H gilt

$$Au - \lambda u = 0 . \tag{37.1}$$

Das Element u wird **Eigenelement des Operators** A genannt (oft auch **Eigenelement der Gleichung** (37.1)), das dem betrachteten Eigenwert λ entspricht.

Da der Operator A linear ist, ist auch jedes Element der Form ku, wobei k eine beliebige von Null verschiedene Zahl ist, ein Eigenelement des Operators A, das dem gleichen Wert λ entspricht.

Wenn u eine Funktion ist, sprechen wir oft von der **Eigenfunktion** statt vom Eigenelement des gegebenen Operators. Auf die Aufgabe, die Eigenwerte eines gegebenen Operators zu finden, führt eine ganze Reihe von physikalischen, technischen sowie auch rein mathematischen Problemen. Wir führen hier nur zwei einfache Beispiele an.

Beispiel 37.1. Wir betrachten das *gemischte Problem für die Wellengleichung* im Gebiet $G(0 < x < l,\ t > 0)$,

$$a^2 \frac{\partial^2 u}{\partial t^2} = \frac{\partial^2 u}{\partial x^2} \quad \text{in } G , \quad a > 0 , \tag{37.2}$$

$$u(0, t) = u(l, t) = 0 , \quad t > 0 , \tag{37.3}$$

$$u(x, 0) = \varphi(x) , \quad 0 < x < l , \tag{37.4}$$

$$\frac{\partial u}{\partial t}(x, 0) = 0 , \quad 0 < x < l . \tag{37.5}$$

(*Schwingungen einer vollkommen flexiblen Faser* („Saite“) der Länge l, die an beiden Enden befestigt ist — Bedingungen (37.3) —, die sich im Zeitpunkt $t = 0$ in der durch die Funktion $\varphi(x)$ gegebenen Lage befindet — Bedingung (37.4) —, mit einer verschwindenden Anfangsgeschwindigkeit — Bedingung (37.5).)

---

[1]) Präzise Formulierungen findet man in Kapitel 39.

Wenn wir dieses Problem mit Hilfe des sogenannten **Fourierschen Verfahrens** lösen, setzen wir die Lösung in der Form

$$u(x, t) = \sum_{n=1}^{\infty} a_n \, u_n(x, t) \tag{37.6}$$

an, wobei jede von den Funktionen $u_n(x, t)$ von der Form

$$u_n(x, t) = X_n(x) \, . \, T_n(t) \tag{37.7}$$

ist, die Gleichung (37.2) sowie die Bedingungen (37.3) und (37.5) erfüllt und in G nicht identisch verschwindet. Die Konstanten a_n sind vorläufig unbestimmt (bei ihrer Bestimmung wird die Bedingung (37.4) ausgenutzt).

Wenn wir (37.7) in (37.2) einsetzen, erhalten wir (ausführlich siehe z.B. [36], Kapitel 26)

$$a^2 \frac{T_n''}{T_n} = \frac{X_n''}{X_n} \quad \text{in } G \, . \tag{37.8}$$

Da die linke Seite dieser Gleichung nicht von x abhängt (sie ist eine Funktion nur der Veränderlichen t) und da die Gleichung (37.2) — und deshalb auch (37.8) — überall in G erfüllt sein soll, d.h. für alle $x \in (0, l)$ und alle $t > 0$, kann auch die rechte Seite dieser Gleichung nicht von x abhängen, und muß infolgedessen für alle $x \in (0, l)$ gleich einer Konstante sein, die wir mit $-\lambda_n$ bezeichnen:

$$\frac{X_n''}{X_n} = -\lambda_n \, .$$

Für die Funktion $X_n(x)$ erhalten wir so die Differentialgleichung

$$-X_n'' - \lambda_n X_n = 0 \, , \quad 0 < x < l \, . \tag{37.9}$$

Ferner soll jede der Funktionen $u_n(x, t)$ für jedes $t > 0$ die Bedingungen (37.3) erfüllen und dabei nicht identisch verschwinden, so daß nicht $T_n(t) \equiv 0$ sein kann. Es muß also notwendigerweise

$$X_n(0) = 0 \, , \quad X_n(l) = 0 \tag{37.10}$$

gelten.

Das Fouriersche Verfahren zur Lösung des Problems (37.2) bis (37.5) führt zunächst auf die Aufgabe, eine von Null verschiedene Lösung des Problems (37.9), (37.10) zu finden. Das ist ein Eigenwertproblem für den Operator $-u''$, der auf der linearen Menge der (genügend glatten) Funktionen, die die Bedingung (37.10) erfüllen, betrachtet wird.

Wie wir schon in Kapitel 20 gezeigt haben, bilden die Eigenwerte dieses Operators eine abzählbare Menge,

$$\lambda_n = \frac{n^2 \pi^2}{l^2} \, , \quad n = 1, 2, \ldots \, , \tag{37.11}$$

und die entsprechenden Eigenfunktionen haben die Form

$$X_n(x) = A_n \sin \frac{n \pi x}{l} \, , \tag{37.12}$$

wobei A_n beliebige von Null verschiedene Konstanten sind.

Wenn die Eigenfunktionen (37.12) bestimmt sind, ist der weitere Weg zur Lösung des Problems (37.2) bis (37.5) einfach. Siehe das zitierte Buch [36].

Beispiel 37.2. Es sei G das Rechteck $0 < x < a, 0 < y < b$. Durch einfache Rechnungen stellen wir fest (vgl. Kapitel 20), daß die Eigenwerte des Operators $-\Delta$, der auf der linearen Menge der Funktionen $u \in C^{(2)}(\overline{G})$, die der Bedingung $u = 0$ auf dem Rand Γ genügen, betrachtet wird, die folgende Form haben:

$$\lambda_{m,n} = \frac{m^2\pi^2}{a^2} + \frac{n^2\pi^2}{b^2}, \quad m = 1, 2, \ldots, n = 1, 2, \ldots .$$

Die entsprechenden Eigenfunktionen sind

$$u_{m,n}(x, y) = A_{m,n} \sin \frac{m\pi x}{a} \sin \frac{n\pi y}{b}$$

mit beliebigen von Null verschiedenen Konstanten $A_{m,n}$ und erfüllen also im gegebenen Rechteck die Gleichung

$$-\Delta u_{m,n} - \lambda_{m,n} u_{m,n} = 0,$$

sowie auf seinem Rand die Bedingung $u_{m,n} = 0$.

Auf diese Aufgabe führt z.B. das Fouriersche Verfahren, wenn es angewendet wird, um die *Schwingungen einer rechteckigen Membrane* zu bestimmen, die am Rande fest eingespannt ist und sich im Zeitpunkt $t = 0$ in einer durch die Funktion $\varphi(x, y)$ gegebenen Lage befindet; diese Funktion hat hier eine ähnliche Bedeutung wie die Funktion $\varphi(x)$ im Problem (37.2) bis (37.5).

Um noch vor einer systematischen Behandlung des Eigenwertproblems eine gewisse Vorstellung zu erhalten, was man in den Fällen, die uns in diesem Buch am meisten interessieren, an Resultaten erwarten kann, erwähnen wir hier wenigstens zwei charakteristische Eigenschaften der Eigenwerte und Eigenelemente gewisser spezieller Operatoren.

Satz 37.1. *Die Eigenwerte eines positiven Operators sind positiv.*

Der **Beweis** ist einfach. Es sei A ein (auf einer linearen Menge M im Hilbert-Raum H) positiver Operator. Ferner sei λ einer seiner Eigenwerte und $v \neq 0$ das entsprechende Eigenelement, so daß in H gilt

$$Av - \lambda v = 0.$$

Wenn wir das Skalarprodukt dieser Gleichung mit der Funktion v von rechts bilden, erhalten wir

$$(Av, v) - \lambda(v, v) = 0.$$

Da die Zahlen (Av, v) und (v, v) positiv sind, ist auch λ positiv.

Bemerkung 37.1. Aus Satz 37.1 folgt vor allem, daß die Eigenwerte eines positiv definiten Operators positiv sind.

Satz 37.2. *Es seien λ_1 und λ_2 zwei verschiedene Eigenwerte eines symmetrischen Operators A. Dann sind die entsprechenden Eigenelemente v_1 und v_2 orthogonal sowohl im Raum H als auch im Sinne des „energetischen“ Skalarproduktes (Au, v). Es gilt also*

$$(v_1, v_2) = 0, \tag{37.13}$$

$$(Av_1, v_2) = 0. \tag{37.14}$$

Der **Beweis** ist wiederum einfach: Laut Voraussetzung gilt

$$Av_1 - \lambda_1 v_1 = 0\,, \tag{37.15}$$

$$Av_2 - \lambda_2 v_2 = 0\,. \tag{37.16}$$

Wir multiplizieren die Gleichung (37.15) mit dem Element v_2 skalar von rechts und ziehen die so erhaltene Identität von der mit dem Element v_1 skalar von rechts multiplizierten Gleichung (37.16) ab. So erhalten wir

$$(Av_2, v_1) - (Av_1, v_2) = \lambda_2(v_2, v_1) - \lambda_1(v_1, v_2)\,. \tag{37.17}$$

Da aber der Operator A nach Voraussetzung symmetrisch ist, ist

$$(Av_1, v_2) = (Av_2, v_1)\,;$$

ferner ist

$$(v_1, v_2) = (v_2, v_1)\,.$$

Damit folgt aus (37.17)

$$(\lambda_2 - \lambda_1)(v_1, v_2) = 0\,,$$

und hieraus

$$(v_1, v_2) = 0\,, \tag{37.18}$$

denn nach Voraussetzung ist $\lambda_1 \neq \lambda_2$.

Wenn wir nun die Identität (37.15) skalar von rechts mit dem Element v_2 multiplizieren und das Ergebnis (37.18) benutzen, haben wir

$$(Av_1, v_2) = 0\,,$$

womit auch die zweite Behauptung des Satzes 37.2 bewiesen ist.

Bemerkung 37.2. Beide Aussagen von Satz 37.2 gelten natürlich auch für positive bzw. positiv definite Operatoren, die ja nach Definition 8.15, S. 95, gleichzeitig symmetrisch sind.

Wir machen darauf aufmerksam, daß beide eben angeführten Sätze von bedingtem Charakter sind, denn sie setzen die Existenz von Eigenwerten und Eigenfunktionen der betrachteten Operatoren voraus. Zum Beweis eines *Existenzsatzes*, den wir in Kapitel 39 anführen, werden wir gewisse Ergebnisse aus der Theorie vollstetiger Operatoren benutzen.

Kapitel 38. Vollstetige Operatoren

Die Theorie vollstetiger Operatoren hat ihren Ursprung in dem intensiven Studium Fredholmscher Integralgleichungen und gehört zu den am gründlichsten ausgearbeiteten „klassischen" Gebieten der Funktionalanalysis. Wie schon die Bezeichnung dieser Operatoren andeutet, gehören vollstetige Operatoren zu den stetigen und folglich beschränkten Operatoren – im Unterschied zu den Differentialoperatoren. Der Leser wird sich deshalb vielleicht wundern, warum wir uns hier mit diesen Operatoren befassen, wenn sonst gerade Differentialoperatoren im Mittelpunkt unseres Interesses stehen. Die Antwort ist nicht schwer: Die außergewöhnlich guten Eigenschaften der vollstetigen Operatoren haben es ermöglicht, eine abgeschlossene Theorie aufzubauen, die im Prinzip alle Fragen bezüglich der Problematik der Eigenwerte solcher Operatoren restlos löst. In Kapitel 39 (S. 478) werden wir dann sehen, wie man durch einen geeigneten Kunstgriff diese Ergebnisse auch auf den Fall der Differentialoperatoren übertragen kann, während eine direkte Herleitung dieser Ergebnisse ziemlich kompliziert wäre.

In unserem Buch werden wir keine systematische Theorie der vollstetigen Operatoren aufbauen – das ist Aufgabe der Lehrbücher der Funktionalanalysis. Wir beschränken uns hier auf einige wesentliche Ergebnisse dieser Theorie im Hilbert-Raum, die für uns in den nächsten Kapiteln von unmittelbaren Nutzen sein werden. An einigen Stellen jedoch, wo es in einfacher Weise möglich sein wird, werden wir die wichtigen Punkte der Beweise der angeführten Behauptungen andeuten, um dem Leser die Möglichkeit zu geben, eine gewisse Vorstellung über die Grundideen dieser Theorie zu gewinnen.

Bevor wir den vollstetigen Operator definieren werden, führen wir noch folgende Begriffe ein:

Definition 38.1. Eine Teilmenge M des metrischen Raumes P mit der Metrik ϱ_P wird **beschränkt** in diesem Raum genannt, wenn es ein Element $a \in P$ und eine Zahl $R > 0$ gibt, so daß für jedes Element $x \in M$ gilt

$$\varrho_P(x, a) < R .$$

(Geometrisch ausgedrückt: Wenn jedes Element $x \in M$ in einer „Kugel" mit dem „Mittelpunkt" a und dem „Radius "R liegt.)

Definition 38.2. Eine Teilmenge M' des metrischen Raumes P wird **präkompakt** in diesem Raum genannt, wenn man aus jeder Folge $\{u_n\}$ von Elementen dieser Menge[1]) eine in P konvergente Teilfolge auswählen kann. Wenn außerdem die Grenzwerte aller dieser Teilfolgen zu M' gehören, wird M' **kompakt** im Raum P genannt.

Beispiel 38.1. Jede beschränkte Menge von Punkten des N-dimensionalen euklidischen Raumes E_N (mit der üblichen Definition der Entfernung zweier Punkte) ist in E_N präkompakt, denn nach dem Satz von Bolzano und Cauchy kann man aus jeder Folge, die aus Elementen dieser Menge besteht, eine in E_N konvergente Teilfolge auswählen. Wenn die betrachtete Menge zusätzlich noch abgeschlossen ist, so daß alle ihre Häufungspunkte zu ihr gehören, so ist sie in E_N kompakt.

Beispiel 38.2. Es sei P der Raum $C(0, 1)$, dessen Elemente bekanntlich alle im Intervall $[0, 1]$ stetigen reellen Funktionen sind und in dem die Norm der Funktion $x(t)$ durch die Beziehung

$$\|x\|_C = \varrho_C(x, 0) = \max_{t\in[0,1]} |x(t)|\,, \tag{38.1}$$

und der Abstand zweier Funktionen $x_1(t)$, $x_2(t)$ durch die Beziehung

$$\varrho_C(x_1, x_2) = \max_{t\in[0,1]} |x_1(t) - x_2(t)| \tag{38.2}$$

definiert ist; Konvergenz einer Folge von Funktionen $x_n(t)$ aus diesem Raum bedeutet gleichmäßige Konvergenz dieser Folge im Intervall $[0, 1]$.

Wir behaupten, daß jede Menge $M' \subset C(0, 1)$ von Funktionen, die im Intervall $[0, 1]$ gleichmäßig beschränkt und gleichgradig stetig sind[2]), im Raum $C(0, 1)$ kompakt ist. Die Menge ist zunächst im Raum $C(0, 1)$ präkompakt, denn nach dem Satz von Arzelà (siehe z.B. [36], S. 668) kann man aus jeder Folge von im Intervall $[0, 1]$ gleichmäßig beschränkten und gleichgradig stetigen Funktionen eine Teilfolge von Funktionen auswählen, die im Intervall $[0, 1]$ gleichmäßig konvergiert und folglich auch im Raum $C(0, 1)$ konvergent ist. Aber die Grenzfunktionen aller solcher Teilfolgen sind stetig in $[0, 1]$, denn sie sind Grenzwerte von gleichmäßig konvergenten Folgen stetiger Funktionen, und haben außerdem — wie aus dem Grenzübergang leicht folgt — die in der Fußnote angeführten Eigenschaften 1 und 2. Sie gehören also auch zur Menge M', so daß die Menge M' im Raum $C(0, 1)$ kompakt ist.

Definition 38.3. Ein linearer Operator T, der auf einem linearen metrischen Raum P definiert ist und den Raum P in den linearen metrischen Raum P_1 abbildet, wird **vollstetig (von dem Raum P in den Raum P_1)** genannt, wenn er jede in P beschränkte Menge M in eine in P_1 präkompakte Menge M' abbildet.[3])

Wenn $P_1 = P$ ist, sprechen wir von einem **im Raum P vollstetigen Operator.**

---

[1]) Wir lassen auch stationäre Folgen zu (d.h. solche, deren Elemente alle gleich sind). In diesem Sinne ist jede Menge $M' \subset P$, die aus endlich vielen Elementen besteht, in P präkompakt (und sogar kompakt).

[2]) Eine solche Menge M' bilden also diejenigen Funktionen aus dem Raum $C(0, 1)$, für die gilt:
1. Es existiert eine von den Funktionen aus der Menge M' unabhängige Konstante $K > 0$, so daß gilt:

$$x \in M' \Rightarrow |x(t)| \leqq K \quad \text{für jedes } t \in [0, 1]\,.$$

2. Zu jedem $\varepsilon > 0$ existiert ein von den Funktionen aus der Menge M' unabhängiges $\delta > 0$, so daß gilt:

$$x \in M'\,, \quad t_1, t_2 \in [0, 1]\,, \quad |t_1 - t_2| < \delta \Rightarrow |x(t_1) - x(t_2)| < \varepsilon\,.$$

[3]) D.h.:

$$M \text{ beschränkt in } P,\ T \text{ ein vollstetiger Operator von } P \text{ in } P_1,\ M' = TM \Rightarrow \Rightarrow M' \text{ präkompakt in } P_1. \tag{38.3}$$

Beispiel 38.3. Im Raum $C(0, 1)$ betrachten wir den durch die Beziehung

$$y = Tx = \int_0^1 K(t, s)\, x(s)\, \mathrm{d}s \tag{38.4}$$

definierten Operator T; dabei ist $K(t, s)$ eine im Quadrat $\overline{Q}\,(0 \leqq t \leqq 1,\ 0 \leqq s \leqq 1)$ stetige Funktion. Aus der Stetigkeit der Funktion $K(t, s)$ folgt, daß durch die Beziehung (38.4) jeder im Intervall $[0, 1]$ stetigen Funktion $x(t)$ eine ebenfalls im Intervall $[0, 1]$ stetige Funktion $y(t)$ zugeordnet ist, so daß der Operator T den Raum $C(0, 1)$ in den Raum $C(0, 1)$ abbildet. In unserem Fall ist also $P = P_1 = C(0, 1)$.

Der Operator T ist offensichtlich linear. Wir zeigen nun, daß er im Raum $C(0, 1)$ vollstetig ist. Dazu betrachten wir eine beliebige Menge $M \subset C(0, 1)$, die im Raum $C(0, 1)$ beschränkt ist, d.h. für die eine Konstante $K_1 > 0$ existiert, so daß

$$\|x\|_C = \max_{t \in [0,1]} |x(t)| \leqq K_1 \quad \text{für jedes } x \in M \tag{38.5}$$

gilt. Wir bezeichnen mit M' das Bild der Menge M, d.h. die Menge aller Funktionen $y(t)$, für die

$$y = Tx\,, \quad x \in M\,, \tag{38.6}$$

ist. Wir müssen zeigen, daß diese Menge im Raum $C(0, 1)$ präkompakt ist, d.h. daß man aus jeder Folge

$$\{y_n(t)\}\,, \quad y_n \in M'\,, \tag{38.7}$$

eine Teilfolge auswählen kann, die im Raum $C(0, 1)$ konvergiert, d.h. im Intervall $[0, 1]$ gleichmäßig konvergent ist. Dazu genügt es aber nach dem Satz von Arzelà (vgl. Beispiel 38.2) zu zeigen, daß die Funktionen aus der Menge M' im Intervall $[0, 1]$ gleichmäßig beschränkt und gleichgradig stetig sind.

Gleichmäßige Beschränktheit: Die Funktion $K(t, s)$ ist im Quadrat $\overline{Q}$ stetig und folglich beschränkt,

$$|K(t, s)| \leqq K_2\,.$$

Für Funktionen aus der Menge M gilt (38.5), d.h. es ist $|x(t)| \leqq K_1$ für alle $t \in [0, 1]$. Damit gilt also für jede Funktion $y \in M'$

$$|y(t)| = \left|\int_0^1 K(t, s)\, x(s)\, \mathrm{d}s\right| \leqq \int_0^1 |K(t, s)|\, |x(s)|\, \mathrm{d}s \leqq K_1 K_2\,. \tag{38.8}$$

Gleichgradige Stetigkeit: Die Funktion $K(t, s)$ ist im abgeschlossenen Quadrat $\overline{Q}$ stetig und so auf $\overline{Q}$ gleichmäßig stetig. Zu jedem $\eta > 0$ existiert ein $\delta > 0$, so daß für jedes $s \in [0, 1]$ und für jedes Paar von Werten t_1, t_2 aus dem Intervall $[0, 1]$ mit

$$|t_1 - t_2| < \delta \tag{38.9}$$

die Ungleichung

$$|K(t_1, s) - K(t_2, s)| < \eta \tag{38.10}$$

gilt. Wir wählen ein beliebiges $\varepsilon > 0$, bezeichnen

$$\eta = \frac{\varepsilon}{K_1} > 0$$

und bestimmen zu diesem η den Wert δ — siehe (38.9) —, für den (38.10) erfüllt ist. Dann besteht für jede Funktion $y \in M'$ und für jedes Paar von Zahlen $t_1, t_2 \in [0, 1]$, für das die Ungleichung

(38.9) gilt, die Beziehung

$$|y(t_1) - y(t_2)| = \left|\int_0^1 [K(t_1, s) - K(t_2, s)]\, x(s)\, ds\right| \leqq$$
$$\leqq \int_0^1 |K(t_1, s) - K(t_2, s)|\, |x(s)|\, ds < \eta K_1 = \varepsilon ,$$

d.h., daß die Funktionen $y \in M'$ im Intervall $[0, 1]$ gleichgradig stetig sind.

Damit ist bewiesen, daß der Operator T im Raum $C(0, 1)$ vollstetig ist.

Im weiteren Text dieses Kapitels werden wir *vollstetige Operatoren in einem gewissen Hilbert-Raum H* betrachten, also Operatoren, die den Raum H wieder in denselben Raum H abbilden. Das Skalarprodukt der Elemente u, v in diesem Raum bzw. die Norm des Elementes u werden wir wie üblich mit den Symbolen (u, v) bzw. $\|u\|$ bezeichnen. Wir geben kurz eine Übersicht der wichtigsten Ergebnisse, wobei wir, wie schon erwähnt, den Beweis nur dort andeuten werden, wo wir es für zweckmäßig halten werden.

Satz 38.1. *Ein vollstetiger Operator T ist in H beschränkt.*

Wir erinnern daran, daß (siehe Definition 8.13) ein Operator T beschränkt in H genannt wurde, wenn es eine Zahl K gibt, so daß für jedes $u \in H$

$$\|Tu\| \leqq K\|u\| \tag{38.11}$$

gilt. Die kleinste aller Zahlen K, die die Eigenschaft (38.11) haben, wird (siehe S. 85) Norm des Operators T genannt und mit $\|T\|$ bezeichnet.

Definition 38.4. Im Hilbert-Raum H sei eine Folge von Operatoren T_n und der Operator T gegeben. Wir sagen, daß die **Folge der Operatoren T_n in der Norm gegen den Operator T konvergiert,** wenn

$$\lim_{n \to \infty} \|T - T_n\| = 0 \tag{38.12}$$

gilt.

Aus der Definition der Norm eines Operators ergibt sich, daß (38.12) folgendes bedeutet: Zu jedem $\varepsilon > 0$ kann man ein n_0 finden, so daß für alle $n > n_0$ und für alle $u \in H$ gilt:

$$\|Tu - T_n u\| \leqq \varepsilon\|u\| .$$

Satz 38.2 (siehe z.B. [42]). *Es sei $\{T_n\}$ eine Folge vollstetiger Operatoren im Hilbert-Raum H, die in der Norm gegen den Operator T konvergiert. Dann ist T ein vollstetiger Operator in H.*

Bemerkung 38.1. Wir empfehlen dem Leser, aufgrund dieses Satzes die Vollstetigkeit des Operators (38.4) im Hilbert-Raum $H = L_2(0, 1)$ unter der Voraussetzung zu beweisen, daß $K \in L_2(Q)$ ist, d.h. die Funktion $K(t, s)$ auf dem Quadrat Q quadratisch integrierbar ist. (Hinweis: Man beweise zunächst, daß der Operator (38.4) in $L_2(0, 1)$ dann vollstetig ist, wenn $K(t, s)$ eine in $\overline{Q}$ stetige Funktion ist. Dabei muß man beachten, daß die Konvergenz in den Räumen $C(0, 1)$ und $L_2(0, 1)$ auf verschiedene Weise definiert ist. Weiter bilden Funktionen, die in $\bar{Q}$ stetig sind, eine dichte Menge in $L_2(Q)$. Wenn $K(t, s) \in L_2(Q)$ ist, dann ist $K(t, s)$ in $L_2(Q)$ der Grenzwert einer Folge $\{K_n(t, s)\}$ von in $\bar{Q}$ stetigen Funktionen. Jeder der entsprechenden Operatoren T_n ist in $L_2(0, 1)$ vollstetig. Und nun genügt es, zu beweisen, daß

$$\lim_{n \to \infty} \|T - T_n\| = 0$$

gilt, wobei T der Operator (38.4) ist, der der gegebenen Funktion $K(t, s) \in L_2(Q)$ entspricht.)

Definition 38.5. Es sei H ein Hilbert-Raum. Wir sagen, der Operator T ist im Raum H **von endlicher Dimension** (oder daß er **endlichdimensional** oder auch **entartet** ist), wenn es eine natürliche Zahl n, Elemente $z_1, \dots, z_n$ des Raumes H und n linear unabhängige Elemente $v_1, \dots, v_n$ dieses Raumes gibt, so daß für jedes Element $u \in H$ gilt:

$$Tu = \sum_{j=1}^{n} (u, z_j)\, v_j\,. \tag{38.13}$$

Beispiel 38.4. Wir betrachten den Operator (38.4) aus Beispiel 38.3 im Hilbert-Raum $L_2(0, 1)$; dabei sei

$$K(t, s) = t + s\,. \tag{38.14}$$

Wir behaupten, daß dieser Operator im Raum $L_2(0, 1)$ die Dimension 2 hat. Für den Nachweis genügt es,

$$z_1(t) \equiv 1\,, \quad z_2(t) \equiv t\,, \quad v_1(t) \equiv t\,, \quad v_2(t) \equiv 1 \quad \text{auf } [0, 1] \tag{38.15}$$

zu setzen. Nach leichten Rechnungen erhalten wir nämlich für ein beliebiges $u \in L_2(0, 1)$

$$Tu = \int_0^1 (t + s)\, u(s)\, ds = t \int_0^1 u(s)\, ds + \int_0^1 s\, u(s)\, ds\,, \tag{38.16}$$

woraus (38.13) mit (38.15) folgt.

Überall im weiteren Text werden wir voraussetzen (ohne es stets zu wiederholen), *daß der betrachtete Hilbert-Raum H separabel ist* (d.h. es existiert eine höchstens abzählbare Basis in diesem Raum).

Satz 38.3 (siehe z.B. [42]). *Es sei T ein vollstetiger Operator in H und ε eine beliebige positive Zahl. Dann kann man Operatoren T_1 und T_2 finden, so daß*

$$T = T_1 + T_2 \tag{38.17}$$

ist, wobei der Operator T_1 eine endliche Dimension hat und für die Norm des Operators T_2

$$\|T_2\| < \varepsilon \tag{38.18}$$

gilt.

Bemerkung 38.2. Es läßt sich zeigen, daß auch die umgekehrte Behauptung richtig ist: Wenn man für jedes $\varepsilon > 0$ den Operator T im Hilbert-Raum H in der Form (38.17) ausdrücken kann, wobei die Operatoren T_1 und T_2 die in Satz 38.3 angeführten Eigenschaften haben, dann ist T ein vollstetiger Operator in H.

Hieraus folgt natürlich, daß jeder Operator T, der in H von endlicher Dimension ist, in H vollstetig ist: Es genügt, für T_2 den Nulloperator zu wählen.

Wir betrachten nun im Hilbert-Raum H einen beschränkten (aber nicht notwendig vollstetigen) Operator T. Für jedes feste $v \in H$ ist dann das Funktional $fu = (Tu, v)$ beschränkt, folglich existiert nach dem Rieszschen Satz 8.8 ein durch das Element v eindeutig bestimmtes Element $v^* \in H$, so daß für alle $u \in H$

$$(Tu, v) = (u, v^*)$$

gilt. Der Operator T^*, der durch die Beziehung

$$v^* = T^*v, \quad v \in H,$$

bestimmt ist, oder – was das gleiche ist – durch die Beziehung

$$(Tu, v) = (u, T^*v),$$

die für jedes Paar von Elementen u, v aus dem Raum H erfüllt sein soll, wird (siehe S. 230) der **zum Operator T adjungierte Operator** genannt.

Wenn $T^* = T$ ist (d.h. wenn $(Tu, v) = (u, Tv)$ für alle $u, v \in H$ gilt), dann wird der Operator T bekanntlich **selbstadjungiert in** H genannt.

Satz 38.4. *Ist T ein vollstetiger Operator im Hilbert-Raum H, dann ist auch der adjungierte Operator T^* in H vollstetig.*

Es sei T (und folglich auch T^*) ein vollstetiger Operator im (reellen) Hilbert-Raum H. Wir betrachten die Gleichungen

$$Tu - \mu u = v, \tag{38.19}$$

$$T^*x - \mu x = y \tag{38.20}$$

und die entsprechenden homogenen Gleichungen

$$Tu - \mu u = 0, \tag{38.21}$$

$$T^*x - \mu x = 0, \tag{38.22}$$

wobei μ ein reeller Parameter ist. Mit der Lösbarkeit dieser Gleichungen in Abhängigkeit vom Wert des Parameters μ befaßt sich der folgende Satz:

Satz 38.5. *Es sei $\mu \neq 0$. Dann ist die Gleichung* (38.19) *für ein beliebiges $v \in H$ genau dann eindeutig lösbar, wenn die Gleichung* (38.21) *nur die Nullösung besitzt. Dasselbe gilt auch für die Gleichungen* (38.20) *und* (38.22). *Wenn die Gleichung* (38.21) *eine nichtverschwindende Lösung hat* (d.h. das entsprechende μ ein Eigenwert des Operators T ist), *dann hat auch die Gleichung* (38.22) *eine nichtverschwindende Lösung* (so daß dasselbe μ auch ein Eigenwert des Operators T^* ist), *und umgekehrt. In diesem Fall ist die Gleichung* (38.19) *genau für diejenigen $v \in H$ lösbar* (*und dabei nicht eindeutig*), *die in H zu allen Lösungen der Gleichung* (38.22) – d.h. zu den Eigenelementen, die dem Eigenwert μ entsprechen – *orthogonal sind. Eine analoge Behauptung gilt für die Gleichungen* (38.20) *und* (38.21). *Die Gleichungen* (38.21) *und* (38.22) *haben die gleiche Anzahl linear unabhängiger Eigenelemente* (die dem betrachteten Wert des Parameters μ entsprechen).

Bemerkung 38.3. Es gibt also nur die folgenden zwei Möglichkeiten, die vom Wert des Parameters μ ($\mu \neq 0$) abhängen:

Entweder ist die Gleichung (38.19) *für jedes* $v \in H$ *eindeutig lösbar, oder hat die entsprechende homogene Gleichung* (38.21) *eine nichtverschwindende Lösung.* Dasselbe gilt auch für die Gleichungen (38.20) und (38.22). Dieses aus der Theorie der Integralgleichungen bekannte Ergebnis wird **Fredholmsche Alternative** genannt.

Der **Beweis** von Satz 38.5 beruht auf Satz 38.3. Da der Operator T vollstetig ist, kann man ihn in der Form (38.17) schreiben, und dasselbe gilt auch für den Operator T^*. Wenn $\mu \neq 0$ ist, dann werden die Gleichungen (38.19), (38.20) durch eine geschickte Umformung (siehe z.B. [42]) auf Gleichungen mit Operatoren endlicher Dimension n zurückgeführt, und diese Gleichungen werden dann durch eine weitere Umformung (die in wesentlichem im Vergleichen der Koeffizienten bei linear unabhängigen Elementen besteht) in ein System von n linearen algebraischen Gleichungen für n Unbekannte zurückgeführt. Für solche Systeme sind Behauptungen, die den Behauptungen von Satz 38.5 entsprechen, aus der linearen Algebra gut bekannt. Die Koeffizienten dieser Gleichungen enthalten den Parameter μ, und in Abhängigkeit vom Wert dieses Parameters ist die Determinante des entsprechenden Systems entweder gleich Null oder von Null verschieden, und das System ist also entweder für jede rechte Seite eindeutig lösbar, oder das entsprechende homogene System hat eine von Null verschiedene Lösung usw.

Bemerkung 38.4. Wenn der Operator T zusätzlich noch selbstadjungiert ist[1]), d.h. wenn $T^* = T$ ist, dann sind die Probleme (38.19), (38.20) bzw. die Probleme (38.21), (38.22) identisch. Wenn dann die Gleichung (38.21) eine nichtverschwindende Lösung hat, ist die Gleichung (38.19) genau für diejenigen rechten Seiten $v \in H$ lösbar, die in H zu allen dem betrachteten Eigenwert μ entsprechenden Eigenelementen der Gleichung (38.21) orthogonal sind.

Wir illustrieren diese Behauptungen an einem einfachen Beispiel:

Beispiel 38.5. Im Hilbert-Raum $H = L_2(0, 1)$ betrachten wir die Gleichung

$$Tu - \mu u = v\,, \tag{38.23}$$

wobei T der Operator aus Beispiel 38.4 ist,

$$Tu = \int_0^1 (t + s)\, u(s)\, \mathrm{d}s\,, \tag{38.24}$$

d.h. wir betrachten die Gleichung

$$\int_0^1 (t + s)\, u(s)\, \mathrm{d}s - \mu\, u(t) = v(t)\,, \quad 0 \leqq t \leqq 1\,. \tag{38.25}$$

---

[1]) D.h., daß für jedes Paar von Elementen u, v aus H gilt: $(Tu, v) = (u, Tv)$. Wir bemerken, daß in unserem Fall, wo der Operator T auf dem ganzen Raum H definiert ist, die Begriffe des selbstadjungierten und des symmetrischen Operators übereinstimmen. Ansonsten muß aber nicht jeder symmetrische Operator notwendigerweise selbstadjungiert sein, vgl. S. 230.

Die entsprechende homogene Gleichung hat die Form

$$\int_0^1 (t + s)\, u(s)\, ds - \mu\, u(t) = 0\,, \quad 0 \leqq t \leqq 1\,. \tag{38.26}$$

Der Operator (38.24) ist im Raum $L_2(0, 1)$ vollstetig (nach Bemerkung 38.1 bzw. nach Bemerkung 38.2 und Beispiel 38.4). Außerdem ist dieser Operator offensichtlich selbstadjungiert, den für je zwei Funktionen $u(t)$, $v(t)$ aus $L_2(0, 1)$ ist

$$(Tu, v) = \left(\int_0^1 (t + s)\, u(s)\, ds, v(t)\right) = \int_0^1 \int_0^1 (t + s)\, u(s)\, v(t)\, ds\, dt =$$
$$= \int_0^1 \int_0^1 (s + t)\, u(t)\, v(s)\, dt\, ds = \left(u(t), \int_0^1 (t + s)\, v(s)\, ds\right) = (u, Tv)\,. \tag{38.27}$$

Weiter ist

$$\int_0^1 (t + s)\, u(s)\, ds = t \int_0^1 u(s)\, ds + \int_0^1 s\, u(s)\, ds = At + B\,, \tag{38.28}$$

wobei A, B die Werte der Integrale

$$\int_0^1 u(s)\, ds\,, \quad \int_0^1 s\, u(s)\, ds$$

sind. Wenn $\mu \neq 0$ ist, folgt aus (38.28), daß die Lösung $u(t)$ der Gleichung (38.25) notwendigerweise die Form

$$u(t) = -\frac{v(t)}{\mu} + at + b\,, \tag{38.29}$$

haben muß, wobei a, b (bisher unbekannte) Konstanten sind. Wenn wir aus (38.29) in (38.25) einsetzen, erhalten wir

$$-\frac{1}{\mu}\int_0^1 (t + s)\, v(s)\, ds + \frac{a}{2}\, t + bt + \frac{a}{3} + \frac{b}{2} + v(t) - \mu at - \mu b = v(t)\,,$$

d.h.

$$\left[-\frac{1}{\mu}\int_0^1 v(s)\, ds + \frac{a}{2} + b - \mu a\right] t + \left[-\frac{1}{\mu}\int_0^1 s\, v(s)\, ds + \frac{a}{3} + \frac{b}{2} - \mu b\right] = 0 \tag{38.30}$$

für alle $t \in [0, 1]$. Die Identität (38.30) gilt nun für alle $t \in [0, 1]$ genau dann, wenn die beiden Ausdrücke in eckigen Klammern verschwinden. Das führt auf das folgende Gleichungssystem für die unbekannten Konstanten a, b:

$$\left(\frac{1}{2} - \mu\right) a + b = \frac{1}{\mu}\int_0^1 v(s)\, ds\,,$$
$$\frac{1}{3}\, a + \left(\frac{1}{2} - \mu\right) b = \frac{1}{\mu}\int_0^1 s\, v(s)\, ds \tag{38.31}$$

mit der Determinante

$$D = \mu^2 - \mu - \tfrac{1}{12}\,.$$

Ist der Wert $\mu \neq 0$ so beschaffen, daß $D \neq 0$ ist, so ist das System (38.31) eindeutig lösbar. Wenn wir dann für a, b in (38.29) einsetzen, erhalten wir die einzige Lösung der Gleichung (38.25).

Insbesondere hat die Gleichung (38.26) in diesem Fall nur die Nullösung.

Für

$$\mu_1 = \frac{1}{2} + \frac{\sqrt{3}}{3} \doteq 1{,}07\,, \quad \mu_2 = \frac{1}{2} - \frac{\sqrt{3}}{3} \doteq -0{,}07$$

ist $D = 0$. Setzen wir μ_1 bzw. μ_2 für μ in (38.31) ein, erhalten wir das System

$$-\frac{\sqrt{3}}{3}a + b = \frac{1}{\frac{1}{2} + \frac{\sqrt{3}}{3}} \int_0^1 v(s)\,\mathrm{d}s\,,$$

$$\frac{1}{3}a - \frac{\sqrt{3}}{3}b = \frac{1}{\frac{1}{2} + \frac{\sqrt{3}}{3}} \int_0^1 s\,v(s)\,\mathrm{d}s\,, \tag{38.32}$$

bzw. das System

$$\frac{\sqrt{3}}{3}a + b = \frac{1}{\frac{1}{2} - \frac{\sqrt{3}}{3}} \int_0^1 v(s)\,\mathrm{d}s\,,$$

$$\frac{1}{3}a + \frac{\sqrt{3}}{3}b = \frac{1}{\frac{1}{2} - \frac{\sqrt{3}}{3}} \int_0^1 s\,v(s)\,\mathrm{d}s\,. \tag{38.33}$$

Wenn $v(s) \equiv 0$ ist (es handelt sich um die Gleichung (38.26)), hat das System (38.32) die Lösung $a = b\sqrt{3}$, wobei b beliebig ist, und nach (38.29) sind also die Funktionen

$$b(\sqrt{3}\,t + 1)\,, \quad b \neq 0\,, \tag{38.34}$$

die dem Eigenwert μ_1 entsprechenden Eigenfunktionen des Operators T. Ähnlich sind die Funktionen

$$b(\sqrt{3}\,t - 1)\,, \quad b \neq 0\,, \tag{38.35}$$

die dem Eigenwert μ_2 entsprechenden Eigenfunktionen des Operators T.

Nach Satz 38.5 (wir erinnern daran, daß der Operator T selbstadjungiert ist) ist die Gleichung (38.25) für $\mu = \mu_1$ bzw. für $\mu = \mu_2$ genau dann lösbar, wenn die Funktion $v(t)$ in $L_2(0, 1)$ zu den Funktionen (38.34) bzw. (38.35) orthogonal ist. Wenn wir z.B. im Falle $\mu = \mu_2$

$$v(t) = t^{(\sqrt{3}-1)/2} \tag{38.36}$$

wählen, dann ist

$$\int_0^1 (\sqrt{3}\,t - 1)\,t^{(\sqrt{3}-1)/2}\,\mathrm{d}t = 0\,,$$

d.h. die Funktion (38.36) ist zu den Funktionen (38.35) orthogonal. Das System (38.33) hat in diesem Fall die Form

$$\frac{\sqrt{3}}{3}a + b = \frac{1}{\frac{1}{2} - \frac{\sqrt{3}}{3}} \cdot (\sqrt{3} - 1)\,,$$

$$\frac{1}{3}a + \frac{\sqrt{3}}{3}b = \frac{1}{\frac{1}{2} - \frac{\sqrt{3}}{3}} \cdot \frac{\sqrt{3}-1}{\sqrt{3}}; \tag{38.37}$$

hier ist die zweite Gleichung ein Vielfaches der ersten, und das System (38.37) — und damit auch die Gleichung (38.25) — hat unendlich viele Lösungen. Ist die Funktion $v(t)$ so beschaffen, daß die betrachtete Bedingung der Orthogonalität nicht erfüllt ist (z.B. wenn $v(t)$ im Intervall $[0, 1]$ konstant ist), so ist die linke Seite der zweiten Gleichung in (38.37) ein anderes Vielfaches der linken Seite der ersten Gleichung, als es bei den rechten Seiten der Fall ist; dann ist weder das System (38.37) noch die Gleichung (38.25) lösbar.

Wir machen noch auf folgende Tatsache aufmerksam: Für jedes $b \neq 0$ sind die Funktionen (38.34) und (38.35) offensichtlich linear unabhängig. Deshalb bilden ihre Linearkombinationen in $L_2(0, 1)$ einen gewissen zweidimensionalen Teilraum, den wir mit K bezeichnen. Die Funktionen aus dem orthogonalen Komplement L des Teilraumes K kann man leicht charakterisieren: Da der gleiche Teilraum K auch durch die linear unabhängigen Funktionen $f(t) = t$ und $g(t) \equiv 1$ gebildet wird, ist eine Funktion $u \in L_2(0, 1)$ genau dann zum Raum K orthogonal, wenn

$$\int_0^1 u(s)\,\mathrm{d}s = 0\,, \quad \int_0^1 s\,u(s)\,\mathrm{d}s = 0 \tag{38.38}$$

gilt.

Bisher haben wir den Fall $\mu \neq 0$ betrachtet. Wenn nun in (38.25) $\mu = 0$ ist, erhalten wir die Gleichung

$$\int_0^1 (t + s)\,u(s)\,\mathrm{d}s = v(t) \tag{38.39}$$

und die entsprechende homogene Gleichung

$$\int_0^1 (t + s)\,u(s)\,\mathrm{d}s = 0\,, \tag{38.40}$$

d.h. die Gleichung

$$t\int_0^1 u(s)\,\mathrm{d}s + \int_0^1 s\,u(s)\,\mathrm{d}s = 0\,.$$

Diese Gleichung ist genau dann für alle $t \in [0, 1]$ erfüllt, wenn

$$\int_0^1 u(s)\,\mathrm{d}s = 0\,, \quad \int_0^1 s\,u(s)\,\mathrm{d}s = 0 \tag{38.41}$$

gilt, d.h. genau dann, wenn die Funktion $u(t)$ im Raum $L_2(0, 1)$ zum Teilraum K orthogonal ist, oder — was das gleiche ist — wenn sie zu seinem orthogonalen Komplement L gehört. Die Zahl $\mu = 0$ ist also ein Eigenwert des Operators T; Eigenfunktionen, die diesem Eigenwert entsprechen, sind alle Funktionen aus L.[1])

---

[1]) Der Umstand, daß die dem Eigenwert $\mu = 0$ entsprechenden Eigenfunktionen gerade den Teilraum erzeugen, der in $L_2(0, 1)$ das orthogonale Komplement des Teilraumes K ist, der durch die Eigenfunktionen der von Null verschiedenen Eigenwerte erzeugt wird, ist, wie wir sehen werden, kein Zufall.

Was die Gleichung (38.39) betrifft, so folgt aus ihrer Form (vgl. die analoge Überlegung in (38.28)), daß für die Lösbarkeit dieser Gleichung notwendig ist, daß die Funktion $v(t)$ die Form

$$v(t) = at + b \tag{38.42}$$

hat, d.h. daß sie zu K gehört oder — was das gleiche ist — zum Teilraum L orthogonal ist. Die Bedingung (38.42) ist nicht nur notwendig, sondern offensichtlich auch hinreichend: Es seien die Zahlen a und b in (38.42) gegeben. Dann genügt es in der Gleichung (38.39), d.h. in unserem Fall in der Gleichung

$$t \int_0^1 u(s)\,\mathrm{d}s + \int_0^1 s\,u(s)\,\mathrm{d}s = at + b$$

die Funktion u so zu bestimmen, daß

$$\int_0^1 u(s)\,\mathrm{d}s = a\,, \quad \int_0^1 s\,u(s)\,\mathrm{d}s = b$$

gilt, was man bekanntlich durch unendlich viele Funktionen erfüllen kann.

Aus Satz 38.5 folgt jedoch keineswegs, daß ein vollstetiger Operator überhaupt irgendwelche Eigenwerte besitzt. Man kann auch tatsächlich vollstetige Operatoren konstruieren, die keine Eigenwerte haben. Ist aber der Operator T zusätzlich noch selbstadjungiert, dann existieren Eigenwerte (siehe z.B. [42]):

Satz 38.6. *Es sei T ein vollstetiger selbstadjungierter Operator im separablen Hilbert-Raum H, der vom Nulloperator verschieden ist. Dann existiert mindestens ein von Null verschiedener Eigenwert dieses Operators. Ist ε eine beliebige positive Zahl, so gibt es eine höchstens endliche Anzahl von Eigenwerten μ, für die $|\mu| > \varepsilon$ ist.*[1]) *Zu jedem Eigenwert $\mu \neq 0$ existiert eine nur endliche Anzahl linear unabhängiger Eigenelemente. Das Orthogonalsystem der Eigenelemente des betrachteten Operators ist vollständig in H.*[2])

Bemerkung 38.5. Wir deuten den Beweis dieses Satzes an (siehe z.B. [11] und [42]); dieser Beweis liefert gleichzeitig auch ein Verfahren zur Bestimmung der von Null verschiedenen Eigenwerte des Operators T.

Es sei L der Teilraum des Raumes H, dessen Elemente das Nullelement des Raumes H und weiter alle dem Eigenwert $\mu = 0$ entsprechenden Eigenelemente sind, d.h. der aus allen Elementen $u \in H$ besteht, die die Gleichung $Tu = 0$ erfüllen. (Wenn $\mu = 0$ kein Eigenwert des Operators T ist, enthält L nur das Nullelement des Raumes H.) Wir betrachten das Funktional

$$Qv = (Tv, v)$$

auf der Menge M aller Elemente $v \in H$, die zum Teilraum L orthogonal sind und deren Norm gleich Eins ist, d.h. auf der Menge

[1]) Hieraus folgt, daß lediglich der Punkt 0 ein Häufungspunkt der Eigenwerte des betrachteten Operators sein kann.

[2]) Bei der Vollständigkeit interessieren uns natürlich nur linear unabhängige Elemente. Die kann man dann auf bekannte Weise orthogonalisieren, siehe S. 46. Vgl. auch Bemerkung 38.6.

$$M = \{v; v \in H, \|v\| = 1, v \perp L\}.$$

Der Operator T ist vollstetig, und damit beschränkt, so daß

$$|Qv| = |(Tv, v)| \leqq \|Tv\| \|v\| \leqq \|T\| \|v\|^2 = \|T\|$$

gilt, denn es ist $\|v\| = 1$. Da weiter T in H selbstadjungiert und nicht der Nulloperator ist, läßt sich leicht zeigen, daß das Funktional Qv nicht identisch verschwindet; es existiert also ein Element $t \in M$, so daß $(Tt, t) \neq 0$ ist. Wir setzen zunächst $(Tt, t) > 0$ voraus, und bezeichnen dann

$$\mu_1 = \sup_{v \in M} (Tv, v) > 0.$$

Mit Hilfe einer geeignet konstruierten Folge kann man zeigen, daß in M ein Element v_1 existiert, für das das Funktional Qv auf M sein Maximum annimmt:

$$(Tv_1, v_1) = \mu_1 = \max_{\substack{v \in H, \|v\| = 1, \\ v \perp L}} (Tv, v), \tag{38.43}$$

und daß μ_1 ein Eigenwert des Operators T (und zwar der größte Eigenwert) und v_1 das entsprechende Eigenelement ist; es gilt also

$$Tv_1 - \mu_1 v_1 = 0.$$

Unter der Voraussetzung, daß für irgendein Element $t \in M$ die Ungleichung $(Tt, t) >$ > 0 gilt, ist also die Existenz mindestens eines Eigenwertes $\mu_1 \neq 0$ bewiesen.

Auf diese Weise kann man auch weitere Eigenwerte des Operators T suchen. Wir bezeichnen mit N die Menge aller Elemente aus M, die zum Element v_1 orthogonal sind:

$$N = \{v; v \in H, \|v\| = 1, v \perp L, v \perp v_1\}.$$

Falls es irgendein Element $t \in N$ gibt, für das $(Tt, t) > 0$ ist, kann man ähnlicherweise zeigen, daß ein $v_2 \in N$ existiert, so daß

$$(Tv_2, v_2) = \mu_2 = \max_{\substack{v \in H, \|v\| = 1, \\ v \perp L, v \perp v_1}} (Tv, v) \tag{38.44}$$

gilt, wobei

$$Tv_2 - \mu_2 v_2 = 0$$

ist. Dabei ist $v_2 \perp v_1$ und offensichtlich $\mu_1 \geqq \mu_2$, denn das Maximum des Funktionals Qv kann auf N nicht größer sein als auf M.

Auf diese Weise kann man alle positiven Eigenwerte des Operators T,

$$\mu_1 \geqq \mu_2 \geqq \mu_3 \geqq \ldots > 0 \tag{38.45}$$

und gleichzeitig die entsprechenden normierten, paarweise orthogonalen Eigenelemente $v_1, v_2, v_3, \ldots$ bestimmen.

Wenn es in M kein Element t gibt, für das $(Tt, t) > 0$ ist, dann existiert mindestens ein Element z, für das $(Tz, z) < 0$ ist (denn das Funktional Qv kann nicht auf M identisch verschwinden). Wenn wir also ähnlich wie vorher vorgehen, erhalten wir die negativen Eigenwerte des Operators T gleichzeitig mit den entsprechenden Eigenelementen; man muß dann natürlich die Symbole sup und max an den entsprechenden Stellen durch die Symbole inf und min ersetzen. Damit ist auch in diesem Fall die Existenz mindestens eines von Null verschiedenen Eigenwertes des Operators T bewiesen.

Weiter kann man zeigen, daß die soeben konstruierte nichtwachsende Folge der positiven Eigenwerte (falls sie unendlich viele Elemente enthält) bzw. die analoge nichtfallende Folge der negativen Eigenwerte keinen von Null verschiedenen Grenzwert haben kann, d.h. der einzige Häufungspunkt der Menge aller Eigenwerte des Operators T nur der Punkt Null sein kann. Hieraus folgt, daß zu einem gewissen Eigenwert $\mu \neq 0$ nur eine endliche Anzahl linear unabhängiger Eigenelemente existieren kann, denn dieser Eigenwert kann in der soeben konstruierten Folge der positiven bzw. negativen Eigenwerte nur endlich oft auftreten. Wir sagen kurz, daß der Eigenwert μ von **endlicher Vielfachheit** ist.[1])

Wir führen noch kurz die Grundidee des Beweises der Vollständigkeit des Orthonormalsystems aller Eigenelemente des Operators T an. Der Einfachheit halber setzen wir voraus, daß alle von Null verschiedenen Eigenwerte des Operators T positiv sind (diese Einschränkung ist nicht wesentlich). Weiter setzen wir voraus, daß diese Eigenwerte der Größe nach in einer nichtwachsenden (eventuell auch endlichen) Folge $\mu_1 \geqq \mu_2 \geqq \mu_3 \geqq \ldots$ angeordnet sind und $v_1, v_2, v_3, \ldots$ das Orthonormalsystem der entsprechenden Eigenelemente ist. Es sei u ein beliebiges Element aus H. Man kann dann zeigen, daß für das Element

$$z = u - \sum_k (u, v_k)\, v_k \tag{38.46}$$

$Tz = 0$ ist, d.h. $z \in L$ ist. Da der Raum H nach Voraussetzung separabel ist, ist auch L separabel, so daß in L eine (höchstens abzählbare) Orthonormalbasis existiert (die durch die dem Eigenwert $\mu = 0$ entsprechenden Eigenelemente des Operators T gebildet ist, denn L ist genau der Teilraum solcher Elemente). Das Element z kann man dann im Raum L als die Summe der entsprechenden Fourier-Reihe ausdrücken. Hieraus und aus der Beziehung (38.46),

$$u = z + \sum_k (u, v_k)\, v_k\,,$$

folgt dann die Behauptung über die Vollständigkeit des Orthonormalsystems aller Eigenelemente des Operators T.

Bemerkung 38.6. Zum Eigenwert $\mu = 0$ kann es auch unendlich viele linear unabhängige Eigenelemente geben. Das haben wir in Beispiel 38.5 gesehen, wo die dem Eigenwert $\mu = 0$ entsprechenden Eigenelemente in $L_2(0, 1)$ den ganzen Teilraum L bildeten; dieser Teilraum ist zum Teilraum K der endlichen Dimension 2 orthogonal, so daß er selbst von unendlicher Dimension ist und folglich unendlich viele linear unabhängige Elemente enthält.

---

[1]) Ausführlicher: Wir sagen, der Eigenwert μ ist von der **Vielfachheit** p oder er ist ein **p-facher Eigenwert**, falls es genau p linear unabhängige, dem Wert μ entsprechende Eigenelemente gibt.

Am Beispiel 38.5 ist auch gut zu sehen, daß man in einem System (orthonormierter) Eigenelemente – falls es im Raum H vollständig sein soll – die dem Eigenwert $\mu = 0$ entsprechenden Eigenelemente nicht weglassen kann (natürlich muß $\mu = 0$ überhaupt ein Eigenwert des betrachteten Operators sein).

Bemerkung 38.7. Es sei H ein separabler Hilbert-Raum unendlicher Dimension.[1]) Zu diesen Räumen gehören gerade diejenigen Räume, die uns am meisten interessieren, z.B. die Räume $L_2(G)$, $\mathbf{L}_2(G)$, $W_2^{(k)}(G)$, ihre Teilräume unendlicher Dimension wie z.B. verschiedene Teilräume V der Räume $W_2^{(k)}(G)$, auf die wir bei der Formulierung und Betrachtung der schwachen Lösung von Problemen mit Randbedingungen gestoßen sind, u.ä.

Wir betrachten in H einen vollstetigen selbstadjungierten und positiven[2]) Operator T, der vom Nulloperator verschieden ist. Dieser Operator hat nach Satz 38.6 mindestens einen Eigenwert μ. Wir zeigen zunächst, daß er unendlich (und zwar abzählbar) viele Eigenwerte besitzt.

Der Beweis ist einfach: Alle Eigenwerte des betrachteten Operators sind positiv (vgl. Satz 37.1), d.h. von Null verschieden, so daß jedem von ihnen nach Satz 38.6 eine endliche Anzahl linear unabhängiger Eigenelemente entspricht. Wäre die Anzahl der Eigenwerte des Operators T endlich, wäre auch die Anzahl der linear unabhängigen Eigenelemente des Operators T nur endlich. Dann könnten wir aber – im Widerspruch zu Satz 38.6 – aus diesen Elementen kein im Raum H vollständiges Orthonormalsystem bilden, denn der Raum H ist laut Voraussetzung von unendlicher Dimension.

Da der Raum H nach Voraussetzung separabel ist, kann es nicht mehr als abzählbar viele linear unabhängige Eigenelemente und deshalb auch nicht mehr als abzählbar viele Eigenwerte des Operators T geben.

Zu dieser Schlußfolgerung können wir natürlich auch direkt kommen, wenn wir die in Bemerkung 38.5 erwähnte Methode benutzen. Es genügt, in Betracht zu ziehen, daß die Null in unserem Fall kein Eigenwert des Operators T ist, so daß der Raum L (wir benutzen die Bezeichnung aus Bemerkung 38.5) kein von Null verschiedenes Element enthält, daß weiter der Operator T positiv ist, so daß stets ein Element t (in der Menge M, in der Menge N usw.) existiert, für das $(Tt, t) > 0$ ist, usw.

Wir ordnen die (positiven) Eigenwerte des Operators T ähnlich wie in Bemerkung 38.5 in eine nichtwachsende Folge

$$\mu_1 \geqq \mu_2 \geqq \mu_3 \geqq \ldots > 0\,. \tag{38.47}$$

Es seien $v_1, v_2, v_3, \ldots$ die entsprechenden, den Eigenwerten eineindeutig zugeordneten, normierten und paarweise orthogonalen Eigenelemente. Da (siehe S. 467) nur die Null ein Häufungspunkt der Eigenwerte des Operators T sein kann und es in

[1]) Diese Räume sind dadurch charakterisiert, daß es in ihnen eine abzählbare Basis gibt.

[2]) Umsomehr werden also die im weiteren angegebenen Aussagen für einen positiv definiten Operator gelten.

unserem Fall tatsächlich unendlich viele Eigenwerte gibt (wobei die Folge (38.47) nichtfallend ist), muß die Zahl Null der Grenzwert dieser Folge sein.

Aus diesen einfachen Überlegungen und aus der in Bemerkung 38.5 angegebenen Konstruktion folgt nun der folgende Satz, der uns im nächsten Kapitel von großen Nutzen sein wird:

Satz 38.7. *Es sei T ein vollstetiger selbstadjungierter positiver Operator im separablen unendlichdimensionalen Hilbert-Raum H. Dann hat der Operator T abzählbar viele – und zwar positive – Eigenwerte und jedem von diesen Eigenwerten entspricht eine endliche Anzahl linear unabhängiger Eigenelemente. Das Orthogonalsystem*

$$v_1, v_2, v_3, \ldots \tag{38.48}$$

der Eigenelemente, das dem System der Eigenwerte

$$\mu_1 \geqq \mu_2 \geqq \mu_3 \geqq \ldots > 0 \tag{38.49}$$

entspricht, ist im Sinne von Bemerkung 38.7[1]) *vollständig in H. Weiter gilt*

$$\lim_{n \to \infty} \mu_n = 0\,. \tag{38.50}$$

Für den ersten Eigenwert μ_1 *gilt*

$$\mu_1 = \max_{\substack{v \in H \\ \|v\| = 1}} (Tv, v) = (Tv_1, v_1)\,, \tag{38.51}$$

während für den n-ten Eigenwert μ_n $(n \geqq 2)$

$$\mu_n = \max_{\substack{v \in H,\, \|v\| = 1, \\ (v, v_1) = 0, \ldots, (v, v_{n-1}) = 0}} (Tv, v) = (Tv_n, v_n) \tag{38.52}$$

gilt.

Bemerkung 38.8. Aus Satz 38.5 folgt weiter: Ist $\mu \neq \mu_k$ $(k = 1, 2, \ldots)$, dann ist die Gleichung

$$Tu - \mu u = v \tag{38.53}$$

für jedes $v \in H$ eindeutig lösbar, insbesondere hat sie für $v = 0$ nur die Nullösung. Ist μ ein Eigenwert des Operators T, so hat die Gleichung (38.53) eine (nicht eindeutig bestimmte) Lösung nur für diejenigen $v \in H$, die zu allen diesem Eigenwert entsprechenden Eigenelementen orthogonal sind.

Bemerkung 38.9. Nach Satz 38.7 nimmt das Funktional (Tv, v) auf der Menge aller Elemente des Raumes H, deren Norm gleich Eins ist, sein Maximum für das erste Eigenelement v_1 des Operators T an; dieses Maximum ist gleich dem ersten Eigenwert μ_1.

Der zweite Eigenwert μ_2 ist wiederum das Maximum des Funktionals (Tv, v), diesmal aber auf der Menge aller normierten Elemente des Raumes H, die zum ersten Eigen-

[1]) Die Zuordnung der Eigenwerte (38.49) und der Eigenelemente (38.48) ist also eineindeutig, siehe die erwähnte Bemerkung.

element v_1 orthogonal sind; dieses Maximum wird für das zweite Eigenelement v_2 des Operators T erreicht.[1]) Wenn wir den n-ten Eigenwert des Operators T suchen, benutzen wir wiederum das Funktional (Tv, v) und maximieren es auf der Menge aller normierten Elemente des Raumes H, die zu den ersten $n-1$ Eigenelementen dieses Operators orthogonal sind.

Da der Operator T linear ist, kann man anstatt (38.51) bzw. (38.52) auch

$$\mu_1 = \max_{v \in H, v \neq 0} \frac{(Tv, v)}{(v, v)}, \tag{38.54}$$

bzw.

$$\mu_n = \max_{\substack{v \in H, v \neq 0 \\ (v, v_1) = 0, \ldots, (v, v_{n-1}) = 0}} \frac{(Tv, v)}{(v, v)} \tag{38.55}$$

schreiben; hier wird dann nicht gefordert, daß die Elemente v normiert sind.

Bemerkung 38.10. Um die Formel (38.52) bzw. (38.55) zur Bestimmung des n-ten ($n \geqq 2$) Eigenwertes des Operators T benutzen zu können, müssen wir die ersten $n-1$ Eigenelemente dieses Operators kennen. Vom praktischen sowie vom theoretischen Standpunkt aus ist es oft vorteilhafter, ein Verfahren zu benutzen, dessen Prinzip im folgenden Satz formuliert ist:

Satz 38.8. (Das Courantsche Minimum-Maximum-Prinzip, „Minimaxprinzip".) *Es sei T ein vollstetiger selbstadjungierter positiver Operator im Hilbert-Raum H. Ferner sei n eine beliebige natürliche Zahl und $u_1, \ldots, u_{n-1}$ ein beliebiges System von $n-1$ linear unabhängigen Elementen aus H.*[2]) *Bezeichnen wir*

$$\max_{\substack{v \in H, v \neq 0 \\ (v, u_1) = 0, \ldots, (v, u_{n-1}) = 0}} \frac{(Tv, v)}{(v, v)} = m(u_1, \ldots, u_{n-1}), \tag{38.56}$$

dann ist der n-te Eigenwert des Operators T gleich dem Minimum dieser Maxima, wenn wir alle linear unabhängigen Systeme $u_1, \ldots, u_{n-1}$ in H in Betracht ziehen,

$$\mu_n = \min_{u_1, \ldots, u_{n-1} \in H} m(u_1, \ldots, u_{n-1}). \tag{38.57}$$

Der **Beweis** des Satzes 38.8 ist verhältnismäßig einfach. Wenn wir für die Elemente $u_1, \ldots, u_{n-1}$ speziell die ersten $n-1$ Eigenelemente des Operators T wählen, erhalten wir nach (38.55)

$$m(v_1, \ldots, v_{n-1}) = \mu_n .$$

Es genügt also zu zeigen, daß für jedes andere linear unabhängige System von Elementen $u_1, \ldots, u_{n-1}$

$$m(u_1, \ldots, u_{n-1}) \geqq \mu_n$$

ist, was ausführlich z.B. in [11] bewiesen wird.

[1]) Wenn dabei die Vielfachheit des größten Eigenwertes größer als 1 ist (was von vornherein nicht ausgeschlossen ist, siehe (38.47)), erhalten wir nach diesem Verfahren natürlich $\mu_2 = \mu_1$.

[2]) Für $n = 1$ ist dieses System leer.

Satz 38.8 gibt ein Verfahren dafür an, wie der n-te Eigenwert zu bestimmen ist, ohne daß wir die ersten $n - 1$ Eigenelemente dieses Operators kennen: Für $n = 1$ reduziert sich dieses Verfahren auf die Aussage (38.54). Wenn wir z.B. den Eigenwert μ_3 finden wollen, wählen wir in H zwei beliebige linear unabhängige Elemente u_1, u_2 und bestimmen das Maximum $m(u_1, u_2)$ des Funktionals $(Tv, v)/(v, v)$ auf der Menge aller Elemente $v \in H$, die von Null verschieden und zu diesen beiden Elementen orthogonal sind. Wenn wir ein anderes System von Elementen $\bar{u}_1, \bar{u}_2$ wählen, erhalten wir im allgemeinen Fall ein anderes Maximum $m(\bar{u}_1, \bar{u}_2)$ usw. Die Zahl μ_3 ist dann das Minimum aller solcher Maxima, die wir bei allen möglichen Auswahlen von Paaren linear unabhängiger Elemente aus H erhalten.

In den Kapiteln 40 und 41 werden wir einige einfache Folgerungen aus Satz 38.8 benutzen. Am Schluß dieses Kapitels führen wir noch das folgende Ergebnis an:

Die Zahl μ wird **regulärer Wert** des Operators T im Hilbert-Raum H genannt, wenn für den Operator $A = T - \mu I$ (I ist der Einheitsoperator, S. 84) ein beschränkter inverser Operator $A^{-1} = (T - \mu I)^{-1}$ existiert. Falls also μ regulär ist, hat die Gleichung

$$Tu - \mu u = f$$

genau eine Lösung $u = (T - \mu I)^{-1} f$ für jedes $f \in H$, wobei diese Lösung stetig von der rechten Seite der betrachteten Gleichung abhängt.

Zahlen μ, die nicht regulär sind, bilden das sogenannte **Spektrum des Operators T.** Wenn μ kein Eigenwert des vollstetigen Operators T ist, folgt hieraus keineswegs (siehe z.B. [26]), daß μ ein regulärer Wert des Operators T ist. Es läßt sich aber z.B. zeigen: Wenn der Operator T zusätzlich noch selbstadjungiert ist, so ist jedes $\mu \neq 0$, das kein Eigenwert dieses Operators ist, ein regulärer Wert dieses Operators.

Es gilt der folgende Satz (siehe z.B. [30]), der uns in Kapitel 40 von Nutzen sein wird:

Satz 38.9. *Es sei $\{T_n\}$ eine Folge vollstetiger Operatoren im Hilbert-Raum H, die in der Norm gegen den vollstetigen Operator T konvergiert,*

$$\lim_{n\to\infty} \|T - T_n\| = 0\,. \tag{38.58}$$

Falls der Wert μ ein regulärer Wert des Operators T ist, ist er für alle genügend große Zahlen n auch ein regulärer Wert der Operatoren T_n. Wenn zusätzlich noch

$$\lim_{n\to\infty} f_n = f \quad \text{in } H$$

ist, dann gilt

$$\lim_{n\to\infty} u_n = u \quad \text{in } H\,,$$

wobei u die Lösung der Gleichung

$$Tu - \mu u = f$$

und u_n die Lösung der Gleichung

$$T_n u_n - \mu u_n = f_n$$

für genügend große Zahlen n ist.

Ferner kann man die von Null verschiedenen Eigenwerte μ_k des Operators T durch Grenzübergang für $n \to \infty$ aus den Eigenwerten $\mu_k^{(n)}$ der Operatoren T_n gewinnen:

$$\mu_k = \lim_{n \to \infty} \mu_k^{(n)} . \tag{38.59}$$

Satz 38.9 ist bei der numerischen Lösung der betrachteten Probleme nützlich (z.B. bei der Lösung von Integralgleichungen, wenn man den gegebenen Kern durch einen einfacheren ausgearteten Kern ersetzt). Den zweiten Teil des Satzes werden wir im Kapitel 40 beim Beweis der Konvergenz des Ritzschen Verfahrens für ein Eigenwertproblem benutzen.

Kapitel 39. Das Eigenwertproblem für Differentialoperatoren

In diesem Kapitel werden wir grundlegende Sätze über das Eigenwertproblem für Differentialgleichungen mit homogenen Randbedingungen behandeln.

Zunächst erinnern wir daran (ausführlich dazu siehe Kapitel 32, vor allem Definition 32.2, S. 382), daß wir als schwache Lösung der Differentialgleichung

$$Au = f \tag{39.1}$$

mit homogenen Randbedingungen eine solche Funktion $u \in W_2^{(k)}(G)$ bezeichnen, für die

$$u \in V \tag{39.2}$$

ist und

$$((v, u)) = (v, f) \quad \text{für jedes } v \in V \tag{39.3}$$

gilt. Dabei ist $(.,.)$ das Skalarprodukt in $L_2(G), f \in L_2(G)$, V der Teilraum aller Funktionen aus dem Raum $W_2^{(k)}(G)$, die (im Sinne von Spuren) die vorgegebenen homogenen stabilen Randbedingungen erfüllen, und

$$((v, u)) = A(v, u) + a(v, u) \tag{39.4}$$

die Bilinearform aus Definition 32.2, die durch den Differentialoperator A sowie die Randform $a(u, v)$ (auf die wir z.B. im Falle der Newtonschen Randbedingungen stoßen; siehe Beispiel 32.6, S. 380) gegeben ist.

Bemerkung 39.1. Derjenige Leser, der sich mit den im vierten Teil unseres Buches eingeführten Begriffen nicht bekannt gemacht hat, braucht sich vor den hier benutzten Bezeichnungen nicht zu fürchten. Der Raum $W_2^{(k)}(G)$ besteht aus Funktionen, die im Gebiet G Ableitungen bis einschließlich k-ter Ordnung in einem verallgemeinerten Sinne besitzen (ausführlich dazu siehe Kapitel 29). Zu den Funktionen aus dem Raum $W_2^{(k)}(G)$ gehören insbesondere Funktionen, die in $\overline{G}$ stetige Ableitungen $(k - 1)$-ter Ordnung besitzen und deren Ableitungen k-ter Ordnung in $\overline{G}$ stetig oder stückweise stetig sind. V ist der Teilraum derjenigen Funktionen des Raumes $W_2^{(k)}(G)$, die die homogenen Randbedingungen (in denen Ableitungen höchstens $(k - 1)$-ter Ordnung auftreten) erfüllen, wiederum in einem gewissen verallgemeinerten Sinne, im Sinne der sogenannten Spuren. Was die Gleichungen anbetrifft, auf die der Leser im dritten Teil unseres Buches gestoßen ist, so kann man – ohne Gefahr eines größeren Irrtums – in diesem und in den beiden folgenden Kapiteln die Form $((v, u))$ durch das Skalarprodukt (Av, u) ersetzen, wobei A ein positiv definiter Operator der

Ordnung $2k$ ist, der durch die betrachtete Gleichung und die Randbedingungen bestimmt wird, bzw. man kann die Form $((v, u))$ durch das in Kapitel 10 eingeführte Skalarprodukt $(v, u)_A$ ersetzen. Siehe auch die Formeln (39.40) und (39.41), die Gleichung (39.39) u.ä.

Bemerkung 39.2. In diesem Kapitel und auch in den beiden folgenden werden wir stets voraussetzen, daß die Form $((v, u))$ nicht nur die Bedingung

$$|((v, u))| \leqq K \|v\|_{W_2^{(k)}(G)} \cdot \|u\|_{W_2^{(k)}(G)}$$

aus Definition 32.2 erfüllt, sondern daß sie außerdem im Raum V symmetrisch ist, d.h.

$$((v, u)) = ((u, v)) \quad \text{für jedes Paar von Funktionen } u, v \in V \tag{39.5}$$

gilt, und V-elliptisch ist, d.h. eine positive Konstante α existiert, so daß

$$((v, v)) \geqq \alpha \|v\|_V^2 \quad \text{für alle } v \in V \tag{39.6}$$

ist. (Deshalb haben wir in Bemerkung 39.1 einen positiv definiten Operator A als Beispiel betrachtet, der – mindestens im Falle der im dritten Teil des Buches betrachteten Gleichungen – diesen beiden Forderungen genügt.)

Den Fall, wenn die Form $((v, u))$ nicht V-elliptisch ist (z.B. das Neumannsche Problem für die Poissonsche Gleichung), kann man zumindest für eine genügend große Klasse von Problemen (vgl. Kapitel 35) auf unseren Fall zurückführen, indem wir das Problem in einem geeigneten Teilraum des Raumes V betrachten. In Kapitel 35 hatten wir diesen Teilraum mit dem Symbol Q bezeichnet; seine Elemente waren die in $L_2(G)$ zum Teilraum aller Polynome höchstens $(k-1)$-ter Ordnung orthogonalen Elemente. Im Falle des Neumannschen Problems für die Poissonsche Gleichung werden Elemente des Teilraumes Q aus denjenigen Funktionen des Raumes $V = W_2^{(1)}(G)$ gebildet, die in $L_2(G)$ zur linearen Menge aller Konstanten orthogonal sind, d.h. für die $\int_G u(x)\,dx = 0$ gilt. Im weiteren Text beschränken wir uns deshalb auf den Fall, in dem die Form $((v, u))$ V-elliptisch ist. Siehe auch [35], Kapitel 3.

Bemerkung 39.3. Da sich dieses Buch in erster Linie mit der Untersuchung von Differentialgleichungen mit Randbedingungen befaßt, ist auch dieser Teil des Buches vorrangig solchen Problemen gewidmet. Man kann die dargestellte Theorie jedoch ohne wesentliche Schwierigkeiten so modifizieren, daß sie auch in anderen Fällen anwendbar ist. Wenn z.B. nach den Eigenwerten einer symmetrischen, positiv definiten Matrix gefragt wird, so kann man die unten abgeleiteten Ergebnisse auch in diesem Fall anwenden, natürlich mit den entsprechenden Änderungen (die Anzahl der Eigenwerte wird nicht unendlich sein, denn ein n-dimensionaler Vektorraum hat eine endliche Dimension, usw.).

Nach diesen einführenden Bemerkungen werden wir uns nun unserem eigentlichen Problem zuwenden.

Da die Form $((v, u))$ V-elliptisch ist, hat das Problem (39.2), (39.3) (vgl. Kapitel 33) genau eine schwache Lösung $u(x)$ und es existiert eine von der Funktion $f \in L_2(G)$ unabhängige Konstante $c > 0$, so daß

$$\|u\|_V \leqq c\|f\|_{L_2(G)} \tag{39.7}$$

gilt. Jedem $f \in L_2(G)$ entspricht also genau eine schwache Lösung $u \in V$ des gegebenen Problems, wobei (39.7) gilt. Dadurch ist im Raum $L_2(G)$ ein gewisser, offensichtlich linearer Operator definiert, den wir mit T bezeichnen,

$$u = Tf\,, \quad f \in L_2(G)\,, \quad u \in V\,. \tag{39.8}$$

Die Integralidentität (39.3) kann man dann in der Form

$$((v, Tf)) = (v, f) \quad \text{für jedes } f \in L_2(G)\,, v \in V\,, \tag{39.9}$$

und die Ungleichung (39.7) in der Form

$$\|Tf\|_V \leqq c\|f\|_{L_2(G)} \tag{39.10}$$

schreiben. Aus dieser Ungleichung folgt, daß der Operator T (als Operator aus dem Raum $L_2(G)$ in den Raum V betrachtet) beschränkt ist.

Uns interessieren in diesem Kapitel die Eigenschaften des Operators T vor allem dann, wenn wir ihn auf spezielle Funktionen aus dem Raum $L_2(G)$ anwenden, und zwar auf Funktionen aus dem Raum V. Wir zeigen, daß der Operator T, der V in V abbildet, im Raum V vollstetig ist. Der Beweis dieser Behauptung stützt sich auf den folgenden Satz (siehe [35], S. 17):

Satz 39.1. *Die identische Abbildung des Raumes $W_2^{(1)}(G)$ in den Raum $L_2(G)$ ist vollstetig.*

D.h. wenn eine Menge $M \subset W_2^{(1)}(G)$ im Raum $W_2^{(1)}(G)$ beschränkt ist, so ist die Menge derselben Funktionen im Raum $L_2(G)$ präkompakt.

Bemerkung 39.4. Aus diesem Satz folgt nach leichten Überlegungen: Die identische Abbildung des Raumes $W_2^{(k)}(G)$ in den Raum $W_2^{(l)}(G)$ mit $l < k$ ist vollstetig. Insbesondere ist also die identische Abbildung des Raumes $W_2^{(k)}(G)$ in den Raum $L_2(G) = W_2^{(0)}(G)$ vollstetig für jede natürliche Zahl k. Das folgt aus Satz 39.1 auch direkt, denn wenn eine Menge M in $W_2^{(k)}(G)$ beschränkt ist, $k > 1$, dann ist sie auch in $W_2^{(1)}(G)$ beschränkt.

Satz 39.2. *Der Operator T* (siehe (39.8)), *als Operator aus dem Raum V in den Raum V betrachtet, ist in diesem Raum vollstetig.*

Beweis: Wir müssen zeigen: Ist M eine beschränkte Menge in V, dann ist ihr Bild $M' = TM$ in V präkompakt.

Es sei also M beschränkt in V. Wir betrachten eine beliebige Folge von Elementen $v_n' \in M'$. Da $M' = TM$ ist, können wir für jedes n $v_n' = Tv_n$ schreiben, wobei $\{v_n\}$ die Folge der entsprechenden Urbilder aus der Menge M ist. Der Raum V ist aber ein Teilraum des Raumes $W_2^{(k)}(G)$ $(k \geqq 1)$, so daß die in V beschränkte Menge M laut Bemerkung 39.4 präkompakt in $L_2(G)$ ist. Aus der betrachteten Folge $\{v_n\}$ kann man also eine Teilfolge $\{v_{n_i}\}$ auswählen, die in $L_2(G)$ konvergent und folglich eine Cauchy-Folge ist. Aus (39.10) folgt dann

$$\|v_{n_i}' - v_{n_j}'\|_V = \|Tv_{n_i} - Tv_{n_j}\|_V = \|T(v_{n_i} - v_{n_j})\|_V \leqq c\|v_{n_i} - v_{n_j}\|_{L_2(G)}\,,$$

so daß die Folge $\{v'_{n_i}\} = \{Tv_{n_i}\}$ eine Cauchy-Folge in V ist. Da der Raum V vollständig ist, ist $\{v'_{n_i}\}$ in V konvergent. Aus jeder Folge von Elementen $v'_n \in M'$ kann man also eine in V konvergente Teilfolge auswählen, womit die Vollstetigkeit des Operators T im Raum V bewiesen ist.

Wir wenden uns nun der Untersuchung des Eigenwertproblems für die Form $((v, u))$ zu. Ähnlich wie der Gleichung (39.1) mit homogenen Randbedingungen das ,,schwache" Problem (39.2), (39.3) entspricht, führt die Gleichung

$$Au - \lambda u = f \tag{39.11}$$

mit homogenen Randbedingungen auf das Problem, eine Funktion $u(x)$ zu finden, so daß

$$u \in V \tag{39.12}$$

ist und

$$((v, u)) - \lambda(v, u) = (v, f) \quad \text{für jedes } v \in V \tag{39.13}$$

gilt. Wir erinnern daran, daß wir stets voraussetzen, daß $f \in L_2(G)$ ist und die Form $((v, u))$ symmetrisch und V-elliptisch ist (siehe (39.5) und (39.6)).

Das Problem, eine Zahl λ und eine Funktion $u(x)$ zu finden, so daß

$$u \in V, \quad u \neq 0 \tag{39.14}$$

ist und

$$((v, u)) - \lambda(v, u) = 0 \quad \text{für jedes } v \in V \tag{39.15}$$

gilt, nennen wir das **Eigenwertproblem für die betrachtete Form $((v, u))$**.

Satz 39.3. *Die Funktion $u \in V$ ist genau dann eine schwache Lösung des Problems* (39.12), (39.13), *wenn in V*

$$u - \lambda Tu = Tf \tag{39.16}$$

gilt. Die Zahl λ ist ein Eigenwert der Form $((v, u))$ und die Funktion $u(x)$ die entsprechende Eigenfunktion genau dann, wenn in V

$$u - \lambda Tu = 0, \quad u \neq 0 \tag{39.17}$$

gilt.

Der **Beweis** folgt direkt aus der Definition (39.8) bzw. (39.9) des Operators T: Ist $u(x)$ die schwache Lösung des Problems (39.12), (39.13), das wir in der folgenden Form schreiben

$$u \in V,$$
$$((v, u)) = (v, \lambda u + f) \quad \text{für jedes } v \in V,$$

so ist nach Definition des Operators T

$$u = T(\lambda u + f),$$

d.h. es gilt (39.16), und umgekehrt.

Wenn das Problem (39.14), (39.15) eine nichtverschwindende schwache Lösung $u(x)$ besitzt, dann folgt wiederum aus der Definition des Operators T, daß

$$u = T(\lambda u)$$

ist, d.h. daß (39.17) gilt, und umgekehrt.

Satz 39.3 ermöglicht es, die Frage der Lösbarkeit des Problems (39.12), (39.13) bzw. die Frage der Existenz von Eigenwerten und Eigenfunktionen der betrachteten Form auf die Untersuchung der Gleichungen (39.16) bzw. (39.17) mit einem vollstetigen Operator T zurückzuführen, und damit die im vorhergehenden Kapitel angeführten Ergebnisse zu benutzen. Da der Parameter λ in den Gleichungen (39.16) bzw. (39.17) als Koeffizient des Operators T auftritt und nicht als Koeffizient des Einheitsoperators (d.h. in den erwähnten Gleichungen als Koeffizient der Funktion u), werden wir noch die Bezeichnung

$$\frac{1}{\lambda} = \mu \tag{39.18}$$

einführen, wodurch die Gleichung (39.17) die Form

$$Tu - \mu u = 0 \tag{39.19}$$

annimmt, die mit der in Kapitel 38 untersuchten Form übereinstimmt.

Durch die Beziehung (39.18) schließen wir aus unseren Überlegungen den Wert $\lambda = 0$ aus. Das führt aber bei den betrachteten Fragen zu keinen Einschränkungen: Wenn $\lambda = 0$ ist, geht das Problem (39.12), (39.13) in das Problem (39.2), (39.3) über, das infolge der V-Elliptizität der Form $((v, u))$ eindeutig lösbar ist. Insbesondere hat das entsprechende homogene Problem nur die Nullösung, und die Zahl $\lambda = 0$ ist so kein Eigenwert der betrachteten Form.

Bevor wir die Ergebnisse des vorhergehenden Kapitels benutzen werden, machen wir noch die folgende Bemerkung:

Wie wir schon in Kapitel 33 gesehen haben, kann man in dem Fall, wenn die Form $((v, u))$ symmetrisch und V-elliptisch ist, im Raum V ein neues Skalarprodukt einführen,

$$(u, v)^V = ((v, u)), \quad v, u \in V, \tag{39.20}$$

das im Raum V eine mit der ursrpünglichen Metrik des Raumes V äquivalente Metrik erzeugt. Mit dem Symbol $\overline{V}$ bezeichnen wir den Raum, dessen Elemente die Elemente des Raumes V sind, in dem aber das Skalarprodukt durch die Beziehung (39.20) gegeben ist. Durch Einführung einer äquivalenten Metrik ändert sich nichts bei Fragen der Konvergenz, Vollständigkeit usw., so daß der Raum $\overline{V}$ vollständig ist, jede in V konvergente Folge auch in $\overline{V}$ konvergiert und umgekehrt, der Operator T auch in $\overline{V}$ vollstetig ist, usw.

Satz 39.4. *Der Operator T ist im Raum $\overline{V}$ selbstadjungiert und positiv.*

Der **Beweis** ist leicht: Da (39.9) für jedes $v \in V$ (und damit auch für jedes $v \in \overline{V}$) und für jedes $f \in L_2(G)$ gilt, ist umsomehr

$$((v, Tu)) = (v, u) \quad \text{für jedes} \quad v, u \in \bar{V}. \tag{39.21}$$

Aber für jedes $v, u \in \bar{V}$ gilt

$$((v, Tu)) = (v, u) = (u, v) = ((u, Tv)), \tag{39.22}$$

woraus die Selbstadjungiertheit des Operators T folgt. Weiter ist

$$((Tu, u)) = ((u, Tu)) = (u, u) \geqq 0 \quad \text{für jedes } u \in \bar{V} \tag{39.23}$$

und es gilt $((Tu, u)) = (u, u) = 0 \Leftrightarrow u = 0$ in $\bar{V}$, so daß der Operator T im Raum $\bar{V}$ positiv ist.

Da also T in $\bar{V}$ ein vollstetiger selbstadjungierter positiver Operator ist, folgt aus Satz 38.7 (siehe auch Bemerkung 38.9) eine ganze Reihe von Aussagen über seine Eigenschaften sowie die Eigenschaften der Gleichungen (39.16), (39.17), und damit auch über die Eigenschaften der Probleme (39.12), (39.13) und (39.14), (39.15), die nach Satz 39.3 in den Fragen der Lösbarkeit, der Existenz von Eigenwerten usw. mit diesen Gleichungen äquivalent sind. Bevor wir die aus Satz 38.7 folgenden Ergebnisse in Satz 39.5 zusammenfassen, machen wir noch auf die folgenden Tatsachen aufmerksam:

1. In Satz 38.7 und in Bemerkung 38.9 ist in unserem Fall $H = \bar{V}$ und das Skalarprodukt in $\bar{V}$ durch die Beziehung (39.20) gegeben (so daß man in Satz 38.7 sowie in Bemerkung 38.9 für unseren Fall $((Tv, u))$ statt (Tv, u), $((v, v))$ statt (v, v) usw. schreiben muß).
2. In den Beziehungen (38.51) und (38.52) bzw. (38.54), (38.55) genügt es $v \in V$ statt $v \in \bar{V}$ für $v \in H$ zu schreiben, denn die Räume V und $\bar{V}$ haben dieselben Elemente.
3. Da nach (39.18) $\lambda = 1/\mu$ ist, nimmt z.B. die Beziehung (38.54) die Form

$$\lambda_1 = \min_{v \in V, v \neq 0} \frac{((v, v))}{((Tv, v))} = \min_{v \in V, v \neq 0} \frac{((v, v))}{(v, v)} \tag{39.24}$$

an (denn nach (39.9) ist $((Tv, v)) = ((v, Tv)) = (v, v)$).

Nun können wir den folgenden Satz formulieren, der eine Folgerung aus den Sätzen 38.7 und 39.3 ist:

Satz 39.5. *Wir betrachten das Problem* (39.12), (39.13) *bzw.* (39.14), (39.15), *d.h. das Problem, eine Funktion* $u(x)$ *bzw. eine Zahl* λ *und eine Funktion* $u(x)$ *zu finden, so daß gilt*:

$$u \in V, \tag{39.25}$$

$$((v, u)) - \lambda(v, u) = (v, f) \quad \textit{für jedes } v \in V \tag{39.26}$$

bzw.

$$u \in V, \quad u \neq 0, \tag{39.27}$$

$$((v, u)) - \lambda(v, u) = 0 \quad \textit{für jedes } v \in V. [1] \tag{39.28}$$

Es sei $f \in L_2(G)$ *und die Form* $((v, u))$ *aus Definition* 32.2 *sei auf dem Raum* V *sym-*

[1]) Vgl. auch Bemerkung 39.1, S. 475.

metrisch und V-elliptisch.[1]) *Dann existieren abzählbar viele, und zwar nur positive Eigenwerte der Form* $((v, u))$,

$$0 < \lambda_1 \leqq \lambda_2 \leqq \lambda_3 \,^{2}) \leqq \ldots, \quad \lim_{n \to \infty} \lambda_n = +\infty . \tag{39.29}$$

Das entsprechende orthonormierte System

$$v_1(x), v_2(x), v_3(x), \ldots \tag{39.30}$$

der Eigenfunktionen bildet eine Basis im Raum $\overline{V}$.[3])

Weiter ist (vgl. (39.24))

$$\lambda_1 = \min_{v \in V, v \neq 0} \frac{((v, v))}{(v, v)} = \frac{((v_1, v_1))}{(v_1, v_1)}, \tag{39.32}$$

$$\lambda_n = \min_{\substack{v \in V, v \neq 0, \\ (v, v_1) = 0, \ldots, (v, v_{n-1}) = 0}} {}^{4)} \frac{((v, v))}{(v, v)} = \frac{((v_n, v_n))}{(v_n, v_n)}, \quad n = 2, 3, \ldots . \tag{39.33}$$

Für $\lambda \neq \lambda_n$, $n = 1, 2, 3, \ldots$, *hat das Problem* (39.25), (39.26) *genau eine schwache Lösung für jedes* $f \in L_2(G)$ (*wobei diese Lösung stetig von der rechten Seite* f *der betrachteten Gleichung abhängt*), *insbesondere hat es für* $f = 0$ *in* $L_2(G)$ *nur die Nullösung.*

Für $\lambda = \lambda_j$ *ist das Problem* (39.25), (39.26) *genau dann lösbar* (*aber nicht eindeutig*), *wenn die Funktion* $f(x)$ *zu jeder diesem Eigenwert* λ *entsprechenden Eigenfunktion in* $L_2(G)$ *orthogonal ist.*[5])

Bemerkung 39.5. Es läßt sich leicht zeigen: Ist im letztgenannten Fall $u(x)$ eine dieser Lösungen, dann unterscheiden sich alle anderen Lösungen von ihr nur durch irgendein Vielfaches der dem betrachteten Eigenwert λ entsprechenden Eigenfunktion bzw. durch eine Linearkombination der entsprechenden Eigenfunktionen, falls λ ein mehrfacher Eigenwert ist.

Bemerkung 39.6. Da die Funktionen aus dem Raum V eine in $L_2(G)$ dichte Menge bilden,[6]) ist das System der Eigenfunktionen (39.30) auch im Raum $L_2(G)$ vollstän-

---

[1]) Vgl. Bemerkung 39.2, S. 476.

[2]) Die Gleichheitszeichen, die wir in (39.29) schreiben, bedeuten, daß wir auch Eigenwerte mit einer größeren Vielfachheit als 1 zulassen, vgl. (38.47), S. 470, bzw. Bemerkung 38.5, S. 468. Wie aus Satz 38.7 folgt, ist die Vielfachheit eines Eigenwertes stets endlich.

[3]) Und natürlich auch eine Basis im Raum V. Unter orthonormierten Funktionen verstehen wir hier Funktionen, die im Raum $\overline{V}$ orthonormiert sind, in dem der Operator T selbstadjungiert ist, d.h.

$$((v_i, v_j)) = \begin{cases} 0 & \text{für } i \neq j, \\ 1 & \text{für } i = j. \end{cases} \tag{39.31}$$

[4]) Aus der Identität $((v, v_j)) = \lambda_j(v, v_j)$, die für jedes $v \in V$ gilt, folgt $((v, v_j)) = 0 \Leftrightarrow (v, v_j) = 0$, da $\lambda_j \neq 0$ ist. Deshalb können wir $(v, v_1) = 0$ statt $((v, v_1)) = 0$ usw. schreiben.

[5]) Die rechte Seite der Gleichung (39.16) ist nämlich gleich Tf und es ist $((v_j, Tf)) = (v_j, f)$.

[6]) Jede Funktion $v(x)$ mit kompaktem Träger gehört zu V; Funktionen mit kompaktem Träger sind dicht in $L_2(G)$, siehe Satz 8.6, S. 91; hieraus folgt sofort die erwähnte Behauptung.

dig. Diese Funktionen (39.30) sind auch in $L_2(G)$ orthogonal, was aus der Identität $((v, v_j)) = \lambda_j(v, v_j)$ folgt, wenn wir hier $v = v_i$ setzen; sie sind aber nicht orthonormal in $L_2(G)$, denn aus der gleichen Identität ergibt sich für $v = v_j$

$$((v_j, v_j)) = \lambda_j(v_j, v_j)\,. \tag{39.34}$$

Da für jedes $j = 1, 2, \ldots$ $((v_j, v_j)) = 1$ ist, folgt hieraus, daß in $L_2(G)$ das System der Funktionen

$$\sqrt{\lambda_1}\, v_1,\ \sqrt{\lambda_2}\, v_2, \ldots \tag{39.35}$$

orthonormal ist.

Wie wir schon bemerkt haben, ist dieses System gleichzeitig vollständig in $L_2(G)$, so daß für jede Funktion $f \in L_2(G)$

$$f = \sum_{j=1}^{\infty} (f, \sqrt{\lambda_j}\, v_j)\, \sqrt{\lambda_j}\, v_j = \sum_{j=1}^{\infty} \lambda_j (f, v_j)\, v_j \quad \text{in } L_2(G) \tag{39.36}$$

gilt.

Weiter können wir den folgenden Satz beweisen:

Satz 39.6. *Es sei* (39.30) *das in* $\bar{V}$ *orthonormale System der Eigenfunktionen für die Form* $((v, u))$ *und* $u \in V$ *die schwache Lösung der Gleichung* $Au = f$ *mit homogenen Randbedingungen, d.h. die Lösung des Problems* (39.2), (39.3). *Dann gilt*

$$u = \sum_{j=1}^{\infty} (f, v_j)\, v_j \quad \textit{in } V. \tag{39.37}$$

Beweis: Die Fourier-Reihe der Funktion $u = Tf$ im Raum $\bar{V}$ (mit einer Metrik, die mit der Metrik des Raumes V äquivalent ist) hat die Form

$$u = Tf = \sum_{j=1}^{\infty} ((Tf, v_j))\, v_j = \sum_{j=1}^{\infty} (f, v_j)\, v_j\,.$$

Bemerkung 39.7. Aus Satz 39.5 folgt u.a. die sogenannte **Fredholmsche Alternative** (je nachdem, ob λ kein bzw. ein Eigenwert der Form $((v, u))$ ist[1]): *Entweder ist das Problem* (39.25), (39.26) *eindeutig lösbar für jedes* $f \in L_2(G)$ (und hat insbesondere für $f = 0$ in $L_2(G)$ die einzige Lösung $u = 0$ in V), *oder das entsprechende homogene Problem* (d.h. das Problem (39.25), (39.26) mit $f = 0$ in $L_2(G)$) *hat eine nichtverschwindende Lösung.*

Bemerkung 39.8. Wenn es abzählbar viele positive Eigenwerte mit der Eigenschaft (39.29) gibt und das System der entsprechenden Eigenfunktionen vollständig ist, sagen wir oft, daß das Spektrum der betrachteten Form **diskret** ist. D.h. wenn die Form $((v, u))$ V-elliptisch und symmetrisch ist, so hat sie ein diskretes Spektrum.

Bemerkung 39.9. Wir betrachten nun die im dritten Teil unseres Buches untersuchten „klassischen" Probleme für partielle Differentialgleichungen etwas näher. Dort haben wir die verallgemeinerte Lösung der Gleichung

---

[1]) Wir machen darauf aufmerksam, daß infolge von (39.18) $\mu \neq 0$ ist; der Fall $\lambda = 0$ wurde auf S. 479 (im Text, der nach der Gleichung (39.19) folgt) diskutiert.

$$Au = f \tag{39.38}$$

gesucht, wobei A ein Differentialoperator mit genügend glatten Koeffizienten war, positiv definit auf einer geeigneten linearen Menge D_A. Es sei darauf aufmerksam gemacht, daß wir bei den Beweisen der positiven Definitheit stets etwas mehr bewiesen haben. So haben wir z.B. im Falle des Dirichletschen Problems (mit homogenen Randbedingungen) für eine Gleichung zweiter Ordnung zunächst eine Ungleichung der Form

$$(Au, u) \geqq c^2 \sum_{j=1}^{N} \int_G \left(\frac{\partial u}{\partial x_j}\right)^2 \mathrm{d}x$$

bewiesen und erst aufgrund dieser Abschätzung die Ungleichung

$$(Au, u) \geqq C^2 \|u\|^2$$

hergeleitet, so daß wir eigentlich auf der Menge D_A eine Ungleichung der Form

$$(Au, u) \geqq \gamma^2 \|u\|^2_{W_2^{(1)}(G)}$$

abgeleitet haben. Wie wii schon in Kapitel 36, S. 451, erwähnt hatten, ist es nicht schwer zu zeigen, daß die Elemente des Raumes H_A, auf die wir in Kapitel 10 das Skalarprodukt $(v, u)_A$ erweitert haben, in den betrachteten Fällen mit den Elementen unseres Raumes V übereinstimmen und daß die Form $(v, u)_A$ mit unserer Form $((v, u))$ übereinstimmt. In Satz 39.5 können wir dann in diesen Fällen, wenn wir wollen, die Bezeichnungen aus dem dritten Teil unseres Buches übernehmen und z.B. die Integralidentität (39.28) durch die Identität

$$(v, u)_A - \lambda(v, u) = 0 \tag{39.39}$$

und die Beziehung (39.32) durch die Beziehung

$$\lambda_1 = \min_{v \in H_A, v \neq 0} \frac{(v, v)_A}{(v, v)} \tag{39.40}$$

ersetzen, bzw. – wenn wir nui Funktionen aus dem Definitionsbereich D_A des Operators A betrachten – durch die Beziehung

$$\lambda_1 = \inf_{v \in D_A, v \neq 0} \frac{(Av, v)}{(v, v)}\,^{1)}, \tag{39.41}$$

usw.

Wir machen weiter darauf aufmerksam, daß in dem Fall, wenn die Funktionen (39.30) zum Definitionsbereich D_A des Operators A gehören, aus der Beziehung

$$(Av_j, v) = \lambda_j(v_j, v), \quad v \in V,$$

die klassische Beziehung

$$Av_j = \lambda_j v_j \tag{39.42}$$

---

[1]) Die Funktionen aus der linearen Menge D_A sind dicht in H_A. Das Minimum des Ausdruckes (39.41) muß jedoch im allgemeinen nicht für eine Funktion aus D_A erreicht werden, deshalb müssen wir hier das Minimum durch das Infimum ersetzen.

folgt. (Die Funktionen $v \in V$ sind nämlich dicht in $L_2(G)$, siehe Fußnote[6]) auf S. 481.) Aus der Tatsache, daß die Eigenfunktionen des Operators A, falls sie zum Definitionsbereich dieses Operators gehören, die Beziehung (39.42) erfüllen, kann man Nutzen ziehen, wenn wir bei der Realisierung verschiedener Näherungsverfahren, vor allem des Ritzschen Verfahrens, diese Funktionen als Basisfunktionen im Raum H_A wählen. Wie wir schon aus den Kapiteln 12 und 13 bzw. aus Kapitel 34 wissen, liefert die Methode der Orthonormalreihen in dem Falle, wenn die Basisfunktionen $v_j(x)$ in H_A (d.h. in $\bar{V}$) orthonormiert sind, für die n-te Approximation $u_n(x)$ der gesuchten Lösung den Ausdruck

$$u_n(x) = \sum_{j=1}^{n} (f, v_j)\, v_j .$$

Falls also die Basisfunktionen $v_j(x)$ in H_A (bzw. in $\bar{V}$) orthonormiert sind und gleichzeitig zu D_A gehören, erhalten wir mit (39.42) und (39.36)

$$Au_n = A \sum_{j=1}^{n} (f, v_j)\, v_j = \sum_{j=1}^{n} (f, v_j)\, Av_j = \sum_{j=1}^{n} \lambda_j (f, v_j)\, v_j \to f \quad \text{in } L_2(G) . \tag{39.43}$$

Bei einer so gewählten Basis gilt also

$$\lim_{n\to\infty} Au_n = f \quad \text{in } L_2(G) .$$

Das gleiche gilt auch für das Ritzsche Verfahren (wo wir die Orthonormalität der Basisfunktionen nicht voraussetzen), denn (siehe S. 148) die Ritzsche Approximation $u_n(x)$ stimmt mit der Approximation $u_n(x)$ nach der Methode der Orthonormalreihen überein, wenn wir die Basisfunktionen vorher orthonormieren.

Dasselbe gilt auch für das Galerkin-Verfahren, das im linearen Fall mit dem Ritzschen Verfahren übereinstimmt.

Wie wir schon aus dem zweiten Teil dieses Buches wissen, hat nicht jede Basis in H_A diese Eigenschaft.

Bemerkung 39.10. Die in diesem Kapitel entwickelte Theorie setzt die V-Elliptizität der betrachteten Form $((v, u))$ voraus, d.h. die Existenz einer Konstante α, so daß

$$((v, v)) \geqq \alpha \|v\|_V^2 \quad \text{für jedes } v \in V \tag{39.44}$$

gilt.

Nun betrachten wir eine Form $((v, u))$, die die im vorhergehenden Text angeführten Eigenschaften hat, aber im Unterschied dazu nicht V-elliptisch ist. Es soll aber eine Konstante $\gamma > 0$ existieren, so daß die Form

$$((v, u)) + \gamma(v, u)$$

V-elliptisch ist, d.h.

$$((v, v)) + \gamma(v, v) \geqq \alpha \|v\|_{W_2^{(k)}(G)}^2 , \quad \alpha > 0 , \quad \text{für jedes } v \in V \tag{39.45}$$

gilt.

Ein Beispiel einer solchen Form liefert

$$((v, u)) = \int_G \sum_{i=1}^{N} \frac{\partial v}{\partial x_i} \frac{\partial u}{\partial x_i} \mathrm{d}x\,,$$

die nicht $W_2^{(1)}(G)$-elliptisch ist. Aber die Form

$$((v, u)) + \gamma(v, u)$$

mit $\gamma > 0$ ist dann $W_2^{(1)}(G)$-elliptisch.

Für $((v, u))$ betrachten wir nun Probleme, die den Problemen (39.12), (39.13) und (39.14), (39.15) analog sind, d.h. die Probleme

$$u \in V, \tag{39.46}$$

$$((v, u)) - \lambda(v, u) = (v, f) \quad \text{gilt für jedes } v \in V, \tag{39.47}$$

bzw.

$$u \in V, \quad u \neq 0, \tag{39.48}$$

$$((v, u)) - \lambda(v, u) = 0 \quad \text{gilt für jedes } v \in V. \tag{39.49}$$

Wir werden zeigen, daß man diese Probleme leicht auf ähnliche Probleme für eine V-elliptische Form zurückführen kann. Wir bezeichnen

$$(((v, u))) = ((v, u)) + \gamma(v, u)\,.$$

Nach (39.45) ist $(((v, u)))$ V-elliptisch. Weiter sei $\lambda + \gamma = \eta$. Die Probleme (39.46), (39.47) und (39.48), (39.49) kann man dann in der folgenden Form schreiben:

$$u \in V, \tag{39.50}$$

$$(((v, u))) - \eta(v, u) = (v, f) \quad \text{gilt für jedes } v \in V, \tag{39.51}$$

bzw.

$$u \in V, \quad u \neq 0, \tag{39.52}$$

$$(((v, u))) - \eta(v, u) = 0 \quad \text{gilt für jedes } v \in V. \tag{39.53}$$

Auf beide Probleme können wir nun Satz 39.5 anwenden. Insbesondere existieren also abzählbar viele positive Eigenwerte

$$\eta_1 \leqq \eta_2 \leqq \eta_3 \leqq \dots$$

der Form $(((v, u)))$. Die entsprechenden Eigenwerte der Form $((v, u))$ (d.h. des ursprünglichen Operators A) sind dann durch

$$\lambda_1 = \eta_1 - \gamma\,, \quad \lambda_2 = \eta_2 - \gamma, \dots$$

gegeben. (Offensichtlich können einige von ihnen negativ sein.) Für das Problem (39.46), (39.47) gilt wiederum die **Fredholmsche Alternative:**

Entweder hat das Problem (39.46), (39.47) *eine einzige Lösung für ein beliebiges* $f \in L_2(G)$, *oder hat das Problem* (39.48), (39.49) *eine nichtverschwindende Lösung.*

Bemerkung 39.11. *Probleme des Typs*

$$Au - \lambda Bu = f \tag{39.54}$$

mit homogenen Randbedingungen; A bzw. B sind Differentialoperatoren der Ordnung $2k$ bzw. $2l$, $l < k$.

Wir bezeichnen mit dem Symbol V_A den Teilraum derjenigen Funktionen aus dem Raum $W_2^{(k)}(G)$, die (im Sinne von Spuren) alle vorgegebenen homogenen Randbedingungen erfüllen, die für den Operator A stabil sind, und ähnlich mit dem Symbol V_B ($V_A \subset V_B$) den Teilraum derjenigen Funktionen aus dem Raum $W_2^{(l)}(G)$, die alle vorgegebenen homogenen Randbedingungen erfüllen, die für den Operator B stabil sind (d.h. Ableitungen höchstens $(l-1)$-ter Ordnung enthalten). Wir setzen voraus, daß die entsprechenden Formen $((v, u))_A$ und $((v, u))_B$ (vgl. Kapitel 32) symmetrisch sind und daß $((v, u))_A$ V_A-elliptisch und $((v, u))_B$ V_B-elliptisch ist. Außerdem sollen beide Formen die Voraussetzung aus Definition 32.2 erfüllen, d.h.

$$|((v, u))_A| \leqq K\|v\|_{V_A}\|u\|_{V_A}, \quad |((v, u))_B| \leqq K\|v\|_{V_B}\|u\|_{V_B}. \tag{39.55}$$

Beispiel 39.1. Wir betrachten die Gleichung

$$\Delta^2 u + \lambda\,\Delta u = f \tag{39.56}$$

im zweidimensionalen Gebiet G mit dem Lipschitz-Rand Γ, bei homogenen Randbedingungen

$$u = 0 \quad \text{auf } \Gamma, \tag{39.57}$$

$$\frac{\partial u}{\partial \nu} = 0 \quad \text{auf } \Gamma. \tag{39.58}$$

In unserem Fall ist

$$V_A = \mathring{W}_2^{(2)}(G),$$
$$V_B = \mathring{W}_2^{(1)}(G).$$

Offensichtlich ist $V_A \subset V_B$. Wie wir aus Kapitel 33, S. 403 und S. 400, wissen, ist in diesem Fall

$$((v, u))_A = \iint_G \left(\frac{\partial^2 v}{\partial x_1^2}\frac{\partial^2 u}{\partial x_1^2} + 2\,\frac{\partial^2 v}{\partial x_1\,\partial x_2}\,\frac{\partial^2 u}{\partial x_1\,\partial x_2} + \frac{\partial^2 v}{\partial x_2^2}\frac{\partial^2 u}{\partial x_2^2}\right) \mathrm{d}x_1\,\mathrm{d}x_2 \tag{39.59}$$

V_A-elliptisch und

$$((v, u))_B = \iint_G \left(\frac{\partial v}{\partial x_1}\frac{\partial u}{\partial x_1} + \frac{\partial v}{\partial x_2}\frac{\partial u}{\partial x_2}\right) \mathrm{d}x_1\,\mathrm{d}x_2 \tag{39.60}$$

V_B-elliptisch. Beide Formen sind offensichtlich symmetrisch und erfüllen die Voraussetzungen (39.55).

Eine schwache Lösung der Gleichung (39.54) mit homogenen Randbedingungen zu finden, heißt eine Funktion $u(x)$ zu bestimmen, so daß

$$u \in V_A \tag{39.61}$$

ist und

$$((v, u))_A - \lambda((v, u))_B = (v, f) \quad \text{für jedes } v \in V_A \tag{39.62}$$

gilt. Das entsprechende Eigenwertproblem zu lösen, heißt eine Zahl λ und die ihr entsprechende Funktion $u(x)$ zu finden, so daß

$$u \in V_A\,, \quad u \neq 0\,, \tag{39.63}$$

ist und

$$((v, u))_A - \lambda((v, u))_B = 0 \quad \text{für jedes } v \in V_A \tag{39.64}$$

gilt.

Die Form $((v, u))_B$ ist laut Voraussetzung V_B-elliptisch, und deshalb (siehe Kapitel 33) existiert für jedes $f \in L_2(G)$ genau ein $u \in V_B$, das die Bedingung

$$((v, u))_B = (v, f) \quad \text{für jedes } v \in V_B \tag{39.65}$$

erfüllt, wobei

$$\|u\|_{V_B} \leqq c_1 \|f\|_{L_2(G)} \tag{39.66}$$

gilt. Dadurch ist im Raum $L_2(G)$ ein gewisser Operator C definiert,

$$u = Cf\,, \quad f \in L_2(G)\,, \quad u \in V_B \tag{39.67}$$

(linear und infolge von (39.66) beschränkt), so daß für jedes $v \in V_B$ und jedes $f \in$ $\in L_2(G)$ gilt:

$$((v, Cf))_B = (v, f)\,.$$

Das Problem (39.61), (39.62) kann man dann auch folgendermaßen formulieren: Man bestimme eine Funktion $u(x)$, so daß

$$u \in V_A \tag{39.68}$$

ist und

$$((v, u))_A - \lambda((v, u))_B = ((v, Cf))_B \quad \text{für jedes } v \in V_A \tag{39.69}$$

gilt.

Es sei nun ein beliebiges $g \in V_B$ gegeben; wir betrachten das Problem

$$u \in V_A\,, \tag{39.70}$$

$$((v, u))_A = ((v, g))_B \quad \text{für alle} \quad v \in V_A\,. \tag{39.71}$$

Das Funktional $((v, g))_B$ ist im Raum V_A offensichtlich beschränkt, denn nach (39.55) ist

$$|((v, g))_B| \leqq K\|g\|_{V_B} \cdot \|v\|_{V_B} = K_1\|v\|_{W_2^{(l)}(G)} \leqq K_1\|v\|_{W_2^{(k)}(G)} = K_1\|v\|_{V_A}\,,$$

wobei wir die Bezeichnung $K\|g\|_{V_B} = K_1$ benutzt haben. Weiter ist $((v, u))_A$ V_A-elliptisch und erfüllt die Ungleichung (39.55). Es sind also die Voraussetzungen des Satzes von Lax und Milgram erfüllt und man kann auf völlig gleiche Weise wie in Kapitel 33 zeigen, daß genau eine schwache Lösung des Problems (39.70), (39.71) existiert, wobei

$$\|u\|_{V_A} \leqq c_2 \|g\|_{V_B} \tag{39.72}$$

mit einer von der Funktion g aus dem Raum V_B unabhängigen Konstante c_2 gilt.

Dadurch ist wiederum ein gewisser Operator T definiert, der jedem $g \in V_B$ die schwache Lösung $u \in V_A$ des Problems (39.70), (39.71) zuordnet,

$$u = Tg\,, \quad g \in V_B\,, \quad u \in V_A\,.$$

Da nach Voraussetzung $l < k$ ist, kann man auf die gleiche Weise wie im vorhergehenden Text zeigen, daß dieser Operator vollstetig aus V_A in V_B ist und (vgl. (39.69)) daß $u \in V_A$ die schwache Lösung des Problems (39.61), (39.62) bzw. λ ein Eigenwert und $u \in V_A$ die entsprechende Eigenfunktion des Problems (39.63), (39.64) genau dann ist, wenn

$$u - \lambda Tu = TCf \tag{39.73}$$

bzw.

$$u - \lambda Tu = 0\,, \quad u \neq 0\,, \tag{39.74}$$

gilt. Wenn wir nun den Raum $\overline{V}$ einführen, dessen Elemente die Elemente des Raumes V_A sind und auf dem das Skalarprodukt durch die Beziehung $(v, u)_{\overline{V}} = ((v, u))_A$ definiert ist, so beweisen wir leicht – ähnlich wie auf S. 479 –, daß der Operator T im Raum $\overline{V}$ symmetrisch und positiv ist. Auf die gleiche Weise wie im vorhergehenden Fall kann man also auch auf diese Probleme die Ergebnisse von Satz 39.5 anwenden. Insbesondere hat das Problem (39.63), (39.64) abzählbar viele, und zwar positive, Eigenwerte

$$0 < \lambda_1 \leqq \lambda_2 \leqq \lambda_3 \leqq \ldots, \lambda_n \to +\infty\,;$$

das entsprechende Orthonormalsystem der Eigenfunktionen

$$v_1(x), v_2(x), v_3(x), \ldots$$

ist vollständig in V_A sowie in V_B. Für das Problem (39.61), (39.62) gilt die Fredholmsche Alternative: Entweder ist dieses Problem für jedes $f \in L_2(G)$ eindeutig lösbar, oder das entsprechende homogene Problem hat eine nichtverschwindende Lösung. Weiter ist

$$\lambda_1 = \min_{v \in V_A, v \neq 0} \frac{((v, v))_A}{((v, v))_B}\,, \tag{39.75}$$

bzw. im Sinne von Bemerkung 39.9

$$\lambda_1 = \inf_{v \in D_A, v \neq 0} \frac{(Av, v)}{(Bv, v)} \tag{39.76}$$

$(D_A \subset D_B)$ und

$$\lambda_n = \min_{\substack{v \in V_A, v \neq 0 \\ ((v, v_1))_B = 0, \ldots, ((v, v_{n-1}))_B = 0}} \frac{((v, v))_A}{((v, v))_B}\,, \tag{39.77}$$

usw.

Bemerkung 39.12. (*Das Courantsche Minimum-Maximum-Prinzip, „Minimaxprinzip“.*) Aus Satz 38.8 und den soeben durchgeführten Überlegungen folgt unmittelbar (wenn wir noch im erwähnten Satz $H = \overline{V}$ setzen):

Es sei die Gleichung $Au - \lambda Bu = 0$ mit homogenen Randbedingungen gegeben und die entsprechenden Formen $((v, u))_A$, $((v, u))_B$ erfüllen die in der vorhergehenden Bemerkung formulierten Bedingungen (S. 486). *Weiter sei n eine beliebige natürliche Zahl und $u_1(x), \ldots, u_{n-1}(x)$ ein beliebiges System von $n-1$ linear unabhängigen Funktionen aus V_A* (wobei dieses System für $n = 1$ leer ist). *Wir bezeichnen*

$$\min_{\substack{v \in V_A, v \neq 0 \\ ((v,u_1))_A = 0, \ldots, ((v,u_{n-1}))_A = 0}} \frac{((v, v))_A}{((v, v))_B} = l(u_1, \ldots, u_{n-1}) . \tag{39.78}$$

Dann ist

$$\lambda_n = \max_{u_1, \ldots, u_{n-1} \in V_A} l(u_1, \ldots, u_{n-1}) . \tag{39.79}$$

Den n-ten Eigenwert des betrachteten Problems kann man also auf folgende Weise bestimmen (vgl. S. 473): Wir wählen ein System von $n - 1$ Funktionen, die im Raum V_A linear unabhängig sind (und damit auch im Raum $\overline{V}$) und bestimmen das Minimum (39.78). Das größte dieser Minima, die wir für alle linear unabhängigen Systeme von $n - 1$ Elementen aus V_A bilden, ist dann gleich dem Eigenwert λ_n.

Für $n = 1$ ist das betrachtete System leer und wir erhalten λ_1 nach (39.75).

Im Sinne von (39.76) können wir statt (39.78) auch schreiben:

$$\inf_{\substack{v \in D_A, v \neq 0, \\ (Av,u_1) = 0, \ldots, (Av,u_{n-1}) = 0}} \frac{(Av, v)}{(Bv, v)} = l(u_1, \ldots, u_{n-1}) . \tag{39.80}$$

Wenn es sich um die Gleichung $Au - \lambda u = 0$ handelt, ist natürlich $((v, v))_A = ((v, v))$ und B der Einheitsoperator, so daß $((v, v))_B = (Bv, v) = (v, v)$ ist. In (39.78) bzw. in (39.80) ist dann

$$l(u_1, \ldots, u_{n-1}) = \min_{\substack{v \in V, v \neq 0, \\ ((v,u_1)) = 0, \ldots, ((v,u_{n-1})) = 0}} \frac{((v, v))}{(v, v)} , \tag{39.81}$$

bzw.

$$l(u_1, \ldots, u_{n-1}) = \inf_{\substack{v \in D_A, v \neq 0 \\ (Av,u_1) = 0, \ldots, (Av,u_{n-1}) = 0}} \frac{(Av, v)}{(v, v)} . \tag{39.82}$$

Bemerkung 39.13. Von den Funktionen $u_1(x), \ldots, u_{n-1}(x)$ in (39.81) wurde gefordert, daß sie zum Raum V gehören, und die Orthogonalität wurde in der Metrik des Raumes $\overline{V}$ betrachtet. Manchmal ist es nützlich, das Courantsche Minimaxprinzip in einer etwas modifizierten Form zu betrachten (siehe z.B. [30]), in der man zuläßt, daß die Funktionen $u_1(x), \ldots, u_{n-1}(x)$ nur zum Raum $L_2(G)$ gehören (man hat also in diesem Fall „mehr" solcher Funktionen zur Verfügung), und auch die entsprechenden Skalarprodukte im Raum $L_2(G)$ betrachtet:

Es sei die Gleichung $Au - \lambda u = 0$ mit homogenen Randbedingungen gegeben und die entsprechende Form $((v, u))$ erfülle die in Bemerkung 39.2 (S.476) *formulierten Voraussetzungen. Es sei n eine beliebige positive ganze Zahl und $u_1(x), \ldots, u_{n-1}(x)$*

ein beliebiges System von $n - 1$ linear unabhängigen Funktionen aus dem Raum $L_2(G)$ (für $n = 1$ ist dieses System leer). *Wir bezeichnen*

$$\inf_{\substack{v \in V, v \neq 0, \\ (v, u_1) = 0, \ldots, (v, u_{n-1}) = 0}} \frac{((v, v))}{(v, v)} = l(u_1, \ldots, u_{n-1}) . \tag{39.83}$$

Dann ist

$$\lambda_n = \max_{u_1, \ldots, u_{n-1} \in L_2(G)} l(u_1, \ldots, u_{n-1}) . \tag{39.84}$$

Eine analoge Modifikation des Courantschen Prinzips kann man auch für Gleichungen der Form $Au - \lambda Bu = 0$ vornehmen.

Kapitel 40. Das Ritzsche Verfahren beim Eigenwertproblem

a) Das Ritzsche Verfahren

Wir betrachten das Eigenwertproblem für die Gleichung

$$Au - \lambda u = 0 \tag{40.1}$$

mit homogenen Randbedingungen, in der schwachen Formulierung also das Problem

$$u \in V, \quad u \neq 0, \tag{40.2}$$

$$((v, u)) - \lambda(v, u) = 0 \quad \text{für jedes } v \in V. \tag{40.3}$$

Wenn wir voraussetzen, daß die Form $((v, u))$ symmetrisch und V-elliptisch ist und außerdem die Bedingung

$$|((v, u))| \leqq K\|v\|_V \|u\|_V \quad \text{für jedes } v, u \in V \tag{40.4}$$

erfüllt, wobei die Konstante K von den Funktionen v und u aus dem Raum V unabhängig ist, dann hat das Problem (40.2), (40.3) – wie aus dem vorhergehenden Kapitel folgt – abzählbar viele positive Eigenwerte

$$\lambda_1 \leqq \lambda_2 \leqq \lambda_3 \leqq \dots \tag{40.5}$$

und das entsprechende orthonormierte System der Eigenfunktionen

$$v_1(x), v_2(x), v_3(x), \dots \tag{40.6}$$

ist vollständig in V sowie in $L_2(G)$. Dabei gilt

$$\lambda_1 = \min_{\substack{v \in V, \\ v \neq 0}} \frac{((v, v))}{(v, v)}, \tag{40.7}$$

$$\lambda_n = \min_{\substack{v \in V, v \neq 0, \\ (v, v_1) = 0, \dots, (v, v_{n-1}) = 0}} \frac{((v, v))}{(v, v)}, \quad n = 2, 3, 4, \dots . \tag{40.8}$$

Da die Form $((v, u))$ bilinear in den Veränderlichen v und u ist, können wir die Beziehungen (40.7), (40.8) in der folgenden Form schreiben:

$$\lambda_1 = \min_{v \in V, \|v\| = 1} ((v, v)), \tag{40.9}$$

$$\lambda_n = \min_{\substack{v \in V, \|v\| = 1, \\ (v, v_1) = 0, \dots, (v, v_{n-1}) = 0}} ((v, v)). \tag{40.10}$$

In diesem Kapitel werden wir zeigen, wie man zur näherungsweisen Berechnung dieser Eigenwerte das Ritzsche Verfahren benutzen kann.

Das Ritzsche Verfahren beruht bekanntlich auf der Bestimmung des Minimums eines gewissen Funktionals auf irgendeinem n-dimensionalen Teilraum anstelle des gesamten betrachteten Raumes.

Zunächst betrachten wir die näherungsweise Bestimmung des ersten Eigenwertes λ_1. Ähnlich wie im vorhergehenden Kapitel führen wir im Raum V das Skalarprodukt

$$(v, u)^V = ((v, u)) \tag{40.11}$$

ein und bezeichnen wie im vorhergehenden Text mit dem Symbol $\bar{V}$ den Hilbert-Raum, dessen Elemente die Elemente des Raumes V sind und dessen Skalarprodukt durch die Formel (40.11) definiert ist.

Wir wählen im Raum $\bar{V}$ eine Basis

$$\varphi_1(x),\ \varphi_2(x),\ \varphi_3(x),\ \ldots, \tag{40.12}$$

die in $\bar{V}$ orthonormiert ist, d.h.

$$((\varphi_i, \varphi_j)) = \begin{cases} 1 & \text{für} \quad j = i\,, \\ 0 & \text{für} \quad j \neq i\,. \end{cases} \tag{40.13}$$

Mit $\bar{V}_n$ bezeichnen wir den durch alle Linearkombinationen der Elemente $\varphi_1, \ldots, \varphi_n$ gebildeten Teilraum des Raumes $\bar{V}$. Nun suchen wir das Minimum des Funktionals (40.9) nicht auf dem Raum $\bar{V}$, sondern auf dem Teilraum $\bar{V}_n$; d.h. das Minimum

$$\min_{v \in \bar{V}_n,\ \|v\| = 1} ((v, v))\,. \tag{40.14}$$

Ein beliebiges Element des Raumes $\bar{V}_n$ hat die Gestalt

$$u_n = \sum_{i=1}^{n} b_{ni} \varphi_i\,. \tag{40.15}$$

Damit führt (40.14) zur Bestimmung des Minimums der Funktion

$$((u_n, u_n))\,, \quad u_n \in \bar{V}_n\,, \tag{40.16}$$

von den n Veränderlichen $b_{n1}, \ldots, b_{nn}$ unter der Nebenbedingung

$$\|u_n\|^2 = (u_n, u_n) = 1\,. \tag{40.17}$$

Wir bezeichnen

$$F(b_{n1}, \ldots, b_{nn}, \Lambda) = ((u_n, u_n)) - \Lambda(u_n, u_n)\,, \tag{40.18}$$

wobei Λ ein vorläufig unbestimmter Koeffizient (der sogenannte *Lagrangesche Multiplikator*) ist. Wenn die Funktion (40.16) ihr Minimum auf $\bar{V}_n$ unter der Bedingung (40.17) für das Element $u_{n0} = a_{n1}\varphi_1 + \ldots + a_{nn}\varphi_n$ annimmt, dann existiert bekanntlich (siehe z.B. [36], S. 480) ein $\Lambda = \lambda$, so daß

$$\frac{\partial F}{\partial b_{n1}}(a_{n1}, \ldots, a_{nn}, \lambda) = 0\,,$$

$$\ldots\ldots\ldots\ldots\ldots\ldots\ldots$$

$$\frac{\partial F}{\partial b_{nn}}(a_{n1}, \ldots, a_{nn}, \lambda) = 0 \tag{40.19}$$

und natürlich

$$(u_{n0}, u_{n0}) = 1 \tag{40.20}$$

ist.

Auf der Grundlage von (40.13) erhalten wir leicht

$$F = \sum_{i=1}^{n} b_{ni}^2 - \Lambda \sum_{i,j=1}^{n} (\varphi_i, \varphi_j)\, b_{ni} b_{nj}\,,$$

und damit für die Gleichungen (40.19) die folgende Form (nach Division durch 2):

$$\begin{aligned} &a_{n1} - \lambda \sum_{j=1}^{n} a_{nj}(\varphi_1, \varphi_j) = 0\,, \\ &\dots\dots\dots\dots\dots\dots \\ &a_{nn} - \lambda \sum_{j=1}^{n} a_{nj}(\varphi_n, \varphi_j) = 0\,. \end{aligned} \tag{40.21}$$

Aus der Bedingung (40.20) folgt, daß das System (40.21) eine nichttriviale Lösung haben muß, und dafür ist notwendig und hinreichend, daß die Determinante des Systems verschwindet:

$$\begin{vmatrix} 1 - \lambda(\varphi_1, \varphi_1), & -\lambda(\varphi_1, \varphi_2), \dots, & -\lambda(\varphi_1, \varphi_n) \\ -\lambda(\varphi_1, \varphi_2), & 1 - \lambda(\varphi_2, \varphi_2), \dots, & -\lambda(\varphi_2, \varphi_n) \\ \dots\dots & \dots\dots & \dots\dots \\ -\lambda(\varphi_1, \varphi_n), & -\lambda(\varphi_2, \varphi_n), \dots, & 1 - \lambda(\varphi_n, \varphi_n) \end{vmatrix} = 0\,. \tag{40.22}$$

Da die Funktionen $\varphi_1(x), \dots, \varphi_n(x)$ im Raum $\overline{V}$ orthonormal sind, so sind sie in $\overline{V}$ sowie in V linear unabhängig, und damit auch im Raum $L_2(G)$ [1]). Der Koeffizient bei der höchsten, d.h. n-ten Potenz des Parameteɪs λ ist deshalb von Null verschieden, denn er ist gleich der Gramschen Determinante der Funktionen $\varphi_1(x), \dots, \varphi_n(x)$ im Raum $L_2(G)$. Die Gleichung (40.22) ist also von n-tem Grad und hat n Wurzeln, von denen natürlich einige übereinstimmen können. Da die entsprechende Matrix reell und symmetrisch ist, sind bekanntlich alle Wurzeln der betrachteten Gleichung reell. Wir zeigen leicht, daß sie sogar positiv sind. Dazu wählen wir eine von ihnen aus und bezeichnen sie mit λ_0. Wenn wir λ_0 für λ in (40.21) einsetzen, erhalten wir ein homogenes Gleichungssystem mit verschwindender Determinante. Es sei $a_{n1}, \dots, a_{nn}$ irgendeine (reelle) von Null verschiedene Lösung dieses Systems, die wir außerdem noch so wählen können, daß (nach eventueller Multiplikation mit einer geeigneten Konstante) die Bedingung (40.20) erfüllt ist, d.h.

$$\|u_{n0}\| = \|a_{n1}\varphi_1 + \dots + a_{nn}\varphi_n\| = 1$$

gilt. Wenn wir nun in (40.21) für λ den Wert λ_0 einsetzen und die erste dieser Gleichungen mit der Zahl a_{n1} multiplizieren, die zweite Gleichung mit der Zahl a_{n2} usw. bis

[1]) Ist nämlich $u \in V$ und $u = 0$ in $L_2(G)$, dann ist auch $D^i u = 0$ in $L_2(G)$ für $|i| \leqq k$. Wenn also $a_1\varphi_1 + \dots + a_n\varphi_n = 0$ in $L_2(G)$ ist, so ist $a_1\varphi_1 + \dots + a_n\varphi_n = 0$ auch in V. Wären nun die Funktionen $\varphi_1(x), \dots, \varphi_n(x)$ im Raum $L_2(G)$ linear abhängig, so wären sie auch im Raum V linear abhängig. Vgl. natürlich auch Fußnote[1]) auf S. 33.

zur n-ten Gleichung, die wir mit a_{nn} multiplizieren, und die so entstandenen Gleichungen addieren, so erhalten wir

$$\sum_{i=1}^{n} a_{ni}^2 = \lambda_0 \sum_{i,j=1}^{n} a_{ni}a_{nj}(\varphi_i\varphi_j) = \lambda_0(u_{n0}, u_{n0}) = \lambda_0 ;$$

hieraus folgt $\lambda_0 > 0$, denn der Vektor $(a_{n1}, \ldots, a_{nn})$ ist nach Voraussetzung reell und von Null verschieden.

Die Gleichung (40.22) hat also nur positive Wurzeln. Wir bezeichnen sie durch

$$\lambda_1^{(n)} \leqq \lambda_2^{(n)} \leqq \ldots \leqq \lambda_n^{(n)} . \tag{40.23}$$

Intuitiv wird man erwarten, daß diese Wurzeln eine Approximation der ersten Eigenwerte (40.5) der betrachteten Form $((v, u))$ darstellen. Ausführlicher: Man wird erwarten, daß

$$\lim_{n\to\infty} \lambda_1^{(n)} = \lambda_1 ,$$
$$\lim_{n\to\infty} \lambda_2^{(n)} = \lambda_2 \tag{40.24}$$

usw. gilt. Wir zeigen nun, daß dies unter den erwähnten Voraussetzungen auch tatsächlich richtig ist.

Dazu verwenden wir den Operator T aus dem vorhergehenden Kapitel (siehe (39.8), S. 477), der vollstetig von dem Raum V in den Raum V und deshalb auch vollstetig von dem Raum $\bar{V}$ in den Raum $\bar{V}$ ist. Da also $Tu \in \bar{V}$ für jedes $u \in \bar{V}$ und $\{\varphi_n(x)\}$ eine orthonormierte Basis in $\bar{V}$ ist, gilt für jedes $u \in \bar{V}$

$$Tu = \sum_{i=1}^{\infty} ((Tu, \varphi_i))\, \varphi_i \quad \text{in } \bar{V} . \tag{40.25}$$

Wir definieren nun im Raum $\bar{V}$ den Operator T_n durch die Vorschrift

$$T_n u = \sum_{i=1}^{n} ((Tu, \varphi_i))\, \varphi_i , \quad u \in \bar{V} . \tag{40.26}$$

Der Operator (40.26) hat eine endliche Dimension, d.h. man kann ihn in der Form (38.13), S. 461, ausdrücken: Da der Operator T im Raum $\bar{V}$ vollstetig und damit beschränkt ist, ist für jedes feste i, $i = 1, \ldots, n$, auch das Funktional $((Tu, \varphi_i))$ im Raum $\bar{V}$ beschränkt. Nach dem Rieszschen Satz existiert zu jedem φ_i, $i = 1, \ldots, n$, genau ein $\tilde{\varphi}_i \in \bar{V}$, so daß

$$((Tu, \varphi_i)) = (u, \tilde{\varphi}_i)^V = ((u, \tilde{\varphi}_i)) \quad \text{für jedes } u \in \bar{V}$$

gilt. Den Operator (40.26) kann man also in der Form

$$T_n u = \sum_{i=1}^{n} ((u, \tilde{\varphi}_i))\, \varphi_i , \quad u \in \bar{V} ,$$

schreiben, was die gewünschte Form (38.13) ist.

Ferner ist der Operator T_n vollstetig von $\bar{V}$ in $\bar{V}$, da er im Raum $\bar{V}$ von endlicher Dimension ist (vgl. S. 461). Wenn wir nun beweisen, daß

1. $\lim_{n\to\infty} \|T - T_n\| = 0$ in $\bar{V}$ ist

und

2. die Zahlen $\mu_i^{(n)} = 1/\lambda_i^{(n)}$, $i = 1, \dots, n$, die ersten n Eigenwerte des Operators T_n sind, dann folgt aus Satz 38.9, S. 473 (alle λ_i und $\lambda_i^{(n)}$ sind positiv)

$$\lim_{n\to\infty} \frac{1}{\lambda_i^{(n)}} = \lim_{n\to\infty} \mu_i^{(n)} = \mu_i = \frac{1}{\lambda_i} \quad \text{für} \quad i = 1, 2, \dots, \tag{40.27}$$

und daher

$$\lim_{n\to\infty} \lambda_i^{(n)} = \lambda_i, \quad i = 1, 2, \dots,$$

was wir eigentlich zeigen wollen.

Wir beweisen zunächst Behauptung 1. Nach Definition 38.4, S. 460, müssen wir zeigen, daß es zu jedem $\varepsilon > 0$ ein n_0 gibt, so daß für jedes $n > n_0$ und für jedes $u \in \bar{V}$

$$\|Tu - T_n u\|_{\bar{V}} \leqq \varepsilon \|u\|_{\bar{V}} \tag{40.28}$$

ist. Es sei ein $\varepsilon > 0$ gegeben. Nach (40.25), (40.26) ist

$$\|Tu - T_n u\|_{\bar{V}} = \Big\| \sum_{i=n+1}^{\infty} ((Tu, \varphi_i))\, \varphi_i \Big\|_{\bar{V}}. \tag{40.29}$$

Der Operator T ist vollstetig, und deshalb kann man nach Satz 38.3, S. 461, zur Zahl $\varepsilon/2$ zwei Operatoren R und S finden, so daß

$$T = S + R$$

ist, wobei der Operator S von endlicher Dimension ist (man kann ihn also in der Form

$$Su = \sum_{i=1}^{k} ((u, \psi_i))\, \chi_i \quad \text{für jedes} \quad u \in \bar{V} \tag{40.30}$$

schreiben) und die Norm des Operators R im Raum $\bar{V}$ kleiner als $\varepsilon/2$ ist:

$$\|Ru\|_{\bar{V}} \leqq \frac{\varepsilon}{2} \|u\|_{\bar{V}} \quad \text{für jedes} \quad u \in \bar{V}. \tag{40.31}$$

Nach (40.29) ist also

$$\|Tu - T_n u\|_{\bar{V}} = \Big\| \sum_{i=n+1}^{\infty} (([Su + Ru], \varphi_i))\, \varphi_i \Big\|_{\bar{V}}. \tag{40.32}$$

Unter Verwendung von (40.13) erhalten wir zunächst

$$\Big\| \sum_{i=n+1}^{\infty} ((Ru, \varphi_i))\, \varphi_i \Big\|_{\bar{V}}^2 = \sum_{i=n+1}^{\infty} ((Ru, \varphi_i))^2 \leqq \sum_{i=1}^{\infty} ((Ru, \varphi_i))^2. \tag{40.33}$$

Das letzte Glied in (40.33) ist aber die Summe der Fourier-Koeffizienten der Funktion Ru bezüglich des orthonormierten Systems der Funktionen $\varphi_i(x)$. Nach der Besselschen Ungleichung (6.33), S. 64, ist daher

$$\sum_{i=1}^{\infty} ((Ru, \varphi_i))^2 \leqq \|Ru\|_{\bar{V}}^2 \leqq \frac{\varepsilon^2}{4} \|u\|_{\bar{V}}^2, \tag{40.34}$$

wenn wir noch (40.31) berücksichtigen. Aus (40.33), (40.34) folgt dann

$$\Big\| \sum_{i=n+1}^{\infty} ((Ru, \varphi_i))\, \varphi_i \Big\|_V \leqq \frac{\varepsilon}{2} \|u\|_V \,. \tag{40.35}$$

Weiter ist nach (40.30)

$$\Big\| \sum_{i=n+1}^{\infty} ((Su, \varphi_i)), \varphi_i \Big\|_V = \Big\| \sum_{i=n+1}^{\infty} \sum_{j=1}^{k} ((u, \psi_j))\, ((\chi_j, \varphi_i))\, \varphi_i \Big\|_V =$$

$$= \Big\| \sum_{j=1}^{k} ((u, \psi_j)) \sum_{i=n+1}^{\infty} ((\chi_j, \varphi_i))\, \varphi_i \Big\|_V {}^{1)} \leqq \sum_{j=1}^{k} |((u, \psi_j))| \cdot \Big\| \sum_{i=n+1}^{\infty} ((\chi_j, \varphi_i))\, \varphi_i \Big\|_V \leqq$$

$$\leqq \|u\|_V \sum_{j=1}^{k} \|\psi_j\|_V \sqrt{\sum_{i=n+1}^{\infty} ((\chi_j, \varphi_i))^2} \,. \tag{40.36}$$

Für jedes j, $j = 1, \ldots, k$, ist die Reihe

$$\sum_{i=1}^{\infty} ((\chi_j, \varphi_i))^2$$

konvergent, da sie die Summe der Quadrate der Fourier-Koeffizienten der Funktion χ_j ist. Aus (40.36) ergibt sich nun

$$\Big\| \sum_{i=n+1}^{\infty} ((Su, \varphi_i))\, \varphi_i \Big\|_V \leqq \frac{\varepsilon}{2} \|u\|_V \tag{40.37}$$

für alle genügend großen n. Die Formeln (40.32), (40.35) und (40.37) liefern dann (40.28).

Nun beweisen wir Behauptung 2, nämlich daß die Zahlen $\mu_i^{(n)} = 1/\lambda_i^{(n)}$ die ersten n Eigenwerte des Operators T_n sind, d.h. die ersten n Eigenwerte der Gleichung

$$\mu u^{(n)} - T_n u^{(n)} = 0 \,. \tag{40.38}$$

Es sei $\mu \neq 0$. Wenn wir $1/\mu = \lambda$ bezeichnen, dann können wir das Eigenwertproblem für den Operator T_n folgendermaßen formulieren:

Es sind positive Zahlen λ zu finden, für die eine nichtverschwindende Lösung (im Raum V, oder, was das gleiche ist, im Raum $\overline{V}$) der Gleichung

$$u^{(n)} - \lambda T_n u^{(n)} = 0 \tag{40.39}$$

existiert.

Wie früher bezeichnen wir mit $\overline{V}_n$ den Teilraum des Raumes $\overline{V}$, in dem die Funktionen

$$\varphi_1(x), \ldots, \varphi_n(x)$$

eine orthogonale Basis bilden. Jedes Element $v \in \overline{V}_n$ kann man also eindeutig in der Form

$$v(x) = a_1 \varphi_1(x) + \ldots + a_n \varphi_n(x) \tag{40.40}$$

---

[1]) Die Vertauschung der Summationen ist gerechtfertigt, da die Reihen

$$\sum_{i=n+1}^{\infty} ((\chi_j, \varphi_i))\, \varphi_i$$

für jedes j konvergieren.

ausdrücken, wobei $a_1 = ((v, \varphi_1)), \ldots, a_n = ((v, \varphi_n))$ ist. Hieraus folgt insbesondere, daß im Raum $\bar{V}_n$ genau dann $v = 0$ ist, wenn

$$((v, \varphi_1)) = 0, \ldots, ((v, \varphi_n)) = 0 \tag{40.41}$$

gilt.

Da T_n ein Operator der Form (40.26) ist, gehört die Funktion $T_n u^{(n)}$ zu $\bar{V}_n$. Nach (40.39) gehört auch die Funktion $u^{(n)}$ zu $\bar{V}_n$, so daß jede Lösung der Gleichung (40.39) die Gestalt

$$u^{(n)}(x) = c_{n1}\, \varphi_1(x) + \ldots + c_{nn}\, \varphi_n(x) \tag{40.42}$$

hat. Die Gleichung (40.39) kann man also im endlichdimensionalen Raum $\bar{V}_n$ betrachten. Nach (40.41) wird diese Gleichung genau dann erfüllt sein, wenn die Gleichungen

$$((u^{(n)} - \lambda T_n u^{(n)}, \varphi_1)) = 0\,,$$
$$\cdots\cdots\cdots\cdots\cdots\cdots$$
$$((u^{(n)} - \lambda T_n u^{(n)}, \varphi_n)) = 0$$

erfüllt sind, d.h. die Gleichungen (wir berücksichtigen die Beziehungen (40.13))

$$c_{n1} - ((\lambda T u^{(n)}, \varphi_1)) = 0\,,$$
$$\cdots\cdots\cdots\cdots\cdots\cdots$$
$$c_{nn} - ((\lambda T u^{(n)}, \varphi_n)) = 0\,,$$

oder (da $((Tu^{(n)}, \varphi_k)) = (u^{(n)}, \varphi_k)$ ist, $k = 1, \ldots, n$) die Gleichungen

$$c_{n1} - \lambda \sum_{j=1}^{n} c_{nj}(\varphi_j, \varphi_1) = 0\,,$$
$$\cdots\cdots\cdots\cdots\cdots\cdots$$
$$c_{nn} - \lambda \sum_{j=1}^{n} c_{nj}(\varphi_j, \varphi_n) = 0\,. \tag{40.43}$$

Das System (40.43) ist aber mit dem System (40.21) identisch; die Gleichung (40.39) wird also eine nichtverschwindende Lösung genau für die Werte λ haben, für die (40.43) eine nichttriviale Lösung hat, d.h. genau für die Werte λ, für die die entsprechende Determinante verschwindet. Das ist aber genau die Determinante (40.22).

Damit haben wir auch die zweite von den auf S. 495 angeführten Behauptungen bewiesen, und insgesamt die Gültigkeit der Beziehungen (40.24), oder kurz ausgedrückt, die Konvergenz des Ritzschen Verfahrens gezeigt:

Satz 40.1. *Die Form* $((v, u))$ *erfülle die Ungleichung* (40.4) *und sei symmetrisch und V-elliptisch* (so daß für sie alle Behauptungen von Satz 39.5 gelten). *Es seien*

$$\lambda_1^{(n)} \leqq \lambda_2^{(n)} \leqq \ldots \leqq \lambda_n^{(n)}$$

Approximationen der Eigenwerte der Form $((v, u))$, *die mit Hilfe des Ritzschen Verfahrens konstruiert wurden, d.h. die Wurzeln der Gleichung* (40.22). *Dann gilt für jeden Eigenwert* λ_i $(i = 1, 2, \ldots)$ *der Form* $((v, u))$

$$\lambda_i = \lim_{n\to\infty} \lambda_i^{(n)}\,.$$

Bemerkung 40.1. In [30] wird bewiesen, daß diese Konvergenz sogar monoton ist, d.h. daß für jedes feste i

$$\lambda_i^{(n+1)} \leqq \lambda_i^{(n)}$$

gilt. Die Folge $\{\lambda_i^{(n)}\}$ konvergiert also von oben gegen den Eigenwert λ_i der Form $((v, u))$.

Bemerkung 40.2. Falls das System (40.12) im Raum $\bar{V}$ nicht orthonormal ist (dies ist beim Ritzschen Verfahren für unsere Überlegungen unwesentlich, vgl. Kapitel 13), führt das Ritzsche Verfahren zur Gleichung

$$\begin{vmatrix} ((\varphi_1, \varphi_1)) - \lambda(\varphi_1, \varphi_1), ((\varphi_1, \varphi_2)) - \lambda(\varphi_1, \varphi_2), \ldots, ((\varphi_1, \varphi_n)) - \lambda(\varphi_1, \varphi_n) \\ ((\varphi_1, \varphi_2)) - \lambda(\varphi_1, \varphi_2), ((\varphi_2, \varphi_2)) - \lambda(\varphi_2, \varphi_2), \ldots, ((\varphi_2, \varphi_n)) - \lambda(\varphi_2, \varphi_n) \\ \cdots\cdots\cdots\cdots\cdots\cdots\cdots\cdots\cdots\cdots\cdots\cdots \\ ((\varphi_1, \varphi_n)) - \lambda(\varphi_1, \varphi_n), ((\varphi_2, \varphi_n)) - \lambda(\varphi_2, \varphi_n), \ldots, ((\varphi_n, \varphi_n)) - \lambda(\varphi_n, \varphi_n) \end{vmatrix} = 0 . \tag{40.44}$$

Wenn wir die Basis im Raum $\bar{V}$ so wählen, daß die Funktionen (40.12) orthonormal in $L_2(G)$ sind, erhalten wir statt der Gleichung (40.44) die Gleichung

$$\begin{vmatrix} ((\varphi_1, \varphi_1)) - \lambda, & ((\varphi_1, \varphi_2)), & \ldots, ((\varphi_1, \varphi_n)) \\ ((\varphi_1, \varphi_2)), & ((\varphi_2, \varphi_2)) - \lambda, & \ldots, ((\varphi_2, \varphi_n)) \\ \cdots\cdots\cdots & \cdots\cdots\cdots & \cdots\cdots\cdots \\ ((\varphi_1, \varphi_n)), & ((\varphi_2, \varphi_n)), & \ldots, ((\varphi_n, \varphi_n)) - \lambda \end{vmatrix} = 0 . \tag{40.45}$$

Bei der Betrachtung der Differentialoperatoren aus dem dritten Teil unseres Buches können wir (siehe Bemerkung 39.9, S. 482) $((\varphi_i, \varphi_j))$ durch $(\varphi_i, \varphi_j)_A$ ersetzen, bzw. durch $(A\varphi_i, \varphi_j)$, falls wir die Basis $\{\varphi_i(x)\}$ aus dem Definitionsbereich des Operators A wählen. Die Gleichung (40.44) hat dann die Form

$$\begin{vmatrix} (A\varphi_1, \varphi_1) - \lambda(\varphi_1, \varphi_1), (A\varphi_1, \varphi_2) - \lambda(\varphi_1, \varphi_2), \ldots, (A\varphi_1, \varphi_n) - \lambda(\varphi_1, \varphi_n) \\ (A\varphi_1, \varphi_2) - \lambda(\varphi_1, \varphi_2), (A\varphi_2, \varphi_2) - \lambda(\varphi_2, \varphi_2), \ldots, (A\varphi_2, \varphi_n) - \lambda(\varphi_2, \varphi_n) \\ \cdots\cdots\cdots\cdots\cdots\cdots\cdots\cdots\cdots\cdots\cdots\cdots \\ (A\varphi_1, \varphi_n) - \lambda(\varphi_1, \varphi_n), (A\varphi_2, \varphi_n) - \lambda(\varphi_2, \varphi_n), \ldots, (A\varphi_n, \varphi_n) - \lambda(\varphi_n, \varphi_n) \end{vmatrix} = 0 , \tag{40.46}$$

die man bei spezieller Basiswahl noch vereinfachen kann (vgl. z.B. (40.45)).

Bemerkung 40.3. Auch die Anwendung des Galerkin-Verfahrens führt zur Gleichung (40.46): Ähnlich wie beim Ritzschen Verfahren suchen wir eine nichtverschwindende Lösung der Gleichung

$$Au - \lambda u = 0 \tag{40.47}$$

in der Form

$$u_n(x) = \sum_{j=1}^{n} a_{nj}\, \varphi_j(x) \quad (\varphi_j \in D_A) . \tag{40.48}$$

Durch sukzessive skalare Multiplikation der Gleichung (40.47), in der wir u_n statt u schreiben, mit den Funktionen $\varphi_1, \ldots, \varphi_n$ erhalten wir ein Gleichungssystem, dessen

Determinante gerade die Determinante (40.46) ist. Die übrigen Überlegungen verlaufen auf die gleiche Weise wie im vorhergehenden Text.

Bemerkung 40.4. Im Falle der Gleichung

$$Au - \lambda Bu = 0$$

(siehe Bemerkung 39.11, S. 486) erhalten wir die Gleichung

$$\begin{vmatrix} ((\varphi_1,\varphi_1))_A-\lambda((\varphi_1,\varphi_1))_B, & ((\varphi_1,\varphi_2))_A-\lambda((\varphi_1,\varphi_2))_B, & \ldots, & ((\varphi_1,\varphi_n))_A-\lambda((\varphi_1,\varphi_n))_B \\ ((\varphi_1,\varphi_2))_A-\lambda((\varphi_1,\varphi_2))_B, & ((\varphi_2,\varphi_2))_A-\lambda((\varphi_2,\varphi_2))_B, & \ldots, & ((\varphi_2,\varphi_n))_A-\lambda((\varphi_2,\varphi_n))_B \\ \cdots & \cdots & \cdots & \cdots \\ ((\varphi_1,\varphi_n))_A-\lambda((\varphi_1,\varphi_n))_B, & ((\varphi_2,\varphi_n))_A-\lambda((\varphi_2,\varphi_n))_B, & \ldots, & ((\varphi_n,\varphi_n))_A-\lambda((\varphi_n,\varphi_n))_B \end{vmatrix} = 0, \tag{40.49}$$

bzw.

$$\begin{vmatrix} (A\varphi_1,\varphi_1)-\lambda(B\varphi_1,\varphi_1), & (A\varphi_1,\varphi_2)-\lambda(B\varphi_1,\varphi_2), & \ldots, & (A\varphi_1,\varphi_n)-\lambda(B\varphi_1,\varphi_n) \\ (A\varphi_1,\varphi_2)-\lambda(B\varphi_1,\varphi_2), & (A\varphi_2,\varphi_2)-\lambda(B\varphi_2,\varphi_2), & \ldots, & (A\varphi_2,\varphi_n)-\lambda(B\varphi_2,\varphi_n) \\ \cdots & \cdots & \cdots & \cdots \\ (A\varphi_1,\varphi_n)-\lambda(B\varphi_1,\varphi_n), & (A\varphi_2,\varphi_n)-\lambda(B\varphi_2,\varphi_n), & \ldots, & (A\varphi_n,\varphi_n)-\lambda(B\varphi_n,\varphi_n) \end{vmatrix} = 0\,. \tag{40.50}$$

Bemerkung 40.5. In diesem Kapitel haben wir die Konvergenz des Ritzschen Verfahrens (bzw. des Galerkin-Verfahrens, siehe Bemerkung 40.3) für den Fall der Eigenwerte bewiesen. Im Fall der Eigenfunktionen können gewisse Komplikationen auftreten, falls nicht weitere Voraussetzungen erfüllt sind. Siehe dazu z.B. [30].

b) Das Problem der Fehlerabschätzung

Wie wir schon bemerkt haben, liefert das Ritzsche Verfahren für die Eigenwerte der Form $((v, u))$ bzw. für die Eigenwerte des Operators A eine Abschätzung „von oben“, d.h. es gilt

$$\lambda_1^{(n)} \geqq \lambda_1, \ldots, \lambda_n^{(n)} \geqq \lambda_n\,. \tag{40.51}$$

Diese Abschätzungen sind bei der Lösung praktischer Probleme nicht ausreichend. So sind z.B. bei Problemen der Elastizitätstheorie untere Abschätzungen (vor allem für den ersten Eigenwert) wichtiger als obere Abschätzungen. Es gibt eine Reihe von Methoden zur beiderseitigen Abschätzung der Eigenwerte (die **Weinsteinsche Methode** der „Intervalloperatoren“, die **Methode von Fichera** und viele weitere), von denen einige sehr genaue Abschätzungen liefern, aber in der Regel sehr zeitaufwendig sind. In diesem Buch werden wir uns mit diesen Methoden nicht befassen, denn einerseits hat dieses Buch eine andere Zielstellung und andererseits würde sein Umfang unverhältnismäßig anwachsen. Deshalb verweisen wir den Leser auf das Buch [30] und geben uns an dieser Stelle mit der Darstellung von zwei Methoden zufrieden, von denen die erste zwar nur eine verhältnismäßig grobe Abschätzung liefert, dafür aber sehr einfach ist, während sich die zweite insbesondere zur Abschätzung des ersten Eigenwertes eignet.

Um die Idee der ersten Methode zu zeigen, betrachten wir das Eigenwertproblem für die Laplacesche Gleichung

$$-\Delta u - \lambda u = 0 \tag{40.52}$$

auf dem in Figur 40.1 angegebenen Halbkreis G_1 mit der Randbedingung

$$u = 0 \text{ auf } \Gamma_1 \,. \tag{40.53}$$

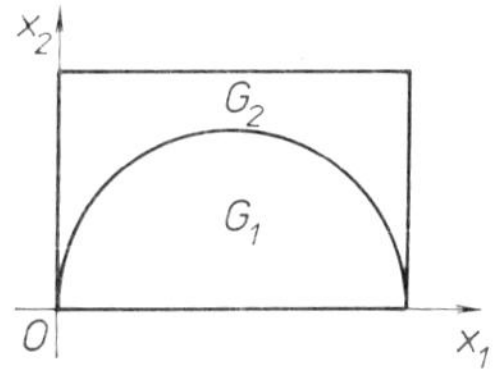

Figur 40.1

Mit G_2 bezeichnen wir das ebenfalls in Figur 40.1 dargestellte Rechteck mit dem Rand Γ_2, das den Halbkreis G_1 enthält. Auf diesem Gebiet betrachten wir ebenfalls das Eigenwertproblem

$$-\Delta u - \nu u = 0 \quad \text{in } G_2 \,, \tag{40.54}$$

$$u = 0 \quad \text{auf } \Gamma_2 \,. \tag{40.55}$$

Wir behaupten nun, daß die Eigenwerte $\nu_1 \leqq \nu_2 \leqq \ldots$ des Problems (40.54), (40.55) nicht größer sind als die entsprechenden Eigenwerte $\lambda_1 \leqq \lambda_2 \leqq \ldots$ des Problems (40.52), (40.53).

Mit V_1 bzw. V_2 bezeichnen wir die Räume, die den betrachteten Problemen zugeordnet sind und dem Raum V aus dem vorhergehenden Text entsprechen. Die Form

$$((v, u))_1 = \iint_{G_1} \left(\frac{\partial v}{\partial x_1} \frac{\partial u}{\partial x_1} + \frac{\partial v}{\partial x_2} \frac{\partial u}{\partial x_2} \right) \mathrm{d}x_1 \, \mathrm{d}x_2 \,, \tag{40.56}$$

bzw.

$$((v, u))_2 = \iint_{G_2} \left(\frac{\partial v}{\partial x_1} \frac{\partial u}{\partial x_1} + \frac{\partial v}{\partial x_2} \frac{\partial u}{\partial x_2} \right) \mathrm{d}x_1 \, \mathrm{d}x_2 \,, \tag{40.57}$$

die wir auf dem Raum V_1 bzw. V_2 betrachten, hat offensichtlich alle in Satz 39.5 geforderten Eigenschaften, so daß für sie auch alle Aussagen dieses Satzes gelten.

Insbesondere ist

$$\lambda_1 = \min_{v \in V_1, v \neq 0} \frac{((v, v))_1}{(v, v)_1} \,, \tag{40.58}$$

$$\nu_1 = \min_{v \in V_2, v \neq 0} \frac{((v, v))_2}{(v, v)_2} \,, \tag{40.59}$$

mit

$$(v, v)_1 = \iint_{G_1} v^2 \, \mathrm{d}x \quad (v \in V_1) \,, \qquad (v, v)_2 = \iint_{G_2} v^2 \, \mathrm{d}x \quad (v \in V_2) \,.$$

In unserem Fall ist offensichtlich $V_1 = \mathring{W}_2^{(1)}(G_1)$, $V_2 = \mathring{W}_2^{(1)}(G_2)$. Durch einfache Rechnungen läßt sich zeigen: Ist $v_1 \in V_1$ und $v_2(x)$ eine Funktion, die auf G_1 mit der

Funktion $v_1(x)$ übereinstimmt und in allen Punkten des Gebietes G_2, die nicht zu G_1 gehören, verschwindet, dann ist $v_2 \in V_2$ [1]). Da die Integrale (40.56) und (40.57), in denen wir die Funktion $u(x)$ durch die Funktion $v(x)$ ersetzen, übereinstimmen, wenn $v(x) = 0$ außerhalb des Gebietes G_1 ist, nehmen beide Quotienten in (40.58), (40.59) für das betrachtete Funktionenpaar v_1, v_2 offensichtlich den gleichen Wert an. Der Raum V_2 besteht aber nicht nur aus Funktionen $v_2(x)$ der betrachteten Gestalt, sondern enthält auch noch andere Funktionen, und deshalb kann das Funktional in (40.59) sein Minimum für eine Funktion $v \in V_2$ annehmen, die anderen Typs als die soeben betrachtete Funktion $v_2(x)$ ist. In jedem Fall ist also

$$\nu_1 \leqq \lambda_1 .$$

Durch ähnliche, auf dem Courantschen Minimum-Maximum-Prinzip begründete Überlegungen kann man zeigen, daß die gleiche Beziehung auch für die weiteren Paare von Eigenwerten ν_2, λ_2; ν_3, λ_3; ... gilt.

Da das Gebiet G_2 ein Rechteck ist, können wir die Eigenwerte des Problems (40.54), (40.55) leicht berechnen. Sind a und b die Seiten des Rechtecks G_2, so haben die Eigenwerte die Form (vgl. Beispiel 37.2, S. 455)

$$\frac{m^2\pi^2}{a^2} + \frac{n^2\pi^2}{b^2}, \quad m = 1, 2, \ldots, \quad n = 1, 2, \ldots . \tag{40.60}$$

Insbesondere gilt für den ersten Eigenwert

$$\nu_1 = \frac{\pi^2}{a^2} + \frac{\pi^2}{b^2}. \tag{40.61}$$

Aus (40.60) folgen nun direkt untere Abschätzungen für die Eigenwerte des Problems (40.52), (40,53); insbesondere ist

$$\lambda_1 \geqq \frac{\pi^2}{a^2} + \frac{\pi^2}{b^2}. \tag{40.62}$$

Wenn wir den Radius des betrachteten Halbkreises G_1 mit r bezeichnen, können wir $a = 2r$ und $b = r$ wählen und erhalten dann

$$\lambda_1 \geqq \frac{5\pi^2}{4r^2} .$$

Ähnlich erhalten wir aufgrund von (40.60) untere Abschätzungen für die weiteren Eigenwerte. Unsere Überlegung, die wir für einen Spezialfall durchgeführt haben, kann man offensichtlich leicht auf allgemeinere Fälle ausdehnen. Zwei Umstände sind bei der Anwendung dieser Methode wesentlich: Erstens muß man ein dem ursprünglichen Problem entsprechendes Problem finden, so daß $\lambda_i \geqq \nu_i$ für jedes natürliche i gilt (oder wenigstens für diejenigen i, für die man sich interessiert). Einen

---

[1]) Diese Behauptung gilt für Gebiete mit wesentlich allgemeinerem Rand, als es der Rand des Gebietes G_1 ist. Es genügt, wenn Γ_1 ein Lipschitz-Rand ist. Wir bemerken aber gleich an dieser Stelle, daß die Behauptung nicht mehr für $k > 1$ gilt. Ist z.B. $v_1 \in \mathring{W}_2^{(2)}(G_1)$, dann muß die mit Null außerhalb G_1 fortgesetzte Funktion v_2 nicht zu $\mathring{W}_2^{(2)}(G_2)$ gehören.

Weg, wie man ein solches entsprechendes Problem finden kann, haben wir in dem soeben angeführten Beispiel beschrieben; Ausgangspunkt sind die Beziehungen (40.58) (40.59) bzw. ähnliche Beziehungen für $i > 1$, die aus dem Courantschen Minimaxprinzip folgen. Zweitens muß man dann ein einfaches Verfahren zur Berechnung der Eigenwerte des entsprechenden Problems kennen. In unserem Beispiel haben wir als das entsprechende Problem das gleiche, auf dem Rechteck betrachtete Problem gewählt.

Die Idee dieser Methode sowie ihre Durchführung sind also sehr einfach. Wie man aber erwarten kann, erhalten wir mit dieser Methode nur verhältnismäßig grobe Abschätzungen.

Die zweite Methode, die wir hier anführen werden, eignet sich vor allem zur beiderseitigen Abschätzung des ersten Eigenwertes. Für den Fall gewöhnlicher Differentialgleichungen bzw. partieller Differentialgleichungen speziellen Typs wurde dieses Verfahren von L. Collatz ausgearbeitet. Siehe auch seine aufgrund des sogenannten **Templeschen Satzes** in [11] erzielten Ergebnisse. Diese Ergebnisse sowie unsere in Kapitel 39 durchgeführten Überlegungen werden wir hier zu einer genügend allgemeinen Formulation benutzen.

Satz 40.2 (Templescher Satz). *Es sei T ein selbstadjungierter Operator im Hilbert-Raum H. Ferner seien g_0 und g_1 zwei vom Nullelement verschiedene Elemente des Raumes H, so daß*

$$Tg_1 = g_0 \tag{40.63}$$

ist. Wir definieren der Reihe nach die sogenannten **Schwarzschen Konstanten**, *den* **Schwarzschen Quotient** *und den* **Templeschen Quotient** *durch die Beziehungen*

$$\alpha_0 = (g_0, g_0), \quad \alpha_1 = (g_0, g_1), \quad \alpha_2 = (g_1, g_1), \tag{40.64}$$

$$\nu_2 = \frac{\alpha_1}{\alpha_2}, \tag{40.65}$$

$$\varphi(t) = \frac{\alpha_0 - t\alpha_1}{\alpha_1 - t\alpha_2}, \quad t \in (-\infty, +\infty), \quad t \neq \nu_2. \tag{40.66}$$

Ist ν_2 ein innerer Punkt eines Intervalls $[b_1, b_2]$ und ist bekannt, daß innerhalb dieses Intervalls genau ein isolierter Eigenwert μ des Operators T liegt und das Intervall $[b_1, b_2]$ sonst keinen anderen Punkt des Spektrums dieses Operators enthält, dann gilt die Abschätzung

$$\varphi(b_2) \leqq \mu \leqq \varphi(b_1). \tag{40.67}$$

Der Beweis des Templeschen Satzes beruht auf der Tatsache, daß die Operatoren $R = (T - b_1 I)[T - (\mu - \varepsilon) I]$ und $S = [T - (\mu + \varepsilon) I](T - b_2 I)$, wobei I der Einheitsoperator ist, unter den angegebenen Voraussetzungen für alle genügend kleinen positiven ε positiv sind. Die Skalarprodukte (Rg_1, g_1) und (Sg_1, g_1) sind also positiv, und hieraus folgen dann durch leichte Rechnungen und Grenzübergang für $\varepsilon \to 0$ beide Ungleichungen (40.67).

In [11] ist angedeutet, wie man aufgrund von (40.67) Abschätzungen vom Typ (40.83) für selbstadjungierte Operatoren erhalten kann.

Den Templeschen Satz kann man ohne größere Schwierigkeiten für den Fall von Differentialoperatoren (d.h. unbeschränkten Operatoren) modifizieren, so daß man dann beiderseitige Abschätzungen vom Typ (40.83) für Differentialgleichungen der Form $Au - \lambda u = 0$ erhalten kann. Im folgenden Text zeigen wir, wie man solche Abschätzungen für (gewöhnliche und partielle) Differentialgleichungen vom Typ $Au - \lambda Bu = 0$ erhalten kann. Dazu werden wir den in Kapitel 39 (S. 488) eingeführten Operator T benutzen:

Wir betrachten zunächst die Gleichung

$$Au - \lambda u = 0 \tag{40.68}$$

mit homogenen Randbedingungen. Wie üblich bezeichnen wir mit V den Teilraum des Raumes $W_2^{(k)}(G)$, der durch alle Elemente aus $W_2^{(k)}(G)$ gebildet wird, die (im Sinne von Spuren) die gegebenen homogenen stabilen Randbedingungen erfüllen. Die entsprechende Form $((v, u))$ erfülle die Bedingung

$$|((v, u))| \leqq K\|v\|_V \|u\|_V \quad \text{für jedes Paar von Elementen } v, u \in V, \tag{40.69}$$

sei V-elliptisch und im Raum V symmetrisch.[1]) Wie wir aus Kapitel 39 wissen, hat dann die Form abzählbar viele positive Eigenwerte

$$\lambda_1 \leqq \lambda_2 \leqq \lambda_3 \leqq \ldots, \quad \lim_{n\to\infty} \lambda_n = +\infty\,. \tag{40.70}$$

Jedes $\lambda \neq \lambda_i$, $i = 1, 2, \ldots$, ist ein regulärer Wert der Form $((v, u))$, so daß das Spektrum dieser Form nur aus den Eigenwerten (40.70) besteht.

Wie früher bezeichnen wir noch mit dem Symbol $\bar{V}$ den Hilbert-Raum mit dem Skalarprodukt $((v, u))$, dessen Elemente mit den Elementen des Raumes V übereinstimmen.

In Kapitel 39 (S. 477) haben wir den Operator T aus dem Raum $L_2(G)$ in den Raum V (und damit natürlich auch in den Raum $L_2(G)$) durch die folgende Beziehung definiert:

$$((v, Tf)) = (v, f)\,, \quad f \in L_2(G)\,, \quad v \in V\,. \tag{40.71}$$

Wir haben gezeigt, daß dieser Operator, als Operator von $\bar{V}$ in $\bar{V}$ betrachtet, vollstetig, selbstadjungiert und positiv ist und seine Eigenwerte

$$\mu_1 \geqq \mu_2 \geqq \mu_3 \geqq \cdots \tag{40.72}$$

gleich den Kehrwerten der Zahlen (40.70) sind, d.h. $\mu_i = 1/\lambda_i$, $i = 1, 2, \ldots,$.

Es ist nicht schwer zu zeigen, daß der Operator T dieselben Eigenschaften hat, wenn wir ihn als Operator von $L_2(G)$ in $L_2(G)$ betrachten:

---

[1]) Dazu genügt zum Beispiel, daß der Operator A genügend glatte Koeffizienten hat und auf der linearen Menge D_A aller Funktionen, die samt ihren partiellen Ableitungen bis einschließlich $2k$-ter Ordnung stetig sind und die gegebenen Randbedingungen erfüllen, positiv definit ist.

Vollstetigkeit: Aus der Ungleichung $\|Tf\|_V \leqq c\|f\|_{L_2(G)}$ folgt, daß das Bild jeder in $L_2(G)$ beschränkten Menge M in V beschränkt, und also (nach Satz 39.1, S. 477) in $L_2(G)$ präkompakt ist.

Selbstadjungiertheit: Aus der Definition des Operators T folgt für jedes Paar von Elementen v, $u \in L_2(G)$

$$(Tv, u) = ((Tv, Tu)) = ((Tu, Tv)) = (Tu, v) = (v, Tu)\,.$$

Positivität: Wenn $z \in L_2(G)$ ist, $z \neq 0$, so ist zunächst $Tz \neq 0$ (denn sonst hätte das Problem

$$((v, u)) = (v, z)\,, \quad v \in V\,,$$

eine Nullösung $u = Tz$ für ein von Null verschiedenes z). Für $z \neq 0$ ist dann $(Tz, z) = ((Tz, Tz)) > 0$, und hieraus folgt die Positivität des betrachteten Operators.

Da die Zahl $\mu = 0$ kein Eigenwert des Operators T ist, folgt aus der Beziehung

$$Tu - \mu u = 0\,, \quad u \in L_2(G)\,,$$

daß $u = (1/\mu)\, Tu \in V$ und daher $u \in V$ ist; der Operator T, als Operator von $L_2(G)$ in $L_2(G)$ betrachtet, hat also die gleichen Eigenwerte (40.72) wie derselbe Operator, aber als Operator von $\bar{V}$ in $\bar{V}$ betrachtet. Dabei ist jede Zahl $\mu \neq \mu_i$ ein regulärer Wert dieses Operators. Hieraus folgt nun leicht, daß es genügt, in Satz 40.2 diesen Operator im Raum $H = L_2(G)$ zu betrachten. (Es ist nicht notwendig, für H den Raum V zu wählen, und dies ist vom numerischen Standpunkt aus wesentlich.)

Es seien nun $f_1 \in V$ und $f_0 \in L_2(G)$ zwei von Null verschiedene Funktionen, die die Gleichung

$$((v, f_1)) = (v, f_0) \quad \text{für alle } v \in V \tag{40.73}$$

erfüllen. (Im Sinne der Fußnote [1]) auf S. 503 genügt es dafür

$$f_1 \in D_A \quad \text{und} \quad f_0 = Af_1 \tag{40.74}$$

zu wählen.) Wir bezeichnen

$$a_0 = (f_0, f_0)\,, \quad a_1 = (f_1, f_0)\,, \quad a_2 = (f_1, f_1)\,. \tag{40.75}$$

Die Zahlen a_0, a_1, a_2 sind positiv. Für a_0 und a_2 folgt dies direkt aus (40.75), für a_1 aus der Beziehung

$$a_1 = (f_1, f_0) = ((f_1, f_1)) > 0 \quad \text{für} \quad f_1 \neq 0\,.$$

Wir bezeichnen weiter

$$\varkappa_1 = \frac{a_0}{a_1}\,, \quad \varkappa_2 = \frac{a_1}{a_2}\,. \tag{40.76}$$

Aus (39.32), S. 481, ergibt sich zunächst, daß $\varkappa_2 \geqq \lambda_1$ ist, denn nach (40.75) und (40.73) ist

$$\varkappa_2 = \frac{a_1}{a_2} = \frac{(f_1, f_0)}{(f_1, f_1)} = \frac{((f_1, f_1))}{(f_1, f_1)} \geqq \lambda_1\,. \tag{40.77}$$

Aus der Ungleichung $\|f_0 - kf_1\|^2 \geqq 0$, wo k eine beliebige reelle Zahl ist, folgt weiter, daß die Diskriminante des quadratischen Ausdruckes in der Veränderlichen k,

$$\|f_0 - kf_1\|^2 = (f_0 - kf_1, f_0 - kf_1) =$$
$$= (f_0, f_0) - 2(f_1, f_0)\,k + (f_1, f_1)\,k^2 = a_0 - 2a_1 k + a_2 k^2$$

nicht positiv sein kann, so daß

$$a_1^2 \leqq a_0 a_2$$

und folglich

$$\varkappa_2 \leqq \varkappa_1 \tag{40.78}$$

gilt.

Wir setzen nun voraus, daß der Eigenwert λ_1 einfach ist (d.h. $\lambda_1 < \lambda_2$) und daß es uns gelungen ist, eine untere Abschätzung l_2 des zweiten Eigenwertes λ_2 zu finden, die größer als $\varkappa_1$ ist (und folglich auch größer als $\varkappa_2$). Hieraus und aus (40.77) und (40.78) folgt dann

$$\lambda_1 \leqq \varkappa_2 \leqq \varkappa_1 < l_2 < \lambda_2 \,. \tag{40.79}$$

Nun zeigen wir, wie man Satz 40.2 und Ungleichung (40.79) zur einfachen Konstruktion einer unteren Abschätzung des Eigenwertes λ_1 benutzen kann. Den ganzen Vorgang kann man auch für den Fall höherer Eigenwerte modifizieren.

Aus der Definition des Operators T und aus (40.73) folgt

$$f_1 = Tf_0 \,.$$

Wenn wir in (40.63) $g_1 = f_0$ und $g_0 = f_1$ setzen, ist

$$\alpha_0 = (f_1, f_1) = a_2 \,, \quad \alpha_1 = (f_1, f_0) = a_1 \,, \quad \alpha_2 = (f_0, f_0) = a_0$$

und

$$\nu_2 = \frac{\alpha_1}{\alpha_2} = \frac{a_1}{a_0} = 1/\varkappa_1 \,,$$

$$\varphi(t) = \frac{a_2 - ta_1}{a_1 - ta_0} \,. \tag{40.80}$$

Da $\mu_1 = 1/\lambda_1$ und $\mu_2 = 1/\lambda_2$ ist, folgt weiter aus (40.79) (alle betrachteten Zahlen sind positiv)

$$\mu_1 \geqq \nu_2 > 1/l_2 > \mu_2 \,. \tag{40.81}$$

Aus (40.72) folgt nun, daß man als Intervall $[b_1, b_2]$ in Satz 40.2 das Intervall $[1/l_2, \mu_1 + c]$ wählen kann, wobei c eine beliebige positive Zahl ist. Die Zahl ν_2 liegt nämlich innerhalb dieses Intervalls und gleichzeitig liegt in diesem Intervall genau ein Punkt des Spektrums des Operators T, und zwar der Punkt μ_1. Aus der zweiten Ungleichung in (40.67) und aus (40.80) ergibt sich dann

$$\frac{1}{\lambda_1} = \mu_1 \leqq \varphi\left(\frac{1}{l_2}\right) = \frac{a_2 - \dfrac{a_1}{l_2}}{a_1 - \dfrac{a_0}{l_2}},$$

d.h.

$$\lambda_1 \geqq \frac{a_1 l_2 - a_0}{a_2 l_2 - a_1} = \frac{a_1}{a_2}\,\frac{l_2 - \varkappa_1}{l_2 - \varkappa_2} = \varkappa_2\left(1 - \frac{\varkappa_1 - \varkappa_2}{l_2 - \varkappa_2}\right) = \varkappa_2 - \frac{\varkappa_1 - \varkappa_2}{\dfrac{l_2}{\varkappa_2} - 1}. \tag{40.82}$$

Aus (40.79) und (40.82) erhalten wir für λ_1 die beiderseitige Abschätzung

$$\varkappa_2 - \frac{\varkappa_1 - \varkappa_2}{\dfrac{l_2}{\varkappa_2} - 1} \leqq \lambda_1 \leqq \varkappa_2 . \tag{40.83}$$

Bevor wir den entsprechenden Satz formulieren werden, sei noch bemerkt, daß die auf S. 505 angegebene Bedingung $\varkappa_1 < l_2$ in einem gewissen Sinne „überflüssig" ist. Es genügt nämlich $\varkappa_2 < l_2$ zu fordern: Wenn gleichzeitig $\varkappa_1 < l_2$ ist, dann gilt (40.83) aufgrund dessen, was wir soeben bewiesen haben. Ist aber $\varkappa_1 \geqq l_2$, dann gilt (40.83) als eine Folgerung der Ungleichung $\varkappa_2 \leqq \varkappa_1$, denn in unserem Fall ist

$$\varkappa_2 - \frac{\varkappa_1 - \varkappa_2}{\dfrac{l_2}{\varkappa_2} - 1} = \varkappa_2\left(1 - \frac{\varkappa_1 - \varkappa_2}{l_2 - \varkappa_2}\right) \leqq 0$$

und es gilt wiederum

$$\varkappa_2 - \frac{\varkappa_1 - \varkappa_2}{\dfrac{l_2}{\varkappa_2} - 1} \leqq \lambda_1 ,$$

da $\lambda_1 > 0$ ist. Für die Gültigkeit der Formel (40.83) genügt also die Bedingung $\varkappa_2 < l_2$.

Die Resultate der oben durchgeführten Betrachtungen können wir in dem folgenden Satz zusammenfassen:

Satz 40.3. *Wir betrachten die Gleichung*

$$Au - \lambda u = 0 \tag{40.84}$$

mit homogenen Randbedingungen. Die dem Operator A entsprechende Form $((v, u))$ *erfülle die Ungleichung* (40.69), *sei V-elliptisch und im Raum V symmetrisch.* (Siehe auch Fußnote [1]) auf S. 503.) *Weiter seien* $f_1 \in V$ *und* $f_0 \in L_2(G)$ *zwei von Null verschiedene Funktionen, für die* (40.73) *gilt.* (Dafür genügt es im Sinne der zitierten Fußnote, daß (40.74) erfüllt ist.) *Wir konstruieren die Konstanten* $a_0, a_1, a_2, \varkappa_1$

und $\varkappa_2$ nach (40.75) und (40.76). Der erste Eigenwert λ_1 der Form $((v, u))$ sei einfach ($\lambda_1 < \lambda_2$) und l_2 sei eine untere Abschätzung des zweiten Eigenwertes ($l_2 < \lambda_2$), die größer als $\varkappa_2$ ist. Dann gilt die Abschätzung (40.83).

Siehe das numerische Beispiel auf S. 515.

Bemerkung 40.6. Die Voraussetzung bezüglich der Einfachheit des Eigenwertes λ_1 ist unwesentlich. Unsere Überlegungen sind auf dem Templeschen Satz begründet, in dem nicht die Einfachheit, sondern die Isoliertheit der betrachteten Eigenwerte vorausgesetzt wird. Wenn λ_1 ein mehrfacher Eigenwert ist, muß man als λ_2 in Satz 40.3 den nächstliegenden Eigenwert nehmen, der (im Absolutbetrag) größer als λ_1 ist.

Bemerkung 40.7. Die ganze hier beschriebene Prozedur kann man auch für den Fall höherer Eigenwerte modifizieren. Wenn es uns z.B. gelingt, Funktionen $f_1 \in V$ und $f_0 \in L_2(G)$ zu finden, so daß $\lambda_2 \leqq \varkappa_2$ ist, sowie eine untere Abschätzung l_2 des dritten Eigenwertes λ_3, so daß $\varkappa_2 < l_2$ ist, dann erhalten wir die Abschätzung (40.83) für den Eigenwert λ_2. Ähnlich für λ_3 usw.

Die vorhergehenden Überlegungen, die wir für die Gleichung $Au - \lambda u = 0$ durchgeführt haben, kann man fast wörtlich auf die Gleichung

$$Au - \lambda Bu = 0$$

mit homogenen Randbedingungen übertragen. Dabei sind A bzw. B Differentialoperatoren der Ordnungen $2k$ bzw. $2l$ ($l < k$) (siehe S. 486). Wir bezeichnen wieder (vgl. S. 486) mit V_A bzw. V_B die Teilräume der Räume $W_2^{(k)}(G)$ bzw. $W_2^{(l)}(G)$, die diejenigen Elemente der betrachteten Räume enthalten, die (im Sinne von Spuren) die vorgegebenen (homogenen), für den Operator A bzw. B stabilen Randbedingungen erfüllen. Die dem Operator A bzw. B entsprechende Bilinearform $((v, u))_A$ bzw. $((v, u))_B$ soll die Bedingung

$$|((v, u))_A| \leqq K_1 \|v\|_{V_A} \|u\|_{V_A} \quad \text{bzw.} \quad |((v, u))_B| \leqq K_2 \|v\|_{V_B} \|u\|_{V_B}$$

erfüllen, V_A- bzw. V_B-elliptisch und im Raum V_A bzw. V_B symmetrisch sein. (Dafür genügt es, wenn die Operatoren A, B genügend glatte Koeffizienten haben und der Operator A bzw. B auf D_A bzw. D_B positiv definit ist; dabei ist D_A bzw. D_B die lineare Menge aller Funktionen, die samt ihren Ableitungen bis einschließlich der Ordnung $2k$ bzw. $2l$ in $\bar{G}$ stetig sind und die vorgegebenen Randbedingungen bzw. die dem Operator B „entsprechenden" Bedingungen erfüllen.)

Weiter bezeichnen wir mit $\bar{V}$ bzw. $\bar{V}_B$ den Hilbert-Raum, dessen Elemente die Elemente des Raumes V_A bzw. V_B sind, der jedoch mit dem Skalarprodukt $((v, u))_A$ bzw. $((v, u))_B$ ausgestattet ist.

In Kapitel 39, S. 488, haben wir den Operator T definiert, der jedem $g \in V_B$ die Lösung $u \in V$ des Problems

$$((v, u))_A = ((v, g))_B \quad \text{für alle } v \in V_A$$

zuordnete. Unter den erwähnten Voraussetzungen haben wir gezeigt, daß dieser Operator, als Operator von $\bar{V}$ in $\bar{V}$ betrachtet, im Raum $\bar{V}$ vollstetig, selbstadjungiert und positiv ist. Auf eine ganz ähnliche Weise, wie wir es auf S. 504 für den Fall dei Gleichung (40.68) gemacht haben, kann man zeigen, daß der Operator T dieselben Eigenschaften auch als Operator von $\bar{V}_B$ in $\bar{V}_B$ hat. In Satz 40.2 können wir daher $H = \bar{V}_B$ setzen.

Es seien $f_1 \in \bar{V}, f_0 \in \bar{V}_B$ zwei von Null verschiedene Funktionen, die die Identität

$$((v, f_1))_A = ((v, f_0))_B \quad \text{für alle } v \in \bar{V} \tag{40.85}$$

erfüllen. (Dazu genügt es im Sinne der vorhergehenden Bemerkung zwei Funktionen $f_1 \in D_A, f_0 \in D_B$ zu finden, so daß

$$Af_1 = Bf_0 \tag{40.86}$$

gilt.) Wir definieren die Konstanten a_0, a_1, a_2 und $\varkappa_1, \varkappa_2$ durch die Beziehung

$$a_0 = ((f_0, f_0))_B, \quad a_1 = ((f_1, f_0))_B, \quad a_2 = ((f_1, f_1))_B \tag{40.87}$$

(wenn wir die Funktionen f_1, f_0 nach (40.86) wählen, ist

$$a_0 = (f_0, Bf_0), \quad a_1 = (f_1, Bf_0), \quad a_2 = (f_1, Bf_1)), \tag{40.88}$$

$$\varkappa_1 = \frac{a_0}{a_1}, \quad \varkappa_2 = \frac{a_1}{a_2}. \tag{40.89}$$

Ist nun der erste Eigenwert λ_1 des betrachteten Problems einfach und ist eine untere Abschätzung l_2 des zweiten Eigenwertes bekannt ($l_2 < \lambda_2$), so daß $l_2 > \varkappa_2$ ist, dann kommen wir durch gleiche Überlegungen und völlig analoge Rechnungen wie auf S. 506 zur Abschätzung (40.83).

Damit gilt also der folgende Satz:

Satz 40.4. *Wir betrachten die Gleichung*

$$Au - \lambda Bu = 0 \tag{40.90}$$

mit homogenen Randbedingungen. Die Bilinearformen $((v, u))_A$, $((v, u))_B$ *sollen die im nach Bemerkung* 40.7 *folgenden Text angeführten Bedingungen erfüllen. Wir wählen die Funktionen* $f_1(x)$ *und* $f_0(x)$, *so daß* (40.85) (*bzw.* (40.86)) *gilt, und konstruieren die Konstanten* (40.87) *und* (40.89). *Der erste Eigenwert* λ_1 *des betrachteten Problems sei einfach und* l_2 *sei eine untere Abschätzung des zweiten Eigenwertes* λ_2 ($l_2 < \lambda_2$), *die größer als die Zahl* $\varkappa_2$ *ist. Dann gelten für die Zahl* λ_1 *die Abschätzungen*

$$\varkappa_2 - \frac{\varkappa_1 - \varkappa_2}{\dfrac{l_2}{\varkappa_2} - 1} \leqq \lambda_1 \leqq \varkappa_2 . \tag{40.91}$$

Bemerkung 40.8. Auch zum Satz 40.4 könnte man Aussagen formulieren, die den Bemeıkungen 40.6 und 40.7 analog wären und die die Voraussetzung der Einfachheit des Eigenwertes λ_1 und die Anwendbarkeit der Abschätzung (40.91) für höhere Eigenwerte betreffen.

Bemerkung 40.9. Eine untere Abschätzung l_2 des zweiten Eigenwertes kann man oft bestimmen, indem man das gegebene Problem mit einem einfachen Problem vergleicht und das Courantsche Minimum-Maximum-Prinzip anwendet, ähnlich wie wir es auf S. 500, 501 gemacht haben. Vgl. Beispiel 41.2, S. 515. Wenn wir dann ein solches l_2 gefunden haben, so daß $\varkappa_2 < l_2 < \lambda_2$ gilt, ist damit nach den Ungleichungen (40.79) (die auch im Falle der Eigenwertprobleme fül die Gleichung (40.90) gelten) auch bewiesen, daß dei Eigenwert λ_1 einfach ist.

Bemerkung 40.10. Die Wahl der Funktionen $f_1(x)$ bzw. $f_0(x)$ erfordert gewisse Erfahrungen, und zwar auch im einfacheren Fall (40.73) (und umsomehr im Fall (40.85)). Wenn wir z.B. $f_1(x) = u_2(x)$ wählen, wobei $u_2(x)$ die dem Eigenwert λ_2 entsprechende Eigenfunktion ist, für die also

$$((v, u_2)) = \lambda_2(v, u_2)$$

gilt, erhalten wir hieraus und aus (40.73)

$$f_0(x) = \lambda_2 u_2(x),$$

woraus

$$a_0 = \lambda_2^2(u_2, u_2), \quad a_1 = \lambda_2(u_2, u_2), \quad a_2 = (u_2, u_2)$$

folgt, so daß

$$\varkappa_1 = \lambda_2, \quad \varkappa_2 = \lambda_2$$

ist. Dann kann man natürlich kein l_2 finden, für das $\varkappa_2 < l_2 < \lambda_2$ gelten würde. Man muß die Funktion $f_1(x)$ in einem gewissen Sinne „nahe“ der ersten Eigenfunktion des gegebenen Problems wählen.

Bemerkung 40.11. Die Abschätzung (40.91) ist für gewöhnliche Differentialgleichungen und für gewisse spezielle Typen partieller Differentialgleichungen im Collatzschen Buche [10] angeführt. Der Collatzsche Zugang war dort auf einer etwas anderen Idee gegründet, und zwaı auf der Konstruktion der Greenschen Funktion des betrachteten Problems und auf dem Studium ihrer Eigenschaften. Dieser Zugang ist im Falle gewöhnlicher Differentialgleichungen vorteilhaft, bei partiellen Differentialgleichungen dagegen, insbesondere im Falle der Gleichungen vom Typ (40.90), führt er zu gewissen Schwierigkeiten. In solchen Fällen zeigt es sich, daß unser Zugang effektiver ist.

Für gewöhnliche Differentialgleichungen ist dagegen die Collatzsche Methode in seinem Buch [10] ausführlich durchgearbeitet und ihre Modifikation, die wir hier nicht erwähnen, gibt wesentlich feinere Abschätzungen als es bei der Abschätzung (40.91) der Fall ist. Der Grund dafür, daß unsere Abschätzung verhältnismäßig grob ist, liegt darin, daß es nicht immer gelingt, die Zahl $l_2/\varkappa_2$ so konstruieren, daß sie „wesentlich“ größer als Eins ist. Deshalb konstruiert Collatz eine gewisse Folge von Funktionen $f_0(x), f_1(x), f_2(x), \ldots$ und eine entsprechende Zahlenfolge

$$\varkappa_1 \geqq \varkappa_2 \geqq \varkappa_3 \geqq \ldots .$$

Damit erzielt er eine wesentlich bessere Abschätzung, natürlich auf Kosten eines viel größeren Aıbeitsaufwandes bei der Konstruktion der Funktionen $f_i(x)$. Siehe eine ganze Reihe von Beispielen in seinem Buch [10]; siehe auch [36], S. 1092.

An dieser Stelle ist zu sagen, daß die Collatzsche Schule (J. Albrecht, F. Goerisch, J. Velte u. a.) in den letzten Jahren weitere bemerkenswerte Ergebnisse in der Problematik der Eigenwertabschätzungen erzielt hat.

Bemerkung 40.12. Mit dem Fall einer angenäherten Lösung des Problems (40.85) – dies tritt vor allem bei partiellen Differentialgleichungen auf – befaßt sich die Arbeit [54].

Wir wollen den Leser noch auf die Arbeit [33] aufmerksam machen, in der der Verfasser durch die Methode der kleinsten Quadrate mit Hilfe eines wirksamen theoretischen Apparates sehr befriedigende Abschätzungen herleitet.

Kapitel 41. Numerische Beispiele

In diesem Kapitel werden wir anhand von Beispielen die Anwendung des Ritzschen Verfahrens beim Eigenwertproblem illustrieren. Gleichzeitig werden wir zeigen, wie man die beiden am Schluß des vorhergehenden Kapitels angeführten einfachen Verfahren zur Bestimmung einer unteren Abschätzung von Eigenwerten benutzen kann.

Beispiel 41.1. Wir betrachten das Eigenwertproblem für den Laplaceschen Operator $-\Delta$ (d.h. für die Gleichung

$$-\Delta u - \lambda u = 0) \tag{41.1}$$

auf dem Gebiet E im ersten Quadrant, das durch die Koordinatenachsen und den Bogen der Ellipse

$$\frac{x^2}{a^2} + \frac{y^2}{b^2} = 1$$

begrenzt ist (Figur 41.1), unter der Dirichletschen Randbedingung

$$u = 0 \quad \text{auf } \Gamma\,. \tag{41.2}$$

Zu finden ist eine obere und untere Abschätzung des ersten Eig enwertes λ_1.

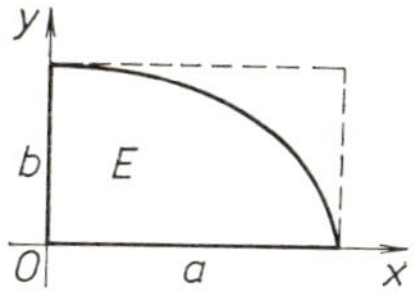

Figur 41.1

In unserem Fall ist $V = \mathring{W}_2^{(1)}(E)$. Die Form

$$((v, u)) = \iint_E \left(\frac{\partial v}{\partial x} \frac{\partial u}{\partial x} + \frac{\partial v}{\partial y} \frac{\partial u}{\partial y} \right) \mathrm{d}x\, \mathrm{d}y \tag{41.3}$$

ist symmetrisch und $\mathring{W}_2^{(1)}(E)$-elliptisch. Die Voraussetzungen von Satz 40.1 sind offensichtlich erfüllt, und man kann die im vorhergehenden Kapitel hergeleiteten Verfahren anwenden.

Zur Bestimmung einer oberen Abschätzung der Zahl λ_1 werden wir das Ritzsche Verfahren benutzen. Als Basis im Raum $\mathring{W}_2^{(1)}(E)$ wählen wir das System der Funktionen

$$1, x, y, x^2, xy, y^2, \ldots, \tag{41.4}$$

multipliziert mit der Funktion

$$g(x, y) = xy \left(1 - \frac{x^2}{a^2} - \frac{y^2}{b^2} \right), \tag{41.5}$$

die im Gebiet E positiv ist und auf dessen Rand Γ verschwindet (vgl. S. 225).

Um eine einfache, wenn auch ziemlich grobe obere Abschätzung der Zahl λ_1 herzuleiten, werden wir zunächst im System (41.4) nur die erste Funktion betrachten. In diesem Fall reduziert sich die Funktion u_n bzw. u_{n0} von S. 492 auf

$$u_1(x, y) = a_{11}\,\varphi_1(x, y) = a_{11}\,xy\left(1 - \frac{x^2}{a^2} - \frac{y^2}{b^2}\right) \tag{41.6}$$

und die Gleichung (40.46) auf

$$(A\varphi_1, \varphi_1) - \lambda(\varphi_1, \varphi_1) = 0\,. \tag{41.7}$$

Hieraus erhalten wir, wie wir aus dem vorhergehenden Kapitel wissen, eine obere Abschätzung $\lambda_1^{(1)}$ für den ersten Eigenwert λ_1 des betrachteten Operators. Zunächst führen wir die folgenden Rechnungen aus:

$$A\varphi_1 = -\Delta\varphi_1 = \frac{6xy}{a^2} + \frac{6xy}{b^2}\,,$$

$$(A\varphi_1, \varphi_1) = \iint_E \left(\frac{6xy}{a^2} + \frac{6xy}{b^2}\right).\,xy\left(1 - \frac{x^2}{a^2} - \frac{y^2}{b^2}\right)\mathrm{d}x\,\mathrm{d}y =$$

$$= \int_0^1 \int_0^{\pi/2} 6\left(\frac{1}{a^2} + \frac{1}{b^2}\right) a^2 b^2 r^4 \cos^2\varphi \sin^2\varphi (1 - r^2)\, abr\,\mathrm{d}r\,\mathrm{d}\varphi =$$

$$= 6\left(\frac{1}{a^2} + \frac{1}{b^2}\right) a^3 b^3 \left(\frac{1}{6} - \frac{1}{8}\right).\,\frac{\pi}{16} = \frac{\pi}{64}\,a^3 b^3 \left(\frac{1}{a^2} + \frac{1}{b^2}\right). \tag{41.8}$$

Wir haben dabei die Substitution $x = ar\cos\varphi$, $y = br\sin\varphi$ benutzt, siehe [36], S. 617. Ähnlich berechnen wir

$$(\varphi_1, \varphi_1) = \iint_E x^2 y^2 \left(1 - \frac{x^2}{a^2} - \frac{y^2}{b^2}\right)^2 \mathrm{d}x\,\mathrm{d}y = \frac{\pi}{960}\,a^3 b^3\,. \tag{41.9}$$

Aus (41.7) bis (41.9) ergibt sich als obere Abschätzung der Wert

$$\lambda_1^{(1)} = 15\left(\frac{1}{a^2} + \frac{1}{b^2}\right). \tag{41.10}$$

Wenn wir die Viertelellipse E durch das in Figur 41.1 angegebene Rechteck mit den Seiten a, b ersetzen, erhalten wir nach (40.62), S. 501,

$$\lambda_1 \geqq \frac{\pi^2}{a^2} + \frac{\pi^2}{b^2} \doteq 9.869\left(\frac{1}{a^2} + \frac{1}{b^2}\right). \tag{41.11}$$

Aus (41.10) und (41.11) folgen für den ersten Eigenwert des gegebenen Problems die Ungleichungen

$$9{,}869\left(\frac{1}{a^2} + \frac{1}{b^2}\right) \leqq \lambda_1 \leqq 15\left(\frac{1}{a^2} + \frac{1}{b^2}\right). \tag{41.12}$$

Insbesondere erhalten wir für einen Viertelkreis mit dem Radius Eins ($a = 1$, $b = 1$)

$$19{,}73 \leqq \lambda_1 \leqq 30\,. \tag{41.13}$$

Um diese Abschätzung zu verbessern und gleichzeitig Abschätzungen für den zweiten und dritten Eigenwert zu erhalten, werden wir im System (41.4), (41.5) die ersten drei Funktionen betrachten. Die Funktion $u_3(x, y)$ hat dann die folgende Form:

$$u_3(x, y) = a_{31}\varphi_1(x, y) + a_{32}\varphi_2(x, y) + a_{33}\varphi_3(x, y)\,,$$

wobei

$$\varphi_1(x, y) = xy\left(1 - \frac{x^2}{a^2} - \frac{y^2}{b^2}\right), \quad \varphi_2(x, y) = x^2 y\left(1 - \frac{x^2}{a^2} - \frac{y^2}{b^2}\right),$$

$$\varphi_3(x, y) = xy^2 \left(1 - \frac{x^2}{a^2} - \frac{y^2}{b^2}\right) \tag{41.14}$$

ist. Für die Gleichung (40.46) erhalten wir jetzt

$$\begin{vmatrix} (A\varphi_1, \varphi_1) - \lambda(\varphi_1, \varphi_1), & (A\varphi_1, \varphi_2) - \lambda(\varphi_1, \varphi_2), & (A\varphi_1, \varphi_3) - \lambda(\varphi_1, \varphi_3) \\ (A\varphi_1, \varphi_2) - \lambda(\varphi_1, \varphi_2), & (A\varphi_2, \varphi_2) - \lambda(\varphi_2, \varphi_2), & (A\varphi_2, \varphi_3) - \lambda(\varphi_2, \varphi_3) \\ (A\varphi_1, \varphi_3) - \lambda(\varphi_1, \varphi_3), & (A\varphi_2, \varphi_3) - \lambda(\varphi_2, \varphi_3), & (A\varphi_3, \varphi_3) - \lambda(\varphi_3, \varphi_3) \end{vmatrix} = 0\,. \tag{41.15}$$

Es ist

$$A\varphi_1 = -\Delta\varphi_1 = 6xy\left(\frac{1}{a^2} + \frac{1}{b^2}\right),$$

$$A\varphi_2 = -\Delta\varphi_2 = 2\left[-y + \frac{y^3}{b^2} + \left(\frac{6}{a^2} + \frac{3}{b^2}\right)x^2 y\right],$$

$$A\varphi_3 = -\Delta\varphi_3 = 2\left[-x + \frac{x^3}{a^3} + \left(\frac{3}{a^2} + \frac{6}{b^2}\right)xy^2\right]. \tag{41.16}$$

Wenn wir die Substitution $x = ar\cos\varphi$, $y = br\sin\varphi$ benutzen, rechnen wir die Skalarprodukte in (41.15) leicht aus. So ist z.B.

$$(A\varphi_1, \varphi_2) = 6\left(\frac{1}{a^2} + \frac{1}{b^2}\right)\iint_E x^3y^2\left(1 - \frac{x^2}{a^2} - \frac{y^2}{b^2}\right)\mathrm{d}x\,\mathrm{d}y =$$

$$= 6\left(\frac{1}{a^2} + \frac{1}{b^2}\right)\int_0^1\int_0^{\pi/2} a^3b^2r^5\cos^3\varphi\sin^2\varphi(1 - r^2)\,abr\,\mathrm{d}r\,\mathrm{d}\varphi =$$

$$= 6\left(\frac{1}{a^2} + \frac{1}{b^2}\right)a^4b^3\left(\frac{1}{7} - \frac{1}{9}\right)\cdot\frac{2}{15} = \frac{8a^4b^3}{315}\left(\frac{1}{a^2} + \frac{1}{b^2}\right)$$

usw. Auf der linken Seite der Gleichung (41.15) tritt dann die Determinante

$$\begin{vmatrix} \frac{\pi a^3b^3}{64}\left(\frac{1}{a^2} + \frac{1}{b^2}\right) - \lambda\frac{\pi a^3b^3}{960}, & \frac{8a^4b^3}{315}\left(\frac{1}{a^2} + \frac{1}{b^2}\right) - \lambda\frac{16a^4b^3}{10\,395}, & \frac{8a^3b^4}{315}\left(\frac{1}{a^2} + \frac{1}{b^2}\right) - \lambda\frac{16a^3b^4}{10\,395} \\ \frac{8a^4b^3}{315}\left(\frac{1}{a^2} + \frac{1}{b^2}\right) - \lambda\frac{16a^4b^3}{10\,395}, & \pi\left(\frac{11a^3b^3}{1920} + \frac{3a^5b}{640}\right) - \lambda\frac{\pi a^5b^3}{3840}, & \frac{a^4b^4}{80}\left(\frac{1}{a^2} + \frac{1}{b^2}\right) - \lambda\frac{a^4b^4}{1\,440} \\ \frac{8a^3b^4}{315}\left(\frac{1}{a^2} + \frac{1}{b^2}\right) - \lambda\frac{16a^3b^4}{10\,395}, & \frac{a^4b^4}{80}\left(\frac{1}{a^2} + \frac{1}{b^2}\right) - \lambda\frac{a^4b^4}{1440}, & \pi\left(\frac{11a^3b^3}{1920} + \frac{3a^5b}{640}\right) - \lambda\frac{\pi a^3b^5}{3840} \end{vmatrix} \tag{41.17}$$

auf. Insbesondere erhalten wir für den Fall eines Viertelkreises mit dem Radius Eins ($a = 1$, $b = 1$) die Gleichung

$$\begin{vmatrix} \frac{\pi}{32} - \frac{\pi}{960}\lambda, & \frac{16}{315} - \frac{16}{10\,395}\lambda, & \frac{16}{315} - \frac{16}{10\,395}\lambda \\ \frac{16}{315} - \frac{16}{10\,395}\lambda, & \frac{\pi}{96} - \frac{\pi}{3840}\lambda, & \frac{1}{40} - \frac{1}{1440}\lambda \\ \frac{16}{315} - \frac{16}{10\,395}\lambda, & \frac{1}{40} - \frac{1}{1440}\lambda, & \frac{\pi}{96} - \frac{\pi}{3840}\lambda \end{vmatrix} = 0\,. \tag{41.18}$$

Für diesen Fall führen wir die numerische Rechnung durch. Durch einfache Umformungen der Determinante auf der linken Seite der Gleichung (41.18) (wir subtrahieren die dritte Spalte von der zweiten und in der so entstandenen Determinante addieren wir die dritte Zeile zur zweiten) erhalten wir

$$\begin{vmatrix} \frac{\pi}{32} - \frac{\pi}{960}\lambda, & 0, & \frac{16}{315} - \frac{16}{10\,395}\lambda \\ \frac{32}{315} - \frac{32}{10\,395}\lambda, & 0, & \left(\frac{1}{40} + \frac{\pi}{96}\right) - \left(\frac{1}{1440} + \frac{\pi}{3840}\right)\lambda \\ \frac{16}{315} - \frac{16}{10\,395}\lambda, & \left(\frac{1}{40} - \frac{\pi}{96}\right) - \left(\frac{1}{1440} - \frac{\pi}{3840}\right)\lambda, & \frac{\pi}{96} - \frac{\pi}{3840}\lambda \end{vmatrix} = 0\,, \tag{41.19}$$

d.h. (wenn wir die Determinante nach den Elementen der zweiten Spalte entwickeln) die Gleichung

$$(0{,}00012368\lambda - 0{,}0077250)\,(0{,}00000021157\lambda^2 - 0{,}000024675\lambda + {} + 0{,}00050716) = 0$$

mit den Nullstellen

$$\lambda_1 \doteq 24{,}90\,, \quad \lambda_2 \doteq 62{,}46\,, \quad \lambda_3 \doteq 91{,}73\,.$$ [1])

Damit haben wir obere Abschätzungen für die ersten drei Eigenwerte des Problems (41.1), (41.2) für den Fall des Vierteleinheitskreises erhalten.

Aus (40.60), S. 501, ergibt sich die folgende untere Abschätzung der ersten drei Eigenwerte des Problems (41.1), (41.2) (vgl. (41.11); wir setzen $m = 1$, $n = 1$ bzw. $m = 2$, $n = 1$ bzw. $m = 1$, $n = 2$, und zwar unter der Voraussetzung, daß $b \leqq a$ ist):

$$\frac{\pi^2}{a^2} + \frac{\pi^2}{b^2} \quad \text{bzw.} \quad \frac{4\pi^2}{a^2} + \frac{\pi^2}{b^2} \quad \text{bzw.} \quad \frac{\pi^2}{a^2} + \frac{4\pi^2}{b^2}\,.$$

Insbesondere erhalten wir für $a = b = 1$

$$2\pi^2 \quad \text{bzw.} \quad 5\pi^2 \quad \text{bzw.} \quad 5\pi^2\,.$$

Im Falle des Vierteleinheitskreises haben wir also für die ersten drei Eigenwerte des Problems

---

[1]) Wir machen den Leser darauf aufmerksam, daß man bei der Benutzung einer Basis vom Typ (41.14), deren Elemente „wenig orthogonal" sind, die Koeffizienten in der betrachteten Gleichung (d.h. die Elemente der Determinante (41.19)) mit großer Genauigkeit berechnen muß.

(41.1), (41.2) die folgenden Ungleichungen:

$$19{,}73 \leqq \lambda_1^{(3)} \leqq 24{,}90\,, \quad 49{,}34 \leqq \lambda_2^{(3)} \leqq 62{,}46\,,$$
$$49{,}34 \leqq \lambda_3^{(3)} \leqq 91{,}73\,. \tag{41.20}$$

Die Abschätzung des ersten Eigenwertes ist im Vergleich mit (41.13) besser. Die Abschätzungen des zweiten und dritten Eigenwertes sind natürlich sehr grob.

Zum gleichen Ergebnis würde auch das Galerkin-Verfahren führen (vgl. Kapitel 40). Vgl. auch das Beispiel in [36], S. 1059, das die Stabilität einer elliptischen Platte behandelt.

Beispiel 41.2. Wir betrachten die *Knickung eines auf beiden Seiten gelenkartig befestigten (aufgelagerten) Stabes* der Länge l, mit veränderlichem kreisförmigen Querschnitt und konstantem Elastizitätsmodul E. Der Radius r seines Querschnittes sei im Intervall $[0, l]$ durch die Formel $r = \sqrt{a + x}$ gegeben, $a > 0$ (Figur 41.2).

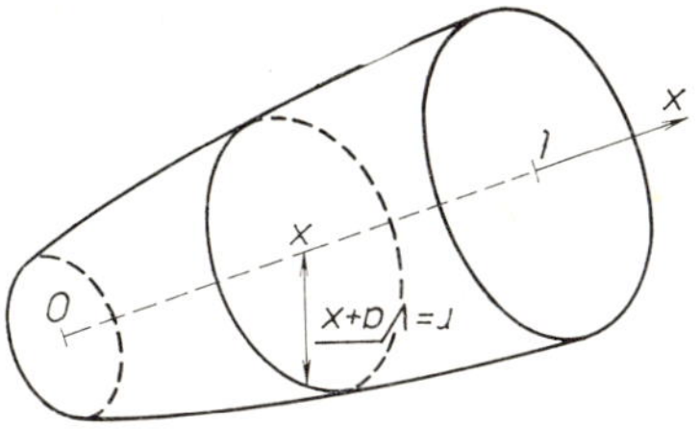

Figur 41.2

Für das Trägheitsmoment $I(x)$ des kreisförmigen Querschnittes bezüglich der den Mittelpunkt des Kreises durchlaufenden Achse gilt (siehe [33], S. 137) $I(x) = (\pi/4)\, r^4(x) = (\pi/4)\,(a + x)^2$. Bei der Untersuchung der Knickung des Stabes geht es um die Bestimmung bzw. Abschätzung des ersten Eigenwertes des Problems

$$E(\pi/4)\,(a + x)^2\, u'' + \lambda u = 0\,, \tag{41.21}$$

$$u(0) = 0\,, \quad u(l) = 0 \tag{41.22}$$

($u(x)$ ist die Durchbiegung des Stabes).

Die Gleichung (41.21) schreiben wir zunächst in einer günstigeren Form auf:

$$-u'' - \lambda \frac{4}{E\pi(a + x)^2}\, u = 0\,, \tag{41.23}$$

d.h. in der Form

$$Au - \lambda Bu = 0\,,$$

wobei

$$Au = -u''\,, \quad Bu = \frac{4u}{E\pi(a + x)^2} = q(x)\, u\,, \tag{41.24}$$

$$q(x) = \frac{4}{E\pi(a + x)^2} \tag{41.25}$$

ist.

Beide Operatoren A und B haben sehr glatte Koeffizienten. Außerdem ist der Operator A offensichtlich positiv definit auf der linearen Menge D_A aller im Intervall $[0, l]$ zweimal stetig differenzierbaren Funktionen, die die Bedingungen (41.22) erfüllen, und der Operator B ist positiv definit auf der linearen Menge D_B aller im Intervall $[0, l]$ stetigen Funktionen. Beide Operatoren erfüllen also die in Satz 40.4 angegebenen Voraussetzungen. In Übereinstimmung mit (40.86), S. 508, wählen wir z.B.

$$f_1(x) = lx - x^2\,, \quad f_0(x) = \frac{E\pi(a+x)^2}{2} = \frac{2}{q(x)}\,, \tag{41.26}$$

was möglich ist, da offensichtlich

$$Af_1 = -f_1'' = 2\,, \quad Bf_0 = q(x)\frac{2}{q(x)} = 2$$

gilt. Hieraus berechnen wir (siehe (40.88)) die Konstanten a_0, a_1, a_2. Es ist

$$a_0 = (f_0, Bf_0) = \int_0^l q(x) f_0^2(x)\,\mathrm{d}x = 4\int_0^l \frac{\mathrm{d}x}{q(x)} = E\pi \int_0^l (a+x)^2\,\mathrm{d}x = \\ = \frac{E\pi}{3}\left[(a+l)^3 - a^3\right], \tag{41.27}$$

$$a_1 = (f_1, Bf_0) = \int_0^l q(x) f_0(x) f_1(x)\,\mathrm{d}x = 2\int_0^l (lx - x^2)\,\mathrm{d}x = \frac{l^3}{3}\,. \tag{41.28}$$

$$a_2 = (f_1, Bf_1) = \int_0^l q(x) f_1^2(x)\,\mathrm{d}x = \frac{4}{E\pi}\int_0^l \frac{(lx-x^2)^2}{(a+x)^2}\,\mathrm{d}x = \\ = \frac{4}{E\pi}\left[\left(4a^2 l + 4al^2 + \frac{1}{3}l^3\right) - (4a^3 + 6a^2 l + 2al^2)\ln\frac{a+l}{a}\right]. \tag{41.29}$$

Durch einfache Überlegungen (Anwendung des Minimaxprinzips; vgl. den Text nach Formel (40.59)) stellen wir weiter fest, daß die Eigenwerte des Problems

$$-u'' - \lambda\frac{4}{E\pi a^2}u = 0\,, \tag{41.30}$$

$$u(0) = 0\,, \quad u(l) = 0 \tag{41.31}$$

mit dem Koeffizienten $4/E\pi a^2$ bei u, der „größer" ist als die Funktion $q(x)$, nicht größer sein können als die entsprechenden Eigenwerte des Problems (41.23), (41.22)[1]) (sie müssen sogar kleiner sein). Aber die Eigenfunktionen des Problems (41.30), (41.31) haben die Form

$$\sin\frac{n\pi x}{l}\,, \quad n = 1, 2, 3, \ldots,$$

und hieraus erhalten wir für den zweiten Eigenwert λ_2 unseres Problems die untere Abschätzung

$$l_2 = \frac{E\pi^3 a^2}{l^2}\,{}^{2)}\,. \tag{41.32}$$

[1]) Physikalisch ausgedrückt: Ein Stab mit kleinerem Querschnitt bricht eher als ein Stab mit größerem Querschnitt.

[2]) Auf ähnliche Weise können wir auch die untere Abschätzung $l_1 = E\pi^3 a^2/4l^2$ des ersten Eigenwertes λ_1 des Problems (41.23), (41.22) erhalten. Wenn wir in (41.23) die Funktion $q(x)$ durch die „kleinere" Funktion $4/E\pi(a+l)^2$ ersetzen, erhalten wir für λ_1 die obere Abschätzung $L_1 = E\pi^3(a+l)^2/4l^2$. Insbesondere erhalten wir für $a = l$ die Abschätzung

$$7{,}75E \leqq \lambda_1 \leqq 31{,}01E\,,$$

die natürlich wesentlich gröber ist als die endgültige Abschätzung (41.33).

Die numerische Rechnung führen wir für den Fall $a = l$ durch. Dann ist

$$a_0 = \frac{7E\pi l^3}{3}, \quad a_1 = \frac{l^3}{3}, \quad a_2 = \frac{4l^3}{E\pi}\left(\frac{25}{3} - 12 \ln 2\right),$$

$$l_2 = E\pi^3,$$

so daß

$$\varkappa_1 = \frac{a_0}{a_1} = 7E\pi, \quad \varkappa_2 = \frac{a_1}{a_2} = \frac{E\pi}{12(\frac{25}{3} - 12 \ln 2)} \doteq 5{,}376E\pi$$

ist. Offensichtlich gilt also $\varkappa_1 < l_2 < \lambda_2$. Alle Voraussetzungen von Satz 40.4 sind erfüllt und wir können für die beiderseitige Abschätzung des ersten Eigenwertes die Abschätzung (40.91) benutzen,

$$\varkappa_2 - \frac{\varkappa_1 - \varkappa_2}{\frac{l_2}{\varkappa_2} - 1} \leqq \lambda_1 \leqq \varkappa_2 .$$

In unserem Fall erhalten wir

$$5{,}376E\pi - \frac{1{,}624E\pi}{0{,}836} \leqq \lambda_1 \leqq 5{,}376E\pi ,$$

d.h.

$$10{,}78E \leqq \lambda_1 \leqq 16{,}89E . \tag{41.33}$$

Die so erzielte Abschätzung ist verhältnismäßig grob. Siehe jedoch Bemerkung 40.11, S. 509. Siehe auch [36], S. 1092.

TEIL VI. EINIGE SPEZIELLE METHODEN. REGULARITÄT DER SCHWACHEN LÖSUNG

Kapitel 42. Die Methode der finiten Elemente

Die Methode der finiten Elemente ist im Grunde genommen das Ritzsche Verfahren mit einer sehr speziellen Basiswahl. Diese zwar wahre, aber trotzdem etwas vereinfachte Charakterisierung dieser Methode werden wir später durch einige Bemerkungen ergänzen.

Da die Methode der finiten Elemente in der letzten Zeit vor allem für Ingenieure und Naturwissenschaftler sehr anziehend geworden ist, gestalten wir unsere Darlegung in diesem Kapitel so, daß auch derjenige Leser, der den vierten Teil des Buches nicht ausführlich studiert hat, den Text verstehen kann. Die Grundidee der Methode stellen wir an einem einfachen Beispiel dar, das die Konzeption der Methode klar zeigt und auch ihre Verwandtschaft mit der Gitterpunktmethode gut sichtbar macht. Erst danach werden wir die Anwendung dieser Methode von einem etwas allgemeineren Standpunkt aus behandeln und ihre Vor- und Nachteile erwähnen.

Wir betrachten so zuerst das folgende Problem: Man bestimme die Lösung der Gleichung

$$-\sum_{i,j=1}^{2} \frac{\partial}{\partial x_i}\left(a_{ij}\frac{\partial u}{\partial x_j}\right) + cu = f \quad \text{auf } G \tag{42.1}$$

unter der homogenen Randbedingung

$$u = 0 \quad \text{auf } \Gamma\,, \tag{42.2}$$

wobei G ein Rechteck ist, dessen Seiten die Länge a, b haben und zu den Koordinatenachsen x_1, x_2 parallel sind. Über die Koeffizienten der gegebenen Gleichung und ihre rechte Seite machen wir der Einfachheit halber die folgenden Voraussetzungen: $f \in L_2(G)$, die Funktionen $a_{ij}(x) = a_{ij}(x_1, x_2)$ sind in $\bar{G}$ stetig differenzierbar, wobei $a_{ij}(x_1, x_2) = a_{ji}(x_1, x_2)$ gilt, die Funktion $c(x_1, x_2)$ ist stetig in $\bar{G}$ und es gilt

$$c(x_1, x_2) \geqq 0\,, \tag{42.3}$$

die Gleichung (42.1) ist gleichmäßig elliptisch in $\bar{G}$, was bekanntlich bedeutet, daß es eine Konstante $k > 0$ gibt, so daß

$$\sum_{i,j=1}^{2} a_{ij}(x_1, x_2)\,\xi_i\xi_j \geqq k(\xi_1^2 + \xi_2^2) \tag{42.4}$$

für jeden reellen Vektor (ξ_1, ξ_2) und jeden Punkt $(x_1, x_2) \in \bar{G}$ gilt.

Diese Eigenschaften hat z.B. die Poissonsche Gleichung

$$-\Delta u = f, \quad f \in L_2(G), \tag{42.5}$$

für die

$$a_{11}(x_1, x_2) = a_{22}(x_1, x_2) \equiv 1, \quad a_{12}(x_1, x_2) = a_{21}(x_1, x_2) \equiv 0,$$
$$c(x_1, x_2) \equiv 0 \tag{42.6}$$

ist (und folglich

$$\sum_{i,j=1}^{2} a_{ij}(x_1, x_2)\, \xi_i \xi_j = \xi_1^2 + \xi_2^2). \tag{42.7}$$

Wie wir aus dem zweiten bzw. dritten Teil unseres Buches wissen, reduziert sich unsere Aufgabe unter diesen Voraussetzungen auf die Bestimmung einer Funktion $u(x_1, x_2)$, die das Funktional

$$Fu = \int_G \sum_{i,j=1}^{2} a_{ij} \frac{\partial u}{\partial x_i} \frac{\partial u}{\partial x_j} \,\mathrm{d}x_1 \,\mathrm{d}x_2 + \int_G cu^2 \,\mathrm{d}x_1 \,\mathrm{d}x_2 - 2\int_G fu \,\mathrm{d}x_1 \,\mathrm{d}x_2 \tag{42.8}$$

auf der Menge V aller Funktionen aus $W_2^{(1)}(G)$ minimiert, die (im Sinne von Spuren) auf Γ verschwinden. Zu diesen Funktionen gehören insbesondere Funktionen, die in $\bar{G}$ stetig und stückweise glatt sind sowie auf Γ verschwinden; solche Funktionen werden in diesem Kapitel eine besonders wichtige Rolle spielen.

Wir wählen in V eine gewisse Basis

$$\varphi_1(x_1, x_2), \ \varphi_2(x_1, x_2), \ \ldots;$$

weiter wählen wir ein festes n und lösen die gegebene Aufgabe mit Hilfe des Ritzschen Verfahrens, d.h. wir minimieren das Funktional (42.8) auf dem Teilraum V_n aller Funktionen der Form

$$v_n(x_1, x_2) = b_1^{(n)} \varphi_1(x_1, x_2) + \ldots + b_n^{(n)} \varphi_n(x_1, x_2). \text{ [1]} \tag{42.9}$$

Wie üblich bezeichnen wir die minimierende Funktion mit

$$u_n(x_1, x_2) = c_1^{(n)} \varphi_1(x_1, x_2) + \ldots + c_n^{(n)} \varphi_n(x_1, x_2) \tag{42.10}$$

und erhalten dann für die unbekannten Konstanten $c_1^{(n)}, \ldots, c_n^{(n)}$ das bekannte Ritzsche System (S. 147 bzw. S. 414)

$$\begin{aligned}
((\varphi_1, \varphi_1))\, c_1^{(n)} + ((\varphi_1, \varphi_2))\, c_2^{(n)} + \ldots + ((\varphi_1, \varphi_n))\, c_n^{(n)} &= (f, \varphi_1),\\
((\varphi_1, \varphi_2))\, c_1^{(n)} + ((\varphi_2, \varphi_2))\, c_2^{(n)} + \ldots + ((\varphi_2, \varphi_n))\, c_n^{(n)} &= (f, \varphi_2),\\
\ldots\ldots\ldots\ldots\ldots\ldots\ldots\ldots\ldots\ldots\ldots\ldots\ldots\ldots\\
((\varphi_1, \varphi_n))\, c_1^{(n)} + ((\varphi_2, \varphi_n))\, c_2^{(n)} + \ldots + ((\varphi_n, \varphi_n))\, c_n^{(n)} &= (f, \varphi_n),
\end{aligned} \tag{42.11}$$

wobei

$$(f, \varphi_r) = \iint_G f\varphi_r \,\mathrm{d}x_1 \,\mathrm{d}x_2, \quad r = 1, \ldots, n, \tag{42.12}$$

---

[1]) Wir benutzen hier eine etwas andere Bezeichnung als in Kapitel 13. Insbesondere schreiben wir den zweiten Index oben, denn im folgenden numerischen Beispiel werden die Werte der Indizes auch zweiziffrige Zahlen sein, so daß die hier gewählte Bezeichnung übersichtlicher sein wird.

und

$$((\varphi_s, \varphi_t)) = \iint_G \sum_{i,j=1}^{2} a_{ij} \frac{\partial \varphi_s}{\partial x_i} \frac{\partial \varphi_t}{\partial x_j} \, dx_1 \, dx_2 + \iint_G c\varphi_s \varphi_t \, dx_1 \, dx_2 , \qquad (42.13)$$

$$s = 1, \ldots, n , \quad t = 1, \ldots, n ,$$

ist. Insbesondere ist im Falle der Poissonschen Gleichung (vgl. (42.6))

$$((\varphi_s, \varphi_t) = \iint_G \left(\frac{\partial \varphi_s}{\partial x_1} \frac{\partial \varphi_t}{\partial x_1} + \frac{\partial \varphi_s}{\partial x_2} \frac{\partial \varphi_t}{\partial x_2} \right) dx_1 \, dx_2 . \qquad (42.14)$$

Die Funktionen

$$\varphi_1(x_1, x_2), \ldots, \varphi_n(x_1, x_2) , \qquad (42.15)$$

die eine Basis im Teilraum V_n bilden, wählen wir nun auf die folgende spezielle Weise: Wir überdecken das Rechteck G mit einem rechteckigen Gitter der Maschenlänge h_1 bzw. h_2 in Richtung der x_1- bzw. x_2-Achse. Jedes der Rechtecke des Gitters teilen wir durch die Diagonale in zwei Dreiecke, so wie es in Figur 42.1 angegeben ist; auf

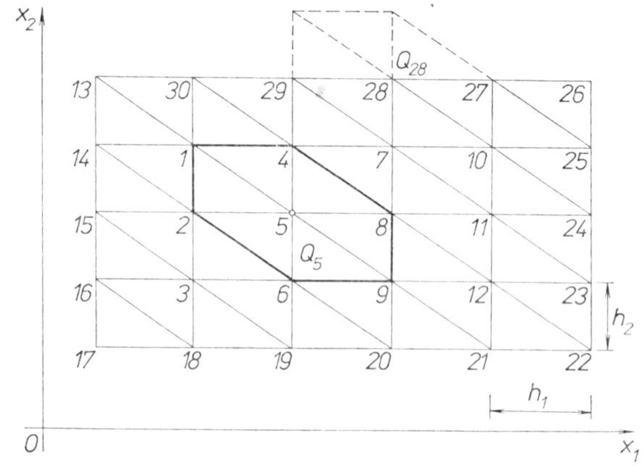

Figur 42.1

diese Weise erhalten wir ein Dreiecksnetz. Wir numerieren zunächst die **inneren Knotenpunkte** (kurz: **Knoten**) dieses Netzes – ihre Anzahl sei gleich der Zahl n (in Figur 42.1 wurden sie mit den Nummern 1 bis 12 versehen). Weiter numerieren wir die Knoten, die auf dem Rand des Rechtecks G liegen (die sogenannten **Randknoten** des Netzes) – ihre Anzahl sei gleich der Zahl m (in Figur 42.1 haben diese Punkte die Nummern 13 bis 30).

Wir betrachten nun einen innneren Knoten des Netzes, und zwar sei es der r-te innere Knotenpunkt; in Figur 42.1 haben wir den Knoten 5 gewählt. Wir konstruieren eine Pyramide J_r der Höhe Eins, deren Basis – wir bezeichnen sie mit Q_r – das Sechseck ist, das durch diejenigen sechs Dreiecke gebildet wird, deren gemeinsame Spitze der Knoten r ist. In der Figur ist die Basis Q_5 der Pyramide J_5 dargestellt; die Ecken dieser Basis sind die Knoten 1, 2, 6, 9, 8 und 4.

Wenn wir mit z die dritte Koordinate des kartesischen Systems $(O; x_1, x_2, z)$ bezeichnen und x_1^0, x_2^0 die Koordinaten des betrachteten Knotens r sind, dann können wir leicht die Gleichungen der Wände der entsprechenden Pyramide mit Hilfe der analytischen Geometrie berechnen:

$$
\begin{aligned}
z &= 1 + \frac{x_1 - x_1^0}{h_1}, \\
z &= 1 + \frac{x_1 - x_1^0}{h_1} + \frac{x_2 - x_2^0}{h_2}, \\
z &= 1 + \frac{x_2 - x_2^0}{h_2}, \\
z &= 1 - \frac{x_1 - x_1^0}{h_1}, \\
z &= 1 - \frac{x_1 - x_1^0}{h_1} - \frac{x_2 - x_2^0}{h_2}, \\
z &= 1 - \frac{x_2 - x_2^0}{h_2}.
\end{aligned}
\tag{42.16}
$$

Dabei werden diese Wände der Reihe nach über den einzelnen Dreiecken $T_{r,1}, \ldots, T_{r,6}$ betrachtet, die die Basis Q_r bilden, und zwar in der aus Figur 42.2 ersichtlichen Reihenfolge; es sind hier die Dreiecke $T_{5,1}, \ldots, T_{5,6}$ mit den Eckpunkten 1, 2, 5, ..., 4, 1, 5 abgebildet.

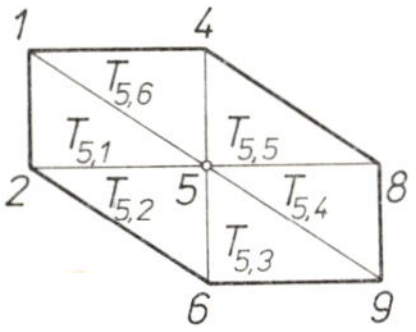

Figur 42.2

Nun definieren wir eine Funktion $\varphi_r(x_1, x_2)$ (in unserem Fall also die Funktion $\varphi_5(x_1, x_2)$) in $\bar{G}$ folgendermaßen: Für Punkte, die zu Q_r gehören, sei $\varphi_r(x_1, x_2)$ durch die Beziehungen (42.16) beschrieben, während überall sonst in $\bar{G}$ $\varphi_r(x_1, x_2) = 0$ sei. Die Fläche $z = \varphi_r(x_1, x_2)$ liegt also in der Ebene x_1, x_2 mit Ausnahme des Sechsecks Q_r, über dem sie eine sechseckige Pyramide der Höhe Eins bildet.

Jede der Funktionen $\varphi_r(x_1, x_2)$, $r = 1, \ldots, n$ (in unserem Fall ist $r = 1, \ldots, 12$), ist in $\bar{G}$ stetig und hat in $\bar{G}$ stückweise stetige (und zwar sogar stückweise konstante) partielle Ableitungen erster Ordnung. Damit gehört jede dieser Funktionen zum Raum $W_2^{(1)}(G)$, und da sie auf dem Rand Γ verschwinden (was aus ihrer Definition folgt), gehören sie auch zum Raum V. Man kann leicht beweisen (es folgt fast direkt aus der angegebenen Konstruktion), daß die Funktionen $\varphi_r(x_1, x_2)$ in V linear unabhängig sind.

Da jede der Funktionen $\varphi_r(x_1, x_2)$ zu V gehört, gehört auch eine beliebige Linearkombination (42.9) dieser Funktionen zu V. Aus der Definition der Funktionen $\varphi_r(x_1, x_2)$ folgt weiter, daß die Funktion (42.9) im r-ten inneren Knotenpunkt den Wert $b_r^{(n)}$ annimmt. Insbesondere gilt für die Funktion (42.10), deren Koeffizienten

$c_r^{(n)}$ durch das Ritzsche Verfahren bestimmt sind, $u_n(x_1, x_2) = c_r^{(n)}$ im r-ten inneren Knotenpunkt.

Die Funktionen (42.9) bzw. (42.10) gehören zu den sogenannten **Spline-Funktionen.** Mit diesem Terminus werden in der Literatur gewöhnlich Funktionen bezeichnet, die in G stetig und stückweise polynomial sind (also z.B. stückweise linear, wie es in unserem Beispiel der Fall ist). Die im vorhergehenden Text konstruierten Funktionen $\varphi_r(x_1, x_2)$ werden wir als **elementare Spline-Funktionen** bezeichnen.

Diese Funktionen sind nur in sechs Maschen des gewählten Dreiecksnetzes von Null verschieden, d.h. nur auf einem ,,kleinen Stück" des Rechtecks G, wenn das Netz genügend fein ist.

Wir betrachten nun das Beispiel näher, von dem wir im vorhergehenden Text gesprochen haben und dem die Figur 42.1 entspricht, und werden für diesen Fall das System (42.11) ausführlicher untersuchen. Zur Veranschaulichung werden wir die fünfte Gleichung dieses Systems (von den insgesamt zwölf Gleichungen) zusammenstellen, und zwar für den Fall der Poissonschen Gleichung und für $h_1 = h_2 = h$. In diesem Fall sind also die Koeffizienten des Systems durch die Formeln (42.14) gegeben und in (42.16) ist $h_1 = h_2 = h$.

Zunächst berechnen wir die Skalarprodukte $((\varphi_r, \varphi_5))$, $r = 1, \ldots, 12$, die durch die Formel (42.14) gegeben sind. Für $\partial\varphi_5/\partial x_1$ bzw. $\partial\varphi_5/\partial x_2$ erhalten wir nach (42.16) in den Dreiecken $T_{5,1}, \ldots, T_{5,6}$ konstante Werte, und zwar der Reihe nach

$$\frac{1}{h}, \frac{1}{h}, 0, -\frac{1}{h}, -\frac{1}{h}, 0, \tag{42.17}$$

bzw.

$$0, \frac{1}{h}, \frac{1}{h}, 0, -\frac{1}{h}, -\frac{1}{h}. \tag{42.18}$$

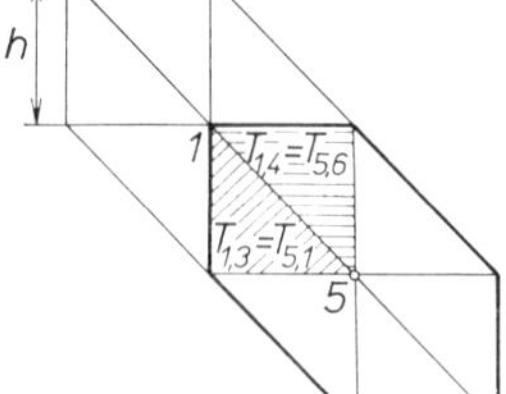

Figur 42.3

Da in Q_5 alle Funktionen $\varphi_r(x_1, x_2)$ mit Ausnahme der Funktion $\varphi_5(x_1, x_2)$ und der ,,benachbarten" Funktionen $\varphi_1(x_1, x_2)$, $\varphi_2(x_1, x_2)$, $\varphi_6(x_1, x_2)$, $\varphi_9(x_1, x_2)$, $\varphi_8(x_1, x_2)$, $\varphi_4(x_1, x_2)$ identisch verschwinden und die Ableitungen der ,,benachbarten" Funktionen nach x_1 bzw. x_2 auch die Werte (42.17) bzw. (42.18) haben, natürlich in den entsprechenden Dreiecken $T_{1,1}, T_{1,2}, \ldots$, sind alle Produkte $((\varphi_r, \varphi_5))$ gleich Null, mit Ausnahme derer, in denen r irgendeinen von den Werten 5, 1, 2, 6, 9, 8, 4 annimmt. Siehe auch Figur 42.3.

Die betrachteten Dreiecke haben den Flächeninhalt $h^2/2$. Da nun

$$\iint_G \left(\frac{\partial \varphi_5}{\partial x_1}\frac{\partial \varphi_5}{\partial x_1} + \frac{\partial \varphi_5}{\partial x_2}\frac{\partial \varphi_5}{\partial x_2}\right) dx_1\, dx_2 =$$

$$= \int_{T_{5,1}} \left[\left(\frac{\partial \varphi_5}{\partial x_1}\right)^2 + \left(\frac{\partial \varphi_5}{\partial x_2}\right)^2\right] dx_1\, dx_2 + \ldots +$$

$$+ \iint_{T_{5,6}} \left[\left(\frac{\partial \varphi_5}{\partial x_1}\right)^2 + \left(\frac{\partial \varphi_5}{\partial x_2}\right)^2\right] dx_1\, dx_2$$

ist, folgt aus (42.14), (42.17) und (42.18)

$$((\varphi_5, \varphi_5)) = \frac{h^2}{2}\left[\left(\frac{1}{h^2} + 0^2\right) + \left(\frac{1}{h^2} + \frac{1}{h^2}\right) + \left(0^2 + \frac{1}{h^2}\right) + \right.$$

$$\left. + \left(\frac{1}{h^2} + 0^2\right) + \left(\frac{1}{h^2} + \frac{1}{h^2}\right) + \left(0^2 + \frac{1}{h^2}\right)\right] = 4\,. \qquad (42.19)$$

Ähnlich rechnen wir aus (vgl. auch Figur 42.3), daß

$$((\varphi_1, \varphi_5)) = \iint_{T_{5,6}} \left(\frac{\partial \varphi_1}{\partial x_1}\frac{\partial \varphi_5}{\partial x_1} + \frac{\partial \varphi_1}{\partial x_2}\frac{\partial \varphi_5}{\partial x_2}\right) dx_1\, dx_2 +$$

$$+ \iint_{T_{5,1}} \left(\frac{\partial \varphi_1}{\partial x_1}\frac{\partial \varphi_5}{\partial x_1} + \frac{\partial \varphi_1}{\partial x_2}\frac{\partial \varphi_5}{\partial x_2}\right) dx_1\, dx_2 =$$

$$= \frac{h^2}{2}\left[\left(-\frac{1}{h}\,.\,0 + 0\,.\left(-\frac{1}{h}\right) + 0\,.\,\frac{1}{h} + \frac{1}{h}\,.\,0\right]\right] = 0$$

und

$$((\varphi_2, \varphi_5)) = \frac{h^2}{2}\,.\left(-\frac{1}{h^2}\right) = -1\,, \quad ((\varphi_6, \varphi_5)) = -1\,,$$

$$((\varphi_9, \varphi_5)) = 0\,, \quad ((\varphi_8, \varphi_5)) = -1\,, \quad ((\varphi_4, \varphi_5)) = -1$$

ist. Die fünfte Gleichung in (42.11) hat also die Form

$$-c_2^{(12)} + 4c_5^{(12)} - c_6^{(12)} - c_8^{(12)} - c_4^{(12)} = \iint_{Q_5} f\varphi_5\, dx_1\, dx_2\,. \qquad (42.20)$$

Die linke Seite dieser Gleichung wird den Leser sicher an die linke Seite einer ähnlichen Gleichung bei der Gitterpunktmethode erinnern. Die Gleichung (42.20) enthält nur fünf von Null verschiedene Koeffizienten bei den Unbekannten $c_r^{(12)}$. Aus der Weise, wie wir die Gleichung zusammengestellt haben, sieht man, daß auch die übrigen Gleichungen dieses Systems nur höchstens fünf von Null verschiedene Koeffizienten bei den Unbekannten $c_r^{(12)}$ enthalten werden. Eine ähnliche Erscheinung tritt im allgemeinen beim Ritzschen Verfahren nicht auf. Für die Methode der finiten Elemente ist diese Eigenschaft der Matrix des Systems charakteristisch. Siehe auch die Bemerkungen 42.1 und 42.2.

Die Funktionen $\varphi_1(x_1, x_2), \ldots, \varphi_{12}(x_1, x_2)$ sind, wie schon erwähnt, im Raum V [1]) linear unabhängig. Das System (42.11) (in unserem Fall ein System von zwölf Gleichungen für zwölf Unbekannte) ist also eindeutig lösbar. Aus diesem System erhalten wir die Approximation $u_{12}(x_1, x_2)$ – siehe (42.10) – der gesuchten Lösung. Man kann zeigen, daß die Funktionen der Form (42.9) im Raum V im folgenden Sinn dicht sind: Ist $u(x_1, x_2)$ eine beliebige Funktion aus V und $\varepsilon > 0$ eine beliebige Zahl, dann kann man ein natürliches n (d.h. ein kleines h, bzw. h_1, h_2, wenn $h_1 \neq h_2$ ist) und Konstanten $b_r^{(n)}$ $(r = 1, \ldots, n)$ finden, so daß

$$\|u(x_1, x_2) - v_n(x_1, x_2)\|_V < \varepsilon \tag{42.21}$$

gilt (siehe (42.9)). Hieraus folgt für unseren Fall schon nach einfacher Überlegung die Konvergenz der Methode der finiten Elemente (vgl. den Beweis von Satz 34.1, S. 409; vgl. auch Satz 4.1, [35], S. 47): Wenn $u(x_1, x_2)$ die schwache (bzw. verallgemeinerte, wenn wir die Terminologie des zweiten Teiles unseres Buches benutzen) Lösung des betrachteten Problems ist, dann gilt im eben erwähnten Sinne

$$\lim_{n\to\infty} u_n(x_1, x_2) = u(x_1, x_2) \quad \text{in } V. \tag{42.22}$$

Bemerkung 42.1. Das Dirichletsche Problem für die Gleichung (42.1) haben wir bisher mit der homogenen Randbedingung $u = 0$ auf Γ betrachtet. Wenn diese Bedingung nichthomogen ist, treten keine Schwierigkeiten auf: Wir kehren für diesen Fall zur Figur 42.1 zurück und konstruieren für die am Rande liegenden Knotenpunkte 13, ..., 30 Pyramiden mit den Basen $Q_{13}, \ldots, Q_{30}$, die den für die inneren Knotenpunkte konstruierten Pyramiden ähnlich sind (in Figur 42.1 ist die Basis Q_{28} angegeben), und weiter die elementaren Spline-Funktionen $\varphi_i(x_1, x_2)$, $i = 13, \ldots, 30$, die in $\bar{G}$ identisch verschwinden mit Ausnahme der Teile der Bereiche Q_i, die zu $\bar{G}$ gehören und über denen das Diagramm dieser Funktionen durch den entsprechenden Teil der über Q_i konstruierten Pyramide gegeben ist.

Wenn am Rand eine nichthomogene Randbedingung gegeben ist, kennen wir die Werte der gesuchten Lösung in den Randpunkten, insbesondere also in den Randknoten 13, ..., 30. Wir bezeichnen diese Werte mit $u^{(13)}, \ldots, u^{(30)}$ und betrachten statt der Funktionen (42.9) Funktionen der Form

$$\begin{aligned} w(x_1, x_2) = {} & b_1^{(12)} \varphi_1(x_1, x_2) + \ldots + b_{12}^{(12)} \varphi_{12}(x_1, x_2) + \\ & + u^{(13)} \varphi_{13}(x_1, x_2) + \ldots + u^{(30)} \varphi_{30}(x_1, x_2), \end{aligned} \tag{42.23}$$

wobei $b_1^{(12)}, \ldots, b_{12}^{(12)}$ veränderliche Parameter sind. Jede von diesen Funktionen nimmt in den inneren Knotenpunkten die Werte $b_r^{(12)}$ $(r = 1, \ldots, 12)$ und in den Randknoten die Werte $u^{(r)}$ $(r = 13, \ldots, 30)$ an. Wie dabei aus der Konstruktion der Funktionen $\varphi_{13}(x_1, x_2), \ldots, \varphi_{30}(x_1, x_2)$ folgt, ist die Funktion (42.23) auf jedem Intervall zwischen zwei benachbarten Randknoten linear. In diesem Sinne ist also

[1]) In unserem Fall handelt es sich eigentlich um den Raum H_A, wenn wir der Terminologie des Teiles II bzw. III unseres Buches folgen, siehe Kapitel 36, S. 451.

die vorgegebene Randbedingung auf Γ approximiert. (Ausführlich dazu siehe z.B. [21].)

Das Ritzsche Verfahren führt in diesem Fall zu einem Gleichungssystem, das dem System (42.11) ähnlich ist. Die Gleichung für die Unbekannten $c_1^{(12)}, \ldots, c_{12}^{(12)}$, auf deren rechten Seiten die in den Knoten 5 und 8 konstruierten Funktionen φ_5 und φ_8 auftreten, bleiben unverändert. Diejenigen Gleichungen, auf deren rechten Seiten die Funktionen $\varphi_1, \varphi_2, \varphi_3, \varphi_4, \varphi_6, \varphi_7, \varphi_9, \varphi_{10}, \varphi_{11}$ und φ_{12} auftreten, werden sich ändern, denn die Produkte $((\cdot, \cdot))$ dieser Spline-Funktionen mit den Funktionen $\varphi_{13}, \ldots, \varphi_{30}$ verschwinden nicht, wie es bei homogenen Randbedingungen der Fall war, wo $u^{(13)} = \ldots = u^{(30)} = 0$ war und die Funktionen $\varphi_{13}, \ldots, \varphi_{30}$ in den Rechnungen überhaupt nicht auftraten. Während z.B. die dem Knoten 7 entsprechende Gleichung (auf deren rechter Seite also die Funktion φ_7 auftritt) im Falle homogener Randbedingungen die Form

$$-c_4^{(12)} + 4c_7^{(12)} - c_8^{(12)} - c_{10}^{(12)} = \iint_{Q_7} f\varphi_7 \, \mathrm{d}x_1 \, \mathrm{d}x_2 \tag{42.24}$$

hatte, wird sie nun die Form

$$-c_4^{(12)} + 4c_7^{(12)} - c_8^{(12)} - c_{10}^{(12)} - u^{(28)} = \iint_{Q_7} f\varphi_7 \, \mathrm{d}x_1 \, \mathrm{d}x_2 \tag{42.25}$$

annehmen. Jede Gleichung, die einem Knotenpunkt entspricht, der irgendeinem Knoten am Rande Γ benachbart ist, wird also ein Glied enthalten, das den Wert der diesem Randknoten entsprechenden Spline-Funktion charakterisiert. (Gleichungen, die den Knoten 1, 3, 10 und 12 entsprechen, werden zwei solche Glieder enthalten.) Da aber die Zahlen $u^{(13)}, \ldots, u^{(30)}$ bekannt sind, können wir sie auf die rechten Seiten der entsprechenden Gleichungen bringen. Die Matrix des Systems ist also im Fall nichthomogener Randbedingungen die gleiche wie bei homogenen Randbedingungen, so daß das System auch in diesem Fall eindeutig lösbar ist. Ähnlich wie im vorhergehenden Fall kann man auch hier zeigen, daß die Funktionen (42.23) im Raume aller derjenigen Funktionen aus dem Raum $W_2^{(1)}(G)$ dicht sind, die im Sinne von Spuren die gegebene Randbedingung erfüllen (natürlich unter der Voraussetzung, daß die in dieser Randbedingung auftretende Funktion auch tatsächlich die Spur irgendeiner Funktion aus $W_2^{(1)}(G)$ ist); hieraus folgt dann die Konvergenz der Methode der finiten Elemente auch im Falle nichthomogener Randbedingungen. (Siehe z.B. [21].)

Bemerkung 42.2. Im vorhergehenden Text haben wir an einem Beispiel die Grundidee der Methode der finiten Elemente skizziert. Dieses Verfahren verdankt sein Enstehen namentlich den Problemen der Elastizitätstheorie, vor allem der Theorie der ebenen Elastizität (Tragwände, Platten u.ä.). Siehe z.B. [48], [49]. Der Körper wird im allgemeinen Fall in „finite Elemente" unterteilt, im ebenen Fall in der Regel in Dreiecke, und die gesuchte Funktion (z.B. die Verschiebung) setzt sich aus Funktionen spezieller Form über den einzelnen Dreiecken zusammen, wobei diese Funktionen so gewählt sind, daß auf den Rändern dieser Dreiecke a priori gewisse Forderungen erfüllt sind (z.B. die Stetigkeit, wenn die gesuchte Funktion die Verschiebung ist). Wenn die Funktionen über den einzelnen Dreiecken linear sind, erhalten wir im Grunde genommen Funktionen der Form (42.9) bzw. (42.23), die Linearkombinationen der im vorhergehenden Text konstruierten stückweise linearen elementaren Spline-Funktionen darstellen. Die Form des Netzes wird oft auch unregelmäßig gewählt, in Abhängigkeit von der Form des Randes des betrachteten Körpers. Aber auch im Falle regelmäßiger Körper ist es für manche Zwecke vorteilhaft, die Form des Netzes unregelmäßig zu wählen.

Wir bemerken, daß man im Falle von Gleichungen vierter Ordnung (zu denen gerade die Gleichungen der Platten und Tragwände gehören) bei der Methode der finiten Elemente nicht stückweise lineare Spline-Funktionen benutzen kann; diese Funktionen haben nämlich in G nichtstetige partielle Ableitungen erster Ordnung, und gehören somit nicht zum Raum $W_2^{(2)}(G)$, in dem wir die Lösung suchen. In diesem Fall – und natürlich auch im Falle von Gleichungen höherer Ordnung – wählen wir Funktionen, die den Funktionen (42.9), (42.23) ähnlich, aber nicht stückweise linear sind, sondern stückweise polynomial, wobei wir den Grad der entsprechenden Polynome genügend hoch wählen, so daß auf dem Rand zweier benachbarter Dreiecke nicht nur die Funktionen selbst stetig sind, sondern auch ihre partiellen Ableitungen bis einschließlich der Ordnung $(k - 1)$, wenn es sich um eine Gleichung der Ordnung $2k$ handelt. Ausführlich siehe dazu [21]; siehe auch [2] u.ä. Der Leser wird sicher bemerken, daß im Fall von Gleichungen höherer Ordnung und insbesondere dann im Fall unregelmäßiger Netze die Zusammenstellung des Ritzschen Gleichungssystems sehr aufwendig ist. Es zeigt sich aber – was wir in unserem Buch leider nicht einmal kurz erklären können –, daß man mit Hilfe geeigneter Transformationen und unter Anwendung der sogenannten **Codezahlen** ([21] usw.) die ganze Rechnung wesentlich automatisieren kann, bzw. daß man direkt Programme für verhältnismäßig allgemeine Fälle konstruieren kann. Gerade diese Eigenschaft gehört zu den größten Vorteilen der Methode der finiten Elemente.

Die Methode der finiten Elemente ist in ihrem Wesen eine Variationsmethode. Aber schon im vorhergehenden Text haben wir auf ihren engen Zusammenhang mit der Gitterpunktmethode hingewiesen. Dieser Umstand bringt dann die bekannten Vor- und Nachteile mit sich. Die Methode der finiten Elemente führt auf Systeme mit sogenannten **Bandmatrizen** (deren nichtverschwindende Elemente nur in einem gewissen „Band“ liegen), bzw. Matrizen verwandten Typs, bei deren Lösung man eine wesentlich kleinere Anzahl von Operationen benötigt als im Falle eines Systems mit „voller“ Matrix. Zu den Vorteilen der Methode der finiten Elemente gehört, daß man sie ohne größere Schwierigkeiten zur Lösung von Aufgaben auf genügend „allgemeinen“ Gebieten benutzen kann, z.B. auf Gebieten mit „Öffnungen“ verschiedener Form u.ä., wo die „klassische“ Wahl einer Basis nach Kapitel 25 oft sehr schwierig ist und in der Regel zur Folge hat, daß wir uns bei der Benutzung des Ritzschen Verfahrens nur auf eine verhältnismäßig kleine Zahl von Basiselementen beschränken. Andererseits muß man – wenn man bei der Anwendung der Methode der finiten Elemente befriedigende Ergebnisse erzielen will – ein sehr feines Netz wählen (denn z.B. im Falle von Gleichungen zweiter Ordnung und stückweise linearen Spline-Funktionen erhält man Unstetigkeiten in den ersten Ableitungen, die man nur dann genügend klein machen kann, wenn man das Netz genügend fein wählt); dies führt dann auf die Zusammenstellung und Lösung einer großen Anzahl von Gleichungen mit einer großen Anzahl von Unbekannten (in der Größenordnung Hundert und Tausend). Es ist also klar, daß man diese Methode praktisch nicht anwenden kann, wenn man keinen genügend leistungsfähigen Computer zur Verfügung hat. Gewisse Schwierigkeiten macht auch ein gekrümmter Rand – die Methode der finiten Elemente wurde ursprünglich für ein Recht- oder Vieleck u.ä. konzipiert. Für Probleme auf Gebieten mit gekrümmtem Rand wurde die Theorie der sogenannten **krummen (isoparametrischen) Elemente** entwickelt. Eine reichhaltige Problematik stellt auch die Frage nach einer optimalen Wahl der Polynomialfunktionen über den finiten Elementen (Dreiecken u.ä.) des gegebenen Gebietes dar. Alle diese Fragen stehen ständig im Vordergrund des Interesses sowohl von Ingenieuren als auch von Mathematikern. Siehe z.B. [3], [50], [21], [1], [44] u. a. Siehe auch die soeben erschienene Monographie [53], welche theoretischen sowie praktischen Aspekten dieser Methode gewidmet ist und die eine Übersicht über die moderne Literatur auf diesem Gebiet bringt.

Kapitel 43. Die Methode der kleinsten Quadrate am Rand für die biharmonische Gleichung (für das Problem der Tragwände). Das Trefftzsche Verfahren zur Lösung des Dirichletschen Problems für die Laplacesche Gleichung

Die Methoden, von denen wir bisher in diesem Buch gesprochen haben, beruhten darauf, daß die Näherungslösung $u_n(x)$ des betrachteten Problems die Randbedingungen erfüllte (wenigstens in einem gewissen modifizierten Sinn), die vorgegebene Differentialgleichung aber im allgemeinen Fall nicht erfüllen mußte. In diesem Kapitel führen wir einige Methoden an, die in gewissem Sinne umgekehrt vorgehen: Die Näherungslösung $u_n(x)$ des gegebenen Problems suchen wir in der Form

$$u_n(x) = \sum_{i=1}^{n} a_{ni} z_i(x), \tag{43.1}$$

wobei die Funktion $u_n(x)$ für eine beliebige Wahl der Konstanten a_{ni} die gegebene Gleichung erfüllt. Die Konstanten bestimmen wir dann aus der Forderung, daß – in einem gewissen Sinn – die Randbedingungen so gut wie möglich erfüllt sind. Offensichtlich werden wir diese Methoden dann benutzen, wenn die vorgegebene Gleichung homogen ist. (Sonst müßte man zuerst eine geeignete spezielle Lösung bestimmen.) Wenn wir dann die Funktionen $z_i(x)$ so wählen, daß jede von ihnen eine Lösung dieser Gleichung darstellt, ist auch jede ihrer Linearkombinationen (43.1) eine Lösung der gegebenen Gleichung.

Zuerst bringen wir die sogenannte **Methode der kleinsten Quadrate am Rand,** die ausführlich in der Arbeit [41] beschrieben und untersucht wurde. Die Idee dieser Methode zeigen wir am Beispiel der Lösung des sogenannten ersten Randwertproblems für die biharmonische Gleichung in der Ebene, d.h. am Problem

$$\Delta^2 U = \frac{\partial^4 U}{\partial x^4} + 2\frac{\partial^4 U}{\partial x^2\, \partial y^2} + \frac{\partial^4 U}{\partial y^4} = 0 \quad \text{in } G, \tag{43.2}$$

$$U = g_0(s) \text{ auf } \Gamma, \tag{43.3}$$

$$\frac{\partial U}{\partial \nu} = g_1(s) \text{ auf } \Gamma, \tag{43.4}$$

das gerade für die Anwendung dieser Methode typisch ist.[1]) Deshalb befassen wir uns zunächst ausführlicher mit diesem Problem und erläutern erst dann die betrachtete Methode.

a) Das erste Randwertproblem für die biharmonische Gleichung (das Problem der Tragwände)

Zur Lösung der Aufgabe (43.2) bis (43.4) führen vor allem Probleme der Tragwände, also Probleme der sogenannten ebenen Elastizität. Wenn ein ebener Körper G einfach zusammenhängend ist und sich in einem Spannungszustand befindet, der durch die Komponenten des Spannungstensors σ_x, σ_y, σ_{xy} charakterisiert ist, die ihrerseits die Gleichgewichtsgleichungen und die Gleichung der Kompatibilität erfüllen, dann existiert bekanntlich (siehe z.B. [6], S. 47) eine biharmonische Funktion $U(x, y)$, die sogenannte **Airysche Funktion**, deren Ableitungen diese Komponenten darstellen:

$$\sigma_x = \frac{\partial^2 U}{\partial y^2}, \quad \sigma_y = \frac{\partial^2 U}{\partial x^2}, \quad \sigma_{xy} = -\frac{\partial^2 U}{\partial x\, \partial y}. \tag{43.5}$$

Wenn umgekehrt $U(x, y)$ eine beliebige, in G biharmonische Funktion ist, dann erfüllen die Funktionen (43.5) die Gleichgewichts- und Kompatibilitätsgleichungen, so daß sie dann im Körper G einen gewissen Spannungszustand charakterisieren. Durch die biharmonische Funktion $U(x, y)$ sind die Komponenten des Spannungstensors eindeutig mit Hilfe der Beziehungen (43.5) bestimmt; die biharmonische Funktion $U(x, y)$ ist durch die Komponenten des Spannungstensors eindeutig bis auf eine lineare Funktion der Form $ax + by + c$ bestimmt.

Die Belastung am Rand Γ sei durch den Spannungsvektor $\mathbf{X}_n(s)$ (der Parameter s ist die Bogenlänge des Randes) mit den Koordinaten $X_n(s)$, $Y_n(s)$ charakterisiert. Dann gilt für die Ableitungen $\partial U/\partial x$, $\partial U/\partial y$ der Airyschen Funktion ([6], S. 59)

$$X_n(s) = \frac{\mathrm{d}}{\mathrm{d}s}\frac{\partial U}{\partial y}(s),$$

$$Y_n(s) = -\frac{\mathrm{d}}{\mathrm{d}s}\frac{\partial U}{\partial x}(s). \tag{43.6}$$

Dabei setzen wir voraus, daß der Parameter wächst, wenn wir den Rand in positivem Sinne durchlaufen (d.h. der Körper dabei links vom Rand liegt). Die Ableitungen $\partial U/\partial x$, $\partial U/\partial y$ sind also auf dem Rand Γ durch Integrale der Komponenten $X_n(s)$, $Y_n(s)$ des Spannungsvektors gegeben. Wir wählen gewöhnlich den Wert dieser Ableitungen in einem festen Punkt P des Randes gleich Null. Wenn wir auf dem Rand die Funktionen $\partial U/\partial x(s)$, $\partial U/\partial y(s)$ kennen, bestimmen wir auf bekannte Art die

[1]) In diesem Falle hat unser Verfahren große Vorteile — im Vergleich mit den üblicherweise benutzten Methoden (Gitterpunktmethode, Methode der finiten Elemente, Methoden, die auf der Anwendung von Funktionen komplexer Veränderlicher beruhen u.ä.). Siehe [41].

Funktionen $U(s)$ und $\partial U/\partial v(s)$, wobei wir üblicherweise $U(P) = 0$ wählen. Damit erhalten wir für U das Problem (43.2) bis (43.4).[1])

Beispiel 43.1. Wir betrachten das Rechteck $G = (0, a) \times (0, b)$ (Tragwände haben oft die Form eines Rechtecks), das entsprechend Figur 43.1 belastet ist. Als Punkt P wählen wir den Punkt B, in diesem Punkt sei $s = 0$. Es ist also

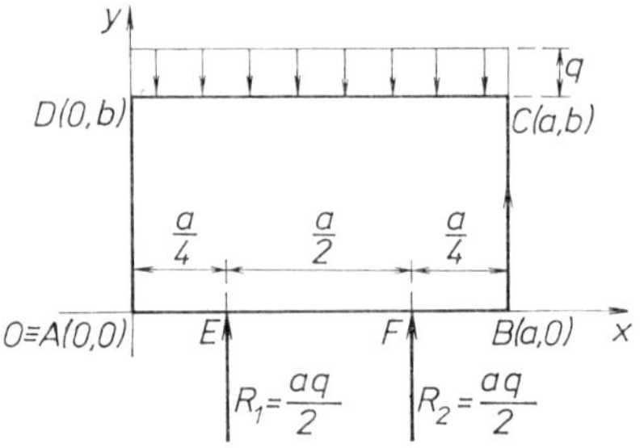

Figur 43.1

$$
\begin{aligned}
&0 \leqq s \leqq b && \text{auf } BC\,,\\
&b \leqq s \leqq a + b && \text{auf } CD\,,\\
&a + b \leqq s \leqq a + 2b && \text{auf } DA\,,\\
&a + 2b \leqq s \leqq 2a + 2b && \text{auf } AB\,.
\end{aligned}
$$

Aus (43.6) folgt

$$
\frac{\partial U}{\partial x}(s) = -\int_0^s Y_n(t)\,\mathrm{d}t\,, \quad \frac{\partial U}{\partial y}(s) = \int_0^s X_n(t)\,\mathrm{d}t\,. \tag{43.7}
$$

Aus Figur 43.1 sieht man zunächst, daß auf Γ

$$
X_n(s) \equiv 0 \quad \text{und folglich} \quad \frac{\partial U}{\partial y}(s) \equiv 0 \tag{43.8}
$$

ist. Nach der ersten Beziehung aus (43.7) ist weiter

$$
\begin{aligned}
\frac{\partial U}{\partial x}(s) &\equiv 0 && \text{für } 0 \leqq s \leqq b\,, && \text{d.h. auf } BC\,,\\
&= q(s - b)\,^{2)} && \text{für } b \leqq s \leqq a + b\,, && \text{d.h. auf } CD\,,\\
&= qa && \text{für } a + b \leqq s \leqq a + 2b\,, && \text{d.h. auf } DA\,,\\
&= qa && \text{für } a + 2b \leqq s \leqq \frac{5a}{4} + 2b\,, && \text{d.h. auf } AE\,,
\end{aligned}
$$

---

[1]) Dabei kann man auch gewisse Singularitäten (konzentrierte Kräfte, Einzellasten, siehe das folgende Beispiel, u.ä.) in einer endlichen Anzahl von Randpunkten in die Betrachtung einbeziehen. In diesen Punkten haben dann die Funktionen $\partial U/\partial x(s)$, $\partial U/\partial y(s)$ im allgemeinen einen Sprung. Den Punkt P wählen wir in diesem Fall so, daß die Belastung in diesem Punkt keine Singularität hat.

[2]) Auf CD ist $Y_n \equiv -q$, denn es handelt sich um eine Druckkraft. Nach der zweiten Formel aus (43.6) ist so $\mathrm{d}/\mathrm{d}s(\partial U/\partial x) = +q$. Weiter ist die Funktion $\partial U/\partial x(s)$ für $s = b$ stetig (denn sie ist ein Integral der Funktion $Y_n(s)$, die im Punkt $s = b$ einen endlichen Sprung hat). Deshalb muß $\partial U/\partial x(b) = 0$ sein, denn im Intervall $[0, b]$ ist $\partial U/\partial x = 0$.

$$= \frac{qa}{2} \qquad \text{für} \quad \frac{5a}{4} + 2b \leqq s \leqq \frac{7a}{4} + 2b, \quad \text{d.h.} \quad \text{auf} \quad EF\,,$$

$$= 0 \qquad \text{für} \quad \frac{7a}{4} + 2b \leqq s \leqq 2a + 2b\,, \quad \text{d.h.} \quad \text{auf} \quad FB\,. \tag{43.9}$$

Für die Funktion $\partial U/\partial s$ gilt ferner, daß sie gleich $\partial U/\partial y$ auf BC, $-\ \partial U/\partial x$ auf CD, $-\partial U/\partial y$ auf DA, $\partial U/\partial x$ auf AB ist. Wenn wir diese Ausdrücke für $\partial U/\partial x$ und $\partial U/\partial y$ nach s integrieren, erhalten wir so (wir benutzen jetzt nur die Kurzschreibweise)

$$\begin{aligned} U(s) &\equiv 0 && \text{auf} \quad BC\,,\\ &= -\frac{q(s-b)^2}{2} && \text{auf} \quad CD\,,\\ &= -\frac{qa^2}{2} && \text{auf} \quad DA\,,\\ &= -\frac{qa^2}{2} + qa(s-a-2b) && \text{auf} \quad AE\,,\\ &= -\frac{qa^2}{2} + \frac{qa^2}{4} + \frac{qa}{2}\left(s - \frac{5a}{4} - 2b\right) && \text{auf} \quad EF\,,\\ &\equiv 0 && \text{auf} \quad FB\,. \end{aligned} \tag{43.10}$$

Weiter ist

$$\frac{\partial U}{\partial \nu} = \frac{\partial U}{\partial x} \quad \text{auf} \quad BC\,, \quad \frac{\partial U}{\partial \nu} = \frac{\partial U}{\partial y} \quad \text{auf} \quad CD\,,$$

$$\frac{\partial U}{\partial \nu} = -\frac{\partial U}{\partial x} \quad \text{auf} \quad DA\,, \quad \frac{\partial U}{\partial \nu} = -\frac{\partial U}{\partial y} \quad \text{auf} \quad AB\,,$$

so daß

$$\begin{aligned} \frac{\partial U}{\partial \nu}(s) &\equiv 0 && \text{auf} \quad BC\,,\\ &\equiv 0 && \text{auf} \quad CD\,,\\ &= -qa && \text{auf} \quad DA\,,\\ &\equiv 0 && \text{auf} \quad AB\,. \end{aligned} \tag{43.11}$$

Im betrachteten Fall müssen wir also eine Funktion $U(x, y)$ finden, die im Rechteck G biharmonisch ist und für die U bzw. $\partial U/\partial \nu$ auf dem Rand Γ die Werte (43.10) bzw. (43.11) annimmt. Das ist eine Aufgabe des Typs (43.2) bis (43.4). Wir bemerken noch, daß die Funktion $U(s)$ offensichtlich zu $W_2^{(1)}(\Gamma)$ gehört, da sie das Integral von auf Γ stückweise stetigen Funktionen ist (diese Funktionen haben Unstetigkeiten nur in den Punkten E und F, wo Einzellasten wirken). Die Funktion $\partial U/\partial \nu$ gehört offensichtlich zu $L_2(\Gamma)$.

b) Beschreibung der Methode der kleinsten Quadrate am Rand für das biharmonische Problem

Es sei das Problem (43.2) bis (43.4) auf einem einfach zusammenhängenden ebenen Gebiet G mit dem Lipschitz-Rand Γ gegeben, wobei $g_0 \in W_2^{(1)}(\Gamma)$ und $g_1 \in L_2(\Gamma)$ ist.[1]) Wir betrachten das System der **biharmonischen Polynome** (siehe [8])

$$H_1^{(m)}(x, y) = \sum_{i=0}^{l} (-1)^i \binom{m}{2i} x^{m-2i} y^{2i} \quad \text{für} \quad m = 0, 1, 2, \ldots, \tag{43.12}$$

$$H_2^{(m)}(x, y) = \sum_{i=0}^{l+r-1} (-1)^i \binom{m}{2i+1} x^{m-2i-1} y^{2i+1} \quad \text{für} \quad m = 1, 2, \ldots, \tag{43.13}$$

$$H_3^{(m)}(x, y) = \sum_{i=1}^{l} (-1)^i \, i \binom{m}{2i} x^{m-2i} y^{2i} \quad \text{für} \quad m = 2, 3, \ldots, \tag{43.14}$$

$$H_4^{(m)}(x, y) = \sum_{i=1}^{l+r-1} (-1)^i \, i \binom{m}{2i+1} x^{m-2i-1} y^{2i+1} \quad \text{für} \quad m = 3, 4, \ldots. \tag{43.15}$$

Dabei ist m der Grad des Polynoms, l der ganze Teil der Zahl $m/2$ und r das Zweifache des nichtganzen Teils der Zahl $m/2$, d.h.

$$l = \left[\frac{m}{2}\right], \quad r = 2\left\{\frac{m}{2}\right\} = \begin{cases} 0 & \text{für } m \text{ gerade}. \\ 1 & \text{für } m \text{ ungerade}. \end{cases} \tag{43.16}$$

Untersuchen wir zunächst die Polynome (43.12). Für $m = 0$ ist

$$H_1^{(0)} = \sum_{i=0}^{0} (-1)^i \binom{0}{2i} x^{-2i} y^{2i} = (-1)^0 \,.\, 1 \,.\, x^0 \,.\, y^0 = 1, \tag{43.17}$$

für $m = 1$

$$H_1^{(1)} = \sum_{i=0}^{0} (-1)^i \binom{1}{2i} x^{1-2i} y^{2i} = (-1)^0 x^1 y^0 = x \tag{43.18}$$

und ähnlich ist

$$H_1^{(2)} = \sum_{i=0}^{1} (-1)^i \binom{2}{2i} x^{2-2i} y^{2i} = x^2 - y^2, \tag{43.19}$$

$$H_1^{(3)} = \sum_{i=0}^{1} (-1)^i \binom{3}{2i} x^{3-2i} y^{2i} = x^3 - 3xy^2. \tag{43.20}$$

Auf analoge Weise berechnen wir

$$H_2^{(1)} = \sum_{i=0}^{0+1-1} (-1)^i \binom{1}{2i+1} x^{1-2i-1} y^{2i+1} = (-1)^0 \,.\, 1 \,.\, x^0 \,.\, y^1 = y,$$

---

[1]) Diese Voraussetzungen ermöglichen es, sehr allgemeine Belastungen am Rand zu betrachten. Insbesondere sind diese Voraussetzungen von den Funktionen (43.10) und (43.11) aus dem vorhergehenden Beispiel erfüllt.

$$H_2^{(2)} = \sum_{i=0}^{1+0-1} (-1)^i \binom{2}{2i+1} x^{2-2i-1} y^{2i+1} = 2xy ,$$

$$H_2^{(3)} = 3x^2y - y^3 ,$$

$$H_3^{(2)} = -y^2 , \quad H_3^{(3)} = -3xy^2 , \quad H_4^{(3)} = -y^3 \tag{43.21}$$

usw.

Die Polynome $H_3^{(m)}, H_4^{(m)}$ sind biharmonisch, die Polynome $H_1^{(m)}, H_2^{(m)}$ sogar harmonisch. Jedes der Polynome (43.12) bis (43.15) ist eine Lösung der biharmonischen Gleichung (43.2) in der ganzen xy-Ebene. Man kann zeigen (siehe [8]), daß die Polynome (43.12) bis (43.15) in G linear unabhängig sind und man jedes biharmonische Polynom (d.h. ein Polynom, das die biharmonische Gleichung erfüllt) eindeutig als Linearkombination der biharmonischen Polynome (43.12) bis (43.15) ausdrücken kann.

Für unsere Zwecke ordnen wir die Polynome (43.12) bis (43.15) nach wachsendem Grade, wobei wir die Polynome gleichen Grades ferner nach wachsendem unterem Index dieser Polynome einordnen. Auf diese Weise erhalten wir die Folge von Polynomen (siehe (43.17) bis (43.21))

$$\begin{aligned}
&z_1(x, y) = 1 , \\
&z_2(x, y) = x , \quad z_3(x, y) = y , \\
&z_4(x, y) = x^2 - y^2 , \quad z_5(x, y) = 2xy , \quad z_6(x, y) = -y^2 , \\
&z_7(x, y) = x^3 - 3xy^2 , \quad z_8(x, y) = 3x^2y - y^3 , \quad z_9(x, y) = -3xy^2 , \\
&z_{10}(x, y) = -y^3 , \\
&\dots\dots\dots\dots\dots\dots\dots\dots\dots\dots\dots\dots
\end{aligned} \tag{43.22}$$

Aus dieser Konstruktion sieht man, daß es für $n > 2$ genau $4n - 2$ biharmonische Polynome (43.12) bis (43.15) des Grades $\leqq n$ gibt. Wenn wir speziell $n = 3$ nehmen, erhalten wir genau 10 Polynome (43.22).

Nun wählen wir eine feste natürliche Zahl n und suchen die Näherungslösung des Problems (43.2) bis (43.4) in der Form

$$V_n(x, y) = \sum_{i=1}^{4n-2} b_{ni}\, z_i(x, y) .$$

Die Funktion $V_n(x, y)$ erfüllt für beliebige Werte der Konstanten b_{ni} die biharmonische Gleichung (43.2). Die Konstanten b_{ni} bestimmen wir nun aus der Bedingung

$$\int_\Gamma (V_n - g_0)^2 \,\mathrm{d}s + \int_\Gamma \left(\frac{\partial V_n}{\partial s} - \frac{\mathrm{d}g_0}{\mathrm{d}s}\right)^2 \mathrm{d}s + \int_\Gamma \left(\frac{\partial V_n}{\partial \nu} - g_1\right)^2 \mathrm{d}s = \min\ ^{1)} \tag{43.23}$$

[1]) Nach Voraussetzung ist $g_0 \in W_2^{(1)}(\Gamma)$, so daß $\mathrm{d}g_0/\mathrm{d}s \in L_2(\Gamma)$ ist (im Sinne der verallgemeinerten Ableitung). Alle Integrale in (43.23) sind also sinnvoll. Man kann die Koeffizienten b_{ni} auch

(d.h. aus der Bedingung, daß die Funktion $V_n(x, y)$ die vorgegebenen Randbedingungen im Sinne der kleinsten Quadrate am Rand am besten approximiert).

Für die Koeffizienten a_{ni} derjenigen Funktion

$$U_n(x, y) = \sum_{i=1}^{4n-2} a_{ni}\, z_i(x, y)\,, \tag{43.25}$$

die dieses Minimum realisiert, erhalten wir nach leichten Rechnungen das System

$$\sum_{k=1}^{4n-2} \left[(z_i, z_k)_{L_2(\Gamma)} + \left(\frac{\partial z_i}{\partial s}, \frac{\partial z_k}{\partial s}\right)_{L_2(\Gamma)} + \left(\frac{\partial z_i}{\partial \nu}, \frac{\partial z_k}{\partial \nu}\right)_{L_2(\Gamma)} \right] a_{nk} =$$
$$= (g_0, z_i)_{L_2(\Gamma)} + \left(\frac{\mathrm{d}g_0}{\mathrm{d}s}, \frac{\partial z_i}{\partial s}\right)_{L_2(\Gamma)} + \left(g_1, \frac{\partial z_i}{\partial \nu}\right)_{L_2(\Gamma)}, \quad i = 1, \ldots, 4n-2 \tag{43.26}$$

(hier ist $(z_i, z_k)_{L_2(\Gamma)} = \int_\Gamma z_i z_k \,\mathrm{d}s$ usw.).

Wenn wir dieses System lösen (dazu ausführlicher im weiteren Text), bestimmen wir die unbekannten Konstanten a_{nk} und damit auch die biharmonische Funktion (43.25), die eine Näherungslösung des gegebenen Problems darstellt.[1])

c) Die Konvergenz der Methode

In diesem Teil des Kapitels geben wir kurz die Grundideen des Beweises für die Konvergenz der betrachteten Methode. Für Details verweisen wir den Leser auf den Artikel [41].

Lösbarkeit des Systems (43.26)

Wir bezeichnen mit M die Menge aller Linearkombinationen der Funktionen $z_1(x, y), \ldots, z_{4n-2}(x, y)$, d.h. die lineare Menge aller Funktionen der Form

$$u(x, y) = \sum_{i=1}^{4n-2} \alpha_i\, z_i(x, y)\,, \tag{43.27}$$

---

aus der Bedingung

$$\int_\Gamma (V_n - g_0)^2 \,\mathrm{d}s + \int_\Gamma \left(\frac{\partial V_n}{\partial \nu} - g_1\right)^2 \mathrm{d}s = \min \tag{43.24}$$

bestimmen, die sich von der Bedingung (43.23) dadurch unterscheidet, daß wir das zweite Integral weggelassen haben. In diesem Fall konvergiert die Methode im allgemeinen nicht. Numerische Berechnungen liefern auch in sehr „vernünftigen" Fällen völlig unbefriedigende Resultate.

Wir machen noch darauf aufmerksam, daß man die Bedingung (43.23) auch in folgender Form schreiben kann:

$$\|V_n - g_0\|^2_{W_2^{(1)}(\Gamma)} + \left\|\frac{\partial V_n}{\partial \nu} - g_1\right\|^2_{L_2(\Gamma)} = \min\,.$$

[1]) Bei der Berechnung der Koeffizienten des Systems (43.26) ist eine gewisse Vorsicht notwendig. Die Funktionen z_i sind als Funktionen der Veränderlichen x, y gegeben, und wenn wir also z.B. $\partial z_i/\partial s$ auf der Seite CD des Rechtecks aus Figur 43.1 berechnen, ist $\partial z_i/\partial s = -\partial z_i/\partial x$ usw. Siehe auch das numerische Beispiel in [41].

wobei α_i $(i = 1, \ldots, 4n - 2)$ reele Zahlen sind; ferner bezeichnen wir

$$(u, v)_\Gamma = (u, v)_{L_2(\Gamma)} + \left(\frac{\partial u}{\partial s}, \frac{\partial v}{\partial s}\right)_{L_2(\Gamma)} + \left(\frac{\partial u}{\partial \nu}, \frac{\partial v}{\partial \nu}\right)_{L_2(\Gamma)}, \quad u, v \in M\,. \tag{43.28}$$

Wenn wir noch die folgende Bezeichnung einführen

$$c_i = (g_0, z_i)_{L_2(\Gamma)} + \left(\frac{\mathrm{d}g_0}{\mathrm{d}s}, \frac{\partial z_i}{\partial s}\right)_{L_2(\Gamma)} + \left(g_1, \frac{\partial z_i}{\partial \nu}\right)_{L_2(\Gamma)}, \quad i = 1, \ldots, 4n - 2,$$

können wir das System (43.26) in der einfacheren Form

$$\sum_{k=1}^{4n-2} (z_i, z_k)_\Gamma \, a_{nk} = c_i\,, \quad i = 1, \ldots, 4n - 2\,, \tag{43.29}$$

schreiben.

Es läßt sich leicht zeigen (ausführlich dazu siehe [41]), daß auf der linearen Menge M, d.h. für Funktionen der Form (43.27), durch die Beziehung (43.28) ein Skalarprodukt definiert ist.

Die Determinante des Systems (43.26) ist offensichtlich die Gramsche Determinante der Funktionen $z_1(x, y), \ldots, z_{4n-2}(x, y)$ im unitären Raum S mit dem Skalarprodukt (43.28). Die Funktionen $z_1(x, y), \ldots, z_{4n-2}(x, y)$ sind in der Menge M und damit auch im Raum S linear unabhängig. Die Determinante des Systems (43.29) ist also von Null verschieden und das betrachtete System folglich eindeutig lösbar.

Konvergenz

Die Antwort auf die Frage, ob die Folge der Funktionen (43.25) konvergent ist und gegen welche Funktion bzw. in welchem Sinne sie konvergiert, ist schwieriger.

In [35], S. 270 und 275, sind die beiden folgenden Aussagen angegeben (wir setzen stets voraus, daß der Rand Γ des Gebietes G ein Lipschitz-Rand ist):

1. ***Die Spuren der Funktionen aus dem Raum*** $W_2^{(2)}(G)$ ***sind dicht im Raum*** $W_2^{(1)}(\Gamma) \times L_2(\Gamma)$, ***und zwar im folgenden Sinne: Zu jedem Paar von Funktionen*** $g_0 \in W_2^{(1)}(\Gamma)$, $g_1 \in L_2(\Gamma)$ ***und zu jedem*** $\eta > 0$ ***existiert eine Funktion*** $z \in W_2^{(2)}(G)$, ***so daß***

$$\|z - g_0\|_{W_2^{(1)}(\Gamma)} < \eta\,, \quad \left\|\frac{\partial z}{\partial \nu} - g_1\right\|_{L_2(\Gamma)} < \eta \tag{43.30}$$

(im Sinne von Spuren) gilt.

Aufgrund dieser ersten Aussage kann man also zu den gegebenen Funktionen $g_0 \in W_2^{(1)}(\Gamma)$ und $g_1 \in L_2(\Gamma)$ eine Folge von Funktionen $v_n \in W_2^{(2)}(G)$ konstruieren, so daß

$$\lim_{n\to\infty} \|v_n - g_0\|_{W_2^{(1)}(\Gamma)} = 0\,, \quad \lim_{n\to\infty} \left\|\frac{\partial v_n}{\partial \nu} - g_1\right\|_{L_2(\Gamma)} = 0 \tag{43.31}$$

gilt. Da jede von den Funktionen $v_n(x, y)$ zu $W_2^{(2)}(G)$ gehört und die dem biharmonischen Operator zugeordnete Bilinearform $\mathring{W}_2^{(2)}(G)$-elliptisch ist (Kapitel 33, S. 403), existiert zu jeder von diesen Funktionen genau eine schwache Lösung $\tilde{v}_n \in W_2^{(2)}(G)$ des Problems

$$\Delta^2 \tilde{v}_n = 0 \quad \text{in } G\,,$$

$$\tilde{v}_n = v_n\,, \quad \frac{\partial \tilde{v}_n}{\partial \nu} = \frac{\partial v_n}{\partial \nu} \quad \text{auf } \Gamma \text{ im Sinne von Spuren}\,.$$

Die zweite von den zitierten Aussagen betrifft eine wichtige Eigenschaft der Folge $\{\tilde{v}_n(x, y)\}$:

2. *Die auf die soeben beschriebene Weise konstruierte Folge der Funktionen $\tilde{v}_n(x, y)$ konvergiert im Raum $L_2(G)$ gegen eine gewisse Funktion $u \in L_2(G)$,*[1] *die durch die gegebenen Funktionen $g_0 \in W_2^{(1)}(\Gamma)$ und $g_1 \in L_2(\Gamma)$ eindeutig bestimmt ist* (also nicht von der Wahl der Folge $\{v_n(x, y)\}$ abhängt, von der nur gefordert wird, daß sie die Bedingungen (43.31) erfüllt).

Die Funktion $u(x, y)$ wird die **sehr schwache Lösung des Problems** (43.2) **bis** (43.4) genannt.

Wir möchten bemerken, daß das Problem (43.2) bis (43.4) keine schwache Lösung im Sinne von Definition 32.2 haben muß, denn wie man zeigen kann, muß unter den gegebenen Voraussetzungen über die Funktionen $g_0(s)$, $g_1(s)$ und über den Rand Γ überhaupt keine Funktion $u \in W_2^{(2)}(G)$ existieren, für die im Sinne von Spuren

$$u = g_0(s)\,, \quad \frac{\partial u}{\partial \nu} = g_1(s) \quad \text{auf } \Gamma$$

ist. (Deshalb kann man im allgemeinen Fall zur Lösung dieses Problems nicht die üblichen Variationsmethoden – das Ritzsche Verfahren, die Methode der finiten Elementen u.ä. – direkt benutzen.) Nach Behauptung 2 existiert aber eine sehr schwache Lösung dieses Problems (die eine schwache und eventuell auch eine klassische Lösung sein kann, in Abhängigkeit von den Eigenschaften des Randes Γ und der Funktionen $g_0(s)$, $g_1(s)$). Aufgrund von (43.31) kann man erwarten, daß die Folge (43.25), die mit Hilfe der Methode der kleinsten Quadrate am Rand konstruiert wurde, im Raum $L_2(G)$ gegen diese sehr schwache Lösung konvergieren wird:

$$\lim_{n \to \infty} \|U_n - u\|_{L_2(G)} = 0\,. \tag{43.32}$$

Um zu beweisen, daß dies tatsächlich der Fall ist, genügt es zu zeigen, daß die Spuren der Linearkombinationen der biharmonischen Polynome (43.12) bis (43.15) im Raum $W_2^{(1)}(\Gamma) \times L_2(\Gamma)$ in dem oben erwähnten Sinn dicht sind: Wenn es nämlich zu jedem Paar von Funktionen $g_0 \in W_2^{(1)}(\Gamma)$, $g_1 \in L_2(\Gamma)$ und zu jedem $\varepsilon > 0$ eine Funktion

$$V(x, y) = \sum_{k=1}^{4n-2} b_k\, z_k(x, y)$$

[1]) Wir machen den Leser darauf aufmerksam, daß wir nichts über die Konvergenz der Folge im Raum $W_2^{(2)}(G)$ aussagen.

gibt, so daß im Sinne von Spuren gilt

$$\|V - g_0\|_{W_2^{(1)}(\Gamma)} < \varepsilon\,, \quad \left\|\frac{\partial V}{\partial \nu} - g_1\right\|_{L_2(\Gamma)} < \varepsilon\,,$$

wird dann in Hinsicht auf (43.23) umsomehr

$$\|U_n - g_0\|_{W_2^{(1)}(\Gamma)} < \varepsilon\,, \quad \left\|\frac{\partial U_n}{\partial \nu} - g_1\right\|_{L_2(\Gamma)} < \varepsilon \tag{43.33}$$

gelten, wobei

$$U_n(x, y) = \sum_{k=1}^{4n-2} a_k z_k(x, y)$$

die Linearkombination der Funktionen $z_k(x, y)$ mit den nach der Methode der kleinsten Quadrate am Rand konstruierten Koeffizienten a_k ist. Es wird also gelten

$$\lim_{n\to\infty} \|U_n - g_0\|_{W_2^{(1)}(\Gamma)} = 0\,, \quad \lim_{n\to\infty} \left\|\frac{\partial U_n}{\partial \nu} - g_1\right\|_{L_2(\Gamma)} = 0\,,$$

woraus nach der oben angegebenen Aussage 2 die Aussage (43.32) folgt.

Jedes biharmonische Polynom $P(x, y)$ (d.h. jedes Polynom, das die biharmonische Gleichung erfüllt) kann man – und zwar eindeutig, siehe S. 533 – als Linearkombination der biharmonischen Polynome (43.12) bis (43.15) ausdrücken. Um also die gewünschte Dichtheit der Spuren von Linearkombinationen der biharmonischen Polynome (43.12) bis (43.15) zu beweisen, genügt es zu zeigen, daß es zu jedem Paar von Funktion $g_0 \in W_2^{(1)}(\Gamma)$ und $g_1 \in L_2(\Gamma)$ ein biharmonisches Polynom $P(x, y)$ gibt, so daß

$$\|P - g_0\|_{W_2^{(1)}(\Gamma)} < \varepsilon\,, \quad \left\|\frac{\partial P}{\partial \nu} - g_1\right\|_{L_2(\Gamma)} < \varepsilon \tag{43.34}$$

im Sinne von Spuren gilt. Da jedoch nach Aussage 1 auch Funktionen aus $W_2^{(2)}(G)$ diese Eigenschaft haben, genügt es letzten Endes die folgende Aussage zu beweisen:

3. *Zu jeder Funktion $z \in W_2^{(2)}(G)$ und zu jedem $\varepsilon > 0$ existiert ein biharmonisches Polynom $P(x, y)$, so daß im Sinne von Spuren gilt*

$$\|P - z\|_{W_2^{(1)}(\Gamma)} < \varepsilon\,, \quad \left\|\frac{\partial P}{\partial \nu} - \frac{\partial z}{\partial \nu}\right\|_{L_2(\Gamma)} < \varepsilon\,. \tag{43.35}$$

Der Beweis der Aussage 3 ist etwas schwieriger. Wir skizzieren hier nur die Grundideen des Beweises und verweisen den Leser, der sich für Details interessiert, auf die Arbeit [41].

Es sei also $z \in W_2^{(2)}(G)$ eine gegebene Funktion. Wir bezeichnen mit $u_0 \in W_2^{(2)}(G)$ die schwache Lösung des biharmonischen Problems mit den Randbedingungen

$$u_0 = z\,, \quad \frac{\partial u_0}{\partial \nu} = \frac{\partial z}{\partial \nu} \quad \text{auf } \Gamma \tag{43.36}$$

im Sinne von Spuren. Da $z \in W_2^{(2)}(G)$ ist, existiert eine solche Lösung, und zwar genau eine.

Es sei nun $\{G_j\}$ eine Folge von einfach zusammenhängenden Gebieten mit den Lipschitz-Rändern Γ_j, so daß

$$\bar{G} \subset G_j\,, \quad \bar{G}_{j+1} \subset G_j \quad \text{für jedes} \quad j = 1, 2, \ldots,$$

$$\lim_{j\to\infty} m(G_j - \bar{G}) = 0 \tag{43.37}$$

gilt, wobei $m(G_j - \bar{G})$ das Lebesguesche Maß des Gebietes $G_j - \bar{G}$ ist. (Wir approximieren also das Gebiet G „von außen" durch die Folge der Gebiete G_j.) Eine solche Folge von Gebieten existiert (man kann zu ihrer Konstruktion z.B. die konforme Abbildung des Äußeren des Gebietes G auf das Äußere eines Kreises benutzen; siehe Figur 43.2, wo G das Rechteck aus Beispiel 43.1 ist).

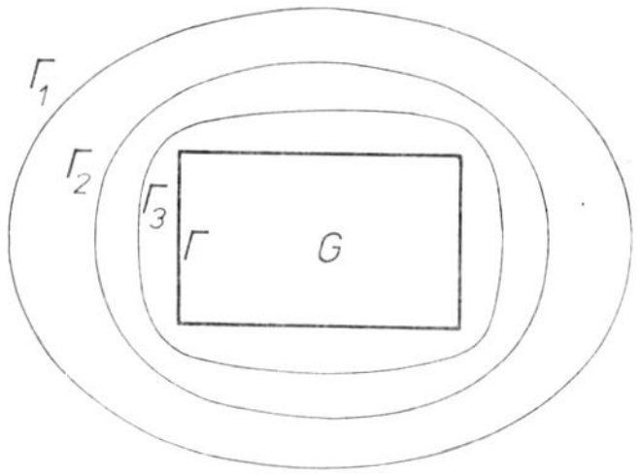

Figur 43.2

Wir setzen die Funktion $u_0(x, y)$ auf das Gebiet G_1 fort (d.h. auf das „größte" der Gebiete G_j), und zwar so, daß für die so entstandene Funktion – wir bezeichnen sie mit $U_0(x, y)$ – gilt: $U_0 \in W_2^{(2)}(G_1)$. (Dies ist möglich, siehe [35], S. 80.) Wenn wir die Funktion $U_0(x, y)$ nur auf einem der kleineren Gebiete G_j betrachten – wir bezeichnen diese Restriktion mit $U_{0j}(x, y)$ –, so ist offensichtlich wieder $U_{0j} \in W_2^{(2)}(G_j)$. Desweiteren bezeichnen wir mit $u_j(x, y)$ die schwache Lösung des biharmonischen Problems auf dem Gebiet G_j mit den Randbedingungen (im Sinne von Spuren)

$$u_j = U_{0j}\,, \quad \frac{\partial u_j}{\partial \nu} = \frac{\partial U_{0j}}{\partial \nu} \quad \text{auf } \Gamma_j \tag{43.38}$$

und setzen diese Lösung auf das Gebiet G_1 fort, indem wir die Fortsetzung – Bezeichnung: $U_j(x, y)$ – außerhalb von G_j durch die Formel $U_j(x, y) = U_0(x, y)$ definieren. Es ist wiederum $U_j \in W_2^{(2)}(G_1)$. Wir bezeichnen nun noch

$$U_j(x, y) - U_0(x, y) = Z_j(x, y)\,, \tag{43.39}$$

so daß $Z_j(x, y) \equiv 0$ außerhalb des Gebietes G_j ist.

Der Kernpunkt des Beweises der Aussage 3 liegt nun darin, daß man zeigt: Aus der Folge der Funktionen $Z_j(x, y)$ kann man eine Teilfolge $\{Z_{j_k}(x, y)\}$ auswählen, die im Raum $W_2^{(2)}(G)$ gegen die Funktion $Z = 0$ konvergiert. (Der Beweis ist ausführlich in der Arbeit [41] durchgeführt.) Hieraus folgt mit (43.39) und der Definition der

Funktionen $U_j(x, y)$ und $U_0(x, y)$ nach leichten Überlegungen, daß für einen genügend großen Index j_k die Zahl

$$\|u_{j_k} - u_0\|_{W_2^{(2)}(G)} \tag{43.40}$$

genügend klein ist. Aber die biharmonische Gleichung ist eine Gleichung mit konstanten Koeffizienten, so daß (vgl. Bemerkungen 46.1, 46.2, S. 567, 568) ihre schwache Lösung $u_{j_k}(x, y)$ in G_{j_k} (und folglich auch in $\bar{G}$) stetige Ableitungen aller Ordnungen hat und die gegebene Gleichung im klassischen Sinne erfüllt. (Die erwähnte Folge von Gebieten haben wir gerade deswegen konstruiert, um die Stetigkeit der Ableitungen im abgeschlossenen Gebiet $\bar{G}$ zu erhalten.) Nun benutzen wir bekannte Ergebnisse (siehe z.B. [6]), nämlich daß man erstens jede in G biharmonische Funktion in der Form $\operatorname{Re}[\bar{z}\varphi(z) + \chi(z)]$ ausdrücken kann, wobei $\varphi(z)$ und $\chi(z)$ geeignete holomorphe Funktionen der komplexen Veränderlichen z sind, und daß man zweitens die Funktionen $\varphi(z)$ und $\chi(z)$ sowie die benötigten Ableitungen dieser Funktionen mit beliebiger Genauigkeit durch Polynome in der Veränderlichen z approximieren kann, falls diese Funktionen und die entsprechenden Ableitungen im abgeschlossenen Gebiet $\bar{G}$ stetig sind. Hieraus folgt nach einer nicht allzu komplizierten Überlegung die Existenz eines biharmonischen Polynoms $P(x,y)$, so daß die Zahl

$$\|P - u_0\|_{W_2^{(2)}(G)}$$

beliebig klein ist, wenn der Grad dieses Polynoms genügend groß ist. Aus (43.36) und aus Satz 30.1, S. 340, folgt dann unmittelbar Aussage 3.

Wie wir schon erwähnt hatten, reduzierte sich der Beweis der Konvergenz dieser Methode gerade auf den Beweis dieser Aussage und wir können nun das gewünschte Ergebnis formulieren:

Satz 43.1. *Es sei G ein einfach zusammenhängendes Gebiet mit Lipschitz Rand, $g_0 \in W_2^{(1)}(\Gamma)$, $g_1 \in L_2(\Gamma)$. Dann ist die Methode der kleinsten Quadrate am Rand für das Problem* (43.2) *bis* (43.4) *konvergent.*

Praktisch bedeutet dieses Ergebnis, daß jede der Funktionen $U_n(x, y)$, die wir mit Hilfe unserer Methode konstruiert haben, die gegebene Gleichung im klassischen Sinn und die Randbedingungen – grob gesagt – mit beliebiger Genauigkeit erfüllt, wenn n genügend groß ist.

Eine Modifikation dieser Methode für den Fall mehrfach zusammenhängender Gebiete (Tragwände mit Öffnungen u. ä.) wird in der umfangreichen Arbeit [52] behandelt.

d) Das Trefftzsche Verfahren

Zum Schluß dieses Kapitel werden wir kurz noch das **Trefftzsche Verfahren** zur Lösung des Dirichletschen Problems für die Laplacesche Gleichung erwähnen. Diese Methode ist mit der oben erwähnten Methode dadurch verwandt, daß man die Näherungslösung auch als Linearkombination von Funktionen sucht, die die gegebene Gleichung, aber im allgemeinen nicht die Randbedingung erfüllen.[1])

Es sei also das Dirichletsche Problem für die Laplacesche Gleichung gegeben,

$$-\Delta u = 0 \quad \text{in } G\,, \tag{43.41}$$

$$u = g(S) \quad \text{auf } \Gamma\,. \tag{43.42}$$

Die Lösung dieses Problems kann man, wie aus Kapitel 34 bekannt ist, als diejenige Funktion bestimmen, die das Funktional

$$Fv = \int_G \sum_{i=1}^{N} \left(\frac{\partial v}{\partial x_i}\right)^2 \mathrm{d}x \tag{43.43}$$

minimiert, und zwar auf der Klasse aller Funktionen aus dem Raum $W_2^{(1)}(G)$, die die Bedingung (43.42) im Sinne von Spuren erfüllen (natürlich unter der Voraussetzung, daß die Funktion $g(S)$ die Spur irgendeiner Funktion aus diesem Raum ist).

Ohne Beschränkung der Allgemeinheit können wir voraussetzen, daß

$$\int_\Gamma g(S)\,\mathrm{d}S = 0 \tag{43.44}$$

ist. Wenn dies nicht erfüllt ist, finden wir eine Konstante c, so daß die Funktion $\tilde{g}(S) = g(S) + c$ die Eigenschaft (43.44) hat; ist $\tilde{u}(x)$ die Lösung des Problems mit der Randbedingung $\tilde{u} = \tilde{g}(S)$ auf Γ, dann ist $u = \tilde{u} - c$ die Lösung des gegebenen Problems mit der Randbedingung $u = g(S)$ auf Γ.

Es sei

$$v_1(x), \ldots, v_n(x), \ldots \tag{43.45}$$

ein System harmonischer Funktionen in G, die die Bedingung (43.44) erfüllen und linear unabhängig und vollständig ın Teilraum aller derjenigen Funktionen aus $W_2^{(1)}(G)$ sind, die die Bedingung (43.44) erfüllen.

Wir wählen nun ein gewisses natürliches n und suchen die Näherungslösung des Problems (43.41), (43.42) in der Form

$$u_n(x) = \sum_{k=1}^{n} a_k^{(n)}\, v_k(x)\,, \tag{43.46}$$

wobei wir die Konstanten $a_k^{(n)}$ aus der Bedingung

$$\int_G \sum_{i=1}^{N} \left[\frac{\partial(u - u_n)}{\partial x_i}\right]^2 \mathrm{d}x = \min \tag{43.47}$$

bestimmen; hier ist $u \in W_2^{(1)}(G)$ die unbekannte Lösung des gegebenen Problems.

---

[1]) Einige Autoren bezeichnen als Trefftzsche Methode jedes Verfahren, das darauf beruht, daß wir die Näherungslösung in Form einer Linearkombination von Funktionen suchen, die die gegebene Gleichung erfüllen, die Randbedingungen aber nicht. In dieser Terminologie ist auch die hier erwähnte Methode der kleinsten Quadrate am Rand eine Trefftzsche Methode.

Die Bedingung (43.47) führt, wie sich durch eine einfache Rechnung ergibt, zum Gleichungssystem

$$\int_G \sum_{i=1}^{N} \frac{\partial(u - u_n)}{\partial x_i} \frac{\partial v_k}{\partial x_i} \, \mathrm{d}x = 0 \,, \quad k = 1, \ldots, n \,, \tag{43.48}$$

für die unbekannten, nach (43.46) in der Funktion $u_n(x)$ auftretenden Konstanten $a_k^{(n)}$. Das System (43.48) enthält scheinbar die unbekannte Funktion $u(x)$. Wenn wir aber den Greenschen Satz und die Tatsache benutzen, daß die Funktionen $v_k(x)$ harmonisch sind, so kommen wir vom System (43.48) leicht zum System

$$\sum_{k=1}^{n} a_k^{(n)} \int_\Gamma v_k \frac{\partial v_j}{\partial \nu} \, \mathrm{d}S = \int_\Gamma g \frac{\partial v_j}{\partial \nu} \, \mathrm{d}S \,, \quad j = 1, \ldots, n \,, \tag{43.49}$$

wo $\partial/\partial\nu$ die Ableitung nach der äußeren Normalen bezeichnet. Es läßt sich zeigen (ausführlich dazu siehe [30]), daß das System (43.49) unter unseren Voraussetzungen genau eine Lösung hat und daß gilt: $u_n \to u$ in der Metrik des Raumes $W_2^{(1)}(G)$ und dabei gleichmäßig in jedem abgeschlossenen, in G liegenden Gebiet.

Zur Verallgemeinerung dieser Methode und zu einigen ihren Anwendungen, eventuell zur Möglichkeit, sie bei der Fehlerabschätzung für das Ritzsche Verfahren zu benutzen, siehe [30]. In einer moderneren Auffassung werden diese Fragen der Variationsproblematik von I. Hlaváček in [18] behandelt.

Kapitel 44. Die Methode der Orthogonalprojektion

In diesem Kapitel beschreiben wir eine weitere Methode, die sich zur Lösung homogener Differentialgleichungen mit nichthomogenen Randbedingungen eignet, und erwähnen auch kurz ihre Modifikation für die Lösung nichthomogener Differentialgleichungen mit homogenen Randbedingungen, sowie die Möglichkeit, sie bei der Abschätzung des Fehlers einer z.B. mit Hilfe des Ritzschen Verfahrens konstruierten Näherungslösung anzuwenden.

Wir erinnern zunächst daran (siehe Kapitel 6, S. 66), was wir unter der Projektion eines Elementes in einen Teilraum verstehen: Es sei H ein Hilbert-Raum mit dem Skalarprodukt (v, u) und H_1 ein linearer Teilraum des Raumes H. Wir sagen, daß das Element $u \in H$ **zum Teilraum** H_1 **orthogonal** ist, und schreiben $u \perp H_1$, wenn das Element u zu jedem Element v dieses Teilraumes orthogonal ist, d.h. wenn $(u, v) = 0$ für jedes $v \in H_1$ gilt. Die Menge aller Elemente $u \perp H_1$ des Raumes H bildet in H wiederum einen Teilraum (siehe das zitierte Kapitel). Wir bezeichnen diesen Teilraum mit H_2, schreiben $H = H_1 \oplus H_2$ und sagen, daß H die **orthogonale Summe der Teilräume** H_1 **und** H_2 ist. Der Teilraum H_2 wird **orthogonales Komplement des Raumes** H_1 **im Raum** H genannt (und umgekehrt). Jedes Element $u \in H$ kann man — und zwar eindeutig — in die Summe $u = u_1 + u_2$ zerlegen, wobei $u_1 \in H_1$, $u_2 \in H_2$ ist. Das Element u_1 bzw. u_2 wird **orthogonale Projektion des Elementes** u **in den Teilraum** H_1 **bzw.** H_2 genannt. Wenn

$$v_1, v_2, \ldots \tag{44.1}$$

bzw.

$$\varphi_1, \varphi_2, \ldots \tag{44.2}$$

eine orthogonale Basis in H_1 bzw. H_2 ist, dann gilt

$$u_1 = \sum_{i=1}^{\infty} (u, v_i)\, v_i \tag{44.3}$$

bzw.

$$u_2 = \sum_{i=1}^{\infty} (u, \varphi_i)\, \varphi_i\,. \tag{44.4}$$

Die Konstruktion der Projektion eines Elementes u in den gegebenen Teilraum reduziert sich also auf die Konstruktion einer orthonormalen Basis in diesem Teilraum und auf die Konstruktion der entsprechenden Fourier-Reihe (der Reihe (44.3) bzw. (44.4)).

Wir zeigen nun, wie man diese Begriffe bzw. Ergebnisse bei der Lösung homogener Differentialgleichungen mit nichthomogenen Randbedingungen benutzen kann. Die Idee dieser Methode, der sogenannten **Methode der Orthogonalprojektionen,** bringen wir zunächst an zwei einfachen Beispielen.

Beispiel 44.1. Wir betrachten das Problem

$$Au \equiv -\Delta u + 4u = 0 \quad \text{in } G\,, \tag{44.5}$$

$$u = g(S) \quad \text{auf } \Gamma\,. \tag{44.6}$$

Es sei $w(x)$ eine Funktion aus dem Raum $W_2^{(1)}(G)$, so daß

$$w = g(S) \quad \text{auf } \Gamma \text{ im Sinne von Spuren} \tag{44.7}$$

gilt.

Laut Definition der schwachen Lösung ist eine Funktion $u(x)$ zu bestimmen, die die folgenden Bedingungen erfüllt:

$$u - w \in V\,, \tag{44.8}$$

$$((v, u)) \equiv A(v, u) \equiv \int_G \left(\sum_{i=1}^{N} \frac{\partial v}{\partial x_i} \frac{\partial u}{\partial x_i} + 4vu \right) \mathrm{d}x = 0 \quad \text{für jedes } v \in V\,. \tag{44.9}$$

Dabei ist

$$V = \{v;\, v \in W_2^{(1)}(G),\ v = 0 \text{ auf } \Gamma \text{ im Sinne von Spuren}\} = \mathring{W}_2^{(1)}(G)\,. \tag{44.10}$$

Die Form $A(v, u)$ ist offensichtlich V-elliptisch (aufgrund des Gliedes $4vu$ ist sie sogar $W_2^{(1)}(G)$-elliptisch), so daß nach Kapitel 33 genau eine schwache Lösung des gegebenen Problems, das durch die Eigenschaften (44.8), (44.9) charakterisiert ist, existiert.

Da die Form $A(v, u)$ im Raum $W_2^{(1)}(G)$ offensichtlich symmetrisch und $W_2^{(1)}(G)$-elliptisch ist, kann man in Raum $W_2^{(1)}(G)$ das Skalarprodukt $(v, u)^A$ durch die Formel

$$(v, u)^A = A(v, u) \tag{44.11}$$

einführen. (Ausführlich dazu siehe Kapitel 33, S. 404.) Die durch dieses Skalarprodukt auf Elementen des Raumes $W_2^{(1)}(G)$ erzeugte Metrik ist mit der Metrik des Raumes $W_2^{(1)}(G)$ äquivalent (siehe das zitierte Kapitel). Diesen neuen Raum, dessen Elemente also die Elemente des Raumes $W_2^{(1)}(G)$ sind und dessen Metrik durch das Skalarprodukt (44.11) erzeugt wird, bezeichnen wir mit dem Symbol W. Weiter sei V_1 ein Raum mit der gleichen Metrik, dessen Elemente aber nur die Elemente des Raumes V sind, d.h. Funktionen, die auf Γ (im Sinne von Spuren) verschwinden. Da der Raum V ein linearer Teilraum des Raumes $W_2^{(1)}(G)$ ist und die Metriken der Räume $W_2^{(1)}(G)$ und W äquivalent sind, ist auch V_1 ein linearer Teilraum des Raumes W (d.h. ein vollständiger linearer Raum, siehe Definition 6.23, S. 65). Wir bezeichnen mit V_2 sein orthogonales Komplement im Raum W, so daß $W = V_1 \oplus V_2$ ist.

Es sei u_1 die orthogonale Projektion (im Raum W) des Elementes w in den Teilraum V_1, so daß gilt

$$w = u_1 + u\,, \quad u_1 \in V_1\,, \quad u \in V_2\,. \tag{44.12}$$

Wir behaupten nun, daß u die gesuchte schwache Lösung des Problems (44.8), (44.9) ist: Die Elemente v des Raumes V_1 sind genau die Elemente des Raumes V. Da das Element u zum Raum V_2 gehört, ist es — im Sinne des Skalarproduktes (44.11) — zu jedem Element $v \in V_1$ und folglich auch zu jedem Element $v \in V$ orthogonal, so daß

$$((v, u)) = A(v, u) = 0 \quad \text{für jedes} \quad v \in V \tag{44.13}$$

gilt. Aus (44.12) folgt weiter, daß $u - w = u_1 \in V_1$, und folglich

$$u - w \in V \tag{44.14}$$

ist. Die Funktion u erfüllt also beide Bedingungen (44.8) und (44.9). Aus der Eindeutigkeit der schwachen Lösung folgt, daß sie gerade die gesuchte Lösung ist.

Wenn wir also eine im Sinne des Skalarproduktes (44.11) orthonormale Basis $\{\varphi_i\}$ des Raumes V_2 kennen, ist

$$u = \sum_{i=1}^{\infty} (w, \varphi_i)^A \varphi_i . \tag{44.15}$$

Wenn wir eine wiederum im Sinne des Skalarproduktes (44.11) orthonormale Basis $\{v_i\}$ im Raum V_1 kennen, deren Bestimmung in der Regel einfacher ist, dann gilt

$$u_1 = \sum_{i=1}^{\infty} (w, v_i)^A v_i \tag{44.16}$$

und $u = w - u_1$. Die Lösung des gegebenen Problems durch die Methode der Orthogonalprojektionen ist also – vor allem theoretisch – sehr einfach. Vom Standpunkt der praktischen Anwendung können natürlich gewisse Schwierigkeiten bei der Konstruktion der orthonormalen Basis im Raum V_1 bzw. im Raum V_2 auftreten.

Zu dieser Problematik sei noch bemerkt, daß man die Projektion des Elementes w in den Raum V_1 bzw. V_2 nicht notwendig mit Hilfe einer othonormalen Basis realisieren muß, sondern daß man zu diesem Zweck eine beliebige Basis in diesen Räumen benutzen kann. Die Methode der Orthogonalprojektion in den Raum V_1 bzw. V_2 stimmt dann im Grunde genommen mit dem Ritzschen bzw. Trefftzschen Verfahren überein. Siehe auch das Buch [30].

Beispiel 44.2. Wir lösen nun ein ähnliches Problem wie in Beispiel 44.1, diesmal aber für den Operator $A = -\Delta$. Wir wollen also eine Funktion $u \in W_2^{(1)}(G)$ bestimmen, so daß

$$u - w \in V = \mathring{W}_2^{(1)}(G) , \tag{44.17}$$

$$((v, u)) \equiv A(v, u) \equiv \int_G \sum_{i=1}^{N} \frac{\partial v}{\partial x_i} \frac{\partial u}{\partial x_i} \, dx = 0 \quad \text{für alle } v \in V \tag{44.18}$$

gilt.

Der grundsätzliche Unterschied zum vorhergehenden Fall besteht darin, daß die Form $A(v, u)$ hier nicht $W_2^{(1)}(G)$-elliptisch ist (sie ist nur V-elliptisch) und der Ausdruck $A(v, u)$, auf den Elementen des Raumes $W_2^{(1)}(G)$ betrachtet, jetzt nicht alle Eigenschaften des Skalarproduktes hat. In diesem Fall kann man diese Schwierigkeit in ähnlicher Weise umgehen, wie wir es in Kapitel 35, S. 429, gemacht haben. Wir zerlegen den Raum $W_2^{(1)}(G)$ in die orthogonale Summe zweier Teilräume,

$$W_2^{(1)}(G) = Q \oplus P , \tag{44.19}$$

wobei P der Teilraum aller in G konstanten Funktionen und Q der Teilraum aller derjenigen Funktionen $u \in W_2^{(1)}(G)$ ist, für die

$$\int_G u(x) \, dx = 0 \tag{44.20}$$

gilt.

Die orthogonale Projektion v_Q eines beliebigen Elementes $v \in V$ in den Teilraum Q ist also eine Funktion der Form

$$v_Q = v + k\,, \tag{44.21}$$

wobei k eine (eindeutig bestimmte) Konstante ist, so daß die Funktion v_Q die Bedingung (44.20) erfüllt. Wir bemerken: Wenn $k \neq 0$ ist, dann ist die Aussage $v_Q \in V$ nicht richtig, denn es gilt nicht (im Sinne von Spuren) $v_Q = 0$ auf Γ, sondern $v_Q = k$ auf Γ, was aus (44.21) folgt.

Wir bezeichnen mit V_Q den Teilraum der Orthogonalprojektionen aller Elemente v aus dem Raum V in den Teilraum Q (kurz: V_Q ist die orthogonale Projektion des Raumes V in Q). Jedem $v \in V$ entspricht so nach (44.21) genau ein $v_Q \in V_Q$, und umgekehrt entspricht jedem $v_Q \in V_Q$ genau ein $v \in V$, d.h. eine Funktion $v = v_Q - k$, so daß im Sinne von Spuren $v = 0$ auf Γ ist. Wir bezeichnen noch mit w_Q die orthogonale Projektion der Funktion $w(x)$ in den Raum Q, also eine Funktion der Form

$$w_Q = w + c\,, \tag{44.22}$$

die die Bedingung (44.20) erfüllt (c ist eine geeignete Konstante).

Wie wir aus Kapitel 35, S. 427, wissen, ist die durch die Beziehung (44.18) gegebene Form $((v, u)) = A(v, u)$ Q-elliptisch. Ähnlich wie im vorhergehenden Fall definieren wir im Raum Q ein Skalarprodukt,

$$(v, u)^A = A(v, u)\,, \tag{44.23}$$

und bezeichnen mit Q_A bzw. V_1 den Raum, in dem die Metrik durch das Skalarprodukt (44.23) erzeugt wird und dessen Elemente die Elemente des Raumes Q bzw. des Raumes V_Q sind. Weiter bezeichnen wir mit V_2 das orthogonale Komplement des Raumes V_1 im Raum Q_A,

$$Q_A = V_1 \oplus V_2\,, \tag{44.24}$$

und zerlegen das Element w_Q bezüglich dieser Teilräume,

$$w_Q = w_1 + w_2\,, \quad w_1 \in V_1\,, \quad w_2 \in V_2\,. \tag{44.25}$$

Das Element w_2 wird jetzt im allgemeinen nicht die schwache Lösung des Problem (44.17), (44.18) darstellen. Die Bedingung (44.18) ist erfüllt: Für jedes $v \in V_1$ gilt nämlich

$$((v, w_2)) \doteq A(v, w_2) = 0\,,$$

da $w_2 \in V_2$ ist. Der Raum V_1 besteht aus den gleichen Elementen wie der Raum V_Q und Elemente des Raumes V_Q unterscheiden sich nach (44.21) nur durch additive Konstanten von den Elementen des Raumes V. Es gilt also

$$A(v, w_2) = 0 \quad \text{für jedes } v \in V\,, \tag{44.26}$$

was wir zeigen wollten. Die Bedingung (44.17) jedoch ist im allgemeinen nicht erfüllt: Aus der Konstruktion der Funktion w_2 folgt, daß am Rande Γ im allgemeinen $w - w_2 = k$ im Sinne von Spuren ist, wobei k irgendeine Konstante ist. Die Funktion w_2 ist also eine schwache Lösung der gegebenen Gleichung, man muß aber noch eine geeignete Konstante zu w addieren, damit auch die Randbedingung (44.17) erfüllt ist.

Was die praktische Konstruktion der Funktion $w_2(x)$ (und damit auch der gesuchten Lösung $u(x) = w_2(x) + k$) anbetrifft, so genügt es, eine im Sinne des Skalarproduktes (44.23) orthonormale Basis $\{\varphi_i\}$ bzw. $\{v_i\}$ des Raumes V_2 bzw. V_1 zu kennen und die Fourier-Reihe

$$w_2 = \sum_{i=1}^{\infty} (w_Q, \varphi_i)^A \varphi_i \tag{44.27}$$

bzw.

$$w_2 = w_Q - \sum_{i=1}^{\infty} (w_Q, v_i)^A v_i \tag{44.28}$$

zu konstruieren, wobei die Funktion w_Q durch die Beziehung (44.22) gegeben ist. Damit ist das Problem gelöst.

Die vorhergehenden Überlegungen kann man leicht auf die Untersuchung allgemeinerer Probleme homogener Gleichungen mit nichthomogenen Randbedingungen erweitern. Nachdem wir die Überlegungen im vorhergehenden Text sehr ausführlich durchgeführt haben, werden wir jetzt schneller vorgehen:

Es sei also die Aufgabe gegeben (vgl. Definition 32.2), eine Funktion $u \in W_2^{(k)}(G)$ zu finden, so daß

$$((v, u)) = 0 \quad \text{für alle } v \in V \tag{44.29}$$

und

$$u - w \in V \tag{44.30}$$

gilt. Die Form $((v, u))$ sei zunächst symmetrisch und $W_2^{(k)}(G)$-elliptisch. Wir bezeichnen mit W den Raum, dessen Elemente die Elemente des Raumes $W_2^{(k)}(G)$ sind und in dem das Skalarprodukt zweier Elemente v, u durch die Beziehung $((v, u))$ gegeben ist. Weiter sei V_1 dei Teilraum des Raumes W, dessen Elemente die Elemente v des Raumes V sind, und V_2 sei sein orthogonales Komplement in W, so daß

$$W = V_1 \oplus V_2 \tag{44.31}$$

ist. Für je zwei Funktionen $v \in V_1$ und $u \in V_2$ gilt also

$$((v, u)) = 0\,, \tag{44.32}$$

was nichts anderes bedeutet, als daß jede Funktion $u \in V_2$ eine schwache Lösung der gegebenen homogenen Differentialgleichung ist, da (44.32) für jedes $v \in V_1$ und folglich auch für jedes $v \in V$ gilt.

Die Funktion $w(x)$, die laut (44.30) die gegebenen stabilen nichthomogenen Randbedingungen charakterisiert, kann man nach (44.31) eindeutig in die Summe

$$w(x) = w_1(x) + w_2(x) \tag{44.33}$$

zerlegen, wobei $w_1 \in V_1$ und $w_2 \in V_2$ ist. Durch leichte Überlegungen, die den Überlegungen aus Beispiel 44.1 analog sind, kommen wir zur Schlußfolgerung, daß die Funktion $w_2(x)$ die Lösung des Problems (44.29), (44.30) darstellt: Erstens ist $w_2 \in V_2$, so daß – siehe (44.32) – (44.29) erfüllt ist. Zweitens ist $w_2(x) = v(x) - w_1(x)$ und $w_1 \in V_1$, so daß auch $w_1 \in V$ und folglich $w_2 - w \in V$ ist, womit (44.30) verifiziert ist. Ist also $\{\varphi_n\}$ eine orthonormale Basis in Raum V_2, dann hat die gesuchte Lösung die Form

$$u = w_2 = \sum_{i=1}^{\infty} ((w_2, \varphi_i))\, \varphi_i = \sum_{i=1}^{\infty} ((w, \varphi_i))\, \varphi_i \tag{44.34}$$

(denn es ist $((w, \varphi_i)) = ((w_1, \varphi_i)) + ((w_2, \varphi_i)) = ((w_2, \varphi_i))$). Ist $\{v_n\}$ eine orthonormale Basis in V_1, so ist

$$u = w_2 = w - w_1 = w - \sum_{i=1}^{\infty} ((w, v_i))\, v_i\,. \tag{44.35}$$

Bemerkung 44.1. Wenn das Problem (44.29), (44.30) gegeben ist, wobei die Form $((v, u))$ nicht $W_2^{(k)}(G)$-elliptisch ist, dann muß man es in einem gewissen Raum untersuchen, der dem Raum Q aus Beispiel 44.2 analog ist (vgl. Kapitel 35), und erst in diesem Raum die Methode der Orthogonalprojektionen anwenden.

Beim Studium dieser Problematik kann man mit Vorteil die sogenannten **Faktorräume** anwenden. Siehe z.B. [35], S. 45.

Bemerkung 44.2. In gewissen Fällen kann man verhältnismäßig leicht den Charakter der Funktionen bestimmen, die eine Basis im Raum V_1 bzw. V_2 bilden. Betrachten wir das Beispiel 44.2. Elemente des Raumes Q sind Funktionen aus $W_2^{(1)}(G)$, für die (44.20) gilt. Funktionen aus dem Raum V_2 erfüllen zusätzlich noch die Bedingung (44.18). Dies bedeutet aber, daß sie in G harmonisch sind. Eine Basis im Raum V_2 kann man also aus Funktionen bilden, die in G harmonisch sind (und natürlich auch zu $W_2^{(1)}(G)$ gehören) sowie die Bedingung (44.20) erfüllen.

Es sei

$$z_1(x),\ z_2(x),\ \ldots \tag{44.36}$$

diese Basis. Für die Funktionen $\varphi_i(x)$ in (44.27) $(i = 1, 2, \ldots)$ können wir also die Funktionen (44.36) wählen. Dabei sei auf den folgenden Umstand aufmerksam gemacht: Die Funktion $w(x)$ aus Beispiel 44.2 erfülle (im Sinne von Spuren) die Bedingung

$$\int_\Gamma w(S)\,\mathrm{d}S = 0 \tag{44.37}$$

(d.h., daß diese Bedingung auch von der auf Γ vorgegebenen Randfunktion $g(S)$ erfüllt wird). Wenn wir zu jeder von den Funktionen $z_i(x)$ der Basis (44.36) eine Konstante k_i addieren, so daß für die so entstandene Funktion $\tilde{z}_i(x) = z_i(x) + k_i$ (44.37) gilt, stellen wir leicht fest, daß die Funktion

$$u = \sum_{i=1}^{\infty} (w_Q, \tilde{z}_i)_A\, \tilde{z}_i$$

eine Lösung des Problems (44.17), (44.18) darstellen wird (so daß wir zu dieser Funktion keine Konstante addieren müssen, wie es bei der Funktion (44.27) der Fall war). Hier sieht man gut den engen Zusammenhang zwischen unserer Methode und dem im vorhergehenden Kapitel dargestellten Trefftzschen Verfahren.

Die Methode der Orthogonalprojektionen kann man mit Vorteil auch bei der Lösung *nichthomogener Gleichungen mit homogenen Randbedingungen* anwenden. Es sei also die Aufgabe gegeben, eine Funktion $u \in W_2^{(k)}(G)$ zu finden, so daß

$$((v, u)) = (v, f) \quad \text{für alle } v \in V, \tag{44.38}$$

$$u \in V \tag{44.39}$$

gilt. Die Form $((v, u))$ sei $W_2^{(k)}(G)$-elliptisch. Wie im vorhergehenden Fall werden wir den Raum W einführen, der durch Elemente des Raumes $W_2^{(k)}(G)$ gebildet wird und mit dem Skalarprodukt $((v, u))$ versehen ist, weiter betrachten wir den Teilraum V_1

dieses Raumes, der durch Elemente des Raumes V gebildet wird, und sein orthogonales Komplement V_2 im Raum W, so daß gilt

$$W = V_1 \oplus V_2 . \tag{44.40}$$

Es sei $z \in W$ eine Funktion, die (44.38) erfüllt, d.h. es sei

$$((v, z)) = (v, f) \quad \text{für jedes } v \in V \tag{44.41}$$

($z(x)$ ist also eine „spezielle Lösung" der gegebenen Differentialgleichung). Diese Funktion zerlegen wir im Sinne von (44.40) in die Summe

$$z(x) = z_1(x) + z_2(x), \quad z_1 \in V_1, \quad z_2 \in V_2 . \tag{44.42}$$

Wir beweisen nun, daß die Funktion $z_1(x)$ die gesuchte Lösung $u(x)$ des Problems (44.38), (44.39) ist: Erstens ist $z_1 \in V_1$ und folglich auch $z_1 \in V$, so daß die Bedingung (44.39) erfüllt ist. Zweitens gilt für jedes $v \in V_1$ und damit auch für jedes $v \in V$ infolge von (44.41) und (44.42)

$$((v, z_1)) = ((v, z - z_2)) = ((v, z)) - ((v, z_2)) = (v, f) \tag{44.43}$$

(denn es ist $v \in V_1$, $z_2 \in V_2$, und daher $((v, z_2)) = 0$). Die Funktion $z_1(x)$ ist also tatsächlich die gesuchte Lösung des gegebenen Problems.

Wenn

$$v_1, v_2, \ldots \tag{44.44}$$

bzw.

$$\varphi_1, \varphi_2, \ldots \tag{44.45}$$

orthonormale Basen in V_1 bzw. V_2 sind, dann ist

$$u = z_1 = \sum_{i=1}^{\infty} ((z_1, v_i))\, v_i = \sum_{i=1}^{\infty} ((z, v_i))\, v_i = \sum_{i=1}^{\infty} (f, v_i)\, v_i \tag{44.46}$$

bzw.

$$u = z - z_2 = z - \sum_{i=1}^{\infty} ((z, \varphi_i))\, \varphi_i . \tag{44.47}$$

Bemerkung 44.3. Dieses Resultat kann man zur Fehlerabschätzung benutzen, wenn wir die Näherungslösung des Problems (44.38), (44.39) mit Hilfe des Ritzschen Verfahrens bestimmen. Wir bezeichnen mit u_n die Partialsumme der Reihe (44.46),

$$u_n = \sum_{i=1}^{n} ((z_1, v_i))\, v_i = \sum_{i=1}^{n} ((z, v_i))\, v_i . \tag{44.48}$$

Es gilt $u_n \to u$ in W, und damit auch in $W_2^{(k)}(G)$. Wie wir wissen (S. 411), ist u_n die n-te Ritzsche Approximation, wenn wir für das Ritzsche Verfahren die Basis (44.44) wählen, oder eventuell eine andere Basis, deren Orthonormalisierung im Raum W auf die Basis (44.44) führt (vgl. S. 148). Es ist

$$\|u - u_n\|_W^2 = \|u\|_W^2 + \|u_n\|_W^2 - 2((u, u_n)) .$$

Da

$$((u, u_n)) = ((u, \sum_{i=1}^{n} ((u, v_i))\, v_i)) = \sum_{i=1}^{n} ((u, v_i))^2 = \|u_n\|_W^2$$

ist, erhalten wir

$$\|u - u_n\|_W^2 = \|u\|_W^2 - \|u_n\|_W^2 . \tag{44.49}$$

Bezeichnen wir ferner (vgl. (44.47))

$$z_{2,m} = \sum_{i=1}^{m} ((z, \varphi_i))\, \varphi_i$$

und

$$t_m = z - z_{2,m} ,$$

so folgt aus $z_{2,m} \to z_2$ in W jetzt $t_m \to z_1 = u$ in W. Weiter ist

$$((u, t_m)) = ((u, u)) + ((u, z_2 - z_{2,m})) = ((u, u))$$

(denn es ist $u = z_1 \in V_1$, $z_2 - z_{2,m} \in V_2$), so daß

$$\|u\|_W^2 = ((u, u)) = ((u, t_m)) \leqq \|u\|_W \, \|t_m\|_W$$

ist, und hieraus folgt

$$\|u\|_W \leqq \|t_m\|_W . \tag{44.50}$$

Aus (44.49) und (44.50) ergibt sich nun

$$\|u - u_n\|_W \leqq \|t_m\|_W^2 - \|u_n\|_W^2 , \tag{44.51}$$

was die gewünschte Abschätzung ist. Wir bemerken dabei, daß in W gilt: $u_n \to u$, $t_m \to u$, so daß man bei der Abschätzung (44.51) eine beliebige Genauigkeit erreichen kann.

Aus (44.49) folgt $\|u_n\|_W^2 \leqq \|u\|_W^2$. Das Ritzsche Verfahren liefert also in der Norm des Raumes W eine untere Abschätzung der gesuchten Lösung. Durch die Methode der Orthogonalprojektionen kann man in der Norm des Raumes W eine obere Abschätzung gewinnen, siehe (44.50).

Die Methode der Orthogonalprojektionen ist eine wirkungsvolle und ideenmäßig sehr einfache Methode. Gewisse Schwierigkeiten bereitet in komplizierten Fällen die Konstruktion einer Basis im Raum V_1 bzw. V_2, obwohl auch in dieser Richtung in der letzten Zeit wesentliche Fortschritte erzielt wurden. Siehe auch die Arbeit [46]. Wir bemerken noch, daß die Orthonormalität der Basen in den Räumen V_1 und V_2 für unsere Überlegungen nicht wesentlich ist (auf eine ähnliche Tatsache sind wir schon im Falle des Ritzschen Verfahrens gestoßen). Ferner machen wir noch auf folgendes aufmerksam: Um eine Abschätzung des Typs (44.51) zu erhalten, braucht man keine Basis im Raum V_2 zu konstruieren. In (44.51) genügt es nämlich, die Funktion t_m durch die Funktion z zu ersetzen: Die Funktion $u = z_1$ ist die orthogonale Projektion der Funktion z in den Raum V_1, so daß $\|u\|_W \leqq \|z\|_W$ ist; hieraus und aus (44.49) folgt dann

$$\|u - u_n\|_W \leqq \|z\|_W^2 - \|u_n\|_W^2 .$$

Die Abschätzung (44.51) ist natürlich besser, da $\|t_m\|_W^2 \leqq \|z\|_W^2$ ist.

Bemerkung 44.4. Auf einer etwas anderen Idee – obwohl auch auf der Zerlegung eines geeigneten Raumes in zwei orthogonale Teilräume V_1, V_2 (und deshalb ebenfalls eine „Methode der Orthogonalprojektionen") – beruht die in [30] beschriebene Methode. Wir zeigen ihre Idee anhand der Lösung der Aufgabe

$$-\Delta u = f \quad \text{in } G\,, \tag{44.52}$$

$$u = 0 \quad \text{auf } \Gamma \tag{44.53}$$

in einem dreidimensionalen Gebiet G.

Die Gleichung (44.52) schreiben wir in der Form

$$-\operatorname{div}\operatorname{grad} u = f$$

auf. Wir bezeichnen mit $\mathbf{L}_2(G)$ den Raum aller dreidimensionalen Vektoren, deren Koordinaten in G quadratisch integrierbare Funktionen sind, mit dem auf S. 55 eingeführten Skalarprodukt. Wir betrachten in $\mathbf{L}_2(G)$ einerseits die Menge aller Vektoren (mit der Metrik des Raumes $\mathbf{L}_2(G)$), die man als Gradienten von skalaren, auf Γ verschwindenden Funktionen darstellen kann, andererseits die Menge derjenigen Vektoren, deren Divergenz verschwindet. Wenn wir diese Räume „vervollständigen", erhalten wir in $\mathbf{L}_2(G)$ zwei Teilräume V_1, V_2, für die gilt

$$\mathbf{L}_2(G) = V_1 \oplus V_2\,.$$

(Ausführlicheres dazu findet man in [30].) Es sei $\mathbf{V}$ ein beliebiger Vektor aus $\mathbf{L}_2(G)$, der (eventuell im verallgemeinerten Sinne) die Gleichung

$$-\operatorname{div}\mathbf{V} = f$$

erfüllt. Dann ist seine Projektion in den Raum V_1 die (im allgemeinen Fall verallgemeinerte) Lösung der Gleichung

$$-\operatorname{div}\mathbf{v} = f\,.$$

Damit ist das gegebene Problem praktisch gelöst, denn der so bestimmte Vektor ist der Gradient der gesuchten Funktion u.

Statt in den Teilraum V_1 kann man den Vektor $\mathbf{V}$ in den Teilraum V_2 projizieren – wir bezeichnen diese Projektion mit $\mathbf{V}_2$. Der gesuchte Vektor ist dann als die Differenz $\mathbf{V} - \mathbf{V}_2$ gegeben. Auf diese Weise kann man zu einer Abschätzung gelangen, die der Aposteriori-Abschätzung (44.51) analog ist. Ausführliches dazu findet man im zitierten Buch [30]. Dieses Vorgehen kann man ohne wesentliche Schwierigkeiten auch auf den Fall allgemeinerer Gleichungen ausdehnen, vor allem auf diejenigen Fälle, in denen man den gegebenen Operator in der Form $A = T^*T$ schreiben kann, wobei T ein Operator mit geeigneten Eigenschaften und T^* sein adjungierter Operator ist, oder eventuell in der allgemeineren und für die Elastizitätstheorie oft geeigneteren Form $A = T^*KT$, wobei der Operator K eng mit der Koeffizientenmatrix des verallgemeinerten Hookeschen Gesetzes zusammenhängt. Im Zusammenhang mit dieser Methode sprechen wir oft – vor allem in den Problemen der Elastizitätstheorie – von der sogenannten **dualen Variationsformulierung** der gegebenen Aufgabe. Während in der Elastizitätstheorie das Ritzsche Verfahren dem Prinzip von Lagrange entspricht, entspricht die hier angeführte Methode dem Prinzip von Castigliano. Siehe auch die Methode des Hyperkreises in [43].

Kapitel 45. Anwendung des Ritzschen Verfahrens zur Lösung parabolischer Gleichungen mit Randbedingungen

Wie aus der Arbeit des Verfassers [40] und aus den Arbeiten [12], [19] hervorgeht, kann man die in diesem Buch diskutierten Variationsmethoden auch zur Lösung von Randwertaufgaben für Gleichungen anwenden, die zeitabhängig sind. Wir werden hier zeigen, wie man das Ritzsche Verfahren zur Lösung parabolischer Gleichungen der Ordnung $2k$ in den Raumvariablen, mit Dirichletschen Randbedingungen, benutzen kann.

Die Idee der Methode legen wir zunächst an einer Gleichung zweiter Ordnung und an einem einfachen Beispiel dar. Erst dann formulieren wir das Problem in einer allgemeineren Form und bringen einige grundlegende Ergebnisse aus der zitierten Arbeit [40].

Es sei G wie üblich ein beschränktes Gebiet in E_N mit einem Lipschitz-Rand Γ. Ferner sei ein Zeitintervall $0 \leqq t \leqq T$ gegeben und $Q = G \times (0, T)$. Wir betrachten die Gleichung

$$\frac{\partial u}{\partial t} + Au = f \quad \text{in } Q\,, \tag{45.1}$$

wobei

$$A = \sum_{i,j=1}^{N} \frac{\partial}{\partial x_i} \left[a_{ij}(x) \frac{\partial u}{\partial x_j} \right] \tag{45.2}$$

ist, zusammen mit der Anfangsbedingung

$$u(x, 0) = u_0(x) \tag{45.3}$$

und der Randbedingung

$$u = 0 \quad \text{auf } \Gamma \times (0, T)\,. \tag{45.4}$$

Wie früher bezeichnen wir

$$((v, u)) = \int_G \sum_{i,j=1}^{N} a_{ij} \frac{\partial v}{\partial x_i} \frac{\partial u}{\partial x_j} \, dx \tag{45.5}$$

und

$$V = \mathring{W}_2^{(1)}(G)\,. \tag{45.6}$$

Wir setzen voraus, daß $u_0 \in L_2(G)$, $f \in L_2(G)$, $a_{ij}(x)$ in G beschränkte meßbare

Funktionen sind (f und a_{ij} hängen nicht von t ab) und daß die Form $((v, u))$ symmetrisch sowie V-elliptisch ist.[1])

Die Grundidee der Methode ist einfach: Wir teilen das Intervall $[0, T]$ in p Teilintervalle der Länge $h = T/p$ und betrachten die folgenden Funktionale:

$$G_1 u = ((u, u)) + \frac{1}{h}(u, u) - 2(f, u) - \frac{2}{h}(u_0, u),$$

$$G_2 u = ((u, u)) + \frac{1}{h}(u, u) - 2(f, u) - \frac{2}{h}(u_1, u),$$

....

$$G_p u = ((u, u)) + \frac{1}{h}(u, u) - 2(f, u) - \frac{2}{h}(u_{p-1}, u). \tag{45.7}$$

(Wir werden gleich auf die Funktionen $u_1(x), \ldots, u_{p-1}(x)$ zu sprechen kommen.)

Unter den soeben erwähnten Voraussetzungen (man denke daran, daß $(1/h)(u, u) \geqq \geqq 0$ ist) existiert genau eine Funktion $u_1 \in V$, die das Funktional $G_1 u$ im Raum V minimiert. Diese Funktion erfüllt, wie wir aus Kapitel 34 wissen, die Integralidentität

$$((v, u)) + \frac{1}{h}(v, u) = (v, f) + \frac{1}{h}(v, u_0) \quad \text{für jedes } v \in V \tag{45.8}$$

und ist die schwache[2]) Lösung des Problems

$$Au + \frac{1}{h}(u - u_0) = f \quad \text{in } G, \tag{45.9}$$

$$u = 0 \quad \text{auf } \Gamma. \tag{45.10}$$

Ähnlich existiert genau eine Funktion $u_2 \in V$, die in V das Funktional $G_2 u$ minimiert (in dessen letztem Glied die soeben konstruierte Funktion $u_1(x)$ auftritt, und zwar anstelle der Funktion $u_0(x)$, die im Funktional $G_1 u$ auftrat). Die Funktion u_2 ist die schwache Lösung des Problems

$$Au + \frac{1}{h}(u - u_1) = f \quad \text{in } G, \tag{45.11}$$

$$u = 0 \quad \text{auf } \Gamma. \tag{45.12}$$

So setzen wir fort, bis wir durch Minimieren des Funktionals $G_p u$ die Funktion $u_p \in V$ erhalten, die die schwache Lösung des Problems

$$Au + \frac{1}{h}(u - u_{p-1}) = f \quad \text{in } G, \tag{45.13}$$

---

[1]) Dazu genügt es, wenn die an den elliptischen Operator A in Kapitel 22 gestellten Forderungen erfüllt sind. Dem Raum V entspricht in dem zitierten Kapitel der Raum H_A, der Bilinearform $((v, u))$ das Skalarprodukt $(v, u)_A$.

[2]) Die verallgemeinerte Lösung, wenn wir die Voraussetzungen und Terminologie des Kapitels 22 benutzen.

$$u = 0 \quad \text{auf } \Gamma \tag{45.14}$$

ist.

Die Funktionen $u_0(x), u_1(x), \ldots, u_p(x)$ werden wir als Approximationen der Lösung des Problems (45.1), (45.3), (45.4) für $t = 0, t = h, \ldots, t = ph = T$ betrachten. Ihre Konstruktion ist verhältnismäßig leicht (siehe auch Beispiel 45.1).

Nun wollen wir uns mit der Frage befassen, was man von dieser Methode hinsichtlich ihrer Konvergenz erwarten kann.

Mit Hilfe der Funktionen $u_0(x), \ldots, u_p(x)$, die in G [1]) definiert sind, konstruieren wir zunächst die Funktion $u_1(x, t)$, die in $\bar{Q} = \bar{G} \times [0, T]$ folgendermaßen definiert wird:

$$u_1(x, t) = u_j(x) + \frac{t - t_j}{h}\left[u_{j+1}(x) - u_j(x)\right] \quad \text{für} \quad t_j \leqq t \leqq t_{j+1}\,, \tag{45.15}$$

wobei $t_j = jh$, $j = 0, 1, \ldots, p - 1$, die Teilungspunkte des Intervalls $[0, T]$ sind. Die Funktion (45.15) ist also für jedes feste $x \in G$ eine stetige und stückweise lineare Funktion der Veränderlichen t im Intervall $[0, T]$ und stimmt für $t = t_j$ $(j = 0, \ldots, p)$ mit dem Wert der Funktion $u_j(x)$ überein. (Siehe Figur 45.1, wo ein Teil des Diagramms der Funktion $u_1(x, t)$ für den Fall $N = 1$ dargestellt ist, d.h. für den Fall, wenn G ein Intervall ist.)

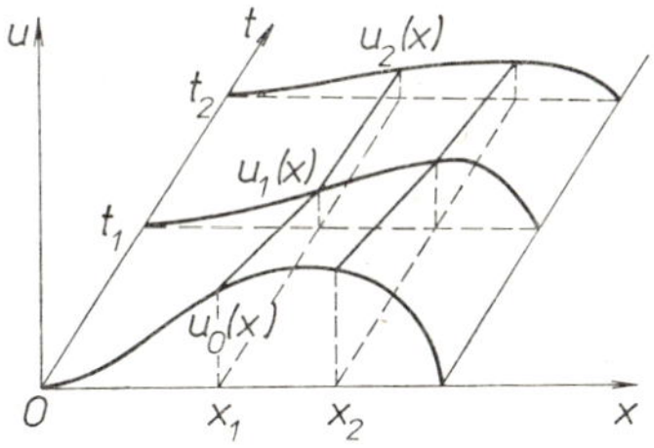

Figur 45.1

Nun zerteilen wir das Intervall $[0, T]$ nicht mehr in die ursprünglichen p Teilintervalle, sondern der Reihe nach in $2p, 4p, 8p, \ldots, 2^{n-1}p, \ldots$ Teilintervalle der Längen $h_2 = h/2$, $h_3 = h/4$, $h_4 = h/8, \ldots, h_n = h/2^{n-1}, \ldots$. Auf eine ähnliche Weise, wie wir im vorhergehenden Text die Funktion $u_1(x, t)$ konstruiert haben, konstruieren wir nun die Funktionen $u_2(x, t), u_3(x, t), u_4(x, t), \ldots, u_n(x, t), \ldots$,

$$u_n(x, t) = u_j^{(n)}(x) + \frac{t - t_j^{(n)}}{h_n}\left[u_{j+1}^{(n)}(x) - u_j^{(n)}(x)\right] \quad \text{für} \quad t_j^{(n)} \leqq t \leqq t_{j+1}^{(n)}, \tag{45.16}$$

wobei $t_j^{(n)} = jh_n$ ist, $j = 0, \ldots, 2^{n-1}p - 1$. Das Diagramm jeder dieser Funktionen $u_n(x, t)$ hat also eine Form wie sie in Figur 45.1 dargestellt ist, die Länge der Zeitteilintervalle $[t_j^{(n)}, t_{j+1}^{(n)}]$ [2]) verkleinert sich natürlich mit wachsendem n. In jedem der

---

[1]) Genauer: fast überall in G. Dasselbe trifft natürlich auch für die Funktionen (45.15) zu, die fast überall in $\bar{Q}$ definiert sind, usw.

[2]) Für $n = 1$ haben wir t_j bzw. h bzw. $u_j(x)$ statt $t_j^{(1)}$ bzw. h_1 bzw. $u_j^{(1)}(x)$ geschrieben.

Teilintervalle $[t_j^{(n)}, t_{j+1}^{(n)}]$ hat die Funktion $u_n(x, t)$ eine Ableitung nach der Veränderlichen t (für $t = t_j^{(n)}$ eine rechtsseitige, für $t = t_{j+1}^{(n)}$ eine linksseitige Ableitung), die durch den Ausdruck

$$\frac{u_{j+1}^{(n)}(x) - u_j^{(n)}(x)}{h_n} \tag{45.17}$$

gegeben ist. In jedem der Punkte $t = t_j^{(n)}$ kann also im allgemeinen die Ableitung von rechts einen anderen Wert haben als die Ableitung von links. Gefühlsmäßig kann man erwarten, daß sich für $n \to \infty$ dieser Sprung für jedes $t = t_j$ verkleinern wird. Aufgrund der Gleichungen (45.9), (45.11) und (45.13) kann man weiter erwarten, daß die Grenzfunktion $u(x, t)$ der Folge $\{u_n(x, t)\}$ (falls diese Folge überhaupt in irgendeinem Sinne gegen eine gewisse Funktion $u(x, t)$ konvergiert) in Q die Ableitung $\partial u/\partial t$ besitzen wird und in Q die Gleichung

$$Au + \frac{\partial u}{\partial t} = f \tag{45.18}$$

erfüllen wird, d.h. die Gleichung (45.1). Aus der Konstruktion der Funktionen $u_n(x, t)$ folgt dann, daß die Funktion $u(x, t)$ (in irgendeinem Sinne) auch die Anfangs- und Randbedingungen erfüllen wird, und also die gesuchte Lösung sein wird.

Die ersten zwei Fragen, die man beantworten muß, lauten also:

a) Konvergiert die Folge $\{u_n(x, t)\}$ für $n \to \infty$ in irgendeinem Sinn (z.B. in der Metrik eines geeigneten Funktionenraumes) gegen eine gewisse Funktion $u(x, t)$?

b) Stellt die Grenzfunktion im irgendeinem „vernünftigen" Sinn die Lösung des Problems (45.1), (45.3), (45.4) dar?

Diese beiden Fragen werden wir in dem nach Beispiel 45.1 folgenden Text beantworten, und zwar gleichzeitig mit einer dritten Frage, die auf eine natürliche Weise aus dem folgenden Problem hervorgehen wird:

Die Funktionen $u_j(x)$, mit deren Hilfe die Funktion (45.15) konstruiert ist, minimieren die Funktionale (45.7) im Raum V. Zu ihrer Bestimmung benutzen wir das Ritzsche Verfahren. Es sei also

$$v_1(x), v_2(x), v_3(x), \ldots \tag{45.19}$$

irgendeine Basis im Raum V. Wir wählen die ersten r Funktionen fest,

$$v_1(x), \ldots, v_r(x), \tag{45.20}$$

und bezeichnen mit dem Symbol V_r den durch die Funktionen (45.20) erzeugten Teilraum des Raumes V. Weiter bezeichnen wir

$$(((v, u))) = ((v, u)) + \frac{1}{h}(v, u) \tag{45.21}$$

und minimieren das erste der Funktionale (45.7), d.h. das Funktional G_1, im Teilraum V_r. Das System der Ritzschen Gleichungen für die Koeffizienten $c_{11}^{(r)}, \ldots, c_{1r}^{(r)}$

der Funktion

$$u_{r1}(x) = c_{11}^{(r)} v_1(x) + \ldots + c_{1r}^{(r)} v_r(x), \tag{45.22}$$

die dieses Funktional minimiert, hat die folgende Form (siehe Kapitel 13 bzw. 34)

$$\begin{aligned}
&(((v_1, v_1)))\, c_{11}^{(r)} + (((v_1, v_2)))\, c_{12}^{(r)} + \ldots + (((v_1, v_r)))\, c_{1r}^{(r)} = \\
&= (v_1, f) + \frac{1}{h}(v_1, u_0), \\
&(((v_1, v_2)))\, c_{11}^{(r)} + (((v_2, v_2)))\, c_{12}^{(r)} + \ldots + (((v_2, v_r)))\, c_{1r}^{(r)} = \\
&= (v_2, f) + \frac{1}{h}(v_2, u_0), \\
&\ldots\ldots\ldots\ldots\ldots\ldots\ldots\ldots\ldots\ldots\ldots\ldots\ldots\ldots \\
&(((v_1, v_r)))\, c_{11}^{(r)} + (((v_2, v_r)))\, c_{12}^{(r)} + \ldots + (((v_r, v_r)))\, c_{1r}^{(r)} = \\
&= (v_r, f) + \frac{1}{h}(v_r, u_0).
\end{aligned} \tag{45.23}$$

Wenn wir dieses System lösen (dazu ausführlicher im weiteien) und die gefundenen Werte für $c_{11}^{(r)}, \ldots, c_{1r}^{(r)}$ in (45.22) einsetzen, erhalten wir die Funktion $u_{r1}(x)$.

Weitei minimieren wir nun im Raum V_r das Funktional $\tilde{G}_2$, das aus dem Funktional G_2 (siehe (45.7)) auf die Weise entsteht, daß wir in G_2 die Funktion $u_1(x)$ durch die soeben konstruierte Funktion $u_{r1}(x)$ ersetzen. Die minimierende Funktion $u_{r2}(x)$, die wir auf eine ähnliche Weise wie die Funktion $u_{r1}(x)$ konstruieren, setzen wir statt der Funktion $u_2(x)$ in das Funktional G_3 ein, bezeichnen das so entstandene Funktional mit $\tilde{G}_3$ und minimieren es im Raum V_r, wodurch wir die Funktion $u_{r3}(x)$ erhalten, usw. Das Ritzsche System der Gleichungen für die Koeffizienten $c_{j1}^{(r)}, \ldots, c_{jr}^{(r)}$ der Funktion $u_{rj}(x)$ $(j = 1, \ldots, p)$ hat die Form

$$\begin{aligned}
&(((v_1, v_1)))\, c_{j1}^{(r)} + (((v_1, v_2)))\, c_{j2}^{(r)} + \ldots + (((v_1, v_r)))\, c_{jr}^{(r)} = \\
&= (v_1, f) + \frac{1}{h}(v_1, u_{r,j-1}), \\
&(((v_1, v_2)))\, c_{j1}^{(r)} + (((v_2, v_2)))\, c_{j2}^{(r)} + \ldots + (((v_2, v_r)))\, c_{jr}^{(r)} = \\
&= (v_2, f) + \frac{1}{h}(v_2, u_{r,j-1}), \\
&\ldots\ldots\ldots\ldots\ldots\ldots\ldots\ldots\ldots\ldots\ldots\ldots\ldots\ldots \\
&(((v_1, v_r)))\, c_{j1}^{(r)} + (((v_2, v_r)))\, c_{j2}^{(r)} + \ldots + (((v_r, v_r)))\, c_{jr}^{(r)} = \\
&= (v_r, f) + \frac{1}{h}(v_r, u_{r,j-1}).
\end{aligned} \tag{45.24}$$

Dabei ist $u_{r0} = u_0$.[1])

[1]) Wir machen darauf aufmerksam, daß die Methode vom numerischen Standpunkt aus sehr einfach ist. Die Matrix aller p Ritzschen Systeme ist die gleiche, im Laufe der Rechnungen ändern sich nur die rechten Seiten der Gleichungen.

Nun bilden wir die Funktion $u_1^{(r)}(x, t)$, die der Funktion $u_1(x, t)$ analog ist:

$$u_1^{(r)}(x, t) = u_{rj}(x) + \frac{t - t_j}{h}\left[u_{r,j+1}(x) - u_{rj}(x)\right] \quad \text{für} \quad t_j \leqq t \leqq t_{j+1} . \tag{45.25}$$

Wir haben hier also die Funktionen $u_j(x)$ durch die Funktionen $u_{rj}(x)$ ersetzt, die wir mit Hilfe des Ritzschen Verfahrens konstruiert haben.

Ähnlicherweise bilden wir weitere Funktionen $u_n^{(r)}(x, t)$, die den Funktionen $u_n(x, t)$ analog und auf Q durch die Vorschrift

$$u_n^{(r)}(x, t) = u_{rj}^{(n)}(x) + \frac{t - t_j^{(n)}}{h_n}\left[u_{r,j+1}^{(n)}(x) - u_{rj}^{(n)}(x)\right] \quad \text{für} \quad t_j^{(n)} \leqq t \leqq t_{j+1}^{(n)} \tag{45.26}$$

definiert sind. Dabei haben wir – ähnlich wie im Fall der Funktionen $u_n(x, t)$ – in (45.25) $u_{rj}(x)$ bzw. t_j bzw. h statt $u_{rj}^{(1)}$ bzw. $t_j^{(1)}$ bzw. h_1 geschrieben.

Die Funktionen $u_{rj}^{(n)}$ unterscheiden sich von den Funktionen $u_j^{(n)}(x)$ nicht nur dadurch, daß wir die Funktionen, die die entsprechenden Funktionale minimieren, mit Hilfe des Ritzschen Verfahrens bestimmen (also im Raum V_r statt im Raum V), sondern auch dadurch, daß sich die Funktionale selbst ändern, da wir in ihrem letzten Glied die Funktion $u_{j-1}^{(n)}(x)$ durch die Funktion $u_{r,j-1}^{(n)}(x)$ ersetzen. Wenn wir also die im vorhergehenden Text formulierten Fragen a), b) positiv beantworten, entsteht die dritte Frage:

c) Wird die Folge der Funktionen (45.26) in irgendeinem Sinne für $n \to \infty$ und $r \to \infty$ gegen die Funktion $u(x, t)$ konvergieren?

Bevor wir diese drei Fragen beantworten werden (und zwar positiv), wollen wir das soeben erklärte Vorgehen an dem einfachen Beispiel der Wärmeleitungsgleichung für eine Raumvariable illustrieren.

Beispiel 45.1. Wir lösen mit der beschriebenen Methode die Gleichung

$$\frac{\partial u}{\partial t} - \frac{\partial^2 u}{\partial x^2} = \pi x - x^2 \tag{45.27}$$

mit der homogenen Anfangsbedingung

$$u(x, 0) = u_0(x) = 0 \tag{45.28}$$

und mit den homogenen Randbedingungen

$$u(0, t) = 0\,, \quad u(\pi, t) = 0 \tag{45.29}$$

auf dem Rechteck

$$Q = (0, \pi) \times (0, 1)\,. \tag{45.30}$$

Wir wählen $p = 4$, so daß $h = 1/4$ ist. Weiter ist

$$((v, u)) = \int_0^\pi v'u' \, \mathrm{d}x$$

und (vgl. (45.21))

$$(((v, u))) = \int_0^\pi v'u' \, dx + 4 \int_0^\pi vu \, dx \,. \tag{45.31}$$

Im Raum V wählen wir die Basis

$$\sin x, \ \sin 2x, \ \sin 3x, \ \ldots\,^{1)} \tag{45.32}$$

und wählen weiter $r = 3$, so daß wir nur die ersten drei Glieder der Basis (45.32) benutzen werden,

$$v_1(x) = \sin x\,, \quad v_2(x) = \sin 2x\,, \quad v_3(x) = \sin 3x\,. \tag{45.33}$$

Zunächst stellen wir das System (45.23) zusammen. Es ist ($i, k = 1, 2, 3$)

$$(((v_i, v_k))) = \int_0^\pi i \cos ix \,.\, k \cos kx \, dx + 4 \int_0^\pi \sin ix \,.\, \sin kx \, dx =$$

$$= \begin{cases} \dfrac{\pi}{2}(i^2 + 4) & \text{für } \ k = i\,, \\ 0 & \text{für } \ k \neq i\,, \end{cases} \tag{45.34}$$

denn die Sinus- und Kosinusfunktionen sind im Intervall $[0, \pi]$ orthogonal. Weiter ist

$$(v_i, f) = \int_0^\pi (\pi x - x^2) \sin ix \, dx = -\frac{1}{i}\left[(\pi x - x^2)\cos ix\right]_0^\pi +$$

$$+ \frac{1}{i}\int_0^\pi (\pi - 2x)\cos ix \, dx = \frac{1}{i}\int_0^\pi (\pi - 2x)\cos ix \, dx =$$

$$= \frac{\pi}{i^2}\left[\sin ix\right]_0^\pi - \frac{2}{i^2}\left[x \sin ix\right]_0^\pi + \frac{2}{i^2}\int_0^\pi \sin ix \, dx =$$

$$= \frac{2}{i^2}\int_0^\pi \sin ix \, dx = -\frac{2}{i^3}\left[\cos ix\right]_0^\pi = \begin{cases} 4 & \text{für } \ i = 1\,, \\ 0 & \text{für } \ i = 2\,, \\ \frac{4}{27} & \text{für } \ i = 3\,. \end{cases} \tag{45.35}$$

Das System (45.23) hat also in diesem Fall die Form

$$\begin{aligned} \frac{5\pi}{2} c_{11}^{(3)} \qquad\qquad\qquad &= 4\,, \\ 4\pi c_{12}^{(3)} \qquad\quad &= 0\,, \\ \frac{13\pi}{2} c_{13}^{(3)} &= \frac{4}{27}\,, \end{aligned} \tag{45.36}$$

woraus folgt

$$c_{11}^{(3)} = \frac{8}{5\pi}\,, \quad c_{12}^{(3)} = 0\,, \quad c_{13}^{(3)} = \frac{8}{351\pi}\,;$$

---

[1]) Da das Problem offensichtlich symmetrisch bezüglich des Punktes $x = \pi/2$ ist, würde es genügen, nur Funktionen $\sin nx$ mit ungeradem n zu betrachten; dies ist letzten Endes auch aus der Lösung des System (45.36) ersichtlich.

damit ist

$$u_{31}(x) = \frac{8}{5\pi} \sin x + \frac{8}{351\pi} \sin 3x \doteq 0{,}509 \sin x + 0{,}007 \sin 3x \,. \qquad (45.37)$$

Für $j = 2$ benutzen wir das System (45.24), wo wir für $u_{31}(x)$ aus (45.37) einsetzen. Da die Funktionen (45.32) im Intervall $[0, \pi]$ orthogonal sind, erhalten wir nach leichten Rechnungen

$$(v_1, u_{31}) = \int_0^\pi \sin x \left(\frac{8}{5\pi} \sin x + \frac{8}{351\pi} \sin 3x \right) \mathrm{d}x = \frac{4}{5} \qquad (45.38)$$

und ähnlicherweise

$$(v_2, u_{31}) = 0 \,, \quad (v_3, u_{31}) = \tfrac{4}{351} \,. \qquad (45.39)$$

Die Koeffizientenmatrix und die ersten Glieder der rechten Seiten sind die gleichen wie im System (45.36). Wir haben also das folgende System erhalten:

$$\begin{aligned} \frac{5\pi}{2} c_{21}^{(3)} \qquad\qquad\qquad &= 4 + \frac{16}{5} \,, \\ 4\pi c_{22}^{(3)} \qquad\quad &= 0 \,, \\ \frac{13\pi}{2} c_{23}^{(3)} &= \frac{4}{27} + \frac{16}{351} \,. \end{aligned}$$

Hieraus folgt

$$u_{32}(x) = \frac{72}{25\pi} \sin x + \frac{136}{4\,563\pi} \sin 3x \doteq 0{,}917 \sin x + 0{,}009 \sin 3x \,. \qquad (45.40)$$

Ähnlich erhalten wir

$$u_{33}(x) \doteq 1{,}243 \sin x + 0{,}010 \sin 3x \,, \qquad (45.41)$$

$$u_{34}(x) \doteq 1{,}503 \sin x + 0{,}011 \sin 3x \,. \qquad (45.42)$$

Die Näherungslösung $u_1^{(3)}(x, t)$ des Problems (45.27) bis (45.29) ist dann durch die Formel (45.26) gegeben. Aus (45.40) und (45.41) folgt, daß z.B. im Intervall $t_2 \leqq t \leqq t_3$, d.h. im Intervall $\frac{1}{2} \leqq t \leqq \frac{3}{4}$, gilt

$$u_1^{(3)}(x, t) = u_{32}(x) + \frac{t - \frac{1}{2}}{\frac{1}{4}} [u_{33}(x) - u_{32}(x)] =$$

$$= 0{,}917 \sin x + 0{,}009 \sin 3x + (4t - 2)(0{,}326 \sin x + 0{,}001 \sin 3x) \,. \qquad (45.43)$$

Für Werte t, die innerhalb dieses Intervalls liegen, hat die Funktion $u_1^{(3)}(x, t)$ Ableitungen sowohl nach x, als auch nach t, und es ist

$$\frac{\partial u_1^{(3)}}{\partial t} = 1{,}304 \sin x + 0{,}004 \sin 3x \,,$$

$$\frac{\partial^2 u_1^{(3)}}{\partial x^2} =$$

$$= -0{,}917 \sin x - 0{,}081 \sin 3x - (4t - 2)(0{,}326 \sin x + 0{,}009 \sin 3x) \,. \qquad (45.44)$$

Daher ist für $\frac{1}{2} < t < \frac{3}{4}$ also

$$\frac{\partial u_1^{(3)}}{\partial t} - \frac{\partial^2 u_1^{(3)}}{\partial x^2} =$$

$$= 2{,}221 \sin x + 0{,}085 \sin 3x + (4t - 2)(0{,}326 \sin x + 0{,}009 \sin 3x) . \tag{45.45}$$

Vergleichen wir nun die rechte Seite dieser Gleichung mit der rechten Seite der Gleichung (45.27). Für $x = 0$ und $x = \pi$ stimmen die rechten Seiten überein — für jedes t aus dem betrachteten Intervall verschwinden sie. Für $x = \pi/2$ und für $t = \frac{5}{8}$ (d.h. in der Mitte des Raum- sowie Zeitintervalls) ist die rechte Seite der Gleichung (45.45) gleich der Zahl

$$2{,}221 - 0{,}085 + 0{,}5(0{,}326 - 0{,}009) = 2{,}295 ,$$

und die rechte Seite der Gleichung (45.27) gleich der Zahl

$$\pi \cdot \frac{\pi}{2} - \left(\frac{\pi}{2}\right)^2 = \frac{\pi^2}{4} \doteq 2{,}467 .$$

Die Approximation (45.43) der Lösung des betrachteten Problems ist also im Zeitintervall $\frac{1}{2} \leqq t \leqq \frac{3}{4}$ sehr befriedigend.

Nach diesem einfachen Beispiel wenden wir uns den im vorhergehenden Text formulierten Fragen a), b), c) zu.

Alle diese Fragen sind in der Arbeit [40] des Verfassers positiv beantwortet. Um die Hauptergebnisse dieser Arbeit formulieren zu können, muß man einige Begriffe einführen.

Es sei H ein Hilbert-Raum. Weiter sei I irgendein Intervall $[0, a]$, z.B. das im vorhergehenden Text betrachtete Intervall $[0, T]$. Wenn jedem $t \in I$ genau ein Element $h \in H$ zugeordnet ist, so ist damit eine gewisse Abbildung (eine „*abstrakte Funktion*“) $W(t)$ des Intervalls I in den Raum H definiert. Für diese Abbildung kann man Begriffe einführen, die den elementaren Begriffen aus der Analysis analog sind[1]):

Wir sagen, daß die Abbildung $W(t)$ im Punkt t_0 (der ein innerer Punkt des Intervalls I ist) **stetig** ist, wenn man zu jedem $\varepsilon > 0$ ein $\delta > 0$ finden kann, so daß für jeden Punkt $t \in (t_0 - \delta, t_0 + \delta) \subset I$ gilt

$$\|W(t) - W(t_0)\|_H < \varepsilon . \tag{45.46}$$

Entsprechend kann man in den Randpunkten des Intervalls I die **Stetigkeit von rechts** bzw. **von links** definieren. Ähnlich kann man auch den **Grenzwert** der Abbildung $W(t)$ im Punkt $t_0 \in I$ (eventuell den **Grenzwert von links und von rechts**) definieren.

Wenn die Abbildung $W(t)$ in jedem Punkt des Intervalls I stetig ist, so sagen wir, daß sie **in diesem Intervall stetig** ist, und schreiben $W \in C^{(0)}(I)$ oder ausführlicher $W \in C^0(I, H)$.

---

[1]) W ist ein Operator, der das Intervall I in den Raum H abbildet. In diesem Fall ist es in der Literatur üblich, eher von einer Abbildung oder einer abstrakten Funktion als von einem Operator zu sprechen und die Bezeichnung $W(t)$ statt W zu benutzen. Die folgende Definition der Stetigkeit ist natürlich eine Modifikation der Definition 8.12, S. 84.

Wir sagen, daß die Abbildung $W(t)$ im Punkt t_0 eine **Ableitung** $W'(t_0) \in H$ (bzw. eine **rechtsseitige** bzw. eine **linksseitige Ableitung**) hat, wenn der folgende Grenzwert (bzw. der Grenzwert von rechts bzw. von links) existiert:

$$\lim_{\Delta t \to 0} \left\| \frac{W(t_0 + \Delta t) - W(t_0)}{\Delta t} - W'(t_0) \right\|_H = 0 . \tag{45.47}$$

Wenn die Abbildung $W(t)$ so beschaffen ist, daß für jedes $t \in I$ und für jedes feste $h \in H$ das Integral

$$\int_0^t (h, W(\tau))_H \, \mathrm{d}\tau \tag{45.48}$$

existiert (hier ist $(h, W(t))_H$ das Skalarprodukt des Elementes h und des Elementes $W(t)$), und wenn dabei noch gilt

$$\int_0^a \|W(t)\|_H \, \mathrm{d}t < \infty ,$$

dann sagen wir, daß die Abbildung $W(t)$ **im Intervall I integrierbar** ist. Das Integral

$$w(t) = \int_0^t W(\tau) \, \mathrm{d}\tau \tag{45.49}$$

ist durch die folgende Beziehung definiert:

$$(h, w(t))_H = \int_0^t (h, W(\tau))_H \, \mathrm{d}\tau \quad \text{für jedes } h \in H . \tag{45.50}$$

Die Existenz und Eindeutigkeit der „Stamm"-Abbildung $w(t)$ in (45.50) folgt für jedes feste $t \in I$ aus dem Rieszschen Satz.

Für uns ist der sogenannte Raum $L_2(I, H)$ der **im Intervall I quadratisch integrierbaren Abbildungen** wichtig. Elemente dieses Raumes sind die in I integrierbaren Abbildungen, für die das Integral

$$\int_0^a \|W(t)\|_H^2 \, \mathrm{d}t$$

endlich ist. Das Skalarprodukt ist in diesem Raum durch das Integral

$$(W_1, W_2)_{L_2(I,H)} = \int_0^a (W_1(t), W_2(t))_H \, \mathrm{d}t \tag{45.51}$$

definiert.

Da H ein Hilbert-Raum ist, kann man zeigen, daß auch $L_2(I, H)$ ein Hilbert-Raum ist. Wenn $W(t)$ eine beliebige Abbildung aus dem Raum $L_2(I, H)$ ist, dann ist die Stamm-Abbildung

$$w(t) = \int_0^t W(\tau) \, \mathrm{d}\tau$$

im Intervall I stetig und hat fast überall in I die Ableitung $w'(t) = W(t)$.

Wir betrachten nun eine parabolische Gleichung der Ordnung $2k$ bezüglich der Raumvariablen,

$$\frac{\partial u}{\partial t} + Au = f \quad \text{in } Q\,, \tag{45.52}$$

mit homogener Anfangsbedingung

$$u(x, 0) = u_0(x) \equiv 0 \tag{45.53}$$

und Dirichletschen Randbedingungen

$$u = \frac{\partial u}{\partial \nu} = \ldots = \frac{\partial^{k-1} u}{\partial \nu^{k-1}} = 0 \quad \text{auf } \Gamma \times (0, T)\,. \tag{45.54}$$

Wir bezeichnen

$$((v, u)) = \int_G \sum_{|i|,|j| \leq k} a_{ij} D^i v D^j u \, \mathrm{d}x \tag{45.55}$$

und

$$V = \mathring{W}_2^{(k)}(G) \tag{45.56}$$

und setzen voraus, daß $f \in L_2(G)$, $a_{ij}(x) = a_{ji}(x)$ in G beschränkte meßbare Funktionen sind und die Bilinearform $((v, u))$ V-elliptisch ist.[1])

Wir bilden nun die Folge der Funktionen (45.16), wobei wir natürlich die Form (45.5) in den Funktionalen (45.7) durch die Form (45.55) ersetzen.

Unter unseren Voraussetzungen gilt[2]):

---

[1]) Die letzte Voraussetzung drückt eigentlich die Tatsache aus, daß die Gleichung (45.52) parabolisch ist.

[2]) Bei der Konstruktion der Funktionen (45.16) ist in der Arbeit [40] ein etwas anderer Weg gewählt worden, der die Symmetrie der Form (45.55), d.h. die Bedingungen $a_{ij} = a_{ji}$, nicht benötigt. Es genügt, die Funktionen $u_1(x)$ bzw. $u_2(x), \ldots,$ bzw. $u_p(x)$ als schwache Lösungen der Probleme

$$((v, u)) + \frac{1}{h}(v, u) = (v, f)\,,$$

bzw.

$$((v, u)) + \frac{1}{h}(v, u) = (v, f) + \frac{1}{h}(v, u_1)\,,$$

....

bzw.

$$((v, u)) + \frac{1}{h}(v, u) = (v, f) + \frac{1}{h}(v, u_{p-1}) \tag{45.57}$$

im Raum V zu bestimmen, also nicht als die Funktionen, die die Funktionale (45.7) minimieren. Satz 45.1 gilt auch in dem Fall, wenn die Bedingung $a_{ij} = a_{ji}$ nicht erfüllt ist. Das Erfülltsein dieser Bedingung werden wir erst bei der Diskussion der Frage c) benötigen.

Satz 45.1. *Es existiert genau eine Lösung $u(t)$ des Problems (45.52) bis (45.54) in dem folgenden Sinne:*

$$u(t) \in L_2(I, V), \text{ [1]} \tag{45.58}$$

$$u(t) \in C^0(I, L_2(G)), \text{ [2]} \tag{45.59}$$

$$u'(t) \in L_2(I, L_2(G)), \tag{45.60}$$

$$u(0) = 0 \quad \textit{in} \quad C^0(I, L_2(G)), \tag{45.61}$$

$$\int_0^T ((v(t), u(t)))\,dt + \int_0^T (v(t), u'(t))\,dt = \int_0^T (v(t), f)\,dt \quad \textit{für jedes } v \in L_2(I, V), \tag{45.62}$$

wobei $I = [0, T]$ ist. Die Funktion $u(t)$ ist im Raum $L_2(I, V)$ der sogenannte schwache Grenzwert der Folge $\{u_n(t)\}$, was heißt, daß

$$\lim_{n \to \infty} \int_0^T (v(t), u_n(t))_V\,dt = \int_0^T (v(t), u(t))_V\,dt$$

für jedes $v \in L_2(I, V)$ gilt.

Im Raum $L_2(Q)$ ist die Funktion $u(t) = u(x, t)$ der Grenzwert der Folge $\{u_n(x, t)\}$ im üblichen Sinn (d.h. im Sinn der Konvergenz im Mittel auf dem Gebiet Q).

Bemerkung 45.1. Aus (45.58) folgt (vgl. Fußnote [1]), daß für fast alle $t \in I$ $u(x) \in V$ ist. In diesem Sinne sind die Randbedingungen (45.54) erfüllt; die Anfangsbedingung ist im Sinne von (45.61) und die Gleichung (45.52) ist im Sinne der Integralidentität (45.62) (also im schwachen Sinne) erfüllt.

Den **Beweis** von Satz 45.1 kann der Leser in der Arbeit [40] des Verfassers finden. Die Beweisidee beruht im folgenden: Unter den erwähnten Voraussetzungen wird zunächst die gleichmäßige Beschränktheit der Folge $\{u_n(x, t)\} = \{u_n(t)\}$ im Raum $L_2(I, V)$ bewiesen. In diesem Fall kann man eine Teilfolge $\{u_{n_k}(t)\}$ finden, die in $L_2(I, V)$ schwach gegen eine gewisse Funktion $u(t)$ konvergiert. Weiter zeigt man, daß die Grenzfunktion die Eigenschaften (45.58) bis (45.62) hat und daß es nur eine einzige Funktion mit diesen Eigenschaften geben kann. Aus der Eindeutigkeit der Lösung erhält man dann durch eine bekannte Überlegung, daß nicht nur die Teilfolge $\{u_{n_k}(t)\}$ schwach in $L_2(I, V)$ gegen die Funktion $u(t)$ konvergiert, sondern daß die ganze Folge $\{u_n(t)\}$ diese Eigenschaft hat. Die gewöhnliche Konvergenz der Folge $\{u_n(x, t)\}$ gegen die Funktion $u(x, t)$ in $L_2(G)$ folgt dann aus gewissen Eigenschaften der verallgemeinerten Ableitungen der Funktionen $u_n(x, t)$, die in der zitierten Arbeit hergeleitet sind.

---

[1]) Im Sinne des vorhergehenden Textes schreiben wir $u(t)$ statt $u(x, t)$. So bedeutet z.B. (45.58), daß $u(t)$ eine Abbildung des Intervalls $I = [0, T]$ in den Raum V ist (und zwar eine in I quadratisch integrierbare Abbildung), d.h. die Funktion $u(x, t)$ so beschaffen ist, daß für fast alle $t \in I$ gilt: $u \in V$.

[2]) Für den Leser, dem diese Problematik bekannt ist, bemerken wir, daß die Abbildung $u(t)$ des Intervalls I in den Raum $L_2(G)$ sogar absolut stetig ist.

Durch Satz 45.1 sind die Fragen a) und b) vorläufig nur für den Fall einer homogenen Anfangsbedingung beantwortet. Ein weiterer Teil der zitierten Arbeit [40] untersucht daher das Problem mit nichthomogener Anfangsbedingung, und zwar zunächst für den Fall, daß die Funktion $u_0(x)$ genügend glatt ist (die entsprechende Lösung hat dann Eigenschaften, die den Eigenschaften der Lösung für den Fall einer homogenen Anfangsbedingung, d.h. den in Satz 45.1 angeführten Eigenschaften, sehr ähnlich sind), und dann für den Fall, daß $u_0 \in L_2(G)$ ist. In diesem Fall ist die entsprechende Lösung eine sogenannte **sehr schwache Lösung.** Es wird gezeigt, daß diese Lösung von der Anfangsbedingung stetig abhängt, und hieraus folgt schon nach verhältnismäßig einfachen Überlegungen (hier ist die Voraussetzung $a_{ij} = a_{ji}$ schon wesentlich) die Konvergenz der nach dem beschriebenen Ritzschen Verfahren konstruierten Folge (45.26) gegen die sehr schwache Lösung, und zwar mindestens in der Metrik des Raumes $L_2(Q)$; damit ist auch die Frage c) positiv beantwortet.

Am Ende der Arbeit findet dann der Leser Antworten auf einige weitere Fragen, die die Eigenschaften der Konvergenz und die Eigenschaften der entsprechenden Lösungen in dem Fall betreffen, wenn die Daten des Problems (der Rand, die Funktionen a_{ij}, f und u_0) genügend glatt sind, bzw. auf Fragen, die die Möglichkeit einer Anwendung dieser Methode zur Lösung allgemeinerer Probleme betreffen.[1])

---

[1]) Inzwischen hat der Autor dieses Buches eine umfangreiche Monographie veröffentlicht (*The Method of Discretization in Time and Partial Differential Equations.* Dordrecht—Boston—London, D. Reidel 1982), in der diese Methode zur Lösung einer Reihe von Evolutionsproblemen angewandt wurde (parabolische Probleme einschließlich Integrodifferentialgleichungen, Gleichungen mit einer Integralbedingung, auf die man in komplizierten Problemen der Wärmeleitung stößt, hyperbolische Probleme, Probleme der Rheologie usw.). Das Buch enthält interessante numerische sowie theoretische Ergebnisse des Verfassers (Konvergenzaussagen, Fehlerabschätzungen, Aussagen über die Regularität der schwachen oder sehr schwachen Lösungen usw.).

Kapitel 46. Regularität der schwachen Lösung, Erfüllung der gegebenen Gleichung und der Randbedingungen im klassischen Sinne. Existenz einer Funktion $w \in W_2^{(k)}(G)$, die die gegebenen Randbedingungen erfüllt

a) Glattheit der schwachen Lösung

In Kapitel 32 haben wir die schwache Lösung eines Randwertproblems definiert. Das Problem selbst ist dadurch bestimmt, daß ein Gebiet G gegeben ist, eine Bilinearform

$$((v, u)) = A(v, u) + a(v, u),$$

eine Funktion $f \in L_2(G)$ (die rechte Seite der gegebenen Differentialgleichung), eine Funktion $w \in W_2^{(k)}(G)$, die die gegebenen stabilen Randbedingungen charakterisiert (den Teilraum aller Funktionen aus $W_2^{(k)}(G)$, die die entsprechenden homogenen stabilen Randbedingungen erfüllen, bezeichnen wir mit V), und endlich Funktionen $h_{pl}(S) \in L_2(\Gamma)$, die die instabilen Randbedingungen charakterisieren.
Eine schwache Lösung des gegebenen Randwertproblems nennen wir (siehe Definition 32.2, S. 382) jede Funktion $u \in W_2^{(k)}(G)$, für die gilt:

$$u - w \in V, \tag{46.1}$$

$$((v, u)) = (v, f) + \sum_{p=1}^{r} \sum_{l=1}^{k-\mu_p} \int_{\Gamma_p} \frac{\partial^{t_{pl}} v}{\partial \nu^{t_{pl}}} h_{pl} \, dS \quad \text{für jedes } v \in V. \tag{46.2}$$

Unter Benutzung des Greenschen Satzes läßt sich leicht zeigen (vgl. Kapitel 31, S. 355): Wenn die Funktion $u(x)$, die Koeffizienten a_{ij} des Operators A und die Funktion $f(x)$ genügend glatt im Gebiet G sind[1]) und die Funktion $u(x)$ dabei eine schwache Lösung des gegebenen Problems ist (so daß für sie die Integralidentität (46.2) erfüllt ist), dann gilt für jede Funktion $\varphi \in C_0^{(\infty)}(G)$ (d.h. für jede Funktion φ mit kompaktem Träger in G)

$$(\varphi, Au) = (\varphi, f)$$

d.h.

$$(\varphi, Au - f) = 0. \tag{46.3}$$

Da die Funktionen $\varphi \in C_0^{(\infty)}(G)$ im Raum $L_2(G)$ dicht sind, folgt hieraus

$$Au - f = 0 \quad \text{in } L_2(G). \tag{46.4}$$

---

[1]) Es genügt, wenn (in der auf S. XVII eingeführten Bezeichnungsweise) gilt: $u \in C^{(2k)}(G)$, $a_{ij} \in C^{(|i|)}(G)$ und $f \in C(G)$.

Unter den erwähnten Glattheitsvoraussetzungen folgt sogar

$$Au = f \quad \text{in } G\,, \tag{46.5}$$

so daß die Funktion $u(x)$ eine klassische Lösung der Gleichung $Au = f$ ist.

Wenn die Funktion $u(x)$ zusätzlich noch im abgeschlossenen Gebiet $\overline{G}$ genügend glatt ist (wenn z.B. $u \in C^{(2k)}(\overline{G})$) und die Funktionen $w(x)$, $h_{pl}(S)$ sowie der Rand Γ genügend glatt sind, kann man auf eine ähnliche Weise zeigen, daß auch die Randbedingungen im klassischen Sinne erfüllt sind, so daß die Funktion $u(x)$ eine klassische Lösung des betrachteten Problems darstellt.

Wenn also die Daten des betrachteten Problems (die Koeffizienten der Gleichung usw.) genügend glatt sind und die schwache Lösung $u(x)$ genügend glatt ist, dann ist sie eine klassische Lösung des gegebenen Problems. Es tritt nun die Frage auf, ob man bei genügend glatten Daten die Glattheit der schwachen Lösung voraussetzen muß oder ob sie schon eine Folgerung aus der Glattheit der Daten ist. Man kann erwarten, daß die zweite Möglichkeit eintritt, und dies ist auch tatsächlich der Fall.

Der Beweis dieser Aussage beruht auf dem folgenden Satz, der einer der sogenannten **Sobolevschen Einbettungssätze** ist.

Satz 46.1. *Es sei G ein Gebiet mit einem Lipschitz-Rand im N-dimensionalen euklidischen Raum E_N und es sei $2k > N$. Dann ist jede Funktion $u \in W_2^{(k)}(G)$ stetig in $\overline{G}$* [1],

$$u \in W_2^{(k)}(G)\,,\ 2k > N \Rightarrow u \in C(\overline{G})\,. \tag{46.6}$$

Für den **Beweis** siehe [35], S. 72, wo dieser Satz in einer etwas allgemeineren und schärferen Form angegeben ist.

Wenn $u \in W_2^{(k+s)}(G)$ ist, dann gehören die s-ten verallgemeinerten Ableitungen dieser Funktion zu $W_2^{(k)}(G)$. Ist in diesem Fall $2k > N$, dann folgt hieraus nach leichten Überlegungen, daß diese s-ten Ableitungen in $\overline{G}$ stetig sind und $u \in C^{(s)}(\overline{G})$ ist.

Wenn z.B. im dreidimensionalen Raum $(N = 3)$ gilt $u \in W_2^{(4)}(G)$, dann ist $u \in$ $\in C^{(2)}(\overline{G})$, denn die zweiten verallgemeinerten Ableitungen der Funktion $u(x)$ gehören zu $W_2^{(2)}(G)$ und sind nach Satz 46.1 stetig in $\overline{G}$ (es ist $2.2 > 3$).

Im weiteren Text werden wir zu der Schlußfolgerung kommen, daß für ein Randwertproblem für eine Gleichung der Ordnung $2k$ mit genügend glatten Daten die schwache Lösung nicht nur zu $W_2^{(k)}(G)$ gehört, sondern auch zu einem gewissen Raum $W_2^{(k+s)}(G)$. Wenn s genügend groß ist, dann ist $u \in C^{(2k)}(\overline{G})$ und die schwache Lösung des gegebenen Problems ist eine klassische Lösung. Von diesem Standpunkt aus werden wir zunächst die schwache Lösung der gegebenen Differentialgleichung ausführlicher untersuchen.

---

[1]) Genauer: man kann sie mit einer in $\overline{G}$ stetigen Funktion identifizieren, d.h. es existiert eine Funktion $\tilde{u} \in C(\overline{G})$, so daß $u = \tilde{u}$ fast überall in $\overline{G}$ ist.

Satz 46.2. *Es sei G ein Gebiet mit einem Lipschitz-Rand, A ein Differentialoperator der Ordnung 2k, und die entsprechende Bilinearform*

$$A(v, u) = \int_G \sum_{|i|,|j| \leq k} a_{ij} D^i v D^j u \, dx \tag{46.7}$$

sei $\mathring{W}_2^{(k)}(G)$*-elliptisch. Die Koeffizienten* $a_{ij}(x)$ *seien aus* $C^{(1)}(\bar{G})$ *und* $f \in L_2(G)$; $u(x)$ *sei die schwache Lösung der Gleichung* $Au = f$, *d.h. es ist*

$$A(\varphi, u) = (\varphi, f) \quad \text{für jedes } \varphi \in C_0^{(\infty)}(G). \tag{46.8}$$

Dann gilt für jedes Teilgebiet G' *mit* $\bar{G}' \subset G$:

$$u \in W_2^{(k+1)}(G'). \tag{46.9}$$

Der **Beweis** dieses Satzes ist nicht leicht (siehe [35], S. 197 und 198, wo der Satz in einer etwas allgemeineren Form formuliert ist). Deshalb werden wir nur kurz die Beweisidee skizzieren:

Es sei G'' ein Gebiet mit der Eigenschaft

$$\bar{G}' \subset G'' \subset \bar{G}'' \subset G,$$

und $\chi(x)$ eine Funktion aus $C_0^{(\infty)}(G'')$, so daß $\chi(x) \equiv 1$ in G' ist. Weiter bezeichnen wir

$$w(x) = u(x) \,.\, \chi(x). \tag{46.10}$$

Es gilt also

$$w(x) = u(x) \quad \text{in } G', \tag{46.11}$$

wobei die Funktion $w(x)$ außerhalb des Gebietes G'' identisch verschwindet. (Damit können wir in unseren Überlegungen den Einfluß der Randbedingungen ausschalten.)

Sei i eine der Zahlen $1, \ldots, N$ und $h > 0$. Wir bezeichnen mit h_i den Punkt, dessen i-te Koordinate gleich h ist, während alle anderen gleich Null sind. Dabei sei h so klein, daß gilt

$$x \in G'' \Rightarrow x + h_i \in G.$$

Das Symbol $\Delta_i w$ (der „Differenzenquotient in Richtung der x_i-Achse") wird folgendermaßen definiert:

$$\Delta_i w = \frac{w(x + h_i) - w(x)}{h}.$$

Im Beweis des Satzes zeigt man zunächst, daß gilt:

$$\lim_{h \to 0} \left\| \Delta_i w - \frac{\partial w}{\partial x_i} \right\|_{W_2^{(k-1)}(G')} = 0. \tag{46.12}$$

Durch wiederholte Anwendung des Greenschen Satzes und nach geeigneten Umformungen und Abschätzungen kommt man dann im zitierten Beweis zur Ungleichung

$$|A(\psi, \Delta_i w)| \leq c \|\psi\|_{W_2^{(k)}(G)} \left(\|u\|_{W_2^{(k)}(G)} + \|f\|_{L_2(G)} \right)$$
$$\text{für jedes } \psi \in \mathring{W}_2^{(k)}(G''), \tag{46.13}$$

wobei die Zahl c nur von der Wahl des Gebietes G' abhängt. Indem man die $\mathring{W}_2^{(k)}(G)$-Elliptizität der Form (46.7) und die Beziehungen (46.12), (46.13) benutzt, zeigt man schließlich, daß

$$\frac{\partial w}{\partial x_i} \in W_2^{(k)}(G')$$

ist, und also aufgrund von (46.11) auch

$$\frac{\partial u}{\partial x_i} \in W_2^{(k)}(G') .$$

Da dieses Ergebnis für jedes $i = 1, \ldots, N$ gilt, folgt hiervon leicht die Behauptung des erwähnten Satzes.

Die Voraussetzung der Glattheit der Koeffizienten des Operators A brauchen wir im Beweis, um den Greenschen Satz anwenden zu können (man kann diese Voraussetzung abschwächen, es genügt nur die Lipschitz-Stetigkeit der Koeffizienten zu fordern). Wenn wir die Forderungen an die Glattheit dieser Koeffizienten noch erhöhen, gehört die schwache Lösung der Gleichung $Au = f$ zum Raum $W_2^{(k+s)}(G')$ mit $s > 1$. Für $s > k$ muß man auch noch eine gewisse Glattheit der rechten Seite der gegebenen Gleichung fordern.

Wenn $u \in W_2^{(k+s)}(G')$ und $s > k$ ist, dann gehören die $2k$-ten verallgemeinerten Ableitungen der schwachen Lösung zum Raum $W_2^{(s-k)}(G')$. Ist dabei $2(s - k) > N$, d.h.

$$s > k + \frac{N}{2}, \tag{46.14}$$

dann sind diese Ableitungen nach Satz 46.1 stetig in $\bar{G}'$ und es ist $u \in C^{(2k)}(G')$. Bedingungen, die dies garantieren, sind im folgenden Satz angegeben, der eine Modifikation des in [35], S. 199, angeführten Satzes 1.2 ist:

Satz 46.3. *Es sei G ein Gebiet mit einem Lipschitz-Rand,*[1]) *A ein Differentialoperator der Ordnung $2k$, dessen Bilinearform* (46.7) *$\mathring{W}_2^{(k)}(G)$-elliptisch ist; s sei eine natürliche Zahl, $s > k + N/2$. Ferner sei $a_{ij} \in C^{(\alpha_i)}(G)$ mit $\alpha_i = s - k + |i|$, und $f \in W_2^{(s-k)}(G)$. Dann ist die schwache Lösung $u(x)$ der Gleichung $Au = f$ in G eine klassische Lösung dieser Gleichung.*

Bemerkung 46.1. Satz 46.3 kann man unter den gleichen Voraussetzungen auch „lokal" formulieren. Wenn $G' \subset \bar{G}' \subset G$ ist, die Koeffizienten a_{ij} die entsprechenden Glattheitsforderungen in G' erfüllen, $f \in W_2^{(s-k)}(G')$ ist und $s > k + N/2$ gilt, dann ist die schwache Lösung der Gleichung $Au = f$ eine klassische Lösung dieser Gleichung in G'.

Bemerkung 46.2. Ist $a_{ij} \in C^{(\infty)}(G)$ und $f \in C^{(\infty)}(G)$, dann kann man aufgrund der vorhergehenden Ergebnisse leicht beweisen, daß $u \in C^{(\infty)}(G)$ ist, d.h. die schwache Lösung in G Ableitungen aller Ordnungen besitzt. Diese Schlußfolgerung gilt ins-

[1]) Diese Voraussetzung kann man leicht beseitigen.

besondere für homogene Gleichungen mit konstanten Koeffizienten, z.B. für die Laplacesche Gleichung, die biharmonische Gleichung u.ä.

Bisher haben wir einige Resultate für schwache Lösungen der Gleichung $Au = f$ formuliert, d.h. Aussagen, die die Eigenschaften der schwachen Lösung innerhalb des Gebietes beschreiben. Ähnliche Ergebnisse kann man auch für die schwache Lösung des gegebenen Randwertproblems ableiten, d.h. Aussagen, welche die Eigenschaften der schwachen Lösung auf dem abgeschlossenen Gebiet $\bar{G}$ betreffen. Die Formulierung dieser Ergebnisse ist nicht leicht und die entsprechenden Beweise sind sehr schwierig. Eine wesentliche Rolle spielt hier die Glattheit des Randes. Man kann – grob gesagt – behaupten: Wenn alle Daten des betrachteten Problems (einschließlich des Randes) genügend glatt sind, dann ist die schwache Lösung eine klassische Lösung des betrachteten Problems.

Auch hier kann man von einer ,,lokalen" Form der entsprechenden Sätze sprechen, insbesondere kann man von der Glattheit der Lösung in einem Bereich sprechen, der einen genügend glatten Teil des Randes enthält u.ä. Diese Fragen sind ausführlich in [35], S. 201 bis 221, untersucht worden. Siehe auch die Kapitel 5, 6 und 7 des zitierten Buches.

Bemerkung 46.3. Die Sobolevschen Einbettungssätze, die es z.B. nach Satz 46.3 ermöglichen, über die Bedingungen zu entscheiden, die für die Existenz einer klassischen Lösung der gegebenen Gleichung bzw. des gegebenen Randwertproblems hinreichend sind, spielen hier eine grundlegende Rolle. Dabei muß man verhältnismäßig starke Voraussetzungen machen, wenn man aus diesen Sätzen die Existenz einer klassischen Lösung des betrachteten Problems ableiten will. Wenn man z.B. die Existenz einer klassischen Lösung einer Gleichung zweiter Ordnung in der Ebene garantieren will, muß man nach Satz 46.3 $s = 3$ setzen und hieraus folgt dann nach dem gleichen Satz für die Koeffizienten bei den zweiten Ableitungen die Forderung $a_{ij} \in C^{(3)}(G)$ und weiter die Forderung $f \in W_2^{(2)}(G)$. Mit klassischen Methoden, die im wesentlichen auf Fixpunktsätzen beruhen, kann man die Existenz einer klassischen Lösung bekanntlich (siehe z.B. [13]) unter wesentlich schwächeren Voraussetzungen beweisen. Man muß natürlich dabei in Betracht ziehen, daß die in diesem Buch entwickelte und auf der Untersuchung der schwachen Lösungen im Raum $W_2^{(k)}(G)$ basierende Theorie einen völlig anderen Charakter hat und andere Ziele verfolgt als das Studium klassischer Lösungen bzw. das Studium von Voraussetzungen, die die Existenz einer klassischen Lösung garantieren.[1])

b) Existenz einer Funktion $w \in W_2^{(k)}(G)$, die die vorgegebenen Randbedingungen erfüllt

In Definition 32.2, S. 382, sind die stabilen Randbedingungen

$$B_{pl}u = g_{pl}(S) \tag{46.15}$$

[1]) Man sollte auch bemerken, daß man die in Satz 46.3 angeführten Voraussetzungen etwas abschwächen kann. Diese Abschwächung ist jedoch nicht wesentlich.

durch eine Funktion $w \in W_2^{(k)}(G)$ charakterisiert, für die

$$B_{pl}w = g_{pl}(S)\,, \quad p = 1, \ldots, r\,, \quad l = 1, \ldots, \mu_p\,, \tag{46.16}$$

im Sinne von Spuren gilt. In der Definition wird die Existenz dieser Funktion apriori vorausgesetzt, so daß im Sinne dieser Definition die Funktion $w(x)$ gegeben ist und die Funktionen $g_{pl}(S)$ aus dieser Funktion „hergeleitet" sind. Daß die Funktion $u(x)$ die Randbedingungen (46.15) erfüllt, folgt dann aus der Bedingung (siehe die zitierte Definition)

$$u - w \in V\,,$$

wobei V der Teilraum des Raumes $W_2^{(k)}(G)$ ist, für dessen Elemente (Funktionen) v im Sinne von Spuren $B_{pl}v = 0$ gilt, $p = 1, \ldots, r$, $l = 1, \ldots, \mu_p$.

In Anwendungen stoßen wir aber auf ein anderes Problem. Die Funktionen $g_{pl}(S)$ sind dort gegeben, und wenn wir das Problem nach Definition 32.2 lösen wollen, müssen wir die Funktion $w(x)$ konstruieren bzw. mindestens ihre Existenz beweisen. Die Konstruktion der Funktion $w(x)$ haben wir an einem einfachen Beispiel schon auf S. 133 gezeigt. Was die Existenz einer solchen Funktion im allgemeineren Fall anbetrifft, sei wenigstens der folgende Satz angeführt, der die Dirichletschen Randbedingungen behandelt. (Durch die Bezeichnung $G \in \mathcal{N}^{(k),1}$ drücken wir aus, daß der Rand Γ des Gebietes G so beschaffen ist, daß die Ableitungen k-ter Ordnung der Funktionen a_r aus Definition 28.6, S. 325, Lipschitz-stetig sind.)

Satz 46.4. *Es sei $G \in \mathcal{N}^{(k),1}$ und auf dem Rand Γ seien Funktionen $g_l \in W_2^{(k-l)}(\Gamma)$ gegeben, $l = 0, 1, \ldots, k-1$* (vgl. Bemerkung 30.2, S. 344). *Dann existiert eine Funktion $w \in W_2^{(k)}(G)$, so daß*

$$\frac{\partial^l w}{\partial \nu^l} = g_l(S) \quad auf\ \Gamma\,, \qquad l = 0, 1, \ldots, k-1\,, \tag{46.17}$$

im Sinne von Spuren gilt.

Es sei darauf aufmerksam gemacht, daß hier Glattheitsforderungen nicht nur an den Rand Γ gestellt werden, sondern auch an die Funktionen $g_l(S)$, und zwar desto höhere, je niedriger die Ordnung der Ableitung nach der äußeren Normalen in (46.17) ist.

Bemerkung 46.4. Im allgemeinen Fall gibt es in diesem Fragenkreis noch eine Reihe ungelöster Probleme. Große Schwierigkeiten bereitet vor allem die Frage der Glattheit des Randes. Für den Fall $k = 1$ (das Dirichletsche Problem für Gleichungen zweiter Ordnung) kann man zeigen, daß eine Funktion $g_0 \in W_2^{(1)}(\Gamma)$ auf eine einfache Weise auf das ganze Gebiet G fortgesetzt werden kann, so daß die so entstandene Funktion zum Raum $W_2^{(1)}(G)$ gehört, und zwar nur unter der Voraussetzung, daß der Rand Γ Lipschitz-stetig ist (siehe [35], S. 245). Eine gewisse Glattheit der Funktion $g_0(S)$ ist aber im allgemeinen Fall notwendig, die Stetigkeit der Funktion $g_0(S)$ am Rand genügt nicht. Wie schon im vorhergehenden Text erwähnt wurde (vgl. [35], S. 22), hat man sogar eine auf dem Rand des Einheitskreises K stetige Funktion konstruiert, die die Spur keiner Funktion aus $W_2^{(1)}(K)$ ist.

Glattheitsforderungen an die Funktionen $g_0(S), \ldots, g_{k-1}(S)$, die mehr der Natur der Sache entsprechen, kann man durch Einführen der Räume mit gebrochenen Ableitungen gewinnen (der Raum $W_2^{(1/2)}(\Gamma)$ u.ä.; siehe [35], S. 103 ff.).

Im Falle von Gebieten mit Eckpunkten bzw. mit ähnlichen Singularitäten im Raum E_N ist es vorteilhaft, die sogenannten **gewichteten Sobolev-Räume** anzuwenden. In dieser Richtung verweisen wir den Leser auf die Arbeiten von A. Kufner [23], [24], [25]. Siehe auch [51] und [35], Kapitel 6.

Kapitel 47. Abschließende Bemerkungen. Perspektiven der dargestellten Theorie

Der Problemkreis, mit dem wir uns in diesem Buch befassen wollten, fand im vorhergehenden Kapitel seinen Abschluß.

Schon im Übersichtskapitel 36 haben wir bemerkt, daß wir eine in gewissem Sinne in sich abgeschlossene Theorie aufgebaut haben. Diese Theorie wurde dann im fünften Teil auf die Problematik der Eigenwerte angewandt und im sechsten Teil haben wir einige spezielle Methoden dargestellt.

Obwohl wir von einer gewissen Abgeschlossenheit der hier entwickelten Theorie gesprochen haben, wollten wir damit keinesfalls sagen, daß es in dieser Problematik „nichts mehr gibt, worüber man nachdenken könnte". Wenn wir die hier entwickelte Theorie vom Standpunkt der Probleme der Differentialgleichungen betrachten, auf die dieses Buch überwiegend gerichtet war, dann stellen wir zunächst fest, daß wir uns mit einer sehr engen Problematik beschäftigt haben, und zwar *mit linearen Problemen im reellen Hilbert-Raum*. Dabei haben wir uns – mit Ausnahme des Kapitels 45 – nur mit elliptischen Gleichungen befaßt. Schon in diesem Themenkreis haben wir eine Reihe von interessanten Problemen außer Acht gelassen (die sogenannten Apriori-Abschätzungen in dieser Theorie, siehe [30], die Methode der Eigenwertabschätzungen von Weinstein bzw. Fichera, siehe [30] u.ä.). Viel tiefer könnte man die Methode der kleinsten Quadrate und ihre Anwendungen, z.B. in der Problematik der Eigenwerte (siehe z.B. [9], [33]), untersuchen. Dasselbe gilt auch für das Galerkin-Verfahren. Die Konzeption beider Methoden erlaubt es, auch Probleme anderen Typs zu untersuchen, z.B. nichtlineare Probleme, mit denen wir uns in diesem Buch überhaupt nicht befaßt haben. Außerdem gibt es eine Reihe weiterer, für Anwendungen mehr oder weniger geeigneter Verfahren.

Völlig beiseite gelassen haben wir die sogenannten positiven Probleme, d.h. Probleme, die nicht positiv definit, sondern nur positiv sind. Auf solche Probleme stoßen wir z.B. bei Differentialgleichungen, bei denen irgendeiner der Koeffizienten der höchsten Ableitungen im gegebenen Gebiet bzw. auf seinem Rand verschwindet. Diese Probleme haben Eigenschaften, die sich von den Eigenschaften der positiv definiten Probleme beträchtlich unterscheiden (so kann man z.B. die „Vervollständigung" des in Kapitel 10 betrachteten Raumes S_A nicht mehr nur mit Hilfe der Elemente des ursprünglichen Hilbert-Raumes H durchführen, u.ä.). Wir führen ein einfaches Beispiel an:

Wir betrachten das Problem

$$Au \equiv -[p(x)\,u']' + q(x)\,u = f(x)\,, \tag{47.1}$$

$$u(0) = 0\,, \quad u(1) = 0\,, \tag{47.2}$$

wobei die Funktionen p, p', q in $[0, 1]$ stetig sind und folgendes gilt:

$$p(x) \geqq p_0 > 0\,, \quad q(x) \geqq 0\,, \tag{47.3}$$

$f \in L_2(0, 1)$. In Kapitel 19 haben wir gezeigt, daß der Operator A auf der linearen Menge M aller in $[0, 1]$ zweimal stetig differenzierbaren Funktionen, die die Randbedingungen (47.2) erfüllen, positiv definit ist. Aus den Überlegungen von Kapitel 39 folgt dann, daß dieser Operator unendlich viele – und zwar abzählbar viele – Eigenwerte hat usw. Nun betrachten wir auf der gleichen linearen Menge den Operator

$$Bu = -(x^2u')'\,, \tag{47.4}$$

für den offensichtlich die erste der Bedingungen (47.3) nicht erfüllt ist, denn in diesem Fall verschwindet die Funktion $p(x) = x^2$ für $x = 0$. Man kann leicht zeigen, daß dieser Operator auf der Menge M nicht positiv definit ist.

Betrachten wir das Eigenwertproblem für den Operator B,

$$-(x^2u')' - \lambda u = 0\,, \tag{47.5}$$

$$u(0) = 0\,, \quad u(1) = 0\,, \tag{47.6}$$

so folgt aus der offensichtlichen Positivität des Operators B auf der Menge M, daß er nur positive Eigenwerte haben kann. Wir werden zeigen, daß er keine Eigenwerte hat, womit er sich wesentlich von dem positiv definiten Operator A (bei dem die Bedingungen (47.3) erfüllt sind) unterscheidet.

Die Gleichung (47.5) schreiben wir in der Form

$$x^2u'' + 2xu' + \lambda u = 0\,. \tag{47.7}$$

Auf bekannte Weise (die Gleichung ist eine Eulersche Gleichung, deshalb setzen wir $u = x^\alpha$, siehe [36], S. 784) erhalten wir die charakteristische Gleichung für α,

$$\alpha^2 + \alpha + \lambda = 0\,,$$

und die allgemeine Lösung der betrachteten Gleichung

$$u = C_1 x^{-1/2+\sqrt{1/4-\lambda}} + C_2 x^{-1/2-\sqrt{1/4-\lambda}} \qquad \text{für} \quad \lambda < \tfrac{1}{4}\,,$$

$$u = C_1 x^{-1/2} + C_2 x^{-1/2} \ln x \qquad \text{für} \quad \lambda = \tfrac{1}{4}\,,$$

$$u = C_1 x^{-1/2} \cos(\beta \ln x) + C_2 x^{-1/2} \sin(\beta \ln x)$$

mit $\beta = \sqrt{\lambda - \frac{1}{4}}$ für $\lambda > \frac{1}{4}$. Da $1^\alpha = 1$ und $\ln 1 = 0$ ist, folgt aus der zweiten der Bedingungen (47.6) in den einzelnen Fällen

$$u = Cx^{-1/2}\left(x^{\sqrt{1/4-\lambda}} - x^{-\sqrt{1/4-\lambda}}\right),$$

$$u = Cx^{-1/2} \ln x\,,$$

$$u = Cx^{-1/2} \sin(\beta \ln x)\,.$$

In allen drei Fällen kann man aber die erste Randbedingung $u(0) = 0$ nur dann erfüllen, wenn $C = 0$ ist. Für alle positiven (und nicht nur positiven) λ hat also das Problem (47.5), (47.6) nur die Nullösung, so daß der Operator B keinen Eigenwert hat.

Schon aus diesem einfachen Beispiel ist der wesentliche Unterschied zwischen den Eigenschaften positiver und positiv definiter Operatoren ersichtlich.

Auf positive Operatoren stoßen wir weiter in Problemen für Differentialgleichungen auf unendlichen Gebieten (siehe z.B. [31] oder [30]). Dabei haben die entsprechenden Operatoren sehr unterschiedliche Eigenschaften, je nach dem „Unendlichkeitstyp" des vorgegebenen Gebietes (man muß unterscheiden, ob es sich z.B. um das Äußere eines Kreises oder um einen unendlichen Streifen o.ä. handelt).

Völlig unbeachtet sind die nichtlinearen Probleme geblieben. Ihre Untersuchung beruht im wesentlichen auf der Theorie der sogenannten **monotonen Operatoren** und ist zur Zeit im Mittelpunkt des Interesses hervorragender Mathematiker (F. E. Browder, J. L. Lions, in der Tschechoslowakei J. Nečas und seine Schule). Nichtlinearen Problemen ist auch ein Teil des Buches [31] gewidmet. Siehe auch das unlängst erschienene Buch über nichtlineare Probleme von S. Fučík und A. Kufner [14], das in gewissem Sinne eine Fortsetzung unseres Buches darstellen soll.

Alle hier angeführten Probleme kann man auch im komplexen Hilbert-Raum studieren (S. 67), ohne wesentliche Schwierigkeiten kann man die in unserem Buch für einen reellen Hilbert-Raum erzielten Ergebnisse auf den komplexen Fall übertragen. Siehe z.B. das Buch [35].

Einen weiteren, wenn auch sehr selbständigen Problemkreis stellen die Untersuchungen der numerischen Stabilität der Variationsprozesse dar. Diesen Problemen sind z.B. die Bücher [31] und [5] gewidmet, aus denen wir einige Schlußfolgerungen – wenn auch in einer sehr vereinfachten Form – in den Kapiteln 20 und 25 übernommen haben.

Zur Kategorie der etwas speziellen Probleme gehört die sich schnell entwickelnde Methode der finiten Elemente, deren Prinzip wir in Kapitel 42 behandelt haben.

Die mit dem Thema dieses Buches zusammenhängende Problematik ist also sehr reichhaltig.

Tabelle zur Zusammenstellung der geläufigsten Funktionale und der Systeme der Ritzschen Gleichungen

Wenn wir das Funktional

$$Fu = ((u, u)) - 2\int_G uf\,dx - 2\varkappa(u, h) \tag{1}$$

(siehe (34.73), S. 421) mit Hilfe des Ritzschen Verfahrens minimieren, d.h. sein Minimum auf der Menge aller Funktionen der Form

$$u(x) = w(x) + \sum_{i=1}^{n} b_{ni}\, v_i(x)$$

mit beliebigen (reellen) Zahlen b_{ni} ($i = 1, \dots, n$) suchen, erhalten wir für die Koeffizienten c_{ni} der Ritzschen Approximation

$$u_n(x) = w(x) + \sum_{i=1}^{n} c_{ni}\, v_i(x) \tag{2}$$

das Gleichungssystem

$$((v_1, v_1))\, c_{n1} + \dots + ((v_1, v_n))\, c_{nn} = \int_G v_1 f\,dx + \varkappa(v_1, h) - ((v_1, w)),$$

$$\dots\dots\dots\dots\dots\dots\dots\dots\dots\dots\dots\dots\dots\dots$$

$$((v_1, v_n))\, c_{n1} + \dots + ((v_n, v_n))\, c_{nn} = \int_G v_n f\,dx + \varkappa(v_n, h) - ((v_n, w)). \tag{3}$$

Hier ist $f(x)$ die rechte Seite der betrachteten Gleichung, $((v, u))$ ist die symmetrische Bilinearform aus Definition 32.2, das Glied $\varkappa(v, h)$ aus derselben Definition charakterisiert die instabilen Randbedingungen, $w(x)$ ist eine Funktion aus dem Raum $W_2^{(k)}(G)$ ($2k$ ist die Ordnung der betrachteten Differentialgleichung), die im Sinne von Spuren die vorgegebenen – im allgemeinen nichthomogenen – stabilen Randbedingungen erfüllt (d.h. Bedingungen, die Ableitungen bis höchstens $(k - 1)$-ter Ordnung enthalten), und

$$v_1(x), \dots, v_n(x) \tag{4}$$

sind die ersten n Glieder einer Basis im Raum V, d.h. im Teilraum aller derjenigen Funktionen aus $W_2^{(k)}(G)$, die die den vorgegebenen stabilen Randbedingungen entsprechenden homogenen Randbedingungen erfüllen. Wenn die Form $((v, u))$ nicht

V-elliptisch ist, müssen die Basisfunktionen noch gewisse weitere Bedingungen erfüllen (siehe Kapitel 19, S. 213, Kapitel 22, S. 259, Kapitel 35, S. 433 und 440).

Sind alle Randbedingungen homogen, so ist $\varkappa(v, h) \equiv 0$ und für $w(x)$ können wir die Nullfunktion wählen. Wenn wir hier Gleichungstypen aus Teil III dieses Buches betrachten, so ist (siehe Kapitel 36) $V = H_A$, wobei H_A der Raum aus Kapitel 10 und $((v, u)) = (v, u)_A$ ist. Aus (1), (2), (3) erhalten wir dann als Spezialfall (siehe S. 145 und 147)

$$Fu = (u, u)_A - 2 \int_G uf \, dx \, , \tag{5}$$

$$u_n = \sum_{i=1}^{n} c_{ni} \, v_i(x) \, , \tag{6}$$

$$(v_1, v_1)_A \, c_{n1} + \ldots + (v_1, v_n)_A \, c_{nn} = \int_G v_1 f \, dx \, ,$$

$$\cdots\cdots\cdots\cdots\cdots\cdots\cdots\cdots\cdots\cdots$$

$$(v_1, v_n)_A \, c_{n1} + \ldots + (v_n, v_n)_A \, c_{nn} = \int_G v_n f \, dx \, . \tag{7}$$

Wenn die Funktionen (4) zusätzlich noch zu D_A gehören (was sehr oft der Fall ist), so ist $(v_i, v_j)_A = (Av_i, v_j)$.

In Tabelle 1, S. 576 bis 581, sind die Glieder $((v, u))$ und $\varkappa(v, h)$ für die am häufigsten auftretenden Fälle von Differentialgleichungen mit Randbedingungen angeführt. Diese Glieder charakterisieren – gemeinsam mit der Funktion $f(x)$ – das Funktional (1) und das System (3). Weiter kann man in der Tabelle die Forderungen finden, die an die Basisfunktionen (4) gestellt werden, und eventuell auch die Bedingungen, die die Lösbarkeit des betrachteten Problems garantieren.

Zur geeigneten Wahl der Funktionen (4) siehe Kapitel 20 und 25.

Bemerkung 1. Die Bedingung $\int_G v \, dx = 0$, die in Tabelle 1 bei den Basisfunktionen zum Problem 16 auftritt, kann durch die Bedingung

$$\int_{\Gamma_1} v \, dS = 0$$

ersetzt werden, wobei Γ_1 ein Teil (mit positivem Maß) des Randes Γ ist (es kann insbesondere $\Gamma_1 = \Gamma$ sein). Dies ist z.B. dann vorteilhafter, wenn man die Methode der finiten Elemente anwendet (die elementaren Spline-Funktionen aus Kapitel 42 erfüllen die Bedingung $\int_G v \, dx = 0$ nicht).
Ähnlich kann man die drei in Problem 20 an die Basisfunktionen gestellten Forderungen durch die Bedingung ersetzen, daß diese Funktionen in drei vorgegebenen Punkten des Randes Γ, die nicht auf einer Geraden liegen, verschwinden.

Bemerkung 2. Wenn der Rand Γ im Falle des Problems 20 nicht glatt ist, sondern Eckpunkte P_i $(i = 1, \ldots, j)$ enthält (also z.B. vier Eckpunkte, wenn es sich um ein

Tabelle 1

	Gleichung	Randbedingungen	Form $((v, u))$
1.	$-(pu')' + ru = f$, $p(x) \geqq p_0 > 0,\ r(x) \geqq 0$	$u(a) = A,\ u(b) = B$	$\int_a^b (pv'u' + rvu)\,dx$
2.	wie oben	$u(a) = A,\ u'(b) = B$	wie oben
3.	wie oben	$u'(a) - \beta\, u(a) = A$, $u'(b) + \delta\, u(b) = B$, $\beta \geqq 0,\ \delta \geqq 0$, $\beta^2 + \delta^2 > 0$	$\int_a^b (pv'u' + rvu)\,dx +$ $+ \beta\, p(a)\, v(a)\, u(a) +$ $+ \delta\, p(b)\, v(b)\, u(b)$
4.	wie oben, wobei mindestens auf einem Teilintervall des Intervalls (a, b) $r(x) > 0$ ist	$u'(a) = A,\ (u'b) = B$	$\int_a^b (pv'u' + rvu)\,dx$
5.	$-(pu')' = f$, $p(x) \geqq p_0 > 0$	$u'(a) = A,\ u'(b) = B$	$\int_a^b pv'u'\,dx$
6.	$(pu'')'' - (qu')' + ru = f$, $p(x) \geqq p_0 > 0,\ q(x) \geqq 0$, $r(x) \geqq 0$	$u(a) = A,\ u(b) = B$, $u'(a) = C,\ u'(b) = D$	$\int_a^b (pv''u'' + qv'u' + rvu)\,dx$
7.	wie oben	$u(a) = A,\ u(b) = B$, $u''(a) = C,\ u''(b) = D$	wie oben
8.	wie oben	$u(a) = A,\ u(b) = B$, $u'(a) = C,\ u''(b) = D$	wie oben
9.	wie oben	$u(a) = A,\ u''(b) = B$, $u'(a) = C$, $[-(pu'')' + qu']_{x=b} = D$	wie oben

Glied $\varkappa(v, h)$	Bedingungen, die die Funktion $w(x)$ erfüllen muß	Bedingungen, die die Basisfunktionen v_i erfüllen müssen	Bedingungen der Lösbarkeit des Problems
—	$w(a) = A$, $w(b) = B$	$v(a) = 0,\ v(b) = 0$	—
$B\,p(b)\,v(b)$	$w(a) = A$	$v(a) = 0$	—
$B\,p(b)\,v(b) -$ $- A\,p(a)\,v(a)$	—	—	—
$B\,p(b)\,v(b) -$ $- A\,p(a)\,v(a)$	—	—	—
$B\,p(b)\,v(b) -$ $- A\,p(a)\,v(a)$	—	$\int_a^b v\,dx = 0$	$\int_a^b f\,dx + B\,p(b) -$ $- A\,p(a) = 0$
—	$w(a) = A$, $w(b) = B$ $w'(a) = C$, $w'(b) = D$	$v(a) = 0,\ v(b) = 0$ $v'(a) = 0,\ v'(b) = 0$	—
$D\,p(b)\,v'(b) -$ $- C\,p(a)\,v'(a)$	$w(a) = A$, $w(b) = B$	$v(a) = 0,\ v(b) = 0$	—
$D\,p(b)\,v'(b)$	$w(a) = A$, $w(b) = B$, $w'(a) = C$	$v(a) = 0,\ v(b) = 0$, $v'(a) = 0$	—
$B\,p(b)\,v'(b) +$ $+ D\,v(b)$	$w(a) = A$, $w'(a) = C$	$v(a) = 0$ $v'(a) = 0$	—

Tabelle 1 (Fortsetzung)

	Gleichung	Randbedingungen	Form $((v, u))$
10.	$\sum_{i=0}^{k}(-1)^i (p_i u^{(i)})^{(i)} = f$, $p_i(x) \geqq 0,\ i = 0, \ldots, k-1$, $p_k(x) \geqq p > 0$	$u(a) = A_0, \ldots, u^{(k-1)}(a) = A_{k-1}$, $u(b) = B_0, \ldots, u^{(k-1)}(b) = B_{k-1}$	$\int_a^b \sum_{i=0}^{k} p_i v^{(i)} u^{(i)}\,dx$
11.	$-\sum_{i,j=1}^{N} \frac{\partial}{\partial x_i}\left(a_{ij}\frac{\partial u}{\partial x_j}\right) + cu = f$, $\sum_{i,j=1}^{N} a_{ij}(x)\,\alpha_i\alpha_j \geqq p \sum_{i=1}^{N} \alpha_i^2$, $p > 0$ [siehe (22.8)], $a_{ij}(x) = a_{ji}(x),\ c(x) \geqq 0$	$u = g(S)$ auf Γ	$\int_G \left(\sum_{i,j=1}^{N} a_{ij}\frac{\partial v}{\partial x_i}\frac{\partial u}{\partial x_j} + cvu\right) \cdot dx$
12.	wie oben	$\mathcal{N}u + \sigma u = h(S)$ auf Γ, wobei $\mathcal{N}u = \sum_{i,j=1}^{N} a_{ij}\frac{\partial u}{\partial x_j}\nu_i$, $\sigma(S) \geqq \sigma_0 > 0$ ist	$\int_G \left(\sum_{i,j=1}^{N} a_{ij}\frac{\partial v}{\partial x_i}\frac{\partial u}{\partial x_j} + cvu\right) \cdot dx + \int_\Gamma \sigma vu\,dS$
13.	wie oben	$u = g(S)$ auf Γ_1, $\mathcal{N}u = h(S)$ auf Γ_2	$\int_G \left(\sum_{i,j=1}^{N} a_{ij}\frac{\partial v}{\partial x_i}\frac{\partial u}{\partial x_j} + cvu\right) \cdot dx$
14.	wie oben	$u = g(S)$ auf Γ_1, $\mathcal{N}u + \sigma u = h(S)$ auf Γ_2, $\sigma(S) \geqq 0$	$\int_G \left(\sum_{i,j=1}^{N} a_{ij}\frac{\partial v}{\partial x_i}\frac{\partial u}{\partial x_j} + cvu\right) \cdot dx + \int_{\Gamma_2} \sigma vu\,dS$
15.	wie oben, wobei mindestens auf einem Teilgebiet des Gebietes G $c(x) > 0$ ist	$\mathcal{N}u = h(S)$ auf Γ	$\int_G \left(\sum_{i,j=1}^{N} a_{ij}\frac{\partial v}{\partial x_i}\frac{\partial u}{\partial x_j} + cvu\right) \cdot dx$

Glied $\varkappa(v, h)$	Bedingungen, die die Funktion $w(x)$ erfüllen muß	Bedingungen, die die Basisfunktionen v_i erfüllen müssen	Bedingungen der Lösbarkeit des Problems
—	$w(a) = A_0, \ldots,$ $w^{(k-1)}(a) = A_{k-1}$ $w(b) = B_0, \ldots,$ $w^{(k-1)}(b) = B_{k-1}$	$v(a) = \ldots =$ $= v^{(k-1)}(a) = 0,$ $v(b) = \ldots =$ $= v^{(k-1)}(b) = 0$	—
—	$w = g(S)$ auf Γ	$v = 0$ auf Γ	—
$\int_\Gamma vh \, \mathrm{d}S$	—	—	—
$\int_{\Gamma_2} vh \, \mathrm{d}S$	$w = g(S)$ auf Γ_1	$v = 0$ auf Γ_1	—
$\int_{\Gamma_2} vh \, \mathrm{d}S$	$w = g(S)$ auf Γ_1	$v = 0$ auf Γ_1	—
$\int_\Gamma vh \, \mathrm{d}S$	—	—	—

Tabelle 1 (Fortsetzung)

	Gleichung	Randbedingungen	Form $((v, u))$
16.	$-\sum_{i,j=1}^{N} \frac{\partial}{\partial x_i}\left(a_{ij}\frac{\partial u}{\partial x_j}\right) = f,$ $\sum_{i,j=1}^{N} a_{ij}(x)\,\alpha_i\alpha_j \geqq p\sum_{i=1}^{N}\alpha_i^2,$ $p > 0,\ a_{ij}(x) = a_{ji}(x)$	$\mathcal{N}u = h(S)$ auf Γ	$\int_G \sum_{i,j=1}^{N} a_{ij}\frac{\partial v}{\partial x_i}\frac{\partial u}{\partial x_j}\,dx$
17.	Für die Poissonsche Gleichung $-\Delta u = f$ bleibt in 11, 12, 13, 14 und 16 alles gültig mit $c(x) \equiv 0,\quad \int_G \sum_{i,j=1}^{N} a_{ij}\frac{\partial v}{\partial x_i}\frac{\partial u}{\partial x_j}\,dx = \int_G \sum_{i=1}^{N}\frac{\partial v}{\partial x_i}\frac{\partial u}{\partial x_i}\,dx$ und $\mathcal{N}u = \frac{\partial u}{\partial \nu}$		
18.	$\Delta^2 u = f$	$u = g_1(s)$ auf Γ, $\frac{\partial u}{\partial \nu} = g_2(s)$ auf Γ	$\int_G \frac{\partial^2 v}{\partial x_1^2}\frac{\partial^2 u}{\partial x_1^2} + 2\frac{\partial^2 v}{\partial x_1\,\partial x_2}\cdot\frac{\partial^2 u}{\partial x_1\,\partial x_2} + \frac{\partial^2 v}{\partial x_2^2}\frac{\partial^2 u}{\partial x_2^2}\,dx_1\,dx_2$
19.	wie oben	$u = g(s)$ auf Γ, $Mu = h(s)$ auf Γ (bezüglich Mu siehe S. 269)	$\int_G\left[\left(\frac{\partial^2 v}{\partial x_1^2} + \sigma\frac{\partial^2 v}{\partial x_2^2}\right)\frac{\partial^2 u}{\partial x_1^2} + (1-\sigma)\frac{\partial^2 v}{\partial x_1\,\partial x_2}\frac{\partial^2 u}{\partial x_1\,\partial x_2} + \left(\frac{\partial^2 v}{\partial x_2^2} + \sigma\frac{\partial^2 v}{\partial x_1^2}\right)\frac{\partial^2 u}{\partial x_2^2}\right]\cdot dx_1\,dx_2,$ $0 \leqq \sigma < 1$
20.	wie oben	$Nu = h_1(s)$ auf Γ, $Mu = h_2(s)$ auf Γ (bezüglich Mu und Nu siehe S. 269; siehe auch S. 443)	wie oben

Glied $\varkappa(v, h)$	Bedingungen, die die Funktion $w(x)$ erfüllen muß	Bedingungen, die die Basisfunktionen v_i erfüllen müssen	Bedingungen der Lösbarkeit des Problems
$\int_\Gamma vh \, \mathrm{d}S$	—	$\int_G v \, \mathrm{d}x = 0$	$\int_G f \, \mathrm{d}x + \int_\Gamma h \, \mathrm{d}S = 0$
—	$w = g_1(s)$ auf Γ, $\dfrac{\partial w}{\partial \nu} = g_2(s)$ auf Γ	$v = 0$ auf Γ, $\dfrac{\partial v}{\partial \nu} = 0$ auf Γ	—
$\int_\Gamma \dfrac{\partial v}{\partial \nu} h \, \mathrm{d}s$	$w = g(s)$ auf Γ,	$v = 0$ auf Γ,	—
$\int_\Gamma \left(vh_1 + \dfrac{\partial v}{\partial \nu} h_2\right) \mathrm{d}s$	—	$\iint_G v \, \mathrm{d}x_1 \, \mathrm{d}x_2 = 0$, $\iint_G x_1 v \, \mathrm{d}x_1 \, \mathrm{d}x_2 = 0$, $\iint_G x_2 v \, \mathrm{d}x_1 \, \mathrm{d}x_2 = 0$	$\iint_G f \, \mathrm{d}x_1 \, \mathrm{d}x_2 + \int_\Gamma h_1 \, \mathrm{d}s = 0$, $\iint_G x_1 f \, \mathrm{d}x_1 \, \mathrm{d}x_2 + \int_\Gamma x_1 h_1 \, \mathrm{d}s + \int_\Gamma \nu_1 h_2 \, \mathrm{d}s = 0$, $\iint_G x_2 f \, \mathrm{d}x_1 \, \mathrm{d}x_2 + \int_\Gamma x_2 h_1 \, \mathrm{d}s + \int_\Gamma \nu_2 h_2 \, \mathrm{d}s = 0$

Quadrat handelt), dann muß man in diesen Punkten die Werte H_i (Sprünge des Torsionsmomentes) vorschreiben und zum Glied $\varkappa(v, h) = \int_\Gamma [vh_1 + (\partial v/\partial \nu) h_2] \, dS$ das Glied $\sum_{i=1}^{j} H_i v(P_i)$ addieren.

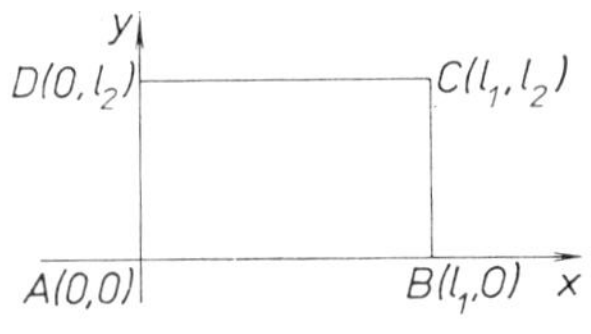

Figur T. 1

Die Anwendung der Tabelle 1 zeigen wir an dem folgenden Beispiel, das nicht ganz trivial gewählt wurde, damit man von der Darstellung so viel wie möglich mitbekommt:

Beispiel. Es sei G das in Figur T. 1 dargestellte Rechteck $ABCD$. Wir betrachten das Problem

$$-\frac{\partial}{\partial x}\left[(1 + k_1x^2)\frac{\partial u}{\partial x}\right] - \frac{\partial}{\partial y}\left[(1 + k_2y^2)\frac{\partial u}{\partial y}\right] + k_3(x^2 + y^2)\,u =$$

$$= f(x, y) \quad \text{in } G, \tag{8}$$

$$u = 0 \quad \text{auf } AD, \qquad u = 4 \quad \text{auf } BC, \tag{9}$$

$$(1 + k_2 l_2^2)\frac{\partial u}{\partial y} + u = 3 \quad \text{auf } DC, \qquad -\frac{\partial u}{\partial y} + 2u = 5 \quad \text{auf } AB. \tag{10}$$

Hier sind k_1, k_2, k_3 nichtnegative Konstanten, l_2 ist die Höhe des Rechtecks. Wenn $k_1 = k_2 = k_3 = 0$ ist, geht die Gleichung (8) in die Poissonsche Gleichung $-\Delta u = f(x, y)$ über.

Man stellt leicht fest, daß es sich um das Problem 14 aus Tabelle 1 handelt (in unserem Fall ist $N = 2$, $x_1 = x$, $x_2 = y$). Es ist

$$a_{11}(x, y) = 1 + k_1x^2, \quad a_{12}(x, y) = a_{21}(x, y) \equiv 0,$$

$$a_{22}(x, y) = 1 + k_2y^2, \quad c(x, y) = k_3(x^2 + y^2),$$

so daß erstens

$$a_{12}(x, y) = a_{21}(x, y), \quad c(x, y) \geqq 0$$

und

$$\sum_{i,j=1}^{2} a_{ij}(x, y)\,\alpha_i\alpha_j = (1 + k_1x^2)\,\alpha_1^2 + (1 + k_2y^2)\,\alpha_2^2 \geqq \alpha_1^2 + \alpha_2^2 \tag{11}$$

für jeden Vektor (α_1, α_2) ist.

Wenn wir weiter $g(S) = 0$ auf AD und $g(S) = 4$ auf BC setzen, können wir die Dirichletschen Randbedingungen (9) in der Form

$$u = g(S) \quad \text{auf } \Gamma_1 \tag{12}$$

schreiben, wobei $\Gamma_1 = AD \cup BC$ ist. Setzen wir ähnlicherweise $\sigma(S) = 1$, $h(S) = 3$ auf DC und $\sigma(S) = 2$, $h(S) = 5$ auf AB und schreiben auf DC und auf AB den Ausdruck

$$\mathcal{N}u = \sum_{i,j=1}^{2} a_{ij}\frac{\partial u}{\partial x_j}\nu_i$$

ausführlich aus,

$$\mathcal{N}u = (1 + k_1x^2)\frac{\partial u}{\partial x}\,.\,0 + (1 + k_2y^2)\frac{\partial u}{\partial y}\,.\,1 = (1 + k_2l_2^2)\frac{\partial u}{\partial y} \quad \text{auf } DC\,,$$

$$\mathcal{N}u = (1 + k_1x^2)\frac{\partial u}{\partial x}\,.\,0 + (1 + k_2y^2)\frac{\partial u}{\partial y}\,.\,(-1) = -\frac{\partial u}{\partial y} \quad \text{auf } AB\,,$$

so kann man die Newtonschen Randbedingungen (10) in der Form

$$\mathcal{N}u + \sigma u = h \quad \text{auf } \Gamma_2 \tag{13}$$

schreiben, wobei $\Gamma_2 = DC \cup AB$ ist. Offensichtlich ist $\sigma(S) > 0$ auf Γ_2.

Es handelt sich also tatsächlich um das Problem 14. Aus Tabelle 1 folgt dann

$$((v, u)) =$$

$$= \int_0^{l_1}\int_0^{l_2}\left[(1 + k_1x^2)\frac{\partial v}{\partial x}\frac{\partial u}{\partial x} + (1 + k_2y^2)\frac{\partial v}{\partial y}\frac{\partial u}{\partial y} + k_3(x^2 + y^2)\,vu\right]\mathrm{d}x\,\mathrm{d}y\, +$$

$$+ \int_0^{l_1} v(x, l_2)\,u(x, l_2)\,\mathrm{d}x + 2\int_0^{l_1} v(x, 0)\,u(x, 0)\,\mathrm{d}x\,, \tag{14}$$

$$\varkappa(v, h) = 3\int_0^{l_1} v(x, l_2)\,\mathrm{d}x + 5\int_0^{l_1} v(x, 0)\,\mathrm{d}x\,. \tag{15}$$

Als die Funktion $w(x, y)$ kann man in unserem Fall z.B. die Funktion

$$w(x, y) = \frac{4x}{l_1} \tag{16}$$

wählen, die offensichtlich die Bedingung (12) — d.h. beide Bedingungen (9) — erfüllt.

Weiter muß man nach Tabelle 1 die Basisfunktionen so wählen, daß sie die Bedingung

$$v(S) = 0 \quad \text{auf } \Gamma_1$$

erfüllen. Nach (25.28), S. 291, ist es in diesem Fall geeignet, als Basis das folgende System von Funktionen zu wählen:

$$v_{ij}(x, y) = \frac{1}{\sqrt{\dfrac{i^2}{l_1^2} + \dfrac{j^2}{l_2^2}}}\sin\frac{i\pi x}{l_1}\cos\frac{j\pi y}{l_2}\,, \quad i = 1, 2, \ldots, \quad j = 0, 1, 2, \ldots\,. \tag{17}$$

Wenn wir nur eine kleine Anzahl von Basiselementen in Betracht ziehen, kann man die Koeffizienten $1/\sqrt{i^2/l_1^2 + j^2/l_2^2}$ weglassen und nur die Funktionen

$$v_1 = \sin\frac{\pi x}{l_1}\,, \quad v_2 = \sin\frac{\pi x}{l_1}\cos\frac{\pi y}{l_2}\,, \quad v_3 = \sin\frac{\pi x}{l_1}\cos\frac{2\pi y}{l_2}\,,$$

$$v_4 = \sin\frac{2\pi x}{l_1}\,, \quad v_5 = \sin\frac{2\pi x}{l_1}\cos\frac{\pi y}{l_2}\,, \quad v_6 = \sin\frac{2\pi x}{l_1}\cos\frac{2\pi y}{l_2}\,, \ldots \tag{18}$$

betrachten.

In Tabelle 1 ist keine Bedingung angeführt, die die Lösbarkeit des betrachteten Problems betreffen sollte. Folglich ist das Problem für jede Funktion $f \in L_2(G)$ lösbar.

Das Funktional (1) hat in unserem Fall die Form

$$Fu = ((u, u)) - 2\varkappa(u, h) - 2 \iint_G uf \, dx \, dy =$$

$$= \int_0^{l_1} \int_0^{l_2} \left[(1 + k_1 x^2) \left(\frac{\partial u}{\partial x} \right)^2 + (1 + k_2 y^2) \left(\frac{\partial u}{\partial y} \right)^2 + k_3 (x^2 + y^2) u^2 \right] dx \, dy +$$

$$+ \int_0^{l_1} u^2(x, l_2) \, dx + 2 \int_0^{l_1} u^2(x, 0) \, dx - 6 \int_0^{l_1} u(x, l_2) \, dx - 10 \int_0^{l_1} u(x, 0) \, dx -$$

$$- 2 \int_0^{l_1} \int_0^{l_2} u(x, y) f(x, y) \, dx \, dy .$$

Wenn wir im Ritzschen System z.B. $n = 6$ wählen und die ersten sechs Glieder der Basis in der Form (18) benutzen, erhalten wir für die gesuchten Koeffizienten $c_{61}, \ldots, c_{66}$ der Ritzschen Approximation

$$u_6(x, y) = w(x, y) + \sum_{i=1}^{6} c_{6i} \, v_i(x, y)$$

das Gleichungssystem (3),

$$((v_1, v_1)) \, c_{61} + \ldots + ((v_1, v_6)) \, c_{66} = \int_0^{l_1} \int_0^{l_2} v_1 f \, dx \, dy + \varkappa(v_1, h) - ((v_1, w)) ,$$

. . . .

$$((v_1, v_6)) \, c_{61} + \ldots + ((v_6, v_6)) \, c_{66} = \int_0^{l_1} \int_0^{l_2} v_6 f \, dx \, dy + \varkappa(v_6, h) - ((v_6, w)) ,$$

wobei nach (14), (15), (16) z.B.

$$((v_2, v_3)) =$$

$$\int_0^{l_1} \int_0^{l_2} \left[(1 + k_1 x^2) \frac{\pi^2}{l_1^2} \cos^2 \frac{\pi x}{l_1} \cos \frac{\pi y}{l_2} \cos \frac{2\pi y}{l_2} + (1 + k_2 y^2) \frac{2\pi^2}{l_2^2} \, . \right.$$

$$\left. . \sin^2 \frac{\pi x}{l_1} \sin \frac{\pi y}{l_2} \sin \frac{2\pi y}{l_2} + k_3 (x^2 + y^2) \sin^2 \frac{\pi x}{l_1} \cos \frac{\pi y}{l_2} \cos \frac{2\pi y}{l_2} \right] dx \, dy +$$

$$+ \int_0^{l_1} \sin^2 \frac{\pi x}{l_1} \cos \pi \cos 2\pi \, dx + 2 \int_0^{l_2} \sin^2 \frac{\pi x}{l_1} \, dx ,$$

$$\int_0^{l_1} \int_0^{l_2} v_2 f \, dx \, dy = \int_0^{l_1} \int_0^{l_2} f(x, y) \sin \frac{\pi x}{l_1} \cos \frac{\pi y}{l_2} \, dx \, dy ,$$

$$\varkappa(v_2, h) = 3 \int_0^{l_1} \sin \frac{\pi x}{l_1} \cos \pi \, dx + 5 \int_0^{l_1} \sin \frac{\pi x}{l_1} \, dx ,$$

$$((v_2, w)) = \frac{4}{l_1} \int_0^{l_1} \int_0^{l_2} \left[(1 + k_1 x^2) \frac{\pi}{l_1} \cos \frac{\pi x}{l_1} \cos \frac{\pi y}{l_2} + \right.$$

$$+ k_3(x^2 + y^2)\, x \sin \frac{\pi x}{l_1} \cos \frac{\pi y}{l_2}\Big]\, \mathrm{d}x\, \mathrm{d}y\, +$$

$$+ \frac{4}{l_1}\int_0^{l_1} x \sin \frac{\pi x}{l_1} \cos \pi\, \mathrm{d}x + \frac{8}{l_1}\int_0^{l_1} x \sin \frac{\pi x}{l_1}\, \mathrm{d}x$$

ist, usw.

Im Falle der Poissonschen Gleichung ist natürlich $k_1 = k_2 = k_3 = 0$ und die entsprechenden Ausdrücke werden sich wesentlich vereinfachen.

Literatur

[1] Aziz, A. K. - Babuška, I.: Mathematical Foundations of the Finite Element Method New York—London, Academic Press 1972.

[2] Babuška, I.: The Finite Element Method. Lecture on Boston Regional Conference 1970.

[3] Babuška, I.: The Rate of Convergence for the Finite Element Method. SIAM *J. Numer. Anal.* **8**, 2, 1971, S. 304—315.

[4] Babuška, I.: Error Bound for Finite Element Method. *Num. Math.*, **16**, 1971, S. 322—333.

[5] Babuška, I. - Práger, M. - Vitásek, E.: Numerical Processes in Differential Equations. London—New York—Sydney, J. Wiley and Sons 1966.

[6] Babuška, I. - Rektorys, K. - Vyčichlo, F.: Mathematische Elastizitätstheorie der ebenen Probleme. Berlin, Akademie-Verlag 1960.

[7] Barbu, V. - Precupanu, Th.: Convexity and Optimization in Banach Spaces. Bucuresti, Editura Acadiemiei; Alphen aan den Rijn, Sijthoff Noordhoff, 1978.

[8] Bondarenko, B. A.: Polyharmonische Polynome. Taschkent, FAN 1968. (Russisch.)

[9] Bramble, J. H. - Schatz, A. H.: Least Squares Methods for $2m$-th Order Elliptic Boundary Value Problems. *Math. of Comp.*, **25**, 113, 1970, S. 1—33.

[10] Collatz, L.: Eigenwertaufgaben mit technischen Anwendungen, 2. Aufl. Leipzig, Akademische Verlagsgesellschaft Geest und Portig 1963.

[11] Collatz, L.: Functional Analysis and Numerical Mathematics. New York, Academic Press 1966.

[12] Douglas, J. Jr. - Dupont, T.: Galerkin Methods for Parabolic Equations. SIAM *J. Numer. Anal.* **7**, 1970, S. 575—626.

[13] Friedman, A.: Partial Differential Equations of Parabolic Type. New Jersey, Prentice Hall 1964.

[14] Fučík, S. - Kufner, A.: Nonlinear Differential Equations. Amsterdam, Elsevier 1980.

[15] Fučík, S. - Nečas, J. - Souček, J. - Souček, Vl.: Spectral Analysis of Nonlinear Operators. Lecture Notes in Mathematics No 346, Berlin - Heidelberg - New York, Springer - Verlag 1973.

[16] Hlaváček, I.: Derivation of Non-Classical Variational Principles in Theory of Elasticity. *Aplikace matematiky*, **12**, 1967, S. 15—29.

[17] Hlaváček, I.: Variational Principles in the Linear Theory of Elasticity. *Aplikace matematiky*, **12**, 1967, S. 425—448.

[18] Hlaváček, I.: On Reissner's Variational Theorem for Boundary Values in Linear Elasticity. *Aplikace matematiky*, **16**, 1971, S. 109—124.

[19] Hlaváček, I.: On a Semi-Variational Method for Parabolic Equations. *Aplikace matematiky*. I: **17**, 1972, S. 327—351. II: **18**, 1973, S. 43—64.

[20] Hlaváček, I. - Nečas, J.: On Inequalities of Korn's Type. *Archive for Rat. Mech. Anal.*, **36**, 1970, S. 305—334.

[21] Kolář, Vl. - Kratochvíl, J. - Zlámal, M. - Ženíšek, A.: Technical, Physical and Mathematical Principles of the Finite Element Method. *Rozpravy ČSAV, řada techn. věd*, **81**, 1971, 2.

[22] Kolář, Vl. u. Autorenkollektiv: Berechnung von Flächen- und Raumtragwerken nach der Methode der finiten Elemente. Wien, Springer-Verlag 1975.

[23] Kufner, A.: Imbedding Theorems for General Sobolev Weight Spaces. Scuola normale superiore Pisa, vol. XXIII, fasc. II, 1969, S. 373—386.

[24] Kufner, A.: Einige Eigenschaften der Sobolevschen Räume mit Belegungsfunktion. *Czech. Math. J.*, **15**, 90, 1975, S. 597—620.

[25] Kufner, A.: Lösungen des Dirichletschen Problems für elliptische Differentialgleichungen in Räumen mit Belegungsfunktionen. *Czech. Math. J.*, **15**, 90, 1965, S. 621—633.

[26] Kufner, A.: Geometrie des Hilbert-Raumes. Prag, SNTL 1973. (Tschechisch.)

[27] Kufner, A. - John. O. - Fučík, S.: Function Spaces, Prag, Academia 1977.

[28] Kufner, A. - Kadlec, J.: Fourier Series. London, Iliffe Books Ltd. 1971.

[29] Lusternik, L. A. - Sobolev, L. I.: Elements of Functional Analysis. London, Constable 1961.

[30] Michlin, S. G.: Variationsmethoden der mathematischen Physik. Berlin, Akademie-Verlag 1962. Oxford—London—New York, Pergamon Press 1963.

[31] Michlin, S. G.: Numerische Realisierung von Variationsverfahren. Berlin, Akademie-Verlag 1969.

[32] Michlin, S. G.: Das Minimumproblem für ein quadratisches Funktional. Moskau, Gostechisdat 1952. (Russisch.)

[33] Najzar, K.: On the Method of Least Squares of Finding Eigenvalues of Some Symmetric Operators. *CMUC*, **9**, 1968, S. 311—323.

[34] Natanson, I. P.: Theory of Functions of a Real Variable. London, Constable 1961.

[35] Nečas, J.: Les méthodes directes en théorie des équations elliptiques. Prag, Academia 1967.

[36] Rektorys, K.: Survey of Applicable Mathematics. London, Iliffe — Cambridge (Massachusetts), M.I.T. Press 1969.

[37] Rektorys, K.: The Method of Discretization in Time and Partial Differential Equations. Dordrecht - Boston - London, D. Reidel 1982.

[38] Rektorys, K.: Die Lösung des ersten Randwertproblems „im Ganzen" für eine nichtlineare parabolische Gleichung mit der Netzmethode. *Czech. Math. J.*, **12**, 87, 1962, S. 69—103.

[39] Rektorys, K.: Die Lösung der gemischten Randwertaufgabe und des Problems mit einer Integralbedingung „im Ganzen" für eine nichtlineare parabolische Gleichung mit der Netzmethode. *Czech. Math. J.*, **13**, 88, 1963, S. 189—208.

[40] Rektorys, K.: On Application of Direct Variational Methods to the Solution of Parabolic Boundary Value Problems of Arbitrary Order in the Space Variables. *Czech. Math. J.*, **21**, 96, 1971, S. 318—339.

[41] Rektorys, K. - Zahradník, V.: Solution of the First Biharmonic Problem by the Method of Least Squares on the Boundary. *Aplikace matematiky*, **19**, 1974, 2, S. 101—131.

[42] Smirnov, V. I.: Course in Higher Mathematics, Vol. 5. Oxford—London—New York, Pergamon Press 1964.

[43] Synge, J. L.: The Hypercircle in Mathematical Physics. Cambridge, Cambridge Univ. Press 1957.

[44] Varga, R. S.: Functional Analysis and Approximation Theory in Numerical Mathematics. Philadelphia, Soc. for Ind. and Appl. Math. 1971.

[45] Washizu, K.: Variational Methods in Elasticity and Plasticity. Oxford—London—New York, Pergamon Press 1968.

[46] Wischik, K. I.: Die Methode der Orthogonalprojektionen für selbstadjungierte Operatoren. DAN, **56**, 1957, 2. (Russisch.)

[47] Wladimirow, W. S.: Gleichungen der mathematischen Physik. Moskau, Nauka 1967. (Russisch.)

[48] Zienkiewicz, O. C. - Cheung, Y. K.: The Finite Element Method in Structural and Continuum Mechanics. London, McGraw-Hill 1967.

[49] Zienkiewicz, O. C.: The Finite Element Method in Engineering. London, McGraw-Hill 1971.

[50] Zlámal, M.: On Some Finite Element Procedures for Solving Second Order Boundary Value Problems. *Numerische Mathematik,* **14**, 1969, S. 42–48.

[51] Kufner, A.: Weighted Sobolev Spaces. Leipzig, Teubner-Verlag 1980.

[52] Rektorys, K. - Danešová, J. - Matyska, J. - Vitner, Č.: Solution of the First Problem of Plane Elasticity for Multiply Connected Regions by the Method of Least Squares on the Boundary. *Aplikace matematiky* **22** (1977), Part I S. 349 - 394, Part II S. 425 - 454.

[53] Axelsson, O. - Barker, V. A.: Finite Element Solution of Boundary Value Problems. New York, Academic Press 1984.

[54] Rektorys, K. - Vospěl, Z.: On a Method of Eigenvalue Estimates for Elliptic Equations of the Form $Au - \lambda Bu = 0$. Aplikace matematiky, **26** (1981), S. 211–240.

Register